电子表格建模与决策分析
（第8版）

Spreadsheet Modeling and Decision Analysis:
A Practical Introduction to Business Analytics
Eighth Edition

[美] Cliff T. Ragsdale 著

贾俊秀 译

电子工业出版社
Publishing House of Electronics Industry
北京·BEIJING

内容简介

本书将数学建模方法、商业分析实践和 Excel 电子表格的使用紧密结合，是专业讲解管理科学方法及实践应用的实用教材，内容既包括线性规划、单纯形法与灵敏度分析、网络流、整数规划、目标规划和多目标最优化、非线性规划和演化算法、排队论和决策分析等建模方法及大量应用实例，又包括回归分析、数据挖掘、时间序列和仿真等当今商业分析领域的学术界和产业界急需的实用方法。同时，辅以生动的"商业分析实践"阅读、章节案例和丰富的示例讲解与课后习题，Excel 及一些插件的应用贯穿全文。

本书资料丰富，电子材料配套完备。内容清晰易懂，图文并茂，既适合科研人员使用，也适合管理实践人员使用。本书可以作为管理经济类专业高年级本科生、研究生和 MBA 教材，也可作为学者们模型求解分析的手册，并供商业分析实践、管理科学实践和商业数据挖掘感兴趣的人士研读。

Spreadsheet Modeling and Decision Analysis: A Practical Introduction to Business Analytics, Eighth Edition
Cliff T. Ragsdale
Copyright © 2018 by South-Western, a part of Cengage Learning.
Original edition published by Cengage Learning.　All Rights reserved. 本书原版由圣智学习出版公司出版。版权所有，盗印必究。
Publishing House of Electronics Industry is authorized by Cengage Learning to publish, distribute and sell exclusively this edition. This edition is authorized for sale in the People's Republic of China only (excluding Hong Kong SAR, Macao SAR and Taiwan). No part of this publication may be reproduced or distributed by any means, or stored in a database or retrieval system, without the prior written permission of the publisher.

本书中文简体字翻译版由圣智学习出版公司授权电子工业出版社独家出版发行。此版本仅限在中华人民共和国境内（不包括中国香港、澳门特别行政区及中国台湾）销售。未经授权的本书出口将被视为违反版权法的行为。未经出版者预先书面许可，不得以任何方式复制或发行本书的任何部分。

Cengage Learning Asia Pte. Ltd.
151 Lorong Chuan, #02-08 New Tech Park, Singapore 556741

本书封面贴有 Cengage Learning 防伪标签，无标签者不得销售。

版权贸易合同登记号　图字：01-2018-7253

图书在版编目（CIP）数据

电子表格建模与决策分析：第 8 版 /（美）克里夫·T. 拉格斯代尔（Cliff T. Ragsdale）著；贾俊秀译. —北京：电子工业出版社，2019.7
书名原文：Spreadsheet Modeling and Decision Analysis: A Practical Introduction to Business Analytics, Eighth Edition
ISBN 978-7-121-35408-3

Ⅰ. ①电… Ⅱ. ①克… ②贾… Ⅲ. ①表处理软件－应用－决策模型－高等学校－教材 Ⅳ. ①C934-39

中国版本图书馆 CIP 数据核字（2018）第 253359 号

责任编辑：窦　昊
印　　刷：三河市鑫金马印装有限公司
装　　订：三河市鑫金马印装有限公司
出版发行：电子工业出版社
　　　　　北京市海淀区万寿路 173 信箱　邮编：100036
开　　本：787×1 092　1/16　印张：41　字数：1076 千字
版　　次：2019 年 7 月第 1 版（原书第 8 版）
印　　次：2019 年 7 月第 1 次印刷
定　　价：128.00 元

凡所购买电子工业出版社图书有缺损问题，请向购买书店调换。若书店售缺，请与本社发行部联系，联系及邮购电话：(010) 88254888，88258888。
质量投诉请发邮件至 zlts@phei.com.cn，盗版侵权举报请发邮件至 dbqq@phei.com.cn。
本书咨询联系方式：(010) 88254466，douhao@phei.com.cn。

译 者 序

世界上首款电子表格软件于1978年由丹·鲁克林（Dan Bricklin）在哈佛大学攻读工商管理硕士时和好友鲍伯·法兰克斯顿（Bob Frankston）一起开发。从此，电子表格开始帮助人类进行更加精确和复杂的商业分析，也彻底改变了人们使用电脑的方式。1985年，微软推出第一款Excel电子制表软件，之后一直在发展。目前，全球每天有几亿用户使用Excel处理纷繁复杂的数据。更重要的是，电子表格的产生本身就是为了商业分析，因此Excel目前已经广泛地应用于求解商业决策问题的模型。《电子表格建模与决策分析》这本书重点将其应用于运筹学模型、预测模型和数据挖掘等的求解和分析中，为商业分析和决策分析做出了重大贡献。

本书不仅可以作为高等院校经济与管理专业本科生、研究生的教材，供商业和管理领域的研究和管理人员阅读使用，而且可以作为社会各个领域对科学管理和应用感兴趣的人士的重要阅读资料。本书共14章。第1章从商业分析概要开始，总体上阐述优化建模等方法在商业分析中的实际应用、管理决策中的锚定和框架效应、好决策和坏决策等重要问题。第2章到第8章讲了线性规划、灵敏度分析、网络流、整数规划、目标规划和多目标最优化、非线性规划和演化算法等确定型建模技术，并以商业实践中的经典问题或常见问题为例，应用ASP给出电子表格的求解和详细演示。第9章到第11章讲述回归分析、数据挖掘和时间序列分析等预测模型和预测方法，其中各类数据挖掘技术在电子表格中的应用非常适用于当前商界数据分析并可满足高校教学需求。第12章介绍描述型建模技术，其中给出"风险"这个在管理中非常重要的概念、相关典型问题与仿真等应用，这对理解管理决策问题的解决至关重要。第13章第14章分别为常规的排列论和决策分析内容，本书也结合贴近实际的示例做了详尽阐述。书中给出大量示例软件操作过程屏幕截图、案例和课后习题，读者如果能应用软件按照书中指导自学和练习，收获会更大。

本书由贾俊秀负责与组织书稿的总体翻译、审核和最终定稿，译者团队的全体博士和硕士研究生全程参与了书稿的资料准备、翻译与审校等工作，他们是博士生陈少华和黄雪茜，硕士生张瑞梅、张雪琪、薛萍萍、贾如娜、李迪、郝璐瑶和郭变飞。在此，衷心感谢译者团队每位成员在翻译及多次审校中的辛勤工作与努力付出；同时感谢电子工业出版社编辑团队对本版译著出版工作的大力推动与支持。本次翻译也感谢教育部人文社会科学基金项目（16XJA630003）、陕西高校人文社会科学青年英才支持计划、国家自然科学基金资助（71101113）、西安市软科学研究项目（3RK4SF7-1、SF1502-3）和中央高校基本科研业务专项基金资助（20106185472）项目的支持。译者由于学术水平和视野有限，对原著的理解和认识难免存在诸多不足之处，在此诚恳地欢迎广大读者批评指正，我们将根据读者的宝贵意见不断提高译著质量，为精确地表达和有效地传递原著内容本意而不懈努力！错误之处诚望读者指正。

　　这里要感谢我的所有老师，不仅感谢他们在管理科学学习、应用和发展方面的指导，更重要的是感谢他们在做事做人方面的态度对我的正向影响。我也要感谢我的爱人吴涛和女儿吴雨霏在本书的翻译和校稿期间给我的理解、支持、鼓励和爱。

贾俊秀

前　言

电子表格是当今最流行的常见软件包之一。每天，成千上万的商业人士使用电子表格程序建立其所面临决策问题的模型，这已经成为他们日常工作的一部分。因此，雇主在招聘人才时会寻找有电子表格经验和能力的人。

电子表格也已成为向商业和工程专业本科生和研究生介绍商业分析课程的概念和方法的标准工具。同时，它可提高学生使用当今商界标准工具的技能，并帮助他们打开眼界，了解如何将不同的量化分析技术运用到建模环境中。电子表格也俘获了学生的芳心，增加了新的商业分析功能和方法，这些功能和方法可以和商界一直在用的流行商业软件一起使用。

本书介绍最为常用的确定型、预测型和描述型商业分析技术，并给出使用 Microsoft Excel 实现这些技术的功能。有 Excel 的使用经验无疑会有所帮助，但没有经验也可使用本书。总之，熟悉计算机和电子表格概念的学生在使用本书时不会存在问题。在整本书中，我们一步一步地给出每个示例的操作说明和屏幕截图，并在需要时给出了软件使用提示。

第 8 版的新内容

第 8 版引入了 MindTap 这个新产品。在每一章，本书的全数字版本加强了如下几个方面的资料，以方便读者与课本相结合进行学习：视频和讨论、有大量反馈的小测验、作者讲解各章概念的视频和章末的电子版作业（便于随时调整让其正常运行）。如果你对上述新增功能感兴趣，请联系 Cengage Learning 公司的顾问。

第 8 版最重要的特征是聚焦商业分析并大量使用 Frontline System 公司开发的教育版分析式规划求解平台（Analytic Solver Platform，ASP）。教育版 ASP 是 Excel 的一个插件，提供访问分析工具的入口，可以运行优化、仿真、灵敏度分析、决策数分析和各种数据挖掘工具。教育版 ASP 使得运行多参数优化和仿真变得简单，并以集成和连贯的界面将优化技术应用到仿真模型中。ASP 也提供了令人赞叹的交互式仿真特性，只要手动修改电子表格，ASP 即可自动实时更新仿真结果。除此之外，当以"Guided Mode"模式运行时，ASP 为学生提供了上百个定制的对话框，用以诊断不同模型约束条件和解释求解问题的每个步骤。ASP 也包含 Frontline 的 XLMiner 产品，为不同数据挖掘工具（包括判别分析、逻辑回归、神经网络、分类和回归树、K 近邻法、聚类分析和关联分析）提供简单的访问入口。ASP 还提供大量其他功能，我相信，ASP 现在和将来会改变我们在定量分析教学中使用的方法。

与第 7 版相比，第 8 版做了如下改动：

- Microsoft Office 2016 的所有功能都可用。
- 本书配套的数据文件和软件可在本书指南网站下载。访问 www.CengageBrain.com，输入本书的 ISBN 就可以访问配套资料（英文原书的 ISBN：978-1-305-94741-2）。
- 第 1 章增加了对"好的决策"的扩展讨论和定义。

- 第 6 章的生产线平衡主题中增加了一节新内容。
- 第 10 章做了大量修改以体现 XLMiner 平台应用方面的变化,并增加了对精确度、召回率(灵敏度)、特异性、F1 分数和 ROC 曲线的讨论。
- 第 11 章介绍了新的稳态时间序列数据预测简化技术。
- 对每章后面的习题都做了多处新增和修改。

新特性

除了鲜明的电子表格导向,第 8 版还包含了若干不同于其他同类材料的独有特性。

- 代数公式与电子表格并行使用。
- 一步一步的操作说明和大量带注释的屏幕截图使得示例容易接受和理解。
- 重点放在模型的建立和解释而不是算法上。
- 真实的示例可激发大家对每个主题讨论的积极性。
- 示例问题的求解结果都从管理角度进行了分析。
- 增加了覆盖数据挖掘知识的一章,内容独特而易于理解。
- 名为"商业分析实践"的小节演示了每个主题在真实公司中是如何应用的。

组织结构

书中表格是按照传统的格式绘制的,但主题则以不同的方式来组织。本书第 1 章从商业分析概要开始。第 2 章到第 8 章覆盖了确定型建模技术的各种主题——线性规划、灵敏度分析、网络流、整数规划、目标规划和多目标最优化、非线性规划和演化规划。第 9 章到第 11 章讲述预测模型和预测方法——回归分析、数据挖掘和时间序列分析。第 12 章和第 13 章介绍描述型建模技术——仿真和排队论。第 14 章为决策分析。

教师若用本书教学,讲授完第 1 章后,很快地补一下电子表格的基本知识(输入和复制公式、基本格式设置和编辑等)是不错的主意。Excel 的概述内容可以访问本书的网络指南网站。完成这些,教师可开始讲解优化、回归、预测、数据挖掘、仿真等资料,这取决于你个人的爱好。有关排队论这章一般会引用仿真的内容,因此最好按顺序讨论各主题。

目 录

第1章　建模与决策分析引论 1
- 1.0　引言 1
- 1.1　决策建模方法 1
- 1.2　建模的特性和优点 3
- 1.3　数学模型 3
- 1.4　数学模型分类 4
- 1.5　商业分析与问题求解过程 5
- 1.6　锚定效应和框架效应 7
- 1.7　好的决策与好的结果 8
- 1.8　本章小结 9
- 1.9　参考文献 9
- 思考题与习题 11
- 案例1.1　Patrick的悖论 11

第2章　优化与线性规划引论 13
- 2.0　引言 13
- 2.1　数学优化的应用 13
- 2.2　优化问题的特征 14
- 2.3　优化问题的数学表达 14
  - 2.3.1　决策 14
  - 2.3.2　约束 14
  - 2.3.3　目标 15
- 2.4　数学规划方法 15
- 2.5　线性规划问题举例 15
- 2.6　建立线性规划模型 16
  - 2.6.1　建立线性规划模型的步骤 16
- 2.7　线性规划模型的例题小结 17
- 2.8　线性规划模型的一般形式 18
- 2.9　求解线性规划问题：直观法 18
- 2.10　求解线性规划问题：图解法 19
  - 2.10.1　绘制第一个约束条件 20
  - 2.10.2　绘制第二个约束条件 20
  - 2.10.3　绘制第三个约束条件 21
  - 2.10.4　可行域 21
  - 2.10.5　绘制目标函数 21
  - 2.10.6　使用等值线找到最优解 22
  - 2.10.7　通过枚举顶点找到最优解 23
  - 2.10.8　线性规划问题图解法小结 24
  - 2.10.9　理解事情如何变化 24
- 2.11　线性规划模型的特殊情况 24
  - 2.11.1　多个最优解 25
  - 2.11.2　多余约束 25
  - 2.11.3　无界解 27
  - 2.11.4　无可行解 28
- 2.12　本章小结 28
- 2.13　参考文献 29
- 思考题与习题 29
- 案例2.1　参数变化问题分析 34

第3章　电子表格中线性规划问题的建模与求解 35
- 3.0　引言 35
- 3.1　电子表格中的规划求解器 35
- 3.2　用电子表格求解线性规划问题 35
- 3.3　电子表格中求解线性规划模型的步骤 36
- 3.4　Blue Ridge浴缸问题的电子表格模型 37
  - 3.4.1　组织数据 37
  - 3.4.2　决策变量的表示 37
  - 3.4.3　目标函数的表示 38
  - 3.4.4　约束的表示 38
  - 3.4.5　决策变量限制的表示 39
- 3.5　规划求解器中的模型表述 39
- 3.6　ASP的使用 41
  - 3.6.1　定义目标单元格 41
  - 3.6.2　定义变量单元格 42
  - 3.6.3　定义约束单元格 43
  - 3.6.4　定义非负约束 44
  - 3.6.5　检查模型 45
  - 3.6.6　其他选项 46

3.6.7 问题求解	46
3.7 使用Excel内置的规划求解器	47
3.8 电子表格设计的目标和指导原则	47
3.9 生产还是购买	49
3.9.1 定义决策变量	50
3.9.2 定义目标函数	50
3.9.3 定义约束	50
3.9.4 建立模型	50
3.9.5 求解模型	52
3.9.6 分析最优解	52
3.10 投资问题	53
3.10.1 定义决策变量	53
3.10.2 定义目标函数	54
3.10.3 定义约束	54
3.10.4 建立模型	54
3.10.5 模型求解	56
3.10.6 分析最优解	56
3.11 运输问题	56
3.11.1 定义决策变量	57
3.11.2 定义目标函数	57
3.11.3 定义约束	58
3.11.4 建立模型	59
3.11.5 模型的启发式求解	60
3.11.6 问题求解	61
3.11.7 分析最优解	62
3.12 混合配比问题	62
3.12.1 定义决策变量	62
3.12.2 定义目标函数	63
3.12.3 定义约束	63
3.12.4 对约束、求解报告方式和系数比例的一些讨论	63
3.12.5 重新设定模型的系数比例	64
3.12.6 建立模型	65
3.12.7 问题求解	66
3.12.8 最优解分析	67
3.13 生产和库存计划问题	67
3.13.1 定义决策变量	67
3.13.2 定义目标函数	68
3.13.3 定义约束	68
3.13.4 建立模型	69

3.13.5 求解模型	71
3.13.6 分析最优解	71
3.14 多周期现金流量问题	72
3.14.1 定义决策变量	72
3.14.2 定义目标函数	73
3.14.3 定义约束	73
3.14.4 建立模型	75
3.14.5 求解模型	76
3.14.6 分析最优解	77
3.14.7 考虑风险因素的Taco-Viva问题修正（可选内容）	77
3.14.8 建立风险约束	79
3.14.9 求解模型	80
3.14.10 分析最优解	80
3.15 数据包络分析	81
3.15.1 定义决策变量	81
3.15.2 定义目标函数	82
3.15.3 定义约束	82
3.15.4 建立模型	83
3.15.5 求解模型	84
3.15.6 分析最优解	86
3.16 本章小结	88
3.17 参考文献	88
思考题与习题	89
案例3.1 将供应链连接起来	103
案例3.2 Baldwin公司的外汇交易业务	104
案例3.3 Wolverine制造公司退休基金	105
案例3.4 救助海牛	106
第4章 灵敏度分析和单纯形法	**108**
4.0 引言	108
4.1 灵敏度分析的目的	108
4.2 灵敏度分析的方法	108
4.3 案例	109
4.4 求解结果报表	110
4.5 灵敏度报表	111
4.5.1 目标函数系数变化	111
4.5.2 "假设其他条件不变"的说明	113
4.5.3 多重最优解	113
4.5.4 右端项的变化	113

4.5.5	非严格约束的影子价格	113
4.5.6	关于影子价格的说明	114
4.5.7	影子价格和附加资源的价值	115
4.5.8	影子价格的其他应用	115
4.5.9	差额成本（Reduced Cost）的意义	117
4.5.10	约束条件中系数变化的分析	118
4.5.11	同时改变多个目标函数系数	118
4.5.12	关于退化问题的警告	119
4.6	变量范围报表	119
4.7	特定的灵敏度分析法	120
4.7.1	建立雷达图和求解表	120
4.7.2	创建一个求解表	123
4.7.3	说明	125
4.8	鲁棒优化	125
4.9	单纯形法	128
4.9.1	利用松弛变量建立等式约束	128
4.9.2	基可行解	128
4.9.3	寻找最优解	130
4.10	本章小结	130
4.11	参考文献	131
思考题与习题		132
案例 4.1	坚果生产问题	139
案例 4.2	Parket Sisters 公司	140
案例 4.3	Kamm 工业公司	142

第 5 章 网络建模 144

5.0	引言	144
5.1	转运问题	144
5.1.1	网络流问题的特征	144
5.1.2	网络流问题的决策变量	145
5.1.3	网络流问题的目标函数	146
5.1.4	网络流问题的约束	146
5.1.5	在电子表格中建立模型	147
5.1.6	分析最优解	149
5.2	最短路径问题	150
5.2.1	示例的线性规划模型	151
5.2.2	电子表格模型及最优解	152
5.2.3	网络流模型及整数解	153
5.3	设备更新问题	154

5.3.1	电子表格模型及最优解	155
5.4	运输/指派问题	156
5.5	广义网络流问题	157
5.5.1	再生问题的线性规划模型	158
5.5.2	求解模型	159
5.5.3	分析最优解	160
5.5.4	广义网络流问题及可行性	161
5.6	最大流量问题	163
5.6.1	最大流量问题的示例	163
5.6.2	电子表格模型及最优解	165
5.7	建模的特别考虑	166
5.8	最小生成树问题	169
5.8.1	最小生成树问题的一个算法	169
5.8.2	求解例题	170
5.9	本章小结	171
5.10	参考文献	171
思考题与习题		172
案例 5.1	Hamilton & Jacobs 投资公司	184
案例 5.2	Old Dominion 能源公司	185
案例 5.3	美国速递公司	186
案例 5.4	Major 电气公司	187

第 6 章 整数线性规划 189

6.0	引言	189
6.1	整数约束	189
6.2	放松约束	190
6.3	放松约束 LP 的求解	191
6.4	边界	192
6.5	取整	193
6.6	算法终止规则	194
6.7	整数线性规划问题的规划求解器求解	195
6.8	其他整数线性规划问题	197
6.9	员工调度问题	197
6.9.1	定义决策变量	198
6.9.2	定义目标函数	198
6.9.3	定义约束条件	199
6.9.4	有关约束的注意事项	199
6.9.5	建立模型	199
6.9.6	求解模型	200

6.9.7	分析最优解	201
6.10	二进制变量	201
6.11	资金预算问题	201
6.11.1	定义决策变量	202
6.11.2	定义目标函数	202
6.11.3	定义约束条件	202
6.11.4	设定二进制变量	203
6.11.5	建立模型	203
6.11.6	求解模型	203
6.11.7	最优解与启发式解的比较	204
6.12	二进制变量与逻辑约束	205
6.13	生产线平衡问题	205
6.13.1	定义决策变量	205
6.13.2	定义约束条件	206
6.13.3	定义目标函数	207
6.13.4	建立模型	207
6.13.5	分析最优解	209
6.13.6	扩展	210
6.14	固定费用问题	212
6.14.1	定义决策变量	213
6.14.2	定义目标函数	213
6.14.3	定义约束条件	213
6.14.4	确定"大 M"值	214
6.14.5	建立模型	214
6.14.6	求解模型	215
6.14.7	分析最优解	216
6.14.8	函数 IF() 的说明	216
6.15	订货/采购量最小化	217
6.16	数量折扣问题	218
6.16.1	建立模型	218
6.16.2	缺少的约束	219
6.17	合同签订问题	219
6.17.1	构建模型：目标函数和运输约束	220
6.17.2	建立运输约束	220
6.17.3	构建模型：副约束	221
6.17.4	建立副约束	222
6.17.5	求解模型	223
6.17.6	分析最优解	223
6.18	分支定界法（选修）	224
6.18.1	分支	225
6.18.2	定界	226
6.18.3	再分支	226
6.18.4	再定界	228
6.18.5	分支定界法例题小结	228
6.19	本章小结	229
6.20	参考文献	229
思考题与习题		230
案例 6.1	木材采伐问题的优化	246
案例 6.2	Old Dominion 的电力调度	247
案例 6.3	MasterDebt 锁箱问题	248
案例 6.4	蒙特利尔除雪问题	249

第 7 章　目标规划与多目标优化 251

7.0	引言	251
7.1	目标规划	251
7.2	目标规划例子	252
7.2.1	定义决策变量	252
7.2.2	定义目标	252
7.2.3	定义目标约束	253
7.2.4	定义硬约束	253
7.2.5	目标规划的目标函数	254
7.2.6	定义目标函数	255
7.2.7	建立模型	255
7.2.8	求解模型	257
7.2.9	分析求解结果	258
7.2.10	修改模型	258
7.2.11	权衡：目标规划的本质	259
7.3	有关目标规划的说明	259
7.4	多目标最优化	260
7.5	多目标最优化例子	261
7.5.1	定义决策变量	262
7.5.2	定义目标函数	262
7.5.3	定义约束条件	262
7.5.4	建立模型	262
7.5.5	确定目标函数的目标值	263
7.5.6	汇总目标解	265
7.5.7	确定目标规划的目标函数	266
7.5.8	最小化最大目标	266
7.5.9	建立修订模型	267

7.5.10	求解模型	268
7.6	有关多目标线性规划的说明	269
7.7	本章小结	270
7.8	参考文献	271
	思考题与习题	271
案例 7.1	在蒙特利尔清除积雪	281
案例 7.2	食品券项目的营养计划	282
案例 7.3	Caro-Life 公司销售区域计划	283

第 8 章 非线性规划和演化算法 ··· 285

8.0	引言	285
8.1	非线性规划问题的本质	285
8.2	非线性规划问题的求解策略	286
8.3	局部最优解和全局最优解	287
8.4	经济订货批量模型	289
8.4.1	建立模型	291
8.4.2	求解模型	292
8.4.3	分析最优解	293
8.4.4	对 EOQ 模型的说明	293
8.5	选址问题	294
8.5.1	定义决策变量	295
8.5.2	定义目标函数	295
8.5.3	定义约束条件	295
8.5.4	建立模型	295
8.5.5	求解模型并分析最优解	296
8.5.6	该问题的另一个解	297
8.5.7	选址问题的一些说明	298
8.6	非线性网络流问题	298
8.6.1	定义决策变量	299
8.6.2	定义目标	299
8.6.3	定义约束	299
8.6.4	建立模型	300
8.6.5	求解模型并分析最优解	302
8.7	项目选择问题	302
8.7.1	定义决策变量	302
8.7.2	定义目标函数	303
8.7.3	定义约束	303
8.7.4	建立模型	304
8.7.5	求解模型	305
8.8	现有财务电子表格模型的优化	306
8.8.1	建立模型	306
8.8.2	最优化电子表格模型	307
8.8.3	分析最优解	308
8.8.4	对优化现有电子表格的说明	308
8.9	投资组合问题	309
8.9.1	定义决策变量	310
8.9.2	定义目标	310
8.9.3	定义约束	311
8.9.4	建立模型	311
8.9.5	分析最优解	313
8.9.6	处理投资组合问题中的目标冲突	314
8.10	灵敏度分析	315
8.10.1	拉格朗日乘数	317
8.10.2	简约梯度	317
8.11	求解非线性规划的规划求解器选项	317
8.12	演化算法	318
8.13	组建公平的团队	319
8.13.1	该问题的电子表格模型	320
8.13.2	求解模型	321
8.13.3	分析最优解	322
8.14	旅行商问题	322
8.14.1	问题的电子表格模型	322
8.14.2	求解模型	324
8.14.3	分析最优解	325
8.15	本章小结	325
8.16	参考文献	325
	思考题与习题	326
案例 8.1	欧洲之旅	340
案例 8.2	选举下一任总统	340
案例 8.3	在 Wella 公司生产窗户	341
案例 8.4	报纸广告插页调度	342

第 9 章 回归分析 ··· 344

9.0	引言	344
9.1	例题	344
9.2	回归模型	345
9.3	简单的线性回归分析	347
9.4	定义拟合优度	347
9.5	用 "规划求解器" 求解问题	348

9.6	用回归工具求解问题	350
9.7	估算拟合度	351
9.8	R^2统计量	353
9.9	进行预测	354
	9.9.1 标准差	355
	9.9.2 新的Y值预测区间	355
	9.9.3 Y平均值的置信区间	357
	9.9.4 外推法	357
9.10	总体参数的统计测试	358
	9.10.1 方差分析	358
	9.10.2 统计检验假设	359
	9.10.3 统计检验	360
9.11	多元回归简介	360
9.12	多元回归分析举例	362
9.13	选择模型	363
	9.13.1 只有一个自变量的模型	363
	9.13.2 有两个自变量的模型	364
	9.13.3 增大的 R^2	365
	9.13.4 修正 R^2 统计量	366
	9.13.5 含有两个自变量的最佳模型	366
	9.13.6 多重共线性	366
	9.13.7 具有三个自变量的模型	366
9.14	进行预测	367
9.15	二进制自变量	368
9.16	总体参数的统计检验	369
9.17	多项式回归	369
	9.17.1 用线性模型描述非线性关系	370
	9.17.2 非线性回归小结	373
9.18	本章小结	373
9.19	参考文献	374

思考题与习题 374

案例9.1 钻石恒久远 381

案例9.2 佛罗里达州的惨败 382

案例9.3 佐治亚州公共服务委员会 382

第10章 数据挖掘 384

10.0	引言	384
10.1	数据挖掘概述	384
10.2	分类	386
	10.2.1 分类示例	387
10.3	分类数据的分区	393
10.4	判别分析	394
	10.4.1 判别分析举例	396
10.5	逻辑回归	401
	10.5.1 逻辑回归举例	402
10.6	k近邻法	405
	10.6.1 k近邻法举例	405
10.7	分类树	408
	10.7.1 分类树举例	409
10.8	神经网络	412
	10.8.1 神经网络举例	414
10.9	朴素贝叶斯	416
	10.9.1 朴素贝叶斯举例	417
10.10	有关分类的说明	421
	10.10.1 组合分类	421
	10.10.2 数据测试的作用	421
10.11	预测	421
10.12	关联规则（关联分析）	422
	10.12.1 关联规则举例	423
10.13	聚类分析	425
	10.13.1 聚类分析举例	425
	10.13.2 k均值聚类举例	426
	10.13.3 分层聚类举例	428
10.14	时间序列	429
10.15	本章小结	430
10.16	参考文献	430

思考题与习题 431

案例10.1 检测管理舞弊 434

第11章 时间序列预测 435

11.0	引言	435
11.1	时间序列方法	435
11.2	测量精度	436
11.3	稳态模型	436
11.4	移动平均	437
	11.4.1 用移动平均模型预测	439
11.5	加权移动平均	440
	11.5.1 用加权移动平均模型预测	441
11.6	指数平滑法	442
	11.6.1 用指数平滑模型预测	444

11.7 季节性 ······ 444
11.8 具有加性季节效应的稳态数据 ······ 445
    11.8.1 用模型预测 ······ 448
11.9 具有乘性季节效应的稳态数据 ······ 449
    11.9.1 用模型预测 ······ 451
11.10 趋势模型 ······ 452
    11.10.1 举例 ······ 452
11.11 双重移动平均法 ······ 453
    11.11.1 用模型预测 ······ 454
11.12 双重指数平滑法（霍尔特法） ······ 455
    11.12.1 用霍尔特法预测 ······ 457
11.13 加性季节效应的霍尔特-温纳法 ······ 458
    11.13.1 用霍尔特-温纳法加性效应模型预测 ······ 461
11.14 乘性季节效应的霍尔特-温纳法 ······ 461
    11.14.1 用霍尔特-温纳法乘性效应模型预测 ······ 464
11.15 使用回归对时间序列趋势建模 ······ 464
11.16 线性趋势模型 ······ 464
    11.16.1 用线性趋势模型预测 ······ 466
11.17 二次趋势模型 ······ 466
    11.7.1 用二次趋势模型预测 ······ 468
11.18 用回归模型对季节性建模 ······ 468
11.19 用季节指数调整趋势预测 ······ 469
    11.19.1 计算季节指数 ······ 469
    11.19.2 用季节指数预测 ······ 470
    11.19.3 改进季节指数 ······ 471
11.20 季节回归模型 ······ 473
    11.20.1 季节模型 ······ 474
    11.20.2 用季节回归模型预测 ······ 476
11.21 联合预测 ······ 476
11.22 本章小结 ······ 477
11.23 参考文献 ······ 477
思考题与习题 ······ 478
案例 11.1 PB 化学公司 ······ 486
案例 11.2 预测 COLA ······ 487
案例 11.3 Fysco 食品公司的战略计划 ······ 488

第 12 章 Analytic Solver Platform 仿真入门 ······ 490
12.0 引言 ······ 490

12.1 随机变量和风险 ······ 490
12.2 为什么分析风险 ······ 491
12.3 风险分析方法 ······ 491
    12.3.1 最好/最坏情形分析 ······ 491
    12.3.2 假设分析 ······ 492
    12.3.3 仿真 ······ 492
12.4 企业健康保险的例子 ······ 493
    12.4.1 基本模型的说明 ······ 494
12.5 使用 ASP 的电子表格仿真 ······ 495
    12.5.1 ASP 介绍 ······ 495
12.6 随机数发生器 ······ 495
    12.6.1 离散和连续随机变量 ······ 496
12.7 准备仿真模型 ······ 497
    12.7.1 RNG 备选输入方法 ······ 499
12.8 运行仿真 ······ 500
    12.8.1 选择要追踪的输出单元格 ······ 501
    12.8.2 选择复制次数 ······ 501
    12.8.3 选择工作表所显示的内容 ······ 502
    12.8.4 运行仿真 ······ 503
12.9 数据分析 ······ 503
    12.9.1 最好情形和最坏情形 ······ 503
    12.9.2 输出单元格的频次分布 ······ 504
    12.9.3 输出单元格的累积分布 ······ 505
    12.9.4 获得其他累积概率 ······ 505
    12.9.5 灵敏度分析 ······ 506
12.10 抽样的不确定性 ······ 506
    12.10.1 为真实总体均值构建置信区间 ······ 507
    12.10.2 建立总体比例的置信区间 ······ 508
    12.10.3 样本容量和置信区间宽度 ······ 509
12.11 交互式仿真 ······ 509
12.12 仿真的益处 ······ 510
12.13 仿真的其他应用 ······ 511
12.14 预订管理示例 ······ 511
    12.14.1 建立模型 ······ 512
    12.14.2 多重仿真的细节 ······ 513
    12.14.3 运行仿真 ······ 514
    12.14.4 数据分析 ······ 514
12.15 库存控制举例 ······ 515
    12.15.1 创建 RNG ······ 516
    12.15.2 建立模型 ······ 517

12.15.3	复制模型	519
12.15.4	优化模型	520
12.15.5	分析最优解	525
12.15.6	其他风险测量	526
12.16	项目选择举例	527
12.16.1	电子表格模型	528
12.16.2	用ASP求解和分析问题	529
12.16.3	考虑另一个最优解	530
12.17	投资组合优化举例	531
12.17.1	电子表格模型	532
12.17.2	用ASP求解问题	534
12.18	本章小结	535
12.19	参考文献	536
思考题与习题		537
案例12.1	生活美好亦或破产离世	547
案例12.2	死亡和税收	548
案例12.3	Sound's Alive 公司	549
案例12.4	Foxridge投资集团	552

第13章 排队论 …… 554

13.0	引言	554
13.1	排队模型的目的	554
13.2	排队系统的结构	555
13.3	排队系统的特征	556
13.3.1	到达率	556
13.3.2	服务率	558
13.4	Kendall 记号	559
13.5	排队模型	559
13.6	M/M/s 模型	560
13.6.1	举例	561
13.6.2	当前情况	561
13.6.3	增加一个服务者	562
13.6.4	经济分析	563
13.7	有限队长的M/M/s模型	563
13.7.1	当前情况	564
13.7.2	增加一个服务者	564
13.8	有限客源的M/M/s模型	565
13.8.1	举例	566
13.8.2	当前情况	566
13.8.3	增加服务者	567
13.9	M/G/1 模型	568
13.9.1	当前情况	569
13.9.2	购买自动分装设备	569
13.10	M/D/1 模型	570
13.11	仿真队列和稳态假设	571
13.12	本章小结	572
13.13	参考文献	572
思考题与习题		573
案例13.1	警察你在吗	578
案例13.2	Vacations 公司呼叫中心的人员安排	578
案例13.3	Bulseye 百货公司	579

第14章 决策分析 …… 580

14.0	引言	580
14.1	好决策和好结果	580
14.2	决策问题的特征	581
14.3	一个例子	581
14.4	收益矩阵	582
14.4.1	决策备选方案	582
14.4.2	自然状态	582
14.4.3	损益值	583
14.5	决策准则	583
14.6	非概率方法	584
14.6.1	最大最大化（Maximax）决策准则	584
14.6.2	最小最大化（Maximin）决策准则	585
14.6.3	最大后悔最小化决策准则	585
14.7	概率方法	587
14.7.1	期望值	587
14.7.2	期望后悔值	588
14.7.3	灵敏度分析	589
14.8	完全信息的期望价值	591
14.9	决策树	592
14.9.1	反推决策树	593
14.10	用ASP创建决策树	594
14.10.1	添加事件节点	595
14.10.2	确定收益和EMV值	597
14.10.3	其他特征	598

14.11	多级决策问题 ················· 598	
	14.11.1 多级决策树 ············ 599	
	14.11.2 风险剖析图 ············ 599	
14.12	灵敏度分析 ···················· 600	
	14.12.1 龙卷风图表 ············ 601	
	14.12.2 策略表 ················ 603	
	14.12.3 策略图表 ·············· 604	
14.13	样本信息在决策中的应用 ········ 606	
	14.13.1 条件概率 ·············· 607	
	14.13.2 样本信息的期望值 ······ 608	
14.14	条件概率的计算 ··············· 608	
	14.14.1 贝叶斯定理 ············ 610	
14.15	效用函数 ······················ 611	
	14.15.1 效用函数 ·············· 611	
	14.15.2 构造效用函数 ·········· 612	
	14.15.3 使用效用进行决策 ······ 614	
	14.15.4 指数效用函数 ·········· 614	
	14.15.5 决策树中使用效用 ······ 615	

14.16 多标准决策 ···················· 617
14.17 多准则记分模型 ················ 617
14.18 层次分析法 ···················· 619
    14.18.1 两两比较 ················ 620
    14.18.2 归一化比较 ·············· 621
    14.18.3 一致性 ·················· 621
    14.18.4 其他标准的分数 ·········· 623
    14.18.5 计算标准权重 ············ 623
    14.18.6 建立评分模型 ············ 624
14.19 本章小结 ······················ 624
14.20 参考文献 ······················ 625
思考题与习题 ························ 626
案例 14.1 Prezcott 制药公司 ··········· 635
案例 14.2 坚持还是放弃？············ 636
案例 14.3 Larry Junior 应该上诉
        还是和解？················ 636
案例 14.4 电子表格之战 ·············· 638

第 1 章 建模与决策分析引论

1.0 引言

本书书名为《电子表格建模与决策分析》。首先讨论这个书名的确切含义。在实际生活中，我们必须不断做出决策，并希望这些决策能够解决问题，以为自己或所在的组织创造更多的机会。但做出好的决策并不是一件容易的事。在今天这种竞争激烈、数据密集、节奏快的商业环境中，决策者面对的问题通常极其复杂、解决方案多样，评估这些方案并从中选择最优的实施步骤就是决策分析的本质。

自 20 世纪 80 年代早期电子表格问世以来，上百万的商业人士发现分析和评估决策方案的最有效方法之一，是使用电子表格建立他们面临的商业机会及决策问题的计算机模型。**计算机模型**是计算机中的一组数学关系和逻辑假设，代表一些真实世界中的物体、决策问题或现象。如今，电子表格为商业人士提供了方便和实用的建立和分析计算机模型的方法。事实上，多数商业人士把电子表格视为除大脑外最重要的分析工具！使用**电子表格模型**（通过电子表格建立的计算机模型），商业人士可在实施一个特定计划前先分析备选的决策方案。

本书将介绍商业分析领域的各种技术，这些技术可以应用到电子表格模型中以帮助决策分析过程。为此，我们将**商业分析**定义为一个利用数据、计算机、统计学和数学解决商业问题的研究领域，它要求使用科学的方法和工具推动商业决策，是一门做出更好决策的科学。商业分析有时也被称为运筹学、管理科学或决策科学。图 1.1 汇总了商业分析成功应用到多种真实场景的案例。

在不远的过去，商业分析是高度专业化的领域，只有那些可以接触到大型计算机及具有高等数学、计算机编程语言知识和专业软件包的人才能够使用。但个人计算机的不断增长及易于使用的电子表格的发展，使商业分析工具更加实用且能够被更多人使用。实际上，现在每个使用电子表格建模和决策的人都是商业分析的实践者——不管他们是否意识到了这一点。

1.1 决策建模方法

在问题求解和决策分析中使用模型并不是新的思想，也不是一定要和计算机一起使用。在某种程度上，我们都有使用建模方法进行决策的经历。例如，当你搬进一个新宿舍或公寓时，会面临如何在新居中摆家具的决策。有多种可考虑的摆放方式。一种摆放方式可以留出广阔的空间，但需要建造阁楼；另一种则给你较小的空间，但是可以免去修建阁楼的麻烦和费用。当分析这些不同的摆放方式并做出决策时，你并没有真正修建阁楼，更有可能的是在脑海中构建了这两种摆放方式的**思维模型**（或称为**心智模型**），在大脑中描绘出每种摆放方式的图形。因此，有时一种简单的心智模型就是分析问题和进行决策所需的全部。

> **商业分析成功运营案例**
>
> 在过去的几十年间,商业分析项目为各行各业的公司节约或创造了上百万美元。每年,运筹学和管理科学学会(INFORMS)都会发起 Franz Edelman 奖的评选,遴选出过去一年最杰出的商业分析项目。以下是选自 2013—2014 年度 Edelman 奖项中一些"成功运营"的案例。
>
> - Chevron 创建了一种优化软件工具,用于其所有的精炼厂。该公司使用此工具进行业务和战略计划,用于优化原油和产品的混合生产,确定炼油操作设置和计划资金支出等。这种建模工作是 Chevron 公司商业流程和企业文化中不可或缺的一部分。Chevron 公司的优化工作每年能节省大概十亿美元。
> - 20 世纪 80 年代,戴尔公司通过允许顾客订购自选配置的电脑而获得成功。最近,戴尔涉足固定硬件配置市场(FHC),以应对日益激烈的竞争。戴尔的分析团队利用多种统计工具创建了一系列固定硬件配置技术并提高其网站设计。分析团队还创建了分析供给和需求变化的模型,以确定何时使用何种促销方式。通过减少必需的降价、提高在线顾客转化率、提高物流和提升顾客满意度等方面的努力,为公司产生了超过 1.4 亿美元的收益。
> - Kroger 公司在食品连锁店经营 1950 家药店。利用真实的需求数据,该公司的分析团队创建了一个仿真—优化模型来确定药店每种药品的订货点和订购基准点。这项分析工作减少了每年 160 万张处方的脱销药品,降低了超过 1.2 亿美元的库存,增加了大约 8000 万美元的年收益。
> - 国家广播网络公司(NBNC)是一家国有机构,负责在澳大利亚各地提供宽带网络服务。最近,国家广播网络公司与一家分析咨询公司合作开发了一套优化网络设计的混合整数规划模型,为大约 800 万个地点提供宽带覆盖。设计时间的降低和节省的其他费用总估值在 17 亿美元左右。
> - 配对捐赠联盟(APD)旨在为每个需要移植的病人提供活体肾,以挽救生命。需要肾移植的人往往有愿意捐献的亲属或朋友,但捐献者的肾往往与预期的接受者不相容。与其他病人的捐赠者配对交换有时可以克服这些不相容性。配对捐赠联盟使用整数规划技术为这种肾脏交换确定最佳的配对。从 2006 年起,配对捐赠联盟的努力已经拯救了 220 多个生命——这些是无价的。

图 1.1 商业分析成功运用的案例

对于更复杂的决策问题,构建心智模型也许不可能或不够充分,需要其他类型的模型。例如,房屋或建筑物的一组草图或设计图提供了真实建筑的**视觉模型**,这些草图有助于解释该建筑建好时它的各部分如何组合在一起。路线图是另一种视觉模型,它帮助司机分析从一个地点到另一个地点的不同路线。

你或许在电视上看到过汽车广告,汽车工程师用**实体模型或缩尺模型**研究各种汽车设计的气体力学,以便发现产生最小风阻和最节约燃料的形状。类似地,航空工程师利用飞机的缩尺模型研究各种机身和机翼设计的飞行性能,土木工程师则利用建筑物和桥梁的缩尺模型来研究不同结构技术的强度。

另一种通用模型是**数学模型**,这种模型利用数学关系描述或表示一个研究对象或决策问题。在本书中,我们将研究如何在计算机上用电子表格建立和分析各种数学模型。但在对电子表格模型进行深入讨论前,我们要先了解建模的特性和优点。

1.2 建模的特性和优点

虽然本书的重点是在计算机上通过电子表格运行数学模型，但前面给出的非数学模型示例也值得我们多多讨论，因为它们通常有助于解释很多重要的建模特性和优点。第一，前面提到的模型通常都是其所表示的物体或决策问题的简化形式。为了研究汽车设计的气体力学，不需要建造带有发动机和音响的完整汽车，这些部件对气体力学没有任何影响。所以，虽然模型通常是实体的简化表示，但只要模型是有效的，它就是有用的。**有效模型**是对所研究的物体或决策问题相关特性的精确表示。

第二，使用模型分析决策问题的费用通常很低。对于诸如汽车和飞机这种高价物品，低费用尤其容易理解。除了建立模型的财务成本比较低，对模型的分析还可以避免因决策失误而导致的高额成本。例如，用飞机的缩尺模型来发现机翼设计的缺陷，比在一架满载的喷气式客机坠毁之后再发现设计缺陷的成本要低得多。

Brock 糖果公司的前执行副总裁 Frank Brock，讲述过他的公司为一种新的生产设备设计草图的故事。在经过几个月细心的设计工作后，他自豪地向几位生产工人展示了他的计划。当他征求生产工人的建议时，一位工人回答道："Brock 先生，这是一套很好的设备，但是食糖阀门与蒸汽阀门间好像距离 20 英尺（1 英尺=30.48 厘米）。"Brock 问："那有什么问题吗？""哦，没什么。"这位工人说，"只是我必须用我的双手同时控制两个阀门。"[1] 不用说，在按照原计划浇筑混凝土和铺设管道前利用视觉模型发现和纠正这个"小"问题是很省钱的。

第三，模型通常会及时地传达需求信息。制造和分析汽车或飞机的缩尺模型要比制造和分析真实的汽车或飞机快得多，这很容易理解。当重要的数据只能延时获得时，时限也就成为一个问题。在这种情况下，构造一个模型来预测这些缺失的数据有助于当前的决策。

第四，模型可频繁地用于检查实际中不可能做到的事情。例如，人体模型（碰撞假人可）用于碰撞测试，观察一辆车高速撞上一堵砖墙时真人会发生什么。同样，DNA 模型可以显示分子是如何结合在一起的。不通过模型，做这两件事情就会非常困难。

第五，可能更重要的是，模型可以帮助我们获得对所研究对象或决策问题的认识和理解。使用模型的最终目的是提高决策质量。正如将要看到的，建立模型的过程可以对问题有更深的理解。在一些情况下，决策可能会在建立模型的同时做出，因为之前对问题误解的成分被发现或消除了；在另外一些情况下，对已建好的模型的仔细分析则需要"抓住"问题的实质并加深对所做决策的理解。在任何情况下，加深对建模过程的洞察最终都会导致更好的决策。

1.3 数学模型

正如之前所提到的，本书中的建模方法与汽车和飞机的缩尺模型、生产设备的视觉模型很不相同。我们建立的模型是使用数学来描述一个决策问题。我们使用广义上的"数学"概念，不仅包含最熟悉的数学元素，如代数，而且包含相关的逻辑主题。

现在，考虑数学模型的一个简单例子：

$$利润 = 收益 - 成本 \tag{1.1}$$

式（1.1）描述了收益、成本和利润之间的简单关系。这是一种数学关系，描述了计算利润的运算或利润的数学模型。当然，并不是所有模型都这么简单，但一步一步来，我们后面要讨

---

[1] Colson, Charles and Jack Eckerd. *Why America Doesn't Work* (Denver, Colorado: Word Publishing, 1991)146-147.

论的模型也不会比这个模型复杂太多。

一般来说，数学模型描述函数关系。例如，式（1.1）的数学模型描述了收益、成本和利润之间的函数关系。利用数学符号，该函数关系可以表示为

$$利润 = f(收益，成本) \qquad (1.2)$$

换言之，上面的表达式意味着"利润是收益和成本的函数"。也可以说，利润取决于（或依赖于）收益和成本。因此，式（1.2）中的利润代表一个因变量，而收益和成本是自变量。通常，我们会用简单的符号（如 A, B, C）表示等式中的变量。如在式（1.2）中，若令 Y, X_1 和 X_2 分别表示利润、收益和成本，则式（1.2）可改写为

$$Y = f(X_1, X_2) \qquad (1.3)$$

符号 $f(\cdot)$ 代表因变量 Y 和自变量 X_1, X_2 之间关系的函数。在用收益和成本确定利润的情况下，函数 $f(\cdot)$ 的数学形式很简单，因为我们知道 $f(X_1, X_2) = X_1 - X_2$。然而，在许多其他建模情形中，函数 $f(\cdot)$ 的形式很复杂且涉及很多自变量。但是，不论 $f(\cdot)$ 多么复杂或涉及多少个自变量，在商业环境中遇到的许多决策问题都可以表示为如下的通用模型：

$$Y = f(X_1, X_2, \cdots, X_k) \qquad (1.4)$$

在式（1.4）中，因变量 Y 表示建模所解决问题的重要绩效的度量。符号 $X_1, X_2, \cdots, X_k$ 表示不同的自变量，这些自变量在确定 Y 的取值时有着重要的作用或影响。同样，$f(\cdot)$ 是定义或描述因变量和自变量之间关系的函数（可能相当复杂）。

式（1.4）所表示的关系与出现在大多数电子表格模型中的关系很相似。考虑如图 1.2 所示的计算汽车贷款月付款的一个简单电子表格模型。

图 1.2 中的电子表格有许多输入单元格（如购买价格、预付定金、折价物、贷款期限、年利率），这些单元格对应于式（1.4）中的自变量 $X_1, X_2, \cdots, X_k$。同样地，各种数学运算会使用到这些输入单元格，计算方式类似于式（1.4）中的函数 $f(\cdot)$。这些数学运算的结果会确定与式（1.4）中因变量 Y 相对应的电子表格中的输出单元格的数值（如月支付额）。因此，式（1.4）与图 1.2 中的电子表格存在直接的对应关系。本书中的大多数电子表格模型均存在这种关系。

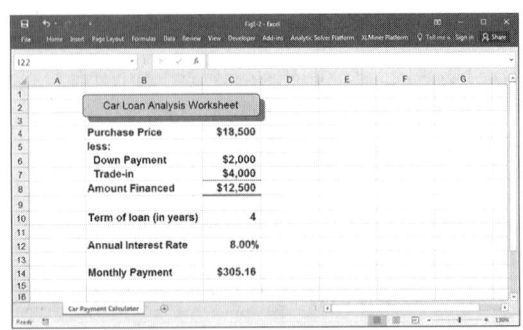

图 1.2 一个简单的电子表格模型

1.4 数学模型分类

式 1.4 不仅描述了数学模型或电子表格模型的主要成分，而且提供了一种对比确定型模型、预测型模型和描述型模型这 3 种建模技术的方便方法。图 1.3 总结了与这 3 种类型相关的特征和方法。

类别	模型特征		商业分析方法
	$f(\cdot)$的形式	自变量的值	
确定型模型	已知的，定义明确的	已知或在决策者的控制下	线性规划、网络模型、整数规划、关键路径法、目标规划、经济订购批量、非线性规划
预测型模型	未知的，定义不明确的	已知或在决策者的控制下	回归分析、时间序列分析、判别分析、神经网络、逻辑回归、亲和度分析、聚类分析
描述型模型	已知的，定义明确的	未知或不确定	仿真、排队论、计划评审技术、存储模型

图1.3 商业分析建模技术的种类和特征

在某些情况下，管理者可能面对的决策问题中自变量 $X_1, X_2, \cdots, X_k$ 和因变量 Y 之间有很精确的、定义明确的函数关系 $f(\cdot)$。如果自变量的取值决策者可控制，那么这类决策问题可归结为确定自变量 $X_1, X_2, \cdots, X_k$ 的值，从而产生因变量 Y 的可能的最好结果。这种类型的模型称为**确定型模型**，因为它的解告诉决策者应该采取的行动。例如，你可能关注如何把一笔给定的资金分配到不同的投资类型（用自变量表示），以在不超过一定风险水平的同时使投资组合收益最大。

第二类决策问题是这样一种问题：其目标是当自变量 $X_1, X_2, \cdots, X_k$ 取特定值时预测或估计因变量 Y 取什么值。如果联系因变量和自变量的函数 $f(\cdot)$ 是已知的，那么这是一项简单的工作——简单地将自变量 $X_1, X_2, \cdots, X_k$ 的特定数值代入函数 $f(\cdot)$ 计算 Y 值。但在有些情况下，$f(\cdot)$ 的函数形式可能是未知的，必须进行估计以便决策者预测因变量 Y。这种类型的模型称为**预测型模型**。例如，房地产评估师可能知道商业房产的销售价格（Y）受房产总面积（X_1）、房龄（X_2）及其他因素的影响。但是，这些变量间的函数关系 $f(\cdot)$ 可能是未知的。通过分析其他商业房产的销售价格、总面积和房龄之间的关系，房地产评估师可以用一个合理精确的形式来确定这些变量间的函数 $f(\cdot)$。

在商界中可能遇到的第三种模型是**描述型模型**。在这类模型中，管理者可能面临自变量 $X_1, X_2, \cdots, X_k$ 和因变量 Y 间存在精确的、定义明确的函数关系 $f(\cdot)$ 的决策问题。但是，在自变量 $X_1, X_2, \cdots, X_k$ 中可能有一个或多个要采取的数值存在很大的不确定性。这类问题的目标是描述一个给定运营系统的产出或行为。例如，假设一家公司正在建造一种新的生产设施，且对即将安装在新工厂的设备类型有几种选择，同时，安放这些机器也有多种方案可供选择。管理层可能会研究工厂的各种安放机器的方案如何影响设备的按时交货（Y），而其中收到的订单量 X_1 是不确定的，这些订单所需的到货日期 X_2 也是不确定的。

1.5 商业分析与问题求解过程

商业分析的重点是识别和充分利用商业机会，而商业**机会**通常可以看成或用公式表示为需要解决的决策**问题**。因此，在本书中，"机会"和"问题"这两个词多多少少是同义的。事实上，文中一些地方使用 probortunity 这个词是想表达"每一个问题也是一个机会"的意思。

我们一直在讨论，构建模型的最终目标是辅助管理者给出解决问题的决策。将要学到的建模方法是解决问题的整个过程中看似很小的部分，却是重要的部分。这里讨论的"问题求解（解决）过程"通常是指利用某种商业机会。要成为一名成功的建模者，需要懂得如何将建立模型置于问题求解的整个过程中。因为模型可以用来表示一个决策问题或一种现象，所以在问题求解过程中，可以构建一个能够反映所发生现象的视觉模型——我们称之为问题求解过程。虽然各种模型同样有效，但图1.4中汇总的是问题求解过程中的主要因素，足以帮助我们实现目标。

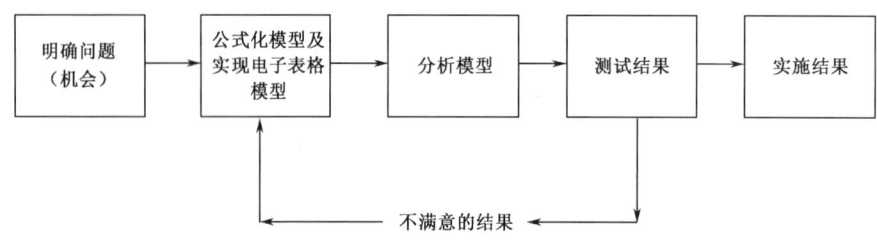

图 1.4　问题求解过程的形象模型

问题求解的第一步，**明确问题**（机会）是最重要的。如果我们不能明确商业机会所呈现出来的正确的决策问题，那么接下来的所有工作就等于浪费精力、时间和金钱。遗憾的是，明确要解决的问题并非看上去那么简单。当现实情况与期望的结果之间存在分歧或不一致时，我们知道出问题了。但是，通常我们面对的问题不是有条理的、良定义的。相反，我们总是发现面临的问题是一片"混乱"[2]！真正明确一个问题，需要收集大量信息，需要与很多人交谈以增加我们对"混乱"问题的理解。然后必须筛选所有的信息，从而明确问题的根源或者造成混乱的原因。因此，明确问题的本质（不仅仅是问题的表面）需要洞察力、想象力、时间和必要的调查工作。

"明确问题"这一步骤的最终结果是给出对这个问题的良定义陈述。简洁地定义一个问题经常会让求解变得更容易。俗话说得非常有道理："一个陈述清楚的问题就等于问题已解决了一半。"在明确问题后，我们将注意力转移到建立模型上。根据问题的实质，我们可以使用思维模型、视觉模型、缩尺模型或数学模型。尽管本书的重点是数学模型，但并不代表数学模型总是适用的或最好的。在大多数情况下，最好的模型是最简单的模型，它能准确反映所研究问题的相关特性或本质。

本书将讨论几个商业分析的不同方法。不要过分偏好任何一种方法。一些人想要用他们喜欢的方法去构建每一个问题的模型，这是不可取的。

如图 1.3 所示，管理者面对的问题可能存在显著的差异。管理者有时能控制影响问题的自变量的取值，但有时不能。因变量关于自变量的函数 $f(\cdot)$ 有时是良定义的，但有时并不是。我们应该根据问题的基本特征选择合适的商业分析建模方法。**模型公式化**阶段的目标是选择一个适合问题的建模方法，而不是让问题去适合现有的建模方法。

对问题做了恰当的公式化表达后，接着就是**实现**这个公式的**电子表格模型**。现在我们不详述电子表格模型的执行或实现过程，因为这是本书其他部分的重点。验证了电子表格模型已准确建立后，下一步是**分析模型**——利用这个模型去分析它所表示的意义。这一步的重点是给出和评估可能解决问题的可选方案。这经常涉及提出多种不同的场景，或者问一些"如果……，将会……"的问题。电子表格对分析这种方式的数学模型大有帮助。在一个设计良好的电子表格模型中，改变模型中的一些假设会很容易地观察到不同情况下的结果。随着学习进程不断深入，我们将强调一些有助于分析这类"如果……，将会……"问题的电子表格模型的设计方法。对于非数学模型，这类"如果……，将会……？"的分析也是适合和有用的。

分析模型的最终结果并非总是可以提供所研究的实际问题的解。当我们通过询问各种"如果……，将会……"的问题来分析模型时，测试每一个潜在解的可行性和质量就变得十分重要。Franks Brock 展示给生产工人的草图代表了他对问题分析的最终结果。他很明智地在实施方案之前测试了其可行性和质量，并且发现了计划中的重要缺陷。因此，**测试过程**可以给出对问题本质的新洞见。它之所以重要，是因为测试过程提供了再次测试模型有效性的机会。有时，我们可能发现一个方案好到不像是真的，这可以使我们发现一些重要的假设并未包含在模型中。

---

2 引自 James R. Evans 所著 *Creative Thinking in the Decision and Management Sciences* 一书（Cincinnati, OH: South Western, 1991），89-115。

根据测试模型的结果和已知结果（和简单的常识）相悖，有助于保证模型的结构完整性和有效性。在分析模型后，或许会发现我们需要返回去修改模型。

问题求解过程的最后一步——结果实施——经常是最困难的。"实施"开始于在实际问题建模过程中获得管理启示，以及传达这些管理启示以影响商业行为。这要求我们制作一个组织中的利益相关者容易理解的信息表，并说服他们采取特定的行动（见 Grossman 等，2008 提出的很多关于这个过程的有用建议）。有人说，管理者宁愿忍受他们无法解决的问题，也不愿意接受他们无法理解的解决方案。制定出可被理解和接受的解决方案是实施过程的核心。

问题的解决方案在本质上就会涉及人和变化。不论是好是坏，多数人是抵触变化的。但是，有一些方法可使人们对不可避免的变化产生的抵触最小化。例如，如果可能，让每个会被决策影响的人都参与到问题求解过程的所有步骤中，这是一个明智的做法。这不仅有助于建立归属感和理解最终结果，而且可能成为问题求解过程中重要的信息来源。正如 Brock 糖果公司所解释的那样，即便不可能让每个被决策影响的人都参与到所有的步骤中，但也应该在结果实施之前征求和考虑他们的意见。对变化和新系统的抵触都可以通过建立灵活的和界面友好的数学模型来得到缓解。

如图 1.4 所示，本书的重点是模型公式化、模型实现、模型分析和问题求解过程的测试等步骤。再次声明，这并不代表这些步骤比其他步骤更重要。如果没有正确地明确问题，建立模型的最好结果只是"错误问题的正确答案"，并不能解决实际问题。类似地，即使正确地明确了问题并且设计了一个可以求出完美解的模型，如果这个解不能被实现或实施，那么问题仍然没有解决。因此，在与其他一起定义问题和方案实施过程中，发展一起工作必需的良好人际关系和研究技能，与通过本书学习数学建模技能同样重要。

1.6 锚定效应和框架效应

目前，有些人可能会认为，做决策时依靠主观判断和直觉比依靠模型更好。确实如此，大多数非常规的决策问题用数学模型来构造和分析是比较困难或不可能解决的，这些决策问题的非结构化部分可能需要主观判断和直觉。然而，重要的是要认识到"人类的认知常常是有缺陷的，可能导致错误的判断和不理性的决策"。人类常常判断失误，这源于心理学上与决策相关的**锚定效应**和**框架**效应。

当把一个看起来不重要的因素作为决策问题的出发点（锚点）去估计决策结果时，就产生了锚定效应。尽管决策者从锚点出发调整估计值，但由于估计值与锚点保持得太紧密，因此通常会调整不足。在古典心理学对这个问题的研究中，要求一组被试中的每个人分别估算 $1\times 2\times 3\times 4\times 5\times 6\times 7\times 8$ 的值（不用计算器），要求另一组的每个被试估算 $8\times 7\times 6\times 5\times 4\times 3\times 2\times 1$ 的数值。研究者假设，上面两串数字中的第一个数（也可能是前三个或前四个数的乘积）会作为一个心理锚点。实验结果证实了这一假设。就升序数字（$1\times 2\times 3\cdots$），被试估计值的均值为 512；而降序数字（$8\times 7\times 6\cdots$），被试估计值的均值是 2250。当然，乘法的结果值与这些数字的顺序是无关的，两个序列的乘积相同：40, 320。

框架效应是指决策者如何看待决策问题的备选方案——经常从赢/输的角度考虑。构建问题框架的方式常常影响决策者的选择，且会导致非理性行为。例如，假设你刚得到 1000 美元，但是必须从如下方案中做出选择：(A_1)确定无疑可以得到另外的 500 美元；(B_1)掷一枚正常的硬币，出现正面则获得另外 1000 美元，出现反面则获得 0 元。当这样构建问题时，A_1 是一个"稳赢"且被多数人选择的方案。现在假设你刚得到 2000 美元，并且必须选择以下方案中的一个：(A_2)直接还回 500 美元；(B_2)掷一枚正常的硬币，出现正面则返还 0 美元，出现反面则返还 1000 美元。当这样构建问题时，方案 A_2 是一个"必输"的选择，多数在前面选择方案 A_1 的人现在改为选择方案 B₂（因为它有一个避免损失的机会）。然而，图 1.5 给出的这两种情形的单级决策树表明，在这两种情况下，方案 A 保证可以得到 1500 美元的报酬，而方案 B 有 50%的机会可以获得 2000 美元的报酬、50%的机会获得 1000 美元的报酬（决策树会在后面的章节中进行更详细的讨论）。一个纯粹理性的决策者应该关注他选择的结果，并一致地选择同一个方案，而不考虑问题是如何设定的。

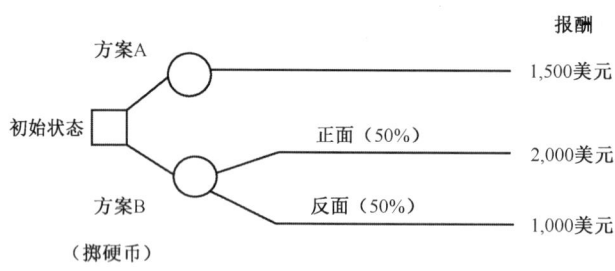

图 1.5　框架效应下的决策树

无论你同意与否，我们都会由于锚定效应而易于做出错误估计，或由于框架效应而给出非理性决策。所以，最好让计算机模型去做它们最擅长的事情（即对决策问题可结构化部分建模），也让人类的大脑做它们最擅长的事情（即处理决策问题中不可结构化的部分）。

1.7　好的决策与好的结果

对求解问题建模的方法，其目的是帮助人们做出好的决策。但是好的决策并不总是能够得到好的结果。例如，假设晚间新闻的天气报告预测明天的天气是温暖、干燥而晴朗的。当你第二天早上起床向窗外看时，发现万里无云，于是你决定外出时不带雨伞，结果在下午的一场出乎意料的雷阵雨中淋了个落汤鸡。是你做了一个差的决策吗？肯定不是。不可预测的环境——是你无法控制的——让你体验了一个坏的结果。因此，说你做了一个差决策是不公平的。好的决策是那种与你了解的、想要的、可以做的和将自己精力投入其中的决策一致的决策。但是好决策有时会导致差的结果。图 1.6 是另一个导致差结果的好决策的例子。

> 1965 年，Andre-Francois Raffray 认为自己做了一笔不错的交易——他同意每个月付给 90 岁高龄的 Jeanne Calment 500 美元，直到她去世为止；Calment 去世后，Raffray 就可得到 Calment 位于法国南部马赛西北部的 Arles（梵高曾经游历过的城镇）的豪华公寓。在法国，购买"终身公寓"是很流行的。公寓的老年拥有者从购买者那里得到每月的收入，购买者则赌拥有者不会活太久而可以得到一处房产。当公寓拥有者去世后，不管购买者支付了多少钱，都可以继承公寓。但是在 1995 年 12 月，Raffray 在 77 岁时去世了，他已经为那所他还没来得及居住的公寓支付了超过 18 万美元。
>
> 同一天，Calment，当时世界上活着的最年长的人——120 岁，在她那备受欢迎的公寓附近的私人疗养院里吃着鹅肝、鸭腿、乳酪和巧克力馅饼。她不用担心失去每月 500 美元的收入。虽然 Raffray 已经支付了相当于公寓当时市价两倍的金钱，但是他的遗孀仍有义务将每月的支票送给 Calment。如果 Calment 比他的遗孀活得还久，那么 Raffray 的孩子将不得不支付这笔费用。"人的一生中有时会做出差的交易。"Calment 在谈到 Raffray 的决策时说到。（资料来源：The Savannah Morning News，12/29/95）

图 1.6　一个导致差结果的好决策

本书中介绍的建模技术可以帮助你做出好的决策，但不能保证这些决策总是能够得到好的结果。图 1.7 描述了好决策和差决策，以及好结果和差结果的可能组合。当做了一个好决策或差决策时，结果是好是坏常常要靠运气。但是，使用结构化的、数据驱动的、基于模型的决策过程，决策质量比用随机方式进行决策更可能产生好的决策结果。

	结果的质量	
	好	差
决策质量 好	应得的成功	不好的运气
决策质量 差	狗屎运	应得的惩罚

图 1.7　决策质量和结果质量矩阵

1.8　本章小结

本书介绍了商业分析领域的多种方法，这些方法可用电子表格建模来实现帮助决策分析和解决问题。本章讨论了决策问题的电子表格模型如何在具体方案实施前就可以分析各备选方案可能的行为结果；描述了决策问题模型在若干重要特征上如何不同，以及如何选择最适合于待解决问题的建模技术；讨论了如何在问题求解过程中进行电子表格建模和分析，以及锚定效应和框架效应这两个心理学现象如何影响人类的判断和决策。最后，描述了区分决策过程质量和决策结果质量的重要性。

1.9　参考文献

[1] Ariely, D. *Predictably Irrational.* New York: Harper Perennial, 2010.

[2] Bazerman, M. and D. Moore. *Judgement in Managerial Decision Making, Eighth Edition.* New York: Wiley，2012.

[3] Edwards, J., P.Finlay, and J. Wilson. "The Role of the OR Specialist in 'Do It Yourself' Spreadsheet Development."*European Journal of Operational Research,* vol. 123, no.1,2000.

[4] Grossman, T., J. Norback, J. Hardin, and G. Forehand. "Managerial Communication of Analytical Work," *INFORMS Transactions on Education,* vol. 8, no.3, May 2008, 125-138.

[5] Hall, R. "What's So Scientific about MS/OR?"*Interfaces,* vol. 15, 1985.

[6] Hastie, R. and R.M. Dawes. *Rational Choice in an Uncertain World,* Second Edition. Los Angeles, CA: Sage Publications, 2009.

[7] Schrage, M. *Serious Play.* Cambridge, MA: Harvard Business School Press, 2000.

[8] Sonntag, C. and T. Grossman. "End-User Modeling Improves R&D Management at AgrEvo Canada, Inc." *Interfaces,* vol. 29, no.5, 1999.

商业分析实践
在管理科学中培训的商业分析可以成为首席信息官追求最终结果的秘密武器

效率难题。你在鸡尾酒会上见到一些人，他们在讨论主人如何将围绕在最受欢迎的虾附近的人群分散开——比如，主人是否可以将受欢迎的虾分成三份，并放在房间各处，这样就可以将挤在虾周围的人群分散开。当她将改进的人流画在餐巾纸上时，你会注意到她最喜欢的单词是"最优化"——这些迹象表明她的研究领域是"运筹学"或"管理科学"(也称为 OR / MS 或商业分析)。

OR/MS 专业人士致力于解决逻辑问题。这个特点可能不会使他们成为派对上最受欢迎的人，但这个特质正是今天的信息系统（IS）部门需要输出的更多商业价值。专家说，聪明的 IS 执行官将学会挖掘这些数学天才为公司发展服务。

Ron J. Ponder，位于密苏里州堪萨斯城的 Sprint 公司的首席信息官（CIO），也是联邦快递公司的前 CIO，他认为，"如果信息系统部门有更多的运筹学分析人士的参与，他们将会被建设得更好，信息系统解决方案会更为丰富。" 作为具有运筹学博士学位且建立了联邦快递著名的包裹追踪系统的人，Ponder 是 OR/MS 的真正信徒。Ponder 和其他人说，接受过 OR/MS 培训的分析师可以将平常的信息系统转变成省钱的决策支持系统，而且很适合成为业务流程重组团队的成员。"我一直就有个运筹学部门，直接向我汇报，这个部门的工作很有价值。现在我正在 Sprint 公司建立一个新的这样的部门。" Ponder 说。

起源

在第二次世界大战期间，当军队必须做出关于将稀缺资源分配给不同部队的重要决策时，就产生了 OR/MS。20 世纪 50 年代，计算机在商业上的第一次应用是为石油工业解决运筹问题。一种被称为线性规划的方法可以解决如何以最经济的方式混合汽油，从而得到正确的燃点、黏度和辛烷值。从那以后，OR/MS 遍及商业和政府机构，从为 Burger King 快餐店设计高效率的汽车外卖窗口，到创建超复杂的计算机股票交易系统。

OR/MS 的一个经典例子是所有主要航空公司都面临的机组人员调度问题。当存在航班、机组人员和城市的天文数字的组合时，如何安排 8,000 名飞行员和 17,000 名空乘人员的行程？用 OR/MS 对美国联合航空业进行分析，提出一个 Paragon 调度系统，试图尽量减少机组人员花费在等待航班上的时间。他们的模型考虑了诸如劳工协议条款和联邦航空管理局条例等规定的限制（约束条件），目标是至少每年为航空公司节省 100 万美元。

OR/MS 的现状

当今的 OR/MS 专业人士涉及各种商业分析项目，包括社交媒体数据分析、库存分类规划和管理、在线客户评论的文本挖掘、计算机集成制造、网络安全、医疗管理和认知计算。OR/MS 分析人士也可以将商业流程模型化，用以模拟这一流程在将来如何更有效地运行。因此，在处理业务流程再造项目的跨学科团队中配备 OR/MS 分析人士是有意义的。得克萨斯大学奥斯汀分校信息系统管理中心主任 Andrew B. Whinston 说，从本质上讲，OR/MS 专业人士通过构建"真正帮助决策者分析复杂问题的工具"而提升商业价值。

美国航空公司决策技术总裁 Thomas M. Cook 说，为信息系统团队增加 OR/MS 技能可以建立一些智能系统。这种系统实际上可为商业问题提供解决方案。Cook 的运筹学部门的"收益管理系统"是一个重要的成功案例，该系统可以决策有多少超额订单，以及如何对每个座位设定价格，从而达到飞机满员且利润最大化。收益管理系统处理超过 250 个决策变量，并对美国航空公司收益的中主要部分做出了解释。

从哪里开始

那么，首席信息官如何开始与 OR/MS 分析人士协作呢？如果公司已经有一个 OR/MS 专业小组，那么信息系统部门可以吸引小组成员作为内部咨询专家。否则，首席信息官可以直接雇用一些 OR/MS 人才，给他们一个问题去解决，看看会发生什么。回报可能非常快。正如一位前 OR/MS 专家说的那样："如果我无法在每年的第一个月为我的雇主节省出与我工资相等的钱，那么我就会觉得自己没有在工作。"

改编自：Mitch Betts, "Efficiency Einsteins," ComputerWorld, March 22, 1993, p. 64。

思考题与习题

1. 决策分析的含义是什么?
2. 给出计算机模型的定义。
3. 电子表格模型和计算机模型有什么区别?
4. 给出管理科学的定义。
5. 管理科学与电子表格建模之间的关系是什么?
6. 管理科学不考虑什么类型的电子表格的应用?
7. 电子表格模型以什么方式辅助决策过程?
8. 使用建模方法进行决策有什么好处?
9. 什么是因变量?
10. 什么是自变量?
11. 一个模型可以包含多个因变量吗?
12. 一个决策问题可以包含多个因变量吗?
13. 确定型模型（prescriptive model）与描述型模型在哪些方面不同?
14. 确定型模型与预测型模型（predictive model）在什么方面不同?
15. 描述型模型与预测型模型在哪些方面不同?
16. 如何定义描述（description）、预测（prediction）和确定（prescription）? 仔细考虑每一个单词的含义的独特之处。
17. 给出一个或多个你曾使用过的思维模型。它们中有可以用数学表示的吗? 如果可以，请给出模型中的因变量和自变量。
18. 思考如图 1.2 所示的电子表格模型。这个模型是描述型的、预测型的还是确定型的? 还是不属于这些类别?
19. 讨论可能性一词的含义。
20. 求解问题的步骤是什么?
21. 你认为求解问题的过程中哪一步最重要? 为什么?
22. 一个模型必须准确地描述决策情境的每个细节才有用吗? 为什么?
23. 如果给你一个决策问题的几种不同模型，你最倾向于使用哪种模型? 为什么?
24. 描述商业或行政机构可能因锚定效应而影响决策的一个例子。
25. 描述商业或行政机构可能因框架效应而影响决策的一个例子。
26. 假设你和朋友在度假的海滩上发现了鲨鱼，你和你的朋友已经被告知鲨鱼的踪迹并知道鲨鱼的袭击可能造成身体的严重伤害。你们两个各自决定去游泳。你当即就被鲨鱼袭击了，而你的朋友却在海浪上享受人体冲浪。你做出的是好的决策还是差的决策? 你的朋友做出的是好的决策还是差的决策? 阐述你的回答。
27. 描述一个著名的商业、政治或军事领导人（1）做出了好的决策，但结果不好的例子；（2）做出了差的决策，但结果好的例子。

案例 1.1　Patrick 的悖论

Patrick 的运气在一夜之间改变了——但不是因为他的数学推理能力。在他大学毕业后的一天，他用祖母给他的毕业礼物——20 美元，买了一张彩票。他知道中奖的概率极低，买彩票可能不是花掉这笔钱的好办法。但他记得他从商业分析课上学到的——差的决策有时会带来好的结果。于是他对自己说："到底怎么办？也许这个糟糕的决定将会带来一个好的结果。"怀揣着这个想法，他买了彩票。

第二天，Patrick 从蓝色牛仔裤的口袋里掏出皱巴巴的彩票，将他买的彩票数字与纸上打印的中奖数字进行比较。当他的眼睛终于聚焦在刚刚浮现在脑海里的那些数字上时，他有一张中奖了！在之后的日子里，他知道他将得到税后大约 50 万美元的一次性报酬。他很清楚将用一部分钱去做什么：买一辆新车，还清大学贷款，把他的祖母送到夏威夷去旅行。但是他也知道，他不能继续希望从更糟糕的决定中获得好的结果。所以他决定把他的一半奖金投资到退休基金中。

几天后，Patrick 和他的两个朋友 Josh 和 Peyton 坐在一起试图弄清楚他的退休基金在 30 年内可能值多少钱。他们都是商学院的学生，记得金融课上学的，如果投资 p 美元，$i\%$ 的年利率，投资 n 年，那么在 n 年后，你将有 $p(1+i)^n$ 美元。所以他们的看法是，如果 Patrick 用 25 万美元投资 30 年，并且有 10% 的年回报率，那么在 30 年后，他将有 4,362,351 美元（即 250,000 $\times (1+0.10)^{30}$）。

但经过多番考虑后，大家都认为 Patrick 不太可能找到一个能在未来 30 年内每年都是 10% 年回报率的投资。如果部分资金投资于股票，那么这些资金的回报可能会高于 10%，也有可能会更低。所以为了了解投资回报的潜在可能性，Patrick 和他的朋友想出一个计划：假设他们能找到一个一年中 70% 的时间是 17.5% 的年回报率和 30% 时间是 -7.5% 的年回报率（或者亏损率）的投资，则这样的投资会获得 0.7(17.5%) + 0.3(-7.5%) = 10% 的平均年回报率。朋友 Josh 非常肯定地认为，这说明 Patrick 投资 25 万美元，30 年后的期望收益还是可以增长到 4,362,351 美元（250,000 $\times (1+0.10)^{30}$ = 4,362,351）。

朋友 Peyton 静静地坐下来想了一会儿说，他认为 Josh 是错的。Peyton 的看法是这样的：如果 Patrick 在 30 年中 70% 时间（或许是 0.7×30=21 年）的回报率为 17.5%，30% 时间（或许是 0.3×30=9 年）的回报率是 -7.5%。这样，Patrick 30 年后应该有 $250{,}000(1+0.175)^{21}(1-0.075)^9$ = 3,664,467 美元。但与 Josh 的方法相比，在这个算法下，Patrick 的收入少了 697,884 美元。

听了 Peyton 的说法后，Josh 认为 Peyton 的算法是错误的。因为 Peyton 的计算中假设在前 21 年中每一年都会出现 17.5% 的"高"回报，且后面的 9 年都会出现 7.5% 的"低"回报。但是，Peyton 反驳说：高的年回报率和低的年回报率的顺序并不重要。算术的交换定律指出：当加上或乘以一个数时，顺序无关紧要（例如 $X+Y=Y+X$ 和 $X \times Y = Y \times X$）。所以 Peyton 说，Patrick 可以预期有 21 个"高"的回报和 9 个"低"回报，不管以什么顺序发生，他投资 30 年后的预期结果都应该是 3,664,467 美元。

Patrick 现在真的很困惑。两个朋友的观点似乎在逻辑上都是完全合理的——但是他们得出了如此不同的答案，实际上不可能两个答案都正确。Patrick 真正担心的是，他在几个星期内要以商业分析师的身份开始他的新工作。如果他不能找出这样一个相对简单的问题的正确答案，并给出合理解释，那么当他遇到商业世界中更难的问题时该怎么办呢？现在他真希望在商业分析课上多努力一些。

所以，你怎么看？谁是正确的，Josh 还是 Peyton？为什么？

第 2 章　优化与线性规划引论

2.0　引言

我们这个世界到处都是有限的资源。可以开采的石油数量是有限的；用于倾倒垃圾和有害废弃物的可用土地数量是有限的，且很多区域的可用土地正快速消失。从个体角度来讲，我们每个人都只有有限的时间去完成或享受每天安排的活动，大多数人花在这些事情上的金钱也是有限的。商业资源也是有限的，例如，一家生产型企业雇用的工人是有限的，一家餐馆放置座位的空间也是有限的。

决定如何最好地利用个人或企业可用有限资源是一个普遍的问题。在当今竞争激烈的商业环境中，确保公司的有限资源得到最有效的利用变得越来越重要。通常，这涉及如何以最大化利润或最小化成本的方式分配资源。**数学规划**（MP）就是商业分析中求最优化或最有效地使用有限资源来实现个人或企业目标的知识。因此，数学规划通常被称为**优化**。

2.1　数学优化的应用

为了理解优化的目的和它可以解决的问题类型，我们来考虑几个应用数学规划进行决策的例子。

确定产品组合。大多数制造企业可以制造多种产品。然而，每种产品通常需要不同数量的原材料和劳动力。类似地，这些产品所产生的利润也不相同。公司的管理者必须决定每种产品要生产多少才可以使利润最大化，或以最低成本来满足需求。

制造业。印刷电路板中通常有成百上千个钻孔以装配不同的电气部件。为了制造这些电路板，计算机控制的钻孔机必须按程序在指定位置钻孔，然后将钻头移动到下一个位置再次钻孔。这个过程要重复成百上千次才能完成整个电路板的制造。制造商需要确定使钻头移动的总距离最短的钻孔顺序，并从中受益。

路径与物流。许多零售公司在全国各地都有专门为商店提供商品的仓库。仓库可以供给的商品数量和每个商店所需的商品数量是波动的，从仓库到零售地点的运输成本也是变化的。可通过确定从仓库运输到商店的成本最低的方法来节省大量的资金。

财政规划。美国联邦政府要求个人从个人退休账户（IRA）和其他免税退休项目中开始取款的年龄不超过 70.5 岁。提款时必须遵循各种规则以免缴纳滞纳金。人们都想在遵守税法的同时，减少必须支付的税额。

> **优化无处不在**
>
> 今年夏天去迪斯尼乐园吗？优化将是你无处不在的伙伴，从安排机组人员和航班计划，到机票和酒店房间的定价，甚至可以帮助设定主题公园中游乐设施的容量。如果你使用 Orbitz 来预订航班，那么优化引擎会通过数百万种选择来寻找最便宜的机票。如果你用 MapQuest 查找去酒店的路线，那么另一个优化引擎会给出最直接的路线。如果你要将纪

念品运送回家，那么优化引擎会告诉 UPS 包裹应放在哪辆货车上，包裹应该放在什么位置以便最快速地装载和卸载，驾驶员应该走什么路线来最高效地交付货物。

（改编自：V. Postrel, "Operation Everything," The Boston Globe, June 27, 2004.）

2.2 优化问题的特征

前面提到的例子只代表数学规划可以成功应用的一小部分，我们将在本书中考虑许多其他的例子，这些示例能够让你对优化涉及的问题有所了解。例如，每个例子都涉及一个或多个**决策**：每种产品应该生产多少？下一步应该钻哪个孔？应该从每个仓库到各零售点运送多少产品？一个人每年应从不同的退休账户中提取多少钱？

而且在每个例子中，决策者会根据可能的限制或**约束**采取不同的方案。在第一个例子中，当确定产品数量时，生产经理可能面对有限的原材料和劳动力；在第二个例子中，钻头不应该返回已经钻过孔的位置；在第三个例子中，卡车能够装载的货物数量存在限制；在第四个例子中，法律要给出在不引起罚款的情况下可以从退休账户中提取的最低和最高金额。这些例子还可以有许多其他约束条件。事实上，现实世界中优化问题有上百或上千个限制条件是常见的。

各个例子中的最后一个共同要素是，决策者是在一些**目标**指导下决定哪种行动方案是最好的。在第一个例子中，生产经理可以根据现有资源决定生产几种不同组合的产品，但经理可能会选择使利润最大化的那一种。在第二个例子中，可以使用大量可能的钻孔方案，但是最理想的方案可能是使钻头移动总距离最短。在第三个例子中，商品可以通过多种方式从仓库运送到供应商店，但是公司可能希望选择使运输总成本最小的路线。在第四个例子中，个人可有多种方式从退休账户中提取资金而不违反税法，但他们可能想找到最小化其纳税义务的方法。

2.3 优化问题的数学表达

从前面的讨论中，我们知道优化问题涉及三个要素：决策、约束和目标。如果我们打算建立一个优化问题的数学模型，那么就需要能表示这三个要素的数学术语或符号。

2.3.1 决策

在数学模型中，优化问题的决策通常用符号 $X_1, X_2, \cdots, X_n$ 表示。我们称 $X_1, X_2, \cdots, X_n$ 为**决策变量**（简称为变量）。这些变量可能代表生产经理会选择生产的不同产品的数量，也可能代表从仓库运送到某个商店的不同商品的数量，或者代表从不同的退休账户中提取的金额。

用来表示决策变量的确切符号并不那么重要。可以使用 $Z_1, Z_2, \cdots, Z_n$ 或像狗、猫和猴子等符号来表示模型中的决策变量。选择使用哪种符号取决于个人偏好，并且可以因问题而异。

2.3.2 约束

在数学模型中，优化问题的约束可以通过多种方式来表示。表达优化问题中可能的约束关系的三种方法如下：

$$\text{小于等于约束：} \quad f(X_1, X_2, \cdots, X_n) \leqslant b$$

$$\text{大于等于约束：} \quad f(X_1, X_2, \cdots, X_n) \geqslant b$$

$$\text{等于约束：} \quad f(X_1, X_2, \cdots, X_n) = b$$

在每种情况下，**约束**必须是决策变量的函数，且小于等于、大于等于或等于某个特定的值（由字母 b 表示）。我们将 $f(X_1, X_2, \cdots, X_n)$ 作为约束的左侧表达式（LHS），将 b 作为约束的右侧值（RHS）。

例如，可以使用一个小于等于约束来确保生产给定数量产品所使用的总人工不超过可用人工数量，也可以使用一个大于等于约束来确保从退休账户中所提取的总金额至少是美国国家税务局所要求的最低金额。我们可以根据实际情况使用任意数量的约束条件来表示优化问题。

2.3.3 目标

优化问题在数学上用目标函数表示，其一般形式为

$$\text{MAX（或 MIN）:} \quad f(X_1, X_2, \cdots, X_n)$$

目标函数是决策者希望最大化或最小化目标的决策变量的函数。在之前的例子中，这个函数可能用来描述与产品组合相关的总利润、钻头必须移动的总距离、运输商品的总成本或者退休人员的总纳税额。

优化问题的数学表达式一般形式为

$$\text{MAX（或 MIN）:} \quad f_0(X_1, X_2, \cdots, X_n) \tag{2.1}$$

$$\text{约束:} \quad f_1(X_1, X_2, \dots, X_n) \leqslant b_1 \tag{2.2}$$

$$f_k(X_1, X_2, \cdots, X_n) \geqslant b_k \tag{2.3}$$

$$f_m(X_1, X_2, \cdots, X_n) = b_m \tag{2.4}$$

这种表达方式明确了最大化（或最小化）的目标函数——式（2.1），和必须满足的约束——式（2.2）到式（2.4）。每一个等式中 f 和 b 的下标表示目标和约束函数是不同的，并且可以有多个不同类型的约束。优化目标是在满足所有约束条件下找到使目标函数最大化（或最小化）的决策变量的取值。

2.4 数学规划方法

上述数学规划模型只是一般表达式。我们可以使用多种函数来表示目标函数和约束条件。当然，我们应该选择能准确描述问题的目标和约束方程的函数。有时模型中的函数是线性的（即直线或平面），有时是非线性的（即曲线或曲面）；有时模型中决策变量的最优解必须取整数值（整数），而有时决策变量可以取分数值。

尽管人们遇到的数学规划问题是形形色色的，但已经开发了许多方法来求解不同类型的数学规划问题。在接下来的几章中，我们将学习这些数学规划方法，并理解它们之间的区别及在什么情况下使用它们。我们将从学习**线性规划**（LP）方法开始，包括写出线性目标函数和线性约束条件来建立和求解优化问题。线性规划是一个非常强大的工具，可以应用在许多商业环境中，它也是后面讨论的其他几种方法的基础。因此，学习 LP 是对优化领域进行研究的一个很好的起点。

2.5 线性规划问题举例

我们将通过一个简单的例子来介绍线性规划。实际中，线性规划可以解决更复杂或更现实

的问题。线性规划已经解决了很多极其复杂的问题，为企业节省了数百万美元。然而，直接介绍这些复杂的问题，就像没有慢跑就开始一场马拉松比赛——你会变得气喘吁吁，很快就会落后，所以我们从简单的问题开始。

Blue Ridge 浴缸公司生产和销售两种浴缸：Aqua-Spas 和 Hydro-Luxes。公司的所有人兼经理 Howie Jones 需要确定下一个生产周期中每种类型浴缸的生产数量。Howie 从当地供应商处购买了预制玻璃纤维浴缸外壳，并将水泵和水管安装在外壳上制成浴缸（供应商可以按照 Howie 的需求提供浴缸外壳）。Howie 将同一类型的水泵安装到两种浴缸上。下一个生产周期中只有 200 台水泵可用。从生产的角度来看，这两种浴缸的主要区别在于它们所需要的水管和人工的数量不同。

每个 Aqua-Spas 浴缸需要 9 个工时和 12 英尺水管，每个 Hydro-Luxes 浴缸需要 6 个工时和 16 英尺水管。Howie 预计在下一个生产周期总共有 1,566 个生产工时和 2,880 英尺水管。每售出一个 Aqua-Spas 浴缸可以获得 350 美元利润，而每个 Hydro-Luxes 可获得 300 美元利润。他相信可以售出生产的所有浴缸。问题是，如果他想在下一个生产周期中使自己的利润最大化，那么应该分别生产多少 Aqua-Spas 浴缸和 Hydro-Luxes 浴缸？

2.6 建立线性规划模型

就一个实际问题——比如，Howie 应该生产多少 Aqua-Spas 浴缸和 Hydro-Luxes 浴缸——用线性规划模型进行代数表达的过程，被称为**建立模型**。在接下来的几章中将会看到，建立线性规划模型既是一门科学，又是一门艺术。

2.6.1 建立线性规划模型的步骤

按照一般的步骤去做，可以确保对指定问题的建模是正确的。我们将通过浴缸的例子来讲述这些步骤。

1. **理解问题**。这一步似乎太显而易见而不值一提。但是，很多人在真正理解问题之前，往往跳过问题而直接开始写目标函数和约束条件。如果你没有完全理解要解决的问题，那么模型就不可能正确。

浴缸这个例子中的问题相当容易理解：在使用不超过 200 台水泵、1,566 个工时和 2,880 英尺水管的条件下，Howie 应该分别生产多少 Aqua-Spa 浴缸和 Hydro-Lux 浴缸以使利润最大化？

2. **明确决策变量**。在确定理解了问题后，需要明确决策变量。问自己这样的问题：为了解决问题，必须做出的基本决策是什么？这个问题的答案常常会帮助你明确模型中合适的决策变量。明确决策变量意味着确定符号 $X_1, X_2, \cdots, X_n$ 在模型中分别代表什么。

在本例中，Howie 面临的基本决策：应该生产多少 Aqua-Spas 浴缸和 Hydro-Luxes 浴缸？在这个问题中，X_1 代表 Aqua-Spas 浴缸的数量，X_2 代表 Hydro-Luxes 浴缸的数量。

3. **将目标函数表示为决策变量的线性组合**。确定了决策变量之后，下一步就是为模型创建目标函数。这个函数表示最大化或最小化模型中决策变量之间的数学关系。

在本例中，Howie 每销售一个 Aqua-Spas 浴缸（X_1）可获利 350 美元，每个 Hydro-Luxes 浴缸（X_2）则获利 300 美元。因此，利润最大化目标的数学表达式为

$$\text{MAX:} \quad 350X_1 + 300X_2$$

对于 X_1 和 X_2 所有可能的取值，这个函数都可计算出 Howie 可获得的总利润。显然，他想要这个值最大。

4. 将约束表示成决策变量的线性组合。如前所述,线性规划模型中决策变量的取值通常会有限制,这些限制必须以约束方程的形式来明确和表达。

在本例中,Howie 面临三个约束。由于只有 200 台水泵,每个浴缸都需要一台水泵,因此 Howie 生产的浴缸不可能超过 200 个。这个限制用数学方法表示为

$$1X_1 + 1X_2 \leqslant 200$$

该约束表明,每生产一个单位的 Aqua-Spas 浴缸将使用 200 台水泵中的一台,生产 X_1 个 Aqua-Spas 浴缸就需要 $1X_1$ 台水泵;对于 Hydro-Luxes 浴缸也是一样的。所使用的水泵总数(用 $1X_1 + 1X_2$ 表示)必须小于等于 200。

Howie 面临的另一个限制是在下一个生产周期中只有 1,566 个工时可用。因为生产每个 Aqua-Spas 浴缸(共生产 X_1 个)需要 9 个工时,每个 Hydro-Luxes 浴缸(共生产 X_2 个)需要 6 个工时,所以对工时数的限制如下:

$$9X_1 + 6X_2 \leqslant 1,566$$

所使用的工时总数(由 $9X_1 + 6X_2$ 表示)必须小于等于可用的总工时数 1,566。

最后的约束条件是下一个生产周期只有 2,880 英尺可用水管。生产每个 Aqua-Spas 浴缸(共生产 X_1 个)需要 12 英尺水管,生产每个 Hydro-Luxes 浴缸(共生产 X_2 个)需要 16 英尺水管。以下约束确保 Howie 的生产计划不超过可用水管总量:

$$12X_1 + 16X_2 \leqslant 2,880$$

所使用水管的总英尺数(由 $12X_1 + 16X_2$ 表示)必须小于等于可用水管的总英尺数,即 2,880 英尺。

5. 确定决策变量可能的上限或下限。决策变量经常会有上限或下限,上限和下限可作为问题的额外约束。

在本例中,变量 X_1 和 X_2 有简单的零下限,因为不可能生产负数个浴缸。因此,以下两个约束也适用于这个问题:

$$X_1 \geqslant 0$$
$$X_2 \geqslant 0$$

这样的约束通常被称为非负性约束,在线性规划问题中相当普遍。

2.7 线性规划模型的例题小结

Howie 决策问题的完整线性规划模型可以表述如下:

$$\text{MAX:} \quad 350X_1 + 300X_2 \tag{2.5}$$

$$\text{约束:} \quad 1X_1 + 1X_2 \leqslant 200 \tag{2.6}$$

$$9X_1 + 6X_2 \leqslant 1,566 \tag{2.7}$$

$$12X_1 + 16X_2 \leqslant 2,880 \tag{2.8}$$

$$1X_1 \geqslant 0 \tag{2.9}$$

$$1X_2 \geqslant 0 \tag{2.10}$$

在这个模型中,决策变量 X_1 和 X_2 分别代表生产 Aqua-Spas 浴缸和 Hydro-Luxes 浴缸的数量,目标是确定 X_1 和 X_2 的值,在满足所有约束条件[式(2.6)到式(2.10)]的同时使得目标函数[式(2.5)]取最大值。

2.8 线性规划模型的一般形式

之所以称为线性规划技术,是因为所解决的数学规划问题在本质上是线性的。即必须将线性规划模型中所有函数都表达为决策变量的加权和(或者线性组合)。因此,线性规划模型的一般形式如下:

$$\text{MAX(或MIN)}: \quad c_1 X_1 + c_2 X_2 + \cdots + c_n X_n \tag{2.11}$$

$$\text{约束}: \quad a_{11} X_1 + a_{12} X_2 + \cdots + a_{1n} X_n \leq b_1 \tag{2.12}$$

$$\vdots$$

$$a_{k1} X_1 + a_{k2} X_2 + \cdots + a_{kn} X_n \geq b_k \tag{2.13}$$

$$\vdots$$

$$a_{m1} X_1 + a_{m2} X_2 + \cdots + a_{mn} X_n = b_m \tag{2.14}$$

到目前为止,我们知道,线性规划模型中的约束条件表示某种资源是有限的。虽然这种情况很常见,但在后面的章节中将看到一些线性规划例子,其中约束条件表示的不仅仅是资源有限。这里的重点是,任何能够以上述形式表述的问题都是线性规划问题。

式(2.11)中的 $c_1, c_2, \cdots, c_n$ 称为**目标函数的系数**,分别表示决策变量 $X_1, X_2, \cdots, X_n$ 的边际利润(或成本)。式(2.12)到式(2.14)中的 a_{ij} 表示第 i 个约束条件中变量 X_j 的系数。线性规划问题的目标函数和约束条件是决策变量不同的加权和。约束中 b_i 表示决策变量相应的线性组合必须小于等于、大于等于或等于的数值。

现在你应该明白了 Blue Ridge 浴缸线性规划模型中式(2.5)到式(2.10)和式(2.11)到式(2.14)表示的线性规划模型的一般形式间的直接联系。特别要注意的是式(2.11)到式(2.14)中用于表示常量的符号(即 c_j,a_{ij} 和 b_i)被式(2.5)到式(2.10)中的实际数值代替。还值得注意的是,我们建立的 Blue Ridge 浴缸线性规划模型不需要使用等号约束。不同的问题需要不同类型的约束,应根据实际问题使用合适的约束条件。

2.9 求解线性规划问题:直观法

在建立线性规划模型后,我们的兴趣自然转向模型求解。但在实际求解 Blue Ridge 浴缸模型之前,你考虑了问题的最优解是什么吗?只看模型,你认为 X_1 和 X_2 取什么值时 Howie 可以获得最大利润?

有一种推理认为,Howie 似乎应该生产尽可能多的 X_1(Aqua-Spas 浴缸),因为每一单位的 X_1 可以产生 350 美元的利润,而每单位的 X_2 只产生 300 美元的利润。但 Howie 最多可以生产多少 X_1(Aqua-Spas)浴缸呢?

Howie 可以通过不产生 X_2 而将全部资源投入生产 Aqua-Spas 浴缸以产生出最大数量的 X_1,令式(2.5)到式(2.10)中的 $X_2=0$,即不生产 Hydro-Luxes 浴缸。那么 X_1 的最大值是多少呢?如果 $X_2=0$,那么式(2.6)中的不等式告诉我们:

$$X_1 \leqslant 200 \qquad (2.15)$$

所以我们知道，如果 $X_2=0$，那么 X_1 不能大于 200。但是，还要考虑式（2.7）和式（2.8）的约束。如果 $X_2=0$，那么不等式（2.7）就简化为

$$9X_1 \leqslant 1,566 \qquad (2.16)$$

如果将不等式两侧同除以 9，那么可以发现上面的不等式等同于

$$X_1 \leqslant 174 \qquad (2.17)$$

现在考虑式（2.8）的约束。如果 $X_2=0$，那么不等式（2.8）就简化为

$$12X_1 \leqslant 2,880 \qquad (2.18)$$

同理，如果将不等式两侧同除以 12，上面的不等式等价于

$$X_1 \leqslant 240 \qquad (2.19)$$

所以，如果 $X_2=0$，那么模型中三个约束条件对 X_1 取值上限化简为式（2.15）、式（2.17）和式（2.19）中的数值。这些约束中限制最严格的是式（2.17）。所以，可以生产的 X_1 的最大数量是 174。换句话说，174 是满足模型中所有约束条件的 X_1 的最大值。如果生产 174 单位的 Aqua-Spas 浴缸和 0 单位的 Hydro-Luxes 浴缸，那么将用去所有的工时（如果 $X_1 \leqslant 174$，那么 $9X_1=1566$），但是将剩下 26 台水泵（如果 $X_1=174$，那么 $200-X_1=26$）和 792 英尺的水管（如果 $X_1=174$，那么 $2880-12X_1=792$）。还要注意的是，这个解的目标函数值（或总利润）为

$$350X_1 + 300X_2 = 350 \times 174 + 300 \times 0 = 60,900（美元）$$

从这个分析中，我们看到 $X_1=174$，$X_2=0$ 是问题的可行解，因为它满足模型中的所有约束。但是它是最优解吗？换而言之，存在 X_1、X_2 的任何其他可能组合，能够满足所有的约束条件且取得更大的目标函数值吗？正如你看到的，求解线性规划问题的直观方法是不可信的，因为 Howie 问题实际上存在一个更好的解。

2.10 求解线性规划问题：图解法

线性规划模型的约束定义了问题的**可行解**的集合或可行域。线性规划的难点在于要确定可行域的哪个或哪些点能使目标函数达到最优。对于只有两个决策变量的简单问题，绘制出线性规划模型的可行域并在图上确定最优可行解相当容易。图解法仅适用于有两个决策变量的问题，这就限制了它的实际应用。然而，它是帮助我们对线性规划求解策略有一个基本理解的极好方法。所以，我们将使用图解法求解 Blue Ridge 浴缸公司这个简单的问题。第 3 章讲解如何利用电子表格求解这个问题及其他线性规划问题。

要用图解法解决线性规划问题，首先必须绘制问题的约束条件并明确其可行域。这通过绘制约束条件的边界线并找出满足所有约束的点来完成。所以，对于例子中的问题该如何做呢？（重复如下）

$$\text{MAX:} \quad 350X_1 + 300X_2 \qquad (2.20)$$
$$\text{约束：} \quad 1X_1 + 1X_2 \leqslant 200 \qquad (2.21)$$
$$9X_1 + 6X_2 \leqslant 1,566 \qquad (2.22)$$
$$12X_1 + 16X_2 \leqslant 2,880 \qquad (2.23)$$

$$1X_1 \geq 0 \qquad (2.24)$$

$$1X_2 \geq 0 \qquad (2.25)$$

2.10.1 绘制第一个约束条件

模型中第一个约束的边界由这个方程所定义的直线表示，指的是可使用的水泵不能超过200台：

$$X_1 + X_2 = 200 \qquad (2.26)$$

如果可以找出这条线上的任意两点，那么画一条直线穿过这两点就能很容易地画出整条线。如果 $X_2=0$，那么从式（2.26）中可以得到 $X_1=200$。所以，点 $(X_1, X_2)=(200, 0)$ 一定落在这条直线上。如果令式（2.26）中 $X_1=0$，那么很容易得出 $X_2=200$。所以，点 $(X_1, X_2)=(0, 200)$ 也一定落在这条直线上。在图2.1中连接这两点形成的直线就是表示方程（2.26）的直线。

注意，式（2.26）的图像实际是超出图2.1的 X_1 轴和 X_2 轴的。但是，X_1 和 X_2 的取值不能是负数（因为给定了约束条件 $X_1 \geq 0$ 和 $X_2 \geq 0$），因此可以不考虑第一象限以外的点。

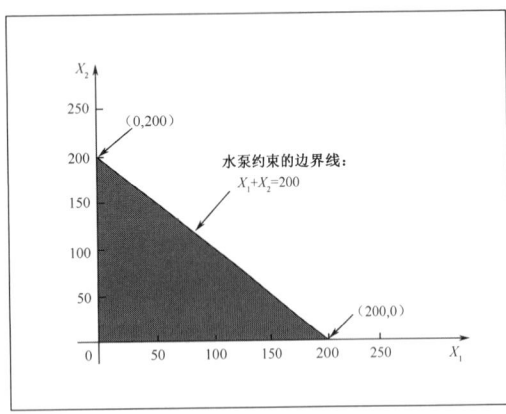

图2.1 水泵约束的图形表示

图2.1中连接点 $(0, 200)$ 和 $(200, 0)$ 的直线给出满足方程 $X_1+X_2=200$ 的点 (X_1, X_2)。但是，线性规划模型中第一个约束条件是不等式 $X_1+X_2 \leq 200$，所以，绘制完约束的边界线后，必须确定图上的哪块区域对应初始约束的可行解。这个很容易实现：可以在边界线的两侧任选一个点，检查它是否满足初始约束条件。例如，我们检查点 $(X_1, X_2)=(0, 0)$，发现其满足第一个约束。所以，与点 $(0, 0)$ 在边界线同一侧的图形区域对应于第一个约束条件的可行解。这个可行解的区域如图2.1中所示的阴影部分。

2.10.2 绘制第二个约束条件

线性规划模型中满足一个约束条件的某些可行解通常不满足模型中的其他约束。例如，点 $(X_1, X_2)=(200, 0)$ 满足模型中的第一个约束，但不满足第二个约束，它要求所使用的工时不能超过1,566（因为 $9 \times 200 + 6 \times 0 = 1,800$）。那么，$X_1$ 和 X_2 取什么值时，可以同时满足这两个约束条件呢？为了回答这个问题，需要在图上绘制第二个约束条件，用同样的方法绘制——先确定约束条件边界上的两个点并连接两点成一条直线。

模型中第二个约束条件的边界线如下：

$$9X_1 + 6X_2 = 1,566 \qquad (2.27)$$

如果方程（2.27）中 $X_1=0$，那么 $X_1=1566/6=261$。所以，点 $(0, 261)$ 一定落在方程（2.27）定义的直

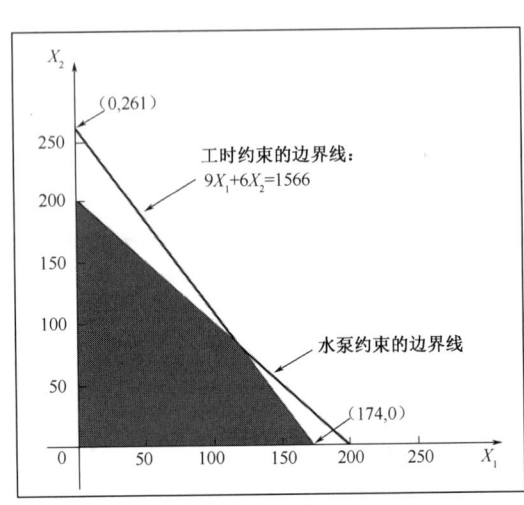

图2.2 水泵和工时约束的图形表示

线上。类似地，如果方程（2.27）中 $X_2=0$，那么 $X_1=1566/9=174$。所以，点(174,0)也一定落在这条直线上。如图 2.2 所示，将这两点描绘在图上并连接成直线代表方程（2.27）。图 2.2 中绘制了代表方程（2.27）对应的直线是第二个约束的边界线。为了确定图中与第二个约束条件的可行解相对应的区域，需要检查这条直线某一侧的点是否可行。点$(X_1,X_2)=(0, 0)$满足 $9X_1+6X_2 \leq 1,566$。所以，在边界线同一侧的点都满足这个约束条件。

2.10.3 绘制第三个约束条件

为了找到满足模型中所有约束条件的 X_1 和 X_2 的值的集合，需要绘制第三个约束条件。这一约束条件要求生产浴缸使用的水管不能超过 2,880 英尺。同样，我们会在图上找到落在该约束条件的边界线上的两个点，并用直线将它们连接起来。模型中的第三个约束的边界线是

$$12X_1 + 16X_2 = 2,880 \qquad (2.28)$$

如果方程（2.28）中的 $X_1=0$，那么 $X_2=2880/16=180$。因此，点(0,180)一定落在方程（2.28）所定义的直线上。类似地，如果方程（2.28）中的 $X_2=0$，那么 $X_1=2880/12=240$。因此，点(240,0)一定落在直线上。如图 2.3 所示，在图上绘制这两个点并用一条直线连接它们来表示方程（2.28）。

同样，图 2.3 中所绘制的方程（2.28）的直线是第三个约束的边界线。为了确定图中对应于这个约束条件的可行解的区域，还需要测试这条直线两边的某个点，看它是否可行。点$(X_1, X_2)=(0,0)$满足 $12X_1+16X_2 \leq 2,880$。因此，边界线同一侧的所有点都满足这个约束条件。

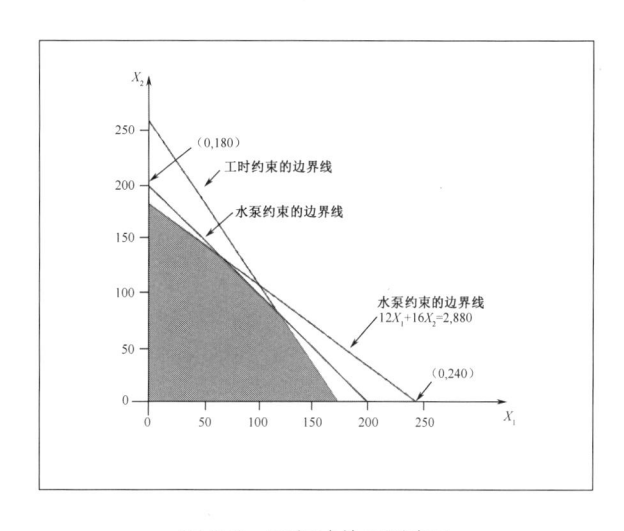

图 2.3 可行域的图形表示

2.10.4 可行域

现在很容易看出哪些点满足模型中的所有约束。这些点对应于图 2.3 中的阴影区域，被标记为"可行域"。可行域是决策变量同时满足问题中所有约束条件的点或数值的集合。现在花点时间仔细比较图 2.1、图 2.2 和图 2.3。特别要注意的是，在图 2.2 中添加第二个约束时，与第一个约束相关的一些可行解被消除了，因为这些解不能满足第二个约束。类似地，在图 2.3 中添加第三个约束时，第一个约束的另一部分可行解被消除了。

2.10.5 绘制目标函数

既然已经分离出线性规划问题的可行解，就需要确定这些可行解中哪个是最优的。也就是说，必须确定可行域中的哪个点将使目标函数的值最大。乍一看，寻找这一点似乎就像大海捞针。毕竟，图 2.3 中所示的阴影区域中有无数可行解。幸运的是，通过思考，我们可很容易地将线性规划问题中大多数可行解排除掉。可以证明，如果具有有限目标函数值的线性规划问题存在最优解，那么这个解通常就是两条或多条约束边界线相交的可行域边界上的某个点。这些交点有时被称为可行域的顶点或极点。

要明白为什么线性规划问题的有限最优解存在于可行域的极点，可以考虑目标函数和示例中线性规划模型的可行域之间的关系。假设我们想探寻获得给定利润水平（如 35,000 美元）时，对应的 X_1 和 X_2 的值。那么，从数学角度上讲，我们感兴趣的是找到使目标函数等于 35,000 美元的点(X_1,X_2)，或者

$$350X_1 + 300X_2 = 35,000 (\text{美元}) \tag{2.29}$$

这个方程定义了一条直线，可以在图上绘制出来。具体地，如果 $X_1=0$，那么由方程（2.29），得 $X_2=116.67$。类似地，如果方程（2.29）中 $X_2=0$，那么 $X_1=100$。因此，点$(X_1,X_2)=(0, 116.67)$ 和 $(X_1,X_2)=(100, 0)$ 都落在 35,000 美元的利润水平线上（注意，这条直线上所有的点都产生 35,000 美元的利润水平）。这条线如图 2.4 所示。

现在，假设我们想找到产生更高利润（如 52,500 美元）的 X_1 和 X_2 的值。那么，从数学上来讲，我们感兴趣的是找到使目标函数等于 52,500 美元的一个点(X_1, X_2)，或者

$$350X_1 + 300X_2 = 52,500 \tag{2.30}$$

这个方程也定义了一条直线，可以将这条直线绘制在图上。我们发现，点$(X_1, X_2)=(0, 175)$ 和$(X_1, X_2)=(150, 0)$ 都落在这条直线上，如图 2.5 所示。

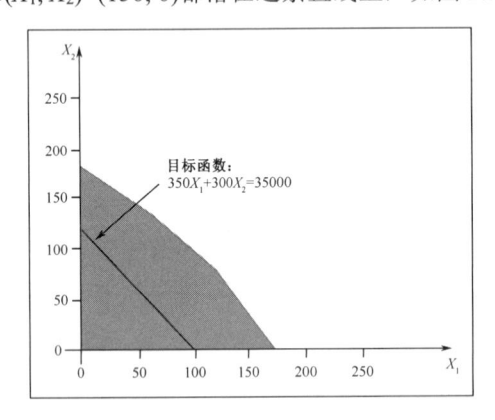

图 2.4　图中显示产生 35,000 美元的目标函数值的 X_1 和 X_2 的值

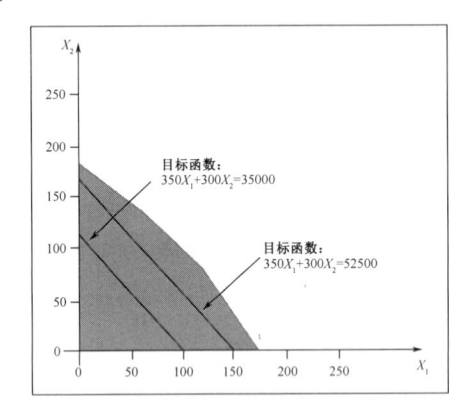

图 2.5　两个不同目标函数值的平行等值线

2.10.6　使用等值线找到最优解

在图 2.5 中，表示两个目标函数值的直线有时被称为**等值线**，因为它们代表了目标的不同水平或数值。注意，图 2.5 中的两个等值线互相平行。如果目标函数值越来越大，那么我们不断重复绘制对应的直线这个过程，将会观察到一系列偏离原点——即偏离点(0, 0)的平行线。我们能画出的最后一条与可行域相交的等值线将决定能获得的最大利润。如图 2.6 所示，这个交点代表了该问题的最优解。

如图 2.6 所示，例题的最优解出现在最大的等值线与可行区域唯一相交的点上。这是为 Blue Ridge 浴缸公司产生最大利润的可行点。但是，如何准确找到的那个点？它产生的利润是多少？

比较图 2.6 与图 2.3 发现，最优解出现在泵和人工约束的边界线相交（或相等）的地方。因此，最优解由同时满足方程（2.26）和方程（2.27）的点(X_1,X_2)给定，下面再次给出方程（2.26）和方程（2.27）：

$$X_1 + X_2 = 200$$

$$9X_1 + 6X_2 = 1,566$$

由第一个方程，容易得 $X_2 = 200 - X_1$。把 X_2 代入第二个方程，得

$$9X_1 + 6(200 - X_1) = 1,566$$

使用简单的代数运算可以解出 $X_1=122$，因为从 $X_2=200-X_1$ 可以得 $X_2=78$。因此，我们已经确定了例题的最优解发生在点 $(X_1,X_2)=(122,78)$。这一点满足了模型中的所有约束条件，并对应于图 2.6 中确定为最优解的点。

通过将 $X_1=122$ 和 $X_2=78$ 的最优值代入目标函数求得此解的总利润。因此，如果它能生产 122 个 Aqua-Spa 浴缸和 78 个 Hydro-Luxes 浴缸，$350 \times 122+300 \times 78=66,100$，那么 Blue Ridge 浴缸公司可以实现盈利 66,100 美元。任何其他生产计划的利润都比这个值更低。特别要注意的是，前面使用的直观法求得的解（得到 60,900 美元的总利润）小于这里所确定的最优解。

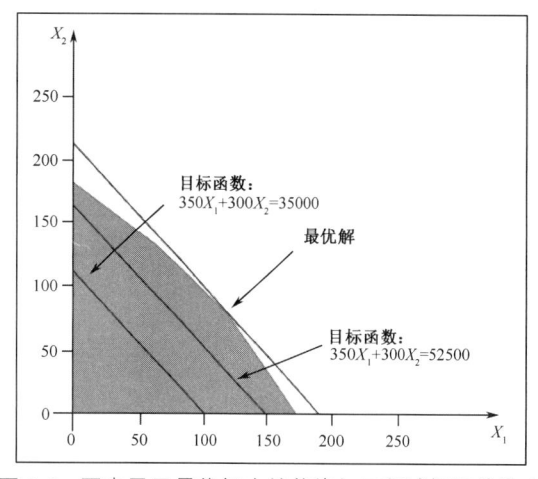

图 2.6　图中显示最优解在等值线与可行域相切的地方

2.10.7　通过枚举顶点找到最优解

前面指出，如果一个线性规划问题存在有限的最优解，那么这个解将总是出现在可行区域的某个顶点。因此，解决线性规划问题的另一种方法是找出可行域的所有顶点或极点，并计算每个点的目标函数值。目标函数值最大的顶点是问题的最优解。

这种方法如图 2.7 所示，其中每个极点坐标(X_1,X_2)与相应目标函数的值一起在图中说明。与我们预期的一样，这个分析方法也得出点$(X_1,X_2)=(122,78)$是最优的。

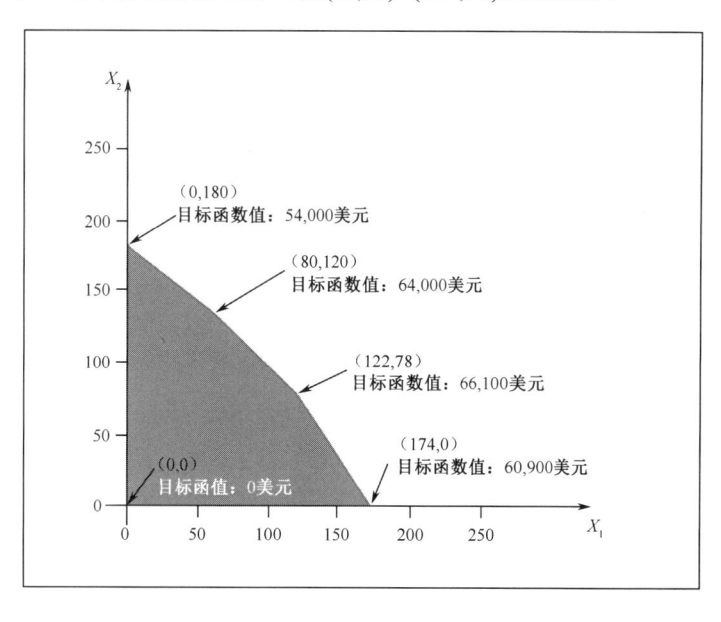

图 2.7　每一个可行域极点的目标函数值

用枚举顶点来确定最优解通常比等值曲线方法更困难，因为要确定可行域的所有极点的坐

标。如果存在许多相交约束，那么极点的数量可能会变得相当大，使得这个过程非常烦琐。另外，还存在一个特殊条件使此方法失效，这种情况称为无界解，稍后讲述。

2.10.8 线性规划问题图解法小结

求解只有两个变量的线性规划问题的图解法步骤总结如下：
(1) 绘制模型中每个约束的边界线；
(2) 确定可行域，即同时满足所有约束条件的点的集合；
(3) 通过以下方法之一找到最优解：
① 绘制一条或多条目标函数等值曲线，并确定该线使目标函数值有更好的移动方向。向更好的方向平行移动等值线，直到它与可行域只有一个交点(唯一最优解情况下)，然后找到这个点的坐标。这就是最优解。
② 确定可行域中所有极点的坐标，并计算关于每个点的目标函数值。如果可行域是有界的，那么使目标函数最好的点就是最优解。

2.10.9 理解事情如何变化

重要的是要认识到：目标函数和约束条件中的任何系数发生变化，该问题的等值曲线、可行域和最优解也都会发生变化。要成为一个有效的线性规划建模师，需要对模型中各系数的变化如何影响问题的解具有一些直觉的判断，这一点非常重要。我们将在第 4 章讨论灵敏度分析时非常详细地研究这个问题。但是，如图 2.8 所示的电子表格（及本书配套的文件 Figure2-8.xlsm）允许更改这个问题中的任何一个系数并立即查看其效果。建议尝试使用此文件，以确保理解了不同模型系数及其对线性规划问题影响间的关系（本章末的案例 2-1 所提出的一些具体问题，可以使用图 2.8 中所示的电子表格来解答）。

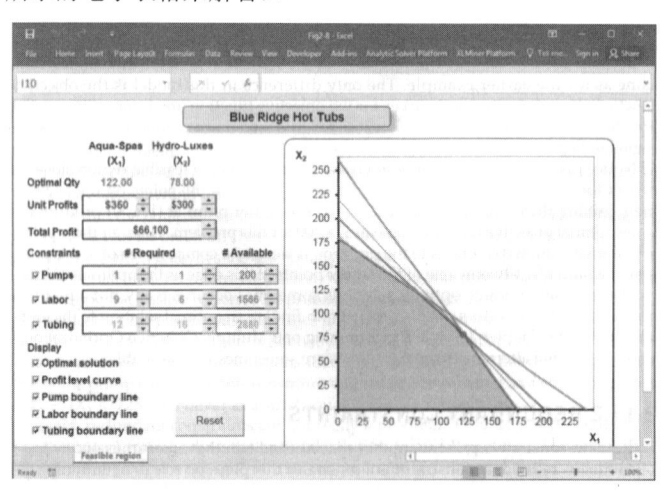

图 2.8 Blue Ridge 浴缸公司线性规划问题的交互式电子表格

2.11 线性规划模型的特殊情况

线性规划建模中可能会出现以下几种情况：多个最优解、多余约束、无界解和无可行解。前两种情况不会妨碍线性规划问题求解——实际上不是什么问题，只是有时会发生的异常情形。后两种情况是会影响我们求解线性规划的真正问题。

2.11.1 多个最优解

事实上某些线性规划问题会有多个最优解，或可选最优解或可替代最优解，即存在多个使目标函数值最大（或最小）的可行点。

例如，假设 Howie 能够将 Aqua-Spas 的价格提高到每单位产品的销售产生 450 美元的利润而不是 350 美元。这个问题修正后的线性规划模型为

$$\text{MAX:} \quad 450X_1 + 300X_2$$
$$\text{约束：} \quad 1X_1 + 1X_2 \leq 200$$
$$9X_1 + 6X_2 \leq 1,566$$
$$12X_1 + 16X_2 \leq 2,880$$
$$1X_1 \geq 0$$
$$1X_2 \geq 0$$

因为约束没有改变，所以这个模型的可行域和前面的例子相同。在这个模型中，唯一的不同是目标函数。因此，这个目标函数的等值曲线和我们前面所看到的不同。图 2.9 绘制了该模型的几条等值曲线及可行域。

注意，图 2.9 中最终的那条等值线沿着可行域的边缘与可行域相交，而不是在一个单独的点上相交。连接顶点(122,78)和顶点(174,0)的线段上所有的点都可以使该问题具有相同的最优目标函数值 78,300 美元。因此，这些点都是问题的可选最优解。如果我们用电脑求解这个问题，那么它只能给出这个边缘上的一个顶点作为最优解。

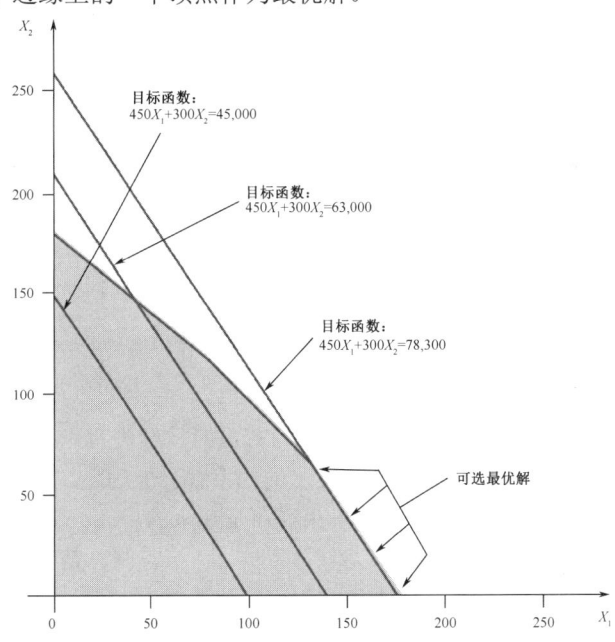

图 2.9　无穷多最优解线性规划问题的例子

有时会出现多个最优解的情况，这实际上并不是问题，因为这种反常现象并不影响我们求解问题的最优解。事实上，在第 7 章将发现，有时我们很希望出现多个最优解。

2.11.2 多余约束

多余约束是另一种在线性规划模型中时有发生的特殊情况。多余约束是在确定问题的可行

域时不起作用的约束。例如，在浴缸的例子中，假设有 225 台浴缸水泵可供使用而不是 200 台。之前的线性规划模型可以修改如下以反映这个变化：

$$\text{MAX:} \quad 350X_1 + 300X_2$$

$$\text{约束:} \quad 1X_1 + 1X_2 \leq 225$$

$$9X_1 + 6X_2 \leq 1,566$$

$$12X_1 + 16X_2 \leq 2,880$$

$$1X_1 \geq 0$$

$$1X_2 \geq 0$$

这个模型除第一个约束条件是新的上限（代表可以使用的水泵数量）外，都与我们建立的这个问题的原始模型相同。图 2.10 显示了修正后的模型的约束和可行域。

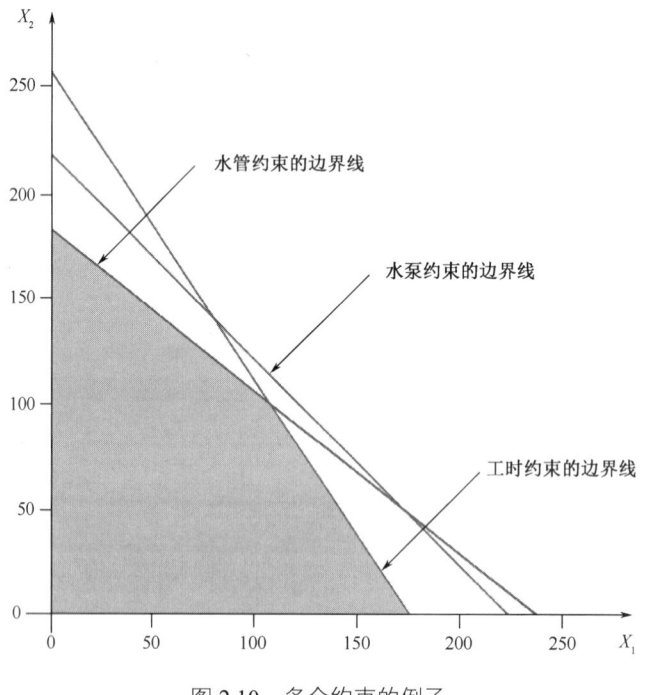

图 2.10 多余约束的例子

注意，模型中水泵数量的约束在确定问题的可行域时已经没有作用。即只要满足水管约束和工时约束（对任何可行解都是如此），水泵数量的约束就会被满足。因此，从模型中删除水泵数量约束而不改变该问题的可行域——这个约束纯粹是多余的。

水泵数量约束在确定图 2.10 中的可行域时不起作用，这说明总是有足够数量的水泵可以使用。因为在图 2.10 中没有可行解落在代表水泵约束的边界线上，这个约束作为严格不等式时总会满足（$1X_1+1X_2<225$），或者一定不是严格等式（$1X_1+1X_2=225$）。

再次说明，多余约束不是真正的问题，它不会妨碍我们（或电脑）求解线性规划问题的最优解。但是，对于计算机来说，它们是"额外的垃圾"，所以，如果你知道某个约束是多余的，那么删除它可以减少计算机额外的工作。另外，如果你研究的模型会被修改和重复使用，最好还是将多余约束留在模型中，因为在以后它们可能不是多余的。例如，从图 2.3 中我们知道，如果可用的水泵数量回到了 200 台，那么水泵数量约束会在确定可行域（和最优解）时再起重要的作用。

2.11.3 无界解

当试图求解某些线性规划问题时,你有可能会遇到目标函数值可以无穷大(在最大化问题中),或者无穷小(在最小化问题中)的情况。比如,考虑这个线性规划问题:

$$\text{MAX}: \quad X_1 + X_2$$
$$\text{约束}: \quad X_1 + X_2 \geq 400$$
$$-X_1 + 2X_2 \leq 400$$
$$X_1 \geq 0$$
$$X_2 \geq 0$$

图 2.11 展示了这个问题的可行域和一些等值线。从图中可以看出,随着等值线距离原点越来越远,目标函数值不断增大。因为可行域在这个方向是无界的,可以继续移动等值曲线到无穷远并使目标函数值无穷大。

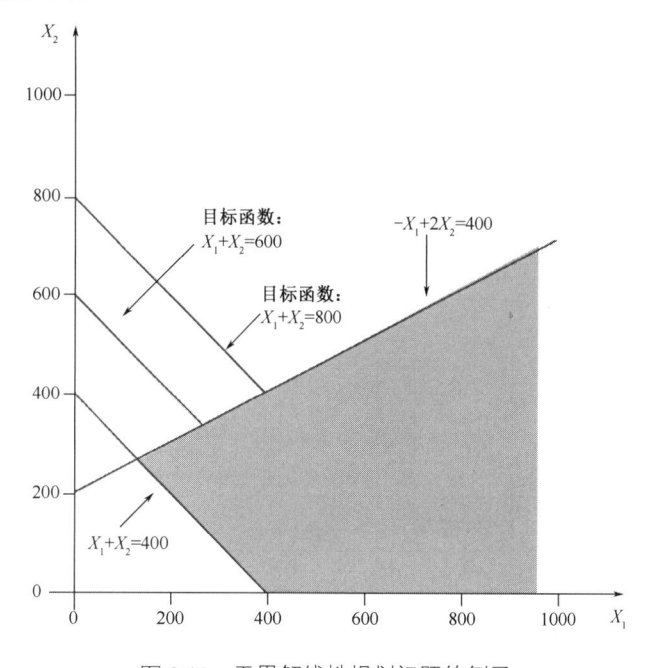

图 2.11　无界解线性规划问题的例子

虽然求解线性规划模型时遇到无界解很常见,但是这样的解表示模型中存在某些错误的地方——例如模型中缺少了一个或多个约束,或者一个小于等于约束被错误地录入成了大于等于约束。

当描述通过枚举极点来寻找线性规划模型最优解时,我们强调过,如果问题的可行域是无界的,那么这种方法不一定有效。图 2.11 提供了一个出现这种情况的例子。图 2.11 中可行域仅有的极点出现在点(400,0)和($133.\bar{3}$, $266.\bar{6}$),这两点(和这两点之间的线段上的任意一点)的目标函数值都是 400。通过列举问题的极点,我们可能会错误地得出这个问题存在使目标函数最优值等于 400 的多个最优解。如果问题是使目标函数最小化,那么这个结论是正确的。但是,这里的目标是使目标函数值最大,就像我们看到的一样,目标函数值可以无穷大。所以当想要使用列举无界可行域的极点求解线性规划问题时,还必须检查目标函数是否无界。

2.11.4 无可行解

当不能同时满足问题的所有约束时，线性规划问题无可行解。作为例子，考虑线性规划模型：

$$\text{MAX:} \quad X_1 + X_2$$
$$\text{约束:} \quad X_1 + X_2 \leqslant 150$$
$$X_1 + X_2 \geqslant 200$$
$$X_1 \geqslant 0$$
$$X_2 \geqslant 0$$

图 2.12 展示了模型的前两个约束的可行解。注意，第一个约束的可行解落在其边界线的左边，而第二个约束条件的可行解落在了它边界线的右边。因此，不可能存在同时满足模型中两个约束的 X_1, X_2 的值。在这种情况下，问题无可行解。

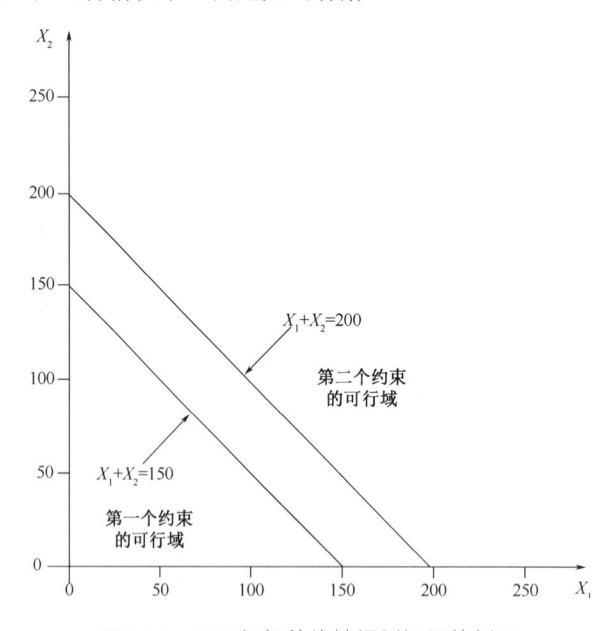

图 2.12 无可行解的线性规划问题的例子

线性规划问题中出现无可行解，可能是由于模型的错误——比如不小心将小于或等于约束写成大于或等于约束，或者只是因为无法满足模型中的所有约束。在这种情况下，为了得到问题的可行域（和可行解），必须去除或放宽约束。

放宽约束包括通过增大上限（或减小下限）来扩大可行域的范围。例如，如果我们通过把上限从 150 改为 200 来放宽前面模型的第一个约束，那么问题就存在一个可行域。当然，不能随便放松约束。在真实模型中，数值 150 代表决策问题中某个实际特征（比如制作浴缸可用水泵的数量）。显然，我们不能将数值改为 250，除非这么做是合理的，也就是说，我们知道存在另外 100 台可以使用的水泵。

2.12 本章小结

本章介绍了一个名为数学规划（MP）或优化的商业分析领域。优化问题涵盖了具有相同目标的一类问题——确定在满足多个约束的同时使目标函数最大化（或最小化）的决策变量的值。

约束可以对决策变量可取的值施加限制并定义问题可行方案的集合（或可行域）。

线性规划（LP）问题代表了数学规划问题的一个特殊类别，其中目标函数和所有的约束都可以表示为决策变量的线性组合。简单来说，双变量线性规划问题可以通过在图中给出可行域和绘制目标函数的等值曲线的方法来求解。线性规划问题的最优解一定在可行域的顶点处取得（除非目标函数是无界的）。

一些异常情况可能出现在优化问题中，包括多个最优解、多余约束、无界解和无可行解。

2.13　参考文献

[1] Bazaraa, M. and J. Jarvis. *Linear Programming and Network Flows.* New York: Wiley, 1990.

[2] Dantzig, G. *Linear Programming and Extensions. Princeton*, NJ: Princeton University Press, 1963.

[3] Eppen, G., F. Gould, and C. Schmidt. *Introduction to Management Science.* Englewood Cliffs, NJ: Prentice Hall, 1993.

[4] Shogan, A. Management Englewood Cliffs, NJ: Prentice Hall, 1988.

[5] Winston, W. *Operations Research: Applications and Algorithms.* Belmont, CA: Duxbury Press, 1997.

思考题与习题

1. 一个线性规划模型可以有不止一个最优解。那么，线性规划模型有没有可能恰好只有两个最优解呢？为什么？
2. 在对 Blue Ridge 浴缸公司问题的求解中，最优解 X_1 和 X_2 的取值是整数。那么，这是线性规划问题求解结果的普遍性质吗？也就是说，线性规划问题的最优解总是整数吗？为什么？
3. 为确定小于等于约束或大于等于约束的可行域，我们都将其绘制成等式约束。为什么这样做可行？
4. 下列线性规划模型的目标函数是等价的吗？即如果同时用它们求解具有相同约束的问题，那么在两种情况下，X_1 和 X_2 的最优值是相同的吗？为什么？

$$\text{MAX：} \quad 2X_1 + 3X_2$$
$$\text{MIN：} \quad -2X_1 - 3X_2$$

5. 下列约束中哪些不是线性的或者不能作为约束被包括在线性规划问题中？

   a. $2X_1 + X_2 - 3X_3 \geq 50$

   b. $2X_1 + \sqrt{X_2} \geq 60$

   c. $4X_1 - \dfrac{1}{3}X_2 = 75$

   d. $\dfrac{3X_1 + 2X_2 - 3X_3}{X_1 + X_2 + X_3} \leq 0.9$

   e. $3X_1^2 + 7X_2 \leq 45$

6. 用图解法解决下列线性规划问题，并枚举各极点。

$$\text{MAX:} \quad 3X_1+4X_2$$
$$\text{约束:} \quad X_1 \leq 12$$
$$X_2 \leq 10$$
$$4X_1+6X_2 \leq 72$$
$$X_1, X_2 \geq 0$$

7. 用图解法解决下列线性规划问题，画出等值线。

$$\text{MAX:} \quad 2X_1+5X_2$$
$$\text{约束:} \quad 6X_1+5X_2 \leq 60$$
$$2X_1+3X_2 \leq 24$$
$$3X_1+6X_2 \leq 48$$
$$X_1, X_2 \geq 0$$

8. 用图解法解决下列线性规划问题，并枚举各极点。

$$\text{MIN:} \quad 5X_1+20X_2$$
$$\text{约束:} \quad X_1+X_2 \geq 12$$
$$2X_1+5X_2 \geq 40$$
$$X_1+X_2 \leq 15$$
$$X_1, X_2 \geq 0$$

9. 就下面的线性规划问题

$$\text{MAX:} \quad 3X_1+2X_2$$
$$\text{约束:} \quad 3X_1+3X_2 \leq 300$$
$$6X_1+3X_2 \leq 480$$
$$3X_1+3X_2 \leq 480$$
$$X_1, X_2 \geq 0$$

a. 画出这个模型的可行域。
b. 最优解是什么？
c. 指出这个模型中的多余约束。

10. 用图解法解决下列线性规划问题，画出等值线。

$$\text{MIN} \quad 2X_1+3X_2$$
$$\text{约束:} \quad 2X_1+1X_2 \geq 3$$
$$4X_1+5X_2 \geq 20$$
$$2X_1+8X_2 \geq 16$$
$$5X_1+6X_2 \leq 60$$
$$X_1, X_2 \geq 0$$

11. 用图解法解决下列线性规划问题，画出等值线。

$$\text{MAX:} \quad 4X_1+5X_2$$
$$\text{约束:} \quad 2X_1+3X_2 \leq 120$$
$$4X_1+3X_2 \leq 140$$
$$X_1+X_2 \geq 80$$
$$X_1, X_2 \geq 0$$

12. 用图解法解决下列线性规划问题，并枚举各极点。

$$\text{MAX:} \quad 10X_1 + 12X_2$$
$$\text{约束:} \quad 8X_1 + 6X_2 \leq 98$$
$$6X_1 + 8X_2 \leq 98$$
$$X_1 + X_2 \geq 14$$
$$X_1, X_2 \geq 0$$

13. Bibbins 制造厂为青年娱乐俱乐部生产垒球和棒球。垒球的单位生产成本是 11 美元，销售价格是 17 美元。棒球的单位生产成本是 10.5 美元，销售价格为 15 美元。生产每种产品所需材料和工时，以及每种资源可用数量如下表所示。

	单位产品所需数量		数量
资源	垒球	棒球	可用总量
皮革	5 盎司	4 盎司	6,000 盎司
尼龙	6 码	3 码	5,400 码
纤维芯	4 盎司	2 盎司	4,000 盎司
劳动时长	2.5 分	2 分	3,500 分
缝合时长	1 分	1 分	1,500 分

   a. 建立这个问题的线性规划模型。
   b. 绘制这个模型的可行域。
   c. 该问题的最优解是什么？

14. Oakton 制造厂分别为男性和女性设计制造了两种类型的摇椅，并称它们为"他的"和"她的"模型，每把椅子都有四条腿和两个摇杆，但是所需木钉的数量不同。每个"他的"摇椅需要 4 个短木钉和 8 个长木钉，而每个"她的"摇椅需要 8 个短木钉和 4 个长木钉。每个"他的"摇椅可产生 10 美元的利润，而每个"她的"摇椅可产生 12 美元的利润。该公司有 900 条摇椅腿、400 个摇杆、1,200 个短木钉和 1,056 个长木钉可供使用。该公司想在利润最大化的同时确保生产的"他的"摇椅的数量至少是"她的"摇椅数量的一半。

   a. 建立这个问题的线性规划模型。
   b. 绘制这个模型的可行域。
   c. 求该问题的最优解。

15. Gourmet 烤架公司制造和销售两种不同类型的烤架：丙烷型和电力型。每个丙烷型烤架销售价格和制造成本分别是 320 美元和 220 美元；每个电力型烤架的销售价格与制造成本分别是 260 美元和 180 美元。每种类型的烤架在生产流程中都需要经过 4 步操作。每种烤架在各个制造环节所需要的时间总结如下：

	单位产品所需时间	
生产流程	丙烷型	电力型
机压	2	1
制造	4	5
组装	2	3
测试	1	1

在下一个生产周期中，有 2,400 小时的机压时间、6,000 小时的制造时间、3,300 小时的组装时间、1,500 小时的测试时间可以使用。假设 Gourmet 烤架公司可以出售其生产的所有产品，并且想要确定使利润最大化的生产计划。

   a. 建立这个问题的线性规划模型。

b. 绘制这个模型的可行域。

c. 用等值曲线法求该问题的最优解。

16. Electrotech 公司制作两种工业型电力设备：发电机和交流发电机。在组装过程中，这两种产品都需要接线和测试。每台发电机需要 2 小时接线和 1 小时测试，销售利润为 250 美元；每台交流发电机需要 3 小时接线和 2 小时测试，销售利润为 150 美元。在下一个生产周期中，Electrotech 公司有 260 小时的接线时间、140 小时的测试时间可供使用，公司想要利润最大化。

    a. 建立这个问题的线性规划模型。

    b. 绘制这个模型的可行域。

    c. 使用等值曲线法求该问题的最优解。

17. 参考上一个问题。假设 Electrotech 公司的管理层决定至少生产 20 台发电机和至少 20 台交流发电机。

    a. 重新表示线性规划模型来说明这种变化。

    b. 绘制这个模型的可行域。

    c. 用枚举极点法求该问题的最优解。

    d. 假如 Electrotech 公司可以以非常可观的成本获得额外的接线时间，它应该这样做吗？为什么？

18. Bill 烧烤店是一家受欢迎的大学餐厅，它的汉堡很有名。这家餐厅的老板 Bill 把新鲜的牛肉馅和猪肉馅用秘制的调料混合在一起,制作出只有 0.25 磅重的美味汉堡,广告中宣传它的脂肪含量不超过 25%。Bill 可以以每磅 0.85 美元买到瘦肉含量 80%、脂肪含量 20%的牛肉，也可以以每磅 0.65 美元买到瘦肉含量 70%、脂肪含量 30%的猪肉。Bill 想要在制作出的汉堡脂肪含量不超过 25%的情况下确定牛肉和猪肉混合的最小成本的方法。

    a. 建立这个问题的线性规划模型。（提示：这个问题的决策变量代表组合中牛肉的百分比和猪肉的百分比。）

    b. 绘制这个模型的可行域。

    c. 用枚举极点法求该问题的最优解。

19. 美国汽车公司正在评估它们所生产的轿车、越野车和卡车的营销计划。越野车的电视广告已经制作好了。该公司估计，每次广告展示将花费 50 万美元，同时越野车销量增加 3%，卡车的销量减少 1%，轿车的销量不会受到影响。该公司还制作了一种印刷广告，它可以刊登在全国范围内发行的各种杂志上，每期费用为 75 万美元。据估计，每期杂志所刊登的广告将使轿车、越野车和卡车的销量分别增长 2%、1%和 4%。该公司希望以成本最低方式，将轿车、越野车和卡车的销量分别提高 3%、14%和 4%。

    a. 建立这个问题的线性规划模型。

    b. 绘制可行域。

    c. 最优解是什么？

20. Mountain Mist 苏打水公司的市场经理需要确定下季度的电视广告和杂志广告数量。每条电视广告的成本为 5,000 美元，预计可以增加 30 万罐的销量。每条杂志广告的成本为 2,000 美元，预计可以增加 50 万罐的销量。Mountain Mist 苏打水公司总共可以花费在电视和杂志广告上的资金为 10 万美元。但是，它希望在电视广告上花费的成本不超过 7 万美元，杂志广告成本不超过 5 万美元。每卖出一罐饮料，Mountain Mist 公司可获利 0.05 美元。

    a. 建立这个问题的线性规划模型。

    b. 绘制这个模型的可行域。

    c. 用等值曲线法求该问题的最优解。

21. Blacktop 精炼公司在美国蒙大拿州两个不同地点的矿石中提炼矿物质，1 号矿石每吨含有 20%的铜、20%的锌和 15%的镁；2 号矿石每吨含有 30%的铜、25%的锌和 10%的镁。1 号矿石与 2 号矿石每吨的成本分别是 90 美元和 120 美元。公司希望购买足够多的矿石，以成本最低的方式提取至少 8 吨铜、6 吨锌和 5 吨镁。

　　a. 建立这个问题的线性规划模型。

　　b. 绘制这个模型的可行域。

　　c. 求该问题的最优解。

22. Zippy 摩托车制造公司生产两款受欢迎的袖珍自行车（安装有 49cc 引擎的微型摩托车）：Razor 和 Zoomer。在接下来的一周内，制造商希望生产多达 700 辆自行车，并确保生产的 Razor 的数量不能比 Zoomer 的数量多 300 辆以上。生产并售出 Razor 的单位利润为 70 美元、Zoomer 的单位利润为 40 美元。这些自行车都是机械的，仅在燃料箱和座椅周围聚合物基边饰的外观不同，每个 Razor 的边饰需要 2 磅的聚合物和 3 小时的生产时间，而每个 Zoomer 的边饰需要 1 磅的聚合物和 4 小时的生产时间。假设在接下来的一周内，有 900 磅的聚合物和 2,400 小时的工时可以用于生产。

　　a. 建立这个问题的线性规划模型。

　　b. 绘制这个模型的可行域。

　　c. 最优解是什么？

23. Quality 办公桌公司采用层压刨花板原料生产两种类型的电脑桌。Presidential 电脑桌需要 30 平方英尺的刨花板、一个键盘滑动装置、5 小时的制作时间，销售价格为 149 美元；Senator 电脑桌需要 24 平方英尺的刨花板、一个键盘滑动装置、3 小时的制作时间，销售价格为 135 美元。在接下来的一周里，公司可以以每平方英尺 1.35 美元的价格买到 15,000 平方英尺的刨花板，以单位成本 4.75 美元的价格买到 600 个键盘滑动装置。该公司把生产劳动力看做固定成本，且接下来的一周有 3,000 小时可用于生产这些办公桌。

　　a. 建立这个问题的线性规划模型。

　　b. 绘制这个模型的可行域。

　　c. 最优解是什么？

24. 美国佐治亚州的一个农场主有一个 100 英亩的农场，可以种植西瓜和甜瓜。种植西瓜每英亩每天需要 50 加仑的水、20 磅的化肥，种植甜瓜每英亩每天需要 75 加仑的水、15 磅的化肥。农场主估计采摘 1 英亩西瓜花费 2 个工时，采摘 1 英亩甜瓜花费 2.5 个工时。他认为每个西瓜能以大约 3 美元售出，每个甜瓜能以 1 美元售出。预期每英亩可以产出 90 个可销售的西瓜，每英亩可以产出 300 个可销售的甜瓜。农场主每天可以从一口浅井中抽出大约 6000 加仑的水用于灌溉。他可以以 10 美元购袋 50 磅一的化肥，想买多少就买多少。最后，农场主可以以每小时 5 美元的工资雇用劳动力采收瓜田。如果农夫能售出他所种植的所有西瓜和甜瓜，那么每种作物应该分别种植多少英亩以使利润最大呢？

　　a. 建立这个问题的线性规划模型。

　　b. 绘制这个模型的可行域。

　　c. 用等值曲线法求该问题的最优解。

25. Sanderson 制造厂生产华丽的装饰性木制门窗。每一件产品经过三道生产工序：切割、打磨和精加工。每个门需要 1 小时的切割、30 分钟的打磨、30 分钟的精加工；每个窗户需要 30 分钟切割、45 分钟打磨、1 小时的精加工。在接下来的一周内，Sanderson 公司有 40 小时的切割时间、40 小时的打磨时间、60 小时的精加工时间。假设生产的所有门都可以以 500 美元的单位利润售出，生产的所有窗户都可以以 400 美元的单位利润售出。

　　a. 建立这个问题的线性规划模型。

　　b. 绘制这个模型的可行域。

　　c. 最优解是什么？

26. PC-EXpress 是一家销售台式电脑和手提电脑的电脑零售店。公司售出一台台式电脑盈利 600 美元，售出一台手提电脑盈利 900 美元。PC-EXpress 公司销售的电脑实际上是由另一家公司代工生产的，这个制造商现在要满足另一家客户的特殊订单，下个月售给 PC-EXpress 公司的台式电脑不超过 80 台，手提电脑不超过 75 台。PC-EXpress 公司的员工必须在所要销售的台式电脑上花费约 2 小时安装和检查软件，在每台手提电脑上花费约 3 小时完成这个流程。他们预期下个月有 300 小时可用于这项工作，商店的管理者确信他们可以销售出订购的所有电脑，但不确定他们应该订购多少台式电脑和手提电脑才能使利润最大化。

a. 建立这个问题的线性规划模型。
b. 绘制这个模型的可行域。
c. 用枚举极点法求该问题的最优解。

案例 2.1 参数变化问题分析

Blue Ridge 浴缸公司的拥有者 Howie Jones 已经就线性规划模型中的参数改变时，其生产问题的可行域和可行解可能如何变化这个问题寻求过你的帮助。他希望这能进一步加深他对线性规划的理解，以及约束、目标函数和最优解是如何相互联系的。为协助此过程，他要求一家咨询公司开发如图 2.8 所示的电子表格（本书配套的文件 Fig2-8.xlsm）。随着模型中各参数的改变，这个表格动态地更新可行域与最优解。但是，Howie 没有太多时间来处理这个电子表格，所以他将这项任务交给你，并希望你可以使用该表格回答下列问题。在回答以下每个问题之前，请单击文件 Fig2-8.xlsm 中的重置按钮。

1. 在该问题的最优解中，使用了多少台水泵、多少工时、多少英尺的水管？
2. 如果这个公司可以增加可用水泵的数量，那么应该增加吗？为什么？如果选择增加，那么应该增加的水泵的最大数量是多少？这样做会增加多少利润？
3. 如果公司可以获得更多的工时，那么应该这样做吗？为什么？如果选择增加，那么应该增加多少额外的工时？这样做会增加多少利润？
4. 如果公司可以获得更多的水管，那么应该这样做吗？为什么？如果选择增加，那么应该增加多少额外的水管？这样做会增加多少利润？
5. 如果公司可以将生产 Aqua-Spas 浴缸的工时从 9 小时缩短到 8 小时,那么利润会增加多少呢？从 8 小时缩短到 7 小时呢？从 7 小时缩短到 6 小时呢？
6. 如果公司可以将生产 Hydro-Lux 浴缸的工时从 6 小时缩短到 5 小时,那么利润会增加多少呢？从 5 小时缩短到 4 小时呢？从 4 小时缩短到 3 小时呢？
7. 如果公司将生产 Aqua-Spas 浴缸所需的水管从 12 英尺增加到 13 英尺，那么公司的最优利润会变化多少？从 13 英尺增加到 14 英尺呢？从 14 英尺到 15 英尺呢？
8. 如果公司将生产 Hydro-Luxes 浴缸所需的水管从 16 英尺增加到 17 英尺，那么公司的最优利润会变化多少？如果从 17 英尺增加到 18 英尺呢？从 18 英尺增加到 19 英尺呢？
9. 在最优产品组合变化之前，Aqua-Spas 浴缸的单位利润可能会改变多少？
10. 在最优产品组合变化之前，Hydro-Luxes 浴缸的单位利润可能会改变多少？

第 3 章 电子表格中线性规划问题的建模与求解

3.0 引言

第 2 章讨论了如何构建线性规划（LP）问题的模型，以及如何利用作图的方式求解简单的、只有两个变量的线性规划问题。我们知道，现实世界中仅有两个变量的线性规划问题很少，所以，用图解法求解线性规划问题的能力有限，但两个变量的线性规划问题的图解分析可以帮助我们理解所有线性规划问题及其通用求解策略。

例如，每个线性规划问题都有一个可行域，而且问题的最优解可以在可行域的某些极点处得到（假设问题不是无界的）。无论问题的决策变量有几个，上述结论对于所有线性规划问题来说都是正确的。画出两个变量线性规划问题的可行域非常容易，但是想象出或者画出三个变量问题的可行域却十分困难，因为这种图形是三维的。如果多于三个变量，那么想象出或画出大于三维的可行域是根本不可能的。

幸运的是，有几种数学技术可以不用画出可行域而解决几乎任意变量个数的线性规划问题。这些方法已经在电子表格中建立了软件应用包，使求解线性规划问题变得十分简单。因此，使用合适的计算机软件，你就几乎能求解任何线性规划问题，主要的挑战在于建立正确的线性规划模型且能准确地输入计算机。本章将展示如何使用电子表格完成这项工作。

3.1 电子表格中的规划求解器

所有主流的电子表格软件包都内置了称为"规划求解器"（Solver）的最优化问题求解工具，这说明了线性规划和优化的重要性。本书使用 Excel 展示了电子表格如何求解最优化问题。但是，这里给出的概念和方法可以运用在其他不同的电子表格软件包，只是某些使用细节可能不同。

如果不用电子表格，那么可以使用专门的数学规划软件求解优化问题，这类软件包括 LINGO、CPLEX、GUROBI Optimizer 和 Xpress-MP。一般情况下，研究人员和商务人员使用这些软件包求解那些不适合用电子表格求解的大规模问题。

3.2 用电子表格求解线性规划问题

我们将通过求解第 2 章描述的 Howie Jones 面临的问题，给出 Excel 使用规划求解器的机理。回想一下 Howie 经营的 Blue Ridge 浴缸公司，该公司销售两种型号的浴缸——Aqua-Spa 和 Hydro-Luxes。Howie 为每个浴缸购买了定制玻璃纤维浴缸外壳，安装了普通水泵，连接了合适数量的浴缸水管。每个 Aqua-Spas 浴缸需要 9 个工时和 12 英尺的水管，每个 Hydro-Luxes 浴缸需要 6 个工时和 16 英尺的水管。销售一个 Aqua-Spa 浴缸可以获得 350 美元的利润，销售一个 Hydro-Luxes 浴缸可以获得 300 美元的利润。公司预计下一个生产周期有 200 台水泵、1,566 个工时和 2,880 英尺的水管可以使用。问题是：确定生产多少 Aqua-Spas 和 Hydro-Luxes 浴缸可以使利润最大化。

第 2 章建立了 Howie 所面临问题的线性规划模型。在这个模型中，X_1 代表生产 Aqua-Spas 的数量，X_2 代代表生产 Hydro-Lux 的数量。

$$\begin{aligned}
\text{MAX：} & 350X_1+300X_2 & \text{利润} \\
\text{约束：} & 1X_1+1X_2 \leqslant 200 & \text{水泵约束} \\
& 9X_1+6X_2 \leqslant 1,566 & \text{人工约束} \\
& 12X_1+16X_2 \leqslant 2,880 & \text{水管约束} \\
& 1X_1 \geqslant 0 & \text{简单下界} \\
& 1X_2 \geqslant 0 & \text{简单下界}
\end{aligned}$$

然而，如何使用电子表格求解这个问题呢？首先，必须在电子表格中建立这个模型。

3.3 电子表格中求解线性规划模型的步骤

下列 4 个步骤概括了使用电子表格求解任意线性规划问题所必需的步骤。

1. 在电子表格中组织模型的数据。建立模型所需的数据包括目标函数中的系数、约束中的各系数、约束的右端项（RHS）。通常有多种方法在电子表格中组织具体问题的数据，但需要遵守一些基本原则。第一，我们的目标是组织数据，使其目的和意义尽可能清楚。将你的电子表格看作一份管理报告，需要清楚地传达解决问题的重要因素。为此，开始在电子表格中输入数据之前，应该用心思考如何组织问题的数据——可视化数据的逻辑布局。描述性标签应该放在电子表格中，用以清楚地识别不同的数据元素。通常，模型中数据的行和列可以在电子表格中辅助模型的建立（注意，线性规划中的某些或所有系数和数值可能是由其他数据计算得到的，这些数据往往是原始数据。最好在电子表格中保留原始数据，并使用适当的公式计算线性规划模型所需的系数和数值。这样，如果原始数据改变了，那么线性规划模型中的系数将自动相应地变化）。

2. 在电子表格中预留单元格来表示代数模型中的决策变量。虽然在电子表格中可以使用任何空单元格来表示决策变量，但一般来说最好以与数据排列结构平行的方式安排表示决策变量的单元格，这样有助于设定目标函数和约束方程。如果可能，那么最好将代表决策变量的单元格保留在电子表格的同一区域。此外，应使用描述性标签来清楚地标识这些单元格的含义。

3. 在电子表格的单元格中建立与代数模型中目标函数相对应的表达式。与目标函数对应的电子表格公式是通过对应的已经输入（或计算）的目标函数系数数据单元和表示决策变量单元格建立的。

4. 在电子表格的独立单元格中建立每个约束的左侧表达式。每个约束的左侧表达式的建立，是通过已输入（或计算）的对应这些约束的系数单元格和相应的决策变量单元格来建立的。许多约束的表达式具有类似的结构。因此，如果可能，那么可通过复制其他约束方程的单元格来建立新的约束。这不仅减少了建立模型所需的工作量，而且有助于避免难以察觉的录入错误。

虽然前面的每一个步骤对建立电子表格线性规划模型都是必要的，但不必按照特定的顺序实施。通常明智的做法是，首先实施步骤 1，然后实施步骤 2，但步骤 3 和步骤 4 的实施顺序因问题而异。

此外，使用阴影、背景颜色和外框来区分模型中代表决策变量、约束和目标函数通常是明智的做法。这样，电子表格用户更容易区分表示原始数据（可以改变的）的单元格和其他元素的单元格。我们将会讨论更多关于如何有效设计和实施线性规划电子表格模型的内容，但现在，先让我们通过例题来看看如何用上述步骤建立一个电子表格模型。

3.4 Blue Ridge 浴缸问题的电子表格模型

图 3.1 给出了关于上文例题的一种可能的电子表格表示形式（本书配套资料的 Fig3-1.xlsm 文件）。让我们一步一步地完成这个模型的创建，以便看清它与代数公式之间的关联。

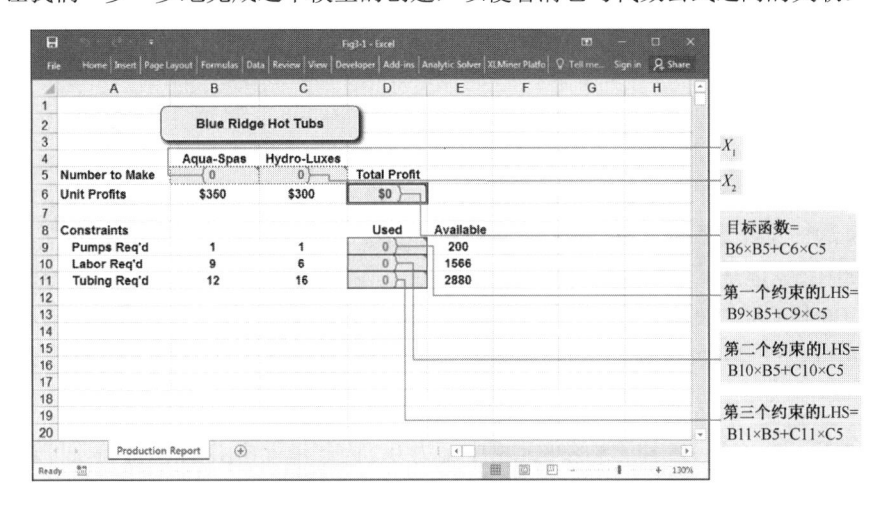

图 3.1　Blue Ridge 浴缸生产问题的电子表格模型

关于宏命令的说明

在本书配套的大多数电子表格例题中，可以单击电子表格顶部的蓝色标题栏来打开或关闭有关电子表格模型的其他文档的说明。通过使用宏启用，可使用这些相关文档的功能。为了使用宏和其他宏命令，在 Excel 中依次单击："文件"→"选项"→"信任中心"→"信任中心设置"→"宏设置"，选择"禁用所有带有通知的宏"，单击"确定"，然后再次单击"确定"。如果随后打开包含宏命令的文件，那么 Excel 会显示一个安全警告来表示某些活动内容被禁用，可以选择使用宏的选项，以便获得本书配套电子表格中的宏功能。

3.4.1 组织数据

建立任何线性规划问题电子表格模型的第一步是组织电子表格模型所需要的数据。在图 3.1 中，分别在 B6 和 C6 单元格中录入 Aqua-Spas 浴缸和 Hydro-Luxes 浴缸的单位利润数据。然后在 B9 和 C11 单元格中录入生产各种浴缸所需的水泵数量、工时数和所需水管的长度。单元格 B9 和 C9 中的数值表示生产每一种浴缸需要 1 台水泵。单元格 B10 和 C10 中的数值表示生产每一个 Aqua-Spas 浴缸需要 9 个工时，生产每一个 Hydro-Luxes 浴缸需要 6 个工时。单元格 B11 和 E11 中的数值表示生产每一个 Aqua-Spas 浴缸需要 12 英尺水管，生产每一个 Hydro-Luxes 浴缸需要 16 英尺水管。单元格 E9 到 E11 中是可用的水泵数量、工时数和水管的米数。注意，录入相应的标签以标识问题中的数据元素。

3.4.2 决策变量的表示

如图 3.1 中所示，单元格 B5 和 C5 表示模型决策变量 X_1 和 X_2。这些单元格用虚线边框绘制轮廓，以直观地将它们与模型中的其他元素区别开来。因为不知道应该生产多少 Aqua-Spa

浴缸和 Hydro-Luxes 浴缸，所以单元格 B5 和 C5 中的数值为 0。稍后，我们将使用规划求解器来确定这些单元格中的最优值。图 3.2 总结了代数模型中的决策变量和电子表格中相应单元格之间的关系。

```
决策变量：        X₁      X₂
                  ↓       ↓
电子表格单元格：  B5      C5
```

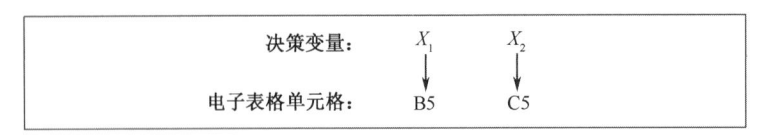

图 3.2　决策变量与电子表格中相应单元格之间的关系汇总

3.4.3　目标函数的表示

建立线性规划问题的下一步是在电子表格的单元格中创建代表目标函数的公式。可以用很多方法实现这一点。因为目标函数是 $350X_1+300X_2$，可以尝试在电子表格中录入公式 =350*B5+300*C5。但是，若要改变目标函数的系数，则必须返回编辑这个公式以反映变化。因为在单元格 B6 和 C6 中录入目标函数的系数，所以建立目标函数更好的一个方法是在公式中引用单元格 B6 和 C6 的值而不是输入数值常数。在单元格 D6 中录入的目标函数公式为

单元格 D6 的公式：　　=B6*B5+C6*C5

如图 3.1 所示，由于 B5 和 C5 的单元格中都为 0，因此单元格 D6 的值也返回为 0。图 3.3 总结了代数目标函数与单元格 D6 中录入公式之间的关系。通过以这种方式实现目标函数，如果浴缸获得的利润发生改变了，那么电子表格模型很容易改变并重新求解问题以确定这一变化对最优解的影响。注意，单元格 D6 已用双边框着色和绘制轮廓以区别于模型中的其他元素。

```
代数目标：            350 X₁+300 X₂
                      ↓     ↓  ↓  ↓
单元格D6中的公式：  =B6*B5+C6*C5
```

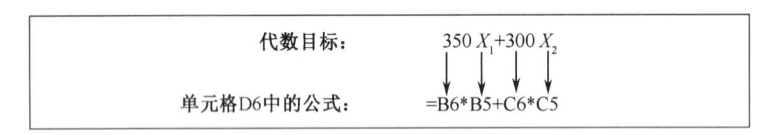

图 3.3　决策变量与电子表格中相应单元格之间的关系

3.4.4　约束的表示

建立电子表格模型的下一步是建立线性规划模型的约束。前面讲到的代数模型的每一个约束，必须在电子表格的单元格中建立一个公式以对应约束的左侧表达式。模型中的每一约束的左侧表达式为

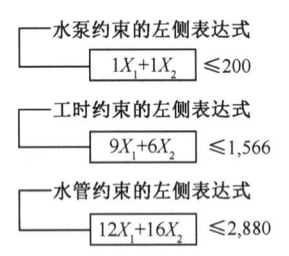

```
┌─水泵约束的左侧表达式
│  ┌──────────┐
│  │ 1X₁+1X₂  │ ≤200
│  └──────────┘
├─工时约束的左侧表达式
│  ┌──────────┐
│  │ 9X₁+6X₂  │ ≤1,566
│  └──────────┘
└─水管约束的左侧表达式
   ┌──────────┐
   │12X₁+16X₂ │ ≤2,880
   └──────────┘
```

需要在电子表格中建立 3 个单元格来表示 3 个约束的左侧表达式。这要通过相应的包含这些约束的系数的单元格和表示决策变量的单元格来完成，第一个约束的左侧表达式录入在单元格 D9 中，如下：

单元格 D9 的公式：　　=B9*B5+C9*C5

类似地，第二个和第三个约束的左侧表达式在单元格 D10 和 D11 中录入，如下：

单元格 D10 的公式： =B10*B5+C10*C5

单元格 D11 的公式： =B11*B5+C11*C5

这些公式用来计算制造单元格 B5 和 C5 所代表的浴缸数量所需要的水泵数、工时数和水管的英尺数。注意，单元格 D9 到 D11 用实线边框绘制轮廓以区别于模型的其他元素。图 3.4 总结了模型中代数公式的约束的左侧表达式及其电子表格表达式之间的关系。

```
水泵约束的左侧表达式：         1 X₁ + 1 X₂
                               ↓    ↓  ↓  ↓
单元格D9中的表达式：           =B9*B5 + C9*C5

工时约束的左侧表达式：         9 X₁ + 6 X₂
                               ↓    ↓  ↓  ↓
单元格D10中的表达式：          =B10*B5 + C10*C5

水管约束的左侧表达式：         12 X₁ + 16 X₂
                               ↓    ↓   ↓  ↓
单元格D11中的表达式：          =B11*B5 + C11*C5
```

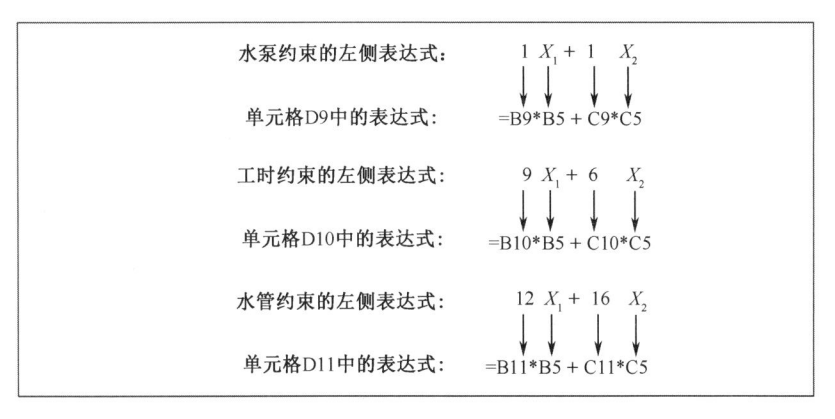

图 3.4　约束的左侧表达式与其电子表格表达式之间的关系

我们已知 Blue Ridge 浴缸公司在下一个生产周期中有 200 台水泵、1,566 个工时和 2,880 英尺的水管可用。在线性规划模型的代数表达式中，这些数值代表三个约束的右侧值。所以，将可用的水泵数、工时数和水管英尺数分别录入单元格 E9、E10 和 E11 中，这些项目决定了 D9、D10 和 D11 可用的数值的上限。

3.4.5　决策变量限制的表示

现在，对于由 $X_1 \geq 0$ 和 $X_2 \geq 0$ 表示决策变量的简单下限如何处理呢？这些条件在线性规划问题中很常见，被称为非负约束条件，它们表示决策变量只能取非负的数值。实际上，这些条件作为约束似乎也可以像其他约束条件一样建立。但是，规划求解器允许直接在相应的表示决策变量的单元格为决策变量指定简单上限和下限。因此，没有在电子表格中采取任何具体措施来建立这类界限。

3.5　规划求解器中的模型表述

在电子表格中建立模型后，可以使用规划求解器求出问题的最优解。但是，首先要为规划求解器电子表格模型定义如下三个部分：

- **目标单元格**　电子表格中表示模型目标函数的单元格（是最大化还是最小化的信息）。
- **变量单元格**　电子表格中表示模型决策变量的单元格（这些单元格的上限和下限）。
- **约束单元格**　电子表格中表示模型约束条件左侧表达式的单元格（这些表达式的上限和下限）。

这些组成部分对应我们建立线性规划模型时的电子表格单元格。例如，在例题的电子表格中，D6 表示目标单元格，B5 和 C5 表示变量单元格，D9、D10 和 D11 表示约束单元格。这些关系如图 3.5 所示。图 3.5 给出了表示 D6 单元格目的的单元格注释。单元格注释是详细描述模型中各个单元格目的或含义的有效方法。

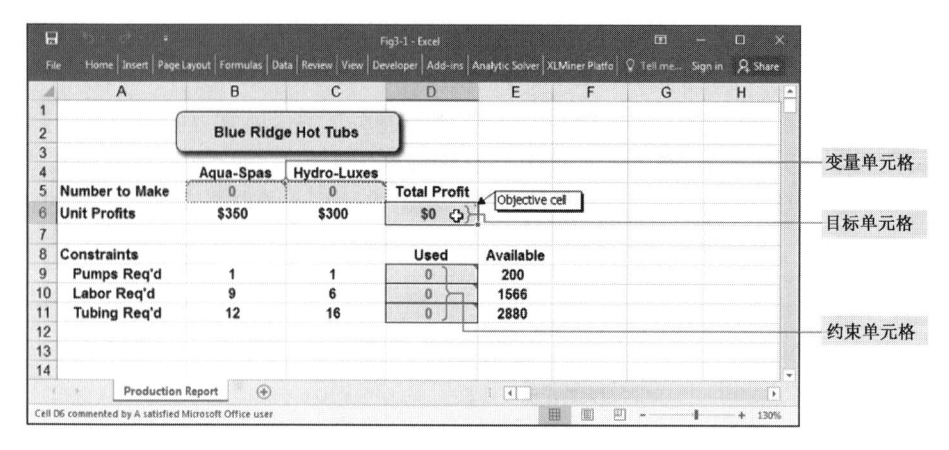

图 3.5 规划求解器中模型的外观

通过对比图 3.1 和图 3.5，可以看到，我们用代数方法建立线性规划模型和电子表格规划求解器视角下的模型有着直接联系。代数模型中的决策变量对应规划求解器的变量单元格，代数模型中的各个约束的左侧表达式对应规划求解器的约束单元格。最后，代数模型中的目标函数对应线性规划求解器中的目标单元格。

描述线性规划代数模型的术语	规划求解器中描述线性规划 电子表格模型的相应术语
目标函数	目标单元格
决策变量	变量（或变化）单元格
约束的左侧表达式	约束单元格

图 3.6 规划求解器的术语

创建单元格注释的说明

创建单元格注释很容易，如图 3.5 中单元格 D6 所示。要为单元格创建注释，请执行以下操作：
1. 单击单元格以选中它。
2. 在"审阅"菜单中选择"新建批注"（或按下 Shift+F2）。
3. 为单元格创建批注，然后选择另一个单元格。

单元格批注的显示或隐藏状态可以按如下步骤切换：
1. 选择包含批注的单元格。
2. 选择"审阅"菜单。
3. 在"注释"部分中单击"显示/隐藏批注"图表。

将一个单元格批注复制到一系列其他单元格的操作如下：
1. 单击包含要复制批注的单元格。
2. 在"开始"菜单下的"剪贴板"中选择"复制"（或按下 Ctrl+C）。
3. 选择希望将批注复制到的单元格。
4. 单击"开始"→"粘贴"→"选择性粘贴"（或单击右键选择"选择性粘贴"）。
5. 单击"批注"选项。
6. 单击"确定"按钮。

> **安装教学版规划求解器**
>
> 本书使用教学版规划求解器（分析式规划求解平台，简称 ASP）——Excel 内置 Solver 的增强版。如果你还没有安装，那么请访问 http://www.solver.com/student/ ，根据说明下载和安装 ASP。虽然本书中的许多例子也可使用 Excel 内置的标准版 Solver 解决，但是教学版有更多有用的功能，本书将对此进行介绍。

3.6 ASP 的使用

在电子表格中建立线性规划模型后，仍然需要对模型求解。为此，必须首先向规划求解器（Solver）指明电子表格中哪些单元格表示目标函数、决策变量和约束。单击菜单功能区中的 ASP（Analytic Solver Platform）命令调用规划求解器，如图 3.7 所示，此时页面出现规划求解器任务面板。

ASP 提供很多分析工具（如敏感性分析、最优化、仿真、判别分析和决策树等），我们将会在本书中讨论。目前我们主要使用其中的优化工具，其功能可通过双击规划求解器任务框中的最优化选项进行扩展和调用，如图 3.7 所示。

> **软件使用技巧**
>
> 图 3.7 所示的 ASP 任务框可以通过单击 ASP 选项卡上的"模型"（Model）图标来展开和收起。

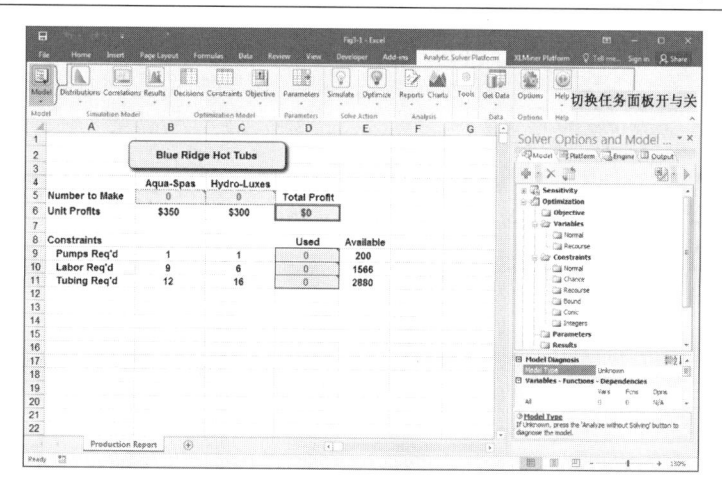

图 3.7　规划求解器任务框

3.6.1 定义目标单元格

图 3.8 展示了如何定义模型的目标单元格。操作如下：

（1）选择 D6 单元格（我们建立的表示目标函数的单元格）。

（2）单击任务栏绿色加号旁边的下拉箭头，在出现的菜单中选择"添加目标（Add Objective）"选项。

图 3.9 给出了这些操作的结果。请注意在 ASP 任务框中，D6 单元格已经作为目标放在了列表中，规划求解器默认我们求解其最大值。这正是问题的正确假设。但在某些情况下，我们可能想求目标函数的最小值。在图 3.9 中，如果在任务框中选择（单击）目标单元格（"$D$6"），

那么关于所选项的更多详细信息会出现在任务框最下方。特别需要注意的是，目标单元格会有一个"Sense"属性，可以通过改变它来切换最大化还是最小化目标函数值。[或者在任务栏中双击目标单元格（"$D$6"）来加载一个对话框，通过它改变所需的优化方向和获取关于目标的其他信息。]

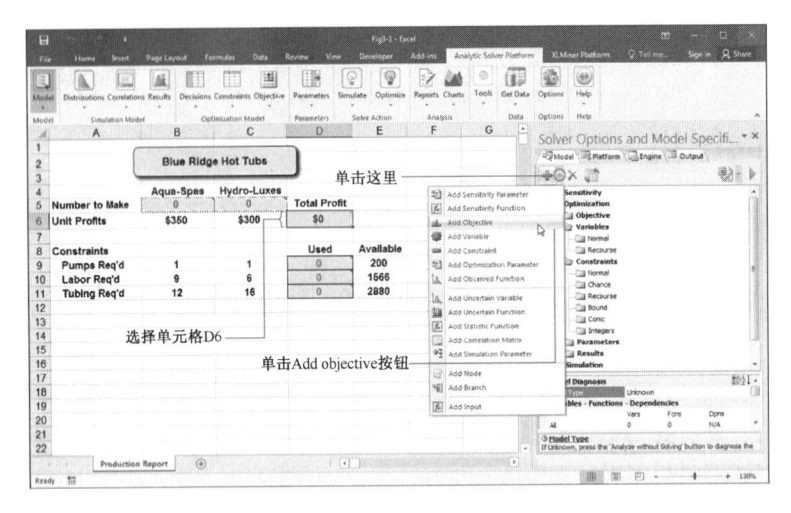

图 3.8　指定目标单元格

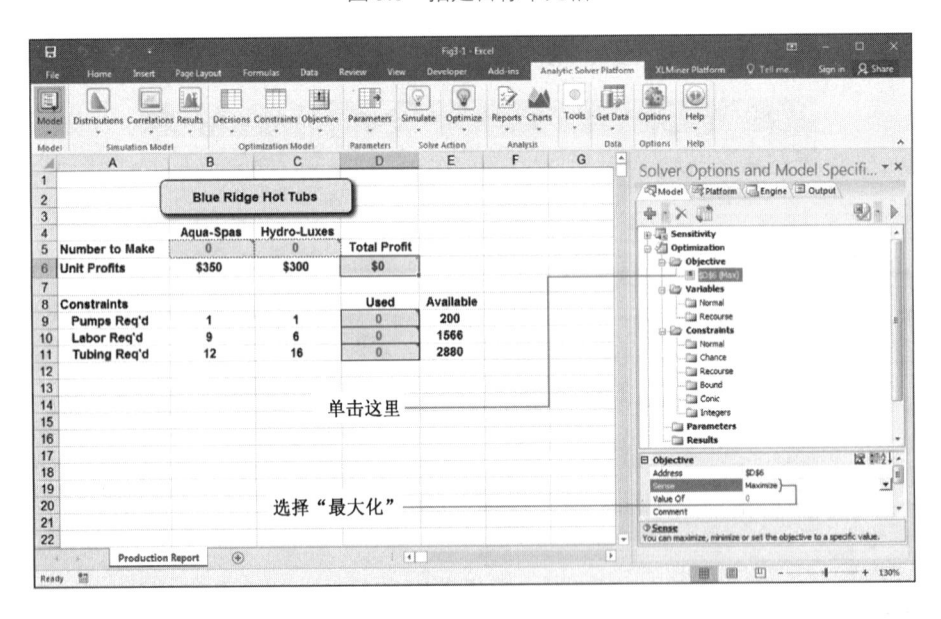

图 3.9　指定优化方向

3.6.2　定义变量单元格

为了求解线性规划问题，我们还需要指出代表模型中决策变量的单元格。图 3.10 展示了如何定义模型的变量单元格。步骤如下：

（1）选择 B5 和 C5 单元格。

（2）单击任务栏绿色加号旁边的下拉箭头，在出现的菜单中选择"添加变量（Add Variable）"选项。

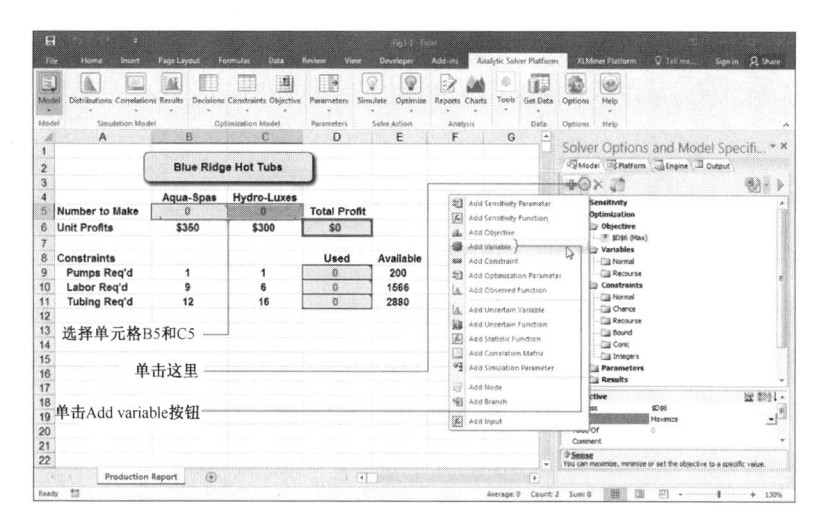

图 3.10　定义变量单元格

B5 和 C5 单元格代表模型的决策变量。规划求解器将为其选择最优值。若所有的决策变量不在一个连续的区域内，则可以选择所有变量单元格（按住键盘上的 **Ctrl** 键），然后单击"添加变量"命令。或者，可以重复选择一组变量单元格和单击"添加变量"命令的过程。若可以，则最好使用连续单元格表示决策变量。

3.6.3　定义约束单元格

接下来，我们必须在电子表格中定义约束单元格和这些单元格的限制。正如之前提到的，约束单元格是为模型中每个约束的左侧表达式建立的单元格。图 3.11 展示了如何为我们的模型定义约束单元格。定义约束单元格的步骤如下：

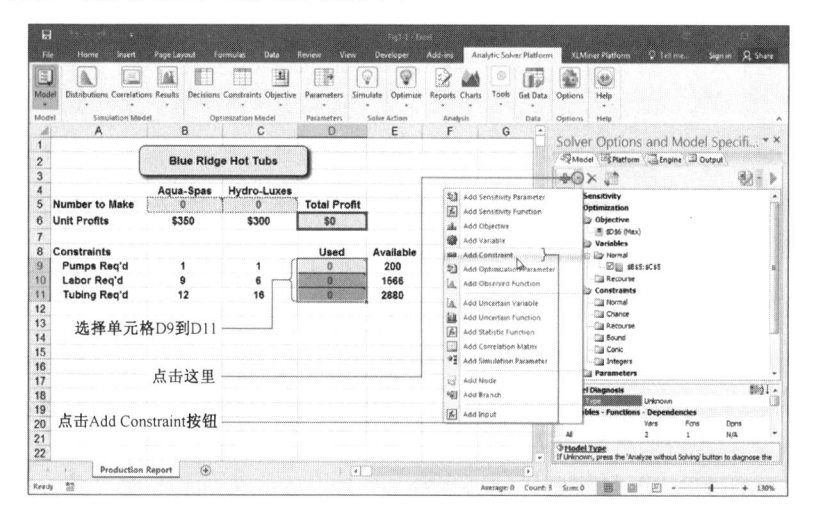

图 3.11　定义约束条件单元格

（1）选择 D9 到 D11 单元格。

（2）单击任务栏绿色加号旁边的下拉箭头，在出现的菜单中选择"添加约束（Add Constraint）"选项。

结果对话框如图 3.12 所示。对话框指出代表约束的 D9 到 D11 单元格的值必须小于或等于

E9 到 E11 单元格的值。若约束单元格不在电子表格中连续的区域内，则需要重复定义约束单元格。和变量单元格一样，通常情况下最好选择电子表格中连续的单元格来建立模型约束的左侧表达式。

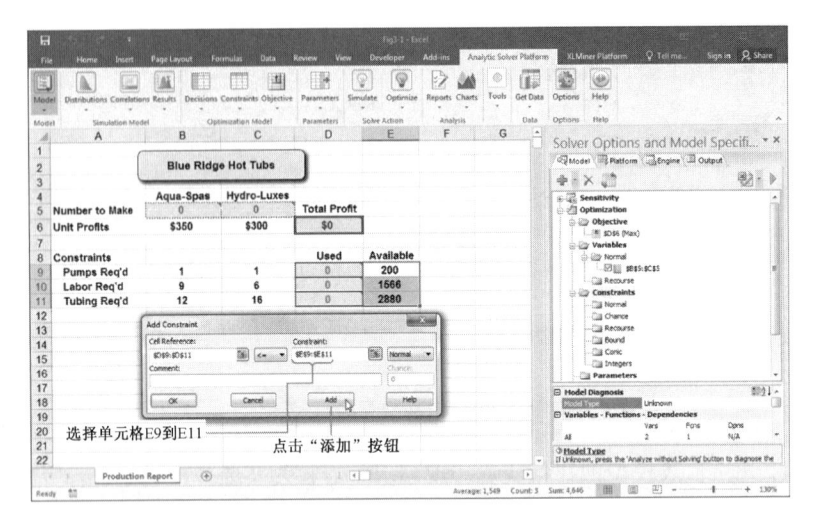

图 3.12　定义约束

如果要同时定义多个约束，如图 3.12 所示，所选的约束单元格必须类型一致（例如它们都大于、小于或等于）。因此，最好将给定类型的约束分组放在相连的单元格。例如，在本例中，我们选择的三个约束单元格都是小于或等于约束。但是这种考虑不能优先于"以目标清晰为原则"的电子表格设置方式。

软件使用技巧

使用 ASP 任务栏为最优化模型添加目标、变量及约束的另一种方法是单击相应的单元格，单击 ASP 任务框内与之对应的目标、变量及约束文件夹的图标，再单击绿色加号图标。也可通过使用"最优化模型"组中 ASP 的标签图标调出相应的选项。或者，右击工作表格的任意单元格，弹出式菜单的选项中会出现直达任务框中相同指令的按钮。在使用 ASP 时，应该尝试定义和求解最优化问题的不同备选方案，发现自己喜欢的界面功能。

3.6.4　定义非负约束

要为模型指定的最后一项约束是决策变量必须大于或等于 0。正如之前提到的，可以通过为代表决策变量的单元格（本例中的 B5 和 C5 单元格）中的数值加上适当的限制，把这个条件作为约束代入。为此，可简单地为模型添加另一组约束，如图 3.13 所示。

图 3.13 中表示模型决策变量的 B5 和 C5 单元格必须大于或等于 0。注意这个约束的右端项的值（RHS）是手动添加的数值，这种方法也适用于添加一些同样类型变量的严格下限约束（例如，希望至少生产 10 个 Aqua-Spas 浴缸和 10 个 Hydro-Luxes 浴缸）。然而，如果是那样，那么最好在电子表格中设置要求生产产品的最少数量，以便清楚地显示这些限制。在为这些约束指定右端项的值时，可以引用电子表格中的这些单元格。

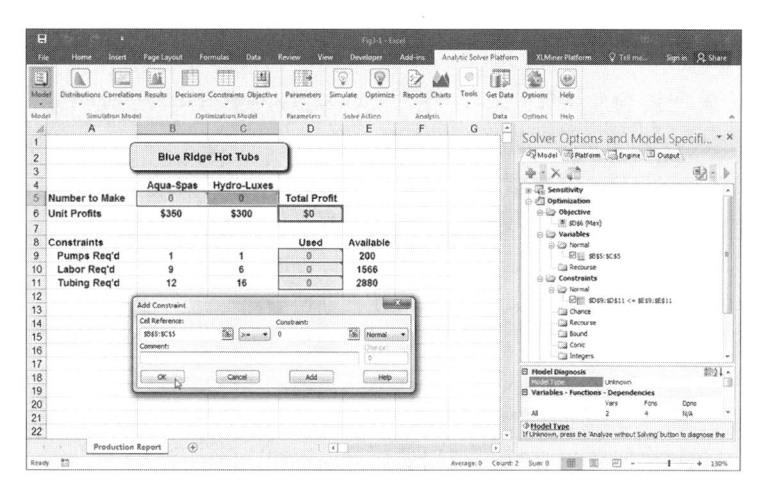

图 3.13 定义非负约束

3.6.5 检查模型

在指定了模型的所有元素后,图 3.14 给出了问题的最优设置。在求解问题之前,最好先检查输入的所有参数是否正确,并在继续下一步操作前改正所有错误。此外,单击"Analyze without Solving"图标,让规划求解器评估模型并总结求解结果。例如,本例中规划求解器(Solver)确定模型是一个凸规划问题,包含 2 个变量、4 个函数和 8 个依存关系(由与目标函数相关的 2 个决策变量和 3 个约束产生)及两个边界(凸规划是最优化问题的一个重要方面,将在第 8 章中给出详细讨论。所有的线性规划问题都是凸规划)。

软件使用技巧

还有其他方法可以指定决策变量的非负条件。在 ASP 任务框的"Engine"选项卡中(如图 3.15 所示),将"假设非负"这一性质的值设置为"真(True)",以告知规划求解器(Solver)模型中没有明确指定下限的所有变量(或变量单元格)的下界为 0。此外,可以在 ASP 选项卡中设置决策变量的上界或下界的默认值。

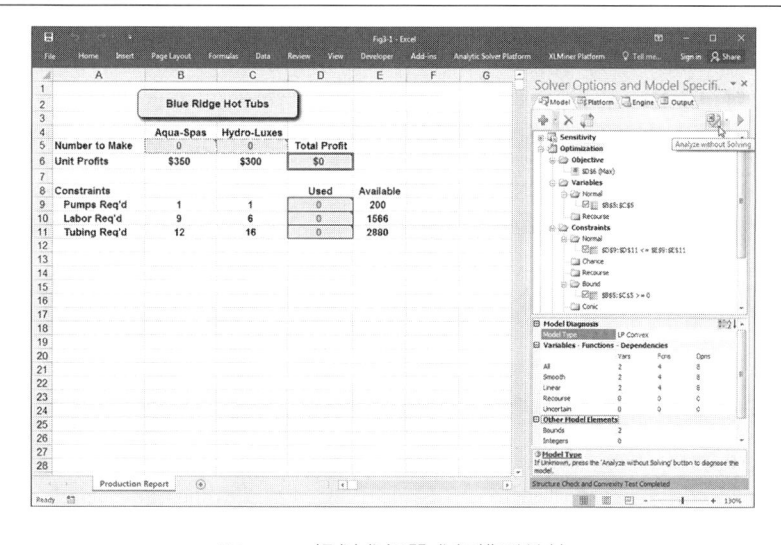

图 3.14 规划求解器求解模型总结

3.6.6 其他选项

如图 3.15 所示,"规划求解器选项和模型设定(Solver Options and Model Specification)"面板中的引擎(Engine)选项卡为求解优化问题提供了许多设置。此面板顶部的下拉列表中有多种引擎(或算法)供我们选择用以求解优化问题。若求解的问题是线性规划问题(即具有线性目标函数和线性约束条件的最优化问题),则规划求解器可以使用单纯形法这个特定算法求解这个问题。单纯形法提供了求解线性规划问题的有效途径,因此需要较少的求解时间。使用单纯形法也可获得有关最优解的敏感性分析等扩展信息(第 4 章详细讨论这个问题)。在使用规划求解器求解线性规划问题时,最好选择使用"标准线性规划/二次(Standard LP/Quadratic)"引擎,如图 3.15 所示。

引擎选项卡也提供了影响规划求解器求解问题的其他选项设定,随后将继续讨论其中几个选项的使用。也可以单击规划求解器功能选项卡上的"帮助"图标查看关于选项的更多信息。

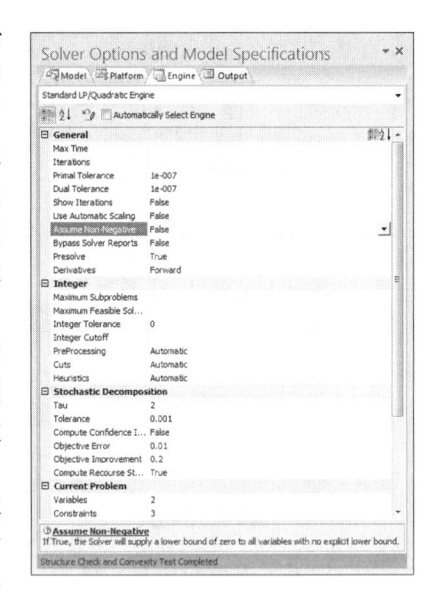

图 3.15 引擎(Engine)选项卡

3.6.7 问题求解

在给模型输入所有适当的参数并为模型设置了必要的选项后,下一步就是求解问题。单击 ASP 任务框上的"求解(Solver)"图标以求解问题(或单击 ASP 功能区选项卡的"最优化(Optimize)"图标)。当问题被求解时,ASP 任务框中的"输出(Output)"选项卡就会被激活,从而给出求解过程中发生的各方面事件的描述。当求解结束时,它会在规划求解器任务框底部显示一条信息,示例中,显示找到了一个满足所有约束和最优条件的解。若规划求解器在执行优化过程中遇到了错误,则在这个位置显示一条相关信息。

如图 3.16 所示,规划求解器确定单元格 B5 的最优值是 122,单元格 C5 的最优值是 78。这些值与我们在第 2 章用图解法确定的 X_1 和 X_2 值一致。目标单元格的值表明:如果 Blue Ridge 浴缸公司生产并销售 122 个 Aqua-Spas 浴缸和 78 个 Hydro-Luxes 浴缸,那么公司将盈利 66,100 美元。单元格 D9、D10 和 D11 表明这个解使用了所有能用的 200 个水泵,所有可得的 1,566 工时和 2,880 英尺可用水管中的 2,712 英尺。

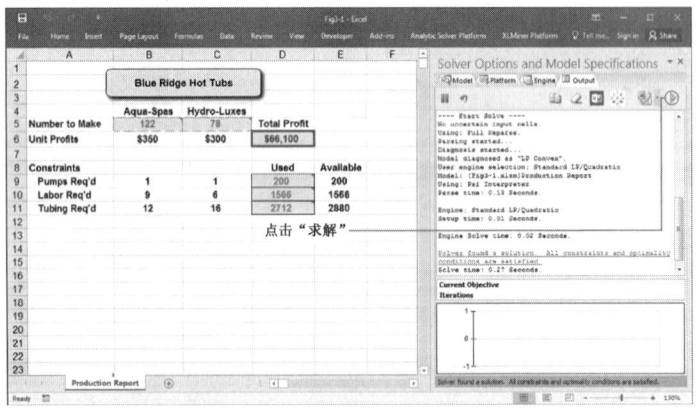

图 3.16 Blue Ridge 浴缸公司问题的求解

> **向 导 模 式**
>
> ASP 版规划求解器有一个很有用的功能，称为向导模式，它提供了关于规划求解器求解模型时正在进行的操作的详细描述。这个功能可以通过单击规划求解器功能区选项卡中的帮助打开或关闭（在 ASP 版规划求解器中实际显示的是"操作模式"命令）。本书没有展示任何由向导模式功能产生的对话框，但我们希望您在学习关于 ASP 版规划求解器时能使用该功能，因为它提供了大量关于建模和求解本书中所包含的决策问题类型的信息和说明。

3.7 使用 Excel 内置的规划求解器

正如之前所提，开发 ASP 的公司（Frontline System，Inc.）同时开发了 Excel 内置版规划求解器。Excel 内置规划求解器方便使用，且能够求解本书中讨论的大部分优化问题。但是，规划求解器缺少很多 ASP 所提供的强大而有用的功能。

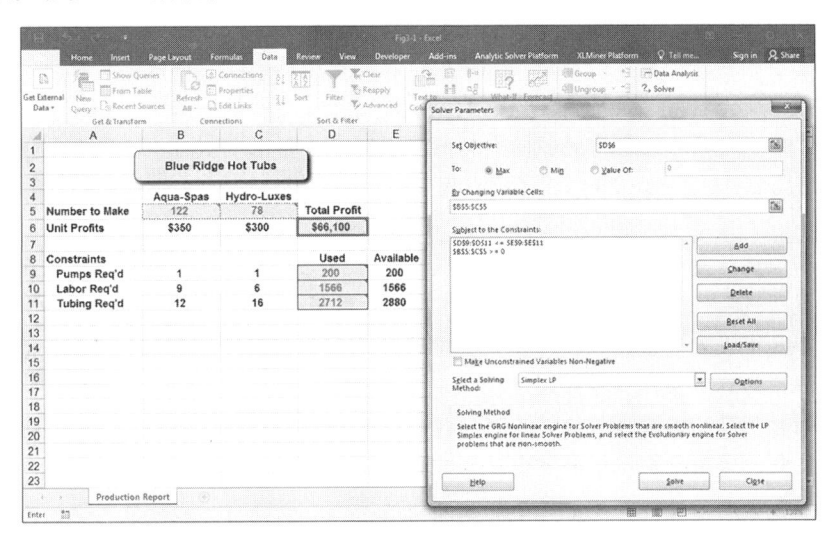

图 3.17　Excel 内置规划求解器

图 3.17 展示了 Excel 内置规划求解器（使用功能区"数据"选项卡中"规划求解器"命令进入）的界面和使用它求解 Blue Ridge 浴缸公司问题的设置。在使用内置规划求解器时，你必须定义目标单元格（和期望的优化方向）、变量单元格和约束，这一点和使用 ASP 时一致。图 3.17 中规划求解器对话框允许选择求解方法（类似于 ASP 任务框中"引擎"选项卡中的选项），然后单击求解按钮求解问题。

对于本书中每一个标准优化问题，都要定义目标单元格（无论是最大化还是最小化）、变量单元格和约束。有了这些信息，可以任选两个不同版本的规划求解器求解问题。

3.8 电子表格设计的目标和指导原则

现在你已经掌握了关于规划求解器如何工作，以及如何在电子表格中建立线性规划模型的基础概念，下面再讲解几个建立线性规划模型且用规划求解器求解的例子。这些问题进一步说明了线性规划可以应用于各类商业问题，也将展示一些有用的"小技巧"。这些技巧有助于求解本章末的习题。做完本章习题后,你会对"选择恰当方法求解给定模型"有更深入的思考和理解。

在我们的讨论过程中,要知道你可以使用多种方法建立问题的模型。建立有效实现其目的的电子表格模型更像是一种艺术,或者至少是一种技巧。电子表格本质上是自由格式,且在对问题建模的过程中不会强加特定的结构。所以,不存在建立电子表格模型的"正确"方法;但某些方法肯定比另一些更好(或更合理)。为了得到合理的电子表格设计结果,在建模时应朝着如下几个目标努力:

- **沟通性**:电子表格最初的商业用途是与管理者沟通信息。因此,绝大多数电子表格建模的初始设计目标是尽可能清楚和直观地给管理者传达所处理问题的相关方面。
- **可靠性**:电子表格产生的结果应该是正确的、一致的。这一点明显地影响管理者对建模求解所产生结果的信心。
- **可审核性**:为了理解模型并验证结果,管理者应该能够追溯模型产生不同结果的各个步骤。直观、布局合理的模型往往是最容易审核的。
- **可修改性**:我们建立电子表格模型的数据和依赖的假设可能频繁变化。一个设计良好的电子表格应该易于改变或增强功能,以满足用户的动态需求。

在大多数情况下,最清楚地传达目标的电子表格设计也会是最可靠的、易审核的、可修改的设计。当你为一个具体问题考虑使用不同方法建立电子表格模型时,需要考虑可选方法是否很好地达到这几个目标。图3.18给出了建立有效电子表格模型的一些实际建议和指导原则。

- **组织数据,然后围绕数据建立模型**。将数据以可视化的方式排列好后,决策变量、约束与目标函数的逻辑位置就会自然确定。这也往往会增强模型的可靠性、可审核性和可修改性。
- **不要在公式中嵌入数值约束**。应该将数值约束设置在单独的单元格中并进行适当标记。这会增加模型的可审核性和可修改性。
- **像约束的左侧表达式和右侧值等逻辑相关的要素应该安排的靠近一些,最好在同一行或同一列的位置**。这将增加模型的可靠性与可审核性。
- **公式可以被复制的设计可能会比不能被复制的要好**。模型中公式可被复制,用以完成一个区域内的一系列运算——这样的模型设计不容易出错误(更可靠),且往往更易理解(可审核)。使用者一旦理解了区域里的第一个公式,就理解了这个区域内所有的公式。
- **行和列的总和应该靠近求和的行或列**。电子表格使用者经常用一列或一行末端的数值代表这一列或行中数据的总和,或者其他的综合性指标。有些数据位于行或列末端处,却不是总和,这样的设计容易引起误解(降低了可审核性)。
- **人们在阅读英语时,眼睛习惯从左到右、从上到下阅读**。在电子表格设计时应该考虑这个事实以增强模型的可审核性。
- **使用颜色、阴影、边框和保护来区分模型中的可变参数和其他元素**。这将会提高模型的可靠性和可修改性。
- **使用文本框和单元格注释来标记模型的各种元素**。与电子表格允许添加的标签相比,这些工具可提供模型或特定单元格的更多细节信息。

图3.18 电子表格设计指导原则

规划求解器在线性规划中的新应用

1987 年,《华尔街日报》报道了一项激动人心的商业新趋势——可以在个人计算机(PC)上使用规划求解器,这使得许多企业将线性规划模型从主机转移到个人计算机中。例如,Newfoundland Energy 公司长达 25 年来在主机上使用线性规划确定原油购买组合。自从使用 PC 解决这个问题以来,该公司每年节省了数千美元的主机使用费用。

线性规划使用渠道的拓展也引发了一些新的应用领域。Therese Fitzaptrick 是芝加哥 Grant 医院的医护管理人员。他使用电子表格优化建立了员工调度模型,预计每月在加班成本和临时雇佣成本上能为医院节省 80,000 美元。调动 300 名护士使其能各司其职每月需要 20 小时。Therese 使用线性规划模型在 4 小时内就能完成这一工作,甚至可以考虑人员在不同时间不同日期可能的离开、休假和变动等复杂情况下。

Hawley 燃料公司是纽约的一家燃煤批发商,该公司发现,通过优化电子表格线性规划模型可以在满足顾客对硫和煤灰含量要求的同时使购买成本最小化。不列颠的哥伦比亚省维多利亚市的 Charles Howard 开发了一个线性规划模型,仅仅通过在适当的时间开闸闭闸的方式就增加了大坝的发电量。

来源:Bulkely, William M. The Right Mix: New Software Makes the Choice Much Easier." *The Wall Street Journal*, March 27, 1987, p. 17.

3.9 生产还是购买

正如第 2 章开始处提到的,线性规划尤其适合必须以最优方式分配或使用稀缺/有限资源的问题,这类问题大量出现在制造企业。例如,线性规划可以用于确定如何将各种工作分配给一台多功能机器,以使它完成这些工作所用的时间最短。另一个例子,一家公司可能接到一份几种不同产品的订单,而依靠自己的生产能力不能完成全部订单。在这种情况下公司必须决定生产哪些产品,哪些产品转包给外面的提供商(或购买)。下面是一个有关决定"生产还是购买"(make vs. buy decision)类问题的例子。

Electro-Poly 公司是世界领先的集电环制造商。集电环(slip ring)是一种电耦合装置,可使电流通过某种旋转连接器(如军舰、飞机或坦克上的炮塔)。公司最近接到一份 750,000 美元的订单,订购 3 种类型不同数量的集电环。各种集电环需要一定的时间进行缠线圈和装配。下表汇总了 3 种型号集电环的需求。

	型号 1	型号 2	型号 3
订购数	3,000	2,000	900
每单位所需的缠线圈时间	2	1.5	3
每单位所需的装配时间	1	2	1

遗憾的是,Electro-Poly 公司没有足够的缠线圈和装配能力在要求的时间内完成这份订单。公司仅有 10,000 小时的缠线圈能力和 5,000 小时的装配能力可用于这份订单。但是,公司可以将这份订单的任何部分转包给它的竞争伙伴。在公司内生产和从竞争伙伴那里购买成品所需的每一型号的单位成本分别汇总如下:

	型号 1	型号 2	型号 3
生产成本	50 美元	83 美元	130 美元
购买成本	61 美元	97 美元	145 美元

Electro-Poly 公司希望确定集电环的生产数量和购买数量,以便用最小的成本完成顾客的订单。

3.9.1 定义决策变量

为了解决该公司的问题,需要6个决策变量来代表各备选方案:

M_1=在公司内部生产集电环型号1的数量

M_2=在公司内部生产集电环型号2的数量

M_3=在公司内部生产集电环型号3的数量

B_1=向竞争对手购买集电环型号1的数量

B_2=向竞争对手购买集电环型号2的数量

B_3=向竞争对手购买集电环型号3的数量

正如第2章提到的,不一定要使用 $x_1, x_2, \cdots, x_n$ 来代表决策变量。如果其他符号能更好地阐述模型,那么显然可以随便使用它们。在这种情况下,符号 M_i 和 B_i 更有助于区分公司内部生产(Make)的变量和向竞争伙伴购买(Buy)的变量。

3.9.2 定义目标函数

这个问题的目标函数是满足订单要求的总成本最小。回想一下,公司内部生产型号1集电环的单位成本为50美元(生产总数为 M_1);生产型号2集电环的成本单位为83美元(生产总数为 M_2);生产型号3集电环的成本单位为130美元(生产总数为 M_3)。向竞争伙伴购买型号1集电环单位成本为61美元(生产总数为 B_1);购买型号2集电环单位成本为97美元(生产总数为 B_2);购买型号3集电环单位成本为145美元(生产总数为 B_3)。因此,目标函数的数学表达式为

$$\text{MIN: } 50M_1 + 83M_2 + 130M_3 + 61B_1 + 97B_2 + 145B_3$$

3.9.3 定义约束

此问题受几个约束的影响。需要2个约束来保证公司内部生产集电环的数量不超过所具有的缠线圈能力和装配能力。这些约束表示为

$2M_1 + 1.5M_2 + 3M_3 \leq 10{,}000$ }缠线圈能力约束

$1M_1 + 2M_2 + 1M_3 \leq 5{,}000$ }装配能力约束

还有3个约束来保证完成订单要求的3,000件型号1集电环、2,000件型号2集电环和900件型号3集电环。这些约束表示如下:

$M_1 + B_1 = 3000$ }公式集电环型号1的需求

$M_2 + B_2 = 2000$ }公式集电环型号2的需求

$M_3 + B_3 = 900$ }公式集电环型号3的需求

最后,因为模型中的变量取值不能小于0,所以还需要下列非负约束条件:

$$M_1, M_2, M_3, B_1, B_2, B_3 \geq 0$$

3.9.4 建立模型

Electro-Poly公司"生产还是购买"问题的线性规划模型总结如下:

MIN： $50M_1+83M_2+130M_3+61B_1+97B_2+145B_3$ }总成本

约束： $M_1 + B_1 = 3{,}000$ }对型号 1 的需求

         $M_2 + B_2 = 2{,}000$ }对型号 2 的需求

         $M_3 + B_3 = 900$ }对型号 3 的需求

         $2M_1 + 1.5M_2 + 3M_3 \leq 10{,}000$ }缠线圈约束

         $1M_1 + 2M_2 + 1M_3 \leq 5{,}000$ }装配约束

         $M_1, M_2, M_3, B_1, B_2, B_3 \geq 0$ }非负约束条件

图 3.19 中给出了在电子表格中建立这个模型的数据（本书的配套文件 Fig3-19.xlsm 中有此数据），目标函数的系数设置在 B10 到 D11 单元格区域中。缠线圈和装配约束左侧表达式的系数在 B17 到 D18 单元格区域中录入，相应的右侧值在 F17 和 F18 单元格中录入。因为需求约束的左侧表达式只涉及变量的简单求和，所以我们不必在电子表格中列出这些约束的系数。需求约束的右侧值在 B14 到 D14 单元格中录入。

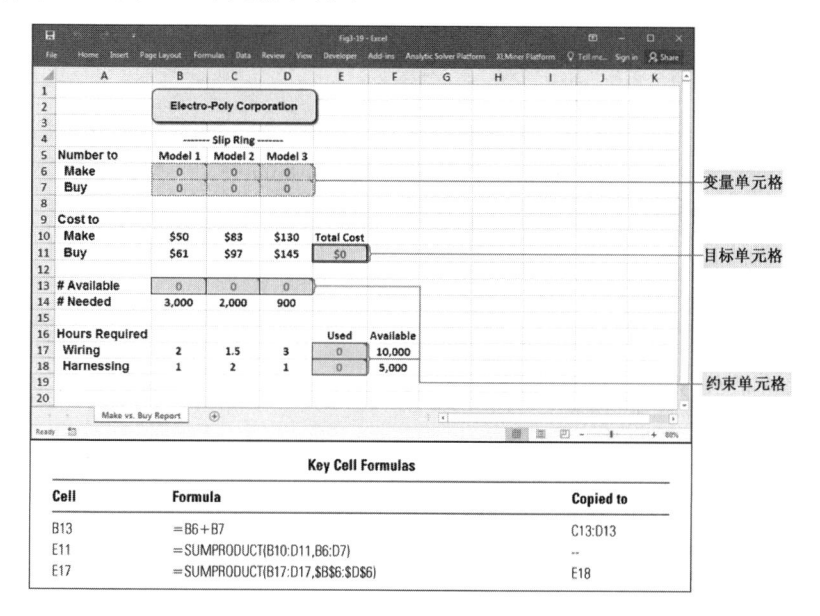

图 3.19 Electro-Poly 公司 "生产还是购买" 问题的电子表格模型

单元格 B6 到 D7 被保留以代表代数模型中的 6 个变量。所以可在单元格 E11 中录入如下目标函数：

     E11 单元格的公式：   =B10*B6+C10*C6+D10*D6+B11*B7+C11*C7+ D11*D7

在这个表达式中，区域 B6 到 D7 中的值分别与相对应的 B10 到 D11 中的数值相乘，然后将乘积相加。因此，表达式是一组乘积的简单求和——或乘积和（sum of products）。进而可以用同样更简单的方式建立这个表达式，如：

     单元格 E11 等价的公式：   =SUMPRODUCT (B10:D11,B6:D7)

在上述表达式中，区域 B10 到 D11 中的数值乘以区域 B6 到 D7 中的相应数值，然后将这些乘积求和（或相加）。函数 SUMPRODUCT()大大简化了最优化问题中许多公式的建立，将在本书中广泛使用。

因为型号 1 集电环需求约束的左侧表达式需将变量 M_1 和 B_1 相加，所以 B13 单元格中约束条件是通过电子表格中对应这些变量的两个单元格 B6 和 B7 添加的：

单元格 B13 的公式：　　　=B6+B7

（复制到单元格 C13 到 D13 中）

然后将单元格 B13 的公式复制到 C13 至 D13 来建立型号 2 和型号 3 集电环约束的左侧表达式。

缠线圈和装配约束的系数在单元格 B17 到 D18 中录入。缠线圈约束的左侧表达式建立在单元格 E17 中：

单元格 E17 的公式：　　　=SUMPRODUCT(B17:D17,$B$6:$D$6)

（复制到单元格 E18 中）

然后将这个公式复制到单元格 E18 中，建立装配约束的左侧表达式［在前面的公式中，美元符号表示绝对引用（absolute cell reference）。当包含绝对引用的公式被复制到另一个位置时，绝对引用单元格不会改变］。

3.9.5　求解模型

求解模型需要指定目标单元格、变量单元格和约束单元格，如图 3.19 所示，和前面在 Blue Ridge 浴缸公司问题所做的一样。图 3.20 给出求解 ElectroPoly 公司"生产还是购买"问题的规划求解器参数。规划求解器的最优解如图 3.21 所示。

图 3.20　"生产还是购买"问题的规划求解器设置

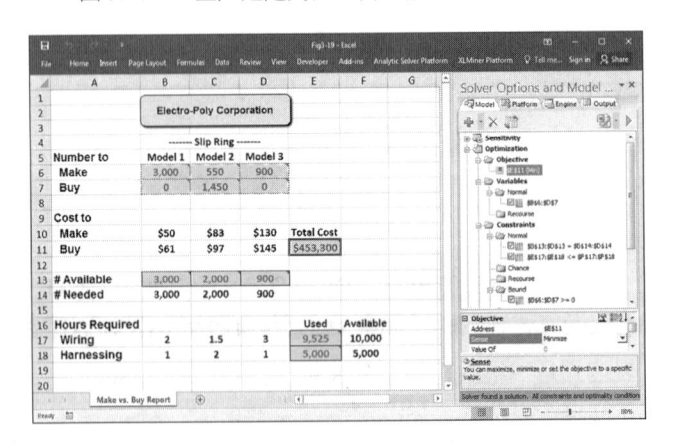

图 3.21　Electro Poly 公司"生产还是购买"问题的最优解

3.9.6　分析最优解

图 3.21 给出的最优解表示 Electro Poly 公司应该生产（在公司内部）3,000 件型号 1 集电环、

550 件型号 2 集电环和 900 件型号 3 集电环（即 M_1=3000，M_2=550，M_3=900）。另外，还应该向竞争伙伴购买 1450 件型号 2 集电环（B_1=0，B_2=1450，B_3=0）。这个解使得 Electro Poly 公司能够以 453,300 美元的最小成本完成客户的订单。这个解使用了 10,000 小时可用缠线圈工时中的 9,525 个工时，以及所有的装配能力的 5,000 个工时。

乍一看，这个解有点令人惊讶。Electro Poly 公司必须为付出 97 美元向竞争对手购买一件型号 2 集电环。这表示比起在公司内部生产付出的 83 元的成本要高 14 美元。另一方面，Electro Poly 公司只需要以比在公司内部生产成本高出 11 美元的价格向它的竞争伙伴购买型号 1 集电环。看起来好像最优解应该是向它的竞争伙伴购买型号 1 集电环而不是型号 2 集电环，因为购买型号 1 集电环的额外成本差价较小。但是，这个想法没有考虑到每在公司内部生产一件型号 2 集电环需要的装配能力是型号 1 集电环所需的两倍。在公司内部生产较多的型号 2 集电环将会很快耗尽公司的装配能力，且需要向竞争对手购买额外的型号 1 集电环。幸运的是，在确定问题的最优解时，线性规划技术会自动考虑权衡这类问题。

3.10 投资问题

在金融领域中，存在大量可以应用各种优化技术的问题。这些问题经常要考虑一定现金流量要求和风险约束条件下，使一项投资的回报最大化，或者，希望在保证一定水平回报的同时，使投资风险最小化。这里考虑一个这样的问题，本书后面还将讨论几个其他的金融工程问题。

Brian Givens 是在退休计划服务公司工作的一位金融分析师，负责如何应用公司债券为退休人员设计退休收入投资组合。他刚刚完成了一项客户的咨询，这位客户希望在她下月退休后用 750,000 美元的流动资产进行投资。Brian 和他的客户达成一致意见，考虑下面 6 家即将发行的债券。

公司	回报率	到期年数	评级
Acme 化学公司	8.65%	11	1：极好
DynaStar 公司	9.50%	10	3：好
Eagle Vision 公司	10.00%	6	4：一般
MicroModeling 公司	8.75%	10	1：极好
OptiPro 公司	9.25%	7	3：好
Sabre Systems 公司	9.00%	13	2：很好

上表中，"回报率"一栏表示每种债券的平均年收益率，"到期年数"表示到债券还本时的时间长度，"评级"表示对每种债券相关的品质或风险的独立担保人评估。

Brian 认为所有这些公司都是相对安全的投资项目。但是，为了保护客户的收入，Brian 和他的客户达成协议：向任何投资项目投资的资金量不能超过她总资金的 25%，且至少将总资金的 50% 投资于 10 年期或多于 10 年期的长期债券。还有，尽管 DynaStar 公司、Eagle Vision 公司和 OptiPro 公司的回报率最高，双方一致认为因为这些债券具有最高的风险（即它们的评级低于"很好"），所以投资于这些债券的资金不能超过资金的 35%。

Brian 需要确定在符合投资限制协议的同时，如何分配客户的资金以使客户的收入最大化。

3.10.1 定义决策变量

在这个问题中，Brian 必须决定投资于每种债券的资金量。因为存在 6 种不同的投资选择，所以需要下面 6 个决策变量：

X_1 = 投资于 Acme 化学公司的资金量

X_2 = 投资于 DynaStar 公司的资金量

X_3 = 投资于 Eagle Vision 公司的资金量

X_4 = 投资于 MicroModeling 公司的资金量

X_5 = 投资于 OptiPro 公司的资金量

X_6 = 投资于 Sabre Systems 公司的资金量

3.10.2 定义目标函数

这个问题的目标函数是使 Brian 的客户投资收入最大化。因为投资于 Acme 化学公司（X_1）的每 1 美元可获得年收益 8.65%，投资于 DynaStar 公司（X_2）的每 1 美元可获得年收益 9.50%，等等，所以本问题目标函数的表达式为：

$$MAX: 0.0865X_1+0.095X_2+0.10X_3+0.0875X_4+0.0925X_5+0.09X_6 \} 总的年收益$$

3.10.3 定义约束

同样，这个问题里也有几个约束。第一，必须保证投资资金量恰好为 750,000 美元。这一点可以由下列约束满足：

$$X_1+X_2+X_3+X_4+X_5+X_6=750,000$$

第二，必须保证投资于任何一个投资项目的资金量不能超过资金总额的 25%。750,000 美元的 25% 是 187,500 美元。因此 Brian 对于任意一项投资，金额不得超过 187,500 美元。所以以下约束保证了这个限制：

$$X_1 \leqslant 187,500$$
$$X_2 \leqslant 187,500$$
$$X_3 \leqslant 187,500$$
$$X_4 \leqslant 187,500$$
$$X_5 \leqslant 187,500$$
$$X_6 \leqslant 187,500$$

因为 Eagle Vision 公司（X_3）和 OptiPro 公司（X_5）的债券是不到 10 年期的债券，所以下列约束保证至少将资金的一半（375,000 美元）投资于 10 年期或以上的投资项目：

$$X_1+X_2+X_4+X_6 \geqslant 375,000$$

类似地，下列约束保证不多于 35% 的资金（262,500 美元）投资于 DynaStar 公司（X_2），Eagle Vision 公司（X_3）和 OptiPro 公司（X_5）的债券：

$$X_2+X_3+X_5 \leqslant 262,500$$

最后，因为模型中的变量都不可以取小于 0 的数值，所以还需要以下非负条件：

$$X_1,X_2,X_3,X_4,X_5,X_6 \geqslant 0$$

3.10.4 建立模型

退休计划服务公司投资问题的线性规划模型汇总如下：

$$\text{MAX：} 0.0865X_1 + 0.095X_2 + 0.10X_3 + 0.0875X_4 + 0.0925X_5 + 0.09X_6 \} \text{总年收益}$$

约束：

$X_1 \leqslant 187,500$　　　　　　　　}每个投资项目占总资金少于25%的限制

$X_2 \leqslant 187,500$　　　　　　　　}每个投资项目占总资金少于25%的限制

$X_3 \leqslant 187,500$　　　　　　　　}每个投资项目占总资金少于25%的限制

$X_4 \leqslant 187,500$　　　　　　　　}每个投资项目占总资金少于25%的限制

$X_5 \leqslant 187,500$　　　　　　　　}每个投资项目占总资金少于25%的限制

$X_6 \leqslant 187,500$　　　　　　　　}每个投资项目占总资金少于25%的限制

$X_1 + X_2 + X_3 + X_4 + X_5 + X_6 = 750,000$　　}投资总量

$X_1 + X_2 + X_4 + X_6 \geqslant 375,000$　　　　　}长期投资

$X_2 + X_3 + X_5 \leqslant 262,500$　　　　　　　}较高风险投资

$X_1, X_2, X_3, X_4, X_5, X_6 \geqslant 0$　　　　　　　}非负条件

建立这个模型简便方法如图 3.22 所示（本书的配套文件 Fig3-22.xlsm）。电子表格中的每一行与一个投资选择相对应。单元格 C6 到 C11 对应问题的决策变量（$X_1, \cdots, X_6$）。这些单元格可用的最大资金额列在单元格 D6 到 D11，这些值对应于前 6 个约束的右侧值。单元格 C6 到 C11 相加的和在单元格 C12 中，且等于单元格 C13 中的数值。计算公式如下：

　　　　　　　单元格 C12 的公式：　　=SUM(C6:C11)

每项投资的年回报率列在单元格 E6 到 E11 中。现在可方便地建立 E12 单元格中的目标函数下：

　　　　　　　单元格 E12 的公式：　　=SUMPRODUCT（E6:E11,$C$6:$C$11）

单元格 G6 到 G11 中的数值表示哪一行是长期投资。注意，这一列中 1 和 0 的使用能更方便地计算表示长期投资约束左侧表达式的单元格 C6、C7、C9 和 C11（表示 X_1、X_2、X_4 和 X_6）。计算在单元格 G12 中完成：

　　　　　　　单元格 G12 的公式：　　=SUMPRODUCT(G6:G11,$C$6:$C$11)

类似地，单元格 I6 到 I11 的 0 和 1 表明是否属于较高风险的投资项目，我们可建立如下公式来表示高风险投资项目约束：

　　　　　　　单元格 I12 的公式：　　=SUMPRODUCT(I6:I11,$C$6:$C$11)

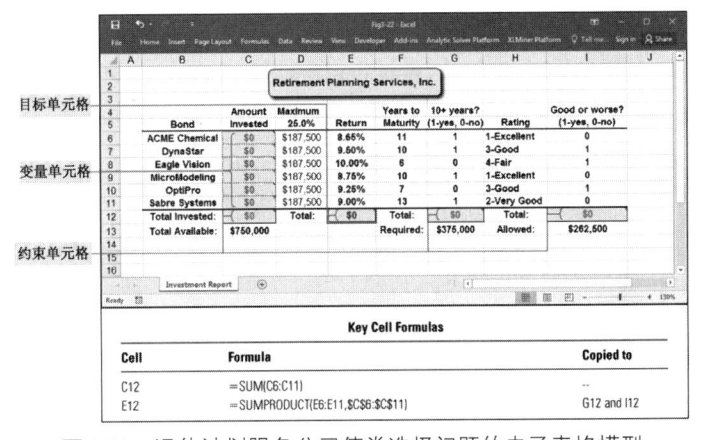

图 3.22　退休计划服务公司债券选择问题的电子表格模型

注意，使用 G 和 I 两列的 0 和 1 对所选变量之和进行计算是一种很有用的建模技术。这种技术使用户能很容易地改变求和计算中所包含的变量。单元格 E12 中目标函数的表达式可以复制到单元格 G12 和 I12 中来建立这些约束的左侧表达式。

3.10.5 模型求解

为了求解这个模型，需要指定目标单元格、可变单元格和约束单元格，如图 3.22 所示。图 3.23 给出求解此问题所需要的规划求解器参数设置。规划求解器求得的最优解如图 3.24 所示。

```
Solver Settings:
Objective: E12 (Max)
Variable cells: C6:C11
Constraints:
    C6:C11 <= D6:D11
    C6:C11 >= 0
    C12 = C13
    G12 >= G13
    I12 <= I13
Solver Options:
    Standard LP/Quadratic Engine (Simplex LP)
```

图 3.23 债券选择问题的规划求解器设置

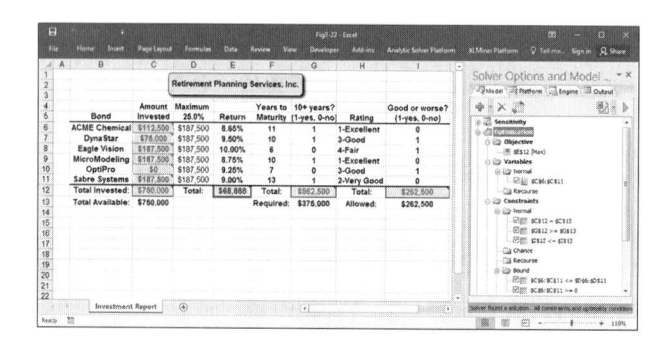

图 3.24 债券选择问题的最优解

3.10.6 分析最优解

图 3.24 中给出的解指出，最优投资计划为 Acme 化学公司（X_1）投资 112,500 美元，DynaStar 公司（X_2）投资 75,000 美元，Eagle Vision 公司（X_3）投资 187,500 美元，MicroModeling 公司（X_4）投资 187,500 美元，OptiPro 公司（X_5）投资 0 美元，Sabre Systems 公司（X_6）投资 187,500 美元。很有趣的一点是，尽管 Acme 化学公司的回报率低于 DynaStar 公司和 OptiPro 公司的回报率，但仍向 Acme 化学公司投入多于 DynaStar 公司和 OptiPro 公司的大量资金。这是因为，DynaStar 公司和 OptiPro 公司都是高风险的投资项目，且高风险投资项目 35%的限制是一个紧约束（或作为最优解中的一个严格等式被满足）。因此，如果可以投资高风险的投资项目多于 35%的资金，那么最优解可以被改进。

3.11 运输问题

企业面临的许多运输和物流问题被划分到网络流问题的类别中。在这里我们考虑一个这样的例子，在第 5 章将详细研究这个领域。

Tropicsun 是一家新鲜柑橘产品的种植和经销商，在佛罗里达中部周围的 Mt. Dora,

Eustis 和 Clermont 散布 3 块大的柑橘林。现在，Tropicsun 在 Mt. Dora 的柑橘林有 275,000 蒲式耳柑橘［注：蒲式耳（busheles）为容量单位］，Eustis 的柑橘林有 400,000 蒲式耳柑橘，在 Clermont 的柑橘林有 300,000 蒲式耳柑橘。Tropicsun 公司在 Ocala、Orlando 和 Leesburg 的柑橘加工厂分别具有 200,000 蒲式耳、600,000 蒲式耳和 225,000 蒲式耳的加工能力。Tropicsun 公司与一家地方货车运输公司联系，从柑橘林向加工厂运输柑橘。货车运输公司按照每蒲式耳柑橘运输每英里的统一价格收费。每蒲式耳的柑橘运输 1 英里的路程记为 1 个蒲式耳-英里。下表汇总了各柑橘林到各加工厂之间的距离（英里）：

柑橘林	柑橘林到加工厂之间的距离（英里）		
	Ocala	Orlando	Leesburg
Mt. Dora	21	50	40
Eustis	35	30	22
Clermont	55	20	25

注：1 英里=1.6093 千米。

Tropicsun 公司希望确定从各个柑橘林到各个加工厂运输多少蒲式耳柑橘，以使所运输柑橘的蒲式耳-英里的总数最小。

3.11.1 定义决策变量

这种情境下，问题是确定应该从各个柑橘林运输多少蒲式耳柑橘到各个加工厂。问题的图形表达见图 3.25。

在图 3.25 中，圆圈（或节点）对应于问题中不同的柑橘林和加工厂。给每个节点标记一个数字。连接各个柑橘林和加工厂的箭线（或弧）代表不同运输路线。Tropicsun 公司所面临的决策问题是确定在每条运输路线上分别运输多少蒲式耳柑橘。因此，一个决策变量与图 3.25 中的一个弧相关联。可以定义这些变量为

$$X_{ij}=从节点 i 到节点 j 所运输的数量$$

这 9 个决策变量具体如下：

X_{14}=从 Mt. Dora（节点 1）到 Ocala（节点 4）所运输的数量

X_{15}=从 Mt. Dora（节点 1）到 Orlando（节点 5）所运输的数量

X_{16}=从 Mt. Dora（节点 1）到 Leesburg 节点 6）所运输的数量

X_{24}=从 Eustis（节点 2）到 Ocala（节点 4）所运输的数量

X_{25}=从 Eustis（节点 2）到 Orlando（节点 5）所运输的数量

X_{26}=从 Eustis（节点 2）到 Leesburg（节点 6）所运输的数量

X_{34}=从 Clermont（节点 3）到 Ocala（节点 4）所运输的数量

X_{35}=从 Clermont（节点 3）到 Orlando（节点 5）所运输的数量

X_{36}=从 Clermont（节点 3）到 Leesburg（节点 6）所运输的数量

3.11.2 定义目标函数

这个问题的目标是确定从各个柑橘林到各个加工厂分别运输多少蒲式耳柑橘，使柑橘运输的总距离（或总蒲式耳-英里数）最小。其目标函数表示为

$$\text{MIN：} 21X_{14}+50X_{15}+40X_{16}+35X_{24}+30X_{25}+22X_{26}+55X_{34}+20X_{35}+25X_{36}$$

这个函数中的 $21X_{14}$ 项表示从 Mt. Dora（节点 1）到 Ocala（节点 4）的每 1 蒲式耳柑橘的运输距离是 21 英里。函数的其他各项表示其他运输路线的类似关系。

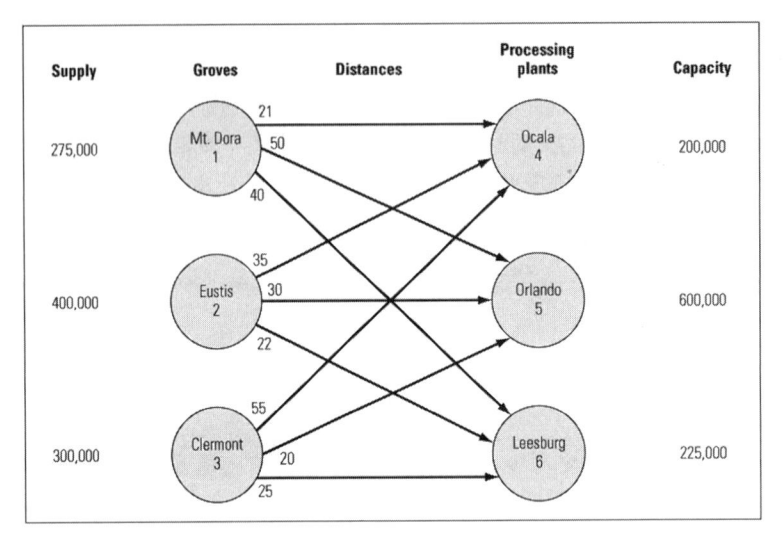

图 3.25 Tropicsun 公司运输问题的示意图

3.11.3 定义约束

本问题中有两个实际约束。第一，对运输到每个加工厂（目的地）水果数量是有限制的。Tropicsun 公司向 Ocala、Orlando 和 Leesburg 运输的水果数分别不能超过 200,000 蒲式耳、600,000 蒲式耳和 225,000 蒲式耳。这些限制由下列约束表示：

$$X_{14}+X_{24}+X_{34}\leq 200,000 \quad \}\text{Ocala 加工能力的约束}$$

$$X_{15}+X_{25}+X_{35}\leq 600,000 \quad \}\text{Orlando 加工能力的约束}$$

$$X_{16}+X_{26}+X_{36}\leq 225,000 \quad \}\text{Leesburg 加工能力的约束}$$

第一个约束表明从 Mt. Dora（节点 1）、Eustis（节点 2）和 Clermont（节点 3）到 Ocala（节点 4）的总运输量必须小于或等于 Ocala 200,000 蒲式耳的加工能力。其他两个到 Orlando 和 Leesburg 的约束表达的情况相似。注意，加工厂总的加工能力（1,025,000 蒲式耳）超过了柑橘林的总供给（975,000 蒲式耳）。因为不是所有的加工能力都能被使用，所以这些约束是小于或等于约束。

第 2 组约束保证每个柑橘林的水果都运输到加工厂。即 Mt. Dora、Eustis 和 Clermont 的 275,000 蒲式耳、400,000 蒲式耳和 300,000 蒲式耳都必须在某个加工厂进行加工。由下列约束达到这个目的：

$$X_{14}+X_{15}+X_{16}=275,000 \quad \}\text{Mt. Dora 的供给量}$$

$$X_{24}+X_{25}+X_{26}=400,000 \quad \}\text{Eustis 的供给量}$$

$$X_{34}+X_{35}+X_{36}=300,000 \quad \}\text{Clermont 的供给量}$$

第一个约束表明，从 Mt. Dora（节点 1）到 Ocala（节点 4）、到 Orlando（节点 5）和到 Leesburg（节点 6）的总运输量必须等于 Mt. Dora 的总产量。这个约束表明 Mt. Dora 的所有水果都必须运走。其他两个 Eustis 和 Clermont 的约束同理。

3.11.4 建立模型

Tropicsun 公司水果运输问题的线性规划模型汇总如下：

$$\text{MIN:} \quad \left. \begin{array}{l} 21X_{14}+50X_{15}+40X_{16}+ \\ 35X_{24}+30X_{25}+22X_{26}+ \\ 55X_{34}+20X_{35}+25X_{36} \end{array} \right\} \text{水果被运输的总距离（蒲式耳-英里）}$$

约束：

$X_{14}+X_{24}+X_{34} \leqslant 200{,}000$　　}Ocala 加工能力的约束

$X_{15}+X_{25}+X_{35} \leqslant 600{,}000$　　}Orlando 加工能力的约束

$X_{16}+X_{26}+X_{36} \leqslant 225{,}000$　　}Leesburg 加工能力的约束

$X_{14}+X_{15}+X_{16}=275{,}000$　　}Mt. Dora 的供给量

$X_{24}+X_{25}+X_{26}=400{,}000$　　}Eustis 的供给量

$X_{34}+X_{35}+X_{36}=300{,}000$　　}Clermont 的供给量

$X_{ij} \geqslant 0$　对所有 i 和 j　　}非负条件

最后一个约束和之前的模型一样，指出所有决策变量必须是非负的。

建立这个模型的一个简便的方法在图 3.26 中给出（本书的配套文件 Fig3-26.xlsm）。在这个电子表格中，各柑橘林与加工厂之间的距离以表格形式汇总到单元格 C7 到 E9 中。单元格 C14 到 E16 中存储了代表从各柑橘林到各加工厂运输水果的蒲式耳数。注意，这 9 个单元格直接对应模型的代数形式中的 9 个决策变量。

模型中 3 个加工能力约束的左侧表达式分别在电子表格的单元格 C17、D17 和 E17 中建立。将下列公式录入到单元格 C17，然后将其复制到单元格 D17 和 E17：

　　　　单元格 C17 的公式：　　=SUM(C14:C16)

　　（复制到 D17 和 E17 中）

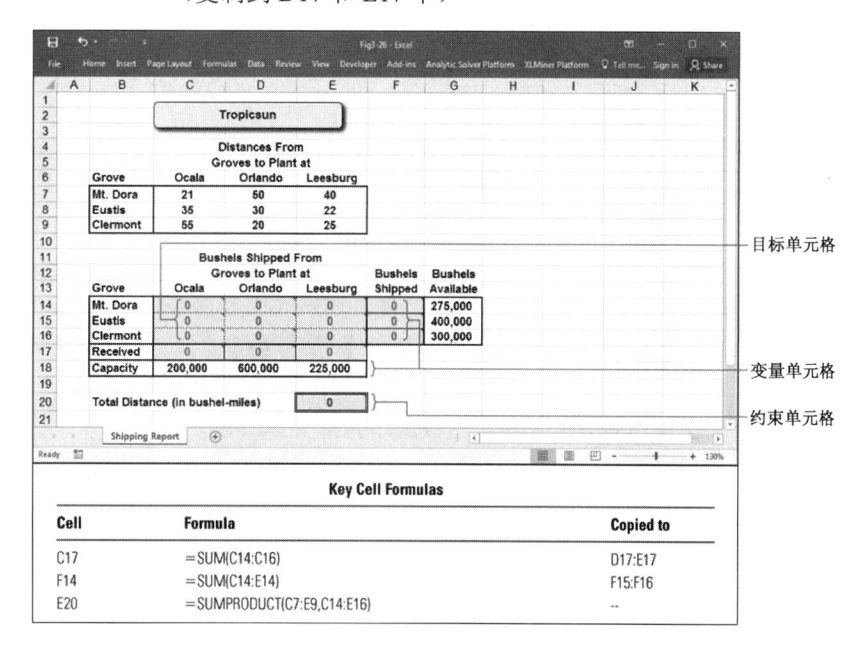

图 3.26　Tropicsun 公司运输问题的电子表格模型

这些单元格代表分别被运输到位于 Ocala、Orlando 和 Leesburg 的加工厂的柑橘总蒲式耳数。单元格 C18 到 E18 分别是这些约束单元格的右侧值。

模型中 3 个供给约束的左侧表达式分别在单元格 F14、F15 和 F16 中建立，如下：

单元格 F14 的公式： =SUM(C14:E14)

（复制到 F15 和 F16 中）

这些单元格代表分别从位于 Mt. Dora、Eustis 和 Clermont 的柑橘林运出水果的总蒲式耳数。单元格 G14 到 G16 分别是这些约束的单元格的右侧值。

最后，模型的目标函数录入在单元格 E20 中，如：

单元格 E20 的公式： =SUMPRODUCT(C7:E9,C14:E16)

函数 SUMPRODUCT() 的功能是将区域 C7 到 E9 中的每一个元素乘以区域 C14 到 E16 中的相应元素且再将这些乘积求和。

3.11.5 模型的启发式求解

为了理解规划求解器所做工作，让我们考虑如何使用启发式方法手动求解这个问题。启发式方法在某些情况下是一种有效的决策经验法则（rule-of-thumb），但是不能保证得到最优解或最优决策。用于求解 Tropicsun 公司运输问题的启发式方法是：总是向下一个距离最短（或成本最低）的路线运送尽可能多的水果。使用启发式方法求解问题如下：

（1）因为在所有柑橘林与加工厂之间的最短路线是 Clermont 与 Orlando 之间的路线（20 英里），所以先在这条路线运输尽量多的水果。可通过这条路线运输的最大值是 Clermont 所供给的（300,000 蒲式耳）或 Orlando 的加工能力（600,000 蒲式耳）中的较小者。所以我们应该从 Clermont 向 Orlando 运输 300,000 蒲式耳。这样就用完了 Clermont 的供应量。

（2）下一个最短路线是 Mt. Dora 到 Ocala 之间的路线（21 英里）。可通过这条路线运输的最大值是 Mt. Dora 所供给的（275,000 蒲式耳）或 Ocala 的加工能力（200,000 蒲式耳）中的较小者。所以应该从 Mt. Dora 向 Ocala 运输 200,000 蒲式耳。这样就用完了 Ocala 的生产能力。

（3）下一个最短路线是 Eustis 到 Leesburg 之间的路线（22 英里）。可通过这条路线运输的最大值是 Eustis 所供给的（400,000 蒲式耳）或 Leesburg 的加工能力（225,000 蒲式耳）中的较小者。所以应该从 Eustis 向 Leesburg 运输 225,000 蒲式耳。这样就用完了 Leesburg 的生产能力。

（4）下一个最短路线是 Eustis 到 Orlando 之间的路线（30 英里）。可通过这条路线运输的最大值是 Eustis 所剩余的供给（175,000 蒲式耳）或 Orlando 的剩余的加工能力（300,000 蒲式耳）中的较小者。所以应该从 Eustis 向 Orlando 运输 175,000 蒲式耳。这样就用完了 Eustis 的供给。

（5）剩下的唯一路线是 Mt. Dora 到 Orlando 之间的路线（因为在 Ocala 和 Leesburg 的加工能力都已经被用完）。这个距离是 50 英里。可通过这条路线运输的最大值是 Mt. Dora 所剩余的供给（75,000 蒲式耳）或 Orlando 剩余的加工能力（125,000 蒲式耳）中的较小者。所以应该从 Mt. Dora 向 Orlando 运输 75,000 蒲式耳。这样就用完了 Mt. Dora 的供给。

如图 3.27 所示，使用启发式方法求得的解中一共运输柑橘 24,150,000 蒲式耳-英里的总量。所有种植园的柑橘都已经被运输到加工厂，且没有超过加工厂的加工能力。所以这是问题的一个**可行解**。用于求得这个解的逻辑使我们相信它是一个合理的解——但是它是**最优解**吗？难道这个问题不存在其他可行解使得水果运输总距离小于 24,150,000 蒲式耳-英里吗？

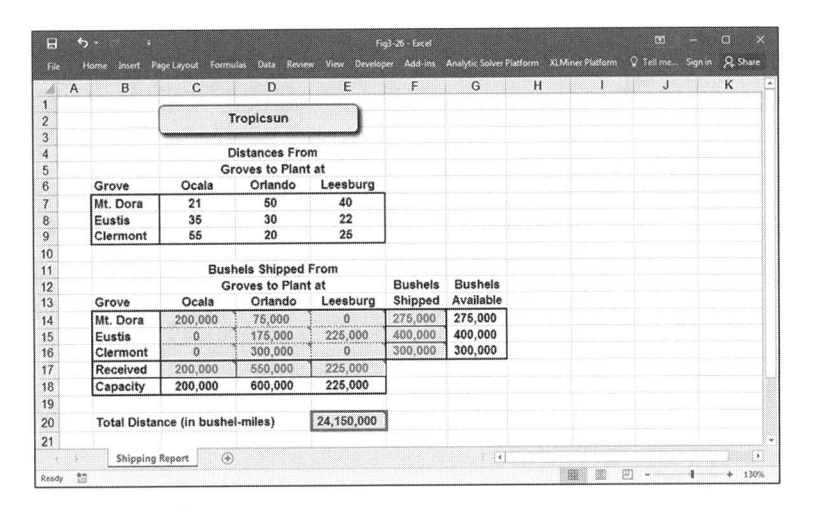

图 3.27 运输问题的启发式解

3.11.6 问题求解

为了求得这个模型的最优解，我们必须指定规划求解器的目标单元格、变量单元格和约束单元格，如图 3.26 所示。图 3.28 给出了求解这个问题所需要的规划求解器的参数设置。最优解在图 3.29 中给出。

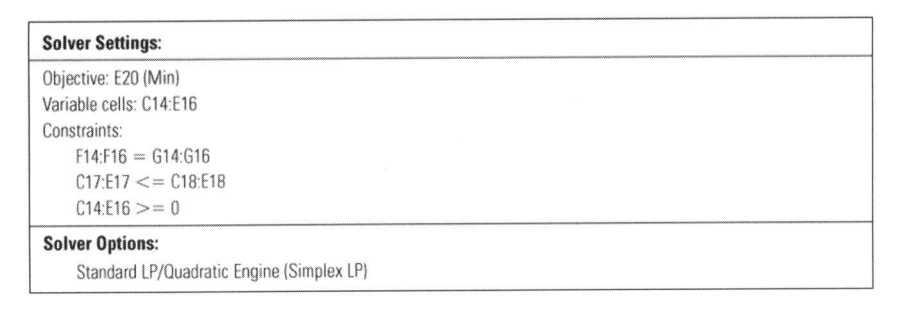

图 3.28 运输问题的规划求解器参数设置

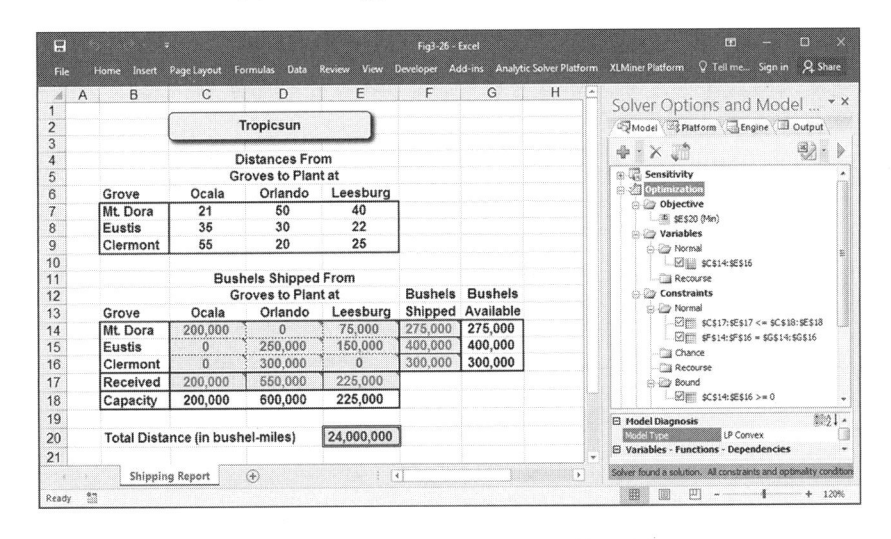

图 3.29 Tropicsun 公司运输问题的最优解

3.11.7 分析最优解

图 3.29 中的最优解指出,应该从 Mt. Dora 向 Ocala 运输 200,000 蒲式耳柑橘(X_{14}=200,000),从 Mt. Dora 向 Leesburg 运输 75,000 蒲式耳(X_{16}=75,000),从 Eustis 柑橘林供给的 400,000 蒲式耳柑橘中向 Orlando 运输 250,000 蒲式耳(X_{25}=250,000)进行加工,向 Leesburg 运输 150,000 蒲式耳(X_{26}=150,000)。最后,应将 Clermont 所有可供给的 300,000 蒲式耳(X_{35}=300,000)运输到 Orlando。到此就没有其他运输路线可以使用了。

图 3.29 给出的解满足模型中所有的约束,且得到一个最小的运输距离 24,000,000 蒲式耳-英里,这个解比前面用启发式方法给出的更好。所以,简单的启发式方法有时可以解决线性规划问题,但是正如这个例子说明的,启发式方法得到的解不一定是最优解。

3.12 混合配比问题

许多商业问题是有关确定原料的最优混合配比。例如,较大的石油公司为生产出某种级别汽油,必须确定实现成本最小的不同原油和其他化工原料混合方案。草坪护理公司为配制出的不同类型的肥料,必须确定实现成本最小的不同化工原料和其他原料混合方案。如下是另一个美国农业(年产值约为 2,000 亿美元)中常见的混合配比问题(Blending Problem)。

Agri-Pro 公司将农用产品销售给几个州的农户。它提供给顾客的服务之一是定制饲料配制——农户可以订购具体数量的牲畜饲料,并指定饲料中所含玉米、谷物和矿物质的含量。这是一个重要的业务,因为适合不同家畜的饲料是按照气候、牧场条件等因素有规律改变的。Agri-Pro 公司储存了大量可以混合成满足顾客特殊要求的 4 种饲料。下表汇总 4 种饲料,以及各饲料中玉米、谷物和矿物质含量和每种饲料一磅的成本。

成分	每种成分所占百分比			
	饲料 1	饲料 2	饲料 3	饲料 4
玉米	30%	5%	20%	10%
谷物	10%	30%	15%	10%
矿物	20%	20%	20%	30%
每磅成本	$0.25	$0.30	$0.32	$0.15

每位美国人平均每年大约消费 70 磅家禽。为了保持竞争优势,肉鸡饲养户必须保证他们以最经济的方式来喂养家禽,且满足营养要求。Agri-Pro 公司刚刚从本地肉鸡养殖户那里收到一份 8,000 磅饲料的订单。养殖户希望这份饲料包含至少 20%玉米、15%谷物和 15%矿物质。Agri-Pro 公司怎样以最小的成本完成这份订单呢?

3.12.1 定义决策变量

在本问题中,Agri-Pro 公司必须确定如何混合每种饲料才能以最低成本满足客户的要求。问题的代数公式需要使用下列 4 个决策变量:

X_1=混合饲料中所用饲料 1 的磅数

X_2=混合饲料中所用饲料 2 的磅数

X_3=混合饲料中所用饲料 3 的磅数

X_4=混合饲料中所用饲料 4 的磅数

3.12.2 定义目标函数

问题的目标是以最低成本满足客户的订单。因为每 1 磅饲料 1、饲料 2、饲料 3 和饲料 4 的成本分别是 0.25 美元、0.30 美元、0.32 美元和 0.15 美元,所以目标函数表示为

$$\text{MIN}: 0.25X_1+0.30X_2+0.32X_3+0.15X_4$$

3.12.3 定义约束

要满足客户的要求,必须满足 4 个约束。首先,客户共需要 8,000 磅饲料。这由下面的约束表示:

$$X_1+X_2+X_3+X_4=8000$$

客户还希望这批饲料中至少包含 20%玉米。因为每 1 磅饲料 1、饲料 2、饲料 3 和饲料 4 分别包含 30%、5%、20%和 10%,所以混合饲料中玉米的总量表示为

$$0.30X_1+0.05X_2+0.20X_3+0.10X_4$$

为了保证 8,000 磅混合饲料中的玉米成分至少 20%,建立下列约束:

$$\frac{0.30X_1+0.05X_2+0.20X_3+0.10X_4}{8000} \geqslant 0.20$$

类似地,为了保证 8,000 磅的混合饲料中的谷物成分至少 15%,使用下面的约束:

$$\frac{0.10X_1+0.30X_2+0.15X_3+0.10X_4}{8000} \geqslant 0.15$$

最后,为了保证 8,000 磅的混合饲料中的矿物质成分至少 15%,使用下面的约束:

$$\frac{0.20X_1+0.20X_2+0.20X_3+0.30X_4}{8,000} \geqslant 0.15$$

3.12.4 对约束、求解报告方式和系数比例的一些讨论

需要讨论一下此模型的约束。首先,这些约束似乎与通常情形下乘积的线性加总有所不同,但是这些约束与乘积的线性加总是等价的。例如,对所需要玉米的百分比约束可以表达为

$$\frac{0.30X_1+0.05X_2+0.20X_3+0.10X_4}{8,000} \geqslant 0.20$$

或

$$\frac{0.30X_1}{8,000}+\frac{0.05X_2}{8,000}+\frac{0.20X_3}{8,000}+\frac{0.10X_4}{8,000} \geqslant 0.20$$

或者,若将不等式的两侧同时乘以 8000,则得到

$$0.30X_1+0.05X_2+0.20X_3+0.10X_4 \geqslant 1,600$$

上述这三个约束都明确地为 $X_1, \cdots, X_4$ 定义了同样的可行解集合。理论上,可以建立和使用其中的任何一个来求解问题。但是,需要考虑一些实际问题以确定使用何种形式的约束。

我们注意到,上述第一种和第二种约束形式的左侧表达式表示 8,000 磅订单中玉米所占的比例,而第三种约束的形式的左侧表达式表示 8,000 磅订单中玉米的总磅数。因为必须在电子表格中建立这些约束的左侧表达式,故需要确定在电子表格中显示哪个数——订单中玉米的百分比(或比例)还是订单中玉米的总磅数。如果知道这些数值中的一个,那么可以容易地建立

其他约束。但是，当存在多种建立约束的方法（像上述这种）时，要考虑约束左侧表达式部分的值对电子表格使用者来说代表什么含义，以便模型的结果可以被解释得尽可能清楚。

应该考虑的另一个问题则是确定模型中系数比例以精确求解。例如，假设决定使用前面给定第一种或第二种形式玉米约束的左侧表达式，那么"玉米在 8,000 磅混合饲料订单中所占比例"会出现在电子表格中。这个约束中变量的系数是**非常小**的数值。在这两种情况，X_2 的系数是 0.05/8,000，即 0.000,006,250。

当使用"规划求解器"求解一个线性规划问题时，它会强制进行中间计算，使得模型中的各个系数变得更大或更小。当数值变得极其大或极其小时，计算机常常会耗费较大内存或出现运行问题，导致计算机使用实际数值的近似值进行运算。这就可能产生结果的精确度问题，有时会妨碍计算机求解问题。因此，如果在最初模型中的某些系数非常大或非常小，那么重新设定变量系数比例使所有系数的大小都比较接近是个不错的主意。

3.12.5　重新设定模型的系数比例

为了解释如何重新设定模型，考虑 Agri-Pro 公司问题的下列等价形式：

X_1=混合饲料中所用饲料 1 的**千磅数**

X_2=混合饲料中所用饲料 2 的**千磅数**

X_3=混合饲料中所用饲料 3 的**千磅数**

X_4=混合饲料中所用饲料 4 的**千磅数**

目标函数和约束表示为

$$\text{MIN}: 250X_1+300X_2+320X_3+150X_4 \quad \}\text{总成本}$$

约束：

$$X_1+X_2+X_3+X_4=8 \quad \}\text{所需饲料的千磅数}$$

$$\frac{0.30X_1+0.05X_2+0.20X_3+0.10X_4}{8} \geq 0.20 \quad \}\text{所需玉米的最小百分比}$$

$$\frac{0.10X_1+0.30X_2+0.15X_3+0.10X_4}{8} \geq 0.15 \quad \}\text{所需谷物的最小百分比}$$

$$\frac{0.20X_1+0.20X_2+0.20X_3+0.30X_4}{8} \geq 0.15 \quad \}\text{所需矿物质的最小百分比}$$

$$X_1, X_2, X_3, X_4 \geq 0 \quad \}\text{非负条件}$$

此处的 X_1、X_2、X_3 和 X_4 分别代表饲料 1、饲料 2、饲料 3 和饲料 4 的千磅数。所以，目前的目标函数反映出 X_1、X_2、X_3 和 X_4 的每一个单位（或 1,000 磅）的成本分别为 250 美元、300 美元、320 美元和 150 美元。约束也被调整为现在的变量代表的各种饲料的千磅数。注意，现在约束中最小的系数是 0.05/8=0.006,25，最大的系数是 8（即第一个约束的右侧值）。在我们的初始模型中，最小单位是 0.000,006,25，最大的系数是 8,000。通过重新设定问题，我们极大地缩小了模型中最小系数和最大系数之间的范围。

自动设定系数比例

分析求解任务框中的"引擎"选项卡提供了"自动按比例缩放"（Use Automatic Scaling）选项。如果选择这个选项，那么规划求解器会在求解问题之前自动重新设定数据。虽然这个选项很有效，但不要仅仅依赖它解决模型中出现的所有系数比例问题。

系数比例和线性模型

当使用规划求解器中的"线性规划问题求解"时,规划求解器自动进行一个内部检验,验证模型的目标函数和约束是不是真的线性。若规划求解器的检验指出模型不是线性的,则弹出指明不满足线性性质条件的信息。规划求解器提供的内部检验几乎是百分之百准确,但是有时模型是线性的,而它给出的结果却不是。这在模型的系数比例设定很差时经常发生。如果遇到这个信息,且确定自己的模型是线性的,那么重新求解模型可能让规划求解器求出最优解。如果这样不行,那么试试重新建立模型以便其中的系数比例较均衡。

3.12.6 建立模型

图 3.30 给出了在电子表格中建立这个模型的一种方式(本书的配套文件 Fig3-30.xlsm 中也有)。在这个电子表格中,单元格 B5 到 E5 包含不同类型饲料的成本。各种饲料中所含不同营养成分的百分比列在单元格 B10 到 E12 中。

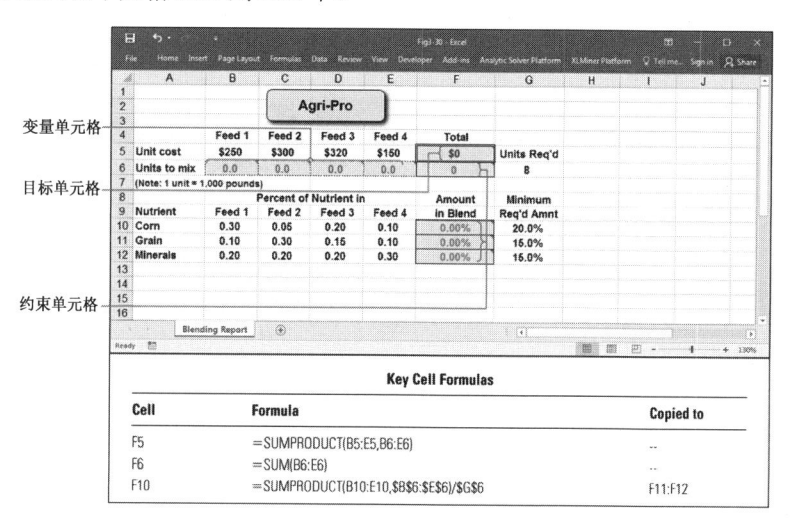

图 3.30 Agri-Pro 公司混合问题的电子表格模型

单元格 G6 包含订单所要求的饲料总量(以千磅计),单元格 G10 到 G12 包含客户订单中要求的三种类型营养成分的最小比例。注意,G 列中的数值对应模型中各个约束的右侧值。

在这个电子表格中,单元格 B6、C6、D6 和 E6 留做表示决策变量 X_1、X_2、X_3 和 X_4。这些单元格将最终给出应该用多少各种类型的饲料混合在一起以完成订单。问题目标函数用下列公式建立在单元格 F5 中:

单元格 F5 的公式: =SUMPRODUCT(B5:E5,B6:E6)

第一个约束的左侧表达式涉及计算决策变量的和。这个关系建立在单元格 F6 中:

单元格 F6 的公式: =SUM(B6:E6)

这个约束的右侧值在单元格 G6 中。其他 3 个约束的左侧表达式建立在单元格 F10,F11 和 F12 中。第二个约束(代表混合饲料中玉米的百分比)的左侧表达式建立在单元格 F10 中,如:

单元格 F10 的公式: =SUMPRODUCT(B10:E10,B6:E6)/$G$6

(复制到单元格 F11 至 F12 中)

然后将这个公式复制到 F11 和 F12 中,建立剩下的两个约束的左侧表达式。单元格 G10 到 G12 包含这些约束的右侧值。

注意,这个模型是以客户友好方式建立的。每一个约束单元格都有对应的解释,这是用来与用户沟通的重要信息。只要给定变量单元格(B6 到 E6)中数值(和为 8),约束单元格(F10 到 F12)就可给出混合饲料中玉米、谷物和矿物质的实际百分比。

3.12.7 问题求解

图 3.31 给出了求解这个问题所需的规划求解器参数。最优解如图 3.32 所示。

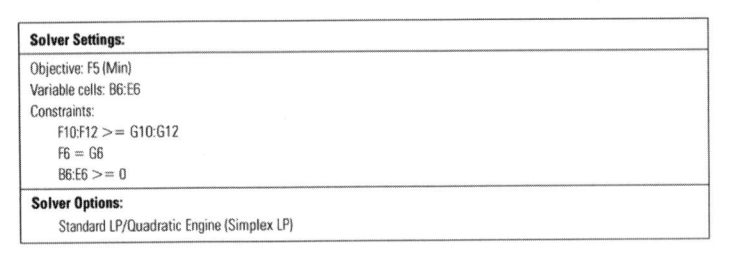

```
Solver Settings:
Objective: F5 (Min)
Variable cells: B6:E6
Constraints:
    F10:F12 >= G10:G12
    F6 = G6
    B6:E6 >= 0
Solver Options:
Standard LP/Quadratic Engine (Simplex LP)
```

图 3.31 混合配比问题的规划求解器参数

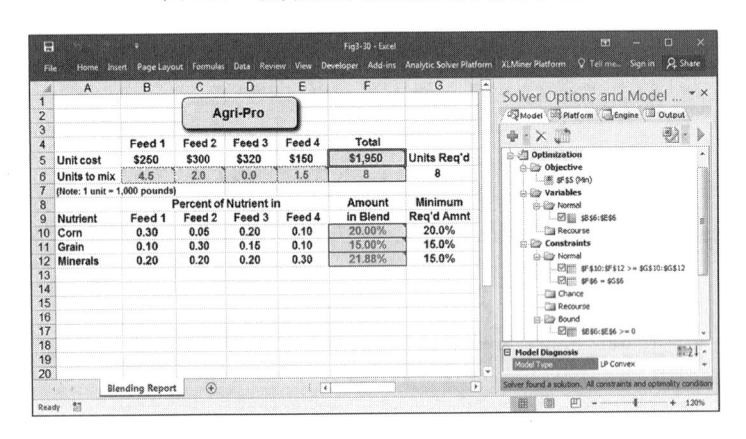

图 3.32 Agri-Pro 公司混合配比问题的最优解

你注意过杂货店中的线性规划问题吗?

下次去当地的杂货店时,你可以观察一下宠物食品货架。在商店销售的狗粮和猫粮袋背后,可以看到类似下面类型的标签(来自笔者的狗最喜欢的品牌食品袋)。

产品包含:
- 至少 21%天然蛋白质
- 至少 8%天然脂肪
- 至多 4.5%天然纤维
- 至多 12%水分

制作这样的说明时,生产商保证食品可以满足客户要求的营养成分。生产商将各种成分(如玉米、大豆、肉与骨类食品、动物脂肪、小麦和稻米)混合起来制成产品。多数公司关心如何以最小成本的方式满足这些需要的成分混合配比。几乎所有的宠物食品生产公司在生产过程中都广泛使用线性规划求解器求解这类混合配比问题。

3.12.8 最优解分析

图 3.32 所示最优解指出，通过混合 4,500 磅饲料 1（X_1=4.5）、2,000 磅饲料 2（X_2=2）和 1,500 磅饲料 4（X_4=1.5），就能以最低的成本完成 8,000 磅饲料的订单。单元格 F6 给出这个解恰好生产 8,000 磅饲料。进而，单元格 F10 到 F12 指出这份混合饲料中含有 20%的玉米、15%的谷物和 21.88%的矿物质。生产这份混合饲料的总成本如同单元格 F5 给出的，共 1,950 美元。

3.13 生产和库存计划问题

制造公司面临的最基本的问题之一是计划生产量和库存水平。这个过程要考虑未来几个时期的需求预测和资源约束，确定每一时期的生产和库存水平，并以最经济的方式满足预测的需求。如下面的例子所示，这个问题的多周期性质可用电子表格很方便地解决，从而极大简化生产计划过程。

Upton 公司为家庭或轻工业市场制造重型空气压缩机。公司现在制定未来 6 个月的生产和库存水平计划。由于煤气、电力等费用和原材料成本的季节性波动，空气压缩机每单位的生产成本每个月都可能改变——对空压机的需求同样每月会都发生变化。生产能力随着各月的工作日数、假期天数及维修和培训安排的差异而变化。下面的表格汇总了 Upton 公司管理层预计未来 6 个月的月生产成本、需求和生产能力。

	月份					
	1	2	3	4	5	6
每单位产品生产成本	$240	$250	$265	$285	$280	$260
需求数量	1,000	4,500	6,000	5,500	3,500	4,000
最大产量	4,000	3,500	4,000	4,500	4,000	3,500

给定 Upton 公司仓库的大小，每月月底的最大库存量是 6,000 单位。公司所有者希望至少保持 1,500 单位的库存作为安全存货，用以应对无法预估的需求。为了保持稳定的劳动力，公司希望每月生产量不少于生产能力的一半。Upton 公司的主管估计，在给定的各月中，每单位的库存成本大约等于同一个月生产成本的 1.5%。Upton 公司估计的每月库存量是每月月初库存量与月末库存量的平均值。

当前库存为 2,750 个单位。Upton 公司希望制定未来 6 个月的生产和库存计划，满足每月期望需求且实现生产和库存总成本最小。

3.13.1 定义决策变量

Upton 公司管理层的基本决策是：未来 6 个月中的每个月生产多少单位产品。这些决策变量表示为

P_1=月份 1 的生产数量

P_2=月份 2 的生产数量

P_3=月份 3 的生产数量

P_4=月份 4 的生产数量

P_5=月份 5 的生产数量

P_6=月份 6 的生产数量

3.13.2 定义目标函数

这个问题的目标是使总的生产和库存成本最小。总的生产成本简单计算如下:

$$\text{生产成本} = 240P_1 + 250P_2 + 265P_3 + 285P_4 + 280P_5 + 260P_6$$

库存成本的计算需要一点技巧。每个月每单位的库存成本是同月生产成本的 1.5%。因此,月份 1 的单位库存成本是 3.60 美元(即 1.5%×240 美元=3.60 美元),月份 2 的单位库存成本是 3.75 美元(即 1.5%×250 美元=3.75 美元),等等。每月的库存数量由该月月初库存量与月末库存量的平均数计算得到。当然,在给定的任何月份中,月初库存等于前一月份的期末库存。因此,令 B_i 表示月份 i 的月初库存,总的库存成本给定如下:

$$\text{库存成本} = 3.6(B_1+B_2)/2 + 3.75(B_2+B_3)/2 + 3.98(B_3+B_4)/2 +$$
$$4.28(B_4+B_5)/2 + 4.20(B_5+B_6)/2 + 3.9(B_6+B_7)/2$$

注意,上面公式中的第一项利用 B_1 作为月份 1 的月初库存、B_2 作为月份 1 的月末库存计算月份 1 的库存成本。因此,本问题的目标函数给出如下:

$$\left. \begin{array}{l} \text{MIN}: \quad 240P_1 + 250P_2 + 265P_3 + 285P_4 + 280P_5 + 260P_6 \\ \qquad + 3.6(B_1+B_2)/2 + 3.75(B_2+B_3)/2 + 3.98(B_3+B_4)/2 \\ \qquad + 4.28(B_4+B_5)/2 + 4.20(B_5+B_6)/2 + 3.9(B_6+B_7)/2 \end{array} \right\} \text{总成本}$$

3.13.3 定义约束

本问题有两组约束。第一组,每个月生产量不能够超过问题所述的最大生产能力。但是,还必须保证每个月生产量必须不小于当月最大生产能力的一半。这些约束简明地表示如下:

$$2{,}000 \leqslant P_1 \leqslant 4{,}000 \qquad \}\text{月份 1 的生产水平}$$
$$1{,}750 \leqslant P_2 \leqslant 3{,}500 \qquad \}\text{月份 2 的生产水平}$$
$$2{,}000 \leqslant P_3 \leqslant 4{,}000 \qquad \}\text{月份 3 的生产水平}$$
$$2{,}250 \leqslant P_4 \leqslant 4{,}500 \qquad \}\text{月份 4 的生产水平}$$
$$2{,}000 \leqslant P_5 \leqslant 4{,}000 \qquad \}\text{月份 5 的生产水平}$$
$$1{,}750 \leqslant P_6 \leqslant 3{,}500 \qquad \}\text{月份 6 的生产水平}$$

这些限制简单地给定了每个决策变量取值的下限和上限。类似地,必须保证每个月份月末的库存落在最小允许的库存水平 1,500 和最大允许的库存水平 6,000 之间。一般地,每个月份月末的库存计算如下:

$$\text{月末库存} = \text{月初库存} + \text{生产量} - \text{销售量}$$

因此,下列限制指出下面 6 个月中每个月的月末库存(满足了该月的需求以后)必须落在 1,500 和 6,000 之间:

$$1{,}500 \leqslant B_1 + P_1 - 1{,}000 \leqslant 6{,}000 \qquad \}\text{月份 1 的月末库存}$$
$$1{,}500 \leqslant B_2 + P_2 - 4{,}500 \leqslant 6{,}000 \qquad \}\text{月份 2 的月末库存}$$
$$1{,}500 \leqslant B_3 + P_3 - 6{,}000 \leqslant 6{,}000 \qquad \}\text{月份 3 的月末库存}$$
$$1{,}500 \leqslant B_4 + P_4 - 5{,}500 \leqslant 6{,}000 \qquad \}\text{月份 4 的月末库存}$$
$$1{,}500 \leqslant B_5 + P_5 - 3{,}500 \leqslant 6{,}000 \qquad \}\text{月份 5 的月末库存}$$
$$1{,}500 \leqslant B_6 + P_6 - 4{,}000 \leqslant 6{,}000 \qquad \}\text{月份 6 的月末库存}$$

最后，为了保证一个月中的月初的库存数量等于前一个月的月末的库存数量，我们有下列附加限制：

$$B_2=B_1+P_1-1,000$$
$$B_3=B_2+P_2-4,500$$
$$B_4=B_3+P_3-6,000$$
$$B_5=B_4+P_4-5,500$$
$$B_6=B_5+P_5-3,500$$
$$B_7=B_6+P_6-4,000$$

3.13.4 建立模型

Upton 公司生产和库存计划问题的线性规划问题可以汇总为

$$\text{MIN}: \quad 240P_1+250P_2+265P_3+285P_4+280P_5+260P_6$$
$$+3.6(B_1+B_2)/2+3.75(B_2+B_3)/2+3.98(B_3+B_4)/2 \quad \}\text{总成本}$$
$$+4.28(B_4+B_5)/2+4.20(B_5+B_6)/2+3.9(B_6+B_7)/2$$

约束：

$$2,000 \leqslant P_1 \leqslant 4,000 \quad \}\text{月份 1 的生产水平}$$
$$1,750 \leqslant P_2 \leqslant 3,500 \quad \}\text{月份 2 的生产水平}$$
$$2,000 \leqslant P_3 \leqslant 4,000 \quad \}\text{月份 3 的生产水平}$$
$$2,250 \leqslant P_4 \leqslant 4,500 \quad \}\text{月份 4 的生产水平}$$
$$2,000 \leqslant P_5 \leqslant 4,000 \quad \}\text{月份 5 的生产水平}$$
$$1,750 \leqslant P_6 \leqslant 3,500 \quad \}\text{月份 6 的生产水平}$$
$$1,500 \leqslant B_1+P_1-1,000 \leqslant 6,000 \quad \}\text{月份 1 的月末库存}$$
$$1,500 \leqslant B_2+P_2-4,500 \leqslant 6,000 \quad \}\text{月份 2 的月末库存}$$
$$1,500 \leqslant B_3+P_3-6,000 \leqslant 6,000 \quad \}\text{月份 3 的月末库存}$$
$$1,500 \leqslant B_4+P_4-5,500 \leqslant 6,000 \quad \}\text{月份 4 的月末库存}$$
$$1,500 \leqslant B_5+P_5-3,500 \leqslant 6,000 \quad \}\text{月份 5 的月末库存}$$
$$1,500 \leqslant B_6+P_6-4,000 \leqslant 6,000 \quad \}\text{月份 6 的月末库存}$$

其中，

$$B_2=B_1+P_1-1,000$$
$$B_3=B_2+P_2-4,500$$
$$B_4=B_3+P_3-6,000$$
$$B_5=B_4+P_4-5,500$$
$$B_6=B_5+P_5-3,500$$
$$B_7=B_6+P_6-4,000$$

图 3.33 给出了建立这个模型的便捷方法（本书的配套文件 Fig3-33xlsm）。这个电子表格中的单元格 C7 到 H7 代表每个月生产空气压缩机的数量，对应模型中的决策变量（P_1 到 P_6）。我

们将给这些单元格加上适当的上下限以保证模型中前 6 个约束代表的限制。对每一个时间周期期望需求被列在单元格 C8 到 H8 中的决策变量下面。

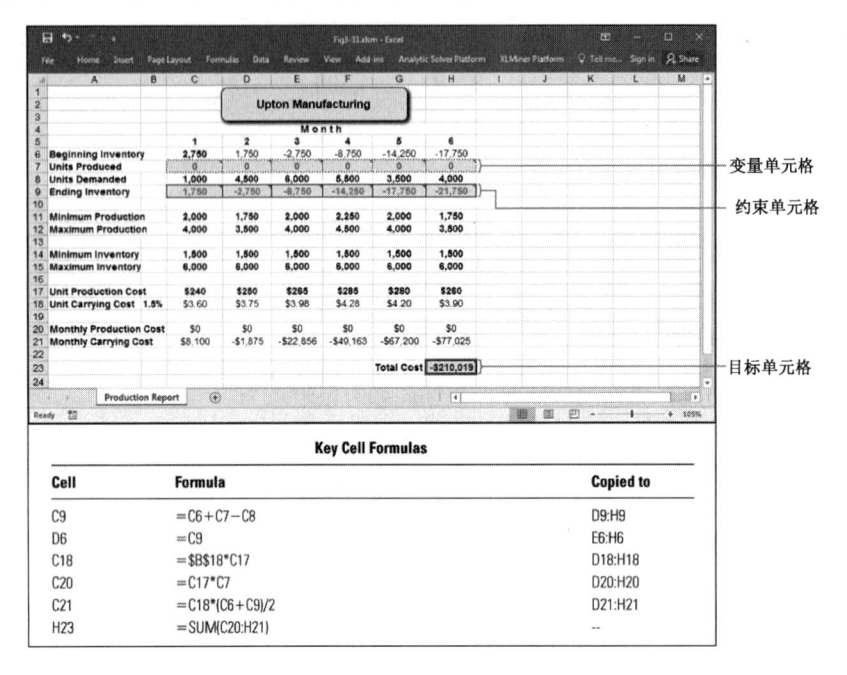

Cell	Formula	Copied to
C9	=C6+C7−C8	D9:H9
D6	=C9	E6:H6
C18	=$B$18*C17	D18:H18
C20	=C17*C7	D20:H20
C21	=C18*(C6+C9)/2	D21:H21
H23	=SUM(C20:H21)	--

图 3.33 Upton 公司生产问题的电子表格模型

将 2750 的初始库存水平录入单元格 C6 中，月份 1 的月末库存在单元格 C9 中计算如下：

单元格 C9 的公式：　　=C6+C7−C8

（复制到单元格 D9 到 H9 中）

这个公式可以复制到单元格 D9 到 H9 中以计算其他每个月份的月末库存水平。我们将适当的下限和上限加到这些单元格上，保证满足模型中第二组的 6 个约束给出的限制。

为了保证月份 2 的月初库存等于月份 1 的月末库存，在单元格 D6 中录入下列公式：

单元格 D6 的公式：　　=C9

（复制到单元格 E6 至 H6 中）

这个公式可以复制到单元格 E6 至 H6 中，以保证每个月的月初库存水平等于前一个月的月末库存水平。注意一个重要的事实，因为期初库存水平可以直接由期末库存水平计算，所以不需要将这些单元格作为约束条件在规划求解器中设置。

将每月单位生产成本录入到单元格 C17 到 H17，每月单位库存成本在 C18 到 H18 中，计算如下：

单元格 C18 的公式：　　=B18*C17

（复制到单元格 D18 到 H18 中）

然后，每月总的生产和库存成本在行 20 和 21 中计算如下：

单元格 C20 的公式：　　=C17*C7

（复制到单元格 D20 到 H20 中）

单元格 C21 的公式：　　=C18*(C6+C9)/2

（复制到单元格 D21 到 H21 中）

最后，本问题总生产和库存成本的目标函数建立在单元格 H23 中：

单元格 H23 的公式式：　　　=SUM(C20:H21)

3.13.5　求解模型

图 3.34 给出求解本问题所需的规划求解器参数。最优解如图 3.35 所示。

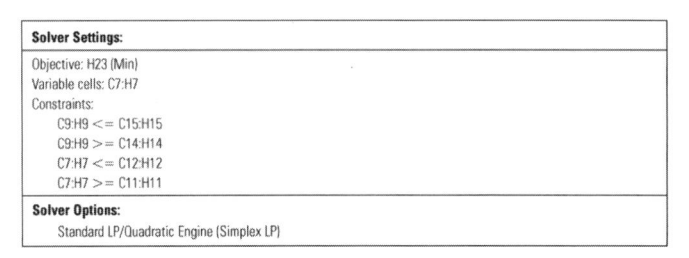

```
Solver Settings:
Objective: H23 (Min)
Variable cells: C7:H7
Constraints:
    C9:H9 <= C15:H15
    C9:H9 >= C14:H14
    C7:H7 <= C12:H12
    C7:H7 >= C11:H11
Solver Options:
    Standard LP/Quadratic Engine (Simplex LP)
```

图 3.34　生产问题的规划求解器参数

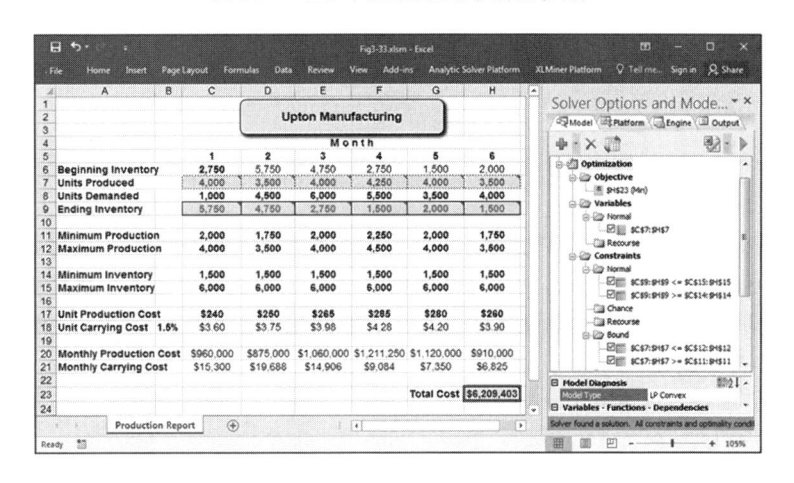

图 3.35　Upton 公司生产问题的最优解

3.13.6　分析最优解

图 3.35 中给出的最优解指出，Upton 公司应该在月份 1 生产 4,000 单位，在月份 2 生产 3,500 单位，在月份 3 生产 4,000 单位，在月份 4 生产 4,250 单位，在月份 5 生产 4,000 单位，在月份 6 生产 3,500 单位。虽然在月份 1 对空气压缩机的需求可以由月初库存满足，但是为了满足将来需求超过生产能力的月份，需要将月份 1 生产的压缩机存储起来。注意，这个生产计划建议公司除月份 4 外，其他每个月份都满负荷运行。预计月份 4 的单位生产成本最高。所以，在前面的月份多生产且将它们作为库存在月份 4 销售是更节约的方式。

注意下面的事实：虽然这个问题的解给出了后面 6 个月的生产计划，但是它并不一定要求 Upton 公司的管理层在后 6 个月内必须执行这个解。在运作层面上，管理层最关注的是现在必须做出的决定——即月份 1 计划的生产量。在月份 1 的月末，Upton 公司的管理层应该更新库存、需求和成本的估计，且重新求解模型来给出未来 6 个月（月份 2 到月份 7）的生产计划。在月份 2 的月末继续重复这个过程。因此，诸如这样的多周期计划模型应作为滚动计划（rolling planning）的一个部分周期性地重复使用。

3.14 多周期现金流量问题

大量商业问题涉及的决策对未来决策有波动性影响。在前面的例子中，我们看到某个周期的生产计划影响后续周期中可获得的资源量及库存。类似地，许多金融决策涉及多个周期，因为在一个时间点的投资资金量直接影响后续周期可用资金的数量。就这种类型的多周期问题，若没有线性规划模型，则很难解释清楚当前决策对未来周期的影响结果。如下给出一个金融界例子的建模与分析。

Taco-Viva 是一家处于成长阶段的专门经营墨西哥快餐的小型连锁餐馆。公司管理层已经决定在北卡罗来纳州 Wilmington 开一家新店，且还想建立一家建设基金（或偿债基金）来支付新设备的货款。餐馆建设预期用 6 个月的时间和 800,000 美元的费用。Taco-Viva 公司与建筑公司的合同要求：在第二个月和第四个月的月末分别支付 250,000 美元，在第 6 个月的月末餐馆完工时支付最后 300,000 美元。公司可以利用 4 个投资机会来建立建设基金，这些投资项目汇总在下列表格中：

投资项目	可进行投资的月份	到期的月份数	到期的收益
A	1, 2, 3, 4, 5	1	1.8%
B	1, 3, 5	2	3.5%
C	1, 4	3	5.8%
D	1	6	11.0%

表格给出，在后面 6 个月中的每个月的月初都可以投资项目 A，且投资这个项目是一个月到期、1.8% 的回报。基金仅仅可以在第 1 个月或第 4 个月的月初对项目 C 进行投资，且在第 3 个月末到期，回报为 5.8%。

Taco-Viva 公司管理层需要确定投资计划——在建设基金上投放最少资金的同时满足所要求的付款计划。

这是一个多周期问题，因为必须考虑周期为 6 个月的计划，即 Taco-Viva 公司必须给出未来 6 个月中每个月使用的投资组合方案。

3.14.1 定义决策变量

Taco-Viva 公司管理层所面临的基本决策是在有投资机会的每个时间周期对每一个投资项目投入多少资金。为建立这个问题的模型，需要不同的变量来代表每项投资/周期的组合。设置如下：

$A_1, A_2, A_3, A_4, A_5, A_6 = $ 在第 1、2、3、4、5 和 6 个月的月初分别对

投资项目 A 投入的资金量（以千美元计）

$B_1, B_3, B_5 = $ 在第 1、3 和 5 个月的月初分别对

投资项目 B 投入的资金量（以千美元计）

$C_1, C_4 = $ 在第 1 和 4 个月的月初分别对

投资项目 C 投入的资金量（以千美元计）

$D_1 = $ 在第 1 个月的月初对

投资项目 D 投入的资金量（以千美元计）

注意，为了对本问题保持一个合理的度量单位，所有的变量都以千美元为单位表示。因此，

请记住，当引用变量代表的资金量时，我们的意思是以千美元为单位的数量。

3.14.2 定义目标函数

Taco-Viva 公司管理层希望能够按照合同支付到期款项的同时使最初必须投入建设基金的资金量最小。在第 1 个月的月初，公司希望投入一部分资金，这部分资金加上其投资收益，能够在不从公司注入额外资金的情况下支付所需款项。因为 A_1、B_1、C_1 和 D_1 代表公司在第 1 个月投入的初始资金量，所以问题的目标函数为

$$\text{MIN}：A_1+B_1+C_1+D_1 \quad \}第 1 个月初投入的资金总量$$

3.14.3 定义约束

为了建立这个问题的现金流量约束，明确地指出下列问题很重要：（1）何时可以进行不同的项目投资，（2）不同投资项目的到期时间，（3）当每一种投资到期时可支配的资金是多少。图 3.36 汇总了这些信息。

在图 3.36 中，负值表示资金流向投资项目，用"-1"表示；正值表示当投资到期时或资金流出这项投资时，同一笔资金值多少。双向箭线符号表示基金持有一项投资的周期。例如，图 3.36 中表格的第三行指出，第 1 个月月初给项目 C 投入 1 千美元，在 3 个月后，即第 4 个月月初时价值 1.058 千美元（注意，第 4 个月月初与第 3 个月月末实际上是同一时间。因此，在一个周期的期初与上一个周期的期末之间实际上不存在差别）。

假设公司在第 1 个月月初投资的资金量用 A_1、B_1、C_1 和 D_1 代表，在第 2、3、4、5、6 和 7 个月的月初将会得到多少资金用于再投资或支付所要求的款项？回答这个问题，需要建立本问题所需的一组现金流量约束。

			月初的现金流入/流出表				
投资	1	2	3	4	5	6	7
A_1	−1	1.018					
B_1	−1	↔	1.035				
C_1	−1	↔	↔	1.058			
D_1	−1	↔	↔	↔	↔	↔	1.11
A_2		−1	1.018				
A_3			−1	1.018			
B_3			−1	↔	1.035		
A_4				−1	1.018		
C_4				−1	↔	↔	1.058
A_5					−1	1.018	
B_5					−1	↔	1.035
A_6						−1	1.018
Req'd Payments (in $1,000s)	$0	$0	$250	$0	$250	$0	$300

图 3.36 Taco-Viva 公司投资机会的现金流汇总表

如图 3.36 的第二列给出的，在第 2 个月月初唯一的到期资金是在第 1 个月月初投资在项目 A 中的投入（A_1）。在第 2 个月月初到期资金的价值是 $1.018A_1$ 美元。因为在第 2 个月月初没有需要支付的款项，所以所有到期的资金必须进行再投资。但是在第 2 个月月初，唯一的可投资机会是项目 A（A_2）。因此，在第 2 个月月初投入项目 A 的资金量必须是 $1.018A_1$ 美元。这个意思由下列约束表达：

$$1.018A_1 = A_2 + 0 \qquad \}第2个月的现金流量$$

这个约束给出在第 2 个月月初到期资金的总量（$1.018A_1$），必须等于第 2 个月月初进行的再投资资金量（A_2）加上第 2 个月份应该支付的款项（0 美元）。

现在考虑第 3 个月的现金流量情况。在第 3 个月月初，第 1 个月月初投入项目 B 的任何资金（B_1）将会到期且总的价值为 $1.035B_1$ 美元。类似地，在第 2 个月月初投入项目 A 的任何资金（A_2）将会到期且总的价值为 $1.018A_2$ 美元。因为第 3 个月月初需要支付 250,000 美元的款项，所以必须保证在第 3 个月月初的到期资金足够支付这个款项，且余下的资金可以投入第 3 个月月初进行的投资项目（A_3 和 B_3）。这个要求可由代数方式表达为

$$1.035B_1 + 1.018A_2 = A_3 + B_3 + 250 \qquad \}第3个月的现金流量$$

这个约束指出第 3 个月月初到期的资金总量（$1.035B_1 + 1.018A_2$），必须等于在第 3 个月月初进行再投资的资金量（$A_3 + B_3$）加上第 3 个月月初应该支付的款项（250,000 美元）。

用于建立第 2 个月和第 3 个月现金流量约束的逻辑，同样也可以用于建立其余月份的现金流量约束。这样做将产生下列统一形式的对每一个月建立的现金流量约束：

（某个月月初到期的资金总量）=（该月月初再投资的资金总量）+（该月月初应支付的资金量）

利用这个现金流量关系的一般定义，其余各月的约束表达为

$$1.058C_1 + 1.018A_3 = A_4 + C_4 \qquad \}第4个月的现金流量$$

$$1.035B_3 + 1.018A_4 = A_5 + B_5 + 250 \qquad \}第5个月的现金流量$$

$$1.018A_5 = A_6 \qquad \}第6个月的现金流量$$

$$1.11D_1 + 1.058C_4 + 1.035B_5 + 1.018A_6 = 300 \qquad \}第7个月的现金流量$$

为了在电子表格中建立这些约束，必须以稍微不同（但是代数上是等价的）的形式表示。尤其是为了与等式约束的一般形式（$f(X_1, X_2, \cdots, X_n) = b$）一致，需要重新写现金流量约束，以便每一个约束中的所有变量都位于等号的左侧且数值常数位于等号的右侧。可以按照下面的方法完成：

$$1.018A_1 - 1A_2 = 0 \qquad \}第2个月的现金流量$$

$$1.035B_1 + 1.018A_2 - 1A_3 - 1B_3 = 250 \qquad \}第3个月的现金流量$$

$$1.058C_1 + 1.018A_3 - 1A_4 - 1C_4 = 0 \qquad \}第4个月的现金流量$$

$$1.035B_3 + 1.018A_4 - 1A_5 - 1B_5 = 250 \qquad \}第5个月的现金流量$$

$$1.018A_5 - 1A_6 = 0 \qquad \}第6个月的现金流量$$

$$1.11D_1 + 1.058C_4 + 1.035B_5 + 1.018A_6 = 300 \qquad \}第7个月的现金流量$$

关于这些约束的两种表达方式，需要注意如下两点。第一，每一个约束采取如下通式，这与前面对现金流量约束的定义在数学上是等价的：

（某个月月初到期的资金总量）−（该月月初再投资的资金总量）=（该月月初应支付的资金量）

虽然约束看起来在形式上稍微有些不同，但它们仍然与前面约束中表达的变量间关系是相同的。

第二，在第二种约束的表达式中，左侧各项的系数直接与图 3.36 中现金流量汇总表格中的数值相对应。即第 2 个月约束的系数对应于图 3.36 中第 2 个月的列中的数值，第 3 个月的约束的系数对应于图 3.36 中第 3 个月的列中的数值等等。这个关系对所有的约束都是正确的，且在

电子表格中建立这个模型时会有很大的帮助。

3.14.4 建立模型

Taco-Viva 公司建设基金问题的线性规划模型汇总为

$$\text{MIN：} A_1+B_1+C_1+D_1 \quad \}\text{第 1 个月初投入的资金总量}$$

约束：

$$1.018A_1-1A_2 = 0 \quad \}\text{第 2 个月的现金流量}$$
$$1.035B_1+1.018A_2-1A_3-1B_3 = 250 \quad \}\text{第 3 个月的现金流量}$$
$$1.058C_1+1.018A_3-1A_4-1C_4 = 0 \quad \}\text{第 4 个月的现金流量}$$
$$1.035B_3+1.018A_4-1A_5-1B_5 = 250 \quad \}\text{第 5 个月的现金流量}$$
$$1.018A_5-1A_6 = 0 \quad \}\text{第 6 个月的现金流量}$$
$$1.11D_1+1.058C_4+1.035B_5+1.018A_6 = 300 \quad \}\text{第 7 个月的现金流量}$$
$$A_i，B_i，C_i，D_i \geqslant 0，\text{所有的} i \quad \}\text{非负条件}$$

图 3.37 给出了建立这个模型的方法（本书的配套文件 Fig3.37.xlsm）。这个电子表格的前 3 列汇总了可选的不同投资项目和资金流入流出这些项目的月份。单元格 D6 到 D17 表示模型中的决策变量，代表投入每一项可能投资品种的资金量（以千美元计）。

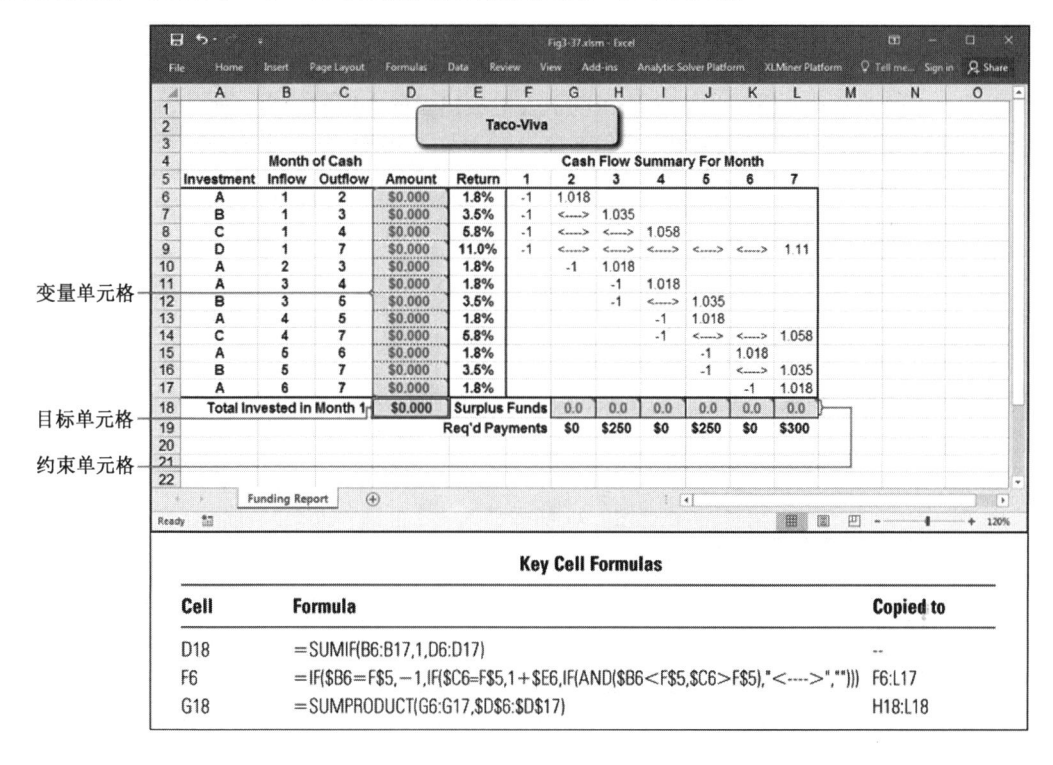

图 3.37 Taco-Viva 公司建设基金问题的电子表格模型

这个问题的目标函数需要计算在第 1 个月投入的资金总量。在单元格 D8 中完成如下：

单元格 D18 的公式： =SUMIF（B6:B17,1,D6:D17）

这个 SUMIF 函数将单元格 B6 到 B17 中的数值与 1 比较（它的第二个参数）；如果在单元

格 B6 到 B17 中的有一个值等于 1，那么它就对单元格 D6 到 D17 中相应的数值求和。在这个例子中，单元格 B6 到 B9 中的数值都等于 1；所以函数给出单元格 D6 到 D9 中数值的和。注意，虽然我们也可以用公式 SUM（D6:D9）建立了目标函数，但 SUMIF 公式可以使模型更容易修改和更可靠。如果在 B 列的任何数值被改变为 1 或将 1 改变成其他数值，那么 SUMIF 函数仍然代表正确的目标函数，而 SUM 函数不行。

下一项工作是建立前面在图 3.36 中描述的现金流入/流出表格。回想图 3.36 中与每项特定投资现金流量对应的每一行。这个表格可利用下列公式建立：

单元格 F6 的公式： =IF($B6=F$5,-1,IF($C6=F$5,1+$E6,
IF(AND($B6<F$5,$C6>F$5) ,″ <--->″,″ ″)))

（复制到单元格 F6 到 L17 中）

这个公式首先检查 B 列现金流入的月份数值与第 5 行月份标志是否相符。若符合，则公式给出数值-1；否则继续检查 C 列的现金流出的月份数值与第 5 行月份标志是否相符合。若符合，则公式给出的数值等于 1 加上投资回报（来自 E 列）。若前两个条件都不满足，则公式接下来检查第 5 行中的当月标志值是否大于现金流入的月份数值（B 列）和小于现金流出月份数值（C 列）。若满足，则公式给出符号"<--->"，表明资金既没有流入一项特定投资，没有流出一项特定投资的月份。最后，若前面的 3 个条件都不满足，公式直接给出一个空格""（或"null"）。虽然这个公式看起来有些吓人，但其实它就是一组套在一起的 3 个 IF 函数。更重要的是，如果列 B、C 或 E 中的任何值被改变，那么此函数会自动更新现金流量汇总表，增加模型的可靠性和可修改性。

前面提到，现金流入/流出表格中第 2 列到第 7 列中的数值，直接与各个现金流量约束的系数相对应。有这个性质，就可以方便地在电子表格中建立现金流量约束。例如，第 2 个月现金流量约束的左侧表达式通过下列公式被建立在 D 单元格 G18 中：

单元格 G18 的公式： =SUMPRODUCT（G6:G17,$D$6:$D$17）

（复制到单元格 H18 到 L18 中）

这个公式将区域 G6 到 G17 中的每一项乘以区域 D6 到 D17 中相应的项，然后对所有乘积求和。该公式被复制到了单元格 H18 到 L18 中（注意，公式 SUMPRODUCT（）将包含标签和空格的单元格作为数值 0 对待）。现在用些时间核实一下单元格 G18 到 L18 中的公式与我们模型现金流量约束的左侧表达式的对应关系。单元格 G19 到 L19 中列出了现金流量约束的右侧值。

3.14.5 求解模型

为了求解这个模型的最优解，必须向规划求解器（Solver）指明目标单元格、变量单元格和约束单元格，如图 3.37 所示。图 3.38 给出了求解这个模型所需的规划求解器参数。最优解在图 3.39 中给出。

```
Solver Settings:
Objective: D18 (Min)
Variable cells: D6:D17
Constraints:
    G18:L18 = G19:L19
    D6:D17 >= 0
Solver Options:
    Standard LP/Quadratic Engine (Simplex LP)
```

图 3.38　建设基金问题的规划求解器参数

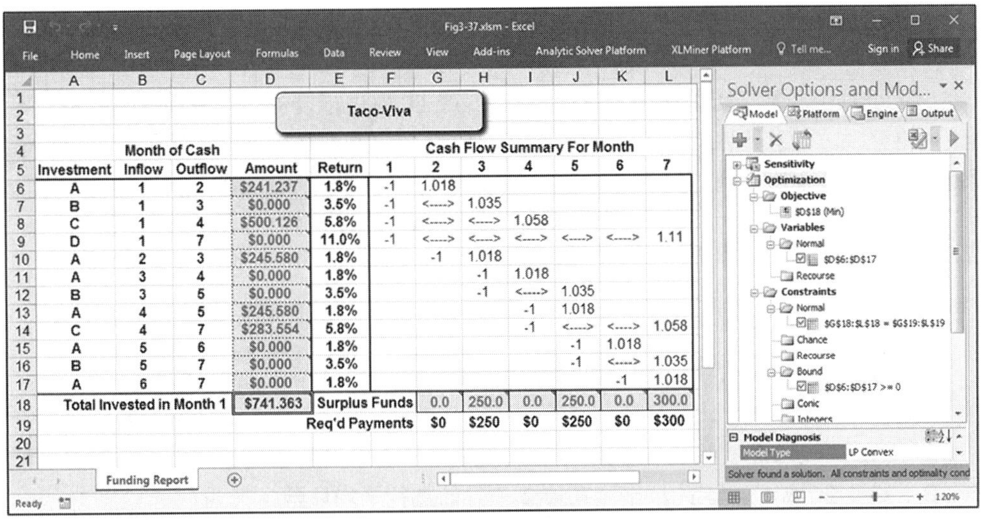

图 3.39 Taco-Viva 公司建设基金问题的最优解

3.14.6 分析最优解

在图 3.39 中，目标单元格（D18）中的数值表明，要满足 Taco-Viva 建筑项目所需支付的款项必须投资 741,363 美元。单元格 D6 和 D8 说明在第 1 个月月初应向项目 A 投资约 241,237 美元（A_1=241,237），应投向项目 C 投资大约 500,126 美元（C_1=500,126）。

在第 2 个月月初，第 1 个月投入项目 A 的资金将到期，价值为 245,580 美元（241,237×1.018=245,580）。单元格 D10 中的数值表示这些资金应在第 2 个月月初再投向项目 A（A_2=245,580）。

在第 3 个月月初，需支付第一笔应交款项 250,000 美元。此时，第 2 个月投入项目 A 的资金将到期，价值 250,000 美元（245,580×1.018=250,000）——允许我们支付所需款项。

在第 4 个月月初，第 1 个月投入项目 C 的资金将到期，价值 529,134 美元。我们的解给出这笔资金中的 245,580 美元应再次投放到项目 A（A_4=245,580），剩下的资金应该再投入到项目 C（C_4=283,554）。

如果继续追着剩下月份的现金流量，那么可以发现，我们的模型恰恰按照设计在进行。每个月月初计划到期的资金量恰恰等于支付所需款项后计划再投资的资金数量。因此，在无数个可能的投资计划中，线性规划模型建立了一个预先所需资金量最少的计划。

3.14.7 考虑风险因素的 Taco-Viva 问题修正（可选内容）

在这类投资问题中，决策者对自己能承担的风险进行限制是很普遍的事情。例如，假设 Taco-Viva 的财务总监（CFO）对每一个投资品种进行 0~10 的风险评分（其中 1 代表最小的风险，10 代表最大的风险）。还假设财务总监希望确定一个加权平均风险水平不超过 5 的投资计划。

投资项目	风险等级
A	1
B	3
C	8
D	6

我们需要对每个周期建立一个附加约束，以保证加权平均风险水平绝不超过 5。让我们从第 1 个月开始。

在第 1 个月中，基金可以在项目 A_1、B_1、C_1 或 D_1 中进行投资，且每项投资品种与不同的风险级别相关联。为了计算第 1 个月的加权平均风险，必须将每一个投资品种的风险因子乘以该投资品种投入资金的比例，表示为

$$第1个月的加权平均风险 = \frac{1A_1 + 3B_1 + 8C_1 + 6D_1}{A_1 + B_1 + C_1 + D_1}$$

可以通过将下列约束添加到线性规划模型中来保证第 1 个月的加权平均风险不超过 5：

$$\frac{1A_1 + 3B_1 + 8C_1 + 6D_1}{A_1 + B_1 + C_1 + D_1} \leq 5 \quad \}第1个月的风险约束$$

现在，考虑第 2 个月。按照现金流入/流出表格中第 2 个月所在列，公司可以在这个月将资金投向 B_1、C_1、D_1 或 A_2。因此，出现在第 2 个月的加权平均风险定义为

$$第2个月的加权平均风险 = \frac{3B_1 + 8C_1 + 6D_1 + 1A_2}{B_1 + C_1 + D_1 + A_2}$$

下列约束保证这个量不会超过 5：

$$\frac{3B_1 + 8C_1 + 6D_1 + 1A_2}{B_1 + C_1 + D_1 + A_2} \leq 5 \quad \}第2个月的风险约束$$

第 3 个月到第 6 个月的风险约束以类似的形式建立，表达式如下：

$$\frac{8C_1 + 6D_1 + 1A_3 + 3B_3}{C_1 + D_1 + A_3 + B_3} \leq 5 \quad \}第3个月的风险约束$$

$$\frac{6D_1 + 3B_3 + 1A_4 + 8C_4}{D_1 + B_3 + A_4 + C_4} \leq 5 \quad \}第4个月的风险约束$$

$$\frac{6D_1 + 8C_4 + 1A_5 + 3B_5}{D_1 + C_4 + A_5 + B_5} \leq 5 \quad \}第5个月的风险约束$$

$$\frac{6D_1 + 8C_4 + 3B_5 + 1A_6}{D_1 + C_4 + B_5 + A_6} \leq 5 \quad \}第6个月的风险约束$$

虽然这里列出的风险约束具有很清晰的含义，但是用另一种（还是代数等价式）方式表述它们，在电子表格中建立这些约束会比较容易。尤其是，通过将每一个约束乘以它的分母，然后将变量重新整理到不等式的左侧，可以消除不等式左侧表达式的分式，方便计算。下列步骤给出如何修改第 1 个月的风险约束：

（1）不等式的两侧同时乘以它的分母：

$$A_1 + B_1 + C_1 + D_1 \frac{1A_1 + 3B_1 + 8C_1 + 6D_1}{A_1 + B_1 + C_1 + D_1} \leq (A_1 + B_1 + C_1 + D_1) \times 5$$

得

$$1A_1 + 3B_1 + 8C_1 + 6D_1 \leq 5A_1 + 5B_1 + 5C_1 + 5D_1$$

（2）将变量整理到不等号的左侧：

$$(1-5)A_1 + (3-5)B_1 + (8-5)C_1 + (6-5)D_1 \leq 0$$

得

$$-4A_1-2B_1+3C_1+1D_1 \leq 0$$

因此，下列两个约束是代数等价的：

$$\frac{1A_1+3B_1+8C_1+6D_1}{A_1+B_1+C_1+D_1} \leq 5 \quad \}\text{第 1 个月的风险约束}$$

$$-4A_1-2B_1+3C_1+1D_1 \leq 0 \quad \}\text{第 1 个月的风险约束}$$

满足这两个约束中的第 1 个的 A_1、B_1、C_1 和 D_1 的数值也能满足第 2 约束（即这两个约束具有相同的一组可行解）。所以，用这两个约束中的哪一个来求解问题的最优解并不重要。

其余的风险约束被化简为相同的形式，得到下列约束：

$$-2B_1+3C_1+1D_1-4A_2 \leq 0 \quad \}\text{第 2 个月的风险约束}$$

$$3C_1+1D_1-4A_3-2B_3 \leq 0 \quad \}\text{第 3 个月的风险约束}$$

$$1D_1-2B_3-4A_4+3C_4 \leq 0 \quad \}\text{第 4 个月的风险约束}$$

$$1D_1+3C_4-4A_5-2B_5 \leq 0 \quad \}\text{第 5 个月的风险约束}$$

$$1D_1+3C_4-2B_5-4A_6 \leq 0 \quad \}\text{第 6 个月的风险约束}$$

注意，这些约束中变量的系数是特定投资项目的风险因子减去最大允许的加权平均风险值 5，即所有 A_i 变量的系数是 1-5=-4，所有 B_i 变量的系数是 3-5=-2，所有 C_i 变量的系数是 8-5=3，所有 D_i 变量的系数是 6-5=1。这个观察结果将有助于高效地建立模型。

3.14.8 建立风险约束

图 3.40（本书的配套文件 Fig3-40.xlsm）给出了建立这个具有风险约束模型的方法。前面我们提到，每个风险约束中的每个系数是特定投资品种的风险因子减去最大允许加权平均风险值。因此，图 3.40 中的策略是将这些值录入到电子表格中适当的列和行中，以便 SUMPRODUCT() 函数可以建立风险约束的左侧表达式。

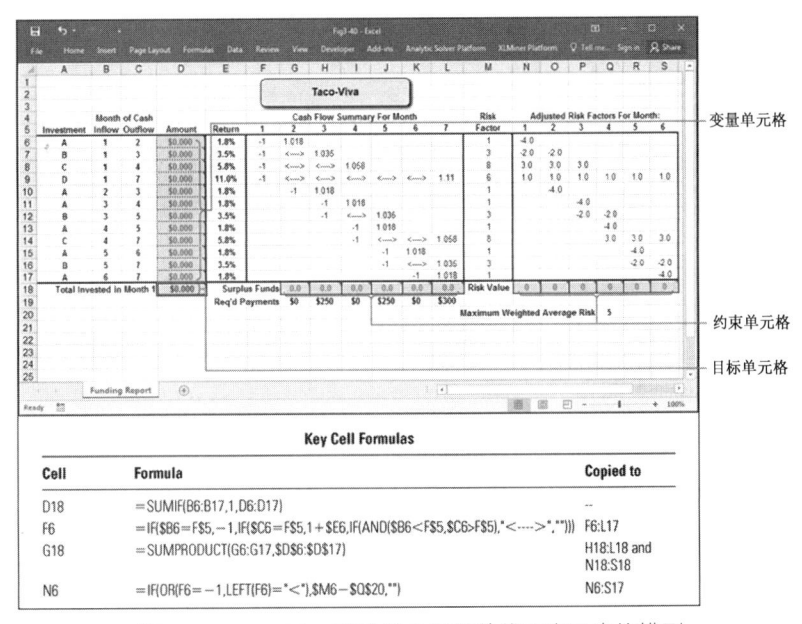

图 3.40 Taco-Viva 建设基金问题的修正电子表格模型

我们知道，每个月的风险约束仅仅包含代表该月份实际投资项目的资金量。对某个月份，在该月份实际投资的某项目的数值是位于现金流入/流出汇总表中相应列中的-1，或包含一个以"<"开始（"<--->"录入的第一个字符）的文本输入符号。例如，第 2 个月期间，基金可投资于 B_1、C_1、D_1 或 A_2 项目。图 3.40 中相对应的单元格（分别为单元格 G7、G8、G9 和 G10）每一个都包含数值-1 或者包含一个以"<"开始的文本输入符号。所以，为了产生风险约束的适当系数，可以在电子表格中输入指令，让其扫描现金流入/流出汇总表格，寻找包含数值-1 或以"<"开始的文本输入符号，然后在适当的单元格显示正确的风险约束系数。要做到这一点，在单元格 N6 中录入下列公式：

单元格 N6 的公式：　　=IF(OR(F6=-1,LEFT(F6)="<"),$M6-$Q$20,"")

（复制到单元格 N6 到 S17 中）

为了在单元格 N6 中产生适当的数值，前面的公式检查单元格 F6 是否等于-1 或包含以"<"开始的文本输入符号。若这两个条件中的一个被满足，则函数从单元格 M6 取出投资项目的风险因子，并减去在单元格 Q20 中找到的最大允许风险因子；否则，函数显示一个空格（带有数值 0）。这个公式被复制到从 N6 到 S17 的剩余单元格，如图 3.40 所示。

在图 3.40 中，单元格 N6 到 S17 中的数值对应于前面建立的每一个风险约束左侧表达式中的系数。因此，第 1 个月的风险约束的左侧表达式建立在单元格 N18 中，形式如下：

单元格 N18 的公式：　　=SUMPRODUCT(N6:N17,$D$6:$D$17)

（复制到单元格 O18 到 S18 中）

剩余的风险约束的左侧表达式通过将这个表达式复制到单元格 O18 到 S18 而建立。我们将在规划求解器中设置这些约束单元格必须小于或等于 0。

3.14.9　求解模型

为了求得这个模型的最优解，必须将关于新的风险约束的相关信息传达给规划求解器。图 3.41 给出了求解本问题所需的规划求解器参数。最优解在图 3.42 中给出。

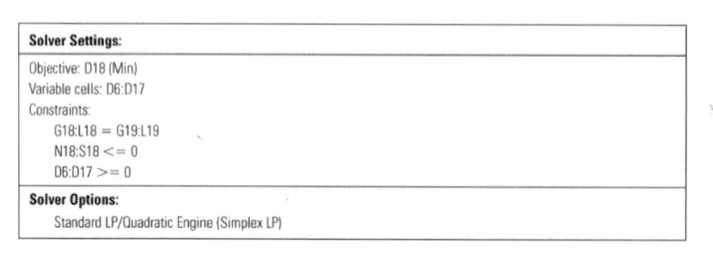

```
Solver Settings:
Objective: D18 (Min)
Variable cells: D6:D17
Constraints:
    G18:L18 = G19:L19
    N18:S18 <= 0
    D6:D17 >= 0
Solver Options:
Standard LP/Quadratic Engine (Simplex LP)
```

图 3.41　建设基金修正问题的规划求解器参数

3.14.10　分析最优解

带有风险约束的 Taco-Viva 公司建设基金修正问题的最优解与前面求得的最优解很不相同。尤其是，新的最优解要求将资金投入到每一个时间周期的项目 A 中。这不必惊讶，因为项目 A 具有最低的风险评级。令人惊讶的是剩余的投资项目中，B 和 D 不进行任何投资。虽然这些投资品种的风险评级比投资品种 C 的风险评级低，但把资金投入到项目 A 和 C 的投资组合，能在满足计划的支付款项和保持加权平均风险等于或低于给定水平的同时，使第 1 个月投入的资金量最小。

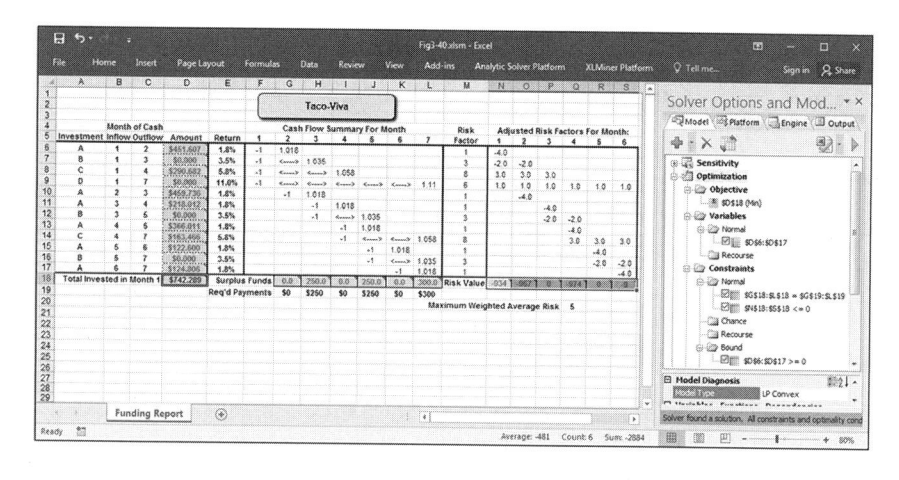

图 3.42 Taco-Viva 公司建设基金修正问题的最优解

3.15 数据包络分析

管理者通常对如何有效运营公司内部的不同部门感兴趣。类似地，投资分析人员可能关注一个行业中几家相互竞争公司的效率比较。数据包络分析（Data Envelopment Analysis，DEA）是一个以线性规划为基础完成这种问题分析的方法。数据包络分析用来确定一个运营部门（或公司）如何有效地将投入转化为产出，当然是与其他部门相比较而言的。我们将通过下列例子考虑如何应用数据包络分析方法。

Mike Lister 是 Steak & Burger 快餐连锁店的一名地区经理。Mike 管理的地区有公司的 12 家分店。为了对每位分店经理的年终奖金给出建议，他正在对这些分店的业绩进行评估。他希望这个决策以每家分店运营的效率为依据。Mike 收集的关于 12 家分店的数据在如下表格中给出。他选择的产出包括每家分店的净利润（以十万美元为单位）、顾客满意评分平均和月保洁分数平均。投入包括总工作小时（以十万小时为单位）和总运营成本（以百万美元为单位）。他希望就这份数据应用数据包络分析来确定每家分店的效率分数。

分店	产出			投入	
	利润	满意评分	保洁分数	工作小时	运营成本
1	5.98	7.7	92	4.74	6.75
2	7.18	9.7	99	6.38	7.42
3	4.97	9.3	98	5.04	6.35
4	5.32	7.7	87	3.61	6.34
5	3.39	7.8	94	3.45	4.43
6	4.95	7.9	88	5.25	6.31
7	2.89	8.6	90	2.36	3.23
8	6.40	9.1	100	7.09	8.69
9	6.01	7.3	89	6.49	7.28
10	6.94	8.8	89	7.36	9.07
11	5.86	8.2	93	5.46	6.69
12	8.35	9.6	97	6.58	8.75

3.15.1 定义决策变量

使用数据包络分析，分店 i 的效率定义如下：

$$\text{分店 } i \text{ 的效率} = (\text{分店 } i \text{ 的产出加权和}) / (\text{分店 } i \text{ 的投入加权和}) = \frac{\sum_{j=1}^{n_O} O_{ij} w_j}{\sum_{j=1}^{n_i} I_{ij} v_j}$$

其中，O_{ij} 代表分店 i 的产出 j 的数值，I_{ij} 代表分店 i 的投入 j 的数值，w_j 代表分配给产出 j 的非负权重，v_j 代表分配给投入 j 的非负权重，n_O 是产出变量的个数，n_i 是投入变量的个数。数据包络分析中的问题是确定权重 w_j 和 v_j 的值。因此，w_j 和 v_j 是数据包络分析问题中的决策变量。

3.15.2 定义目标函数

对数据包络分析问题中的每一家分店分别建立并求解线性规划问题。但实际上，每一家分店的目标函数是相同的：最大化分店产出的加权和。对任意的分店 i，目标函数表述为

$$\text{MAX} = \sum_{j=1}^{n_O} O_{ij} w_j$$

因此，只要求解了每一个线性规划问题，被考察的每个分店都会有一个服从下文约束的最有利的权重（或最大化产出权重加权和的权重）。

3.15.3 定义约束

任何分店的效率都不可能超过 100%。所以当求解线性规划问题时，被考察的每个分店都不可能为自己选择的权重而致使任何分店（包括自身）的效率大于 100%。因此，对每一家分店，我们要求分店的产出加权和小于或等于投入的加权和（所以产出加权和与投入加权和的比值不会超过 100%）。

$$\sum_{j=1}^{n_O} O_{kj} w_j \leq \sum_{j=1}^{n_i} I_{kj} v_{ji}, \quad k = 1, \cdots, \text{分店数}$$

或等价地，

$$\sum_{j=1}^{n_O} O_{kj} w_j \leq \sum_{j=1}^{n_i} I_{kj} v_{ji} \leq 0, \quad k = 1, \cdots, \text{分店数}$$

为了避免无界解，还需要每个分店（分店 i）的投入加权和等于 1。

$$\sum_{j=1}^{n_i} I_{ij} v_j = 1$$

因为分店的投入加权和必须等于 1，且它的（最大）产出加权和不应该超过这个值，那么分店的最大效率得分也是 1（或 100%）。所以，那些有效率的分店将获得数据包络分析的效率分值为 100%。

要　点

当使用数据包络分析时，假设产出变量（如利润）"越多越好"、投入变量（如成本）"越少越好"。不满足这些规则的任何产出或投入变量都应该在应用数据包络分析前进行转化。例如，生产出有缺陷产品的百分比不是好的产出变量，因为缺陷越少越好。但是，生产的无缺陷产品的百分比可以作为产出的选择，因为这种情况是"越多越好"。另外，如果有 n_O 个产出变量和 n_I 个投入变量，那么有效单元的数量最好约为 $n_O \times n_I$ 个。因此，数据集合中单元总数应该大于 $n_O \times n_I$，以便为各单元做出有意义的区分。

3.15.4 建立模型

为了评价例子中分店 1 的效率，需要求解下列线性规划问题：

$$\text{MAX:} \quad 5.98w_1+7.7w_2+92w_3 \quad \text{\}分店 1 的加权产出}$$

约束：

$$5.98w_1+7.7w_2+92w_3-4.74v_1-6.75v_2 \leq 0 \quad \text{\}分店 1 的效率约束}$$

$$7.18w_1+9.7w_2+99w_3-6.38v_1-7.42v_2 \leq 0 \quad \text{\}分店 2 的效率约束}$$

……

$$8.35w_1+9.6w_2+97w_3-6.58v_1-8.75v_2 \leq 0 \quad \text{\}分店 12 的效率约束}$$

$$4.74v_1+6.75v_2=1 \quad \text{\}分店 1 的投入约束}$$

$$w_1, w_2, w_3, v_1, v_2 \geq 0 \quad \text{\}非负条件}$$

图 3.43 给出了建立这个模型的方法（本书的配套文件 Fig3-43.xlsm）。

在图 3.43 中，单元格 B19 到 F19 表示投入变量和产出变量的权重。G 列为每一个分店的加权产出，计算公式如下：

　　　　　　　　单元格 G6 的公式：　　=SUMPRODUCT(B6:D6,$B$19:$D$19)

（复制到单元格 G7 到 G17 中）

类似地，H 列为每一个分店的加权投入，计算如下：

　　　　　　　　单元格 H6 的公式：　　=SUMPRODUCT(E6:F6,E19:F19)

（复制到单元格 H7 到 H17 中）

I 列用来计算加权产出与加权投入之间的差值。这些数值应该小于或等于 0：

　　　　　　　　　　单元格 I6 的公式：　　=G6-H6

（复制到单元格 I7 到 I17 中）

根据分店 1 的加权产出（在单元格 G6 中计算）建立的目标函数，可以作为这个问题在规划求解器的目标单元格。类似地，在单元格 H6 中计算的分店 1 的加权投入，被约束为等于 1（由上文中分店 1 的投入约束得出）。但是，因为需要对 12 家分店中每一家的线性规划问题分别求解，所以我们将目标函数和投入约束稍加调整，得到的形式将更加方便计算。用单元格 B21 表示现在正在研究的分店的序号。单元格 B22 包含一个能从 G 列中返回该分店加权产出值的公式。

　　　　　　　　单元格 B22 的公式：　　=INDEX(G6:G17,B21,1)

一般地，函数 INDEX（区域，行号，列号）返回给定区域中指定的行和列的值。因为单元格 B21 包含数字 1，所以前面的公式将给出区域 G6:G17 的第一行和第一列中——即单元格 G6 中的数值。因此，只要单元格 B21 中的数值是 1 到 12 中一个有效的分店序号，单元格 B22 中的数值就会产生代表该分店的数据包络分析模型相应的目标函数。类似地，被研究的分店加权投入等于 1 这一公式，也可以按照如下方式建立在单元格 B23 中：

　　　　　　　　单元格 B23 的公式：　　=INDEX(H6:H17,B21,1)

因此，无论单元格 B21 中是哪家分店的序号，单元格 B22 都是相对应的最大化目标函数，单元格 B23 都是约束为 1 的加权投入。这样安排将很大程度简化求解一系列数据包络分析模型的过程。

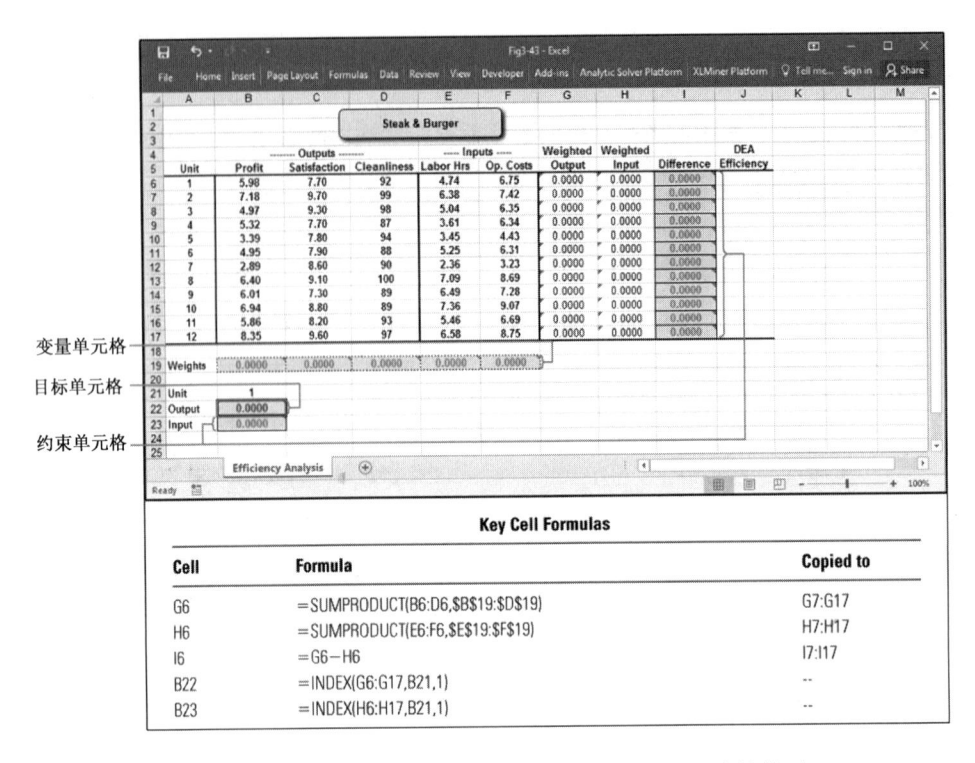

图 3.43 Steak & Burger 公司数据包络分析问题的电子表格模型

3.15.5 求解模型

图 3.44 中给出了求解模型需要的目标单元格、变量单元格和约束。注意，这一设定和求解其他任何分店最优的数据包络分析权重的设定完全相同。图 3.45 展示了分店 1 的最优解。分店 1 达到的效率分数是 0.9667，效率稍低。

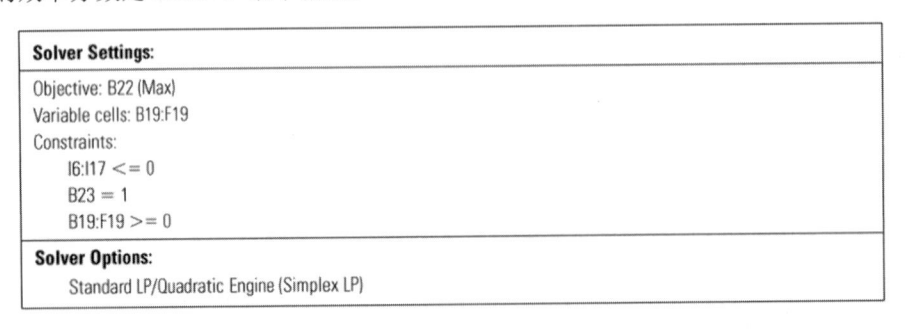

图 3.44 Steak & Burger 数据包络分析问题的规划求解器参数

为了完成其他分店的分析，Mike 可以手动把单元格 B21 的数值改变为 2, 3, ⋯, 12，然后对每一个分店使用规划求解器重新计算，再将它们的效率分数记录在 J 列中。但是，如果有 120 家分店而不是 12 家，那么这个手工方法就相当烦琐了。幸运的是，分析式规划求解平台提供了一个更简便的方法来将这个过程自动化。

图 3.46 给出了对电子表格稍做修改后的版本——有两处重要的改变。第一，在单元格 B21 中插入了以下公式：

单元格 B21 的公式：　　　　=PsiCurrentOpt()

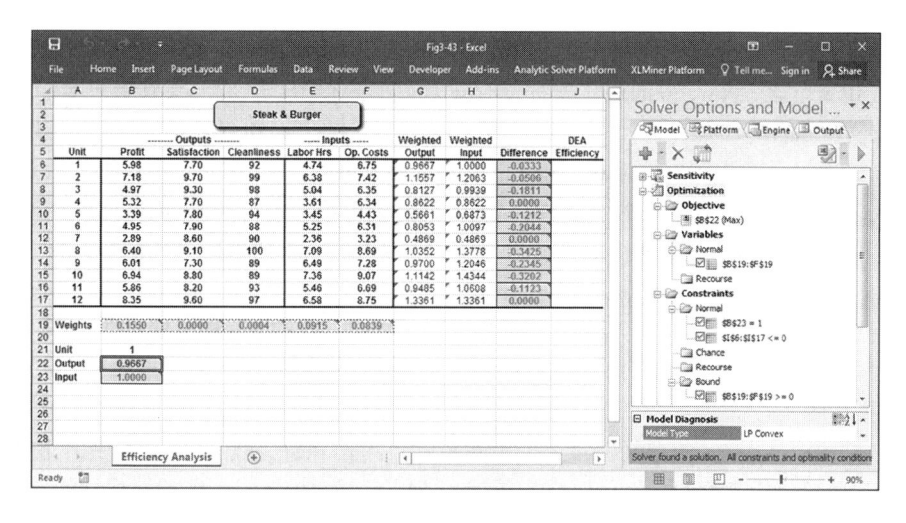

图 3.45 分店 1 的数据包络模型求解

PsiCurrentOpt()函数不是 Excel 内置的函数，但 ASP 中有这一功能。事实证明，可以使用 ASP 解决多重参数优化问题（multiple parameterized optimization），即在每一次优化过程中改变一个或多个参数（本例中没有使用的 PsiOptParam()函数可以在每次优化过程中改变参数值的功能）。本例中，在单元格 B21 中输入的 PsiCurrentOpt()函数能够返回 ASP 进行若干次运行时的当前最优值。所以，如果我们命令 ASP 进行 12 次优化计算（数据集合中的 12 个分店每个分店依次计算），那么 B21 单元格将依次呈现数值 1 到 12，同时计算 12 次独立的规划求解器结果。

第二个变化是在 J 列加入了如下公式：

单元格 J6 的公式：　　　=PsiOptValue($B$22,A6)

（复制到单元格 J7 到 J17 中）

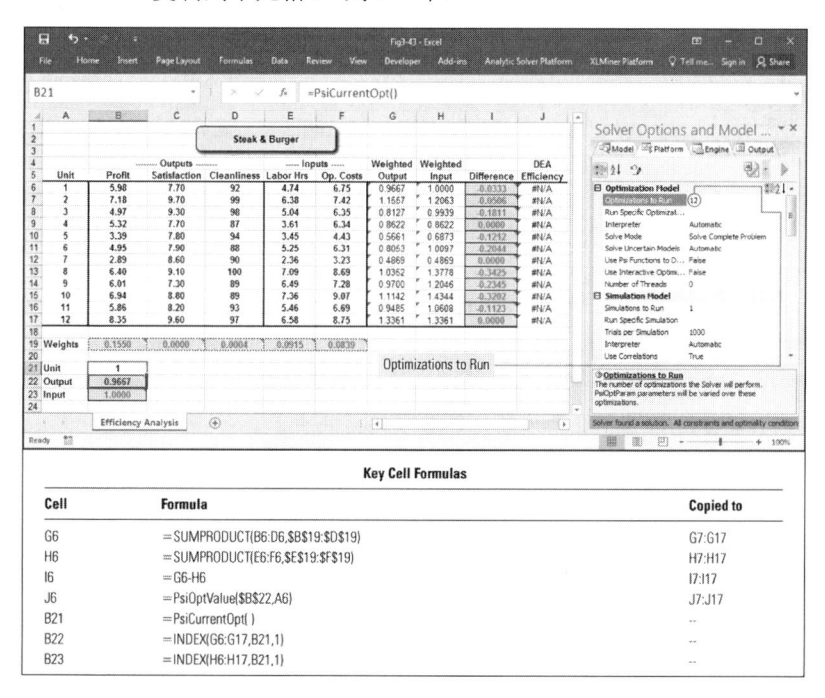

图 3.46 多参数优化的修改模型

PsiOptValue()是ASP用来支持多参数优化的另一个定制函数。当ASP执行多参数优化时，它计算与ASP每一轮运算相关的最优解并储存在计算机内存中。但是一次只能在屏幕上显示一个解。PsiOptValue()函数允许访问存储在内存中与解相关的值。所以，PsiOptValue($B$22,A6)返回特定一轮运算中（本例中的A6）与特定单元格相关的值（本例中的$B$22）。最初J列的PsiOptValue()函数返回错误值"#N/A"，原因是我们并没有命令规划求解器开始运行。

该问题的规划求解器参数（目标、变量和约束单元格）设置与图3.44和图3.45一样。注意，图3.46中规划求解器任务面板"Platform"选项卡中"Optimizations to Run"的值改成了12。现在规划求解器求解问题时会进行12次计算，单元格B21的值从1变成12（来源于单元格B21中PsiCurrentOpt()函数），每轮计算的最优目标函数值展示在J列（来源于PsiOptValue()函数）。结果在图3.47中展示。

在图3.47中，12次计算已经完成。我们可以通过单击ASP功能区选项卡中的下拉菜单来选择查看12个解中任意解的最优化结果。图3.47展示了第10轮的最优解。虽然如此，J列中的值依然与每一轮独立的最优化求解相关。

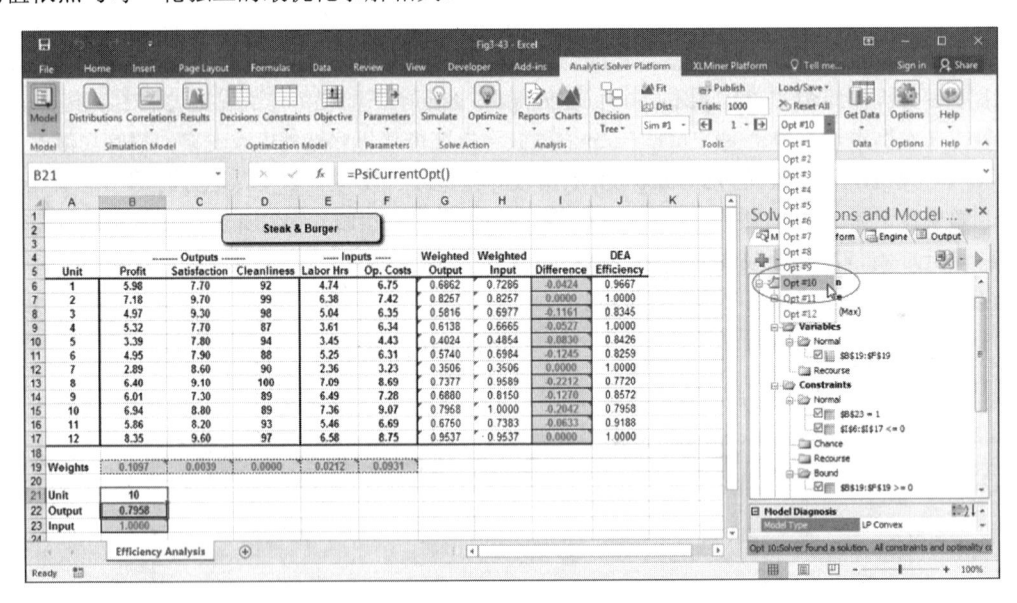

图3.47　所有分店的数据包络分析效率得分

软件使用技巧

在默认情况下，当运行多参数最优化时，ASP会跟踪（或监视）目标函数的最优值、决策变量和与PsiOptValue()函数相关的单元格。在ASP任务面板的"Model"选项卡中可以看到多种模型元素都有的"Monitor Value"属性，如果该属性的值为真，那么ASP会在多重优化中跟踪（或监视）相关单元格的结果值。

3.15.6　分析最优解

图3.47中给出的最优解说明：分店2、4、7和12运营效率为100%（从数据包络分析的意义看），而其他分店的效率运营低一些。注意，100%的效率并不一定意味着一家分店是以最好的方法在运营，只意味着其他分店的线性组合不能产生一个使用同样多投入或较少投入而产生同样多产出的分店。换言之，数据包络分析中低效率的分店，存在一个和低效率分店相比使用

同样多投入或较少投入而至少产生相同产出的高效率分店的线性组合。数据包络分析中的思想是，低效率的分店应该能够像这个由高效率分店的线性组合构成的假想分店的运营效率相同。

例如，分店 1 的效率分数是 96.67%，所以有些低效。图 3.48（本书的配套文件 Fig3-48.xlsm 中）显示分店 4 的 26.38%、加上分店 7 的 28.15%、加上分店 12 的 45.07% 的加权平均产生了一家假想分店，它的产出大于或等于分店 1 的产出，且要求的投入小于分店 1。在数据包络分析中的假设分店 1 应该达到这样的业绩水平。

对任何低效率的分店，可以确定一个产生更高效率的线性组合：

（1）求解所涉及分店的数据包络分析问题。

（2）在 ASP 中，选择"灵敏度报告"选项。

在得出的灵敏度报告中，"差异"约束情况下影子价格的绝对值表示能够产生比该分店更高效率的组合分店的权重。图 3.49 中给出分店 1 的灵敏度报告（灵敏度分析报告将在第 4 章重点讨论）。

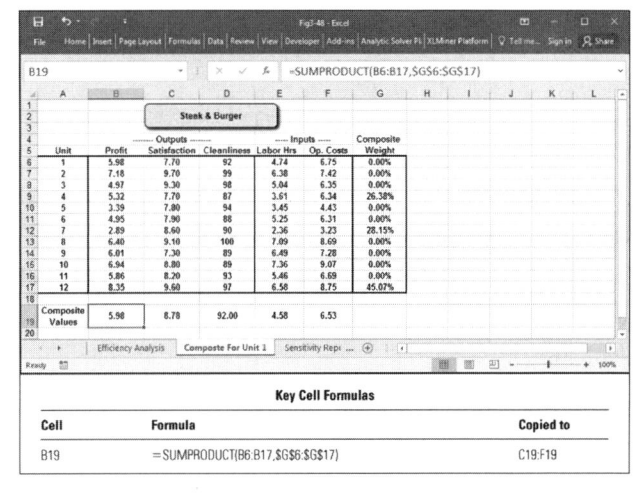

图 3.48　比分店 1 效率更高的组合例子

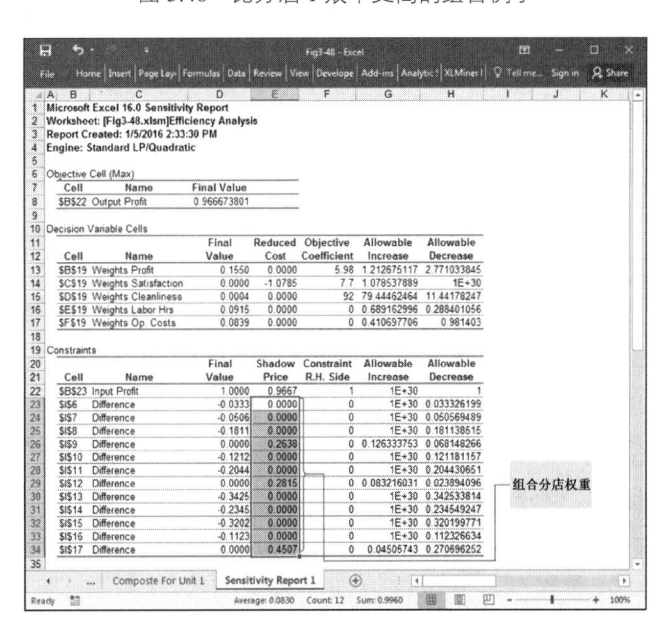

图 3.49　分店 1 的灵敏度报告

3.16 本章小结

本章描述了如何建立代数形式的线性规划问题、在电子表格中建立模型，以及如何使用"规划求解器"求解问题。模型的代数形式中的决策变量对应电子表格中的变量单元格。线性规划模型中每一个约束的左侧表达式必须建立在电子表格中的不同单元格中。另外，电子表格中的一个单元格必须代表线性规划模型中的目标函数。因此，线性规划问题的代数形式的各个元素与它们在电子表格中建立的单元格存在直接关系。

在电子表格中建立给定线性规划问题的模型存在许多方法。建立电子表格模型的过程艺术性多于科学性。一个表示该问题的好的电子表格应该能够以清晰的方式传达其目标，而且应是可靠的、可审核的和可修改的。

3.17 参考文献

[1] Charnes, C., et al. *Data Envelopment Analysis: Theory, Methodology, and Application.* New York: Kluwer Academic Publishers, 1996.

[2] Hilal, S. and W. Erickson. "Matching Supplies to Save Lives: Linear Programming the Production of Heart Valves." *Interfaces*, vol. 11, no. 6, 1981.

[3] Lanzenauer, C., et al. "RRSP Flood: LP to the Rescue." *Interfaces*, vol. 17, no. 4, 1987.

[4] McKay, A. "Linear Programming Applications on Microcomputers." *Journal of the Operational Research Society*, vol. 36, July 1985.

[5] Roush, W., et al. "Using Chance-Constrained Programming for Animal Feed Formulation at Agway." *Interfaces*, vol. 24, no. 2, 1994.

[6] Shogan, A. *Management Science.* Englewood Cliffs, NJ: Prentice Hall, 1988.

[7] Subramanian, R., et al., "Coldstart: Fleet Assignment at Delta Airlines," *Interfaces*, vol. 24, no. 1, 1994.

[8] Williams, H. *Model Building in Mathematical Programming.* New York: Wiley, 1990.

商业分析实践
Kellogg 公司生产、存储和销售的优化

Kellogg 公司（http://www.Kelloggs.com）是一家粮食生产商、方便食品企业。1999 年，Kellogg 全球的总销售额接近 70 亿美元。Kellogg 在美国和加拿大经营 5 家工厂、7 家核心销售中心，约有 15 家代加工厂承包生产或包装 Kellogg 的一些产品。仅在谷物这一项业务中，Kellogg 就必须通过约 90 条生产线和 180 条包装线，在对 600 个存储单元进行存储和配送的同时，协调生产 80 种产品。解决这个有许多决策变量的优化问题显然是一个有巨大挑战的任务。

1990 年，Kellogg 开始使用一个称为 Kellogg 规划系统（KPS）的大型的多阶段线性规划指导生产和销售的决策。大多数像 Kellogg 一样的大公司使用企业资源规划（ERP）系统，Kellogg 的 ERP 系统是一个自行研制的产品，KPS 是为辅助 ERP 系统而定制的开发工具。

运营版本的 KPS 用于给出每周的详细信息，用以帮助确定产品的生产位置，以及如何在工厂和配送中心之间运送成品和半成品。战术版本的 KPS 用于给出每月的详细信息，用以帮助建立工厂的预算及制定产能整合决策。Kellogg 因为使用 KPS 系统，所以每年节省了 4000~4500 万美元。

资料来源：Brown, G, J. Keegan, B. Vigus, and K. Wood. "The Kellogg Company Optimizes Production, Inventory, and Distribution." *Interfaces*, vol. 35, no. 6, 2001.

思考题与习题

1. 为本章的问题建立电子表格模型时，其电子表格中的单元格必须代表代数模型中每一个决策变量。我们通过将 0 值录入这些单元格来保留它们。为什么不在这些单元格中录入其他数值或表达式？这样做会有什么不同？
2. 当设计一个有效的电子表格模型时，应该考虑 4 个目标：沟通、可靠性、可审核性和可维护性。而且，电子表格设计得到的表达式可以被复制这一特性通常比其他的设计方式更有效。简单描述如何使用可以被复制的表达式达到这 4 个目标。
3. 参考第 2 章的习题 13。对该问题建立电子表格模型并利用规划求解器进行求解。
4. 参考第 2 章的习题 14。对该问题建立电子表格模型并利用规划求解器进行求解。
5. 参考第 2 章的习题 16。对该问题建立电子表格模型并利用规划求解器进行求解。
6. 参考第 2 章的习题 15。对该问题建立电子表格模型并利用规划求解器进行求解。
7. 参考第 2 章的习题 19。对该问题建立电子表格模型并利用规划求解器进行求解。
8. 参考第 2 章的习题 22。对该问题建立电子表格模型并利用规划求解器进行求解。
9. 参考第 2 章的习题 23。对该问题建立电子表格模型并利用规划求解器进行求解。
10. 参考第 2 章的习题 24。对该问题建立电子表格模型并利用规划求解器进行求解。
11. 参考第 2 章的习题 25。对该问题建立电子表格模型并利用规划求解器进行求解。
12. 参考第 2 章的习题 26。对该问题建立电子表格模型并利用规划求解器进行求解。
13. Weedwacker 公司生产两种草坪修剪机，分别是电动款和燃气款。公司已经和一家全国零售折扣店签约，提供 30,000 个电动修剪机和 15,000 个气动修剪机。但是该公司的生产能力受到三个部门的限制：生产、组装和包装。下表汇总了这两种修剪机在每个部门所需花费的时间：

	每台机器所需时间（小时）		
	电动	气动	可用时间
生产	0.20	0.40	10,000
组装	0.30	0.50	15,000
包装	0.10	0.10	5,000

该公司内部生产一台电动修剪机的成本是 55 美元，生产一台气动修剪机的成本是 85 美元。另外，也可以选择从其他来源购买，价格分别是 67 美元和 95 美元。Weedwacker 公司应该分别内部生产和外部购买多少机器，才能以最低的成本满足此订单？

   a. 为这个问题建立线性规划模型。
   b. 为该问题创建一个电子表格模型，并使用规划求解器求解。
   c. 最优解是多少？

14. 一家具制造商使用 3 种机器制造两种类型的桌子（乡村款和流行款）。每种机器制造不同桌子所需的时间（单位：小时）如下表所示：

机器	乡村款	流行款	每周可用机器使用时长
刨刨机	1.5	2.0	1,000
磨砂机	3.0	4.5	2,000
抛光机	2.5	1.5	1,500

乡村款餐桌售价为 350 美元，流行款餐桌售价为 450 美元。管理层决定至少生产 20% 的乡村款、至少 30% 的现代款。如果公司想获得最大利润，那么每种类型餐桌应该生产多少？

a. 建立这个问题的线性规划模型。

b. 在电子表格中建立此模型，并进行求解。

c. 最优解是什么？

d. 如果使用 15 种机器制造加工 25 个类型的桌子，那么你的电子表格模型会有什么不同？

15. Bearland 制造公司生产 4 种类型的木镶板，每种类型的镶板都是由松木和橡木黏合在一起制成的。下表总结了每种镶板生产 1 盘（50 单位）所需的胶量、压制时长和木片量：

	每种镶板所需要的资源量			
镶板种类	Tahoe	Pacific	Savannah	Aspen
胶水（夸脱）	50	50	100	50
压制时长（小时）	50	150	100	50
松木片（磅）	500	400	300	200
橡木片（磅）	500	750	250	500

假设公司在下个生产周期可以使用 6,000 夸脱胶水、7,500 小时的压缩能力、30,000 磅松木片和 62,500 磅橡木片。进一步假设 Tahoe、Pacific、Savannah 和 Aspen 镶板售价分别为 450 美元、1150 美元、800 美元和 400 美元。每个类型的镶板至少生产 4 盘。

a. 建立这个问题的线性规划模型。

b. 在电子表格中建立此模型，并进行求解。

c. 最优解是什么？

16. Beef-up 农场为中西部的农民养殖奶牛，并将它们送至位于美国俄克拉荷马州 Topeka、Kansas 和 Tulsa 三个地方的工厂。牧场必须确定牛饲料的量，以满足各种营养需求，同时尽量减少饲料总成本。喂养奶牛的混合饲料中必须含有不同水平的四种关键营养成分，这可以通过混合三种不同饲料制成。每一磅不同饲料中发现的不同营养素的量（盎司）汇总如下：

	每磅饲料营养素含量（盎司）		
营养素	饲料 1	饲料 2	饲料 3
A	3	2	4
B	3	1	3
C	1	0	2
D	6	8	4

每种饲料的成本分别为 2 美元、2 美元和 3 美元。每月最少需要 4 磅营养素 A、5 磅营养素 B、1 磅营养素 C 和 8 磅营养素 D。但是奶牛不能喂超过最低营养素量两倍的营养素（1 磅为 16 盎司）。牧场每月只能获得 1500 磅的饲料。在这段时间内一般牧场有 100 头牛，也就意味着每头奶牛每个月可以吃的饲料量不能超过 15 磅。

a. 建立线性规划模型以确定每个月应该给奶牛提供每种饲料的量。

b. 在电子表格中建立此模型，并进行求解。

c. 最优解是什么？

17. Incline 电子公司在一周开放 40 小时的工厂中生产三种不同产品。每种产品需要在三种机器上进行处理，处理时间如下：

	产品1	产品2	产品3
机器1	2	2	1
机器2	3	4	6
机器3	4	6	5

每台机器必须由 19 名经过交叉训练的工人操作，他们每人每周工作 35 个小时。工厂现在有 10 台机器 1、6 台机器 2 和 8 台机器 3。产品 1、2、3 的边际利润分别为 90 美元、120 美元和 150 美元。

a. 建立这个问题的线性规划模型。

b. 在电子表格中建立此模型，并进行求解。

c. 最优解是什么？

d. 每台机器应该分配多少工人？

18. Tuckered Outfitters 公司计划推出一种混合果仁食品。配料包括葡萄干、谷物、巧克力片、花生和杏仁，每磅原料价格分别为 2.5 美元、1.5 美元、2 美元、3.5 美元和 3 美元。每种成分的维生素、矿物质、蛋白质含量（每磅中含的克数）和卡路里都是不一样的。各种营养成分在每磅原料中的克数具体总结如下表：

	葡萄干	谷物	巧克力	花生	杏仁
维生素	20	10	10	30	20
矿物质	7	4	5	9	3
蛋白质	4	2	1	10	1
卡路里	450	160	500	300	500

该公司希望找到成本最低的配料方式，满足每两磅能提供至少 40 克维生素、15 克矿物质、10 克蛋白质和 600 卡路里的要求。此外，他们希望每种原料占包装重量的比例为最少 5%、最多 50%。

a. 建立这个问题的线性规划模型。

b. 在电子表格中建立此模型，并进行求解。

c. 最优组合的成分是怎样的？成本是多少？

19. 一家银行有 650,000 美元的资产用来投资于债券、住房抵押贷款、汽车贷款和个人贷款。预期产生的回报为：债券 10%、住房抵押贷款 8.5%、汽车贷款 9.5%、个人贷款 12.5%。为了确保投资组合的风险不太大，银行希望将个人贷款限制在不超过总投资组合的 25% 的范围内，银行还希望保证投入到抵押贷款的资金多于个人贷款，投入到债券的资金多于个人贷款。

a. 建立本问题的线性规划模型，使得投资组合的预期回报最大。

b. 在电子表格中建立此模型，并进行求解。

c. 最优解是什么？

20. Aire-Co 公司在位于亚特兰大和菲尼克斯的两家工厂生产家用除湿器。亚特兰大和菲尼克斯的两家工厂生产每件产品的成本分别是 400 美元、360 美元，每家工厂每月最多可以生产 300 件。库存成本按照每月月初每件产品库存成本为 30 美元估算。Aire-Co 公司估计未来 3 个月对产品的需求分别是 300 件、400 件和 500 件。Aire-Co 公司希望能够以最低的成本满足这个需求。

a. 建立这个问题的线性规划模型。

b. 在电子表格中建立此模型，并进行求解。

c. 最优解是什么？

d. 如果要求每家工厂每月至少生产 50 件，那么最优解如何变化？

e. 如果要求每家工厂每月至少生产 100 件，那么最优解如何变化？

21. Valu-Com 电子公司为台式和手提电脑制作 5 种不同型号的远程通信接口卡。正如下列表格中汇总的，这些器件都需要不同数量的（电脑）印制电路板、电阻器、内存条和组装时间。

每单位器件需求

	HyperLink	FastLink	SpeedLink	MicroLink	EnterLink
印刷电路板（平方英寸）	20	15	10	8	5
电阻	28	24	18	12	16
内存芯片	8	8	4	4	6
组装劳动力（小时）	0.75	0.6	0.5	0.65	1

每种型号的单位批发价格和制造成本如下：

每单位利润和成本

	HyperLink	FastLink	SpeedLink	MicroLink	EnterLink
批发价格（美元）	189	149	129	169	139
生产成本（美元）	136	101	96	137	101

在下一个生产周期内，Valu-Com 电子公司有 80,000 平方英寸电脑线路板、100,000 件电阻、30,000 件内存条和 5,000 小时的组装时间可以使用。他们可以销售出所有生产出的产品，但是营销部门希望每种型号的产品至少生产 500 件，且 FastLink 卡的生产数量是 HyperLink 卡的两倍，同时使利润最大化。

a. 建立本问题的线性规划模型。

b. 在电子表格中建立此模型，并使用规划求解器进行求解。

c. 最优解是什么？

d. 如果 Valu-Com 电子公司计划让组装工人进行加班，那么他们可以赚到更多的钱吗？

22. Blacksburg 国家银行的一位信托官员需要确定如何将 100,000 美元投资于下列一组债券，使年回报最大。

债券	年回报率	到期时间	风险	是否免税
A	9.5%	长	高	是
B	8.0%	短	低	是
C	9.0%	长	低	否
D	9.0%	长	高	是
E	9.0%	短	高	否

该官员希望至少将资金的 50% 投资于短期品种，不多于 50% 的资金投入到高风险品种。至少 30% 的资金应投入到免税品种，且至少 40% 的总回报是免税的。

a. 建立本问题的线性规划模型。

b. 在电子表格中建立此模型，并使用规划求解器对问题进行求解。

c. 最优解是什么？

23. Rent-A-Dent 汽车租赁公司允许顾客在一个地点承租汽车而在其他任何租赁点归还。现在，两个租赁点（1 和 2）分别有多余的汽车 16 辆和 18 辆，另外 4 个租赁点（3、4、5 和 6）各需要 10 辆汽车。将多余的汽车从租赁点 1 和 2 送到其他租赁点的费用汇总在下表中。

运送汽车的费用

	租赁点 3	租赁点 4	租赁点 5	租赁点 6
租赁点 1	54 美元	17 美元	23 美元	30 美元
租赁点 2	24 美元	18 美元	19 美元	31 美元

因为在租赁点 1 和 2 有 34 辆多余的汽车而租赁点 3、4、5 和 6 需要共 40 台汽车，所以一些租赁点收

不到它们需要的那么多车。但是管理层希望所有多出的汽车要送到需要的租赁点,且每个需要汽车的租赁点至少要收到 5 辆汽车。

  a. 建立本问题的线性规划模型。

  b. 在电子表格中建立此模型,并使用规划求解器对问题进行求解。

  c. 最优解是什么?

24. Molokai 坚果公司(MNC)生产 4 种种植于夏威夷群岛的不同的澳大利亚坚果产品:巧克力涂饰坚果(全果)、巧克力涂饰坚果团(团状)、巧克力坚果脆饼(脆条)和普通烤坚果(烤制)。这类产品的需求量越来越大,公司几乎无法满足。然而,原材料价格上涨和国外的竞争迫使跨国公司越来越注重利润率,以保证自身以最有利的方式运营。为了满足未来一周市场需求,MNC 公司需要生产至少 1,000 磅的全果类坚果,400~500 磅的团状类坚果,不超过 150 磅的脆条类产品和不超过 200 磅的烤制类产品。每一类产品分别需要 60%、40%、20% 和 100% 的夏威夷坚果,剩下的部分由巧克力补充。公司现在有 1,100 磅坚果和 800 磅巧克力可以使用。这些产品由 4 种机器制造,分别是去壳、烤制、涂饰巧克力(如果需要和包装)。下表给出各产品所需各机器的最小时间,每种机器在接下来的一星期都 60 小时的可用时间。

	每磅所需的处理分钟数			
机器	全果	团状	脆条	烤制
去壳	1.00	1.00	1.00	1.00
烤制	2.00	1.50	1.00	1.75
涂饰	1.00	0.70	0.20	0.00
包装	2.50	1.60	1.25	1.00

每磅产品的售价和可变成本如下表所示:

	每磅利润和成本			
	全果	团状	脆条	烤制
售价	5.00 美元	4.00 美元	3.20 美元	4.50 美元
可变成本	3.15 美元	2.60 美元	2.16 美元	3.10 美元

  a. 建立本问题的线性规划模型。

  b. 在电子表格中建立此模型,并使用规划求解器对问题进行求解。

  c. 最优解是什么?

25. 一家公司要确定如何为一种新产品制定 145,000 美元的广告预算。公司考虑将报纸广告和电视商业广告作为主要的广告手段。下表汇总了这些不同媒体广告的成本及通过增加广告数量影响到新顾客的数量。

媒体与广告数	影响的新顾客数	每个广告成本
报纸:1~10	900	1,000 美元
报纸:11~20	700	900 美元
报纸:21~30	400	800 美元
电视广告:1~5	10,000	12,000 美元
电视广告:6~10	7,500	10,000 美元
电视广告:11~15	5,000	8,000 美元

例如,公司投放在报纸上的前 10 个广告中,每个广告的成本是 1,000 美元,且预期影响到 900 名新顾客;接下来的 10 个报纸广告中的每个成本是 900 美元,且预期影响到 700 名新顾客。注意,通过增加广告的投放数量影响到的新顾客数量随着广告市场的饱和而下降。假定公司要投放的报纸广告不多于

30 个，电视广告不多于 15 个。

a. 建立本问题的线性规划模型，通过广告使影响到的新顾客数最大。

b. 在电子表格中建立此模型，并进行求解。

c. 最优解是什么？

d. 假设通过 11~20 次报纸广告影响到的顾客数是 400 名，通过 21~30 次报纸广告影响到的顾客数是 700 名。在你设计的电子表格中进行这个修改，并重新求这个问题的最优解。新的最优解是什么？（如果存在）这个解有什么问题吗？为什么？

26. Shop at Home 网络公司在电视购物直播中销售各种家庭用品，这家公司拥有许多仓库存放货物用于销售，但需要时也会租赁额外的仓库空间。在接下来的 5 个月中，公司预计将要租赁以下额外的仓库空间：

月份	1	2	3	4	5
需要的平方英尺	20,000	30,000	40,000	35,000	50,000

在月初，公司可以以下表中的价格租赁一个或几个月的仓库空间：

租赁期（月数）	1	2	3	4	5
每平方英寸租金	55 美元	95 美元	130 美元	155 美元	185 美元

例如，在第一个月月初，公司可以租赁 4 个月的空间，每平方英尺 155 美元；同样，在三月月初，可以租赁两个月的任何空间，每平方英尺 95 美元。该公司希望能以最低成本满足未来五个月的仓库需求。

a. 建立本问题的线性规划模型。

b. 在电子表格中建立此模型，并使用规划求解器对问题进行求解。

c. 最优解是什么？

d. 如果每个月公司租的数量正好是该月的空间的需求量，那么公司满足需求需要花费多少？

27. 一家预制房屋制造商决定转包房屋的 4 个组件。几家公司有兴趣接受这项业务，但是每家只能承包一项转包合同。这些公司对各项转包合同的投标汇总在下表中。

各家公司对各项转包合同的投标（以千美元计）

组件	公司			
	A	B	C	D
1	185	225	193	207
2	200	190	175	225
3	330	320	315	300
4	375	389	425	445

假设所有公司可以同样出色地履行转包合同，如果房屋制造商希望对合同承包者支付的款项最少，那么它应该怎样分配每项转包合同？

a. 建立本问题的线性规划模型。

b. 在电子表格中建立此模型，并使用规划求解器对问题进行求解。

c. 最优解是什么？

28. 假日水果公司购买橙子，并加工成礼品果篮和鲜榨果汁销售。该公司将购买的水果从 1 （最低质量）到 5 （最高质量）进行分级。下表是该公司目前的水果库存情况：

等级	1	2	3	4	5
供应（以千磅计）	90	225	300	100	75

用于加工礼品果篮的一磅橙子的边际利润是 2.50 美元，用于做成果汁的一磅橙子的边际利润是 1.75

美元。公司希望果篮中的水果品质平均至少为 3.75 级，而果汁的平均品质至少为 2.50 级。

  a. 建立本问题的线性规划模型。

  b. 在电子表格中建立此模型，并使用规划求解器对问题进行求解。

  c. 最优解是什么？

29. Riverside 石油公司位于美国肯塔基州东部，生产常规汽油和高级汽油。每桶常规汽油销售 21 美元，至少有 90% 的辛烷值。每桶高级汽油销售 25 美元，至少有 97% 的辛烷值。这两种类型的汽油由如下 3 种不用数量的油混合而成：

投入	每桶成本（美元）	辛烷值	可使用的桶数（以千桶计）
1	17.25	100	150
2	15.75	87	350
3	17.75	110	300

Riverside 石油公司有一份 300,000 桶常规汽油和 450,000 桶高级汽油的订单。如果公司希望使利润最大，那么它应该如何将配比现有的 3 种油得到常规汽油和高级汽油？

  a. 建立本问题的线性规划模型。

  b. 在电子表格中建立此模型，并使用规划求解器对问题进行求解。

  c. 最优解是什么？

30. 位于美国佛罗里达中部的一家主题公园需要每天 24 小时的维护工作。因为从多数人从居住区到这个公园都需要很长的驾车时间，所以雇员不喜欢少于 8 小时的换班。换班在一天中每 4 小时进行一次。一天中的不同时间所需维护工人的数量是变化的。下表汇总了每 4 小时的时间段所需员工的人数。

时间段	需要的最少员工人数
凌晨 0 点～早晨 4 点	90
早晨 4 点～上午 8 点	215
上午 8 点～中午 12 点	250
中午 12 点～下午 4 点	165
下午 4 点～晚上 8 点	300
晚上 8 点～午夜 12 点	125

维护监管人员希望确定雇佣最少员工数量，并能保证满足最少人员的调度安排。

  a. 建立本问题的线性规划模型。

  b. 在电子表格中建立此模型，并使用规划求解器对问题进行求解。

  c. 最优解是什么？

31. Radmore Memorial 医院的流体分析实验室遇到一个问题。实验室有 3 台分析各种流体样本的机器。最近，分析血液样本的需求增加太多，以至于在迅速分析所有样本的同时要完成送到实验室的其他流体分析工作变得很困难。实验室分析 5 种类型的血样，任何机器都可以用来分析任何样本。但是，每台机器需要的时间取决于所分析的样本，这些时间汇总在下表中。

样本所需处理时间（以分钟计）

机器	血样种类				
	1	2	3	4	5
A	3	4	4	5	3
B	5	3	5	4	5
C	2	5	3	3	4

每台机器一天一共可以使用 8 小时。采集的血样当天送到实验室，储存一夜，第二天进行分析。所以，在每天工作开始前，实验室主任必须确定如何将各种血样分配给每台机器。某天早晨，实验室有类型

1 的样品 80 个、类型 2 的样品 75 个、类型 3 的样品 80 个、类型 4 的样品 120 个、类型 5 的样品 60 个需要分析。实验室主任希望知道如何将各样品分配到各机器，以使分析血液样品的总时间最少。

   a. 建立本问题的线性规划模型。
   b. 在电子表格中建立此模型，并使用规划求解器对问题进行求解。
   c. 最优解是什么？
   d. 如果按照这个解实施，那么每台机器使用了多少分析时间？
   e. 如果实验室主任希望均衡地使用每台机器，使每台机器使用的时间大致相同，那么模型和最优解会发生什么变化？

32. Virginia Tech 公司运营一家自己的发电厂，这家电厂为 Blacksburg 地区的大学及当地企业与居民提供电力。工厂烧 3 种类型的煤来产生气体推动涡轮发电。环境保护机构（EPA）要求，每燃烧 1 吨煤，从燃煤锅炉烟囱冒出的烟中含硫量不能超过 2500ppm，煤的灰尘不能超过 2.8 千克。下表汇总了燃烧 1 吨的煤分别产生的硫、煤尘和蒸汽的含量。

煤的种类	含硫量（ppm）	煤尘（千克）	产生的蒸汽量（磅）
1	1,100	1.7	24,000
2	3,500	3.2	36,000
3	1,300	2.4	28,000

三种类型的煤可以以任何组合混合燃烧。"混合而成的煤"产生的硫、煤尘的排放物和蒸汽的磅数是各类型的煤产生数值的加权平均数。例如，如果进行混合得到的煤包含第 1 种煤 35%、第 2 种煤 40%、第 3 种煤 25%，那么 1 吨混合煤燃烧产生出的硫释放物（ppm）为

$$0.35 \times 1100 + 0.40 \times 3500 + 0.25 \times 1300 = 2110$$

管理者希望确定在没有违反环境保护组织要求的同时，使每吨混合煤产生最大的蒸汽量。

   a. 建立本问题的线性规划模型。
   b. 在电子表格中建立此模型，并使用规划求解器对问题进行求解。
   c. 最优解是什么？
   d. 如果锅炉每小时可以燃烧 30 吨煤，那么每小时可以产生的最大蒸汽量是多少？

33. Pitts 烤肉公司生产 3 种类型的烧烤调味汁：极辣型、辣型和温和型。Pitts 的营销副总经理估计公司可以销售出 8,000 箱极辣型调味汁，每增加 1 美元的促销费用则可额外增加销售 10 箱；10,000 箱辣型调味汁，每增加 1 美元的促销费用则可额外增加销售 8 箱；12,000 箱温和型调味汁，每增加 1 美元的促销费用则可额外增加销售 5 箱。虽然每种烧烤调味汁都卖每箱 10 美元，但不同类型的调味汁的生产成本是不同的。公司生产 1 箱极辣型调味汁的成本是 6 美元，生产 1 箱辣型调味汁的成本是 5.50 美元，生产 1 箱温和型调味汁的成本是 5.25 美元。公司总经理希望确定可以销售的每种调味汁的最少数量。对这些项目已批准的总促销预算 25,000 美元中，至少 5,000 美元用于每一种调味汁的广告。每一种调味汁分别应该生产多少?如果公司希望使得利润最大化，那么公司如何分配促销预算？

   a. 建立本问题的线性规划模型。
   b. 在电子表格中建立此模型，并使用规划求解器对问题进行求解。
   c. 最优解是什么？

34. Pelletier 公司刚刚发现，未来 5 个月将没有足够的仓储空间。这段时期需要额外的仓储空间为

月	1	2	3	4	5
额外需要的空间数量（千平方英尺）	25	10	20	10	5

为满足仓储空间需求，公司计划租赁短期仓储空间。一家本地仓库同意按照下列价格向 Pelletier 公司出租任何时间长度（以月计）、任何数量的仓储空间。

租期（月）	1	2	3	4	5
每千平方英尺的费用（美元）	300	525	775	850	975

Pelletier 公司在未来 5 个月的每个月月初都可以得到这个租赁报价。例如，公司可以选择在第 1 个月月初租赁 5,000 平方英尺 4 个月（以总成本 850 美元×5），在第 3 个月月初租赁 10,000 平方英尺 2 个月（以总成本 525 美元×10）。

a. 建立本问题的线性规划模型。

b. 在电子表格中建立此模型，并使用规划求解器对问题进行求解。

c. 最优解是什么？

35. Sentry 制锁公司在位于梅肯、路易斯维尔、底特律和凤凰城的工厂生产一种普通的商用保险锁。在各个工厂生产这种锁的单位成本分别是 35.50 美元、37.50 美元、39.00 美元和 36.25 美元，而各工厂的年生产能力分别是 18,000 件、15,000 件、25,000 件和 20,000 件。公司的锁通过美国 7 座城市的批发商卖给零售商。从各个工厂到每一个批发商的单位运输成本与对每个批发商明年需求量的预测一起汇总在下列表格中。

工厂到各城市批发商的单位运输成本（美元）

工厂	塔科马	圣地亚哥	达拉斯	丹佛	圣罗维斯	坦帕	巴尔的摩
梅肯	2.50	2.75	1.75	2.00	2.10	1.80	1.65
路易斯维尔	1.85	1.90	1.50	1.60	1.00	1.90	1.85
底特律	2.30	2.25	1.85	1.25	1.50	2.25	2.00
凤凰城	1.90	0.90	1.60	1.75	2.00	2.50	2.65
需求	8,500	14,500	13,500	12,600	18,000	15,000	9,000

公司希望确定以最低支出的方式生产并从工厂向批发商运输。因为批发商的总需求超过了工厂的总生产能力，所以公司意识到无法满足对产品的所有需求，但是希望可以满足每一位批发商至少 80% 的订单。

a. 建立本问题的线性规划模型。

b. 在电子表格中建立此模型，并使用规划求解器对问题进行求解。

36. 一家再生纸公司将报纸、混合纸、白色办公纸和纸板转化成新闻用纸、包装用纸和印刷原料质量用纸的纸浆。下列表格汇总了从每一吨回收原料再生出每一种纸浆的产出率。

再生纸浆产出率（%）

	新闻用纸	包装用纸	印刷原料纸
报纸	85%	80%	——
混合纸	90%	80%	70%
白色办公纸	90%	85%	80%
纸板	80%	70%	——

例如，1 吨报纸可以通过技术再生出 0.85 吨新闻用纸纸浆或 0.80 吨包装用纸纸浆；1 吨纸板可以再生出 0.80 吨新闻用纸或 0.70 吨包装用纸纸浆。注意，新闻用纸和纸板以目前的技术不能再生出印刷原料纸纸浆。

原料再生成各种纸浆的处理成本及可以购买到 4 种原材料的数量和购买成本一起汇总在下表中。

	每吨加工费用			进货成本	吨
	新闻用纸	包装用纸	印刷原料纸	每吨	可用
报纸	6.50 美元	11.00 美元	——	15 美元	600
混合纸	9.75 美元	12.25 美元	9.50 美元	16 美元	500
白色办公纸	4.75 美元	7.75 美元	8.50 美元	19 美元	300

| 纸板 | 7.50 美元 | 8.50 美元 | — | 17 美元 | 400 |

公司希望确定生产 500 吨新闻用纸纸浆、600 吨包装用纸纸浆和 300 吨印刷原料质量纸浆的最小成本的组合。

a. 在电子表格中建立此模型，并使用规划求解器对问题进行求解。

b. 最优解是什么？

37. 一家葡萄酒酿造厂在其两个葡萄园都能够以下面给出的成本生产一种高级正餐红酒：

葡萄园	产能（瓶）	每瓶的成本（美元）
1	3,500	23
2	3,100	25

附近的 4 家意大利餐馆有兴趣购买这种红酒。因为这种红酒很独特，餐厅都想购买尽可能多的酒，而且不论是哪一个葡萄园酿造的。餐馆的最大需求和它们愿意支付的价格（美元）汇总在下列表格中。

餐厅	最大需求（瓶）	价格（美元）
1	1,800	69
2	2,300	67
3	1,250	70
4	1,750	66

从葡萄园到餐馆的每瓶红酒的运输成本（美元）汇总在下列表格中。

葡萄园	餐厅			
	1	2	3	4
1	7	8	13	9
2	12	6	8	7

酿酒厂需要确定使这种红酒利润最大的生产和运输计划。

a. 建立本问题的线性规划模型。

b. 在电子表格中建立此模型，并使用规划求解器对问题进行求解。

c. 最优解是什么？

38. Paul Bergey 负责位于弗吉尼亚州 Newport News 的国际海运公司的货轮装卸工作。Paul 正在为国际海运公司一艘发向加纳的货轮准备装货计划。一位农产品经销商想在这艘货轮上运送下列货物：

商品	可用的数量（吨）	单位体积（立方英尺）	每吨的利润（美元）
1	4,800	40	70
2	2,500	25	50
3	1,200	60	60
4	1,700	55	80

Paul 可以选择装运任何可以运送的货物，但是货轮只有 3 个有承载限制的货舱：

货舱	货舱承重能力（吨）	容积（立方米）
前舱	3,000	145,000
中心舱	6,000	180,000
后舱	4,000	155,000

同一货舱中可以装载多种货物。但是，出于平衡方面的考虑，前舱承载的重量必须在后舱承载的重量的 10% 之内，中舱承载的重量必须在货轮上货物总重量的 40%～60% 以内。

a. 建立本问题的线性规划模型。

b. 在电子表格中建立此模型，并使用规划求解器对问题进行求解。

c. 最优解是什么？

39. Acme 制造公司在一家工厂内生产多种家用电器。下表展示了未来 4 个月这些电器的预期需求、制造成本和制造电器需要的生产能力：

	月份			
	1	2	3	4
需求（台）	420	580	310	540
制造成本（美元）	49	45	46	47
生产能力（台）	500	520	450	550

Acme 公司估计库存中（以每月月初和月末库存的平均值来估计）的电器每个月会花费 1.50 美元。目前该公司库存中有 120 单位的产品。为了保持一定的劳动水平，公司希望每月至少生产 400 台设备。公司还希望每月至少有 50 单位的安全库存。Acme 公司想知道接下来的 4 个月每月生产多少设备能以最低的成本完成每月需求。

a. 建立本问题的线性规划模型。

b. 在电子表格中建立此模型，并使用规划求解器对问题进行求解。

c. 最优解是什么？

d. 如果公司放弃每月至少生产 400 台的要求，那么该公司可以省下多少钱？

40. Carter 公司在南卡罗来纳州、阿拉巴马州和佐治亚州做大豆生意。公司总经理 Earl Carter 每个月到现货交易市场成批买卖大豆。Carter 使用一家当地仓库存储大豆。这家仓库每月每吨大豆平均收费 10 美元（按照每月月初与月末存货的平均数量）。仓库保证 Carter 每月都有 400 吨的存储能力。Carter 对未来 6 个月每月每吨大豆的价格进行了估计，这些价格汇总在下列表格中。

月份	1	2	3	4	5	6
每吨价格（美元）	135	110	150	175	130	145

假设 Carter 现在有 70 吨大豆存储在仓库中。在未来 6 个月，每月 Carter 应该买或卖多少吨大豆才可以使交易大豆所得的利润最大？

a. 建立本问题的线性规划模型。

b. 在电子表格中建立此模型，并使用规划求解器对问题进行求解。

c. 最优解是什么？

41. DotCom 公司正在为员工实施养老金计划。公司打算从 2018 年 1 月 1 日开始为该计划提供 5 万美金；计划 1 年后再投资 1.2 万美元，并从 2020 年到 2032 年间，每年 1 月 1 日继续进行额外投资（每年增加 2000 美元）。为了支付这些款项，公司计划购买一些债券。债券 1 价格为每单位 970 美元，2019 年到 2022 年，每年 1 月 1 日支付 65 美元利息回报，2023 年 1 月 1 日支付最后 1065 美元。债券 2 每单位 980 美元，2019 年到 2028 年，每月支付 73 美元利息回报，2029 年支付最后 1073 美元。债券 3 每单位 1025 美元，2019 到 2031 年，每年支付 85 美元利息回报，2032 年支付最后 1085 美元。公司持有资金的利率为 4.5%。假设该公司想要在 2018 年 1 月 1 日购买债券，债券可以只购买一部分，不必购买整个单位。公司应该如何制定现在到 2032 年之间投资债券以便以最低的价格完成投资计划。

a. 在电子表格中建立模型，并使用规划求解器对问题进行求解。

b. 最优解是什么？

42. Jack Potts 最近在拉斯维加斯赢得了 1,000,000 美元，想知道怎样用这笔钱进行投资。他将他的决策限定在 5 种投资内，汇总在下列表格中：

	现金流入流出表（年初）			
	1	2	3	4
A	−1	0.50	0.80	
B		−1	←→	1.25
C	−1	←→		1.35
D			−1	1.13
E	−1	←→	1.27	

如果 Jack 第 1 年年初为投资品种 A 投入 1 美元，那么在第 2 年年初他将获得 0.50 美元，在第 3 年年初再次获得 0.80 美元。另外，他可以在第 2 年年初为投资品种 B 投入 1 美元，那么在第 4 年年初他将获得 1.25 美元。表格中录入的"←→"表示没有现金流入或流出发生的时间。在任何一年的开始，Jack 都可以将资金放在货币市场账户上，这个账户预期每年的回报是 8%。他要求在货币市场账户中至少有 50,000 美元，且不想在任何单一的投资品种上投入超过 500,000 美元的资金。如果他希望第 4 年年初他的资金量最大，那么你建议 Jack 如何投资？

　a. 建立本问题的线性规划模型。

　b. 在电子表格中建立此模型，并使用规划求解器对问题进行求解。

　c. 最优解是什么？

43. Fred 和 Sally Merrit 从已故的亲戚那里继承了一大笔现金，他们想要用这笔资金的一部分开立一个账户，用于支付他们女儿的大学教育开支。女儿 Lisa 从现在开始要读 5 年大学。Merrit 估计她大学的第 1 年将花费 12,000 美元，且其余 4 年她的教育支出每年增加 2000 美元。下表是 Merrit 可以进行的投资项目：

投资项目	可以投资的年份	到期年数	回报率
A	每年	1 年	6%
B	1,3,5,7	2 年	14%
C	1,4	3 年	18%
D	1	7 年	65%

Merrit 希望确定一个投资计划，提供所需要的资金以支付 Lisa 可预测的大学开支，同时使得开始投入的资金最少。

　a. 建立本问题的线性规划模型。

　b. 在电子表格中建立此模型，并使用规划求解器对问题进行求解。

　c. 最优解是什么？

44. 参照前一道题。假设 Merrit 可以进行的投资品种具有下列风险水平。

投资品种	风险水平
A	1
B	3
C	6
D	8

如果 Merrit 希望投资组合的加权平均风险水平不超过 4，那么需要为 Lisa 的教育留出多少资金？应该如何用这笔资金进行投资？

　a. 建立本问题的线性规划模型。

　b. 在电子表格中建立此模型，并使用规划求解器对问题进行求解。

　c. 最优解是什么？

45. 一家天然气贸易公司希望为未来的 10 天制定一个最优的交易计划。如下表格汇总了这段时间公司可以买卖天然气的估计价格（以千立方英尺计）。公司可以按"买价"（美元）买入和按"卖价"（美元）卖出。

日期	1	2	3	4	5	6	7	8	9	10
买价	3.06	4.01	6.03	4.06	4.01	5.02	5.10	4.08	3.01	4.01
卖价	3.22	4.10	6.13	4.19	4.05	5.12	5.28	4.23	3.15	4.18

公司现在有 150,000 立方英尺的天然气库存和 500,000 立方英尺的最大库存能力。为了保持天然气输送管线系统要求的压力，公司可以每天向存储设备注入不超过 200,000 立方英尺和每天抽出不多于

180,000 立方英尺。假设在早晨抽出、在晚上注入，存储设备的所有者每天收取天然气平均库存量市场（出价）价值 5%的存储费（每天的平均库存量按照每天开始库存和结束库存的平均数计算）。

　　a. 建立本问题的电子表格模型，并进行求解。

　　b. 最优解是什么？

　　c. 假设天然气的价格预测是按天变化的，你将如何使用此模型为公司提供建议？

46. Coopers&Andersen 会计师事务所正在进行一项标杆调查，以评价其客户与其竞争对手服务的客户的满意程度。客户分为以下 4 组：

　　第一组：Coopers&Andersen 事务所的大客户

　　第二组：Coopers&Andersen 事务所的小客户

　　第三组：其他事务所的大客户

　　第四组：其他事务所的小客户

　　一共有 4000 家公司被电话方式或者双向视频对话的方式调查，不同调查方式的费用如下表所示：

组	服务费用（美元）	
	电话	网络视频
1	18	40
2	14	35
3	25	60
4	20	45

该公司希望以最小的成本完成符合下列要求的调查：

- 每组参与调查的公司至少占调查总数的 10%，但不多于 50%。
- 至少有 50%的调查客户来自 Coopers&Andersen 事务所。
- Coopers&Andersen 事务所的大客户至少有 50%是通过网络视频完成调查的。
- 最多 40%参与调查的是小公司。
- 小公司中通过网络参与调查的比例最多为 25%。

　　a. 建立本问题的线性规划模型。

　　b. 在电子表格中建立此模型，并使用规划求解器对问题进行求解。

　　c. 最优解是什么？

47. 鹰滩礼品服饰店的首席财务官正在计划未来 6 个月的现金流。下表总结了每个月的预期应收账款和计划支出（以 10 万美元计）：

	一月份	二月份	三月份	四月份	五月份	六月份
应收账款	1.50	1.00	1.40	2.30	2.00	1.00
计划支出（无折扣）	1.80	1.60	2.20	1.20	0.80	1.20

该公司目前的现金余额是 4 万美元，并希望每个月至少维持 2.5 万美元的现金额。为实现这一目标，公司有多种途径获得短期资金：

1. 延期支付：公司的供应商在任何一个月都可以允许公司延迟支付一个月的全部或部分欠款。然而，当按时付款时，公司可以享有 2%的折扣（实际上是一种融资成本）。
2. 与应收账款关联的贷款：该公司的银行将会在当月到期的应收账款余额中贷出 75%，这些贷款必须在下月偿还，并支付 1.5%的利息。
3. 短期贷款：一月月初，银行将给该公司 6 个月的贷款，在六月月底一次性偿还。利息为每月 1%，在该月月底前支付。

假设公司每个月都能从持有的现金中获得 0.5%的利息。

为该公司建立电子表格模型，得到使 6 个月的融资成本最低的现金管理计划。最优解是什么？

48. WinterWearhouse 经营一家滑雪服专卖店。因为业务的明显季节特性，所以在必须支付的购买存货账单和货物实际售出时收回的现金之间经常存在一些不平衡。在未来的 6 个月中，公司预期收到的现金和需要支付的账单如下：

	月份					
	1	2	3	4	5	6
现金收入（美元）	100,000	225,000	275,000	350,000	475,000	625,000
应付账单（美元）	400,000	500,000	600,000	300,000	200,000	100,000

公司希望保持至少 20,000 美元的现金余额，而现在手头有 100,000 美元。公司可以向本地银行以下列期限/利率结构借贷：一个月 1%，两个月 1.75%，3 个月 2.49%，4 个月 3.22%，5 个月 3.94%。当需要时，在一个月的月末借款和在债务到期的月份还本金和利息。例如，如果公司在第 3 个月借贷两月期的 10,000 美元，那么他们在第 5 个月的月末必须还贷 10,175 美元。

a. 在电子表格中建立此模型，并使用规划求解器对问题进行求解。
b. 最优解是什么？
c. 假设银行希望限制该公司在每个级别上的贷款都不超过 10 万美元，这一限制会如何改变问题的解决方案？
d. 根据 c 问题的答案，为了获得可行的解决方案，银行的借款限额需要增加多少？

49. Fidelity Savings & Loans 公司（FS&L）在美国东南部运营一些银行业机构。FS&L 的官员希望利用数据包络分析对各个分支机构的效率进行分析。下列数据表示各家分支机构的投入和产出的度量。

分支机构	R.O.A.	新增贷款	满意度	劳动时间	运营成本
1	5.32	770	92	3.73	6.34
2	3.39	780	94	3.49	4.43
3	4.95	790	93	5.98	6.31
4	6.01	730	82	6.49	7.28
5	6.40	910	98	7.09	8.69
6	2.89	860	90	3.46	3.23
7	6.94	880	89	7.36	9.07
8	7.18	970	99	6.38	7.42
9	5.98	770	94	4.74	6.75
10	4.97	930	91	5.04	6.35

a. 仔细辨别 FS&L 的投入和产出。它们的度量尺度适合使用数据包络分析吗？
b. 计算每一家分支机构的数据包络分析效率。
c. 哪些机构是数据包络分析有效的？
d. 为了成为高效机构，分支机构 5 应该是什么样的投入和产出水平？

50. Embassy Lodge 连锁旅馆希望用数据包络分析自己的品牌效率，以便与主要竞争对手进行比较。Embassy Lodge 连锁旅馆收集了在产业贸易出版物上报道的下列数据。Embassy Lodge 连锁旅馆选择顾客满意度的百分比和价值（分数为 0~100，其中 100 为最好）作为产出，产出是如下因素的函数：价格、便利性、房间舒适度、气候控制、服务和食物质量（所有投入项都用分值代表，分值越小越好）。

品牌	满意度	价值	价格	便利性	房间舒适度	气候控制	服务	食物质量
Embassy Lodge	88	82	90.00	2.3	1.8	2.7	1.5	3.3
Sheritown Inn	87	93	70.00	1.5	1.1	0.2	0.5	0.5
Hynton Hotel	78	87	75.00	2.2	2.4	2.6	2.5	3.2
Vacation Inn	87	88	75.00	1.8	1.6	1.5	1.8	2.3
Merrylot	89	94	80.00	0.5	1.4	0.4	0.9	2.6
FairPrice Inn	93	93	80.00	1.3	0.9	0.2	0.6	2.8
Jetty Park Inn	90	91	77.00	2.0	1.3	0.9	1.2	3.0
President's Suites	88	95	85.00	1.9	1.7	2.6	1.6	1.8
Johnson Loward's	94	78	90.00	1.4	1.2	0.0	0.8	2.1
Leeward Place	93	87	93.00	0.7	2.3	2.5	2.3	3.2
Magnum Opus	91	89	77.00	1.9	1.5	1.9	1.9	0.8
Rural Inn	82	93	76.00	2.2	1.3	0.8	0.8	2.3
Sleep Well Inn	93	90	88.00	1.5	0.9	0.5	1.6	3.2
Comfort Inn	87	89	87.00	2.3	1.4	1.2	2.2	2.0
Night Inn	92	91	85.00	1.4	1.3	0.6	1.4	2.1
Western Hotels	97	92	90.00	0.3	1.7	1.7	1.7	1.8

a. 计算各家旅馆的数据包络分析效率。

b. 哪些旅馆最有效？

c. Embassy Lodge 的效率高吗？如果不高，那么为了变得高效，他们的期望投入和产出数值应该是什么？

案例3.1 将供应链连接起来

Rick Eldridge 是 The Golfer's Link (TGL) 的新任副总裁，该公司专门为高尔夫俱乐部生产高质量、价格优惠的高尔夫球杆套装。聘任 Rick 为管理者是因为他是供应链管理（SCM）方面的专家。供应链管理是从原材料采购到成品交付给客户的整个物流过程中所有资源的综合规划和控制。虽然供应链管理寻求所有供应链活动的最优化方式，包括公司间的交易，但 Rick 的首要任务是确保 TGL 内部的所有生产销售活动都是以最优状态运行的。

TGL 在佛罗里达州代托纳比奇市、田纳西州孟菲斯市和亚利桑那州坦佩市的工厂生产男士球杆、女士球杆和初学者球杆三种不同的高尔夫球杆。坦佩的工厂生产三种球杆，代托纳工厂只生产男士和女士球杆，孟菲斯市工厂只生产女士和初学者球杆。每一种球杆都需要3种不同数量的原材料：钛、铝和特种糖械木，这些材料有时会短缺。每种球杆所需各类原材料数量总结如下：

	每种球杆所需的资源（磅）		
	男士杆	女士杆	初学者杆
钛	2.9	2.7	2.5
铝	4.5	4	5
糖械木	5.4	5	4.8

下个月每个工厂可获得的资源估计如下：

	可获得的资源（磅）		
	代托纳比奇	孟菲斯	坦佩
钛	4,500	8,500	14,500
铝	6,000	12,000	19,000
糖械木	9,500	16,000	18,000

TGL 的质量和声誉确保了他们可以将制造的所有球杆售出。男士杆、女士杆和初学者杆的利润分别为 225 美元、195 美元和 165 美元。无论在哪里生产,高尔夫球杆最终都会被运送到位于加州萨克拉门托市、科罗拉多丹佛市和宾夕法尼亚州匹兹堡市的配送中心。每个月,配送中心都会订购一定数量的球杆。TGL 和这些配送中心签订的合同要求必须满足 90% 以上的需求(但不能超过 100%)。Rick 最近收到了下个月的需求订单:

	订购数量		
	男士杆	女士杆	初学者杆
萨克拉门托	700	900	900
丹佛	550	1,000	1,500
匹兹堡	900	1,200	1,100

从每个加工厂到配送中心的运输费用总结在下表中。注意代托纳比奇不生产初学者杆、孟菲斯不生产男士杆。

	配送费用(美元)						
	男士杆		女士杆			初学者杆	
	代托纳	坦佩	代托纳	孟菲斯	坦佩	孟菲斯	坦佩
萨克拉门托	51	10	49	33	9	31	8
丹佛	28	43	27	22	42	21	40
匹兹堡	36	56	34	13	54	12	52

Rick 想让你帮忙给出下个月的最优生产和运输计划。

1. 为问题建立电子表格模型并求解。最优解是什么?
2. 如果 Rick 想要改进解决方案,那么还需要多少额外资源?哪里需要这些资源?请解释。
3. 如果不要求 TGL 至少满足每个配送中心 90% 的订单,那么最优利润是多少?
4. 假设 TGL 签订合同时有两种选择:(1) 若不能履行至少满足 90% 订单的条款,则 TGL 公司需要支付 10000 美元的罚金;或者 (2) 条款为至少要满足 80% 的订单。讨论 TGL 公司在选择条款时的利弊。

案例 3.2 Baldwin 公司的外汇交易业务

Baldwin 公司是一家在多个国家和地区都有经营和销售部门的大型制造企业。公司财务总监(CFO) Wes Hamrick 关心公司在外汇交易市场中支付交易成本的资金量,请你帮助优化 Baldwin 公司的外汇交易资金函数。

因为在多个国家和地区运作,所以 Baldwin 公司保留了几个不同国家和地区的货币:美元、欧元、英镑、港元和日元。为了满足不同现金流在世界各地相关运作的要求,Baldwin 公司必须从一个地区(和币种)向另一个地区(币种)转移。例如,为了支付在日本意外发生的设备维修费用,Baldwin 公司可能需要将持有的一些美元换成日元。

外汇交易市场是一个由金融机构和经纪人组成的网络。这个网络中的个人、企业、银行和政府买卖不同的货币,他们为了国际贸易、海外投资或商务或预测到的货币价格变化进行金融交易。外汇交易市场每天运营 24 小时,而且是全球经济中最大、流动性最好的交易场所。平均来说,世界各地外汇交易市场上不同货币每天的交易量约 1.5 万亿美元。市场的流动性为企业提供在世界各地交易所需的外币和国际货物、劳务市场的渠道(详见 http://www.ny.frb.org/fxc)。

外汇交易市场的运作在很大程度上像股票或货物市场，在那里每一种货物（在此情况为货币）都有一个买价（投标价格）和一个卖价。买价是市场想要购买某种特定货币的价格，而卖价是市场想要卖出某种货币的价格。通常同一种货币的卖价格略高于买价——超出部分是交易成本或保持市场流动性的机构获得的收入。

下表汇总了 Baldwin 公司现在持有货币的当前汇率。这个表格中填写的细项是从横行的货币转化到竖列的货币的兑换比率。

转换为	美元	欧元	英镑	港币	日元
美元	1	1.01964	0.6409	7.7985	118.55
欧元	0.9724	1	0.6295	7.6552	116.41
英镑	1.5593	1.5881	1	12.154	184.97
港元	0.12812	0.1304	0.0821	1	15.1005
日元	0.00843	0.00856	0.0054	0.0658	1

例如，表格中给出 1 英镑可以交易（或卖）1.5593 美元。因此 1.5593 美元是买价，以美元兑英镑的价格。另外，表格中给出 1 美元可以交易（或卖）0.6409 英镑。所以，用大约 1.5603（1/0.6409）美元可以购买 1 英镑（或是卖价，以美元兑英镑约要 1.5603 美元）。

注意，如果你有 1 英镑，把它交换成 1.5593 美元，然后再把 1.5593 美元换回英镑，那么你将得到只有 0.999 355 英镑（即 1×1.5593×0.6409=0.999 355）。这里交易中损失的钱是交易成本。

Baldwin 公司现在持有的外币组合有 200 万美元、500 万欧元、100 万英镑、300 万港元和 3,000 万日元。这个外币组合按照现在的汇率（上面给出的）相当于 9,058,710 美元。Wes Hamrick 请你设计一个外币交易计划，将 Baldwin 公司的欧元和日元分别增持到 800 万欧元和 5,400 万日元，且保持每种货币至少相当于 250,000 美元。Baldwin 公司是按照外币组合等价的美元的变化度量交易成本。

1.建立这个问题的电子表格模型并进行求解。
2.最优交易计划是什么？
3.最优交易成本是什么（按美元计算）？
4.假设另一位执行官认为持有 250,000 美元的各种外币太多，希望减少到每种外币价值 50,000 美元。这样有助于降低交易成本吗？为什么是或为什么不是？
5.假设美元与英镑的交易汇率从 0.6409 变化到 0.6414。这个案例的最优解将有什么变化？

案例3.3　Wolverine 制造公司退休基金

Kelly Jones 是 Wolverine 制造公司的财务分析师，该公司生产汽车发动机的轴承。Wolverine 制造公司正在与工会制定一份新的劳工协议，工会关心的主要问题之一是 Wolverine 公司给小时工的退休计划基金。工会认为，公司没有给这个基金提供足够的资金来满足需要支付退休雇员的退休金。由于这个原因，工会希望公司在未来 20 年中额外贡献大约 150 万美元资金补充到基金中。这些额外的资金应该在第一年年底额外支付 20,000 美元，在后面 19 年的每年年底增加 12.35%。

工会已经要求公司设立偿债基金以满足对退休基金的额外年支付。Wolverine 公司的财务总监和工会的首席谈判代表达成协议，三家不同公司最近发行的 AAA 级债券可用于建立这个基金。下表汇总了这些债券的规定。

公司	期限	付息（美元）	价格（美元）	票面价值（美元）
AC&C	15 年	80	847.88	1,000
IBN	10 年	90	938.55	1,000
MicroHard	20 年	85	872.30	1,000

按照这个表格，Wolverine 公司可以按 847.88 美元购买 AC&C 发行的债券。每张 AC&C 债券在以后 15 年期间每年将支付债券持有人 80 美元，在第 15 年附加 1000 美元额外支付（面值）。类似的解释适用于 IBN 和 MicroHard 的债券的信息。货币市场基金 5%的收益用于支付债券付息，这部分资金无需用来满足给定年份公司要求支付的退休基金。

Wolverine 公司的财务总监要求 Kelly 确定公司该投入多少资金和应该购买哪些债券，用以满足工会的需求。

1. 如果你是 Kelly，你如何向财务总监汇报？
2. 假设工会坚持在协议中包括下列条款之一：
   a. 从单独一家公司购买的债券不得超过所购买债券总和的一半。
   b. 每一家公司必须购买占债券总和至少 10%的比例。

Wolverine 公司应该同意哪一个条款？

案例 3.4　救助海牛

当 Tom Wieboldt 坐在办公室中看着周围的海牛图片和张贴画时，他想，"我应该怎样使用这些钱？"作为热心的环境保护者，Tom 是"海牛之友"的会长。"海牛之友"是一个非营利性组织，他们正在为保护海牛法案的通过而努力。

海牛是一种灰褐色的大型水生哺乳动物，身体从锥体到扁平，短桨状尾。这些举止优雅、行动缓慢的生物成年时平均可以长到 10 英尺长，平均体重为 1,000 磅。海牛生活在不深的、水流缓慢的河流、河口、咸水湾、运河和近海区域。在美国，海牛冬天集中在佛罗里达，但夏季可以生活在较远的西部如阿拉巴马，以及较北部如弗吉尼亚和卡罗来纳。它们没有天敌，但是失去生存环境是海牛当前面临的最严重威胁。人类导致的海牛死亡大多数是因为与摩托艇的碰撞。

在佛罗里达州议会限制人们在海牛生存区使用摩托艇之前，Tom 的组织已经提出了一个议案。这个议案计划将在议会上被投票表决。Tom 最近接到一个来自国家环境保护组织的电话，说他们要向"海牛之友"捐献 300,000 美元，以帮助增加公众对海牛生存困境情况的认识，鼓励投票人敦促他们在州议会中对这个议案投赞成票。Tom 打算使用这笔钱购买不同类型的媒体广告，以便在投票前的 4 个星期"使信息广泛传播"。

Tom 正在考虑几个不同的广告方案：报纸、电视、广播、广告牌和杂志。一位市场咨询人员为 Tom 提供了备选的各种媒体的成本与效率的数据。

广告媒体	单位成本（美元）	单位影响效果
日报，半个版面	800	55
日报，整个版面	1,400	75
周报，半个版面	1,200	65
周报，整个版面	1,800	80
白天的电视广告	2,500	85
傍晚的电视广告	3,500	100
高速公路广告牌	750	35
15 秒广播电台广告	150	45
30 秒收音机广告	300	55
杂志，半个页面	500	50
杂志，一个页面	900	60

按照市场咨询人士的数据，对这种问题最有效的广告类型是傍晚黄金时段的短小电视广告。因此，确定这种类型广告的"单位影响率"是 100，其他类型广告的"单位影响率"是按照它们相对于一个傍晚电视广告的预期效果确定的。例如，杂志半个页面广告的预计效率是傍晚黄金时段电视广告的一半，所以它的影响率是 50。

Tom 希望获得能使这 300,000 美元达到最大影响的广告分配方案。但是，他意识到通过多种媒体同时传播信息是很重要的，因为不是每个人都听收音机，也不是每个人都在傍晚看电视。

在佛罗里达州，阅读量最大的两份报纸是 Orlando Sentinel 报和 Miami Herald 报。在投票前的 4 个星期里，Tom 希望每个星期在这两种报纸的日常版（星期一到星期六）上至少刊登 3 次半个版面的广告。他还希望投票之前的每个星期在这两种报纸的日常版上都登一次整个版面的广告，且如果整个版面的广告效果好，那么他愿意多刊登些。他还希望投票之前的星期天在这两种报纸的周日版上都刊登一次整版面的广告。Tom 不想在一份报纸上同一天同时刊登一个整版面的广告和一个半版面广告。所以，可以刊登在报纸日常版上整个版面和半个版面广告的最大数量应该是 48（即 4 周×每周 6 天×2 份报纸=48）。类似地，可以刊登在报纸周日版上整个版面和半个版面广告的最大数量应该是 8。

Tom 希望这 4 个星期每天至少有 1 次和不多于 3 次白天的电视广告。他还希望每夜有至少 1 次电视广告，但每夜不超过两次。

在投票前的四周里，有 10 个遍布整个州的广告牌可以使用。Tom 肯定想在奥兰多、坦帕和迈阿密三个城市的每个城市里至少有一块广告牌。

Tom 认为在印刷媒体上展示伶俐可爱、胖胖的海牛照片，比广播电台广告有显著的优势。但是，广播电台广告相对便宜，且可能影响到其他媒体广告影响不到的某些人。因此，Tom 希望每天至少有 2 个 15 秒的广播电台广告和至少 2 个 30 秒的广播电台广告。但是他希望将广播电台广告数量限制为每天最多 5 个 15 秒的广告和 5 个 30 秒的广告。

Tom 可以在 3 种不同的周刊杂志上刊登广告。Tom 希望这 4 个星期的某个时候在每种杂志上刊登整个版面的广告，但是他不希望在一周内在同一份杂志上同时刊登一个整个版面的广告和一个半个版面广告。因此，选择整个版面和半个版面的杂志广告的总数不应该超过 12（即 4 周×3 种杂志×每星期每种杂志 1 个广告=12 个广告）。

虽然 Tom 对在不同媒体上做广告的最大数量和最小数量有一些想法，但是他不肯定这样需要多少钱，是否有足够资金满足所有的最低数量，他实际上弄不清使用剩余资金的最好方法。所以 Tom 再次问自己："如何使用这笔资金？"

1. 建立这个问题的电子表格模型，并进行求解。最优解是什么？
2. Tom 给这个问题设置的约束条件中，哪些"约束"也许会阻止目标函数进一步优化？
3. 假设 Tom 愿意增加傍晚的电视广告的总数量。这样能改善解决方案吗？
4. 假设 Tom 愿意使每天的广播电台广告数量增加一倍。这样能改善解决方案吗？

第4章　灵敏度分析和单纯形法

4.0　引言

在第2章和第3章中，我们研究了如何建立和求解不同决策问题的线性规划模型。然而，建立和求解线性规划模型未必意味着初始问题得到了解决。在求解线性规划模型后，常会考虑和最优解相关的一些问题。我们最感兴趣的是，最优解对线性规划模型中不同系数变化的敏感性如何。

企业很少能肯定地知道将会产生什么成本、特定情况下或特定时间段内资源消耗的确切预期数量，或可用资源的确切数量。因此，在假设所有相关因素（参数）都已知的情况下，通过模型求出的最优解，管理者是持有怀疑态度的。灵敏度分析可以消除管理者的这些怀疑，当模型中不同因素发生变化时，灵敏度分析可提供最优解发生相应变化时较易理解的图表。同时，灵敏度分析也可以回答有关线性规划问题最优解在一些实际管理中的应用问题。

4.1　灵敏度分析的目的

如第2章所述，任何可以用如下形式表述的问题都是线性规划问题：

$$\text{MAX（或MIN）}: c_1 X_1 + c_2 X_2 + \cdots + c_n X_n$$

约束：
$$a_{11} X_1 + a_{12} X_2 + \cdots + a_{1n} X_n \leq b_1$$
$$\vdots$$
$$a_{k1} X_1 + a_{k2} X_2 + \cdots + a_{kn} X_n \geq b_k$$
$$\vdots$$
$$a_{m1} X_1 + a_{m2} X_2 + \cdots + a_{mn} X_n = b_m$$

该模型中的所有系数（c_j、a_{ij} 和 b_i）都代表数值常数。所以，建立和求解线性规划问题时，我们假设这些系数是给定的具体数值。然而，在实际中，这些系数可能随时发生变化。例如，公司为其产品的报价可能每日、每周和每月都会变化。同样地，如果一位熟练的技术工人生病了，那么制造商在某个机器上的生产能力可能会比原计划小。

意识到这些不确定性的存在，管理者应该考虑如下三类参数可能发生变化或估计误差时，线性规划最优解的灵敏度：（1）目标函数的系数（c_j）；（2）约束的系数（a_{ij}）；（3）约束的右端项（b_i）。管理者还可能就这些值提出若干"如果……会怎么样？"的疑问。例如，如果产品成本增加 7%将会怎么样？如果机器的装配时间减少而产生额外的生产能力将会怎样？如果工人建议生产某种产品的工时由 3 个工时减少为 2 个工时将会怎样？灵敏度分析可以处理这些问题——通过最优解对模型系数的不确定性、估计误差的灵敏度评估及最优解对因人为干预造成模型系数变化的灵敏度评估来实现。

4.2　灵敏度分析的方法

可以采用多种方法对线性规划模型进行灵敏度分析。如果希望确定模型中某些参数值改变对最优解产生的影响，那么最直接的方法是简单地改变模型并进行重新求解。如果重新求解不会花费太多的时间，那么采用这种方法是恰当的。另外，如果对研究模型中同时改变几个系数所产生的结果感兴趣，那么灵敏度分析可能是唯一实用的方法。

规划求解器通常会在求解线性规划问题后提供一些灵敏度分析信息。正如第 3 章所述，使用单纯形法求解线性规划的一个优点是速度快——比其他优化方法快得多。单纯形法也能提供比其他优化技术更多的灵敏度分析信息。单纯形法主要提供以下信息：

- 在不改变最优解的情况下，目标函数系数可能的取值范围；
- 增加或减少各种受限的可用资源对最优目标函数值的影响；
- 强制改变某些决策变量取值使其远离最优值对最优目标函数值的影响；
- 改变约束方程系数对于该问题最优解的影响。

4.3 案例

我们将再次以 Blue Ridge 浴缸公司为例来解释使用规划求解器可获得灵敏度分析信息。这里再次给出问题的线性规划模型，其中 X_1 代表将要生产的 Aqua-Spas 浴缸数量，X_2 代表将要生产的 Hydro-Luxes 浴缸数量。

$$
\begin{aligned}
\text{MAX}: \quad & 350X_1 + 300X_2 & & \}\text{利润} \\
\text{约束}: \quad & 1X_1 + 1X_2 \leqslant 200 & & \}\text{水泵约束} \\
& 9X_1 + 6X_2 \leqslant 1566 & & \}\text{工时约束} \\
& 12X_1 + 16X_2 \leqslant 2880 & & \}\text{水管约束} \\
& X_1, X_2 \geqslant 0 & & \}\text{非负性条件}
\end{aligned}
$$

图 4.1 给出对应的电子表格模型（本书的配套文件 Fig4-1.xlsm。建立和求解这个电子表格模型的详细过程见第 3 章）。通过 ASP 功能区上选项卡中的"报表（Reports）"图标可以获得有关最优解的若干报表。

> **软件使用技巧**
>
> 当求解线性规划问题时，一定要使用规划求解器中的标准线性规划/二次引擎。这样可以在报表中显示最多的灵敏度分析信息。我们将在这一章多次学习有关这些报表的使用。

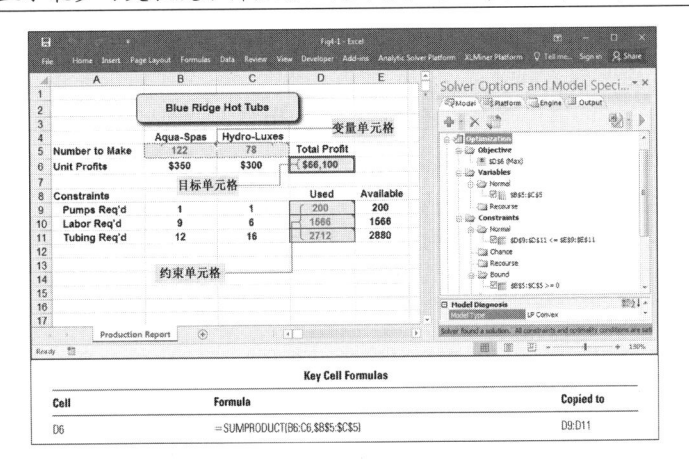

图 4.1　Blue Ridge 浴缸公司产品组合问题的电子表格模型

4.4 求解结果报表

图 4.2 给出了 Blue Ridge 浴缸规划问题的求解结果报表（Answer Report）。要创建此报表，首先按常规方式求解线性规划问题，然后在 ASP 功能区选项卡上依次单击"报表（Reports）""优化（Optimization）""答案（Answer）"。此报表总结了问题的求解结果，非常容易理解。报表的第一部分总结了目标单元格初始值和终值（最优值），第二部分总结了决策变量单元格的初始值和终值（最优值）。

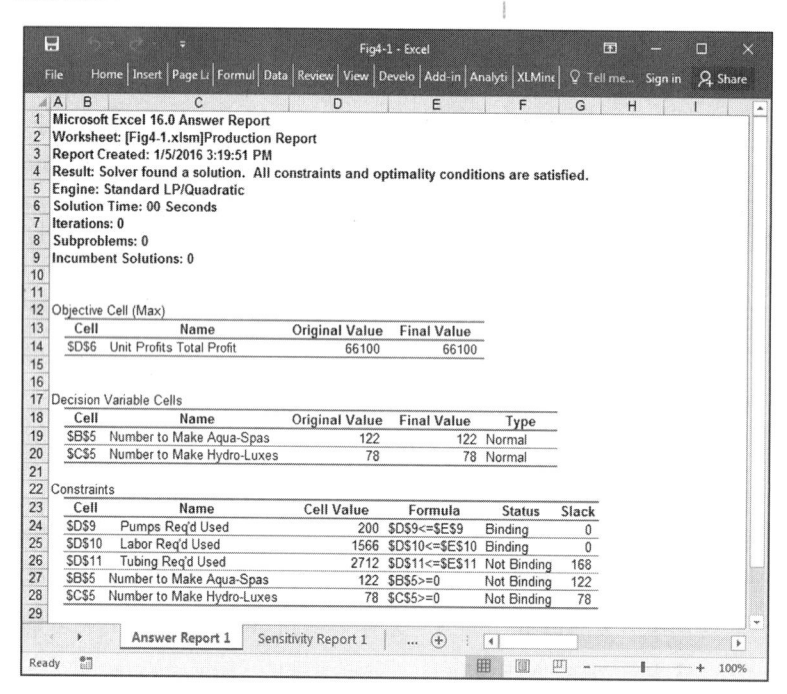

图 4.2 Blue Ridge 浴缸问题的运算求解结果报表

报表的最后一部分给出了约束条件的信息。尤其需要注意的是，"单元格值（Cell Value）"这一列给出了每个约束单元格取得的最终值（最优值）。注意，这些值就是每个约束方程左端的最终取值。"公式（Formula）"这一列说明了约束单元格的上界和下界。"状态（Status）"这一列说明了哪些约束是严格约束、哪些不是。严格约束是指最优解代入到这个约束方程左端时发现此约束为等式；否则，它是非严格约束。注意，水泵数量和工时的约束是严格约束，这意味着在实施该方案时，所有的可用水泵和工时将会被使用完。因此，是这些约束阻碍了 Blue Ridge 浴缸公司实现更高水平的利润。

最后，"松弛变量（Slack）"这一列中给出了每个约束中左端与右端项之间的差。从定义来看，严格约束中松弛变量为 0，非严格约束松弛变量取值为某个正数。"松弛变量"这一列的值说明如果问题得到求解，那么所有的可用水泵和工时将被用完，但是将会剩下 168 英尺的水管。非负性条件中松弛变量取值为 0。

求解结果报表不会提供电子表格模型从求解结果中推导不出的信息。然而，这个报表的格式给出了对求解结果非常便于理解的总结形式，且报表内容可以很容易整合到 Word 处理文档中，作为书面报告的一部分呈报给管理者。

> **报表的标题**
>
> 在建立本章描述的报表时,规划求解器会在报表中尝试使用初始电子表格中不同的文本条目去创建有意义的标题和标签。因为模型可以通过多种方式建立,所以规划求解器不一定能产生有意义的标题。可以通过修改文本条目来使得报表更有意义或更有描述性。

4.5 灵敏度报表

图 4.3 给出了 Blue Ridge 浴缸公司问题的灵敏度报表。为了创建这个报表,首先要用常规方式求解线性规划问题,然后在 ASP 功能区选项卡上依次单击报表、优化和灵敏度选项。这个报表总结了有关变量单元格和模型约束的信息。这些信息在各种模型系数发生变化时对于评估最优解的灵敏性是有用的。

4.5.1 目标函数系数变化

第 2 章介绍了图解线性规划问题的等值线法,并演示了如何使用这个方法求解 Blue Ridge 浴缸问题。图 4.4 中再次给出了这问题的图解法过程(本书的配套文件 Fig4-4.xlsm)。

图 4.4 中初始等值线的斜率由模型目标函数的系数(数值 350 和 300)确定。由图 4.5 可见,若等值线斜率不同,则极值点 X_1=80、X_2=120 是最优解。当然,改变目标函数等值线的唯一方法是改变目标函数的系数。因此,如果目标函数的系数是不确定的,那么我们需要了解在最优解发生变化前,这些值可以变化多少。

例如,如果 Blue Ridge 浴缸公司的所有者对生产浴缸的成本没有完全的控制权(可能是因为他从其他公司购买了玻璃纤维浴缸的外壳),那么这个线性规划模型目标函数的利润值可能就不是未来生产浴缸所赚取的准确利润。因此,在管理者决定生产 122 个 Aqua-Spas 和 78 个 Hydro-Luxes 之前,他想要确定这个最优解对目标利润值有多敏感。即管理者想要确定在最优解 X_1=122、X_2=78 发生变化之前,利润值可以变化多少。图 4.3 的灵敏度报表中提供了相关灵敏度信息。

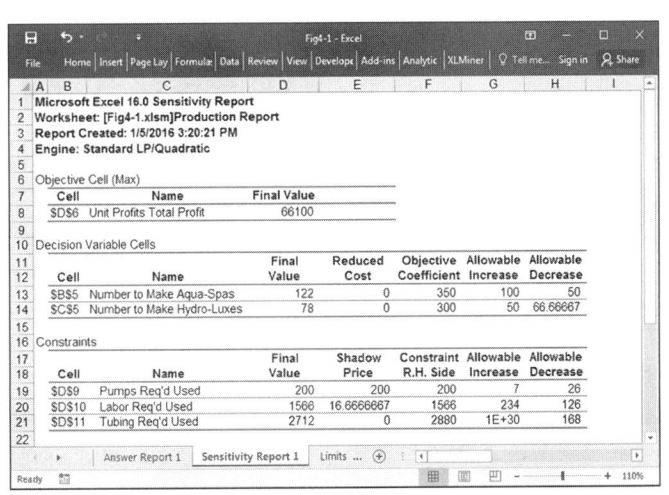

图 4.3 Blue Ridge 浴缸问题的灵敏度报表

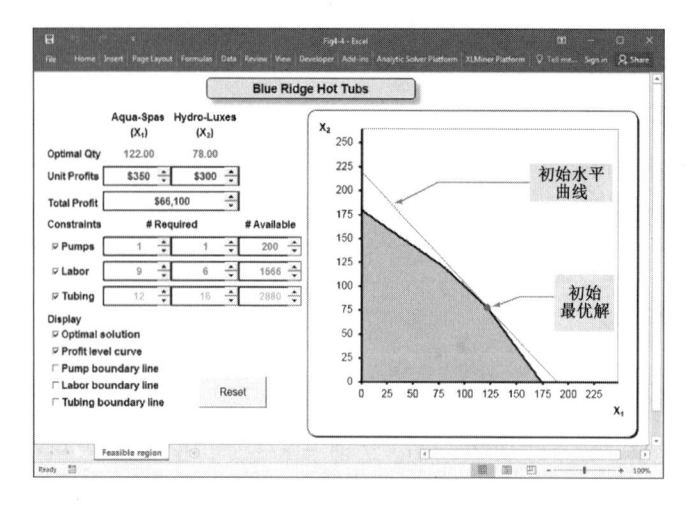

图 4.4　初始可行域与最优解的图形

目标函数中决策变量初始系数与决策变量单元格（Decision Variable Cells）对应，如图 4.3 中目标函数系数列所示。右面两列给出这些系数可增加的量和可减少的量。例如，假设其他系数保持不变，Aqua-Spas（或变量 X_1）在目标函数中的系数，最多可以增加 100 美元，最少可减少 50 美元，而不影响最优解的取值（可在 300~450 美元这个范围内任意改变 X_1 在目标函数中的系数，并重新求解模型来验证这个这一点）。相似地，假设所有其他系数保持不变，与 Hydro-Luxes（或变量 X_2）对应的目标函数系数可以增加 50 美元或者减少大约 66.67 美元而不影响决策变量的最优取值（你同样可以对此进行验证）。

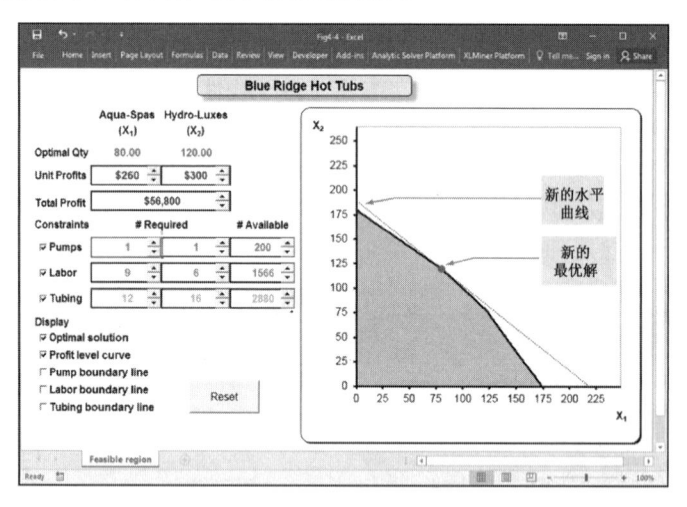

图 4.5　目标函数系数变化如何影响等值线的斜率与最优解

软件使用技巧

当建立线性规划问题电子表格模型并需要生成灵敏度报表时，最好确保约束方程右端项对应的单元格中只包含常数或者不含决策变量的公式。因此，在求解模型之前，任何与决策变量直接或间接相关的右端项公式都应该移动到约束方程的左端。这将减少在解读规划求解器灵敏度报表时产生的问题。

4.5.2 "假设其他条件不变"的说明

前文中"假设所有其他系数保持不变"这句话是为了强调：只有在线性规划模型中其他所有的系数不发生变化时，灵敏度报表中的可增加量和减少量才有效。Aqua-Spas（X_1）在目标函数中的系数可以取 300～400 美元范围内的任何值而不改变最优解。但是只有在所有其他系数不变的情况下才能保证是正确的（包括目标函数系数 X_2）。相似地，X_2 的目标系数可以在不改变最优解的情况下取 233.33～350 美元范围内的任何值。但是只有在所有其他系数均不变的情况下才能保证是正确的（包括目标函数系数 X_1）。在本章的最后，你将看到如何在同时改变两个或多个目标函数中的系数的情况下，确定现在的最优解是否仍是最优解的方法。

4.5.3 多重最优解

有时一个或多个变量在目标函数中系数的可增加量和减少量会等于零。在没有退化的情况下（后文会加以描述），这说明存在多重最优解。通常可以通过下列方法使规划求解器产生另一个最优解（当存在多重最优解时）：(1) 给模型增加一个限制约束函数，并保证当前最优目标函数值保持不变；(2) 把一个在目标函数中系数的可增加量或减少量为 0 的决策变量的值增加到最大或减少到最小。在第二步中，这个方法有时需要使用"试错法"来反复尝试，但是可以使得规划求解器产生问题的另一个最优解。

4.5.4 右端项的变化

如前所述，在线性规划最优解中，松弛变量为 0 的约束称为严格约束。严格约束使我们不能进一步改进目标函数（使其继续变大或变小）。例如，图 4.2 中的求解结果报表说明，水泵的数量约束和可用工时的约束是严格约束，可用水管数量的约束是非严格约束。这也通过比较图 4.3 中的"终值（Final Value）"列和"约束的右端项（Constraint R.H. Side）"列而得到说明。"终值"列中的数值代表取得最优解时每个约束左端项的取值。若约束的终值等于约束的右端项，则它是严格约束。

在一个线性规划问题求解后，如果给定的资源发生了或多或少的变化，那么可能要确定最优解会变得较好还是较差。例如，Howie Jones 可能想知道，如果有额外的水泵或者工时可用，可以多赚多少利润。图 4.3 中的"影子价格（Shadow Price）"列提供了问题的答案。

一个约束的影子价格是指：假设所有其他系数不变，约束的右端项增加一个单位时引起最优目标函数值改变的量。如果影子价格是正的，那么相关约束的右端项增加一个单位会导致最优目标函数值的增加。如果影子价格是负的，那么相关约束的右端项增加一个单位会导致最优目标函数值的减少。为了分析约束右端项减少时的影响，可反转影子价格的符号来理解。也就是说，一个约束的负影子价格表示：假设所有其他系数不变，在约束的右端项减少一个单位时引起最优目标函数值减少的量。当给定每一个约束右端项的可增加值或可减少值时，在灵敏度报表中会给出影子价格的取值

例如，图 4.3 给出的工时的影子价格是 16.67。因此，如果可用工时增加 0～234 小时范围内的任何值，那么每增加 1 小时，最优目标函数值将增加 16.67 美元。如果可用工时减少 0～126 小时范围内的任何值，那么每减少 1 小时，最优目标函数值将减少 16.67 美元。类似的解释对关于水泵数量约束的影子价格也成立（水泵数量约束的影子价格与约束的右端项和最终值相等是一个巧合）。

4.5.5 非严格约束的影子价格

现在，考虑非严格约束水管约束的影子价格。水管约束的影子价格为 0，可增加量量是无

穷大，可减少量为 168。因此水管约束的右端项增加任何值，目标函数值都不会发生改变（或改变为零）。这个结果并不令人惊讶。因为在这个问题得到最优解后，还剩下 168 英尺的水管未被使用，额外增加的水管不会产生更优的解。此外，因为还剩 168 英尺未使用的水管，我们可以将这个约束的右端项减少 168 而不影响最优解。

4.5.6　关于影子价格的说明

关于影子价格需要强调如下这个重点。在我们的例子中，假设由于增加了新工人使得工时约束的右端项增加 162 小时（总数从 1,566 增加到 1,728）。因为这个增加量在工时约束可增加量的范围之内，所以可以预期最优目标函数值将增加 16.67×162=2,700（美元）。也就是说，新的最优目标函数值近似等于 68,800 美元（66,100＋16.67×162=68,800 美元）。图 4.6 给出了工时约束的右端项为 1,728 时（增加 162 工时后）重新求解的模型。

在图 4.6 中，和预期一样，新的最优目标函数值是 68,800 美元。但是这个最优解是生产 176 个 Aqua-Spas 和 24 个 Hydro-Luxes。也就是说，修改后问题的最优解不同于图 4.1 中初始问题的解。这并不奇怪，因为改变一个约束的右端项也会改变问题的可行域。增加工时约束的右端项所产生的影响以图表的形式汇总在图 4.7 中。

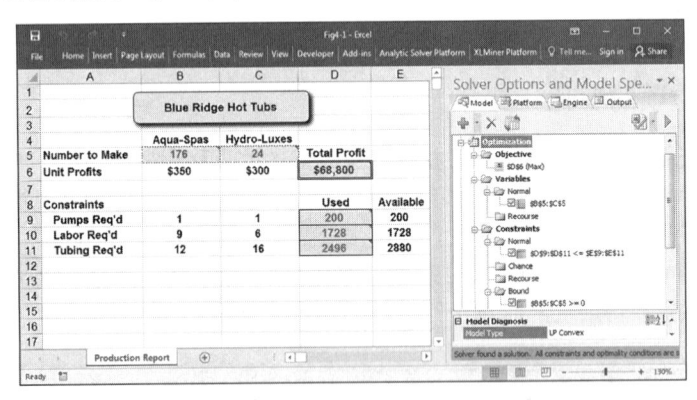

图 4.6　增加了 162 个工时浴缸修订问题的求解

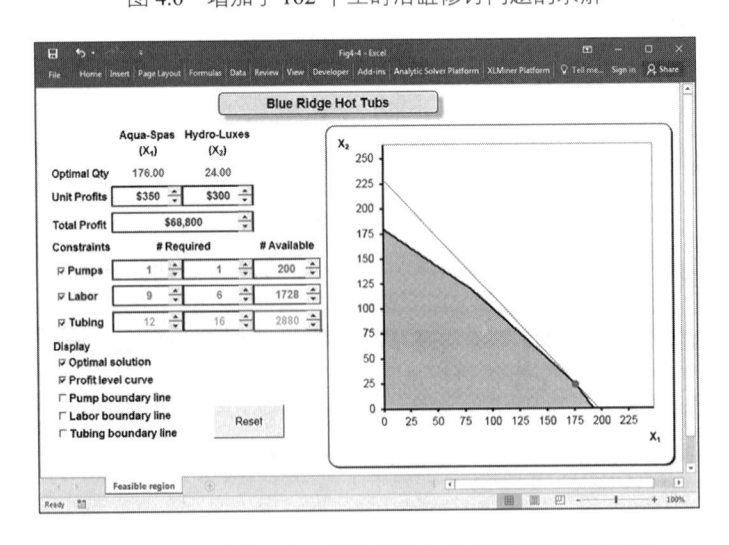

图 4.7　工时约束右端项的变化如何改变可行域和最优解

因此，虽然影子价格说明了在一个给定右端项改变时目标函数的值是如何改变的，但是它们没有告诉你为了达到这个新的目标函数值决策变量需要取哪些值。为决策变量确定新的最优解，需要对右端项做出适当的改变后再求解模型。

> **影子价格的另一种解释**
>
> 遗憾的是，目前还没有一个对影子价格的公认解释。在一些软件包里，影子价格的符号和规划求解器中使用的符号可能不一样。无论你用的是哪个软件包，都有另一种方式会合理定义影子价格。影子价格的绝对值表示，如果相应的约束被放松，那么目标函数值将得到多大改善。小于或等于约束通过增加它的右端项进行放松，大于或等于约束通过减少它的右端项进行放松（影子价格的绝对值也可以被解释为：如果相关约束收紧，那么目标函数值会变得较差的数量）。

4.5.7 影子价格和附加资源的价值

在先前的例子中，额外增加的 162 小时的工时使利润增加了 2,700 美元。那么问题出现了，我们愿意支付多少钱来获得这 162 小时的工时。这个问题的答案是，"视情况而定"。

如果工时是一个可变成本，那么在计算浴缸的销售价格时需要减去（其他可变成本一起被减去）来确定各种型号浴缸边际利润，那么我们应该最多愿意支付 2,700 美元——多于为了获得 162 小时工时通常所支付的数额。在这种情况下，初始利润为 66,100 美元，修订过的利润为 68,800 美元，它们分别代表正常劳动费用被支付后赚取的利润。因此，可以额外支付 2,700 美元来获得附加的 162 个工时（或每附加 1 个工时额外支付 16.67 美元），且仍然至少获得与未附加 162 个工时一样多的利润。因此，如果正常工资是每小时 12 美元，那么我们可以支付每小时 28.67 美元来获得一个额外工时。

另一方面，如果劳动力是一种沉没成本，也就是说，无论生产多少个浴缸都必须支付，那么，在确定每个浴缸的边际利润时不会从浴缸的销售价中扣除劳动力成本。在这种情况下，我们选择支付 16.67 美元每小时的价格来获得额外的 162 个工时。

4.5.8 影子价格的其他应用

因为影子价格代表线性规划中资源的边际价值，所以它可以帮助我们回答一些可能发生的其他管理问题。例如，假设 Blue Ridge 浴缸公司考虑引进一种叫作 Typhoon-Lagoons 的新浴缸，生产一个新浴缸需要 1 个水泵、8 个工时、13 英尺的水管，销售该浴缸可以获得 320 美元的边际利润。那么生产这个新浴缸能够获利吗？

因为 Blue Ridge 浴缸公司资源有限，生产任何数量的 Typhoon-Lagoons 都会消耗一定资源，而这些资源现在正用于生产 Aqua-Spas 和 Hydro-Luxes。所以，生产 Typhoon-Lagoons 将减少其他类型浴缸可用的水泵、工时和水管的数量。图 4.3 中的影子价格指出，现有产品的生产中，减少一个水泵，将减少 200 美元利润。类似地，减少一个工时将减少 16.67 美元的利润。水管的供给可以减少而不影响利润。

因为每单位 Typhoon-Lagoons 的生产需要 1 个水泵、8 个工时、13 英尺的水管，所以生产 1 个新型浴缸造成的资源转移会使利润减少 $200 \times 1 + 16.67 \times 8 + 0 \times 13 = 333.33$（美元）。利润减少的一部分会被生产一个 Typhoon-Lagoons 浴缸所取得的 320 美元利润所抵消。生产一个 Typhoon-Lagoons 浴缸会使总利润减少 13.33 美元（320-333.33=-13.33）。因此，Typhoon-Lagoons 的生产是不会增加利润的（虽然公司可能为了营销目的而选择生产少量的 Typhoon-Lagoon 以增加公司的产品品种）。

另一种确定是否应该生产 Typhoon-Lagoons 浴缸的方式，是将这个可选产品增加到我们的模型中,并求解由此产生的线性规划问题。这个修改的线性规划问题表示如下,其中 X_1、X_2 和 X_3 分别代表生产 Aqua-Spas、Hydro-Luxes 和 Typhoon-Lagoons 的数量。

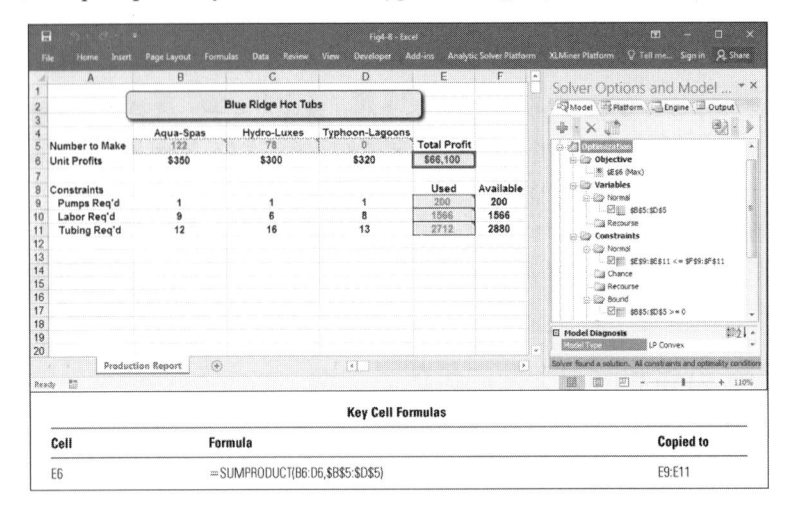

图 4.8　三种浴缸产品组合修订问题的电子表格模型

$$\text{MAX:} \quad 350X_1 + 300X_2 + 320X_3 \quad \}利润$$

$$\text{约束:} \quad 1X_1 + 1X_2 + 1X_3 \leqslant 200 \quad \}工时约束$$

$$9X_1 + 6X_2 + 8X_3 \leqslant 1,566 \quad \}水泵约束$$

$$12X_1 + 16X_2 + 13X_3 \leqslant 2,880 \quad \}水管约束$$

$$X_1, X_2, X_3 \geqslant 0 \quad \}非负性条件$$

图 4.8 给出了这个模型的电子表格中建立并求解的情况(本书的配套文件 Fig4-8.xlsm)。注意这个问题的最优解是生产 122 个 Aqua-Spas(X_1=122)、78 个 Hydro-Luxes(X_2=78)、0 个 Typhoon-Lagoons(X_3=0)。因此,正如所预期的,最优解是不生产 Typhoon-Lagoons。修改后模型的灵敏度报表如图 4.9 所示。

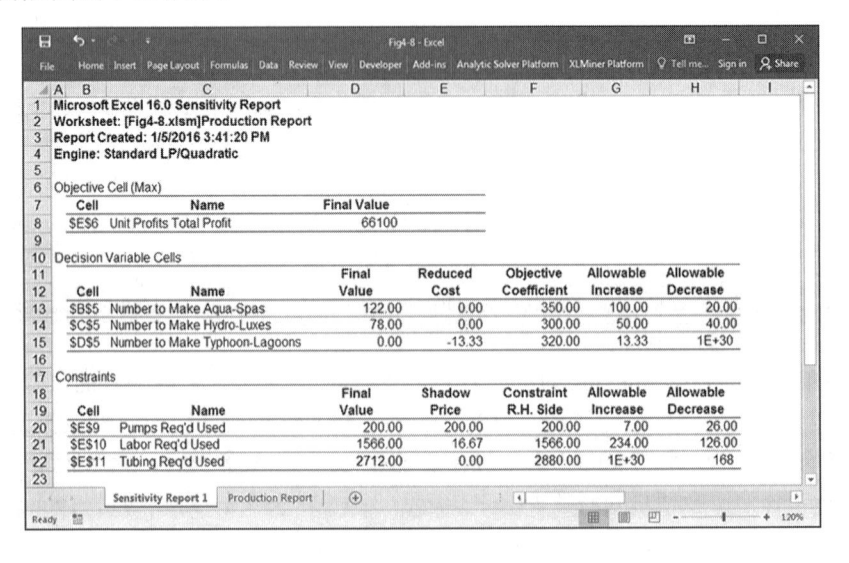

图 4.9　三种浴缸模型的产品组合问题的灵敏度报表

4.5.9 差额成本（Reduced Cost）的意义

图 4.9 中修订模型的灵敏度报表与初始模型的灵敏度报表几乎相同，不同之处在于决策变量单元格区增加了一行。这一行给出了关于生产 Typhoon-Lagoons 浴缸数量的灵敏度信息。注意，差额成本（Reduced Cost）列给出了 Typhoon-Lagoons 的差额成本值是-13.33。这与前面部分讨论的生产 Typhoon-Lagoons 是否能增加利润时计算的结果一致。

每个变量的差额成本等于每单位产品产生的利润减去它消耗的每单位资源的价值（消耗掉的资源是按照它们的影子价格标价的）。例如，模型中每个变量的差额成本计算如下：

Aqua-Spas 的差额成本　　　　=350-200×1-16.67×9-0×12=0

Hydro-Luxes 的差额成本　　　=300-200×1-16.67×6-0×16=0

Typhoon-Lagoons 的差额成本　=320-200×1-16.67×8-0×13 =-13.33

Typhoon-Lagoons 在目标函数中系数的可增加值为 13.33。这意味着只有在 Typhoon-Lagoons 的边际利润小于或等于 333.33 美元（320 美元＋13.33 美元）时，当前最优解才会保持最佳（因为这样才会保持差额成本小于或等于 0）。只有 Typhoon-Lagoons 的边际利润超过 333.33 美元，生产该产品才有利可图，最优解也会发生变化。

非常有趣的是，当达到最优时，已消耗的资源的影子价格（边际值）恰好等于产品边际利润（假设值介于下界和上界之间）。这一结论永远成立。在线性规划问题的最优解中，如果假设变量介于简单下界和上界之间，那么变量的差额成本总是为零（在我们的例子中，所有变量隐含着具有正无穷大上界）。当变量的最优取值等于其简单下界时，在最大化问题中，差额成本小于或等于 0，而在最小化问题中，差额成本大于或等于 0；当变量最优取值等于简单上界时，其差额成本在最大化的问题中大于或等于 0，在最小化问题中小于或等于 0。图 4.10 汇总了这些关系。

问题类别	决策变量的最优取值	最优差额成本值
最大化问题	处于简单下界 处于简单下界和简单上界之间 处于简单上界	≤0 = 0 ≥0
最小化问题	处于简单下界 处于简单下界和简单上界之间 处于简单上界	≥0 = 0 ≤0

图 4.10　最优差额成本值的总结

通常，在最优状态下，若一个变量能增大目标函数值，则这个变量取最大可能值（或者使其等于它的简单上界）。在最大化问题中，若变量值增加，则目标值将会增加（改善），这说明，这个变量的差额成本一定是非负的。在最小化问题中，若变量值增加，则目标函数值将会减少（改善），这说明，这个变量的差额成本一定是非正的。

类似的论述也可以用于解释变量等于其下界时的差额成本。在最优状态，如果一个变量不能改善目标值，那么取它的最小值（下界）。在最大化问题中，如果变量值增加，那么目标函数值将减少（更差），变量的差额成本值必须是非正的。在最小化问题中，如果这个变量值增加，目标函数值将增加（更差），变量的差额成本值一定是非负的。

> **关键点**
>
> 讨论规划求解器中灵敏度报表时强调了有关影子价格及其与差额成本值间关系的一些要点。这些要点总结如下：
> - 资源的影子价格等于为获得生产产品的边际收益所耗费资源的边际价值。
> - 过量供给的资源的影子价格（或边际价值）是 0。
> - 一种产品的差额成本是它的边际利润与其所耗费资源的边际价值之差。
> - 在最优解中，边际利润小于生产所需资源的边际价值的产品不会被生产。

4.5.10 约束条件中系数变化的分析

给定差额成本和影子价格，就可以分析约束中系数的变化如何影响线性规划问题的最优解。例如，假设生产单位 Typhoon-Lagoons 需要 8 个工时，那么 Blue Ridge 浴缸公司生产 Typhoon-Lagoons 是无利可图的。但是，如果生产单位产品只需要 7 个工时，情况将会怎样？Typhoon-Lagoons 的差额成本值计算如下：

$$\$320-\$200\times1-\$16.67\times7-\$0\times13=\$3.31$$

因为这个新的差额成本的值是正的，因此，在这种情况下生产 Typhoon-Lagoons 会增加利润，但是图 4.8 中的解将不再是最优解。我们也可以在电子表格模型中改变 Typhoon-Lagoons 的工时需求，求解新问题并得出此结论。事实上，如果生产单位 Typhoon-Lagoons 需要 7 个工时，就必须使用重新求解的方法确定新的最优解是多少。

再举一个例子，假定我们想知道在保证生产是经济合理的前提下组装 1 个 Typhoon-Lagoons 所需的最大工时。如果产品的差额成本大于或等于 0，生产 Typhoon-Lagoons 浴缸就有利可图。如果用 L_3 代表生产 1 个 Typhoon-Lagoons 所需的工时，那么我们想找到 L_3 的最大值，同时保证 Typhoon-Lagoons 的差额成本大于或等于 0。即，我们希望求出满足下列不等式的 L_3 的最大值：

$$\$320-\$200\times1-\$16.67\times L_3-\$0\times13\geqslant0$$

从这个不等式中解出 L_3，得

$$L_3\leqslant120/16.67=7.20$$

因此，只要生产单位产品所需要的工时不超过 7.2 个小时，生产 Typhoon-Lagoons 就是经济合理性的。同类问题都可通过差额成本、影子价格和最优条件间的基本关系给予求解。

4.5.11 同时改变多个目标函数系数

早些时候我们注意到，在灵敏度报表中，目标函数系数的"可增加量"列和"可减少量"列的数值表示在保证最优解不变的情况下，每个目标系数可以变化的最大值——假设其他系数都保持不变。一种被称为"100%规则"的技术可以确定当不止一个目标函数系数发生变化时，最优解是否仍保持最优。采用该规则可能会出现以下两种情况：

情况 1：所有变量在其目标函数系数变化时其差额成本都非零。

情况 2：至少有一个变量在目标函数系数变化时其差额成本是零。

在情况 1 中，若每个变量的目标函数系数在灵敏度报表中可增加量和可减少量在给出数值的范围内，则最优解保持不变。

情况 2 有点棘手。在情况 2 中，必须进行以下分析，其中：

c_j＝变量 X_j 的初始目标函数系数

Δc_j＝c_j 的计划改变量

I_j=灵敏度报表中 c_j 可增加的量

D_j=灵敏度报表中 c_j 可降低的量

$$r_j = \begin{cases} \dfrac{\Delta c_j}{I_j}, & \text{当} \Delta c_j \geq 0 \text{时} \\ \dfrac{\Delta c_j}{D_j}, & \text{当} \Delta c_j < 0 \text{时} \end{cases}$$

注意，r_j 用来度量 c_j 的计划改变量与在保证目前的解仍为最优的情况下，c_j 最大允许变化量的比值。若只有一个目标函数系数变化，则当 $r_j \leq 1$ 时（或者，若 r_j 的表达形式是百分比，它一定小于等于 100%）目前的解仍是最优解。类似地，若不止一个目标函数系数发生变化，则当 $\sum r_j \leq 1$ 时，目前的解仍是最优解（注意，若 $\sum r_j > 1$，则目前最优解可能仍然是最优，但是不能保证）。

4.5.12 关于退化问题的警告

线性规划问题求解过程中会出现一种称为退化的数学异常现象。若某个约束的右端项的可增加量或可减少量为 0，则这个线性规划的解是退化的。退化的存在影响我们对灵敏度报表中数值的解释，表现在如下一些重要方面：

（1）当出现退化解时，前面提到的寻找可选最优解的方法就不能用了。

（2）当出现退化解时，变量单元格的差额成本可能不止一个。除此之外，在这种情形下，变量单元格的目标函数系数在最优解发生变化之前至少改变与其各自差额成本一样多（或更多）的值。

（3）当出现退化解时，目标函数系数的可增加量和可减少量仍然成立。事实上，参数的变化基本上都超出了可增加和可减少的限制范围才会导致最优解变化。

（4）当出现退化解时，给定的影子价格和它的范围仍可用常用方式进行解读，但也不是唯一的方式。即可能会有不同的影子价格及其范围也适用于该问题（即使最优解是唯一的）。

因此，在解读灵敏度报表中结果之前，应该首先检查解是否发生了退化，因为这对解释报表中的数字有严重的影响。对退化的完整解释本书不做讨论。但是，退化的发生有时是因为线性规划模型中有多余约束。如果要依据退化线性规划问题的灵敏度报表做出的重要的商业决策，那么要特别小心（或向数学编程方面的专家咨询）。

4.6 变量范围报表

图 4.11 给出了原 Blue Ridge 浴缸问题中的变量范围报表（Limits Report）。报表列举了目标单元格的最优值。接着汇总了每个变量单元格的最优值，并给出了当每个变量单元格被设定为其上限或下限时目标单元格的值是什么。下限（Lower Limits）列中的值说明：当其他所有变量单元格的值保持不变且满足所有约束时，每个变量单元格可以取的最小值。上限（Upper Limits）列中的值说明：当其他所有变量单元格的值保持不变且满足所有约束时，每个变量单元格可以取的最大值。

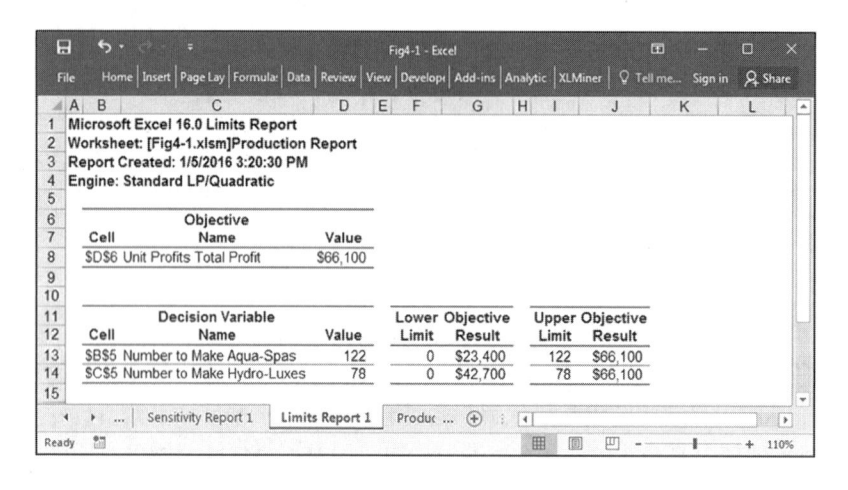

图 4.11　原 Blue Ridge 浴缸问题的变量范围报表

4.7 特定的灵敏度分析法

虽然规划求解器中内置的标准灵敏度报表非常有用，但是它们有时不能预测和求解每个线性规划问题求解中出现的问题及改变参数对最优解的影响问题。然而，ASP 提供了一些强大的功能，我们可以使用这些功能去求解特定类型的灵敏度分析问题。在这一部分，我们介绍两个特定专用的工具：雷达图或蜘蛛图（Spider Plots）和规划求解器求解表（Solver Tables）（译者注：下文统一用"雷达图"和"求解表"来表述这两个工具）。雷达图汇总了当不同输入单元格改变时，一个输出单元格中最优值的变化。求解表汇总了当单独改变一个输入单元格时，多个输出单元格中的最优值产生的变化。通过下面例子的演示就会知道，这些工具可帮助理解模型中不同参数的变化如何影响问题的最优解。

4.7.1 建立雷达图和求解表

回想一下，初始的 Blue Ridge 浴缸问题的最优解是生产 122 单位的 Aqua-Spas 和 78 单位的 Hydro-Luxes，获得总利润为 66,100 美元。然而，这个解假设刚好有 200 台水泵、1,566 个工时和 2,880 英尺水管可供使用。在实际中，水泵和水管有时是坏的，工人有时会请病假。所以，公司的所有者可能想知道总利润对这些资源变化的灵敏度如何。虽然规划求解器的灵敏度报表提供了关于这个问题的一些信息，但雷达图和求解表有时更有助于向管理层传达这方面的信息。

同样，当改变模型中不同输入单元格（或参数）的值，并同时保持其他输入单元为其初始值（或"基准值"）时，雷达图汇总出某一个输出单元格的最优取值。在这种情况下，应该关注的是代表总利润的输出单元格 D6，以及代表水泵量、工时量和水管量的输入单元格 E9、E10 和 E11。图 4.12（本书的配套文件 Fig4-12.xlsm）给出了在电子表格中创建这个问题的雷达图的设置方法。

图 4.12 中的策略是单独地（一次一个地）将水泵、工时和水管的可用性在其初始值的 90%～110% 变化，同时将其他资源数量保持在基准值。单元格 F9 到 F11 中列出了三个参数的基准值。对于这三个参数中的每一个，我们都创建并优化 11 个不同的情景（同时将其他两个参数保持在它们的基准值），并记录相应的目标函数最优值（单元格 D6）。因此，我们使用 ASP 来求解 Blue Ridge 浴缸的 33 个（即 3×11）问题。在前 11 次运行中，令第一个参数（可用水泵的数量）在基准值的 90%～110% 变化。接下来的 11 次（12 到 22 轮）运行中，令第二个参数（可用工时的

数量）在基准值的 90%～110%变化，在最后的 11 次（23～33）运行中，令第三个参数（可用水管的数量）在基准值的 90%～110%变化。

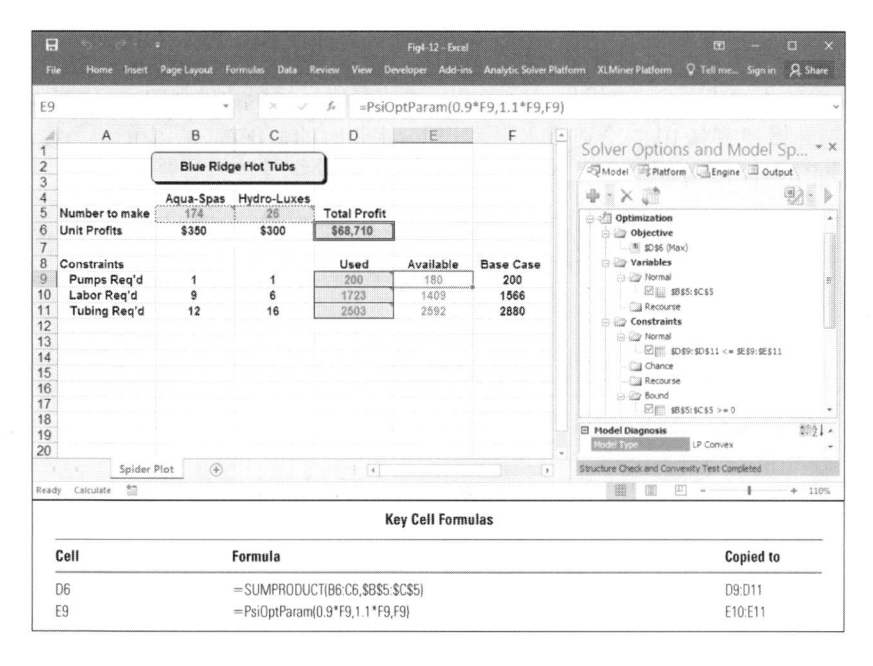

图 4.12　创建一个雷达图和求解表的设置方法

单元格 E9 中公式的取值会随着单元格 F9 中基准值的 90%～110%之间改变而改变，公式如下：

单元格 E9 的公式：　　=PsiOptParam(0.9*F9,1.1*F9,F9)

注意，函数 PsiOptParam()公式中的前两个部分指定参数的最小值和最大值，第三个部分为单元格基准值。因此，这个公式的一般形式是 =PsiOptParam（最小值，最大值，基准值）。E10 和 E11 单元格中相似的公式也会随着 F10 和 F11 中的基准值的 90%～110%变化而分别发生变化。

为了求解该问题，我们使用与前面相同的方法设置目标单元格、变量单元格和约束单元格。然而，为了使用 ASP 对这个问题进行优化并将结果图表化，需要执行下列操作：

（1）在 ASP 选项卡处，单击"Charts"→"Multiple Optimizations"→"ParameterAnalysis"（该操作在图 4.13 中的对话框出现）。

（2）按照图 4.13 所示选择相应选项并单击确定。

ASP 随后运行此次分析所需的 33 个优化进程并给出图 4.14 中称为"贴心的雷达图"的图表结果（为了明确表述，我们手动在图中添加了标签）。注意：因为图 4.13 的对话框中要求主轴上有 11 个点，且要改变三个参数，所以必须执行 33 个优化。另外，因为每个参数

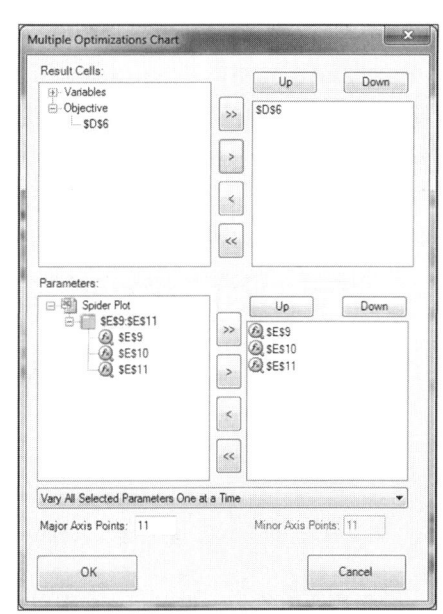

图 4.13　雷达图的对话框设置

在 90%的基准值至 110%的基准值之间的 11 个等间隔值上变化,所以这个例子中实际使用的值分别是基准值的 90%、92%、94%、96%、98%、100%、102%、104%、106%、108%和 110%。一般来说,当最大百分比(MAX)与最小百分比(MIN)之间以 n 个主轴点改变一个参数时,优化次数 $i(P_i)$ 中使用的百分比计算公式为 $P_i=\text{MIX}+(i-1)*(\text{MAX}-\text{MIX})/(n-1)$。

图 4.14 中的点给出了 33 次优化运行中每一次的最优目标函数值(单元格 D6)。图表中的中心点对应初始模型中有 100%个可用水泵、工时、水管时的最优解,图中的每条线说明了在初始基准值的 90%~110%改变不同资源水平对总利润的影响。

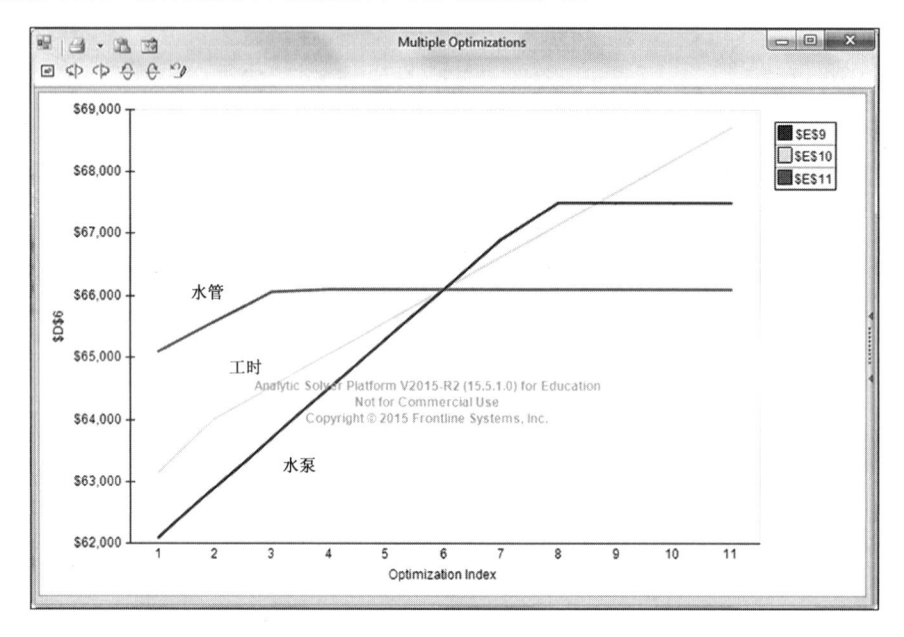

图 4.14　体现利润与用水泵、工时、水管关系的雷达图

图 4.14 清晰地表明了总利润对水管可用性(E11)的微小减少或大幅增加相对不敏感。这与先前图 4.9 中显示的水泵相关的灵敏度信息是一致的。初始问题的最优解使用了所有的水泵和工时,但是只使用了 2,880 英尺可用水管中的 2,712 英尺。结果,即使可用水管减少了 168 英尺(或者只用初始值的 94.2%),我们也可以实现相同水平的利润。类似地,因为没有使用所有的可用水管,所以获得更多的水管只会多余,不会增加利润。因此,分析表明:在这个问题中,水管的用量不应该受到更大的关注。另一方面,雷达图显示可用水泵数和工时数的变化对本问题利润和最优解有更加显著的影响。

图 4.15　总结利润与用水泵、工时、水管关系的雷达表

雷达图中的数据也可以在雷达表中进行总结。使用 ASP 就可容易地创建雷达表。就例子中的问题建立雷达表的步骤如下:

（1）在 ASP 标签中单击"报表（Reports）"→"优化（Optimization）"→参数分析（parameter Analysis）（这些操作后会出现一个对话框，如图 4.13 所示）。

（2）选择图 4.13 中所示的选项，然后单击确认。

雷达表的结果如图 4.15 所示。为了表述明确，注意在表格中手工添加了标签。此外，我们还在此表中使用了条件格式的"热图"类型，以便更容易区分表格中的较大值和较小值（通过在功能区的"主页"选项卡上使用"条件格式"→"色阶"命令完成）。该表格提供了雷达图中绘制的每条线的数字细节。

4.7.2 创建一个求解表

图 4.14 中的雷达图显示获得的总利润对于可用水泵数量变化的灵敏度是最强的。我们可以通过建立一个求解表来更加详细地研究水泵数量变化的影响。回忆一下，求解表汇总了仅一个输入单元格改变时多个输出单元格的最优值。在这种情况下，我们仅希望改变的一个输入单元格是代表可用水泵数量的单元格 E9。我们想要追踪几个输出单元格所发生的变化，包括生产 Aqua-Spas 和 Hydro-Luxes 浴缸（单元格 B5 和 C5）的最优数量，总利润（单元格 D6），以及所使用的水泵、工时和水管（单元格 D9、D10 和 D11）的总数量。图 4.16（本书的配套文件 Fig4-16xls）给出了如何建立本问题的求解表。

在这个问题中，我们执行 11 次优化，水泵的数量从 170 个变化到 220 个。如下在单元格 E9 中输入的公式设置了水泵的数量或称为"参数化"水泵的数量，使其值随着每次优化进程的运行而改变：

单元格 E9 的公式： =PsiOptParam(170,220,200)

从图 4.16 中以看出，在约束为$D$9:$D$11<=$E$9:$E$11 时，"检测值（Monitor Value）"属性被设置为 True。这使 ASP 持续跟踪约束左端项的最终值（即 D9、D10 和 D11 单元的最终取值，这三个单元格的分别对应于每次优化中的水泵、工时和水管的数量）。目标单元和变量单元的"检测值"属性默认为 True。

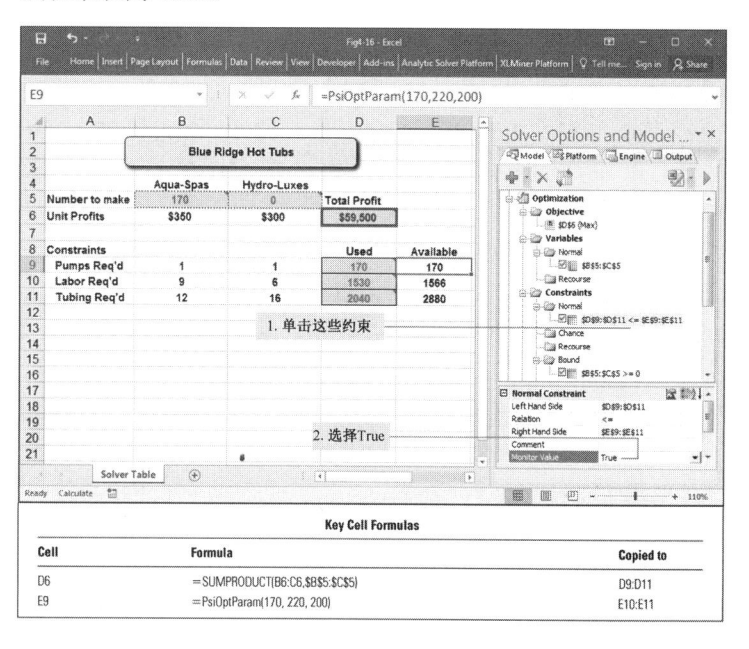

图 4.16 建立求解表的设置方法

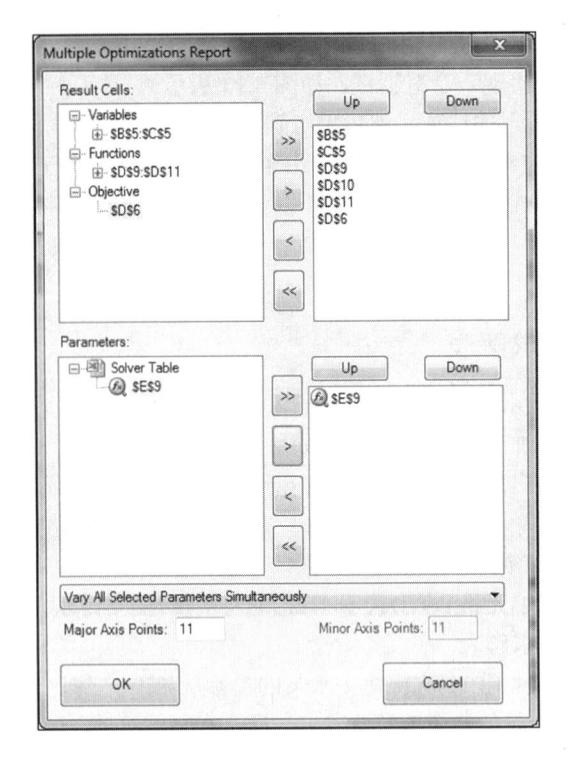

图 4.17 创建求解表的对话框设置

为了求解该问题，我们使用与前面相同的方法设置目标单元格、可变单元格和约束单元格。使用 ASP 运行此问题所需的多次优化并进行总结，请执行下列操作：

（1）在 ASP 中单击"报表"→"优化"→"参数分析"（执行这些操作后会出现一个对话框，如图 4.17 所示）。

（2）选择图 4.17 所示的选项，然后单击"OK"按钮。

ASP 随后运行分析所需进行的 11 次优化，结果显示在图 4.18 中（为了表述明确，手动添加了表格中的列标题）。除此之外，每个参数设置为 170~220 的等间距的值，例子中的有效值包括 170、175、180、185、190、195、200、205、210、215 和 220。通常来说，当参数在最小值和最大值上以 n 个主轴点变化时，优化值 $i(V_i)$ 的参数值通过公式 $V_i=\text{MIN}+(i-1)*(\text{MAX}-\text{MIN})/(n-1)$ 得出。

在图 4.18 中观察到了一些有趣的结论。对比 A 列和 D 列，水泵的可用数量从 170 增加到 205，它们会全部被使用。当使用 175 台水泵时，也开始使用所有可用的工时。但是当水泵可用数量增加到 210 或者更多时，只有 207 台水泵被使用，因为我们用完了所有水管和工时。这表明，除非公司可以增加可用的水管和工时的数量，否则不应该再额外增加 7 个以上的水泵。

还应注意的是，初始供给的 200 台水泵增加 5 台或减少 5 台将使得目标函数的最优值（E 列）改变 1,000 美元。这表明，如果公司有 200 台水泵，那么每台水泵的边际价值大约是 200 美元（例如，1,000 美元/5=200 美元）。当然，这与前面在图 4.9 中给出的水泵的影子价格是相等的。

最后，有一个有趣的发现：当水泵可用数量在 175~205 时，每增加 5 台水泵使 Aqua-Spas 的最优数量减少 10 个单位，使 Hydro-Luxes 的最优数量增加 15 个单位。因此，求解表优于灵敏度报表的一点是，它不仅告诉你目标函数的最优值随水泵数量的变化改变多少，而且还告诉你最优解改变多少。

Pumps Available	Aqua-Spas	Hydro-Luxes	Pumps Used	Labor Used	Tubing Used	Total Profit
$E$9	$B$5	$C$5	$D$9	$D$10	$D$11	$D$6
170	170	0	170	1530	2040	$59,500
175	172	3	175	1566	2112	$61,100
180	162	18	180	1566	2232	$62,100
185	152	33	185	1566	2352	$63,100
190	142	48	190	1566	2472	$64,100
195	132	63	195	1566	2592	$65,100
200	122	78	200	1566	2712	$66,100
205	112	93	205	1566	2832	$67,100
210	108	99	207	1566	2880	$67,500
215	108	99	207	1566	2880	$67,500
220	108	99	207	1566	2880	$67,500

图 4.18 体现最优解、利润和资源随着水泵数量的变化而变化的求解表

4.7.3 说明

附加的求解表和雷达图/表可以分析模型中的各个元素，包括目标函数和约束系数。然而，这些技术被认为是"相当昂贵的"，因为它们需要重复求解线性规划模型。对 Blue Ridge 浴缸这样的小规模问题来说，这一点并不是大问题。但随着问题的规模和复杂性的增加，这个方法对于灵敏度分析可能就变得不实用了。

4.8 鲁棒优化

正如我们所见，线性规划问题的最优解出现在可行域的边界上。给出一组数据，这些边界值就会被精确确定。数据的任何不确定和改变都会导致可行域边界值的不确定或变化。因此，线性规划问题的最优解似乎有些脆弱，如果线性规划中的任一参数错了或与模型所解释的现实现象不一致，那么最优解可能会变得不可行（会造成重大损失）。近几年，这一现象引起一些研究人员和从业者去关注（而且往往更喜欢）优化问题的鲁棒解［稳健解。（译者注：也有学者将 Robust Optimization 翻译为稳健优化，更贴近词语本身的意思，鲁棒优化是国内较通用的翻译）］。线性规划问题的鲁棒解在可行域的内部（而不是在可行域的边界上），且有一个合理的目标函数值。显然，这样一个解不会令目标函数值取得最大值（或最小值）（具有平凡解的情况除外），因此这个解在传统意义上不是一个最优解。然而，如果模型参数发生适度的扰动或变化，那么鲁棒解通常是可行解。

ASP 提供了一些功能强大的工具确定优化问题的鲁棒解。在线性规划问题中，我们可以利用不确定性集合（USet）机会约束来表达约束系数的不确定性。为了说明这一点，我们回顾一下初始 Blue Ridge 浴缸问题，每个 Aqua-Spas 需要有 1 个水泵、9 个工时、12 英尺水管。这个问题的最优解是生产 122 个 Aqua-Spas 浴缸和 78 个 Hydro-Luxes 浴缸（如图 4.1 所示）。我们很清楚，每个浴缸需要 1 个水泵，因此这个约束是确定的。然而，实际工时和水管的数量可能与之前的假设值稍有不同。因此，假设每单位浴缸所需的工时将会在初始值的基础上变化 15 分钟（或 0.25 小时），所需水管数量变化 6 英寸（或 0.5 英尺）。即，虽然每个 Aqua-Spas 所需工时是不确定的，但是可合理预测其在 8.75 小时和 9.25 小时之间均匀变化，每单位 Hydro-Luxes 所需工时可以合理预测其在 8.75 小时和 9.25 小时之间均匀变化。类似地，虽然每个 Aqua-Spas 所需水管是不确定的，但是可合理预测其在 11.5 英尺和 12.5 英尺之间均匀变化，每单位 Hydro-Luxes 所需水管可合理预测其在 15.5 英尺和 16.5 英尺之间均匀变化。图 4.19（本书的配套文件 Fig4-19.xlsm）给出了 Blue Ridge 浴缸问题的修订版本，说明了工时和水管约束的不确定性。

在图 4.19 中，注意先前单元格 B10 到 C11 中的常数已经被下列随机数生成器取代。

单元格 B10 的公式：　　=PsiUniform(8.75,9.25)
单元格 C10 的公式：　　=PsiUniform(5.75,6.25)
单元格 B11 的公式：　　=PsiUniform(11.5,12.5)
单元格 C11 的公式：　　=PsiUniform(15.5,16.5)

函数 PsiUniform（下界，上界）是一个 ASP 内置的函数，当每次重新计算电子表格时，它在下界和上界之间的均匀分布中获得随机值。因为这些数字是随机产生的（或是随机抽样的）实际数字，所以你的电脑上显示的数字可能与图 4.19 中的数字不同（而且，当按下 F9 功能键重新计算电子表格时，数字也会发生变化）。我们发现，这个问题的最优解是 122 个 Aqua-Spas 和 78 个 Hydro-Luxes，实际上这个解不符合图 4.19 所示情形的工时约束。因此，正如前文所说，若只是简单忽略一个或多个系数取值存在不确定性或假设它们不存在，则线性规划问题的最优解实际上最终会变得不可行。图 4.19 的电子表格没有忽视工时与水管参数的不确定性，反而对它们进行了明确的建模。

我们发现图 4.19 中关于水泵已用数量约束是以一种通用方式定义的，在 ASP 任务窗格"模型（Model）"选项卡上显示为"正常（Normal）"约束。当定义工时与水管的约束时，必须选择 Uset 约束类型，并为"Set Size"指定一个值（注意这些约束在 ASP 任务窗格模型选项卡上表现为机会约束）。Set Size 有时被称为约束的不确定性估计，没有规定方法去确定 Set Size 值。通常来说，当 Set Size 值增加时，获得的解也会变得更保守（或更加稳健）。

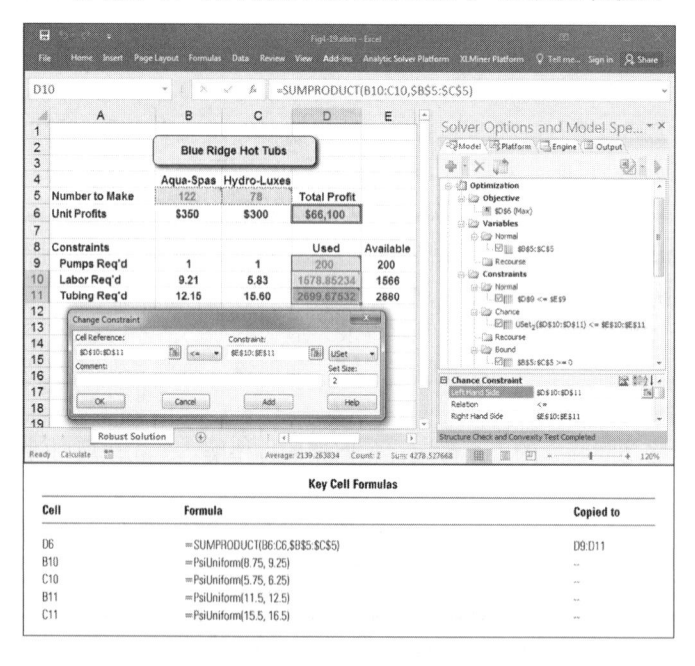

图 4.19　Blue Ridge 浴缸问题的鲁棒优化电子表格

当我们求解了这个问题，ASP 其实可以表达更大规模的线性规划问题——USet 约束系数具有若干个不同的取值。接着求解问题获得满足所有可能约束组合的最终解。图 4.20 给出了 ASP 为这个问题找到的第一个解。这个解认为应该生产 105 个 Aqua-Spas 浴缸和 94 个 Hydro-Luxes 浴缸，从而可获得 64,945 美元的利润。如果将这个解在初始确定性假设下计算，即生产一个 Aqua-Spas 浴缸需要 9 个工时、12 英尺水管，生产一个 Hydro-Luxes 浴缸需要 6 个工时和 16 英尺水管，你会发现这个解使用了 1,566 个工时中的 1,509 个工时、2,880 英尺水管中 2,764 英尺的水管。所以，正如规划求解器任务框中输出选项卡表明的，这是一个"保守解"，并没有尽可能利用所有可用资源。如果单击"输出"选项卡旁边的绿色小按钮，那么 ASP 将显示一个不那么保守的解，如图 4.21 所示。

图 4.21 中的解认为生产大约 115 个 Aqua-Spas 浴缸和 85 个 Hydor-Luxes 浴缸，可获得 65,769 美元利润。如果将这个解在初始确定性假设下计算（生产一个 Aqua-Spas 浴缸需要 9 个工时、12 英尺水管，生产一个 Hydro-Luxes 浴缸需要 6 个工时、16 英尺水管），你会发现这个解使用了 1,566 个工时中的 1,545 个工时、2,880 英尺水管中 2,740 英尺的水管。这个解比图 4.20 中的解获得更多利润，但是更接近劳动力约束的边界。

正如我们看到的，鲁棒优化是一种非常强大的技术，但对决策者而言，在设置 Set Size 值和权衡约束安全边际（允许有不确定性）与损失目标函数值方面，需要反复试错。对鲁棒性的讨论超出了本书范围，可以阅读 ASP 用户手册获得更多相关信息。在第 20 章中将探索不确定情况下的优化方法。

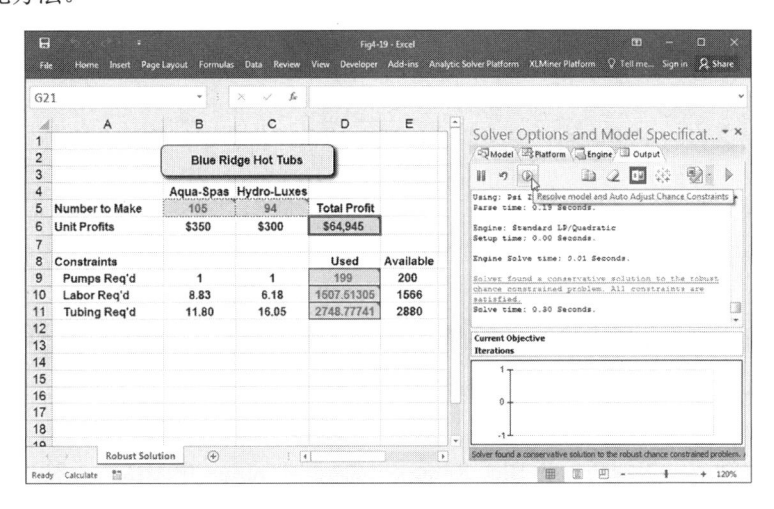

图 4.20 Blue Ridge 浴缸问题的鲁棒解

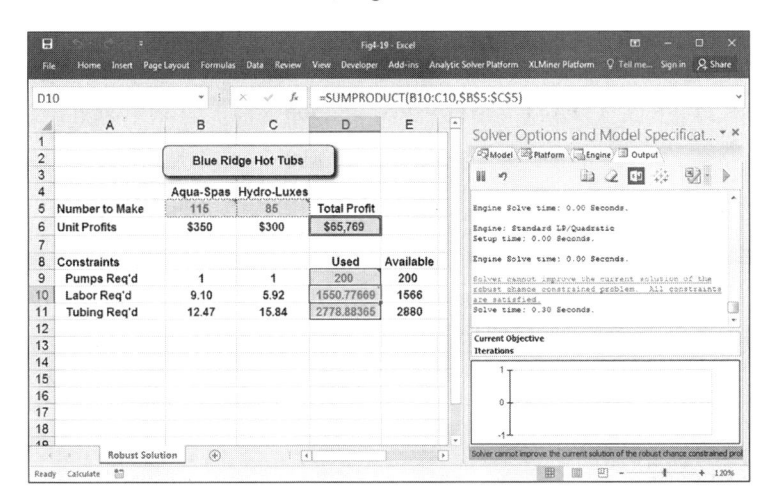

图 4.21 Blue Ridge 浴缸问题的不太保守的鲁棒解

4.9 单纯形法

我们多次提到单纯形法是求解线性规划问题是首选方法。本节给出单纯形法的概述，并解释如何把它与求解结果报表和灵敏度报表中的部分内容联系在一起。

4.9.1 利用松弛变量建立等式约束

因为初始的 Blue Ridge 浴缸问题的线性规划模型中只有两个决策变量（X_1，X_2），所以你可能很惊讶，发现实际上求解这个问题时使用了 5 个变量。如同在第 2 章看到的，当绘制线性规划问题约束条件的边界线时，使用等式条件比小于或等于，或者大于或等于条件更容易求解问题。类似地，单纯形法需要将线性规划中的所有约束条件表达为等式。

为了使用单纯形法求解线性规划问题，规划求解器会暂时将所有不等式约束转化为等式约束——给小于或等于约束加上一个新变量，或者给从大于或等于约束中减去一个新变量。用于建立等式约束的新变量称为松弛变量。

例如，考虑小于或等于约束：

$$a_{k1}X_1 + a_{k2}X_2 + \cdots + a_{kn}X_n \leq b_k$$

通过在约束方程的左端中加上一个非负松弛变量 S_k，将这个约束转化为等式约束：

$$a_{k1}X_1 + a_{k2}X_2 + \cdots + a_{kn}X_n + S_k = b_k$$

变量 S_k 代表 $a_{k1}X_1 + a_{k2}X_2 + \cdots + a_{kn}X_n$ 小于 b_k 的数值。现在，考虑大于或等于约束：

$$a_{k1}X_1 + a_{k2}X_2 + \cdots + a_{kn}X_n \geq b_k$$

通过从约束方程的左端中减去一个非负松弛变量 S_k，将这个约束转化为等式约束：

$$a_{k1}X_1 + a_{k2}X_2 + \cdots + a_{kn}X_n - S_k = b_k$$

这种情况下，变量 S_k 代表 $a_{k1}X_1 + a_{k2}X_2 + \cdots + a_{kn}X_n$ 大于 b_k 的数值。

为了使用单纯形法求解初始的 Blue Ridge 浴缸问题，规划求解器实际上是对下面这个修改后的有 5 个变量的问题进行求解的。

$$\text{MAX:} \quad 350X_1 + 300X_2 \qquad \}\text{利润}$$
$$\text{约束:} \quad 1X_1 + 1X_2 + S_1 = 200 \qquad \}\text{水泵约束}$$
$$9X_1 + 6X_2 + S_2 = 1{,}566 \qquad \}\text{工时约束}$$
$$12X_1 + 16X_2 + S_3 = 2{,}880 \qquad \}\text{水管约束}$$
$$X_1, X_2, S_1, S_2, S_3 \geq 0 \qquad \}\text{非负条件}$$

我们称 X_1 和 X_2 为模型中的结构变量，以将它们与松弛变量区分开。

回想一下，我们并未在电子表格中设定过松弛变量，也没有在约束单元格公式中包含松弛变量，是规划求解器自动设定了所需的松弛变量求解给定问题的。规划求解器唯一一次提及这些变量是它在创建图 4.2 所示的求解结果报表时。求解结果报表中的"松弛变量"栏的数值对应着松弛变量的最优解。

4.9.2 基可行解

所有线性规划问题中的不等式约束都被转化为等式约束（加上或减去适当的松弛变量）后，线性规划模型中的所有约束就构成一个线性方程组。如果一个方程组中一共有 m 个方程、n 个变量，那么这类方程组的一个求解策略是，选择任意 m 个变量并假设其他所有的变量等于其下界（下界通常为 0），然后求解出这 m 个变量的值。这个策略要求方程组中变量的个数要大于约束的个数，即 $n \geq m$。

线性规划模型中被选出来求解方程组的 m 个变量称为基变量，其余的变量称为非基变量。若一个方程组的解可以用给定的一组基变量来得到（令所有非基变量都等于零），这个解则称为基可行解。每一个基可行解对应线性规划问题可行域的一个极值点，并且线性规划问题的最优解也出现在极值点上。所以求解线性规划问题的关键是，找到一组基变量（及其最优解），也就是找到对应于可行域最优极值点的基可行解。

因为修改后的问题涉及 3 个约束和 5 个变量，所以有 10 种不同的方式选择 3 个基变量构成可能的基可行解。图 4.22 汇总了这 10 种选择的结果。

	基变量	非基变量	解	目标函数值
1	S_1, S_2, S_3	X_1, X_2	$X_1=0, X_2=0,$ $S_1=200, S_2=1,566, S_3=2,880$	0
2	X_1, S_1, S_3	X_2, S_2	$X_1=174, X_2=0,$ $S_1=26, S_2=0, S_3=792$	60,900
3	X_1, X_2, S_3	S_1, S_2	$X_1=122, X_2=78,$ $S_1=0, S_2=0, S_3=168$	66,100
4	X_1, X_2, S_2	S_1, S_3	$X_1=80, X_2=120,$ $S_1=0, S_2=126, S_3=0$	64,000
5	X_2, S_1, S_2	X_1, S_3	$X_1=0, X_2=180,$ $S_1=20, S_2=486, S_3=0$	54,000
6*	X_1, X_2, S_1	S_2, S_3	$X_1=108, X_2=99,$ $S_1=-7, S_2=0, S_3=0$	67,500
7*	X_1, S_1, S_2	X_2, S_3	$X_1=240, X_2=0,$ $S_1=-40, S_2=-594, S_3=0$	84,000
8*	X_1, S_2, S_3	X_2, S_1	$X_1=200, X_2=0,$ $S_1=0, S_2=-234, S_3=480$	70,000
9*	X_2, S_2, S_3	X_1, S_1	$X_1=0, X_2=200,$ $S_1=0, S_2=366, S_3=-320$	60,000
10*	X_2, S_1, S_3	X_1, S_2	$X_1=0, X_2=261,$ $S_1=-61, S_2=0, S_3=-1,296$	78,300

注：*表示非可行解

图 4.22 初始 Blue Ridge 浴缸问题可能的基可行解

图 4.22 中的前 5 个解是可行的，因而代表本问题的基可行解。其余的解不满足非负条件，所以是非可行解的。图 4.22 中给出的最优可行方案对应于问题的最优解。尤其是，当 X_1、X_2 和 S_3 选为基变量，S_1 和 S_2 是非基变量并令它们等于它们的下界（0）时，需要确定满足下列约束的 X_1、X_2 和 S_3 的值：

$$1X_1 + 1X_2 \quad\quad = 200 \quad \}水泵约束$$

$$19X_1 + 6X_2 \quad\quad = 1566 \quad \}工时约束$$

$$12X_1 + 16X_2 + S_3 = 2880 \quad \}水管约束$$

注意，修改后的等式约束中不包含 S_1 和 S_2，因为我们假设这些非基变量的值等于 0（它们的下界）。使用线性代数，单纯形法得到数值 $X_1=122$，$X_2=78$ 和 $S_3=168$，满足上面给出的方程组。所以，该问题的一个基可行解是 $X_1=122$，$X_2=78$，$S_1=0$，$S_2=0$ 和 $S_3=168$。如图 4.22 所示，这个解产生的目标函数值为 66,100 美元（注意，松弛变量 S_1、S_2 和 S_3 的最优值也与图 4.2 所示求解结果报表中约束单元格的松弛变量单元格 D9、D10 和 D11 相对应）。图 4.23 给出了图 4.22

中列出的基可行解与本问题可行域极值点之间的关系。

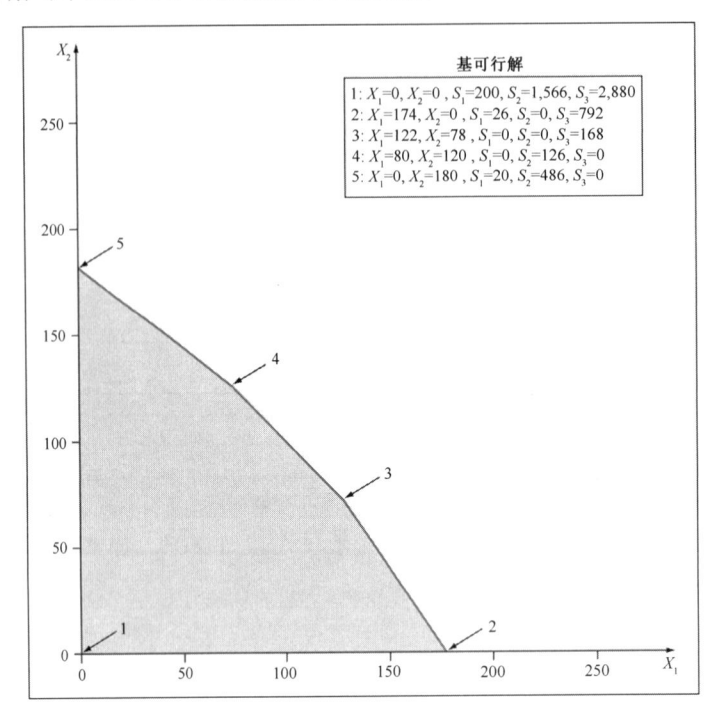

图 4.23 基可行解与极值点之间的关系

4.9.3 寻找最优解

单纯形法首先确定线性规划问题的任意一个基可行解（或极点），然后移动到相邻极值点，前提是这个相邻的极值点可以改进目标函数值。当没有相邻极点能使目标函数值更优时，当前的极值点就是最优的，单纯形法结束。

从一个极值点移动到相邻极值点的过程，是通过将一个基变量与非基变量进行交换，从而产生与相邻极值点对应的新基可行解来完成的。例如，在图 4.23，从第一个基可行解（点 1）移动到第 2 个基可行解（点 2）是使 X_1 成为基变量，S_2 成为非基变量。类似地，可以通过交换基变量与非基变量从点 2 移动到点 3。因此，从图 4.23 中的点 1 开始，单纯形法可以移动到点 2，然后移动到点 3 得到最优解。另外，单纯形法可以从点 1 通过点 5 和点 4 移动到点 3 的最优解。因此，单纯形法虽然不能保证采取最短的路线求解线性规划问题的最优解，但它最终会找到最优解。

为了确定交换一个基变量与一个非基变量是否能得到更优的解，单纯形法计算每个非基变量的差额成本，以确定当这些变量中的任何一个被一个基变量替换后目标函数是否能改进（注意，在单纯形法中，无界解很容易通过某种非基变量来检测——若将此非基变量与基变量交换，则会使目标函数将趋于无穷大）。重复这个过程直到不能进一步改进目标函数值为止。

4.10 本章小结

本章介绍了线性规划模型对可能出现在模型或其最优解中各种变化的灵敏度的评价方法。通过重新求解模型，可以很容易地分析 LP 模型中变化的影响。规划求解器也可自动提供大量的灵敏度信息。对线性规划问题，用单纯形法求解问题可以得到最多的灵敏度信息。在使用灵敏度报表中的信息之前，应该首先检查是否存在退化问题，因为这可能对如何解释该报表中的数字有重大的影响。虽然敏感度报表中提供的信息很有用，但它并不能为分析师提供有关线性规划最优解所有问题的答案。因此，可以使用各种专用技术（如雷达图/表和求解表）来帮助求解可能出现的特定问题。

单纯形法仅仅考虑可行域的极值点，是求解线性规划问题的一种有效方法。在该方法中，首先引入松弛变量，将所有约束转换为等式约束。单纯形法逐步移动到可以获得更优目标函数值的顶点上，直到没有相邻的极值点可以给出更优的目标函数值为止。

4.11 参考文献

[1] Bazaraa, M., J. Jarvis, and H. Sherali. *Linear Programming and Network Flows*. New York: Wiley, 2009.

[2] Shogan, A. *Management Science*. Englewood Cliffs, NJ: Prentice Hall, 1988.

[3] Wagner, H. and D. Rubin. "Shadow Prices: Tips and Traps for Managers and Instructors," *Interfaces*, vol. 20, no. 4, 1990.

[4] Winston, W. *Operations Research: Applications and Algorithms*. Belmont, CA: Duxbury Press, 2003.

商业分析实践
燃油管理和分配模型帮助国家航空公司适应成本和供应变化

燃油是航空公司成本结构中的一个主要组成部分。燃油的价格和可获得性随航空集散站的不同而变化。有时候，飞机携带的燃油量比飞行下一段路线所需的最少油量多一些是有好处的。为了利用特定地点的燃油价格或可用性而装载燃油被称为"tankered"。"tankered"的缺点是，飞机承载更多重量时将增加燃油消耗。

使用线性规划确定飞机在何时何地加油这一措施实施的头两年，就为国家航空公司节省了数百万美元。更重要的是，国家航空公司发现期间公司的平均燃油成本下降了11.75%，而同一时期国内所有干线航空公司的平均燃油成本增长了2.87%。

燃油管理和分配模型中的目标函数包括燃油成本和因燃油满载带来运营成本的增加。模型中的约束条件考虑了可用性、最小储备和飞机容量三个方面。

燃油管理和分配模型的一个极其有用的特点是：当燃油可用性与价格发生突变时，可提供一系列的报表辅助管理层修订燃油装载计划。影子价格及其适用范围提供有关供给变化的信息。每加仑燃油价格变化的信息可从目标函数系数的允许增减量处读取。

例如，可用性报表可能说明在洛杉矶壳牌西部公司购买燃油的最优数量是 2,718,013 加仑；但是，若供给减少，则必须从下一个最有吸引力的供应商处购买燃油，总成本会以每加仑 0.0478 美元（影子价格）的比率增加。这时，在新奥尔良向壳牌西部公司购买 159,293 加仑补足购买量，到洛杉矶"tankered"。

例如，价格报表显示，如果洛杉矶壳牌西部公司燃油价格从当前的 0.3074 美元增加到 0.32583 美元或减少到 0.27036 美元，那么就应该更换供应商。报表也会给出具体替换方案。

来源：Darnell,D.Wayne and Carolyn Loflin," National Airlines Fuel Management and Allocation Model," *Interfaces*, vol.7, no.2, February 1977, pp1—16.

思考题与习题

重要注释：对于需要灵敏度报表的所有问题，请使用 ASP 中标准线性规划/二次引擎（Standard LP/Quadratic Engine）。

1. Howie Jones 使用下列信息计算 Aqua-Spas 浴缸和 Hydro-Luxes 浴缸的利润系数：每台水泵成本 225 美元，每工时成本为 12 美元、水管每英尺成本为 2 美元。除此之外，生产 Aqua-Spas 和 Hydro-Luxes 所需其他资源（供应不短缺）的单位成本分别为 243 美元和 246 美元。利用这些信息，Howie 计算出 Aqua-Spas 和 Hydro-Luxes 的边际利润如下：

	Aqua-Spas	Hydro-Luxes
销售价格	950 美元	875 美元
水泵成本	−225 美元	−225 美元
人工成本	−108 美元	−72 美元
水管成本	−24 美元	−32 美元
其他可变成本	−243 美元	−246 美元
边际利润	350 美元	300 美元

   Howie 的会计看到这些计算结果，认为 Howie 犯了一个错误。为会计核算方便，分摊到产品上的生产费用为 16 美元/工时。Howie 的会计认为，因为生产 Aqua-Spas 需要 9 个工时，所以这种产品的利润应该减少 144 美元。同样，因为生产 Hydro-Luxes 需要 6 个工时，所以这种产品的利润应该减少 96 美元。谁是正确的？为什么？

2. 下界与上界之间取得最优解的变量的差额成本为 0。为什么这一定正确？（提示：如果这样一个变量的差额成本不是 0，那么情况会怎样？对于目标函数值来说这意味着什么？）

3. 在电子表格中建立下列线性规划模型。

$$\text{MAX: } \quad 4X_1 + 2X_2$$
$$\text{约束：} \quad 2X_1 + 4X_2 \leq 20$$
$$3X_1 + 5X_2 \leq 15$$
$$X_1, X_2 \geq 0$$

   使用规划求解器求解问题并创建灵敏度报表。利用这个信息回答下列问题：

   a. 在保持最优解不变的情况下，变量 X_1 在目标函数中的系数的取值范围是什么？
   b. 这个问题的最优解是唯一的吗？或者有其他的最优解吗？
   c. 变量 X_2 在目标函数系数必须增加多少才能获得正的最优解？
   d. 若 X_2 等于 1，则最优目标函数值是什么？
   e. 若第 2 个约束的右端项从 15 变为 25，则最优目标函数值是什么？
   f. 若 X_2 在第 2 个约束中的系数从 5 变为 1，则现在的解还是最优吗？解释为什么？

4. 在电子表格中建立下列线性规划模型。

$$\text{MAX: } \quad 2X_1 + 4X_2$$
$$\text{约束：} \quad -X_1 + 2X_2 \leq 8$$
$$X_1 + 2X_2 \leq 12$$
$$X_1 + X_2 \geq 2$$
$$X_1, X_2 \geq 0$$

使用规划求解器求解问题并建立灵敏度报表。利用这个信息回答下列问题：
   a. 在获得最优解时，哪些约束是严格约束？
   b. 这个问题的最优解是唯一的吗？或者有多重最优解吗？
   c. 若变量 X_1 在目标函数中的系数是 0，则这个问题的最优解是多少？
   d. 保持最优解不变，变量 X_2 在目标函数中的系数最多可以减少多少？
   e. 给定这个问题的目标，如果管理层可以按照相同的成本增加其中任一约束右端项的值，那么您会选择哪一个约束提高，为什么？

5. 在电子表格中建立下列线性规划模型。

$$\text{MAX:} \quad 5X_1 + 3X_2 + 4X_3$$

$$\text{约束:} \quad X_1 + X_2 + 2X_3 \geq 2$$

$$5X_1 + 3X_2 + 2X_3 \geq 1$$

$$X_1, X_2, X_3 \geq 0$$

使用规划求解器求解问题并建立灵敏度报表。利用这个信息回答下列问题：
   a. 保持最优解不变，变量 X_3 在目标函数中的系数可以取到的最小值是什么？
   b. 若变量 X_3 在目标函数中的系数改变为 -1，则最优的目标函数值是多少？（提示：这个问题的答案在灵敏度报表中没有给出。考虑新目标函数与约束中的什么相关？）
   c. 若第 1 个约束的右端项增加到 7，则最优目标函数值是多少？
   d. 若第 1 个约束的右端项减少 1，则最优目标函数值是多少？
   e. 若 X_1 和 X_3 在目标函数中的系数都减少 1，则现在的解还是最优的解吗？

6. CitruSun 公司从位于尤斯蒂斯和克莱蒙特的加工厂向迈阿密、奥兰多和塔拉哈西的经销商运输冷冻的浓缩柑橘汁。每家工厂每周可以生产 20 吨浓缩柑橘汁。公司刚刚收到来自迈阿密的下周订单 10 吨、奥兰多 15 吨、塔拉哈西 10 吨。下表给出了从加工厂到经销商每吨的供给成本：

	迈阿密	奥兰多	塔拉哈西
斯蒂斯	260 美元	220 美元	290 美元
克莱蒙特	230 美元	240 美元	310 美元

公司希望确定完成下周订单的最小成本计划。
   a. 建立这个问题的线性规划模型。
   b. 在电子表格中建立模型，并进行求解。
   c. 最优解是什么？
   d. 最优解是退化解吗？
   e. 最优解是唯一的吗？若不是，求出这个问题的另一个最优解。
   f. 若克莱蒙特的工厂被迫关闭一天，导致损失了 4 吨的产能，那么最优解将怎样变化？
   g. 若尤斯蒂斯的工厂的加工能力减少 5 吨，最优目标函数值是多少？
   h. 解释从尤斯蒂斯到迈阿密运输的差额成本。

7. 使用规划求解器创建第 2 章习题 16 的求解结果报表和灵敏度报表，并回答下列问题：
   a. 在最优解中，有多少剩余安装线圈和检测的能力？
   b. 若公司有 10 小时的额外安装线圈能力，则其总利润是多少？
   c. 交流发电机的利润最多可以增加多少而不必调整生产？
   d. 假设发电机的边际利润减少 50 美元，交流发电机的边际利润增加 75 美元，最优解是否改变？
   e. 假设发电机的边际利润减少 25 美元。保持最优解不变，交流发电机可以获得的最大利润是什么？

f. 假设交流发电机安装线圈所需时间减少到 1.5 小时，最优解会改变吗？为什么？

8. 使用规划求解器创建第 2 章习题 22 的求解结果报表和灵敏度报表，并回答下列问题：
   a. 若 Razor 的利润下降到 35 美元，最优解改变吗？
   b. 若 Zoomer 的利润下降到 35 美元，最优解改变吗？
   c. 解释聚合物供应的影子价格。
   d. 为什么限制了生产的袖珍自行车不超过 700 辆，此约束的影子价格为 0？
   e. 假设公司可以在生产中获得 300 个额外的工时，新的最优利润水平是多少？

9. 使用规划求解器创建第 2 章习题 24 的求解结果报表和灵敏度报表，并回答下列问题：
   a. 西瓜价格下降多少时种植西瓜不是最优选择？
   b. 哈密瓜的价格必须上涨多少才能使仅种植哈密瓜成为最优选择？
   c. 假设西瓜价格每英亩减少 60 美元、哈密瓜价格每英亩上涨 50 美元。目前的解还是最优的吗？
   d. 假设瓜农可以从邻近的农场租赁到 20 英亩耕地种植哈密瓜或西瓜。瓜农应该租赁多少英亩耕地，租赁每英亩耕地最多应该支付多少？

10. 使用规划求解器创建第 2 章习题 25 的求解结果报表和灵敏度报表，并回答下列问题：
    a. 若门的利润上升到 700 美元，最优解改变吗？
    b. 若窗的利润下降到 200 美元，最优解改变吗？
    c. 解释精加工过程的影子价格。
    d. 若增加 20 个小时的切割能力，则公司还能获得多少额外利润？
    e. 假设另一家公司想利用 Sanderson 15 小时的打磨能力，并愿意支付每小时 400 美元获得它？Sanderson 应该同意吗？如果公司希望获得 25 小时的打磨能力，那么您的答案将如何变化？

11. 对第 3 章 3.9 节中 Electro Poly 的生产与购买问题创建灵敏度报表，并回答以下问题。
    a. 此解是退化解吗？
    b. 生产型号 1 集电环的成本最多增加多少还就能比购买更经济？
    c. 假设购买型号 2 集电环成本每单位减少 9 美元，最优解会改变吗？
    d. 假设缠线圈区的工人正常班每小时工资为 12 美元，加班时工资增加 50%，Electro Poly 公司应该安排这些工人加班完成这项任务吗？若应该，则能够节省多少钱？
    e. 假设装配区的工人正常班每小时工资为 12 美元，加班时工资增加 50%。Electro Poly 公司应该安排这些工人加班完成这项任务吗？若应该，则能够节省多少钱？
    f. 创建雷达图说明，以 1% 为步长，每一个缠线圈和装配需求（单元格 B17 到 D18 中）从当前水平的 90% 到 100% 变化时的影响。如果 Electro Poly 公司希望投资于培训或新技术上来降低这些数值，那么哪一个对节省成本的潜力最大？

12. 使用规划求解器对第 3 章习题 13 创建灵敏度报表并回答下列问题：
    a. 电动剪草机的价格必须是多少，公司才考虑购买而不是生产电动剪草机？
    b. 如果使气动修剪器的成本增加到每单位 90 美元，那么最优解将如何改变？
    c. 公司愿为装配部门支付多少钱获得其额外能力？解释一下。
    d. 公司愿为生产部门支付多少钱获得额外产能？解释一下。
    e. 建立一个雷达图，说明总成本对生产成本和购买成本变化的灵敏度（调整基准值的 90%、92%、…、110%）。总成本对这些成本中哪一个最敏感？
    f. 假设现有生产能力的可用时间不确定，可能从 9,500 到 10,500 不等。在这个范围内，每变化 100 小时的生产能力，最优解是如何变化的？

13. 使用规划求解器对第 3 章习题 14 创建一个灵敏度报表并回答下列问题：
    a. 如果公司可以多获得 50 个单位刨刨能力，那么他们应该使用这 50 个单位刨刨能力吗？如果应该，那么他们愿意支付多少获得这 50 个单位刨刨能力？

b. 如果公司可以多获得 50 个单位打磨能力，那么他们应该使用这 50 个单位打磨能力吗？如果应该，那么他们愿意支付多少获得这 50 个单位磨砂能力？

c. 假设在乡村款桌子上的抛光时间可以从 2.5 个单位减少到 2 个单位。公司愿意支付多少成本实现这项效率上的改进？

d. 流行款桌子售价为 450 美元。在保证我们还愿意生产流行款桌子的情形下，销售价格最多可以降低多少？这样合理吗？请解释。

e. 创建雷达图，在基准值的 90%～110%，以 2%为步长变化，显示每一资源的可用性对最优利润的影响，描述这个图表所反映的信息。

14. 使用规划求解器对第 3 章习题 15 创建一个灵敏度报表并回答下列问题：

    a. 此解是退化解吗？
    b. 解是否是唯一的？
    c. 假设 Tahoe 板的单位利润下降了 40 美元，最优解改变吗？
    d. 假设每张 Aspen 板的利润增加了 40 美元，最优解改变吗？
    e. 公司愿意为获得 1,000 小时的额外工作时间支付多少费用？
    f. 假设该公司收到了一份 1,250 美元购买 5,000 磅松片的提议。它应该接受这个提议吗？解释你的答案。
    g. 创建雷达图，说明当四个资源的可用性从其基准值的 90%到 110%变化时，最优利润如何变化？解释这张图与灵敏度报表给出的资源的影子价格之间的关系。
    h. 假设压制能力存在不确定性，创建一个求解表总结最优解和最优利润随着压制能力从 5,000 按 500 的步长增加到 7,000 的变化。这个报表传递了关于"最优产品组合作为可用压制能力的函数"什么样的信息？

15. 使用规划求解器对第 3 章习题 16 创建一个灵敏度报表并回答下列问题：

    a. 此解是退化解吗？
    b. 解是否是唯一的？
    c. 解释每个决策变量的差额成本的含义。也就是说，考虑到每个决策变量的最优值，为什么它的差额成本具有经济意义？
    d. 假设饲料 3 的每磅成本增加了 3 美元。最优解会改变吗？最优目标函数值会发生变化吗？
    e. 如果公司可以减少任何营养需求，那么应该选择哪一个？为什么？
    f. 如果公司可以增加任何营养需求，那么应该选择哪一个？为什么？
    g. 假设每种类型的喂养成本估算存在一些不确定性。创建雷达图，使每种饲料每磅的成本在 0.5 美元的基础上增加和减去 0.25 美元之间变化，并跟踪其对最优成本产生影响。这张图表说明了什么，有哪些管理意义？

16. 使用规划求解器对第 3 章习题 17 创建一个灵敏度报表并回答下列问题：

    a. 此解是退化解吗？
    b. 解释与机器 1 相关的影子价格的价值。
    c. 如果工厂可以雇用另一个受过交叉训练的工人，那么你会建议他们这样做吗？为什么？
    d. 假设每个产品的边际利润是用估算成本计算的。如果你能对这些产品获得更准确的利润估计，那么你最感兴趣的是哪个？为什么？
    e. 如果公司目前有 19 名工人，每人每周工作 35 小时，那么公司应该有 665 个小时的工作时间。假设这家公司的经理担心员工而请病假或其他原因未到岗。准备一个求解表，当总劳动时间从 600 到 665 小时以 5 个小时为步长变化时，总结最优产品组合和总利润的情况。这张图表说明了什么，

17. 使用规划求解器对第 3 章习题 18 创建一个灵敏度报表并回答下列问题:
    a. 此解是退化解吗?
    b. 如果葡萄干的价格是每磅 2.80 美元,那么最优解会改变吗?
    c. 如果花生的价格是每磅 3.25 美元,那么最优解会改变吗?
    d. 如果你能放松一种营养约束?那么你会选择哪个?为什么?
    e. 创建雷达图,总结每种成分每磅的成本在基准值的 90% 到 110% 之间以 2% 为步长变化对总成本的影响。这张图表说明了什么,有哪些管理意义?

18. 使用规划求解器对第 3 章习题 21 创建一个灵敏度报表并回答下列问题:
    a. 问题中哪一个约束是严格约束?
    b. 如果公司决定放弃生产一种产品,那么应该放弃哪一种?
    c. 如果公司能以原来的成本购买 1,000 个额外的内存芯片,那么应该购买吗?可以增加多少利润?
    d. 假设分析中的生产成本是匆忙估计的,已知很不准确。那么在实施这个方案之前,你最在意哪种产品?
    e. 创建雷达图,总结在总利润对每种产品售价的敏感性(以基准值的 90%、92%、……、110% 变化)。根据这张图,总利润对哪个产品更敏感?

19. 使用规划求解器对第 3 章习题 23 创建一个灵敏度报表并回答下列问题:
    a. 最优解唯一吗?为什么这样说?
    b. 哪个租赁点收到的汽车最少?
    c. 假设为了满足顾客要求在租赁点 1 的汽车必须送到租赁点 3。这样将使得公司的成本增加多少?
    d. 假设必须至少向租赁点 6 运送 8 辆汽车。这对最优目标函数值有什么影响?

20. 参考上一题,假设租赁点 1 可供使用的汽车有 15 辆而不是 16 辆。建立这个问题的灵敏度报表且回答下列问题:
    a. 最优解唯一吗?为什么这样说?
    b. 按照灵敏度报表,如果强制将 1 辆汽车从租赁点 1 运送到租赁点 3,总成本将增加多少?
    c. 给模型添加一个约束:强制将 1 辆汽车从租赁点 1 运送到租赁点 3。总成本将增加多少?

21. 使用规划求解器对第 3 章习题 28 建立一个灵敏度报表并回答下列问题:
    a. 该问题的最大利润可以达到多少?
    b. 该问题有多个最优解吗?如果有,那么请找出达到问题 a 中利润的同时在礼品果篮中允许使用最高等级 5 的柑橘的解。
    c. 如果假日水果公司能够以每 100 磅 2.65 美元的价格再获得 1000 磅 4 级柑橘,那么他们应该这么做吗?为什么?
    d. 创建雷达图,显示通过以 1% 的增量将礼品果篮和鲜榨果汁要求的等级从 90% 提高到 110% 而获得的总利润变化。如果农业部希望提高其中某一种产品所要求的等级,那么公司应该努力推荐哪一种产品?

22. 使用规划求解器对第 3 章习题 29 创建一个灵敏度报表并回答下列问题:
    a. 该问题有多个最优解吗?请解释。
    b. 假设公司希望利润最大化,常规汽油的最高辛烷值可能是多少?在此解中,高级汽油的辛烷值是多少?
    c. 假设公司希望使得它的利润最大化,高级汽油的最高辛烷值可能是多少?在此解中,常规汽油的辛烷值是多少?
    d. 在 b 问和 c 问给出的两个利润最大化的解中,你向公司推荐使用哪一个?为什么?

e. 如果公司能够以每桶 17 美元再购买 150 桶投入 2，那么他们应该购买吗？为什么？

f. 创建雷达图，显示以 2% 的增量将投入的可用性从 90% 更改为 110% 而获得的总利润的变化。这张图表说明了什么，有哪些管理意义？

23. 使用规划求解器对第 3 章习题 34 创建一个灵敏度报表并回答下列问题：

    a. 此解是退化解吗？

    b. 最优解是唯一的吗？

    c. 使用求解表确定 Pelletier 公司愿意支付两个月的最高租赁价格。

    d. 假设该公司不确定是否在第 3 个月需要 20,000 平方英尺，且认为实际需求数量可能低至 15,000 平方英尺或高达 25,000 平方英尺。使用求解表确定这是否会对公司在第 1 个月和第 2 个月选择的租赁安排有影响。

24. 使用规划求解器对第 3 章习题 35 创建一个灵敏度报表并回答下列问题：

    a. 最优解是唯一的吗？

    b. 如果 Sentry 制锁公司希望提高生产能力以满足更多的产品需求，那么他们应该使用哪家工厂？请解释。

    c. 如果从凤凰城到塔科马的运输成本每单位增加 1.98 美元，那么最优解会改变吗？请解释。

    d. 如果塔科马的分销商坚持要收 8,500 单位，那么公司应该向分销商额外收取多少费用？

    e. Sentry 公司正在考虑改变其策略，即至少满足每个配送中心 80% 的订单，并希望考虑以 1% 的增量使百分比在 70% 和 100% 之间变化对总成本的影响。创建雷达图来说明这一点。这张图表给出了什么？管理方面的含义是什么？

25. 使用规划求解器对第 3 章习题 36 创建一个灵敏度报表并回答下列问题：

    a. 此解是退化解吗？

    b. 最优解唯一吗？

    c. 要获得更多的纸板，回收公司愿意支付多少？

    d. 如果回收公司能以每吨 18 美元的价格再购买 50 吨旧报纸，那么他们应该购买吗？为什么？

    e. 回收公司生产三种不同类型纸浆的边际成本是多少？

    f. 将白色办公纸转化成新闻用纸的成本必须降低多少，使用白色办公纸才是经济的选择？

    g. 每吨纸板制成新闻用纸纸浆产量必须增加多少，才能使使用纸板的这种用途变得更经济？

    h. 创建雷达图，显示报纸、混合纸张、白色办公用纸和纸板不同单位成本对最优总成本的影响，以 0.20 美元为增量在其基准值正负 1 美元之间变化。这张图表说明了什么，有哪些管理意义？

    i. 假设有可能以 1% 的增量将问题中的任何（非零）再循环回收系数增加至多 5%。创建雷达图和表格，总结其对最优总成本的影响。如果公司可以免费增加其中一个收益率系数 5%，那么它应该选择哪一个，节省了多少成本？

26. 使用规划求解器对第 3 章习题 38 创建一个灵敏度报表并回答下列问题：

    a. 此解是退化解吗？

    b. 最优解唯一吗？

    c. 在保持最优解不变的条件下，每吨货物的利润最多可以减少？

    d. 创建雷达图，显示每种商品的每吨利润以 1% 的增量从 95% 增长到 105% 所获得的利润的变化。如果运输公司想提高一种货物的运输价格，那么哪一种对总利润影响最大？

27. 参考第 3 章习题 45，并建立求解表回答下列问题。

    a. 创建雷达图，总结当总存储容量以 10,000 立方英尺增量从 300,000 立方英尺增加到 400,000 立方英尺时，最优总利润的变化情况。

    b. 在上一个问题中考虑的存储容量数量中，哪个量可以获得最高利润（而不会有过多的存储容量）？

c. 公司愿意支付多少钱才能将其存储容量提高到 350,000 万立方英尺？

d. 假设天然气贸易商将其储存容量增加到 350,000 立方英尺。现假设未来 10 天天然气生产中需要额外的 50,000 立方英尺的储存能力，并希望从天然气贸易公司购买。天然气贸易公司提供这种能力应要求的最低金额是多少？

28. 考虑下列线性规划问题：

$$\text{MAX：} \quad 4X_1 + 2X_2$$
$$\text{约束：} \quad 2X_1 + 4X_2 \leqslant 20$$
$$3X_1 + 5X_2 \leqslant 15$$
$$X_1, X_2 \geqslant 0$$

a. 使用松弛变量改写此问题，使其所有约束都是等式约束。

b. 确定可获得最优解的不同基变量组。

c. 在可能的基变量组中，哪些能得到可行解？这些解的所有变量值是什么？

d. 绘制该问题的可行域，并给出对应于的可行域每一顶点的基可行解。

e. 每个基可行解的目标函数值是什么？

f. 该问题的最优解是什么？

g. 哪些约束在获得最优解时是严格约束？

29. 考虑下列线性规划问题：

$$\text{MAX：} \quad 2X_1 + 4X_2$$
$$\text{约束：} \quad -X_1 + 2X_2 \leqslant 8$$
$$X_1 + 2X_2 \leqslant 12$$
$$X_1 + X_2 \geqslant 2$$
$$X_1, X_2 \geqslant 0$$

a. 使用松弛变量改写此问题，使其所有约束都是等式约束。

b. 确定用于获得最优解的不同基变量组。

c. 在可能的基变量组中，哪些能得到可行解？这些解的所有变量值是什么？

d. 绘制该问题的可行域，并给出对应于的可行域每一顶点的基可行解。

e. 每个基可行解的目标函数值是什么？

f. 该问题的最优解是什么？

g. 哪些约束在获得最优解时是严格约束？

30. 考虑下列线性规划问题：

$$\text{MAX：} \quad 5X_1 + 3X_2 + 4X_3$$
$$\text{约束：} \quad X_1 + X_2 + 2X_3 \geqslant 2$$
$$5X_1 + 3X_2 + 2X_3 \leqslant 1$$
$$X_1, X_2, X_3 \geqslant 0$$

a. 使用松弛变量改写此问题，使其所有约束都是等式约束。

b. 确定可用于获得最优解的不同基变量组。

c. 在可能的基变量组中，哪些能得到可行解？这些解的所有变量值是什么？

d. 绘制该问题的可行域，并给出对应于的可行域每一顶点的基可行解。

e. 每个基可行解的目标函数值是什么？

f. 该问题的最优解是什么？
g. 哪些约束在获得最优解时是严格约束？

31. 考虑下列约束，其中 S 是松弛变量：

$$2X_1+4X_2+S=16$$

a. 包含松弛变量之前的初始约束是什么？
b. 与下面每一组点相关的 S 的值是什么？

　ⅰ） $X_1=2$，$X_2=2$
　ⅱ） $X_1=8$，$X_2=0$
　ⅲ） $X_1=1$，$X_2=3$
　ⅳ） $X_1=4$，$X_2=1$

32. 考虑下列约束，其中 S 是松弛变量：

$$3X_1+4X_2-S=12$$

a. 包含松弛变量之前的初始约束是什么？
b. 与下面每一组点相关的 S 的值是什么？

　ⅰ） $X_1=5$，$X_2=0$
　ⅱ） $X_1=2$，$X_2=2$
　ⅲ） $X_1=7$，$X_2=1$
　ⅳ） $X_1=4$，$X_2=0$

案例 4.1　坚果生产问题

Molokai 坚果公司（MNC）生产 4 种种植于夏威夷群岛的澳大利亚坚果产品：巧克力涂饰坚果（全果）、巧克力涂饰坚果团（团状）、巧克力坚果脆饼（脆条）和普通烤坚果（烤制）。该公司勉强能满足这些产品日益增长的需求。然而，原材料价格上涨和国外竞争迫使他们关注利润率，以确保其以最有效的方式运作。为了满足未来一周的市场需求，MNC 需要生产至少 1,000 磅的全果产品、400～500 磅的团状产品、不超过 150 磅的脆条产品、不超过 200 磅的烘烤产品。

每磅的全果、团状、脆条和烘烤的产品分别包含 60%、40%、20% 和 100% 的澳洲坚果，其余的由巧克力组成。公司下周有 1,100 磅的坚果和 800 磅的巧克力。每种产品都是用 4 种不同的机器制成的：去壳、烤制、涂饰巧克力（如果需要）和包装产品。下表总结了每个产品在每台机器上所需的时间和每台机器在未来一周时间可用 60 小时。

	每磅所需的处理分钟数			
机器	全果	团状	脆条	烤制
去壳	1.00	1.00	1.00	1.00
烤制	2.00	1.50	1.00	1.75
涂饰	1.00	0.70	0.20	0.00
包装	2.50	1.60	1.25	1.00

控制员最近向管理层提交了过去一季度 MNC 公司每周业务的财务摘要。从这份报表中，控制员认为公司应该停止生产团状和脆条产品。

	产品				
	全果	团状	脆条	烤制	总计
销售利润	$5,304.00	$1,800.00	$510.00	$925.00	$8,539.00
变动成本					
直接材料成本	$1,331.00	$560.00	$144.00	$320.00	$2,355.00
劳动力成本	$1,092.00	$400.00	$96.00	$130.00	$1,718.00
制造成本	$333.00	$140.00	$36.00	$90.00	$599.00
销售和管理成本	$540.00	$180.00	$62.00	$120.00	$902.00
分摊的固定成本					
生产成本	$687.83	$330.69	$99.21	$132.28	$1,250.01
销售和管理成本	$577.78	$277.78	$83.33	$111.11	$1,050.00
净利润	$742.39	2$88.47	2$10.54	$21.61	$664.99
销售数量	1040	500	150	200	1890
每单位净利润	$0.7138	2$0.1769	2$0.0703	$0.1081	$0.3518

1. 你同意控制员的建议吗？为什么？
2. 建立该问题的线性规划模型。
3. 建立该问题的电子表格模型，并用规划求解器求解。
4. 最优解是什么？
5. 创建该最优解的灵敏度报表，并回答以下问题。
6. 解是退化的吗？
7. 解是唯一的吗？
8. 如果 MNC 想减少产品的产量，那么你推荐哪种产品？
9. 如果公司想增加某种产品的产量，那么你推荐哪一种？为什么？
10. 哪种资源限制了 MNC 获得更多利润？如果他们能获得更多的这种资源，那么他们应该获得多少，并且他们应该为其支付多少？
11. MNC 公司愿意为获得更多的巧克力而支付多少？
12. 如果市场部想把全果类产品的价格降低 0.25 美元，那么最优解会改变吗？
13. 创建一个雷达图，显示改变每个产品包装所需时间对净利润的影响，以 5% 增量从原来的 70% 增加到 130%。解释图表中的信息。
14. 创建一个雷达图，显示以 5% 增量从 70% 到 100% 改变坚果和巧克力的可用性对净利润的影响。解释图表中的信息。

案例 4.2　Parket Sisters 公司

（由纽约的佩斯大学鲁宾商学院 Jack Yurkiewicz 贡献。）

虽然有计算机与文字处理器，但手写艺术最近进入一个繁荣时代。人们又开始购买钢笔了，且自动铅笔比以往任何时候都更受欢迎。Joe Script 是 Parket Sisters 公司（一家迅速成长的钢笔和铅笔制造公司）的董事长兼首席执行官。Joe 希望在市场中建立较好的定位。书写用具市场分为两个主要部分，一部分市场由万宝龙（Mont Blank）、高仕（Cross）、派克兄弟（Parker Brothers）、威迪文（Waterman）、谢弗尔（Schaffer）和一些其他的品牌占主导地位，为人们提供书写工具，这些公司的产品线提供精细设计、终身保修、高价的产品。另一部分市场是由一些诸如 BIC 公司、派通（Pentel）公司和许多来自远东的公司，提供优质、低价格、不装饰、品种较少的产品。

这些钢笔和自动铅笔只能使用较短的时间，圆珠笔中的墨水用完时或自动铅笔中的铅不能够伸缩时就没用了。简而言之，这些物品不涉及修理的问题。

Joe 认为，一定存在一个中间地带，那就是他希望给自己公司的定位。Parket Sister 公司生产优质的笔，装饰有限，样式多种，提供终身保修，而且它的钢笔和自动铅笔符合人体工程学设计。Joe 知道，有些人想要的是例如万宝龙梅（Meisterstuck）钢笔的身份象征，但他从来没有遇到过一个人说用这样的笔写字很舒服。这种笔太大、太笨拙，不利于流畅书写。另一方面，Parket Sisters 公司的产品具有使用方便、握笔舒适，使用者感到不怎么疲劳等良好声誉。

Parket Sister 公司只生产三种产品——圆珠笔、自动铅笔和钢笔。所有产品只提供一种颜色——黑色，大多数在专卖店和较好的商场销售。产品的单位利润是：圆珠笔3美元、自动铅笔3美元、钢笔5美元，这些利润考虑了工时、材料成本、包装、质量控制等。

公司需要确定每周的生产组合。Joe 认为，公司的需求特别大，可以出售任何数量的钢笔和铅笔，但生产目前受到现有资源的限制。由于最近的罢工和现金流问题，原料供应商对 Parket Sister 公司限量供应。Joe 每周可以从供应商那里获得最多 1,000 盎司塑料、1,200 盎司铬合金和 2,000 盎司不锈钢，且这些数字在将来一段时间内不会变化。由于 Joe 的良好声誉，因此供应商将在 Joe 需要时向他供应他需要的任何数量（上述限量范围内）的资源，也就是说，供应商不要求 Joe 在生产钢笔和铅笔时提前购买一定数量的资源。因此，这些原料可以被视为钢笔和自动铅笔的变动成本而不是固定成本。

每支圆珠笔需要 1.2 盎司塑料、0.8 盎司铬合金和 2 盎司不锈钢，每支自动铅笔需要 1.7 盎司塑料、无铬和 3 盎司不锈钢，每支钢笔需要 1.2 盎司塑料、2.3 盎司铬合金和 4.5 盎司不锈钢。Joe 认为，线性规划可以帮助他确定每周的产品组合。

Joe 拿着笔记和笔记本，开始努力地建立线性规划模型。除可用原料的约束外，他意识到模型应该包括许多其他约束（诸如可用工时和包装原料）。但是，Joe 希望模型尽量简单。他知道最终还需考虑其他约束，但是作为第一版模型，他仅给出了三种原料的约束条件：塑料、铬合金和不锈钢。

只用这三个约束，Joe 能够容易地建立问题的模型如下：

$$\text{MAX:} \quad 3.0X_1 + 3.0X_2 + 5.0X_3$$

$$\text{约束:} \quad 1.2X_1 + 1.7X_2 + 1.2X_3 \leqslant 1000$$

$$0.8X_1 + 0X_2 + 2.3X_3 \leqslant 1200$$

$$2.0X_1 + 3.0X_2 + 4.5X_3 \leqslant 2000$$

$$X_1, X_2, X_3 \geqslant 0$$

其中，X_1 是圆珠笔的数量，X_2 是自动铅笔的数量，X_3 是钢笔的数量。

Joe 对 Excel 和规划求解器特性的了解有限，所以要求你为他录入问题并求解问题，然后回答下列问题（假设每个问题是独立的，除非另有说明）：

1. 每周的产品组合应该包括什么？每周的净利润是多少？
2. 第 1 问的最优解退化了吗？解释你的答案。
3. 第 1 问的最优解是唯一的吗，或该问题存在其他的最优解吗？解释你的答案。
4. 每单位铬合金的边际价值是多少？塑料的边际价值呢？
5. 一位当地分销商提出以高出正常价格每盎司 0.60 美元的价格向 Parket Sistesr 公司额外销售 500 盎司不锈钢。公司应该以这个价格购买不锈钢吗？解释你的答案。
6. 如果 Parket Sisters 公司额外购买了问题 5 提到的 500 盎司不锈钢，那么新的最优产品组合是什么？新的最优利润是多少？解释你的答案。

7. 假设分销商以每盎司比正常价格 5.00 美元高出 1.00 美元的价格向 Parket Sister 公司销售额外的塑料。但是该分销商只能成批销售 500 盎司塑料。Parket Sister 公司应该购买这批塑料吗？解释你的答案。

8. 分销商愿意以 100 盎司价格出售塑料，而不是通常的 500 盎司，仍然按照每盎司比 Parket Sisters 公司的价格 5.00 美元高 1.00 美元的价格。Parket Sister 公司（如果购买）应该购买多少批塑料？最优解是什么？

9. Parket Sistesr 公司有机会以每盎司 6.50 美元价格向其他公司出售部分塑料制品。另一家公司（不生产钢笔和自动铅笔，因此不是竞争对手）希望从 Parket Sisters 公司购买 300 盎司塑料。Parket Sisters 公司应该把塑料卖给其他公司吗？如果 Parket Sisters 公司出售了塑料，那么它的产品组合和总利润将产生什么影响？请尽可能具体说明。

10. 铬合金供应商必须履行一份紧急订单，本周只能销售 1,000 盎司的铬合金而不是通常的 1,200 盎司。如果 Parket Sisters 公司只得到 1,000 盎司铬合金，最优产品组合和最优解是什么？请尽量具体说明。

11. Parket Sister 公司的研发部门对自动铅笔进行了重新设计，以提高其盈利能力。新款自动铅笔需要 1.1 盎司塑料、2.0 盎司铬合金和 2.0 盎司不锈钢。如果公司能够以 3.00 美元净利润出售某种铅笔，那么它应该批准新的设计吗？解释你的答案。

12. 如果圆珠笔的单位利润下降到 2.50 美元，那么最优产品组合是什么？公司的总利润是什么？

13. 市场部建议推出一款新型毡尖笔，它需要 1.8 盎司塑料、0.5 盎司铬合金和 1.3 盎司不锈钢。这个产品必须产生多少利润才值得生产？

14. 自动铅笔最小的单位利润必须是多少才值得生产？

15. 管理层认为公司应该每周至少生产 20 支自动铅笔以磨合生产线，这对总利润有什么影响？给出一个数值答案。

16. 如果一支钢笔的利润是 6.75 美元而不是 5 美元，那么最优产品组合和最大利润是什么？

案例 4.3 Kamm 工业公司

如果你想在家里或者办公室铺地毯，那么购买来自佐治亚州道尔顿（称为"世界地毯之都"）的地毯就是一个不错的主意。道尔顿地区的制造商产值占全世界地毯行业总产值（90 亿美元）的百分之七十多。这个行业竞争非常激烈，迫使生产商努力使效率最大化、经济规模化，也迫使生产商不断地评估在新技术上的投资。

Kamm 工业公司（Kamm Industries）是道尔顿地区地毯制造商的龙头企业之一，其拥有者 Geoff Kamm 请你帮助制订下个季度（13 个星期）的生产计划。公司有 15 份订单需要生产种不同类型的地毯，这些地毯可以在 Dobbie 和 Pantera 这两种编织机上进行生产。Pantera 织机可以生产标准簇绒地毯，Dobbie 织机也可以生产标准簇绒地毯还可以允许对生产混合设计（如提花、公司 logo）地毯。下列表格汇总下个季度必须生产的每种类型地毯的订单及其在每种织机上的生产速度和成本，以及每份订单转包合同的成本。注意，前 4 份订单涉及特殊的生产要求，只能在 Dobbie 织机上生产或转包。假设一份订单的任何部分都可以进行转包。

地毯	需求 码	Dobbie 织机 码/小时	Dobbie 织机 成本/码	Pantera 织机 码/小时	Pantera 织机 成本/码	转包 成本/码
1	14,000	4.510	$2.66	na	na	$2.77
2	52,000	4.796	2.55	na	na	2.73
3	44,000	4.629	2.64	na	na	2.85
4	20,000	4.256	2.56	na	na	2.73
5	77,500	5.145	1.61	5.428	$1.60	1.76
6	109,500	3.806	1.62	3.935	1.61	1.76
7	120,000	4.168	1.64	4.316	1.61	1.76
8	60,000	5.251	1.48	5.356	1.47	1.59
9	7,500	5.223	1.50	5.277	1.50	1.71
10	69,500	5.216	1.44	5.419	1.42	1.63
11	68,500	3.744	1.64	3.835	1.64	1.80
12	83,000	4.157	1.57	4.291	1.56	1.78
13	10,000	4.422	1.49	4.558	1.48	1.63
14	381,000	5.281	1.31	5.353	1.30	1.44
15	64,000	4.222	1.51	4.288	1.50	1.69

Kamm 工业公司现在有 15 台 Dobbie 织机和 80 台 Pantera 织机在运行。为了使效率最高且满足需求，公司每周工作 7 天，每天工作 24 小时。每台织机每周需约 2 小时的常规维修。建立可用于确定最优生产计划的电子表格模型，并回答下列问题：

1. 最优生产计划和相应的成本是什么？
2. 此解是退化解吗？
3. 此解唯一吗？
4. 如果有一台 Dobbie 织机发生故障且在下个季度不能够使用，总成本会发生什么变化？
5. 如果额外购买一台 Dobbie 织机且在下个季度能够使用，总成本会发生什么变化？
6. 如果有一台 Pantera 织机发生故障且在下个季度不能够使用，总成本会发生什么变化？
7. 如果额外购买一台 Pantera 织机且在下个季度能够使用，那么总成本会发生什么变化？
8. 解释影子价格和将要外包产品在灵敏度报表里"可增加量"列的数值。
9. 生产第 2 份订单的成本是多少？如果这份订单取消，那么总成本会减少多少？请解释。
10. 如果第 5 份订单到第 15 份订单的销售价格相同，公司应该鼓励它的销售人员尽量多销售哪种地毯？为什么？
11. 如果外包第 1 份订单中地毯的成本增加到每码 2.8 美元，最优解将改变吗？为什么？
12. 如果外包第 15 份订单中地毯的成本减少到每码 1.65 美元，最优解将改变吗？为什么？
13. 假设不同外包订单地毯的成本可以谈判协商，并且每码可节省多达 0.5 美元。哪一种地毯是价格谈判的最佳选择？解释你是如何得出你的建议的。

第 5 章 网 络 建 模

5.0 引言

许多实际商业决策问题属于网络流问题（network flow problem）中的某一类，这些问题具有一个共同的特征——可以描述或表示为网络图的形式。本章着重分析网络流问题的几种类型：转运问题、最短路问题、最大流问题、运输/指派问题和广义网络流问题。虽然存在求解网络流问题的特殊求解程序，但是我们将考虑如何把这些问题作为线性规划问题建立模型并进行求解。我们还将考虑一种不同的网络问题——最小生成树问题（minimum spanning tree problem）。

5.1 转运问题

我们对网络流问题的研究就从学习转运问题开始。后面将学习到，大多数其他类型的网络流问题都可以看成转运问题的简易变形。所以，学会了如何建立转运问题的模型和求解方法，其他类型的问题很容易解决。下面举例说明转运问题。

在德国汉堡，Bavarian 汽车公司（BMC）生产高级豪华汽车，然后将其出口销售到美国。出口的汽车从汉堡运送到新泽西的纽瓦克（Newark）港和佛罗里达的杰森威尔（Jacksonville）港。从这些港口出发，通过火车或卡车分别将汽车运送到麻省的波士顿、俄亥俄州的哥伦布、佐治亚州的亚特兰大、弗吉尼亚州的里士满和阿拉巴马州的莫比尔的经销商。图 5.1 给出了公司可以采取的运输路线及每条路线的运输成本。

目前，纽瓦克港有 200 辆汽车、杰森威尔港有 300 辆汽车可以运出。波士顿、哥伦布、亚特兰大、里士满和莫比尔的经销商分别需要 100 辆、60 辆、170 辆、80 辆和 70 辆汽车。BMC 公司希望确定从纽瓦克港和杰森威尔港向汽车需求城市运送汽车成本最低的方式。

5.1.1 网络流问题的特征

图 5.1 阐述了所有网络流问题的一些共有特征。所有网络流问题都可以用一些由弧线连接的节点表示。用网络流术语来讲，图 5.1 中的圆称为节点，连接节点之间的线称为弧线。在一个网络中，弧线表示网络流问题中节点之间的有效通道、路线或连线。当网络流中连接节点的弧是有方向的箭线时，这条弧称为有向弧。本章主要讨论有向弧，但为了叙述方便，将它们简称为弧。

供给点（或发送点）和需求点（或接收点）的符号是图 5.1 所示网络流问题的另一类通用元素。代表纽瓦克港和杰森威尔港口的节点都是供给点，因为它们都向网络中的其他节点供给汽车。里士满代表需求点，因为它需要从其他节点接收汽车。网络中的所有其他节点是转运点。转运点既可以向网络中的其他节点发送汽车，又可以从其他节点接收汽车。例如，图 5.1 中，代表亚特兰大的节点是一个转运点，因为它既可以从杰森威尔、莫比尔和哥伦布接收汽车，又可以向哥伦布、莫比尔和里士满运送汽车。

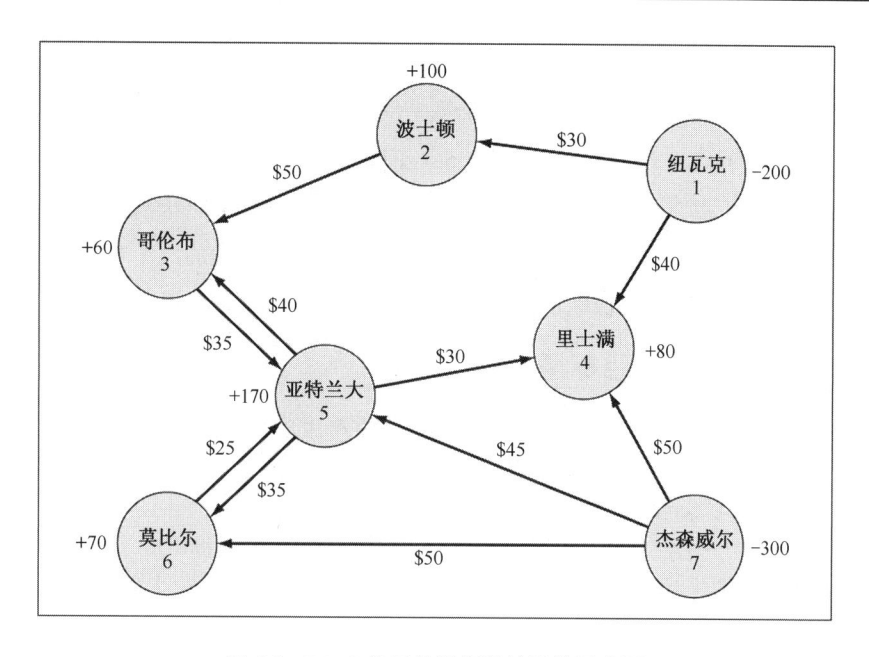

图 5.1 BMC 公司转运问题的网络示意图

网络中每一个节点的净供给或净需求由每个节点附近标出的正数或负数给出。正数代表节点的需求量，负数代表一个节点可能的供给量。例如，在里士满节点附近标出的数值+80 表示汽车的数量需要增加 80 辆——即里士满的车需求量是 80 辆。在纽瓦克的节点附近标出的数值-200 表示汽车的数量可以减少 200 辆——即纽瓦克的汽车销售量可以是 200 辆。转运点可以有净供给或者净需求，但是不能同时有供给和需求。在这个特定的问题中，所有转运点都有需求。例如，在图 5.1 中代表莫比尔的节点的汽车需求量是 70 辆。

5.1.2 网络流问题的决策变量

网络流模型的目标是确定应该有多少流量通过每条弧线。在我们的例子中，BMC 公司需要确定沿着图 5.1 中给出的各条弧线向需要汽车的地方运输汽车的最小成本及方法。因此，在网络流模型中，每一条弧线代表一个决策变量。确定每一条弧线上的最优流量就是确定相应决策变量的最优值。

通常用数字来区分网络流问题中的节点。在图 5.1 中，数字 1 表示节点纽瓦克，数字 2 表示节点波士顿，等等。可以用任何方式将数字分配给节点，但是最好使用一组连续的整数节点数字，这样便于明确该问题线性规划模型所需的决策变量。需要为网络流模型中的每一条弧线定义一个决策变量：

X_{ij}=从节点 i 到节点 j 的运输量（或流量）

在图 5.1 中，问题中的网络包含了 11 条弧线。所以，这个模型的线性规划公式需要下列 11 个决策变量：

X_{12}=从节点 1（纽瓦克）到节点 2（波士顿）运输的汽车数量

X_{14}=从节点 1（纽瓦克）到节点 4（里士满）运输的汽车数量

X_{23}=从节点 2（波士顿）到节点 3（哥伦布）运输的汽车数量

X_{35}=从节点 3（哥伦布）到节点 5（亚特兰大）运输的汽车数量

X_{53}=从节点 5（亚特兰大）到节点 3（哥伦布）运输的汽车数量

X_{54}=从节点 5（亚特兰大）到节点 4（里士满）运输的汽车数量

X_{56}=从节点 5（亚特兰大）到节点 6（莫比尔）运输的汽车数量

X_{65}=从节点 6（莫比尔）到节点 5（亚特兰大）运输的汽车数量

X_{74}=从节点 7（杰森威尔）到节点 4（里士满）运输的汽车数量

X_{75}=从节点 7（杰森威尔）到节点 5（亚特兰大）运输的汽车数量

X_{76}=从节点 7（杰森威尔）到节点 6（莫比尔）运输的汽车数量

5.1.3 网络流问题的目标函数

在网络流问题中，从节点 i 到节点 j 的单位流通常产生成本 c_{ij}。这个成本可以代表货币支付、运输距离或其他类型的成本。大多数网络流问题的目标函数是求解问题以达到总成本、总距离或总支出最小。这类问题称为最小成本网络流问题。

在例题中，通过一条给定的弧线运输一辆汽车必须支付不同的货币成本。例如，从节点 1（纽瓦克）到节点 2（波士顿）运输一辆汽车的成本为 30 美元。因为 X_{12} 代表从纽瓦克运送到波士顿的汽车数量，所以通过这条路线运输汽车产生的总成本是 $30*X_{12}$ 美元。网络中的其他弧线也类似这样计算。因 BMC 公司希望减少总运输成本，所以这个问题的目标函数表达为

$$\text{MIN}: +30X_{12}+40X_{14}+50X_{23}+35X_{35}+40X_{53}+30X_{54}+$$
$$35X_{56}+25X_{65}+50X_{74}+45X_{75}+50X_{76}$$

5.1.4 网络流问题的约束

正如网络中弧的数量决定网络流线性规划模型中决策变量的数量，节点的数量决定了约束的数量。尤其是，一个节点必须对应一个约束。一组称为"流量守恒规则"的简单规则用于构建最小成本网络流问题的约束。这些规则汇总如下：

最小成本网络流问题	将流量守恒规则应用于每个节点
总供给＞总需求	流入量－流出量≥供给或需求
总供给＜总需求	流入量－流出量≤供给或需求
总供给 =总需求	流入量－流出量= 供给或需求

应该注意，若在网络流问题中总供给小于总需求，则不可能满足所有的约束。这种情况下的流量守恒规则假设希望确定以成本最小的方式运输所有可能的供给——满足所有需求是不可能的。若要尽可能满足需求，则可以假设在网络中存在一个虚拟供应点且有任意大供给量（因此总供给量＞总需求量），将它以任意大成本的流与每个需求点连接。解决问题的最优策略是用尽可能小的成本满足需求点（忽略虚拟弧上的流量）。

为了正确使用流量守恒规则，首先必须比较网络中的总供给与总需求。在例题中，总供给为 500 辆汽车，总需求是 480 辆汽车。因为总供给超过了总需求，所以我们将使用第一条流量守恒规则建立模型。即在每个节点，建立下列形式的约束：

$$\text{流入量} - \text{流出量} \geq \text{供给或需求}$$

例如，考虑图 5.1 中的节点 1（纽瓦克）。没有弧线流入这个节点，但有两条弧线（由 X_{12} 和 X_{14} 代表）流出这个节点。遵循流量守恒规则，这点的约束为

节点 1 的约束：$-X_{12}-X_{14} \geqslant -200$

注意，这个节点的供给表示为-200，遵循了前面建立的规则。若在这个不等式两侧同时乘以-1，则看到它等价于$+X_{12}+X_{14} \leqslant +200$（注意，不等式乘以-1 翻转不等号的方向）。这个约束给出了从纽瓦克运出的汽车数量一定不能超过 200 辆。所以，如果考虑其模型中的约束形式，那么也可以保证从纽瓦克运出的汽车数量不超过 200 辆。

现在考虑图 5.1 中节点 2（波士顿）的约束。因为波士顿汽车需求量是 100 辆，所以流量守恒规则需要从纽瓦克（流经 X_{23}）运到波士顿的汽车总量减去从波士顿（经过 X_{12}）运到哥伦布的汽车数量在波士顿至少剩下 100 辆汽车。这个条件由下列约束给出：

节点 2 的约束：$+X_{12}-X_{23} \geqslant +100$

注意，这个约束使得保留在波士顿的汽车数量可以多于所需的数量（即 200 辆汽车可以运入波士顿，且只有 50 辆汽车可以运出，在波士顿保留 150 辆）。但是，因为我们的目标是使成本最小，所以可以保证超出的汽车数量不会运送到任何城市，因为这样会产生不必要的成本。

使用流量守恒规则，例题中每个剩余节点的约束表达为

节点 3 的约束：$+X_{23} + X_{53} - X_{35} \geqslant +60$

节点 4 的约束：$+X_{14} + X_{54} + X_{74} \geqslant +80$

节点 5 的约束：$+X_{35} + X_{65} + X_{75} - X_{53}-X_{54}-X_{56} \geqslant +170$

节点 6 的约束：$+X_{56} + X_{76} - X_{65} \geqslant +70$

节点 7 的约束：$-X_{74} - X_{75} - X_{76} \geqslant -300$

再次重申，每个约束指出一个节点的流入量减去这个节点的流出量必须大于或等于这个节点的供给或需求。因此，若要绘制一个类似于图 5.1 网络流问题的图，则通过遵循流量守恒规则很容易写出问题的约束。当然，还需要指出所有决策变量都应该服从非负条件，因为负流量不应该出现在弧线上：

$X_{ij} \geqslant 0$，对所有 i 和 j

5.1.5 在电子表格中建立模型

BMC 公司转运问题的模型汇总如下：

$$\begin{aligned}
\text{MIN:} \quad & +30X_{12}+40X_{14}+50X_{23}+35X_{35}+40X_{53}+ \\
& 30X_{54}+35X_{56}+25X_{65}+50X_{74}+45X_{75}+50X_{76}
\end{aligned}$$ }总运输成本

约束：$-X_{12}-X_{14} \geqslant -200$ }节点 1 的流量约束

$+X_{12}-X_{23} \geqslant +100$ }节点 2 的流量约束

$+X_{23}+X_{53}-X_{35} \geqslant +60$ }节点 3 的流量约束

$+X_{14}+X_{54}+X_{74} \geqslant +80$ }节点 4 的流量约束

$+X_{35}+X_{65}+X_{75}-X_{53}-X_{54}-X_{56} \geqslant +170$ }节点 5 的流量约束

$+X_{56}+X_{76}-X_{65} \geqslant +70$ }节点 6 的流量约束

$-X_{74}-X_{75}-X_{76} \geqslant -300$ }节点 7 的流量约束

$X_{ij} \geqslant 0$ }对所有 i 和 j 非负条件

图 5.2 给出了建立这类问题的简便方法（本书的配套文件 Fig5-2.xlsm）。在这个电子表格中，单元格 B6 到 B16 表示模型中的决策变量（或列出的每个城市之间运输的汽车数量）。在每个城市之间，汽车的单位运输成本在 G 列中。模型的目标函数在单元格 G18 建立如下：

单元格 G18 的公式：　　=SUMPRODUCT（B6:B16,G6:G16）

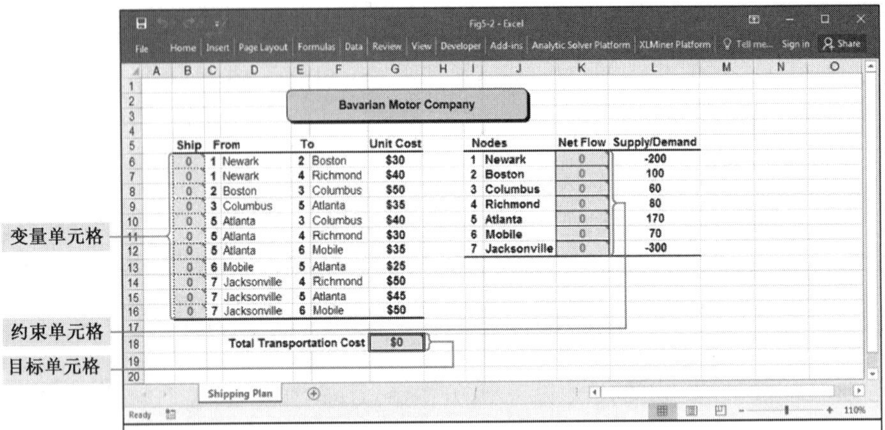

Key Cell Formulas

Cell	Formula	Copied to
D6	=VLOOKUP(C6,$I$6:$J$12,2)	D7:D16 and F6:F16
G18	=SUMPRODUCT(B6:B16,G6:G16)	--
K6	=SUMIF($E$6:$E$16,I6,$B$6:$B$16) −SUMIF($C$6:$C$16,I6,$B$6:$B$16)	K7:K12

图 5.2　BMC 公司转运问题建立的电子表格

为了建立这个模型约束左端项的表达式，需要计算每个节点总流入量减去总流出量的数值。在单元格 K6 到 K12 中建立如下：

单元格 K6 的公式：　　=SUMIF(E6:E16,I6,B6:B16)−SUMIF(C6:C16,I6,B6:B16)

（复制到单元格 K7 到 K12 中）

公式中第一个 SUMIF 函数将区域 E6 到 E16 中的数值与 I6 中的数值进行比较，若相等，则对 B6 到 B16 中相应的数值求和。当然，这给出了运送到纽瓦克的汽车数量（在这个例子中，这个值总是为 0，因为 E6 到 E16 中的数值与 I6 中的数值不相等）。第二个 SUMIF 函数将区域 C6 到 C16 中的数值与 I6 中的数值进行比较，若相等，则对 B6 到 B16 相应的数值求和。这给出了从纽瓦克运出的汽车数量（在这个例子中，总是等于 B6 与 B7 数值的和，因为它们是仅有的从纽瓦克流出的弧线）。将这个公式复制到单元格 K7 到 K12，可容易地计算问题中每个节点的总流入量减去总流出量。这些约束单元格的右端项在单元格 L6 到 L12 中已经给出。

电子表格 D 列和 F 列中使用的函数 VLOOKUP 并不是用来解决这个问题的，但可通过分别提供 C 列和 E 列中与“From”和“To”节点相关联的城市名称，帮助我们理解模型的逻辑。在单元格 D6 中的公式是：

单元格 D6 的公式：　　=VLOOKUP(C6,$I$6:$J$12,2)

（复制到单元格 D7 至 D16 中、F6 至 F16 中）

函数 VLOOKUP()“查找”在 I6 至 J12 区域内第一列中与单元格 C6 数值相等的值，当数值匹配时，返回匹配的行中的第二列的数值（由函数 VLOOKUP()第三个参数 2 所指定）。因此，对于单元格 D6，函数 VLOOKUP()首先在 I16 到 J12 区域的第一列中查找数值（来自 C6），并将该值定位在区域的第一行中。然后，它返回到区域 I6 到 J12 的同一行的第 2 列中找到的值"纽瓦克"。将此公式复制到单元格 D7 至 D16 和 F6 至 F16，可以检索与此问题中的其他"汽车运输地"和"汽车需求地"节点关联的城市名称（在默认情况下，函数 WOOKUP()假定给定范围的第一列中的值按升序显示。若不是这种情况，则应该将函数 VLOOKUP()可选的第四个参数的布尔值设置为"False"）。

图 5.3 给出了规划求解器参数和求解这个模型所需要的选项。这个问题的最优解如图 5.4 所示。

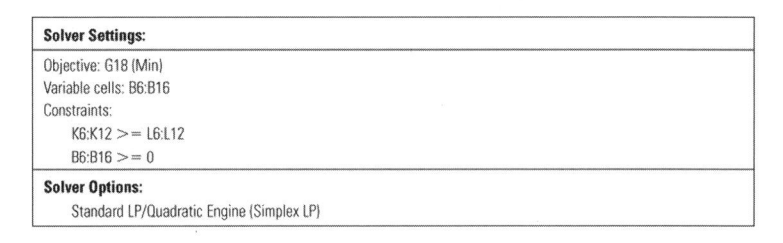

```
Solver Settings:
Objective: G18 (Min)
Variable cells: B6:B16
Constraints:
    K6:K12 >= L6:L12
    B6:B16 >= 0
Solver Options:
    Standard LP/Quadratic Engine (Simplex LP)
```

图 5.3　BMC 公司转运问题的规划求解器设置和选项

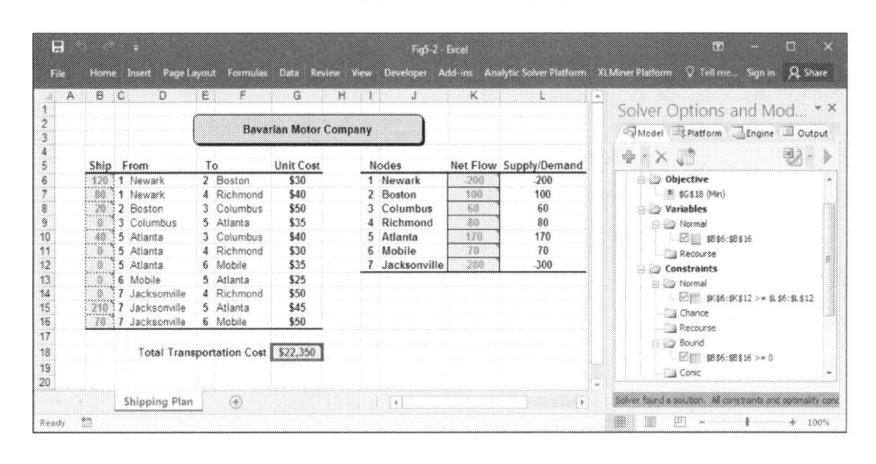

图 5.4　BMC 公司转运问题的最优解

5.1.6　分析最优解

图 5.4 给出了 BMC 转运问题的最优解。最优解表明，应该从纽瓦克向波士顿运输 120 辆汽车（$X_{12}=120$），从纽瓦克向里士满运输 80 辆汽车（$X_{14}=80$），从波士顿向哥伦布运输 20 辆汽车（$X_{23}=20$），从亚特兰大向哥伦布运输 40 辆汽车（$X_{53}=40$），从杰森威尔向亚特兰大运输 210 辆汽车（$X_{75}=210$），从杰森威尔向莫比尔运输 70 辆汽车（$X_{76}=70$）。单元格 G18 表明，与此运输方案相关的总运输成本为 22,350 美元。K6 和 K12 中的约束单元格的数值分别表明，纽瓦克可运出的 200 辆汽车全部被运出，杰森威尔可运出的 300 辆汽车中只有 280 辆被运出。其余的约束单元格 K7 至 K11 与 L7 至 L11 中的右端项对比后发现，每个城市的需求都已经被满足。

图 5.5 以图形方式总结了该求解结果。每条弧线旁边框中的数值指出该弧线的最优流量。问题中其他所有圆弧（图 5.5 中未显示的）的最优流量是 0。注意，流入每个节点的流量减去流出这个节点的流量等于这个节点的供给或需求。例如，从杰森威尔运到亚特兰大的汽车数量是 210 辆。亚特兰大将留下 170 辆（满足这个节点的需求），并将另外的 40 辆运往哥伦布。

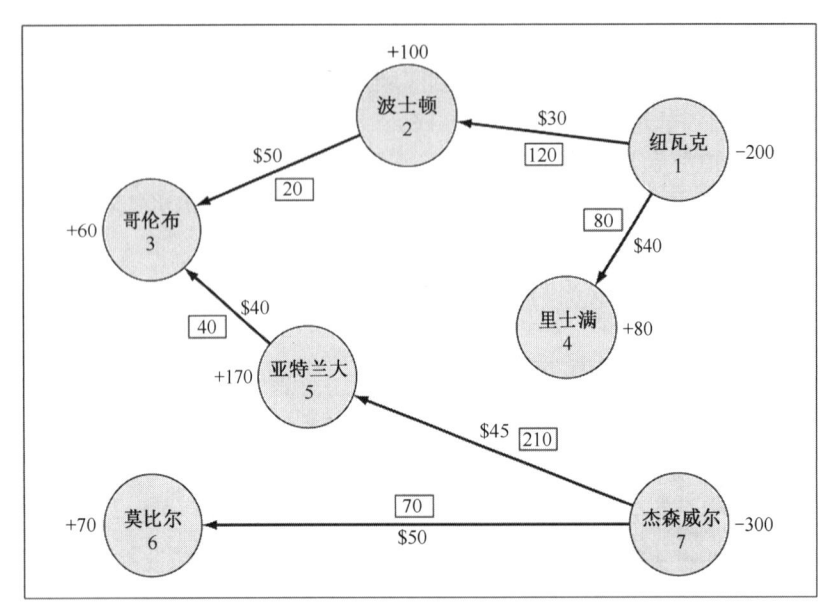

图 5.5　BMC 公司转运问题的最优解的网络表示

5.2　最短路径问题

许多决策问题，需要确定网络从起始节点到结束节点的最短（或成本最低）路径或路线。例如，许多城市正在开发公路和街道的计算机管理模型，以帮助急救车确定到达指定地点的最快路线。每一个街道的交叉点表示网络中的一个潜在节点，连接交叉点的街道代表弧线。在每周的不同时期和每天的不同时间，由于车流的变化，在各条街道上行驶时间可能增加或减少。道路的建设和维修施工也会影响车流状况。因此，从城市中的一点到达另一点的最快路线（或最短路径）可能频繁变化。在紧急情况下，生命或财产是否能保全取决于急救车是否能迅速到达所需地点。在这种情况下，快速确定到达事件发生地的最短路线的能力就相当有用了。下面的例子说明最短路径问题的另一个应用。

美国汽车协会（ACA）为其会员提供了各种与旅行相关的服务，包括度假目的地信息、折扣酒店预定、道路紧急协助和旅行线路规划。最后一项服务旅行线路规划是最受欢迎的服务之一。当美国汽车协会的会员计划自驾车旅行时，他们会访问该协会的网站，给出他们将从哪些城市出发、前往哪些城市，然后 ACA 确定在这些城市之间旅行的最佳路线。ACA 中主要公路和州际公路的计算机数据库保持更新，其中包含有关施工延迟和绕行路线及各路段的预估行驶时间的信息。

ACA 成员在计划驾驶旅行时往往有不同的目标。有些人关注的是旅行时间最短的路线，而有较多闲暇时间的人则希望找到沿途风景最好的路线。该协会希望开发一个自动系统，以给成员提供最佳旅行计划。

为了解 ACA 如何解决最短路径问题，先看一下图 5.6 所示的简化网络，该网络适用于想从阿拉巴马州 Birmingham 开车到弗吉尼亚州 Virginia Beach 的旅行成员。图中的节点表示不同的城市，弧线表示城市之间可能行驶的线路。图 5.6 列出了每条弧线道路的预估行驶时间及此路线中可接受 ACA 系统风景质量评定的景点等级分值。

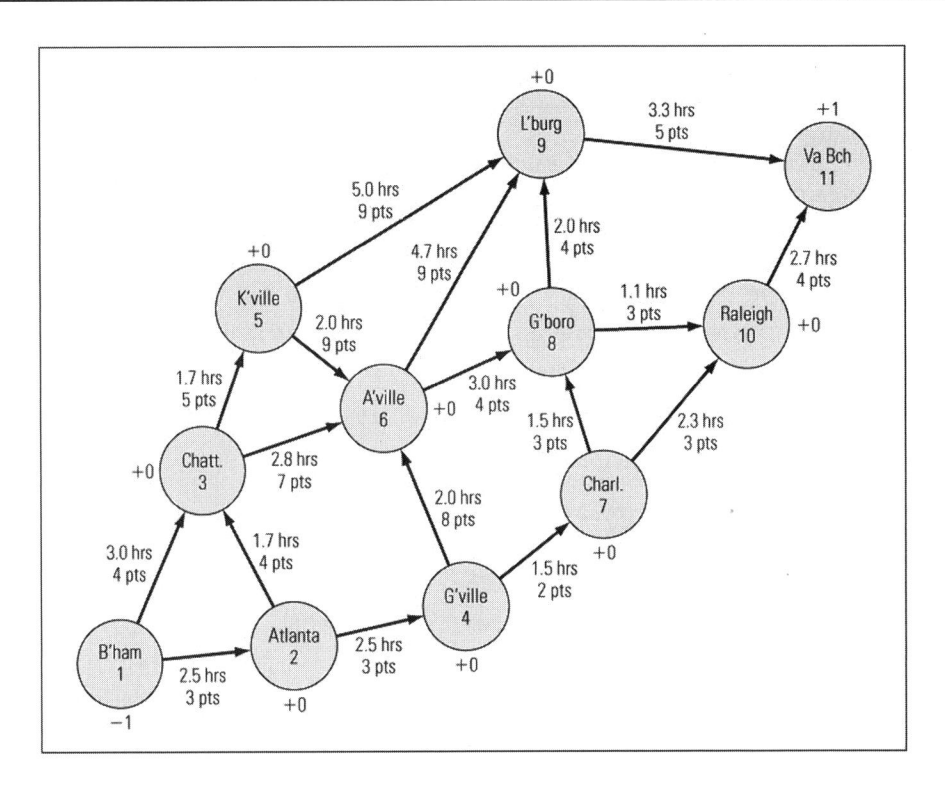

图 5.6 ACA 最短路径问题的可能路线网络

作为一个网络流模型来解决这个问题需要各个节点有一定的供给或需求。在图 5.6 中，节点 1（Birmingham）有 1 个单位的供给，节点 11（Virginia Beach）有 1 个单位的需求，所有其他节点有 0 个单位的需求（或供给）。如果将此模型看做一个转运问题，那么我们希望找到将 1 个单位的流量从节点 1 运送到节点 11 的路程最短或最美景观的线路。此供应单元采取的线路对应于网络中最短路径或风景最优美的路径，取决于所追求的目标。

5.2.1 示例的线性规划模型

利用流量守恒规则，在此问题中最短驾驶时间的线性规划模型表达如下：

MIN: $+2.5X_{12}+3X_{13}+1.7X_{23}+2.5X_{24}+1.7X_{35}+2.8X_{36}+2X_{46}+1.5X_{47}+2X_{56}+5X_{59}$
$+3X_{68}+4.7X_{69}+1.5X_{78}+2.3X_{7,10}+2X_{89}+1.1X_{8,10}+3.3X_{9,11}+2.7X_{10,11}$

约束：

$-X_{12}-X_{13}=-1$ }节点 1 的流量约束

$+X_{12}-X_{23}-X_{24}=0$ }节点 2 的流量约束

$+X_{13}+X_{23}-X_{35}-X_{36}=0$ }节点 3 的流量约束

$+X_{24}-X_{46}-X_{47}=0$ }节点 4 的流量约束

$+X_{35}-X_{56}-X_{59}=0$ }节点 5 的流量约束

$+X_{36}+X_{46}+X_{56}-X_{68}-X_{69}=0$ }节点 6 的流量约束

$+X_{47}-X_{78}-X_{7,10}=0$ }节点 7 的流量约束

$+X_{68}+X_{78}-X_{89}-X_{8,10}=0$ }节点 8 的流量约束

$$+X_{59} + X_{69} + X_{89} - X_{9,11} = 0 \quad \}\text{节点 9 的流量约束}$$

$$+X_{7,10} + X_{8,10} - X_{10,11} = 0 \quad \}\text{节点 10 的流量约束}$$

$$+X_{9,11} + X_{10,11} = +1 \quad \}\text{节点 11 的流量约束}$$

$$X_{ij} \geq 0,\ \text{对所有}\ i\ \text{和}\ j \quad \}\text{非负条件}$$

因为这个问题的总供给等于总需求,所以约束应该为等式。此模型中的第一个约束确保节点 1 可以供给的 1 个单位被运输到节点 2 或节点 3。接下来的 9 个约束表明,流向节点 2 至节点 10 的也要流出,因为每个节点的需求都是 0。例如,如果供给从节点 1 流出(经过 X_{12})进入节点 2,那么第 2 个约束确保了它将从节点 2 流出(经过 X_{23} 或 X_{24})进入节点 3 或节点 4。最后一个约束表明 1 个单位的供给必须最终流入节点 11。因此,此问题的最优解是从节点 1(Birmingham)到节点 11(Virginia Beach)的最快路径。

5.2.2　电子表格模型及最优解

问题的最优解如图 5.7(本书的配套文件 Fig5-7.xlsm)所示,求解过程中规划求解器参数和选项设置如图 5.8 所示。注意,该模型要计算总预期驾驶时间(单元格 G26)和总的景点等级分值(单元格 H26)。按照顾客的愿望,这些单元格的任何一个都可能被选择为目标函数。图 5.7 所示的解是最小化预期驾驶时间。

图 5.7 所示的最优解路线给出了最快的行驶计划是从节点 1(Birmingham)行驶到节点 2(Atlanta),行驶到节点 4(Greenville),再行驶到节点 7(Charlotte),然后到节点 10(Raleigh),最后到节点 11(Virginia Beach)。沿着这条线路行驶的总预期时间是 11.5 小时。还需注意,这条线路的 ACA 景点等级分值为 15。

使用此电子表格,还可以在规划求解器中设置让单元格 H26 中的数值求最大来确定最美风景路线。图 5.9 显示了这种情况下获得的最优解。这个旅行计划是驾车从 Birmingham 开车到 Atlanta,到 Chattanooga、Knoxville、Asheville、Lynchburg,最后到 Virginia Beach。该行程的 ACA 景点等级分值为 35 分,但需要几乎 16 小时的驾驶时间。

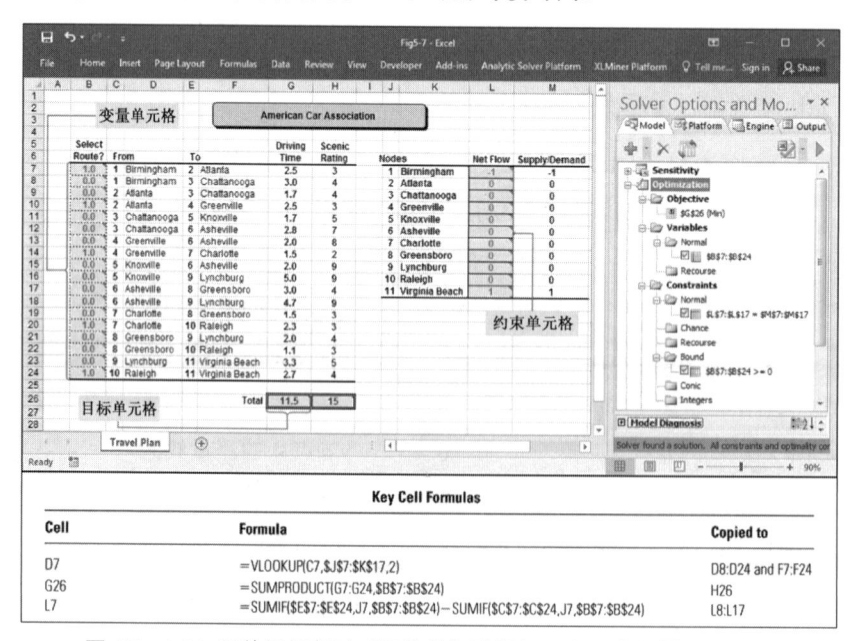

图 5.7　ACA 预估最短驾驶时间的最短路径问题电子表格模型及求解

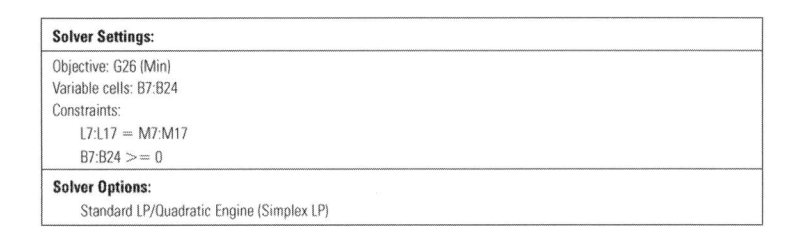

```
Solver Settings:
Objective: G26 (Min)
Variable cells: B7:B24
Constraints:
    L7:L17 = M7:M17
    B7:B24 >= 0
Solver Options:
Standard LP/Quadratic Engine (Simplex LP)
```

图 5.8　ACA 最短路径问题的规划求解器参数和选项设置

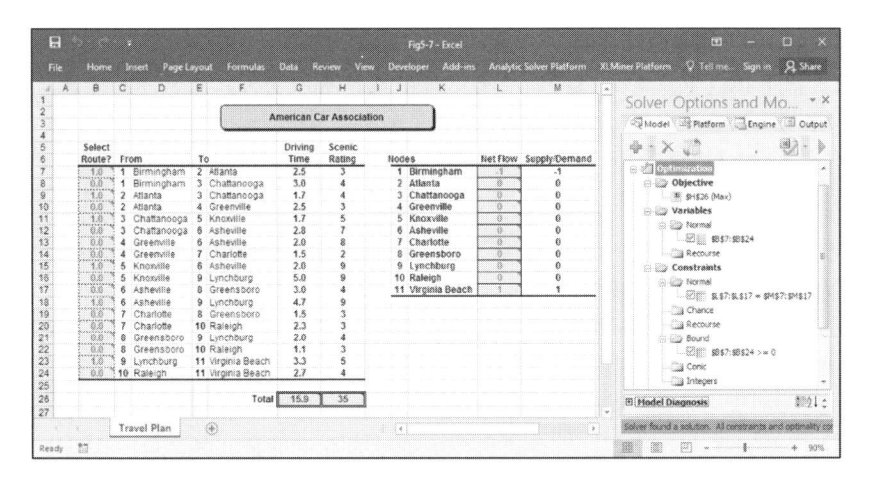

图 5.9　最美风景路线的最优解

5.2.3　网络流模型及整数解

截至目前，我们求解的每一个网络流模型都得到了整数解。若使用单纯形法求解任何具有整数右端项约束的最小成本网络流模型，则最优解自动取整数值。这个性质非常有用，因为经过网络流模型的物品大多数是离散的（如汽车或人员）。

有时，人们想给网络模型附加额外约束（或副约束）以便更精准实现目标。例如，在 ACA 最短路问题中，假设顾客希望找到 14 小时驾车时间内去 Virginia Beach 的最美风景路线。我们可以简单地在模型中加上一个约束，以保证总驾驶时间 G26 小于或等于 14 小时。重新求解模型使得单元格 H26 中的景点评分最大，则得到图 5.10 中的解。

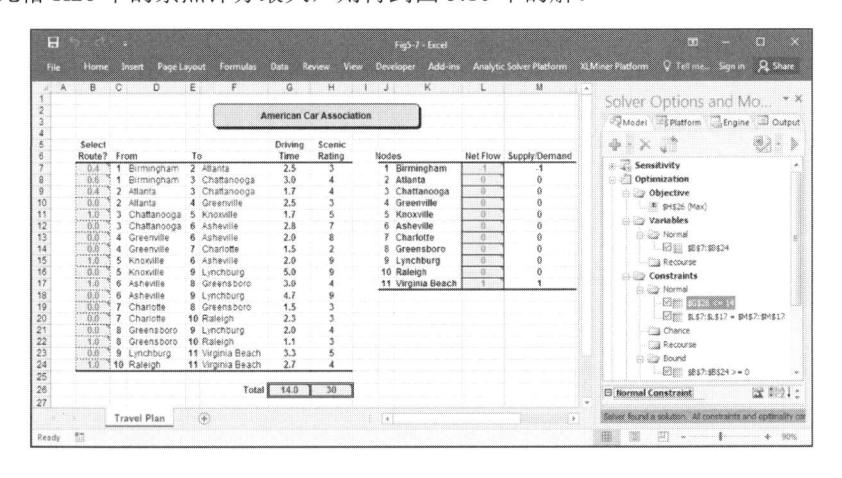

图 5.10　带有副约束的网络问题非整数解例子

遗憾的是，这个解是无效的，因为它的结果是分数。因此，若对不遵守流量守恒规则的网络流问题中加入副约束，则不能保证问题的线性规划模型的解是整数。若这类问题需要整数解，则必须应用第 6 章讨论的整数线性规划技术。

> **最短路径问题的小结**
>
> 可以通过给初始点分配一个单位的供给、给终点分配一个单位的需求及为网络中所有其他点设置 0 单位的需求，将最短路径问题建模为一个转运问题。因为这里给出的例子只有少量路径，所以直接通过枚举法并计算每一条路线的总距离而求解这些问题会比较容易。但是，在有很多节点和弧线的问题中，自动线性规划模型比手动求解方法更好。

5.3 设备更新问题

设备更新问题是一种常见的商业问题，可以作为最短路径问题进行建模。这类问题需要确定特定时间内更换设备成本最低的计划。考虑下面这个例子：

> Jose Maderos 是一家小公司 Compu-Train 的拥有者，公司为科罗拉多州 Boulder 市及周边地区的企业提供软件教育和培训。Jose 租赁计算机设备开展日常业务，而且他喜欢使设备保持最新状态，以便能高效运行最新的顶级软件。因此，Jose 希望至少每两年更新一次设备。Jose 目前正在就设备提供商提出的两份租赁合同进行抉择。两份合同都要求在刚开始时就得为所需设备支付 62,000 美元。但在随后几年更换其设备时，这两份合同在支付金额方面的要求有所不同。
>
> 根据第一份合同，购置新设备的价格每年增加 6%，但对于已使用 1 年的设备，Jose 将获得 60%的折价，对于已使用 2 年的设备，Jose 将获得 15%的折价。根据第二份合约，购置新设备的价格每年只会增加 2%，但已使用 1 年和 2 年的设备，他只能获得 30 %的折价。
>
> Jose 知道，无论怎么做，在开始时他都必须支付 62,000 美元才能得到设备。但是，他希望确定哪一份合同能在未来 5 年内让他尽量减少租赁费用，以及根据选定的合同他应在什么时候更换他的设备。

Jose 考虑两份合同都可以看成最短路径问题建立模型。图 5.11 显示了如何利用第一个合同解决问题。在未来的 5 年中，当 Jose 可以替换他的设备时，每个节点对应一个时间点。网络中的每条弧线代表 Jose 可以进行的选择。例如，从节点 1 到节点 2 的弧线表示 Jose 将最初获取的设备保留 1 年，然后在第 2 年年初替换它，净成本为 28,520 美元（62,000×1.06-0.6×62,000 美元=28,520 美元）。从节点 1 到节点 3 的弧线表明 Jose 可以将他的初始设备保存 2 年，并在第 3 年年初替换它，净成本为 60,363 美元。（62,000 美元×1.06^2-0.15×62,000 美元=60,363 美元）。

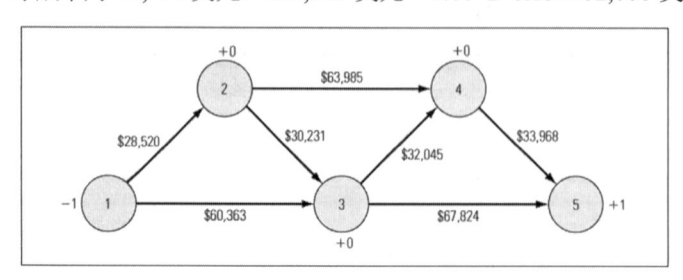

图 5.11 Compu-Train 设备更新问题第一份合同的网络示意图

从节点 2 到节点 3 的弧线表示，如果 Jose 在第 2 年年初更新原始设备，那么他可以保留新设备 1 年，然后在第 3 年年初以净成本 30,231 美元（62,000 美元×1.06^2-0.60×(62,000 美元×1.06)=30,231 美元）进行更换。网络中的其他弧线和成本可以用相同的方式解释。Jose 的决策问题是使从节点 1 到节点 5 成本最小的路线。

5.3.1 电子表格模型及最优解

Jose 决策问题的线性规划模型，可以通过使用与前面网络流问题相同的流量守恒规则求解，如图 5.11 所示。这个问题的电子表格模型如图 5.12 所示（本书的配套文件 Fig5-12.xlsm），图 5.13 给出了设置。为了帮助 Jose 比较他面临的两个不同方案，注意图 5.12 中电子表格区域的"假设"处留出来用于表示租赁成本的年增长率的预设值（单元格 G5），以及一年和两年旧设备的折价率（单元格 G6 和 G7）。电子表格模型的其他部分使用这些假设值计算各个成本。这使得我们能够容易地改变任何假设并重新求解模型。

这个问题的最优解表明：在第 1 份合同的规定下，Jose 在每年年初更新设备的成本总计 124,764 美元。这个金额已经包含了他在第 1 年年初必须支付的 62,000 美元。

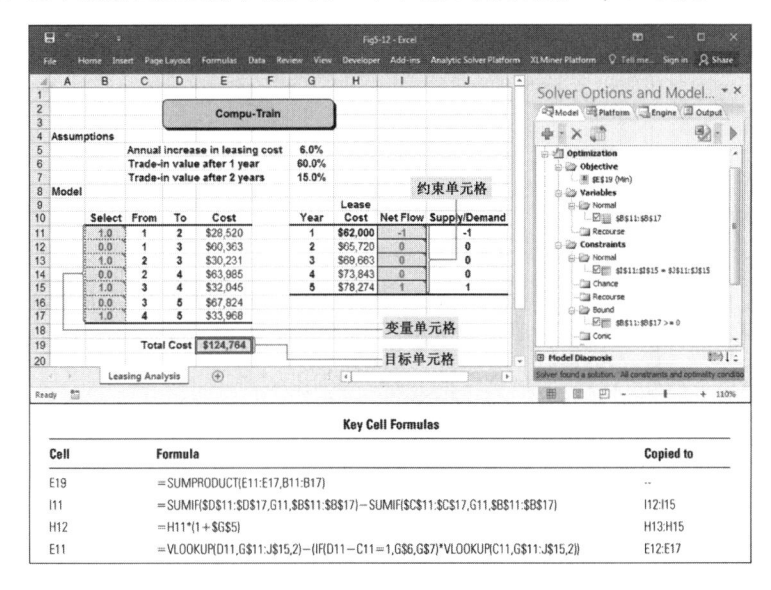

图 5.12　Compu-Train 的第一份租赁合同的电子表格模型及最优解

图 5.13　Compu-Train 设备更新问题的规划求解器参数

为了确定最优更新策略和第 2 份合同的成本，Jose 可以简单地改变电子表格上部分的假设重新求解模型。这个结果如图 5.14 所示。

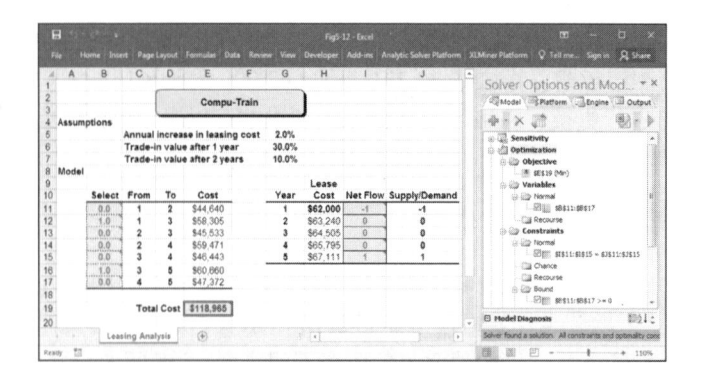

图 5.14 Compu-Train 第二份租赁合同选择的最优解

这个问题的最优解说明，在第二份合同的规定下，Jose 应该在第 3 年和第 5 年的年初以 118,965 美元的总成本更新设备。这个金额已经包含了他在第 1 年年初必须支付 62,000 美元的金额。虽然第 2 份合同下的总成本低于第 1 份合同下的总成本，但第 2 份合同下 Jose 将在第 2 年和第 4 年使用较旧的设备。因此，虽然这两个模型的解使得两个不同方案的财务结果明确了，但是 Jose 需自己定夺：在第 2 份合同下节省的财务成本是否超过在第 2 年和第 4 年期间使用陈旧设备的非财务成本。当然，无论 Jose 决定使用哪一份合同，他都要重新考虑第 4 年年初是否更新设备。

5.4 运输/指派问题

第 3 章给出的另一类网络流问题称为运输/指派问题。那个例子是关于 Tropicsun 公司的，一家新鲜柑橘产品的种植和经销商，公司希望确定从 3 个柑橘园到 3 个加工厂运输新鲜水果成本最小的方式。这个问题的网络图再次在图 5.15 中给出。

图 5.15 所示的网络不同于本章之前的网络流问题，因为它不包含转运节点。图 5.15 的每一个节点要不是发送节点要不就是接收节点。缺少中转节点是运输/分配问题区别于其他类型网络流问题的关键特征。这个属性方便我们用电子表格的矩阵格式建立和求解运输/分配问题。虽然可以用求解运输问题的方法来求解运输/指派问题，但使用第 3 章中描述的矩阵方法更容易实现和解决这些问题。

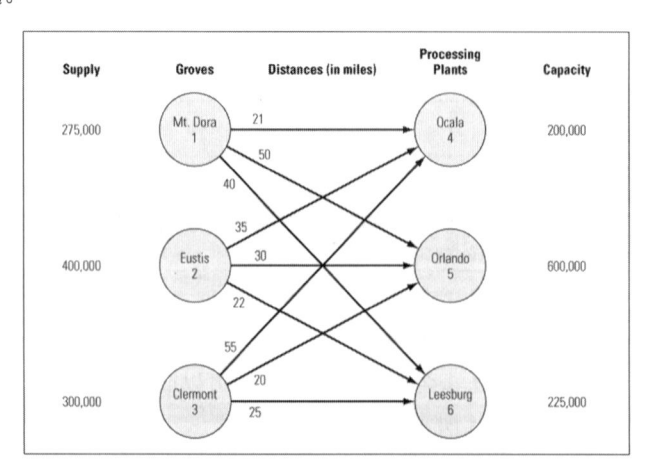

图 5.15 Tropicsun 公司的运输/指派问题的网络示意图

有时，运输/指派问题是稀疏的或者不充分连通的（即并非所有供应节点都有弧线将它们与所有需求点连通）。这些"缺失"的弧线可以在矩阵方法中通过下列手段方便地处理：给代表这些弧线的变量单元格分配任意大的成本，这样做使得这些弧线流的成本变得极其昂贵。但是，随着缺失弧线数量的增加，矩阵方法与本章描述的程序相比较计算效率会变得越来越低。

5.5 广义网络流问题

到目前为止，在我们所考虑的所有网络流问题中，流出弧的量总是与输入弧的量相同。例如，如果把 40 辆车放在杰森威尔的火车上，然后送到亚特兰大，那么在亚特兰大卸货时也是同样的 40 辆车。然而，在许多网络流问题的例子中，流经弧的时候会发生收益或损失。例如，如果石油或天然气通过泄漏管道运输，那么到达预定目的地的石油或天然气数量将少于原先流入管道的数量。由于液体的蒸发、食物或其他物品的腐烂，或者缺陷的原材料进入生产过程导致一定的废料，都会出现类似的流量损失的例子。许多金融现金流问题可以作为网络流问题建立模型，因为资金通过各种投资流动，所以流动带来的收益可以用利息或股息的形式呈现。下面的例子用来说明适合这类问题的建模及修订方法。

Nancy Grant 是 CBH（Coal Bank Hollow）再生公司（专门回收和再生纸制品）的所有者。Nancy Grant 使用两种不同的再生方法将报纸、混合纸、白色办公纸和纸板转化为纸浆。从再生原料提取出再生纸浆的数量和纸浆的提取成本根据不同的再生过程而不同。下列表格汇总了再生过程：

材料	原料再生过程 1		原料再生过程 2	
	每吨成本	产出	每吨成本	产出
报纸	$13	90%	$12	85%
混合纸	$11	80%	$13	85%
白色办公纸	$9	95%	$10	90%
纸板	$13	75%	$14	85%

例如，每吨报纸使用再生过程 1 的成本为 13 美元，产生 0.9 吨纸浆。通过两种不同的再生过程产生的纸浆做成新闻用纸、包装用纸或高质量打印纸。将再生纸浆转化为成品纸浆的产出结果汇总在下列表格中：

纸浆来源	新闻用纸纸浆		包装用纸纸浆		打印纸纸浆	
	每吨成本	产出	每吨成本	产出	每吨成本	产出
原料再生过程 1	$5	95%	$6	90%	$8	90%
原料再生过程 2	$6	90%	$8	95%	$7	95%

例如，1 吨纸浆经过再生过程 2 可以转化为 0.95 吨包装纸，成本为 8 美元。

Nancy 目前有 70 吨报纸、50 吨混合纸、30 吨白色办公纸和 40 吨纸板。她希望确定将这些原料转化成 60 吨新闻用纸纸浆、40 吨包装纸纸浆和 50 吨打印纸纸浆的最有效方法。

图 5.16 给出如何将 Nancy 的再生问题以广义网络流的方式呈现，这个图中的弧线表示生产过程可能引起的再生物料流。在每一个弧上，列出了沿弧流动的成本和沿弧流动的换算系数。例如，从节点 1 到节点 5 的弧线指明，每吨报纸进入再生过程 1 的成本是 13 美元，产出 0.90 吨的纸浆。

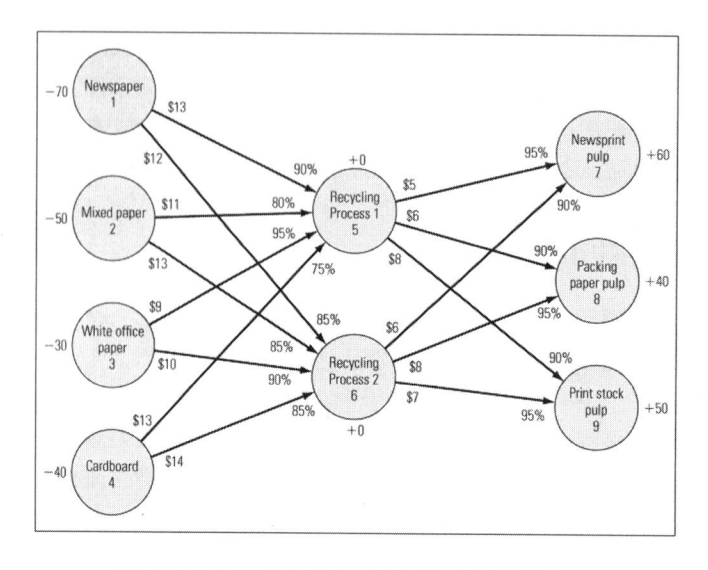

图 5.16 CBH 再生公司广义网络流问题示意图

5.5.1 再生问题的线性规划模型

对这一问题建立线性规划模型：定义决策变量 X_{ij} 代表从节点 i 到节点 j 产品流过的吨数。目标函数按照通常的方式表达如下：

$$\text{MIN：} 13X_{15}+12X_{16}+11X_{25}+13X_{26}+9X_{35}+10X_{36}+13X_{45}+14X_{46}$$
$$+5X_{57}+6X_{58}+8X_{59}+6X_{67}+8X_{68}+7X_{69}$$

该问题的约束可以利用每个节点的流量守恒规则产生。给出前 4 个节点的约束（分别代表报纸、混合纸、白色办公纸和纸板的供应）：

$$-X_{15}-X_{16} \geqslant -70 \quad \}节点 1 的流量约束$$
$$-X_{25}-X_{26} \geqslant -50 \quad \}节点 2 的流量约束$$
$$-X_{35}-X_{36} \geqslant -30 \quad \}节点 3 的流量约束$$
$$-X_{45}-X_{46} \geqslant -40 \quad \}节点 4 的流量约束$$

这些约束直接表明，每个节点流出的产品数量可能不超过每个节点可用的供应量（回忆节点 1 给定的约束等价于 $+X_{15}+X_{16} \leqslant +70$）。

将流量守恒规则应用于节点 5 和节点 6（代表两个再生过程），得到：

$$+0.9X_{15}+0.8X_{25}+0.95X_{35}+0.75X_{45}-X_{57}-X_{58}-X_{59} \geqslant 0 \quad \}节点 5 的流量约束$$
$$+0.85X_{16}+0.85X_{26}+0.9X_{36}+0.85X_{46}-X_{67}-X_{68}-X_{69} \geqslant 0 \quad \}节点 6 的流量约束$$

为更好地理解这些约束的逻辑，将它们重新以下列代数形式写出：

$$+0.9X_{15}+0.8X_{25}+0.95X_{35}+0.75X_{45} \geqslant +X_{57}+X_{58}+X_{59} \quad \}节点 5 的等价流量约束$$
$$+0.85X_{16}+0.85X_{26}+0.9X_{36}+0.85X_{46} \geqslant +X_{67}+X_{68}+X_{69} \quad \}节点 6 的等价流量约束$$

注意，节点 5 的约束要求从节点 5 运出的数量（由 $X_{57}+X_{58}+X_{59}$ 给出）不能超过节点 5 可以运出的净流量（由 $0.9X_{15}+0.8X_{25}+0.95X_{35}+0.75X_{45}$ 给出）。因此，此处的产出因素决定了再生过程产生产品的数量。类似的解释适用于节点 6 的约束。

最后，将流量守恒规则应用于节点 7、8 和 9，得到下列约束：

$\qquad +0.95X_{57}+0.90X_{67}\geqslant 60 \qquad$ }节点 7 的流量约束

$\qquad +0.9X_{58}+0.95X_{68}\geqslant 40 \qquad$ }节点 8 的流量约束

$\qquad +0.9X_{59}+0.95X_{69}\geqslant 50 \qquad$ }节点 9 的流量约束

节点 7 的约束保证流入节点 7 最终的产品数量（$0.95X_{57}+0.90X_{67}$）足够满足这个节点对纸浆的需求。再次，类似的解释适用于节点 8 和节点 9 的约束。

5.5.2 求解模型

CBH 再生公司的广义网络流模型汇总如下：

MIN: $13X_{15}+12X_{16}+11X_{25}+13X_{26}+9X_{35}+10X_{36}+13X_{45}+14X_{46}+5X_{57}$
$\qquad +6X_{58}+8X_{59}+6X_{67}+8X_{68}+7X_{69}$

约束：

$-X_{15}-X_{16}\geqslant -70 \qquad$ }节点 1 的流量约束

$-X_{25}-X_{26}\geqslant -50 \qquad$ }节点 2 的流量约束

$-X_{35}-X_{36}\geqslant -30 \qquad$ }节点 3 的流量约束

$-X_{45}-X_{46}\geqslant -40 \qquad$ }节点 4 的流量约束

$+0.9X_{15}+0.8X_{25}+0.95X_{35}+0.75X_{45}-X_{57}-X_{58}-X_{59}\geqslant 0 \qquad$ }节点 5 的流量约束

$+0.85X_{16}+0.85X_{26}+0.9X_{36}+0.85X_{46}-X_{67}-X_{68}-X_{69}\geqslant 0 \qquad$ }节点 6 的流量约束

$+0.95X_{57}+0.90X_{67}\geqslant 60 \qquad$ }节点 7 的流量约束

$+0.9X_{58}+0.95X_{68}\geqslant 40 \qquad$ }节点 8 的流量约束

$+0.9X_{59}+0.95X_{69}\geqslant 50 \qquad$ }节点 9 的流量约束

$X_{ij}\geqslant 0$，对所有 i 和 j }非负条件

在其他网络流模型中，我们看到所有约束中的系数隐含着一定等于 1 或-1，但上述模型中并非如此。因此，在电子表格中建模时必须特别注意约束的系数。图 5.7（本书的配套文件 Fig5-17.xlsm）给出了这个问题的电子表格模型。

图 5.17 中的电子表格与已经求解过的其他网络流问题非常相似。单元格 A6 到 A19 代表模型中的决策变量（弧线），每个变量相应的单位成本列在 H6 到 H19 的区域中。目标函数建立在单元格 H21 中如下：

单元格 H21 的公式： =SUMPRODUCT(H6:H19,A6:A19)

为了建立约束的左端项，不能再简单地加上节点流入量和减去节点流出量，而是必须首先用相应的产出因子乘以节点流入量。产出因子输入到 D 列中，在 E 列中计算每一条弧线调整后的产出流，公式如下：

单元格 E6 的公式： =A6*D6

（复制到单元格 E7 至 E19 中）

现在，为了建立单元格 L6 到 L14 中每一个节点的左端项，我们需对进入每个节点的、调整后的产出流求和，再减去流出每一个节点的原始流。可按如下方式完成：

单元格 L6 的公式： =SUMIF(F6:F19,J6,E6:E19)-

（复制到单元格 L7 至 L14 中） SUMIF(B6:B19,J6,A6:A19)

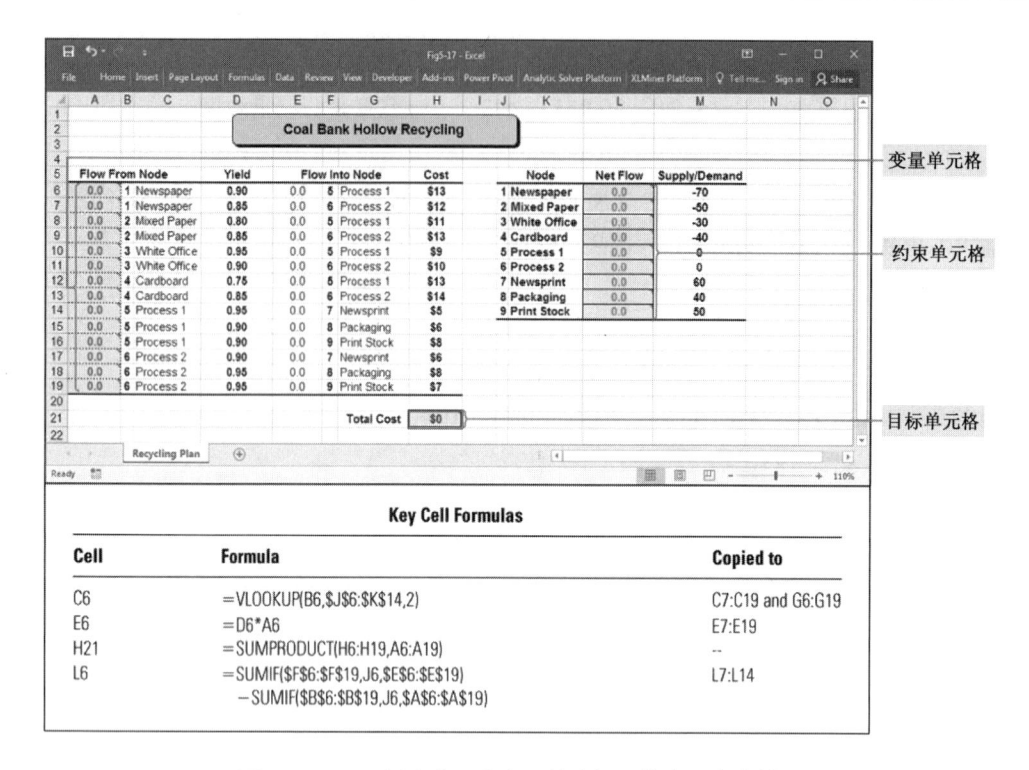

图 5.17 CBH 再生公司广义网络流问题的电子表格模型

注意，此公式中的第 1 个函数 SUMIF 是将列 E 中调整后的相应产出流量相加，而第 2 个函数 SUMIF 是将列 A 中对应的原始流的相加。因此，尽管此公式与早期模型中使用的公式非常相似，但这一点是必须注意和理解的关键不同点。这些约束单元格的右端项在单元格 M6 到 M14 中。

5.5.3 分析最优解

图 5.18 给出了求解这个问题规划求解器设置。最优解如图 5.19 所示。

在这个解中，给再生过程 1 分配了 43.3 吨报纸、50 吨混合纸和 30 吨白色办公纸（即 $X_{15}=43.4$，$X_{25}=50$，$X_{35}=30$）。这个再生过程产出纸浆总数为 107.6 吨（即 $0.9×43.3+0.8×50+0.95×30=107.6$），其中，63.2 吨分配为新闻用纸纸浆（$X_{57}=63.2$），44.4 吨分配为生产包装用纸的纸浆（$X_{58}=44.4$）。这使我们能够满足 60 吨新闻用纸的需求（$0.95×63.2=60$）和 40 吨包装用纸的需求（$0.90×44.4=40$）。

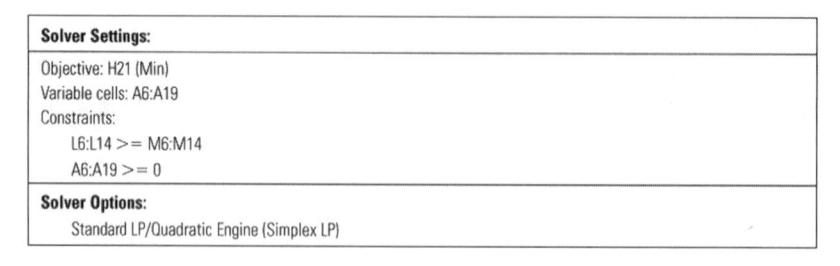

图 5.18 再生问题的规划求解器设置及选项

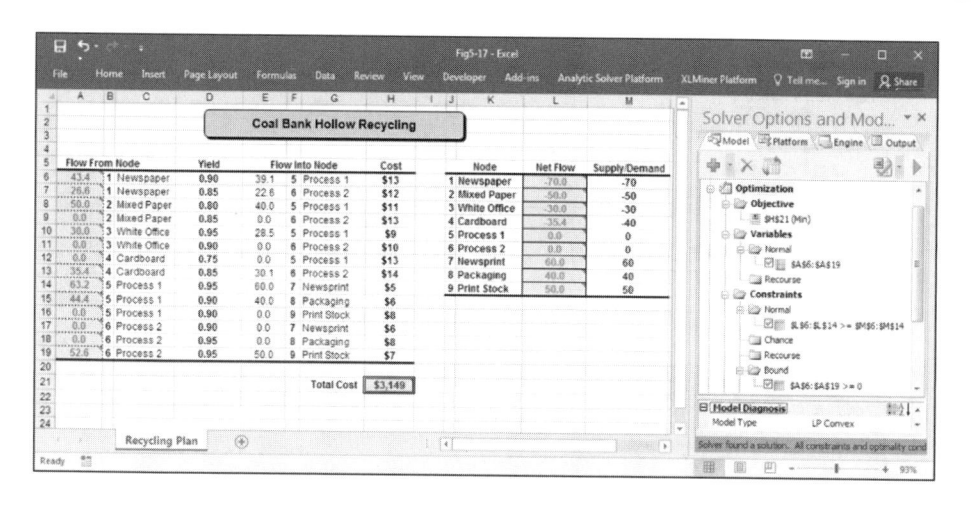

图 5.19 Coal Bank Hollow 再生公司的广义网络流问题的最优解

剩余的 26.6 吨报纸与 35.4 吨的纸板合起来分配到再生过程 2（即 X_{16}=26.6，X_{46}=35.4）。这导致 52.6 吨纸浆的产量（即 0.85×26.6＋0.85×35.4=52.6），其中全部用于 50 吨打印纸纸浆的生产（0.95×52.6=50）。

Nancy 注意到这个生产方式要求使用所有报纸、混合纸和白色办公纸，但是剩下大约 4.6 吨纸板。因此，她可以购买更多的报纸、混合纸和白色办公纸以进一步降低总成本。对她来说，明智的做法是将多余的纸板与另一家再生纸生产者交换成自己缺少的原料。

5.5.4 广义网络流问题及可行性

在广义网络流问题中，通过每一条弧线上流量的增加或减少能够有效地提高或降低网络中可用的供给。例如，分析一下，如果图 5.16 中报纸的供给减少到 55 吨，会发生什么情况？虽然网络图中的总供给（175 吨）似乎仍然超过总需求（150 吨），但是，如果尝试求解修改后的问题，那么规划求解器将告诉我们问题没有可行解（可以自行验证）。因此，由于在生产过程中发生的原料损失，我们不能够满足所有的需求。

这里想说明的要点是：对于广义网络流问题，在求解问题之前常常不能确定总供给是否能够满足总需求。结果，我们通常不能知道要应用哪个流量守恒规则。当问题不清楚时，最安全的做法是首先假设所有需求可以满足，并使用下列形式的约束（遵循流量守恒规则）：流入流量-流出流量≥供给或需求。如果由此得到的问题不可行（模型中不存在错误），即我们可认为所有需求不能被满足，然后使用下列形式的约束（遵循流量守恒规则）：流入流量－流出流量≤供给或需求。在这种情况下，最优解会确定分配供应成本最低的方式。

用例子来说明这种方法——图 5.20 和图 5.21 分别给出了可用报纸量为 55 吨时的修订后的再生问题规划求解器参数和最优解。注意，这个解使用了每种再生材料的所有可用供应。虽然最优解满足了所有的新闻用纸纸浆和包装用纸浆的需求，但是它对打印纸纸浆的总需求有 15 吨的短缺。再生公司将需要与客户协商是否应对这种短缺进行外包或积压。

当总供给不能满足总需求时，另一个可能的管理目标是以最低成本满足尽可能多的需求。这可以通过向网络中添加供应量为任意大的虚拟供应节点（使得总供应>总需求），并以任意大的成本将虚拟供应节点直接连接到这些弧的需求节点。流经虚拟弧的流将被最小化，因为它们会带来较大的成本损失。这使得网络中的真实（非虚拟）供应节点必须满足尽可能多的需求。

```
Solver Settings:
Objective: H21 (Min)
Variable cells: A6:A19
Constraints:
    L6:L14 <= M6:M14
    A6:A19 >= 0
Solver Options:
    Standard LP/Quadratic Engine (Simplex LP)
```

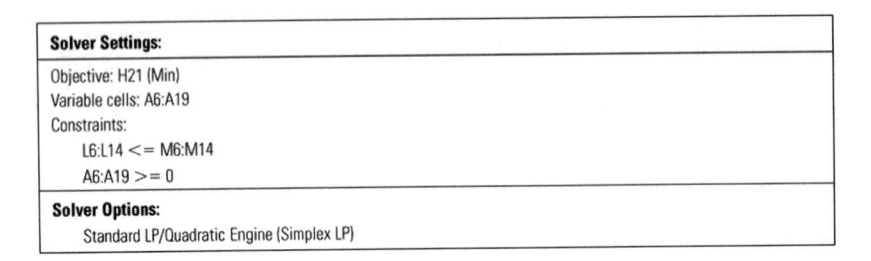

图 5.20　修订再生问题的规划求解器参数

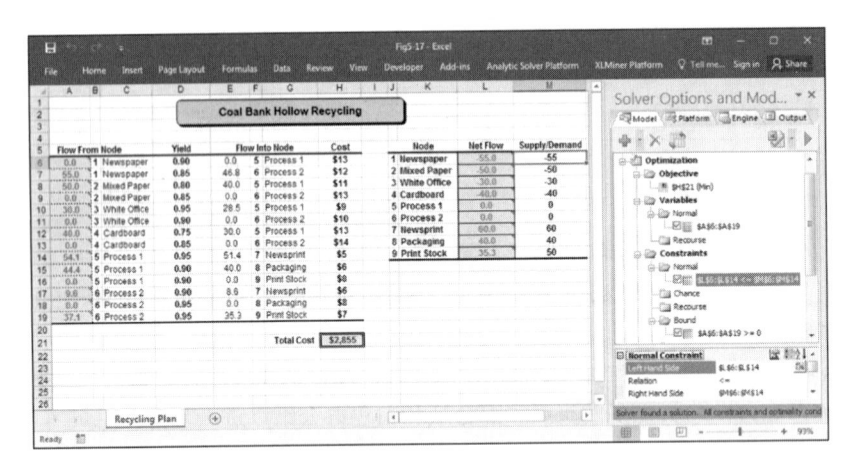

图 5.21　修订再生问题的最优解

图 5.22 和图 5.23（本书的配套文件 Fig5-23.xlsm）分别给出了对于 55 吨报纸和增加虚拟供应节点的修订再生问题规划求解器参数设置和最优解。注意，在该问题中添加了供应量任意大的虚拟供应节点（节点 10）。另外，添加了将该新供应节点连接到节点 7、8 和 9 的三条新弧，节点 7、8 和 9 分别表示报纸纸浆、包装纸浆和印刷原料纸浆的需求节点。因此，任何不能通过真实原料流动来满足的需求现在可以通过虚拟供应节点来满足（虚拟意义上）。将 999 美元的任意成本分配给单元 H20 至 H22 中的这些虚拟弧上的流量。在单元 H26 中要最小化的总成本由流过网络的原料实际成本（单元 H24）和使用虚拟供应的成本（单元 H25）组成。请注意，图 5.23 所示最优解的实际成本为 3,159 美元，与包装纸浆的总需求相差近 4 吨。此最优解以最低成本方式满足了尽可能多的总需求，可能对于管理层（及公司的客户）来说优于图 5.21 所示的最优解。

```
Solver Settings:
Objective: H26 (Min)
Variable cells: A6:A22
Constraints:
    L6:L15 >= M6:M15
    A6:A22 >= 0
Solver Options:
    Standard LP/Quadratic Engine (Simplex LP)
```

图 5.22　添加虚拟供应节点的修订再生问题规划求解器设置及选项

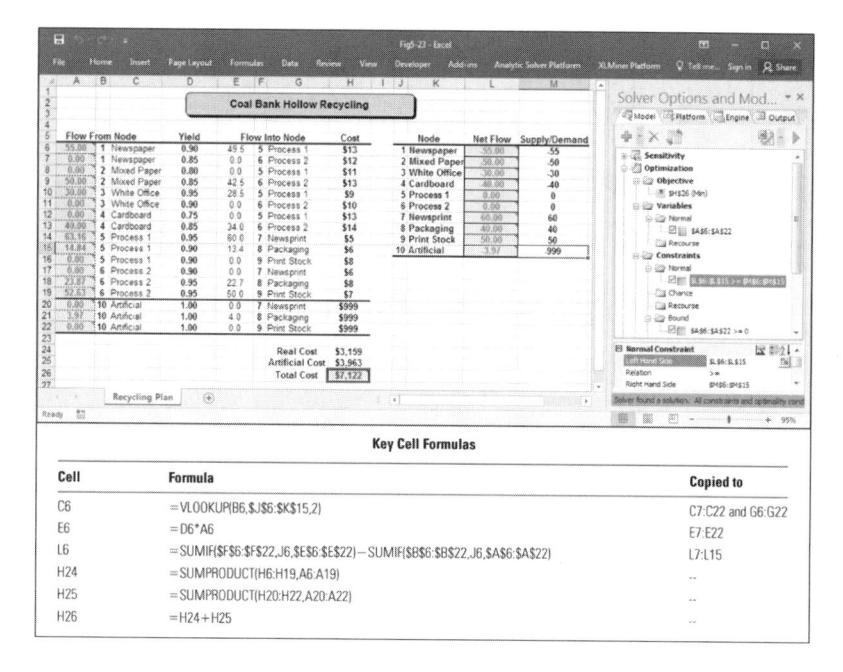

图 5.23　添加虚拟供应节点修订再生问题的电子表格和最优解

> **重要建模要点**
>
> 对广义网络流问题，通过每一条弧线上流量的增加或减少有效地提高或降低网络中可用的供给。因此，有时在广义网络流问题中很难预先判断总供给是否足以满足总需求。有疑虑时，最好假设总供给能够满足总需求，并使用规划求解器证明（或反驳）这个假设。

5.6　最大流量问题

最大化流量问题（或最大流问题）是网络流问题的典型问题，其目标是确定网络中可能出现的最大流量。在最大流量问题中，每个弧上可能出现的流量受到一些容量限制。这种类型的网络可能用于模拟管道输送石油的模型（其中，单位时间一段管道可以通过的石油数量受到管道直径的限制）。交通工程管理人员也使用这种类型的网络来确定可以通过街道汽车的最大数量，此数量受街道的车道数和时速限制所制约。以下示例阐述了最大流量问题。

5.6.1　最大流量问题的示例

美国西北石油公司在阿拉斯加经营一个油田和炼油厂。如图 5.24 所示，将从油田抽出的原油通过子泵站网络输送到位于距油田 500 英里的炼油厂。流过每个管道的油量（由网络中的弧表示）随不同的管道直径而变化。网络中弧线旁边的数字表示可流过各管道的最大油量（以每小时数千桶计）。公司希望确定每小时从油田输送到炼油厂的最大桶数。

最大流量问题似乎与前面讲述的网络流模型很不相同，因为它不包含节点的特定供给或需求。但是，若从结束节点向开始节点添加一条返回弧，将节点的需求设置为 0，并最大化返回弧上的流量，则可以用与转运问题相同的方式求解最大流量问题。图 5.25 给出了对该问题的修订。

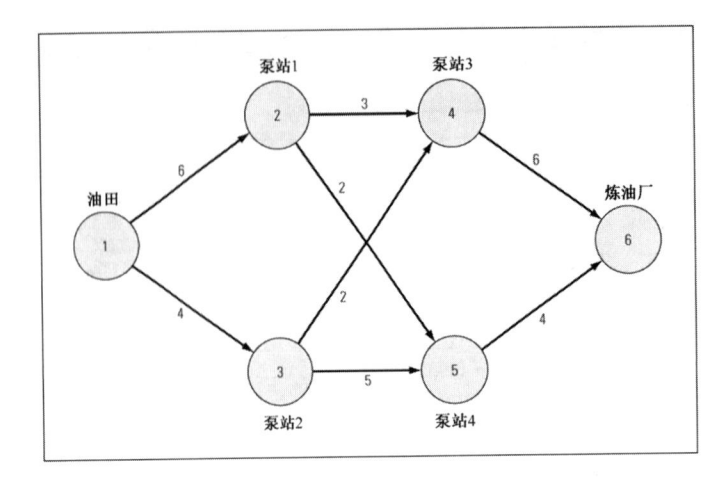

图 5.24　西北石油公司炼油厂运行网络示意图

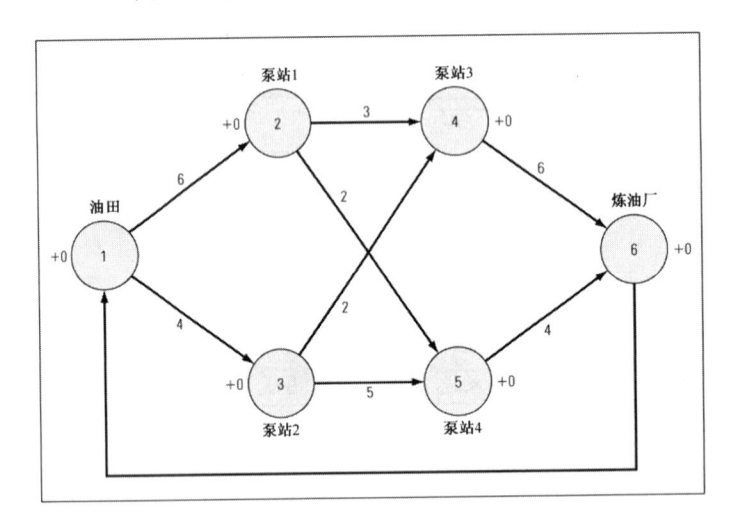

图 5.25　西北石油公司炼油厂最大流问题的网络结构

为了理解图 5.25 中的网络，假设从节点 6 运送 k 个单位（其中 k 代表某个整数）到节点 1。因为节点 6 的供给为 0，所以只有 k 个单位通过网络返回到节点 6，才能从节点 6 运送 k 个单位到节点 1（节点 6 的流量守恒）。每条弧线容量限制了可以返回节点 6 的单位数量。因此，经过网络的最大流量对应于可以从节点 6 运送到节点 1 再经过网络返回到节点 6 的最大单位数（以平衡该节点处的流量）。在给定每个弧的相应上界和通常的流量平守恒约束条件下，可以通过使从节点 6 到节点 1 的流量最大化来求解线性规划问题确定最大流。这个模型表示为

$$\text{MAX:} \quad X_{61}$$

约束：

$$+X_{61} - X_{12} - X_{13} = 0$$
$$+X_{12} - X_{24} - X_{25} = 0$$
$$+X_{13} - X_{34} - X_{35} = 0$$
$$+X_{24} + X_{34} - X_{46} = 0$$
$$+X_{25} + X_{35} - X_{56} = 0$$
$$+X_{46} + X_{56} - X_{61} = 0$$

对每个决策变量添加下列约束：

$$0 \leqslant X_{12} \leqslant 6 \qquad 0 \leqslant X_{25} \leqslant 2 \qquad 0 \leqslant X_{46} \leqslant 6$$
$$0 \leqslant X_{13} \leqslant 4 \qquad 0 \leqslant X_{34} \leqslant 2 \qquad 0 \leqslant X_{56} \leqslant 4$$
$$0 \leqslant X_{24} \leqslant 3 \qquad 0 \leqslant X_{35} \leqslant 5 \qquad 0 \leqslant X_{61} \leqslant \infty$$

5.6.2 电子表格模型及最优解

图 5.26（本书的配套文件 Fig5-26.xlsm）给出了该问题的电子表格模型。这个电子表格模型与前面网络模型有一些细小区别，但很重要。首先，图 5.26 的 G 列代表每条弧线的上界。其次，目标函数由单元格 B16 代表，其中公式如下：

单元格 B16 的公式： =B14

单元格 B14 表示从节点 6 到节点 1 的流量（或 X_{61}）。该单元格对应于使线性规划模型目标函数最大化的变量。图 5.27 给出了规划求解器参数和选项设置，用于求得图 5.26 所示的最优解。

因为通过节点 6 的弧线（X_{46} 和 X_{56}）的总容量为 10 个单位，所以当看到图 5.26 中只有 9 个单位的流量可以流过网络时，我们可能会觉得奇怪。但是，图 5.26 中的最优解说明，通过网络的最大流就是 9 个单位。

图 5.26 中确定的每条弧线的最优流量标准在图 5.28 中每条弧线容量旁边的方框中。在图 5.28 中，从节点 5 到节点 6 的弧线用尽了其全部的输送能力（4 个单位容量限制），而从节点 4 到节点 6 的弧线低于其容量限制（6 个单元）1 个单元。虽然从节点 4 到节点 6 的弧线可以多输送一个单位的流量，但是因为经过节点 4 的所有弧线（X_{24} 和 X_{34}）都达到全部容量，所以阻碍了从节点 4 到节点 6 的弧线上流量的增加。

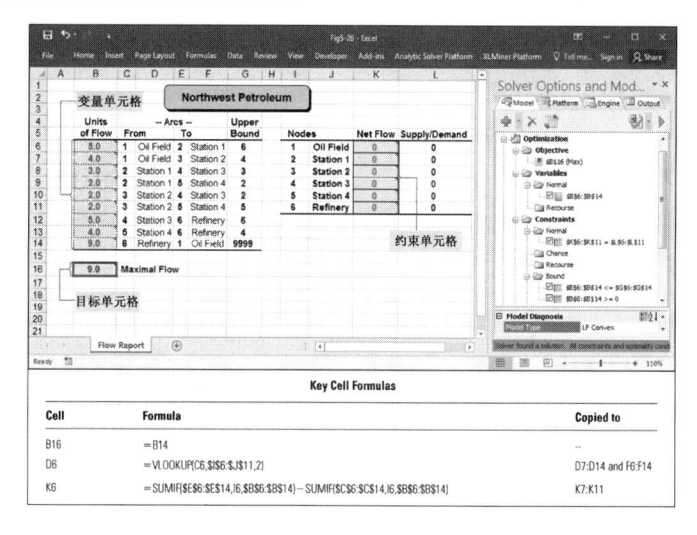

图 5.26 西北石油公司最大流问题电子表格模型及最优解

图 5.27 西北石油公司最大流问题的规划求解器设置和选项

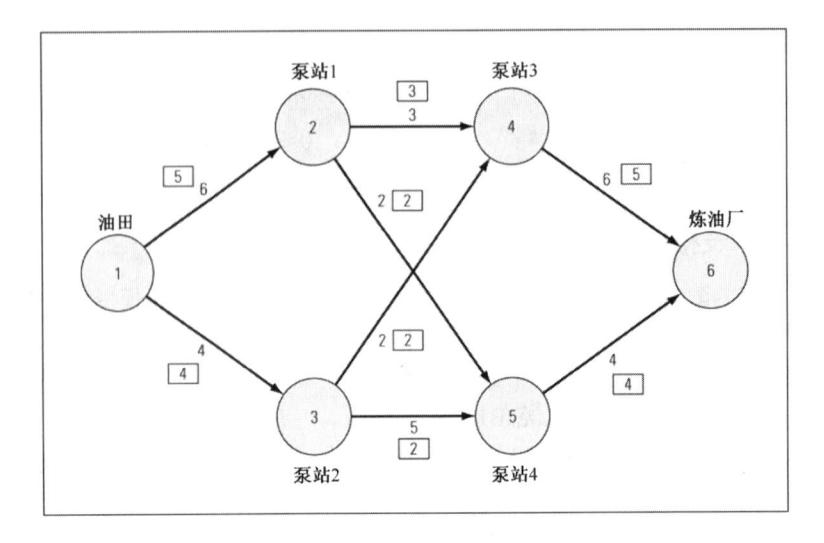

图 5.28 西北石油公司最大流问题最优解的网络示意图

图 5.28 所示的图表汇总了最大流量问题中最优流量设置,有助于确定流量增加的最有效位置。例如,从该图中可以看出,尽管 X_{24} 和 X_{34} 都达到了满容量,但增加它们的容量不一定会增加通过网络的流量。增加 X_{24} 的容量将允许通过网络的流量增加,因为额外流量可以从节点 1 到节点 2、节点 4 到达节点 6。但是,增加 X_{34} 的容量不会增加总流量,因为从节点 1 到节点 3 的弧线已经达到满容量。

5.7 建模的特别考虑

网络流问题中可能会出现一些特别情况,这些情况需要一点创造力才能准确建模。例如,通过对相应的决策变量设置适当的下界和上界,即可容易地对网络中的各条弧线施加最大流量或最小流量限制。但是,在某些网络流问题中,却要求从给定节点发出的总流量最小或最大。例如,考虑图 5.29 所示的网络流问题。

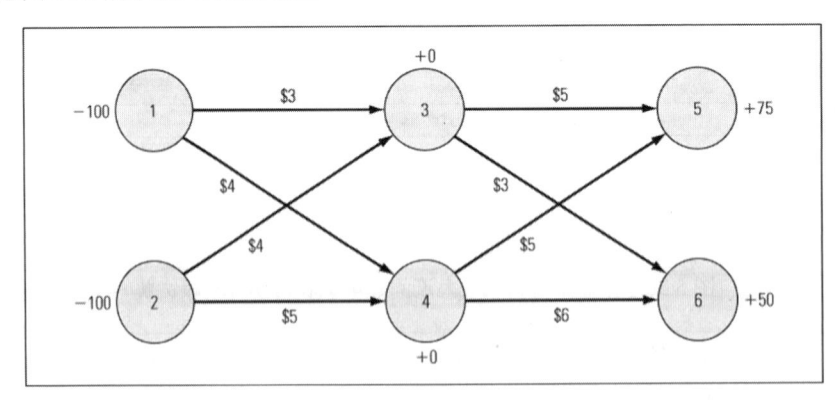

图 5.29 网络流问题的例子

现在假设流入节点 3 的总流量必须至少为 50,且流入节点 4 的总流量必须至少为 60。可以使用下列约束施加这些条件:

$$X_{13}+X_{23}\geqslant 50$$

$$X_{14}+X_{24}\geqslant 60$$

遗憾的是，这些约束不符合流量守恒规则，需要对模型加入辅助约束。图 5.30 给出了建立这种问题模型的另一种方法。

在图 5.30 中插入了两个额外的节点和弧。注意，从节点 30 到节点 3 的弧具有下界 50，这将确保流节点 3 的流量至少为 50 单位。节点 3 必须将该流量分配给到节点 5 和节点 6。类似地，连接节点 40 到节点 4 的弧线保证确保至少 60 个单位的流量将流入节点 4。添加到图 5.30 中的附加节点和弧线有时称为虚拟/人工节点（dummy node）或虚拟/人工弧线（dummy arc）。

再举一个例子。考虑图 5.31 中上部分的网络，其中两个节点之间的流量可能出现两种不同的成本。一条弧线的每单位流量成本为 6 美元、上界为 35。而另一条弧线的每单位流量的成本为 8 美元且允许的流量没有上界。注意，得到的成本最小最优解是通过单位成本 6 美元的弧从节点 1 向节点 2 运送 35 个单位流量，以及通过单位成本 8 美元的弧从节点 1 向节点 2 运送 15 个单位流量。

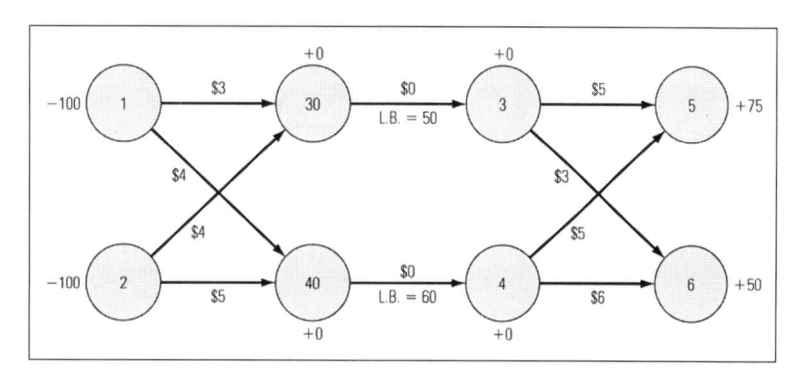

图 5.30　节点 3 和节点 4 总流入量有下界的修订网络流问题

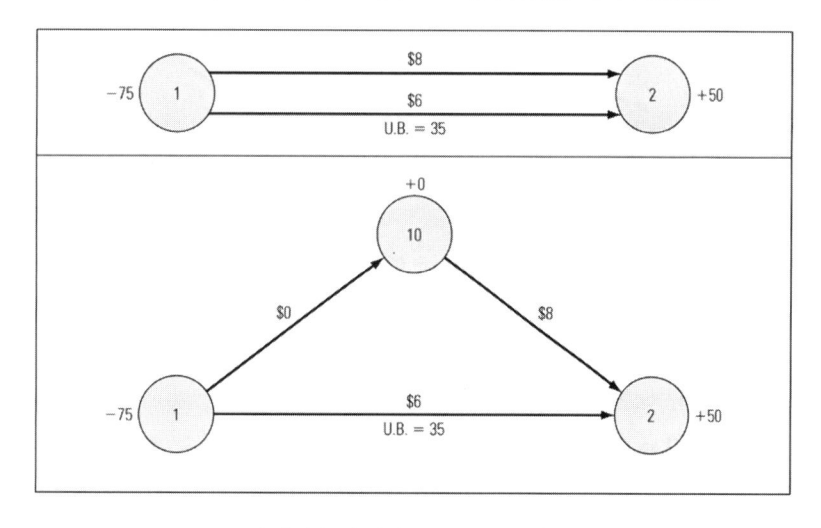

图 5.31　两个节点间允许有不同类型流的另一种网络流

为了建立这个问题的数学模型，两条弧线上的决策变量都称为 X_{12}（因为两条弧线都从节点 1 到节点 2）。但是，如果两条弧线都称为 X_{12}，那么将没有办法分辨这两条弧线。在图 5.31 的下半部分，插入了一个虚拟节点和一条虚拟弧线解决这个难题。因此，现在有两条不同的弧线流入节点 2：X_{12} 和 $X_{10,2}$。从节点 1 到节点 2 经过 8 美元弧线现在必须先经过节点 10。

最后一个例子。注意，供给量通过网络运输以满足需求，但网络流中弧线的上界（或容量限制）可以有效地限制供给数量。因此，对弧线有流量限制（上界）的网络流问题中，有时很难预先确定总需求是否能够满足——即使总供给超过总需求。这又是流量守恒规则应用时存在的潜在问题。考虑图 5.32 中的例子。

图 5.32 的上半部分是一个总供给为 200、总需求为 155 的网络。由于总供给看起来超过了总需求，因此我们倾向于使用流量守恒规则，它将产生下列形式的约束：流入量－流出量≥供给或需求。这个流量守恒规则要求进入节点 3 和节点 4 的总流量分别大于或等于它们的总需求量 75 和 80。然而，流入节点 3 的弧线的上界限制进入这个节点的总流量为 70 个单位。类似地，流入节点 4 的总流量被限制为 70 个单位。因此，这个问题不存在可行域。在这种情况下，不能通过将约束进行倒置为"流入量－流出量≤供给或需求"的形式解决非可行性。虽然流入节点 3 和节点 4 的流量允许小于或等于总需求量，但是它现在要求所有的供给从节点 1 和节点 2 流出。显然，如果节点 3 和节点 4 的总流量不能超过 140 个单位（如同弧线的上界要求），那么节点 1 和节点 2 可供给的 200 个单位中的一部分将无处可去。

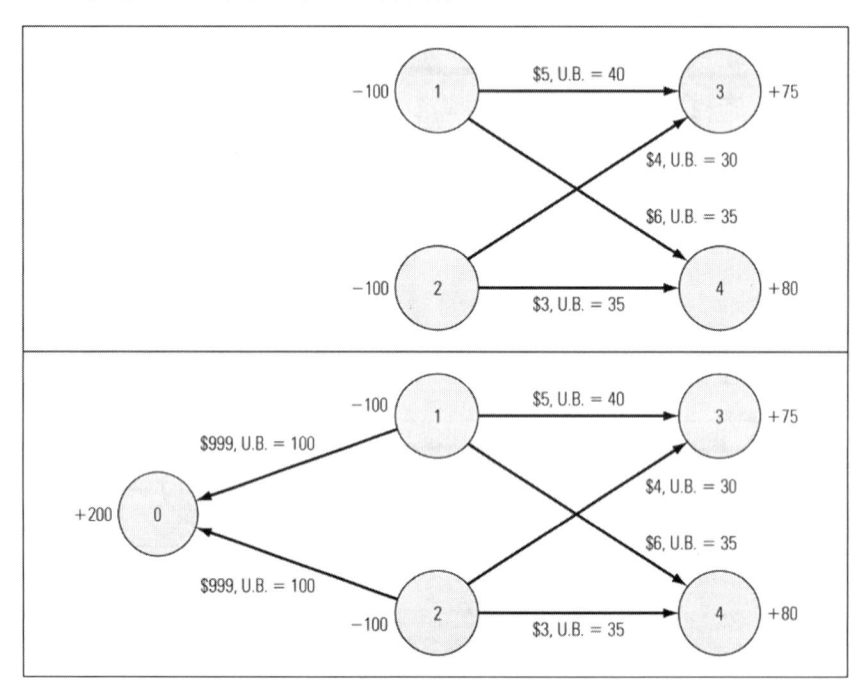

图 5.32 使用虚拟需求节点的例子

解决这一困境的方法如图 5.32 的下半部分所示。这里，我们添加一个虚拟需求节点（节点 0），该节点直接连接到节点 1 和 2，而这些弧对虚拟节点流的流量成本很大。注意，这个虚拟节点的需求等于网络中的总供给。现在，总需求超过了总供给，流量守恒规则要求使用约束的形式是：流入量－流出量≤供给或需求。它允许运送到节点 0、节点 3 和节点 4 的总量小于总需求量，但要求节点 1 和节点 2 的供给量全部用尽。由于从节点 1 和节点 2 进入虚拟需求节点的流量成本很大，因此规划求解器将保证首先将尽量多的供给运送到节点 3 和节点 4。然后将节点 1 和节点 2 剩余的供给运送到虚拟需求节点。当然，流入虚拟需求节点的流量实际上代表剩余供给或节点 1 和节点 2 的存货，实际上也不会真的运送到任何地方或产生任何成本。但是，以这种方式使用虚拟节点可帮助我们精确地建立问题模型并进行求解。

虚拟节点和弧线有助于网络问题中实际发生的不同情形下的建模。这里讲解的方法是网络建模中的技巧,在本章的一些习题练习中会用到。

5.8 最小生成树问题

另一类网络问题称为最小生成树问题。这类问题不能作为线性规划问题求解,但是使用简单的手工算法很容易求解。

对具有 n 个节点的网络,生成树是一组连接所有节点且不包含回路的 $n-1$ 条弧线的集合。最小生成树问题要求确定一个弧线集合,在满足连通网络中所有节点的同时,使集合中所有弧的总长度(或成本)最小。看下面的例子。

> Jon Fleming 负责为 Windstar 航天公司动力设计部门建设一个局域网。局域网包含若干连接到一台中心计算机(或文件服务器)的独立计算机。局域网中的计算机都可以从文件服务器得到信息并与局域网中的其他计算机进行通信。
>
> 局域网的建设需要用通信电缆将所有计算机连接到一起。个体计算机不必直接与文件服务器相连接,但是,网络中的每一台计算机之间必须是连通的。图 5.33 汇总了 Jon 做出的所有可能的连接。图中的每一个节点代表局域网中的一台计算机,连接节点的弧线代表两台计算机之间可能的连接,弧线上的美元数代表连接成本。

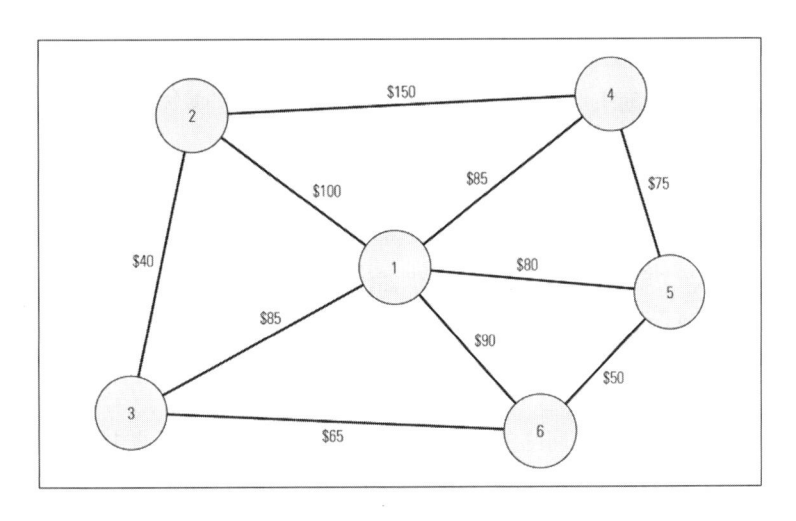

图 5.33 Windstar 航天公司最小生成树问题的网络示意图

图 5.33 中所示弧线没有指定的方向,表明信息可以在弧线上双向流动。还需注意,弧线代表的通信连接目前并不存在。Jon 的挑战是要确定建立哪些连接,因为网络中存在 $n=6$ 个节点。该问题的生成树包含 $n-1=5$ 条弧线,使得任何两个节点之间都存在通路。目标是求这个问题的最小(成本最小)生成树。

5.8.1 最小生成树问题的一个算法

可以使用一个简单的算法来求解最小生成树问题。这个算法的步骤为:
(1) 任选一个节点;将其称为当前子网络。
(2) 将连接当前子网络中节点与不在当前子网络中节点的成本最小弧线添加到当前子网

络中（对成本最小的多条弧线可以任意选择一条）；然后将其称为当前子网络。

（3）若所有节点都在子网络中，则结束算法得出最优解；否则，返回第2步。

5.8.2 求解例题

对于简单的问题，很容易编写这个算法进行手动操作。下列步骤解释了如何对图5.33中的例题手工执行算法。

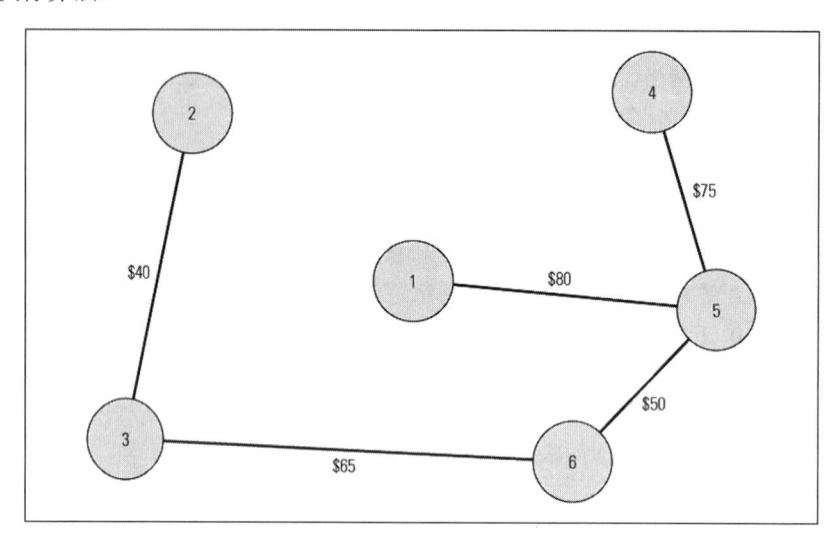

图 5.34 Windstar 航天公司最小生成树问题的最优解

第1步：如果选择图5.33中的节点1，那么节点1成为当前子网络。

第2步：在将不属于当前子网络的节点与子网络连接到一起的弧线中，成本最低的是连接节点1和节点5的弧线，其成本是80美元。将这条弧线和节点5加入当前子网络。

第3步：4个节点（节点2、3、4和6）仍然没有被连接——所以，返回第2步。

第2步：在将不属于当前子网络的节点与子网络连接到一起的弧线中成本最低的是连接节点5和节点6的弧线，其成本为50美元。将这条弧线和节点6加入当前子网络。

第3步：三个节点（节点2、3和4）仍然没有被连接——所以，返回第2步。

第2步：在将不属于当前子网络的节点与子网络连接到一起的弧线中，成本最低的是连接节点6和节点3的弧线，其成本为65美元。将这条弧线和节点3加入当前子网络。

第3步：两个节点（节点2和4）仍然没有被连接——所以，返回第2步。

第2步：在将不属于当前子网络的节点与子网络连接到一起的弧线中，成本最低的是连接节点3和节点2的弧线，其成本是40美元。将这条弧线和节点2加入当前子网络。

第3步：一个节点（节点4）仍然没有被连接——所以，返回第2步。

第2步：在将不属于当前子网络的节点与子网络连接到一起的弧线中，成本最低的是连接节点5和节点4的弧线，其成本是75美元。将这条弧线和节点4加入当前子网络。

第3步：现在所有节点都已经被连接了。终止；当前子网络为最优解。

图5.34给出了通过上述算法得出的最优（最小）生成树。这里描述的算法无论在第1步选择哪个节点作为初始点，都能得到最优（最小）生成树。可以通过选择别的节点作为初始点再次求解这个例子来验证这个结论。

5.9 本章小结

本章介绍了几个可用网络流问题建模的商业问题，包括转运问题、最短路问题、最大流量问题、运输/分配问题和广义网络流模型。还介绍了最小生成树问题，并给出了手动求解这种类型问题的简单算法。

虽然存在求解网络流问题的特定算法，但也可以将其作为线性规划问题建模并求解。网络流问题线性规划模型的约束具有特殊的结构，使得在电子表格中建立和求解这些模型较为容易。虽然可能存在求解网络流问题更有效的方法，但本章讨论的方法通常是最实用的。对于非常复杂的网络流问题，可能需要使用专门的算法。遗憾的是，你不可能在本地软件商店找到这种类型的软件。但是，可以在有关技术/科学类网站上找到各种网络优化软件包。

5.10 参考文献

[1] Glassey, R. and V. Gupta. "A Linear Programming Analysis of Paper Recycling." *Studies in Mathematical Programming*. New York: North-Holland, 1978.

[2] Glover, F. and D. Klingman. "Network Applications in Industry and Government." *AIIE Transactions*, vol. 9, no. 4, 1977.

[3] Glover, F., D. Klingman, and N. Phillips. *Network Models and Their Applications in Practice*. New York: Wiley, 1992.

商业分析实践

Yellow 货运集团利用网络优化提升利润与质量

美国最大的汽车运输企业之一，堪萨斯州 Overland Park 市的 Yellow 货运集团（Yellow Freight System），使用网络建模和优化来协助管理装卸计划、空载货车路线、拖车路线、途中装卸货物的直接服务路线及终点规模与地点查找的战略计划。这个称为 SYSNET 的系统在 Sun 工作站上运行，对上百万个网络流变量进行优化。公司还使用了一个战术策划工作室，工作室中安装了可以进行图像显示的工具，用于在召开策划会议时与 SYSNET 系统进行交互。

该公司在卡车运输市场的零担(LTL)业务展开竞争。即无论装运物是否能装满拖车，他们都将承接任何尺寸的装运物。为了有效运营，Yellow 货运必须在全美的 23 个散货终端 (break-bulk terminal) 整合和转运货物。在这些散货终端，货物会根据其目的地而被重新装载到不同的货车上。每一个散货终端为轴辐射型网络中的几个终点站服务。通常，通过卡车将货物运送到指定的始发点散货终端。区域经理偶尔也尝试通过直接送达来降低成本，这意味着绕过散货终端将装好的整卡车货物直接运送到终点站。在建立 SYSNET 系统之前，只能在没有掌握确切信息的情况下实地做出是否直接运输等决策，也不清楚决策会如何影响整个系统的成本和可靠性。

自 1989 年实施 SYSNET 以来，SYSNET 已经得到管理层的高度好评。现在公司对新提议的第一反应常常是："这个方案通过 SYSNET 运行了吗？"新系统带来的效益包括：

- 直接装载货物增长 11.6%，每年节省 470 万美元；
- 托运线路计划更佳，每年节省 100 万美元；
- 通过增加每辆拖车的平均装载数量，每年节约 142 万美元；
- 减少受损货物的索赔；

- 延迟交货次数减少 27%;
- 1990 年使用 SYSNET 进行战略计划项目,每年节省 1000 万美元。

系统对 Yellow 货运集团的管理理念和管理文化的影响同样重要。管理层现在对网络运营有了更好的控制;传统、直觉和"感觉"已被正规的分析工具所取代;Yellow 货运集团能够在全面质量管理和准时制(just-in-time)库存系统方面较好地成为客户的合作伙伴。

来源:Braklow, John W., William W. Graham, Stephen M. Hassler, Ken E. Peck, and Warren B. Powell, "Interactive Optimization Improves Service and Performance for Yellow Freight System." *Interfaces*, 22:1, January-February 1992, pp.147-172.

思考题与习题

1. 本章遵循使用负数代表节点的供给和使用正数代表节点的需求的惯例。而另一个惯例正好相反——使用正数代表供给、负数代表需求。那么,如何修改本章介绍的流量守恒规则以适应这一个惯例?

2. 使用本章介绍的流量守恒规则,供给节点约束的右端项必须是负数。但一些线性规划软件包无法求解约束右端项为负数的问题。如何修改这些约束以使产生的线性规划模型能够使用这样的软件求解?

3. 考虑 5.5.4 节讨论的 CBH 再生公司的修订问题。我们说,最保险的假设是广义网络流问题中的供应能够满足需求(而规划求解器证明不是这样的)。

    a. 求解图 5.17(本书的配套文件 Fig5-17.xlsm)中的问题,假设可以使用的报纸为 80 吨,供给不足以满足需求。那么,每种原料使用多少?能满足多少产品需求?此最优解的成本是多少?

    b. 假设供给能够满足需求,再次求解问题。每种原料使用多少?能满足多少产品需求?此最优解的成本是多少?

    c. 哪个解更好?为什么?

    d. 假设可以使用的报纸是 55 吨。图 5.21 显示了这种情况供给的最低成本下的最优解。在这个解中,满足了新闻纸浆和包装浆需求,但印刷浆料短缺 15 吨。这种短缺可以降低多少(在不造成其他产品原料短缺的情况下)?这样做额外的成本是多少?

4. 考虑图 5.35 所示的广义运输问题。这个问题如何转化为一个等价的运输问题?绘制这个等价问题的网络图。

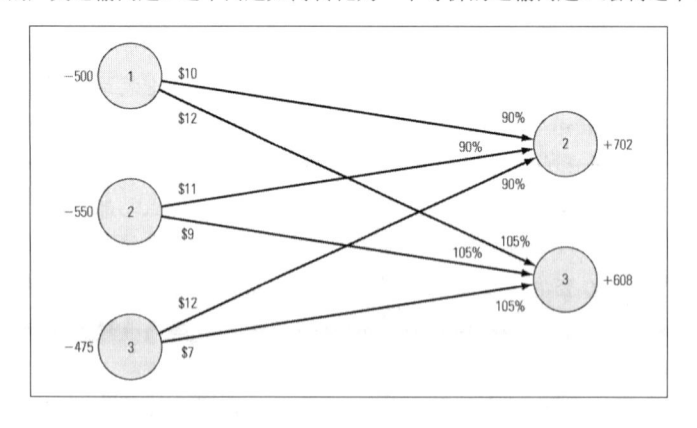

图 5.35 广义网络流问题的示意图

5. 绘制以下网络流问题的网络。

$$\text{MIN:} \quad +7X_{12}+6X_{14}+3X_{23}+4X_{24}+5X_{32}+9X_{43}+8X_{52}+5X_{54}$$

$$\text{约束:} \quad -X_{12}-X_{14}=-5$$

$+X_{12}+X_{52}+X_{32}-X_{23}-X_{24}=+4$

$-X_{32}+X_{23}+X_{43}=+8$

$+X_{14}+X_{24}+X_{54}-X_{43}=+0$

$-X_{52}-X_{54}=-7$

$X_{ij} \geqslant 0$，对所有 i 和 j

6. 绘制以下网络流问题的网络。这是哪种类型的网络流问题？

MIN： $+2X_{13}+6X_{14}+5X_{15}+4X_{23}+3X_{24}+7X_{25}$

约束： $-X_{13}-X_{14}-X_{15}=-8$

$-X_{23}-X_{24}-X_{25}=-7$

$+X_{13}+X_{23}=+5$

$+X_{14}+X_{24}=+5$

$+X_{15}+X_{25}=+5$

$X_{ij} \geqslant 0$，对所有 i 和 j

7. 参考 5.3 节中讨论的设备更新问题。除针对该问题描述的租赁成本外，假设公司只要用新计算机替换现有计算机，就需要额外支付 2,000 美元的人工成本。这对问题的模型和最优解有什么影响？在这种情况，两个租赁合同哪个更好？

8. 假设下表中的 x 表示建筑物中需要安装消防喷头的位置，s 表示供应这些洒水喷头的水源位置。假定管道只能在水源和喷头之间垂直或水平（非对角）延伸。

	1	2	3	4	5	6	7
1		x					
2	x	x	x		x	x	x x
3			x		x	x	x
4	x	x	x			x	x
5	x	x	x			x	x
6							
7	x						
8					s		x

a. 创建一个生成树，显示如何使用最少的管道将水引入所有喷头。

b. 假设需要 10 英尺的管道将表中的每个单元连接到每个相邻单元。你的解决方案需要多少管道？

9. Acme 制造公司在生产各种家用电器。下表列出了未来 4 个月对其中一种电器的预期需求，以及预期生产成本和生产这些产品的预期能力。

	月份			
	1	2	3	4
需求	420	580	310	540
生产成本	$49.00	$45.00	$46.00	$47.00
生产能力	500	520	450	550

Acme 制造公司估计，此产品月底库存成本为每单位 150 美元。目前，Acme 制造公司此产品的库存为 120 个单位。为了维持一定的工作水平，公司希望每月至少生产 400 个单位。他们还希望保持每月至

少 50 个单位的安全库存。Acme 希望确定在未来 4 个月中，以尽可能低的总成本满足预期需求，每台设备要生产多少台。

a. 绘制该问题的网络流模型。
b. 建立该问题的电子表格模型并使用规划求解器进行求解。
c. 最优解是什么？
d. 如果 Acme 公司愿意放弃每月至少生产 400 个单位的限制，那么他们可以节省多少钱？

10. 作为 Alpha Beta Chi（ABC）姐妹会的会员协调员，Kim Grant 要求每个预备会员（Pledge）从 ABC 现有会员中选出五名成员作为最希望被指派的"Big Sister"。然后，Kim Grant 要求预备会员将这些潜在的"Big Sister"候选人按从 5 到 1 的等级进行排序，5 代表她们最希望成为"Big Sister"的人，4 位代表她们的次优选择，以此类推。下表汇总了这些排名：

							Big Sister								
预备会员	1	2	3	4	5	6	7	8	9	10	11	12	13	14	15
1			5		3			1			2				4
2		5		2		1		4		3					
3	2		3			4		5				1			
4		5	4			1		2						3	
5		3		5				2				4	1		

译者注：上表中，第一列为 5 个预备会员，第一行为 15 个 ABC 的现有会员。要求预备会员从 15 个现有会员中选出 5 个他们认为的"Big Sister"。

经过深思熟虑后，Kim 认为这个问题与她在大学二年级时所学的管理科学课程中遇到的问题类似。她知道必须为每个预备会员指派一位"Big Sister"，每一位候选"Big Sister"最多被指派给一位预备会员。在理想的情况下，Kim 希望为每位预备会员指派一位等级为 5 的"Big Sister"。因为 5 个预备会员中的每位都被指派一位被他们评选为等级 5 的"Big Sister"，所以这样的指派任务的等级总分为 25。但在前面的表格中，预备会员 2 和 4 的指派了同一个等级为 5 的"Big Sister"，这是不允许的。Kim 认为下一个最好的策略是确定总等级数最大的指派方案。

a. 为 Kim Grant 的问题创建一个电子表格模型并求解。
b. 哪个预备会员应该指派给哪个"Big Sister"？
c. 你能想出来另一个 Kim Grant 可能用来解决其问题的目标是什么吗？

11. Sunrise 泳衣公司每年的 1 月至 6 月生产女士泳衣，3 月至 8 月在零售店销售。下表汇总了每月生产能力和零售需求（单位：1000）及生产和库存成本（单位：1000）。

月份	产能	需求	生产成本 每1000 单位	库存成本（每1000 单位） 首月	其他月
1月	16	—	$7,100	$110	$55
2月	18	—	$7,700	$110	$55
3月	20	14	$7,600	$120	$55
4月	28	20	$7,800	$135	$55
5月	29	26	$7,900	$150	$55
6月	36	33	$7,400	$155	$55
7月	—	28	—	—	—
8月	—	10	—	—	—

例如，一月份生产的 1,000 件泳衣用来满足 4 月份的需求，需要生产成本在 7,100 美元，再加上在 2

月份、3 月份、4 月份的运输成本 220 美元（2 月运输成本 110 美元，3 月运输成本 55 美元，4 月运输成本 55 美元）。

a. 绘制此问题的网络流示意图。

b. 建立此问题的电子表格模型。

c. 最优解是什么？

12. Jacobs 制造公司位于西弗吉尼亚州 Huntington 和加利福尼亚州 Bakersfield 的工厂为皮卡车生产一种流行定制配件，并分销到得克萨斯州的达拉斯、伊利诺伊州的芝加哥、科罗拉多州的丹佛和佐治亚州的亚特兰大。位于 Huntington 和 Bakersfield 的工厂每个月生产能力分别是 3,000 和 4,000 台。下表汇总了 10 月份从每个工厂向每个分销商运输 10 个单元一箱的成本。

	每箱运输成本			
	达拉斯	芝加哥	丹佛	亚特兰大
Huntington	19 美元	15 美元	14 美元	12 美元
Bakersfield	16 美元	18 美元	11 美元	13 美元

Jacobs 制造公司被告知运费在 11 月 1 日每单位将增加 1.50 美元。每家分销商 10 月份已经订购了 1,500 台和 11 月份订购了 2,000 台 Jacobs 公司的产品。在任何一个月内，Jacobs 公司可以向每家分销商发送超过订购数量的 500 个单位的货，为此，Jacobs 公司需要为超出订单数量的那部分产品（分销商得在库存中将这些产品保存至下一个月）提供 2 美元每单位的折扣。10 月份，Huntington 和 Bakersfield 的单位生产成本分别为 12 美元和 16 美元。11 月份，Jacobs 公司预计在两家工厂的生产成本都为 14 美元。该公司希望制定 10 月和 11 月的生产和分销计划，使得公司以最小的成本满足每个分销商的需求。

a. 绘制这个问题的网络流模型。

b. 在 Excel 中建立模型并求解。

c. 最优解是什么？

13. 一家建筑公司希望确定挖土机的更新策略。公司的策略是：保留挖土机的时间不超过 5 年，且估算出挖土机保留 5 年中每一年的年运行成本和折旧值如下表所示：

	年数				
	0～1	1～2	2～3	3～4	4～5
运行成本	8,000 美元	9,100 美元	10,700 美元	9,200 美元	11,000 美元
折旧值	14,000 美元	9,000 美元	6,000 美元	3,500 美元	2,000 美元

假设新的挖土机当前成本是 25,000 美元，每年价格将上涨 4.5%。公司希望确定更新现已使用 2 年的挖土机的 5 年计划。

a. 绘制这个问题的网络流示意图。

b. 写出这个问题的线性规划模型。最优解是什么？

c. 这个问题的哪些方面还需要考虑？

14. Ortega 食品公司需要以最低成本从圣地亚哥的仓库向纽约市的分销商运送 100 盒 hot tamales。下表列出了在不同城市之间运送 100 盒的相关成本：

	收货点					
发货点	洛杉矶	丹佛	圣路易斯	孟菲斯	芝加哥	纽约
圣地亚哥	5	13	—	45	—	105
洛杉矶	—	27	19	50	—	95
丹佛	—	—	14	30	32	—
圣路易斯	—	14	—	35	24	—
孟菲斯	—	—	35	—	18	25
芝加哥	—	—	24	18	—	17

a. 绘制这个问题的网络流示意图。

b. 写出这个问题的线性规划模型。

c. 使用规划求解器对问题进行求解，并解释你得到的解。

15. 佐治亚州南部的一位棉花种植者在 Statesboro 市和 Brooklet 市的农场生产棉花，然后将棉花运到 Claxton 和 Millen 的轧棉厂进行加工，然后送到 Savannah、Perry 和 Valdosta 市的配送中心，在那里以每吨 60 美元的价格卖给顾客。任何剩余棉花都以每吨 25 美元的价格出售给 Hinesville 的一个政府仓库。在 Statesboro 和 Brooklet 农场种植和收获一吨棉花的成本分别为 20 美元和 22 美元。Statesboro 和 Brooklet 目前分别有 700 吨和 500 吨棉花。棉花从农场运输到轧棉厂和政府仓库的费用如下表所示：

	Claxton	Millen	Hinesville
Statesboro 市	4.00 美元	3.00 美元	4.50 美元
Brooklet 市	3.50 美元	3.00 美元	3.50 美元

位于 Claxton 的轧棉厂可以处理 700 吨棉花，每吨成本为 10 美元。Millen 的轧棉机可以处理 600 吨棉花，每吨成本为 11 美元。每家轧棉厂必须至少使用它 50%的加工能力。从轧棉厂到分销中心每吨棉花的运输成本汇总在下列表格中：

	Savannah	Perry	Valdosta
Claxton	10 美元	16 美元	15 美元
Millen	12 美元	18 美元	17 美元

假设 Savannah、Perry 和 Valdosta 对棉花的需求分别为 400 吨、300 吨和 450 吨。

a. 绘制这个问题的网络流模型。

b. 在 Excel 中建立模型并求解。

c. 最优解是什么？

16. 血库希望确定从 Pittsburgh 和 Staunton 到 Charleston、Roanoke、Richmond、Norfolk 和 Suffolk 的医院的成本最低的献血方式。图 5.36 显示了献血的供需情况及沿每个可能的弧线运输的单位成本。

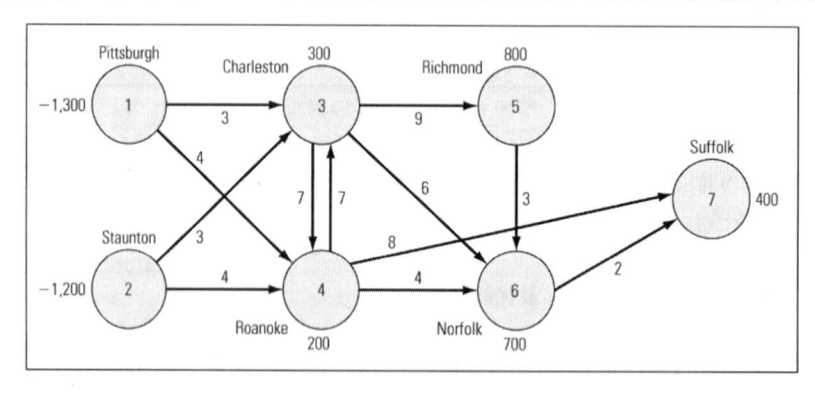

图 5.36 血库问题的网络流模型

a. 创建此问题电子表格模型。

b. 最优解是什么？

c. 假设在任何一个弧上输送的血液不超过 1,000 单位。这个修正问题的最佳解决方案是什么？

17. 一家家具制造厂有如图 5.37 所示的节点 1、节点 2 和节点 3 三个仓库。弧上的数值表明在不同城市之间运输起居室家具所需的单位运输成本。每个仓库对起居室家具的供应由节点 1、节点 2 和节点 3 旁边的负数表示。起居室家具的需求由其他节点旁边的正数表示。

a. 指出该问题中供给节点、需求节点和转运节点。

b. 使用规划求解器确定该问题最小成本的运输计划。

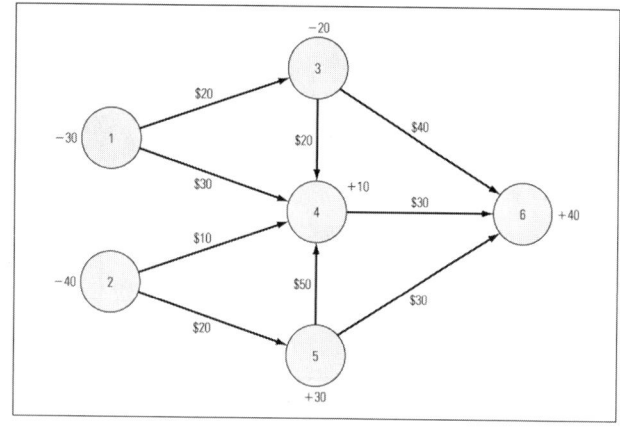

图 5.37 家具制造问题的网络流模型

18. 图 5.38 中的网络图表示可通过污水处理厂的不同水流，弧线上的数字代表可容纳的最大流量（以吨污水/小时计）。建立 LP 模型，以确定该厂每小时可处理的最大污水量。

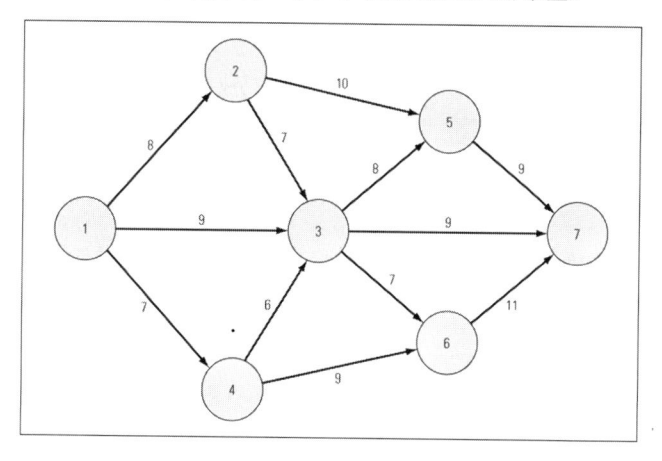

图 5.38 污水处理厂的网络流模型

19. 一家公司有三个仓库，为四家商店提供特定商品。每个仓库有 30 个单位的商品。商店 1、2、3 和 4 分别需要 20、25、30 和 35 个单位的商品。从每个仓库到每家商店的单位运输成本如下表所示：

仓库	商店			
	1	2	3	4
1	5	4	6	5
2	3	6	4	4
3	4	3	3	2

a. 绘制该问题的网络流模型。这是什么类型的问题？
b. 建立线性规划模型来确定满足商店需求的最小成本的运输计划。
c. 使用规划求解器求解该问题。
d. 假设仓库 1 与商店 2 之间或仓库 2 与商店 3 之间不允许运输。修改电子表格以便解决此修改问题的最简单方法是什么？修正问题的最优解是什么？

20. 二手车经纪人需要将他的汽车库存从图 5.39 中的位置 1 和 2 运输到举行二手车拍卖的位置 4 和 5。每条路线运输汽车的费用在弧线上标明。用来运载汽车的卡车最多可以运载 10 辆汽车。因此，可以流过任何弧线的最大数量汽车为 10 辆。

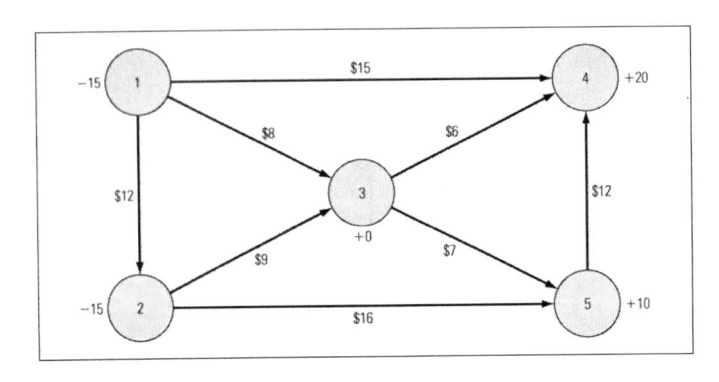

图 5.39　二手汽车问题的网络流模型

a. 制定线性规划模型以确定从位置 1 和位置 2 运输汽车成本最低的方法，从而使得位置 4 有 20 辆汽车可供销售，在位置 5 有 10 辆汽车可供销售。

b. 利用规划求解器该问题的最优解。

21. 居住在达拉斯的一位信息系统咨询师必须在 3 月份的大部分时间与圣地亚哥的一位客户在一起现场工作。她这个月的旅行计划如下：

离开达拉斯	离开圣地亚哥
星期一，3 月 2 号	星期五，3 月 6 号
星期一，3 月 9 号	星期四，3 月 12 号
星期二，3 月 17 号	星期五，3 月 20 号
星期一，3 月 23 号	星期三，3 月 25 号

达拉斯和圣地亚哥之间的往返机票票价通常是 750 美元。但是，若往返机票的日期间隔时间少于 7 天（包括周末），则航空公司将提供 25%的折扣；若往返机票的日期间隔时间大于或等于 10 天，则提供 35%的折扣；间隔时间大于或等于 20 天，则提供 45%的折扣。这位咨询师可以任何方式购买 4 张往返机票，允许她在指定的日期离开达拉斯和圣地亚哥。

a. 绘制这个问题的网络流模型。

b. 在 Excel 中建立模型并进行求解。

c. 最优解是什么？这样比 4 张全价往返机票节省多少钱？

22. 壳牌石油公司需要将 3,000 万桶原油从波斯湾卡塔尔多哈的一个港口运往欧洲各地的三个炼油厂。炼油厂位于荷兰 Rotterdam、法国 Toulon 和意大利 Palermo，分别需要 600 万桶、1,500 万桶和 900 万桶。可以采用三种不同的方式将石油运送到炼油厂。第一种，用超级油轮绕过非洲分别以每桶 1.20 美元、1.40 美元和 1.35 美元从卡塔尔运送到 Rotterdam、Toulon 和 Palermo。合同要求壳牌石油公司必须通过这些超级油轮运输至少 25%的石油。另一种，可以每桶 0.35 美元的成本从多哈运送到埃及苏伊士，然后以每桶 0.20 美元的成本经过苏伊士运河运送到塞得港，再以每桶分别为 0.27 美元、0.23 美元和 0.19 美元从塞得港运送到 Rotterdam、Toulon 和 Palermo。最后，从多哈运送到苏伊士 1,500 万桶的石油可以以每桶 0.16 美元的价格通过管道运送到埃及的 Damietta。从 Damietta 可以分别以每桶 0.25 美元、0.20 美元和 0.15 美元的成本运送到 Rotterdam、Toulon 和 Palermo。

a. 绘制这个问题的网络流模型。

b. 在 Excel 中建立模型并进行求解。

c. 最优解是什么？

23. Omega 航空公司在亚特兰大与洛杉矶之间每天有几个直达航班。这些航班的时间表如下表所示。

航班号	航班离开亚特兰大	到达洛杉矶	航班号	航班离开洛杉矶	到达亚特兰大
1	上午 6 时	上午 8 时	1	上午 5 时	上午 9 时
2	上午 8 时	上午 10 时	2	上午 6 时	上午 10 时
3	上午 10 时	正午 12 时	3	上午 9 时	下午 1 时
4	正午 12 时	下午 2 时	4	正午 12 时	下午 4 时
5	下午 4 时	下午 6 时	5	下午 2 时	下午 6 时
6	下午 6 时	晚上 8 时	6	下午 5 时	晚上 9 时
7	下午 7 时	晚上 9 时	7	下午 7 时	晚上 11 时

Omega 航空公司希望为这些不同的航班确定机组人员安排的最优方式。该公司希望确保机组人员始终返回他们每天离开的城市。联邦航空管理局法规要求，在两次飞行之间，班机机组人员至少休息 1 个小时。但是，若班机机组人员不得不在两次飞行航班之间等待太长时间则会感到烦躁，所以 Omega 航空公司希望得到使等待时间最小的飞行计划安排。

a. 绘制代表该问题的网络流模型。

b. 在 Excel 中建立模型并进行求解。

c. 最优解是什么？根据您的中，在两次飞行之间一个航班的机组人员必须等待的最长时间是多少？

d. 这个问题存在其他最优解吗？若存在，则其他的最优解产生能产生两次飞行之间更小的最长等待时间吗？

24. 在图 5.40 中，住宅搬家公司需要将一个家庭从城市 1 移动到城市 12，其中弧线上的数字表示城市之间的行驶距离（以英里为单位）。

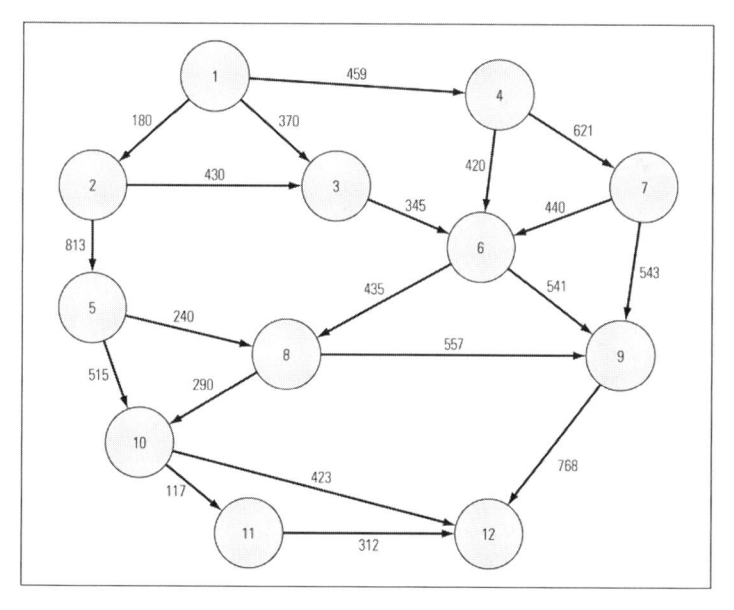

图 5.40 住宅搬家公司问题的网络流模型

a. 创建该问题电子表格模型。

b. 最优解是什么?

c. 假设搬家公司按英里计酬,想确定从城市 1 到城市 12 的最长路径。最优方案是什么?

d. 假设在城市 6 和 9 之间是一条双向路。描述此问题的最优方案。

25. Joe Jones 希望建立一个建筑基金(或者偿债基金)来支付他新建保龄球馆所需费用。保龄球馆建造预计 6 个月,建造成本为 300,000 美元。Joe 与建筑公司签订的合同要求他在第 2 个月和第 4 个月的月底支付 50,000 美元,在第 6 个月月底保龄球场完工时支付 200,000 美元。Joe 已经确定了他用于建立建筑基金的 4 个投资品种;这些投资品种汇总在下表中:

投资品种	适用月份	到期月数	到期收益
A	1, 2, 3, 4, 5, 6	1	1.2%
B	1, 3, 5	2	3.5%
C	1, 4	3	5.8%
D	1	6	11.0%

表格表明,在未来 6 个月的每个月月初都可以投资品种 A,以这种方式投资的资金将在一个月到期得到 1.2% 的回报率。类似地,仅在第 1 个月或第 4 个月的月初可以投资品种 C,三个月的月底到期得到 5.8% 的收益。Joe 想确定一个投资计划,根据这个计划他在第一个月的存款确保有足够的资金来支付这个项目所需的款项。当然,他也希望在第一个月将存款金额减至最低。

a. 绘制该问题的网络流模型。

b. 建立该问题的电子表格模型并进行求解。

c. 最优解是什么?

26. YakLine 公司是一家折扣长途电话运营商,其电话呼叫通过各种交换设备路由,这些设备将不同城市的各种网络集线器互连起来。下表显示了每个网段可以处理的最大呼叫数:

网络区段	通话数(千次)
华盛顿特区到芝加哥	800
华盛顿特区到堪萨斯城	650
华盛顿特区到达拉斯	700
芝加哥到达拉斯	725
芝加哥到丹佛	700
堪萨斯城到丹佛	750
堪萨斯城到达拉斯	625
丹佛到旧金山	900
达拉斯到旧金山	725

YakLine 公司希望确定从位于华盛顿地区的东海岸运营中心到位于旧金山的西海岸运营中心的最大通话次数。

a. 绘制该问题的网络流模型的图。

b. 建立该问题的电子表格模型并进行求解。

c. 最优解是什么?

27. 联邦快递公司有 60 吨货物需要从波士顿运送到达拉斯。公司的飞机每晚航班的载客量见下表:

每夜飞行区段	运输能力（吨）
波士顿到巴尔的摩	30
波士顿到匹兹堡	25
波士顿到辛辛那提	35
巴尔的摩到亚特兰大	10
巴尔的摩到辛辛那提	5
匹兹堡到亚特兰大	15
匹兹堡到芝加哥	20
辛辛那提到芝加哥	15
辛辛那提到孟菲斯	5
亚特兰大到孟菲斯	25
亚特兰大到达拉斯	10
芝加哥到孟菲斯	20
芝加哥到达拉斯	15
孟菲斯到达拉斯	30
孟菲斯到芝加哥	15

联邦快递在一个晚上的时间内能将所有 60 吨货物全部从波士顿运送的达拉斯吗？

a. 绘制该问题的网络流模型图。
b. 建立该问题的电子表格模型并进行求解。
c. 该问题的最大流是什么？

28. 阿拉斯加铁路公司是一家未与北美铁路服务连接的独立的铁路运营公司。因此，阿拉斯加与北美其他地区之间的铁路运输必须由卡车运输数千英里，或装上远洋货轮海运。最近，阿拉斯加铁路公司开始与加拿大就扩大其铁路线以连接北美铁路系统进行谈判。图 5.41 总结了可以建造的各种铁路段（及相关成本，单位为百万美元）。北美铁路系统目前为 New Hazelton 和 Chetwynd 提供服务。阿拉斯加铁路公司希望扩大其铁路，以便能够从 Skagway 和 Fairbanks 到达其中至少一个城市。

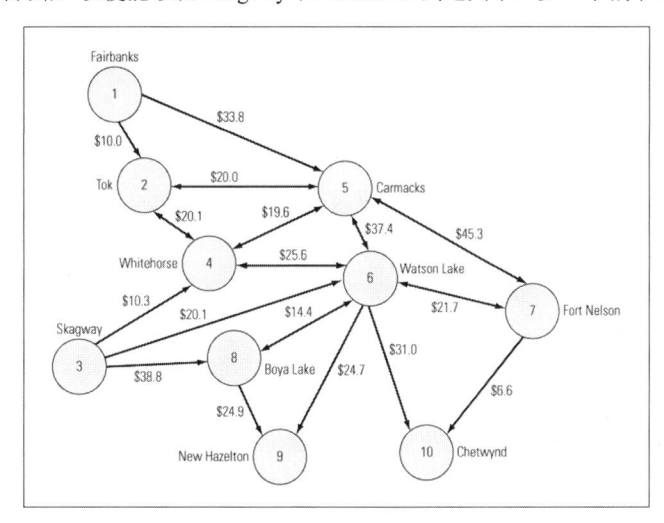

图 5.41 阿拉斯加铁路运输问题

a. 建立网络流量模型，确定连接 Skagway 和 Fairbanks 与北美铁路系统的最便宜的方式。
b. 最优解是什么？

29. 通过 Internet 发送的电子邮件信息被分解为电子信息包，这些电子信息包可以采用多种不同的路径到达目的地，重新组装成原始消息。假设图 5.42 中的节点代表 Internet 上一系列计算机网络中心，弧线代表它们之间的连线。假设弧线上的值表示弧线上每分钟可以通过的电子信息包数（以百万计）。

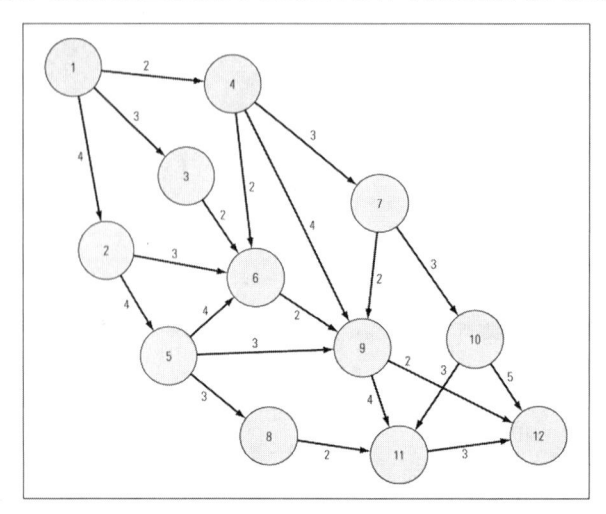

图 5.42　电子邮件问题的网络中心和相接

a. 建立从节点 1 到节点 12 每分钟可以通过的最大电子信息包数的网络流模型。
b. 最大流是什么？

30. Britts & Straggon 公司在三家工厂制造小型发动机。发动机从工厂运输到两个不同的仓库，然后分发给三个批发分销商。下表显示了工厂的最小要求产量和最大可用日生产能力及每个工厂的每单位生产成本。

工厂	生产成本	最少要求生产数量	最大生产能力
1	13 美元	150	400
2	15 美元	150	300
3	312 美元	150	600

将发动机从每个工厂运输到每个仓库的单位成本如下表所示：

工厂	仓库 1	仓库 2
1	4 美元	5 美元
2	6 美元	4 美元
3	3 美元	5 美元

下表显示了从每个仓库到每个分销商的运输发动机的单位成本及每个分销商的日常需求：

仓库	批发商 1	批发商 2	批发商 3
1	6 美元	4 美元	3 美元
2	3 美元	5 美元	2 美元
需求	300	600	100

每个仓库每天最多可以处理 500 台发动机。

a. 绘制一个网络流模型来表示该问题。
b. 在 Excel 中建立模型并进行求解。
c. 最优解是什么？

31. 正在兴建的新飞机场有三个航站楼和两个行李领取处。设计了一个自动行李传送系统将行李从航站楼传送到两个行李领取处。这个系统如图 5.43 所示，其中节点 1、节点 2 和节点 3 代表航站楼，节点 7 和节点 8 代表行李领取处。行李传送系统的每一部分每分钟可以处理的最大行李数由网络中弧线上的数值给出。

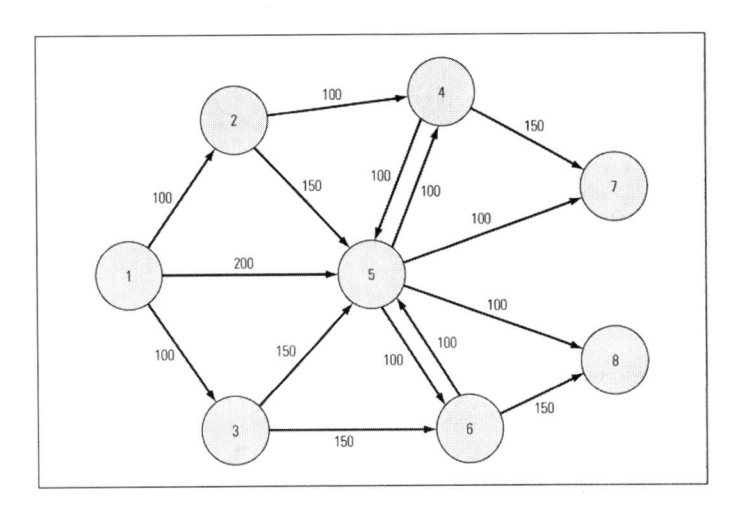

图 5.43 飞机场航站楼问题的网络流模型

a. 建立确定该系统每分钟可以运送的最大行李数的线性规划模型。
b. 使用规划求解器求该问题的最优解。

32. 美国交通部（DOT）计划修建从密歇根州底特律到南卡罗来纳州查尔斯顿的新州际公路。已经提出了一些线路汇总在图 5.44 中，其中节点 1 代表底特律和节点 12 代表查尔斯顿。弧线上的数字表明各段连接公路的建筑预算（百万美元）。据估计，从底特律到查尔斯顿所有路线的驾车旅途所用时间几乎相同。因此，运输部关心的是最小成本方案。

a. 建立确定成本最小的建筑计划的线性规划模型。
b. 使用规划求解器确定该问题的最优解。

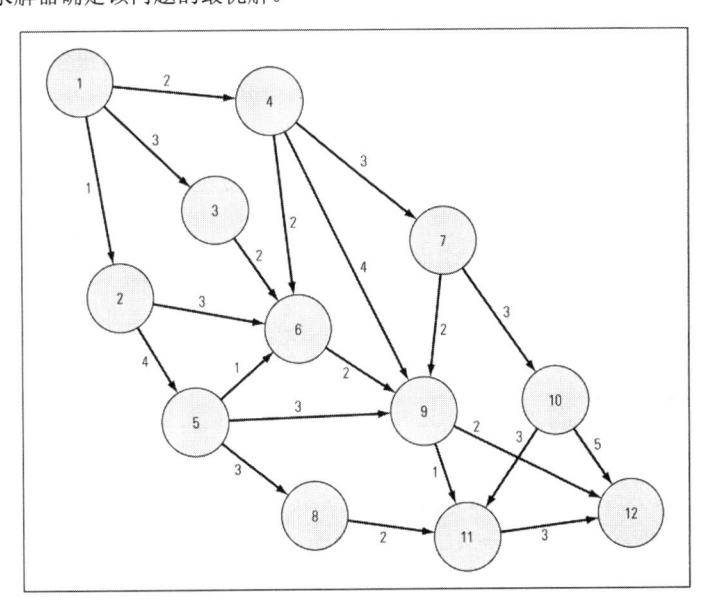

图 5.44 州际建设问题的可能路线

33. 建筑承包商正在为一个单层新医疗建筑设计供加热和空调使用的通风管道系统。图 5.45 汇总了在空气控制中心（节点 1）与将要放置在建筑中的各个空气出口（节点 2 到节点 9）之间的可能连接路线。网络中的弧线表示可能的管道连接，弧线上的数值代表通风管道所需的英尺数。

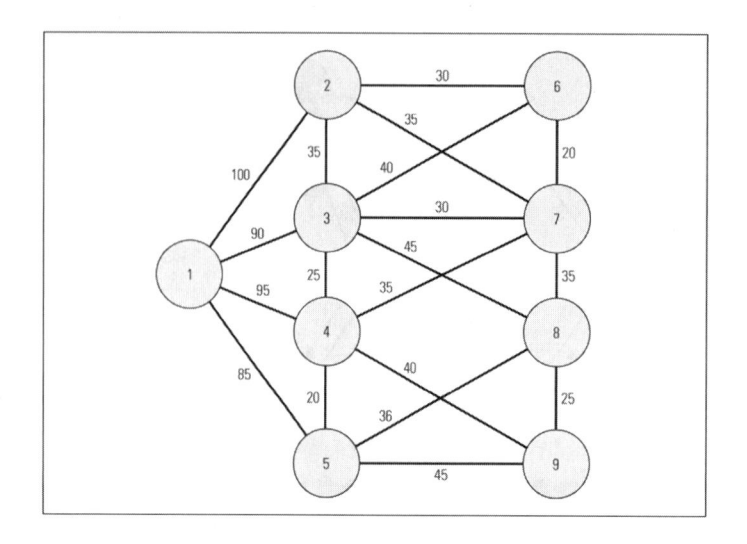

图 5.45　通风管道系统问题的网络表示

从节点 1 开始，利用最小生成树算法确定为通风孔提供空气所需安装通风管道的最小英尺数。

34. Roanoker 酒店餐饮服务经理遇到一个问题。酒店的宴会厅下周的每晚都有预订，预定的桌数见下表：

日期	星期一	星期二	星期三	星期四	星期五
预定桌数	400	300	250	400	350

酒店拥有 500 张桌布可用于这些宴会。然而，宴会用桌布在下一次使用之前需要清洁。当地一家清洗服务店在每晚宴会结束后来收走这些弄脏的桌布，并提供隔夜洗好每张桌布 2 美元的服务，或 2 天洗好每张桌布 1 美元的服务（即星期一晚上收走的桌布星期二洗好收 2 美元，或星期三洗好收 1 美元）。桌布不会丢失且所有桌布都必须清洗。由于清洗机的容量限制，隔夜洗好服务只能清洗 250 张桌布，且星期五收走的桌布没有隔夜洗好的服务。所有星期五使用的桌布必须洗好准备星期一再使用。酒店希望确定清洗桌布成本最低的计划。

a. 绘制代表该问题的网络流模型（提示：将供给和需求表达为所经过的弧线的最小要求和最大允许流量）。

b. 建立该问题的电子表格模型并进行求解。最优解是什么？

案例 5.1　Hamilton & Jacobs 投资公司

Hamilton & Jacobs（H&J）是一家全球性投资公司，为世界各地有前景的新企业提供创业资本。其因业务性质而持有多个国家的资金，并随着世界各地需求的变化而兑换货币。几个月前，当 1 美元兑换 75 日元时，该公司将 1,600 万美元兑换为日元。从那之后，美元价值迅速下跌，现在需要将近 110 日元才能兑换 1 美元。

除了持有日元，H&J 目前还拥有 600 万欧元和 3,000 万瑞士法郎（CHF）。该公司首席经济预测师预测，目前持有的所有货币将会继续对美元强势。因此，该公司希望将其所有的盈余货币兑换回美元，直到经济形势好转为止。

H&J 货币转换所在的银行在不同货币转换时收取不同的交易费用。下表汇总了美元（USD）、澳元（AUD）、英镑（GBP）、欧元（EUR）、印度卢比（INR）、日元（JPY）、新加坡元（SGD）和瑞士法郎（CHF）的交易费（以换算金额的百分比表示）。

由于在不同货币之间转换的成本不同,因此 H&J 认为将现有资产直接转换为美元可能不是最佳策略。相反,在转换回美元之前,将现有持有量转换为中间货币可能成本较低。下表汇总了从一种货币兑换成另一种货币的当前汇率。

交易费用表

From\To	USD	AUD	GBP	EUR	INR	JPY	SGD	CHF
USD	—	0.10%	0.50%	0.40%	0.40%	0.40%	0.25%	0.50%
AUD	0.10%	—	0.70%	0.50%	0.30%	0.30%	0.75%	0.75%
GBP	0.50%	0.70%	—	0.70%	0.70%	0.40%	0.45%	0.50%
EUR	0.40%	0.50%	0.70%	—	0.05%	0.10%	0.10%	0.10%
INR	0.40%	0.30%	0.70%	0.05%	—	0.20%	0.10%	0.10%
JPY	0.40%	0.30%	0.40%	0.10%	0.20%	—	0.05%	0.50%
SGD	0.25%	0.75%	0.45%	0.10%	0.10%	0.05%	—	0.50%
CHF	0.50%	0.75%	0.50%	0.10%	0.10%	0.50%	0.50%	—

如汇率表所示,1 日元可以兑换 0.00910 美元。因此,10 万日元可以兑换 910 美元。然而,银行对此项交易需收取 0.40% 的手续费,将使收到的净额减少到 910×(1−0.004)= 906.36 美元。因此,H&J 希望能帮助其确定将所有非美元资产转换为美元的最佳方式。

汇率表

From\To	USD	AUD	GBP	EUR	INR	JPY	SGD	CHF
USD	1	1.29249	0.55337	0.80425	43.5000	109.920	1.64790	1.24870
AUD	0.77370	1	0.42815	0.62225	33.6560	85.0451	1.27498	0.96612
GBP	1.80710	2.33566	1	1.45335	78.6088	198.636	2.97792	2.25652
EUR	1.24340	1.60708	0.68806	1	54.0879	136.675	2.04900	1.55263
INR	0.02299	0.02971	0.01272	0.01849	1	2.5269	0.03788	0.02871
JPY	0.00910	0.01176	0.00503	0.00732	0.39574	1	0.01499	0.01136
SGD	0.60683	0.78433	0.33581	0.48804	26.3972	66.7031	1	0.75775
CHF	0.80083	1.03507	0.44316	0.64407	34.8362	88.0275	1.31969	1

1. 绘制此问题的网络流程图。
2. 创建此问题电子表格模型并加以解决。
3. 最优解是什么?
4. 如果 H&J 把它拥有的每一种非美元货币直接兑换成美元,那么它会有多少美元?
5. 假设 H&J 进行相同的转换,但会留下 500 万澳元。在这种情况下,最优解是什么?

案例 5.2 Old Dominion 能源公司

美国是最大的天然气消费国,也是第二大天然气生产国。据美国能源信息管理局(EIA)报道,2014 年美国消耗了 26.7 万亿立方英尺的天然气。由于放松管制,自 20 世纪 80 年代以来,井口的天然气运输不断增长,目前全国天然气管道已超过 278,000 英里。随着越来越多的电力公司将天然气作为一种更清洁的燃料,预计未来 20 年天然气消耗的增长将更快。

为保证天然气充足供给,天然气输送管道沿线建设了很多天然气储存设施。能源公司可以在价格较低时购买天然气并将其储存在这些设施中,以便日后使用或出售。由于能源消费易受天气(不完全可预测的)影响,因此该国不同地区的天然气供需往往出现不平衡。天然气交易商不间断监测这些市场情况,并在某一地点的价格足够高时,寻找从储存设施出售天然气的机会。这一决定之所以复杂，是因为通过全国管道的不同部分输送天然气需要花费不同的资金，而且管道不同部分的可用容量不断变化。当交易者看到以有利价格销售的机会时，必须快速发现网络中有多少容量可用，并与各个管道运营商达成交易，以获得必要的容量，从而将天然气从存储设备转移到买方。

Bruce McDaniel 是 Old Dominion 能源公司（ODE）的天然气贸易商。图 5.45 中的网络代表了 ODE 开展业务的天然气管道的一部分。该网络中每个弧旁边的值形式为 (x, y)，其中 x 是沿着弧传输气体的每千立方英尺（cf）的成本，y 是弧的可用传输容量（以千立方英尺为单位）。请注意，此网络中的弧是双向的（即天然气可以按给出的价格和容量沿任一方向流动）。

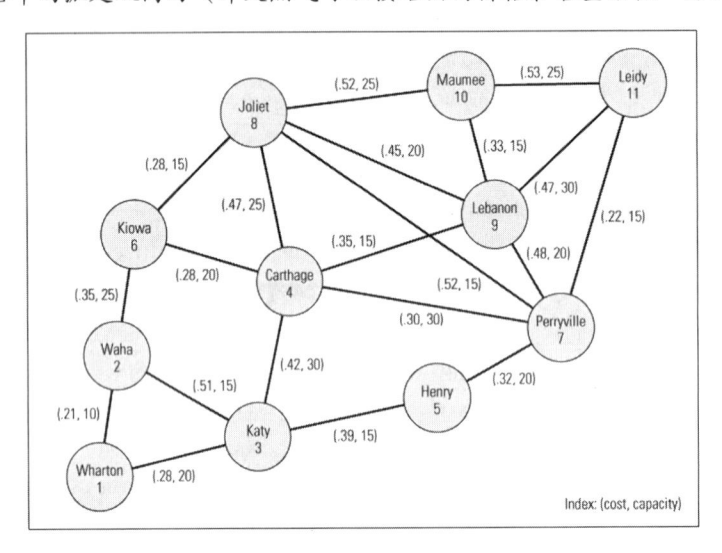

图 5.45　Old Dominion 能源公司的天然输送气管道网络

Bruce 目前在 Katy 有 100,000 立方英尺的天然气。位于 Joliet 的工业客户对天然气的出价为每千立方英尺 4.35 美元，最多购买 35,000 立方英尺。位于 Leidy 的买家出价每千立方英尺 4.63 美元，可购买多达 6 万立方英尺的天然气。创建电子表格模型以帮助每千立方英尺回答以下问题。

a. 考虑到网络的可用容量，从 Katy 到 Leidy 可以输送多少天然气？从 Katy 到 Joliet 呢？

b. 如果 Bruce 希望实现利润最大化，那么他应该销售给 Joliet 和 Leidy 的客户多少天然气？

c. Bruce 能够满足两个客户的所有需求吗？如果不能，为什么？

d. 如果要 Bruce 尝试支付更高的价格来获得某些管道的附加容量，那么他应该选择哪几段管道？为什么？

案例 5.3　美国速递公司

美国速递公司是一家隔夜快递公司，总部设在佐治亚州的亚特兰大。喷气燃料是公司最大的运营成本之一，公司希望你来协助管理此成本。美国各地机场的喷气燃料价格差别很大。因此，明智的做法似乎是在最便宜的地方"加满"喷气燃料。然而，飞机燃烧的燃油量在一定程度上取决于飞机的重量，过量的燃油会使飞机变重，从而降低燃油效率。同样，航班从东海岸到西海岸（逆流）燃烧的燃料比航班从西海岸到东海岸（顺流）燃烧的燃料多。

下表汇总了公司一架飞机每晚的飞行计划（或轮换）。对于每个飞行段，该表总结了起飞时所需的最小和最大允许燃油量及每个起飞点的燃油成本。最后一列提供了一个线性函数，将燃油消耗与起飞时机载燃油量相关联。

区段	出发	到达	起飞时最低的燃油水平（千加仑）	起飞时最高的燃油水平（千加仑）	每加仑的成本	起飞时机上G加仑燃料消耗（千加仑）
1	亚特兰大	旧金山	21	31	$0.92	$3.20+0.45 \times G$
2	旧金山	洛杉矶	7	20	$0.85	$2.25+0.65 \times G$
3	洛杉矶	芝加哥	18	31	$0.87	$1.80+0.35 \times G$
4	芝加哥	亚特兰大	16	31	$1.02	$2.20+0.60 \times G$

例如，若飞机飞离亚特兰大飞往旧金山，飞机上带有 25,000 加仑燃料，则到达旧金山时应剩下约 25−（3.2+0.45×25）= 10.55 千加仑的燃油。

公司有许多其他的飞机每夜按照不同的计划飞行，所以因燃料的有效购买而节省的潜在成本相当可观。但是先不要管其他飞机的飞行计划，公司希望建立一个电子表格模型来确定最经济的燃料采购计划（提示：请记住，在任何起飞点购买的最多燃油都是该点起飞时允许的最高燃油水平。同时，假设当飞机在飞行结束返回亚特兰大时，剩余的所有燃油在第二天晚上离开亚特兰大时仍然在飞机上）。

a. 绘制该问题的网络图。
b. 建立该问题的电子表格的模型，并进行求解。
c. 美国速递公司应该在每个离开的机场购买多少燃料，这个购买计划的成本是多少？

案例 5.4　Major 电气公司

Henry Lee 是 Major 电气公司（MEC）电子耗材部的采购副总裁。MEC 最近推出了一种备受市场欢迎的新型便携式摄像机。虽然 Henry 对市场上这种产品的强烈需求感到高兴，但是要满足 MEC 的分销商对这种便携式摄像机的订单是一个挑战。目前的挑战是如何满足公司位于匹兹堡、丹佛、巴尔的摩和休斯敦的主要分销商的要求，他们已经分别预定了 10,000、20,000、30,000 和 25,000 台设备，两个月内到货（一个月的生产时间、一个月的运输交货时间）。

MEC 与中国香港、韩国和新加坡的公司签订了合同，这些公司贴牌为该公司生产摄像机。这些合同要求 MEC 每月须以固定的单位成本订购指定最低数量的产品，合同还规定了以这个价格购买的最大允许数量。下表汇总了这些合同的要求：

供应商	供应商月购买合同条款		
	单位价格	最小数量	最大数量
中国香港	$375	20000	30000
韩国	$390	25000	40000
新加坡	$365	15000	30000

MEC 还与一家航运公司签订了长期合同，将这些供应商的产品运往旧金山和圣地亚哥的港口。下表列出了从每个供应商到每个港口的运输成本及每月所需的最小和最大允许集装箱数量：

	供应商月运输合同条款					
	旧金山需求			圣地亚哥需求		
供应商	每集装箱成本	最小集装箱数	最大集装箱数	每集装箱成本	最小集装箱数	最大集装箱数
中国香港	$2,000	5	20	$2,300	5	20
韩国	$1,800	10	30	$2,100	10	30
新加坡	$2,400	5	25	$2,200	5	15

根据本合同条款，MEC 保证每月向旧金山运送至少 20 个但不超过 65 个集装箱，每月向圣地亚哥运送至少 30 个但不超过 70 个集装箱。

每个海运集装箱可以容纳 1,000 台摄像机，且全部用卡车从港口运送给分销商。同样，MEC 与卡车运输公司签订了长期合同，每月提供卡车运输服务。从每个港口向每个分销商装运集装箱的成本汇总于下表：

	集装箱单位运输成本			
	匹兹堡	丹佛	巴尔的摩	休斯敦
旧金山	$1,100	$850	$1,200	$1,000
圣地亚哥	$1,200	$1,000	$1,100	$900

与其他合同一样，要得到上述给出的价格，MEC 必须每月在每条路线上使用一定数量的运输能力，并且不得超过一定数量的最大运输量而不招致成本处罚。下表汇总了最小和最大装运限制。

	每月运输集装箱的最大和最小的允许数量							
	匹兹堡		丹佛		巴尔的摩		休斯敦	
	最小	最大	最小	最大	最小	最大	最小	最大
旧金山	3	7	6	12	10	18	5	15
圣地亚哥	4	6	5	14	5	20	10	20

Henry 的任务是整理所有这些信息，以确定满足分销商要求的最低成本采购和分销计划。但是因为他和妻子已经买好了今晚交响音乐会的门票，他请你看一看这个问题，并在明天早上 9 点向他提出你的建议。

a. 建立该问题的网络流模型（提示：考虑在网络中插入中间节点以满足对每位供应商每月最小购买限制和对每个港口每月的最小的运输要求）。

b. 建立该问题的电子表格模型并进行求解。

c. 最优解是什么？

第6章 整数线性规划

6.0 引言

在线性规划问题中，某些或全部决策变量只能取整数值，由此产生的问题称为整数线性规划（ILP）问题。许多实际商业问题的最终结果都需要取整数。例如，在安排员工时，公司需要确定分配给每个班次的最佳员工数量。如果把这个问题描述成一个线性规划问题，那么分配到不同班次的最优工人数可能是小数（如 7.33 名工人）。但是这不是一个整数可行解。同样，如果一家航空公司决定为其机队购买多少架波音 767、波音 757 及空中客车 A-300，那么它必须获得一个整数解决方案，因为航空公司购买飞机的数量不能是小数。

本章讨论当某一决策变量必须取整数时如何求得最优解，还介绍了如何使用整数变量为更多商业问题构建更精确的模型。

6.1 整数约束

为了解释涉及整数线性规划的一些问题，我们再次考虑第 2 章、第 3 章和第 4 章中讨论过的 Blue Ridge 浴缸公司面临的决策问题。这家公司销售 Aqua-Spas 和 Hydro-Luxes 两种型号的浴缸。通过购买预制玻璃纤维热水浴缸外壳、安装水泵和适当数量的水管来生产。生产一台 Aqua-Spas 需要 1 台水泵、9 个工时和 12 英尺水管，产生 350 美元的利润。生产一台 Hydro-Luxes 需要 1 台水泵、6 个工时和 16 英尺水管，产生 300 美元的利润。假设公司有 200 台水泵、1,566 个工时和 2,880 英尺水管，这个问题就可建立以下线性规划模型，其中 X_1 和 X_2 分别表示生产 Aqua-Spas 和 Hydro-Luxes 的数量。

$$\begin{aligned}
\text{MAX:} \quad & 350X_1 + 300X_2 && \}\text{利润} \\
\text{约束:} \quad & 1X_1 + 1X_2 \leqslant 200 && \}\text{水泵约束} \\
& 9X_1 + 6X_2 \leqslant 1{,}566 && \}\text{人工约束} \\
& 12X_1 + 16X_2 \leqslant 2{,}880 && \}\text{水管人工约束} \\
& X_1, X_2 \geqslant 0 && \}\text{非负约束}
\end{aligned}$$

毫无疑问，Blue Ridge 浴缸公司对这个问题感兴趣的地方，就在于得到这个问题的整数最优解，因为浴缸只能以离散的单位出售。因此，我们很确信，这个公司想要得出这个问题的最优整数解。所以除了先前给出的约束，还要给这个问题加上以下整数性约束条件：

$$X_1 \text{ 和 } X_2 \text{ 须为整数}$$

整数约束表明，公式中的某一些（或全部）变量只能取整数，我们称这些变量为整数变量。相反，没有严格要求整数值的变量称为连续性变量。虽然一个问题的整数约束很容易表述，但这样的条件也使得求解问题变得更加的困难（有时可能无解）。

6.2 放松约束

求最优整数解的一种方法是放松或忽略整数约束,并把它当成一个标准的线性规划问题来求解,其中所有变量都是连续的。这个模型有时称为原整数线性规划问题的放松整数约束的线性规划,或"相应的线性规划问题"(译者注:国内专业书籍上通常称其为"相应的线性规划问题",这里结合英文原文 LP Relaxation,译为"放松整数约束的线性规划",译文中我们使用"相应的线性规划问题"这一说法)。考虑以下整数线性规划问题:

MAX: $2X_1 + 3X_2$

约束: $X_1 + 3X_2 \leq 8.25$

$2.5X_1 + X_2 \leq 8.75$

$X_1, X_2 \geq 0$

X_1 和 X_2 须为整数

这个问题的"放松线性规划"可表述为

MAX: $2X_1 + 3X_2$

约束: $X_1 + 3X_2 \leq 8.25$

$2.5X_1 + X_2 \leq 8.75$

$X_1, X_2 \geq 0$

整数线性规划和它的"相应的线性规划问题"之间的唯一区别是,在整数线性规划中的整数约束在放松过程中被删除。然而,正如图 6.1 所描述的,这个改变对两个问题的可行域有很明显的影响。

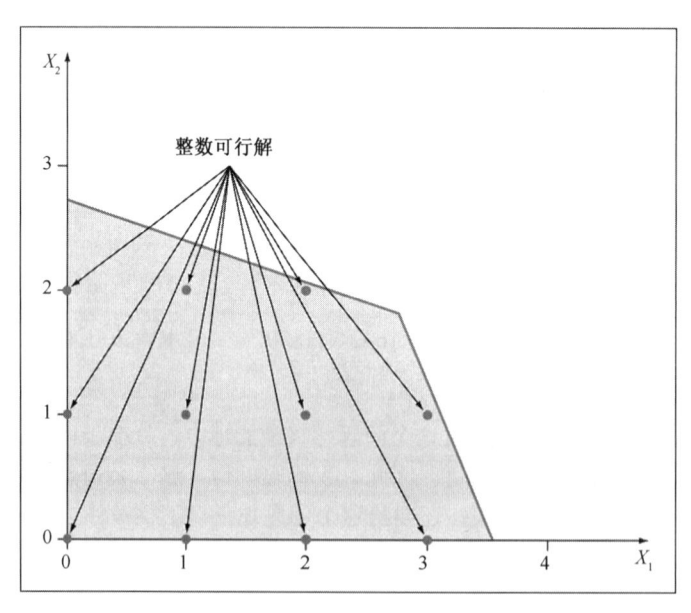

图 6.1 整数可行域和"放松线性规划"问题可行域

如图 6.1 所示,整数线性规划的可行域仅仅包括 11 个离散的点,相应的线性规划问题的可行域包括阴影部分中的无穷多个点。这个图说明了整数线性规划和相应的线性规划问题可行域之间的关系。相应的线性规划问题的可行域一定包含原整数线性规划的所有整数可行解。虽然，放松后的可行域可能包含其他非整数解，但绝不会包含不是原整数线性规划可行解的整数解。

6.3 放松约束 LP 的求解

整数线性规划问题的相应的线性规划问题使用单纯形法很容易求解。就像在第 2 章中叙述的，线性规划问题的最优解在可行域（假定这个问题存在有界的最优解）的某个顶点处取得。因此，如果我们足够幸运，那么整数线性规划问题的相应的线性规划问题的最优解，可能会在放松后问题的可行域的整数顶点取得。在这种情况下，通过求解相应的线性规划问题，我们可以很容易求得整数线性规划问题的最优解。这种情况刚好在第 2 章和第 3 章求解浴缸问题时出现过。这个问题的最优解如图 6.2（本书的配套文件 Fig6-2.xlsm）所示。

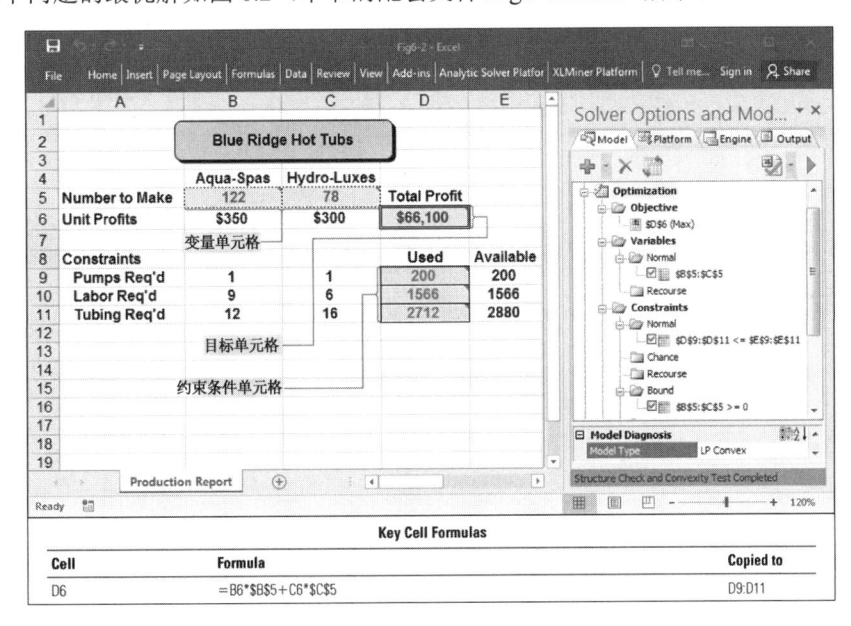

图 6.2　浴缸问题的最优整数解

浴缸问题的相应的线性规划问题的决策变量取到整数值（X_1=122，X_2=78）。在这个例子中，相应的线性规划问题问题碰巧有整数值的最优解。然而，正如你料想的，这种情况不会总是发生。

例如，假设在下一个生产周期，Blue Ridge 浴缸公司有 1,520 个工时、2,650 英尺水管可用。公司可能对求解以下整数线性规划问题感兴趣。

$$\begin{aligned}
\text{MAX：} \quad & 350X_1 + 300X_2 & & \}\text{利润} \\
\text{约束：} \quad & 1X_1 + 1X_2 \leq 200 & & \}\text{水泵约束} \\
& 9X_1 + 6X_2 \leq 1{,}520 & & \}\text{人工约束} \\
& 12X_1 + 16X_2 \leq 2{,}650 & & \}\text{水管人工约束} \\
& X_1, X_2 \geq 0 & & \}\text{非负约束} \\
& X_1, X_2 \text{ 为整数} & & \}\text{整数约束}
\end{aligned}$$

如果"放松"问题的整数约束，然后求解，得到如图 6.3 所示的解。这个结果说明，生产 116.9444 台 Aqua-Spas 和 77.9167 台 Hydro-Luxes 将产生最大的利润 64,306 美元。一般来说，放松的线性规划问题得到的最优解不能保证是整数。在这种情况下，必须使用其他方法得到这个问题的最优整数解（有时也有例外，特别是第 5 章中讨论的网络流问题常被视为整数线性规划问题。若每个节点的供给/需求为整数，且使用单纯形方法求解问题，则网络流问题的放松的线性规划问题总是有整数解——这已超出本书内容的范围，此处给出说明）。

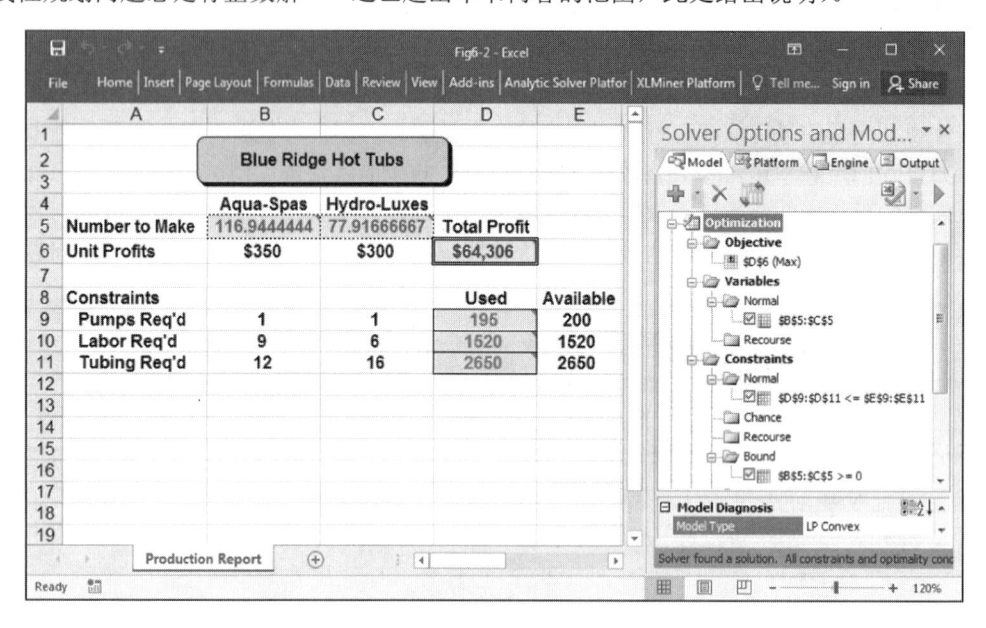

图 6.3　修订 Blue Ridge 浴缸问题的非整数最优解

6.4　边界

在讨论整数线性规划问题如何求解之前，有一点必须明白，即整数线性规划问题的最优解和放松的线性规划问题的最优解之间的关系：整数线性规划最优解的目标函数值一定不优于它的放松的线性规划问题最优解的目标函数值。

例如，图 6.3 中的结果表明，如果公司可以生产（销售）半个浴缸，那么生产 116.9444 单位的 Aqua-Spas 和 77.9167 单位的 Hydro-Luxes 的浴缸，可得到最大利润 64,306 美元。没有其他可行解（整数或其他）可以使目标函数值更好。如果存在更好的可行解，那么优化过程就会将这个更好的解确定为最优解，因为我们的目标是使目标函数的值最大化。

虽然求解修订的浴缸问题没有得到原来整数线性规划问题的最优整数解，但说明了最优整数解的目标函数值不会超过 64,306 美元。在我们寻找最优整数解时，这个信息可以提供很大的帮助。

主　要　概　念

对于最大化问题，放松的线性规划问题最优解的目标函数值是原整数线性规划的最优目标函数值的上界。对于最小化问题，放松的线性规划问题的最优解的目标函数值是原整数线性规划的最优目标函数值的下界。

6.5 取整

正如前面提到的，把整数线性规划问题的条件放松，求得的最优解可能满足原整数线性规划问题的整数约束，所以这个解就是问题的最优整数解。如果不是这种情况（通常情况下），那么我们又当如何呢？一个常用的方法就是对求得的最优解进行取整。

若放松整数线性规划问题的条件，最后得到的解不是整数，很容易想到，简单地取这个解最接近的整数解。很遗憾，这样做是不行的。例如，图 6.3 中所示决策变量的值若手动舍入到它们最接近的整数值，则得到的最优解是不可行的，如图 6.4 所示。这个公司不可能生产 117 单位的 Aqua-Spas 和 78 单位的 Hydro-Luxes 浴缸，因为没有这么多可用的工时和水管。

有时候向上取整是行不通的，或许我们应该考虑决策变量舍去小数位取整（向下取整）。如图 6.5 所示，生产 116 单位的 Aqua-Spas 和 77 单位的 Hydro-Luxes 浴缸，总利润是 63,700 美元，这个结果是可行的。这种方法也有两种结果。其一，向下取整也可能产生不可行解，如图 6.6 所示。

其二，就算产生的是可行整数解，但也不能保证是最优整数解。例如，图 6.5 通过向下取整得到的整数解，使得总利润为 63,700 美元。然而，在图 6.7 中，这个问题还存在更好的整数解。若这个公司生产 118 单位的 Aqua-Spas 和 76 单位的 Hydro-Luxes 浴缸，则总利润为 64,100 美元（这是问题的最优整数解）。不考虑整数约束，得到的整数线性规划问题的解，通过简单的四舍五入是不能够得到最优整数解的。虽然在本问题中，四舍五入得到的解和最优整数解是很接近的，然而这种情况只是偶然存在。

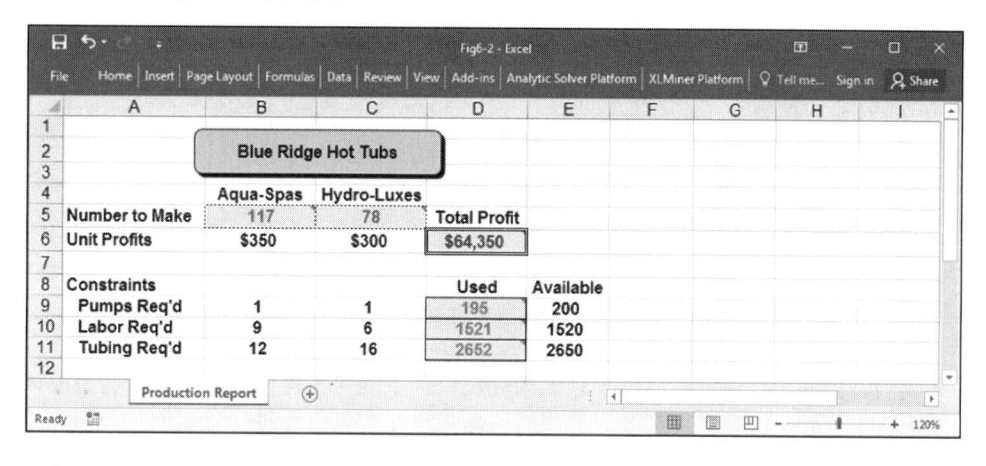

图 6.4　通过取整得到不可行的整数解

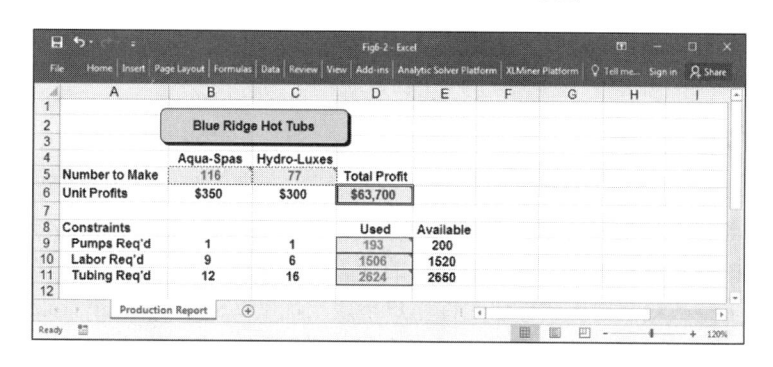

图 6.5　向下取整得到的可行整数解

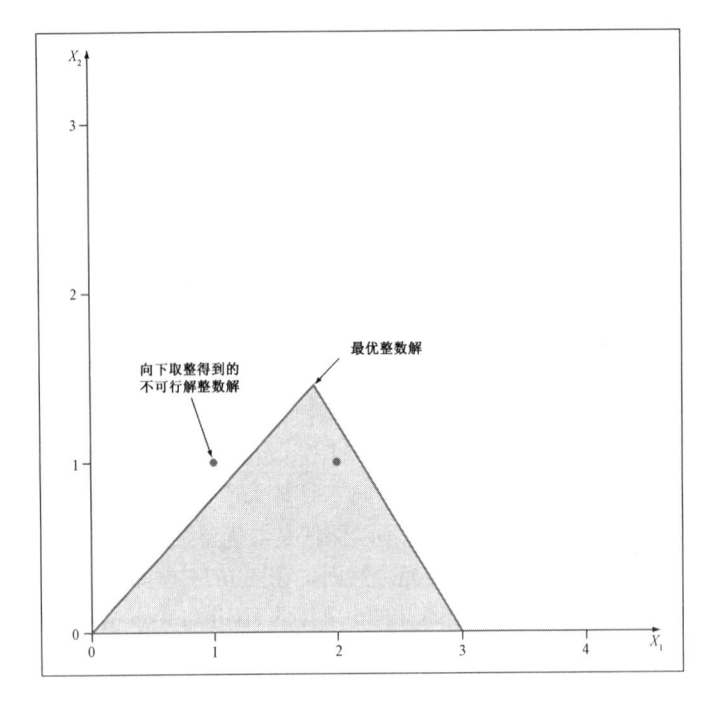

图 6.6　向下取整导致不可行整数解

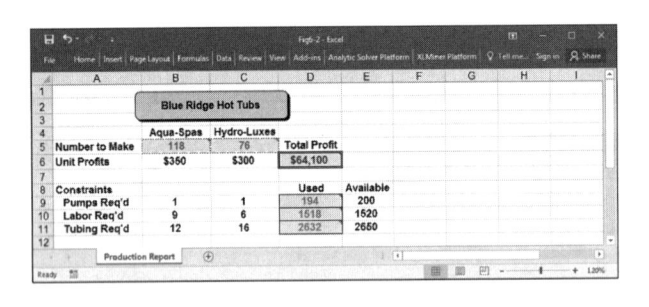

图 6.7　修订 Blue Ridge 浴缸问题的最优整数解

正如我们看到的，将原整数线性规划的条件放松，不能保证可得到整数解，四舍五入得到的解并不能保证是最优整数解。所以，需要另一种方法找到原整数线性规划的解。为此产生了很多方法，其中最有效、使用最广泛的是分支定界（B&B）法。从理论上讲，分支定界法可以通过求解一系列被称为"候选问题"的线性问题来求解任何整数线性规划问题。对此感兴趣的读者，可以在本章后面看到对此方法的讨论。

6.6　算法终止规则

求解简单的整数线性规划问题，有时需要对数百个候选问题才能找到最优解。较复杂的问题就需要对更多的问题进行评估。即使对最快的计算机来说，这也是一件很费时间的工作。因为这个原因，许多整数线性规划软件包允许用户指定次优度（Suboptimality Tolerance）$X\%$（X是某个数值），在计算过程中，当找到的整数解和最优整数解相差不超过$X\%$时，B&B 就停止计算。这对获得最优整数解的上下界有帮助。

正如之前提到的，将最大化目标的整数线性规划的所有整数约束去掉，得到普通的线性规划问题，求得的最优目标函数值是最优整数目标函数值的上界。例如，不考虑修订 Blue Ridge 浴缸问题的整数约束，当成一般的线性规划问题，得到如图 6.3 所示的值，目标函数的值是 64,306 美元。所以，我们知道这个问题的最优整数解的目标函数值不可能大于 64,306 美元。现在，假设 Blue Ridge 浴缸公司的所有者可以接受利润少于最优整数解不超过 5%的任何整数解。容易计算出，64,306 美元的 95%是 61,090 美元（0.95×64,306=61,090）。所以目标函数值最低为 61,090 美元，不能低于最优解的 95%。

如果想为复杂的整数线性规划问题找到一个较好但次优的解，那么指定次优度可能是有用的。然而，大多数分支定界法软件包有一个默认的次优度，所以，最后可能只得到整数线性规划问题的一个次优解，但并不是说不存在更好的解（之后会看到这样的例子）。了解次优度很重要，这样可以确定求得的解是不是真正意义上的最优解。

6.7 整数线性规划问题的规划求解器求解

我们已经对求解整数线性规划问题所需工作有了一定的了解，现在看看如何使用规划求解器简化这个过程。本节仍以 Blue Ridge 浴缸问题为例演示如何使用规划求解器。

图 6.8 是通过规划求解器对话框，将修订 Blue Ridge 浴缸问题变为一个标准的线性规划问题，但没有任何参数说明决策变量的单元格（单元格 B5 和 C5）必须取整数值。为了将这个信息传达给规划求解器，需要给这个问题添加约束，如图 6.9 所示。

在图 6.9 中，B5 到 C5 单元格是被指定为附加约束条件的单元格。因为我们希望这些单元格只取整数值，所以从下拉菜单中选择"int"选项，如图 6.9 所示，然后单击 OK 按钮。

图 6.10 显示了在单元格 B5 和 C5 的整数约束条件下，规划求解器中的参数和最优解。规划求解器任务窗格底部的消息说明，规划求解器找到了满足所有约束且在"次优度内"的解。因此，我们猜测这个问题的最优整数解为：生产 117 单位的 Aqua-Spas 浴缸和 77 单位的 Hydro-Luxes 浴缸，总利润为 64,050 美元。然而，回头看图 6.7 就知道这个问题其实有更好的整数解：生产 118 单位的 Aqua-Spas 浴缸和 76 单位的 Hydro-Luxes 浴缸，总利润为 64,100 美元。那么，当存在更好的整数解时，规划求解器为什么选择了总利润为 64,050 美元的整数解呢？其实是因为存在近似最优解的次优度因子。

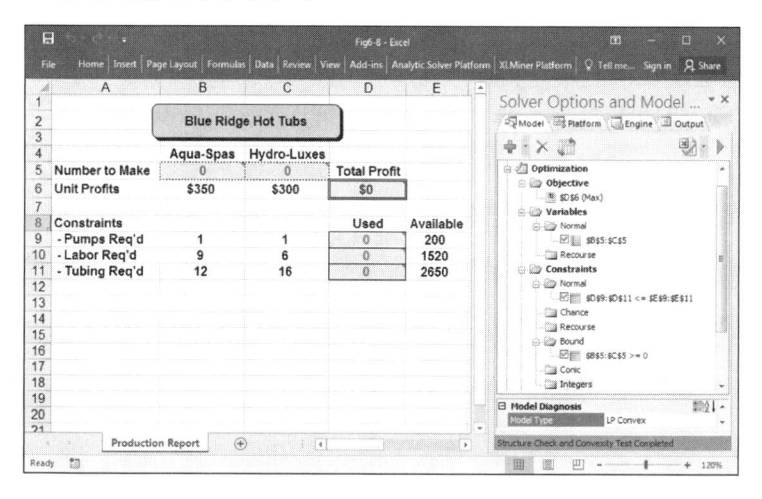

图 6.8　去除整数约束的 Blue Ridge 浴缸问题规划求解器参数

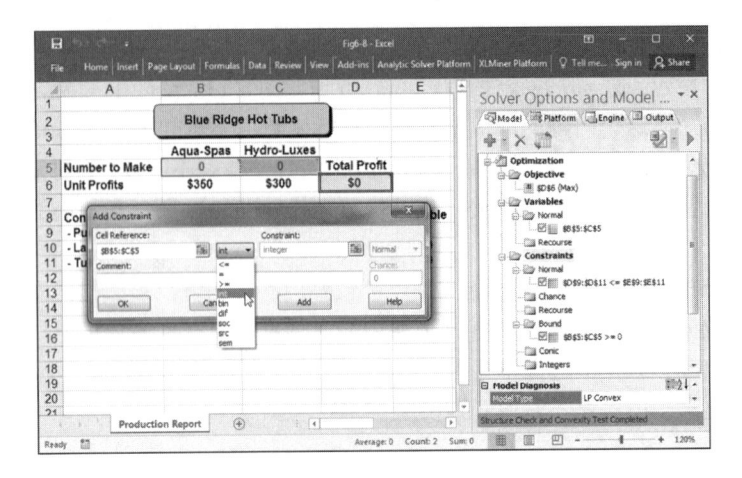

图 6.9 选择整数约束

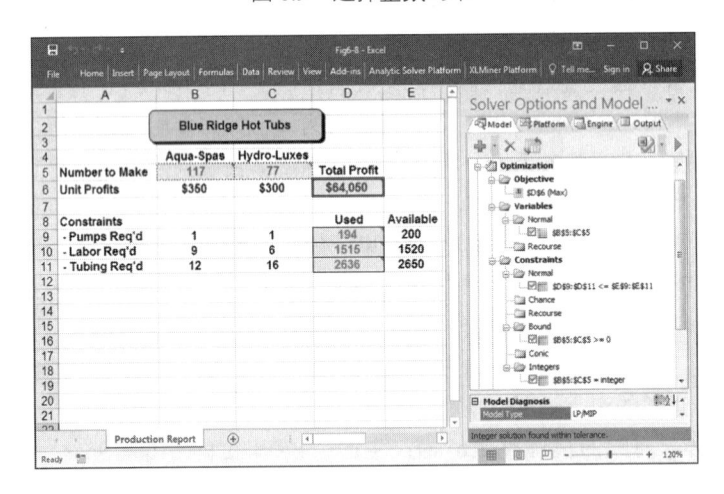

图 6.10 具有整数约束的修订 Blue Ridge 浴缸问题规划求解器参数和最优解

规划求解器默认的近似最优解的次优度因子为 5%。所以，当规划求解器发现图 6.10 中，目标函数值为 64,050 美元的整数解时，确定这个解在近似最优解次优度的 5%之内，系统就停止了计算（注意图 6.10 中的信息，"在次优度之内，最优解已找到"）。为确保规划求解器能求得最好的可能解，必须改变近似最优解次优度，单击规划求解器任务窗格底部的引擎选项，如图 6.11 所示，改变整数次优度的值。

正如图 6.11 所示，可以设置一系列选项控制规划求解器的运算。"整数次优度"选项表示规划求解器中次优度的值。为了确保整数线性规划能够得到最好的解,我们将默认的 0.05 的值调到 0。在调整后，重新求解这个问题，得到图 6.12 所示的解。此解就是这个问题最好的整数解。

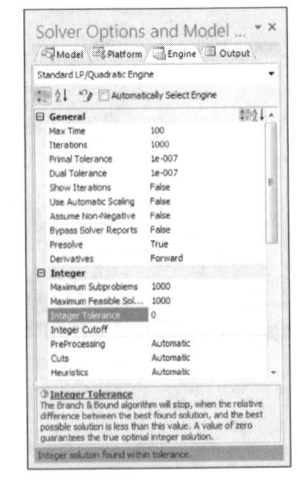

图 6.11 改变次优度因子

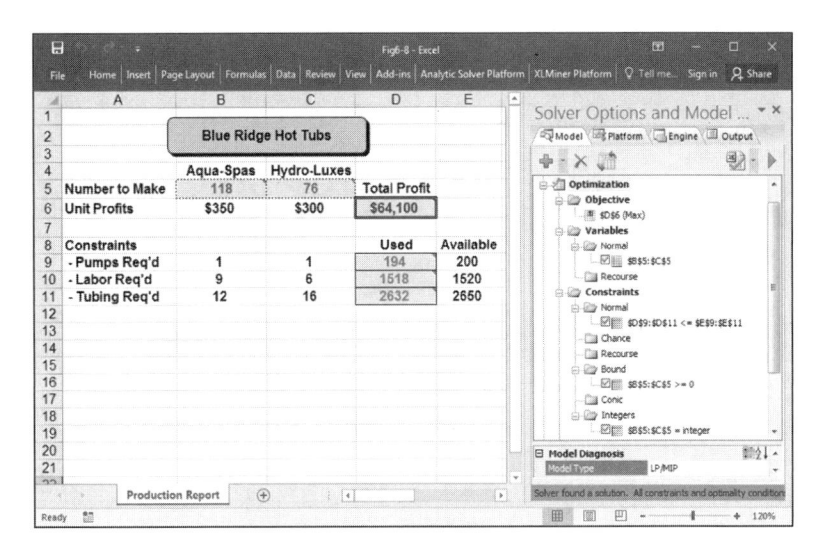

图 6.12　修订 Blue Ridge 浴缸问题的最优整数解

6.8　其他整数线性规划问题

商业中遇到的很多决策问题都可以用整数线性规划建模。从 Blue Ridge 浴缸例子中我们了解到，如果要求整数解，那么最初建立的线性规划问题可以转换为整数线性规划问题。然而，整数线性规划的重要性不仅仅是简单地求一个线性规划问题的整数解。

约束某些变量只能取整数的能力可帮助我们更精确地对一些重要条件进行建模。例如，迄今为止，我们还没有考虑数量折扣、生产准备成本或一次性总成本或批量限制对给定决策问题的影响。没有整数线性规划，我们就不能对这些问题建模。现在考虑几个通过使用整数变量拓展建模的例子。

6.9　员工调度问题

负责为员工编制工作时间表的人都明白这项工作很困难。制定可行的计划已经非常困难，更别说是最佳的计划了。你必须考虑多个轮班、休息时间、午餐或晚餐时间，同时要尽力确保在需要时有足够数量的工人可用，这是一项复杂的任务。然而，现在已经研发出一些成熟的整数线性规划模型可用于解决这些问题。对这些模型的讨论超出了本章的范围，但我们会列举简单的雇员调度问题，以使你明白整数线性规划模型在这个领域如何应用。

航空速递是一项保证在 24 小时内将包裹送达美国大陆任何地方的速递服务公司。该公司在全国各大城市的机场设有多个运营中心，称为枢纽。包裹从其他地点输送到枢纽，然后运往中间枢纽或最终目的地。

马里兰州巴尔的摩航空速递中心的经理对机场的劳动力成本表示担忧，决定确定有效安排工人的方法。该中心每周运行 7 天，每天处理的包裹数量是变化的。在使用历史数据计算出每天收到的平均包裹数后，该经理估计了处理这些包裹需要的工人数，如下表所示：

日期	所需工人数
星期日	18
星期一	27
星期二	22
星期三	26
星期四	25
星期五	21
星期六	19

航空速递公司的包裹处理人员加入了工会，保证一周工作五天，连续休息两天。处理人员的基本工资是一周 655 美元。因为大多数工人喜欢周六或周日休假，工会和这些人就每天 25 美元的奖金进行了协商。包裹处理人员的轮班和工资如下表所示：

轮班	休息日	工资
1	星期日和星期一	$680
2	星期一和星期二	$705
3	星期二和星期三	$705
4	星期三和星期四	$705
5	星期四和星期五	$705
6	星期五和星期六	$680
7	星期六和星期日	$655

经理想使此中心的总工资费用尽可能低。为此，如果经理希望每天都有足够数量的员工可用，那么应该为每个班次分配多少个包裹处理人员？

6.9.1 定义决策变量

在这个问题中，经理必须决定每个班次安排多少个工人。因为有 7 个班次，所以需要以下 7 个决策变量：

X_1=给班次 1 安排的工人数量

X_2=给班次 2 安排的工人数量

X_3=给班次 3 安排的工人数量

X_4=给班次 4 安排的工人数量

X_5=给班次 5 安排的工人数量

X_6=给班次 6 安排的工人数量

X_7=给班次 7 安排的工人数量

6.9.2 定义目标函数

这个问题的目标是使支付的总工资数最少。每周支付班次 1 和班次 6 的工人 680 美元、班次 7 的工人 655 美元、其他工人 705 美元。最小化总工资费用的目标函数可表示为

MIN：$680X_1+705X_2+705X_3+705X_4+705X_5+680X_6+655X_7$ }总工资费用

6.9.3 定义约束条件

这个问题的约束必须满足周日至少安排 18 个工人，周一至少安排 27 个工人等条件。周内的每天都需要一个约束条件。

为了确保周日至少 18 个工人，我们必须确定哪个班次计划在周日工作。因为只有班次 1 和班次 7 在周日休息，剩下的班次 2 到班次 6 在周日工作。以下这个约束条件保证在周日至少有 18 个工人：

$$0X_1+1X_2+1X_3+1X_4+1X_5+1X_6+0X_7 \geq 18 \quad \}周日所需工人数$$

因为班次 1 和班次 2 的工人周一休息，所以，周一的约束是必须保证班次 3 到班次 7 的工人总数至少为 27。表示如下：

$$0X_1+0X_2+1X_3+1X_4+1X_5+1X_6+1X_7 \geq 27 \quad \}周一所需工人数$$

同样地，应用生成前两个约束的逻辑，很容易生成一周中剩余天数的约束。产生的约束表达为

$$1X_1+0X_2+0X_3+1X_4+1X_5+1X_6+1X_7 \geq 22 \quad \}周二所需工人数$$
$$1X_1+1X_2+0X_3+0X_4+1X_5+1X_6+1X_7 \geq 26 \quad \}周三所需工人数$$
$$1X_1+1X_2+1X_3+0X_4+0X_5+1X_6+1X_7 \geq 25 \quad \}周四所需工人数$$
$$1X_1+1X_2+1X_3+1X_4+0X_5+0X_6+1X_7 \geq 21 \quad \}周五所需工人数$$
$$1X_1+1X_2+1X_3+1X_4+1X_5+0X_6+0X_7 \geq 19 \quad \}周六所需工人数$$

最后，所有决策变量必须取非负整数值，表述如下：

$$X_1, X_2, X_3, X_4, X_5, X_6, X_7 \geq 0$$

所有变量 X_i 取整数

6.9.4 有关约束的注意事项

此时，你可能奇怪，为什么每天工人数约束是大于等于约束而不是等于约束。比如，航空速递公司在周六只需要 19 个人，为什么约束中要求左端可以大于 19 个人？这个问题与可行性有关。假定我们重新表述这个问题，使约束条件为等式约束。这个问题有两种结果：（1）可能有可行最优解；（2）没有可行解。

第一种结果，如果使用等式约束的模型有一个可行的最优解，那么这个解也必定是使用大于或等于约束的模型的可行解。因为这两个模型有相同的目标函数，原始模型的解不可能比使用等式约束的模型的解差（对于最优目标函数值而言）。

第二种结果，如果使用等式约束的模型没有可行解，即不能确切地安排每天所需的工人人数。那么在这种情况下，为了找到可行解，我们需要减少限制，允许超过所需的工人人数（如使用大于或等于约束）。

所以，如果为每一班安排确切的工人数是可行的和最优的，那么使用大于或等于约束也并不会排除这样一个求解方案。如果这样的安排不可行或不能达到最优，那么使用大于或等于约束的模型可确保能够求得问题的最优可行解。

6.9.5 建立模型

航空速递公司员工调度问题的整数线性规划模型汇总为

MIN: $680X_1+705X_2+705X_3+705X_4+705X_5+680X_6+655X_7$ }工资费用总额

约束: $0X_1+1X_2+1X_3+1X_4+1X_5+1X_6+0X_7 \geq 18$ }周日所需工人数

$0X_1+0X_2+1X_3+1X_4+1X_5+1X_6+1X_7 \geq 27$ }周一所需工人数

$1X_1+0X_2+0X_3+1X_4+1X_5+1X_6+1X_7 \geq 22$ }周二所需工人数

$1X_1+1X_2+0X_3+0X_4+1X_5+1X_6+1X_7 \geq 26$ }周三所需工人数

$1X_1+1X_2+1X_3+0X_4+0X_5+1X_6+1X_7 \geq 25$ }周四所需工人数

$1X_1+1X_2+1X_3+1X_4+0X_5+0X_6+1X_7 \geq 21$ }周五所需工人数

$1X_1+1X_2+1X_3+1X_4+1X_5+0X_6+0X_7 \geq 19$ }周六所需工人数

所有变量 X_i 取整数

图 6.13（本书的配套文件 Fig6-13.xlsm）给出了该模型的建立方法。此电子表格中的每一行对应问题中的一个班次。对于一周中的每一天，哪个班次工作、哪个班次休息，这些信息都已录入对应单元格。例如，安排班次 1 在周日和周一休息，这周中其他时间都要工作。在图 6.13 中，每天的值与整数线性规划模型中约束条件的系数直接对应。单元格 B13 到 H13 列出的每一天所需的工人数与每一个约束的右端项相对应。给不同班次中每个工人所支付的工资列在单元格 J5 到 J11 中，且与模型中目标函数的系数相对应。

单元格 I5 到 I11 表示每一次安排的工人数，并且和线性规划模型的代数公式中决策变量 X_1 到 X_7 相对应。每个约束左边的公式使用 SUMPRODUCT() 函数很容易建立。例如，在单元格 B12 中求出星期天所需工人数的左边约束：

单元格 B12 的公式： =SUMPRODUCT(B5:B11,$I$5:$I$11)

（复制到单元格 C12 至 H12 和 J12 中）

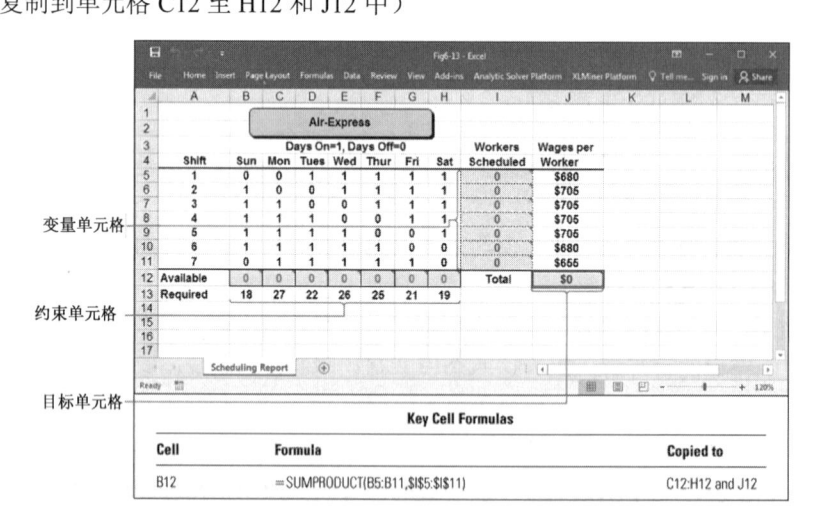

图 6.13 航空速递员工调度问题的电子表格模型

然后将这个公式复制到单元格 C12 到 H12 中，实现其他约束的左端项。将目标函数的系数录入单元格 J5 到 J11 中，之前的表达式也复制到单元格 J12 中，这个模型的目标函数就实现了。

6.9.6 求解模型

图 6.14 显示了求解此问题所需的规划求解器参数。最优解如图 6.15 所示。

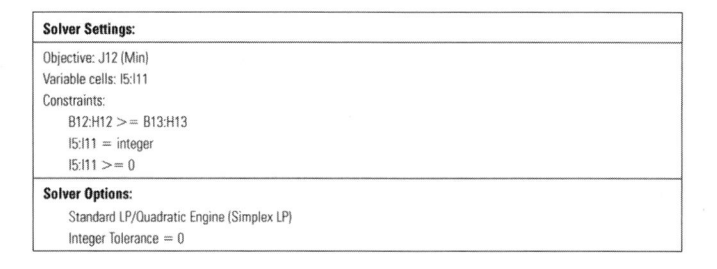

```
Solver Settings:
Objective: J12 (Min)
Variable cells: I5:I11
Constraints:
    B12:H12 >= B13:H13
    I5:I11 = integer
    I5:I11 >= 0
Solver Options:
Standard LP/Quadratic Engine (Simplex LP)
Integer Tolerance = 0
```

图 6.14 航空速递调度问题的规划求解器设置及选项

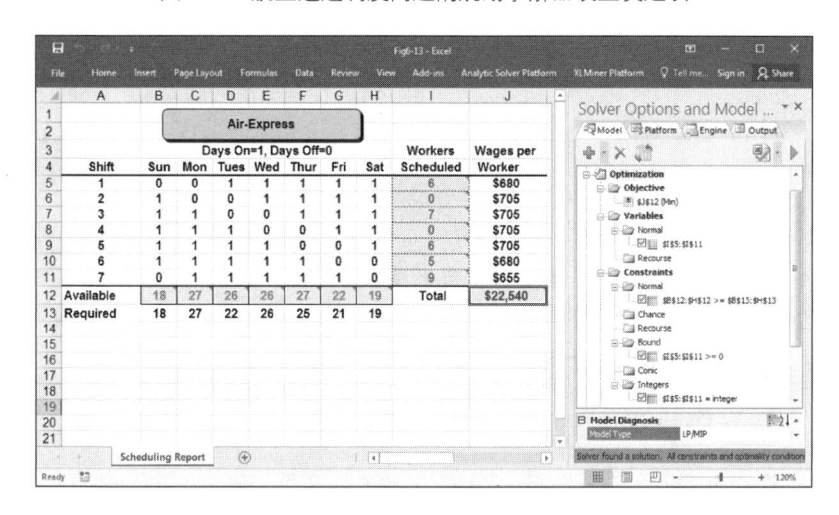

图 6.15 航空速递员工调度问题的最优解

6.9.7 分析最优解

图 6.15 所示的最优解确保可用的工人人数至少与每天所需的工人人数相同。这个解对应的最小总工资费用是 22,540 美元（这个问题有其他最优解）。

6.10 二进制变量

正如之前提到的，当我们需要得到整数解时，一些线性规划问题很自然地就演变为整数线性规划问题。例如，在前面讨论的航空速递问题中，需要确定 7 个班次中每一班次的工人数量。因为工人是离散单元，所以在这个模型中，表示安排给每一班次的工人数的决策变量必须取整数。为此，可以将模型中的连续变量更改为一般整数变量，或者可以取任何整数值的变量（满足问题的约束条件）。在其他情况下，可能会用到二进制整数变量，或二进制变量（译者注：国内教材也会称其为 0-1 变量），即只能取两个整数值：0 和 1。二进制变量在很多实际建模过程中很有用。

6.11 资金预算问题

在资金预算问题中，决策者面对几个潜在的项目或投资方案，必须确定选择哪个项目或投资方案。项目或投资通常需要不同数量的不同资源（如资金、设备、人员），并产生公司不同的现金流。每个项目或投资的现金流被转换为净现值（NPV）。这个问题就是决定选择哪个项目或投资方案，使得净现值最大。考虑以下例子。

Mark Schwartz 是 CRT 科技公司研发部（R&D）的副总经理，负责评估和选择要支持的项目。公司从科技人员那里收到十几个研发提案，其中 6 个项目与公司的任务是一致的。但公司没有足够的资金承担这 6 个项目。Mark 必须在这些项目之间进行取舍。各项目所需资金与预计产生的净现值汇总在下表中。

项目	预计净现值 (以千美元计)	各年所需资金（以千美元计）				
		第1年	第2年	第3年	第4年	第5年
1	141	75	25	20	15	10
2	187	90	35	0	0	30
3	121	60	15	15	15	15
4	83	30	20	10	5	5
5	265	100	25	20	20	20
6	127	50	20	10	30	40

这个公司现在有 250,000 美元资金用于投资新项目。第二年有 75,000 美元的资金预算来支持这些项目，第 3 年、第 4 年和第 5 年每年的预算均为 50,000 美元。每一年的剩余资金都会被重新分配给公司用于其他用途，并且不得转入下一个年度。

6.11.1 定义决策变量

Mark 必须在 6 个项目中进行选择，所以，需要 6 个变量来表示正在考虑的备选方案。我们使用 $X_1, X_2, \cdots, X_6$ 来表示这个问题的 6 个决策变量，假设如下：

$$X_i = \begin{cases} 1, & \text{如果选择项目} i \\ 0, & \text{其他} \end{cases} \quad i = 1, 2, \ldots, 6$$

在这个问题中，每一个决策变量都是二进制变量，若项目被选中，则取值为 1；否则，取值为 0。其实，每一个变量像一个"开/关"，表明对应的项目是否被选中。

6.11.2 定义目标函数

这个问题的目标为最大化被选项目的净现值。用数学方法表示为

$$\text{MAX:} \quad 141X_1 + 187X_2 + 121X_3 + 83X_4 + 265X_5 + 127X_6$$

注意，这个目标函数只是将选定项目的净现值相加。

6.11.3 定义约束条件

每年都需要一个资金约束，以确保已选择项目使用的资金不超过可用资金。这一系列约束表述如下：

$$75X_1 + 90X_2 + 60X_3 + 30X_4 + 100X_5 + 50X_6 \leq 250 \quad \}第1年资金约束$$
$$25X_1 + 35X_2 + 15X_3 + 20X_4 + 25X_5 + 20X_6 \leq 75 \quad \}第2年资金约束$$
$$20X_1 + 0X_2 + 15X_3 + 10X_4 + 20X_5 + 10X_6 \leq 50 \quad \}第3年资金约束$$
$$15X_1 + 0X_2 + 15X_3 + 5X_4 + 20X_5 + 30X_6 \leq 50 \quad \}第4年资金约束$$
$$10X_1 + 30X_2 + 15X_3 + 5X_4 + 20X_5 + 40X_6 \leq 50 \quad \}第5年资金约束$$

6.11.4 设定二进制变量

在这个问题中，假设每个决策变量都是二进制变量。必须在模型的正式表述中加入这些约束：

所有 X_i 必须是二进制变量

6.11.5 建立模型

CRT 科技公司项目选择问题的整数线性规划模型汇总如下：

$$\begin{aligned}
\text{MAX:} \quad & 141X_1 + 187X_2 + 121X_3 + 83X_4 + 265X_5 + 127X_6 \\
\text{约束：} \quad & 75X_1 + 90X_2 + 60X_3 + 30X_4 + 100X_5 + 50X_6 \leq 250 \\
& 25X_1 + 35X_2 + 15X_3 + 20X_4 + 25X_5 + 20X_6 \leq 75 \\
& 20X_1 + 0X_2 + 15X_3 + 10X_4 + 20X_5 + 10X_6 \leq 50 \\
& 15X_1 + 0X_2 + 15X_3 + 5X_4 + 20X_5 + 30X_6 \leq 50 \\
& 10X_1 + 30X_2 + 15X_3 + 5X_4 + 20X_5 + 40X_6 \leq 50
\end{aligned}$$

所有 X_i 必须是二进制变量

图 6.16 给出了这个模型的电子表格模型的建立（本书的配套文件 Fig6-16.xlsm）。在这个电子表格中，每个项目的数据列在单独的行中。

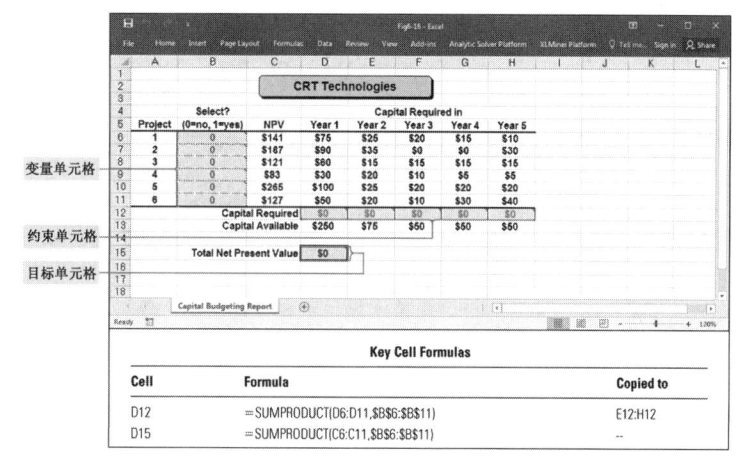

图 6.16 CRT 科技公司技术项目选择问题的电子表格模型

单元格 B6 到 B11 中的 0 值表明，这是为数学模型中的 6 个变量而保留的。资金约束的左端项取值录入单元格 D12，然后将表达式复制到单元格 E12 到 H12 中。

单元格 D12 的公式：　　=SUMPRODUCT(D6:D11,$B$6:$B$11)

（复制到单元格 E12 至 H12 中）

约束的右端项录入单元格 D13 到 H13 中，最后，模型的目标函数在单元格 D15 中实现：

单元格 D15 的公式：　　=SUMPRODUCT(C6:C11,$B$6:$B$11)

6.11.6 求解模型

为了求解这个模型，必须告诉规划求解器在哪里建立目标函数、决策变量和约束。在图 6.17 中，规划求解器设置和选项说明，目标函数在单元格 D15 实现，单元格 B6 到 B11 表示决策变量。还有，要注意这个问题只给出了两组明确的约束。

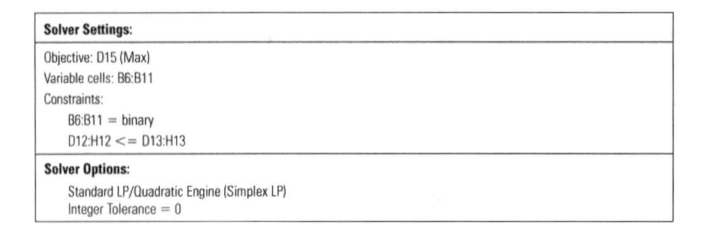

```
Solver Settings:
Objective: D15 (Max)
Variable cells: B6:B11
Constraints:
    B6:B11 = binary
    D12:H12 <= D13:H13
Solver Options:
Standard LP/Quadratic Engine (Simplex LP)
Integer Tolerance = 0
```

图 6.17 CRT 科技公司技术项目选择问题的求解器设置和选项

前一组约束保证单元格 B6 到 B11 是二进制变量。我们通过引用电子表格中表示决策变量的单元格并在添加约束对话框中选择 "bin（二进制变量）" 选项来实现这些约束（如图 6.9 所示）。后一组约束表明，当求解这个问题时，单元格 D12 到 H12 的值必须小于或等于单元格 D13 到 H13 的值。

这个模型包含 6 个决策变量，且每个变量只能取两个值，这个问题至多存在 $2^6=64$ 个可能的整数解。其中的一些整数解不在可行域之内，所以，我们猜测求这个问题的最优解不是太困难。若将整数次优度因子设为 0，并求解该问题，则可得如图 6.18 所示的解。

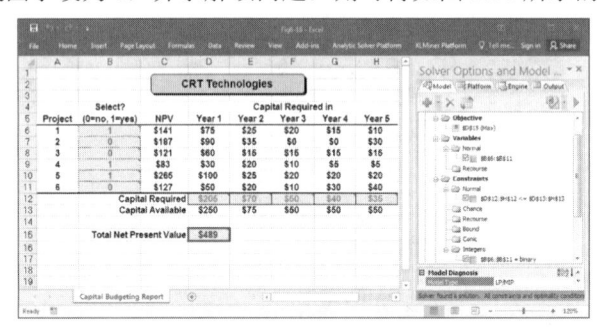

图 6.18 CRT 科技公司技术项目选择问题的最优整数解

6.11.7 最优解与启发式解的比较

图 6.18 的最优解表明，若 CRT 科技公司选择项目 1、4 和 5，则可以得到总的净现值 489,000 美元。虽然这个解并没有将每年可用的资金使用完，但它可能是这个问题最好的整数解。

求解这个问题的另一种方法是按照项目的净现值递减排序，然后从这个序列中按照顺序选择项目，直到资金用完。如图 6.19 所示，若使用此方法探索这个问题，则选择项目 5 和 2，但是由于第 5 年资金缺乏，因此不能选择更多的项目。这个解产生总净现值为 452,000 美元。我们知道，最优化方法产生的利润高于启发式方法。

图 6.19 CRT 科技公司技术项目选择问题的次优启发式求解

6.12 二进制变量与逻辑约束

许多问题在建模时，逻辑约束会使用二进制变量。例如，在 CRT 科技公司问题中，考虑的几个项目（如项目 1、3 和 6）可能是为某一产品生产某一部分的替代办法。该公司希望，这三种求解方案最多能选择一种。此限制由以下约束条件表示：

$$X_1+X_2+X_6 \leq 1$$

因为 X_1、X_3 和 X_6 是二进制变量，它们之中最多有一个取值为 1 且满足以上约束。如果这三种求解方案只能选择一种，那么在模型中加入以下约束：

$$X_1+X_2+X_6=1$$

还有另一种类型的逻辑约束。举例说明，除非公司选择项目 5，否则不能选择拥有蜂窝通信技术的项目 4。换句话说，公司只有选择项目 5，才能选择项目 4。这种关系由以下约束表示：

$$X_4-X_5 \leq 0$$

X_4 和 X_5 的值有 4 种可能的组合，与以上约束的关系汇总如下：

X_4 的值	X_5 的值	含义	可行性
0	0	两个项目都不选择	是
1	1	两个项目都选择	是
0	1	选择项目 5，不选择项目 4	是
1	0	选择项目 4，不选择项目 5	否

如同表格中给出的结果，选择项目 4 而没有选择项目 5 是不可行的。

如这些例子所示，可以使用二进制变量来建模某些逻辑约束。本章后面的几个习题涉及这几种类型的逻辑约束，可使用二进制变量对决策变量建模。

6.13 生产线平衡问题

装配产品或交付服务通常是一个多步骤的过程，在这个过程中，需要几个任务才能完成产品的装配或服务的交付。为了使操作顺利有效地进行，将任务以组为单位分成工作包让一个工位在一定的时间内（称为生产周期）完成。在每一个周期内，每个工位要完成分配的工作包，且准备好下一阶段的准备工作。有些任务必须在其他任务开始之前完成，所以在创建工作包时，要认真考虑任务的优先级顺序。以下面的例子说明这个问题。

Colpitts 控制设备公司为不能行走的人生产电动轮椅上的手动转向机械装置。生产一个转向机械装置需要 8 项安装任务。图 6.20 汇总了这些任务之间的优先级及执行每项任务所需的时间（以分为单位）。例如，任务 A 必须在任务 B 之前完成，任务 C 必须在任务 F 之前完成等。公司希望将以最少的工位按照 0.5 分钟的生产周期完成这些任务。

6.13.1 定义决策变量

在这个问题中有 8 项任务，最糟糕的情况就是，每项任务都需要有自己的工位，所以至多有 8 个工位。根据优先级关系（服从约束条件），任何任务都可以分配给任何工位。这个问题就产生了以下一组二进制变量。

$$X_{ij} = \begin{cases} 1, & \text{如果任务 } i \text{ 分配到 } j \text{ 工位} \\ 0, & \text{其他} \end{cases}, \quad i=A,B,\cdots,H, \quad j=1,2,\cdots,8$$

这个问题还需要一个额外的决策变量,将在之后的内容中介绍。

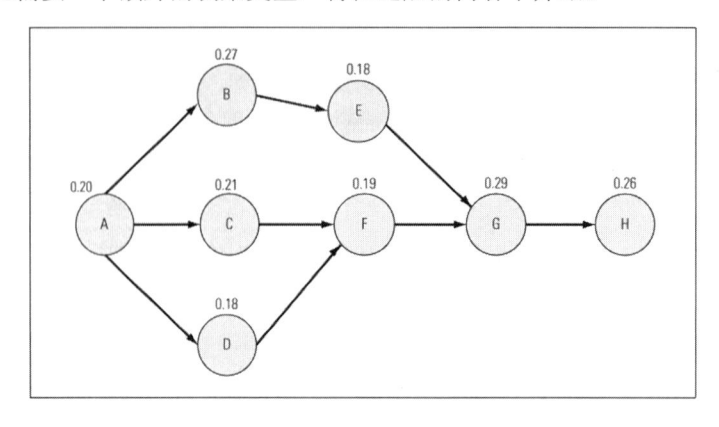

图 6.20 生产线平衡问题的任务优先级和时间

6.13.2 定义约束条件

这个问题需要很多不同的约束条件。首先要保证,这 8 项任务的每一项都要分配到一个工位。具体表述如下:

$$X_{A1} + X_{A2} + X_{A3} + X_{A4} + X_{A5} + X_{A6} + X_{A7} + X_{A8} = 1 \quad \}任务 A 分配约束$$

$$X_{B1} + X_{B2} + X_{B3} + X_{B4} + X_{B5} + X_{B6} + X_{B7} + X_{B8} = 1 \quad \}任务 B 分配约束$$

……

$$X_{H1} + X_{H2} + X_{H3} + X_{H4} + X_{H5} + X_{H6} + X_{H7} + X_{H8} = 1 \quad \}任务 H 分配约束$$

接下来,我们要确保每个工位完成分配任务所需时间不超过所期望的 0.5 分钟的生产周期。具体表述如下:

$$0.2X_{A1} + 0.27X_{B1} + 0.21X_{C1} + 0.18X_{D1} + 0.18X_{E1} + 0.19X_{F1}$$
$$+ 0.29X_{G1} + 0.26X_{H1} \leq 0.5 \quad \}工位1任务时间约束$$

$$0.2X_{A2} + 0.27X_{B2} + 0.21X_{C2} + 0.18X_{D2} + 0.18X_{E2} + 0.19X_{F2}$$
$$+ 0.29X_{G2} + 0.26X_{H2} \leq 0.5 \quad \}工位2任务时间约束$$

……

$$0.2X_{A8} + 0.27X_{B8} + 0.21X_{C8} + 0.18X_{D8} + 0.18X_{E8} + 0.19X_{F8}$$
$$+ 0.29X_{G8} + 0.26X_{H8} \leq 0.5 \quad \}工位8任务时间约束$$

图 6.20 中的箭头汇总了这个问题所需的优先级条件。例如,任务 A 必须在任务 B 之前完成。这可以通过把任务 A 分配到任务 B 之前的工位来实现。也可以将 A 和 B 分配到同一个工位来实现(假定两个任务在指定的周期时间内完成)。通常情况下,给任务 i 分配的工位号(1,2,…,8)可用如下决策变量计算:

$$WS_i = 1X_{i1} + 2X_{i2} + 3X_{i3} + 4X_{i4} + 5X_{i5} + 6X_{i6} + 7X_{i7} + 8X_{i8}$$

例如,如果任务 C 分配到工位 3(例如 $X_{C3}=1$),那么 $WS_C=3X_{C3}=3$。使用 WS_i 的这个定义,优先级约束可表述如下:

$$WS_A \leq WS_B(以 WS_A - WS_B \leq 0 的形式建立模型) \quad \}任务B在A之后完成或在同一工位完成$$

……

$WS_G \leq WS_H$（以$WS_G - WS_H \leq 0$的形式建立模型） ｝任务H在G之后完成或在同一工位完成

优先级约束的第一个条件表示任务 B 和任务 A 分配在同一个工位（如果 $W_{SA}=W_{SB}$）或者任务 B 在任务 A 之后分配（如果 $W_{SA}<W_{SB}$）。其他的优先级约束也是同样的理解。

6.13.3 定义目标函数

回顾一下，这个问题的目标是确定实现 0.5 分钟周期时间所需的最少工位数。因为 WS_i 表示分配任务 i 的工位号，且使用的工位数要尽可能地少，所以我们希望尽量减少所分配工位号最大值。那么，使用的目标函数为

MIN：MAX(WS_A, WS_B, WS_C, WS_D, WS_E, WS_F, WS_G, WS_H)

遗憾的是，这个目标函数不是决策变量的线性组合。但我们可通过增加一个变量（Q）和 8 个附加约束来线性地表述这个目标：

MIN：Q
$WS_A \leq Q$
$WS_B \leq Q$
……
$WS_H \leq Q$

因为变量 Q 必须大于或等于所有分配工位数的值，而且由于我们试图将其最小化，所以 Q 将始终和最大分配的工位号相等。同时，目标函数试图找到一个使分配工位号的最大值（Q 的值）尽可能小的求解方案。所以，这种技术允许我们最小化最大分配的工位数量（同时最小化已使用工位数）（值得注意的是，这种使几个计算值中最大值最小化的技术在许多优化建模的情况下是有用的）。

6.13.4 建立模型

Colpitts 控制设备公司的工作分配平衡问题的整数线性规划模型汇总如下：

MIN：Q
约束：

$X_{A1} + X_{A2} + X_{A3} + X_{A4} + X_{A5} + X_{A6} + X_{A7} + X_{A8} = 1$ ｝任务 A 的分配约束

$X_{B1} + X_{B2} + X_{B3} + X_{B4} + X_{B5} + X_{B6} + X_{B7} + X_{B8} = 1$ ｝任务 B 的分配约束

……

$X_{H1} + X_{H2} + X_{H3} + X_{H4} + X_{H5} + X_{H6} + X_{H7} + X_{H8} = 1$ ｝任务 H 的分配约束

$0.2X_{A1} + 0.27X_{B1} + 0.21X_{C1} + 0.18X_{D1} + 0.18X_{E1} + 0.19X_{F1}$
$\quad + 0.29X_{G1} + 0.26X_{H1} \leq 0.5$ ｝工位1任务时间

$0.2X_{A2} + 0.27X_{B2} + 0.21X_{C2} + 0.18X_{D2} + 0.18X_{E2} + 0.19X_{F2}$
$\quad + 0.29X_{G2} + 0.26X_{H2} \leq 0.5$ ｝工位2任务时间

……

$0.2X_{A8} + 0.27X_{B8} + 0.21X_{C8} + 0.18X_{D8} + 0.18X_{E8} + 0.19X_{F8}$
$\quad + 0.29X_{G8} + 0.26X_{H8} \leq 0.5$ ｝工位8任务时间

$WS_A \leq Q$ ｝任务 A 的工位号的目标约束

$$WS_B \leq Q \quad \}\text{任务 B 的工位号的目标约束}$$

$$\ldots\ldots$$

$$WS_H \leq Q \quad \}\text{任务 H 的工位号的目标约束}$$

$$WS_A - WS_B \leq 0 \quad \}\text{任务 B 在 A 之后完成或在同一工位完成}$$

$$WS_A - WS_C \leq 0 \quad \}\text{任务 C 在 A 之后完成或在同一工位完成}$$

$$WS_A - WS_D \leq 0 \quad \}\text{任务 D 在 A 之后完成或在同一工位完成}$$

$$WS_B - WS_E \leq 0 \quad \}\text{任务 E 在 B 之后完成或在同一工位完成}$$

$$WS_C - WS_F \leq 0 \quad \}\text{任务 F 在 C 之后完成或在同一工位完成}$$

$$WS_D - WS_F \leq 0 \quad \}\text{任务 F 在 D 之后完成或在同一工位完成}$$

$$WS_E - WS_G \leq 0 \quad \}\text{任务 G 在 E 之后完成或在同一工位完成}$$

$$WS_F - WS_G \leq 0 \quad \}\text{任务 G 在 F 之后完成或在同一工位完成}$$

$$WS_G - WS_H \leq 0 \quad \}\text{任务 H 在 G 之后完成或在同一工位完成}$$

其中，

$$WS_A = 1X_{A1} + 2X_{A2} + 3X_{A3} + 4X_{A4} + 5X_{A5} + 6X_{A6} + 7X_{A7} + 8X_{A8} \quad \}\text{任务 A 的工位号约束}$$

$$WS_B = 1X_{B1} + 2X_{B2} + 3X_{B3} + 4X_{B4} + 5X_{B5} + 6X_{B6} + 7X_{A7} + 8X_{B8} \quad \}\text{任务 B 的工位号约束}$$

$$\ldots\ldots$$

$$WS_H = 1X_{H1} + 2X_{H2} + 3X_{H3} + 4X_{H4} + 5X_{H5} + 6X_{H6} + 7X_{H7} + 8X_{H8} \quad \}\text{任务 H 的工位号约束}$$

所有变量 X_{ij} 是二进制变量

图 6.21（本书的配套文件 Fig6-21.xlsm）给出了建立这个模型的方法。此工作簿中的单元格 D6 至 K13 表示二进制决策变量，用来表示每个任务分配到哪个工位。图 6.21 给出一个初始方案，每个任务都分配给一个唯一的工位。

任务分配约束的左端项在单元格 L6 到 L13 中实现，其中包含将每行决策变量相加的表达式。每个单元格都等于 1。

单元格 L6 的公式： =SUM(D6:K6)

（复制到单元格 L6 至 L13 中）

每个工位完成任务的总时间由单元格 D14 至 K14 计算，且不能超过特定单元格 M16 中的周期时间。

单元格 D14 的公式： =SUMPRODUCT(D6:D13,$C$6:$C$13)

（复制到单元格 E14 至 K14 中）

分配每个任务的工位号由单元格 M6 至 M13 计算，如：

单元格 M6 的公式： =SUMPRODUCT(D6:K6,$D$5:$K$5)

（复制到单元格 M7 至 M13 中）

所需优先级的紧前活动和紧后活动列在单元格 B18 至 C26 中。回想一下，每一个紧后活动必须布置在紧前活动之后或同时布置。这些约束的左端项在单元格 D18 至 D26 实现，且小于或等于 0。

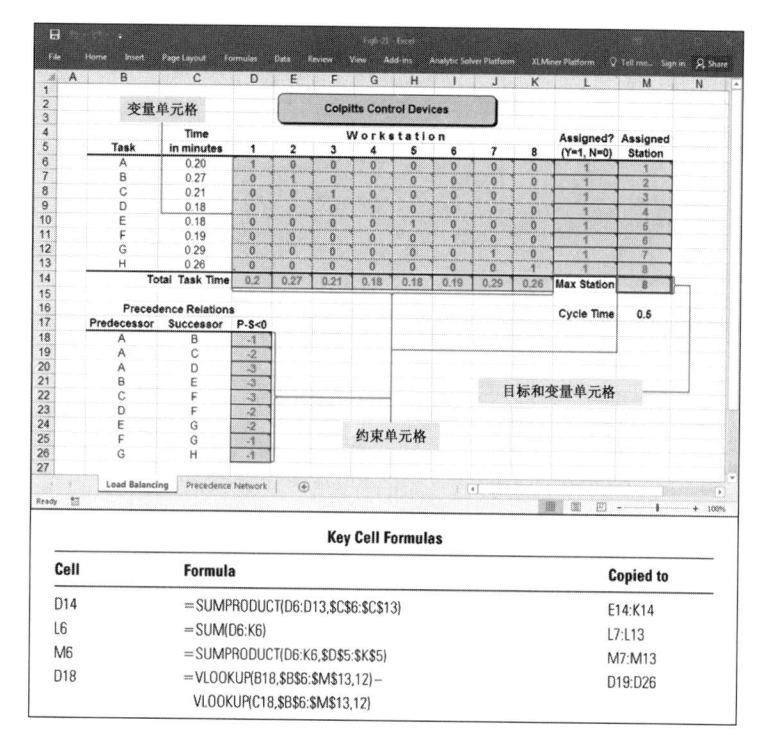

图 6.21 生产线平衡问题的电子表格模型

单元格 D18 的公式：　　=VLOOKUP(B18,$B$6:$M$13,12) −VLOOKUP(C18,$B$6:$M$13,12)

（复制到单元格 D19 至 D26 中）

此公式中的第一个函数 VLOOKUP()是在 B6 到 M13 的第一列内"查找"单元格 B18 的值，当找到匹配值时，将值返回给与之匹配行的第 12 列（因为函数 VLOOKUP()中的第三个参数被指定的值为 12）。所以，对于单元格 D18 来说，第一个函数 VLOOKUP()是要在 B6 至 M13 的第一列，寻找字母 A（B18）。然后，在同一行的第 12 列（单元格 M6）返回值 1。第二个函数 VLOOKUP()对单元格 C18 进行同样的操作（字母 B），且在单元格 M7 返回值 2。将此公式复制到单元格 D19 至 D26，计算每个紧前任务和紧后任务配对后所分配工位号之间的差异（函数 VLOOKUP()默认在给定范围的第一列中的值按升序排列。若不是这种情况,则会向 VLOOKUP()函数传递 False 的布尔值）。

最后，这个问题的目标函数是由单元格 M14 实现的。虽然在这个单元格中使用 MAX（M6:M13）公式似乎很直观，但请记住，这不是决策变量的线性函数。相反，单元格 M14 应定义为决策变量单元格和目标单元格。与其他变量单元格一起，规划求解器将确定此单元格的最优值，因此在单元格中不需要放置任何公式（图 6.21 中的单元格 M14 中显示的值 8 是手动输入的）。我们将使得规划求解器选择和最小化单元格 M14 的值，同时保持这个值大于或等于单元格 M6 至 M13 的值，进而减少所需工位的数量。

6.13.5 分析最优解

求解这个问题，所需的规划求解器参数和使用的选项如图 6.22 所示。单元格 M14 既是变量单元格，又是我们想使其最小化的目标单元格。这个问题的最优解如图 6.23 所示。

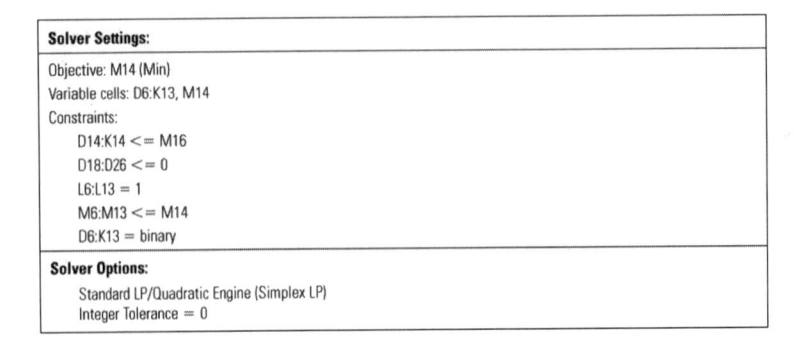

```
Solver Settings:
Objective: M14 (Min)
Variable cells: D6:K13, M14
Constraints:
    D14:K14 <= M16
    D18:D26 <= 0
    L6:L13 = 1
    M6:M13 <= M14
    D6:K13 = binary
Solver Options:
Standard LP/Quadratic Engine (Simplex LP)
Integer Tolerance = 0
```

图 6.22　S 生产线平衡问题的规划求解器设置和选项

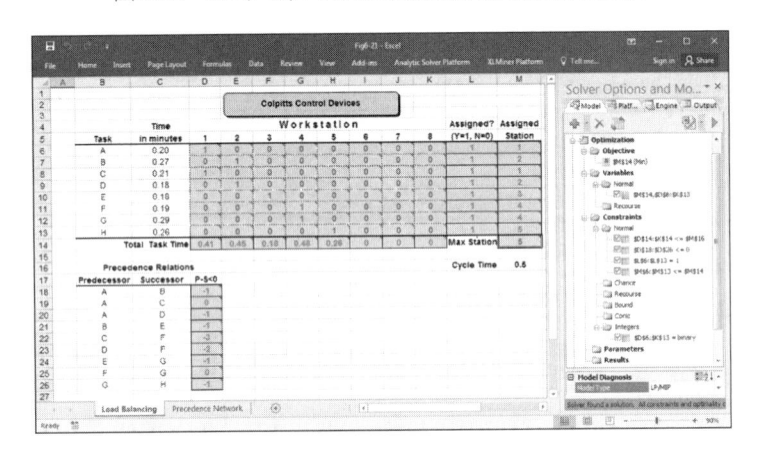

图 6.23　生产线平衡问题的最优解

这个解表明，需要 5 个工位。任务 A 和任务 C 分配在工位 1，任务 B 和任务 D 在工位 2，任务 E 在工位 3，任务 F 和任务 G 在工位 4，任务 H 在工位 5。请注意，分配给所有工位的任务时间各不相同，且都小于要求的 0.5 分钟的周期时间。

6.13.6　扩展

到目前为止，我们已经探讨了在指定周期时间内确定最少所需工位数这个角度的生产线平衡问题。这个问题的另一个角度是确定与指定工位数量相关联的最小周期时间。在本例中，若只有一个工位（所有的任务分配到这个工位），则最小周期时间为 1.78 分钟——所有任务的时间之和。同样，若有 8 个工位（每个任务有唯一的工位），则最小周期时间为 0.29 分钟——或单个任务最大时间。但是，如果是 2 个、3 个、4 个、5 个、6 个或 7 个工位呢？与每种工位分配方法相关联的最小周期时间是多少？幸运的是，只要一些简单的更改，就可以运行现有模型的 "参数化" 优化来回答这些问题。

图 6.24（本书的配套文件 Fig6-24.xlsm）给出了模型所需的修改。首先，单元格 M16（表示周期时间）是变量单元格和目标单元格，我们的目标是使它最小化。此外，单元格 M14 现在只是表示 M6 到 M13 中的约束左端项的值，该约束计算每个任务分配的工位数。图 6.24 显示了如果只有一个工位允许，我们将获得的求解方案。然而，单元格 M14 中的公式可以设置为 "参数化" 的或指定几个值。

单元格 M14 的公式：　　　=PsiOptParam(1,8)

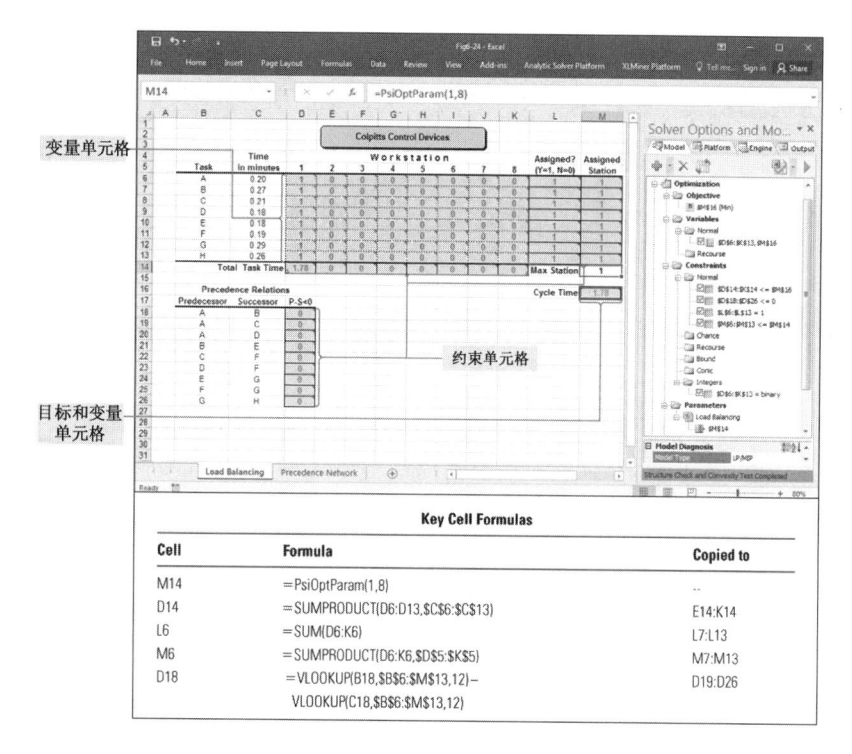

图 6.24 参数化生产线平衡问题的电子表格模型

单元格 M14 中的函数 PsiOptParam()告诉 ASP，该单元格取 1 到 8 之间的值（虽然在此例中不需要，但是可以指定函数 PsiOptParam()的第三个参数，以指示单元格的默认值，当同一个模型中有多个 PsiOptParam()函数时，是很有用的）。如图 6.25 所示，ASP 任务窗格中的"平台"选项卡允许我们指示要运行 8 次优化。使用如图 6.26 所示的设置运行模型时，ASP 将运行 8 个优化，将单元格 M14 中的值以相同的增量从 1 更改为 8。

如图 6.27 所示，可以使用 ASP 选项卡上显示的下拉列表查看 8 种优化中的任何结果。要注意，当允许有 4 个工位时，最小周期时间是 0.55 分钟。假设更多的工位需要更多的工作人员，那么就需要在劳动力成本和周期时间之间进行权衡。较低的周期时间就有更高的劳动力成本，反之亦然。在运行参数化优化后，ASP 提供关键结果的图表选项。例如，图 6.27 所示的图表显示了 8 个参数优化后的各自的最小周期时间。这类图表非常有助于管理人员确定在哪些地方减少额外周期时间、哪些地方不值得配备额外的工位。

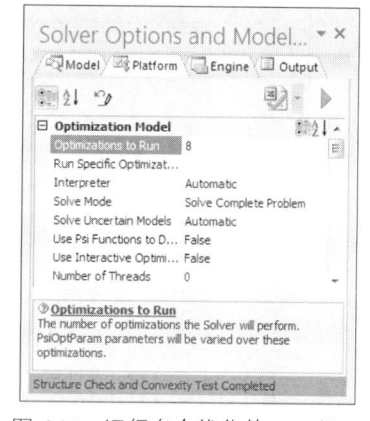

图 6.25 运行多个优化的 ASP 设置

要创建如图 6.27 所示的图形，首先使 8 个参数进行优化。在规划求解器执行优化后，可以通过以下步骤轻松构建如图 6.27 所示的图：

（1）单击 ASP 选项卡上的"图表"图标。
（2）选择"多个优化（Multiple Optimizations）"→"观察单元格"。
（3）展开"目标"选项，选择$M$16，然后单击">"按钮。
（4）单击"OK"按钮。

然后，ASP 生成优化结果的基本图表，并提供各种选项，允许编辑和自定义其外观。

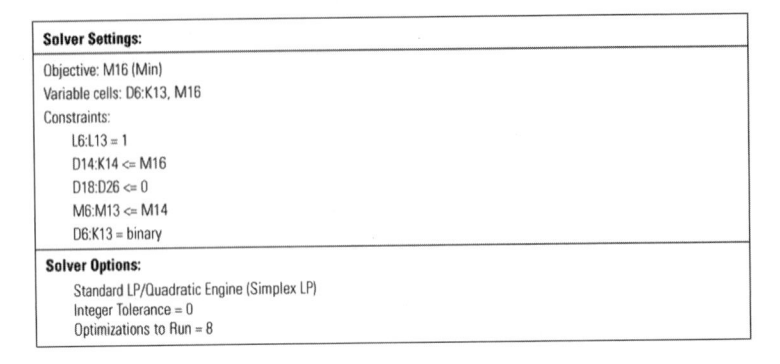

```
Solver Settings:
Objective: M16 (Min)
Variable cells: D6:K13, M16
Constraints:
    L6:L13 = 1
    D14:K14 <= M16
    D18:D26 <= 0
    M6:M13 <= M14
    D6:K13 = binary
Solver Options:
Standard LP/Quadratic Engine (Simplex LP)
Integer Tolerance = 0
Optimizations to Run = 8
```

图 6.26　参数化生产线平衡问题的规划求解器设置和选项

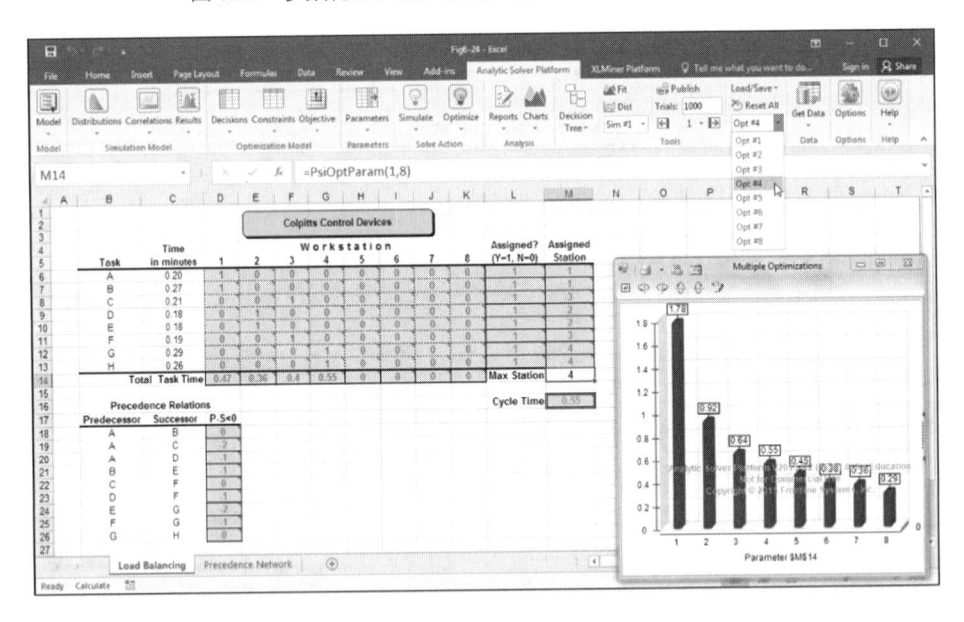

图 6.27　参数化生产线平衡问题的结果探讨

6.14　固定费用问题

前几章讨论的大多数线性规划问题，目标函数设为利润最大化或成本最小化。在每种情况下，我们将单位成本或单位利润与每个决策变量联系起来，以构建目标函数。然而，在某些情况下，要决定生产产品，除成本或利润外，还会产生一次性成本或固定费用。这些类型的问题称为固定费用或固定成本问题。以下是几个固定成本问题：
- 为采取某个措施，需要付出租赁或购买设备的成本。
- 生产不同类型产品，所需机器或生产线的准备成本。
- 为某个特定决策，需要建造新的生产线或设施的成本。
- 为某个特定决策，需要额外雇用工人的成本。

在这些例子中，固定成本是当承担某项任务或做出新决策时产生的新的成本。固定成本和沉没成本是不一样的，沉没成本是指无论做出何种决定都会产生的成本。根据定义，沉没成本与决策目标无关，决策不影响这些成本。固定成本是决策中的重要因素，因为决策决定这些成本是否会发生。以下例子是固定费用问题的求解过程。

Remington 制造公司正在为下一个生产周期做计划。公司可以生产 3 种产品，每一种都必须经过车床、磨床和组装。下表汇总了生产一单位产品所需的车床、磨床和组装小时数，以及每一项工序可使用的总小时数。

工序	产品 1 所需小时数	产品 2 所需小时数	产品 3 所需小时数	总的可用小时数
车床	2	3	6	600
磨床	6	3	4	300
组装	5	6	2	400

成本核算部门估计，生产和销售一单位产品 1 将产生 48 美元的利润，生产和销售一单位产品 2 和 3 将分别产生 55 美元和 50 美元的利润。然而，生产一单位的产品 1，生产线的准备成本需要 1,000 美元，同样，生产产品 2 和 3 分别需花费 800 美元和 900 美元。销售部门认为能销售出全部已制造出的产品。公司的管理层希望确定最有利可图的产品组合。

6.14.1 定义决策变量

虽然本问题只考虑 3 种产品，但要进行更精确的模拟则需要 6 个变量。定义这些变量如下：

X_i 是生产产品 i 的数量，$i = 1, 2, 3$

$$Y_i = \begin{cases} 1, \text{如果 } X_i > 0 \\ 0, \text{如果 } X_i = 0 \end{cases}, \quad i = 1, 2, 3$$

我们需要 3 个变量：X_1、X_2 和 X_3，分别与生产产品 1、2 和 3 的数量相对应。每个变量对应一个二进制变量 Y_i，当 X_i 取正值时，$Y_i=1$；当 X_i 取 0 时，$Y_i=0$。现在，不要考虑 X_i 和 Y_i 之间的这种关系是如何执行的，接下来我们就会探讨这个问题。

6.14.2 定义目标函数

根据对决策变量的定义，模型的目标函数表示为

MAX： $48X_1+55X_2+50X_3-1{,}000Y_1-800Y_2-900Y_3$

这个函数的前三项计算了销售产品 1、2 和 3 所产生的边际利润，后三项减去了生产产品的固定成本。例如，如果 X_1 取正值，从变量的定义可知，Y_1 应该等于 1，那么目标函数的值将减少 1,000 美元，用于支付生产准备成本。另一方面，如果 $X_1=0$，那么我们知道 $Y_1=0$。所以，如果不生产产品 1，那么它的生产准备成本在目标函数中也不会反映出来。X_2 与 Y_2、X_3 与 Y_3 之间的关系类似。

6.14.3 定义约束条件

这个问题有几组约束，能力约束需要保证使用车床、磨床和组装的时间不超过这些资源的可用时间。这些约束表示为

$2X_1 + 3X_2 + 6X_3 \leqslant 600$ }车床约束

$6X_1 + 3X_2 + 4X_3 \leqslant 300$ }磨床约束

$5X_1 + 6X_2 + 2X_3 \leqslant 400$ }组装约束

需要同时考虑整数约束和非负约束：

$$X_i \geq 0 \text{ 且为整数}, i=1, 2, 3$$

变量 Y_i 必须保证是二进制变量:

$$\text{所有 } Y_i \text{ 为二进制变量}$$

如前所述,必须确保 X_i 和 Y_i 变量之间关系被执行。尤其是,Y_i 变量的值可以由 X_i 决定。所以,需要一些约束来建立 X_i 和 Y_i 的值之间的联系。具体约束表示为

$$X_1 \leq M_1 Y_1$$
$$X_2 \leq M_2 Y_2$$
$$X_3 \leq M_3 Y_3$$

每一个约束中,M_i 是表示 X_i 最优值的一个上界的常数。假设所有 M_i 都是任意大的数,如 $M_i=10,000$。每个约束都会在 X_i 和 Y_i 之间建立一个联系。比如,上述约束中 X_i 的值大于 0,相应的 Y_i 变量的值必须取 1,否则就不满足约束。另一方面,如果变量 X_i 等于 0,那么相应的 Y_i 变量的值可以取 0 或 1,满足约束条件。然而,如果将目标函数考虑到这个问题中,那么我们知道,当给定一个选择时,规划求解器将总会使等于 $Y_i=0$(而不是 1),因为这样可以得到更好的目标函数值。所以,可以认为,如果 X_i 变量等于 0,那么规划求解器一定会使相应的 Y_i 等于 0,因为这是可行的,且能得到较好的目标函数值。

6.14.4 确定"大 M"值

在关联约束中使用的值,有时称为"大 M"值,因为它们可取任意大的数值。然而,由于超出了本书的范围,因此实际上当 M_i 值尽可能小时,这些类型的问题更容易求解。如前所述,M_i 值是 X_i 的上界。所以,如果一个问题已知,一家公司生产和销售不超过 60 单位,那么就可令 $M_i=60$。但是,即使 X_i 的上界没有明确已知,有时也是很容易推导出这些变量的隐含上限。

现在,让我们想想 Remington 问题中的变量 X_1。在这个问题中,最多可以生产多少单位的 X_1 呢?根据能力限制,如果公司生产 0 单位的 X_2 和 X_3,那么在生产 600/2=300 单位的 X_1 后,就会用完车床的加工能力。同样,生产 300/6=50 个单位的 X_1,就会用完磨床的加工能力,生产 400/5=80 单位的 X_1,就会用完组装工序能力,所以,公司最多可以生产 50 单位的 X_1。使用同样的逻辑,可以计算出公司最多可生产的 X_2 单位数是 MIN(600/3,300/4,400/6)=66.67,最多可生产的 X_3 单位数是 MIN(600/6,300/4,400/2)=75。所以,这个问题中 X_1、X_2 和 X_3 的上限分别是 $M_1=50$、$M_2=66.67$ 和 $M_3=75$。(注意,如果车床、磨床和组装工序约束中有一个系数是负的,那么这里所介绍的获取合理的 M_i 值的方法就不适用,为什么?)如果可能,那么在这类问题中,应该给 M_i 确定一个合理的值;如果不可能,那么 M_i 可以取任意大的数值。

6.14.5 建立模型

使用之前计算出的 M_i 值,Remington 公司生产计划的整数线性规划模型汇总如下:

$$\text{MAX}: \quad 48X_1 + 55X_2 + 50X_3 - 1{,}000Y_1 - 800Y_2 - 900Y_3$$

$$\begin{aligned}
\text{约束}: \quad & 2X_1 + 3X_2 + 6X_3 \leq 600 && \}\text{车床约束} \\
& 6X_1 + 3X_2 + 4X_3 \leq 300 && \}\text{磨床约束} \\
& 5X_1 + 6X_2 + 2X_3 \leq 400 && \}\text{组装约束} \\
& X_1 - 50Y_1 \leq 0 && \}\text{关联约束} \\
& X_2 - 67Y_2 \leq 0 && \}\text{关联约束}
\end{aligned}$$

$$X_3 - 75Y_3 \leq 0 \quad \}\text{关联约束}$$

$$\text{所有 } Y_i \text{ 须为二进制} \quad \}\text{二进制约束}$$

$$\text{所有 } X_i \text{ 须为整数} \quad \}\text{整数约束}$$

$$X_i \geq 0, i=1, 2, 3 \quad \}\text{非负约束}$$

此模型的关联约束表达式略有不同（但代数上是等价的），是为了遵守不等式左边是变量、右边是常数的惯例。这个模型的电子表格如图 6.28 所示（本书的配套文件 Fig6-28.xlsm）。

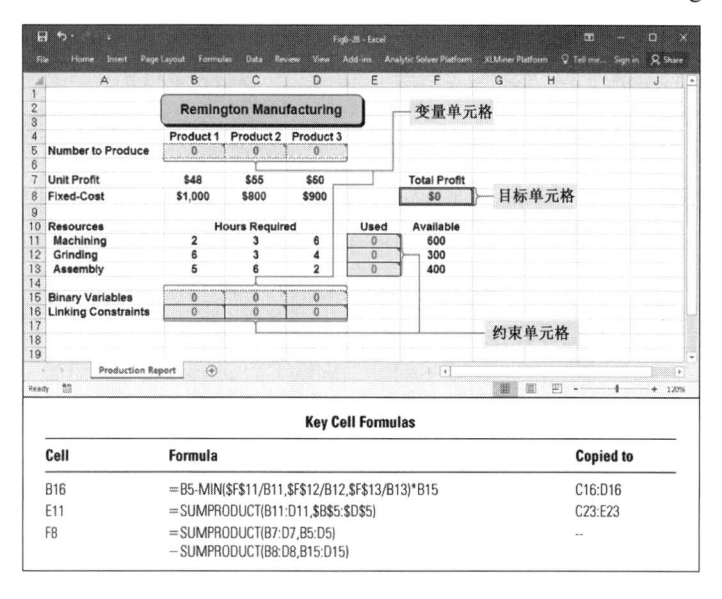

图 6.28　Remington 公司固定费用问题的电子表格模型

在图 6.28 所示的电子表格中，单元格 B5、C5 和 D5 表示变量 X_1、X_2 和 X_3。单元格 B15、C15 和 D15 表示变量 Y_1、Y_2 和 Y_3。单元格 B7 至 D8 是目标函数的系数。用下列公式在单元格 F8 中建立目标函数：

单元格 F8 的公式：　　=SUMPRODUCT(B7:D7,B5:D5)-SUMPRODUCT (B8:D8,B15:D15)

单元格 B11 至 D13 是车床、磨床和组装工序的系数。这些约束的左端项在单元格 E11 至 E13 实现，右端项的值录入单元格 F11 至 F13 中。最后，在单元格 B16 至 D16 中录入公式：

单元格 B16 的公式：　　=B5-MIN($F$11/B11,$F$12/B12,$F$13/B13)*B15

（复制到单元格 C16 至 D16 中）

若电子表格的用户更改能力约束中的任何系数或右端项的值，则不需输入约束中 M_i 的值，我们可以建立自动计算正确 M_i 值的公式。

6.14.6　求解模型

此问题的规划求解器设置和选项如图 6.29 所示。注意，B5 至 D5 区域、B15 至 D15 区域，对应变量 X_i、Y_i，这是规划求解器可以改变的单元格范围。还应注意，单元格 B15 至 D15 必须满足二进制约束。

这个问题的整数变量较少，所以我们能轻易获得最优整数解。如果将整数次优度设为 0，那么就可得到如图 6.30 所示的最优解。

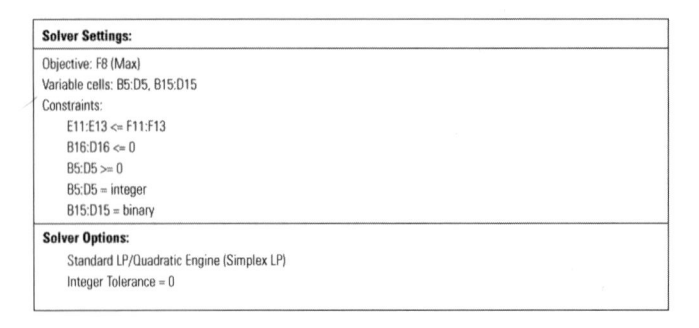

```
Solver Settings:
Objective: F8 (Max)
Variable cells: B5:D5, B15:D15
Constraints:
    E11:E13 <= F11:F13
    B16:D16 <= 0
    B5:D5 >= 0
    B5:D5 = integer
    B15:D15 = binary
Solver Options:
    Standard LP/Quadratic Engine (Simplex LP)
    Integer Tolerance = 0
```

图 6.29　公司固定费用问题的规划求解器设置和选项

6.14.7　分析最优解

图 6.30 所示的解表明，公司应该生产 0 单位的产品 1、56 单位的产品 2 和 32 单位的产品 3。规划求解器分别将单元格 B15、C15 和 D15 的值设为 0、1 和 1（$Y_1=0$，$Y_2=1$，$Y_3=1$）。因为指定了这个问题的关联关系，所以规划求解器就会保持 X_i 和 Y_i 之间的适当关系。

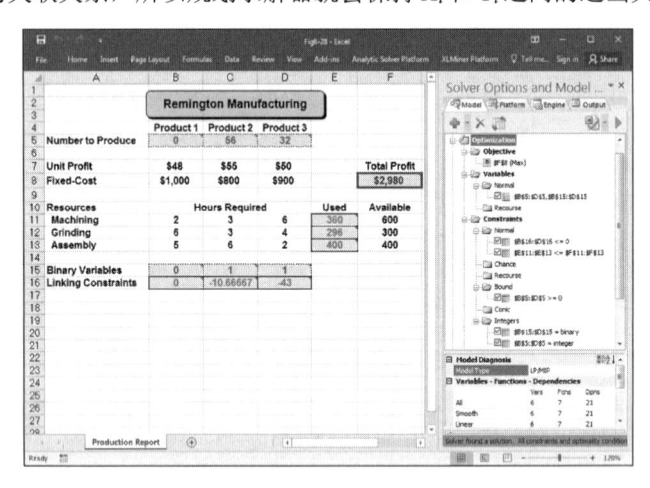

图 6.30　Remington 公司固定费用问题的最优整数解

单元格 B16、C16 和 D16 中的值表示 X_1、X_2 和 X_3（单元格 B5、C5 和 D5）的值，落在低于它们各自的关联约束所规定上界的区域内。X_2 的最优解比上界 66.67 大约低 10.67 个单位，X_3 的最优解比上界 75 低 43 个单位。因为 Y_1 的最优解是 0，X_1 和 Y_1 的关联约束使得 X_1 的上界是 0。所以，单元格 B16 的值说明 X_1 的最优解是 0，低于它的上界。

6.14.8　函数 IF() 的说明

需要注意的是，让图 6.30 中单元格 B15、C15 和 D15 表示二进制变量 Y_1、Y_2 和 Y_3，就像表示决策变量的其他单元格一样。在这些单元格中输入 0 值，以表示决策变量。然后，使用规划求解器决定这些单元格应该取什么值，以便满足所有的约束条件，并使目标函数最大化。有些人试图使规划求解器的工作变得"较容易"一些，想出一种在目标函数中使用函数 IF() 的替代方法。根据对应于变量 X_1、X_2 和 X_3 的单元格 B5、C5 和 D5 的值打开（计算）或关闭（不计算）固定费用。例如，考虑图 6.31 中的模型（本书的配套文件 Fig6-31.xlsm），我们去除了二进制变量和关联约束，并将它们替换为目标（单元格 F8）中的 IF() 函数，对此问题中的固定成本建模如下：

单元格 F8 的表达式：=SUMPRODUCT(B7:D7,B5:D5)−IF(B5>0,B8,0)

−IF(C5>0,C8,0)−IF(D5>0,D8,0)

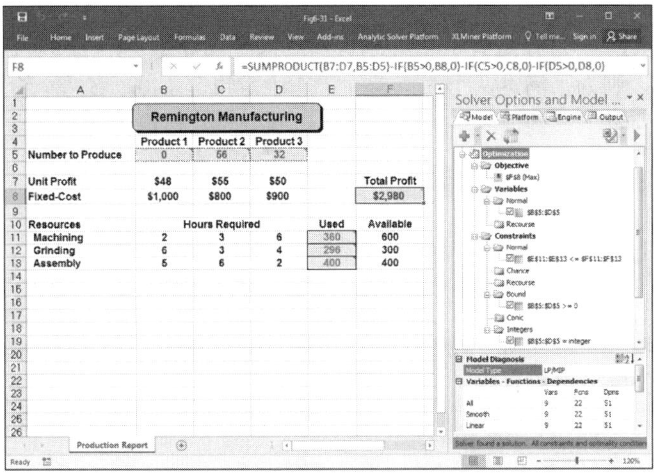

图 6.31　Remington 固定费用问题的另一种实现方法（用 IF()函数替代二进制变量和关联约束）

虽然这种方法似乎是有意义的，但它可能会产生不需要的结果。以这种方式使用 IF()函数会在电子表格模型中引入不连续性，这使得规划求解器（特别是 Excel 的规划求解器）更难找到最优解。而 ASP 的一个令人惊奇的特性，是它能够自动将某些包含 IF()函数的模型转换为一个等同的整数规划模型。

求解此问题时，ASP 任务窗格中输出选项卡上的信息显示该模型看作是一个非平滑问题，自动将其转换为"线性凸规划"问题。请注意，此转换不是在工作表上进行的，而是指 ASP 内部如何处理模型。尽管图 6.31 中所示的解与图 6.30 中所示的最优解匹配，但请注意图 6.31 中 ASP 任务窗格底部列出的变量（Vars）、函数（Fcns）和依存关系（Dpns）的数量明显高于图 6.30 中列出的变量、函数和依存关系。也就是说，ASP 对图 6.31 使用函数 IF()模型的自动转换产生了 9 个变量、22 个函数和 51 个依存关系，而图 6.30 中使用二进制变量和关联约束的原始模型只有 6 个变量、7 个函数和 21 个依存关系。因此，虽然使用函数 IF()获得了相同的解，但需要 ASP 来制定和求解一个非常复杂的模型。在这种情况下，增加复杂性不是问题。然而，很容易看出由 IF()函数所引起的问题是如何随着问题规模的增加而变得复杂的。除此之外，ASP 不能总是成功地转换包含函数 IF()的模型。因此，出于各种原因，最好尽可能避免使用函数 IF()，不要依赖 ASP 自动转换这些模型（若需要，则可以通过在"任务"窗格中的"平台"选项卡上设置"非光滑模型转换"属性为"从不"来禁用 ASP 中的这种类型的自动转换）。

6.15　最小订货/采购量

许多投资、生产和分配问题都有必须满足最小的采购量或最小的生产批量要求。例如，一个投资机会可能要求最少投资 25,000 美元，或某个部件的供应商要求最小订货量为 10 个单位。同样，许多制造公司规定，若要求生产的数量没有达到某个最小的批量，则不进行生产。

为了知道订货/采购量最小的这种问题如何建模，假定在上一个问题中产品 3 至少要生产 40 单位，不然 Remington 公司不进行生产。这个约束表示为

$$X_3 \leqslant M_3 Y_3$$

$$X_3 \geqslant 40Y_3$$

第一个约束与前面提到的关联约束是同一种类型,其中 M_3 表示 X_3 的上界(或任意大的一个数),Y_3 代表一个二进制变量。若 X_3 取任意正值,则 Y_3 一定等于 1(若 $X_3>0$,则 $Y_3=1$)。但是,按照第二个约束,若 Y_3 一定等于 1,则 X_3 一定大于或等于 40(若 $Y_3=1$,则 $X_3>40$)。另一方面,若 X_3 等于 0,则为了满足两个约束条件,Y_3 一定也等于 0。这两个约束条件一起确保 X_3 假设取正值时最小为 40。该例说明了如何使用二进制变量对可能出现在各种决策问题中的实际情况进行建模。

6.16 数量折扣问题

到现在为止,我们考虑的所有线性规划问题都假定目标函数中的利润或成本系数是常数。例如,修订的 Blue Ridge 浴缸问题:

$$
\begin{aligned}
\text{MAX:} \quad & 350X_1 + 300X_2 & & \}利润 \\
\text{约束:} \quad & 1X_1 + 1X_2 \leqslant 200 & & \}水泵约束 \\
& 9X_1 + 6X_2 \leqslant 1{,}520 & & \}工时约束 \\
& 12X_1 + 16X_2 \leqslant 2{,}650 & & \}水管约束 \\
& X_1, X_2 \geqslant 0 & & \}非负条件 \\
& X_1, X_2 \text{ 须为整数} & & \}整数约束
\end{aligned}
$$

这个模型假设每多生产和销售一个单位的 Aqua-Spas(X_1),利润增加 350 美元;每多生产和销售一个单位的 Hydro-Luxes(X_2),利润增加 300 美元。但是,随着这些产品产量的增加,零部件可能会获得数量折扣,从而使得这些产品的边际利润增加。

例如,假设如果该公司生产了超过 75 个 Aqua-Spas,那么它将能够获得数量折扣和其他规模经济,使得超过 75 单位的每一个 Aqua-Spas 的边际利润为 375 美元。同样,如果公司生产超过 50 个单位的 Hydro-Luxes,那么超过部分的边际利润为 325 美元。也就是说,生产前 75 单位的和前 50 单位的,每一单位的利润分别为 350 美元和 300 美元,而多生产一单位的和的利润分别为 375 美元和 325 美元。如何建立这类问题的模型呢?

6.16.1 建立模型

为了适应生产 Aqua-Spas 和 Hydro-Luxes 产生的不同的利润率,对这个问题定义新的变量:

X_{11}=单位利润为 350 美元的 Aqua-Spas 的生产数量
X_{12}=单位利润为 375 美元的 Aqua-Spas 的生产数量
X_{21}=单位利润为 300 美元的 Hydro-Luxes 的生产数量
X_{22}=单位利润为 325 美元的 Hydro-Luxes 的生产数量

使用这些变量,重新对这个问题规划如下:

$$
\begin{aligned}
\text{MAX:} \quad & 350X_{11} + 375X_{12} + 300X_{21} + 325X_{22} \\
\text{约束:} \quad & 1X_{11} + 1X_{12} + 1X_{21} + 1X_{22} \leqslant 200 & & \}水泵约束 \\
& 9X_{11} + 9X_{12} + 6X_{21} + 6X_{22} \leqslant 1{,}520 & & \}工时约束 \\
& 12X_{11} + 12X_{12} + 16X_{21} + 16X_{22} \leqslant 2{,}650 & & \}水管约束 \\
& \text{所有 } X_{ij} \geqslant 0 & & \}非负条件 \\
& \text{所有 } X_{ij} \text{ 须为整数} & & \}整数约束
\end{aligned}
$$

这个模型是不完整的。注意，变量 X_{12} 的值总是优于 X_{11}，因为 X_{12} 和 X_{11} 使用的资源是相同的，X_{12} 却产生更高的单位利润。X_{22} 和 X_{21} 之间有相同的关系。所以，这个问题的最优解为 $X_{11}=0$、$X_{12}=118$、$X_{21}=0$ 和 $X_{22}=76$。但是，这个解是不成立的。因为必须先生产 75 单位的 X_{11}，否则不能生产 X_{12}。当然，必须先生产 50 单位的 X_{21}，才能生产 X_{22}。所以，必须添加一些其他的约束，以保证这些条件被满足。

6.16.2 缺少的约束

为了保证模型在生产 75 单位的 X_{11} 之前，不允许生产 X_{12}，添加如下约束：

$$X_{12} \leqslant M_{12} Y_1$$

$$X_{11} \geqslant 75 Y_1$$

在第一个约束中，M_{12} 代表一个任意大的常数，Y_1 表示一个二进制变量。第一个约束表示，若生产 X_{12}，则 $Y_1=1$（若 $X_{12}>0$，则 $Y_1=1$）。但是，如果 $Y_1=1$，那么第二个约束要求 X_{11} 至少为 75 单位。根据第二个约束，生产少于 75 单位的方式是，若 $Y_1=1$，则 $X_{12}=0$（由第一个约束得）。这两个约束使得至少生产 75 单位的 X_{11}，才能生产 X_{12}。以下约束保证模型在生产 50 单位的 X_{21} 之前，不生产 X_{22}：

$$X_{22} \leqslant M_{22} Y_2$$

$$X_{21} \geqslant 50 Y_2$$

如果将这些新的约束添加到前面的模型中（Y_1 和 Y_2 是二进制变量），那么将得到这个决策问题的精确模型。这个问题的最优解为 $X_{11}=75$、$X_{12}=43$、$X_{21}=50$ 和 $X_{22}=26$。

6.17 合同签订问题

决策问题中常常出现的一些其他约束可使用二进制变量进行有效建模。以下是一个合同签订的例子，用以说明这些问题。

B&G 建筑公司是一家商业建筑公司，位于佛罗里达州的 Tampa 市。公司最近签订了一项合同，在佛罗里达南部的不同地点建设四幢建筑。每一个建筑项目都需要将大量的水泥运送到建筑工地。应 B&G 的要求，三家水泥公司已经提交了为这些项目提供水泥的投标书。下表汇总了三家公司运输 1 吨水泥的费用及每家公司可供水泥的最大数量。

	每吨水泥的运输成本				最大供给量
	项目 1	项目 2	项目 3	项目 4	（吨）
公司 1	120 美元	115 美元	130 美元	125 美元	525
公司 2	100 美元	150 美元	110 美元	105 美元	450
公司 3	140 美元	95 美元	145 美元	165 美元	550
需求总吨数	450	275	300	350	

例如，公司 1 最多可以提供 525 吨水泥，且为项目 1、项目 2、项目 3 和项目 4 运送一吨水泥的费用分别为 120 美元、115 美元、130 美元和 125 美元。费用不一样的原因主要是因为水泥厂到各建筑工地的距离不同。表中的最后一行为每个项目所需水泥的总量。

除了列出最大的供给量，每家水泥公司在标书中还有一些特定条件。具体说，公司 1 表明，不会为水泥需求少于 150 吨的建筑项目提供水泥；公司 2 表明，只向一个项目提供超过 200 吨的水泥；公司 3 表明，只接受 200 吨、400 吨或 550 吨的订单。

B&G 建筑公司可以与多家供货商签订合同来满足一个项目所需的水泥。问题是，欲以最小成本满足每个项目的要求，试确定向每家供货商购买的数量。

这个问题似乎是一个运输问题，我们想要确定从哪一家水泥公司运送多少水泥以使项目成本最低。虽然如此，但每个供应商提出的特殊条件需要添加副约束，这在传统运输问题中并不常见。首先，我们将讨论目标函数和运输约束，然后再讨论如何建立副约束以满足特殊条件的需要。

6.17.1 构建模型：目标函数和运输约束

为了建模，需要先定义决策变量：

X_{ij}=为建筑项目 j 向公司 i 购买水泥的吨数

使总成本最小的目标函数表示为

MIN： $120X_{11} + 115X_{12} + 130X_{13} + 125X_{14}$

$1100X_{21} + 150X_{22} + 110X_{23} + 105X_{24}$

$1140X_{31} + 95X_{32} + 145X_{33} + 165X_{34}$

为保证每家公司实际水泥供给量不超过自己的最大供给量，进行以下约束：

$X_{11} + X_{12} + X_{13} + X_{14} \leq 525$ }从公司 1 的供给量

$X_{21} + X_{22} + X_{23} + X_{24} \leq 450$ }从公司 2 的供给量

$X_{31} + X_{32} + X_{33} + X_{34} \leq 550$ }从公司 3 的供给量

为保证满足每个建筑项目的水泥需求，需要下列约束：

$X_{11} + X_{21} + X_{31} = 450$ }项目 1 所需的水泥约束

$X_{12} + X_{22} + X_{32} = 75$ }项目 2 所需的水泥约束

$X_{13} + X_{23} + X_{33} = 300$ }项目 3 所需的水泥约束

$X_{14} + X_{24} + X_{34} = 350$ }项目 4 所需的水泥约束

6.17.2 建立运输约束

这个问题的目标函数和约束的电子表格模型如图 6.32（本书的配套文件 Fig6-32.xlsm）所示。

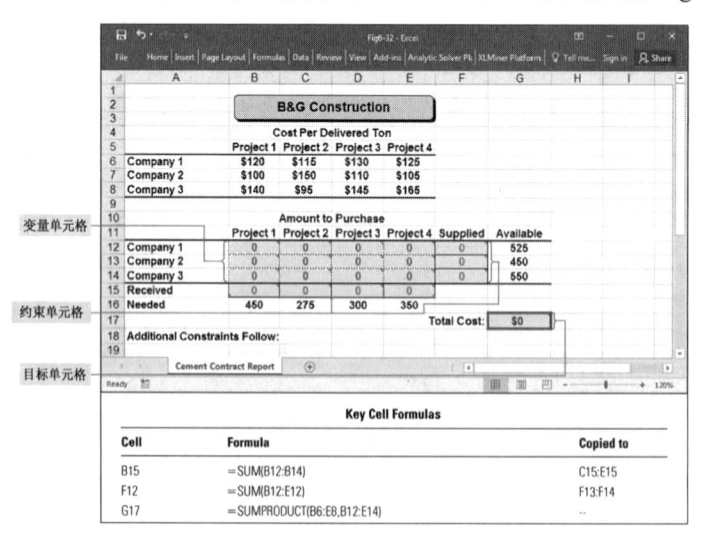

图 6.32 B&G 建筑公司合同签订问题运输部分的电子表格模型

在此表格中，单元格 B6 至 E8 是每吨水泥的运输成本，单元格 B12 至 E14 是这个模型中的决策变量，目标函数录入单元格 G17 中：

单元格 G17 的公式： =SUMPRODUCT(B6:E8,B12:E14)

供给约束的左端项录入单元格 F12 至 F14 中：

单元格 F12 的公式： =SUM(B12:E12)

（复制到单元格 F13 至 F14 中）

单元格 G12 至 G14 包含这些约束的右端项，需求约束的左端项录入到单元格 B15 至 E15 中：

单元格 B15 的公式： =SUM(B12:B14)

（复制到单元格 C15 至 E15 中）

单元格 B16 至 E16 包含这些约束的右端项。

6.17.3 构建模型：副约束

公司 1 提出，不会接受任何小于 150 吨水泥的项目订单。这个最小批量订单的限制由以下 8 个约束来建模，其中 Y_{ij} 表示二进制变量：

$X_{11} \leqslant 525Y_{11}$ （以 $X_{11}-525Y_{11} \leqslant 0$ 的形式建立模型）

$X_{11} \leqslant 525Y_{12}$ （以 $X_{12}-525Y_{12} \leqslant 0$ 的形式建立模型）

$X_{11} \leqslant 525Y_{13}$ （以 $X_{13}-525Y_{13} \leqslant 0$ 的形式建立模型）

$X_{11} \leqslant 525Y_{14}$ （以 $X_{14}-525Y_{14} \leqslant 0$ 的形式建立模型）

$X_{11} \leqslant 150Y_{11}$ （以 $X_{11}-150Y_{11} \leqslant 0$ 的形式建立模型）

$X_{11} \leqslant 150Y_{12}$ （以 $X_{12}-150Y_{12} \leqslant 0$ 的形式建立模型）

$X_{11} \leqslant 150Y_{13}$ （以 $X_{13}-150Y_{13} \leqslant 0$ 的形式建立模型）

$X_{14} \leqslant 150Y_{14}$ （以 $X_{14}-150Y_{14} \leqslant 0$ 的形式建立模型）

每个约束都有一个代数上等价的约束，它最终将用于建立电子表格中的约束。前 4 个关联约束保证，如果 X_{11}、X_{12}、X_{13} 或 X_{14} 大于 0，那么其相关联的二进制变量（Y_{11}、Y_{12}、Y_{13} 和 Y_{14}）必须等于 1（这些约束也表明 525 是 X_{11}、X_{12}、X_{13} 和 X_{14} 可取的最大值）。后 4 个约束保证，如果 X_{11}、X_{12}、X_{13} 或 X_{14} 大于 0，那么它的值至少是 150。这些约束保证公司 1 的订单至少是 150 吨。

公司 2 提出，只向一个项目提供 200 吨以上的订单。这类型限制由下列约束表示，其中 Y_{ij} 表示二进制变量：

$X_{21} \leqslant \ 00 + 250Y_{21}$ （以 $X_{21}-200-250Y_{21} \leqslant 0$ 的形式建立模型）

$X_{22} \leqslant 200 + 250Y_{22}$ （以 $X_{22}-200-250Y_{22} \leqslant 0$ 的形式建立模型）

$X_{23} \leqslant 200 + 250Y_{23}$ （以 $X_{23}-200-250Y_{23} \leqslant 0$ 的形式建立模型）

$X_{24} \leqslant 200 + 250Y_{24}$ （以 $X_{24}-200-250Y_{24} \leqslant 0$ 的形式建立模型）

$Y_{21} + Y_{22} + Y_{23} + Y_{24} \leqslant 1$ （电子表格中的模型就这样建立）

第一个约束表明，若 $Y_{21}=0$，则公司 2 向项目 1 的供给量小于等于 200；若 $Y_{21}=1$，则公司 2 向项目 1 的供给量必须小于等于 450（公司 2 的最大供给量）。接下来的三个约束表分别示公司 2 向项目 2、项目 3 和项目 4 的供给量，具体解释类似。最后一个约束说明 Y_{21}、Y_{22}、Y_{23}、Y_{24} 之中最多有一个可等于 1。所以，只有一个项目可接受公司 2 提供的多于 200 吨的水泥。

针对这个问题的最后一组约束是对于公司 3 的规定，即它只接受总计 200 吨、400 吨或 550

吨的订单。使用二进制变量 Y_{ij} 建模如下：

$$X_{31} + X_{32} + X_{33} + X_{34} = 200Y_{31} + 400Y_{32} + 550Y_{33}$$

（可以表示为 $X_{31} + X_{32} + X_{33} + X_{34} - 200Y_{31} - 400Y_{32} - 550Y_{33} = 0$）

$$Y_{31} + Y_{32} + Y_{33} \leq 1 \quad \text{（电子表格中的模型就这样建立）}$$

这些约束使得从公司 3 订购的总量有 4 个值。若 $Y_{31}=Y_{32}=Y_{33}=0$，则表示没有从公司 3 订购水泥。若 $Y_{31}=1$，则必须订购 200 吨水泥；若 $Y_{32}=1$，则必须订购 400 吨水泥；若 $Y_{33}=1$，则必须从公司 3 订购 550 吨水泥。这两个约束保证公司 3 规定的特殊条件。

6.17.4 建立副约束

虽然这个问题的副约束给可行解施加了重要的限制，但这些约束更多地是为了"机械般"的建模目的——使模型起作用——但并不是管理层所关心的主要问题。所以，在电子表格旁边的区域建立副约束通常很方便，这样就不会偏离电子表格的主要目的。在这种情况下，可以确定从每个潜在供应商购买多少水泥。图 6.33 给出了本问题的副约束在电子表格中如何实现。

为了表示公司 1 的副约束，单元格 B20 表示批量限制为 150，并且保留单元格 B21 至 E21 表示二进制变量 Y_{11}、Y_{12}、Y_{13} 和 Y_{14}。公司 1 的关联约束左端项建立在单元格 B22 至 E22 中，如下：

单元格 B22 的公式： =B12-$G$12*B21

（复制到单元格 C22 至 E22 中）

单元格 F22 提醒我们在规划求解器中这些单元格必须小于或等于 0。公司 1 的批量约束的左端项建立在单元格 B23 至 E23 中，如下：

单元格 B23 的公式： =B12-$B$20*B21

（复制到单元格 C23 至 E23 中）

单元格 F23 提醒我们在规划求解器中这些单元格必须大于或等于 0。为了实现公司 2 的副约束，在单元格 B25 中录入最大供给量 200，并且保留单元格 B26 至 E26 表示二进制变量 Y_{21}、Y_{22}、Y_{23} 和 Y_{24}。最大供给约束的左端项建立在单元格 B27 至 E27 中，如下：

单元格 B27 的公式： =B13-$B$25- ($G$13-$B$25)*B26

（复制到单元格 C27 至 E27 中）

单元格 F27 提醒我们在规划求解器中这些单元格必须小于或等于 0。如同之前讨论的，为了保证公司 2 的订单最多有一个能超过 200 吨，二进制变量的和不能超过 1。这个约束的左端项录入单元格 E28 中，如下：

单元格 E28 的公式： =SUM(B26:E26)

单元格 F28 提醒我们在规划求解器中这些单元格必须小于或等于 1。

为了建立公司 3 的副约束，将 3 种可能的总订单量录入单元格 B30 至 D30 中。单元格 B31 至 D31 表示二进制变量 Y_{31}、Y_{32} 和 Y_{33}。公司 3 的总供给副约束的左端项录入单元格 D32 中，如下：

单元格 D32 的公式： =SUM(B14:E14) -SUMPRODUCT(B30:D30,B31:D31)

单元格 E32 提醒我们，在规划求解器中单元格 D32 必须等于 0。最后，为确保公司 3 的二进制变量等于 1 的不超过一个，我们将这些变量的和录入到单元格 D33 中，如下：

单元格 D33 的公式： =SUM(B31:D31)

单元格 E33 提醒我们在规划求解器中这个单元格必须小于或等于 1。

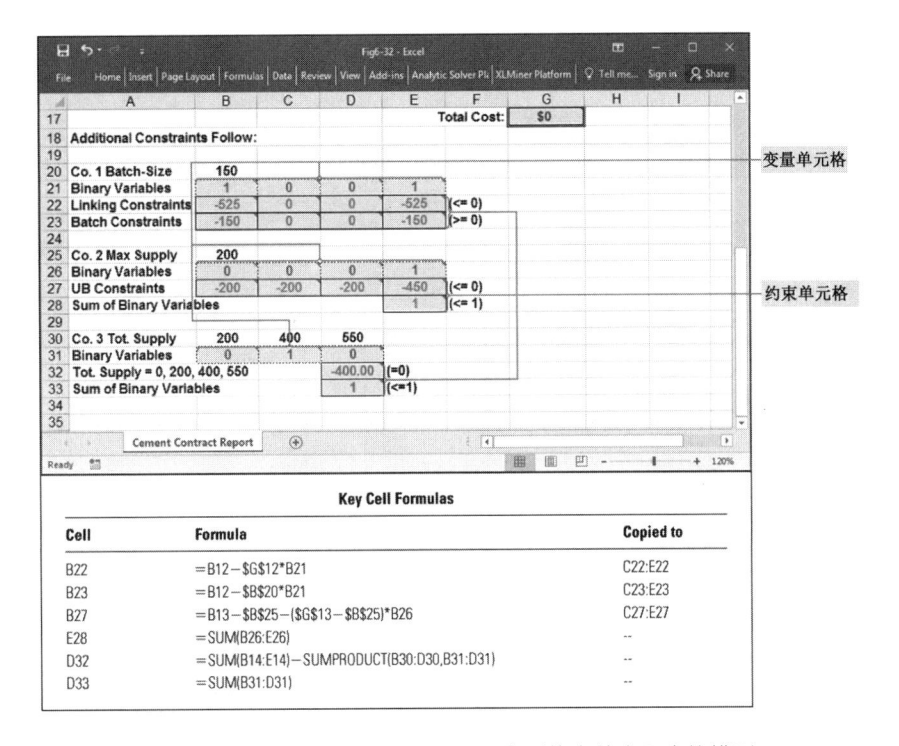

图 6.33 建筑公司合同签订问题具有副约束的电子表格模型

6.17.5 求解模型

这个问题所需的规划求解器参数如图 6.34 所示。表示二进制变量的单元格必须被指定为变量单元格，且只能取整数 0 或 1。

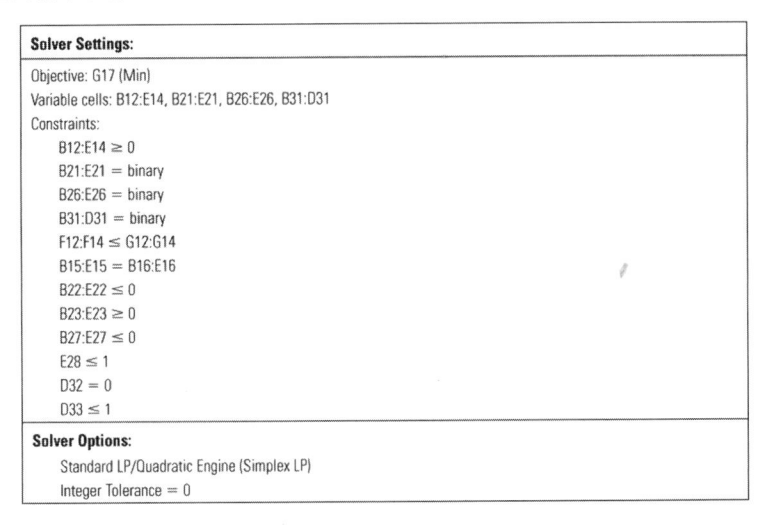

```
Solver Settings:
Objective: G17 (Min)
Variable cells: B12:E14, B21:E21, B26:E26, B31:D31
Constraints:
    B12:E14 ≥ 0
    B21:E21 = binary
    B26:E26 = binary
    B31:D31 = binary
    F12:F14 ≤ G12:G14
    B15:E15 = B16:E16
    B22:E22 ≤ 0
    B23:E23 ≥ 0
    B27:E27 ≤ 0
    E28 ≤ 1
    D32 = 0
    D33 ≤ 1
Solver Options:
    Standard LP/Quadratic Engine (Simplex LP)
    Integer Tolerance = 0
```

图 6.34 B&G 建筑公司合同签订问题规划求解器设置和选项

6.17.6 分析最优解

这个问题的最优解如图 6.35 所示（此问题有多重最优解）。这个解说明，每个建设项目所需的水泥量是完全满足的。每个公司施加的副约束也是满足的。具体来说，公司 1 的订单至少是 150 吨，公司 2 只有一个订单超过 200 吨，公司 3 的订单总和刚好等于 400 吨。

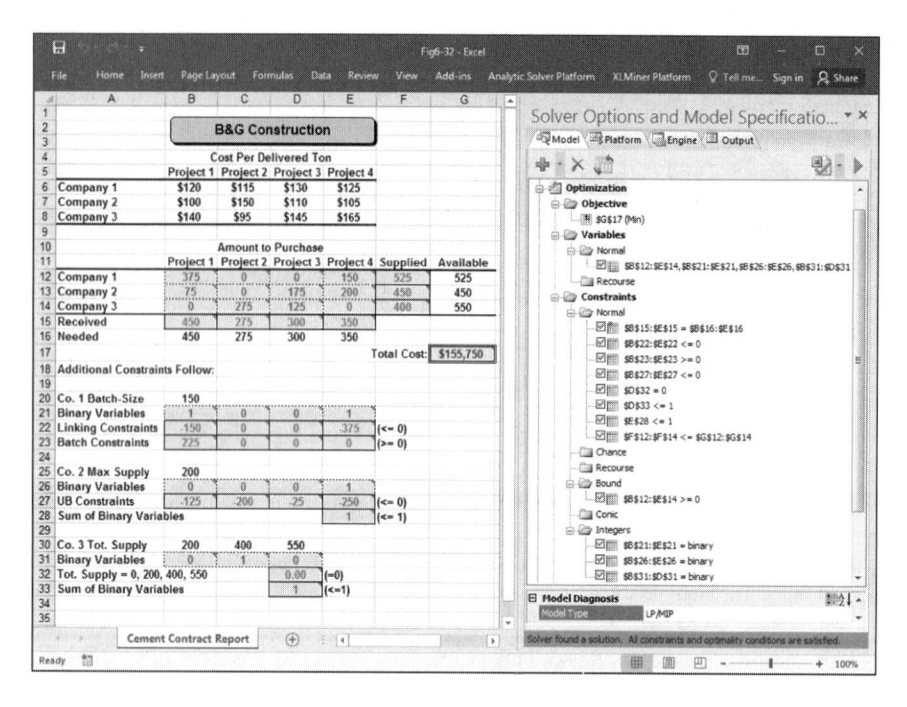

图 6.35　B&G 建筑公司合同签订问题最优解

6.18　分支定界法（选修）

如前所述，求解整数线性规划问题的一个专门方法，称为分支定界法（B&B）算法。虽然可以很容易地指出模型中存在整数变量，但实际使用分支定界法来求解整数线性规划问题需要更费精力。为了更好地理解分支定界法，首先考虑它是如何进行运算的。

分支定界法是不考虑整数线性规划中的整数约束，求解由此得到的线性规划问题。之前就提到过，如果我们足够幸运，那么求得的最优解可能恰好满足原整数约束。如果这一点发生了，那么，线性规划的最优解也是整数线性规划的最优解。然而，很有可能线性规划的最优解不满足一个或多个原整数约束。例如，再次考虑图 6.1（在图 6.36 中被再次重复）的整数可行域和不考虑整数约束的可行域：

$$\text{MAX:} \quad 2X_1 + 3X_2$$
$$\text{约束:} \quad X_1 + 3X_2 \leq 8.25$$
$$2.5X_1 + X_2 \leq 8.75$$
$$X_1, X_2 \geq 0$$
$$X_1, X_2 \text{ 须为整数}$$

在这个问题中，若不考虑整数约束，并对相应的线性规划问题求解，则得到图 6.36 的解 X_1=2.769、X_2=1.826。很明显，这个解不满足原问题的整数约束。困难的一点是，不考虑整数约束的可行域中，没有一个顶点是整数可行的（和原问题不同）。我们知道，线性规划问题的最优解可在可行域的顶点处取到，但是在这种情况下，没有一个顶点是整数解（除了原点）。因此，需要修改这个问题，以便使这个问题的整数可行解在顶点处取得，这就需要分支。

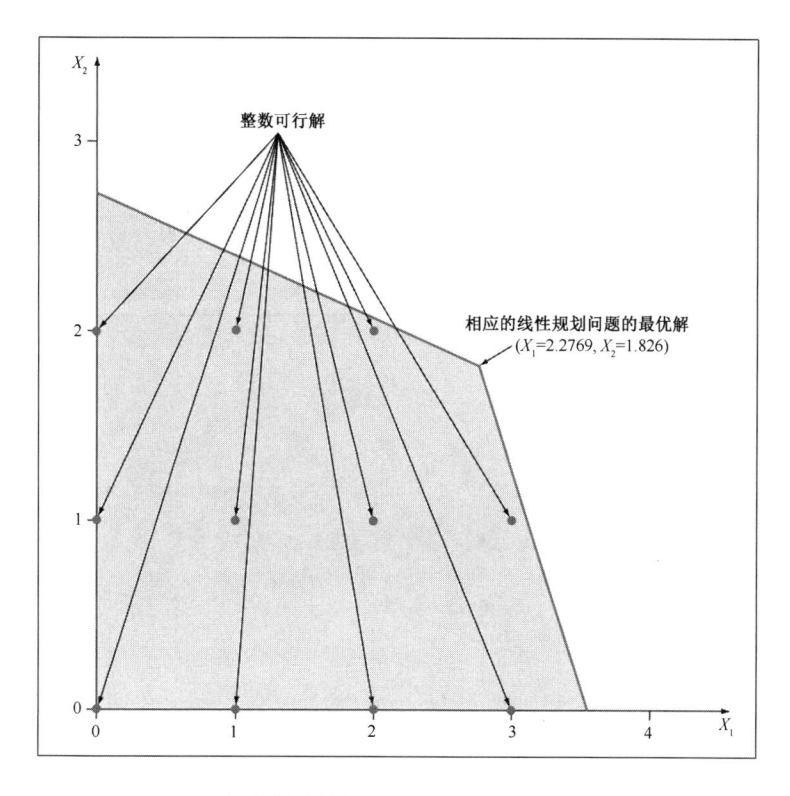

图 6.36 相应的线性规划问题在非整数顶点的最优解

6.18.1 分支

相应的线性规划的最优解中取分数的任何整数变量都可以被指定为分支变量。例如，在上述问题中，变量 X_1 和 X_2 只能取整数值，但是在相应的线性规划问题中，最优解为 X_1=2.769、X_2=1.826。可以选择这两个变量中的任何一个作为分支变量。

任意选择 X_1 作为分支变量。因为 X_1 的值不是整数可行的，所以在后面的过程中要去掉这个解。相应的线性规划问题可行域中最优解附近有许多解可使用同样的方式去掉。即在整数线性规划的最优整数解中，X_1 必须小于等于 2（$X_1 \leqslant 2$）或者大于等于 3（$X_1 \geqslant 3$）。所以，如果假定 X_1 在 2 和 3 之间（X_1 的当前值为 2.769），那么 X_1 在 2 和 3 之间的其他可能的解都可以去除。通过对 X_1 分支，原整数线性规划问题可以分为下列两个子问题：

问题 I： MAX： $2X_1 + 3X_2$
约束： $5X_1 + X_2 \leqslant 8.75$
$X_1 \leqslant 2$
$X_1, X_2 \geqslant 0$
X_1, X_2 须为整数

问题 II： MAX： $2X_1 + 3X_2$
约束： $X_1 + 3X_2 \leqslant 8.25$
$2.5X_1 + X_2 \leqslant 8.75$
$X_1 \geqslant 3$
$X_1, X_2 \geqslant 0$
X_1, X_2 须为整数

每个子问题的整数解和相应线性规划问题的可行域如图 6.37 所示。注意，图 6.36 中的可行域在图 6.37 中已经去掉了一部分，但图 6.36 中的整数可行解没有被去掉。这是分支定界法中分支的一般性质。还要注意，在图 6.37 的边界线上有几个整数可行解。更重要的是，问题 I 的一个整数可行解出现在相应的线性规划可行域的顶点处（$X_1=2$，$X_2=0$）。如果不考虑问题 I 的整数约束，并求解相应的线性规划问题，那么可以得到一个整数解，因为可行域中有一个顶点与之对应（然而，这个点可能不是最优解）。

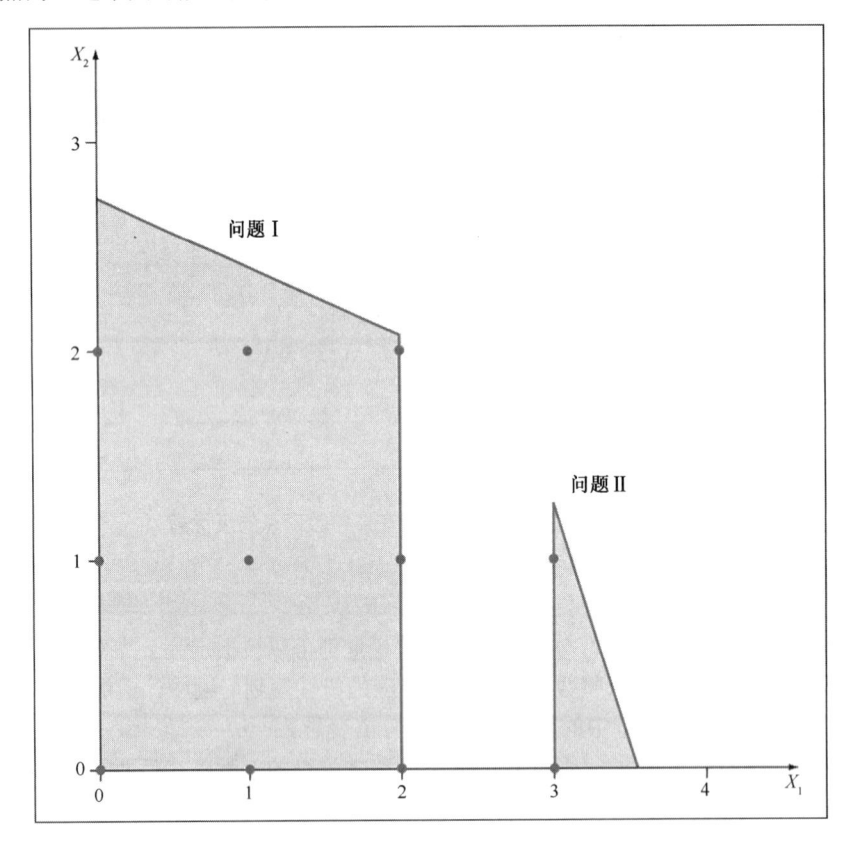

图 6.37　第一次分支后子问题的可行解

6.18.2　定界

分支定界法接下来就是从子问题中选择一个进行进一步分析。我们选择问题 I。不考虑问题 I 的整数约束，得到 $X_1=2$、$X_2=2.083$ 且目标函数值为 10.25。这个值是问题 I 的可能整数解的上界。由于当不考虑整数约束时，问题 I 的解不是整数可行的，因此我们还没有找到这个问题的最优整数解。但是，我们知道，问题 I 最好的可能解的目标函数值不可能大于 10.25。正如将看到的，这些信息对于减少找到整数线性规划问题的最优整数解所需的工作量非常有用。

6.18.3　再分支

因为问题 I 的解不全是整数可行的，选择 X_2 为分支变量，并从问题 I 产生两个子问题，继续进行分支定界法。这些问题表述如下：

问题Ⅰ：MAX： $2X_1 + 3X_2$
约束： $X_1 + 3X_2 \leqslant 8.25$
$2.5X_1 + X_2 \leqslant 8.75$
$X_1 \leqslant 2$
$X_2 \leqslant 2$
$X_1, X_2 \geqslant 0$
X_1, X_2 须为整数

问题Ⅱ：MAX： $2X_1 + 3X_2$
约束： $X_1 + 3X_2 \leqslant 8.25$
$2.5X_1 + X_2 \leqslant 8.75$
$X_1 \leqslant 2$
$X_2 \geqslant 3$
$X_1, X_2 \geqslant 0$
X_1, X_2 须为整数

给问题Ⅰ加入约束条件 $X_2 \leqslant 2$ 得到问题Ⅲ；给问题Ⅰ加入约束条件 $X_2 \geqslant 3$ 得到问题Ⅳ。在对问题Ⅲ和问题Ⅳ的线性规划可能解进行考虑时，之前问题Ⅰ的解将被删除。

当 $X_2 \geqslant 3$ 时问题没有可行解，因此问题Ⅳ是不可行的。问题Ⅱ和问题Ⅲ的整数解和可行域汇总在图 6.38 中。

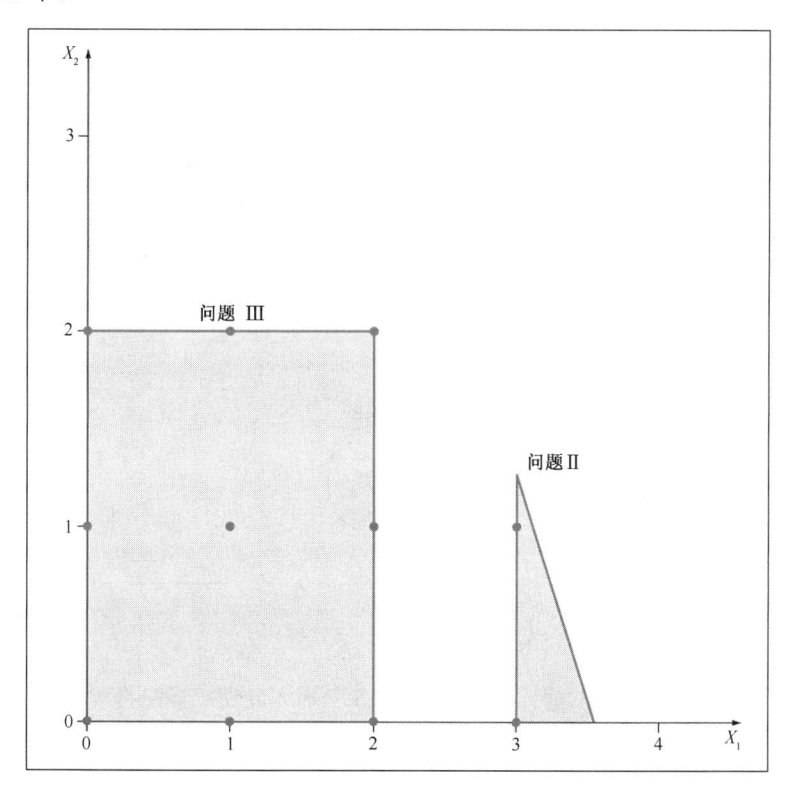

图 6.38 第二次分支后子问题的可行解

问题Ⅲ相应的线性规划可行域的所有顶点都是整数可行解。所以，若不考虑问题Ⅲ的整数约束，并对相应的线性规划问题求解，则一定得到一个整数可行解。问题Ⅲ的解为 $X_1=2$、$X_2=2$，且目标函数值为 10。

6.18.4 再定界

虽然我们已经得到了问题的一个整数可行解，但在其余子问题（如问题Ⅱ）计算完成之前，不知道其是不是最优解。若不考虑问题Ⅱ的整数约束，并求解产生的线性规划问题，则得到解 $X_1=3$、$X_2=1.25$，且目标函数值为 9.75。

因为问题Ⅱ的解不是整数可行的，所以我们可以继续对 X_2 进行分支，进一步确定问题Ⅱ的最优解。然而，这不是必要的。之前提到过，对于最大化整数线性规划问题，相应的线性规划问题的最优解处的目标函数值代表了原整数线性规划问题的最优目标函数值的上界。这意味着，即便不知道问题Ⅱ的最优整数解，但它的目标函数值也不可能超过 9.75。由于 9.75 比从问题Ⅲ得到的整数解的目标函数值更差，无法通过继续分支问题Ⅱ找到更好的整数解。因此，下一步不需要考虑问题Ⅱ。此时没有更多的子问题需要考虑了，那么得出结论，此问题的最优整数解为 $X_1=2$、$X_2=2$，且目标函数值为 10。

6.18.5 分支定界法例题小结

求解例题所涉步骤可以用分支定界树来表示，如图 6.39 所示。虽然图 6.36 指出，这个问题存在 11 个整数解，但我们并没有为证明找到的整数解是最优解而将所有整数解全部求出。分支定界法的定界去掉了枚举所有整数可行解的必要，并选择其中的最佳解作为最优解。

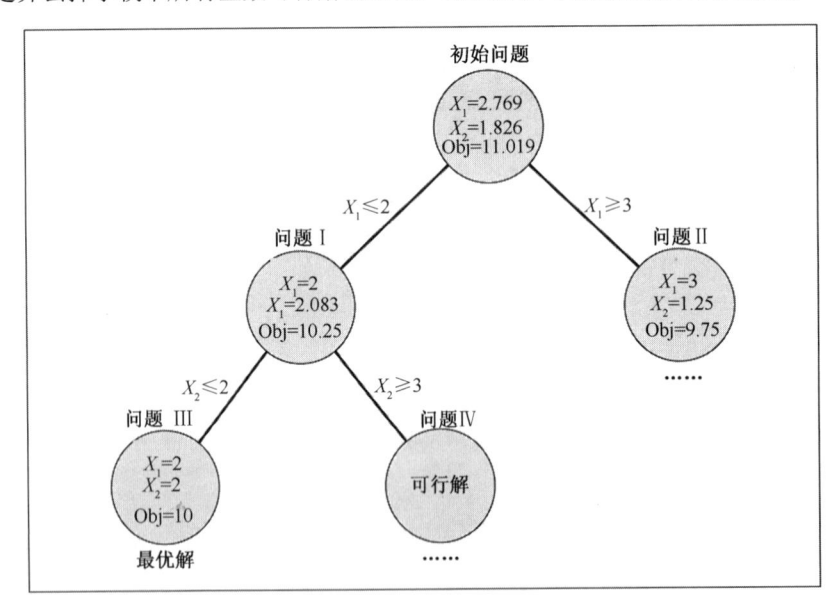

图 6.39 例题的分支定界树

如果问题Ⅱ相应线性规划的解比 10 大（如 12.5），那么分支定界法将对这个问题继续分支，以求得更好的整数解（目标函数值大于 10 的整数解）。同样，如果问题Ⅳ有一个非整数可行解，且相应的线性规划的目标函数值比已知的可行解的目标函数值更好，就需要对问题Ⅳ进行进一步的分支。所以，使用分支定界法求得的第一个整数解不一定是最优整数解。有关分支定界法的详细描述如图 6.40 所示。

> **分支定界法**
>
> 1. 不考虑整数线性规划的整数约束,并求解相应的线性规划问题。若相应的线性规划问题的最优解恰好满足原问题的整数约束,则停止运算——这就是整数最优解;否则,进行步骤2。
> 2. 若正在求解的问题是最大化问题,则令Z_{best}=负无穷。若是最小化问题,则令Z_{best}=正无穷(通常,Z_{best}表示求解过程中,已知最好的解的目标函数值)。
> 3. 设X_j表示最新求出的解中不满足整数约束的变量之一,b_j表示其非整数值,INT(b_j)表示小于b_j的最大整数。构建两个新的子问题:一种是在最新求解的线性规划问题中添加约束$X_j \geq$ INT(b_j),另一种是在最新求解的线性规划问题中添加约束$X_j \geq$ INT(b_j)+1,将两个新的子问题放入待解的列表中。
> 4. 若待解的列表是空的,则转步骤9;否则,从列表中移出一个子问题,不考虑问题的整数约束,对它进行求解。
> 5. 若当前子问题无解(即它是不可行的),则转步骤4;否则,令Z_{Cp}表示当前子问题的最优目标函数值。
> 6. 若Z_{cp}不优于Z_{best}(最大化问题中$Z_{cp} \leq Z_{best}$或最小化问题中$Z_{cp} \geq Z_{best}$),则转步骤4。
> 7. 若当前子问题的解不满足原问题的整数约束,则转步骤3。
> 8. 若当前子问题的解满足原问题的整数约束,则求得更好的整数解。因此,令$Z_{best}=Z_{cp}$且保存当前子问题的解,转步骤4。
> 9. 停止。最优解已求出,Z_{best}就是当前的目标函数值。

图 6.40 运用分支定界法求解整数线性规划问题的详细步骤

6.19 本章小结

本章讨论了整数线性规划问题模型的建立和求解。在某些情况下,通过对相应的线性规划问题的解取整,得到可接受的整数解。但是,这个过程可能导致次优解,如果能证明通过取整得到的解在最优整数解可接受的范围内,那么这个解仍然是可行的。这个方法可能是求解某些整数线性规划问题的唯一方法。

分支定界法是求解整数线性规划问题很强大的方法。在建立整数线性规划模型中需要大量的技巧和创造力,从而使分支定界法得到有效求解。二进制变量在克服线性规划模型建立过程经常需要做一些简化假设时是有用的。再次强调,要在给定问题中建立各种逻辑约束,需要建模者在识别约束方面具有相当的创造性。

6.20 参考文献

[1] Bean, J. et al. "Selecting Tenants in a Shopping Mall." *Interfaces*, vol. 18, no. 2, 1988.

[2] Blake, J. and J. Donald. "Mount Sinai Hospital Uses Integer Programming to Allocate Operating Room Time." *Interfaces*, vol. 32, no. 2, 2002.

[3] Carraway, R., M. Cummins, and J. Freeland. "Solving Spreadsheet-Based Integer Programming Models: An Example from International Telecommunications." *Decision Sciences*, vol. 21, no. 4, 1990.

[4] Nauss, R. and R. Markland. "Theory and Application of an Optimizing Procedure for the Lock Box Location Analysis." *Management Science*, vol. 27, no. 8, 1981.

[5] Nemhauser, G. and L. Wolsey. *Integer and Combinatorial Optimization*. New York: Wiley, 1988.

[6] Peiser, R. and S. Andrus. "Phasing of Income-Producing Real Estate." *Interfaces*, vol. 13, no. 1, 1983.

[7] Schindler, S. and T. Semmel. "Station Staffing at Pan American World Airways." *Interfaces*, vol. 23, no. 3, 1993.

[8] Stowe, J. "An Integer Programming Solution for the Optimal Credit Investigation/Credit Granting Sequence." *Financial Management*, vol. 14, no. 2, 1985.

[9] Tavakoli, A. and C. Lightner. "Implementing a Mathematical Model for Locating EMS Vehicles in Fayetteville, NC." *Computers & Operations Research*, vol. 31, 2004.

商业分析实践
谁承担浮存期成本——马里兰国家银行
提高支票结算业务效率和降低成本

巴尔的摩的马里兰国家银行（MNB）通常每天要处理大约 500,000 张支票，价值超过 250,000,000 美元。那些不是从 MNB 或本地银行提取的支票必须通过联邦储备系统、私人清算银行或"直接发送"快递服务到取款银行进行结清。

由于在支票结算之前，资金是无法使用的，因此银行试图通过降低浮存时间——支票结算所需的时间间隔，来最大限度地利用流动资金。银行发布了一份可用性时间计划表，列出从存款支票中取出的资金多少天后客户就可以使用。如果清算时间比计划长，那么银行必须"承担浮存期成本"。如果支票是通过联邦储备体系清算的，且时间长于计划时间，那么联邦储备银行必须"承担浮存期成本"。如果实际清算时间小于地区银行的计划时间，那么顾客需要"承担浮存期成本"。浮存期成本与资金当天的成本有关。

MNB 使用基于二进制（0-1）整数线性规划的系统来确定一捆特定类型支票（称为现金凭证）的资金到达时间和方法。总的清算成本（目标函数）包括浮存期成本、联邦储备体系或私人清算银行的收费和直接送达的运输成本。约束确保为每种支票类型选择一个方法，并且方法只能在该方法可用的时候使用。这个系统的使用每年为银行节省 100,000 美元。

思考题与习题

1. 如图 6.1 所示，整数线性规划的可行域包括相对少的、有限个点，然而"相应的线性规划"的可行域包括无穷多个点。那么，为什么求解整数线性规划问题比线性规划问题更困难？

2. 给出本章 6.16.2 节的数量折扣问题中 M_{12} 和 M_{22} 的合理值。

3. 考虑以下优化问题：

$$\text{MIN:} \quad X_1 + X_2$$
$$\text{约束：} \quad 4X_1 + 4X_2 \leqslant 1$$
$$8X_1 + 10X_2 \geqslant 15$$
$$X_1, X_2 \geqslant 0$$

a. 这个问题的最优解是什么？

b. 假定 X_1 和 X_2 必须取整数，最优解是什么？

c. 这个问题说明了整数规划的一般原理是什么？

4. 以下问题是本章的 CRT 科技项目的例子，建立一个约束来实现下列语句中所描述的条件。

   a. 从项目 1、2、4 和 6 中，CRT 的管理者要正确选择两个项目。

   b. 只有当项目 3 被选中时，才能选择项目 2，反之亦然。

   c. 除非同时执行项目 3 和 4，否则无法执行项目 5。

   d. 若选择项目 2 和 4，则必须选择项目 5。

5. 在本章 CRT 科技项目的例子中，指出剩余资金要重新分配，不能延用到下一年。假定这条规定取消，剩余资金可以在下一年接着使用。

   a. 修改本问题的电子表格模型，以反映假设中的变化。

   b. 修改后问题的最优解是什么？

6. 以下问题参考本章讨论过 Blue Ridge 浴缸问题的例子。

   a. 假设为了生产 Aqua-Spas 和 Hydro-Luxes，Howie Jones 必须以 1,000 美元购买一件设备，这将如何影响此问题的决策模型？

   b. 假设为了生产 Aqua-Spas，Howie Jones 必须以 900 美元购买一件设备，为了生产 Hydro-Luxes，必须以 800 美元购买一件不同的设备。这将如何影响此问题的决策模型？

7. 在本章 Colpitts 控制设备公司工作负载平衡问题中，可以将紧后任务分配到与先前任务相同的工位上。假定我们改变假设，相邻两个任务不能分配在同一个工位。

   a. 执行这一新限制需要什么改变？

   b. 在新的限制生效后，求解 Colpitts 控制设备公司工作负载平衡问题，确定 1、2、3、4、5、6、7 和 8 个工位最小周期时间，并生成与图 6.27 所示相似的结果图。

   c. 解释你的结果与图 6.27 显示的结果有何不同之处及其原因。

8. Bowden 运输公司为独立卡车司机提供调度服务，这些卡车司机从事网购汽车的运输工作。目前，有 4 辆汽车需要取货和运送，而附近有 5 辆卡车。下表汇总了每辆卡车运送一辆汽车的边际成本，以及每辆卡车现在的载货量。

	取货和运送的边际成本				
	汽车 1	汽车 2	汽车 3	汽车 4	承载能力
卡车 1	276 美元	497 美元	251 美元	364 美元	2 辆汽车
卡车 2	179 美元	375 美元	298 美元	190 美元	1 辆汽车
卡车 3	150 美元	475 美元	344 美元	492 美元	1 辆汽车
卡车 4	97 美元	163 美元	285 美元	185 美元	1 辆汽车
卡车 5	305 美元	150 美元	225 美元	165 美元	2 辆汽车

Bowden 为购车者取车并送达而收取 600 美元的固定费用，并留下 50%的利润。

   a. 构建这个问题的整数线性规划模型。

   b. 在电子表格中建立其整数线性规划模型并求解。

   c. 最优解是什么？

9. Eric Brown 负责为他的雇主升级无线网络。他已经确定了 7 个可能的地点来安装新的网络节点。每个节点可以在其雇主的公司园区内向不同地区提供服务。每个节点的安装成本和可服务的区域汇总如下：

   节点 1：区域 1、2、5；成本：700 美元

   节点 2：区域 3、6、7；成本：600 美元

   节点 3：区域 2、3、7、9；成本：900 美元

   节点 4：区域 1、3、6、10；成本：1,250 美元

   节点 5：区域 2、4、6、8；成本：850 美元

节点 6：区域 4、5、8、10；成本：1,000 美元

节点 7：区域 1、5、7、8、9；成本：100 美元

a. 写出这个问题的整数线性规划。

b. 在电子表格中建立其整数线性规划模型并求解。

c. 最优解是什么？

10. 花园城海滩是上千游客的夏天度假胜地。每年夏天，花园城聘请临时救生员以确保度假公众的安全。救生员被安排一周连续工作 5 天、休息 2 天。但是，花园城的保险公司要求一周中各天的救生员人数至少如下表所示：

每天救生员的最少人数

	星期日	星期一	星期二	星期三	星期四	星期五	星期六
救生员人数	18	17	16	16	16	14	19

管理者将确定必须雇用的救生员的最少人数。

a. 建立这个问题的整数线性规划模型。

b. 在电子表格中建立其整数线性规划模型并求解。

c. 最优解是什么？

d. 有几个救生员想在周六日休息，在不增加所需救生员总数的前提下，周末可以休息的最大人数是多少？

11. 乔尼·吴管理着新奥尔良的黄金赌场。她希望调整赌场中游戏机的种类，以确保以最有利可图的方式运作。下表汇总了赌场中现有机器的种类。乔尼想最多以 10%（四舍五入到整数）的比例增加或减少每种游戏机的数量。但是，由于空间的限制，必须保持不变游戏机的总数。

机器类型	数量	平均利润（美元）
$0.01 Reel Slots	243	123
$0.05 Reel Slots	9	46
$0.25 Reel Slots	45	82
$0.50 Reel Slots	16	76
$1.00 Reel Slots	40	89
$5.00 Reel Slots	12	205
$0.01 Video Slots	658	316
$0.05 Video Slots	8	108
$0.01 Video Poker	8	207
$0.05 Video Slots	67	137
$0.25 Video Slots	84	133
$1.00 Video Slots	6	115
$0.01 Multi-Game	75	117
$0.05 Multi-Game	257	70
$0.25 Multi-Game	232	90
$1.00 Multi-Game	18	266
$5.00 Multi-Game	8	114
$10.00 Multi-Game	6	776
$0.05 Video Keno	30	47

a. 该赌场目前平均每天盈利多少？
b. 在电子表格中建立此问题的模型并求解。
c. 在游戏机的最佳分类下，最优解是什么？平均每天的利润是多少？

12. Snookers 餐馆每天的营业时间是早 8:00 到晚 10:00。除营业时间外，工人在开门前需要一个小时做准备工作，关门后一个小时做清理工作。餐馆按照以下班次进行运营，有全日制工人和兼职工人：

班次	日工资（美元）
上午 7:00—上午 11:00	32
上午 7:00—下午 3:00	80
上午 11:00—下午 3:00	32
上午 11:00—晚上 7:00	80
下午 3:00—晚上 7:00	32
下午 3:00—晚上 11:00	80
晚上 7:00—晚上 11:00	32

以下为每个时间段所需的工人数：

时间	所需工人数
上午 7:00—上午 11:00	11
上午 11:00—下午 1:00	24
下午 1:00—下午 3:00	16
下午 3:00—下午 5:00	10
下午 5:00—晚上 7:00	22
晚上 7:00—晚上 9:00	17
晚上 9:00—晚上 11:00	6

在开门前和关门后各一个小时内必须有一名全日制工人。除此之外，在餐馆的繁忙时间上午 11:00—下午 1:00 和下午 5:00—晚上 7:00，至少有 30%的工人是全日制（8 小时）工人。
a. 欲使每天的工人总工资数最少，请建立这个问题的整数线性规划模型。
b. 在电子表格中建立此问题的模型并求解。
c. 最优解是什么？

13. 一家工业发动机制造商为其产品确定了 10 位新的潜在客户，估计每位客户的每年的潜在销售收入如下：

客户	1	2	3	4	5	6	7	8	9	10
销售潜力（以千万美元计）	113	106	84	52	155	103	87	91	128	131

该公司希望以最公平的方式将这 10 位潜在客户分配给现有的 5 名销售人员（每位客户只能分配给一名销售人员）。要做到这一点，在理想情况下，分配给 5 名销售人员的客户将具有完全相同的销售潜力。如果不可能找到这样的求解方案，那么公司希望最小化两个数值之间总的偏离量——为每名销售人员分派的潜在销售收入与理想情形下潜在销售收入之间的偏离。
a. 在理想情况下，潜在销售收入应该如何分配给每名销售人员？
b. 建立这个问题的数学规划模型（提示：对于每名销售人员，需要两个决策变量来表示其分派的潜在销售收入分别低于或超过理想潜在销售收入的数量）。
c. 在电子表格中建立此问题的模型并求解。
d. 最优解是什么？

14. 一家电力公司正在考虑如何增加其发电能力，以满足其日益增长的服务领域的预期需求。现在，公司有 750 兆瓦（MW）的发电能力，但是预测在接下来的 5 年中，每一年将需要的最小发电能力如下表所示：

	第1年	第2年	第3年	第4年	第5年
最小发电能力（兆瓦）	780	860	950	1060	1180

公司可以通过购买4种不同的发电机增加发电能力：10兆瓦、25兆瓦、50兆瓦和100兆瓦。在接下来的5年中，购买和安装这4种类型的发电机所需成本，汇总于下表：

	在今后5年中发电机的成本（千美元）				
发电机大小（兆瓦）	第1年	第2年	第3年	第4年	第5年
10	300	250	200	170	145
25	460	375	350	280	235
50	670	558	465	380	320
100	950	790	670	550	460

a. 公司要满足最小需求能力，且发电成本最低，建立数学规划模型。
b. 在电子表格中建立此问题的模型并求解。
c. 最优解是什么？

15. 佛罗里达卫生保健系统（HCSF）正计划在佛罗里达中部建设一些新的急救医疗站。佛罗里达卫生保健系统的管理部门已将该地区划分为7个区域。他们希望急救中心的位置，能使7个区域都可以方便地得到至少一个急救医疗站的服务。有5个可能的点可用于建造新的急救医疗站。下表以表示每个站点可以方便地服务的区域：

	急救站候选点				
地区	Sanford	Altamonte	Apopka	Casselberry	Maitland
1	X		X		
2	X	X		X	X
3		X		X	
4			X		X
5	X	X			
6			X		X
7				X	X
成本（千美元）	450	650	550	500	525

a. 构建一个整数线性规划模型，以确定应该选择哪些地点，以成本最低的方式向所有地点提供方便的服务。
b. 在电子表格中建立此问题的模型并求解。
c. 最优解是什么？

16. Charles Mckeown 是大学教材出版社的组稿编辑。本书附带的文件 Books.xlsx 包含了 Charles 从其他出版商那里获得的151本教材的列表。对于每种教材，文件列出了价格（组稿成本）及预期未来销售净现值。假设他可以从这份清单中最多选择20种，并有1200万美元可用于购买这些教材。
a. 在电子表格中建立此问题的模型并求解。
b. Charles 应该选择哪些书，将使用多少预算，以及这些书的预期净现值是多少？

17. Radford 铸件公司可以在6台不同的机器上生产刹车器。下表汇总了每台机器上生产刹车器相关的制造成本及每台机器的生产能力。如果公司收到了1,800个刹车器的订单，那么它应该如何安排这些机器？

机器	固定成本（美元）	变动成本（美元）	生产能力
1	1000	21	500
2	950	23	600
3	875	25	750
4	850	24	400
5	800	20	600
6	700	26	800

a. 建立这个问题的整数线性规划模型。

b. 在电子表格中建立此问题的模型并求解。

c. 最优解是什么？

18. 一位电影明星最近去世了，他十几岁的女儿继承了许多遗产。她的财务顾问建议，在处置这些资产之前，让其中一些资产升值，而不是立即将这些资产转换成现金。资产评估师给出了未来5年内每年资产价值（1,000美元）的估计数如下：

	第1年	第2年	第3年	第4年	第5年
汽车	35	37	39	42	45
钢琴	16	17	18	19	20
项链	125	130	136	139	144
书桌	25	27	29	30	33
高尔夫球杆	40	43	46	50	52
雪茄盒	5	7	8	10	11

她的财务顾问知道她的花钱倾向，希望制定一项处置这些资产的计划，最大限度地增加收到的资金，并确保每年至少有 30,000 美元的新资金用于支付她的大学学费。

a. 建立这个问题的整数线性规划模型。

b. 在电子表格中建立此问题的模型并求解。

c. 最优解是什么？

19. 一家电子游戏软件开发商有 7 项关于新游戏的计划书。遗憾的是，由于新项目的预算被限制在 950,000 美元，且只有 20 名程序员可以分配给新项目，因此公司无法开发所有的项目。下表汇总了每个项目所需的资金、收益和程序员人数。只有一个程序员具备项目 2 和项目 6 所需的专业编程知识。这两个项目不能同时被选择，因为具有必要技能的程序员只能分配到一个项目中（单位：千美元）。

项目	所需程序员数	所需资金	估计净现值
1	7	250	650
2	6	175	550
3	9	300	600
4	5	150	450
5	6	145	375
6	4	160	525
7	8	325	750

a. 建立这个问题的整数线性规划模型。

b. 在电子表格中建立此问题的模型并求解。

c. 最优解是什么？

20. Tropicsun 是新鲜柑橘产品的主要种植者和经销商，在佛罗里达中部的 Mt. Dora、Eustis 和 Clermont 有三个大柑橘园。现在 Tropicsun 在 Mt. Dora 有 275,000 蒲式耳柑橘、在 Eustis 有 400,000 蒲式耳柑橘、在 Clermont 有 300,000 蒲式耳柑橘。Tropicsun 在 Ocala、Orlando 和 Leesburg 设有柑橘加工厂，其加工能力分别为 200,000 蒲式耳、600,000 蒲式耳和 225,000 蒲式耳。Tropicsun 与一家地方货车运输公司合作，将柑橘从柑橘林运送到加工厂。不管运输多少蒲式耳的水果，卡车公司的收费都是每英里 8 美元。下表是各柑橘林和加工厂之间的距离：

柑橘林到工厂之间的距离（英里）

柑橘林	加工厂		
	Ocala	Orlando	Leesburg
Mt. Dora	21	50	40
Eustis	35	30	22
Clermont	55	20	25

Tropicsun 希望确定各柑橘林运送多少蒲式耳柑橘到每个加工厂，以便将总运输成本降到最低。

   a. 建立这个问题的整数线性规划模型。

   b. 在电子表格中建立此问题的模型并求解。

   c. 最优解是什么？

21. 一家房地产开发商计划在一所大学附近的土地上专门为研究生建造一座公寓楼。这座建筑可包括 4 种类型的公寓：经济型、一居室、两居室和三居室。一套经济型需要 500 平方英尺，一套一居室需要 700 平方英尺，一套两居室需要 800 平方英尺，一套三居室需要 1000 平方英尺。开发商认为，这栋建筑内一居室不超过 15 套，两居室不超过 22 套，三居室不超过 10 套。本地区条例不允许开发商在这个特定的建筑地点兴建超过 40 个单元，并将建筑物的面积限制在 40,000 平方英尺以内。开发商已经同意将 5 套一居室和 8 套两居室出租给当地的租赁机构，该机构是开发商的"隐形合伙人"。市场研究表明，租一间经济型每月 350 美元，一居室每月 450 美元，两居室每月 550 美元，三居室每月 750 美元。在规划图内，开发商应规划多少个不同类型的出租单位，以尽量增加建筑的潜在租金收入？

   a. 建立这个问题的线性规划模型。

   b. 在电子表格中建立此问题的模型并求解。

   c. 最优解是什么？

   d. 这个模型中的哪个约束限制了建筑商的潜在租金收入进一步增加？

22. Bellows Lumber Yard 股份有限公司存储标准长度为 25 英尺的木板，可根据客户订单切割为需要的长度。一个订单要求 5,000 张 7 英尺木板、1,200 张 9 英尺木板、300 张 11 英尺木板。伐木场经理已经确定了 6 种方法来切割 25 英尺长的木板来满足这个订单。下表总结了 6 种切割模式：

切割模式	7 英尺	9 英尺	11 英尺
1	3	0	0
2	2	1	0
3	2	0	1
4	1	2	0
5	0	1	1
6	0	0	2

一种方法（切割模式 1）是将一个 25 英尺长的木板切割成 3 个 7 英尺长的木板，而不切割任何 9 英尺或 11 英尺的木板。但是切割模式 1 总共使用了 21 英尺的木板，留下一块 4 英尺的废料。另一方法是（切割模式 4）是将一个 25 英尺的木板切成一个 7 英尺的木板和两个 9 英尺的木板（使用整个板的 25 英尺）。其余的切割模式也有类似的解释。伐木场经理希望尽可能少地使用 25 英尺板的数量来完成这个订单。要做到这一点，经理需要确定每个切割模式需要切割多少张 25 英尺的木板。

   a. 建立这个问题的线性规划模型。

   b. 在电子表格中建立此问题的模型并求解。

   c. 最优解是什么？

   d. 假设经理想尽量减少浪费，那么解会发生改变吗？

23. Howie 的地毯公司刚刚收到一份新办公楼的地毯订单。订单分别为地毯 4,000 码长、4 英尺宽，20,000 码长、9 英尺宽，9,000 码长、12 英尺宽。Howie 可以订两种地毯卷，然后必须经过裁剪来满足这份订单。一种是 14 英尺宽、100 码长，每卷 1,000 美元；另一种是 18 英尺宽、100 码长，每卷 1,400 美元。Howie 需要确定两种地毯卷的订购量，以及应该如何裁剪。他想以最节省成本的方式来做这件事。

    a. 建立这个问题的线性规划模型。

    b. 在电子表格中建立此问题的模型并求解。

    c. 最优解是什么？

    d. 假设 Howie 想尽量减少浪费，那么解会发生改变吗？

24. 一家制造商正在考虑新工厂建立的选址方案，以便在地理位置上与长期合作的三个主要客户更接近。生产和运输每一件产品给客户的净成本将根据工厂的建设地点和工厂的生产能力而有所不同。下表汇总了这些费用：

	为客户供应的单位净成本		
工厂	X	Y	Z
1	35	30	45
2	45	40	50
3	70	65	50
4	20	45	25
5	65	45	45

    客户对 X、Y 和 Z 产品的年需求量分别为 40,000、25,000 和 35,000 个单位。每个工厂的年生产能力和建设成本如下：

工厂	生产能力	建设成本（千美元）
1	40,000	1,325
2	30,000	1,100
3	50,000	1,500
4	20,000	1,200
5	40,000	1,400

    该公司希望以最低的总成本决定建造哪些工厂，以满足客户的需求。

    a. 建立这个问题的线性规划模型。

    b. 在电子表格中建立此问题的模型并求解。

    c. 最优解是什么？

25. 参考前面的问题，假设工厂 1 和 2 代表同一地点的不同建筑方案（即只能建造其中之一）。同样地，假设工厂 4 和工厂 5 代表着另一个地点的不同的建筑方案。

    a. 需要什么附加约束来建模这些新的条件？

    b. 修改电子表格以反映这些附加约束，并求解由此产生的问题。

    c. 最优解是什么？

26. GLMH 航运公司是一家新成立的公司，计划在美国 20 个主要城市之间提供当日航运服务。为了提供这种服务，GLMH 需要在其中几个城市的机场建立枢纽。GLMH 希望通过这样的方式来选择枢纽位置，以确保 20 个城市中的每一个都至少有一个枢纽位置的 500 英里以内。Airports.xlsx 文件包含了在每个城市建立枢纽的成本的估计数据，以及汇总了每个城市之间距离的矩阵。

    a. 创建电子表格模型，以确定枢纽应位于何处，以最具成本效益的方式实现 GLMH 的目标。

    b. GLMH 应该在哪些城市建立枢纽，该计划的总成本是多少？

27. 一家公司生产三种产品：A、B 和 C。公司现有生产 3 件 A 产品、7 件 B 产品和 4 件 C 产品的订单。三种产品都没有任何库存。这三种产品都需要在两台机器中的一台上进行特殊加工。每台机器生产每个产品的成本汇总在下表中：

单位产品的生产成本（美元）

机器	A	B	C
1	13	9	10
2	11	12	8

每台机器生产每种产品所需时间如下表：

生产单位产品所需时间（小时）

机器	A	B	C
1	0.4	1.1	0.9
2	0.5	1.2	1.3

假设机器 1 可以工作 8 小时，机器 2 可以工作 6 小时。每台机器都必须经过特殊的调试运行才能生产出每一种产品。在完成对某种产品的调试后，可以生产任意数量的该产品，在每台机器上生产每种产品的调试成本汇总在下表中：

生产各种产品所需的调试成本（美元）

机器	A	B	C
1	55	93	60
2	65	58	75

a. 试构建一个线性规划模型来确定每种产品在每台机器上生产多少个单位，能够以最低的成本满足需求。

b. 在电子表格中建立此问题的模型并求解。

c. 最优解是什么？

28. Clampett 石油公司从得克萨斯州（TX）、俄克拉何马州（OK）、宾夕法尼亚州（PA）和阿拉巴马州（AL）的供应商那里购买原油，从中提炼出四种最终产品：汽油、煤油、燃料油和沥青。由于不同供应商的原油在质量和化学特性上的差异，可以从一桶原油中提炼出的每一种最终产品的数量，因原油来源的不同而有所不同。此外，从每个来源获得的原油数量各不相同，每个供应商处每桶原油的成本也各不相同。下表汇总了这些数据。例如，本表第一行表明，得克萨斯州的一桶原油可以提炼成 2 桶汽油、2.8 桶煤油、1.7 桶燃料油或 2.4 桶沥青。每个供应商要求至少购买 500 桶。

原油特性

原油	可得到的桶数	每桶原油可能的产品				每桶成本	运输成本
		汽油	煤油	燃料油	沥青		
TX	1,500	2.00	2.80	1.70	2.40	22 美元	1,500 美元
OK	2,000	1.80	2.30	1.75	1.90	21 美元	1,700 美元
PA	1,500	2.30	2.20	1.60	2.60	22 美元	1,500 美元
AL	1,800	2.10	2.60	1.90	2.40	23 美元	1,400 美元

该公司拥有一辆油罐车用于运输购买的原油，可容纳 2,000 桶原油。油罐车从不同地点取油的费用列在"运输成本"的栏中。该公司计划在下一个生产周期内，计划生产 750 桶汽油、800 桶煤油、1000 桶燃料油和 300 桶沥青。

a. 构建一个可求解的整数线性规划模型，以确定该生产计划，使公司能够以最小的成本实施其生产计划。

b. 在电子表格中建立此问题的模型并求解。

c. 最优解是什么？

29. Clampett 石油公司有一辆为顾客运送燃料的油罐车。油罐车有 5 个不同的储油舱，容量分别为 2,500 加仑、2,000 加仑、1,500 加仑、1,800 加仑和 2,300 加仑。公司有一份订单，需要运送 2,700 加仑柴油、3,500 加仑常规无铅汽油和 4,200 加仑优质无铅汽油。如果每个储油舱只能装载一种燃料，那么公司应该如何装载油舱？如果油罐车不能装下整个订单所需的燃油，那么该公司希望将不能满足的总加仑数降到最低（提示：利用松弛变量表示不能满足的数量）。

    a. 建立这个问题的整数线性规划模型。

    b. 在电子表格中建立此问题的模型并求解。

    c. 最优解是什么？

30. Dan Boyd 是一位财务策划人员，正在为一家客户确定 100,000 美元如何投资。下表汇总了正在评估的 5 项投资的现金流：

现金流入和流出的汇总表					
	A	B	C	D	E
第 1 年	−1.00	0.00	−1.00	0.00	−1.00
第 2 年	+0.45	−1.00	0.00	0.00	0.00
第 3 年	+1.05	0.00	0.00	−1.00	1.25
第 4 年	0.00	+1.30	+1.65	+1.30	0.00

例如，如果 Dan 在第 1 年年初投资 A 项目 1 美元，那么他将在第 2 年年初获得 0.45 美元，在第 3 年年初再得到 1.05 美。或者，他可以在第 2 年年初投资 B 项目 1 美元，并在第 4 年年初获得 1.30 美元。表格中录入的 "0.00" 表示这一年没有发生现金流入或流出。每项投资所需的最低资金为 50,000 美元。在每年年初，Dan 还可以将可用资金的一部分或全部存入货币市场账户，预计该账户每年可产生 5% 的收益。如果他想在年底将客户的资金最大化，那么 Dan 应如何规划他的投资？

    a. 建立这个问题的整数线性规划模型。

    b. 在电子表格中建立此问题的模型并求解。

    c. 最优解是什么？

31. Bavarian 汽车公司（BMC）在欧洲制造汽车和 SUV，并将它们销往美国。目前，BMC 在纽瓦克有 200 辆汽车和 140 辆 SUV。在杰克森维尔有 300 辆汽车和 180 辆 SUV。这些车辆需要通过铁路运输，以满足下表所列城市对 BMC 销售的需求：

	车辆需求	
城市	汽车	SUV
波士顿	100	75
哥伦布	60	40
里士满	80	55
亚特兰大	170	95
莫比尔	70	50

BMC 利用铁路在这些城市之间运输车辆。一辆运输车最多可容纳 12 辆车辆，而且随时可以满足任何需要的数量。租用一辆运输车并在这些城市之间运输的费用汇总于图 6.41 中。

a. 建立这个问题的整数线性规划模型。

b. 在电子表格中建立此问题的模型并求解。

c. 最优解是什么?

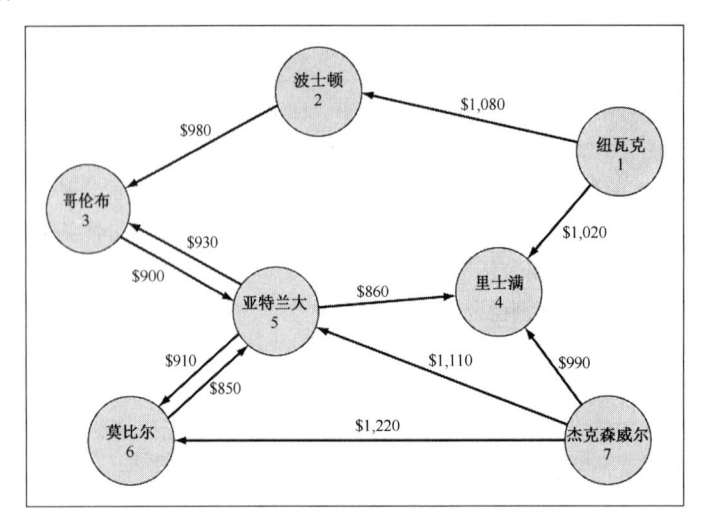

图 6.41 BMC 车辆分销问题的单位运输车租赁成本

32. Mega-Bucks 公司正在制定未来 4 周的生产计划,并预测生产过程中使用的关键原料化合物 X 的需求如下:

化合物 X 的需求预测

星期	1	2	3	4
需求(磅)	400	150	200	350

该公司目前没有化合物 X。此产品供应商只按 100 磅的倍数成批供货(如 0、100、200、300 等)。原料价格为每 100 磅 125 美元。每周可以安排送货,但送货费是 50 美元。Mega-Bucks 公司估计,每 100 磅化合物 X 每周的库存成本为 15 美元。假设 Mega-Bucks 不希望在第 4 周末时化合物 X 的库存超过 50 磅,那么每周应如何订货才能以最低的成本满足对这种产品的需求?

a. 建立这个问题的整数线性规划模型。

b. 在电子表格中建立此问题的模型并求解。

c. 最优解是什么?

33. 一家汽车制造商正在考虑对最畅销的一种汽车进行机械设计改造,汽车重量至少需减少 400 磅,以提高其燃料效率。设计工程师已经确定了 10 项可以减少汽车重量的设计改造方案(如使用复合车体而不是金属车体)。每项设计改造减少的重量及实施每项改造的费用估计如下表:

设计改造方法	汽车重量的减少量(磅)	成本(千美元)
1	50	150
2	75	350
3	25	50
4	150	450
5	60	90
6	95	35
7	200	650
8	40	75
9	80	110
10	30	30

改造方案 4 和改造方案 7 是更换发动机的两种方式，因此只能选择一种。为了以最低成本把汽车的总重量至少减少 400 磅，公司应该确定哪种改造方案。

a. 建立这个问题的整数线性规划模型。

b. 在电子表格中建立此问题的模型并求解。

c. 最优解是什么？

34. Darten 餐馆拥有并经营着几家不同的连锁餐厅，包括 Red Snapper 和 Olive Grove。该公司正考虑在俄亥俄州开几家新的连锁餐馆。有 10 个不同的地点可供建造新的餐馆，公司可以在给定的地点建造任意类型的餐厅。下表列出了在每个地点两种餐馆的净现值及 15 英里以内的其他餐馆点（单位为百万美元）。

地点	Red Snapper 净现值	Olive Grove 净现值	15 英里以内的其他地点
1	11.8	16.2	2、3、4
2	13.3	13.8	1、3、5
3	19.0	14.6	1、2、4、5
4	17.8	12.4	1、3
5	10.0	13.7	2、3、9
6	16.1	19.0	7
7	13.3	10.8	6、8
8	18.8	15.2	7
9	17.2	15.9	5、10
10	14.4	16.8	9

    a. 假设公司不希望在 15 英里以内建造两家相同的餐馆（即公司不希望 15 英里以内有两家 Red Snapper，也不希望 15 英里以内有两家 Olive Grove）。试创建一个电子表格模型，以确定在每个地点应该建哪家餐馆（如果有），可使净现值最大。

    b. 最优解是什么？

    c. 现在假设，如果公司不想建造 Red Snapper，那么必须在 15 英里之内建造一家 Olive Grove。修改你的电子表格模型，以确定在每个地点应该建哪家餐馆（如果有），可使净现值最大。

    d. 最优解是什么？

35. Paul Bergey 负责在弗吉尼亚州 Newport News 港为国际货运公司（ICC）装货。Paul 正在为 ICC 制定开往加纳的一艘货轮准备装船计划。一农产品商希望在这艘船上运输下列产品：

货物	可转运数量（吨）	每吨的体积（立方英尺）	每吨利润（美元）
1	4,800	40	70
2	2,500	25	50
3	1,200	60	60
4	1,700	55	80

    Paul 可以选择装运部分/所有可用的商品。然而，该船有三个货舱，其容量限制如下：

货舱	承重能力（吨）	容量（立方英尺）
前舱	3,000	145,000
中舱	6,000	180,000
后舱	4,000	155,000

    任何货舱只能放置一种商品。但是，出于船体平衡考虑，前货舱的重量必须在后货舱重量的 10%以内，中心货舱重量必须在整个船总重量的 40%~60%。

a. 构建这个问题的整数线性规划模型。

b. 在电子表格中建立此问题的模型并用规划求解器求解。

c. 最优解是什么？

36. KPS 通信公司正在计划为艾奥瓦州 Ames 镇接入无线互联网。利用地理信息系统，KPS 通信公司已将 Ames 镇分为下列 5×5 的区块。如果向每个区块所代表的地理区域提供无线互联网服务，那么网格中的值表示若提供无线互联网服务，则 KPS 将获得预期的年收入（以千美元为单位）。

按区块划分的预期年收入（千美元）

34	43	62	42	34
64	43	71	48	65
57	57	51	61	30
32	38	70	56	40
68	73	30	56	44

KPS 通信公司可以在任何区块中以每座 150,000 美元的成本建造无线通信塔。每个通信塔可以为所在区块和所有相邻区块（若区块之间有共同边界线，则认为它们是相邻的。仅仅在一个顶点相邻认为它们是不相邻的）提供无线上网服务。KPS 通信公司希望确定建造多少通信塔和在哪里建造通信塔才能使第一年运营的利润最大化（注：如果一个区块可以收到两座不同通信塔的无线上网服务，这个区块的收益只能计算一次）。

a. 建立这个问题的电子表格模型并进行求解。

b. 最优解是什么？KPS 通信公司在第 1 年将获得多少收益？

c. 假设要求 KPS 通信公司为所有区块提供无线上网服务，最优解是什么？KPS 通信公司在第 1 年将获得多少收益？

37. Dade 县的紧急服务协调员 Tallys DeCampinas 希望定位该县的两辆救护车，以使其在紧急情况下 4 分钟内可到达的居民住所的数量最大化。县城分为 6 个区域，下表汇总了从一个区域到另一个区域所需的平均时间：

出发地	到达地					
	1	2	3	4	5	6
1	0	4	3	6	6	5
2	4	0	7	5	5	6
3	3	7	0	4	3	5
4	6	5	4	0	7	5
5	6	5	3	7	0	2
6	5	6	5	5	2	0

据估计，1 至 6 区的人口（以千人计）分别为 21、35、15、60、20 和 37。救护车应该放在哪两个地区？

a. 建立这个问题的整数线性规划模型。

b. 在电子表格中建立此问题的模型并求解。

c. 最优解是什么？

d. 在 4 分钟内覆盖所有居民，需要多少辆救护车？

e. 假设该镇希望有三辆救护车在 4 分钟内覆盖所有居民，且最大限度地减少系统中的冗余（假设冗余意味着能够在 4 分钟内由一个或多个救护车提供服务），救护车应设在何处？

38. Ken Stark 是印第安纳州 Muncie 的一家保险公司的业务分析师。在接下来的 6 周中，公司需要向以下 16 个州的客户发送 2,028,415 份营销资料。

州	邮件数量
AZ	82,380
CA	212,954
CT	63,796
GA	136,562
IL	296,479
MA	99,070
ME	38,848
MN	86,207
MT	33,309
NC	170,997
NJ	104,974
NV	29,608
OH	260,858
OR	63,605
TX	214,076
VA	134,692
总计	2,028,415

为了配合其他营销工作，某一州的所有邮件必须在同一周内发送出去。例如，如果 Ken 决定在第二周为佐治亚州（GA）寄送邮件，那么佐治亚州的 136,562 封邮件都必须在那一周寄出。Ken 希望尽可能平衡每周的工作量，特别是尽量减少在 6 周内任何一周处理邮件的最大数量。

 a. 试构建一个电子表格模型，以确定每周应该处理哪个州的邮件以实现 Ken 的目标。

 b. 最优解是什么？

39. CoolAire 公司生产空调，销往美国各地 5 个不同的零售商。该公司为了以最有效的方式运作，正在评估其生产和物流策略。该公司可以在全国 6 家工厂生产空调，并将这些产品储存在 4 个不同的仓库中。每单位产品的生产和运输成本与月生产能力，以及每家工厂的固定运营成本如下表所示（单位：美元）：

	仓库 1	仓库 2	仓库 3	仓库 4	固定成本	生产能力
工厂 1	700	1,000	900	1,200	55,000	300
工厂 2	800	500	600	700	40,000	200
工厂 3	850	600	700	500	45,000	300
工厂 4	600	800	500	600	50,000	250
工厂 5	500	600	450	700	42,000	350
工厂 6	700	600	750	500	40,000	400

同样，下表列出了从每个仓库到每个零售商的单位运输成本，以及每月经营每个仓库的固定费用（单位：美元）。

	零售商 1	零售商 2	零售商 3	零售商 4	零售商 5	固定成本
仓库 1	40	80	60	90	50	40,000
仓库 2	60	50	75	40	35	50,000
仓库 3	55	40	65	60	80	35,000
仓库 4	80	30	80	50	60	60,000

下表汇总了每个零售商每月的需求量：

	零售商 1	零售商 2	零售商 3	零售商 4	零售商 5
需求量	200	300	200	150	250

要以最经济有效的方式满足需求，CoolAire 应该确定哪些工厂和仓库运行。

a. 在电子表格中建立此问题的模型并求解。

b. CoolAire 应该运行哪些工厂和仓库？

c. 最优运输计划是什么？

40. 一家血库要确定从 Pittsburgh 和 Staunton 到 Charleston、Roanoke、Richmond、Norfolk 和 Suffolk 的医院最便宜的输血方式。图 6.42 显示了各城市之间可能的运输路径，以及每条弧线上是单位运输成本。此外，无论运送多少单位的血，血库使用的速递服务使用任何一条弧线运输时都要收取 125 美元的费用。假设每条弧线只能走一次。速递服务所用的货车最多可运载 800 单位的血液。

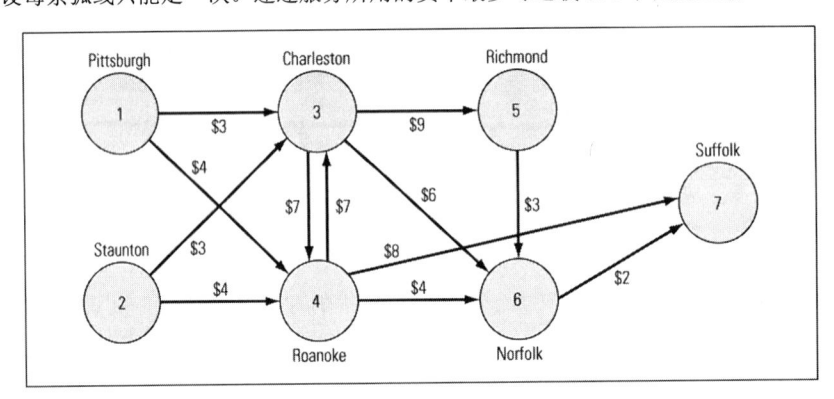

图 6.42　血库问题可能的运输路线

假设 Pittsburgh 有 600 单位的 O 型血（O+）和 800 单位的 AB 型血，Staunton 有 500 单位的 O 型血（O+）和 600 单位的 AB 型血。下表列出了每种血型在各个医院所需的数量：

	所需单位数	
医院	O+	AB
Charleston	100	200
Roanoke	100	100
Richmond	500	300
Norfolk	200	500
Suffolk	150	250

a. 在电子表格中建立此问题的模型。

b. 最优解是什么？

c. 假设速递服务换了一种类型的运输车，在任意两个城市之间进行运输，但不能携带超过 1,000 单位的血液，修改后问题的最优解是什么？

41. Alaskan 铁路公司是一家独立的、与北美任何其他铁路服务机构都没有联系的铁路公司。因此，Alaskan 和北美其他地区之间的铁路运输必须用卡车运送数千英里，或者先装载到远洋货轮上，然后用海路运输。Alaskan 铁路公司最近开始与加拿大就扩大铁路线路以连接北美铁路系统进行谈判。图 6.43 呈现了可以建造的各种铁路段（百万美元的费用）。目前，北美铁路系统向 New Hazelton 和 Chetwynd 两个城市提供服务。Alaskan 铁路公司将扩展它的铁路，以便从 Skagway 和 Fairbanks 连接这两个城市。

a. 构建一个优化模型，以最经济的方式将 Skagway 与 NewHazelton 和 Chetwynd 这两城市连接并将 Fairbank 与这些城市连接起来。

b. 最优解是什么？

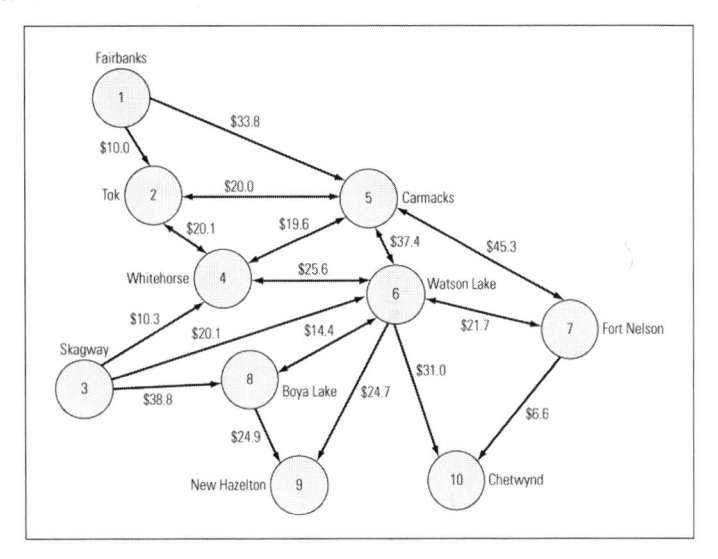

图 6.43　Alaskan 铁路公司可能的铁路线

42. CaroliNet 是一家为北卡罗来纳地区的客户提供卫星电视服务的公司。公司正计划在南卡罗来纳拓展和提供卫星电视服务。该公司希望在全州建立一套服务中心，以确保该州所有居民在本县或相邻的县有一个服务中心。图 6.44（本书的配套文件 CaroliNet.xlsm）显示了一个 Excel 电子表格，表示全州相邻两县的矩阵。矩阵中 1 表示这两个县是相邻的，0 表示这两个县是不相邻的（注：认为某个县与自身是相邻的）。

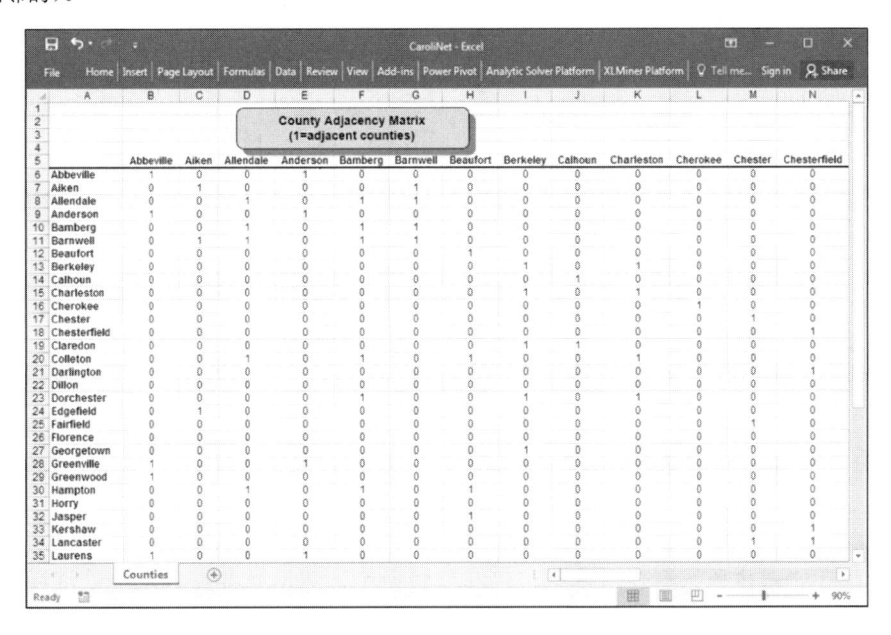

图 6.44　CaroliNet ISP 定位问题的县邻接矩阵

a. 假设 CaroliNet 想要最小化必须安装的集线器数量，应该安装在哪个县？

b. 假设 CaroliNet 想要在 10 个不同的县安装集线器,要使它的服务范围最大,应该将集线器安装在哪个县?

43. 利用分支定界法求解以下问题,可以使用计算机求解单个产生的问题。建立一个分支定界树给出你所完成的步骤。

$$\text{MAX:} \quad 6X_1 + 8X_2$$

$$\text{约束:} \quad 6X_1 + 3X_2 \leq 18$$

$$2X_1 + 3X_2 \leq 9$$

$$X_1, X_2 \geq 0$$

$$X_1, X_2 \text{ 须为整数}$$

44. 在使用分支定界法计算的过程中,产生了许多子问题且需进一步的分析。在本章的例子中,我们以非常随意的方法选择一个子问题进行分析。我们还可以用其他更结构化的方法来选择其他子问题吗?这些技术的利弊是什么?

案例 6.1　木材采伐问题的优化

弗吉尼亚州是美国最大的木材家具生产地之一,家具行业占木材附加值的 50%。在过去的 40 年里,弗吉尼亚森林的木材库存增加了 81%。今天,大约有 1,540 万英亩,这个州超过一半的面积被森林覆盖,而私人拥有这片土地的 77%。林业专业人员在决定采伐哪些树木时,要考虑多种因素,必须遵守法律法规。

图 6.45 显示了一片被分割成 12 个可采伐地区的林地,用虚线表示。第 2 区是进入森林的唯一通道,因此,砍伐的任何木材最终都必须通过第 2 区运出森林。目前,没有道路通过这片森林。因此,为了采伐木材,需要修建森林道路。这些道路的规划路线如图 6.45 所示,主要是根据陆地的地理位置和河流及野生动物栖息地的位置决定的。

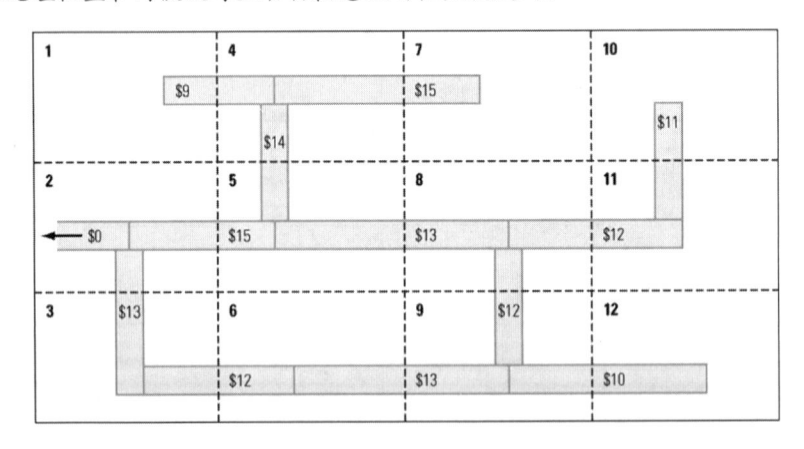

图 6.45　木材采伐问题的森林规划图

并非所有的森林区域都必须采伐,但在任何一个区域采伐都要修建一条道路。图中显示了建造每一段森林公路的费用(以千美元计)。最后,每一区域的可采伐木材的净价值估计如下:

可采伐的价值（千美元）	
区域	价值
1	15
2	7
3	10
4	12
5	8
6	17
7	14
8	18
9	13
10	12
11	10
12	11

那么应该采伐哪些区域、应该建设哪些道路，才能最大限度地利用这片森林？

1. 构建这个问题的电子表格模型。
2. 最优解是什么？
3. 假设连接第4区和第5区的道路成本降至12,000美元，这对最优解有什么影响？

案例 6.2　Old Dominion 的电力调度

一天中，不同时段对电力的需求变化很大。由于大量的电力无法经济地储存，因此电力公司无法在需要之前生产电力并将其储存起来。电力公司必须实时地平衡电力生产与电力需求。对电力需求的预测，最大的不确定性之一是天气。大多数电力公司会雇用气象专家，不断地预测天气变化，并更新计算机模型，以预测7天之内对电力的需求。这个7天的需求预测窗口期被称为公司的负荷配置，通常每小时更新一次。

每一家电力公司都有一个相对稳定的基本负荷需求。为了满足这种基本负荷需求，电力公司使用其最经济、低成本的发电设备，并使其持续运行。为了满足高于基本负荷的额外电力需求，电力公司必须调度（或开启）其他发电机。因为这些发电机能帮助电力公司满足最高电力要求或高峰负荷，所以有时也称为"峰化器"。将不同类型的峰化器并入电网的成本是不同的。此外，由于不同的峰化器使用不同类型的燃料（煤、天然气、生物燃料），每兆瓦产生的运行成本也不同。因此，电力公司的调度员为了以最节省成本的方式满足其负荷状况，必须不断决定开启或关闭哪台发电机。

Old Dominion 电力公司（ODP）为弗吉尼亚州和南北卡罗来纳州提供电力。假设公司高峰负荷分布（即比基本负荷高的负荷）估算如下（单位：MW）：

	第1天	第2天	第3天	第4天	第5天	第6天	第7天
负荷（MW）	4,300	3,700	3,900	4,000	4,700	4,800	3,600

ODP 现在有三台高峰发电机，可以满足这个负荷。运行参数如下：

发电机位置	启动成本	每天的成本	每天最大的发电能力（MW）
New River	800 美元	200 美元 + 5 美元/MW	2,100
Galax	1,000 美元	300 美元 + 4 美元/MW	1,900
James River	700 美元	250 美元 + 7 美元/MW	3,000

启动并运行一台备用发电机，必须支付启动成本。在发电机运行后，可以无限期地继续运行，不需要再次支付启动成本。但是，若在某个时候关闭了发电机，则必须再次支付启动成本，才能使其重新启动和运行。发电机运行的每一天都包括固定成本和变动成本。例如，New River 发电机运行的每天都会产生 200 美元的固定成本和 5 美元/MW 的变动成本。因此，即使这台发电机不发电，它每天也仍要花费 200 美元来保持它的运行（以避免重新启动）。当发电机运行时，每天产生的最大发电量（MW）列在表的最后一列。

1. 为 Old Dominion 电力公司的电力调度问题构建数学规划模型。
2. 在电子表格中建模并求解。
3. 最优解是什么？
4. 假设 Old Dominion 电力公司可以从竞争者那里购买电力，为了在第 1 天获得 300MW 的电能，ODP 可能支付多少钱？请解释一下你的答案。
5. 你对这个计划的实施有什么顾虑？

案例 6.3　MasterDebt 锁箱问题

MasterDebt 是一家全国性的信用卡公司，拥有遍布美国各地的数千名持卡人。MasterDebt 每天都向不同的客户发送其上个月的消费情况汇总账单。然后，客户在 30 天内汇款还清他们的账单。MasterDebt 将一个回邮信封与账单一起邮寄给客户，以便他们邮寄支票付款。

MasterDebt 面临的一个关键问题是确定邮寄到全国不同地区回邮信封上的地址。客户写支票与 MasterDebt 收到支票现金之间的间隔期称为**浮存期**。支票可能在邮寄过程中和兑现前的处理中要花上几天浮动时间。这个浮存期对 MasterDebt 而言，意味着收入损失，因为如果他们能够立即收到并兑现这些支票，那么他们就可以从这笔资金中获得额外的利息。

为了减少支票的浮存期带来的利息损失，MasterDebt 希望建立一个锁箱系统，以加快支票的处理速度。在这样的系统下，MasterDebt 可使西海岸的客户将应付款交到 Sacramento 的一家银行，此银行收取部分费用来处理支票，并将收益存入 MasterDebt 的账户上。同样，MasterDebt 可以与东海岸的银行合作，为其客户提供类似的服务。公司为了提高他们的现金流动性，常常使用这样的方法。

MasterDebt 将 6 个城市指定为可能的锁箱地点。下表列出了在每个可能的地点运营一个锁箱的年固定费用：

锁箱系统的年运营成本（千美元）					
萨拉克门托	丹佛	芝加哥	达拉斯	纽约	亚特兰大
25	30	35	35	30	35

我们进行了一项分析，以确定从全国 7 个不同地区向这 6 个城市中的每一个城市发送支票浮动的平均天数。下表汇总了这一分析的结果。例如，从该国中部地区寄往纽约的支票在邮寄途中直到 MasterDebt 公司收到支票的现金，平均需要三天的时间。

在各地区和可能的锁箱点之间的平均浮动天数

	萨拉克门托	丹佛	芝加哥	达拉斯	纽约	亚特兰大
中部	4	2	2	2	3	3
大西洋中部	6	4	3	4	2	2
中西部	3	2	3	2	5	4
东北部	6	4	2	5	2	3
西北部	2	3	5	4	6	7
东南部	7	4	3	2	4	2
西南部	2	3	6	2	7	6

对该国每个地区的付款平均数额做进一步分析,结果如下:

各地区每天的平均付款金额（千美元）

	金额
中部	45
大西洋中部	65
中西部	50
东北部	90
西北部	70
东南部	80
西南部	60

因此,如果在任何一天中部地区的付款都能寄到纽约,那么中部地区这三天共有 135,000 美元支票未存储。由于 MasterDebt 可以从现金存款中赚取 15% 的利润,因此,仅仅因为这些支票,每年就会损失 20,250 美元的潜在利息。

1. 在 6 个锁箱位置中,MasterDebt 应该选取哪个?每个锁箱应该分配哪些区域?
2. 如果一个锁箱最多可分配给四个区域,那么解将发生什么样的变化?

案例 6.4 蒙特利尔除雪问题

在蒙特利尔和许多北方城市,清除积雪是成本很高的重要活动。虽然积雪可以通过刮、铲等方法从街道和人行道上清除,但在长期的低温下,累积的雪堆会阻碍行人和车辆的通行,也必须清除。

为了及时清除积雪,将一座城市分成几个分区,并在每个分区同时进行除雪作业。在蒙特利尔,积雪被装上卡车,并运到处理地点。规定每个分区只能被分配到一个处理地点（然而,每个处理地点都可能收到来自多个区域的雪）。由于除雪设备或对可倒入河流的积雪量的环境限制（受到盐和融雪剂的污染）,因此不同类型的处置场地可以容纳不同数量的雪。下表列出了 5 个不同的积雪处理场的年处理量（以千立方米计）。

	处理场所				
	1	2	3	4	5
处理能力	350	250	500	400	200

积雪的清除成本主要取决于卡车的运输距离。按规划,蒙特利尔使用每个分区中心到每个不同处置地点之间的直线距离,作为在这些地点之间运送雪所需费用的近似值。下表汇总了 10

个分区分别到处理地点的距离（以千米为单位）。

区域	处理地点				
	1	2	3	4	5
1	3.4	1.4	4.9	7.4	9.3
2	2.4	2.1	8.3	9.1	8.8
3	1.4	2.9	3.7	9.4	8.6
4	2.6	3.6	4.5	8.2	8.9
5	1.5	3.1	2.1	7.9	8.8
6	4.2	4.9	6.5	7.7	6.1
7	4.8	6.2	9.9	6.2	5.7
8	5.4	6.0	5.2	7.6	4.9
9	3.1	4.1	6.6	7.5	7.2
10	3.2	6.5	7.1	6.0	8.3

利用历史降雪数据，该市能够估计每一分区每年需要清除的积雪量是每段街道长度的 4 倍（假定 1 米直线街道一年产生 4 立方米雪）。下表估计了明年每个分区需要清扫的积雪量（单位：千立方米）。

需要清扫的积雪量估计									
1	2	3	4	5	6	7	8	9	10
153	152	154	138	127	129	111	110	130	135

1. 建立一个蒙特利尔明年最有效的除雪计划电子表格模型。假设运输 1 立方米雪 1 千米的成本是 0.10 美元。
2. 最优解是什么？
3. 要实施除雪计划，蒙特利尔要花费多少钱？
4. 在忽略处理地点容量限制的情况下，分区到处理地点的可能的分配方案有多少种？
5. 假设蒙特利尔可以将一个处理地点的处理量增加至 100,000 立方米，应该增加哪些处理地点的处理量（如果有）？为了获得额外的处理能力，城市将支付多少钱？

第 7 章 目标规划与多目标优化

7.0 引言

第 6 章讨论了求解整数最优解优化问题的建模方法。本章给出另外两种建模方法，这些方法有时有助于求解优化问题。第一种方法——目标规划——求解包含不止一个特定目标函数的问题，而是一组我们达到的目标的集合。正如后文要讲到的，一个目标可以被视为一个软约束来处理。

第二种方法——多目标优化——与目标规划联系紧密，用于解决包含多个目标函数的问题。在企业和政府机构中，不同人群常常追求不同的目标。因此，很可能对相同优化问题提出各种各样不同的目标函数。

两种方法都需要*迭代*求解过程，在此过程中，决策者考察各种解以求得一个最满意的。因此，与前面给出的线性规划与整数线性规划求解过程不同，我们不能用一个公式表示多目标或目标规划问题去求解一个优化问题得到最优解。在这些问题中，我们可能需要求解若干个不同的问题后得到一个可以接受的解。

我们先学习目标规划，然后研究多目标优化，并学习目标规划的概念和方法。

7.1 目标规划

前面章节给出的优化方法总是假设模型中的约束是硬约束，或者不能违背的约束。例如，工时约束说明用来生产各种产品所用的工时不能超过某个固定的量（如 1,566 小时）。在另一个例子中，资金约束说明投资于多个项目的资金量不能超过某个预算额（如 85 万美元）。

在许多情况下，硬约束是合理的；然而，这些约束在另一些情况下可能太严格了。例如，购买一辆新汽车时，你心里或许有一个不想超过的最高价格。我们可以将它看成你的目标。但是，如果以目标价格买不到自己想要的汽车，那么你可能会寻求超过这一价格的方法。因此，你心中的目标不是一个不能违背的硬约束。我们可以更准确地将它看成一个软约束——代表你想要实现的目标。

相对于硬约束，许多管理决策问题可以使用目标约束更加精确地建立模型。通常，这样的问题没有一个明显的最大化或最小化的目标函数和一组约束，而是可以表达为包括硬约束的一组目标。这种类型的问题称为目标规划（GP）问题。

为明智的自我利益而平衡目标

Roger Holnback 是西弗吉尼亚土地信托公司的经理人。当他站在树木繁茂的山坡上看着泉水跌宕之处（曾经是一座煤矿）时想到：如果那片区域一直在开发，那么那片土地该会是什么样啊。指着山下一排整洁的小屋，他说："他们已经提出了发展这片土地的计划，而且无论区域如何划分，他们都以最大限度地创建它们。"

但是，因为 Bill Ellenbogen 和 Steve Bodtke 之间，以及西弗吉尼亚土地信托公司和新河土地信托公司之间的协议，在 Coal Bank Ridge 上几乎 112 英亩的土地将由"保护地役权"被保留下来。Ellenbogen 说:"我们的目标是进行一次大的改进,与此同时还要保护周边环境。""保护地役权"是土地所有者和土地信托者之间达成的协议,目的是限制开发,确保土地拥有者保有土地所有权并继续使用土地。信托监管者使用土地确保其符合地役权的条款要求。

Ellenbogen 没有试图去隐藏他商人的身份,作为开发商,他需要获取利益。但是,获取利益与保护该地区的风景和农村特色并不冲突。他说:"我们认为这么做会增加它的价值。人们会因为这片美丽的土地而居住在这里。如果破坏了这片美丽的土地,人们就不会来到这里居住。我们把这称为明智的自我利益。"

Holnback 说道:"问题在于我怎样既赚到了钱,又能够创造一个适宜居住的社区。这是一个简单的观点。"

7.2 目标规划例子

线性规划方法可以帮助决策者分析和求解目标规划问题。下面的例子解释了目标规划问题中的概念和建模方法。

Davis McKeown 是南加州 Myrtle 海滩的一个度假酒店和会议中心的所有者。虽然他的生意是盈利的,但具有很强的季节性;夏季是一年中盈利最多的时间。为了增加一年中其他月份的利润,Davis 想要扩大会议业务,但是这样做需要增加会议设施。Davis 请一家市场调研公司来确定他想要招揽的会议所需会议室的数量和大小。调研结果表明,Davis 的设施应该包括至少 5 间小型(400 平方英尺)会议室,10 间中型(750 平方英尺)会议室,15 间大型(1,050 平方英尺)会议室。此外,市场调研公司指出,如果总面积扩建为 25,000 平方英尺,那么在竞争对手中,Davis 将拥有最大的会议中心——这具有理想的广告效果。当他与建筑师讨论扩建计划时,Davis 了解到,扩建一间小型会议室预期支付 18,000 美元,一间中型会议室支付 33,000 美元,一间大型会议室支付 45,150 美元。Davis 希望扩建会议中心的预算限制在 1,000,000 美元左右。

7.2.1 定义决策变量

在这个问题中,酒店所有者面临的基本决策是,会议中心的扩建应包含多少间小型、中型和大型会议室。这些数量分别由 X_1、X_2 和 X_3 表示。

7.2.2 定义目标

这个问题与本书前面给出的问题略有不同。这个问题涉及多个目标,而不是一个特定的目标,可以表述为(没有特殊顺序):

目标 1:扩建应包括约 5 间小型会议室。
目标 2:扩建应包括约 10 间小型会议室。
目标 3:扩建应包括约 15 间大型会议室。
目标 4:扩建面积约 25,000 平方英尺。
目标 5:扩建应该花费约 1,000,000 美元。

注意,"约"出现在每一个目标中。这个字强调,这些目标是软约束而不是硬约束。例如,如果前 4 个目标能够以 1,001,000 美元的成本达到,那么很有可能酒店的所有者不会在乎多支付 1,000 美元来实现这个目标。但是,我们必须确定是否能够得到恰好满足这个问题所有目标的解,如果没有,那么如何在各个目标之间做出权衡来确定一个可行解。我们可以为这个目标规划问题建立线性规划模型帮助我们决定。

7.2.3 定义目标约束

为目标规划问题建立线性规划模型的第一步是为此问题中的每个目标建立一个目标约束。目标约束可以帮助确定一个给定的解距离想达到的目标有多近。为了理解这些约束是如何建立的，让我们以扩建小型、中型和大型会议室数量的 3 个目标约束开始。

如果我们希望确定扩建计划中恰好包含 5 间小型、10 间中型和 15 间大型会议室，那么应该在目标规划模型中包含下列硬约束：

$$X_1=5$$
$$X_2=10$$
$$X_3=15$$

然而，扩建中描述的目标为约 5 间小型会议室、约 10 间中型会议室、约 15 间大型会议室。如果不可能实现所有目标，那么酒店所有者可能会考虑只扩建 14 间大型会议室的解决方案。硬约束是不允许出现这样的解的；因为它们太严格了。然而，我们可以简单地修改这些约束，并允许它们与陈述的目标有偏差，如：

$$X_1+d_1^- -d_1^+=5 \quad \}小型会议室$$
$$X_2+d_2^- -d_2^+=10 \quad \}中型会议室$$
$$X_3+d_3^- -d_3^+=15 \quad \}大型会议室$$
$$对所有 i, d_i^-、d_i^+ \geq 0$$

每个目标约束的右端项（上述约束中的数值 5、10 和 15）是达到此目标的**目标值**，因为它代表决策者希望实现的目标所达到的水平。变量 d_i^- 和 d_i^+ 称为**偏差变量**，因为它们代表每个目标的实际值偏离其目标值的量。d_i^- 表示不超过目标值的量，d_i^+ 表示超过目标值的量。

为了解释偏差变量如何起作用，假设有一个解是 $X_1=3$、$X_2=13$、$X_3=15$。要满足前面列出的第一个目标约束，它的偏差变量将取值 $d_1^-=2$ 和 $d_1^+=0$，表示目标是扩建 5 间小型会议室，但实际上不超过目标的量为 2 间。类似地，要满足第二个目标约束，它的偏差变量将取值 $d_2^-=0$ 和 $d_2^+=3$，表示实际扩建的数量超出目标值（10 间中型会议室）3 间。最后，要满足第三个目标约束，其偏差变量将取值 $d_3^-=0$ 和 $d_3^+=0$，来反映恰好达到有 15 间大型会议室的目标。

可以采用类似的方式为该问题中剩余的目标建立目标约束。因为每一间小型、中型和大型会议室分别需要 400、750 和 1050 平方英尺，酒店所有者希望扩建的总平方英尺数为 25,000。代表这个目标的约束表达为

$$400X_1+750X_2+1{,}050X_3+d_4^- -d_4^+=25{,}000 \quad \}平方英尺$$

因为建设一间小型、中型和大型会议室需要的建筑成本分别为 18,000 美元、33,000 美元和 45,150 美元，酒店所有者希望扩建的成本大约为 1,000,000 美元。代表这个目标的约束表达为

$$18{,}000X_1+33{,}000X_2+45{,}150X_3+d_5^- -d_5^+=1{,}000{,}000 \quad \}建筑成本$$

每一个目标约束中的偏差变量代表目标实际达到的值与目标值之间的偏离量。

7.2.4 定义硬约束

如前所述，在目标规划问题中，并非所有约束都是目标约束。一个目标规划问题也包含一个或多个通常在线性规划问题中见到的硬约束。在本例中，如果 1,000,000 美元是酒店所有者愿意在

扩建上花费的绝对最大金额，那么这将作为硬约束包含在模型中（正如即将看到的，在目标规划问题的分析中可以将软性约束变为硬约束）。

7.2.5 目标规划的目标函数

虽然为目标规划问题建立约束条件相当容易，但确定适当的目标函数却非常困难，通常需要花费一些精力。在为例题建立目标函数之前，让我们考虑这个过程中涉及的一些问题和选择。

目标规划问题的目标是确定让所有目标尽可能都实现的解。任何目标规划问题的理想解，是在其中每一个目标恰恰达到它的目标值（在这样理想的解中，所有目标约束中的偏差变量都等于0）。通常不可能达到理想解，因为某些目标可能会与其他目标矛盾。在这种情况下，我们希望得到一个与理想解的差别尽可能小的解。例题中目标规划问题的一个可能目标是

最小化偏差的和：MIN: $\sum_i (d_i^- + d_i^+)$

有了这个目标函数，可以尝试找到问题的最优解——所有偏差变量为0，或其中所有目标恰好被满足。但是，如果不可能得到这样一个解，那么这个目标函数通常会产生一个满意解吗？答案是"大概不行。"

前面的目标函数有很多缺点。首先，偏差变量度量的是完全不同的东西，在例题中，d_1^-、d_1^+、d_2^-、d_2^+、d_3^- 和 d_3^+ 度量的都是一种尺寸或另一种尺寸的会议室，而 d_4^- 和 d_4^+ 是平方英尺的度量，d_5^- 和 d_5^+ 是建筑成本的度量。上述目标函数的一个明显缺点是，对目标函数中每项对应数值的量纲解释不明确（7 间会议室＋1500 美元＝1507 单位个什么？）。

这个问题的一种解决方法是修改目标函数，让它度量各个目标偏差的百分比的和。如下可以实现这一点，其中 t_i 代表第 i 个目标的目标值：

最小化偏差百分比的和：MIN: $\sum_i \frac{1}{t_i}(d_i^- + d_i^+)$

在例题中，假设得到一个解，其中第 1 个目标是少建 1 间会议室（$d_1^-=1$），第 5 个目标超过目标 20,000 美元（$d_5^+=20{,}000$），所有其他目标恰好达到目标值（所有其他 d_i^- 和 d_i^+ 等于 0）。使用偏差百分比和作为目标函数，最优目标函数值为

$$\frac{1}{t_1}d_1^- + \frac{1}{t_5}d_5^+ = \frac{1}{5}\times 1 + \frac{1}{1{,}000{,}000}\times 20{,}000 = 20\% + 2\% = 22\%$$

注意，偏差百分比目标只能在所有目标的目标值非 0 时才可以使用，否则将出现 0 作除数的错误。

前面目标函数的另一个潜在缺点是如何评估偏差变量取值的意义。在上述例题中，目标函数值是 22%，目标函数隐含的假设是：扩建 4 间小型会议室（而不是 5 间）比超过期望建筑成本预算 20,000 美元还要糟糕 10 倍。即超过预算的 20,000 美元必须增加 10 倍到 200,000 美元，才能使此目标的偏差百分比等于 20%（因少建 1 间小型会议室而引起的目标偏差）。那么，少建 1 间小型会议室真的就如同超过预算 200,000 美元一样糟糕吗？只有这个问题的决策者可以回答这个问题。如果决策者想要这样做，那么应该给他提供一种评估和改变目标间内在权衡的方法。

上述两个目标函数在任何方向都把偏差看成同样的不理想。例如，按照先前的两个目标函数，建筑成本为 900,000 美元产生的解（如果 $X_5=900{,}000$ 和 $d_5^-=100{,}000$）与建筑成本为 1,100,000 美元（如果 $X_5=1{,}100{,}000$ 和 $d_5^+=100{,}000$）的解是一样的不理想。但是，酒店所有者大概更愿意支付 900,000 美元而不是 1,100,000 美元进行扩建。所以，当超出预期的建筑成本目标值是一个不理想

的结果时，未超过预期目标值可能是理想的或至少是中性的。另一方面，小型会议室未超过预期目标值可能是不理想的，而超出预期目标值可能是理想的或中性的。再次强调，最好可以给决策者提供一种判断在目标函数中偏差理想或不理想的方法。

对此缺点的一个解决方法是，允许决策者对目标规划问题的目标函数中的偏差变量分配权重，以更好地反映不同目标偏差的重要性和合意性。所以，目标规划问题的一种更为有用的目标函数是

$$\text{最小化偏差的加权和：MIN:} \sum_i \left(w_i^- d_i^- + w_i^+ d_i^+ \right)$$

或最小化偏差百分比的加权和：

$$\text{MIN:} \sum_i \frac{1}{t_i} \left(w_i^- d_i^- + w_i^+ d_i^+ \right)$$

在这些加权的目标函数中，w_i^- 和 w_i^+ 是常数值，表示该问题中给不同偏差变量指定的加权值。若一个变量与特定目标值具有非常不理想的偏差，则应该给此变量指定一个相对较大的权重——取一个大于 0 的值使变量成为非常不理想的变量。若一个变量与特定目标的偏差是中性的或理想的，则赋以权重 0 或某个小于 0 的权重——取值大于 0 的变量反映这个偏差变量是可接受的甚至是理想的。

遗憾的是，没有用来给 w_i^- 和 w_i^+ 赋值的标准程序，保证你会求得一个目标规划问题最令人满意的解。不过，可以按照迭代过程，尝试一组特定的权重，求解问题、分析解，然后改进权重再求解。需要将这个过程重复多次以求得令决策者最满意的解。

7.2.6 定义目标函数

在例题中，假设决策者认为与小型、中型和大型会议室数量有关的前 3 个目标中的任何一个没有达到目标值都是不理想的，但是超出这些目标无所谓。还假设决策者认为未达到扩建 25,000 平方英尺的目标是不理想的，但是同样不希望超出这个目标。最后，假设决策者不希望花费多于 1,000,000 美元，但是少于这个数量则无所谓。在这种情况下，如果要使例题的偏差百分比的加权和最小化，应使用下列目标函数：

$$\text{MIN:} \frac{w_1^-}{5} d_1^- + \frac{w_2^-}{10} d_2^- + \frac{w_3^-}{15} d_3^- + \frac{w_4^-}{25,000} d_4^- + \frac{w_4^+}{25,000} d_4^+ + \frac{w_5^+}{1,000,000} d_5^+$$

注意，这个目标函数省略了（或赋以权重 0）决策者认为无所谓的偏差变量。因此，这个目标函数不会修正建造 7 间小型会议室（所以 d_1^+=2）这种情形下的解，因为我们假设决策者认为建造 7 间小型会议室与 5 间小型会议室的目标没有偏差。另一方面，这个目标函数会修正建造 3 间小型会议室（因此 d_1^-=2）这种情形下的解，因为这表示与 5 间小型会议室的目标存在不满意的偏差。为了开始对这个问题的分析，假设 $w_1^- = w_2^- = w_3^- = w_4^- = w_4^+ = w_5^+ = 1$，且所有其他权重都等于 0。

7.2.7 建立模型

将例题的目标规划问题的线性规划模型总结为

$$\text{MIN:} \quad \frac{w_1^-}{5} d_1^- + \frac{w_2^-}{10} d_2^- + \frac{w_3^-}{15} d_3^- + \frac{w_4^-}{25,000} d_4^- + \frac{w_4^+}{25,000} d_4^+ + \frac{w_5^+}{1,000,000} d_5^+$$

约束：

$$X_1 + d_1^- - d_1^+ = 5 \qquad \}\text{小型会议室}$$

$$X_2 + d_2^- - d_2^+ = 10 \quad \}\text{中型会议室}$$

$$X_3 + d_3^- - d_3^+ = 15 \quad \}\text{大型会议室}$$

$$400X_1 + 750X_2 + 1{,}050X_3 + d_4^- - d_4^+ = 25{,}000 \quad \}\text{平方英尺数}$$

$$18{,}000X_1 + 33{,}000X_2 + 45{,}150X_3 + d_5^- - d_5^+ = 1{,}000{,}000 \quad \}\text{建筑成本}$$

$$d_i^-, d_i^+ \geq 0, \text{对所有 } i \quad \}\text{非负约束}$$

$$X_i \geq 0, \text{对所有 } i \quad \}\text{非负约束}$$

$$X_i \text{ 须为整数}$$

因为这是一个整数线性规划模型,所以可以用通常的方式在电子表格中建立模型,图 7.1(本书的配套文件 7-1.xlsm)给出了建立方法。

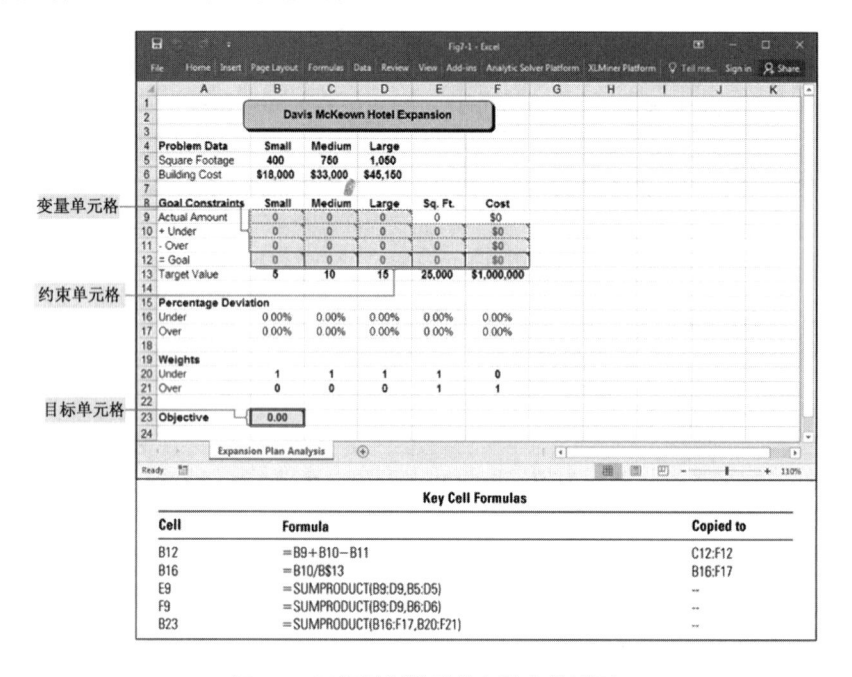

图 7.1　目标规划模型的电子表格模型

电子表格的第一部分列出了不同会议室的平方英尺数和建筑成本的基本数据,第二部分代表该问题的决策变量、偏差变量和目标约束。特别地,单元格 B9 到 D9 对应 X_1、X_2 和 X_3——扩建的小型、中型和大型会议室数量。单元格 E9 和 F9 包含下列公式,可以计算小型、中型和大型会议室任意组合的总平方英尺数和总建筑成本:

单元格 E9 的公式：　　=SUMPRODUCT(B9:D9,B5:D5)

单元格 F9 的公式：　　=SUMPRODUCT(B9:D9,B6:D6)

单元格 B10 到 F11 与代数模型中的偏差变量相对应。这些单元格表示每个目标未实现预期或超出预期的数量。目标约束的左端项建立在单元格 B12 到 F12 中。特别地,在单元格 B12 中录入下列公式,并复制到单元格 C12 到 F12 中:

单元格 B12 的公式：　　=B9+B10−B11

（复制到单元格 C12 至 F12 中）

目标约束的目标值（或右端项）列在单元格 B13 到 F13 中。

为了建立目标函数，首先把单元格 B10 到 F11 代表的每个偏差变量除以相应的目标值，将偏差变量值转换为百分数形式。如下：

单元格 B16 的公式： =B10/B$13

（复制到单元格 B17 至 F17 中）

然后，将每一个偏差变量的权重录入到单元格 B20 到 F20 中。因为求解目标规划问题是一个迭代过程，在这个过程中可能需要改变目标函数的权重，所以最好将权重放在电子表格中的不同位置。

最后，单元格 B23 包含下列公式，建立该问题的目标函数：

单元格 B23 的公式： =SUMPRODUCT(B16:F17,B20:F21)

7.2.8 求解模型

该模型可用图 7.2 所示的规划求解器设置和选项求解，使用这些参数设定求得的解示于图 7.3 中。

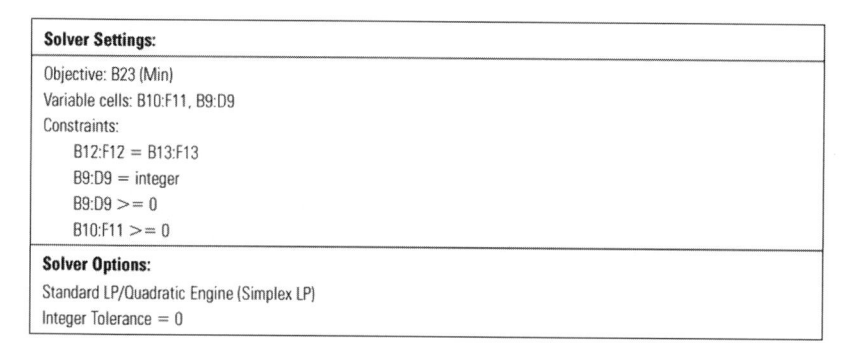

图 7.2 目标规划模型的规划求解器设置和选项

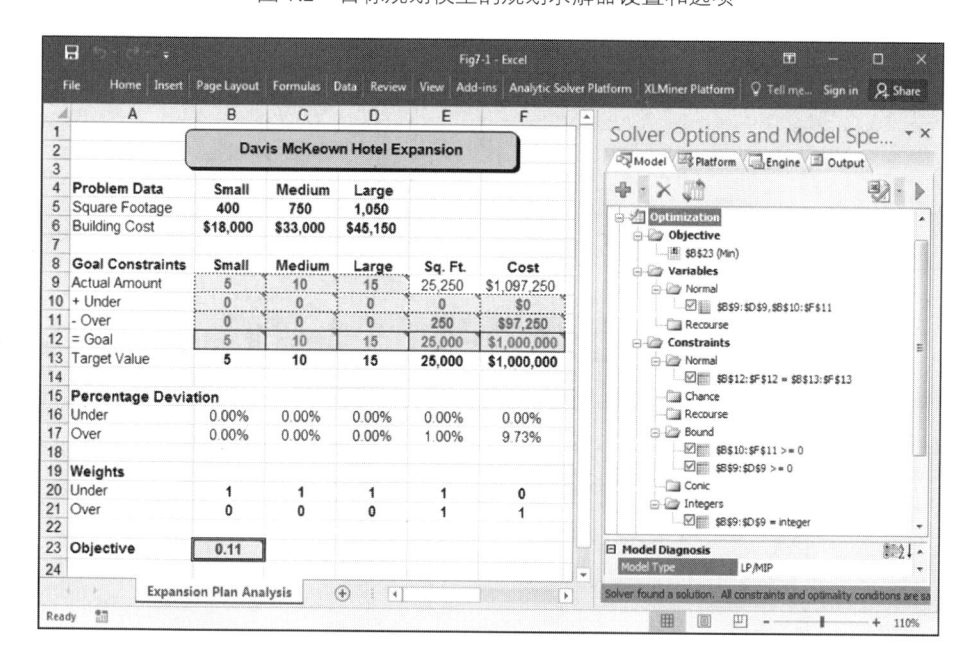

图 7.3 目标规划模型的第一个解

7.2.9 分析求解结果

如图 7.3 所示，这个解在扩建中恰好包含 5 间小型、10 间中型和 15 间大型会议室。因此，前 3 个目标与目标值不存在偏差，这是决策者希望看到的。但是，考虑第 4 个和第 5 个目标，当前的解超出 250 平方英尺的目标值（或 1%）、超出建筑成本 97,250 美元的目标值（或 9.73%）。

7.2.10 修改模型

虽然决策者可能不在意超出建筑面积目标 1%，但是超出建筑成本目标大约 100,000 美元可能会引起关注。决策者希望求得更接近建筑成本目标的另一个解。这可以通过调整该问题中的权重实现——赋给超出建筑成本目标值部分一个较大的修正值。即，可以增加代表 w_5^+ 的单元格 F21 中的值。再次强调，没有方法可以准确地知道这个数值应该增加多少。作为一个经验规则，可以以 1 为幅度逐个增加，或从 1 到 10 改变它的数值。若在电子表格重新求解问题，则得到图 7.4 中所示的解。

注意，在图 7.4 中，对超出建筑成本目标值的修正值从 1 到 10 逐渐增加，将这个目标的超出部分从 97,250 美元减少到 6,950 美元。当前的这个解使建筑成本目标在目标值 1% 的范围内。但是，为了得到关于建筑成本目标的这个改进的水平，必须放弃两间大型会议室，导致这个目标以 13.33% 未达到目标。如果决策者认为不能接受这一点，那么可以从 1 到 10 逐个增加这个偏差变量的权重，并重新求解问题。图 7.5 给出了所得解。

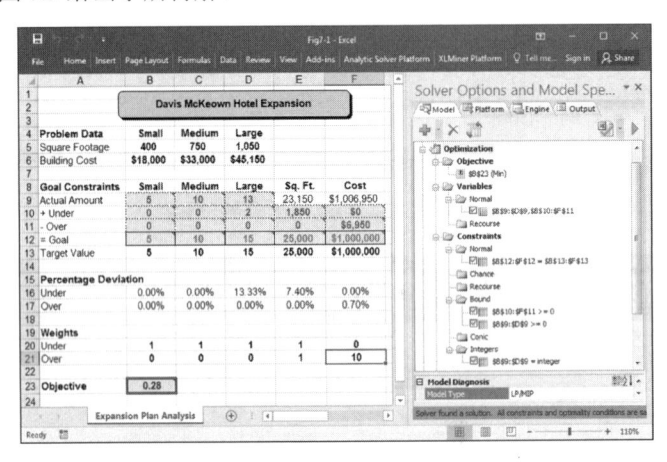

图 7.4 目标规划模型的第二个解

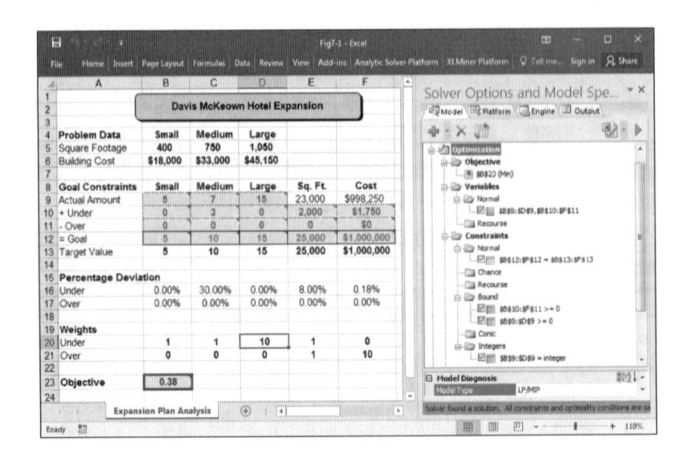

图 7.5 目标规划模型的第三个解

7.2.11 权衡：目标规划的本质

在图 7.5 中，大型会议室的目标数量恰好被满足，但现在中型会议室所希望的数量有 3 间未达到目标值。按照决策者的偏好，可以继续调整问题中的权重，直到找到决策者最满意的解为止。目标规划的本质就是在各个目标之间进行权衡，直到求得决策者最满意的解为止。因此，不像前面讲授的其他线性规划的应用，目标规划中线性规划的使用没有立即给出问题最好的解（除非决策者开始就指定一个适当的加权目标函数）。然而，它提供了一个方法，通过这种方法，决策者可以探索各种可行解和尝试求得最接近所考虑目标的解。图 7.6 给出了求解目标规划问题所涉步骤的小结。

目标规划小结

1. 给出问题的决策变量。
2. 给出问题中的硬约束并用通常的方式表示它们。
3. 与它们的目标值一起表示问题的目标。
4. 使用恰好达到目标的决策变量建立约束。
5. 通过加入偏差变量，将上述约束转化为目标约束。
6. 确定哪些偏差变量代表不理想的偏差目标。
7. 修正不理想的偏差变量建立目标函数。
8. 给出目标函数的适当的权重。
9. 求解问题。
10. 检查问题的解。若解是不能接受的，则返回第 8 步，并按需修改权重。

图 7.6　目标规划问题建模和求解所涉步骤的小结

7.3　有关目标规划的说明

在结束目标规划这个主题之前，应追加一些解释。首先，目标规划的不同解不能简单地根据它们的最优目标函数值进行比较。使用者从一个迭代到另一个迭代需要改变目标函数中的权重，所以比较目标函数值是不恰当的，因为它们度量的东西不同。目标规划问题中的目标函数服务于多个目的，允许我们探索可能的满意解。因此，应该比较产生的解而不是目标函数值。

第二，在一些目标规划问题中，一个或多个目标可能比其他目标重要得多。在这种情况下，可以将任意大的权重赋给这些目标的偏差，以保证不理想的偏差永远不会发生。有时候，这被称为优先目标规划（Preemptive GP），因为在重要性上，某些目标优于其他目标。如果这些目标的目标值可以实现，那么使用优先权重可以有效地让这些约束像硬约束一样永远不会被违背。

第三，可以给可能偏离目标的数量建立硬约束。例如，假设例题中的酒店所有者希望剔除超过目标建筑成本多于 50,000 美元的任何解。可以用硬约束将这个要求建立到模型中：

$$d_5^+ \leq 50,000$$

第四，偏差变量的概念并非仅限于目标规划中。这类型的变量可以用于与目标规划问题十分不同的其他问题中。因此，理解偏差变量在其他类型的数学规划中非常有用。

最后，另一种类型的目标函数称为最大偏差值最小化（MINIMAX）目标函数，在目标规划中，当你想最小化任何目标的最大偏差时，该函数有帮助。为了建立最大偏差值最小化目标函数，

必须对每一个偏差变量创建一个如下的额外约束,其中 Q 是最大偏差值最小化变量:

$$d_1^- \leq Q$$
$$d_1^+ \leq Q$$
$$d_2^- \leq Q$$
$$\cdots\cdots$$

目标是最小化 Q 值,表达为

$$\text{MIN}: Q$$

因为变量 Q 必须大于或等于所有偏差变量的取值,且因为我们试图使它最小化,所以 Q 总是被设定为等于偏差变量的最大值。同时,这个目标函数试图求得使得最大偏差变量(和 Q 值)尽可能小的解。所以,这个方法可以最小化所有目标的最大偏差。正如我们即将学习到的,若目标规划问题有硬约束,则这种类型的目标函数尤其有价值。

7.4 多目标最优化

现在考虑如何求解有多个目标函数的线性规划问题。这些问题称为**多目标线性规划**(MOLP)问题。

前面章节中讨论的大多数线性规划和整数线性规划问题只有一个目标函数,这些目标函数通常寻求利润最大化或成本最小化。但是,可以为这些问题构建另一个目标函数。例如,如果生产过程产生一种危害环境的有毒污染物质,那么公司希望将这个有毒的副产品最小化。但是,这个目标可能与公司的另一个目标——利润最大化直接冲突。增加利润可能导致额外有毒废料产生。图 7.7 给出了一个假想的利润与有毒废料生产之间潜在权衡的例题。图中曲线上的每个点都对应一个可能的利润水平,以及要实现这个利润水平必须生产的有毒废料的最低限度。显然,达到高水平利润(理想的)与产生更高水平的有毒废料(不理想的)是关联的。因此,决策者必须决定在多大程度上权衡利润与有毒废料是最理想的。

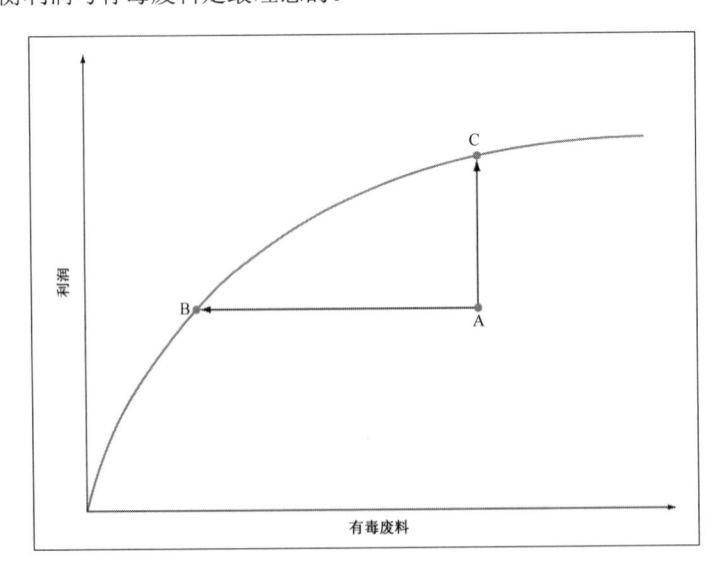

图 7.7 目标间的权衡与支配决策备选方案示意图

在图 7.7 中，需要注意的另一个重要的多目标线性规划问题是受控解和非受控解的概念。A 点处提供的利润和有毒废料的组合优化解显然是不理想的。另一个替代点（如图中的点 B）在同等利润水平下产生更少的有毒废料。还有一个替代点（如图中的点 C）在产生相同有毒废料的情况下获得更高利润。因此，点 B 和点 C 更优于点 A。事实上，点 B 到点 C 的曲线上的所有点都优于点 A。在多目标线性规划问题中，如果存在另一个方案可以至少使一个目标值更优而不使其他目标值恶化，那么当前决策方案是受控的。显然，理性决策者只想要考虑非受控的决策选择。本章中介绍的多目标线性规划的方法保证给到决策者的是非受控的解。

幸运的是，多目标线性规划问题可以看成目标规划问题的特例。在求解问题的部分，还必须确定每一个目标或目的函数的目标值。有效分析这些问题还需要使用前面介绍的最大值最小化目标函数。

3BL：三重底线

"三重底线"（3BL）的概念在 1994 年由 John Elkington 提出。John Elkington 是英国咨询公司 SustainAbility 的创立者。3BL 背后的隐含意义是：公司在做出决策时应该考虑三种不同底线：利润、人和环境。"利润"指传统的经济测量，"人"指社会责任问题，"环境"指与各种决策选择相关的环境影响。依据 3BL 观点做出的决策很明显同时包含多个目标，而且经常从多目标线性规划分析中获益。

7.5 多目标最优化例子

下面这个例子解释了多目标线性规划涉及的问题。虽然本例只涉及了 3 个目标，但是所给出的概念和方法同样适用于涉及任意多个目标的问题。

Lee Blackstone 是 Blackstone 煤矿公司的所有者。公司经营位于弗吉尼亚州西南部 Wythe 县和 Giles 县的两个煤矿。由于在这两个煤矿所供应的地区增加了商业和住宅区的开发，因此 Lee 预测明年对煤的需求将会增加。具体而言，她推测对高级煤的需求将增加 48 吨，对中级煤的需求将增加 28 吨，对低级煤的需求将增加 100 吨。为满足增加的需求，Lee 必须安排煤矿工人加班。Wythe 县煤矿的工人每月增加一个班次的成本为 40,000 美元，Giles 县煤矿的该项成本是 32,000 美元。每个煤矿每月只能计划增加一个额外班次。下表总结了各煤矿一个班次工人一月的产煤量。

煤的级别	Wythe 煤矿	Giles 煤矿
高级	12 吨	4 吨
中级	4 吨	4 吨
低级	10 吨	20 吨

遗憾的是，从这些矿中生产煤时产生的有毒废水流入当地地下蓄水层。在 Wythe 县煤矿，多增加一个班次，每月产生的有毒废水约为 800 加仑，而 Giles 县的煤矿则将产生约 1250 加仑有毒废水。虽然这些数量都在美国环保署（EPA）指定的条例范围之内，但是 Lee 关心环境保护且不想产生不必要的任何污染。此外，虽然公司遵循所有职业安全与卫生管理局（OSHA）的安全条例，但是公司记录表明，Wythe 县煤矿每月每个班次大约有 0.20 起威胁生命的事故发生，Giles 县煤矿每月每个班次大约 0.45 起事故发生。Lee 知道采矿是一个危险的职业，她关心工人的健康和福利，希望将威胁生命的事故保持在最小值。

7.5.1 定义决策变量

在这个问题中，Lee 必须确定公司每个煤矿安排额外加班次的月数。因此，可以将决策变量定义如下：

$$X_1 = \text{Wythe 县煤矿安排额外班次的月数}$$

$$X_2 = \text{Giles 县煤矿安排额外班次的月数}$$

7.5.2 定义目标函数

这个问题与讨论的可能有 3 个不同目标函数的线性规划问题不同。Lee 感兴趣的是使成本最小化、产生的有毒废水最小化或威胁生命的平均事故数最小化。这 3 个不同的目标函数表示如下：

$$\text{MIN：} \quad \$40X_1 + \$32X_2 \qquad \}\text{生产成本（单位：千美元）}$$

$$\text{MIN：} \quad 800X_1 + 1250X_2 \qquad \}\text{产生的有毒废水（单位：加仑）}$$

$$\text{MIN：} \quad 0.20X_1 + 0.45X_2 \qquad \}\text{威胁生命的事故数}$$

在线性规划模型中，Lee 必须确定这 3 个目标中哪一个最重要或最合理，且在模型中使用单独的目标函数。但是，在多目标线性规划模型中，Lee 可以考虑如何将所有目标（和她还想要建模的其他目标）并入问题的分析和求解中。

7.5.3 定义约束条件

这个问题的约束可以以任意线性规划问题相同的方式建模。下列 3 个约束保证生产出高级、中级和低级煤的数量。

$$12X_1 + 4X_2 \geqslant 48 \qquad \}\text{所需高级煤}$$

$$4X_1 + 4X_2 \geqslant 28 \qquad \}\text{所需中级煤}$$

$$10X_1 + 20X_2 \geqslant 100 \qquad \}\text{所需低级煤}$$

7.5.4 建立模型

这个问题的多目标线性规划模型总结如下：

$$\text{MIN：} \quad \$40X_1 + \$32X_2 \qquad \}\text{生产成本（单位：千美元）}$$

$$\text{MIN：} \quad 800X_1 + 1250X_2 \qquad \}\text{产生的有毒废水（单位：加仑）}$$

$$\text{MIN：} \quad 0.20X_1 + 0.45X_2 \qquad \}\text{威胁生命的事故数}$$

$$\text{约束：} \quad 12X_1 + 4X_2 \geqslant 48 \qquad \}\text{所需高级煤}$$

$$4X_1 + 4X_2 \geqslant 28 \qquad \}\text{所需中级煤}$$

$$10X_1 + 20X_2 \geqslant 100 \qquad \}\text{所需低级煤}$$

$$X_1, X_2 \geqslant 0 \qquad \}\text{非负条件}$$

这个模型除了代表 3 个目标函数的 3 个单元格，其他均以通常采用的方式在电子表格中建立。图 7.8（本书的配套文件 7-8.xlsm）中给出了一种建立该模型的方法。

在图 7.8 中，单元格 B5 和 C5 分别代表决策变量 X_1 和 X_2。各个目标函数的系数录入到单元格 B8 到 C10 中。接下来，约束条件的系数录入到单元格 B13 到 C15 中。然后目标函数建立在单元格 D8 到 D10 中，如下所示：

单元格 D8 的公式：　　　　=SUMPRODUCT(B8:C8,$B$5:$C$5)

（复制到单元格 D9 至 D10 中）

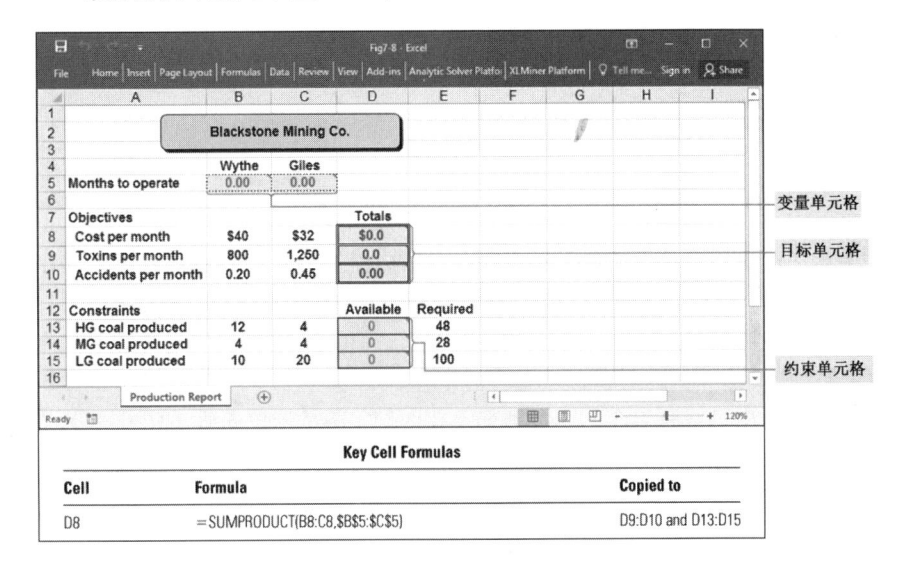

图 7.8　多目标线性规划问题的电子表格建模

接下来，约束条件的系数录入到单元格 B13 到 C15 中。约束的右端项表达式录入到单元格 D13 到 D15 中：

单元格 D13 的公式：　　　　=SUMPRODUCT(B13:C13,$B$5:$C$5)

（复制到单元格 D14 至 D15 中）

这些约束条件的右端项在单元格 E13 到 E15 中给出。

7.5.5　确定目标函数的目标值

线性规划问题只能有一个目标函数，所以怎样将 3 个目标函数包含在我们的电子表格模型中呢？如果这些目标有目标值，那么可以采用与本章前面例题中目标一样的方式进行处理。即如果 t_1、t_2 和 t_3 有合适的数值，本问题的目标可以如同下列目标一样表达：

目标 1：总生产成本应该近似于 t_1。

目标 2：产生的有毒废水量（加仑）应该近似于 t_2。

目标 3：威胁生命的事故数应该近似于 t_3。

遗憾的是，问题没有明确给出 t_1、t_2 和 t_3 值。但是，如果求解模型找出最小化第一个目标函数（总生产成本）的解，那么这个目标函数的最优值可以作为第一个目标中的 t_1 的合理值。类似地，如果再分别对第二个目标和第三个目标最小化求解问题，那么这些解的最优目标函数值可以用作第二个目标和第三个目标中 t_2 和 t_3 的合理值。然后，将多目标线性规划问题看作目标规划问题。

图 7.9 中给出了本问题中实现生产成本最小化所需的规划求解器设置和选项。注意，这会使单元格 D8 的数值最小化。图 7.10 给出求解这个线性规划问题得到的最优解。注意，这个问题最好可能的（最小的）生产成本是 244,000 美元，可以通过在 Wythe 县煤矿安排 2.50 个月的额外班次、在 Giles 县煤矿安排 4.50 个月的额外班次得到这个解。因此，t_1 的一个合理值是 244,000 美元。不可能得到生产成本低于这个数量的解。

```
Solver Settings:
Objective: D8 (Min)
Variable cells: B5:C5
Constraints:
    D13:D15 >= E13:E15
    B5:C5 >= 0
Solver Options:
Standard LP/Quadratic Engine (Simplex LP)
```

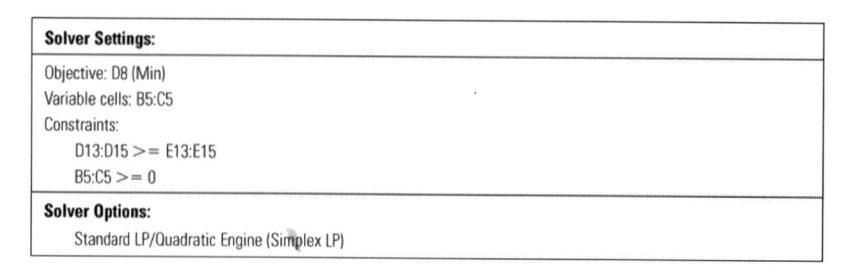

图 7.9　生产成本最小化的规划求解器设置和选项

图 7.11 给出了产生的有毒地下水污染最小化的解（通过使单元格 D9 中的数值最小化而得到）。这个生产计划需要 Wythe 县煤矿安排 4.0 个月的额外班次，Giles 县煤矿安排 3.0 个月的额外班次，且产生的有毒废水总共 6,950 加仑。因此，t_2 的一个合理值是 6,950。不可能得到产生的有毒废水低于这个数量的解。

最后，图 7.12 给出了威胁生命的事故数最小化的解（通过使单元格 D10 中的数值最小化而得到）。这个生产计划需要在 Wythe 县煤矿安排 10 个月的额外的班次，在 Giles 县煤矿不安排额外班次。这个计划平均总共有 2 次威胁生命的事故。因此，t_3 的一个合理值是 2。不可能得到平均威胁生命事故数低于这个数量的解。

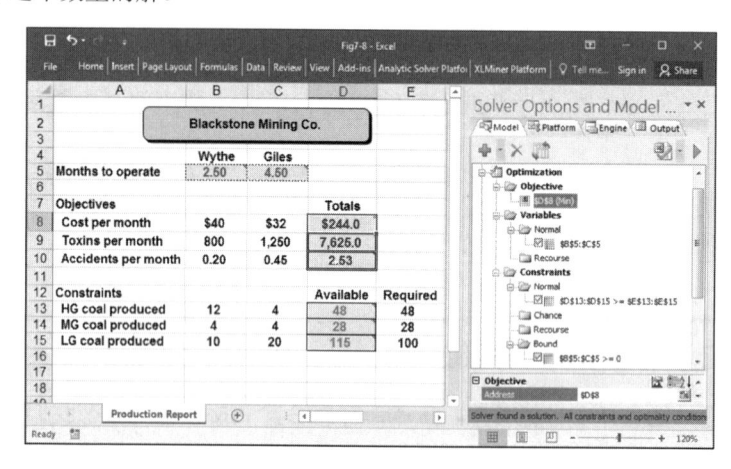

图 7.10　生产成本最小化的最优解

图 7.11　产生的有毒地下水污染最小化的最优解

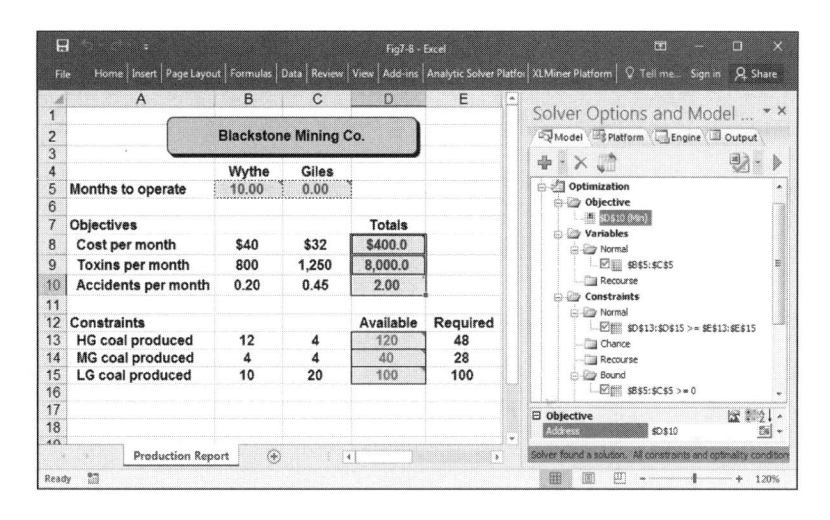

图 7.12 最小化威胁生命的事故数的最优解

7.5.6 汇总目标解

图 7.13 汇总了图 7.10、图 7.11 和图 7.12 中的解，并给出每个解在这个问题可行域中的位置。

这里应该注意两个重点。第一，图 7.13 清晰地展现出这个问题的目标是相互冲突的。解 1 具有最低的生产成本（244,000 美元），但也具有最高的平均事故数（2.53）。相反，解 3 具有最低的平均事故数（2.0），但是产生最高的生产成本（400,000 美元），并产生最多的有毒废水（8,000 加仑）。这并不奇怪，但确实说明了这个问题涉及 3 个目标之间的权衡。没有单独的可行点同时优化所有的目标函数。为了改进一个目标值，必须牺牲其他目标值。这个特性是多目标线性规划问题的共性。因此，多目标线性规划（和目标规划）的目的是研究目标之间的权衡，以求得决策者最满意的解。

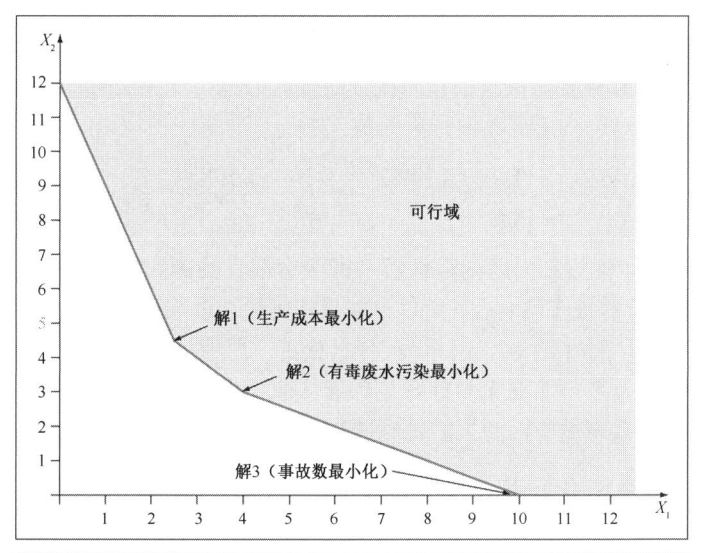

Solution	Months of Operation at Wythe Mine (X_1)	Months of Operation at Giles Mine (X_2)	Production Cost	Gallons of Toxic Pollutants Produced	Expected Number of Life-Threatening Accidents
1	2.5	4.5	$244	7,625	2.53
2	4.0	3.0	$256	6,950	2.15
3	10.0	0.0	$400	8,000	2.00

图 7.13 三个可能目标最小化解的汇总

第二，图 7.13 仅仅给出这个问题位于可行域 3 个顶点的解。因为我们已经确定了由这 3 个解给出的成本、产生的有毒废水和平均事故的水平，如果这些解都不满意，那么决策者可以尝试在图 7.13 中其他非可行域顶点的解。正如我们即将看到的，这是一个棘手的问题。

7.5.7 确定目标规划的目标函数

现在已经得到问题中的 3 个目标的目标值，我们可以建立一个加权目标规划的目标，以便决策者发现可能的解。本章前面讨论了几个目标规划的目标函数，并解释了目标函数的使用——最小化加权偏差百分比。我们需要考虑如何为现在的问题建立相同类型的目标。

将这个问题的目标函数重新表示为以下目标：

目标 1：总生产成本应近似于 244,000 美元。
目标 2：产生的有毒废水加仑数应近似于 6,950。
目标 3：威胁生命的事故数应近似于 2.0。

我们现在知道实际总生产成本一定不会小于它的目标（最优）值 244,000 美元，所以与这个目标的偏差百分比计算如下：

$$\frac{实际值-目标值}{目标值}=\frac{(40X_1+32X_2)-244}{244}$$

类似地，实际产生的有毒废水量一定不会小于它的目标（最优）值 6,950 加仑，所以与这个目标的偏差百分比计算如下：

$$\frac{实际值-目标值}{目标值}=\frac{(800X_1+1250X_2)-6950}{6950}$$

最后，实际平均威胁生命的事故数一定不会小于它的目标（最优）值 2 次，所以与这个目标的偏差百分比计算如下：

$$\frac{实际值-目标值}{目标值}=\frac{(0.20X_1+0.45X_2)-2}{2}$$

这些偏差百分比的计算都是决策变量的线性函数。因此，如果用这些偏差百分比函数的加权组合构造目标函数，可以得到下列线性目标函数：

$$\text{MIN: } w_1\left(\frac{(40X_1+32X_2)-244}{244}\right)+w_2\left(\frac{(800X_1+1250X_2)-6950}{6950}\right)+w_3\left(\frac{(0.20X_1+0.45X_2)-2}{2}\right)$$

回忆一下第 2 章线性规划问题的最优解（即带有线性约束和一个线性目标函数的最优化问题），总是出现在可行域的极（顶）点。所以，如果把例题中的问题作为一个目标规划问题使用上述目标函数求解，那么不管赋给 w_1、w_2 和 w_3 什么权重，总能得到图 7.13 中 4 个极点中的一个作为问题的最优解。因此，要探索这个目标规划问题（或任何其他带有硬约束的目标规划问题）的非极点可行解，我们需要使用不同类型的目标函数。

7.5.8 最大值最小化目标

如前所述，最大值最小化（MINIMAX）目标，可用于探索可行域边界上——除极点外。为了解释这个问题，我们可用如下目标函数最大值最小化问题中加权偏差百分比：

$$\text{MIN: } w_1\left(\frac{(40X_1+32X_2)-244}{244}\right), w_2\left(\frac{(800X_1+1250X_2)-6950}{6950}\right) \text{和} w_3\left(\frac{(0.20X_1+0.45X_2)-2}{2}\right) \text{的最大值我们}$$

通过建立最小化目标的最大值最小化变量 Q 来实现这个目标

$$\text{MIN: } Q$$

附加约束：

$$w_1\left(\frac{(40X_1+32X_2)-244}{244}\right) \leqslant Q$$

$$w_2\left(\frac{(800X_1+1250X_2)-6950}{6950}\right) \leqslant Q$$

$$w_3\left(\frac{(0.20X_1+0.45X_2)-2}{2}\right) \leqslant Q$$

第一个约束表明，与生产成本的目标值的加权偏差百分比必须小于或等于 Q；第二个约束表明，与产生的有毒废水的目标值的加权偏差百分比也必须小于或等于 Q；第三个约束表明，与威胁生命的事故数的目标值的加权偏差百分比也必须小于或等于 Q。因此，使 Q 最小化时，也最小化了每一个目标的目标值的加权偏差百分比。通过这种方式，最小化了任何目标的最大加权偏差百分比——或者说我们已经最小化了最大偏差（所以采用术语 MINIMAX）。

7.5.9 建立修订模型

修订后的投资问题目标规划模型汇总如下：

MIN：Q

约束：

$$12X_1 + 4X_2 \geqslant 48 \qquad \text{\}所需高级煤}$$
$$4X_1 + 4X_2 \geqslant 28 \qquad \text{\}所需中级煤}$$
$$10X_1 + 20X_2 \geqslant 100 \qquad \text{\}所需低级煤}$$
$$w_1(40X_1 + 32X_2 - 244)/244 \leqslant Q \qquad \text{\}目标1的最大值最小化约束}$$
$$w_2(800X_1 + 1250X_2 - 6950)/6950 \leqslant Q \qquad \text{\}目标2的最大值最小化约束}$$
$$w_3(0.20X_1 + 0.45X_2 - 2)/2 \leqslant Q \qquad \text{\}目标3的最大值最小化约束}$$
$$X_1, X_2 \geqslant 0 \qquad \text{\}非负条件}$$

w_1，w_2，w_3 是正数常数

可以通过简单修改前面在图 7.8 中展示的电子表格来建立这个新模型。修改的电子表格如图 7.14（本书的配套文件 Fig7.14.xlsm）所示。

在图 7.14 中，目标的目标值录入在单元格 E8 到 E10 中。与各个目标的偏差百分比在单元格 F8 到 F10 中计算如下：

单元格 F8 的公式：　　=(D8-E8)/E8

（复制到单元格 F9 至 F10 中）

目标偏差的任意权重录入在单元格 G8 到 G10 中。下列公式录入在单元格 H8 到 H10 中，这些公式计算了与目标的加权偏差百分比：

单元格 H8 的公式：　　=F8*G8

（复制到单元格 H9 至 H10 中）

单元格 H8 到 H10 中的公式与模型中每一个目标的最大值最小化约束的左端项是等价的。最后，保留单元格 B18 用于表示最大值最小化变量 Q。注意，这个单元格既是变量单元格，又表示最小化的目标函数。

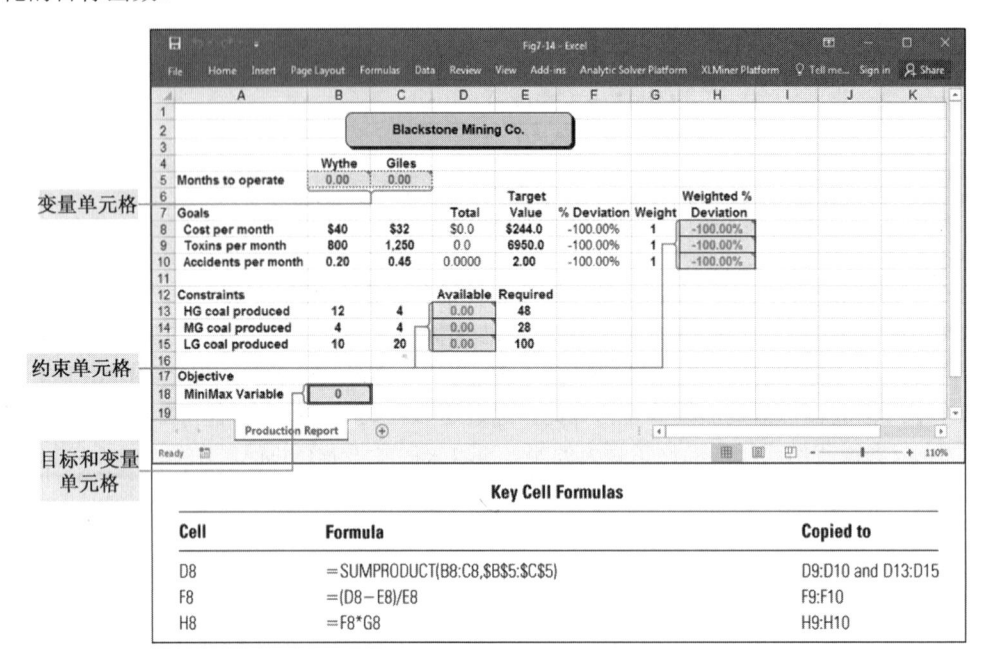

图 7.14 分析多目标线性规划问题的目标规划电子表格模型

7.5.10 求解模型

图 7.15 所示的规划求解器设置和选项用于求解图 7.14 中的模型。模型求得的解如图 7.16 所示。

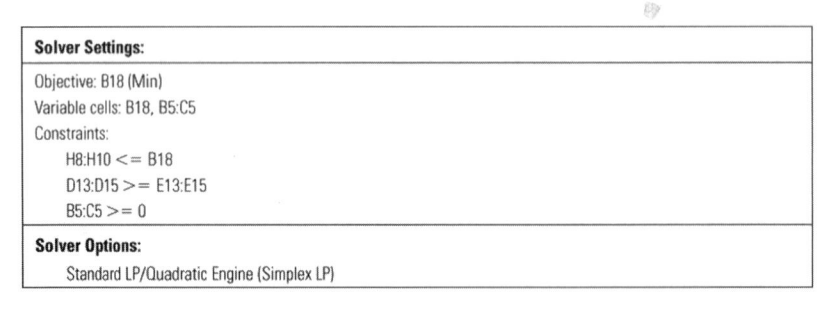

图 7.15 多目标线性规划问题的目标规划模型的规划求解器设置与选项

注意，图 7.16 中的解（X_1=4.23，X_2=2.88）并不是出现在图 7.13 中的可行域的极点。还要注意的是，这个解可以在大约 7.2%内达到目标 1 和目标 3 的目标值，比目标 2 的目标值小 1%。因此，该问题的决策者发现，这个解优于其他出现在可行域极点的解。使用其他权重会产生不同的解。图 7.17 给出该问题关于原始可行域给出的一些有代表性的解。

图 7.17 说明，随着目标 1 的相对权重（w_1）增加，解逐渐接近该目标的目标值（它出现在点 X_1=2.5、X_2=4.5，如图 7.13 所示）。随着目标 2 的相对权重（w_2）增加，解逐渐接达到该目标的目标值（它出现在点 X_1=4.0、X_2=3.0）。最后，随着目标 3 的相对权重（w_3）增加，解逐渐接近达到该目标的目标值（它出现在点 X_1=10.0、X_2=0.0）。因此，通过调整权重，决策者可以探索各种不一定出现在问题原始可行域顶点的各种解。

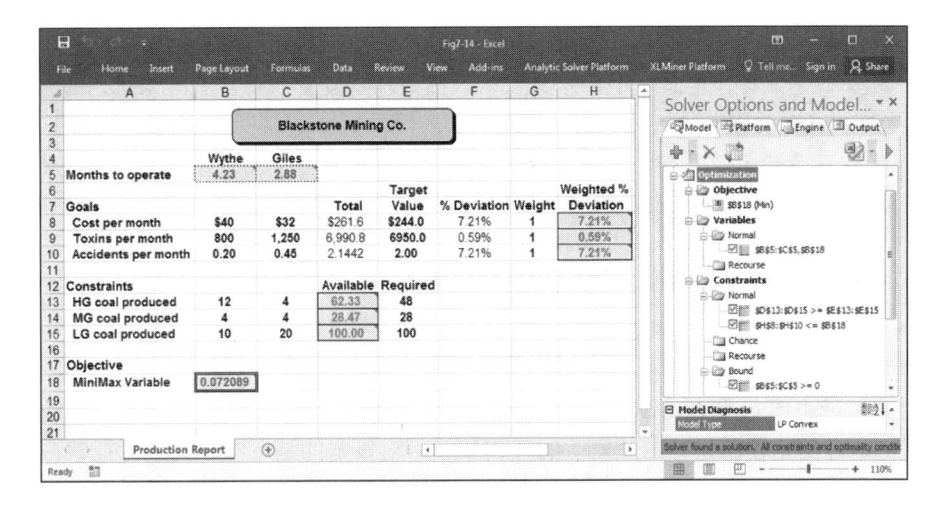

图 7.16 通过目标规划求得的多目标线性规划问题的解

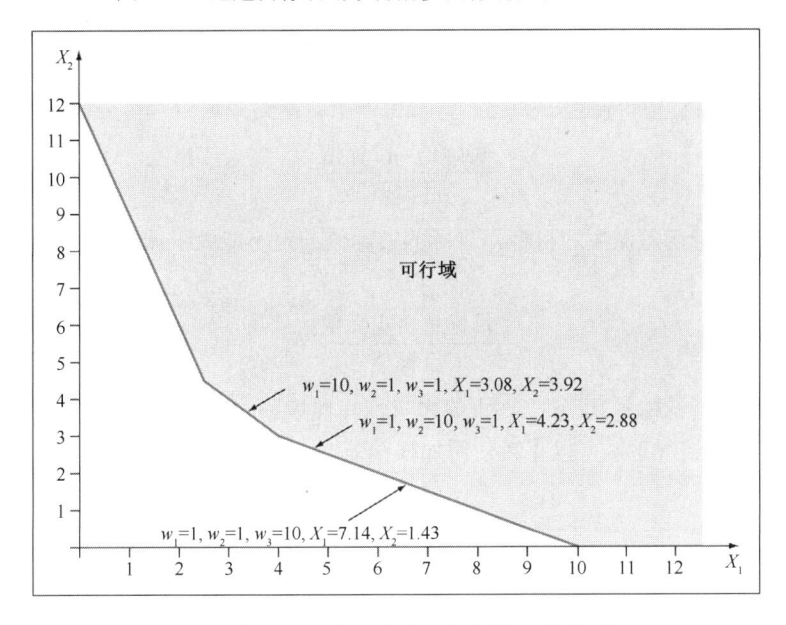

图 7.17 使用最大值最小化目标得到其他解的图标

7.6 有关多目标线性规划的说明

图 7.18 提供了求解多目标线性规划问题的步骤。虽然，这一章中多目标线性规划的例题相对简单，但是，任何多目标线性规划问题无论其目标数量或复杂程度，都可使用相同的基本步骤。

多目标优化小结

1. 确定问题的决策变量。
2. 确定问题中的目标函数并按照一般方式表示它们。
3. 确定问题中的约束并按照一般方式表示它们。
4. 对第 2 步确定的每个目标函数求解，并确定每一个目标的最优值。

> 5. 利用第4步中给出的最优目标函数值作为目标值，重新构建目标函数。
> 6. 对每一个目标，建立一个偏差函数，该函数可以度量任何给定解未达到目标值的数量（即可以是绝对数，也可以是百分比）。
> 7. 给第6步确定的每个偏差函数分配权重，并且建立一个约束要求加权偏差函数值小于最大值最小化（MINIMAX）变量Q。
> 8. 将Q最小化作为目标函数求解问题。
> 9. 检查问题的解。若解是不满意的，则调整第7步中的权重并返回第8步。

图 7.18 多目标线性规划问题建模和求解步骤小结

使用最大值最小化（MINIMAX）目标分析多目标线性规划问题的一个优点是产生的解一定是帕累托最优的，即给定使用这种方法产生的任何解。可以肯定的是，没有其他可行解在改善一个目标的同时不恶化至少一个其他目标（这个论断存在一个或两个例外，但它超出了本书的范围）。

虽然最大值最小化目标在分析多目标规划问题中是有用的，但是它的用处不限于这些问题。如同偏差变量，最大值最小化目标方法在其他类型的数学规划中也是有用的。在这里给出的多目标线性规划问题的例题中，所有目标都是从最小化目标函数中得到的。因此，任何目标的实际值一定不能小于派生的目标值，使用下列公式计算每一个目标约束的偏差百分比：

$$\frac{实际值-目标值}{目标值}$$

对于从最大化目标函数派生的目标，目标的实际值一定不能大于派生的目标值，这种目标的偏差百分比计算如下：

$$\frac{目标值-实际值}{目标值}$$

如果一个目标的目标值是0，那么在求解多目标线性规划中不能使用加权偏差百分比（因为0不可作除数）。在这种情况下，可以直接使用加权偏差。

7.7 本章小结

本章给出两个单独的却又关系紧密的最优化问题——目标规划与多目标线性规划。目标规划提供了一种分析涉及软约束的决策问题可能解的方法。软约束可以表达带有目标值的目标。这些目标可以通过偏差变量的使用转化为约束，偏差变量度量给定解与具体目标偏离的数量。目标规划问题中的目标函数是使偏差变量的某个加权函数最小化。通过调整偏差变量的权重，可以分析各种可能的解。

多目标线性规划提供了一种分析含有多个相互矛盾目标的线性规划问题的方法。虽然多目标线性规划稍微与标准的目标规划不同，但在为目标函数确定适当的目标值后，目标函数可重新表示。最大值最小化目标有助于分析多目标线性规划的可能解。

求解目标规划或多目标线性规划问题不像求解单独的线性规划问题一样简单。相反，必须求解一系列问题，允许决策者在不同目标和不同可能解下的目标函数之间进行均衡。因此，这两个过程是重复且相互作用的。

7.8 参考文献

[1] Gass, S. "A Process for Determining Priorities and Weights for Large-Scale Linear Goal Programs." *Journal of the Operational Research Society*, vol. 37, August 1986.

[2] Ignizio, J. "A Review of Goal Programming: A Tool for Multiobjective Analysis." *Journal of the Operational Research Society*, vol. 29, no. 11, 1978.

[3] Steuer, R. Multiple Criteria Optimization: Theory, Computation, and Application. New York: Wiley, 1986.

[4] Taylor, B. and A. Keown. "A Goal Programming Application of Capital Project Selection in the Production Area." *AIIE Transactions*, vol. 10, no. 1, 1978.

商业分析实践
Truck 运输公司在重新选址过程中的成本与扰动控制

Truck 运输公司决定搬迁东圣·路易斯的站点，他们知道与顾客和供应商（独立的卡车司机）的关系是继续盈利的关键因素。所以，在评估完 5 个潜在的新地点后，管理层在做最终选择时还需要考虑司机和顾客的偏好及成本。

Truck 运输公司评估一个新站点的传统方法是，将候选站点包括在一个有其他 4 个站点和 12 个主要客户的运输线性规划模型中，并求总运输成本最小的解。然后将这个最小成本解与其他候选站点的进行比较，选出最优的站点。指派问题是将独立的卡车司机分配到站点，然后最小化司机从家出发的交通成本。

但是，一些司机非常不愿意被分配到某个特定的站点，这通常依赖于与站点经理的私人关系。一些客户也有类似的偏好。在一个竞争市场中，不考虑这些偏好就会导致司机和客户到其他地方做生意。

线性目标规划模型结合运输问题和卡车司机指派问题来评估站点。用约束定义下列偏差变量，按优先权降序排列：主要客户出行次数的减少量、每个司机指派任务执行次数的减少量、违背司机偏好的数量、违背顾客偏好的数量、司机从家出发的交通成本的增加量和客户交通成本的增加量。

通过评估东圣·路易斯站点，并将结果与历史成本数据对比，验证了模型的有效性。最终选择的地点满足对运输数和偏好的要求。所有司机的总交通成本预计只增加 3,200 美元，客户交通成本预测增加 1,400 美元。在东圣·路易斯站点搬迁后，司机周转的模式和客户的业务都没有发生变化，而且并没有收到司机对站点变化使得盈利减少的抱怨。

来源：Schneiderjans, Marc J., N. K. K wak, and Mark C. Helmer, "An Application of Goal Programming to Resolve a Site Location Problem." Interfaces, vol. 12, no. 3, June 1982, pp. 65-70。

思考题与习题

1. 目标函数和目标之间的不同是什么？
2. 目标规划问题或多目标线性规划问题有最优解吗？请回答并给出对答案的解释。
3. 参阅本章 7.1 节名为"为明智的自我利益而平衡目标"的内容。对于煤矿山脊的发展，什么目标是地产开发商在本文计划中真正需要考虑的？描述你所确定的目标是如何相互支持或者相互冲突的。
4. 2005 年，卡特里娜飓风摧毁了美国莫比尔、阿拉巴马州之间和新奥尔良、路易斯安那州之间的海湾沿岸。

这次风暴的余波淹没了新奥尔良市。然而，应对这次灾难是一场救援噩梦，给政府决策者带来了极度困难的挑战。

   a. 确定处理该问题的决策者必须同时考虑的多个关键目标。
   b. 确定决策者需要分配的关键资源。
   c. 目标和资源如何相互关联？
   d. 你所确定的目标是否与另一个资源利用的目标冲突或与之竞争？
   e. 本章中所提供的方法如何帮助决策者进行资源分配决策以实现目标？

5. 参阅本章给出的多目标线性规划的例子。
   a. 使用什么权重能得到 X_1=2.5、X_2=4.5 这个解？
   b. 使用什么权重能得到 X_1=4.0、X_2=3.0 这个解？
   c. 使用什么权重能得到 X_1=10.0、X_2=0.0 这个解？
   d. 使用什么权重能使得到解沿着从点 X_1=0、X_2=12.0 到点 X_1=2.5、X_2=4.5 的可行域边缘上移动？

6. 假设目标规划问题中的第一个目标使得 $2X_1+5X_2$ 近似等于 25。
   a. 使用偏差变量 d_1^- 和 d_1^+，可以用什么约束表达这个目标？
   b. 如果得到一个解，其中 X_1=4、X_2=3，那么偏差变量应取什么值？
   c. 考虑一个解，其中 X_1=4、X_2=3，d_1^-=6，d_1^+=4。这个解可能一直都是最优的吗？为什么？

7. 考虑下列多目标线性规划问题：

$$\text{MAX:} \quad 4X_1 + 2X_2$$
$$\text{MIN:} \quad X_1 + 3X_2$$
$$\text{约束:} \quad 2X_1 + X_2 \leq 18$$
$$X_1 + 4X_2 \leq 12$$
$$X_1 + X_2 \geq 4$$
$$X_1, X_2 \geq 0$$

   a. 绘制这个问题的可行域。
   b. 计算每一个极点处的目标函数值。
   c. 问题中的哪个可行点是帕累托最优的？

8. 求解多目标线性规划问题的一个推荐方法是将问题中所有目标的线性组合作为一个组合目标函数。例如在前一个问题中，可以给第一个目标赋予 0.75 的权重、给第 2 个约束赋予 0.25 的权重从而得到组合目标函数：MAX：$2.75X_1+0.75X_2$（注：在前一个问题中的第 2 个目标等价于 MAX：$-X_1-3X_2$）。然后将其在线性规划模型中作为目标函数求解可能的解。你认为这个方法有什么问题吗（如果有）？

9. 参阅本章给出的多目标线性规划的例题。图 7.9、图 7.10 和图 7.11 中的每个解都大于一种或多种所要求生产的煤的数量，汇总如下：

图中展示的解	过剩产量		
	高等级煤	中等级煤	低等级煤
图 7.9	0 吨	0 吨	15 吨
图 7.10	12 吨	0 吨	0 吨
图 7.11	72 吨	12 吨	0 吨

   a. 建立一个可以解出使最大超额产煤量最小化的线性规划模型（提示：使用最大值最小化目标而不是 MAX()函数）。
   b. 将模型建立在电子表格中并求解。
   c. 最优解是什么？
   d. 修改模型以求出使最大超额产煤百分比最小化的线性规划模型。最优解是什么？

10. Shelton 公司的首席财务官有 120 万美元分配给 5 个部门的如下预算请求：

部门 1	部门 2	部门 3	部门 4	部门 5
450,000 美元	310,000 美元	275,000 美元	187,500 美元	135,000 美元

因为总预算需求超过了可用的 120 万美元，所以不是所有的请求都可以得到满足。假设首席财务官认为部门 2 和部门 3 的请求重要性是部门 4 和部门 5 的请求重要性的两倍；部门 1 的请求重要性是部门 2 和部门 3 的请求重要性的两倍，进一步假设首席财务官要保证每个部门收到的预算至少是原请求数量的 70%。

a. 建立这个问题的目标规划模型。

b. 建立模型并进行求解，最优解是什么？

c. 假如首席财务官愿意为这些预算分配超过 120 万美元的金额，但是认为超过 120 万美元的不满意度相当于没有满足部门 1 预算请求不满意度的 2 倍。最优解是什么？

d. 假如首席财务官认为原始预算金额的所有偏差（包括可用的 120 万美元）是同等不满意的。使得与预算数量的最大偏差百分比最小化的解是什么？

11. Reeves 公司希望将 13 位公司客户分配给 3 名销售人员。下表总结了每位客户的年度预估潜在销售额（单位：百万美元）：

客户	A	B	C	D	E	F	G	H	I	J	K	L	M
预估销售额	67	84	52	70	74	62	94	63	73	109	77	36	114

Reeves 希望分配给每名销售人员的客户数量至少为 3 个但不多于 6 个。公司希望以下列方式将客户分配给销售员：每名销售员的一组客户预估的年潜在销售额尽可能相等。

a. 建立这个问题的目标规划模型（提示：应该有一个目标可以估计每名销售人员的年潜在销售额）。

b. 假设公司希望最小化与每个目标的绝对偏差之和。在电子表格中建立模型并求解。

12. Blue Ridge 热水浴缸公司制造和销售两种型号的浴缸：Aqua-Spas 和 Hydro-Luxes。公司的所有者和管理者 Howie Jones，需要决定下一个生产周期中生产每种型号浴缸的数量。Howie 从一家本地供应商那里购买预制的玻璃纤维浴缸外壳，并在外壳上安装水泵和水管制造成浴缸（这家供应商可以满足 Howie 的任何需求）。Howie 在两种浴缸中都安装相同型号的水泵。在下一个生产周期中，仅有 200 台可用的水泵。从生产的角度来看，两种型号浴缸之间的主要差别是所需水管和工时的数量。1 个 Aqua-Spas 浴缸需要 9 个工时、12 英尺的水管，1 个 Hydro-Luxes 浴缸需要 6 个工时、16 英尺的水管。预计在下一个生产周期中有 1,566 个生产工时和 2,880 英尺水管可用。售出 1 个 Aqua-Spas 浴缸可以获得利润 350 美元，售出 1 个 Hydro-Luxes 浴缸可以获得利润 300 美元。Howie 坚信可以售出生产的所有浴缸。生产 1 个 Aqua-Spas 浴缸产生 15 磅的有毒树脂，而生产 1 个 Hydro-Luxes 浴缸产生 10 磅的有毒树脂。Howie 给出问题的两个不同目标：使得利润最大化或使得产生的有毒树脂最小化。假设 Howie 认为使利润最大化的重要性是使产生的有毒树脂最小化重要性的一半。

a. 建立 Howie 的决策问题的多目标线性规划模型。

b. 在电子表格中建立模型并进行求解。

c. Howie 的多目标线性规划问题的解是什么？

d. 这个问题的可行域如图 2.7 所示。在这个图上指出 Howie 的多目标线性规划问题的帕累托最优解。

13. Weiner Meyer 肉食加工厂的所有者想要确定用于下一批汉堡生产的最好肉料混合。有 3 种肉料来源可用。下表汇总了这些肉料的相关特性：

	肉类 1	肉类 2	肉类 3
每磅的成本（美元）	0.75	0.87	0.98
脂肪含量	15%	10%	5%
蛋白质含量	70%	75%	80%
水分含量	12%	10%	8%
填充料含量	3%	5%	7%

当地一所小学订购了500磅肉,每磅1.10美元。唯一要求是肉包含至少75%的蛋白质、最多10%的水分和10%的填充料。通常店主都以成本最低的方式满足这个要求进行肉的生产。但是,店主考虑到学校午餐的脂肪太多,还希望最大限度地减少所产肉类的脂肪含量。

   a. 建立这个问题的多目标线性规划模型。
   b. 在电子表格中建立模型,并分别最优化所考虑的两个目标。
   c. 使用最小化脂肪含量的组合来满足订单,必须损失多少利润?
   d. 以使得与目标值的最大偏差百分比最小化作为目标函数,求解这个问题。你得到的解是什么?
   e. 假设店主认为脂肪含量最小化的重要性是利润最大化的重要性的两倍,将得到什么解?

14. 一家名为 Olive Grove 的意大利餐馆将在孟菲斯地区的许多地方开业。餐馆的市场部经理对新餐馆的广告和促销的预算为150,000美元。其中,做杂志广告每期2,000美元,产生的曝光量为每期250,000次;电视广告每次12,000美元,产生的曝光量约为1,200,000次。经理希望至少做5次电视广告和10次杂志广告,同时使得通过这次广告产生的曝光量最大化。但是,经理还希望花费在杂志广告和电视广告上的资金不超过120,000美元,以便将剩余的30,000美元用于其他促销。但是如果广告产生的影响力大幅度增加,那么经理花费在广告上的资金将超过120,000美元。

   a. 假设市场部经理有下列目标,建立这个问题的目标规划模型:

   目标1:曝光量最大化。
   目标2:花费在广告上的资金不超过120,000美元。
   (注:必须先对第1个目标确定一个适当的目标值)。
   假设市场部经理希望使与任何目标的最大偏差百分比最小化。

   b. 在电子表格中建立模型并进行求解。
   c. 你得到的解是什么?
   d. 如果这位经理希望花费在广告上的资金比你建议的少,那么你对自己的模型需要做什么样的修改?

15. Abingdon 市正在确定明年的税率结构。该市需要财产税、销售税、预制食品税和公用事业税获得600万美元的税收收入,下表总结了当每种税率增加1%时,每部分收入居民将会产生多少税收(例如,2%的预制食品税率将产生来自高收入居民24万美元的税收)。

每1%税率所产生的收入(千美元)

收入群体	销售	财产	预制食品	公共事业
低等	200	600	50	80
中等	250	800	100	100
高等	400	1,200	120	120

城市委员会已经指定了每类收入的税率必须在1%~3%之间,预制食品的税率不能超过销售税率的一半。在理想情况下,委员会想要从低收入居民处获得150万美元,从中等收入居民处获得210万美元,从高收入居民处获得240万美元来实现600万美元税收预算的目标。如果实现不了这种情况,那么委员会想要得到一个解,使得每个收入群体的税收目标的最大偏差百分比最小化。

   a. 建立这个问题的电子表格模型。
   b. 最优解是什么?

16. Royal Seas 公司经营从卡纳维拉尔港到加勒比海港的3晚游业务。公司希望通过电视广告向高收入男士、高收入女士和退休人员宣传这一旅游业务。公司决定考虑在黄金时间、下午的肥皂剧和晚间新闻期间播放电视广告。每种广告对公司的目标受众产生的预期曝光次数(单位:百万)汇总在下表中:

	黄金时间	肥皂剧	晚间新闻
高收入男士	6	3	6
高收入女士	3	4	4
退休人员	4	7	3

在黄金时间、下午的肥皂剧和晚间新闻期间的广告成本分别为 120,000 美元、85,000 美元和 100,000 美元。Royal Seas 公司希望达到下列目标：

目标 1：在电视广告上大约花费 900,000 美元。

目标 2：在高收入男士中产生大约 4,500 万次曝光。

目标 3：在高收入女士中产生大约 6,000 万次曝光。

目标 4：在退休人员中产生大约 5,000 万次曝光。

a. 建立这个问题的目标规划模型。假设基于相对偏差，第 1 个目标超过目标值的不满意程度与其余的目标未达到目标值的不满意程度是相等的。

b. 在电子表格中建立模型并进行求解。

c. 最优解是什么？

d. 允许公司花费尽量接近但不超过 900,000 美元的解是什么？

e. 假设公司花费不能超过 900,000 美元，使所有目标最大未达到目标值百分比最小化的解是什么？

f. 上面的两个解你更喜欢哪一个？为什么？

17. 弗吉尼亚科技公司经营自己的发电厂，工厂发的电为布莱克斯堡地区的大学及当地企业与居民提供电力。工厂烧 3 种类型的煤，产生气体推动涡轮发电。环境保护署（EPA）要求，每吨燃煤煤炉烟囱的排放物中含有的硫不能超过百万分之 2,500（2,500ppm）、煤尘不能超过 2.8kg。下表汇总了燃烧 1 吨不同的煤产生的硫、煤尘和蒸气的含量：

煤	硫（ppm）	煤尘（kg）	产生蒸气的磅数
1	1,100	1.7	24,000
2	3,500	3.2	36,000
3	1,300	2.4	28,000

3 种类型的煤可以任何组合混合燃烧。混合的煤产生的硫、煤尘的排放物和蒸气的磅数是表格中所示每种类型煤的数值的加权平均数。例如，如果混合得到的煤包含第 1 种煤 35%、第 2 种煤 40% 和第 3 种煤 25%，那么 1 吨混合煤燃烧产生的硫释放物（以 ppm 计）为

$$0.35\times1100+0.40\times3500+0.25\times1300=2110$$

该工厂的管理者希望在选择使用的混合煤时考虑下列目标：

目标 1：使产生的蒸气的磅数最大化。

目标 2：使硫排放量最小化。

目标 3：使煤尘排放量最小化。

a. 建立本问题的多目标线性规划模型，并将你的模型建立在电子表格中。

b. 对问题中的每一个目标确定最优可能值。

c. 确定与最优目标函数值的最大偏差百分比最小化的解。你得到的解是什么？

d. 假设管理层认为产生蒸气量最大化的重要性是达到其他目标最优可能值重要性的 5 倍，这将得到什么解？

18. Waygate 公司生产 5 种不同种类的个人计算机金属机箱。公司正在用 3 种不同型号的金属冲压机 Robo-Ⅰ、Robo-Ⅱ 和 Robo-Ⅲ 更换设备。每台机器的成本分别为 18,500 美元、25,000 美元和 35,000 美元。每种机器都可以被编制程序来生产 5 种金属机箱中的一种。在机器编程化后，以下列速度生产各种金属机箱：

	每小时生产机箱				
	类型 1	类型 2	类型 3	类型 4	类型 5
Robo-Ⅰ	100	130	140	210	80
Robo-Ⅱ	265	235	170	220	120
Robo-Ⅲ	200	160	260	180	220

公司有下列目标：

目标1：在购买新机器上花费不能超过约400,000美元。
目标2：具有每小时生产约3,200单位类型1机箱的能力。
目标3：具有每小时生产约2,500单位类型2机箱的能力。
目标4：具有每小时生产约3,500单位类型3机箱的能力。
目标5：具有每小时生产约3,000单位类型4机箱的能力。
目标6：具有每小时生产约2,500单位类型5机箱的能力。

a. 建立这个问题的目标规划模型。假设所有目标的百分比偏差是同样不满意的。
b. 在电子表格中建立模型，并进行求解。
c. 最优解是什么？
d. 使得与所有目标的最大偏差百分比最小化的解是什么？
e. 假设公司花费不能够超过400,000美元。使得与其余的目标的最大偏差百分比最小化的解是什么？

19. 佛罗里达高中篮球联赛在4个不同的县中开展，每个县与联赛场地间的平均距离（以英里计）如下表所示：

县之间的平均距离（英里）

	Orange	Seminole	Osceola	Volusia
Orange	——	30	45	60
Seminole	30	——	50	20
Osceola	45	50	——	75
Volusia	60	20	75	——

比赛由各县的执证裁判员主持。Orange、Seminole、Osceola和Volusia县分别有40、22、20和26名执证裁判员。在比赛期间，执证裁判员不能在他们家所在的县执裁，且每英里的出行成本为0.23美元（此外，每场比赛裁判费为50美元。假设认证裁判员用单独的车辆去比赛场地）。此外，一个县的裁判不能在另一个县执裁超过50%的比赛。预计Orange、Seminole、Osceola和Volusia县分别将举办28、24、16和20场比赛。

a. 建立电子表格模型，确定分配不同县的裁判员的最低成本计划
b. 最优解和裁判员的相关出行成本是多少？
c. 假设这些比赛的裁判出行成本不超过700美元。有可能吗？若不能，则确定求解方案，使每个县50%的裁判数要求的最大偏差百分比最小化，同时不超过700美元的出行成本。

20. Alaskan铁路是一个独立的铁路运营商，与北美任何其他铁路服务都没有联系。因此，Alaskan与北美其他地区的铁路运输货物必须由卡车运送几千米，或者装载到远洋货船上进行海上运输。Alaskan铁路最近开始与加拿大国家就延伸铁路线以连接北美铁路系统展开会谈。北美铁路系统目前给New Hazelton和Chetwynd提供服务。Alaskan铁路想要延伸铁路，以便至少能够到达Skagway和Fairbanks其中一个城市。图7.19总结了可以修建的不同铁路部分。当然，修建每段铁路会有相关的财务成本，公司想要使成本最小化。然而，修建每段铁路也会产生相关的环境成本。在财务上量化这些成本是很困难的，但是公司委托进行一项研究，由环境专家评估建设每段铁路对环境的影响，并将研究结果归纳为0~100（0代表最小负面影响，100代表最大负面影响）。每个潜在铁路的财务成本和环境影响显示在图7.19中的弧上。

a. 对这个问题建立一个网络流模型，确定连接北美铁路系统与Skagway、Fairbanks的最低成本路线。这条路线的财务成本是多少？总的环境影响评分是多少？
b. 确定以最小化总的环境影响的方式连接北美铁路系统与Skagway、Fairbanks的路线。这条路线的财务成本是多少？总的环境影响评分是多少？
c. 如果Alaskan铁路认为最小化总的环境影响与最小化财务成本对于新建铁路线是同等重要的，那么解是多少？在这样的情况下，每个目标距离它的最优能值为多远（按百分比计算）？

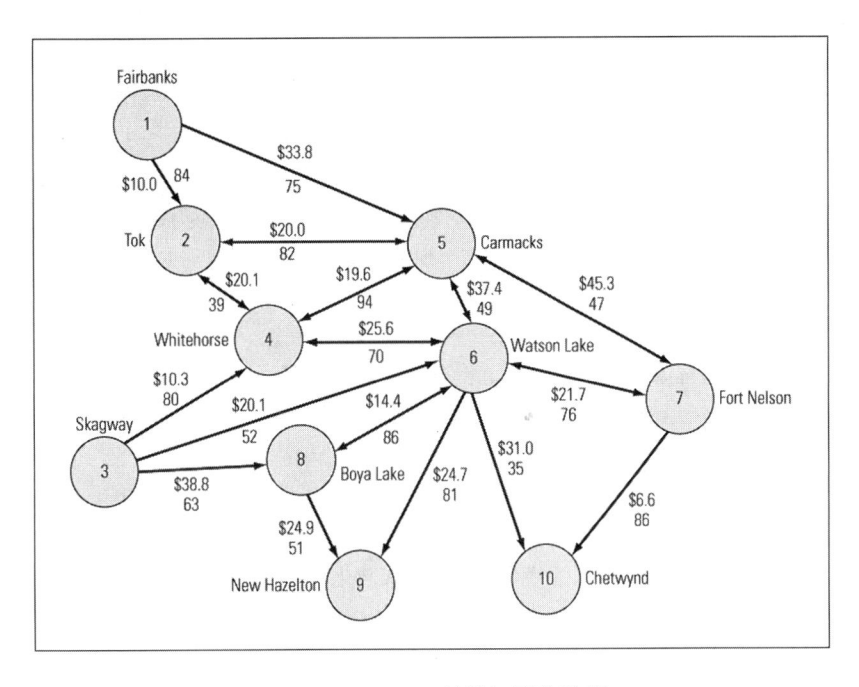

图 7.19 Alaskam 铁路问题的数据

21. Chick'n-Pick'n 快餐连锁店正在考虑如何扩展经营业务。可选择的零售店有 3 个类型：为城区的办公楼设计的午餐柜台店、为购物中心设计的 eat-in 快餐店，以及具有汽车外卖窗口和座位设施的独立建筑快餐店。下表汇总了与每种经营相关的工作数量、启动成本和年回报：

	午餐柜台店	购物中心店	独立建筑店
工作数量	9	17	35
启动成本（美元）	150,000	275,000	450,000
年回报（美元）	85,000	125,000	175,000

公司对下一年新的经营项目有 2,000,000 美元可以作为启动资金。另外，午餐柜台经营项目有 5 个可以选择的地点，购物中心经营项目有 7 个可以选择的地点，独立建筑经营项目有 3 个可以选择的地点。公司希望其扩展计划可使年回报和产生的工作数量最大化的方式进行。

   a. 建立这个问题的多目标线性规划模型。
   b. 确定问题中每个目标最好的可能取值。
   c. 在电子表格中建立模型并求使与最优目标函数值的最大偏差百分比最小化的解。你得到的解是什么？
   d. 假设管理层认为使回报最大化的重要性是使产生的工作数量最大化的重要性的 3 倍。这将产生什么解？

22. 一家私人基金已经提供 300 万美元分配到城市的救助基金项目中，以帮助无家可归者。从城市 A、B 和 C 分别收到寻求 75 万美元、120 万美元和 250 万美元资助的提案。在通过的提案中，要求这些城市为使用这笔资金确定救助单位的数量（一个救助单位是在避难所床上睡一晚或者吃一顿免费的饭）。城市 A、B 和 C 分别上报它们可以在明年利用这笔资金提供 48.5 万、85 万和 150 万个救助单位。基金会的董事有两个目标。他们希望使用这 300 万美元得到的救助单位数最大化。但是，他们还希望通过尽可能多地为每个城市的请求提供资金来帮助每个城市（这个可以通过使得各个城市接受资金的最小百分比最大化实现）。

   a. 建立这个问题的多目标线性规划模型。
   b. 确定问题中每个目标的最优可能值。

c. 在电子表格中建立模型并进行求与最优目标函数值的最大偏差百分比最小化的解。你得到的解是什么?

23. Glissen Paint 公司的市场部经理正在为公司的销售人员制定每周销售与营销计划。公司的销售代表接触两类客户:老客户和新客户。与老客户的一次接触,在正常情况下花费销售人员 3 小时时间(包括路上所用时间),平均产生 425 美元的销售额;与新客户的一次接触通常花费的时间要长一点,平均为 4 小时,平均产生 350 美元的销售额。公司的销售人员每周要工作 40 小时,但是为了达到他们的销售配额(奖金以其为基础),常常需工作更长时间。公司有一个规定,每位销售人员每周的工作时间限制在 50 小时之内。销售经理希望为销售人员制定的客户接触定额满足下列目标(按照重要性排列)。

目标 1:每位销售人员每周应该平均完成销售水平为 6,000 美元。

目标 2:每位销售人员每周应该至少接触 10 位老客户。

目标 3:每位销售人员每周应该至少接触 5 位新客户。

目标 4:每位销售人员每周的加班时间应该限制在 5 小时之内。

a. 建立这个问题的目标规划模型,以使与目标不理想的偏差百分比的加权和最小化为目标函数。

b. 在电子表格中建立模型,并在假设每个目标的权重相等的条件下对模型进行求解。得到的解是什么?

24. 一家废纸回收公司将报纸、混合纸、白色办公纸和纸板转化成新闻用纸、包装用纸和印刷品优质纸的纸浆。回收公司正在确定满足 500 吨的新闻用纸纸浆、600 吨的包装用纸纸浆、300 吨的印刷品优质用纸纸浆的订单的最佳方式。下表汇总了从每吨回收的原料再生出每种纸浆的产出率:

	再生产出率		
	新闻用纸	包装用纸	印刷品用纸
报纸	85%	80%	——
混合纸	90%	80%	70%
白色办公纸	90%	85%	80%
纸板	80%	70%	——

例如,1 吨报纸可以通过技术再生出 0.85 吨新闻用纸纸浆或 0.80 吨包装用纸纸浆;类似地,1 吨纸板可以再生出 0.80 吨新闻用纸纸浆或 0.70 吨包装用纸纸浆。注意,报纸和纸板通过目前的可用技术不能再生出印刷品用纸纸浆。当每种原料进行再生时,也会产生一种回收商必须处理的有毒泥浆。将 1 吨各种原料加工成不同类型的纸浆所产生的有毒纸浆的数量(磅)汇总在下表中。例如,将 1 吨报纸加工成新闻用纸纸浆产生 125 磅有毒纸浆:

	泥浆磅数		
	新闻用纸	包装用纸	印刷品用纸
报纸	125	100	0
混合纸	50	100	150
白色办公纸	50	75	100
纸板	100	150	0

每吨原料再生成各种纸浆的处理成本和可以购买到 4 种原材料的数量及购买成本汇总在下表中:

	每吨购买成本(美元)			每吨购买成本	购买量(吨)
	新闻用纸	包装用纸	印刷品用纸		
报纸	6.50	11.00	——	15	600
混合纸	9.75	12.25	9.50	16	500
白色办公纸	4.75	7.75	8.50	19	300
纸板	7.50	8.50	——	17	400

这里的加工成本包括处理有毒泥浆的成本。但是,回收公司的管理者更愿意最小化产生的有毒泥浆数量

与完成订单的总成本

a. 建立这个问题的多目标线性规划模型,并在电子表格中建立模型。

b. 确定问题中每个目标的最优可能值。

c. 求与最优目标函数值最大偏差百分比最小化的解。得到的解是什么??

d. 假设管理层认为使得成本最小化的重要性是使得产生有毒纸浆的数量最小化的重要性的两倍。这样将产生什么解?

25. Pond Island 银行的一位信托人员需要确定银行可投资资金投入下列各项投资的百分比。

投资	回报率	期限	风险
A	11.0%	8	5
B	8.0%	1	2
C	8.5%	7	1
D	10.0%	6	5
E	9.0%	2	3

标记"回报率"的列代表每个投资品种的年回报率,标记"期限"的列代表资金每个投资品种必须投资的年数,标记"风险"的列代表独立财务分析人员对每个投资品种风险的评估。总之,信托人员希望在加权平均期限和加权平均风险最小化的同时,使得投放到这些投资品种的资金的加权平均回报最大化。

a. 建立这个问题的多目标线性规划模型,并在电子表格中建立模型。

b. 确定问题中每个目标的最优可能值。

c. 求与最优目标函数值最大相对偏差最小化的解。得到的解是什么?

d. 假设管理层认为使得平均期限最小化的重要性是使得平均风险最小化的重要性的两倍,且使得平均回报最大化的重要性是使得平均期限最小化的重要性的两倍。这样将产生什么解?

26. 美国东北部的一座大城市希望建立中心交通站,参观者可以乘公交车到达 4 处历史遗迹。这座城市规划为由南北走向、间隔相同的街道,以及东西走向、间隔相同的街道构成网格或区块的格局。城市中任何区块的拐角点的坐标可以由交汇的具体拐角处的南北向街道和东西向街道号标明。下表给出了 4 个历史遗迹的坐标:

历史遗迹	南北向街道	东西向街道
1	7	3
2	3	1
3	1	6
4	6	9

交通规划人员希望能使到达每个历史遗迹总行程(直角边长度)之和最小的地点建造交通中心站。例如,若将交通中心站建造在第 6 南北向街道和第 2 东西向街道处,则到每个历史遗迹的总距离为

历史遗迹	距离
1	|7-6|+|3-2|=1+1=2
2	|3-6|+|1-2|=3+1=4
3	|1-6|+|6-2|=5+4=9
4	|6-6|+|9-2|=0+7=7

a. 在直角坐标系中绘制各个历史遗迹的位置,其中 X 轴代表东西向街道(原点:0),Y 轴代表南北向街道(原点:0)。

b. 建立确定交通中心站应该位于哪个拐角的线性规划模型[提示:令决策变量代表交通中心站的南北向

街道的位置（X_1）和东西向街道的位置（X_2），并使用偏差变量度量每一个历史遗迹到 X_1 和 X_2 的南北向街道的绝对距离和东西向街道的绝对距离。使得偏差变量的和最小化]。

27. KPS 通信公司正在计划为艾奥瓦州的 Ames 镇接入无线互联网。利用地理信息系统，KPS 通信公司已经将 Ames 镇分为下列 5×5 的区块。网格中每个区块中的数值的含义是，如果无线互联网提供给由每一区块代表的地理区域，那么 KPS 通信公司将获得的期望年收益。

各区块的期望年收益（千美元）

34	43	62	42	34
64	43	71	48	65
57	57	51	61	30
32	38	70	56	40
68	73	30	56	44

KPS 通信公司可以在网格中的任何区块以每座 150,000 美元的成本建造无线通信塔。每个信号塔可以为所在的区块和所有相邻的区块提供无线上网服务（若区块之间有共同边界线，则认为它们是相邻的。仅仅在一个顶点相接不认为它们是相邻的）。KPS 通信公司希望确定建造多少信号塔，以及在哪里建造信号塔才能使第一年运营利润最大化（注：若一个区块可以收到两座不同信号塔的无线上网服务，则这个区块的收益只能计算一次）。

a. 建立这个问题的电子表格模型并进行求解。
b. 最优解是什么？KPS 通信公司在第 1 年将赚到多少钱？
c. 为了占据这个市场统治地位，KPS 通信公司又在考虑为 Ames 镇的所有区域提供无线上网服务——尽管这样做在短期内利润较低。对模型进行必要的修改，确定使得在 Ames 镇的无线信号覆盖面最大化的信号塔选址计划。最优解是什么？这个解产生多少利润？
d. 显然，在 b 中使得利润最大化的目标函数与在 c 中使得无线信号覆盖面最大化的目标函数之间需要协调。试确定使得与 b 中和 c 中的最优目标函数值的最大偏差百分比最小的解。
e. 假设 KPS 通信公司认为使得利润最大的重要性是使得覆盖面最大重要性的两倍。得到的解是什么？

28. 一位专门经销新款二手车的汽车经销商在汽车拍卖会上收集了 5 辆同厂家、同年份、同款式汽车的售价和里程数，如下表所示：

里程数	成交价格（美元）
43,890	12,500
35,750	13,350
27,300	14,600
15,500	15,750
8,900	17,500

因为里程数与成交价格之间似乎存在很强的联系，所以经销商希望使用这个信息，在里程的基础上预测这种汽车的市场价值。这位经销商认为汽车销售价格可以预测为

估计价格 = A + B × 里程数

A 和 B 为数值常数（可能为正，也可能为负）。经销商利用上周拍卖会上收集的数据，希望确定使得下列数量最小的 A 和 B 的数值：

MIN: $|A+B\times43890-12500|+|A+B\times35750-13350|+$

$|A+B\times27300-14600|+|A+B\times15500-15750|+$

$|A+B\times8900-17500|$

注意，这个目标函数寻求使每辆汽车的实际销售价格与估计销售价格之间偏差和的绝对值最小的 A 和 B 的数值。

a. 使用偏差变量建立一个线性规划模型，使用上面的计算标准，使获得的解提供 A 和 B 的最好的值。也就是说，当 A 和 B 取什么值时，使得实际与预计销售价格之间的绝对偏差总和最小？

b. 在电子表格中建立模型并求解。

c. 使用你的解确定的 A 和 B 的数值，每辆汽车的估计销售价格为多少？

29. 参阅上一题。假设该汽车经销商希望求得使每辆汽车的实际销售价格与估计销售价格之间最大绝对偏差最小的 A 和 B 的数值。满足这个目标的 A 和 B 的数值是什么？

30. 机器加工车间的一项工作需要经过 5 道工序——A、B、C、D 和 E。每种加工工序都可以在两台机器中的任一台上进行。下表汇总了每台机器进行每道工序所需的时间（单位任意）：

	A	B	C	D	E
机器 1	7	8	4	4	9
机器 2	5	3	9	6	8

建立可以确定使得各台机器上使用的最大时间量最小化的工作安排。即若 t_i 是使用机器 i 的总时间，则求使得最大的 t_1 和 t_2 最小化的解。

案例 7.1 在蒙特利尔清除积雪

在蒙特利尔和很多北部地区，积雪的清扫和处置是一项重要且成本高昂的活动。虽然街道和人行道上的积雪可以通过撒盐和铲除来清理，但在长时间的低温环境下，积雪会阻碍行人和车辆的通行，因此必须将其运走。

为及时清除和处理积雪，一个城市被划分成多个区域，积雪清除工程在多个地点同时实施，在蒙特利尔，积雪被卡车运离到处置地点。不同类型的处置地点可以容纳不同数量的雪，这取决于处置设备的物理尺寸。5 个不同积雪处理点的年生产能力在下表中给出（以千立方米计）：

	积雪处理点				
	1	2	3	4	5
生产能力	350	250	500	400	200

被运输到不同处置地点的积雪，通常被盐和除冰化学剂融化掉。当雪消融后，这些污染物最终汇入河流、湖泊和地方水源。各处置点都配备了清除积雪中不同污染物的装置。积雪中污染物的百分比如下表所示，各处理点积雪中的污染物含量相对稳定。

	积雪处理点				
	1	2	3	4	5
污染物	30%	40%	20%	70%	50%

运送和处理积雪的成本主要取决于运输距离。为规划方便，蒙特利尔市采用各地点的中心到处置点的直线距离，在这些地点运输雪时都有一个大约的成本。下表总结了城市 10 个地点之间的距离（以千米计）：

地点	积雪处置点				
	1	2	3	4	5
1	3.4	1.4	4.9	7.4	9.3
2	2.4	2.1	8.3	9.1	8.8
3	1.4	2.9	3.7	9.4	8.6
4	2.6	3.6	4.5	8.2	8.9
6	4.2	4.9	6.5	7.7	6.1
7	4.8	6.2	9.9	6.2	5.7
8	5.4	6	5.2	7.6	4.9
9	3.1	4.1	6.6	7.5	7.2
10	3.2	6.5	7.1	6	8.3

根据历史降雪数据,估计这个城市各地点每年需要清除的积雪量是该地点街道长度的 4 倍(例如,1 米长的街道在 1 年内产生 4 立方米的积雪)。下表估计了每个地点在接下来的一年需要清除的雪(千立方米)。

估计每年需要清除的雪(千立方米)

1	2	3	4	5	6	7	8	9	10
153	152	154	138	127	129	111	110	130	135

1. 如果蒙特利尔要追求最小化积雪运输距离的目标(即清除积雪的成本),那么应该计划从各地点到各处置点转移多少雪?

2. 如果将 1,000 立方米的雪移动 1 千米的成本是 35 美元,那么蒙特利尔在清除积雪的交通运输上会花费多少资金?

3. 如果蒙特利尔追求最大化移除污染物数量的目标,那么应该计划从各地点到各处地点转移多少雪?这个解的运输成本是多少?

4. 如果蒙特利尔想要将前面提到的两个目标中的每一个的最大偏离百分比最小化,那么最优解是什么?每个目标函数与其最优值相距多远?

5. 如果认为清除积雪中的污染物的重要性是运输积雪成本最小化的 5 倍,那么什么求解方案能最大限度地减少每个目标的最大加权百分比偏差?每个目标函数与其最优值相距多远?

6. 当蒙特利尔处理两个相互矛盾的目标时,你有什么其他建议吗?

案例 7.2 食品券项目的营养计划

美国农业部负责管理国家的食品券项目,向低收入家庭提供代金券,代金券可以在杂货商店购买食物。在确定发行的代金券的现金值中,美国农业部必须考虑不同年龄组男性和女性得到营养均衡的配餐需要多少钱。第一步,美国农业部制定和分析了 31 种不同的食品组,每个食品组对应 24 种不同营养类别的含量。这个信息的部分列表在图 7.20(本书的配套文件 DietData.xlsm)中给出。

这个电子表格的最后两行给出了 20 岁到 50 岁男性每周所需营养的最小值或最大值(最大值是 9999 的表明,对于这种具体的营养需要没有最大值)。

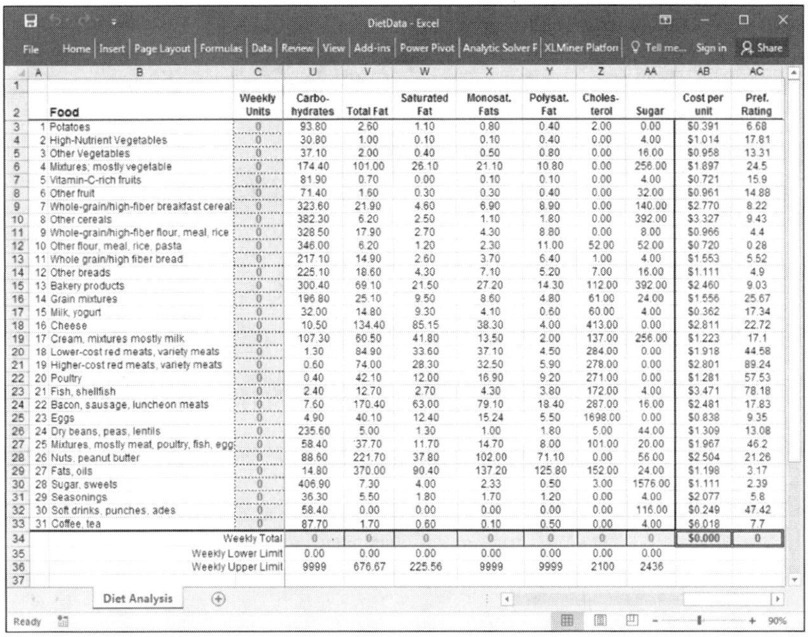

	Food	Weekly Units	Carbo-hydrates	Total Fat	Saturated Fat	Monosat. Fats	Polysat. Fat	Choles-terol	Sugar	Cost per unit	Pref. Rating
1	Potatoes	0	93.80	2.60	1.10	0.80	0.40	2.00	0.00	$0.391	6.68
2	High-Nutrient Vegetables	0	30.80	1.00	0.10	0.10	0.40	0.00	4.00	$1.014	17.81
3	Other Vegetables	0	37.10	2.00	0.40	0.50	0.80	0.00	16.00	$0.958	13.31
4	Mixtures; mostly vegetable	0	174.40	101.00	26.10	21.10	10.80	0.00	256.00	$1.897	24.5
5	Vitamin-C-rich fruits	0	81.90	0.70	0.00	0.10	0.10	0.00	4.00	$0.721	15.9
6	Other fruit	0	71.40	1.60	0.30	0.30	0.40	0.00	32.00	$0.961	14.88
7	Whole-grain/high-fiber breakfast cereal	0	323.60	21.90	4.60	6.90	8.90	0.00	140.00	$2.770	8.22
8	Other cereals	0	382.30	6.20	2.50	1.10	1.80	0.00	392.00	$3.327	9.43
9	Whole-grain/high-fiber flour, meal, rice	0	328.50	17.90	2.70	4.30	8.80	0.00	8.00	$0.966	4.4
10	Other flour, meal, rice, pasta	0	346.00	6.20	1.20	2.30	11.00	52.00	52.00	$0.720	0.28
11	Whole grain/high fiber bread	0	217.10	14.90	2.60	3.70	6.40	1.00	4.00	$1.553	5.52
12	Other breads	0	225.10	18.60	4.30	7.10	5.20	7.00	16.00	$1.111	4.9
13	Bakery products	0	300.40	69.10	21.50	27.20	14.30	112.00	392.00	$2.460	9.03
14	Grain mixtures	0	196.80	25.10	9.50	8.60	4.80	61.00	24.00	$1.556	25.67
15	Milk, yogurt	0	32.00	14.80	9.30	4.10	0.60	60.00	4.00	$0.362	17.34
16	Cheese	0	10.50	134.40	85.15	38.30	4.00	413.00	0.00	$2.811	22.72
17	Cream, mixtures mostly milk	0	107.30	60.50	41.80	13.50	2.00	137.00	256.00	$1.223	17.1
18	Lower-cost red meats, variety meats	0	1.30	84.90	33.60	37.10	4.50	284.00	0.00	$1.918	44.58
19	Higher-cost red meats, variety meats	0	0.60	74.00	28.30	32.50	5.90	278.00	0.00	$2.801	89.24
20	Poultry	0	0.40	42.10	12.00	16.90	9.20	271.00	0.00	$1.281	57.53
21	Fish, shellfish	0	2.40	12.70	2.70	4.30	3.80	172.00	4.00	$3.471	78.18
22	Bacon, sausage, luncheon meats	0	7.60	170.40	63.00	79.10	18.40	287.00	16.00	$2.481	17.83
23	Eggs	0	4.90	40.10	12.40	15.24	5.50	1698.00	0.00	$0.838	9.35
24	Dry beans, peas, lentils	0	235.60	5.00	1.30	1.00	1.80	5.00	44.00	$1.309	13.08
25	Mixtures, mostly meat, poultry, fish, egg	0	58.40	37.70	11.70	14.70	8.00	101.00	20.00	$1.967	46.2
26	Nuts, peanut butter	0	88.60	221.70	37.80	102.00	71.10	0.00	56.00	$2.504	21.26
27	Fats, oils	0	14.80	370.00	90.40	137.20	125.80	152.00	24.00	$1.198	3.17
28	Sugar, sweets	0	406.90	7.30	4.00	2.33	0.50	3.00	1576.00	$1.111	2.39
29	Seasonings	0	36.30	5.50	1.80	1.70	1.20	0.00	4.00	$2.077	5.8
30	Soft drinks, punches, ades	0	58.40	0.00	0.00	0.00	0.00	0.00	116.00	$0.249	47.42
31	Coffee, tea	0	87.70	1.70	0.60	0.10	0.50	0.00	4.00	$6.018	7.7
		Weekly Total	0	0	0	0	0	0	0	$0.000	0
		Weekly Lower Limit	0.00	0.00	0.00	0.00	0.00	0.00	0.00		
		Weekly Upper Limit	9999	676.67	225.56	9999	9999	2100	2436		

图 7.20 美国农业部配餐计划问题的数据

美国农业部利用这个信息设计了一种满足给定营养的配餐计划（或每周消费计划）。图 7.20 的最后两列是配餐需计划要追求的两个不同目标。首先，希望给出满足营养要求但成本最低的配餐。虽然这样的配餐是很经济的，但同时它也非常适合人们的口味。为了搞清楚这个问题，美国农业部进行了一项调查来评估人们对不同食品组的偏好。图 7.20 的最后一列汇总了这些喜好程度，高分数表明食品比较受欢迎，低分数表明食品比较不受欢迎。因此，追求的另一个目标是确定满足营养要求且产生最高的总喜好程度的配餐。但是，这个解的代价昂贵。假设美国农业部请你使用多目标线性规划帮助他们分析这个情况。

a. 求以最低成本方式满足营养需求的每周配餐。可能的最低成本是什么？这个解的偏好程度是什么？

b. 求满足最高偏好程度的营养需求的每周配餐。这个解的偏好程度是什么？这个解相应的成本是什么？

c. 求使得与每一个目标的最优值的最大相对偏差最小化的解。与这个相关的偏好程度和成本是什么？

d. 假设与最优成本值的偏差的权重是与最优偏好程度值的偏差权重的两倍。求使得最大权重相对偏差最小化的解。相关的偏好程度和成本是什么？

e. 如果你已经吃过据此结果制作的配餐，那么你希望将什么因素或约束包括在分析中？

案例 7.3 Caro-Life 公司销售区域计划

Caro-Life 是一家专门向北卡来罗纳州的居民销售人寿保险、汽车保险和家庭保险的金融服务公司。公司计划在南卡罗来纳拓展和提供服务。公司希望设立遍及全州的一组（10 个）办公室，用以保证州中所有居民至少可以找到一个位于他们所在县或相邻县的办公室。与某一办公室所在县相邻的一组县被认为是这个办公室的销售区域（注：认为一个县与它本身也是相邻的）。图 7.21（本书的配套文件 Caro-Life.xlsm）给出了全州相邻两县的矩阵的一部分 Excel 电子表格，以及每个潜在销售区域的估计人口与地理面积(平方英里,矩阵中的数值 1 表明这个县与另一个县是相邻的)。

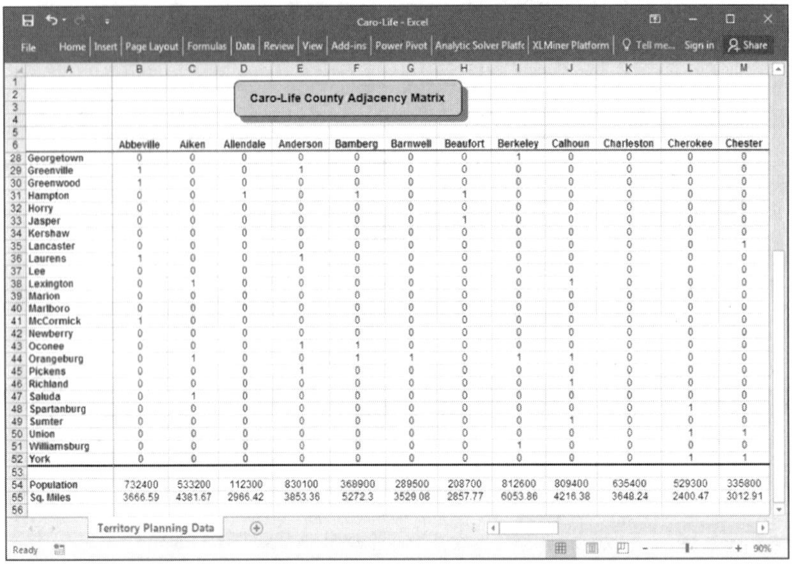

	Abbeville	Aiken	Allendale	Anderson	Bamberg	Barnwell	Beaufort	Berkeley	Calhoun	Charleston	Cherokee	Chester
Georgetown	0	0	0	0	0	0	0	1	0	0	0	0
Greenville	1	0	0	1	0	0	0	0	0	0	0	0
Greenwood	1	0	0	0	0	0	0	0	0	0	0	0
Hampton	0	0	1	0	1	0	1	0	0	0	0	0
Horry	0	0	0	0	0	0	0	0	0	0	0	0
Jasper	0	0	0	0	0	0	1	0	0	0	0	0
Kershaw	0	0	0	0	0	0	0	0	0	0	0	0
Lancaster	0	0	0	0	0	0	0	0	0	0	0	1
Laurens	1	0	0	1	0	0	0	0	0	0	0	0
Lee	0	0	0	0	0	0	0	0	0	0	0	0
Lexington	0	1	0	0	0	0	0	0	1	0	0	0
Marion	0	0	0	0	0	0	0	0	0	0	0	0
Marlboro	0	0	0	0	0	0	0	0	0	0	0	0
McCormick	1	0	0	0	0	0	0	0	0	0	0	0
Newberry	0	0	0	0	0	0	0	0	0	0	0	0
Oconee	0	0	0	1	1	0	0	0	0	0	0	0
Orangeburg	0	1	0	0	1	1	0	1	1	0	0	0
Pickens	0	0	0	1	0	0	0	0	0	0	0	0
Richland	0	0	0	0	0	0	0	0	1	0	0	0
Saluda	0	1	0	0	0	0	0	0	0	0	0	0
Spartanburg	0	0	0	0	0	0	0	0	0	0	1	0
Sumter	0	0	0	0	0	0	0	0	1	0	0	0
Union	0	0	0	0	0	0	0	0	0	0	1	1
Williamsburg	0	0	0	0	0	0	0	1	0	0	0	0
York	0	0	0	0	0	0	0	0	0	0	1	1
Population	732400	533200	112300	830100	368900	289500	208700	812600	809400	635400	529300	335800
Sq. Miles	3666.59	4381.67	2966.42	3853.36	5272.3	3529.08	2857.77	6053.86	4216.38	3648.24	2400.47	3012.91

图 7.21 Caro-Life 公司销售区域计划问题的数据

给定区域的保险产品的销售与该区域中居住的人口数高度相关。所以，分配到各办公室的代理都希望自己的销售区域包含尽量多的人口（销售潜力最大）。另一方面，包含大量人口的区域可能具有广阔的地理面积，这将使得这个区域的代理需要花费大量的路途时间。所以，使区域有很多人口的目标有时与使区域的地理面积较小是相矛盾的。Caro-Life 公司将销售区域设计的尽量公平是很重要的（即区域在地理面积和销售潜力是相似的）。

a. 假设 Caro-Life 公司要使 10 个办公室的平均销售潜力最大化，应该将办公室的地址选在哪里？与每个办公室相对应的人口数和地理面积分别是多少？

b. 假设 Caro-Life 公司希望使 10 个不同办公室中的每一个覆盖的平均地理面积最大化，应该将办公室的地址选在哪里？与每一个办公室相对应的人口数和地理面积分别是多少？

c. 确定使得与 a 和 b 给出的最优目标函数值的最大相对偏差最小化的解？按照这个解，Caro-Life 公司应该将办公室的地址选在哪里？与每一个办公室相对应的人口数和地理面积分别是多少？

d. 假设 Caro-Life 公司认为，使得销售区域的平均销售潜力最大化的重要性是使得销售区域平均地理面积最小化的重要性的两倍。求使得最大的平均加权相对偏差最小化的解。Caro-Life 公司应该将办公室的地址选在哪里？与每一个办公室相对应的人口数和地理面积分别是多少？

e. 你会建议 Caro-Life 公司在这个决策问题建模中考虑其他什么问题？

第 8 章 非线性规划和演化算法

8.0 引言

到目前为止，我们对优化的研究只考虑了目标函数和约束条件都是决策变量的线性函数的数学规划模型。在很多决策问题中，使用这种线性的函数是合适的。但在其他类型的优化问题中，存在目标函数和约束条件不能仅使用决策变量的线性函数来建模的情形，这些类型的问题称为非线性规划（NLP）问题。

建立一个非线性规划问题的过程实际上和建立一个线性规划问题的过程相同。在每种情况下，必须确定合适的决策变量，用这些变量表达出合适的目标函数及约束。正如你将看到的，在电子表格中建立并求解非线性规划问题的过程与建立并求解线性规划问题也是相似的。但是，求解非线性规划问题需要的技术（即数学过程）极其不同。虽然像规划求解器（Solver）这样的优化软件能让用户对这些差异一目了然，但理解这些差异非常重要，这样才能理解求解非线性规划问题时可能遇到的困难。本章讨论求解非线性规划问题需了解的一些独特性质和遇到的挑战，并给出一些可以模型化为非线性规划问题的管理决策问题的例子。

8.1 非线性规划问题的本质

线性规划和非线性规划问题之间最大的差异是非线性规划可以有一个非线性目标函数，可以有一个或多个非线性约束。为了理解优化问题中引入的非线性因素的差异和困难，考虑图 8.1 中各种假设的非线性规划问题。

图 8.1a 是一个具有线性目标函数及非线性可行域的问题。注意到这个问题的可行域的边界不全是直线。这个问题的约束中至少有一个必须是非线性的，因为可行域的边界线是曲线。这条曲线导致这个问题的唯一最优解出现在不是可行域顶点的地方。

图 8.1b 是一个具有非线性的目标函数及线性约束方程的问题。如图中所示，如果一个非线性规划问题有一个非线性目标函数，那么与目标相关的等值曲线也是非线性的。所以从这张图中我们观察到，非线性的目标也可以导致非线性规划问题的最优解出现在不是可行域顶点的地方——即使所有的约束都是线性的。

图 8.1c 是一个具有非线性目标及非线性约束方程的问题。在这里，我们再次看到这个非线性规划问题的最优解出现在不是可行域顶点的地方。

最后，图 8.1d 是另一个具有非线性目标及线性约束方程的问题。这个问题的最优解出现在可行域内部的一点。

这些图说明了线性规划和非线性规划问题之间的主要差异——线性规划问题的最优解总是出现在它可行域的顶点，但是这对非线性规划问题来说并不正确。一些非线性规划问题的最优解可能根本不会出现在可行域的边界上，而是出现在可行域内的某些点。因此，用单纯形法寻找可行域的顶点来求解线性规划问题的方法将不适用于非线性规划问题。我们需要另一种方法来求解非线性规划问题。

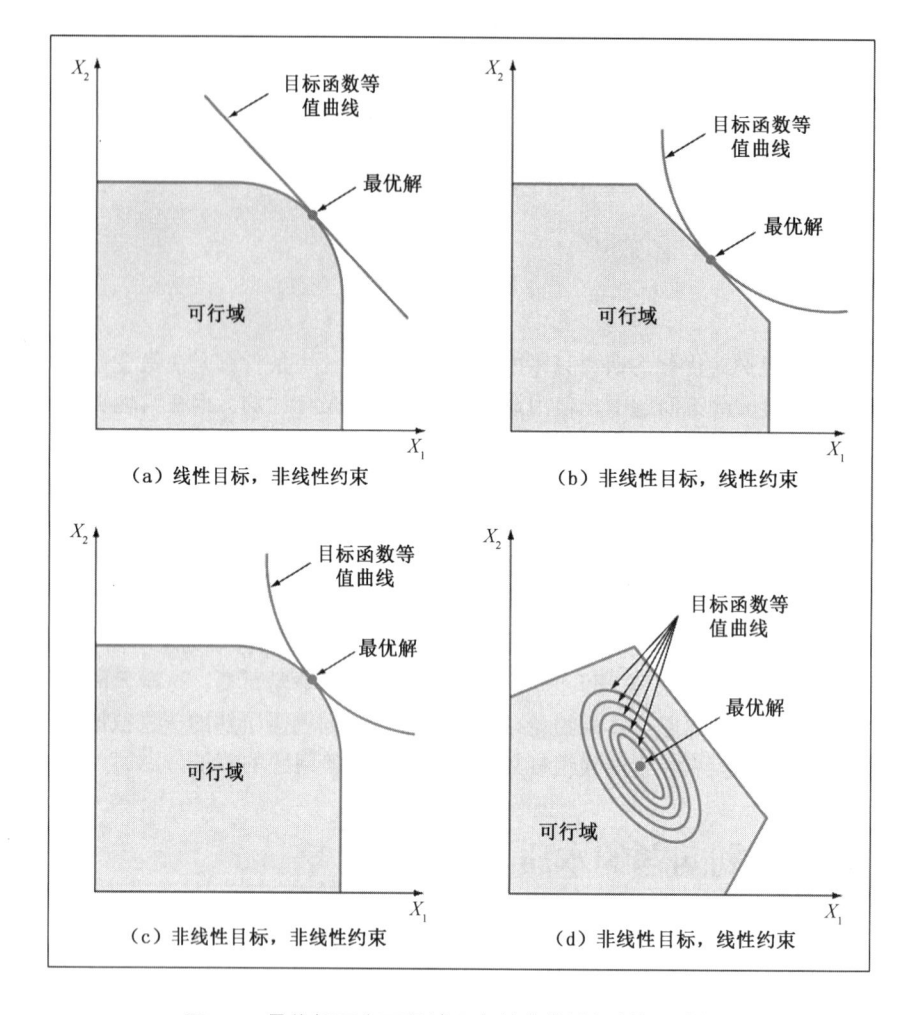

图 8.1　最优解不在可行域顶点的非线性规划问题例子

8.2　非线性规划问题的求解策略

规划求解器求解非线性规划问题的过程称为广义简约梯度算法（GRG）。这个过程涉及的数学运算相当复杂，超出了本书的范围。但是，接下来的讨论会让你对 GRG 和其他非线性规划的求解算法背后的思想有一个基本（也许有些不精确）的理解。

非线性规划算法从非线性规划问题的任何一个可行解开始，这个最初可行解被称为起点。然后，该算法尝试从起点穿过可行域，向能够使目标函数值得到改进的方向移动。之后在选定的可行域方向上进行一定量的移动（或步长），从而产生一个新的、更好的可行解。该算法接下来确认另一个能够使得目标函数值得到优化的可行域方向并向其移动。如果存在这样一个方向，那么该算法就确定新的步长，并向能够得到一个新的、更好可行解的方向移动。这个过程一直持续直到该算法到达一个点，在该点处，再也没有一个可行的方向能够使目标函数值得到改善。当不存在进一步改进的可能性时（或进一步改进的可能性变得任意小），该算法将终止。

图 8.2 给出了一个粗略的非线性规划算法如何运行的图例。在这张图中，一个最初的可行解出现在原点（点 A）。目标函数值的最快改进率是从点 A 向垂直于目标函数的等值曲线（或与目标函数的等值曲线成 90 度角）的方向移动。这个方向上可能的移动是从点 A 到与可行域

边界相交的点 B。从点 B 沿着可行域的边缘移动到点 C，进一步地提高了目标函数值。在点 C 处，可行域的边界开始弯曲；因此，继续沿着点 B 到点 C 的方向移动不再可行。从点 C 开始，穿过可行区域内部的新方向移动到点 D。从点 D 继续这个过程直到到解无限接近于（或收敛）点 E——最优解。

图 8.2 中从点 A 移动的过程，我们选定的是能够使目标函数值的改进率最快的方向。回顾一下，我们会发现从点 A 向点 E 的方向移动会更好。这个方向的确不会使目标函数值的改进率达到最快，但是它会让我们以一种更直接的方式找到最优解。所以，朝着产生目标函数最快改进率的方向或者尽可能地朝那个方向的移动并不总是最好的。规划求解器使用的广义简约梯度算法将这些问题考虑在内，因为这决定了移动的方向和步长。因此，虽然广义简约梯度算法通常不能从起始点直接向最优解移动，但是它确实选择了比图 8.2 中标出的更精细的路径。

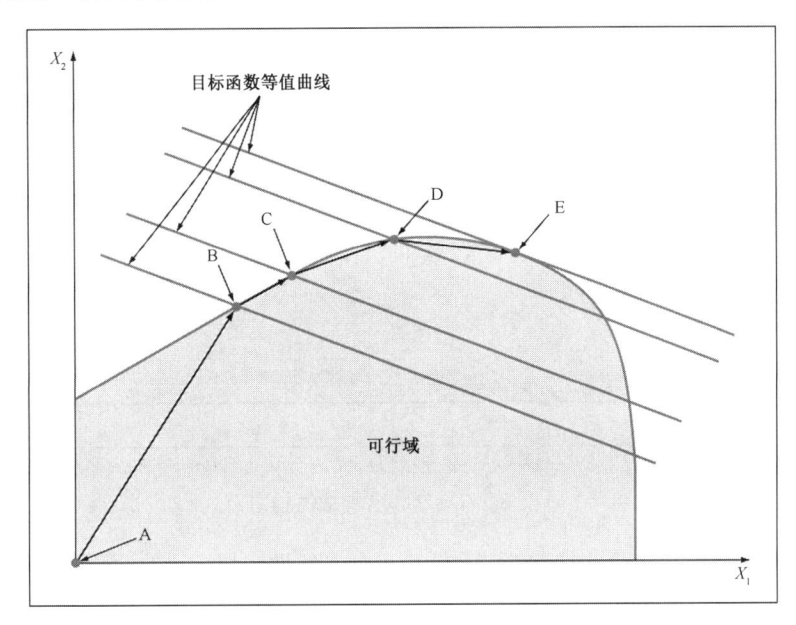

图 8.2　非线性规划求解策略的例子

8.3　局部最优解和全局最优解

当检测不到一个能够通过移动得到更好目标函数值（或者可能的提升量变得任意小）的可行方向时，非线性规划求解算法终止。在这样的情况下，目前的解就是一个局部最优解——比最近的、附近的或局部的任何其他可行解更好的一个解。但是一个给定的局部最优解可能不是该问题的最优解或全局最优解。可行域其他区域中的另一个局部最优解可能是问题的最优解。图 8.3 说明了这种异常类型。

在图 8.3 中，如果一个非线性规划算法从点 A 开始，它可以立即移动到点 B，然后沿着可行方向从点 B 移动到点 C。因为在点 C 的附近没有可行点能够产生一个更好的目标函数值，所以点 C 是一个局部最优解，并且算法在这个点终止。然而，很明显这不是这个问题的最优解。在图 8.3 中，如果一个非线性规划算法从点 D 开始，它可以立即移动到点 E，然后沿着可行的方向，从点 E 移动到点 F，从点 F 移动到点 G。注意，点 G 既是该问题的局部最优解，又是全局最优解。

图 8.3 中问题的可行域是非凸的，而图 8.1 和图 8.2 中的是凸的，注意到这一点非常重要。如果连接点集 X 内的任何两个点而构成的直线完全落在 X 内（在图 8.3 中，连接点 B 和点 E 的直线不会落在可行域内，因此，图 8.3 中的可行域是非凸的），那么该点集称为凸集。如果连接函数上任意两点构成的直线完全落在函数之上（下），那么这个函数是凸（凹）的。具有凸可行区域和凸的（凹）目标函数的优化问题，比那些不具有这些性质的问题更容易求解全局最优性。

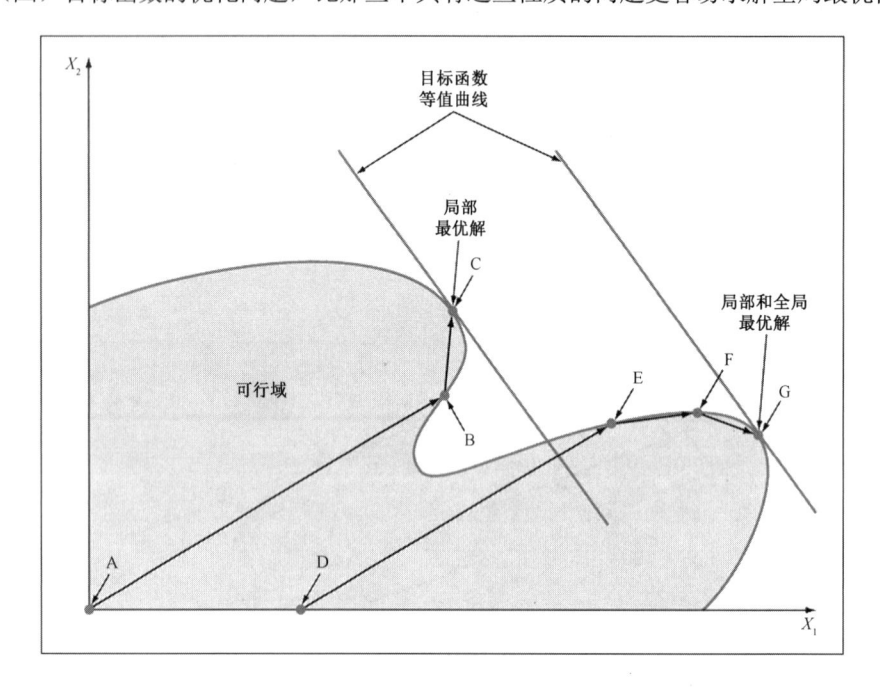

图 8.3　局部和全局最优解

图 8.3 强调了关于广义简约梯度算法和所有其他非线性规划算法的两个要点：
- 非线性规划算法在问题的局部最优解处终止，但该解可能不是全局最优解。
- 非线性规划算法终止的局部最优解取决于初始起点。

在局部最优解处终止的这种可能性是不能接受的——但我们以前遇到过这种困难。在整数规划研究中，我们注意到，若整数线性规划的次优解在全局最优解的允许范围内，则它们是可接受的。遗憾的是，对非线性规划问题而言，确定一个给定的局部最优解比全局最优解差多少是很难的，因为大多数优化包没为这些问题提供一种获得最优目标函数值界限的方法。但是很多非线性规划问题有一个唯一局部最优解，按照定义来说，它也必须是全局最优解。所以在很多问题中，非线性规划算法会定位在全局最优解，但是一般来说，我们不知道得到的解是不是全局最优解。但 ASP 通过运行凸性测试器可以获得有关此问题的一些信息（通过选择 Optimize-Analyze Without Solving，或者单击任务窗格中模型选项卡上的"X-Checkbox"的图标）。凸性测试器的结果可能是"Proven convex"、"Proven non-convex"或"Nothing convex"。若在任务窗格模型选项卡（Task Pane Model tab）的模型诊断区域内看到"Model Type-NLP Convex"，则知道局部最优解也是全局最优解。若看到"NLP NonCvx"或者只有"NLP"，则必须假设只有一个局部最优解。在 non-convex 的情况下，尝试让非线性规划算法从不同的起点出发来确定这个问题是否有不同的局部最优解，这通常是一个好的想法。这个程序通常显示了全局最优解（本章末的两个问题说明了这个过程）。

关于"最优"解的说明

求解一个非线性规划问题时，规划求解器一般在三个数值测试的第一个被满足时就停止，结果出现三条完整消息之一：

1. "Solver found a solution. All constraints and optimality conditions are satisfied."（规划求解器找到了一个解。所有约束条件和最优性条件都被满足。）这意味着规划求解器找到了一个局部最优解，但不保证这个解是全局最优解。除非知道该问题只有一个局部最优解（这个解也必须是全局最优解），否则应该从一些不同的起始点去运行规划求解器，以增加找到问题的全局最优解的概率。最简单的方式就是在处理之前将引擎（Engine）选项卡处全局最优（Global Optimization）组中的多起点（MultiStart）选项设置为 True，这将让规划求解器随机地（但是有效率地）选择多个起点自动运行。

2. "Solver has converged to the current solution. All constraints are satisfied."（规划求解器已经收敛到当前的解。所有约束条件都被满足。）这意味着在最后几次迭代中目标函数值改变得十分缓慢。如果怀疑这个解不是局部最优解，那么你的问题测度得不太好。"规划求解器选项（Solver Options）"对话框中的收敛选项（convergence option）还原可以避免在次优解处收敛。

3. "Solver cannot improve the current solution. All constraints are satisfied."（规划求解器无法改进当前的解。所有约束条件都满足。）这条罕见的信息意味着你的模型是退化的，规划求解器陷入了循环。通过除去模型中的冗余约束，可以消除退化。

关于起始点的说明

若从空值起点开始，规划求解器在求解非线性规划问题时会出现问题，则是因为这里的所有决策变量被设置为 0——即使这个解是可行的。因此，在求解非线性规划问题时，尽可能指定非空起点求解是最好的。

现在考虑几个非线性规划问题的例子。这些例子说明线性规划和非线性规划问题之间的一些区别，并提供了对更多问题建模的洞见，而这些问题往往使用线性规划不足以构建其模型。

8.4 经济订货批量模型

经济订货批量（EOQ）问题是可以使用非线性优化的最常见的商业问题之一。管理者下订单时必须确定要购买产品的最佳数量，此时就会遇到这个问题。EOQ 问题的基本模型有以下假设：

（1）全年中对产品的需求相当稳定。

（2）当库存水平达到 0 时，每个新订单都会全部交付。

图 8.4 说明了符合上述条件时观测到的产品库存模式的类型。在每一个图中，库存水平都以恒定的速率耗尽，表示有恒定的需求。此外，每当库存水平达到 0 时，就会立即得到补充。

EOQ 问题中的关键问题是，对一个产品下订单时要确定订购的最优数量。这个决策问题的权衡在图 8.4 中显而易见。这个图表明一年中获得 150 单位产品的两种方式。在第一个图中，每当库存水平下降至 0，就会接收到一个 50 单位的订单。这就要求一年内发出三份订购单，平均库存为 25 个单位。在第二个图中，每当库存水平下降至 0，就会接收到一个 25 单位的订单。这就要求一年内发出 6 份订购单，平均库存为 12.5 个单位。因此，第一个订购策略导致更少的订购次数（和更低的订购成本），但导致更高的库存水平（和更高的存储成本）。第二个订购策略导致更多的订购次数（和更高的订购成本），但是导致更低的库存水平（和更低的存储成本）。

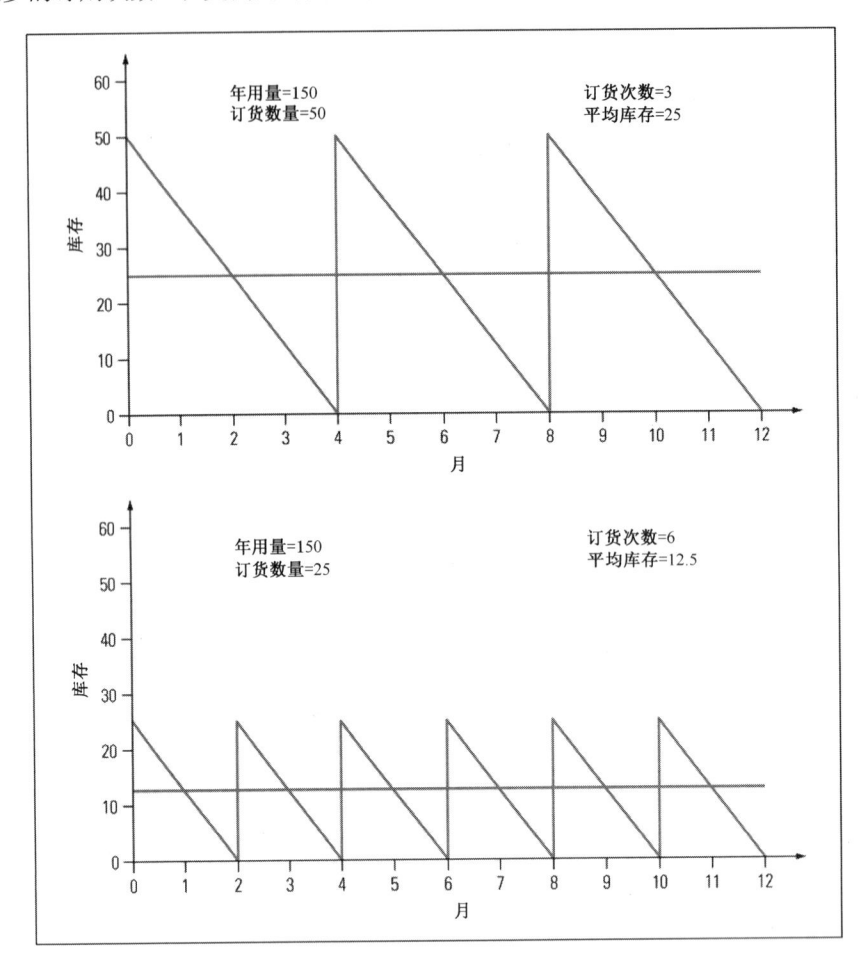

图 8.4 符合 EOQ 假设的产品库存变化图

在基础 EOQ 模型中，存储产品的年总成本是由实际购买产品的成本总和加上订货的固定成本，再加上库存产品的持有（存储）成本计算的。图 8.5 给出了订购数量、存储成本、订购成本及总成本之间的关系。注意，当订购数量增长时，订购成本下降，存储成本增加。这类型问题的目标就是找到经济订货数量使得总成本最小。

购买符合上述假设产品的年总成本由下式表示：

$$年度总成本 = DC + \frac{D}{Q}S + \frac{Q}{2}Ci$$

其中，D 为该产品的年需求；C 为该产品的单位采购成本；S 为下一次订单的固定成本；i 为一单位产品的年持有（库存）成本（用 C 的百分比来表示）；Q 为订购数量，或每次订购的数量。

这个公式中的第一项（DC）表示采购最年度所需产品的成本。第二项（$\frac{D}{Q}S$）表示年订购成本。其中，$\frac{D}{Q}$ 表示一年中订单的数量。将该项乘以 S 表示下这些订单的成本。第三项 $\frac{Q}{2}Ci$ 表示年存储成本。平均下来，全年都有 $\frac{Q}{2}$ 单位的库存（如图 8.4 所示）。用 C_i 乘以这一项表示存储这些单位的成本。下面这个例子说明 EOQ 模型的使用。

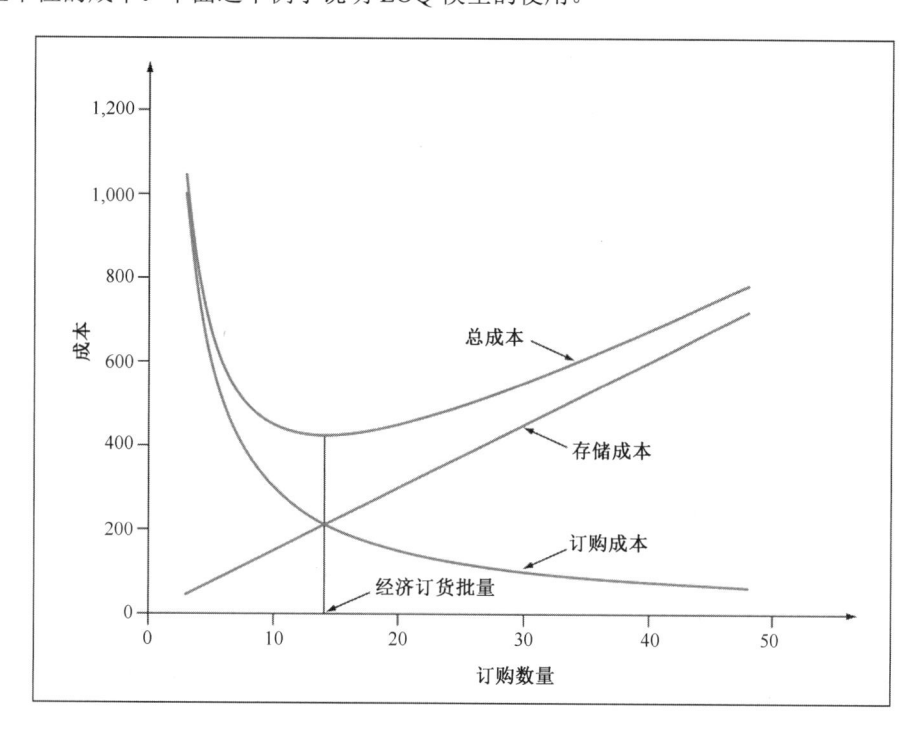

图 8.5 订购数量、存储成本、订购成本及总成本之间的关系

在 Metro 银行的公司总部，Alan Wang 负责购买所有复印机和激光打印机使用的纸张。Alan 计划在即将到来的一年购买总共 24,000 箱纸张，这一年中这些纸张将会以相当稳定的速率使用。每一箱纸价格为 35 美元。Alan 估计每次下订单将会花费 50 美元（这包括了订购的成本和运输及接收的相关成本）。Metro 银行将产品成本的 18%作为基金分配给供应商和库存部门，因为这些基金是银行的生命线，并且可以借给那些愿意以这个比率从银行借钱的信用卡客户。Alan 以往每季度订购一次，但是他想确定是否有另一种较好的订购模式。他想确定订购纸张的最经济订购数量。

8.4.1 建立模型

求解这个问题，首先要建立一个之前描述的总成本公式的电子表格模型，用参数 D、C、S 和 i 来代替 Alan 问题中的数据。图 8.6 中给出的是这个问题的电子表格模型（本书的配套文件 Fig8-6.xlsm）。

在图 8.6 中，单元格 D4 表示的是年需求量（D），单元格 D5 表示的是单位成本（C），单元格 D6 表示的是每下一次订单的成本（S），单元格 D7 表示的是库存持有成本（i），i 用项目价值的百分比表示，单元格 D9 表示的是订购数量（Q）。与 Alan 的决策问题相对应的数据已被输入到适当的单元中。因为 Alan 每季度订购一次（或者说一年订 4 次），所以单元格 D9 中的订购数量被设置为 24,000/4=6,000。

我们在单元格 D11、D12 和 D13 中分别计算构成总成本函数的三个部分。单元格 D11 包含购买一年所需纸张的成本，单元格 D12 表示与订货相关的成本，单元格 D13 是会引起的库存持有成本。单元格 D14 是这些成本的总和。

单元格 D11 的公式：　　　= D5*D4
单元格 D12 的公式：　　　= D4/D9*D6
单元格 D13 的公式：　　　= D9/2*D7*D5
单元格 D14 的公式：　　　= SUM(D11:D3)

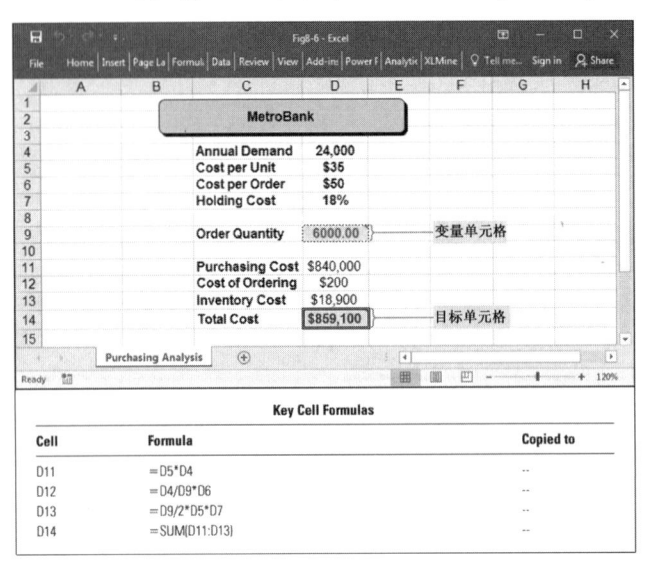

图 8.6　Metro 银行纸张购买问题电子表格模型的建立

8.4.2　求解模型

这个问题的目标是确定使总成本最小的订购量（Q 的值）。这就是说，我们想让规划求解器确定能够使单元格 D14 中的值最小的单元格 D9 的值。图 8.7 给出了求解该问题的规划求解器参数和选项设置。注意到单元格 D9 已经设定了一个约束条件，这个约束条件是为了防止订购量为 0 或负值。这个约束要求一年中至少要订购一次。

```
Solver Settings:
  Objective: D14 (Min)
  Variable cells: D9
  Constraints:
    B9:D9 >= 1
Solver Options:
  Standard LSGRG Nonlinear Engine
```

图 8.7　Metro 银行纸张购买问题的规划求解器参数设置

关于引擎选项卡（Engine Options）的说明

求解一个非线性规划问题时，不选择标准线性规划引擎选项（the Standard LP engine option）是很重要的。当选择了这个选项时，ASP 会运行一系列内部测试以验证这个模型的目标函数和约束确实是线性的。若选择了这个选项，并且规划求解器的测试表明这个模型不是线性的，则就会显示一条说明不满足线性条件的信息。

8.4.3 分析最优解

图 8.8 给出了该问题的最优解。这个最优解表明，Alan 每次订购的最优箱数大约都是 617。因为基础 EOQ 模型的总成本曲线只有一个最小值点，所以我们可以确定这个局部最优解也是这个问题的全局最优解。请注意，这个解出现在总订购成本与总库存成本保持平衡的情况下。使用这个订购量，比图 8.6 中所示订购量为 6,000 时的成本减少大约 15,211 美元。

如果 Alan 每次订购 617 箱，那么他一年中需要订大约 39 次（24,000/617=38.89），或者说一周订 1.333 次（52/39=1.333）。作为一个实际问题，安排每周运送约 461 箱对 Alan 来说可能会更容易一点。这样仅使总成本增加 167 美元（增加后的总成本为 844,055 美元），但可能使管理更加容易，并且每年仍为银行节省超过 15,000 美元。

8.4.4 对 EOQ 模型的说明

还有另一种确定最优订购量的方法——使用简单的 EOQ 模型。通过计算，Q 的最优值可由下式表示：

$$Q^* = \sqrt{\frac{2DS}{Ci}}$$

把这个公式应用到例题中，得

$$Q^* = \sqrt{\frac{2 \times 24,000 \times 50}{35 \times 0.18}} = \sqrt{\frac{2,400,000}{6.3}} = 617.214$$

通过计算得到的值和使用规划求解器得到的值（图 8.8 中的 D9 单元格）几乎一样。结果中的微小差异可能是由于为了凑整，或者规划求解器没有收敛到精确解就停止了。

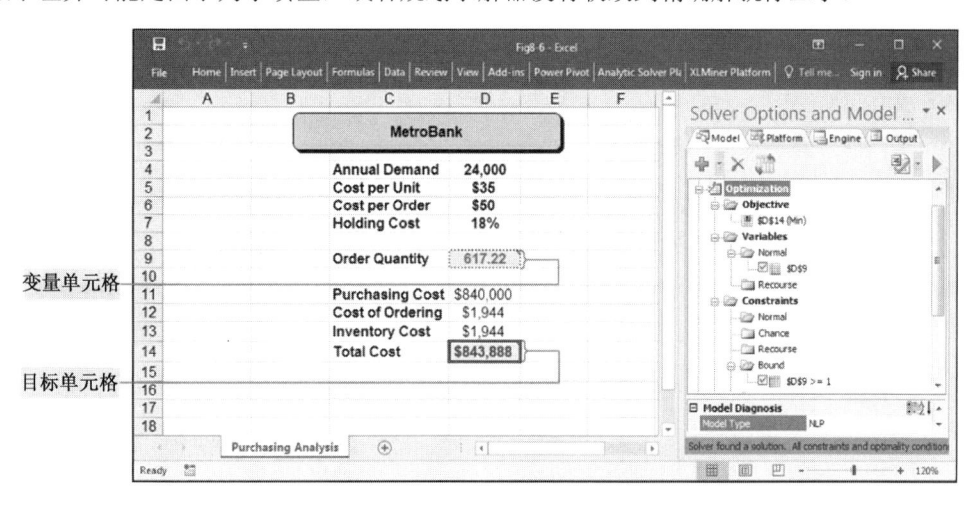

图 8.8 Metro 银行纸张购买问题的最优解

虽然前面的 EOQ 公式有其用途，但在确定最优订购量时，经常必须考虑财务方面的限制或储存空间的限制。前面的公式没有明确给出这样的限制，但是使用规划求解器很容易加入这些类型的限制。在本章末的一些问题中，我们将考虑怎样调整 EOQ 模型才能够适应这类限制，同样会考虑数量折扣。EOQ 模型在库存控制中的正确使用和作用的完整讨论超出了本书的范围，但可以在其他专门讨论生产和运作管理的文章中找到。

8.5 选址问题

一些决策问题涉及确定设施或服务中心的选址。具体例子可能包括确定生产工厂、仓库、消防局或急救中心的最优选址。这种类型问题的目标通常是确定一个使得两个或多个服务点之间的距离最小的地址。你可能会想起基本代数中在标准直角坐标系 X-Y 图上两点 (X_1, Y_1) 和 (X_2, Y_2) 之间的直线（或欧几里得）距离定义为

$$距离 = \sqrt{(X_1 - X_2)^2 + (Y_1 - Y_2)^2}$$

这一类型的计算有可能涉及让决策变量代表可能选址的问题。距离测量会出现在目标函数中（例如，当想要使两点或多点之间的距离最小化），也可能出现在约束方程中（例如，当想要确保两个或多个点之间存在最小距离）。涉及这类距离测量的问题是非线性的。下面的例子说明一个选址问题中距离测量的使用。

Rappaport 通信公司为中西部的几个州提供移动电话服务。该公司计划在俄亥俄州东北部向 Cleveland、Akron、Canton 和 Youngstown 等城市提供移动电话服务，以扩大客户群。该公司将在每个城市的原有通信塔上安装必要的硬件，为城市的客户提供服务。这些塔的地址汇总在图 8.9 中。

然而，公司还需要在这些城市之间的某个地方建造一座新的通信塔来处理城际通话。这座塔还将允许移动电话被传送到卫星系统进行全球呼叫服务。公司计划建造的这座塔可以覆盖半径为 40 英里的区域。因此，这座塔必须位于各座城市 40 英里以内。

注意，可以在图 8.9 中的地图上以多种方式放置 X 轴和 Y 轴，这一点很重要。图 8.9 中的原点可以位于地图上的任何地方，这不影响分析。为了建立 X-Y 坐标系，需要一个绝对的参考点作为原点，但是实际上地图上的任何一点都可以作为原点。也可以用多种方式来表示 X 轴和 Y 轴的度量单位：米、英里、英寸、英尺等。方便起见，我们将假设 X 轴和 Y 轴上的每一个单位表示 1 英里。

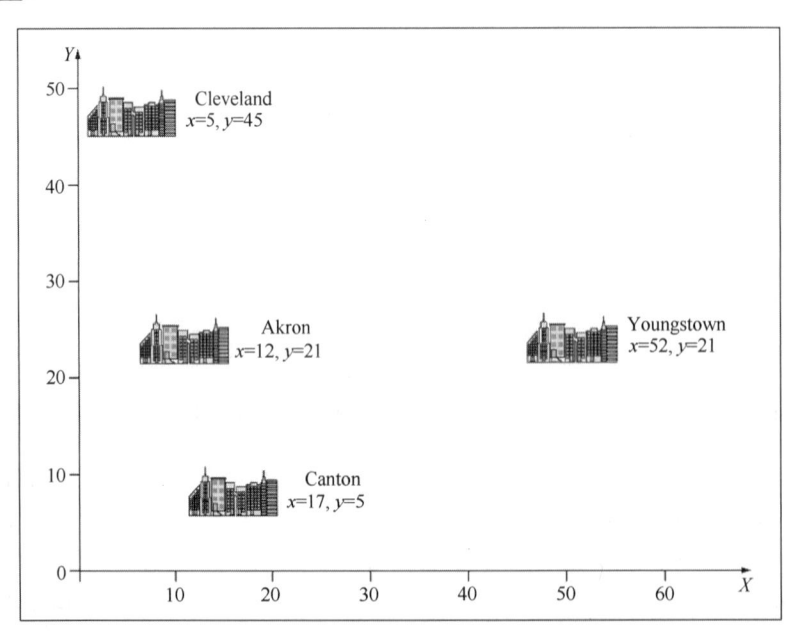

图 8.9 Rappaport 通信公司通信塔选址问题地图

8.5.1 定义决策变量

在图 8.9 中，定义已经建立好的 X-Y 坐标系来描述这些城市的地址。这些点是固定的，而且是不受决策者控制的。但是新通信塔的坐标还没有确定。仍旧假设 Rappaport 公司想确定一个使新塔和 4 个城市中塔的距离总和最小的塔的位置（注意，这也等价于最小化平均距离）。所以新塔的坐标表示这个问题中的决策变量，它被定义为

$$X_1 = 新塔在 X 轴上的坐标$$
$$Y_1 = 新塔在 Y 轴上的坐标$$

8.5.2 定义目标函数

这个问题的目标是使新塔与 4 个城市现有塔之间的距离总和最小，定义如下：

$$\text{MIN:} \quad \sqrt{(5-X_1)^2+(45-Y_1)^2}+\sqrt{(12-X_1)^2+(21-Y_1)^2}$$
$$+\sqrt{(17-X_1)^2+(5-Y_1)^2}+\sqrt{(52-X_1)^2+(21-Y_1)^2}$$

目标中的第一项计算的是从坐标为（5，45）的 Cleveland 的塔到新塔的距离，新塔的坐标用 X_1 和 Y_1 的值来定义。其余的项对 Akron、Canton 和 Youngstown 的塔进行类似的计算。

8.5.3 定义约束条件

问题描述指出新塔的传输半径是 40 英里，因此新塔必须位于每座现有塔的 40 英里之内。下面的约束确保每个现有塔到新塔的距离不超过 40 英里：

$$\sqrt{(5-X_1)^2+(45-Y_1)^2} \leqslant 40 \qquad \}\text{Cleveland 距离约束}$$
$$\sqrt{(12-X_1)^2+(21-Y_1)^2} \leqslant 40 \qquad \}\text{Akron 距离约束}$$
$$\sqrt{(17-X_1)^2+(5-Y_1)^2} \leqslant 40 \qquad \}\text{Canton 距离约束}$$
$$\sqrt{(52-X_1)^2+(21-Y_1)^2} \leqslant 40 \qquad \}\text{Youngstown 距离约束}$$

通过图表，这些约束可以画成 4 个圆，每个圆的半径为 40 英里，圆心位于现有 4 座塔的位置。这些圆的重合区域代表这个问题的可行域。

8.5.4 建立模型

将 Rappaport 通信公司想要求解的问题总结如下：

$$\text{MIN:} \quad \sqrt{(5-X_1)^2+(45-Y_1)^2}+\sqrt{(12-X_1)^2+(21-Y_1)^2}$$
$$+\sqrt{(17-X_1)^2+(5-Y_1)^2}+\sqrt{(52-X_1)^2+(21-Y_1)^2}$$

约束：

$$\sqrt{(5-X_1)^2+(45-Y_1)^2} \leqslant 40 \qquad \}\text{Cleveland 距离约束}$$
$$\sqrt{(12-X_1)^2+(21-Y_1)^2} \leqslant 40 \qquad \}\text{Akron 距离约束}$$
$$\sqrt{(17-X_1)^2+(5-Y_1)^2} \leqslant 40 \qquad \}\text{Canton 距离约束}$$

$$\sqrt{(52-X_1)^2+(21-Y_1)^2} \leq 40 \qquad \} \text{Youngstown 距离约束}$$

注意,这个问题的目标和约束都是非线性的。图 8.10 给出的是在电子表格中建立此问题模型的方法(本书的配套文件 Fig8-10.xlsm)。

在这个电子表格中,单元格 C6 和 D6 分别用来表示决策变量 X_1 和 Y_1,与新塔的 X-Y 坐标值相对应。现有塔的 X-Y 坐标值在 C 列和 D 列的第 7 行至第 10 行中列出。这个问题中 X_1 和 Y_1 合理的起始值应该是现有塔的位置对应的 X 和 Y 的坐标的平均值。计算这些平均值,录入至单元格 C6 和 D6 中。

E 列计算的是每个现有塔到选择的新塔位置的距离。具体地,单元格 E7 包括了下面的公式,这个公式同样复制到单元格 E8 至 E10 中:

单元格 E7 的公式: =SQRT((C7-$C$6)^2+(D7-$D$6)^2)

(复制到单元格 E8 到 E10 中)

这些单元格表示的是问题左端项的取值。单元格 F7 至 F10 单元格中是这些约束的右端项。这个问题的目标函数建立在单元格 E11 中,公式如下:

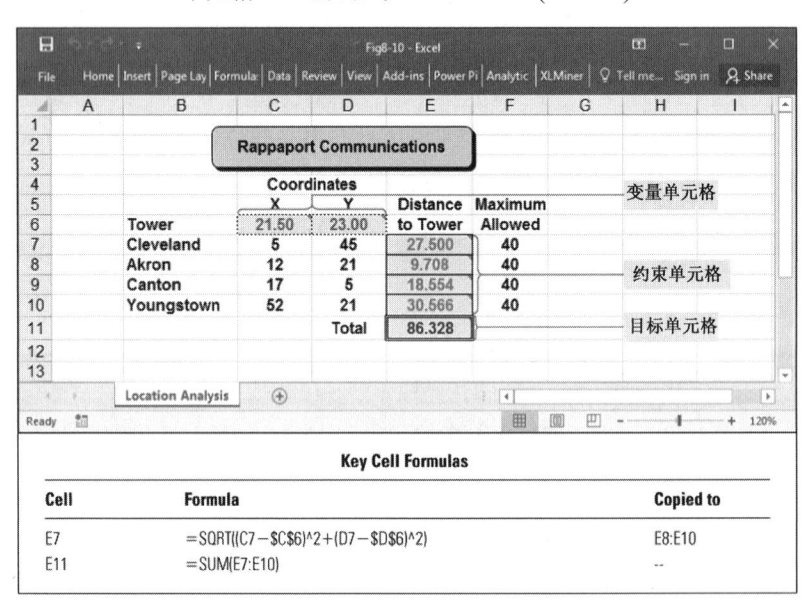

单元格 E11 的公式: =SUM(E7:E10)

图 8.10 新塔选址问题的电子表格模型建立

8.5.5 求解模型并分析最优解

图 8.11 给出了求解这个问题的规划求解器设置和选项,图 8.12 给出了最优解。

图 8.12 中的解表明,如果新塔的位置坐标是 X_1=12.2、Y_1=21.0,那么这些塔之间的总距离是 81.761 英里(平均距离是 20.4 英里)。如果从多个起始点再求解这个问题,那么可以证明这个解是这个问题的全局最优解。有趣的是,新塔的位置坐标实质上和 Akron 已有塔的坐标是相同的。所以这个问题的解可能根本不涉及新建一座塔,Rappaport 公司可能想要研究升级或改造现有 Akron 塔的可行性,以让其发挥"新"塔的作用。

```
Solver Settings:
Objective: E11 (Min)
Variable cells: C6:D6
Constraints:
    E7:E10 <= F7:F10
Solver Options:
    Standard LSGRG Nonlinear Engine
```

图 8.11 新塔选址问题的规划求解器参数

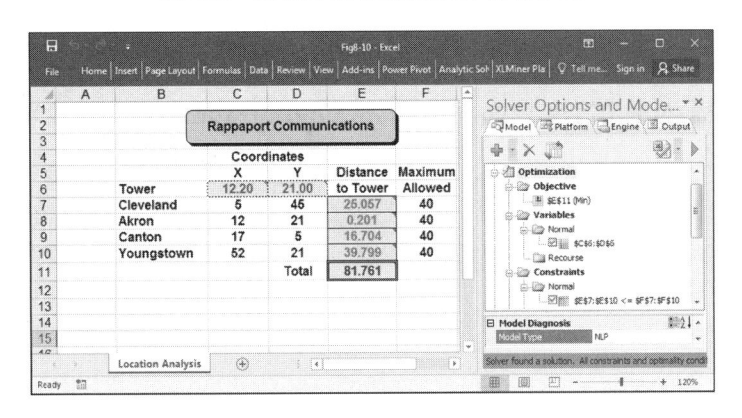

图 8.12 新塔选址问题的最优解

8.5.6 该问题的另一个解

图 8.12 中给出的解是新塔的位置和 Akron 已有的塔在同一个地址。所以，或许该公司应考虑用处理城际呼叫的设备来升级 Akron 的通信塔，而不是新建一座塔。另一方面，Akron 的塔离 Youngstown 的塔几乎达到 40 英里——新设备信号传输半径的上限。因此，Rappaport 公司可能更喜欢一个能提供较安全传输范围的解，以帮助确保恶劣天气下的通话质量和可靠性。

解决此问题的另一个目标是使新塔到每一座现有塔的最大距离最小化。图 8.13（本书的配套文件 Fig8-13.xlsm）给出了这个新问题的解。

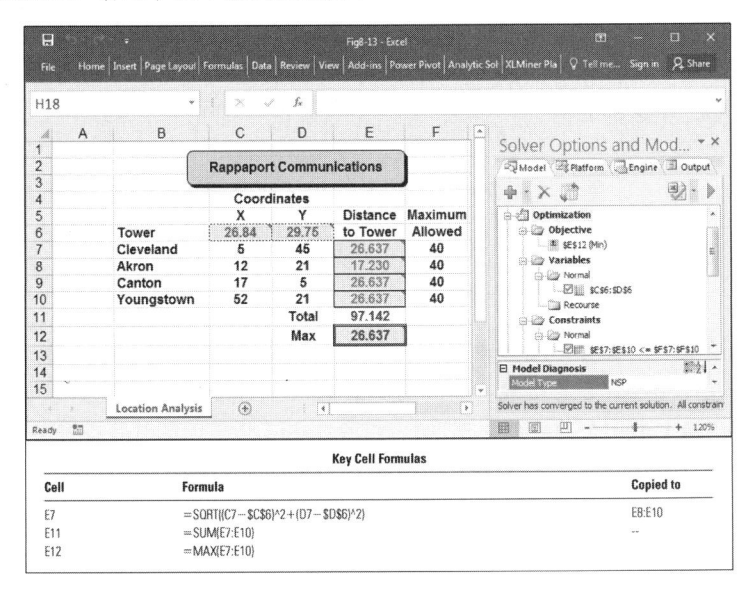

图 8.13 新塔选址问题中使最大距离最小化的另一个解

为得到这个解，在单元格 E12 中构建一个新的目标函数，计算 E 列中的距离的最大值，如下所示：

单元格 E12 的公式：　　　=MAX(E7:E10)

接下来让规划求解器最小化单元格 E12，来得到图中所示的解。这个解将新塔位置定位的 X-Y 坐标值为（26.84，29.75）。尽管与这个问题相关的总距离增长至 97.142 英里（或者平均距离为 24.28 英里），但最大距离减少至约 26.6 英里。因此，Rappaport 公司可能更喜欢这个解而不是图 8.12 中的选择。

> **关于非平滑优化（Non-Smooth Optimization）问题的说明**
>
> 在图 8.13 中，注意到包含公式 MAX(E7:E10) 的修订模型被归为一个 NSP——或者说一个非平滑优化问题。非平滑优化问题通常包含像 IF()、MAX()、MIN()、CHOOSE() 或 LOOKUP() 这样的 Excel 函数。从导数不连续的意义上来说，含有这些（或类似）函数的问题是非平滑的。通常来说，对于非平滑的问题，你可以确信得到的解是"好的"，但并不能保证它们是全局最优的或局部最优的。

8.5.7　选址问题的一些说明

当求解选址问题时，最优解给出的位置可能根本不起作用。比如说，最优位置所在的土地可能不会售卖，这个位置的"土地"可能是湖，该土地可能只作住宅用途，等等。但是选址问题的解常常给决策者提供一个好主意，那就是从哪里着手寻找合适的地产来解决手头的问题。如果某些区域不合适或不可用，那么也可以在选址问题上增加约束，在考虑的区域内排除此地。

8.6　非线性网络流问题

在第 5 章学习了一些不同类型具有线性目标函数和线性约束方程的网络流问题。我们注意到，网络流模型的约束有一种特殊的结构，在这种结构中，流入节点的流量必须与从同一节点流出的流量保持平衡。在优化非线性目标函数时，有很多决策问题都存在需要保持流量守恒约束的要求。这里举一个这样的例子。

> SafetyTrans 是一家货车运输公司，专门从事运输极其贵重和极其危险的材料。由于业务性质，公司十分重视维护行车安全记录。这不仅帮助维护他们的声誉，而且帮助降低他们的保险费。该公司意识到，在运输危险物品时，极小的事故对环境造成的后果也可能是灾难性的。
>
> 虽然大多数货运公司都是想确定最快或成本最低的运输路线，但 SafetyTrans 喜欢选择确保发生事故可能性最小的路线。该公司目前正试着确定从加州洛杉矶运输大量危险材料到德州的 Amarillo 最安全的路线。图 8.14 中的网络汇总了考虑到的所有路线。每条弧线上的数字表示每条潜在路段中发生事故的概率。SafetyTrans 维护着一个含有这种概率的国家数据库。这些数据是根据从国家公路安全局和各州各交通部门获得的数据开发的。

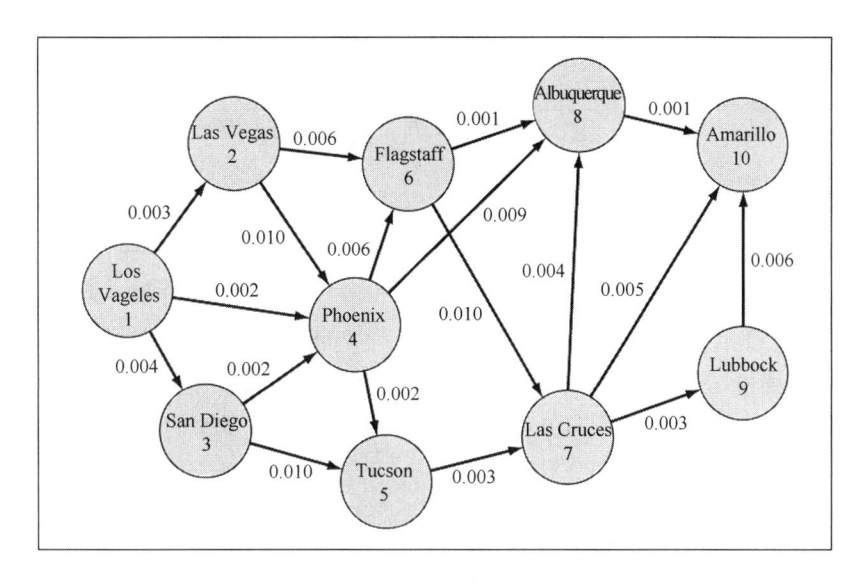

图 8.14 SafetyTrans 公司路线问题的网络示意图

8.6.1 定义决策变量

图 8.14 中总结的问题和第 5 章描述的最短路径问题十分相似。与最短路径问题一样，这里要为问题中的每个弧（路径）都设置一个变量。每一个决策变量将表明是否使用特定路径。将这些变量定义如下：

$$Y_{ij} = \begin{cases} 1, \text{如果选择了从节点} i \text{到节点} j \text{的路径} \\ 0, \text{其他} \end{cases}$$

8.6.2 定义目标

这个问题的目标是找到一条使事故发生率最小的路线，或等价于找一条使不发生事故的概率最大的路线。令 P_{ij} 为从节点 i 移动到节点 j 发生事故的概率。那么，从节点 i 移动到节点 j 不发生事故的概率是 $1-P_{ij}$。比如，从洛杉矶移动到拉斯维加斯不发生事故的概率是 $1-P_{12}=1-0.003=0.977$。目标就是使不发生事故的概率最大化，给定如下：

$$\text{MAX}: (1-P_{12}Y_{12})(1-P_{13}Y_{13})(1-P_{14}Y_{14})(1-P_{24}Y_{24})(1-P_{26}Y_{26})\cdots(1-P_{9,10}Y_{9,10})$$

若 $Y_{12}=0$，则这个目标的第一项返回 1；若 $Y_{12}=1$，则返回 $1-P_{12}$。因此，若采用从洛杉矶到拉斯维加斯（$Y_{12}=1$）的路线，则用 0.997 乘以目标函数中的剩余项。若我们不采用从洛杉矶到拉斯维加斯（$Y_{12}=0$）的路线，则用 1 乘以目标函数中的剩余项（当然，乘以 1 没有影响）。目标中的剩余项有相似的解释。所以，无论选择哪条路线，这个目标函数都是计算不发生事故的概率，然后计算这些数值的乘积。其结果是在任何一组选定路线上不发生事故的总概率。这就是 SafetyTrans 想要最大化的数值。

8.6.3 定义约束

为了求解最短路径网络流问题，我们为起始节点分配的供应值为 -1，给结束节点分配的需求值为 $+1$，并应用第 5 章所述的流量守恒。这样就得到例子中问题的约束方程：

$$-Y_{12} - Y_{13} - Y_{14} \qquad = -1 \quad \}\text{节点 1 的流量守恒约束}$$
$$+Y_{12} - Y_{24} - Y_{26} \qquad = 0 \quad \}\text{节点 2 的流量守恒约束}$$

$$+Y_{13} - Y_{34} - Y_{35} = 0 \quad \}\text{节点 3 的流量守恒约束}$$
$$+Y_{14} + Y_{24} + Y_{34} - Y_{45} - Y_{46} - Y_{48} = 0 \quad \}\text{节点 4 的流量守恒约束}$$
$$+Y_{35} + Y_{45} - Y_{57} = 0 \quad \}\text{节点 5 的流量守恒约束}$$
$$+Y_{26} + Y_{46} - Y_{67} - Y_{68} = 0 \quad \}\text{节点 6 的流量守恒约束}$$
$$+Y_{57} + Y_{67} - Y_{78} - Y_{79} - Y_{7,10} = 0 \quad \}\text{节点 7 的流量守恒约束}$$
$$+Y_{48} + Y_{68} + Y_{78} - Y_{8,10} = 0 \quad \}\text{节点 8 的流量守恒约束}$$
$$+Y_{79} - Y_{9,10} = 0 \quad \}\text{节点 9 的流量守恒约束}$$
$$+Y_{7,10} + Y_{8,10} + Y_{9,10} = 0 \quad \}\text{节点 10 的流量守恒约束}$$

第一个约束确保一个单位的流量从节点 1 流出到节点 2、节点 3 或节点 4。最后一个约束确保一个单位的流量从节点 7、节点 8 或节点 9 流入到节点 10。其余的约束确保任何流入节点 2 到节点 9 的流量与流出的流量相等以达到平衡。

8.6.4 建立模型

总结来看，SafetyTrans 想要求解的问题是：

$$\text{MAX}: (1-0.003Y_{12})(1-0.004Y_{13})(1-0.002Y_{14})(1-0.010Y_{24})$$
$$(1-0.006Y_{26})\ldots(1-0.006Y_{9,10})$$

约束：

$$-Y_{12} - Y_{13} - Y_{14} = -1 \quad \}\text{节点 1 的流量守恒约束}$$
$$+Y_{12} - Y_{24} - Y_{26} = 0 \quad \}\text{节点 2 的流量守恒约束}$$
$$+Y_{13} - Y_{34} - Y_{35} = 0 \quad \}\text{节点 3 的流量守恒约束}$$
$$+Y_{14} + Y_{24} + Y_{34} - Y_{45} - Y_{46} - Y_{48} = 0 \quad \}\text{节点 4 的流量守恒约束}$$
$$+Y_{35} + Y_{45} - Y_{57} = 0 \quad \}\text{节点 5 的流量守恒约束}$$
$$+Y_{26} + Y_{46} - Y_{67} - Y_{68} = 0 \quad \}\text{节点 6 的流量守恒约束}$$
$$+Y_{57} + Y_{67} - Y_{78} - Y_{79} - Y_{7,10} = 0 \quad \}\text{节点 7 的流量守恒约束}$$
$$+Y_{48} + Y_{68} + Y_{78} - Y_{8,10} = 0 \quad \}\text{节点 8 的流量守恒约束}$$
$$+Y_{79} - Y_{9,10} = -0 \quad \}\text{节点 9 的流量守恒约束}$$
$$+Y_{7,10} + Y_{8,10} + Y_{9,10} = -1 \quad \}\text{节点 10 的流量守恒约束}$$

所有 Y_{ij} 都是二进制变量

图 8.15 给出了实现这个模型的方法。在这个电子表格中，单元格 A6 至单元格 A23 表示决策变量。

用第 5 章描述的同样方法建立这个问题约束的左端项，在单元格 K6 至 K15 中给出。在单元格 L6 至 L15 中给处了约束的右端项。具体来看，我们在单元格 K6 中输入下面的公式，然后复制到其他的列中：

单元格 K6 的公式：　　=SUMIF($D$6:$D$23,I6,$A$6:$A$23)
　　　　　　　　　　　-SUMIF($B$6:$B$23,I6,$A$6:$A$23)

（复制到单元格 K7 至 K15 中）

在单元格 F6 至 F23 中列出了每一条路线发生事故的概率。在单元格 G6 至 G23 中实现了目标函数的每一项，如下所示：

单元格 G6 的公式：　　=1-A6*F6

（复制到单元格 G7 至 G23 中）

图 8.15 SafetyTrans 路线问题的电子表格模型

注意，单元格 G6 中的公式与之前描述的目标函数（$1-Y_{12}P_{12}$）中的第一项相对应。接下来，单元格 G6 至 G23 中数值的乘积在单元格 G24 中计算：

单元格 G24 的公式： =PRODUCT(G6:G23)

图 8.16 给出了该问题的规划求解器设置和选项。图 8.17 给出了最优解。

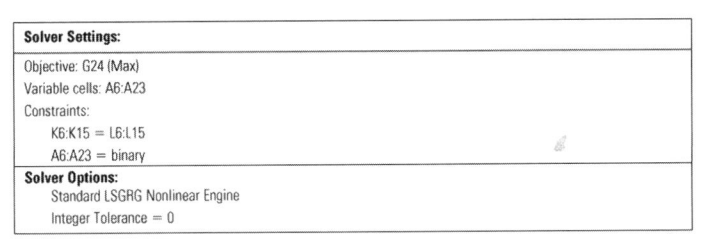

图 8.16 SafetyTrans 问题的规划求解器参数

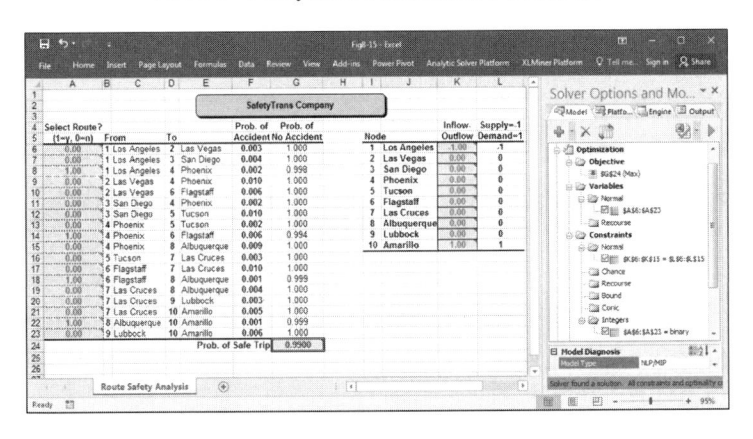

图 8.17 SafetyTrans 问题的最优解

8.6.5 求解模型并分析最优解

这个问题的最优解为 $Y_{14}=Y_{46}=Y_{68}=Y_{8,10}=1$，其他的 $Y_{ij}=0$，所以最优（最安全）的路线是从洛杉矶经 Phoenix、Flagstaff、Albuquerque 到 Amarillo。跟着这条路线走，不发生事故的概率是 0.99。从多个起始点求解这个问题可以说明这个解就是问题的全局最优解。

如果使用目标最小化的方法再次求解模型，你会发现最不安全的路线不发生事故的概率是 0.9626。这将会导致一些人推断采用哪条路线并没有什么大的影响，因为最好的路线和最差的路线之间的概率差异看起来是极小的。但是，处理一个涉及有害废物的事故要花费 30,000,000 美元，采取最安全路线的期望成本是（1−0.99）×30,000,000=300,000 美元，采取最不安全路线的期望成本是（1−0.9626）×30,000,000=1,122,000 美元。所以尽管在概率上的区别可能看似很小，但潜在支出的差异可能是相当显著的。当然，这还没有考虑任何无法用金钱来衡量的生命和环境破坏的潜在损失。

这类非线性网络流模型还可以应用于许多其他领域。分析人员通常对确定电信网络或生产系统中的"最弱连接"感兴趣。这里描述的同类问题可以通过这类网络来确定最不可靠的路线。

8.7 项目选择问题

在第 6 章中，我们讨论了一个项目选择的例子，其中，我们想要选择能够满足各种资源限制且产生最大净现值（NPV）的项目组合。在这类问题中，一个被选择的项目实际上是否能成功实现目标常存在不确定性，项目的成功可能受到投入项目的资源数量的影响。下面这个例子说明了如何把非线性规划方法应用于被选项目成功的不确定性建模。

TMC 公司的主管正在确定如何分配来年的研发预算，6 个不同的项目在考虑之列。该主管认为，每个项目的成功某种程度上取决于分配的工程师数量。每个项目提案都包括一个成功概率的估计，它是关于分配工程师数量的函数。每个概率函数都具有下列形式：

$$\text{若分配了 } X_i \text{ 个工程师，则项目成功的概率 } P_i = \frac{X_i}{X_i + \varepsilon_i}$$

其中，ε_i 是决定项目 i 概率函数形状的一个正常数。图 8.18 给出了一些项目的概率函数。下表总结了每个项目所需的初始启动成本及项目成功将产生的估计净现值。

项目	1	2	3	4	5	6
启动成本	325	200	490	125	710	240
净现值	750	120	900	400	1,110	800
概率参数 ε_i	3.1	2.5	4.5	5.6	8.2	8.5

（注：所有货币价值单位都是千美元）

TMC 的主管已经同意雇用 25 名工程师分配给这些项目，并且乐意分配 170 万美元的研发预算给被选项目作为启动成本。他们想要确定能够使预期净现值最大化的项目选择和资源分配策略。

8.7.1 定义决策变量

TMC 的主管必须做出两个单独却又相关的决策。第一，他们必须决定选择哪些项目。使用下面的二进制变量对这些决策建模：

$$Y_i = \begin{cases} 1, & \text{如果选择了项目} i \\ 0, & \text{选择了其他} \end{cases}, \quad i=1,2,3,\cdots,6$$

第二，该主管必须决定给每个项目分配的工程师数量。我们用下面的变量对这些决策建模：

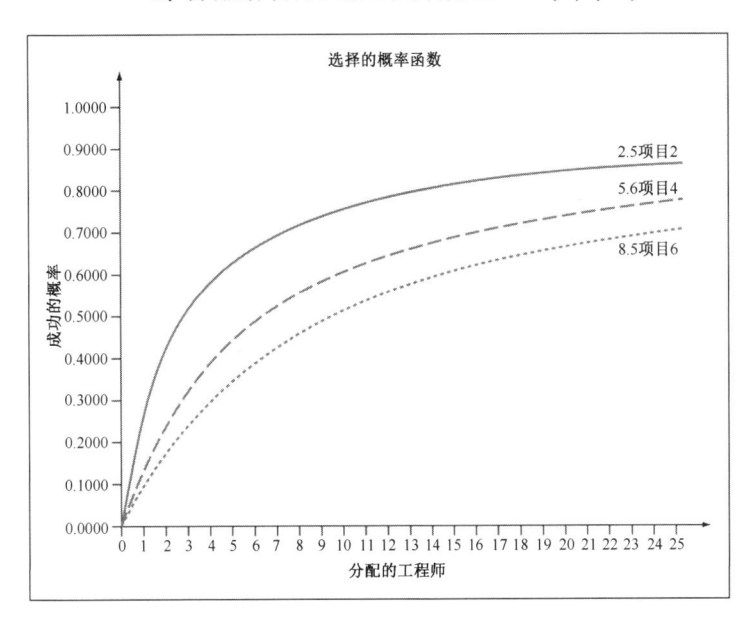

$$X_i = \text{分配给项目} i \text{的工程师数量}, \quad i=1,2,3,\cdots,6$$

图 8.18　TMC 问题中选定项目成功概率图

8.7.2　定义目标函数

TMC 的主管想要使决策的预期净现值最大化，所以目标函数必须与这个数量相对应。这就要求我们将每个项目的预期回报乘以项目成功的概率。由下式完成：

$$\text{MAX:} \quad \frac{750X_1}{(X_1+3.1)} + \frac{120X_2}{(X_2+2.5)} + \frac{900X_3}{(X_3+4.5)} + \frac{400X_4}{(X_4+5.6)} + \frac{1100X_5}{(X_5+8.2)} + \frac{800X_6}{(X_6+8.5)}$$

8.7.3　定义约束

这个问题有几个约束条件。必须确保被选项目所需的启动资金不超过 170 万美元，这个表达如下：

$$325Y_1+200Y_2+490Y_3+125Y_4+710Y_5+240Y_6 \leqslant 1700 \quad \}\text{对启动资金的约束}$$

接下来，必须确保分配给被选项目的工程师不超过 25 名。这个用下面的约束来完成：

$$X_1+X_2+X_3+X_4+X_5+X_6 \leqslant 25 \quad \}\text{对工程师的约束}$$

最后，要确保工程师只分给被选择的项目，这就需要使用第 6 章中讨论固定费用问题时首次提出的关联约束。这个问题的关联约束可以表达为

$$X_i - 25Y_i \leqslant 0, \quad i=1,2,3,\cdots,6 \quad \}\text{关联约束}$$

这些关联约束保证了当且仅当一个与 X_i 变量关联的 Y_i 变量为 1 时，X_i 变量可以大于 0。可以使用下面的单个非线性约束，代替上面对工程师数量的约束和相关的 6 个关联约束：

$$X_1Y_1+X_2Y_2+X_3Y_3+X_4Y_4+X_5Y_5+X_6Y_6 \leq 25 \quad \}\text{工程师的约束}$$

这汇总了分配给被选项目的工程师数量（注意，如果使用这个约束，那么还需要将目标函数中的每一项乘以对应的 Y_i 变量。你知道为什么吗？）。使用这个简单的非线性约束可能显得比前面的 7 个约束更简单。但是，在使用线性约束和非线性约束之中做选择时，使用线性约束总是好一些。

8.7.4 建立模型

TMC 项目选择问题的模型总结如下：

$$\text{MAX}: \frac{750X_1}{(X_1+3.1)} + \frac{120X_2}{(X_2+2.5)} + \frac{900X_3}{(X_3+4.5)} + \frac{400X_4}{(X_4+5.6)} + \frac{1100X_5}{(X_5+8.2)} + \frac{800X_6}{(X_6+8.5)}$$

约束：

$$325Y_1 + 200Y_2 + 490Y_3 + 125Y_4 + 710Y_5 + 240Y_6 \leq 1700 \quad \}\text{对启动资金约束}$$

$$X_1 + X_2 + X_3 + X_4 + X_5 + X_6 \leq 25 \quad \}\text{对工程师约束}$$

$$X_i - 25Y_i \leq 0, i = 1, 2, 3, \cdots, 6 \quad \}\text{关联约束}$$

$X_i \geq 0$ 且为整数

Y_i 为二进制

注意，这个问题有一个非线性目标函数及线性约束方程。图 8.19 中给出了建立这个模型的方法（本书的配套文件 Fig8-19.xlsm）。在这个电子表格中，单元格 B7 至 B12 用来表示二进制变量 Y_i，指的是每一个项目是否被选择。单元格 C7 至 C12 表示的是变量 X_i，指的是分配给每个项目的工程师数量。

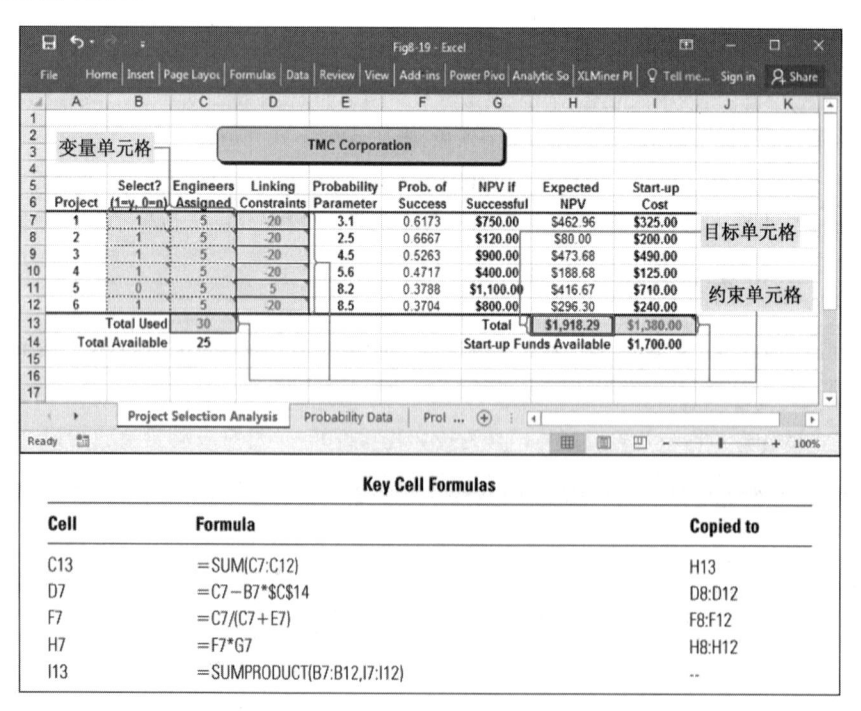

图 8.19 TMC 公司的项目选择问题的电子表格模型建立

我们通过把左端项录入到单元格 D7 至 D12 中来实现这个问题的关联约束，如下所示：单元格 D7 的公式：　　　　=C7-B7*$C$14

（复制到单元格 D8 至 D12 中）

将约束这些值小于等于 0。分配给项目的工程师数量约束的左端项在单元格 C13 中建立，如下所示：

单元格 C13 的公式：　　　　=SUM(C7:C12)

单元格 C14 中给出了这个约束的右端项。同样地，对总启动资金约束的左端项建立在单元格 I13 中，它的右端项列在 I14 中：

单元格 I13 中的公式：　　　　=SUMPRODUCT(B7:B12,I7:I12)

为了建立目标函数，首先计算每个项目的成功概率，这个在 F 列中完成，如下所示：

单元格 F7 的公式：　　　　=C7/(C7+E7)

（复制到单元格 F8 至 F12 中）

接下来，用每个项目成功的概率乘以项目成功时产生的净现值，计算各个项目的期望净现值。这在 H 列中完成，如下所示：

单元格 H7 的公式：　　　　=F7*G7

（复制到单元格 H8 至 H12 中）

最后，在单元格 H13 中计算被选项目的预期净现值总和：

单元格 H13 的公式：　　　　=SUM(H7:H12)

8.7.5　求解模型

如图 8.19 所示，任意选择一个点作为这个问题的起始点。从这个任意起始点开始，规划求解器确定的解如图 8.21 所示。这个解的期望净现值大约是 175.7 万美元。在这个解中，注意到项目 4 成功的概率只有 0.3488。因此，如果给项目 4 只分配 3 名工程师，那么它失败的可能性远大于成功的可能性。因此，可能想对这个问题增加一个约束，以确保如果一个项目被选择，那么它必须至少有 50%的成功率。本章末的一个习题要求你去这样做。

```
Solver Settings:
  Objective: H13 (Max)
  Variable cells: B7:C12
  Constraints:
    C13 <= C14
    I13 <= I14
    D7:D12 <= 0
    C7:C12 >= 0
    B7:B12 = binary
    C7:C12 = integer
Solver Options:
  Standard LSGRG Nonlinear Engine
  Integer Tolerance = 0
```

图 8.20　TMC 项目选择问题的规划求解器参数

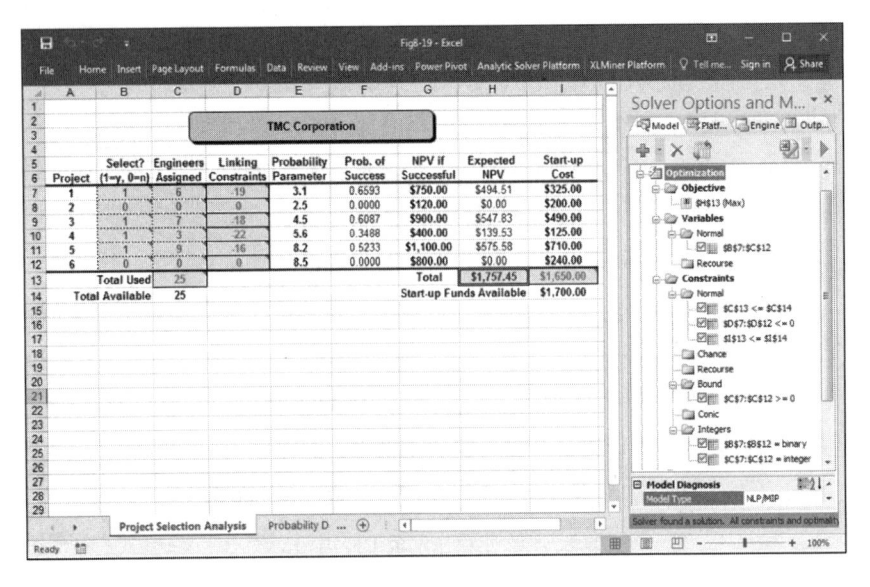

图 8.21　TMC 项目选择问题的最优解

8.8　现有财务电子表格模型的优化

到目前为止，我们对优化的讨论一直是构建一个决策问题的代数模型，然后用电子表格模型建立这个模型，进行求解和分析。但是，实际上可以将优化方法应用到任何一个现有的电子表格模型中。很多现有电子表格涉及的财务计算在本质上是非线性的。下面这个例子说明了如何将优化应用到现有的电子表格中。

Thom Pearman 的生活正在发生巨大的变化。最近他和妻子买了一套新房，预计几个月后就要生第二个孩子了。这些新的责任迫使 Thom 思考了一些严肃的问题，包括人寿保险。10 年前，Thom 购买了一份提供 40,000 美元死亡补偿金的保险单。这份保险单是全额支付的，并将在 Thom 的余生中继续有效。另外，Thom 也可以放弃这份保险单，从保险公司直接得到约 6,000 美元的补偿。

10 年前，保险单提供的 40,000 美元死亡补偿金似乎是足够的。但是，Thom 现在觉得如果他过早死亡，那么自己需要更多的保险来照顾他的妻子和孩子。Thom 正在调查一种不同的保险，这种保险将提供 350,000 美元的死亡补偿金，但每年都要支付才能保证保险生效。他收到了下面所示的这个新保险单在未来 10 年内每年的保费（美元）估计数：

年	1	2	3	4	5	6	7	8	9	10
保费（美元）	423	457	489	516	530	558	595	618	660	716

为了支付这个新保险单的保险费，Thom 正在考虑的另一种方法是放弃现有的保单，并把他将获得的 6,000 美元投资，把投资的税后收入作为支付新保所需的保费。但是为了知道这是否可行，他想要确定能够使投资税后收益支付新保单的保险费的最小回报率。Thom 希望保留 6,000 美元以备急用，并且不想用它支付保险费。Thom 的边际税率是 28%。

8.8.1　建立模型

图 8.22 给出了 Thom 决策问题的电子表格模型（本书的配套文件 Fig8-22.xlsm）。这个电子表格中的策略是，确定每一年年初应该投资多少钱、每年的缴税收益，以及每年年末缴纳税费

和保险费之后还剩多少钱。

如图 8.22 所示，单元格 D4 和 D5 包含了初始投资金额及 Thom 的边际税率的假设。单元格 D6 表示的是预期年回报率（它是每季度复利的）。按照规划目标，这个单元格中输入了 15%的年回报率。这就是我们优化电子表格时试图使其最小化的值。

第一年的期初余额（单元格 B10）等于资金的初始投入量。接下来每一年的期初余额是前一年的期末余额。单元格 C10 中的公式是在给定单元格 D6 中的利率计算这一年的总收益。将同样的公式应用到单元格 C11 至 C19 中：

单元格 C10 的公式：　　=B10*(1+$D$6/4)^4-B10

（复制到单元格 C11 至 C19 中）

因为 Thom 要缴纳 28%的税，税后收益那一列的值是 C 列中列出的投资收益的 72%（100%-28%=72%）。期末余额列的值是期初余额加上税后收益、再减去这年的保险费。

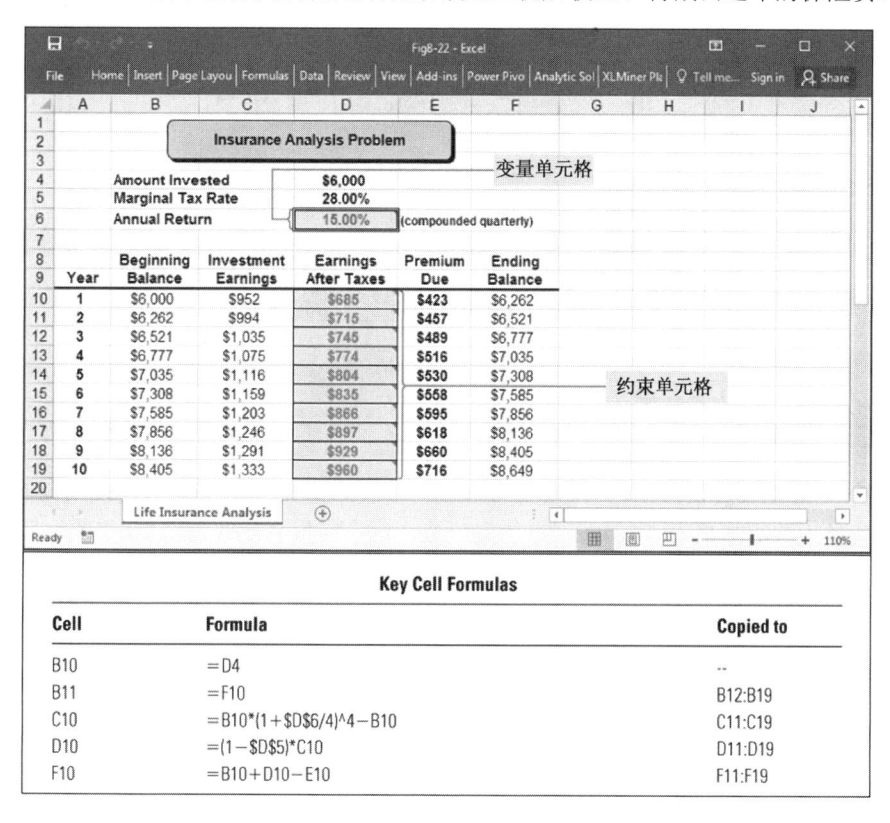

图 8.22　Thom 的保险金问题的电子表格模型建立

8.8.2　优化电子表格模型

任何最优化问题都涉及三个要素：一个或多个决策变量、目标函数和约束方程。目前这个问题的目标是确定使税后收益支付每年保险费的最小年回报率。因此，这个模型的决策变量是单元格 D6 中的利率。单元格 D6 中的值也表示了这个问题的目标，因为我们想要使它的值最小化。对于约束，每年的税后收益应该大于或等于每年的到期保险费。所以，要求单元格 D10 至 D19 中的值大于或等于单元格 E10 至 E19 中的值。图 8.23 给出了该问题的规划求解器设置和选项，图 8.24 给出了最优解。

```
Solver Settings:
  Objective: D6 (Min)
  Variable cells: D6
  Constraints:
    D10:D19 >= E10:E19
Solver Options:
  Standard LSGRG Nonlinear Engine
```

图 8.23　保险金问题的规划求解器参数

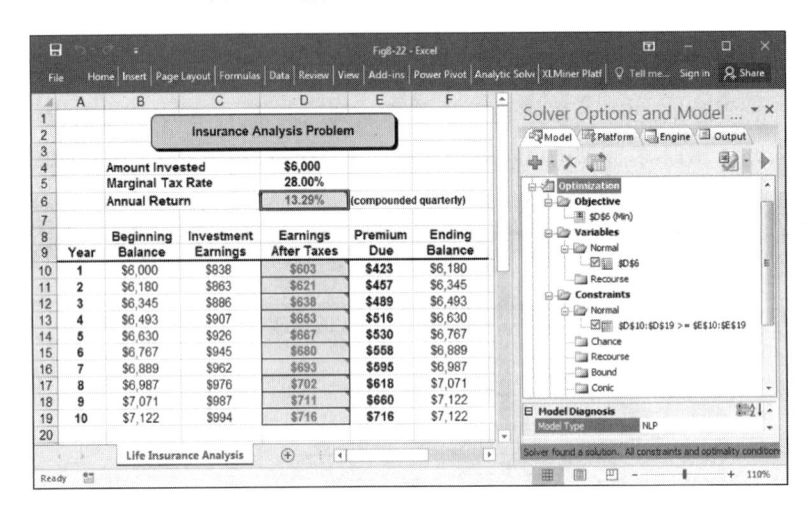

图 8.24　保险金问题的最优解

8.8.3　分析最优解

图 8.24 所示的最优解说明，Thom 需要获得至少 13.29%的年回报率才能使投资的 6,000 美元的税后收益支付接下来 10 年的新保单的保险费。这一回报率使他在第 10 年的税后收入正好等于当年到期的 716 美元保险费。因此为了使 Thom 的计划成功，他需要确定一个在未来 10 年内的每一年都能够产生至少 13.29%的年回报率的投资。Thom 可能想使用 8.9 节中描述的方法，来帮助他设计这样一个投资。

8.8.4　对优化现有电子表格的说明

优化现有电子表格模型的一个难题是确定基础代数模型是线性的还是非线性的，这对确定是否得到了该问题的全局最优解十分重要。正如之前提到的，如果命令规划求解器假设该模型是线性的，那么它就会做一系列的数值测试以确定这个假设是否合适。如果规划求解器发现该模型不是线性的，那么就会给出一条需要把该模型当成非线性规划模型再去求解一次的信息。所以，当对一个现有电子表格模型应用优化方法时，命令规划求解器假设该模型是线性的就是一个不错的主意。如果在这个假设下规划求解器可以找到一个解，就可以确信这个解就是全局最优解。如果规划求解器发现该模型是非线性的，就必须意识到，得到的任何一个解都有可能只是一个局部最优解而不是全局最优解。在这种情况下，可能要从不同的起始点对该模型重新多次求解，看看该问题是否存在一个更好的局部最优解（注意，若问题测度不太好，则规划求解器的线性检验有时会给出模型不是线性的，而事实上它是线性的）。

如果你具有优化电子表格的技能和直觉，那么你可能更喜欢跳过写代数模型这一步。对于简单问题，这可能是合适的。但是在更多复杂问题中，这样会导致不理想的结果。比如，在第

6 章中，我们注意到了该如何使用 IF() 函数为固定成本问题建立二进制变量。遗憾的是，这会导致规划求解器将这个问题视为一个非线性规划问题，而不是一个混合整数线性规划问题。所以，如何建立问题的模型会影响规划求解器是否能够找到全局最优解。作为建模者，必须明白自己建立的是哪种模型，并以最适当的方式实现它。写出模型的代数表达式常常可确保彻底理解要求解的模型。

8.9 投资组合问题

非线性规划最著名的应用之一是，在获得预期回报水平的同时确定最优投资组合，以使投资组合的风险最小。衡量单个投资内在风险的一种方法是其在一段时间内产生的收益的方差（或者标准差）。投资组合选择的主要目标之一是通过选取那些收益常会反向变化的投资项目使投资组合的收益方差趋于平滑。即，选择具有负协方差或负相关性的投资，以便当一个投资产生低于平均水平的回报时，投资组合中的另一个投资可以用高于平均水平的回报来抵消。这会使投资组合的收益方差比任何单个投资的差异都小。下例说明投资组合的选择问题。

Ray Dodson 是一名独立的财务顾问。最近他见了一位新客户 Paula Ribbon。Paula 想让 Ray 就如何最好地分散她的投资给出建议。Paula 已把大部分退休金投资在国际商务公司（IBC）的股票上。在过去的 12 年中，这支股票的平均年回报率是 7.64%，方差大约是 0.0026。Paula 想在投资上获得更多的收益，但她十分谨慎，不喜欢冒风险。Paula 要求 Ray 提供一个风险尽可能小且提供至少 12% 年回报率的投资组合。经过一些研究后，Ray 确定了另外两家公司的股票，分别是国家汽车公司（NMC）和国家广播系统（NBS），他认为这两支股票可以帮助 Paula 达到这一投资目标。Ray 的初期研究汇总在图 8.25 中。

如图 8.25 中所示，在过去 12 年内，NMC 的股票产生了 13.43% 的平均年回报率，而 NBS 的股票产生了 14.93% 的年回报率。Ray 在 Excel 中使用 COVAR() 函数来创建协方差矩阵。矩阵主对角线上的数字与每支股票回报的方差相对应。例如，协方差矩阵表明 IBC、NMC 和 NBS 年回报的方差分别为 0.00258、0.00276 和 0.03677。主对角线之外的数字代表不同股票之间的协方差。例如，IBC 和 NMC 之间的协方差大约为 −0.00025，IBC 和 NBS 之间的协方差约为 0.00440，NMC 和 NBS 之间的协方差约为 0.00542。

Ray 想确定应该给每支股票分配多少比例的 Paula 的资金，以便在投资组合总回报方差最小的同时达到 12% 的总期望回报。

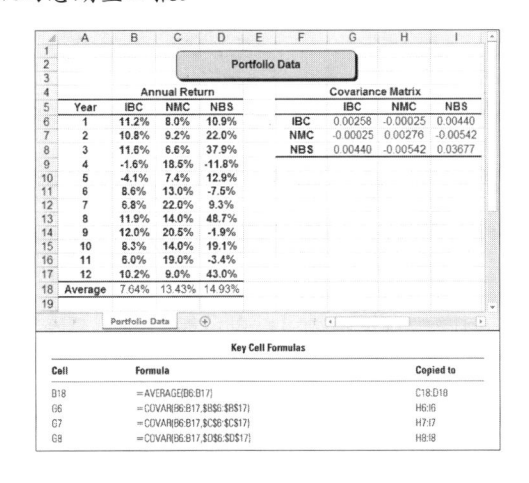

图 8.25 投资组合选择问题的数据

8.9.1 定义决策变量

在这个问题中,必须确定全部投资资金应该投资购买三种股票的比例。因此,为了表示该问题的模型,需要下列三个决策变量:

$$p_1 = \text{总资金中投入 IBC 的比例}$$
$$p_2 = \text{总资金中投入 NMC 的比例}$$
$$p_3 = \text{总资金中投入 NBS 的比例}$$

因为这些变量表示的是比率,所以还要确保它们的取值不小于 0,且总和是 1(或 100%)。确定该问题的约束时将会处理这些条件。

8.9.2 定义目标

这个问题的目标是通过测量投资组合的方差最小化投资组合的风险。一般来说,由 n 个投资组成的投资组合方差在大多数金融教材中定义为

$$\text{投资组合方差} = \sum_{i=1}^{n} \sigma_i^2 p_i^2 + 2\sum_{i=1}^{n-1}\sum_{j=i+1}^{n} \sigma_{ij} p_i p_j$$

其中,

p_i = 投资组合中投入给投资种类 i 的比例

σ_i^2 = 投资种类 i 的方差

σ_{ij} = 投资种类 i 和 j 之间的协方差

如果熟悉矩阵乘法,那么你可能知道投资组合方差也可以用矩阵形式表达如下:

$$\text{投资组合方差} = \boldsymbol{p}^{\mathrm{T}} \boldsymbol{C} \boldsymbol{p}$$

其中,

$$\boldsymbol{p}^{\mathrm{T}} = (p_1, p_2, \ldots, p_n)$$

$$\boldsymbol{C} = n \times n \text{ 协方差矩阵} = \begin{pmatrix} \sigma_1^2 & \sigma_{12} & \cdots & \sigma_{1n} \\ \sigma_{21} & \sigma_2^2 & \cdots & \sigma_{2n} \\ \vdots & \vdots & \ddots & \vdots \\ \sigma_{n1} & \sigma_{n2} & \cdots & \sigma_n^2 \end{pmatrix}$$

注意,如果把 100% 的可用资金都投入到单一的投资项 i,那么投资组合方差降低至 σ_i^2——单个投资项 i 的方差。

在我们的例子中,有

$$\sigma_1^2 = 0.00258, \quad \sigma_2^2 = 0.00276, \quad \sigma_3^2 = 0.03677,$$
$$\sigma_{12} = -0.00025, \quad \sigma_{13} = 0.00440, \quad \sigma_{23} = -0.00542$$

所以使用前面的公式,问题的目标函数可以表示如下:

MIN:$0.00258 p_1^2 + 0.00276 p_2^2 + 0.03677 p_3^2 + 2(-0.00025 p_1 p_2 + 0.0044 p_1 p_3 - 0.00542 p_2 p_3)$

这个目标函数不是决策变量的线性组合,所以必须把它作为非线性规划问题来求解。但是可以证明的是,当使用它作为投资组合的目标时,求出的解是一个全局最优解。这个问题实际上是二次规划(QP)问题的一个例子。

8.9.3 定义约束

这个问题只有两个主要约束。如前所述,因为在这个投资组合中只有三个投资项在考虑之中,并且决策变量表示的是投给每个投资项目的资金的百分比,所以必须确保决策变量的总和是 1。这个很容易完成,如下所示:

$$p_1+p_2+p_3=1$$

还需要一个约束来确保整个投资组合实现或超过预期的 12% 的回报率。这个条件表示为

$$0.0764p_1+0.1343p_2+0.1494p_3 \geqslant 0.12$$

这个约束左端项表示的是每个独立的投资项预期回报的加权平均。这个约束表明该投资组合的加权平均回报必须至少达到 12%。

最后,由于决策变量必须表示的是比例,因此还应包含上限和下限:

$$p_1,\ p_2,\ p_3 \geqslant 0$$
$$p_1,\ p_2,\ p_3 \leqslant 1$$

最后一个条件要求每个 p_i 都小于等于 1,这在数学上是多余的,因为 p_i 还必须是非负的且和等于 1。但为完整起见,把这个约束包含在内。

8.9.4 建立模型

该问题的代数模型总结如下:

MIN:$0.00258p_1^2+0.00276p_2^2+0.03677p_3^2+2(-0.00025p_1p_2+0.0044p_1p_3-0.00542p_2p_3)$

约束:

$$p_1+p_2+p_3=1$$
$$0.0764p_1+0.1343p_2+0.1494p_3 \geqslant 0.12$$
$$p_1,\ p_2,\ p_3 \geqslant 0$$
$$p_1,\ p_2,\ p_3 \leqslant 1$$

图 8.26 给出了在电子表格中实现该模型的方法(本书的配套文件 Fig8-26.xlsm)。在这个电子表格中,单元格 G11、H11 和 I11 分别表示的是决策变量 p_1、p_2 和 p_3。这些单元格中的初始值反映了投资者目前的投资组合,它完全由 IBC 的股票组成。

可以用多种方法建立该问题的目标函数。标准方法是建立一个和目标函数的代数形式完全一致的公式,如下所示:

单元格 H16 的公式: =G6*G11^2+H7*H11^2+I8*I11^2+2*
(H6*G11*H11+I6*G11*I11+H18*H11*I11)

输入这个公式是烦琐的,且容易出错,并且如果这个例子中涉及多于 3 支股票,那么会更加烦琐、更易出错。下面是表达这个目标的另一种较简单的方式:

单元格 H16 的另一公式: =SUMPRODUCT(MMULT(G11:I11,G6:I8),G11:I11)

这个备选公式使用矩阵乘法(MMULT()函数)来计算投资组合的方差。尽管两个公式能得到同样的结果,但是第二个公式更容易输入且能够容纳任何数量的投资项。注意,图 8.26 中单元格 H16 中的数值 0.00258 表示当所有的资金都用于投资 IBC 股票,那么投资组合的方差就和 IBC 股票的方差是一样的。

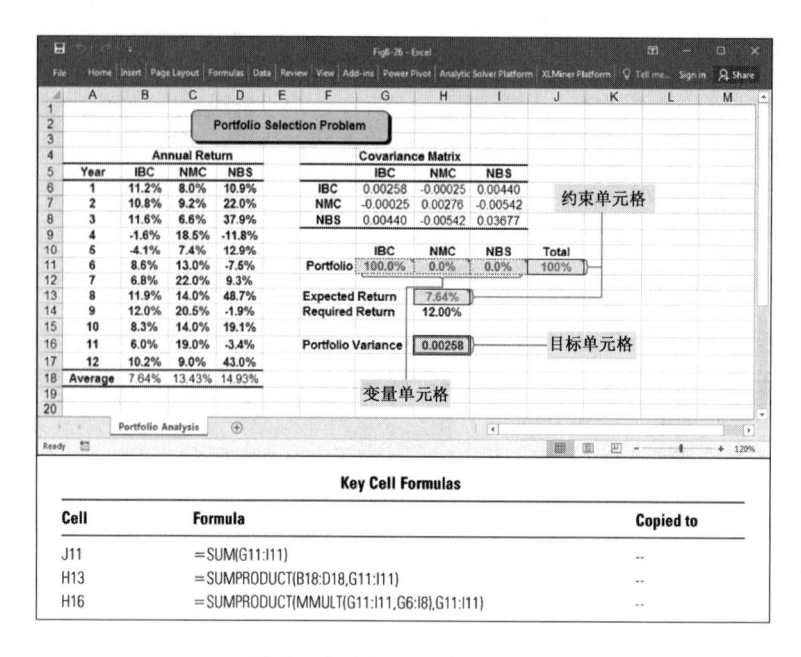

图 8.26 投资组合选择问题的电子表格模型建立

单元格 J11 和 H13 分别建立了两个主要约束的左端项：

单元格 J11 的公式： =SUM(G11:I11)

单元格 H13 的公式： =SUMPRODUCT(B18:D18,G11:I11)

图 8.27 给出的是求解该问题的规划求解器设置和选项，图 8.28 给出了最优解。

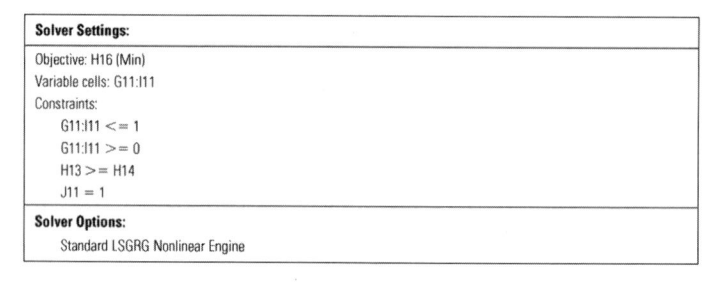

图 8.27 投资组合选择问题的规划求解器参数

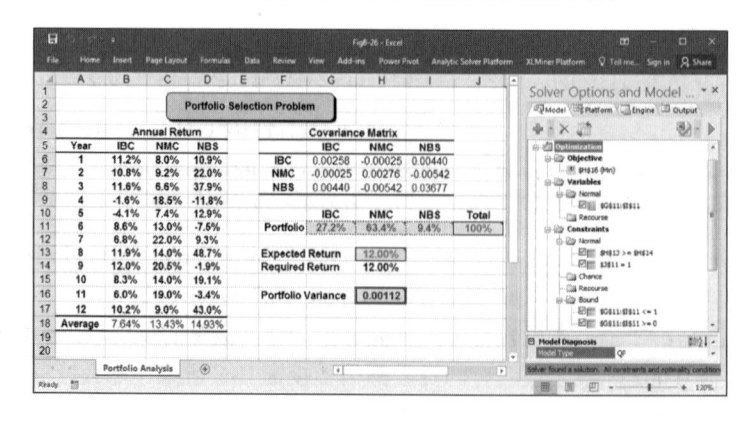

图 8.28 投资组合选择问题的最优解

8.9.5 分析最优解

与图 8.26 中所示的初始解相比较，图 8.28 中所示的最优解表明：把投资资金的 27.2%投给 IBC、63.4%投给 NMC、9.4%投给 NBS，会得到更好的解。单元格 H13 表明了这种投资组合将实现想得到的 12%的预期回报率，单元格 H16 表明这个投资组合的方差仅为 0.00112。

该问题的解表明，存在一个低风险的投资组合能为 Paula 产生一个比她最初的投资组合更高的预期回报。根据投资组合理论，Paula 最初的投资称为无效投资。投资组合理论规定，对于每个可能的投资回报水平，都有一个使风险最小化的投资组合，在这种回报水平上接受任何风险更大的投资组合也是无效的。或者说，对于每个投资风险水平，都有一个使回报最大化的投资组合，在这种风险水平下接受任何回报更低的投资组合也是无效的。

对于给定的投资组合问题，风险与回报之间的最优权衡可以用一个有效边界图来概括，该图描述了与每个可能的回报水平相关的最小投资组合风险。图 8.29（本书的配套文件 Fig8-29.xlsm）给出了例题的有效边界。该图表绘制了与 15 种不同投资组合相关的最小风险水平，所需风险率在 7.64%~14.93%变化（分别表示最低和最高的可能回报率）。为了创建这个图表，首先在单元格 H14 中输入以下公式：

单元格 H14 的公式： =PsiOptParam(B18,D18)

当规划求解器按照任务窗格选项卡上的"Optimizations to Run"设置所指示的优化次数（针对此问题设置为 15）运行时，将导致单元格 H14 中所需的返回值以相同的步长在 7.64%（单元格 B18）到 14.93%（单元格 D18）变化。在规划求解器执行优化后，跟随下列所示步骤，可以很容易地创建出如图 8.29 所示的图。

（1）单击 ASP 选项卡（the Analytic Solver Platform tab）上的 Charts 图标。
（2）选择 Multiple Optimizations（多次优化）→Monitored Cells（监测单元格）。
（3）扩展目标选项，选择$H$16，单击">"按钮。
（4）单击 OK 按钮。

图 8.29 的结果说明，当所需的预期回报从 7.64%按照相同步长增加到 14.93%时，15 次优化中的每一次最优投资组合的方差是如何增加的。这个图不仅对确定每种可能回报水平上该接受的最高风险水平有帮助，而且对确定在哪里进一步增加预期回报会引起更大风险也有帮助。在这种情况下，在第 13 次和第 14 次优化运行之间，投资组合方差（风险）有一个相当显著的增加。图 8.29 中的下拉列表允许我们选择和检查每次优化运行的细节。

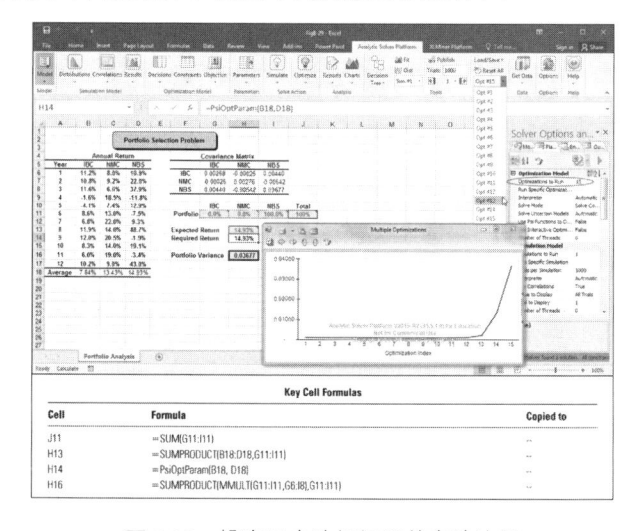

图 8.29 投资组合选择问题的有效边界

无论是在确定回报率要求下使风险最小化，还是在给定风险水平下使回报最大化，所获得的解可能都是无效的。比如，在例题的最优解中，可能存在同一风险水平下能产生更高回报的不同投资组合。我们可以通过再次求解这个问题来检查这一点，在保持最小风险水平恒定的同时最大化预期回报。

8.9.6 处理投资组合问题中的目标冲突

正如我们看到的，投资组合选择问题有两个不同的冲突目标：最小化风险（投资组合的方差）和最大化预期回报。处理这些冲突目标的一个方法是求解如下问题：

MAX: $(1-r) \times$(投资组合的期望回报)$-r \times$(投资组合的方差)

约束: $\Sigma p_i = 1$ 对所有的 i, $p_i \geq 0$

这里，p_i 还代表在投资组合中应该投资每种股票的比率，r 是 0 与 1 之间的一个常数，代表投资人的风险厌恶程度（或风险厌恶值）。当 $r=1$（表明最大的风险厌恶）时，目标函数试图使投资组合的方差最小化。这样的解如图 8.30 所示（本书的配套文件 Fig8-30.xlsm）。其中，单元格 H13 中建立了预期回报，单元格 H14 中的是投资组合的方差，单元格 H15 中的是风险厌恶因子，目标函数在 H16 单元格中。这个最优解大致把投资者资金的 36%放在 IBC、57%放在 NMC、7.1%放在 NBS，这导致投资组合方差为 0.0011。这是这组股票可能的最小投资组合方差。

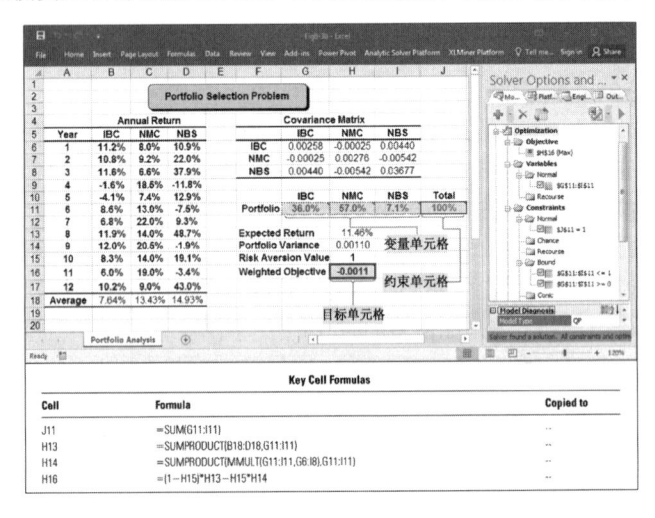

图 8.30 具有最低风险的投资组合的最优解

相反，当 $r=0$（表明完全不顾风险）时，目标试图最大化期望的投资组合的回报。这个解如图 8.31 所示。这个最优解把投资者资金的 100%放在 NBS，因为这样产生了最大的投资组合的回报。

对于在 0 和 1 之间的 r 值，规划求解器总是试图保持期望的回报尽可能大，并且让投资组合的方差尽可能小（因为这个问题的目标函数是最大化）。随着参数 r 值的增加，越来越多的权重放在使得投资组合方差尽可能小（或最小化风险）的重要性上。因此，一个风险厌恶的投资者应该更喜欢 r 值相对更大的解。通过求解一系列问题，每次调整 r 的值，投资者可以选择提供最大效用的投资组合，或者包含他们自己对待风险与回报态度的风险与回报的最优权衡。另外，如果投资人觉得使风险最小化的重要性是使回报最大化重要性的两倍，可以求解当 $r=0.667$（和 $1-r=0.333$）时的问题，来反映投资人对待风险和回报的态度。r 值为 0.99275 将产生与图 8.28 中相同的解。

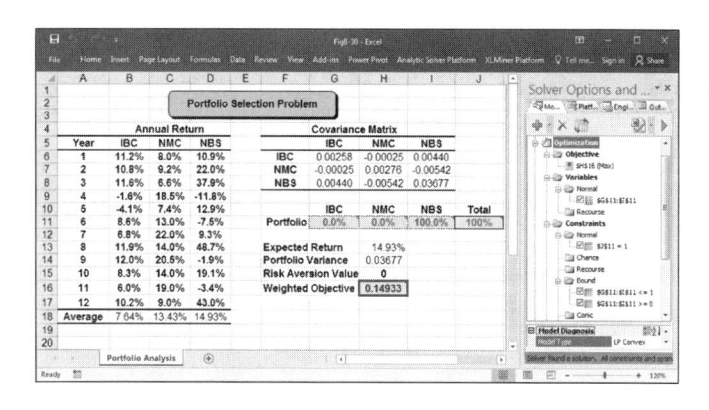

图 8.31　具有最大回报的投资组合的最优解

8.10　灵敏度分析

第 4 章分析了线性规划模型的最优解对模型中各种系数变化的灵敏程度。我们注意到，使用单纯形法求解线性规划问题的一个优点是提供了扩展的灵敏度信息。当使用非线性优化方法求解线性或非线性问题时，也可以获得一定数量的灵敏度信息。

为了理解从非线性最优化中的可用灵敏度信息，我们将把它和之前在第 4 章学过的使用单纯形法获得的灵敏度信息进行比较。在第 4 章中，我们求解了下列修订的 Blue Ridge 浴缸问题，其中第三种类型的浴缸——Typhoon-Lagoon——被包含在模型中：

MAX：　　　　　　　$350X_1 + 300X_2 + 320X_3$　　　　　　　}利润

约束：　　　　　$1X_1 + 1X_2 + 1X_3 \leqslant 200$　　　　　　　}水泵约束

　　　　　　　　$9X_1 + 6X_2 + 8X_3 \leqslant 1566$　　　　　　}工时约束

　　　　　　　$12X_1 + 16X_2 + 13X_3 \leqslant 2880$　　　　　　}水管约束

　　　　　　　　　　　$X_1, X_2, X_3 \geqslant 0$　　　　　　　　　　}非负约束

该问题的电子表格模型如图 8.32 所示（本书的配套文件 Fig8-32.xlsm）。图 8.33 给出了使用单纯形法求解该问题后的灵敏度报表。图 8.34 给出的是使用规划求解器的非线性优化求解该问题后的灵敏度报表。

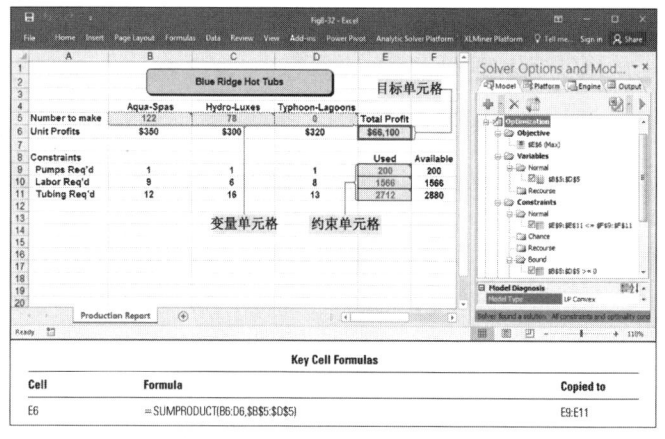

图 8.32　修订 Blue Ridge 浴缸问题的电子表格模型

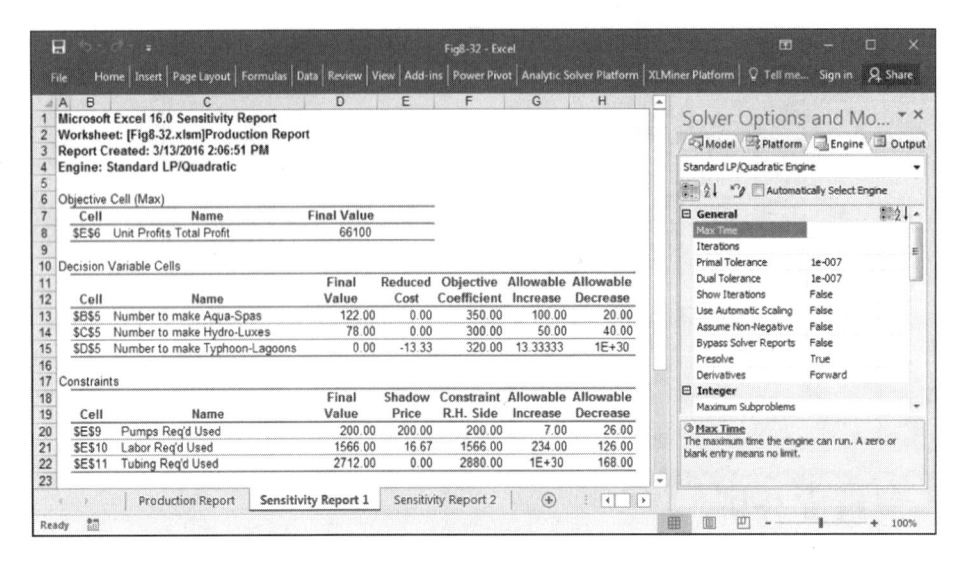

图 8.33 使用单纯形法求解模型后的灵敏度报表

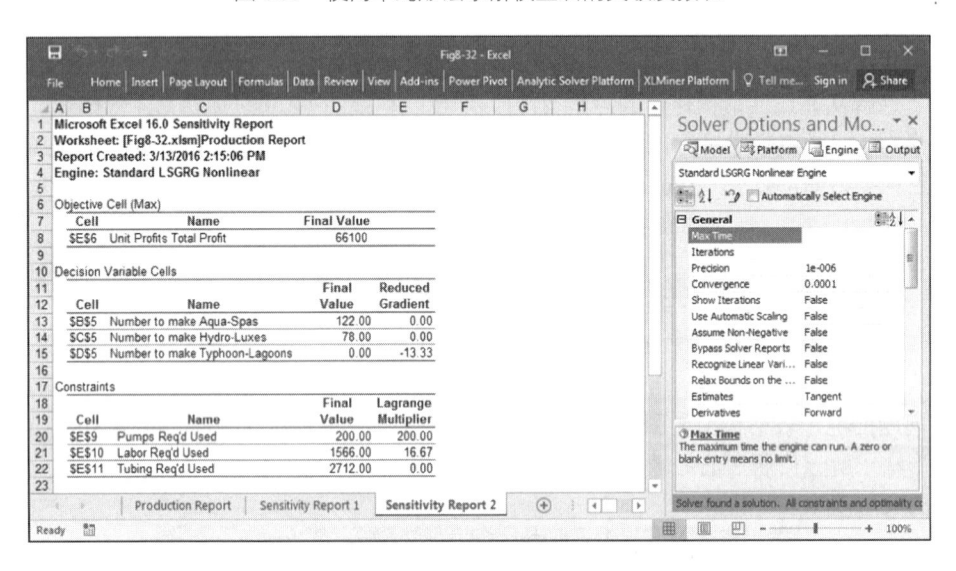

图 8.34 使用规划求解器的非线性广义 GRG 优化程序求解模型后的灵敏度报表

对比图 8.33 和图 8.34，注意到不管是使用单纯形法还是非线性优化程序求解该问题，得到的解都是一样的。两个报告都表明，应该生产 122 个单位的 Aqua-Spas、78 个单位的 Hydro-Luxes、0 个单位的 Typhoon-Lagoons。两个报表都指出，这个解需要 200 台水泵、1,566 个工时和 2712 英尺水管。两种优化方法求出同样的解这个事实并不令人惊讶，因为我们知道该问题有唯一的最优解。但是，如果一个线性规划问题有另外的最优解，那么单纯形法和非线性优化程序将不一定得到相同的最优解。

将图 8.33 中的"差额成本"（Reduced Cost）和"影子价格"列的数值与图 8.34 中"简约梯度"（Reduced Gradient）和"拉格朗日乘数"（Lagrange Multiplier）列的数值进行比较，可以发现两个灵敏度报表之间的另一个相似之处显而易见。图 8.33 中每个变量的差额成本（Reduced Cost）和图 8.34 中每个变量的简约梯度是相同的。类似地，图 8.33 中每个约束的影子价格和图 8.34 中每个约束的拉格朗日乘数是相同的。这不是简单的巧合。

8.10.1 拉格朗日乘数

在第 4 章中,我们看到约束的影子价格表示约束所涉及资源增加一个单位的边际价值,或者,在约束的右端项放宽一个单位后目标函数的提高量。同样的解在更相似的意义上适用于拉格朗日乘数。影子价格和拉格朗日乘数之间最主要的区别是,确保影子价格或拉格朗日乘数在约束右端项的范围内是有效的。

正如在第 4 章中讨论的(之前给出图 8.33),在使用单纯形法求解线性规划问题后,可以确定当约束影子价格仍然有效时约束右端项中允许的增加量和减少量。可以这样做是因为线性规划问题的目标函数和约束都是线性的,约束右端项变化对目标函数值的影响相对容易计算。但是在非线性规划问题中,没有通用的方法确定约束右端项的范围。所以,当使用规划求解器的非线性优化程序求解一个优化问题时,无法容易地确定当约束的拉格朗日乘数保持有效时约束右端项的范围。拉格朗日乘数只能用来估计当约束右端项发生很小量的改变时,其对目标函数的影响。

8.10.2 简约梯度

在第 4 章我们看到,如果最优解中某个变量取其简单下界(或上界),那么此变量的差额成本通常表示,若该变量增加一单位,则目标函数将减少(或增加)的量。再次,同样的解释近似地适用于简约梯度值。具体来说,非零简约梯度值表明给定变量值的微小变化对目标函数值的近似影响。比如在第 4 章中我们看到的,强行增加生产 Typhoon-Lagoon 浴缸 1 个单位会导致图 8.32 中问题的总利润减少 13.33 美元。这可从图 8.33 中 Typhoon-Lagoons 的差额成本值和图 8.34 中 Typhoon-Lagoons 的简约梯度值上反映出来。

虽然使用线性规划模型来讨论简约梯度和拉格朗日乘数的意义,但是它们的解释对于非线性问题也是一样的。如前所述,线性规划问题可以视为其目标函数和约束是线性的非线性规划问题的特例。

8.11 求解非线性规划的规划求解器选项

虽然可以用一个高度结构化、相对简单的目标函数和约束方程表示线性规划问题,但非线性规划的目标函数和约束几乎可以是任何数学函数。因此,当试着求解非线性规划问题时遇到困难并非罕见。

规划求解器提供了一些求解非线性规划问题的控制选项。这些选项——"估计"(Estimates)、"求导"(Derivatives)和"搜索"(Search)——位于 ASP 任务窗格中的"引擎"选项卡中,如图 8.35 所示。这些选项的默认设置对很多问题来说效果都很好。但是,如果在求解非线性规划时遇到困难,那么可以试着改变这些选项,强制规划求解器使用不同的搜索策略。这些选项的完整描述需要对微积分有深入的理解,本书中没有给出。下面的描述提供了这些选项的非技术性概要。

当规划求解器搜索非线性规划问题的最优解时,当多次迭代的目标函数值相对变化小于收敛因子时,它便会终止。若你认为规划求解器收敛于一个最优解时停止得太早,则应该减小如图 8.35 所示的收敛设置。

"估计选项"（Estimates Option）确定规划求解器如何估计决策变量的值以搜寻改进解。默认设置"正切"（Tangent）使用线性外推法估计值，而另一个设置"二次的"（Quadratic），使用非线性外推法估值。

"求导选项"（Derivatives Option）确定规划求解器如何估计导数。使用"向前"这一默认设置时，规划求解器通过在某点处得到一阶导数的估计值——通过在前进方向上的这一点处扰动一次并且计算运行上升量完成。在"中心设置"（Central setting）情况下，规划求解器获得一阶导数的估计——通过从一点的向前及向后两个方向扰动并计算两点之间运行上升量来实现。"中心设置"需要"向前"（Forward）选项两倍的计算量，但是可以改进导数的估计，以获得更好的搜索方向，且迭代的次数常常较少。但是，精确度上的差别通常不值

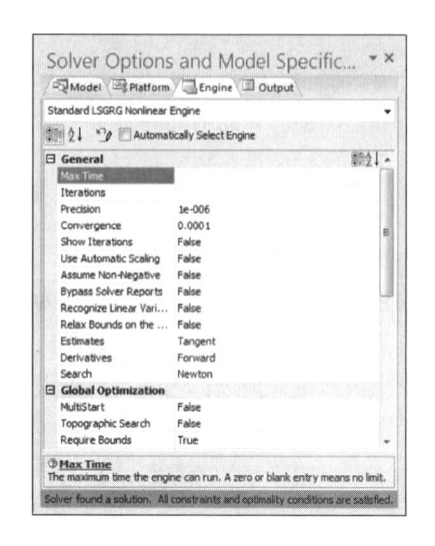

图 8.35 非线性规划问题的规划求解器选项

得用过多的精力，所以默认设置是"前向"（Forward）。

"搜索选项"（Search Option）确定规划求解器如何寻找一个可改进目标函数值的可行点的搜索方向。默认设置是"牛顿法"（Newton），它使规划求解器使用"Broyden-Fletcher-Goldfarb-Shanno 拟牛顿法"确定搜索方向。"共轭设置"（Conjugate setting）命令规划求解器使用共轭梯度法。这些方法的细节超出了本书的范围，但是可以在大多数专门研究非线性规划的教材中找到。

正如前面提到的，非线性规划算法终止时对应的局部最优解通常取决于初始起始点。注意到，图 8.35 中的"多起点"（MultiStart）选项，若设置为 True，则会使规划求解器应用该方法来试图找到一个全局最优解而不是局部最优解。另外，测度问题常常影响规划求解器求解一个问题的难易程度。因此，如果规划求解器在求解一个非线性规划问题中遇到困难，那么选择使用"自动度量"（Automatic Scaling）选项也是一种可能的补救办法。

8.12 演化算法

近年来，优化领域中最有趣和最令人兴奋的发展之一集中在进化（或遗传）算法领域的研究上。受达尔文进化论思想的启发，对数学优化感兴趣的研究人员设计了探索式搜索技术，该技术模拟生物繁殖过程，并且应用"适者生存"原理创造通用优化引擎。

简而言之，遗传算法（GA）从代表优化问题可能解的一组染色体（数值向量）开始，染色体中的个体成分（数值）称为基因。新的染色体是由交叉（crossover）和变异（mutation）而创造的，交叉是解向量间值的概率性交换，变异是解向量中值的随机替换，染色体则是按照具有适者生存的适应（或目标）函数进化到下一代的。结果是随着时间进化而产生出该问题的越来越好的解的基因库。

图 8.36 给出了一个例子，说明一次迭代如何通过演化过程求解一个只有 4 个决策变量的简单问题。在这种情况下，任意从一个 7 种可能的解向量（染色体）的种群开始（实际上，大多数遗传算法使用 50～100 个染色体的种群数量）。每个染色体根据问题的某个适应（目标）函数进化。

染色体	X_1	X_2	原始种群 X_3	X_4	适应度
1	7.84	24.39	28.95	6.62	282.08
2	10.26	16.36	31.26	3.55	293.38
3	3.88	23.03	25.92	6.76	223.31
4	9.51	19.51	26.23	2.64	331.28
5	5.96	19.52	33.83	6.89	453.57
6	4.77	18.31	26.21	5.59	229.49
7	8.72	22.12	29.85	2.30	409.68

染色体	X_1	X_2	交叉及变异 X_3	X_4	交叉 适应度
1	7.84	24.39	31.26	3.55	334.28
2	10.26	16.36	28.95	6.62	227.04
3	3.88	19.75	25.92	6.76	301.44
4	9.51	19.51	32.23	2.64	495.52
5	4.77	18.31	33.83	6.89	332.38
6	5.96	19.52	26.21	5.59	444.21
7	8.72	22.12	29.85	4.60	478.93

染色体	X_1	X_2	新的种群 X_3	X_4	适应度
1	7.84	24.39	31.26	3.55	334.28
2	10.26	16.36	31.26	3.55	293.38
3	3.88	19.75	25.92	6.76	301.44
4	9.51	19.51	32.23	2.64	495.52
5	5.96	19.52	33.83	6.89	453.57
6	5.96	19.52	26.21	5.59	444.21
7	8.72	22.12	29.85	4.60	478.93

图 8.36 通过演化算法进行一次交叉的例子

接下来应用交叉和变异算子产生问题的新可能解。图 8.36 中第二个表给出了这个过程的结果。注意，染色体 1 和染色体 2 中 X_3 和 X_4 的值已经交换，染色体 5 和染色体 6 中 X_1 和 X_2 的值也交换了。这表示了交叉运算。还注意到，染色体 3、染色体 4 和染色体 7 中 X_2、X_3 和 X_4 的值已经被随机改变，这代表变异。然后计算每个新染色体的适应性并与原种群中相对应的染色体的适应性进行比较，最适应的染色体生存到下一代。可以使用各种程序建立交叉、变异和适者生存。这个例子的目的是让你对遗传算法（GA）如何进行有一个基本的理解。

在某种程度上，规划求解器的演化算法从非线性广义简约梯度算法停止的地方开始。正如我们看到的，对于非线性问题，规划求解器产生的结果取决于起始点，而且可能是一个局部最优解而非全局最优解。规划求解器往往难以求解不连续和不平滑的情形，这些问题可使用逻辑 IF()函数或查询表（Lookup Table）电子表格典型模型解决。尽管演化算法无法完全避免落入局部最优解的可能性，但是它使用一个随机初始基因库和随机交迭及变异算子来使其尽可能不发生。此外，演化算法实际上可以对任何电子表格模型进行操作——甚至包含这些 IF()函数、查询表和自定义宏函数的电子表格。现在考虑一些应用规划求解器的演化算法的例子。

8.13 组建公平的团队

有很多问题的目标是如何将一群人组成几个公平或者平衡的团队。这种情况可以发生在业余高尔夫球比赛中，其目标是组建有相似不利因素的团队，并确保"赞助网络赛事的民间组织"安排座位时具有一定的差异性。下面给出了另外一个这样的例子。

Steve Sorensen 是 Claytor 大学的 MBA 项目主管。每年他都为即将到来的全日制 MBA 班级的学生组建项目团队。学生们在第一学期的每一堂课上都在同一个团队工作，以便相互了解，并学会如何与那些他们可能没有选择一起工作的人打交道。即将到来的班级有 34

个学生，Steve 想组建 7 个团队。他希望把学生分配到各队，并使每个队的平均 GMAT（研究生管理专业入学考试）分数都尽可能接近。

8.13.1 该问题的电子表格模型

图 8.37 给出了包含 Claytor 大学 34 个新的 MBA 学员 GMAT 分数的电子表格（注意，为了节省空间，表中第 17 至 26 行被隐藏起来）。单元格 D5 至 D38 表示的是决策变量，指出每个学生被分配到 7 个组中的哪一组。目前已将任意值分配给这些单元格。我们将命令规划求解器中从 1 到 7 的整数值分配给这些单元格。单元格 G5 至 G11 计算的是分配到每个团队中的学生的 GMAT 分数的平均值，如下所示：

单元格 G5 的公式：　　=AVERAGEIF($D$5:$D$38,F5,$C$5:$C$38)

（复制到单元格 G6 至 G11 中）

AVERAGEIF()函数和本章前面中（第 5 章中也有）提到的 SUMIF()函数以相同的方式工作。在单元格 G5 中，团队 1 的 AVERAGEIF($D$5:$D$38,F5,$C$5:$C$38)函数把单元格 D5 至 D38 中的团队分配值与 F5 单元格中的值 1 进行比较。当出现匹配时，就对单元格 C5 至 C38 中相应的 GMAT 值求平均。

单元格 G12 计算了平均 GMAT 分数的方差，且它将作为该问题要被最小化的目标函数。

单元格 G12 的公式：　　=IFERROR(VAR(G5:G11),999999999)

若计算单元格 G5 至 G11 的方差时出现错误，则 IFERROR()函数返回一个任意大的值 999999999。因此，若规划求解器碰巧将值赋值给在其他计算中产生错误值的决策单元格，则该问题的目标值将是一个非常大（低劣）的值，而不是一个错误值。例如，若规划求解器没有将任何学生分配给特定的团队，则该团队的 AVERAGEIF()函数将返回除以 0 的错误（只有 Chuck Norris 能除以 0）。

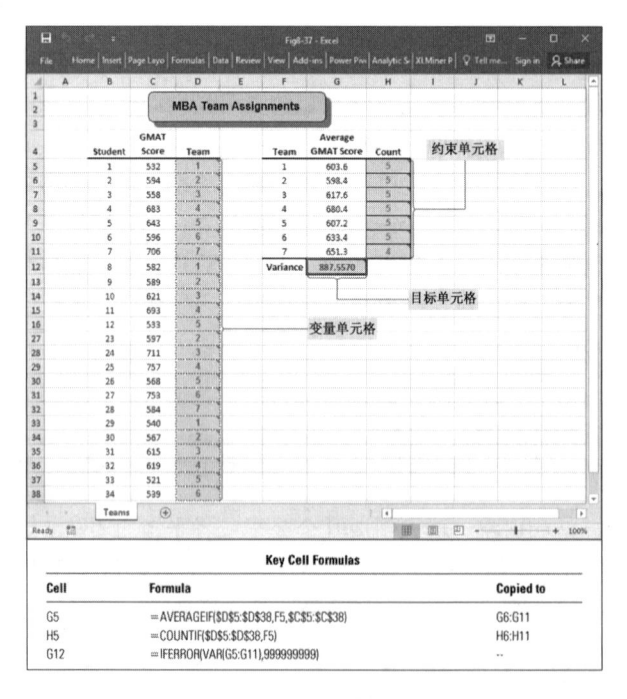

图 8.37　MBA 团队分配问题的电子表格模型

为了保持给每个团队分配的学生数量大致相等，我们将允许每个团队最多有 5 个人。单元格 H5 至 H11 计算了分给每个团队的学生数量，如下所示：

单元格 H5 的公式：　　　=COUNTIF($D$5:$D$38,F5)

（复制到单元格 H6 至 H11 中）

8.13.2 求解模型

在这个问题中，我们想用规划求解器确定单元格 D5 至 D38 中的团队分配数值，其中，在分配给每个团队的学生不超过 5 名的情况下，使单元格 G12 中的团队 GMAT 分数方差最小化。

遗憾的是，该模型中使用的 AVERAGEIF() 和 COUNTIF() 函数产生了间断，导致规划求解器的广义简约梯度算法在该问题上相当无效。实际上，若尝试使用广义简约梯度算法求解该问题，则它不可能比图 8.37 所示的初始解更好。但是，若使用规划求解器的演化算法求解该问题，则使用如图 8.38 所示的设置，将得到如图 8.39 中所示的解。你可能不得不多次求解该问题来获得这个解，甚至可能找到一个不同的（或更好的）解。因为这是一个不平滑的优化问题，规划求解器通常找到一个"好的"解，但不一定是全局或局部的最优解。

图 8.38　MBA 团队分配问题的规划求解器设置和选项

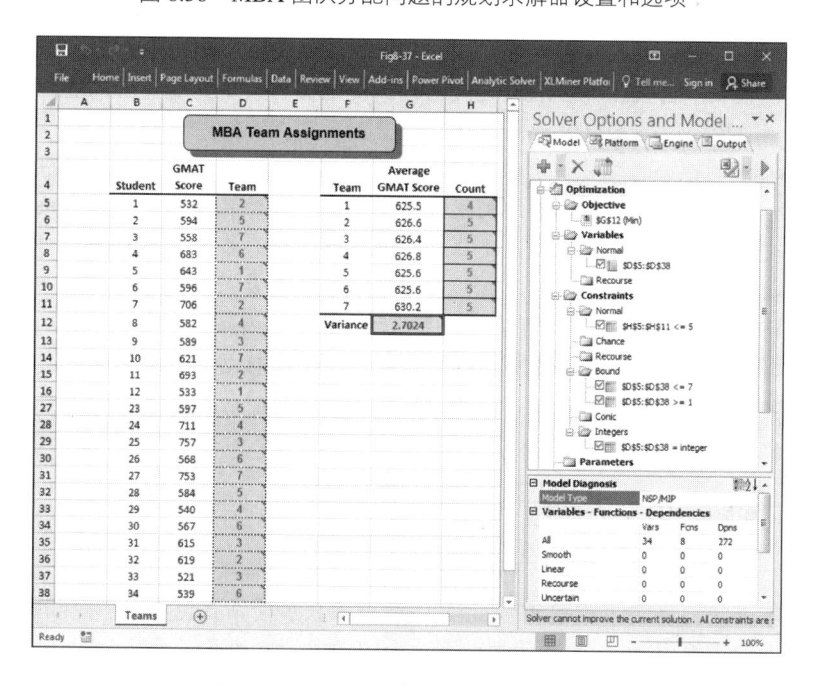

图 8.39　MBA 团队分配问题的可能解

8.13.3 分析最优解

图 8.39 所示的团队分配已经显著地降低了团队平均 GMAT 分数的方差,从 887.5 降至 2.7024。规划求解器的演化算法是启发式的,它可能找到也可能找不到全局最优解,记住这一点是很重要的。通常,当规划求解器停止并报告它无法在现有解的基础上改进时,从不同的起始点重新启动规划求解器将得到一个不同的(潜在更好的)解。

8.14 旅行商问题

旅行商问题或旅行销售员问题(Traveling Salesperson Problem,TSP)是优化领域最著名的问题之一。该问题可以简单地描述如下:

> 一名销售员想找到在 n 个不同城市之间访问客户成本最低(或最短)的一条路线,同时在回家之前恰巧访问每个城市一次。

虽然这个问题描述起来非常容易,但是当城市的数量增加时,它就变得极其难求解。通常对于一个含 n 个城市的旅行商问题而言,存在 $(n-1)!$ 条路线可供销售员选择,其中,$(n-1)!$ $=(n-1)\times(n-2)\times(n-3)\times\cdots\times2\times1$。下表给出了几个不同 n 的 $(n-1)!$ 的值:

n	$(n-1)!$
3	2
5	24
9	40,320
13	479,001,600
17	20,922,789,888,000
20	121,645,100,408,832,000

因此,对于一个含有 3 个城市的旅行商问题,只有两种不同的路线可选(即 1→2→3→1 和 1→3→2→1,假设销售员从城市 1 开始)。但若有 17 个城市,可选路线增加到几乎 21 万亿条。因为旅行商问题求解难度大,所以启发式求解方法(如遗传算法)常常被用来求解这些问题。

虽然很多销售员未必真正关心求解这类问题,但是仍有大量其他实际商业问题可以描述为旅行商问题的一般形式。如下给出一个这样的例子。

> Wolverine 制造公司运营许多数控机床,这些机床可以被编程以执行精确的钻孔和加工操作。该公司目前正在对钻机进行编程,用于完成一项钻孔作业——在一块生产普通汽车用的平面玻璃纤维面板的精确位置处钻 9 个孔。在钻完每个孔后,机器将自动收回钻头,并将其移动到下一个位置,直到所有的孔都钻完。由于要求机器对数百万个面板重复这一过程,因此 Wolverine 公司关注的是,通过对机器编程,确保机器以最有效的方式进行一系列的钻孔。他们特别希望在完成 9 次钻孔操作时,钻头移动总距离必须最小。

如果将这个问题中的钻头想象为一名销售员,每一个需要钻孔的位置代表必须访问的城市,那么容易看出这是一个旅行商问题。

8.14.1 问题的电子表格模型

为了求解 Wolverine 公司的旅行商问题,首先必须确定需要钻孔的位置两两之间的直线距离。图 8.40(本书的配套文件 Fig8-40.xlsm)中给出了表示需钻孔位置两两之间的距离(英寸)的矩阵。注意,我们使用 0~8 的整数来标记这个问题中的 9 个孔。给这些孔从 0(而非 1)开始标号的原因很快就会明了。

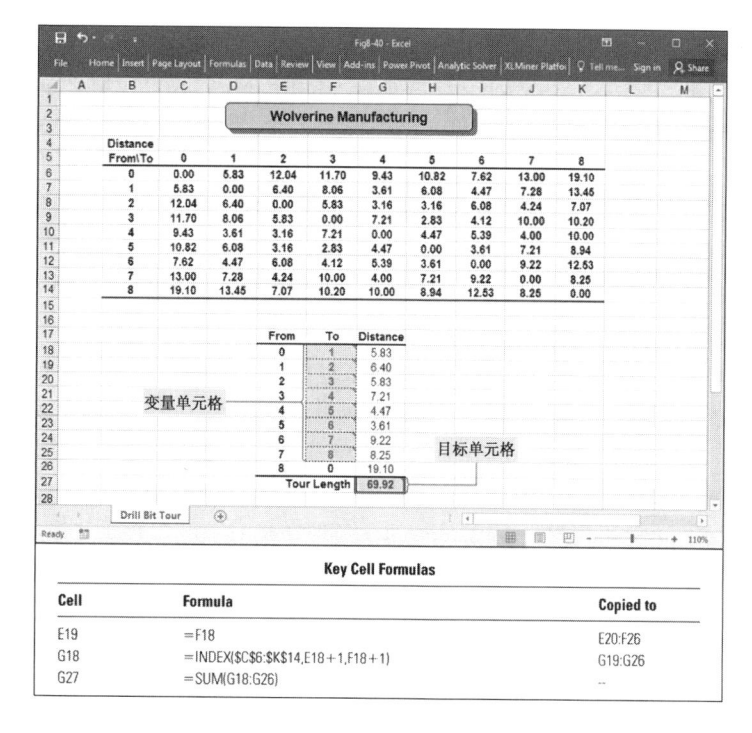

图 8.40 Wolverine 公司的旅行商问题的电子表格模型

对钻头的任意一个旅行线路（0→1→2→3→4→5→6→7→8→0）在单元格 E18 至 F26 中给出。在这个旅行线路中，所需钻孔的位置两两之间的直线距离通过下列公式在单元格 G18 至 G26 中给出：

单元格 G18 的公式：　　=INDEX($C$6:$K$14,E18+1,F18+1)

（复制到单元格 G19 至 G26 中）

通常，函数 INDEX(range,row number,column number)返回给定范围内指定行数和列数的值。因为单元格 E18 包含数字 0，单元格 F18 包含了数字 1，所以前面的公式返回的是 C6:K14 范围内的第一行（E18+1）和第二列（F18+1）的值，或单元格 D6 中的值。

当然，钻头移动到任何一个钻孔位置都会成为下一个移开的位置。因此，单元格 E19 至 E26 中录入的公式是为了确保这一点，如下所示：

单元格 E19 的公式：　　=F18

（复制到单元格 E20 至 E26 中）

数字 0 被录入到单元格 F26 中，这样确保了钻头的最后移动总是会回到它开始的位置。因为旅行商问题的解要求是恰恰访问 n 个城市一次，无论选择哪个城市作为起点，最优旅行线路的长度都不会改变（可能存在替代的最优路线，但有相同的目标函数值）。所以通过给旅行商问题选择一个起点，我们将旅行商问题可能解的数量从 $n!$ 减少到 $(n-1)!$，正如之前所示的，随着 n 的增加它将是非常可观的。

这个问题的目标是最小化钻头必须移动的总距离。因此，我们的目标（或适应）函数应该计算与现在路线相关的总距离。这在单元格 G27 中计算如下：

单元格 G27 的公式：　　=SUM(G18:G26)

若从位置 0 的孔开始，则单元格 F18 至 F25 中从 1 到 8 的整数集的任何排列都表示钻头的可行路线（一个排列就是集合中元素的重新安排）。幸运的是，规划求解器允许一种特殊类型的约束用于更改单元格，称为"Alldifferent"约束。Alldifferent 约束可应用于 n 个可变单元格的连续区域，并命令规划求解器仅在这些单元格中使用从 1 到 n 的整数集合的排列。Alldifferent 约束与规划求解器的演化算法程序结合使用，允许我们对一些非常具有挑战性但又是实际商业问题进行建模与求解，这些问题涉及工作或活动的最优顺序。可以在本章末的习题和案例中找到一些这样的问题。

规划求解器的"Alldifferent"约束

规划求解器的"Alldifferent"约束（通过规划求解器的添加约束对话框中的"dif"选项选择）可应用于 n 个可变单元格的连续区域，并命令规划求解器仅在这些单元格中使用从 1 到 n 的整数集合的排列。目前你可能没有在 Alldifferent 约束所覆盖的单元格设置任何其他的边界或限制。因此，如果需要确定整数集的最优排列，如，从 21 到 28，那么可以这样做：

（1）对 8 个可变单元格应用 Alldifferent 约束（这样规划求解器将在这些单元格中产生从 1 到 8 的排列）；

（2）然后在另 8 个单元格中录入公式——在规划求解器为 alldifferent 可变单元格产生的值的基础上加上 20 的公式。

8.14.2 求解模型

图 8.41 给出了求解该问题的规划求解器参数。当为变量单元格添加约束时，通过选择"dif"选项来选择 Alldifferent 约束类型。图 8.42 给出了得到的解。

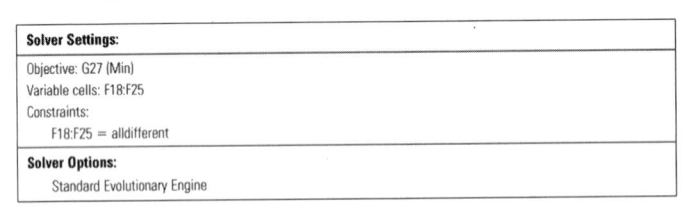

图 8.41　Wolverine 公司旅行商问题的规划求解器参数设置

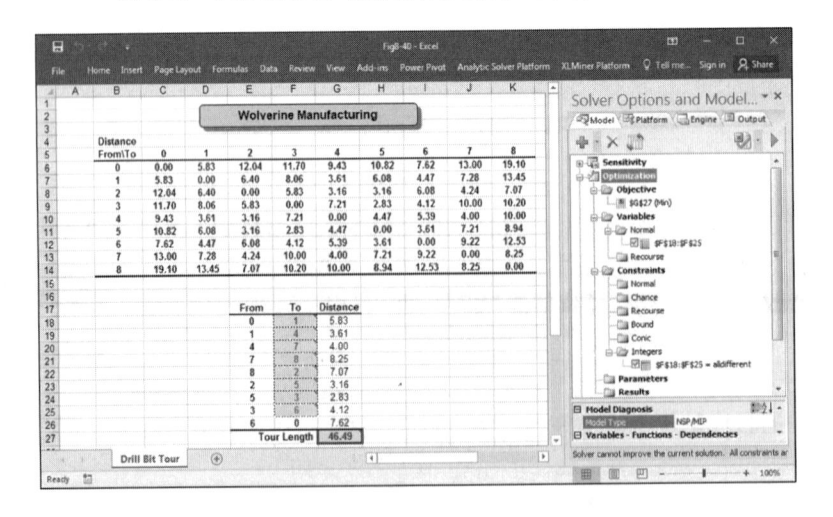

图 8.42　Wolverine 公司旅行商问题的解

8.14.3 分析最优解

图 8.42 中的解表示钻头需要移动的总距离减少了 33.5%。如果是在数百万个零部件上重复这个钻孔操作,那么建立最优线路对该公司在减少加工时间和机器磨损方面有相当显著的效果。

规划求解器的演化算法随机产生解的初始种群,并且使用随机交叉和变异算子,记住这一点很重要。所以,如果求解这个问题,可能不会得到与图 8.42 中相同的解(或者你可能得到另一个最优解)。实际上,对大型旅行商问题而言,如果多次运行规划求解器的演化算法程序,那么它将可能得到该问题越来越好的解,直至找到全局最优解。这就是启发式优化方法的本质。如前所述,演化算法是近些年来优化领域内最令人兴奋的发展之一。规划求解器的进化搜索能力无疑将在未来的软件发布版中继续得到改进。

8.15 本章小结

本章介绍了一些非线性规划相关的基本概念,并讨论了一些应用。写出公式和求解非线性规划问题的这些步骤与线性规划的没有多少不同——确定决策变量,用决策变量来表示目标函数和任何约束。因为一个非线性规划问题中的目标函数和约束可能是非线性的,所以求解非线性规划问题用到的计算往往和单纯形法不同。非线性规划问题有时有一些局部最优解。因此,为一个较难的非线性规划问题找到全局最优解,可能需要使用不同的起始点多次重新求解模型。

演化(或遗传)算法使用随机搜索方法和适者生存原则来求解较难的优化问题,这些问题不适合用线性和非线性优化方法来求解。对遗传算法的研究仍在进行中,但对商业应用来说,这将成为一种非常有用和强大的优化工具。

8.16 参考文献

[1] Bazaraa, M. and C. Shetty. *Nonlinear Programming: Theory and Algorithms*. New York: Wiley, 1993.

[2] DeWitt, C. et al. "OMEGA: An Improved Gasoline Blending System for Texaco." *Interfaces*, vol. 19, no. 1, 1985.

[3] Fylstra, D. et al. "The Design, Use, and Impact of Microsoft's Excel Solver." *Interfaces*, vol. 28, no. 5, 1998.

[4] Holland, J. H. "Genetic Algorithms." *Scientific American*, vol. 67, no. 1, 66-72, 1992.

[5] Kolesar, P. and E. Blum. "Square Roots Law for Fire Engine Response Distances." *Management Science*, vol. 19, 1973.

[6] Lasdon, L. and S. Smith. "Solving Sparse Nonlinear Programs Using GRG." *ORSA Journal on Computing*, vol. 4, no. 1, 1992.

[7] Markowitz, H. *Portfolio Selection, Efficient Diversification of Investments*. New York: Wiley, 1959.

[8] Reeves, C. R. "Genetic Algorithms for the Operations Researcher." *INFORMS Journal on Computing*, vol. 9, no. 3, Summer 1997, pp. 231-265.

[9] Taylor, B., L. Moore, and E. Clayton. "R&D Project Selection and Manpower Allocation with Integer Nonlinear Programming." *Management Science*, vol. 28, no. 10, 1982.

[10] Vollman, T., W. Berry, and C. Whybark. *Manufacturing Planning and Control Systems*. Homewood, IL: Irwin, 1987.

商业分析实践
水溢出就是损失能量：太平洋燃气电力公司使用非线性优化来管理发电

水力发电机所发的电（能量）是流过涡轮机的水的流速和压力的非线性函数。压力，或落差，是由发电机与上游水位的差决定的。

太平洋燃气电力公司（PG&E）是世界上最大的私营公共事业机构，利用化石燃料、核能、风能、太阳能和地热蒸气及水力来发电。其在内达华州的Sierra水力发电系统是一个由15条江河流域、143座水库和67座发电厂组成的复杂网络。水流量的高峰期很明显是高山冰雪融化的春季，而电力需求高峰是在夏季。

从一座水库溢出来的水无法被该水库用来发电，尽管它能增加下游水库的落差且对其发电有贡献。如果水库在下游的所有水库都存满时有水溢出，那么溢出的水将从所有的水库溢出，能量将永远损失掉。PG&E公司的水利专家试图通过有策略地适时管理溢流，管理系统中所有水库的水位和最小化浪费的溢流，从而使产生的电能最大化。如果能有效实现这一点，那么将减少公司对化石燃料的依赖，降低顾客的用电成本。

可为该问题建立一个具有非线性目标函数和线性约束方程的非线性规划模型。因为许多约束都是网络流约束，所以利用网络流算法结合目标函数中的线性项为非线性规划算法提供一个很好的起点。好的起点可能是成功使用非线性规划的关键因素。

PG&E公司的管理层确认优化系统能比人工系统每年节省1,000万美元到4,500万美元，并且加利福尼亚公共事业委员会已经推荐他人使用。

来源：Ikura, Yoshiro, George Gross and Gene Sand Hall. "PG&E's State-of-the-Art Scheduling Tool for Hydro Systems." *Interfaces*, vol. 16, no. 1, January-February 1986, pp 65-82.

思考题与习题

1. 广义简约梯度（GRG）算法可以用来求解线性规划问题吗？如果可以，那么它是否总是将可行区域的顶点确定为最优解（像单纯形法一样）？
2. 在图8.2汇总的非线性规划求解器策略的描述中，我们注意到，通过从点A沿着与目标函数的等值曲线垂直的方向移动，可以得到目标函数的最快改进。但是其他方向也可以使目标得到改进。
    a. 如何描述或者定义使目标得到改进的所有方向的集合？
    b. 如果目标函数的等值曲线在点A是非线性的，那么你的答案将如何改变？
3. 考虑一个约束为$X_1 \leq 5$，$X_2 \leq 5$的两个决策变量的优化问题，其中X_1和X_2均非负。
    a. 绘制这个问题的可行域。
    b. 绘制这个问题的非线性目标的等值曲线，使该问题仅有一个局部最优解也是其全局最优解。
    c. 重新绘制这个问题的可行域和非线性目标的等值曲线，使该问题有一个局部最优解但该解不是全局最优解。
4. 考虑下列函数：$Y = -0.865 + 8.454X - 1.696X^2 + 0.132X^3 - 0.003331X^4$
    a. 在X-Y直角坐标系中绘制该函数的X的值为1~20的散点图。
    b. 存在多少局部最大解？
    c. 存在多少局部最小解？

d. 以 $X=2$ 为初始值使用规划求解器解 Y 的最大值。得到的 Y 值是什么？
   e. 以 $X=14$ 为初始值使用规划求解器求解 Y 的最大值。得到的 Y 值是什么？
5. 考虑下列函数：$Y=37.684-15.315X+3.095X^2-0.218X^3+0.005X^4$
   a. 在 X-Y 直角坐标系中绘制该函数的 X 的值为 1 到 20 的散点图。
   b. 存在多少局部最大解？
   c. 存在多少局部最小解？
   d. 以 $X=3$ 为初始值使用规划求解器来求解 Y 的最小值。得到的 Y 值是什么？
   e. 以 $X=18$ 为初始值使用规划求解器来求解 Y 的最小值。得到的 Y 值是什么？
6. 参考本章中的 TMC 公司项目选择问题。在图 8.21 所示的解中，注意到项目 4 成功的概率仅有 0.3488。因此，如果给项目 4 只分配 3 名工程师，那么它失败的概率几乎是成功的两倍。所以管理层可能想给这个问题增加一个约束，来确保一个项目一旦被选中，至少有 50% 的成功概率。
   a. 重新构建 TMC 公司的问题，以便如果一个项目被选中，至少有 50% 的成功概率。
   b. 在电子表格中建立模型。
   c. 最优解是什么？
7. PENTEL 公司生产 3 种不同类型的计算机芯片。每种类型的芯片需要 3 个不同部门的不同加工时间，汇总在下表中：

	每 100 个芯片需要的加工时间			
	芯片 A	芯片 B	芯片 C	可用小时数
部门 1	3	2	4	10,000
部门 2	2	4	3	9,000
部门 3	3	4	2	11,000

   每种类型芯片的总利润可以描述如下：
   芯片 A 的利润 $=-0.35A^2+8.3A+540$
   芯片 B 的利润 $=-0.60B^2+9.45B+1108$
   芯片 C 的利润 $=-0.47C^2+11.0C+850$
   其中，A、B 和 C 代表生产的芯片数量（以百计）。
   a. 为该问题建立非线性规划模型。
   b. 在电子表格中建立模型并求解。
   c. 最优解是什么？
8. 一个汽车经销商需要确定如何分配 20,000 美元的广告预算。他们对投入到下列 4 种不同广告媒体每 1 美元（X）的预期利润估计如下：

媒体	期望收益
报纸	$100X^{0.7}$
电台	$125X^{0.65}$
电视	$180X^{0.6}$
直邮	$250X^{0.5}$

   如果公司希望在每种媒体上至少投入 500 美元，那么为使利润最大化，应该如何分配广告预算？
9. XYZ 公司生产两种产品。这两种产品实现的总利润用下列方程表达：
$$总利润 = -0.2X_1^2 - 0.4X_2^2 + 8X_1 + 12X_2 + 1,500$$
   其中，$X_1=1,000$ 单位的产品 1，$X_2=1,000$ 单位的产品 2。

每 1,000 单位的 X_1 需要运输部门 1 小时的时间，每 1,000 单位的 X_2 需要运输部门 30 分钟的时间。每单位的产品需要 2 磅的特殊成分，共有 64,000 磅可用。另外，可用运输工时为 80 个。对 X_1 和 X_2 的需求是没有限制的。

   a. 建立该问题的非线性规划模型。

   b. 在电子表格中建立模型并求解。

   c. 最优解是什么？

10. 一位在 Wyoming 的旅行者最近被暴风雪困在自己的车里。被困者无法再开车，她用手机拨打 911 寻求帮助。因为她不确定自己所处的精确位置，所以救援人员不可能派出救援小队。救援人员请来通信专家，确定被困者的电话可以被该地区三座不同的通信塔接收。根据每座通信塔收到信号的强度，能估计每座塔到呼叫人位置的距离。下表总结了每座塔的位置（X-Y 坐标）及每座塔到呼叫人的直线（或欧式）估计距离。

塔	X 方向	Y 方向	估计距离
1	17	34	29.5
2	12	5	4.0
3	3	23	17.5

呼救人的手机电池很快就要没电了，不可能在低温下生存很久。但是紧急救援人员的电脑中安装有 Excel 软件，他们认为在你的帮助下，使用规划求解器来确定被困者的大概位置是可能的。

   a. 为该问题建立非线性规划模型。

   b. 在电子表格中建立模型并求解。

   c. 救援人员应该被派往大约哪个位置去寻找被困者？

11. 参考本章 8.8 节中讨论的 Thom Pearman 面临的保险问题。令 b_i 代表第 i 年年初他的投资余额，r 代表年利率。

   a. 该问题的目标函数是什么？它是线性的还是非线性的？

   b. 用代数方法写出该问题的前两个约束。它们是线性的还是非线性的？

12. 在本章 8.8 节中讨论的保险问题中，假设 Thom 确信他能够用自己的资金进行投资并获得按季度复利的 15% 的年利率。假设有固定的 15% 的回报，现在他想确定其税后收入能够支付计划的保险金时他必须投资的最少金额。

   a. 对电子表格做任何必要的改动，并回答 Thom 的问题。

   b. 你求解的模型是线性的还是非线性的？你如何分辨？

13. 债券的收益率是指使其现金流的现值与其销售价格相等的利率。假设以 975 美元的价格购买的债券可以产生下列现金流：

从现在开始的年份	1	2	3	4	5
现金流	100 美元	120 美元	90 美元	100 美元	1,200 美元

使用规划求解器确定该债券的收益率（提示：在 Excel 中，使用 NPV() 函数计算现金流的现值）。这种债券的收益率是多少？

14. 假设 Myrtle 沙滩的一家礼品店每年需要 15,000 单位的厨房磁铁纪念品，单位购买成本为 0.50 美元。假设发出一份订单的成本是 10 美元，库存成本是单位产品成本的 25%。使用规划求解器确定公司希望使购买该产品的总成本最小的最优订购批量。

   a. 最优订购批量是什么？

   b. 与这个订购数量相关的总成本是什么？

   c. 这个解的年订购成本和年库存成本分别是什么？

15. Vijay Bashwani 在组织一场慈善高尔夫球锦标赛。其中，球队由 4 名选手组成，且将以队长选择形式进行比赛。下表汇总了报名参加本届锦标赛的 40 名运动员的"不利因素"情况。Vijay 需要以每个队的总"不利因素"尽可能相等的方式，创建各由 4 名选手组成的 10 支队伍。他希望通过使所有队的总"不利因素"方差最小来做到这一点。

选手的"不利因素"

0	3	6	9
0	3	6	9
0	3	6	10
0	4	6	10
0	4	7	11
1	4	7	11
1	4	7	11
1	5	8	12
2	5	8	13
2	5	8	13

a. 为该问题创建一个电子表格模型并求解。

b. 最优的队伍分配是什么？

16. Lex Rex 是一个志向远大、由大学生朋友组成、位于 Raleigh NC 的摇滚乐队。他们正计划进行一次短期巡演，在 10 天内前往大西洋中部地区的其他 5 个大学城。巡演计划的各城市之间的距离如下所示：

城市之间的距离（英里）

	家	A	B	C	D	E
家	0	210	353	457	65	125
A	210	0	530	797	176	173
B	353	530	0	571	755	771
C	457	797	571	0	477	395
D	65	176	755	477	0	792
E	125	173	771	395	792	0

乐队演出要使用的场地在乐队巡演的某些日期可能其他演出占用。下表表明每个城市场地可用的日期（用 1 表示）。

巡演可用日期（1=可用，0=不可用）

城市	1	2	3	4	5	6	7	8	9	10
A	1	0	1	0	1	0	1	1	0	1
B	0	1	0	1	0	1	0	0	1	1
C	0	0	0	0	1	1	0	0	1	0
D	1	0	0	0	0	1	1	0	0	0
E	1	1	1	0	0	0	0	0	1	1

a. 创建一个可以优化的电子表格模型，以确定使巡演里程数最小化的行程。该行程是什么？

b. 现在使用你的模型来确定使得在路上的天数最小化的行程。该行程是什么？

c. 现在使用你的模型来确定使得在为期 8 天的行程中驾驶里程最小化的行程（假设从任何一个城市到乐队的家乡需要花费 1 天）。

17. 本书的配套文件 InvestmentData.xlsx 中包含了 15 种不同的共有基金平均回报和协方差。使用该数据回答以下问题。

a. 创建一个与该投资集合相关的有效边界，假设在每个可能的回报水平上投资者都希望使风险最小化。

b. 什么投资组合有最高的预期回报？与此投资组合相关的投资组合方差是什么？

c. 什么投资组合有最低的预期回报？与此投资组合相关的投资组合方差是什么？

d. 假设一个投资者想使用这套投资方案，确定一个预期回报是 18%的投资组合。你推荐什么投资组合？

18. SuperCity 是一家大型的电器零售商。商店销售从不同制造商订购的三种不同型号的电视。每种型号的需求、成本及所需库存空间总结在下表中：

	型号 1	型号 2	型号 3
年需求量	800	500	1,500
单位成本	300 美元	1,100 美元	600 美元
所需库存空间	9 平方英尺	25 平方英尺	16 平方英尺

准备、处理及接收订单相关的管理成本是 60 美元。SuperCity 假定年储存成本是所有库存物品成本的 25%。可用于存储这些货物的总的仓库空间是 3,000 平方英尺，并且该商店不希望在这些物品上投入超过 45,000 美元的库存。这家商店的管理者想确定每种型号电视的最优订购批量。

a. 建立该问题的非线性规划模型。

b. 在电子表格中实现你的模型并求解。

c. 最优订购批量是多少？

d. 每年每种型号的电视分别要订购多少次？

e. 假设整年内的需求是不变的，应该多长时间订购一次？

19. Radford 五金商店预计明年将销售 1,500 单位的电动垃圾处理设备。对这种产品的需求在一年中相当稳定。这种设备订购一次要花费 20 美元，该公司假设年存储成本为所储货物成本的 20%。下列价格结构适用于 Radford 五金商店对这种产品的购买：

	订购量		
	0～499	500～999	999 以上
单位产品价格	35 美元	33 美元	31 美元

因此，若 Radford 订购 135 单位，则每单位支付 35 美元；若订购 650 单位，则每单位支付 33 美元；若订购 1,200 单位，则每单位支付 31 美元。

a. 最经济的订购批量是多少？这个解的总成本是多少？（提示：对每个给定的订购数量范围分开求解经济批量问题，并从中选择成本最低的解。）

b. 假设折扣政策变化，以至于 Radford 五金商店订购的前 499 单位必须支付 35 美元，后面的 500 单位支付 33 美元，之后任何额外单位支付 31 美元。最经济的订购数量是什么？这个解的总成本是什么？

20. Andy Parker 一家计划去佛罗里达的一个主题公园游玩。他们家想充分利用在公园的时间，因此 Andy 收集了一些数据（本书的配套文件 ParkData.xlsx），包括公园内每个景点之间的估计步行距离，以及到达每个景点所需的估计时间。Andy 要求每位家庭成员对每个景点的期望游玩程度进行评分，并根据这些值得出综合评分。Andy 计划花费 8 小时参观公园的景点（不包括吃饭的时间），并且希望他的家人充分利用时间。

a. 创建一个电子表格模型以帮助 Andy 使他的家人在公园的享受最大化。Andy 应该如何计划在公园里的时间？

21. Blue Ridge 浴缸公司的拥有者 Howie Jones 正面临一个新问题。虽然公司生产的两种浴缸（Aqua-Spas 浴缸和 Hydro-Luxes 浴缸）的销售很好，但公司还没有达到 Howie 要求的盈利水平。在树立高品质和可信赖的声誉后，Howie 认为可以通过提高浴缸的价格来增加利润。但是他担心价格升高可能对需求产生不利的影响，所以请了一个市场调研公司来估计 Aqua-Spas 浴缸和 Hydro-Luxes 浴缸在不同价格时的需求水平。市场调研公司利用回归分析（在第 9 章讨论的）建立了浴缸价格与需求之间关系的模型。对形势分析后，市场调研公司得出结论，浴缸合理的价格范围是 1,000～1,500 美元，并且在这个范围内，Howie 可以预期下个季度浴缸的需求以下列方式随价格变化：

对 Aqua-Spas 浴缸的需求=300−0.175×Aqua-Spas 浴缸价格

对 Hydro-Luxes 浴缸的需求=325−0.15×Hydro-Luxes 浴缸价格

Howie 确定生产 Aqua-Spas 浴缸和 Hydro-Luxes 浴缸的单位成本分别是 850 美元和 700 美元。在理想情况下，他希望生产的浴缸数量正好满足需求，不产生库存。每个 Aqua-Spas 浴缸需要 1 台水泵、9 个工时和 12 英尺的水管；每个 Hydro-Luxes 浴缸浴缸需要 1 台水泵、6 个工时和 16 英尺的水管。Howie 的供应商已经承诺给他供给 200 台水泵和 2,800 英尺水管。另外，有 1,566 个工时可用于生产。Howie 想确定每种浴缸的价格应该是多少？每种浴缸应该分别生产多少？

a. 建立该问题的非线性规划模型。

b. 在电子表格中建立模型并求解。

c. 最优解是什么？

d. 哪种资源约束对最优解中有约束？

e. 你预计拉格朗日乘数对这些约束取什么值？（创建这个问题的灵敏度报表来检验你的答案。）

22. Carnival Confections 公司生产两种流行的南方食品：熏制猪肉皮和油炸花生，周末在当地的娱乐区销售。公司的所有者估计他们这些产品的利润函数如下：

$$0.6p - 0.002p^2 + 0.5f - 0.0009f^2 - 0.001pf$$

注意，p 是生产熏制猪肉皮的袋数，f 是生产油炸花生的袋数。两食品都需要深度烘干，该公司的烘干机能烘干 600 袋熏制猪肉皮或油炸花生。烘干和包装一袋熏制猪肉皮需要 1 分钟的工时，烘干和包装一袋香脆花生需要 30 秒的工时。公司每周用 16 小时生产这两种食品。

a. 建立该问题的非线性规划模型。

b. 在电子表格中建立模型。

c. 最优解是什么？

23. 一位母亲想为她刚出生的孩子建立一个大学教育基金。她希望这个基金在 18 年后价值 100,000 美元。

a. 如果她每月投资 75 美元，那么需要的投资最小回报率是多少？假设按月复利（提示：考虑在你的电子表格中使用终值函数 FV()）。

b. 假设这个母亲了解到一个保证获得 12% 的年回报率且按月复利的投资。那么为了实现目标，每个月应该投资的最小数额是多少？

24. 一家制药公司正在招聘 5 名新的销售人员，以扩大在西部某州的销售。医药销售代表不直接向医生销售，因为医生不购买分发药品。但是医生开处方，这是销售代表试图影响的活动。这家制药公司正把精力集中在该州的 10 个县，并估计每个县的医生人数如下：

县	1	2	3	4	5	6	7	8	9	10
医生人数	113	106	84	52	155	103	87	91	128	131

另外，确定了以下 10 个可能的销售区域（包括相邻的几个县）：

可能的销售区域

县	1	2	3	4	5	6	7	8	9	10
1	1		1		1					
2		1		1		1		1		
3	1		1				1			1
4		1		1				1		

	可能的销售区域									
5	1			1			1			
6		1				1				1
7			1					1	1	
8		1			1		1			
9			1			1		1		
10		1			1					1

比如，如果一名销售代表被分配到区域 1，那么她/他要对县 1、县 3 和县 5 负责。每个销售代表只能被分配到一个销售区域，因此并不是所有可能的销售区域都会被使用。该公司想以确保每个县至少有一名销售代表的方式分配其 5 个销售代表到这些可能的区域。若以不止一名销售代表负责同一个县的方式分配区域，则该县的医生将平均地分配给销售代表。另外，该公司希望尽可能地把分配区域内的医生相等地分给每个销售代表（注意，如果分给每个销售代表的医生数量恰好相等，那么分配给每个销售代表的医生数量的方差将是零）。

a. 建立该问题的电子表格模型，并使用规划求解器的进化设置和求解。
b. 最优解是什么？
c. 在这个问题上，你认为哪些标准与决策者或销售代表相关？

25. Arctic 石油公司最近在阿拉斯加的边远地区钻出两口新油井。公司计划铺设石油管道以从两口新油井向运输和精炼（T&R）中心运送石油。油井和 T&R 中心的地址汇总在下表中。假设在每个坐标中一个单位的变化代表 1 英里。

	X 坐标	Y 坐标
新油井 1	50	150
新油井 2	30	40
T&R 中心	230	70

铺设石油管道是一项非常昂贵的工程。公司想把所需的石油管道长度最小化。因为两点之间直线最短，所以分配到这个项目中的一名分析人员认为，应该使用单独的管道从每个油井通到 T&R 中心。另一个方案是两条石油管道先分别从两口油井汇集到一个中转站，在中转站两条管道汇合成一条管道再通到 T&R 中心。Arctic 石油公司管理层想确定哪个方案较好。进一步地，如果使用中转站较好，那么管理层希望确定中转站的位置。

a. 建立一个电子表格模型，确定该公司将管道分别从每个油井通到 T&R 中心时必须铺设多少英里石油管道，需要多少英里管道。
b. 如果北极石油公司想建立中转站，那么应该建在哪里？这个解需要多少管道？
c. 哪个方案较好？
d. 假设中转站不能修建在坐标点（80，95）的 10 英里半径内（假设石油管道可以通过这个区域但是中转站不能修建在这个区域）。现在中转站的最优位置是哪里？需要多少管道？

26. Rugger 公司是一家位于西雅图的研发公司，该公司最近开发出一种新型的防水和防尘涂层纤维。佐治亚州东北部的几家地毯制造商希望将该公司作为这种新型纤维的唯一供应商。地毯制造商的地点汇总如下：

制造毯商的地址	X 坐标	Y 坐标
Dalton	9	43
Rome	2	28
Canton	51	36
Kennesaw	19	4

Rugger 公司预计分别给 Dalton、Rome、Canton 和 Kennesaw 的地毯制造商完成 130、75、90 和 80 次交付。公司想在使得年运输英里数最小的地方建造一家新工厂。但是，公司还希望与每个新客户

的距离在 50 英里之内，以便较容易地对可能发生的生产问题提供现场技术支持。

a. 建立该问题的非线性规划模型。

b. 在电子表格中建立模型并求解。

c. 新工厂的最佳位置是哪里？与这个解相关的年运输英里数是多少？

d. 假设公司想要确定到它的每个客户平均距离最短的地点。这个地点在哪里？如果新的工厂建造在这里，公司的年运输英里数是多少？

e. 假设公司想要确定到每个客户最大距离最短的地点。这个地点在哪里？如果新的工厂建造在这里，公司的年运输英里数是多少？

27. 位于科罗拉多州的一家空中急救服务公司有意将其直升机停放在离 4 个主要滑雪胜地飞行距离最短的中心位置。在该地区的地图上绘制了一个 X-Y 坐标网格，用于确定这 4 个场地的经纬度坐标：

场地	经度	纬度
Bumpyride	35	57
Keyrock	46	48
Asprin	37	93
Goldenrod	22	67

a. 建立一个非线性规划模型，确定使急救中心到各场地的总距离最小化的急救服务中心的位置。

b. 在电子表格中实现你的模型并求解。急救服务中心应该建在哪里？

c. 有其他可能影响决策的因素吗？如何将它们包括在你的模型中？（例如，考虑不同滑雪场的平均滑雪人数和事故数，以及该地区的地形。）

28. Heat-Aire 公司有两家生产相同热泵的工厂。由于工厂使用的技术和工人不同，因此各工厂的生产成本也不同。工厂的总生产成本取决于生产的数量，描述如下：

工厂 1 的总成本：$2X_1^2 - 1X_1 + 15$

工厂 2 的总成本：$X_2^2 + 0.3X_2 + 10$

注意，X_1 是工厂 1 生产的热泵数量，X_2 是工厂 2 生产的热泵数量。各工厂都不能生产超过 600 台热泵。可以从任何一个工厂运送热泵来满足 4 个不同客户的需求。下表总结了客户的单位运输成本和需求：

	客户 1	客户 2	客户 3	客户 4
工厂 1	23 美元	30 美元	32 美元	26 美元
工厂 2	33 美元	27 美元	25 美元	24 美元
需求	300	250	150	400

如果管理层想以最低的总成本来满足客户的需求，那么最优的生产及运输计划是什么？

a. 建立该问题的非线性规划模型。

b. 在电子表格中建立模型并求解。

c. 最优解是什么？

29. Beth Dale 是一家非营利组织的开发部主管，该组织在很大程度上依靠慈善捐赠来运作。Beth 需要分派 4 名不同的员工前往拜访 4 位可能的捐赠人。一名工作人员只能拜访一位捐赠人，且一位捐赠人只能被拜访一次。Beth 估计每名工作人员从潜在捐赠人那里成功获得捐赠的概率如下：

	捐赠者			
员工	1	2	3	4
Sam	0.95	0.91	0.90	0.88
Billie	0.92	0.95	0.95	0.82
Sally	0.95	0.93	0.93	0.85
Fred	0.94	0.87	0.92	0.86

a. 建立一个非线性规划模型以确定使得到所有捐赠可能性最大的工作人员拜访捐赠人的安排。

b. 在电子表格中建立模型并求解。最优解是什么？

c. 假设估计从捐赠人 1、2、3 和 4 那里得到的可能捐赠分别是 100 万美元、200 万美元、50 万美元和 75 万美元。如果 Beth 想要收到的期望捐赠价值最大化，那么应该如何分配员工？

d. 所有工作人员从捐赠人 4 那里几乎得不到募捐资金，所以没有人愿意被分配到这位捐赠者。实际上，每个员工都会对没有被分配给他们拥有最高成功概率的捐赠者感到遗憾。假设我们定义每个员工的遗憾程度是他们成功的最大概率减去他们实际安排的成功概率。怎样安排员工拜访捐赠者，才能使任何一个员工感到的最大遗憾最小化？

30. 通过与 6 个水泵站连接的 8 条主要输水管道将水输送到整个纽约市，如图 8.43 所示。每条弧线上的数字表明经过这条输水管道的最大允许水流量（单位：每分钟 1,000 加仑）。

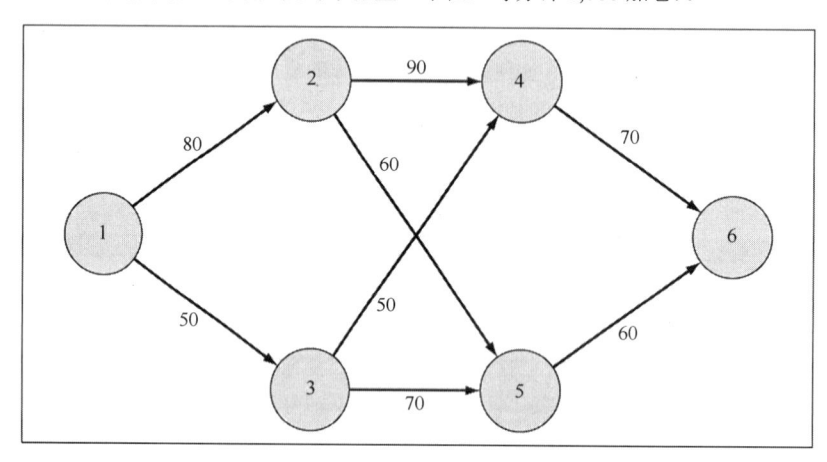

图 8.43 纽约的主要输水管道和水泵站

城市的输水管道已经老化，频繁泄漏，泄漏的发生概率与对系统增加的需求有关。市政工程人员已经估计出输水管道发生泄漏的概率，如下所示：

从水泵站 i 到水泵站 j 线路失败的概率 = $1-\text{EXP}(-a_{ij}F_{ij}/1{,}000)$。其中，$F_{ij}$ 是从泵站 i 到泵站 j 的线路的流量（单位：每分钟 1,000 加仑），参数 a_{ij} 的值给定如下：

起始站点	到达站点	a_{ij}
1	2	0.10
1	3	0.17
2	4	0.19
2	5	0.15
3	4	0.14
3	5	0.16
4	6	0.11
5	6	0.09

工程师可以使用控制阀门来限制经过每条输水管道的流量。在需求高峰期，每分钟有 110,000 加仑的水需要流经这个输水系统。

a. 建立一个电子表格模型以确定以最可靠的方式满足对水的需求的水流输送模式。

b. 每条输水管道应该流经多少水？

c. 以这种方式运行，没有输水管道泄漏的概率是多少？

31. Wiggly Piggly 杂货公司在整个佛罗里达州拥有并经营许多家杂货商店。公司正在制定一个计划，整合仓库运营，这样可以有 3 个不同的仓库供应全州 10 个不同地区的杂货商店使用。公司计划卖掉现有的仓库，建立最先进的新仓库。每个仓库可以供给多个地区，但一个特定地区的所有商店将由一个仓库供应。不同地区的位置汇总在下列表格中：

地区	位置	
	X	Y
1. Panama City	1.0	14.0
2. Tallahassee	6.1	15.0
3. Jacksonville	13.0	15.0
4. Ocala	12.0	11.0
5. Orlando	13.5	9.0
6. Tampa	11.0	7.5
7. Ft Pierce	17.0	6.0
8. Ft Myers	12.5	3.5
9. West Palm	17.5	4.0
10. Miami	17.0	1.0

a. 建立一个电子表格模型以确定 Wiggly Piggly 杂货公司应该大约在哪里建造它的新仓库，以及哪些地区应该分配给各新仓库。假设公司想将新仓库建造在离它们服务的每个地区距离最小的地方。

b. 最优解是什么？

32. 一位投资者想要确定从几个投资品种中构建自己的投资组合的最安全方式。投资品种 A 产生 14%的平均年回报率，方差为 0.025；投资品种 B 产生 9%的平均年回报率，方差为 0.015；投资品种 C 产生 8%的平均年回报率，方差为 0.010。投资品种 A 和品种 B 之间的协方差为 0.00028，投资品种 A 和品种 C 之间的协方差为-0.006，投资品种 B 和品种 C 之间的协方差为 0.00125。

a. 假设该投资者想要实现至少 12%的回报。达到这个目标风险最小的方法是什么？

b. 假设该投资者认为风险最小化的重要性是回报最大化重要性的 5 倍。什么样的投资组合最适合该投资者？

33. Betsy Moore 想投资公司 A、B、C 和 D 的股票，在过去 13 年，它们的回报如下所示：

年份	年回报			
	A	B	C	D
1	8.0%	12.0%	10.9%	11.2%
2	9.2%	8.5%	22.0%	10.8%
3	7.7%	13.0%	19.0%	9.7%
4	6.6%	-2.6%	37.9%	11.6%
5	18.5%	7.8%	-11.8%	-1.6%
6	7.4%	3.2%	12.9%	-4.1%
7	13.0%	9.8%	-7.5%	8.6%
8	22.0%	13.5%	9.3%	6.8%

	年回报			
年份	A	B	C	D
9	14.0%	6.5%	48.7%	11.9%
10	20.5%	-3.5%	-1.9%	12.0%
11	14.0%	17.5%	19.1%	8.3%
12	19.0%	14.5%	-3.4%	6.0%
13	9.0%	18.9%	43.0%	10.2%

    a. 假设 Betsy 是完全厌恶风险的。她的投资组合应该投资在每种股票各多大比例？得到的投资组合期望风险和期望回报是什么？

    b. 假设 Betsy 对风险完全不敏感，并且想使可能的回报最大化。她的投资组合应该投资在每种股票各多大比例？得到的投资组合期望风险和期望回报是什么？

    c. 假设 Betsy 确定她的风险厌恶值为 r=0.95。她的投资组合应该投资在每种股票各多大比例？得到的投资组合期望风险和期望回报是什么？

34. 有时，关于投资回报和方差的历史数据可能不能预测投资的未来表现。在这种情况下，可以使用情景分析法来优化投资组合。使用这个技术，我们确定几种描述下一年每个投资可能出现的回报不同场景，并估计与每个场景相关的概率。一组通用的投资比例（或权重）可计算每个场景的投资组合回报率 r_i。投资组合的期望回报和方差估计如下：

$$\text{期望的投资组合回报} = \text{EPR} = \sum_i r_i s_i$$

$$\text{投资组合回报的方差} = \text{VPR} = \sum_i (r_i - \text{EPR})^2 s_i$$

其中，r_i 是在情景 i 下的一组给定投资比例的投资组合回报，S_i 是情景 i 发生的可能性。我们可以用规划求解器来寻找在最小化 VPR 的同时，产生理想的 EPR 的一组投资比例。考虑下列情景，找出 VPR 最小时产生 12%的 EPR 的投资比例。

	回报				
情景	Windsor	Flagship	Templeman	T-Bills	概率
1	0.14	-0.09	0.10	0.07	0.10
2	-0.11	0.12	0.14	0.06	0.10
3	0.09	0.15	-0.11	0.08	0.10
4	0.25	0.18	0.33	0.07	0.30
5	0.18	0.16	0.15	0.06	0.40

35. Barbara Roberts 最近收到了 30,000 美元，这是从远方亲戚那里继承的一笔遗产。她想从现在开始用这些钱投资，以便在明年她开始读研究生的时候能挣到 900 美元买一台笔记本电脑（Barbara 计划使用她继承的遗产支付她研究生学习的学费）。她想使用三种股票来创建一个投资组合，这些投资组合的年回报百分比总结在下表中：

年份	Amalgamated Industries	Babbage Computers	Consolidated Foods
1	-3.3	5.92	-2.4
2	-4.7	-3.8	28.1
3	11.9	-7	-7.2
4	9.7	6.6	-2.3
5	8.6	-4.2	20.4
6	9.4	11.2	17.4
7	5.3	3.2	-11.8
8	-4.9	16.1	-6.6
9	8.5	10.8	-13.4
10	-8.3	-8.3	10.9

Barbara 想通过在任何一支股票里投资至少 500 美元，但不超过 20,000 美元来使她的潜在资产多元化。Barbara 想使投资组合的总方差（这也涉及股票之间的协方差）最小化。

a. 建立并求解一个非线性规划模型以确定为了实现财务目标，Barbara 应该给每支股票投资多少钱。最优解是什么？

b. 明年 Barbara 将有足够的钱来买一台笔记本电脑吗？

36. World Delivery Service（WDS）专门在美国和世界各地的家庭及企业中取货和递送包裹。WDS 使用了一批从当地仓库出发的卡车，并在返回仓库之前进行大量的取货和送货。每一站平均需要三分钟的时间，不包括往返地点的行程时间。此外，WDS 的许多客户指定了一个特定的时间窗口，可以在该时间窗口内进行取货送货。若 WDS 卡车在时间窗口开始前到达该位置，则卡车和司机必须等到指定时间窗口开始时才能在该地点完成服务。若卡车在指定时间窗口关闭之后到达，则通常允许顾客取货送货，但是有时 WDS 必须第二天回来。无论哪种方式，迟到都会给 WDS 及其客户带来问题，如果可能，最好避免这种做法。本书的配套文件 WDSData.xlsx 中包含的数据描述了 29 个客户地点之间的行程时间（以分钟为单位），对于这些地点，给定的 WDS 司机必须进行取货和送货。它还列出了每个客户进行取货和送货的时间窗口。WDS 的当务之急就是要在客户指定的时间窗口内提供服务，其次要减少其卡车行程时间，因为燃料消耗是公司的主要开支。假设卡车在下午 3 点离开仓库，WDS 卡车以什么顺序为这些客户服务？

a. 建立该问题的电子表格模型，并用规划求解器的进化设置求解。

b. WDS 卡车应该以什么顺序为这些客户服务？

c. 在你确定的解中，有多少时间窗口被违背了？

d. 与这个解相关的总行程时间是多少？

37. 一个抵押公司拥有下列 10 个抵押品。投资者会购买价值不低于 100 万美元的抵押品。从这组抵押中，可以创建"不低于 100 完美元"这种组合的最大数量是多少？

	抵押品									
	1	2	3	4	5	6	7	8	9	10
总数（千美元）	900	860	780	525	240	185	165	164	135	125

a. 建立该问题的电子表格模型，并使用规划求解器的演化算法求解它。

b. 最优解是什么？

38. 一家小型印刷厂有 10 项工作必须要安排。每项工作的处理时间和到期时间都汇总在下表中：

工作	处理时间（天数）	到期时间
1	10	12
2	11	35
3	7	20
4	5	27
5	3	23
6	7	36
7	5	40
8	5	40
9	12	55
10	11	47

a. 假设工作是按照处理时间升序安排的，多少工作将不能按时完成？这些工作总共将推迟完成多少天？工作推迟完成的最多天数？

b. 假设工作是按照截止时间升序安排的，多少工作将不能按时完成？这些工作总共将推迟完成多少天？工作推迟完成的最多天数？

c. 使用规划求解器的演化算法确定使得推迟完成的工作数最小化的安排。求解结果是什么？（注意，你可能想多运行几次规划求解器。）

d. 使用规划求解器的演化算法确定使推迟完成的工作的推迟总天数最小化的安排。求解结果是什么？

e. 使用规划求解器的演化算法确定使任何一项工作推迟完成的天数最小化的安排。求解结果是什么？

39. Major Motors 公司在位于弗吉尼亚都柏林的一家工厂生产重型卡车。工厂的备件和定制零件储存在一个巨大的货架系统中，这个系统有好几层高、有几个足球场那么长。一辆自动的"车载式吊车"车沿着一个货架单元来回行驶，能够同时升降到任何高度从货架单元中的各个货箱中挑选所需的库存物品。货架单元中的每个箱子大小相等，并由特定的行和列编号标识。通常，每次运行车载式吊车都需要访问几个不同的箱子来取回不同的部件。为了最小化运营成本，该公司希望开发一个系统，以确定车载式吊车在返回其初始位置之前访问每个所要求的箱子的最有效方法。例如，假设车载式吊车需要取回存储在以下位置的箱子内的 10 个部件：

部件	行	列
1	3	27
2	14	22
3	1	13
4	20	3
5	20	16
6	28	12
7	30	31
8	11	19
9	7	3
10	10	25

假设车载式吊车必须在第 0 行第 0 列开始和结束。

a. 使用电子表格计算货物箱两两之间的直线距离。

b. 使用规划求解器的演化算法来确定 车载式吊车遵循的最短移动路线。

c. 你能找到的最好的移动路线是什么？

40. Green Roof 旅馆的一名区域质检员下个月必须去检查 16 处房产。从一处房产到下一处房产的驾驶时间与房产之间的直线距离成正比。下表给出了每处房产的 X 和 Y 坐标。

	房产															
	1	2	3	4	5	6	7	8	9	10	11	12	13	14	15	16
X	190	179	170	463	153	968	648	702	811	305	512	481	763	858	517	439
Y	158	797	290	394	853	12	64	592	550	538	66	131	289	529	910	460

假设检查员的家的 X 坐标为 509，Y 坐标为 414。

a. 建立一个距离矩阵，计算房产两两之间的直线距离（包括检查员的家）。将这些距离保留小数点后两位。

b. 假设检查员从她家开始，在回家前按数字编号顺序检查每个房产。她将要行驶多远？

c. 假设检查员想从她家开始，在回家前检查每个房产，并且想要使行驶距离尽可能地短。她应该采取哪条路线，她将要行驶多远？

d. 假设检查员想要在 4 个星期内检查所有的 16 处房产，每周只参观 4 处房产。每周的周一早上她从家离开，周五晚上回到家里。她每周应该检查哪些房产？如果她想把行驶的总距离降到最低，应该按什么顺序检查？

41. 公司往往有意细分客户，以使特定产品更好地满足特定客户的需求。本书的配套文件 CustomerData.xlsx 包含了一个在线零售商的 198 位顾客的数据。具体来说，该文件列出了每个客户的收入水平（X_1）、家属人数（X_2）的人口统计数据及购买行为数据，包括去年购买的数量（X_3）和每次购买的平均值（X_4）。假设要求你将这些顾客聚集到三个组中的一个组。在完成组分配后，你可以计算每个组内 4 个变量的平均值。每个组的这 4 个平均值将表示在每个组中发现的代表性的（或平均）顾客。显然，你想把相似的顾客分在一起。为了这样做，可以将直线距离测量推广到 4 个维度，以计算每个客户到他/她的指定组的距离。

a. 使用规划求解器确定使每个客户到他/她的指定组的距离之和最小化的分组安排。

b. 如何描述你确定的三个组或集群之间的差异？

42. Max Gooding 厌倦了每周一次的橄榄球彩票输钱，他决定尝试采取一些措施。图 8.44（本书的配套文件 Football.xlsx）列出了虚拟橄榄球联盟（IFL）中的球队，以及上个赛季在联盟中所有比赛的结果。

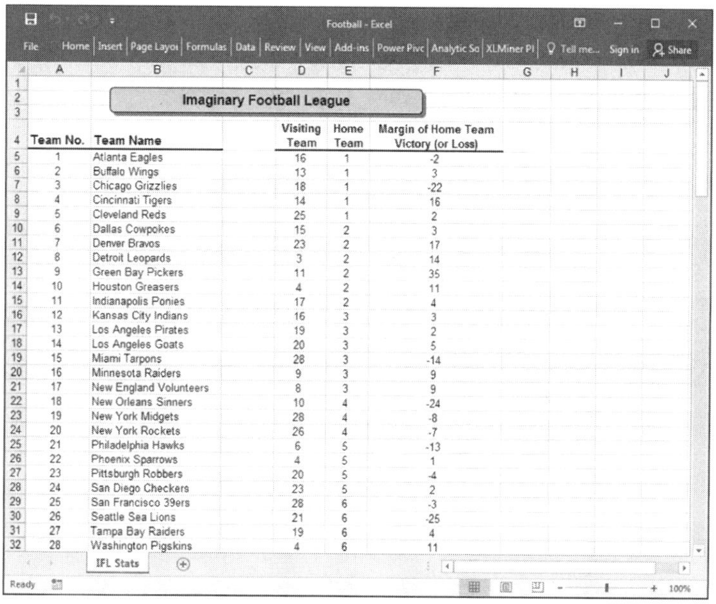

Imaginary Football League

Team No.	Team Name	Visiting Team	Home Team	Margin of Home Team Victory (or Loss)
1	Atlanta Eagles	16	1	-2
2	Buffalo Wings	13	1	3
3	Chicago Grizzlies	18	1	-22
4	Cincinnati Tigers	14	1	16
5	Cleveland Reds	25	1	2
6	Dallas Cowpokes	15	2	3
7	Denver Bravos	23	2	17
8	Detroit Leopards	3	2	14
9	Green Bay Pickers	11	2	35
10	Houston Greasers	4	2	11
11	Indianapolis Ponies	17	2	4
12	Kansas City Indians	16	3	3
13	Los Angeles Pirates	19	3	2
14	Los Angeles Goats	20	3	5
15	Miami Tarpons	28	3	-14
16	Minnesota Raiders	9	3	9
17	New England Volunteers	8	3	9
18	New Orleans Sinners	10	4	-24
19	New York Midgets	28	4	-8
20	New York Rockets	26	4	-7
21	Philadelphia Hawks	6	5	-13
22	Phoenix Sparrows	4	5	1
23	Pittsburgh Robbers	20	5	-4
24	San Diego Checkers	23	5	2
25	San Francisco 39ers	28	6	-3
26	Seattle Sea Lions	21	6	-25
27	Tampa Bay Raiders	19	6	4
28	Washington Pigskins	4	6	11

图 8.44　IFL 的电子表格

比如，单元格 F5 表明去年 Minnesota Raiders 以两分战胜了 Atlanta Eagles，而单元格 F6 表明 Atlanta 以三分战胜了 Los Angeles Pirates。Max 认为，使用规划求解器的演化算法可能可以估计出任意两支队伍在一场比赛中获胜的得分。使用最后一个赛季的数据，Max 想要确定每支队伍的得分或者权重，这样任何一场比赛获胜得分的估计值如下：

获胜得分的估计值=（主队得分）+（主场优势）－（客队得分）

通过这个信息，Max 可以估计出任何一场两个队伍的比赛的获胜得分。他想以去年每支球队获胜实际值与获胜得分估计值的差别的平方和最小化的方式估计比赛得分（假设每支球队的得分应该在 0～100，且主场优势应该在 0～20）。

a. 建立一个规划求解器模型来实现 Max 的目标。

b. 如果 Max 使用该模型来预测去年每场比赛的胜者，那么他将有多少次正确地选中胜利的队伍？

c. 假设 Max 想使选中胜利的队伍的概率最大化。重新求解该问题以实现目标。

d. 如果 Max 使用（c）中的模型来预测去年每场比赛的胜者，那么他将有多少次正确地选中胜利的队伍？

案例 8.1　欧洲之旅

Noah Franklin 完成 MBA 学业前的夏天决定去欧洲旅行，这是他一直的梦想。但考虑到有限的银行存款，他知道必须明智地计划和预算，才能去想去的地方、看他想看的一切。在互联网上做了一些快速的查找工作后，他很快在他想参观的 10 个城市中的每一个都找到了便宜的住宿地方。他还发现了提供欧洲多个城市之间廉价交通服务的航线。图 8.45 汇总了欧洲 10 个不同城市之间可能的航线，并在弧上标明了飞行费用。

Noah 很想参观这 10 个城市中的每一个。因为根据他的旅行，他从美国的往返航班到达城市 1，并且从城市 1 出发，所以他的欧洲之旅需要从该城市开始并且结束。

1. 建立一个电子表格模型，使 Noah 能够用它确定刚好所有 10 个城市都参观一次的最低成本路线。这个问题的最优旅行路线是什么？Noah 将要支付多少航空费用？

2. 假设前面问题的解需要比 Noah 能够支付的航空费用更多的钱。建立一个电子表格模型，使 Noah 能够用它确定以最低成本的方式参观城市 6、城市 8 及城市 10，从城市 1 开始并结束。这个问题的最优旅行路线是什么？Noah 将要支付多少航空费用？

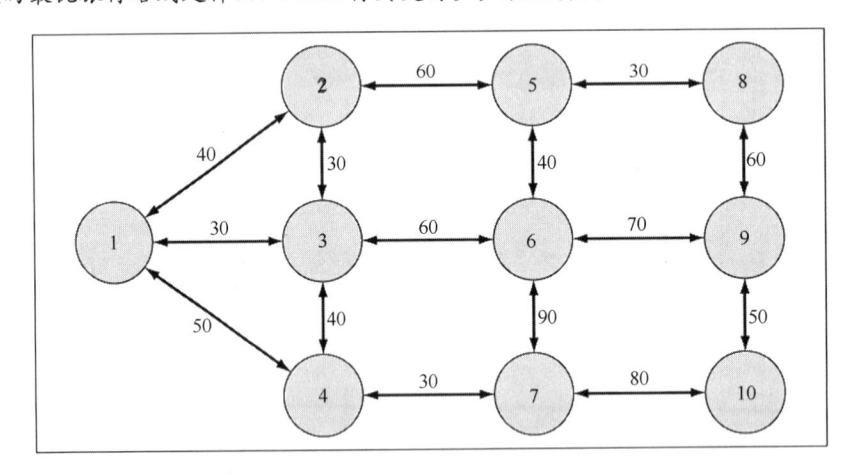

图 8.45　欧洲之旅问题的可能航线

案例 8.2　选举下一任总统

"所以这就是目前的情况。"Roger Mellichamp 一边想，一边环顾着空的泡沫塑料咖啡杯和办公室里乱丢的文件。当他为老朋友竞选白宫而接受竞选经理的工作时，他就知道会有很长的时间、很多的行程和持续的媒体压力。但他最想避免的是在选举前的最后一场决胜局。Roger 知道在这种情况下做出决定将是折磨人的，因为竞选的成功和国家的未来，在许多方面来讲，将取决于这些决定。不幸的是，这正是目前的情况。

距离美国总统大选只有两周的时间，Roger 的朋友和现任总统在民意调查中势均力敌，因此，Roger 在竞选最后两周的计划至关重要，他希望确保他以最有效的方式利用候选人的时间和剩余的竞选资金。虽然在大多数州，选举结果基本上已经确定，但两位候选人仍在争夺佛罗里达州、佐治亚州、得克萨斯州、伊利诺伊州、纽约州、弗吉尼亚州和密歇根州的选票。Roger 知道，如果他的朋友要成为下一任总统，那么他们必须赢得这些州尽可能多的选票。

几个星期前，很明显竞选已经接近尾声了。所以 Roger 雇用了一位统计顾问，根据在选举

前的最后两周中竞选所花费的资金数量和候选人访问每个州的次数,来估计选举投票的比例。统计顾问的分析结果给出了下列函数:

$$\text{州 } k \text{ 的投票百分比} = 1 - \text{EXP}(-aV_k - bD_k)$$

其中,V_k 为在竞选的最后两周中候选人访问州 k 的次数;D_k 为在竞选的最后两周中花费在州 k 的竞选宣传上的资金量(百万美元)。

下表汇总了统计顾问对每一个州的参数 a 和 b 的估计,以及每个州处于成败关头的选举投票数。

州	a	B	选举投票
佛罗里达	0.085	0.31	25
佐治亚	0.117	0.27	13
加利福尼亚	0.098	0.21	54
得克萨斯	0.125	0.28	32
伊利诺伊	0.128	0.26	22
纽约	0.105	0.22	33
弗吉尼亚	0.134	0.24	13
密歇根	0.095	0.38	18

Roger 认为,候选人可以在未来两周做 21 站竞选访问,还剩下 1,500 万美元可用于宣传的竞选预算。他想未来两周在这些州中的每一个中至少使用 500,000 美元。他还希望候选人在这些州中的每一个做至少 1 站、最多不超过 5 站的竞选访问。在这些约束下,Roger 希望分配这些资源使他的候选人得到的选举投票数最大化。假设一个候选人在一个州取胜需要 51% 的投票。

 a. 为该问题建立一个非线性规划模型。
 b. 在电子表格中实现你的模型,并求解。
 c. Roger 应该在每个州花费多少钱?
 d. 候选人应该在每个州做多少站竞选访问?
 e. 这个解产生的期望选举投票数是多少?

案例 8.3 在 Wella 公司生产窗户

  Wella 公司是一家私有的门窗制造商,年销售额超过 9 亿美元。公司的一些产品是"标准型号"的,通过批发及零售建材中心销售。但是,它们大量的业务涉及生产定制的窗户,其尺寸从 12 英寸到 84 英寸不等,以 1/4 英寸为增幅。

  该公司有两家工厂,分别位于艾奥瓦州和宾夕法尼亚州。每一家工厂有 5 条用于生产定制窗户的生产线。每条生产线每天运行 8 小时、每星期工作 5 天、每小时生产 50 扇窗户。

  窗格和窗框部分由标准尺寸的"树干"木材切割而成,这些木材长度为 16 英尺。这些树干木材从一位供应商处购买,供应商将不同长度的木材剔除瑕疵(结孔、裂纹等),用指形接合的方式将木料接在一起制成基本上没有瑕疵的 16 英尺的木料。

  Wella 公司切割出特定窗户的所有窗格和窗框部分,然后立即将这一系列的部件传送到生产过程的下一道工序,准备进一步组装(即不存储不同长度的部件)。但是,任何特定窗户的组件可以按照任何顺序切割。

  定制窗户的需求是变化的,每天(或甚至每小时)的产量不同。目前,生产线上的工人取出16英尺的木料，开始按物料清单（BOM）上所列的顺序切割窗户零件，直到剩余木料的长度不够切割出下一个所需的部件。

作为一个简化了的例子，假设将生产第一个窗户的材料清单列出2个3英尺部件和2个4英尺部件（按照顺序）（注意，Wella公司的大多数窗户实际上都需要8个或9个部件）。这些部件可以用16英尺的木料切割而成，剩下一块2英尺的废料。

现在假设下一个窗户的BOM需要2个3英尺的部件和2个1英尺的部件（按照顺序）。因为3英尺组件不能从第一根木材剩下的2英尺余料中切割出来，所以Wella公司将开始切割新的木料。用第1根木料剩余的2英尺余料切割成第二个窗户需要的2个1英尺组件看起来更合理。但是对第二个窗户的部件重新排序减少了2英尺的余料，实际上可能在以后的生产过程中导致产生3英尺的余料（任何最后不能用于下一项工作的"废料"实际上都会报废，因为将这些废料移入和移出库存成了物流上的噩梦）。

能够"事先"看出重新排序对以后的影响超出了大多数人的能力——特别是当这种情况必须一次又一次地不断重复时。所以Wella公司想开发一个系统，按小时优化每条生产线的生产。

文件WellaData.xlsx包含Wella公司每条生产线每半个小时的生产数据（这条生产线生产的窗户要求每个窗户有8个窗格/窗框部件）。假设Wella公司想要按照指定的顺序生产窗户，但是窗户的部件可以按照任何顺序生产。Wella公司想要确定最优的部件切割顺序，使得废料数量（和满足所有订单所需要的木料数量）最小化。

a. 该问题有多少可能的解？

b. 为该问题设计一个电子表格模型。如果Wella公司按照给定的顺序（Wella.xlsx中）加工窗户和部件，那么在这个半小时的生产中，加工的窗户不得不切割多少根木料？这个解产生多少废料？

c. 使用规划求解器来最优化这个问题。如果Wella公司按照规划求解器确定的顺序加工窗户和部件，那么在这半小时的生产中，加工的窗户不得不切割多少根木料？这个解产生多少废料？

d. 假设Wella公司要为每根16英尺的木料支付4美元。如果前一问得到的结果可以代表Wella公司所有生产线得到的结果，那么在一年中Wella公司可以节省多少钱？

e. 在为他们的工厂建立求解方案之前，你认为Wella公司应该考虑什么其他的建议或问题（如果有）？

案例8.4 报纸广告插页调度

广告是报业公司的主要收入来源。在过去的10到15年内，报纸行业一直在适应着产生这些收入的服务组合的变化。两个主要的服务类别是印在出版物上的广告（ROP）和提前印制的插页广告。ROP广告是每夜印刷报纸期间印刷在报纸上的广告；而提前印制的插页广告是在夜间生产过程之前生产的（通常在一些商业印刷机构），插入报纸与报纸一起投递。提前印制的插页广告对广告商而言有几个优点：可以用不同大小和质量的纸张使广告更加独特，并且比在报刊上印制色彩更加丰富；另外，对提前印制的插页，广告商可以严格地控制质量，不像报纸的质量变化非常大。

虽然两类广告的收益都在增加，但提前印制的插页广告的收益的增速高于ROP广告的收益。对许多报业公司来说，收益组合的这种转变已经给生产领域带来了时间安排方面的挑战。使用插页，广告商可以选择发放特定广告的区域。一个区域是指一个明显的地理空间范围，在这个区域内递送的所有报纸都会收到同一组广告插页。报业公司的挑战是安排生产来处理所有不同区域插页的正确组合，并尽量早地完成印刷，使报纸按时送到发行部门（和读者）。对很多报纸而言，这一问题被恶化了，因为广告商希望增加"微型区域"或者更多规模较小的区域以提高广告对不同类型消费者的针对性。

Art Carter 是一家中型报业公司的产品经理。每天晚上，他和同事必须为 36 个不同送递区域的广告插页组合插入报纸设计一个计划。Art 的公司有 4 台插页机，每台可以对一个特定地区插入插页。两台插页机以每小时 12,000 份报纸的速度运行，而另外两台以每小时 11,000 份报纸的速度运行。设备将装载好的一组插页插入到报纸中，直到一个地区的所有报纸完成。

当完成一个特定地区的插页时，插页机停止工作，并重新装载下一个地区的插页。这个重新装载（或转换）的过程花费不同的时间，这取决于将下一个地区组插页装到机器上所需的工作量。区域可以按照任意顺序在四台插页机的任意一台上进行处理。但是，一个特定区域的所有广告必须在同一台插页机上处理（即同一个单同一区域的插页不能分配到多台插页机上）。

本书的配套文件 NewspaperData.xlsx 包含这家公司一个典型的夜间插页工作的样本数据。特别地，这个文件包含了为 36 个送递区域的每一个区域生产的报纸数量，以及从一个区域组插页到另一个区域组插页转换所需时间的估计值。Art 要求你开发一个模型来设计插页机的最优生产调度。他尤其想要确定哪些区域应该分配给 4 台机器中的哪一台，以及分配给每台机器的处理工作的最佳顺序。他的目标是使完成所有报纸花费的时间总量（从开始到完成）最小化。

第9章 回 归 分 析

9.0 引言

回归分析是一种建模技术，用来分析连续型（仅取实数值）的因变量 Y 和一个或者多个自变量 $X_1, X_2, \cdots, X_k$ 之间的关系。回归分析的目标是尽可能地确定可以描述上述变量之间关系的函数，这样，就能在已知自变量取值的情况下预测因变量的值。本章主要讲述如何估计这些函数，以及在商业环境下如何应用它们进行预测。

9.1 例题

我们用一个简单的例子来说明回归分析的应用。考虑一个公司的销售额与其广告支出之间的关系。很少有人会怀疑公司的销售水平取决于或受广告支出的影响，因此可以把销售额视为因变量 Y，把广告费用视为自变量 X_1。尽管销售额和广告费用之间存在某种关系，但我们并不知道这种关系的具体函数表达式。事实上，这些变量之间也可能不存在这种具体的函数关系。

我们期望一家公司的销售额在一定程度上取决于其广告费用的支出。但是，其他很多因素可能也会影响公司的销售额，如总的经济环境、市场上的竞争水平、产品质量等。不过，我们还是对研究因变量（公司的销售额 Y）和自变量（公司的广告费用 X_1）之间的关系感兴趣，从而对给定广告费用水平的情况下公司平均销售量水平进行预测。回归分析就是进行这种预测的工具。

为了确定描述公司销售额和广告费用之间关系的函数表达式，首先要收集样本数据来分析。假设我们收集到如图 9.1 所示一家公司的数据（本书的配套文件 Fig9-1.xlsm）——包括遍布全国的 10 个不同试销市场上不同广告费用下的销售额。我们假设不同试销市场在市场规模、其他人口统计及经济特征方面都是相似的，每个市场的主要差异在于广告支出水平的不同。

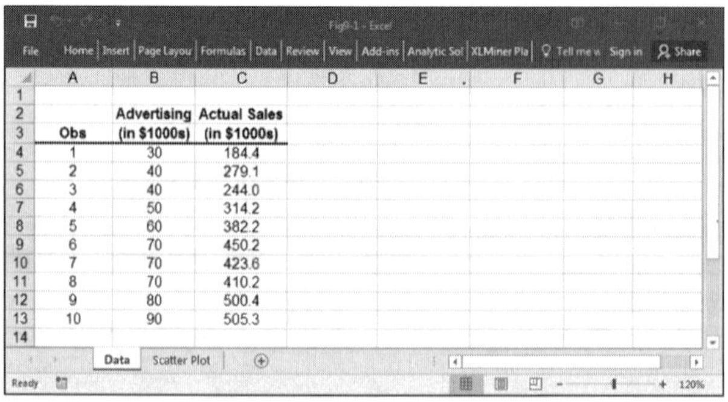

Obs	Advertising (in $1000s)	Actual Sales (in $1000s)
1	30	184.4
2	40	279.1
3	40	244.0
4	50	314.2
5	60	382.2
6	70	450.2
7	70	423.6
8	70	410.2
9	80	500.4
10	90	505.3

图 9.1　广告费用和销售额的样本数据

将图 9.1 中的数据用图形的形式表示出来，如图 9.2 所示。该图表明，广告费用和销售额之间存在明显的线性关系。注意，随着广告费用的增长，销售额同比例增长。但是，销售额和广告费用之间的这种关系并不完美。例如，在三个不同的试销市场上均投入 70,000 美元的广告

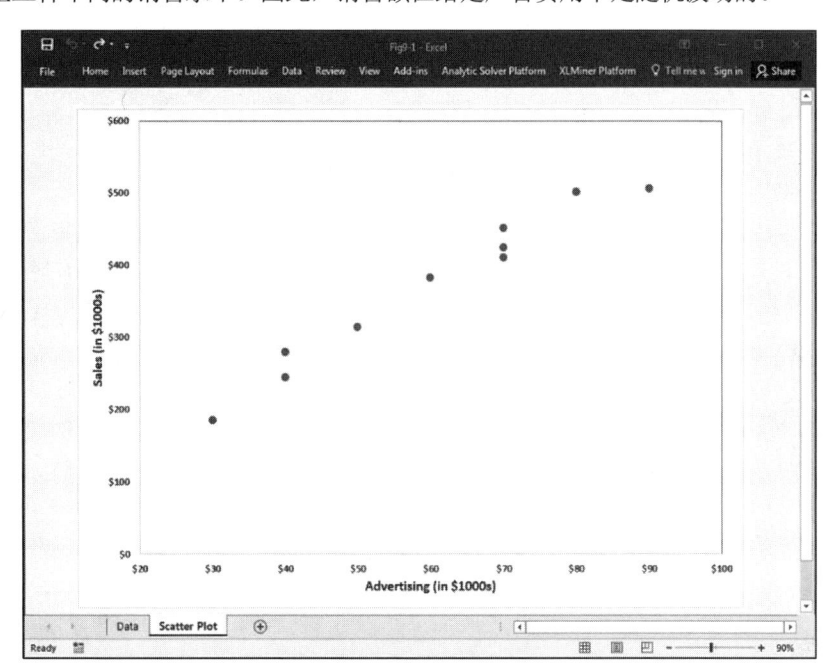

费用，产生三种不同的销售水平。因此，销售额在给定广告费用下是随机波动的。

图 9.2　销售额和广告数据间的散点图

图 9.2 中随机波动的散点图说明销售额的某些变化不能由广告费用解释。由于图中的这些点是分散的，因此这种类型的图又称散点图（Scatter Diagram，或 Scatter Plot）。因此，尽管销售额和广告费用之间并没有完美的函数关系（一个广告费用额仅与一个销售额水平相对应），但在这些变量之间还是有某种统计关系（一定的广告费用水平，对应一定范围内可能发生的销售额，或者对应销售额可能取值的一个分布）。

画 散 点 图

按以下步骤画出图 9.2 所示的散点图：
(1) 选中图 9.1 中的单元格 B4 到单元格 C13；
(2) 单击"插入（Insert）"选项；
(3) 单击"图表（Chart）"菜单上的"散点图"；
(4) 单击仅带数据"标记"的"散点图"。

Excel 中的"图表工具"命令随后出现在屏幕顶部，可以对所需图表类型及应如何标记和格式化做出若干选择。在 Excel 创建基本图表后，可用多种方式对其进行自定义。"双击"图表元素，以显示更改元素外观的选项对话框。

9.2　回归模型

将一个误差项添加到某个函数关系中，可以将统计关系的某些不精确的部分形式化。也就是说，在回归分析中，考虑的模型形式如下：

$$Y=f(X_1, X_2, \cdots, X_k)+\varepsilon \tag{9.1}$$

其中，ε 表示随机干扰项，或称误差项。式（9.1）是回归模型。回归模型中自变量的个数因应用问题的不同而不同。同样，函数 $f(\cdot)$ 的形式可以是从简单的线性函数到复杂的多项式和非线性形式。任何时候，式（9.1）中的模型表达了统计关系的两个基本要素：

（1）因变量 Y 整体上会随自变量的变化而变化，如式（9.1）中 $f(X_1, X_2, \cdots, X_k)$ 所示。

（2）因变量中有非系统或随机变化的因素，由式（9.1）中误差项 ε 表示。

式（9.1）的回归模型表示，无论自变量 $X_1, X_2, \cdots, X_k$ 取何值，都有一个概率分布来描述因变量 Y 的可能取值。图 9.3 中以图形的形式描绘了这个单变量的情况。图 9.3 中所画的曲线是回归曲线（或回归函数），描述了因变量和自变量之间系统性变动或变化（Systematic Variation）（由式 9.1 中的 $f(X_1, X_2, \cdots, X_k)$ 表示）。图 9.3 中的概率分布表示因变量 Y 在不同自变量水平下的非系统性变动。这表示不能由自变量解释的因变量的随机变化 [由式（9.1）中的 ε 表示]。

注意，图 9.3 的中回归函数穿过了每一个概率分布的均值。因此，回归函数表示的是不同自变量取值情况下假设因变量可取得的期望平均值。想预测自变量为某一值时因变量 Y 的取值，最好的预测就是使用回归函数。也就是说，在给定自变量 X_1 某个值时，对因变量 Y 最好的估计就是在 X_1 取给定值时，Y 值分布的平均值。

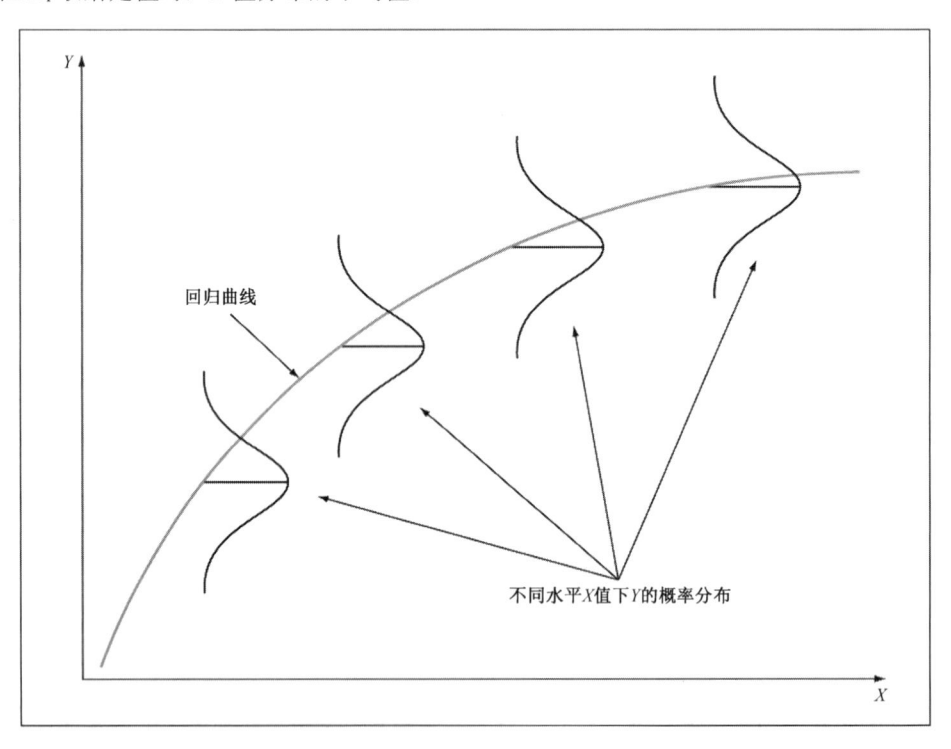

图 9.3 不同水平 X 值时 Y 值的分布图

因变量的实际值与估值多少有些差别，这是因为因变量中有回归模型无法解释的、随机的非系统性变动。如果在 X_1 给定时反复取样并观测因变量 Y 的实际取值，那么因变量 Y 的实际值有时会比估计值（平均值）大，有时可能比估计值小。所以，实际值和估计值之间的差额平均趋于 0。因此，可以假定，若因变量 Y 的概率分布在自变量的不同取值水平下为图 9.3 所示的正态分布（钟形），则式（9.1）中误差项 ε 的平均值或者期望值等于 0。

9.3 简单的线性回归分析

如前所述，式（9.1）中的函数关系 $f(\cdot)$ 可以有很多种形式。但是，图 9.2 中的散点图表明本例中的因变量（销售额）和自变量（广告费用）之间存在强线性关系。就是说，可以在图 9.2 中画一条经过数据的直线，这条直线和这些数据拟合得相当好。这条直线的方程式就可以用来解释广告费用和销售额之间的系统性变动。所以，最好选择下面简单的线性回归方程来描述广告费用和销售额之间的关系：

$$Y_i = \beta_0 + \beta_1 X_{1i} + \varepsilon_i \tag{9.2}$$

在式（9.2）中，Y_i 表示第 i 个观测值的实际销售值；X_i 表示的是与 Y_i 对应的广告费用；ε_i 就是误差项，表示当实际花费 X_{1i} 美元进行广告宣传时，销售额并不总是等于 $\beta_0+\beta_1 X_{1i}$。参数 β_0 是一个常数值（有时也称 Y 轴的截距，因为它表示的是直线穿越 Y 轴的点），β_1 表示直线的斜率（即 X_1 每单位的增加引起的 Y 增加或减少的量）。假设直线可以解释 Y 和 X_1 之间的系统变化，则误差项 ε_i 就是实际销售水平到回归方程的距离。并且，若误差项随机分布在回归线的周围，则它们的平均值就等于 0，或者说期望值等于 0。

式（9.2）中的模型非常简单，因为它只有一个自变量。它是一个线性模型，因为参数（β_0 和 β_1）没有作为指数出现，也没有彼此相乘或相除。

在概念上，理解"给定 X_1 某个值，会有大量的 Y 值与之对应"这个假设很重要（译者注：我们把大量 Y 的取值构成的全体称为总体）。参数 β_0 和 β_1 分别表示总体"真实的"回归曲线的截距和斜率。因此，β_0 和 β_1 有时也称为总体参数。但是，在一个具体的回归问题中，我们通常不知道这些总体参数的具体数值（我们知道这些数值确实存在，但是不知道它们是多少）。为了求出总体参数的数值，必须在任一给定 X_1 水平下观察因变量 Y 的总体——这通常是一项根本不可能完成的工作。不过，可以通过选定 X_1 时对 Y 值抽取样本估计出总体参数的值。将 β_0 和 β_1 的估计值分别记为 b_0 和 b_1。剩下的问题就是要从样本数据中确定出 b_0 和 b_1 的最好取值。

9.4 定义拟合优度

b_0 和 b_1 的取值有无限多个。寻找 b_0 和 b_1 的精确值，以使得到的回归曲线很好地拟合样本数据，这看起来犹如大海捞针——这可不是人类手工可完成的事情。为了让计算机估计出 b_0 和 b_1 的值以使回归曲线和数据拟合得最好，必须给它一些指导，并定义我们所说的"最佳拟合"。

用符号 $\hat{Y}_i$ 来表示 Y_i 的估计值，定义如下：

$$\hat{Y}_i = b_0 + b_1 X_{1i} \tag{9.3}$$

我们想求出 b_0 和 b_1 的数值，使所有的销售额估计值（$\hat{Y}_i$）尽可能接近相应的实际销售额（Y_i）。例如，图 9.1 中的数据表明，花费 30,000 美元来做广告（X_{11}=30），观测的销售额是 184,400 美元（Y_1=184.4）。所以，在式（9.3）中令 X_{1i}=30，此时我们希望 $\hat{Y}_i$ 的取值尽可能接近 184.4。同样，在图 9.1 中的三个例子中，70,000 美元用于广告（$X_{16} = X_{17} = X_{18} = 70$），此时，观测到的销售额分别是 450,200 美元、423,600 美元、410,200 美元（Y_6=450.2，Y_7=423.6，Y_8=410.2）。所以，在式（9.3）中令 X_{1i}=70，此时我们希望 $\hat{Y}_i$ 的取值尽可能接近 450.2、423.6 和 410.2。

如果能够找到 b_0 和 b_1 的值，以使所有的销售额估计值完全等于实际的销售额（$\hat{Y}_i = Y_i$，i 为任意值），那么方程表示的直线会经过每一个数据点——也就是说，曲线和数据完美拟合。这对于图 9.2 中的数据是根本不可能的，因为直线不可能经过图中的每一个数据点。在大多数回归问题中，找到一个和数据完美拟合的回归函数是不可能的，因为大多数数据集都包含一定量的非系统性变动。

尽管不可能找到和数据完美拟合的 b_0 和 b_1 的值，但是我们尝试找到使因变量的估计值和因变量实际值之间的差值（$Y_i - \hat{Y}_i$）尽可能小的值。我们把 $Y_i - \hat{Y}_i$ 称为观测值 i 的**估计误差**，因为它衡量了估计值 $\hat{Y}_i$ 和实际值 Y_i 的距离。回归问题中估计误差也称**残差**。

尽管可以使用不同的标准求出 b_0 和 b_1 的最好估计值，但最常用的方法还是最小化估计误差的平方和——或简写为**误差平方和**（Error Sum of Squares，ESS）。也就是说，要找到 b_0 和 b_1 的值，使得下式最小化：

$$\text{ESS} = \sum_{i=1}^{n}\left(Y_i - \hat{Y}_i\right)^2 = \sum_{i=1}^{n}\left(Y_i - \left(b_0 + b_1 X_{1_i}\right)\right)^2 \tag{9.4}$$

要找出几个观测值来求出 ESS。因为每一个估计误差都被平方，所以 ESS 的值是非负的，ESS 的最小值因而可以假定为 0。ESS 等于 0 的唯一办法是每一个估计误差都是 0（对所有观测值而言，$Y_i - \hat{Y}_i = 0$），在这种情况下，估计的回归曲线就可以和我们的数据完美拟合。因此，最小化 ESS 似乎是寻找 b_0 和 b_1 最优值的一个很好的目标函数。因为回归分析就是最小化 ESS 来找出参数的估计值，所以有时候也称为**最小二乘法**。

9.5 用"规划求解器"求解问题

可以通过很多种方法求出线性回归模型的最优参数估计值。和前几章一样，可以使用规划求解器求出 b_0 和 b_1 的值，使得式（9.4）中 ESS 的值最小化。

式（9.4）中 b_0 和 b_1 最优值的求解问题是一个无约束的非线性优化问题，如图 9.4 中的电子表格所示（本书的配套文件 Fig9-4.xlsm）。

在图 9.4 中，单元格 C15 和 C16 分别表示 b_0 和 b_1 的值，这两个单元格分别标有截距和斜率的标签，因为 b_0 表示的就是式（9.3）的截距，b_1 表示的就是其斜率。在这两个单元格中分别填入 70 和 5 作为对其最优值的粗略估计。

为了使用规划求解器求出 b_0 和 b_1 的最优值，我们在电子表格中输入式（9.4）的 ESS 计算公式，该式表示最小化的目标函数。要计算 ESS，首先要就样本中的每一个观测值计算出由式（9.3）的回归函数中销售额的估计值。这些销售额估计值（$\hat{Y}_i$）在 D 列中计算出来，公式如下：

    单元格 D4 的公式： =\$C\$15+\$C\$16*B4

    （复制到单元格 D5 至 D13 中）

估计误差在 E 列中计算，公式如下：

    单元格 E4 的公式： =C4-D4

    （复制到单元格 E5 至 E13 中）

估计误差的平方（$(Y_i - \hat{Y}_i)^2$）在 F 列中计算，具体公式如下：

    单元格 F4 的公式： =E4^2

    （复制到单元格 F5 至 F13 中）

最后，估计误差的平方和（ESS）在单元格 F15 中计算，具体公式如下：

单元格 F15 的公式：　　　=SUM(F4:F13)

注意到，单元格 F15 中的公式就是式（9.4）。

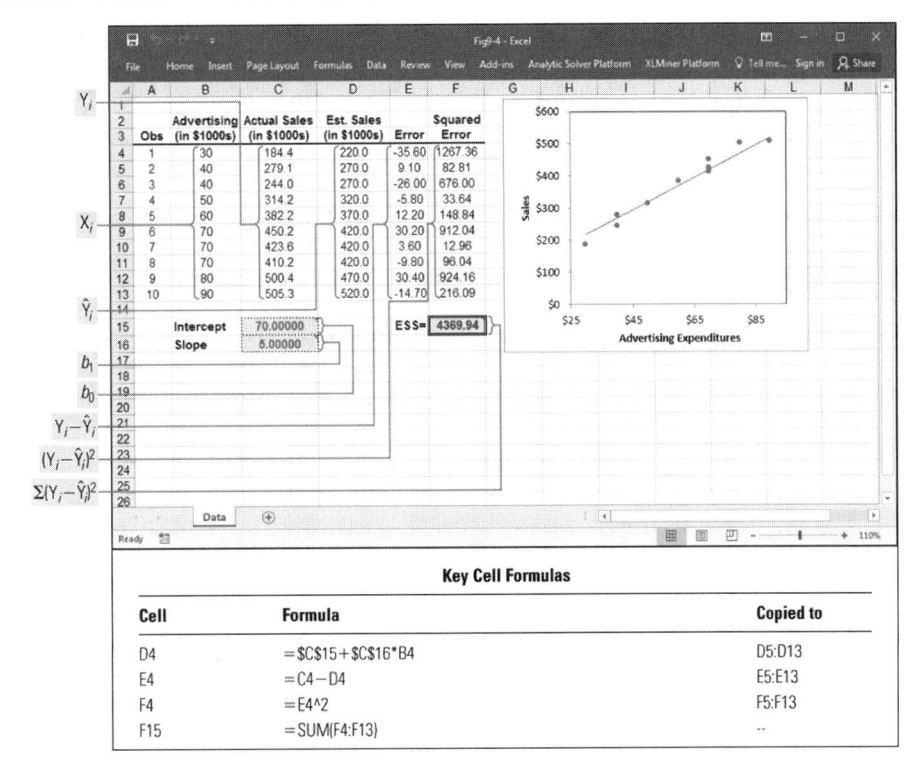

图 9.4　使用规划求解器求解回归问题

图 9.4 绘制了连接销售额估计值的直线，该图中其他的点是实际销售额的值，这条直线的截距和斜率由单元格 C15 和单元格 C16 中的值所决定。尽管这条直线看起来和实际数据拟合得相当好，但我们还是不知道这条直线是不是能 ESS 的值最小化。不过，可以用图 9.5 所示的规划求解器设置和选项来确定单元格 C15 和 C16 的值，使单元格 F15 中的 ESS 值最小化。图 9.6 给出了该问题的最优解。在此电子表格中，与数据拟合得最好的直线的截距和斜率分别是 b_0=36.34235 和 b_1=5.550294。与这些最优参数估计相应的 ESS 值为 3336.244，优于（或小于）图 9.4 中给出的参数估计的 ESS 值。没有其他的 b_0 和 b_1 的值，使得 ESS 的值小于图 9.6 中 ESS 的值。因此，根据最小二乘标准，与数据拟合得最好的直线的方程为

$$\hat{Y}_i = 36.34235 + 5.550294 X_{1_i} \tag{9.5}$$

图 9.5　回归问题的规划求解器设置和选项

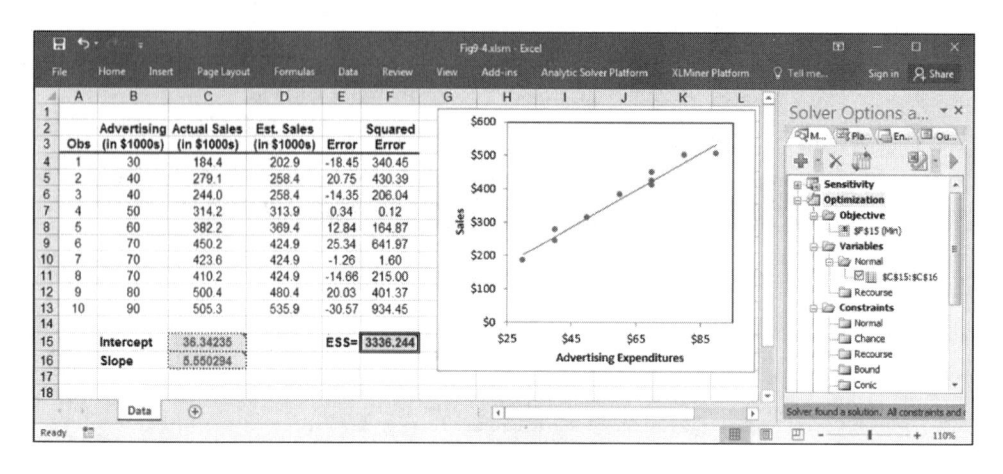

图 9.6 回归问题的最优解

9.6 用回归工具求解问题

除了规划求解器，Excel 还提供了另外一个求解回归问题的工具，它更易使用，并且提供了更多有关回归问题的信息。我们将重新回到图 9.1（重复于本书的配套文件 Fig9-7.xlsm 中）中问题的原始数据来说明回归工具的使用。在使用 Excel 中的回归工具之前，首先需要确认"分析工具库（Analysis ToolPak）"插件或加载项可用。可以通过以下步骤完成此操作：

（1）单击"文件"→"选项"→"加载项"；
（2）定位和激活分析工具库加载项（若分析工具库没有在可用加载项中列出，则需要安装）。

在确定分析工具库可用后，可用按下列步骤访问回归工具：

（1）单击"数据"；
（2）单击分析菜单中的"数据分析"；
（3）选择"回归"并单击"确定"。

选择"回归"命令后出现一个回归对话框，如图 9.7 所示。对话框里有很多选项，此时最需要关注的是三个选项：输入 Y 值的范围、X 值的范围和输出范围。输入 Y 值的范围对应电子表格中包含因变量样本观测值的单元格（该例中图 9.1 中的单元格 C4 到 C13）；X 值的范围对应电子表格中包含自变量样本观测值的单元格（该例中图 9.1 中的单元格 B4 到 B13）。还需要指定回归结果的输出范围，以在报表中显示。在图 9.7 中，已经选择"新建工作表选项"，表示回归结果会放在一个名为"Result"的新表中。对话框的选项选择完毕后，单击"确定"按钮，Excel 就会用最小二乘法算出 b_0 和 b_1（和其他统计量）。

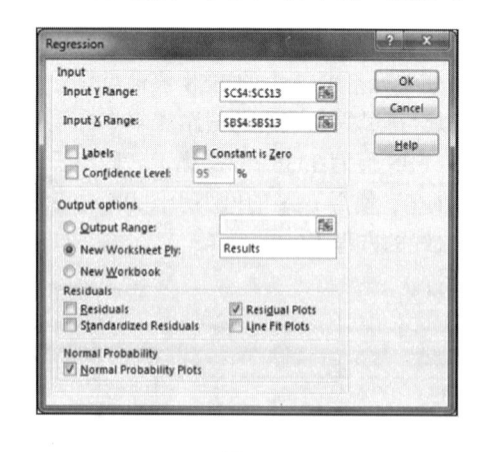

图 9.6

图 9.8 就是本例的求解结果。先看图 9.8 中的几个重要的值，注意，标有"Intercept"的单元格 B17 中的值就是 b_0 的最优值（b_0=36.34235）。单元格 B18 中的值就是变量 X_1 的系数，是 b_1 的最优值（b_1=5.550294）。从而估计的回归方程为

$$\hat{Y}_i = b_0 + b_1 X_{1i} = 36.34235 + 5.550294 X_{1i} \tag{9.6}$$

式（9.6）和前面利用规划求解器得到的结果一致，见式（9.5）。因此，既可以用规划求解器，又可以用图 9.7 所示的回归工具来估计回归函数的参数。回归工具的好处是不需要在电子表格中设置任何特殊公式或单元格，并且它还会同时生成所研究问题的其他统计量。

Regression Statistics	
Multiple R	0.984444276
R Square	0.969130533
Adjusted R Square	0.96527185
Standard Error	20.42132374
Observations	10

ANOVA

	df	SS	MS	F	Significance F
Regression	1	104739.6003	104739.6003	251.1557537	2.51425E-07
Residual	8	3336.243706	417.0304632		
Total	9	108075.844			

	Coefficients	Standard Error	t Stat	P-value	Lower 95%	Upper 95%	Lower 95.0%	Upper 95.0%
Intercept	36.34235294	21.98328259	1.653181357	0.136894007	-14.35118761	87.03589349	-14.35118761	87.03589349
X Variable 1	5.550294118	0.350222813	15.8478943	2.51425E-07	4.742678863	6.357909372	4.742678863	6.357909372

RESIDUAL OUTPUT

Observation	Predicted Y	Residuals
1	202.8511765	-18.45117647
2	258.3541176	20.74588235
3	258.3541176	-14.35411765
4	313.8570588	0.342941176

PROBABILITY OUTPUT

Percentile	Y
5	184.4
15	244
25	279.1
35	314.2

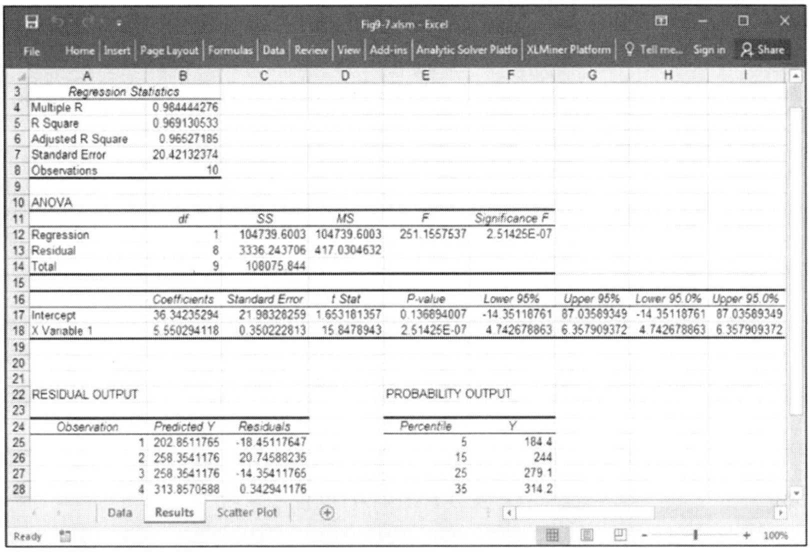

图 9.8　回归计算的结果

9.7　估算拟合度

在例题中，我们的目标是确定直线方程，使之和我们的数据尽可能地拟合。在计算出估计回归线后（用规划求解器或者回归工具），我们可能会对这条直线和数据的拟合程度感兴趣。用式（9.6），可以计算出每一个样本观测值的估计或预期销售额（$\hat{Y}_i$）。$\hat{Y}_i$ 的值可以在图 9.9 中的 D 列按下式计算：

单元格 D4 的公式：　=36.34235＋5.550294*B4

（复制到单元格 D5 至 D13 中）

不过，也可以在 D 列中用 Excel 中的函数 TREND()来计算 $\hat{Y}_i$ 的值，计算如下：

改变单元格 D4 的公式：　=TREND($C$4:$C$13,$B$4:$B$13,B4)

（复制到单元格 D5 至 D13 中）

函数 TREND()使用单元格 C4 到 C13 中的 Y 值和单元格 B4 到 B13 中的 X 值计算出最小二乘法的线性回归线，然后用该回归函数使用单元格 B4 中给定的 X 的值估计出 Y 的值。因此，使用函数 TREND()，不必担心输入时打错估计的截距值和斜率值。注意，图 9.9 中 D 列所示的销售额估计值和图 9.8 中 B 列底部的 Y 的估计值相匹配。

	A	B	C	D
1				
2		Advertising	Actual Sales	Est. Sales
3	Obs	(in $1000s)	(in $1000s)	(in $1000s)
4	1	30	184.4	202.9
5	2	40	279.1	258.4
6	3	40	244.0	258.4
7	4	50	314.2	313.9
8	5	60	382.2	369.4
9	6	70	450.2	424.9
10	7	70	423.6	424.9
11	8	70	410.2	424.9
12	9	80	500.4	480.4
13	10	90	505.3	535.9

Key Cell Formulas

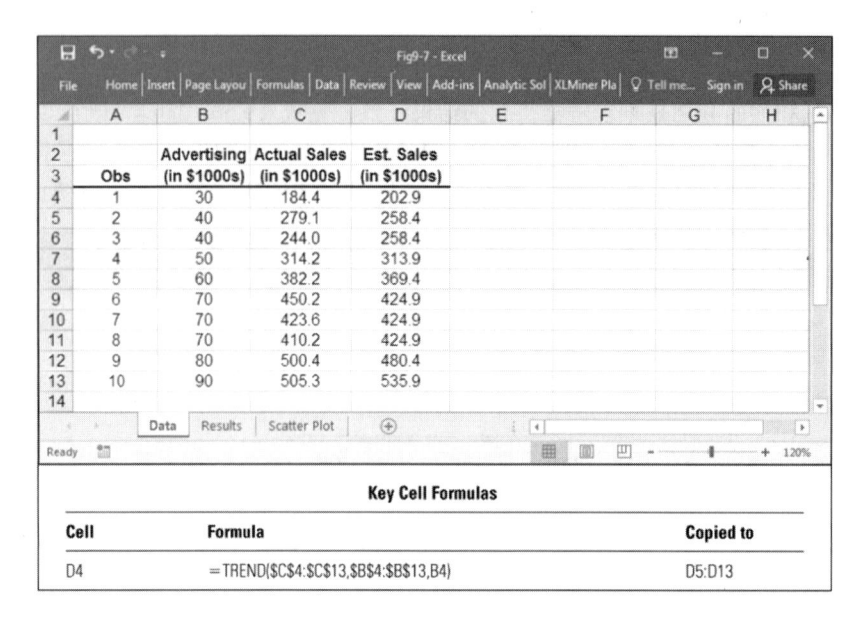

Cell	Formula	Copied to
D4	=TREND($C$4:$C$13,$B$4:$B$13,B4)	D5:D13

图 9.9　每个广告支出水平上的销售额估计值

函数 TREND() 说明

函数 TREND() 可用来计算线性回归模型的估计值。TREND() 的函数格式如下：

TREND(Y 的范围，X 的范围，用于预测的 X 的值)

Y 的范围是电子表格中包含因变量 Y 的范围，X 的范围是电子表格中包含自变量 X 的范围，用于预测的 X 值是一个单元格（或多个单元格），包含我们想要估计的 Y 值的自变量 X 的值。TREND( ) 函数优于回归工具的地方是当函数的任何输入改变时，它都会动态更新。但是，它没有提供回归工具给出的统计信息，最好是将这两种不同的方法相互结合进行回归。

图 9.10 给出了估计的回归方程曲线和实际的销售数据。该函数表示的是自变量的每个值产生的预期销售额（即图 9.9 中 D 列中的每一个值都落在这条直线上）。要在散点图中插入估计趋势线，可用如下步骤：

（1）右击散点图中的任意数据点以选择数据系列；
（2）选择"添加趋势线"；
（3）单击"线性"；
（4）选择"显示公式"和"显示 R 平方值"；
（5）单击"关闭"。

从该图中可以看出，这个例子中回归函数和数据拟合得很好。特别地，实际销售数据值在直线上下以一种非系统的或随机的模式波动。因此，我们似乎已经达到了目标：确定一个解释自变量和因变量之间大部分的系统性变动的函数。

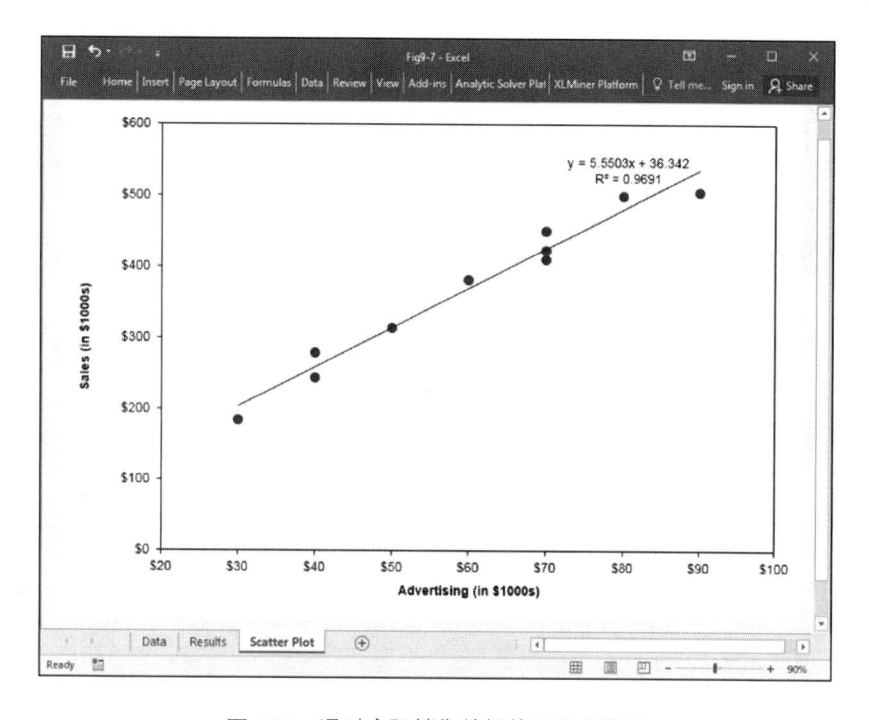

图 9.10 通过实际销售数据的回归曲线图

9.8 R^2 统计量

在图 9.8 中，标有 R 平方的单元格 B5 的值（或在图 9.10 中的 R^2 的值）是一种对拟合优度的测量。该值表示的是 R^2 统计量（也称判定系数）。该统计量的取值范围在 0 到 1 之间（$0 \leqslant R^2 \leqslant 1$），它表示在估计的回归模型中因变量 Y 与其均值的差异可由自变量解释的比例。因变量围绕其均值的总差异可用总离差平方和（Total Sum of Squares，TSS）来描述，定义如下：

$$\text{TSS} = \sum_{i=1}^{n}(Y_i - \overline{Y})^2 \qquad (9.7)$$

TSS 等于样本观测值 Y_i 和 Y 的平均值[式（9.7）中用 $\overline{Y}$ 来表示]之差的平方和（注意，Y 的样本方差为 $S^2_Y = \text{TSS}/(n-1)$）。样本观测值 Y_i 和平均值 $\overline{Y}$ 之间的差可以分解为两部分：

$$Y_i - \overline{Y}_i = (Y_i - \hat{Y}_i) + (\hat{Y}_i - \overline{Y}) \qquad (9.8)$$

图 9.11 说明了在假设数据点处的这种分解。在式（9.8）中，$Y_i - \hat{Y}_i$ 表示的是估计误差，或者说是回归方程不能解释的 Y_i 和 $\overline{Y}$ 之间的总离差。在式（9.8）中，$\hat{Y}_i - \overline{Y}$ 表示的是回归方程可以解释的 Y_i 和 $\overline{Y}$ 的总离差。

式（9.8）中离差的分解也可以用于式（9.7）的 TSS 中，也就是说，TSS 可以分解为下面的两部分：

$$\sum_{i=1}^{n}(Y_i - \overline{Y})^2 = \sum_{i=1}^{n}(Y_i - \hat{Y}_i)^2 + \sum_{i=1}^{n}(\hat{Y}_i - \overline{Y})^2 \qquad (9.9)$$

$$\text{TSS} = \text{ESS} + \text{RSS}$$

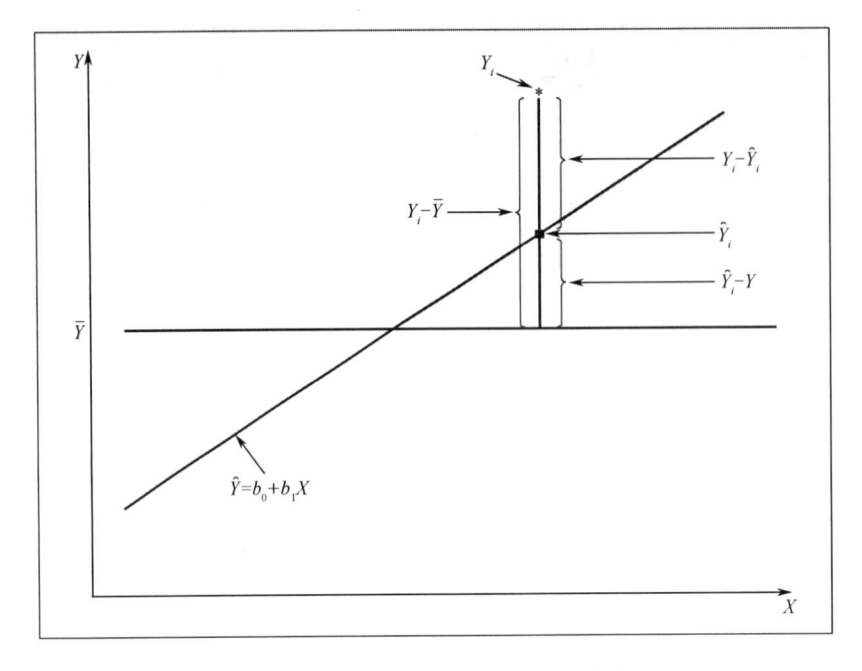

图 9.11 总离差分解为误差和回归两个部分

ESS 是通过最小二乘法求得的最小值。ESS 表示 Y 回归方程解释不了的 Y 在其均值附近的变化量，或者说是用回归方程不能解释的因变量的变化。所以，回归平方和（RSS）表示回归方程可以解释的 Y 在其均值附近的变化量，或者说是回归方程可以解释的因变量的变化部分。在图 9.8 中，单元格 C12、C13 和 C14 中分别为 RSS、ESS 和 TSS 的值。

现在来看 R^2 统计量的定义：

$$R^2 = \frac{\text{RSS}}{\text{TSS}} = 1 - \frac{\text{ESS}}{\text{TSS}} \qquad (9.10)$$

从式（9.9）对 TSS 的定义可以看出，如果 ESS=0（只有回归函数和数据完美拟合时才会发生），那么 TSS=RSS，从而 R^2=1。另一方面，如果 RSS=0（意味着回归方程不能解释因变量 Y 的任何变化，或者等价于，对于所有的 i，$\hat{Y}_i = \bar{Y}$），那么 TSS=ESS 且 R^2=0。所以，R^2 统计量越接近于 1，估计的回归方程和样本数据就拟合得越好。

从图 9.8 中的单元格 B5 中可以看出，R^2 统计量的值约为 0.969，这表明因变量在其均值附近总变动的 96.9%，可以由我们估计的回归方程中自变量的变化来解释。因为该值非常接近 R^2 统计量的最大值 1，所以这表明回归函数和数据拟合得很好。图 9.10 可以证实这一点。

图 9.8 的输出结果中的单元格 B4 表示多元统计量 R（Multiple R），表示因变量的实际值和估计值之间线性关系的强度。随着 R^2 统计量的变化，多元统计量 R 也在 0~1 之间变化，1 意味着拟合最优。若回归模型只有一个自变量，则多元统计量 R 等于 R^2 统计量的平方根。我们更关注 R^2 统计量，因为它的解释比多元统计量 R 更清楚。

9.9 进行预测

用式（9.6）的估计回归方程，可以预测不同广告费用下的期望销售水平。例如，在给定的市场中，假设公司想估计花费 65,000 美元广告费带来的销售水平是多少。假设这里的市场和估计回归方程的市场相类似，则预期的销售水平估计如下：

销售额估计值=$b_0+b_1\times 65$=36.342＋5.550×65=397.092（千美元）

因此，如果公司花费 65,000 美元做广告（在类似于估计回归方程的市场中），预估销售额大约是 397,092 美元。实际的销售额可能会和销售额估计值多少有所不同，因为还有其他随机因素会影响销售额。

9.9.1 标准差

回归模型的预测精度可用估计误差的标准偏差——即标准差，S_e 来测量。若令 n 表示数据集的观测值数目，用 k 表示回归模型中自变量的数目，则标准差的计算公式如下：

$$S_e = \sqrt{\frac{\sum_{i=1}^{n}\left(Y_i-\hat{Y}_i\right)^2}{n-k-1}} \tag{9.11}$$

标准差测量实际数据在回归函数周围的分散或者变动的程度。图 9.8 中的单元格 B7 显示本例中的标准差 S_e=20.421。

在对回归模型求得的预测值的不确定性评估时，标准差是非常有用的。根据一个很粗略的经验准则，实际销售额会有大约 68%的概率落在预测值 $\hat{Y}_i \pm S_e$ 内，或者，实际的销售额会有大约 95%的概率落在预测值 $\hat{Y}_i \pm 2S_e$ 之内。在例题中，如果公司花费 65,000 美元做广告，那么我们约有 95%的信心认为实际的销售水平会落在 356,250～437,934 美元区间（$\hat{Y}_i \pm 2S_e$）内。

9.9.2 新 Y 值的预测区间

当 $X_1=X_{1_h}$ 时，为更精确地计算新的 Y 值的置信区间或预测区间，首先要计算估计值 $\hat{Y}_h$：

$$\hat{Y}_h = b_0 + b_1 X_{1_h} \tag{9.12}$$

当 $X_1=X_{1_h}$ 时，新的 Y 值的 $A(1-\alpha)$%预测区间为

$$\hat{Y}_h \pm t_{(1-\alpha/2;n-2)} S_p \tag{9.13}$$

其中，$t_{(1-\alpha/2;n-2)}$表示自由度为 n-2 的 t 分布的 1-α/2 个百分点 t 值，S_p 表示的是标准预测误差，表示为

$$S_p = S_e\sqrt{1+\frac{1}{n}+\frac{\left(X_{1_h}-\bar{X}\right)^2}{\sum_{i=1}^{n}\left(X_{1_i}-\bar{X}\right)^2}} \tag{9.14}$$

先前介绍的经验准则是式（9.13）的一般情况。注意 S_p 通常比 S_e 大，因为平方根号下的值总是大于 1。还要注意，随着 X_1 和 X_{1_h} 之间的差值越来越大，S_p 和 S_e 之间的差值也会越来越大。因此，按照经验准则产生的预测区间往往低估预测中不确定性的真实程度。这可用图 9.12 来说明。

如图 9.12 所示，对于本例，使用经验准则估计和用式（9.13）得出的较准确的预测区间之间的差别并不是很大。在对预测区间要求更精确的情况下，Excel 可很容易地计算出式（9.13）中构造预测区间所需的各种量。图 9.13 给出了花费 65,000 美元做广告时销售额的 95%的预测区间的例子。

要计算这个预测区间，首先用 TREND( )函数来计算广告费用等于 65,000 美元时（$X_{1_h}=65$）的销售额估计值 $\hat{Y}_h$。在单元格 B17 中写入 65 来表示 X_{1_h}，则销售额估计值水平在单元格 D17 中计算如下：

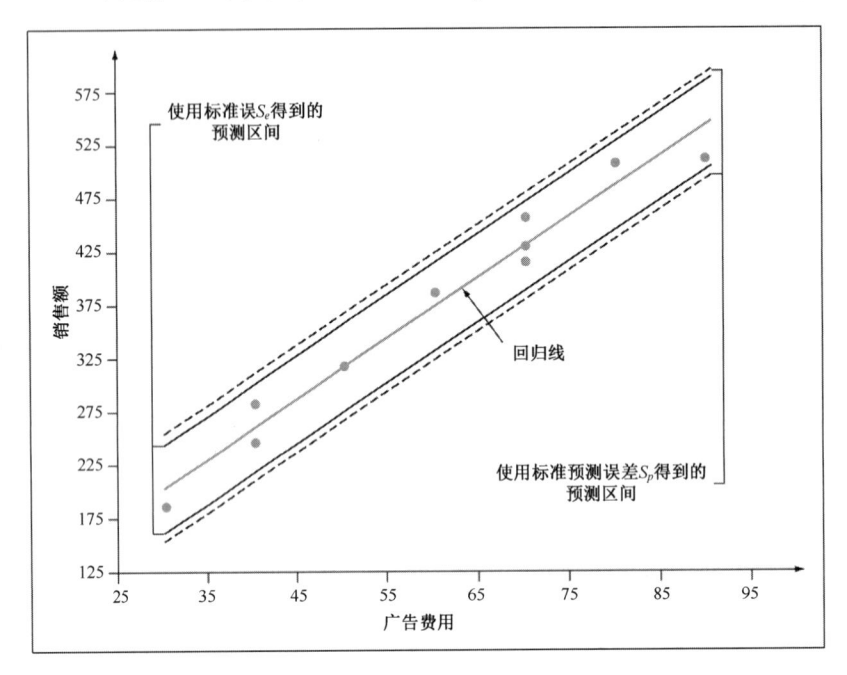

单元格 D17 的公式： =TREND($C$4:$C$13,$B$4:$B$13,B17)

图 9.12 使用经验准则和较精确的统计计算得到的预测区间的比较

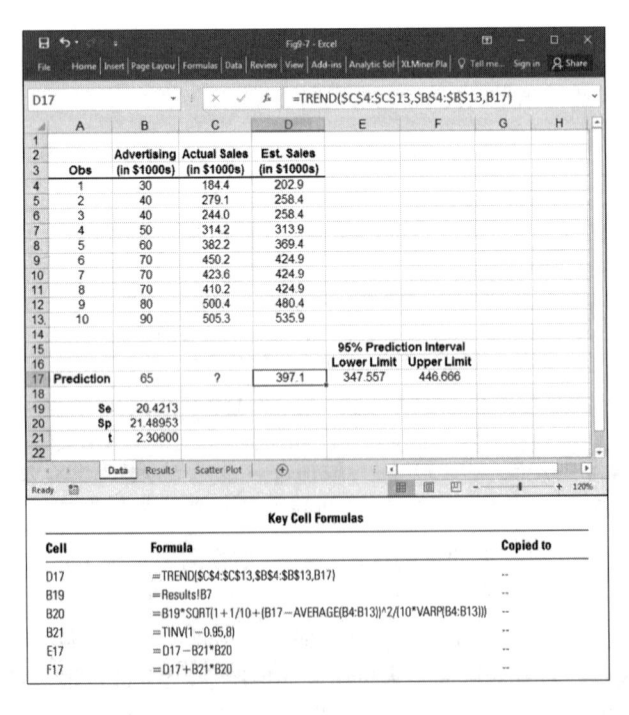

图 9.13 计算预测区间的例子

当广告费用为 65,000 美元时,预期的销售额大约是 397,100 美元。单元格 B19 中显示的标准误差(S_e)是从图 9.8 所示的结果表格中提取的:

单元格 B19 的公式: =Results!B7

在单元格 B20 中计算标准预测误差(S_p):

单元格 B20 的公式: =B19*SQRT(1+1/10+

(B17-AVERAGE(B4:B13))^2/(10*VARP(B4:B13)))

上式中的"10"与式(9.14)中的样本数 n 对应。95%的置信(预测)区间的 t 值在单元格 B21 中计算:

单元格 B21 的公式: =TINV(1-0.95,8)

上式中第一个参数对应 1 减去所需的置信水平(α=0.05);第二个参数对应 $n-2$(10-2=8)。单元格 E17 和 F17 计算预测区间的下限和上限:

单元格 E17 的公式: =D17-B21*B20

单元格 F17 的公式: =D17+B21*B20

结果显示,当 65,000 美元用于广告时,可以预估销售额大约为 397,100 美元,但我们意识到实际销售额很有可能和这个值略有偏差。不过,我们有 95%的信心确信实际销售值会落在 347,556~446,666 美元之间(注意,该预测区间比先前用经验准则得到的预测区间 356,250~437,934 美元略宽)。

9.9.3 Y 平均值的置信区间

有时,你可能想给 $X_1 = X_{1_h}$ 时 Y 的平均值构造一个置信区间。这和上面当 $X_1 = X_{1_h}$ 时构造观测值 Y 置信区间的求法稍有不同。当 $X_1 = X_{1_h}$ 时,Y 平均值的($1-\alpha$)%置信区间可表示为

$$\hat{Y}_h \pm t_{(1-\alpha/2; n-2)} S_a \qquad (9.15)$$

其中,$\hat{Y}_h$ 是由式(9.12)所定义的,$t_{(1-\alpha/2;n-2)}$ 表示的是自由度为 $n-2$,t 分布 $1-\alpha/2$ 个百分点的 t 值,S_a 可表示为

$$S_a = S_e \sqrt{\frac{1}{n} + \frac{(X_{1_h} - \bar{X})^2}{\sum_{i=1}^{n}(X_{1_i} - \bar{X})^2}} \qquad (9.16)$$

将式(9.14)中 S_p 的定义式与式(9.16)中 S_a 的定义式相比较可知,S_a 总比 S_p 小。因此,$X_1 = X_{1_h}$ 时 Y 平均值的置信区间比 $X_1 = X_{1_h}$ 时新值 Y 的置信区间小(或者说宽度要小一些)。这一类型的置信区间也可以通过上面介绍的计算预测区间的类似方法来计算。

9.9.4 外推法

对于那些与样本种的值不相同的自变量值来说,用估计回归函数做出的预测值可能具有很小的有效性或者不具有有效性。例如,之前出现在图 9.1 中的样本的广告支出范围为 30,000~90,000 美元。因此,当广告费用显著高于或低于此范围时,不能假设我们的模型将准确估计销售额,因为销售额与广告之间的关系可能在此范围之外存在很大差异。

9.10 总体参数的统计测试

前面讲过,式(9.2)中的 β_1 表示真实回归线的斜率(即一单位自变量 X_1 的变化所引起的因变量 Y 的变化量)。如果自变量和因变量之间不存在线性关系,那么式(9.2)模型中 β_1 的值应该等于 0。如前所述,不可能计算或观察到 β_1 的真实值,只能用样本统计量 b_1 估计它的值。然而,因为 b_1 的值是基于样本而不是总体估计出来的,它的值可能不正好等于 β_1 的真实(但未知)值。因此,需要确定 β_1 真实值与其估计值 b_1 之间的偏差。图 9.8 的回归结果提供了很多关于该问题的信息。

如前所示,图 9.8 中的单元格 B18 表明 β_1 的估计值 b_1=5.550。单元格 F18 和 G18 给出了 95%置信区间的 β_1 真实值的上限和下限。也就是说,有 95%的把握认为 $4.74 \leqslant \beta_1 \leqslant 6.35$。这说明广告费每增加 1,000 美元,可以预估销售额大概增加 4,740~6,350 美元。注意,该置信区间并没有包括 0 值。因此,至少有 95%的把握认为广告费用和销售额之间存在线性关系($\beta_1 \neq 0$)(若想要一个 95%的置信区间以外的区间,则可以在回归对话框中修改置信水平选项,如图 9.7 所示,给它指定一个不同的置信区间)。

图 9.8 中单元格 D18 和单元格 E18 给出了 t 统计量和 p 值,这是检测 β_1 是否为 0 的另外一种方法。根据统计理论,如果 β_1=0,那么 b_1 与其标准差的比例服从自由度为 $n-2$ 的 t 分布。所以单元格 D18 中检测 β_1 是否为 0 的 t 统计量为

$$\text{单元格 D18 中的 } t \text{ 统计量} = \frac{b_1}{b_1 \text{的标准差}} = \frac{5.550}{0.35022} = 15.848$$

单元格 E18 中的 p 值表示的是,若 β_1=0,则获得比"观察到的测试统计值"更极端结果的概率。在本例中,p 值为 0,说明若 β_1 的真实值是 0,则我们对 β_1 的估计值几乎不可能和 b_1 的观测值一样大。因此,得出结论是:β_1 的真实值不等于 0,这和前面 β_1 置信区间隐含的结论一致。

截距 β_0 的 t 统计量、p 值和置信区间如图 9.8 中第 17 行所示,它的含义同上面 β_1 的含义类似。注意,β_0 的置信区间包括了 0 值,因此不能确定截距不显著为 0。β_0 的 p 值表明,若 β_0=0,则就有 13.7%的概率得到一个比 b_0 的观测值更极端的结果。这些结果都表明有相当大的可能性 β_0=0。

9.10.1 方差分析

图 9.8 中方差分析(ANOVA)的结果,提供了另外一种检验 β_1 是否为 0 的方法。在 ANOVA 表中,MS 列的值分别是均方回归(MSR)和均方误差(MSE)。这些值是单元格 C12 和单元格 C13 中的 RSS 和 ESS 值分别除以单元格 B12 和 B13 中对应的自由度得到的。

若 β_1=0,则 MSR 与 MSE 的比值服从 F 分布。单元格 E12 中标有"F"的统计量为

$$\text{单元格 E12 的 F 统计量} = \frac{\text{MSR}}{\text{MSE}} = \frac{104,739.6}{417.03} = 251.156$$

标有"F 的显著水平"(Significance F)的单元格 F12 的值和之前描述的 p 值类似,表示当 β_1=0 时,得到的结果大于 F 统计量观测值的概率。在本例中,F 的显著水平为 0,表示若 β_1 的真实值为 0,则不可能得到 b_1 大小的观测值。因此,得出结论:β_1 的真实值不等于 0。这和前面分析中的结论是一致的。

F 统计量看起来似乎有点多余，因为用 t 统计量也可以检验 β_1 是否为 0。然而 F 统计量还有不同的用途，在有一个以上自变量的多元回归模型中，其作用变得明显。F 统计量可以在多元回归模型中检验所有自变量的 β_i 值是否同时为 0。简单线性回归模型只有一个自变量。在这种情况下，t 统计量检验和 F 统计量检验是等价的。

9.10.2 统计检验假设

构建置信区间的方法基于前面在方程（9.2）中提出的简单线性回归模型的重要假设。在整个讨论过程中，假设误差项 ε_i 是相互独立的、服从正态分布的随机变量，其期望值为 0，方差为常数。因此，对于一组给定的数据，构建置信区间和进行 t 检验都必须保证这些前提条件成立。只要不严重违背假设条件，前面所述过程提供了期望置信区间和 t 检验很好的近似值。有很多检验方法检验残差 ($Y_i - \hat{Y}_i$)，检验对误差项属性的假设是否有效。这些检验方法在大多数统计学教材里都有深入的讨论，这里不再赘述。Excel 也提供了基本的诊断，帮助确定误差项的假设是否被违背。

回归对话框（如图 9.7 所示）提供两个选项，用于生成突出显示严重违背误差项假设的图。这些选项是残差图和正态概率图。图 9.14 给出了例题中这两个选项生成的图。

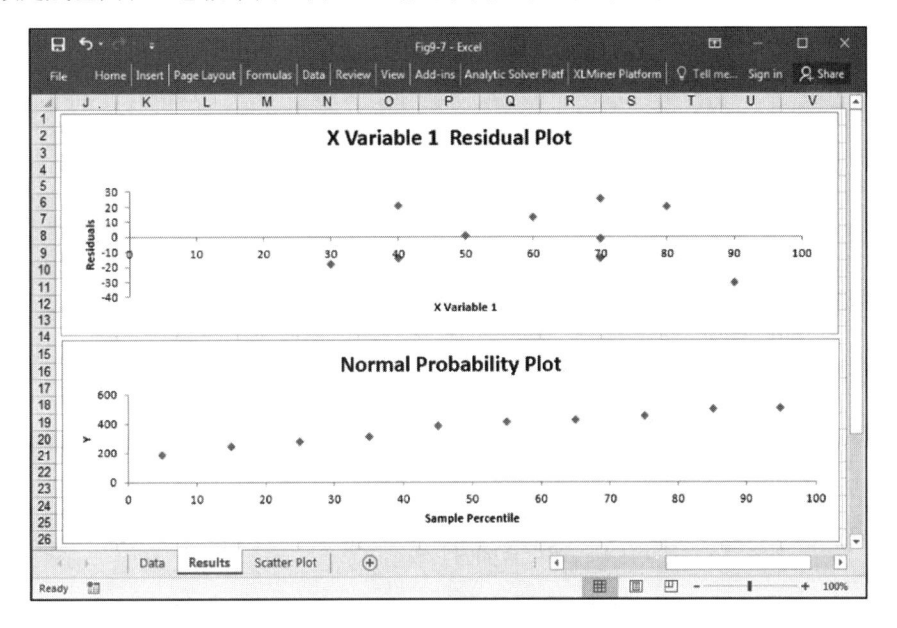

图 9.14 例题中残差图及正态概率图

图 9.14 的第一个图就是残差图，该图画出了回归模型中每个自变量对应的残差（或估计误差）。本例中只有一个自变量，所以只有一个残差图。如果满足回归模型的假设，那么残差应落在以 0 为中心横轴附近的区域上且没有正的或负的系统趋势。图 9.14 的残差图表明，本例的残差随机地落在-30~+30 的范围内。因此，从该图看来，没有严重的问题。

图 9.14 中的第二个图是正态概率图选项输出的结果。如果式（9.2）中的误差项是服从正态分布的随机变量，那么在取样前，式（9.2）中的因变量也是服从正态分布的随机变量。因此，检测假定的误差项是否服从正态分布的一个方法是：确定是否可以假设因变量服从正态分布。正态概率图提供了一个检测因变量的样本值是否符合正态分布的简单方法。具有近似线性增长

率的曲线（如图9.14）支持正态假设。

若残差图显示残差有一个正或负的系统趋势，则说明对自变量和因变量之间的系统性变动所选建模回归函数是不恰当的，另一种函数形式更合适。这种类型的残差图如图9.15（a）所示。

如果残差图表明残差的大小随自变量值的增加而增加（或减小），应该对"残差项的方差为常数"这一假设产生怀疑。这类型的残差图如图9.15（b）所示（注意，要检验残差的增大或缩小，需要X取同一值时有多个Y的观测值，并对X进行多次取值）。有时，对因变量进行简单的变形就可以修正残差方差不为常数这一问题。在很多高级回归分析教材中都会介绍这种转换。

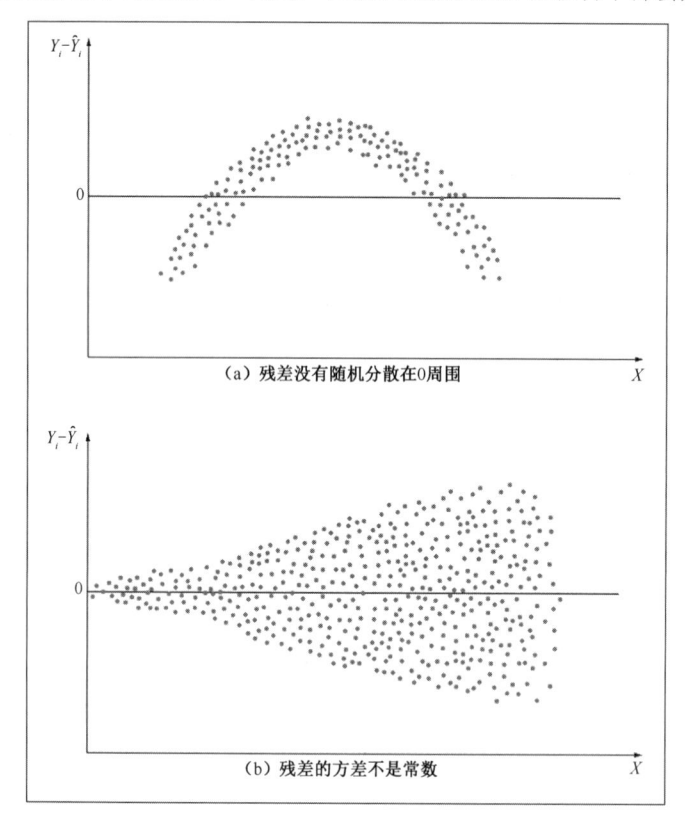

图 9.15 说明拟合的回归模型不适合的残差图

9.10.3 统计检验

不管误差项的分布形式如何，最小二乘法总是可以拟合出数据的回归曲线，以预测在自变量给定水平的情况下因变量的取值。很多决策者在用回归模型进行预测时，从来不注意残差图，也不构建参数的置信区间。然而，用回归模型进行预测的准确度取决于回归函数和数据的拟合程度。至少应该检验回归函数对给定数据集拟合得如何。可以使用残差图、实际数据相对估计值的图表及R^2统计量实现这一点。

9.11 多元回归简介

我们已经看到，回归分析就是找出一个函数，能够解释连续的因变量和一个或多个自变量之间的系统变化。也就是说，回归分析的目标就是要确定函数$f(\cdot)$的表达式：

$$Y = f(X_1, X_2, \cdots, X_k) + \varepsilon \qquad (9.17)$$

本章前面的几节用式（9.17）中**仅有一个**自变量的特例介绍了回归分析的基本概念。尽管这样的模型在有些情况下是合适的，但商业人员更可能碰到有多于一个（或多个）自变量的情况。现在考虑**多元回归**分析如何应用于这些问题。

大体上，多元回归分析就是简单线性回归分析的扩展。关于这个主题已经有大量资料，我们主要关注如下公式所描述的多元线性回归函数：

$$\hat{Y}_i = b_0 + b_1 X_{1_i} + b_2 X_{2_i} + \cdots + b_k X_{k_i} \qquad (9.18)$$

式（9.18）中的回归函数和简单线性回归函数非常相似，除了它有多于一个（或者 k 个）自变量。再次强调，$\hat{Y}_i$ 表示的是样本中第 i 次观测值的估计值，其真实值为 Y_i。符号 $X_{1_i}, X_{2_i}, \cdots, X_{k_i}$ 表示与第 i 次观测值相关的自变量的观测值。假设这些变量和因变量之间都是线性关系，式（9.18）中的函数就可以适用于很多问题。

我们能可视化前面回归分析中讨论的直线方程。在多元回归分析中，概念是相似的，但结果难以可视化。图 9.16 给出了回归函数仅有两个自变量时用式（9.18）拟合得到可能的回归曲面。当有两个自变量时，可以使用一个平面来拟合数据。在有三个或更多自变量的情况下，可以使用超平面来拟合数据。当超过三维空间时，可视化或画图非常困难，所以实际上看不出超平面是什么样子。不过，就像平面是直线在三维空间中的推广一样，超平面也是平面在多维空间中的一般形式。

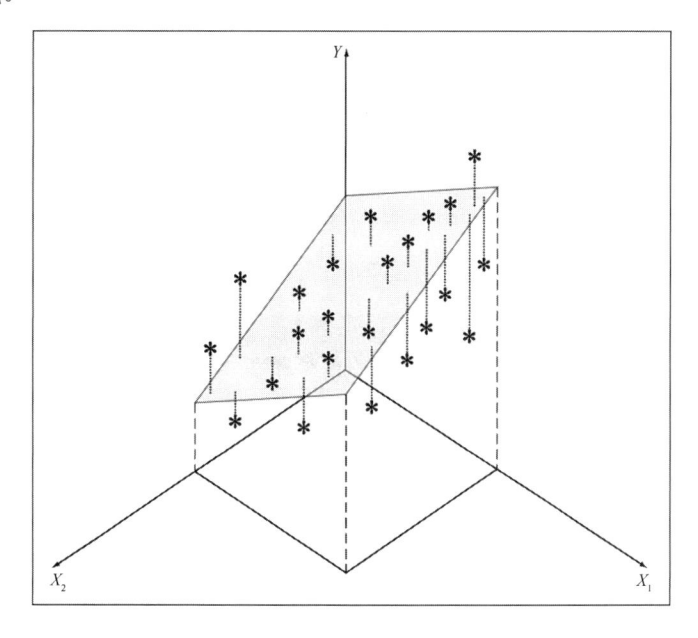

图 9.16 有两个自变量的回归曲面示例

不管有多少个自变量，多元回归分析的目标和只有一个自变量回归分析的目标是一样的。也就是说，想找到式（9.18）中 $b_0, b_1, \cdots, b_k$ 的值，可使如下平方估计误差总和最小化来得到：

$$\text{ESS} = \sum_{i=1}^{n}(Y_i - \hat{Y}_i)^2$$

应用最小二乘法确定使 ESS 值最小化的 b_0, b_1, $\cdots$, b_k 的值。这可以让我们找到和数据拟合得最好的回归函数。

9.12 多元回归分析举例

下例解释如何进行多元线性回归分析。

> 房地产评估师想建立一个回归模型，预测某个城镇房屋的公平市场价值。她访问了该镇政府，搜集到了相关数据，如图 9.17 所示（本书的配套文件 Fig9-17.xlsm）。评估师想知道房屋的售价是否可以用下列因素来解释：居住面积的总平方英尺数、车库大小（按车库可容纳的汽车数量来衡量）及每个房子的卧室数量（注意，车库大小为 0，表明该房子没有车库）。

该例中，因变量 Y 是房屋的售价，自变量 X_1、X_2 和 X_3 分别表示总平方英尺数、车库大小和卧室数量。为了判断式（9.18）中的多元线性回归函数是否适合这些数据，首先应画出因变量（售价）和每个自变量之间的散点图，如图 9.18 所示。这些图表明似乎每个自变量和因变量之间都存在线性关系。因此，有理由相信多元线性回归函数可能适合于这些数据。

图 9.17 房产评估问题的数据

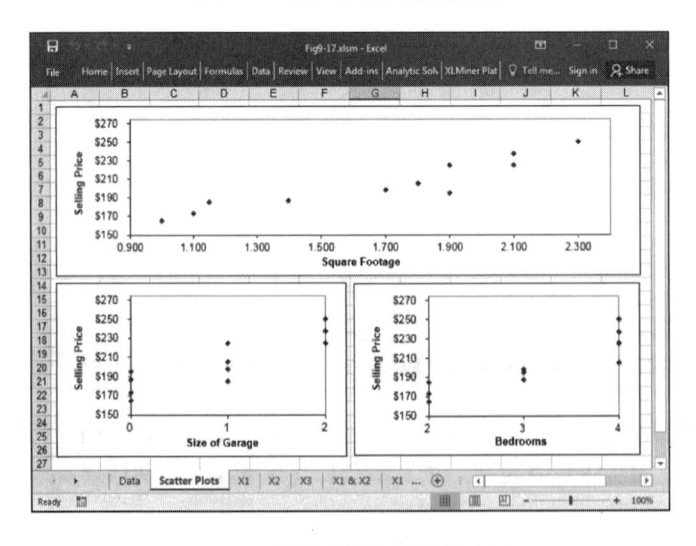

图 9.18 房产评估问题的散点图

9.13 选择模型

第 1 章在讨论建模和求解问题时，提到过最好的模型常常是精确反映所研究问题相关特征且最简单的模型。在多元回归模型中尤其如此。一个特定的问题可能会有很多自变量，但这并不表示所有这些变量都要包含在回归函数中。如果用来建立回归模型的数据是从一个庞大的数据总体中抽取的样本，那么可能会过度分析或过度拟合样本中的数据。也就是说，如果太关注数据样本，很可能发现样本的特征不代表（或者不能推广到）对应总体的特征。这就可能导致对抽样总体的错误结论。为了在建立多元回归模型时避免过度拟合问题，应尽可能地建立简单的回归模型，它能够充分解释我们正在研究的因变量的行为。

9.13.1 只有一个自变量的模型

以简化的思想，例题中的房地产评估师可能会先尝试只有一个自变量的简单回归函数来评估样本中房地产价格开始分析。房地产评估师首先想用下面 3 个简单的线性回归函数来拟合数据：

$$\hat{Y}_i = b_0 + b_1 X_{1_i} \tag{9.19}$$

$$\hat{Y}_i = b_0 + b_2 X_{2_i} \tag{9.20}$$

$$\hat{Y}_i = b_0 + b_3 X_{3_i} \tag{9.21}$$

在式（9.19）~式（9.21）中，$\hat{Y}_i$ 表示的是样本中第 i 个观测值估计或拟合售价，X_{1_i}、X_{2_i} 和 X_{3_i} 分别表示同一组观测值 i 的总平方英尺数、车库大小和卧室数量。

为了得到每一个回归函数中 b_i 的最优值，评估师必须进行 3 次单独的回归。她可以按照前面介绍的广告费用和销售额预测例子相同的方法进行分析。图 9.19 总结了这三个回归函数的结果。

Independent Variable in the Model	R^2	Adjusted-R^2	S_e	Parameter Estimates
X_1	0.870	0.855	10.299	$b_0 = 109.503, b_1 = 56.394$
X_2	0.759	0.731	14.030	$b_0 = 178.290, b_2 = 28.382$
X_3	0.793	0.770	12.982	$b_0 = 116.250, b_3 = 27.607$

图 9.19 三个简单线性回归模型的回归结果

图 9.19 中 R^2 统计量的值表示上述 3 个简单线性回归函数的对应因变量在其均值附近全部变化的百分比（要对 R^2 调整值和 S_e 值做简短的评论）。用 X_1（居住面积）作为自变量的回归模型可以解释 Y（售价）87% 的变化；用 X_2（车库大小）作为自变量的回归模型可以解释 Y（售价）76% 的变化；用 X_3（卧室数量）作为自变量的回归模型可以解释 Y（售价）79% 的变化。

如果评估师只想用一个自变量的简单线性回归函数来预测房屋的售价，那么 X_1 似乎是最好的选择，因为根据 R^2 统计量，它比其他两个变量解释了更多售价上的变化。特别地，X_1 可以解释因变量 87% 的变化，还有大约 13% 因变量的变化有待解释。因此，只有一个自变量的最好的线性回归模型是：

$$\hat{Y}_i = b_0 + b_1 X_{1_i} = 109.503 + 56.394 X_{1_i} \tag{9.22}$$

9.13.2 有两个自变量的模型

接下来，评估师想确定在多元回归模型中是否可以将 X_1 和其他两个变量中的一个相结合，以解释 X_1 不能解释的剩下 13% 的 Y 的变化。为此，评估师用下列多元回归模型拟合数据：

$$\hat{Y}_i = b_0 + b_1 X_{1_i} + b_2 X_{2_i} \tag{9.23}$$

$$\hat{Y}_i = b_0 + b_1 X_{1_i} + b_3 X_{3_i} \tag{9.24}$$

为了确定式（9.23）中回归模型中 b_i 的最优值，可用图 9.20 中回归对话框中所示的设置。对话框中的 X 值输入区域与图 9.17 中相应 X_1 值（总平方英尺数）和 X_2 值（车库大小）的区域一致。单击"确定"（OK）按钮，Excel 进行相应计算，并显示回归结果，如图 9.21 所示。

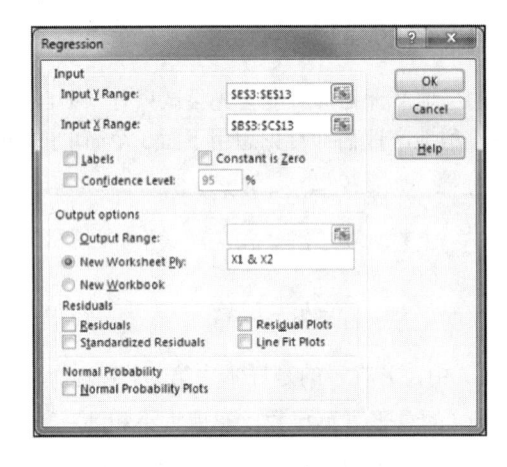

图 9.20 使用平方英尺数和车库大小作为自变量的多元回归模型回归对话框设置

图 9.21 使用平方英尺数和车库大小作为自变量的多元回归模型的结果

图 9.21 在"系数"列中列出三个数值，这些数值分别对应着参数的估计值 b_0、b_1 和 b_2。注意，X 变量 1 的系数是 X 值区域第一个变量的系数（在有些情况下，可能是 X_2 和 X_3 的系数，这取决于数据在电子表格中如何排列）。X 变量 2 的系数对应 X 值区域第二个变量的系数（可能是 X_3 或 X_1，取决于数据排列）。

从图 9.21 的回归结果知道，当用 X_1（居住面积）和 X_2（车库大小）作为自变量时，估计的回归函数为

$$\hat{Y}_i = b_0 + b_1 X_{1_i} + b_2 X_{2_i} = 127.684 + 38.576 X_{1_i} + 12.875 X_{2_i} \quad (9.25)$$

注意，增加第二个自变量导致 b_0 和 b_1 的值与之前式（9.22）中的值不同。因此，回归模型中参数的值可能会根据模型中变量的个数（和组合）而变化。我们可以用同样的方法求得第二个多元回归模型[如式（9.24）所示]参数的值。不过要注意，在再次使用回归命令之前，需要重置电子表格中的数据，使变量 X_1（总平方英尺数）的值和 X_3（卧室数量）的值在一个连续区域中相邻。Excel 中的回归工具（包括其他电子表格软件）要求 X 区域由一个连续的单元格区域表示。

确保 X 区域连续

当使用回归工具时，自变量的值必须列在电子表格中紧密相邻的列中，且不能被其他的列隔开。也就是说，回归对话框中 X 值输入区域的选项必须指定一个连续的区域（有关如何使用 Excel 的 INDEX() 函数轻松完成此操作的示例，请参阅文件 X-RangeExample.xlsx）。

图 9.22 将式（9.24）中模型和式（9.23）中模型的回归结果，与前面式（9.22）的最好的简单线性回归模型的结果相比较。在式（9.22）中，X_1 是模型中唯一的自变量。

Independent Variables in the Model	R^2	Adjusted-R^2	S_e	Parameter Estimates
X_1	0.870	0.855	10.299	b_0 = 109.503, b_1 = 56.394
X_1 and X_2	0.939	0.924	7.471	b_0 = 127.684, b_1 = 38.576, b_2 = 12.875
X_1 and X_3	0.877	0.847	10.609	b_0 = 108.311, b_1 = 44.313, b_3 = 6.743

图 9.22　二元回归模型和单变量最优模型回归结果的比较

这些结果表明，当用变量 X_1（总平方英尺数）和 X_3（卧室数量）作为自变量时，估计的回归函数为

$$\hat{Y}_i = b_0 + b_1 X_{1_i} + b_3 X_{3_i} = 108.311 + 44.313 X_{1_i} + 6.743 X_{3_i} \quad (9.26)$$

评估师希望式（9.23）和式（9.24）中包含了第二个自变量的模型可以有助于解释因变量剩下 13%的变化的一部分，或者 13%的变化是式（9.22）中简单线性回归函数所不能解释的。我们怎么知道这是否实现了呢？

9.13.3　增大的 R^2

图 9.22 表明，在简单线性回归模型中增加自变量 X_2 或 X_3 都会使统计量 R^2 的值变大。这不足为奇。事实证明，在回归模型中增加自变量，R^2 的值绝不会减少。原因也很好解释。回忆一下式（9.10），$R^2 = 1 - ESS/TSS$。因此，若在模型中增加自变量 X_n，则 R^2 可能会减少的唯一方法就是 ESS 增加。然而，因为最小二乘法目尽可能使 ESS 最小化，一个新的自变量并不能增加 ESS，这是因为 $b_n = 0$ 时就可以忽略该变量。换句话说，如果增加一个新的自变量不会使 ESS 减小，那么最小二乘回归就会忽略新变量。

给一个回归函数增加任意自变量时，统计量 R^2 的值永远不会减小，并且通常会至少增加

一点。因此，只要在回归函数中包括足够多的自变量，就可以使 R^2 的值任意增大——不管新自变量是否和因变量相关。例如，房地产评估师可以通过在模型中增加表示每个房子邮箱的高度为自变量使 R^2 的值增大。该自变量可能与房屋售价毫无关系。这会导致模型对数据的过度拟合，并且无法很好地推广到未被分析的样本包含的其他数据。

9.13.4 修正 R^2 统计量

可以通过在回归函数中增加与因变量的逻辑联系很少甚至没有的自变量而人为扩大 R^2 统计量的值。因此，提出了另外一种拟合优度的测量方法，R^2 修正统计量（由 R_a^2 表示），它把回归模型中自变量的数目考虑在内。R^2 修正统计量的定义如下：

$$R_a^2 = 1 - \left(\frac{\text{ESS}}{\text{TSS}}\right)\left(\frac{n-1}{n-k-1}\right) \quad (9.27)$$

其中，n 表示样本中观测值的数目，k 表示模型中自变量的数目。随着自变量添加到回归模型中，式（9.27）中 ESS 与 TSS 的比值会减小（因为 ESS 值减小而 TSS 不变），但是 $(n-1)$ 与 $(n-k-1)$ 的比值会增加（因为 $n-1$ 不变，$n-k-1$ 会变小）。因此，当给回归模型新增一个自变量时，ESS 减小的程度不足以弥补 k 增加的程度，R^2 修正统计量的值就会减小。

修正的 R^2 统计量可以作为经验准则帮助我们判断新增一个自变量是否提高了模型的预测能力，或者是否只是人为增大了 R^2 统计量的值。但是，以这种方式使用调整后的 R^2 统计量并非万无一失，需要执行分析的人员做出很多判断。

9.13.5 含有两个自变量的最佳模型

如图 9.22 所示，向模型中新增变量 X_2（车库大小）后，修正的 R^2 统计量从 0.855 增加到 0.924。从这种增长中可以得出，回归模型新增变量 X_2 后有助于解释"X_1 未能解释 Y 总变化中剩余部分"的很大一部分。另一方面，回归模型新增变量 X_3，图 9.22 中的调整 R^2 统计量减小（从 0.855 到 0.847）。这表明若 X_1 已经在该模型中，则向回归模型中新增该变量并不能解释 Y 剩余变化的很大一部分。具有两个自变量的最佳模型在式（9.25）中给出，它使用 X_1（总平方英尺数）和 X_2（车库大小）作为房屋售价的预测变量。按照图 9.22 的 R^2 统计量，该模型可以解释因变量 Y 在其均值附近 94% 的变化。该模型还是留下约 6% 因变量的变化没有解释。

9.13.6 多重共线性

不应当奇怪为什么把 X_3（卧室数量）增加到含有自变量 X_1（居住面积）的模型中后没有显著的改进，因为这两个变量表示相似的因素。也就是说，房屋的卧室数量和房屋的总平方英尺数密切相关。因此，如果已经使用了总平方英尺数来解释房屋售价的变化（如第一个回归函数所示），那么再增加卧室数量就在一定程度上有点多余。我们的分析证实了这一点。

我们用术语多重共线性来描述回归模型中的自变量之间相关时的情况。多重共线性倾向于增加回归模型中参数估计值（b_i）的不确定性，应尽可能避免。关于检测和纠正多重共线性的专门操作可以在有关回归分析的高级教材中找到。

9.13.7 具有三个自变量的模型

最后，评估师可能想看自变量 X_3（卧室数量）是否有助于解释剩下 6% 的 Y 的变化，这个变化是用 X_1 和 X_2 作为自变量的回归模型所不能解释的。这涉及用下面的多元回归函数拟合数据：

$$\hat{Y}_i = b_0 + b_1 X_{1_i} + b_2 X_{2_i} + b_3 X_{3_i} \tag{9.28}$$

图 9.23 是该模型的回归结果。为了便于比较，图 9.24 总结了该模型的结果及一个自变量的最佳模型、两个自变量的最佳模型的回归结果。

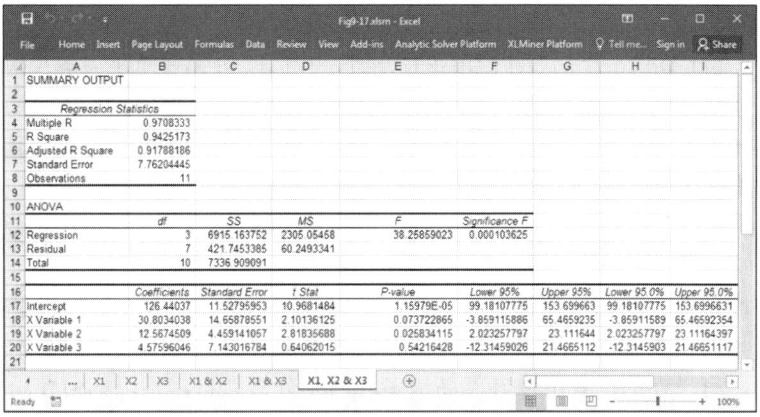

	A	B	C	D	E	F	G	H	I
1	SUMMARY OUTPUT								
2									
3	Regression Statistics								
4	Multiple R	0.9708333							
5	R Square	0.9425173							
6	Adjusted R Square	0.91788186							
7	Standard Error	7.76204445							
8	Observations	11							
9									
10	ANOVA								
11		df	SS	MS	F	Significance F			
12	Regression	3	6915.163752	2305.05458	38.25859023	0.000103625			
13	Residual	7	421.7453385	60.2493341					
14	Total	10	7336.909091						
15									
16		Coefficients	Standard Error	t Stat	P-value	Lower 95%	Upper 95%	Lower 95.0%	Upper 95.0%
17	Intercept	126.44037	11.52795953	10.9681484	1.15979E-05	99.18107775	153.699663	99.18107775	153.6996631
18	X Variable 1	30.8034038	14.65878551	2.10136125	0.073722865	-3.859115886	65.4659235	-3.85911589	65.46592354
19	X Variable 2	12.5674509	4.459141057	2.81835688	0.025834115	2.023257797	23.111644	2.023257797	23.11164397
20	X Variable 3	4.57596046	7.143016784	0.64062015	0.54216428	-12.31459026	21.4665112	-12.3145903	21.46651117
21									

图 9.23　三个自变量回归模型的回归结果

图 9.24 表明，当包含 X_1 和 X_2 自变量的回归模型增加变量 X_3 后，R^2 统计量略微增加（从 0.939 到 0.943）。不过修正的 R^2 统计量从 0.924 下降到了 0.918。因此，当回归模型中已经有自变量 X_1（居住面积）和 X_2（车库大小），新增变量 X_3（卧室数量）不会对解释销售价格的变化有明显的帮助。

Independent Variables in the Model	R^2	Adjusted-R^2	S_e	Parameter Estimates
X_1	0.870	0.855	10.299	b_0 = 109.503, b_1 = 56.394
X_1 and X_2	0.939	0.924	7.471	b_0 = 127.684, b_1 = 38.576, b_2 = 12.875
X_1, X_2, and X_3	0.943	0.918	7.762	b_0 = 126.440, b_1 = 30.803, b_2 = 12.567, b_3 = 4.576

图 9.24　三个变量回归模型和单变量，双变量最好的回归模型回归结果的比较

有趣的是，有两个自变量的最佳模型的标准差 S_e 也最小。这意味着使用此模型得到的任何预测值的置信区间将比其他模型更窄（或更精确）。可以证明修正的 R^2 统计量最大的模型，其标准差最小。因此，修正的 R^2 统计量有时就是用于选择在给定问题中使用哪种多元回归模型的唯一标准。

存在其他程序用于为回归模型选择自变量的最佳子集，并在高级回归分析教材中进行讨论。第 10 章中讨论的 XLMiner 软件包就有很多更高级的 Excel 中进行回归分析的高级功能，包括许多得到这些最佳子集算法的方法。

9.14　进行预测

在上述分析的基础上，评估师很可能选择使用式（9.25）的回归模型，该模型的自变量是 X_1（总平方英尺数）和 X_2（车库大小）。对于一个总平方英尺数为 X_{1_i}，车库中可以停 X_{2_i} 辆车的房子，其估计售价估计为 $\hat{Y}_i$：

$$\hat{Y}_i = 127.684 + 38.576 X_{1_i} + 12.875 X_{2_i}$$

例如，一栋 2,100 平方英尺且带有两个车位车库的房屋，其预期售价（平均市场价值）估计为

$$\hat{Y}_i = 127.684 + 38.576 \times 2.1 + 12.875 \times 2 = 234.444$$

或者大约为 234,444 美元。注意，在做出该预测时，我们以和 X_1（总平方英尺数）相同的单位表示房子的平方英尺数。在进行预测时，所有的自变量都应这样处理。

该模型估计误差的标准差是 7.471。因此，这就不奇怪一所 2,100 平方英尺且带有两个车位车库的房屋，其价格会在预测值上下两个标准差的范围内变动（±14,942 美元）。也就是说，对这种类型房屋的预期售价最低是 219,502 美元，最高是 249,386 美元。这取决于分析中没有包括的其他要素（如屋顶的年限、状况，是否有游泳池等）。

和前面在简单线性回归模型强调的一样，还有更精确的使用多元回归模型构建预测区间的方法。在多元回归模型中，用于构建预测区间的方法要用到矩阵代数的基本知识，这不是本书所假设的。有兴趣的读者可以参阅高级多元回归分析教材，学习如何使用多元回归模型构建更准确的预测区间。记住，之前描述的经验准则给出了更准确的预测区间的低估（更窄的）近似值

最大化 R_a^2 还是最小化 S_e？

在图 9.24 中，我们注意到修正的 R^2 统计量（R_a^2）最大的模型的标准差（S_e）最小。这并不是偶然现象，而是会一直如此的。注意：

$$R_a^2 = 1 - \left(\frac{\text{ESS}}{n-k-1}\right)\left(\frac{n-1}{\text{TSS}}\right) = 1 - \frac{S_e^2}{S_Y^2}$$

这里，S_Y^2 是 Y 的样本方差。因此，修正的 R^2 统计量是标准误差（平方）的函数且与标准误差（平方）成反比。即标准误差 S_e 越小，修正的 R^2 统计量（R_a^2）越大，反之亦然。当然，标准误差决定了使用回归函数得到的预测值置信区间的宽度。所以修正的 R^2 统计量最大的回归模型预测区间也最窄（最精确）。

9.15 二进制自变量

刚才提到，评估师想把其他自变量也包含在分析中。这些变量，如屋顶的年限，可以用数字来测度，并且可以作为自变量加入。但是，如何创建变量来表示有没有游泳池或屋顶的状况呢？

可以在分析中加入一个二进制自变量来表示有无游泳池，定义如下：

$$X_{P_i} = \begin{cases} 1, & \text{如果房屋 } i \text{ 有游泳池} \\ 0, & \text{其他} \end{cases}$$

屋顶的状况也可以用二进制变量（或虚拟变量）（译者注：国内计量或统计教材有的翻译为"虚拟变量"，本书为了和前面优化模型中的保持一致，均翻译为二进制变量）来建模。不过，这里可能需要不止一个二进制自变量来描述全部可能的状况。若有些定性变量有 q 个可能的取值，则需要 $q-1$ 个二进制的自变量来描述可能的结果。例如，假设屋顶的状况可以分为良好、一般、差三种。描述屋顶状况的变量有三种取值。因此需要两个二进制变量描述可能的结果。

定义如下：

$$X_{r_i} = \begin{cases} 1, & \text{如果房屋} i \text{的屋顶状况良好} \\ 0, & \text{其他} \end{cases}$$

$$X_{r+1_i} = \begin{cases} 1, & \text{如果房屋} i \text{的屋顶状况一般} \\ 0, & \text{其他} \end{cases}$$

似乎没有对"屋顶状况为差"的情况进行定义。然而，该情形隐含于 $X_{r_i}=0$ 且 $X_{r+1_i}=0$。也就是说，如果屋顶状况不是"良好"（用 $X_{r_i}=0$ 表示），且不是"一般"（用 $X_{r+1_i}=0$ 表示），那么屋顶状况一定是差。因此，只需要两个二进制变量就可以表示虚拟变量的三种情形。如果再用第三个二进制变量来表示房屋屋顶为差的情形，那么计算机就不能进行最小二乘法的运算了，具体原因已经超出了本书的范围。还要注意，用单个变量表示房顶的状况，其中 1 表示良好、2 表示一般、3 表示差，这样做是不合适的，因为这意味着"一般"状况是"良好"状况的 2 倍差，"差"状况是"良好"状况的 3 倍差，是"一般"状况的 1.5 倍差。上例表明，可以在回归分析中用二进制变量作为自变量来描述可能发生的多种情况。在每种情况下，二进制变量将被放置在电子表格的 X 范围中，并且回归工具将计算适当的 b_i 值。

9.16 总体参数的统计检验

在多元回归模型中，总体参数的统计检验和简单回归模型中的统计检验类似。如前所述，F 统计量检验所有自变量的 β_i 的值是否同时为 0（例如，$\beta_1=\beta_2=\cdots=\beta_k=0$）。在回归结果中标有 F 显著性的值，表示对所考虑的数据该条件为真的概率。

在多元回归模型中，每个自变量 t 统计量的含义略微不同，这是因为可能存在多重共线性。在给定模型中的其他自变量时，每个 t 统计量都可以用来检验相应的总体参数 β_i 是否为 0。例如，考虑图 9.21 和图 9.23 中之前出现的变量 X_1 的 t 统计量和 p 值。图 9.21 中单元格 E18 中 X_1 的 p 值表明：当模型中的自变量只有 X_1 和 X_2 时，$\beta_1=0$ 的概率只有 0.123%；图 9.23 中单元格 E18 中变量 X_1 的 p 值表明：模型中的自变量有 X_1、X_2 和 X_3 时，$\beta_1=0$ 的概率只有 7.37%。这就说明了多重共线性引发的一个潜在问题。因为 X_1 和 X_3 高度相关，所示当模型中有 X_3 时，就不能肯定 X_1 在解释因变量 Y 的变化时有显著作用（非 0）。

在图 9.23 中，变量 X_3 对应的 p 值表明：在给定模型中其他变量时，$\beta_3=0$ 的概率是 54.2%。因此，当用含有三个自变量的回归模型开始分析时，图 9.23 中变量 X_3 对应的 p 值说明，应从模型中把 X_3 去掉，因为在给定模型中其他自变量时，X_3 很可能对解释因变量 Y 变化的贡献为 0（$\beta_3=0$）。在这种情况下，如果把变量 X_3 从模型中剔除，使用的模型就和按照修正的 R^2 统计量确定的模型相同了。

这里所讲的统计检验，只有当回归函数的误差项服从均值和方差均为常数正态分布的随机变量时才有效。先前所讲的图形诊断也可以用于多元回归分析。但是，如果没有严重违反误差项的分布假设，那么各种统计检验都会给出相当准确的结果。还要注意，R^2 统计量和修正的 R^2 统计量是纯粹描述性的，与误差项的概率分布假设无关。

9.17 多项式回归

在介绍式（9.18）的多元线性回归模型时注意到，当自变量与因变量呈线性变化时，这类模型可能是合适的。商业问题中存在自变量和因变量之间不是线性关系的情形。例如，假设上例中房地产评估师收集到的数据如图 9.25 所示（本书的配套文件 Fig9-25.xlsm），这是许多房屋的售价及总平方英尺数。图 9.26 是这些数据的散点图。

图 9.26 表明，样本中的房屋售价和总平方英尺数密切相关。不过这种关系并不是线性的。相反，两个变量之间的关系是一种曲线关系。这是否意味着不能用线性回归模型来分析这些数据呢？答案并不一定。

图 9.25 中的数据（绘制在图 9.26 中）表明房屋售价和总平方英尺数之间是二次关系。因此，为了充分解释房屋售价的变化，需要使用下面这种类型的回归函数：

$$\hat{Y}_i = b_0 + b_1 X_{1_i} + b_2 X_{1_i}^2 \qquad (9.29)$$

其中，$\hat{Y}_i$ 表示样本中第 i 座房屋 X_i 的预期售价，X_{1_i} 表示该房屋的总平方英尺数。注意，式（9.29）第二个自变量是第一个自变量的平方（X_1^2）。

图 9.25 非线性回归示例的数据

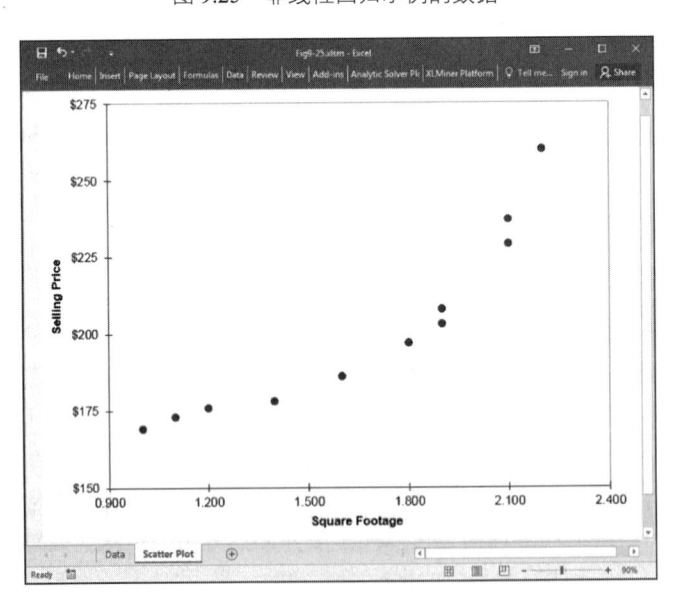

图 9.26 平方英尺数及售价之间关系的散点图

9.17.1 用线性模型描述非线性关系

式（9.29）并不是一个线性函数，因为它有一个非线性变量 X_1^2。它和计算机估计的参数——b_0、b_1 和 b_2 呈线性关系。也就是说，回归模型中没有参数以指数的形式出现，也没有以乘积的形式出现。因此，可以使用最小二乘法估计 b_0、b_1 和 b_2 的最优值。注意，如果定义一个新变量 $X_{2_i} = X_{1_i}^2$，那么式（9.29）的回归函数就等价于：

$$\hat{Y}_i = b_0 + b_1 X_{1_i} + b_2 X_{2_i} \tag{9.30}$$

式（9.30）等价于式（9.29）的多元线性回归函数。只要回归函数相对于其参数是线性的，就可以用 Excel 的回归分析工具找出这些参数的最小二乘估计量。

为了将式（9.30）中的回归函数与数据拟合，必须创建第二个自变量来表示 X_{2_i} 的值，如图 9.27 所示（本书的配套文件 Fig9-27.xlsm）。

图 9.27　修订数据以包含平方的自变量

因为回归命令的 X 值输入区域必须是一个连续的区域，所以在总平方英尺数和房屋售价两列中插入一列，在新插入的列中写入 X_{2_i} 的值。注意，在图 9.27 的 C 列中 $X_{2_i} = X_{1_i}^2$：

单元格 C3 的公式：=B3^2

（复制到单元格 C4 至 C13 中）

回归结果是由 D3:D13 的 Y 值区域和 B3:C13 的 X 值区域产生。图 9.28 给出了该回归结果。

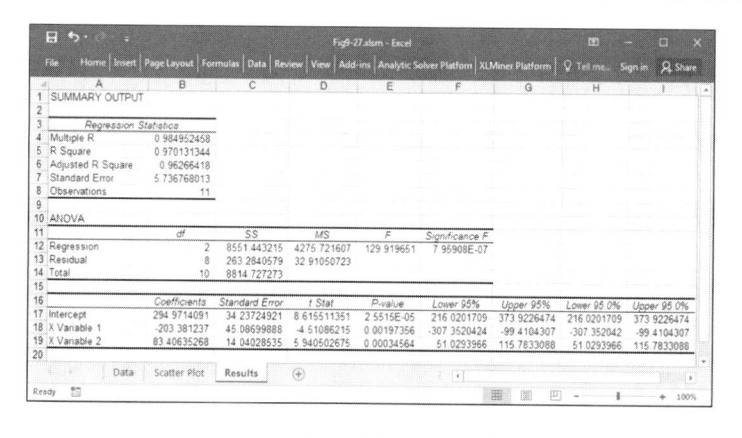

图 9.28　非线性例题的回归结果

在图 9.28 中，估计的回归函数如下：

$$\hat{Y}_i = b_0 + b_1 X_{1_i} + b_2 X_{2_i} = 294.9714 - 203.3812 X_{1_i} + 83.4063 X_{2_i} \tag{9.31}$$

按照 R^2 统计量，该回归函数可以解释房屋售价 97.0%的变化，所以我们认为该函数与我们的数据拟合得很好。也可以通过绘制式（9.31）中的回归函数，对样本中每个观测值的估计值与实际售价的曲线来证实这一点。

为了计算估计售价，可以应用式（9.31）中的公式和样本中的每个观测值，如图 9.29 所示。在图 9.29 中，在单元格 E3 中输入下列公式，然后将其复制到单元格 E4 至 E20 中：

单元格 E3 的公式：　　　=TREND($D$3:$D$13,$B$3:$C$13,B3:C3)

（复制到单元格 E4 至 E13 中）

图 9.29　用二次多项式模型估计售价

图 9.30 就是用图 9.29 的 E 列中计算出来的售价估计值绘制的曲线图。该曲线图可以按下述步骤加到前面的散点图中：

（1）右击散点图中的任意数据点，选择数据系列。
（2）选择"添加趋势线"（Add Trendline）。
（3）单击"多项式"且"顺序"值为 2。
（4）在"图表"选项卡上选择"显示公式"→"显示 R 平方值"。
（5）单击"关闭"。

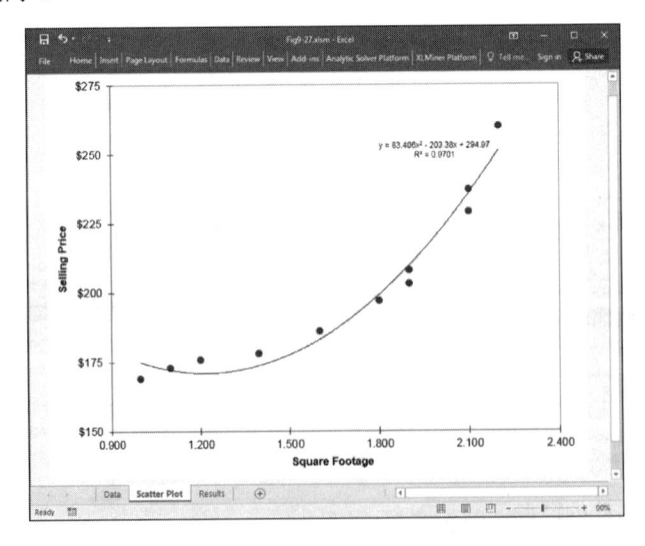

图 9.30　估计回归函数与实际数据曲线图

该图表明，我们的回归模型以一种相当准确的方式解释房屋售价和总平方英尺数之间非线性的、二次的关系。

图 9.31 是用三次多项式模型拟合数据得到的结果：

$$\hat{Y}_i = b_0 + b_1 X_{1_i} + b_2 X_{1_i}^2 + b_3 X_{1_i}^3 \tag{9.32}$$

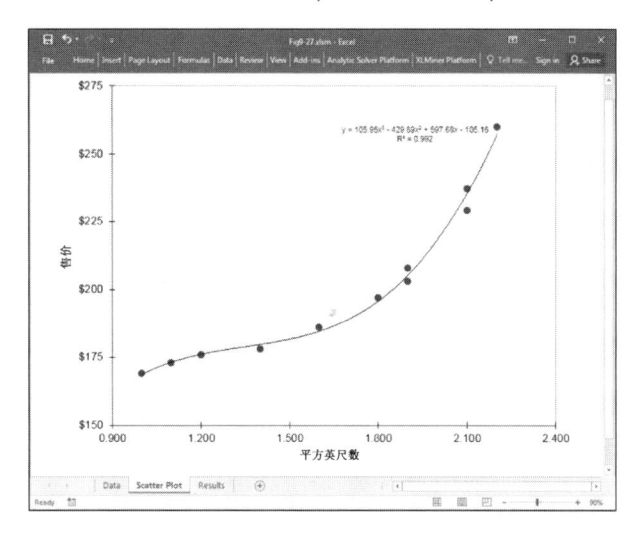

图 9.31 使用三次多项式回归模型的估计回归函数曲线图

上述模型对数据的拟合度比图 9.30 中所示的模型更好。正如你可能想象的那样，我们可以继续为模型添加更高阶的项从而进一步提高 R^2 统计量的值。再次强调，修正的 R^2 统计量有助于选择模型，它能够很好地拟合我们的数据，而不会过度拟合数据。

9.17.2 非线性回归小结

多项式回归的这个简单的例子强调了这样一个事实：回归分析不仅可以应用于直线或者超平面拟合线性数据的情况，而且可以用于曲面拟合非线性数据的情况。有关非线性回归的深入讨论已经超出本书的范围，不过可以在专门讲述回归分析的教材中找到有关该主题的更多信息。

这个例子帮助我们了解了回归分析中每个自变量和因变量之间的散点图的重要性，以看清变量之间的关系是线性的还是非线性的。对于相对简单的非线性关系，正如前文例子中所讲的，通常可以通过在模型中加入平方项或立方项解释。在更复杂的情况下，就要对自变量或因变量进行复杂的变换。

9.18 本章小结

回归分析是一种统计技术，用来分析、确定一个或多个自变量与连续型因变量之间的关系。本章概述了进行回归分析的一些关键问题，演示了 Excel 中几种可用的分析工具、方法以帮助管理者进行回归分析。

回归分析的目标是找出可以充分解释因变量行为变化的自变量的函数。给定数据样本的情况下，最小二乘法提供了一种确定回归模型参数最优值的方法。在找出相应的回归函数后，可以在自变量值给定时用它来预测因变量的取值。有多种统计技术可用来评估特定回归函数和数据的拟合度和判定哪些自变量最有助于解释因变量的行为。尽管回归函数可以有多种形式，但本章重点介绍了线性回归模型。线性回归模型是用自变量的线性组合解释因变量。自变量的简单转化可以使这种类型的模型拟合线性和非线性数据集。

9.19 参考文献

[1] Kutner, M.C.Nachtsbeim, J. Neter, and W. Li. *Applied Linear Statistical Models*. Columbus, OH: McGraw-Hill, 2013.

[2] Montgomery D., E. Peck, and G. Vining. *Introduction to Linear Regression Analysis*. New York: Wiley, 2012.

[3] Younger, M. *A First Course in Linear Regression*. Boston: Duxbury Press,1985.

商业分析实践
俄亥俄州国家银行：好的预测节省成本

地处哥伦布的俄亥俄州国家银行必须及时兑现支票，未兑现的支票越少越好。要达到这样的目标非常困难，因为收到的支票数量变化很大，似乎不可预测。

支票在兑付中心按照票面底部磁性墨水写好的美元数量进行编码。这种编码工作需要大量的员工。员工工作需要提前安排协调，以保证在高峰时期有足够的人手。但是，因为银行不能准确预测什么时期是高峰，所以经常错过截止期限，导致员工经常需要加班。

支票数量的变化似乎和商业活动变化有关，而商业活动似乎与日期有关——也就是说，支票的数量受一定的月份、每周的具体日、每月的日期及邻近假期等诸多因素的影响。可以用一组二进制（虚拟）变量表示日期的影响，从而建立一个线性回归模型，预测需要员工的数量。回归分析相当成功。最终回归模型的判定系数 R^2（统计量）达到了 0.94，平均绝对百分误差仅为 6%。于是银行使用这些预测值作为"员工轮班安排线性规划模型"的输入，使处理所有支票的所需员工数最小化。

上述预测过程需要相关支票量的数据，以及编码部门现场管理者估算的员工生产效率数据。编码部门的具体管理者最初不愿提供相关数据，这是进行预测的一大障碍。最后向编码部门具体管理者解释了收集数据的原因之后，他们还是同意了。

新系统的实施估计节约了支票未结算导致的成本 700,000 美元和 300,000 美元的人力成本。在晚上 10 点营业结束不用加班的概率达到 98%，这在以前是不可想象的。管理层还对模型进行了生产率的灵敏性分析，帮助决定是否用有经验的全职编码员工来代替兼职人员。

资料来源：Krajewski, L. J. and L. P. Ritzman. "Shift Scheduling in Banking Operations: A Case Application." *Interfaces*, vol.10, no.2, April 1980, pp. 1-6.

思考题与习题

1. Roanoke 健康和健身俱乐部的成员每年要交 250 美元的会费，每次使用健身器材时需另交 3 美元。令 X 表示一位会员一年中参加俱乐部活动的次数，Y 表示会员一年中在俱乐部的全部花费。

   a. X 和 Y 之间关系的数学表达式是什么？

   b. 这是函数关系还是统计关系？请解释。

2. 比较用同一组数据得出的两个回归模型，我们会说 R^2 统计量大的模型预测精度高。对吗？为什么？

3. 假设使用 $\hat{Y}_i = b_0 + b_1 X_i$ 的线性回归函数形式用变量 X 预测 Y。如果 X 与 Y 之间不存在线性关系,那么最优回归函数是什么（或者说 b_0 和 b_1 的最优值是多少）? 并解释。

4. 最小二乘法通过最小化 ESS=$\sum_{i=1}^{n}(Y_i - \hat{Y}_i)^2$ 求出回归模型参数的估计值。为什么要对估计误差求平方? 若只最小化估计误差的和,会遇到什么问题?

5. 假设你想给 X_1 处的预测值 Y 构建置信区间,模型是一个简单线性回归模型,但数据尚未收集。对于给定的样本空间 n,你会尝试怎样收集数据使预测最准确? 提示:利用式（9.14）。

6. 一家专门从事审计采矿公司的会计师事务所收集了本书配套文件 MiningAudit.xlsx 中的数据,这些数据是 12 个客户的长期资产和长期负债数据（单位:百万美元）。

    a. 画出数据的散点图。变量之间的关系是线性的吗?
    b. 建立简单线性回归模型,用长期资产预测长期负债。估计的回归方程是什么?
    c. 解释 R^2 统计量值的含义。
    d. 假设会计师事务所有一个客户总资产为 50,000,000 美元。构建会计公司预计该客户长期负债额的 95% 的置信区间。

7. 美国国税局（IRS）想找出一种方法来检测个人是否夸大了他们在纳税申报表上的慈善捐款扣除额。为此,IRS 提供了本书配套文件 IRS.xlsx 中的数据,这些数据是 11 位纳税人调整后的总收入（AGI）及其慈善捐助款。这 11 位纳税人的收入经过审核并被发现是正确的。

    a. 画出数据的散点图。变量之间的关系是线性关系吗?
    b. 建立简单线性回归模型,用申报表的 AGI 预测其慈善捐助款。估计的回归方程是什么?
    c. 解释 R^2 统计量值的含义。
    d. IRS 国内税务局如何使用回归结果来确定具有异常高额慈善捐款申报表的收入?

8. Roger Gallagher 有一个仅销售二手"Corvettes"的二手车专卖店。他想建立一个回归模型帮他预测他所拥有的汽车的售价。他收集到了文件 Corvettes.xlsx 中的数据,这些数据是近几个月卖出的汽车数据,包括里程数、型号年份、是否有 T-top 及售价。用 Y 表示售价,X_1 表示里程数,X_2 表示型号年份,X_3 表示汽车是否具有 T-top。

    a. 如果 Roger 想用简单线性回归模型来预测汽车的售价,那么你建议他用哪一个变量?
    b. 估计下列回归函数的参数:

    $$\hat{Y} = b_0 + b_1 X_{1_i} + b_2 X_{2_i}$$

    估计的回归函数是什么? 如果 X_1 已经在模型中,那么再增加自变量 X_2 有助于解释汽车的售价吗? 为什么?
    c. 用二进制变量（X_{3_i}）来表示样本中的汽车是否带有 T-top。估计下列回归模型的参数:

    $$\hat{Y} = b_0 + b_1 X_{1_i} + b_3 X_{3_i}$$

如果 X_1 已经在模型中,那么再增加自变量 X_3 有助于解释汽车的售价吗? 为什么?

    d. 根据前面的模型,平均来看,T-top 使一辆车的价值增加了多少?
    e. 估计下列回归模型的参数:

    $$\hat{Y} = b_0 + b_1 X_{1_i} + b_2 X_{2_i} + b_3 X_{3_i}$$

    估计的回归函数是什么?
    f. 在上面所有的回归函数中,你会建议 Roger 用哪一个?

9. 接第 8 题。画出变量 X_1、X_2 的值与 Y 的散点图。

    a. 这些关系看起来是线性的还是非线性的?
    b. 估计下列回归模型的参数:

$$\hat{Y}_i = b_0 + b_1 X_{1_i} + b_2 X_{2_i} + b_3 X_{3_i} + b_4 X_{4_i}$$

其中，$X_{4_i} = X_{2_i}^2$。估计的回归函数是什么？

    c. 考虑模型中每个参数 $β_i$ 的 p 值。这些值是否意味着有些自变量应该从模型中剔除？

10. Big Box 商店的一位招聘人员已收集到文件 BigBox.xlsx 中的数据，这些数据汇总了过去 22 个月公司在加利福尼亚花在传单、网站和电视广告上的资金数，以及在这段时间内这个公司收到的求职申请数量。这位招聘人员想要建立一个回归模型来预测给定广告投放方案时公司预期收到的求职申请数量。

    a. 画出收到的求职申请数量和每个自变量的散点图。散点图表明了变量间的哪种关系？

    b. 如果招聘人员想要建立一个只有一个自变量的回归模型来预测收到的求职申请数量，那么他应该用哪个变量？

    c. 什么自变量集合使修正的 R^2 统计量最大？

    d. 假设招聘人员选择包含所有自变量 X_1、X_2 和 X_3 的回归函数，估计的回归函数是什么？

    e. 假设招聘人员想在下个月得到 800 份求职申请。根据（d）中建立的模型，实现这个目标的成本最低的方法是什么？

    f. 你认为（e）中的结果有可能出现哪种问题？该如何避免这种问题？

11. Golden Years 养老院在美国东北地区有数家成人护理机构。Golden Years 的预算分析师收集到了文件 GoldenYears.xlsx 中的数据，数据包括每个机构的床位数量（X_1）、每年的医疗住院天数（the annual number of medical in-patient days）（X_2）、每年接待病人的总天数（the total annual patient days）（X_3）及该机构是否在农村地区（X_4）。分析师想要建立一个多元回归模型来估计每个机构预期的医护人员年薪（Y）。

    a. 画出医护人员的年薪和每个自变量的散点图。散点图表明了变量间的哪种关系？

    b. 如果分析师想要建立一个只有一个自变量的回归模型来预测医护人员的年薪，那么他应该用哪个变量？

    c. 如果分析师想要建立一个只有两个自变量的回归模型来预测医护人员的年薪，那么他应该用哪些变量？

    d. 如果分析师想要建立一个有三个自变量的回归模型来预测医护人员的年薪，那么他应该用哪几个变量？

    e. 什么自变量集合使修正的 R^2 统计量最大？

    f. 假设人事主管选择包含所有自变量 X_1、X_2 和 X_3 的回归函数，估计的回归函数是什么？

    g. 在你的电子表格中利用（f）中确立的回归函数，来计算每个机构估计的医护人员年薪。基于以上分析，预算分析师应该关注哪个机构？解释你的答案。

12. 航天飞机助推火箭的 O 型环被设计成在加热时膨胀以密封火箭的不同腔室，这样固体火箭燃料不会过早点燃。按照工程规范，O 型环至少应该膨胀 5% 才能保证安全发射。文件 O-ring.xlsx 给出了几种不同发射情况时 O 型环膨胀量和环境温度（华氏温度）的假设数据。

    a. 画出数据的散点图。变量之间的关系是线性关系吗？

    b. 建立简单线性回归模型，用环境温度作为自变量来预测 O 型环的膨胀量。估计的回归函数是什么？

    c. 解释求得模型 R^2 统计量值的含义。

    d. 假定美国航空航天局（NASA）的人员正考虑在 29 度的环境下发射航天飞机。他们根据你的模型预测在此温度下，O 型环的膨胀量是多少？

    e. 基于你对数据的分析，当环境温度是 29 度时，你建议发射航天飞机吗？为什么？

13. Phidelity 投资公司的分析员想建立一个回归模型，基于股票的市盈率和股票的风险程度来预测股票的年收益率。文件 Phidelity.xlsx 中的数据是随机抽取的股票样本。

a. 画出每个自变量和因变量的散点图。根据这些散点图，应当采用什么类型的模型来分析这些数据？

b. 令 Y 表示收益率，X_1 表示市盈率，X_2 表示风险。求得以下回归模型的回归结果：

$$\hat{Y}_i = b_0 + b_1 X_{1_i} + b_2 X_{2_i}$$

解释该模型 R^2 统计量值的含义。

c. 求得以下回归模型的回归结果：

$$\hat{Y}_i = b_0 + b_1 X_{1_i} + b_2 X_{2_i} + b_3 X_{3_i} + b_4 X_{4_i}$$

这里，$X_{3_i} = X_{1_i}^2$，$X_{4_i} = X_{1_i}^2$。解释该模型 R^2 统计量值的含义。

d. 你建议分析人员使用上述两个模型中的哪一个？

14. 定向刨花板（OSB）是通过将木片黏合在一起形成面板而制造的，再将几块面板黏合在一起形成一块刨花板。最终影响定向刨花板强度的一个重要因素是制造过程中使用的胶水量。定向刨花板的生产商根据生产过程中的胶水量进行测试以确定板的断裂点。在每次测试中，使用给定量的胶水生产板，然后应用重量确定板的断裂点。使用不同量的胶水进行了 27 次测试，该测试得到的数据可以在本书的配套文件 OSB.xlsx 中找到。

a. 画出数据的散点图。

b. 你建议用什么类型的回归函数来拟合这些数据？

c. 估计回归函数的参数。估计的回归方程是什么？

d. 解释 R^2 统计量值的含义。

e. 假设公司想生产每平方英寸可抵挡 110 磅压力的定向刨花板，应该使用多少胶水？

15. 当利率下跌时，Patriot 银行就会收到大量的房屋抵押申请。为了更好地规划其业务抵押贷款处理运营区域的人员需求，Patriot 银行想建立一个回归模型预测每月抵押贷款申请总数（Y）。贷款申请总数为基本利率（X_1）的函数。银行收集了文件 PatriotBank.xlsx 中的数据，这些数据是 20 个月的月平均基准利率和抵押申请数：

a. 画出上述数据的散点图。

b. 用下述回归模型拟合数据：

$$\hat{Y}_i = b_0 + b_1 X_{1_i}$$

画出此模型估计的月度抵押申请数和样本中实际值的曲线图。该回归模型和数据的拟合如何？

c. 使用上述模型，构建银行在月利率为 6%时预计收到的抵押申请数 95%的预测区间。解释该预测区间的含义。

d. 用下述回归模型拟合数据：

$$\hat{Y}_i = b_0 + b_1 X_{1_i} + b_2 X_{2_i}$$

其中，$X_{2_i} = X_{1_i}^2$。画出此模型估计的月度抵押申请数和样本中实际值的曲线图。该回归模型和数据的拟合如何？

e. 使用上述模型，构建银行在月利率为 6%时预计收到的抵押申请数的 95%的预测区间。解释该预测区间的含义。

f. 你建议 Patriot 银行使用哪一个模型？为什么？

16. Creative 糖果制造商计划推出一种新的巧克力蛋糕。进行了小规模的"味觉测试"以评估消费者对水分含量（X_1）和甜度（X_2）的偏好（Y）。味觉测试的数据可以在 Confectioners.xlsx 文件中找到。

a. 画出水分含量和顾客偏好的散点图。散点图表明它们之间是什么类型的关系？

b. 画出甜度和顾客偏好的散点图。散点图表明它们之间是什么类型的关系？

c. 估计下列模型的参数：

$$\hat{Y}_i = b_0 + b_1 X_{1_i} + b_2 X_{1_i}^2 + b_3 X_{2_i} + b_4 X_{2_i}^2$$

估计的回归函数是什么？

d. 用上一问中估计出来的回归函数，对水分含量为7、甜度为9.5的巧克力蛋糕的预期偏好等级是什么？

17. *AutoReports* 是一份消费者杂志，报道维护各类汽车的成本。该杂志收集了文件 AutoReports.xlsx 中的数据，这些数据描述了某种豪华进口汽车的年度维护成本及汽车的车龄（以年计）。

a. 画出这些数据的散点图。

b. 令 Y 表示维护成本，X 表示车龄。用下述回归模型拟合数据：

$$\hat{Y}_i = b_0 + b_1 X_{1_i}$$

画出此模型估计的维护成本和样本中实际值的曲线图。该回归模型和数据的拟合如何？

c. 用下述回归模型拟合数据：

$$\hat{Y}_i = b_0 + b_1 X_{1_i} + b_2 X_{2_i}$$

其中，$X_{2_i} = X_{1_i}^2$。画出此模型估计的维护成本和样本中实际值的曲线图。该回归模型和数据的拟合如何？

d. 用下述回归模型拟合数据：

$$\hat{Y}_i = b_0 + b_1 X_{1_i} + b_2 X_{2_i} + b_3 X_{3_i}$$

其中，$X_{2_i} = X_{1_i}^2$，$X_{3_i} = X_{1_i}^2$。画出此模型估计的维护成本和样本中实际值的曲线图。该回归模型和数据的拟合如何？

18. Duque 电力公司想建立一个回归模型以预测每日的高峰用电需求。该预测有助于确定每天需要发（或从竞争对手处购买）多少电量。每天高峰用电量主要受到天气和星期几的影响。文件 Duque.xlsx 包含 Duque 电力公司去年7月每日高峰用电量和每日的最高温度的数据。

a. 建立一个简单线性回归模型，使用每日的最高温度预测每天高峰用电量。估计的回归函数是什么？

b. 画出实际高峰用电需求数据和该回归方程得到的预测值的曲线图。该回归模型和数据的拟合如何？

c. 解释该模型 R^2 统计量值的含义。

d. 建立多元线性回归模型，以每日的最高温度和星期几作为自变量，预测每天高峰用电量（注意：模型有7个自变量）估计的回归函数是什么？

e. 画出实际高峰用电需求数据和该回归方程得到的预测值的曲线图。该回归模型和数据的拟合如何？

f. 解释该模型 R^2 统计量值的含义。

g. 利用在（d）中建立的模型，在7月的一个星期三，日最高温度将达到94度，Duque 公司预测该日的高峰用电量会是多少？

h. 为上题中的预测值构建一个95%的预测区间。解释该区间对 Duque 公司的管理有何启示？

19. 一位评估师收集了文件 Appraiser.xlsx 中的数据。这些数据描述一位著名工匠在20世纪早期制作的几件金属餐具的拍卖价格、直径（英尺）及餐具类型。餐具类型变量编码如下：B 表示碗，C 表示砂锅，D 表示小碟，T 表示托盘，P 表示餐盘。评估师为这些数据建立一个多元回归模型，来预测这些类似餐具的售价。

a. 为该问题建立一个多元回归模型（提示：可以设立虚拟变量来表示餐具类型）。估计的回归函数是什么？

b. 解释该模型 R^2 统计量值的含义。

c. 构建直径为 18 英寸的砂锅的预期售价的 95% 的预测区间。解释该区间的含义？

d. 未包含在该模型中的哪些变量可能有助于解释这些物品的拍卖价格的剩余变化？

20. Chris Smith 是一位跑车爱好者，他尤其喜欢 Mini Cooper。他从 eBay 上下载了 Mini Cooper 的全部拍卖数据，并创建了 MiniCooper.xlsx 文件中的数据集。数据包括售价、车龄、里程数及 Mini Cooper 车的位置。他想要利用这些数据建立一个回归模型来预测 Mini Cooper 的估计售价。

a. 画出描述售价和每个自变量之间关系的散点图。散点图表明了变量间的哪种关系？

b. 仅使用数据集中的变量，哪个回归模型的 R^2 统计量值最大？这个回归模型是什么？其 R^2 统计量的值是多少？

c. 仅使用数据集中的变量，哪个回归模型修正的 R^2 统计量值最大？这个回归模型是什么？修正的 R^2 统计量的值是多少？

d. 根据（c）确定的回归模型，这个数据集中的哪辆汽车相对于他们的估计价格来说似乎是最好的交易？

e. 如果可行，那么还有哪些变量可以帮助 Chris 建立一个更加精确的回归模型？

21. 羟乙基纤维素（HEC）是纤维素、环氧乙烷（EO）和硝酸在分子结合产生的一种胶凝增稠剂，它可以与水基溶液混合来增强混和物的黏度。这种增加的黏度起着悬浮聚合物的作用，例如，它允许沙拉酱中的草药留在溶液中而不沉淀到瓶子的底部。Gaston Moat 是 Atlas 公司的一位制造工程师。Atlas 公司是 HEC 在美国主要的制造商之一。他从 HEC 的几个生产批次中收集了文件 HEC.xlsx 中的数据。对于每一个生产批次，他都记录了纤维素原料的黏度（X_1）、纤维素原料黏度的平方根（X_2）、纤维素纤维的长度（X_3）、纤维素的用量（磅）（X_4）、EO 的用量（磅）（X_5）、硝酸的温度（X_6）和纤维素与 EO 用量的比值（X_7），以及使用这些原料生产出来的 HEC 的黏度（Y），Atlas 公司的顾客通常会指定在特定用途中所需的平均黏度水平。Gaston 想要建立一个多元回归函数，从而能够更好地理解各种原材料的投入对最终 HEC 成品黏度之间的关系。

a. 画出 HEC 黏度和每个自变量的散点图。散点图表明了变量间的哪种关系？

b. 使用数据集中的变量，哪个回归模型的 R^2 统计量值最大？R^2 统计量的值是多少？

c. 使用数据集中的变量，哪个回归模型的修正 R^2 统计量值最大？R^2 修正统计量的值是多少？

d. 假设一个顾客想要一批平均黏度为 7,000 的 HEC。Gaston 计划使用黏度为 20,300、平均纤维长度为 30 的纤维素和 50 度的硝酸来满足这个订单。这个订单中，他应当使用多少 EO 才能达到预期的 HEC 平均黏度水平？

22. 一家建筑公司的费用估计员收集了文件 Construction.xlsx 中的数据。数据包括 97 个不同项目的总成本及以下 5 个可能对总成本产生相关影响的自变量：基本工资或奖励工资（X_1）、所需工作总量（X_2）、合同约定的每天工作量（X_3）、要求的设备水平（X_4）及工作城市/地点（X_5）。费用估计员想要建立一个包含这 5 个自变量的回归函数，从而能够预测一个项目的总成本。

a. 画出项目总成本和每个自变量的散点图。散点图表明了变量间的哪种关系？

b. 你建议费用估计员使用哪种自变量组合？该模型估计的回归函数是什么？修正的 R^2 统计量的值是多少？

c. 假设费用估计员只想用两个自变量：所需工作总量（X_2）和工作地区/城市（X_5）来构造回归函数，从而预测总成本。然而，他现在发现工作地区/城市（X_5）这个自变量可能更适合用虚拟变量来表示。请你修正数据来包括必要的虚拟变量。因为现在有 6 个地区/城市，所以需要 5 个虚拟变量。假设工作地区/城市 6 可以用所有虚拟变量都为 0 值时表示。

d. 现在你建议费用估计员使用哪种新的自变量组合（如 X_2+5 个虚拟变量表示 X_5）？估计的回归函数是什么？R^2 修正统计量的值是多少？

e. 对于（b）和（d）所确定的两个回归函数，你建议费用估计员使用哪个回归模型进行预测？为什么？

23. 一家小型制造商的人力资源经理收集到文件 **Manufacturing.xlsx** 中的数据。这些数据描述了过去 3 年种工厂中每名机械师的薪酬（Y）、平均表现得分（X_1）、服务年限（X_2）、每名员工被认证可以操作不同机器的数量（X_3）。人力资源经理想基于一位员工的表现、服务年限和认证数，建立一个回归模型估计他（或她）预期收到的平均薪酬。

   a. 画出三个散点图，分别表示薪酬和每个自变量之间的关系。散点图表明每个自变量和薪酬之间的关系如何？

   b. 如果人力资源经理想用一个变量的回归模型来预测员工的薪酬水平，应当用哪一个变量？

   c. 如果人力资源经理想用两个变量的回归模型来预测员工的薪酬水平，应当用哪两个变量？

   d. 将（b）、（c）中得到的修正的 R^2 统计量和使用全部三个自变量的回归模型得到的修正 R^2 统计量比较。你建议人力资源经理使用哪一个模型？

   e. 假设人力资源经理选择使用三个自变量的回归模型进行预测。估计的回归函数是什么？

   f. 假设公司认为员工的薪酬只要在用（e）的回归函数预测的薪酬水平上下 1.5 个标准差之内，就算是公平合理的。对于一位服务年限为 12 年、平均表现得分是 4.5 分、认证操作 4 种机器的员工，薪酬范围为多少是合理？

24. Caveat Emptor 公司是一家房屋检修公司，在房屋合同签订执行之前，为潜在购房者提供交易房屋主要系统进行彻底的检查评估服务。购房者经常要求公司估算冬天每月平均的供暖费。为此，公司想建立一个回归模型，以帮助预测月平均供暖费（Y）。用冬天平均的室外温度（X_1）、用于隔热的屋顶层厚（X_2）、房屋取暖炉的年限（X_3）和房屋的面积（X_4）（单位：平方英尺）作为自变量。收集了一些房屋的这些变量的数据，可以在文件 CaveatEmptor.xlsx 中找到。

   a. 画出表示平均供暖费和每个自变量之间关系的散点图。每个散点图表明什么类型的关系？

   b. 如果公司想用一个变量的回归模型来预测这些房子的月平均供暖费，应当用哪一个变量？

   c. 如果公司想用两个变量的回归模型来预测这些房子的月平均供暖费，应当用哪两个变量？

   d. 如果公司想用三个变量的回归模型来预测这些房子的月平均供暖费，应当用哪三个变量？

   e. 假设公司选择使用包含所有 4 个自变量的回归模型进行预测。估计的回归函数是什么？

   f. 假设公司选择具有修正的 R^2 统计量最大的回归模型。构建一个有 4 英寸隔热层、5 年取暖炉、2,500 平方英尺且室外平均温度为 40 度的房子的月平均供暖费的 95% 的预测区间。

25. 在对回归分析的讨论中，通过最小化估计误差的平方和，使用回归命令来求出参数的估计值。假定我们想得到使估计误差绝对值的和最小化的参数，或者

   $$\text{MIN:} \sum_{i=1}^{n} |Y_i - \hat{Y}_i|$$

   a. 使用规划求解器求得简单线性回归函数的参数估计，该函数使问题 12 中的数据的估计误差绝对值的和最小化。

   b. 在使用这个替代的目标函数求解回归问题时，你发现了哪些优点（如果有）？

   c. 在使用这个替代的目标函数求解回归问题时，你发现了哪些缺点（如果有）？

26. 在对回归分析的讨论中，通过最小化估计误差的平方和，使用回归命令来求出参数的估计值。假定我们想得到使"最大估计误差绝对值"最小化的参数，或者

   $$\text{MIN:} \ \text{MAX}\left(|Y_1 - \hat{Y}_1|, |Y_2 - \hat{Y}_2|, \cdots, |Y_n - \hat{Y}_n|\right)$$

   a. 使用规划求解器求得简单线性回归函数的参数估计，该函数使问题 12 中数据的最大估计误差的绝对值最小化。

   b. 在使用这个替代的目标函数求解回归问题时，你发现了哪些优点（如果有）？

   c. 在使用这个替代的目标函数求解回归问题时，你发现了哪些缺点（如果有）？

案例 9.1　钻石恒久远

在圣诞节来临之际，Ryan Bellison 想给妻子送一份礼物。结婚多年后的今天，Ryan 靠在办公室的椅子上，尝试着回想省吃俭用的大学时期妻子想要的东西。他突然记起来，上周路过一家珠宝店的橱窗，妻子看到一对钻石耳环时眼前一亮的情景。他想在圣诞节早上再次看到妻子流露出同样的神情。于是开始寻找一副完美的钻石耳环。

Ryan 首先学习在买钻石时要考察哪些内容。在网上搜索后，他了解到钻石的"4C"，即切割、成色、纯度和克拉（参考：http://www.adiamondisforever.com）。他知道妻子想要一副圆形白金耳环，于是将评估范围缩小到了考察这种样式的成色、纯度和克拉。

在几轮搜索后，Ryan 锁定了几对可能购买的耳环。但是他知道钻石的价格天差地别，他不想花冤枉钱。为了帮助自己决策，Ryan 决定用回归分析建立一个模型，用来预测不同成色、纯度和克拉的圆形耳环的售价。他搜集到了文件 Diamonds.xlsx 中的数据。请你用这些数据回答 Ryan 的下列问题。

1. 画出表示耳环价格（Y）和每个自变量之间关系的散点图。散点图表明了变量间的哪种关系？

2. X_1、X_2 和 X_3 分别表示钻石成色、纯度和克拉数。如果 Ryan 想要用这些变量构造一个线性回归模型来估计耳环价格，那么你建议他使用哪些变量？为什么？

3. 假设 Ryan 决定用成色（X_2）和克拉数（X_3）作为线性回归模型中的自变量来估计耳环价格。估计的回归函数是什么？R^2 统计量和 R^2 修正统计量的值是多少？

4. 用上一问中确定的回归函数来估计 Ryan 样本中每一对耳环的价格。哪些耳环的价格被高估了？哪些耳环的价格被低估了？基于以上分析，你建议 Ryan 买哪副耳环？

5. Ryan 意识到，有时候将回归问题中因变量的形式转化为平方根的形式会有帮助。修正你的电子表格以包括一个新的自变量——耳环价格的平方根（使用 Excel 的 SQRT( )功能）。如果 Ryan 想要使用同样的自变量建立线性回归模型来估计耳环价格的平方根，那么你建议他使用哪些变量？为什么？

6. 假设 Ryan 决定用成色（X_2）和克拉数（X_3）作为线性回归模型中的自变量来估计耳环价格的平方根。估计的回归函数是什么？R^2 统计量和 R^2 修正统计量的值是多少？

7. 用上一问中确定的回归函数来估计 Ryan 样本中每一对耳环的价格（注意，你的模型估计的是耳环价格的平方根。所以必须将"模型估计的价格"平方，然后转换成实际价格的估计值）。哪些耳环的价格被高估了？哪些耳环的价格被低估了？基于以上分析，你建议 Ryan 买哪副耳环？

8. Ryan 想到，给回归模型中加入交互项有时候会有帮助，请你加入一个新的自变量，这个自变量是两个原始变量的结合。修正你的电子表格来包括三个新的自变量——X_4、X_5 和 X_6，它们表示了交互项，其中 $X_4=X_1\times X_2$，$X_5=X_1\times X_3$，$X_6=X_2\times X_3$。现在就有 6 个可能自变量了。如果 Ryan 想要用这 6 个自变量的组合来构造一个线性回归模型来估计耳环价格，那么你建议他使用哪些变量？为什么？

9. 假设 Ryan 决定用成色（X_2）、克拉数（X_3）和交互项 X_4、X_5 作为线性回归模型中的自变量来估计耳环价格的平方根。估计的回归函数是什么？R^2 统计量和 R^2 修正统计量的值是多少？

10. 用上一问中确定的回归函数来估计 Ryan 样本中每一对耳环的价格（注意，你的模型估计的是耳环价格的平方根。所以你必须给模型估计的价格平方才能得到真实的价格估计值）。哪些耳环的价格被高估了？哪些耳环的价格被低估了？基于以上分析，你建议 Ryan 买哪副耳环？

案例 9.2 佛罗里达州的惨败

2000 年美国总统大选是历史上最具争议的大选之一，最终的结果要由法庭而不是由投票来裁决。争议的焦点是佛罗里达棕榈海滩的竞选结果。"棕榈海滩"县用一种名叫"蝴蝶"的投票法投票，"蝴蝶"投票法是把竞选人的名字分放在居中的一行孔的左侧和右侧，投票人要在他们心仪的候选人名字旁打孔。根据几则新闻报道，不少佛罗里达"棕榈海滩"县的投票人声称这种选票设计把他们搞糊涂了，把本想投给 Al Gore 的选票不注意投给了 Pat Buchanan。据说这导致 Gore 没有赢得足够的选票，使 George W. Bush 在佛罗里达以微弱优势获胜，并最终赢得大选。

文件 Votes.xlsx 提供了 2000 年 11 月 8 日佛罗里达州的全部原始投票数据，候选人分别是 Bush、Buchanan 和 Gore，"这些数据在人工计票之前就反映了选举的结果，由于佛罗里达州选举的其他问题（如悬疑票，hanging chad），最后决定人工计票"。使用文件中的数据回答下列问题。

1. Bush 在佛罗里达赢了多少？
2. 画出每个县 Gore 得票数（X 轴）和 Buchanan 得票数（Y 轴）之间的散点图。有例外的情况吗？若有，则是哪些县？
3. 估计简单线性回归模型的参数，线性回归模型是以 Gore 的得票数作为自变量预测 Buchanan 在每个县得票数（不含棕榈海滩县）的函数。具体估计的回归函数是什么？
4. 解释在（3）中得到的模型 R^2 统计量值的含义。
5. 用（3）中得到的回归结果，构建你预测 Buchanan 在棕榈海滩县得票数 99% 的预测区间。该区间的上限和下限各是什么？这和 Buchanan 在该县实际的得票数相比，结果如何？
6. 画出每个县 Bush 得票数（X 轴）和 Buchanan 得票数（Y 轴）之间的散点图。有例外的情况吗？若有，是哪些县？
7. 估计简单线性回归模型的参数，线性回归模型是以 Bush 的得票数作为自变量预测 Buchanan 在每县得票数（不含棕榈海滩县）的函数。具体估计的回归函数是什么？
8. 解释（7）中得到的模型 R^2 统计量值的含义。
9. 用（7）中得到的回归结果，构建你预测 Buchanan 在棕榈海滩县得票数 99% 的预测区间。该区间的上限和下限各是什么？这和 Buchanan 在该县实际的得票数相比，结果如何？
10. 这些结果有什么含义？如此使用回归分析，应当有什么假设条件？

案例 9.3 佐治亚州公共服务委员会

Nolan 银行是佐治亚州公共服务委员会的审计单位。公共服务委员会是负责保证本州公共事业公司以公平的价格向公众提供高质量服务的政府机构。

佐治亚州是密西西比河以东最大的一个州，形形色色的社区分布在整个州，由不同的公司提供水、电和通信服务。这些公司在各自的服务区域都是垄断的，因此可能对公众采取歧视政策。Nolan 银行的工作就是访问这些公司，审核它们的账簿，确认他们是否滥用了自己的垄断权力。

Nolan 银行在工作中面临的一个重要问题是确定公共事业单位费用的合理性。例如，在审计一家地区电话公司的财务报告时，可能发现线路的维护成本是 1,345,948 美元，就需要确定该费用的合理性。做出是否合理的判断过程相当复杂，因为公司的规模各不相同。因此，不能把一家公司的成本和另外一家的相应成本直接进行比较。同样，也不能只用一个简单的比率来确定公司的成本是否合理（如线路的维护成本应该占到收入的 2%），因为公司规模的大小不同，该比率也会不同。

为解决这个问题，Nolan 银行想让你建立一个回归模型，来预测不同规模公司的线路维护成本。电话公司规模的大小是以用户数衡量的。Nolan 银行收集到了本书配套文件 PhoneService.xlsx 中的数据，这些数据是去年审计的 12 家电话公司的用户数量及其线路维护成本。Nolan 银行认为这些公司的运行相当有效率，成本也比较合理。

1. 画出这些数据的散点图。
2. 使用回归技术估计下述线性等式的参数：

$$\hat{Y}_i = b_0 + b_1 X_1$$

具体的线性回归方程是什么？

3. 解释（2）中回归方程 R^2 统计量值的含义。
4. 根据（2）中的回归方程，对一家用户数达到 75,000 的电信公司，其线缆维护成本预计会是多少？要求具体的计算过程。
5. 假设一家用户数为 75,000 的电信公司报告说其线路维护成本是 1,500,000 美元。根据上述线性模型，Nolan 银行认为这个维护成本合理还是过高？
6. 在电子表格中，用回归方程估计样本中每家公司的线路维护成本，并画图表示（用直线连接），同时也把电信公司实际的维护成本描绘在图中。该图显示线性的回归模型是恰当的吗？
7. 用回归技术估计下列二次方程的参数：

$$Y_i = b_0 + b_1 X_1 + b_2 X_1^2$$

估计时，必须首先在电子表格紧靠原来 X 值的一列旁边新插入一列，并在该列中算出 X_1^2。该模型具体的回归方程是什么？

8. 解释（7）中回归方程 R^2 统计量值的含义。
9. R^2 修正统计量是多大？该统计量告诉了你什么？
10. 根据新估计的回归方程，对一家用户数达到 75,000 的电信公司，其线缆维护成本预计会是多少？要求具体的计算过程。
11. 在电子表格中，用二次回归方程估计样本中每家公司的线路维护成本，并画图表示（用直线连接），同时画出线性回归方程的回归线以及电信公司实际的维护成本。
12. 假设一家用户数为 75,000 的电信公司报告说它的线路维护成本是 1,500,000 美元。根据上述的二次方程模型，这个维护成本合理还是过高？
13. 在上述模型中，你建议 Nolan 银行使用哪个模型进行预测？

第 10 章 数 据 挖 掘

10.0 引言

尽管企业使用的许多资源是有限的,限制了组织能做的事情,但有一件事是大多数企业都能做的——那就是在运营中产生不断增加的数据。企业的运营、销售或退货交易、与客户的交互,以及网站中的每次单击,都会产生可以被捕捉并存储在数据库中的数据。大多数企业收集海量数据的速度超过了他们分析和解释数据的能力。如今,几乎所有行业的领导机构都意识到,这些数据代表一种具有潜在价值的战略资产,这有助于推动"数据能源"驱动型的决策。数据挖掘是从大数据集合中寻找和提取有用信息和见解的过程,就像开采煤炭、钻石或贵金属一样,通常是比较艰辛的工作,需要合适的工具及准备工作。本章首先介绍数据挖掘过程中需要的主要步骤,并总结数据挖掘技术通常可处理的商业问题的主要类别和商业机会。然后,使用一个备受欢迎的 Excel 插件——XLMiner 平台,就每个主要的数据挖掘技术进行描述和举例说明。

10.1 数据挖掘概述

首先从数据挖掘项目都会涉及的主要步骤开始数据挖掘的探索。图 10.1 是这些步骤的概要,下面详细讨论这些步骤。

| 识别机会 | 收集数据 | 探索、了解和准备数据 | 确定任务和工具 | 分区数据 | 构建和评估模型 | 部署模型 |

图 10.1 数据挖掘过程中的步骤

从事地质采矿的公司通常并不是随意在地上挖掘就能找到有价值的东西。相反,在挖掘之前,他们对自己在寻找什么(如金、银、铜、煤)有一定的想法,确定了挖掘工作很可能有利可图的区域,并为手头的工作携带合适的工具和设备。数据挖掘是一个包含多种分析技术的术语,可以用来帮助管理者就大量数据进行分析、理解,进而提取价值。但是,与地质采矿一样,从事数据挖掘的企业不应该在数据中随机搜索去寻找看起来有趣的东西。相反,重要的是要从想达到的最终目标开始。也就是说,数据挖掘应该从确定一个企业想要解决的问题或想利用的机会开始。

这就导致需要考虑到哪里挖掘数据,或者更具体地说,确定待分析的数据,这些数据有时能够合理地回答要解决的商业问题,或者提供公司希望获得的杠杆作用。有时,这些数据是公司数据库或数据仓库中已有的数据;有时是需要收集的新数据(可能是通过实验)或从外部资源购买的数据。无论哪种方式,如今的挑战通常不是获取数据,而是为手头的问题获取合适数量的合适数据。今天,遇到有百万条记录的数据集合(或数据库)并不少见。在这个数量级的数据集合上运行数据挖掘技术是非常耗时的,有时超过了数据挖掘软件和计算机容量的限制。然而,较大数据集合中具有统计代表性的样本可以显著减少数据挖掘程序所需的处理资源,同时还可以识别重要模式并从完整数据源中提取有意义的商业信息。一个非常普通的经验规则——若数据集合中有 p 个变量，则大约有 $10 \times p$ 到 $15 \times p$ 条数据记录能有效地进行数据挖掘。图 10.2 所示的 XLMiner 平台标签上的"获取数据"命令，可以从工作表或其他各种外部数据源的较大数据集合中选择数据样本。这种取样方法的细节可以在 XLMiner 的用户指南和帮助系统中找到。

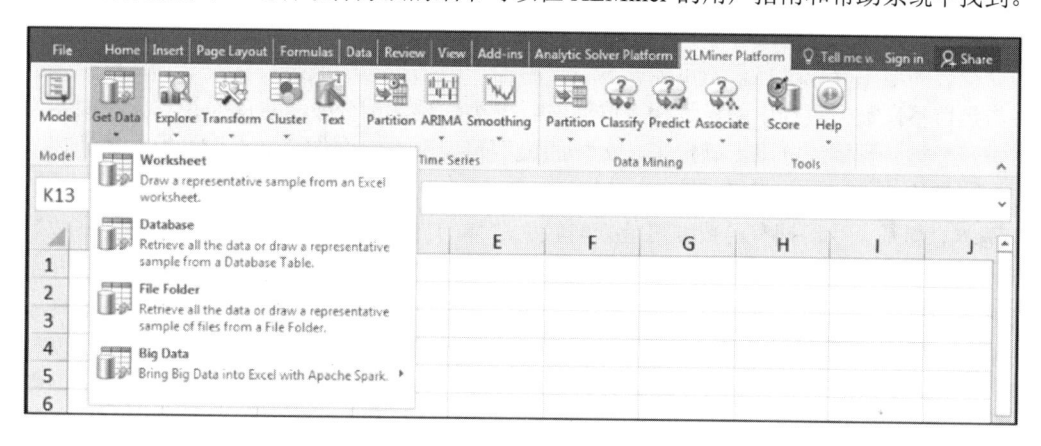

图 10.2　XLMiner 平台的"获取数据"命令

正如自然界的采矿需对要挖掘地区的基本地质基础和结构进行评估一样，数据挖掘的下一步本质上是试探性的工作：验证数据的准确性和完整性，获得对数据的准确理解，并确定数据中变量之间的关系。在挖掘准备中，分析师应"清洗"数据，以处理缺失值和错误，识别和处理异常值，并确保时间周期、度量单位、变量名称等的一致性。有些变量可能需要通过转换可改变为与其他变量更一致的、可预测的方式。数据可能会被标准化，以使每个变量在一个通用的范围内表达（例如，均值为 0 和标准差为 1，或者在 0~1 范围内），从而使某个变量的重要性仅仅因为测量尺度不同而在其他变量中不占主导地位。不重要的变量应该被识别和删除，而高度相关变量的子集通常被一个或两个代表子集的变量代替（为了使算法避免处理"多个变量在本质上测量同一事物"的情况）。此外，带有 q 个可能取值的分类变量（如描述性别、婚姻状况、教育程度的数据）通常应该转换为 $q-1$ 个二进制数字变量。

如果给定数据挖掘项目的商业目标且对可用数据有一定的思考，那么数据挖掘过程的下一步是选择适当的任务和工具。一般来说，数据挖掘任务分为如下三个可能的类别：

- **分类**，尝试使用数据集合中的信息来估计一个实体（或观察值）属于什么样的离散组或类。例如，贷款申请人会偿还还是拖欠贷款？公司在未来一年有偿付能力还是会破产？保险申请人是高、中还是低风险？
- **预测**，尝试使用数据集合中的信息来预测连续响应变量的值（或合理取值的范围）。例如，某所房子的公平市价是多少？对于一名纳税人，扣减项目的预期额度是多少？下个季度，一位客户将购买多少单位我们的产品？
- **关联/分段**，尝试对数据的观测值形成逻辑分组。例如，哪些物品通常被一起购买？哪些客户往往最相似并被定义为逻辑目标组？

不同的数据挖掘工具可用于前面的每一个任务。**分类**问题可以使用判别分析、逻辑回归、神经网络和其他技术来解决。**预测**问题可以用回归分析、神经网络、k 近邻技术、时间序列分析和其他方法。最后，**关联**问题可以通过关联分析、聚类分析和其他技术。注意，图 10.2 中的 XLMiner 平台选项卡上有对应每个数据挖掘类别的图标。这里提到的多数工具（和其他工具）将在本章后面讨论。

分类和**预测**问题的数据挖掘方法通常称为监督式学习算法，因为它们适用于"数据中的每个记录都有预期结果或目标值"的数据集合；相反，**分段和关联**技术是无监督式学习算法，因为它们适用于每个记录没有预先定义的结果或目标值的数据集合。

通常，多个不同的数据挖掘工具被应用到同一数据集合中——或者相同的工具通过不同的参数设置来控制底层算法进行多次反复运算——尽力找到手头问题的"最佳"或最精确的模型。在数据挖掘环境中寻找最佳模型可能是难以理解的，因为我们的最终目标是准确地对未来的数据（与当前不在数据集合中的记录相关联）进行分类、预测或分段。也就是说，无论根据当前数据进行分类、预测或分段后确定了什么样的模型和规则，我们都希望它们能很好地处理（或推广到）新数据。

基本思想是，我们拥有的数据可能来自较大总体的样本。在某种程度上，任何样本数据都可以代表其总体。然而，一个样本也可能包含噪声——或者特定的抽样异常，这些异常并不能代表对应的总体。显然，我们应该倾向于构建忽略数据噪声的数据挖掘模型，从而考虑样本中存在的总体特征。将过多的注意力放在一组数据样本的特定噪声上，会导致一种称为过度拟合的弊病——在这种情况下，某种建模技术就现有数据可能非常准确地估计或创建模型，但在新数据上的准确性却显著降低。

检测和避免过度拟合的一种常见方法是将可用的数据记录分区为不同的组，通常称为训练样本、验证样本和（可选的）测试样本。训练样本（或训练数据）用于校准数据挖掘工具和数据拟合模型。验证样本用于评估训练数据的过度拟合，有时可用来防止训练数据的过度拟合。最后，测试样本有时用于"模型对新数据处理效果"进行可靠的评估，而这些新数据不是模型构建或选择过程的一部分。数据挖掘是一个非常实用的领域，在这个领域中，做什么（结果）往往比为什么做（理论）更重要。正如酸可以用来区分黄金和其他金属一样，可靠评估的过程为模型的应用效果提供了一种"酸检验"。

在组织内部，对验证或测试样本的结果进行分析通常会推动基于运营建模技术的部署决策。运营部署涉及将模型与其他系统集成，并将它们用于实际数据，以帮助制定决策或确定行动，若成功，则为数据挖掘努力付出创造积极的回报。模型部署通常还涉及训练用户、监控模型结果和准确性，并寻找机会继续改进其性能。虽然我们在本章中关注的是建模技术的细节，但模型部署的任务同样重要，因为对于需要它的人来说，若最好的模型不能被需要它的人使用，则价值不大。

10.2 分类

分类是指这样一类数据挖掘问题，它使用自变量集合中的可用信息来预测一个离散的或类别型因变量的值。具有代表性的是，分类问题中的因变量被编码为一系列整数值，用以表示样本观察值所属的不同组别。分类的目标是开发一种预测方法——根据自变量的取值，预测新数据最有可能属于哪个组别。为了了解判别分析的目的和价值，应考虑以下商业情境。

- 信用评分。抵押公司的信贷经理将其负责的贷款分为两类：即将违约的和流动负债的。对于每笔贷款，经理都有描述贷款人的收入、资产、负债、信用记录和就业历史的数据。经理希望使用这些信息来制定一个规则，以预测新贷款申请人获得贷款后是否会违约。
- 保险评级。一家汽车保险公司使用过去5年的索赔数据将其现有投保人分为三类：高风险、中等风险和低风险。该公司有数据描述过去5年中每位投保人的年龄、婚姻状况、子女人数、教育程度、就业记录和交通罚单数量。该公司希望分析这三类投保人关于这些特征的差异，并使用这些信息来预测新保险申请人可能会落入哪个风险类别。

分类技术不同于大多数其他预测统计方法（如回归分析），因为因变量是离散的或分类的，而不是连续的。例如，在前面给出的第一个例子中，信贷经理想要预测贷款申请人是否违约或是否偿还贷款。同样，在第二个例子中，公司想要预测新客户最有可能落入的风险类别：（1）高风险、（2）中等风险、（3）低风险。在每个例子中，可以任意地为问题中代表的每个组分配一个数字（1, 2, 3…），我们的目标是预测一个新的观测值最可能属于哪个组（1, 2, 3…）。

XLMiner 提供了几种不同的分类技术，包括判别分析、逻辑回归、分类树、k 近邻法、朴素贝叶斯和神经网络。下面提供了每种技术的简要说明和示例。在分类技术的讨论中，将假设有 n 条记录被归为 m 个组中的一个（表示为 G_1, G_2, …, G_m），其中每个记录 i 由 p 维自变量（x_{i1}, x_{i2}, …, x_{ip}）定义。此外，假设具有 q 种取值的任何类别自变量已被转换为 $q-1$ 个二进制自变量。在 $m > 2$ 的许多分类问题中，相对于其他组，总有一组是分析过程中特别感兴趣或关注的组。将这样的问题减少为 $m=2$ 组问题并不罕见，其中一个组是分析所感兴趣的组，其余组被组合成一个"其他"组。因此，这里将集中讨论两组分类问题。

当面临分类问题时，应仔细考虑训练样本的构成。如前所述，训练样本（或训练数据）被用于校准数据挖掘工具和数据拟合模型。在许多分类问题中，与最感兴趣的组相关的数据记录的发生频率远低于样本中其他组的数据记录。例如，假设向 1,000 位潜在客户展示家庭安全服务广告，并且实际上只有 10 位客户通过购买服务来响应广告。代表该广告 1,000 次曝光的数据集合仅包含与响应者（也称 "成功" 或 "积极"）相对应的 10 个记录（即总数的 1%）。因此，分类规则如果预测每个看到广告的人都不会对它做出回应，那么在总体上 99%是准确的，但对于确定我们**最关心的组**的所属记录，100%是不准确的。因此，在分类数据集合中，当代表组的频率存在很大的不平衡时，创建这样的训练样本通常是明智的——出现频率较低的组可采用**超采样**（Oversampled）技术，或使出现频率高于实际数据中发生的频率。超采样技术要求分类方法重点关注组别之间的识别或判别，而不仅仅是将大多数记录正确分类。我们将在示例中使用超采样技术来说明各种分类技术。

10.2.1 分类示例

许多数据挖掘任务都集中在预测潜在客户是否会响应特定广告的问题上。无数公司使用直接向邮箱推送营销信息，以诱使潜在客户接受信用卡优惠，或注册从"虫害控制"到"卫星电视"等不同类服务。许多其他非营利组织也使用类似的邮件为政党、社会事业或人道救援工作筹集资金。我们将使用以下示例（改编自 XLMiner 分布的 Universal 银行数据集合）来说明各种分类技术的工作原理。

> Universal 银行是一家中等规模的地区性银行，服务于艾奥瓦州、伊利诺伊州和密苏里州的客户。Eve Watson 是该银行的营销分析师，公司要求其研究提高银行个人贷款业务盈利能力的方法。有很多方法可以做到这一点，从提高新贷款利率到减少与坏账有关的成本和贷款来源成本。由于利率很大程度上与市场影响力及其他出借款人所提供的服务密切相关，因此 Eve 决定，通过更准确地定位"有可能对私人贷款征求信息做出回应的"客户，可为银行增加个人贷款利润提供更好机会。Eve 随机抽取了 2,500 条当前银行客户的记录，这些客户都收到了私人贷款征求信息。数据集合包括每个客户的一系列人口统计测量和财务指标方面的变量，以及每个客户是否对征求信息做出回应并进行了个人贷款。查看这些数据，Eve 发现在收到征求信息的客户中大约有 10%的客户随后向银行提出了个人贷款。虽然这个回应率不差，但给客户每发送一次征求信息都会花费银行的钱。因此，Eve 想要

确定是否有一种相当准确的方法可以预测给定客户是否会回应个人贷款的征求信息，因为这样银行就不会浪费钱来向不太可能进行个人贷款的客户发送征求信息。Eve 收集的数据可以在本书的配套文件 Fig10-3.xlsx 中找到，其中的一部分如图 10.3 所示。

在这个例子中，图 10.1 中数据挖掘过程的前两个步骤已经完成。商业机会（步骤 1）被确定为潜在利润会增加——如果对征求信息的响应做出较精确的估计，那么利润会增加，且已经收集了数据样本（步骤 2）。从一开始就准确理解数据集合中所有变量的含义、取值范围和编码很重要的。理想情况下，这些信息大部分是通过给变量指定名称/标题来传递的。然而，最好创建一个正式的**变量字典**，给出比变量名本身表达的意思更详细的定义。图 10.4 中给出了这些定义，且数据文件（Fig10-3.xlsx）的描述工作表中也给出了本问题变量字典的描述。

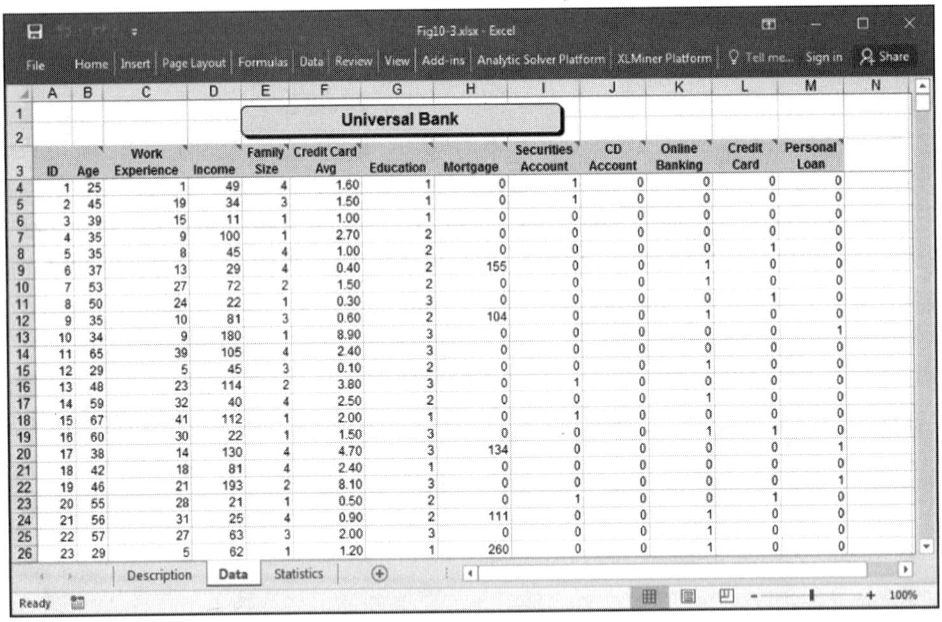
Universal Bank

ID	Age	Work Experience	Income	Family Size	Credit Card Avg	Education	Mortgage	Securities Account	CD Account	Online Banking	Credit Card	Personal Loan
1	25	1	49	4	1.60	1	0	1	0	0	0	0
2	45	19	34	3	1.50	1	0	1	0	0	0	0
3	39	15	11	1	1.00	1	0	0	0	0	0	0
4	35	9	100	1	2.70	2	0	0	0	0	0	0
5	35	8	45	4	1.00	2	0	0	0	0	1	0
6	37	13	29	4	0.40	2	155	0	0	1	0	0
7	53	27	72	2	1.50	2	0	0	0	1	0	0
8	50	24	22	1	0.30	3	0	0	0	0	1	0
9	35	10	81	3	0.60	2	104	0	0	1	0	0
10	34	9	180	1	8.90	3	0	0	0	0	0	1
11	65	39	105	4	2.40	3	0	0	0	0	0	0
12	29	5	45	3	0.10	2	0	0	0	1	0	0
13	48	23	114	2	3.80	3	0	1	0	0	0	0
14	59	32	40	4	2.50	2	0	0	0	1	0	0
15	67	41	112	1	2.00	1	0	1	0	0	0	0
16	60	30	22	1	1.50	3	0	0	0	1	1	0
17	38	14	130	4	4.70	3	134	0	0	0	0	1
18	42	18	81	4	2.40	1	0	0	0	0	0	0
19	46	21	193	2	8.10	3	0	0	0	0	0	1
20	55	28	21	1	0.50	2	0	1	0	0	1	0
21	56	31	25	4	0.90	2	111	0	0	1	0	0
22	57	27	63	3	2.00	3	0	0	0	1	0	0
23	29	5	62	1	1.20	1	260	0	0	1	0	0

图 10.3　Universal 银行示例的数据

接下来的重要工作是：检查数据中的错误、异常值和缺失值并采取适当措施解决这些问题。我们假定这些数据处理任务已经完成，但应该注意，图 10.2 所示的 XLMiner 平台选项卡上的 Transform 图标有一个实用程序，可以通过“删除相关记录”或“在各种可能方式中选择一个来替换缺失值”来帮助识别和处理缺失值。

在数据挖掘的探索阶段，为数据集合创建汇总描述性统计指标表（如图 10.5 所示）是很有帮助的。这样的表格可以帮助发现错误、异常值和缺失数据。例如，可以快速浏览每个变量的最小值和最大值，以验证它们是否在合理范围内。变量取负的最小值通常表示出现了错误。同样，代表客户年龄的变量的最大值为 135 可能表示错误值或需要额外考虑的异常值。注意，此表格第 13 行中的值使用 Excel 的 COUNTIF()函数来检测数据中可能表示缺失值的空单元格。另外，单元格 M2 中的值表示有 10.24%（或本示例中的 2,500 个值中的 256 个）的客户收到贷款信息并做出了回应。

变量名	说明
ID	连续的客户ID号码
Age	客户的年龄
Experience	专职工作经验的年数
Income	客户的预计年收入（以1,000美元计）
Family Size	客户的家庭规模
Credit Card Avg	每月在银行发行的信用卡上的平均支出（以1,000美元计）
Education	获得最高学历（1 =本科；2 =研究生；3 =高级/专职人员）
Mortgage	银行持有房屋抵押贷款的价值（以1,000美元计）
Securities Account	客户是否在银行有证券账户？（1 =是，0 =否）
CD Account	客户是否在银行有存款账户？（1=是，0=否）
Online Banking	客户使用网上银行设施吗？（1=是，0=否）
Credit Card	客户是否使用银行发行的信用卡？（1=是，0=否）
Personal Loan	顾客是否接受上次征求中提供的个人贷款？（1 =是，0 =否）

图 10.4　Universal 银行示例的变量字典

在清洗数据后，应注意对数据进行更深入的思考。例如，虽然这个数据集合中的 Education 变量可能没有错误，但它可能不应该以其目前的形式使用。我们注意到，该变量取值为代表不同教育程度的三个值（即 1=本科，2=研究生，3=高级/专业）。这种类别变量（或名义变量）相当普遍，但是因为对每个类别使用的数值通常没有内在含义或者排序，所以对这些变量的数学处理往往是无意义的或误导性的。

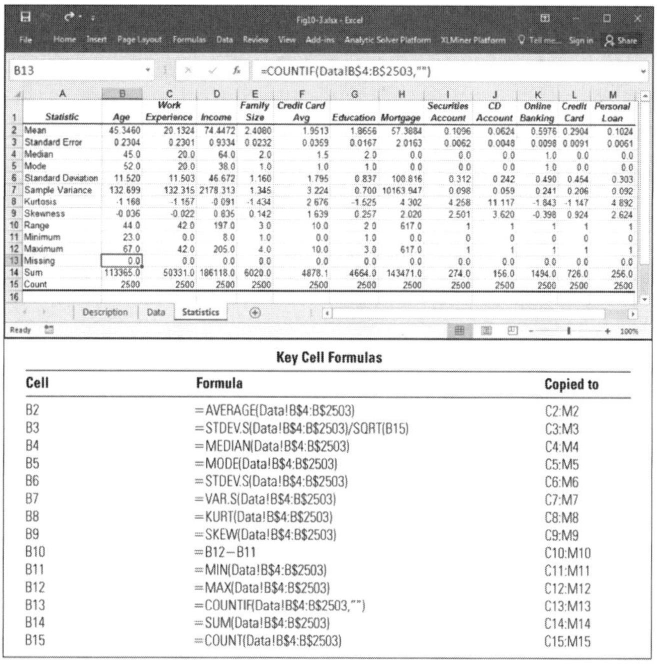

	A	B	C	D	E	F	G	H	I	J	K	L	M
1	Statistic	Age	Work Experience	Income	Family Size	Credit Card Avg	Education	Mortgage	Securities Account	CD Account	Online Banking	Credit Card	Personal Loan
2	Mean	45.3460	20.1324	74.4472	2.4080	1.9513	1.8656	57.3884	0.1096	0.0624	0.5976	0.2904	0.1024
3	Standard Error	0.2304	0.2301	0.9334	0.0232	0.0359	0.0167	2.0163	0.0062	0.0048	0.0098	0.0091	0.0061
4	Median	45.0	20.0	64.0	2.0	1.5	2.0	0.0	0.0	0.0	1.0	0.0	0.0
5	Mode	52.0	20.0	38.0	1.0	1.0	1.0	0.0	0.0	0.0	1.0	0.0	0.0
6	Standard Deviation	11.520	11.503	46.672	1.160	1.795	0.837	100.816	0.312	0.242	0.490	0.454	0.303
7	Sample Variance	132.699	132.315	2178.313	1.345	3.224	0.700	10163.947	0.098	0.059	0.241	0.206	0.092
8	Kurtosis	-1.168	-1.157	-0.091	-1.434	2.676	-1.625	4.302	4.258	11.117	-1.843	-1.147	4.892
9	Skewness	-0.036	-0.022	0.835	0.142	1.639	0.257	2.020	2.501	3.620	-0.398	0.924	2.624
10	Range	44.0	42.0	197.0	3.0	10.0	2.0	617.0	1	1	1	1	1
11	Minimum	23.0	0.0	8.0	1.0	0.0	1.0	0.0	0	0	0	0	0
12	Maximum	67.0	42.0	205.0	4.0	10.0	3.0	617.0	1	1	1	1	1
13	Missing	0.0	0.0	0.0	0.0	0.0	0.0	0.0	0.0	0.0	0.0	0.0	0.0
14	Sum	113365.0	50331.0	186118.0	6020.0	4878.1	4664.0	143471.0	274.0	156.0	1494.0	726.0	256.0
15	Count	2500	2500	2500	2500	2500	2500	2500	2500	2500	2500	2500	2500
16													

Key Cell Formulas

Cell	Formula	Copied to
B2	=AVERAGE(Data!B$4:B$2503)	C2:M2
B3	=STDEV.S(Data!B$4:B$2503)/SQRT(B15)	C3:M3
B4	=MEDIAN(Data!B$4:B$2503)	C4:M4
B5	=MODE(Data!B$4:B$2503)	C5:M5
B6	=STDEV.S(Data!B$4:B$2503)	C6:M6
B7	=VAR.S(Data!B$4:B$2503)	C7:M7
B8	=KURT(Data!B$4:B$2503)	C8:M8
B9	=SKEW(Data!B$4:B$2503)	C9:M9
B10	=B12−B11	C10:M10
B11	=MIN(Data!B$4:B$2503)	C11:M11
B12	=MAX(Data!B$4:B$2503)	C12:M12
B13	=COUNTIF(Data!B$4:B$2503,"")	C13:M13
B14	=SUM(Data!B$4:B$2503)	C14:M14
B15	=COUNT(Data!B$4:B$2503)	C15:M15

图 10.5　Universal 银行示例的描述性统计资料

例如，若数据挖掘算法为教育程度（Education）变量赋予一些权重或价值，则隐含地假设“研究生学位（编码为 2）”的权重或价值是“本科学位（编码为 1）”的两倍。显然，情况可能并非如此。为了避免这个问题,最好将具有 q 种类别的分类变量转换为一组 $q-1$ 个二进制(或虚拟)变量。因为教育程度变量有三个类别,所以可以用名为 EdLevel-1 和 EdLevel-2 的两个二进制变量取代它,其中 EdLevel-1 等于 1 表示教育程度变量为 1 的记录(否则为 0),以及对于教育程度变量为 2 的记录,EdLevel-2 等于 1(否则为 0)。当然,对于教育程度变量为 3 的记录,EdLevel-1 和 EdLevel-2 都等于 0。因此,可以使用 $q-1=2$ 个二进制变量来表示 $q=3$ 的教育程度变量的值。XLMiner 的转换命令(如图 10.2 所示)提供了一个将类别数据转换为二进制(或虚拟)变量的实用程序。但是,在 Excel 中使用 IF() 函数创建必要的二进制变量也很容易,如图 10.6(本书的配套文件 Fig10-6.xlsx)中创建列 H 和列 I 所示的新变量的方法。

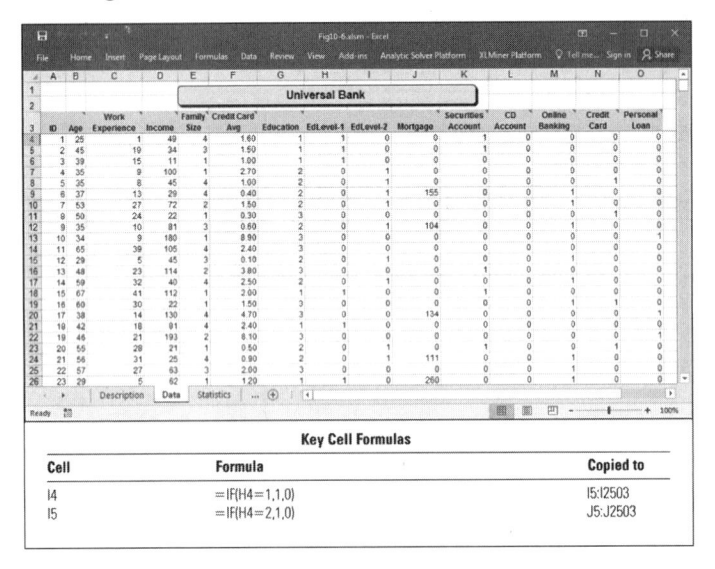

图 10.6 将教育程度分类变量转换为二进制变量

另一个用于探索性数据分析的有用技术是创建一个表格,说明数据集合中每对变量之间的相关性。要创建如图 10.6 所示的数据相关性表,请按照下列步骤操作:

(1)单击 Data→Data Analysis。
(2)选择 Correlation 选项,然后单击 OK 按钮。
(3)完成生成的 Correlation 对话框,如图 10.7 所示。
(4)单击 OK 按钮。

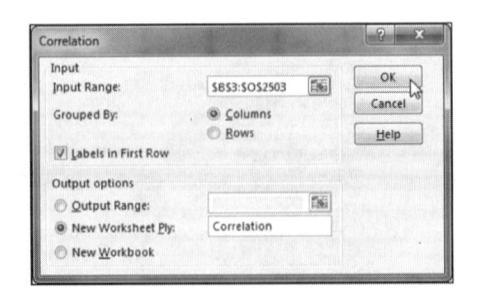

图 10.7 Excel 的相关性对话框

生成的相关性表如图 10.8 所示(做了一些小的格式调整后的效果)。相关性统计量从 -1 到 $+1$ 变化,并表示两个变量之间线性关系的强度。Excel 中"主页"(Home)选项卡上的条件格式命令用于在关联表中添加色标(也称热图)。此格式有助于突出显示表中更显著的相关性。

这并不奇怪，教育程度变量和用来模型化其三种类别取值的两个二进制变量之间存在着相当强的相关性（介绍分类技术时，只以二进制教育程度变量为例来说明）。另外，收入（Income）变量与信用卡平均支出（Credit CardAvg）变量和个人贷款（Personal Loan）变量之间的相关性非常强。但最引人注目的也许是，年龄（Age）和工作经验（Experience）变量之间存在 0.994 的相关性。这当然是有道理的，因为老年人自然有机会比年轻人工作更长时间。但这种相关性的大小表明，年龄和工作经验变量衡量了银行客户几乎相同的一个特征。因此，在数据集合中没有必要同时对这两个变量建模。因此，在使用此数据集合演示各种分类技术时，我们将省略年龄变量。

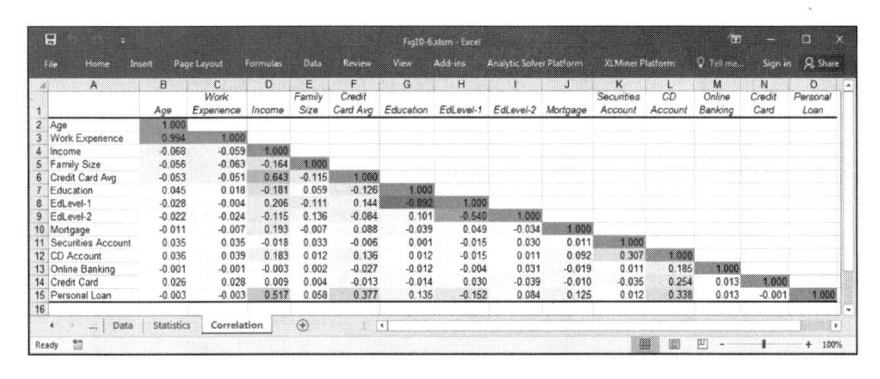

图 10.8　Universal 银行数据的相关性表

图形可视化是探索和更好地理解数据集合的另一种重要方式。XLMiner 平台选项卡上的"探索"（Explore）命令提供了一个非常强大的实用程序，可以用多种方式绘制数据图形。激活数据表后，单击"探索"，图表向导将启动如图 10.9 所示的图表向导对话框，该对话框总结了 XLMiner 中可用的各种图形选项。

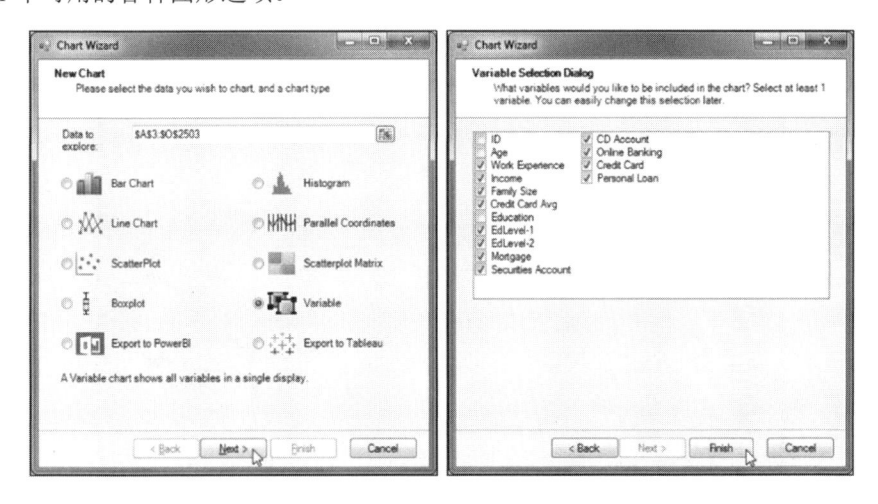

图 10.9　XLMiner 的图表向导对话框

在图 10.9 的第一个对话框中选择"变量"选项，在第二个对话框中选择除编号（ID）、年龄和教育程度外的所有变量，产生如图 10.10 所示的单变量条形图和直方图。这一类型的图帮助我们理解每个变量相关取值的分布。此实用程序的一个很好的特征是，在调整显示屏右侧窗格中的过滤器时，所有图表都会动态更新以显示对各种图形的影响。

图 10.11 给出了使用图表向导创建的散点图，显示了收入变量随信用卡平均支出变量的变

动情况，并根据个人贷款变量的取值而分开显示（或分组）。该图清楚地表明，收入低于 100,000 美元且每月信用卡平均消费低于 3,000 美元的客户倾向于不回应最近的个人贷款征求信息。如果没有像 XLMiner 图表向导这样灵活的动态数据可视化工具，那么识别这样的模式将非常困难。但是也请注意，如图 10.11 所示的有趣关系并不会不奇迹般地自动出现。此外，如同地质开采一样，需要时间进行一些挖掘、探索和一些试验和错误，以揭示数据集合中有趣的模式和有助于解决问题并利用好机会的信息。

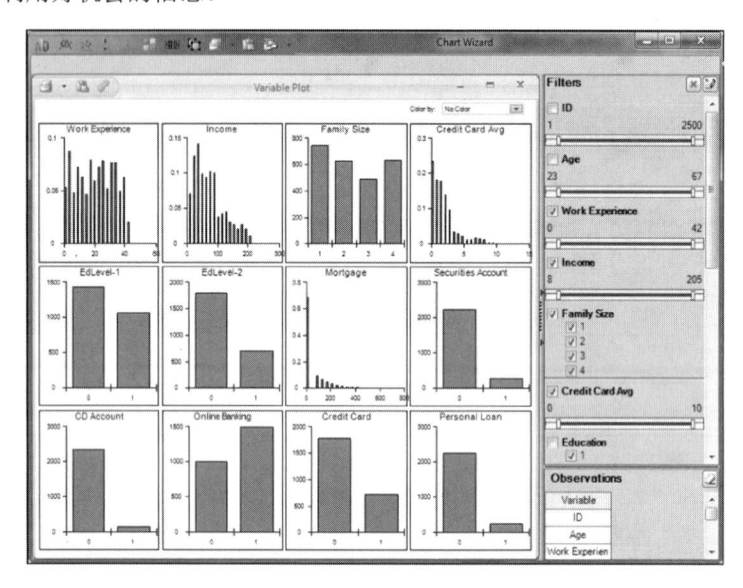

图 10.10 数据集合中所选变量的单变量图

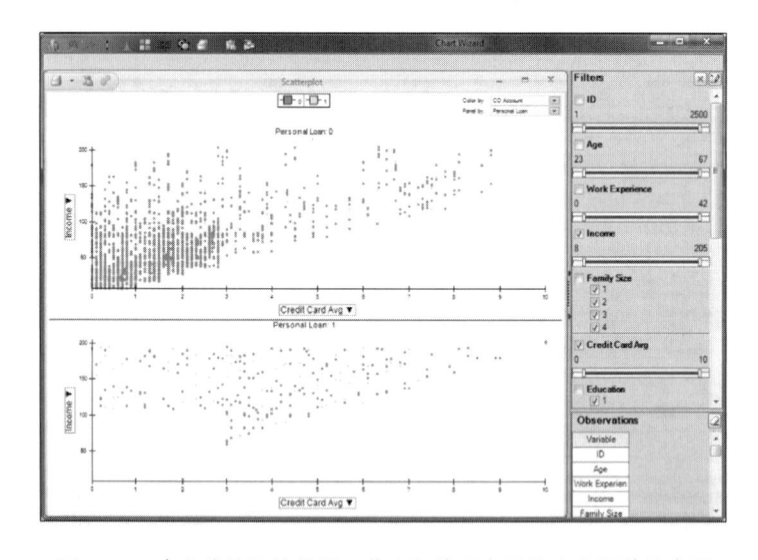

图 10.11 个人贷款取值分组下收入与信用卡平均支出间的散点图

经过探索、处理并获得了对数据的良好理解，下一个任务是了解如何使用各种数据挖掘工具来解决**分类问题**。一般而言，若不提前试着使用各种挖掘技术并对结果进行比较，则通常无法辨别哪些技术在对哪类特定问题最有效。因此，我们将使用前面例子中相同的数据集合，应用几种不同的数据挖掘分类技术来比较和对比它们的复杂性、效率和有效性。

10.3　分类数据的分区

不同的数据挖掘技术可以用来解决分类问题。本节将介绍几种这样的技术，就如何使用它们给出简要的概念性描述，然后说明它们在前面介绍的 Universal 银行数据集合分析中的用法。由于数据集合中我们**最关心的组**（即中个人贷款征求信息的响应者）的发生率远低于其他组（即对征求信息的无响应者），因此我们使用超采样技术来创建训练样本。如前所述，超采样技术要求分类方法专注于区分组别。

要为此示例创建训练和验证数据集合，请按以下步骤操作：

（1）单击 XLMiner 平台选项卡的数据挖掘部分的"Partition"图标。

（2）单击"Partition with Oversampling"。

这将启动如图 10.12 所示的"Partition with Oversampling"对话框。对话框中给出了此问题所需的设置。请注意，必须先选择要包含在分区数据中的变量（包括个人贷款变量），然后选择"个人贷款"作为输出变量。还要注意的是，虽然在整个数据集合中"成功"（个人贷款=1）的比例为 10.24%，但我们要求训练集中有 50%的成功率。因为原始数据中有 256 条成功记录，其中 128 条将被选中用于训练数据，其余 128 条将被分配到验证集合。为了在训练数据中获得 50%的成功记录，还需要 128 条非成功记录。由于验证集合中有 128 条成功记录，因此将 1,122 条非成功记录添加到该集中，以便在验证集合中达到10.24%的成功率。单击图 10.12 中的"Partition with Oversampling"对话框中的 OK 按钮，让 XLMiner 自动从原始数据集合中选择并提取所需的训练和验证样本。图 10.13 中名为"Date_Partition"的工作表将自动插入到工作簿中，作为接下来讨论的分类算法的输入源。

图 10.12　数据分区对话框的设置

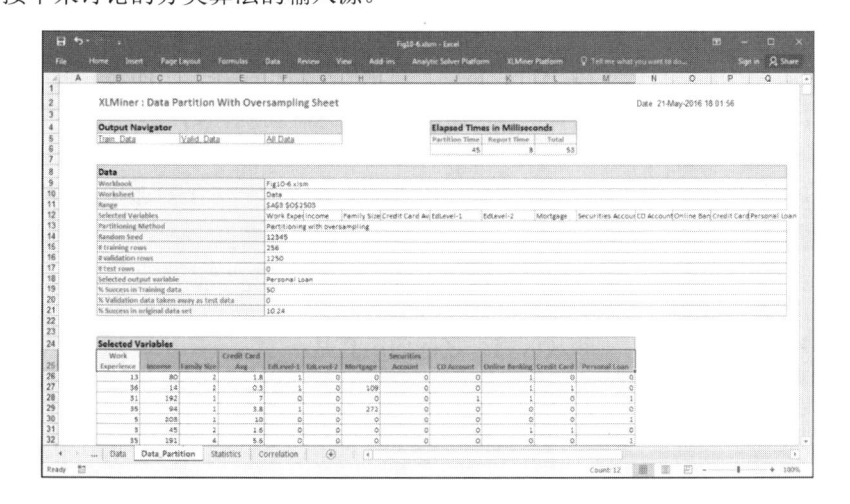

图 10.13　包含训练和验证数据的新工作表

10.4 判别分析

判别分析（Discriminant Analysis，DA）是解决分类问题最古老的技术之一。若每组中的自变量都是正态分布的，且组间的协方差矩阵相等，则可以看出 DA 提供了理论上最优的分类结果。若不满足这些条件，则 DA 仍然可以作为一种启发式算法，且通常可以提供良好的分类结果。

为了理解 DA 的运作，考虑如图 10.14 所示的数据。其中，两个自变量（分别表示机械测试成绩和语言测试成绩）数据间关系分两个不同的组（代表满意和不满意的员工）进行绘图。为每个组计算每个自变量的平均值并标记为 C_1 和 C_2 点。这些点称为**质心**（Centroid），表示每个组的居中位置。

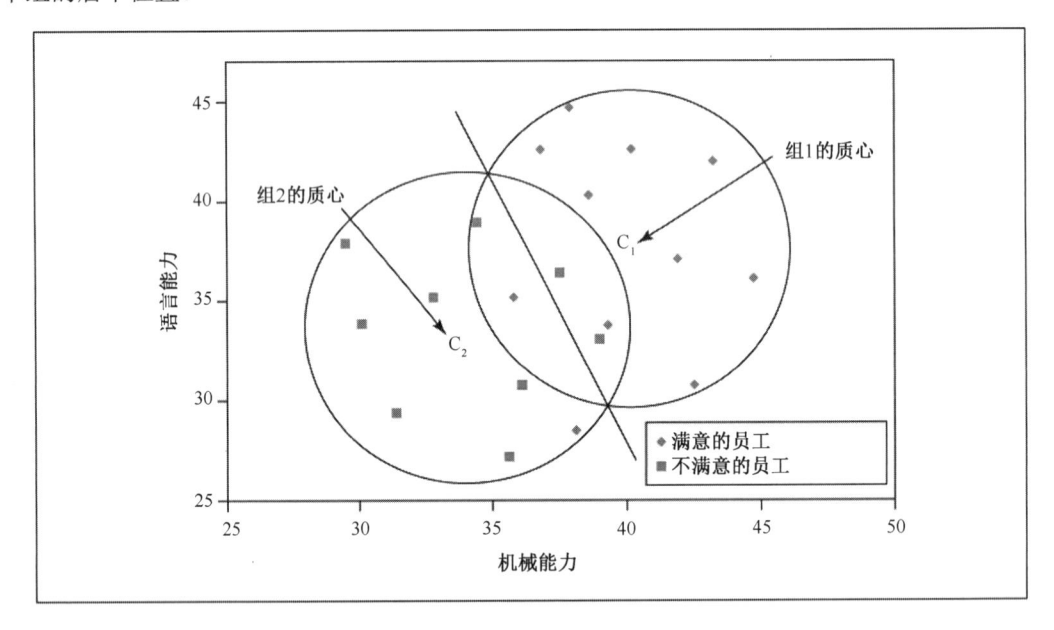

图 10.14 具有两个变量的两组分类问题的假设数据

一种直观的分类方法是计算图 10.14 中每个观测值与两组中每一个的质心之间的距离，并根据这些距离将每个观测值分配到其最近的组（若发生这种情况，则可能会以多种方式破坏关系）。可以使用几种不同的距离测量方法，包括直线或欧氏距离。

回想一下高中代数（或第 8 章）中有关二维平面中两点（A_1, B_1）和（A_2, B_2）之间的欧几里得（直线）距离计算公式：

$$距离 = \sqrt{(A_1 - A_2)^2 + (B_1 - B_2)^2} \tag{10.1}$$

例如，任意两个点（3，7）和（9，5）之间的距离是：

$$\sqrt{(3-9)^2 + (7-5)^2} = \sqrt{40} = 6.324 \tag{10.2}$$

这个距离公式很容易推广到任何数量的维度。可以用这个公式来衡量从给定的观测值到每个组质心的距离，然后将观测值分配给它最接近的组。然而，从统计的角度来看，式（10.1）中的距离度量有点弱，因为它忽略了自变量的方差。为了证明这一点，假设 X_1 代表一个自变量，X_2 代表另一个自变量。若 X_2 比 X_1 具有更大的方差，则在式（10.1）中，X_1 中的小而重要变化的影响就会被 X_2 中大但不重要的变化掩盖或缩小。图 10.15 说明了这个问题，其中椭圆表示包含属于每个组 99%的值的区域。

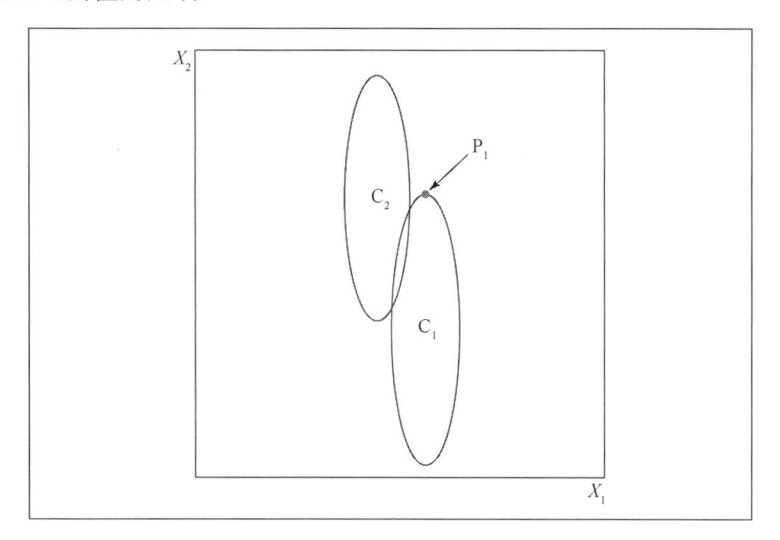

图 10.15 两组中每一个组包含 99%观测值的区域的边界线

考虑图 10.15 中标记为 P_1 的观测值。这个观测值看起来最接近于 C_2，事实上，若使用了方程（10.1）中的标准距离度量，则将它分配到组 2，因为它与 C_1 相对于 X_2 轴的距离相对较大。然而，这个观测值属于第 2 组是极其不可能的，因为它相对于 X_1 轴的位置超过了组 2 的平均值。因此，改进式（10.1）中的距离测量公式将有助于解释自变量方差的可能差异。

如果令 D_{ij} 表示从观测点 i 到组 j 的质心的距离，那么我们可以将这个距离定义为

$$D_{ij} = \sqrt{\sum_k \frac{(X_{ik} - \overline{X}_{jk})^2}{s_{jk}^2}} \tag{10.2}$$

其中，X_{ik} 表示观测值 i 在第 k 个自变量的取值，$\overline{X}_{jk}$ 表示在第 k 个自变量在第 j 组平均值，s_{jk}^2 表示在第 j 组中第 k 个自变量的样本方差。式（10.2）中的距离度量存在很多变化。其中一个最受欢迎的变化是马氏距离度量——改进了方程（10.2）中的计算，以解释所有可能的自变量配对之间的协方差的差异。

图 10.14 中绘制的直线表示与第 1 组和第 2 组的质心距离完全相同的点。这条等距线将样本空间分区为两个区域，其中落在每个区域中的点将分配给相应的组。

还有一个相关的技术称为 Fisher 线性判别函数（FLDF），用于在分类问题中确定 m 个组中的每个组的线性函数。在几何学上，m 个线性函数中的每一个定义了一个 p 维超平面——被认为可以测量观测值与对应组的"隶属度"强度。对于任何观测值 $i(x_{i1}, x_{i2}, \cdots, x_{ip})$，可以使用这些线性函数来计算 m 个分类的得分 $c_1(i), c_2(i), \cdots, c_m(i)$。对于每个观测值，这些分类得分中的一个将比其他分类得分（除超平面彼此相交的点外）更高（或值更大）。然后将一个观测值分属为与最大分类得分组相关的那一组。再次，关系可能以各种方式被打破（在特定条件下，FLDF 超平面相交的点对应于相等马氏距离的线；在这种情况下，这两种技术提供相同的分类结果）。

FLDF 分类得分可以通过以下公式转换为组隶属度的概率，其中 $P_k(i)$ 表示观测值 i 属于组 k 的概率：

$$P_k(i) = \frac{e^{c_k(i)}}{e^{c_1(i)} + e^{c_2(i)} + \cdots + e^{c_m(i)}} \qquad (10.3)$$

使用这些概率,一个观测值通常被分到与最高概率相关的组中。

10.4.1 判别分析举例

要使用 XLMiner 实现 DA,遵循以下这些步骤:

(1) 单击图 10.16 中显示的 Date_Partition 工作表(本书的配套文件 Fig10-16.xlsm)。
(2) 在 XLMiner 平台选项卡上,单击"Classify"→"Discriminant Analysis"。
(3) 进行如图 10.16 所示步骤 1 的选择,然后单击 Next 按钮。

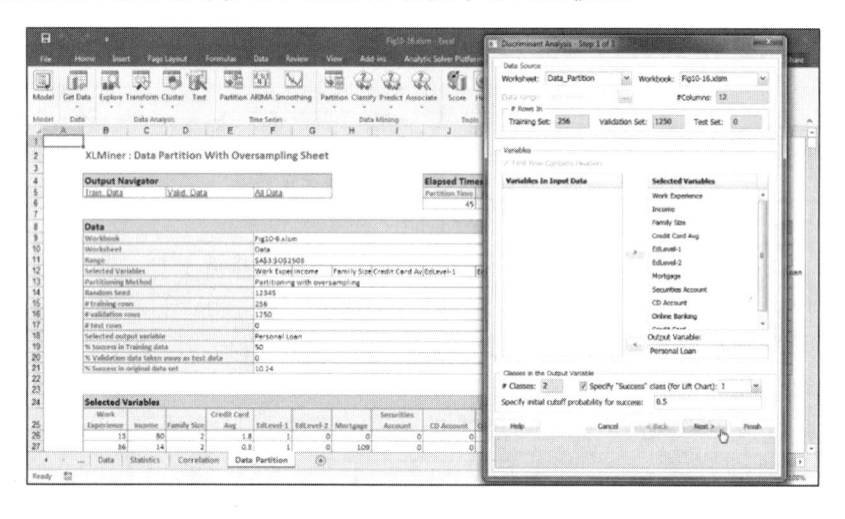

图 10.16 判别分析步骤 1 的选择

(4) 进行如图 10.17 所示步骤 2 的选择,然后单击 Next 按钮。

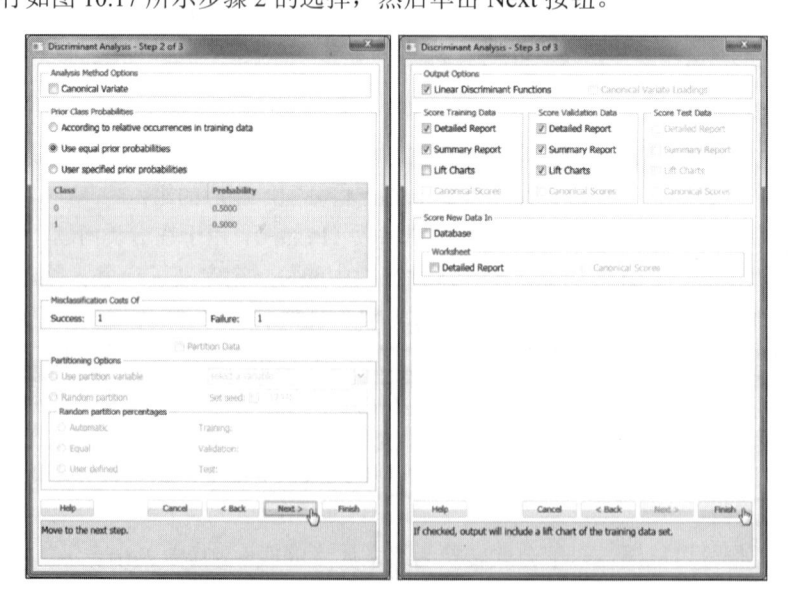

图 10.17 判别分析步骤 2 和步骤 3 的选择

（5）进行如图10.17所示步骤3的选择，然后单击 Finish 按钮。

XLMiner 将几个新的工作表插入到包含 DA 结果的工作簿中。图 10.18 显示了主要输出表（DA_Output）的一部分，该部分总结了数据集合中每个组中每个线性判别函数的分类函数。注意此表格的顶部包含一个"输出导航器"，提供生成不同输出组件的超链接。

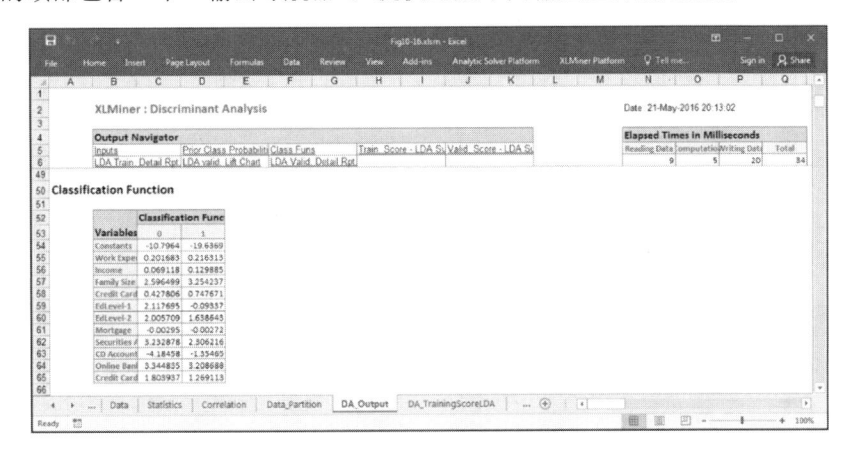

图 10.18 Universal 银行数据的分类函数

"DA_Output"表向下滚动一点就可显示如图10.19所示的报表。该报表总结了训练和验证数据集合的 DA 预测的准确性。训练数据的分类混淆矩阵表明，属于组 1 的 128 个观测值中的 115 个被准确地分到该组中，且其余 13 个属于组 1 的观察结果被错误地分到组 0（对于组 1 有 13/128 = 10.16%的错误率）。同样，属于第 0 组的训练数据中的 128 个观察值中的 116 个被归为该组，并且其余的 12 个观测值被错误分到组 1 中（对于组 0 有 12/128 = 9.38%的错误率）。总体而言，在训练数据中，256 个观测值中有 25 个被错误分类，整体错误率为 9.77%。

验证数据的分类混淆矩阵显示出相当相似的准确性水平，这表明该技术可以很好地推广到未参与训练过程的新数据。在这种情况下，属于组 1 的 128 个观测值中的 106 个被准确地分到该组中，并且属于组 1 的剩余 22 个观测值被错误分为组 0（对于组 1 有 22/128 = 17.19%的错误率）。类似地，在属于组 0 的验证数据中的 1122 个观察值中的 1025 个被准确地分到该组中，并且其余 97 个观测值被错误分到组 1 中（对于组 0 有 97/1122 = 8.65%的错误率）。这导致验证数据的总体错误率为 9.52%。

在二进制分类问题中，错将真实的组 1 观测值误分为组 0，可能比错将真实组 0 观测值误分类为组 1 的成本更高，这是可能的。在现在这个 Universal 银行示例中，错分一个真实组 1 的观测值到组 0 会导致个人贷款的利润损失，而将真实的 0 组观测值误分类到组 1 中仅导致银行给此人发送征信信息而浪费的成本。如果可以估计**错误分类的成本**（或它们的比例），那么这些相对成本可用图 10.17 所示的对话框显示。"成功"（组 1 观测值）的相对错误分类成本的提高往往会降低错误次数——真实的组 1 观测值（即图 10.19 中单元格 D79 和 D102 中的值）。相反，"失败"（组 0 观测值）的相对错误分类成本增加往往会减低真实的组 0 观测值（即图 10.19 中单元格 D80 和 D103 中的值）的错误次数。

图 10.20 总结了经常用于描述二进制分类技术结果的 4 种额外的预测准确性度量：精确度、召回率（或灵敏度）、特异性和 F1 分数。**精确度**是度量分类器在预测"成功"时的准确性（在我们的例子中是指做出分类 1 预测）。查看图 10.19 中训练数据的混淆矩阵，我们看到，当分类器预测"成功"（第 1 类）时，在 127 个例子中有 115 个是正确的，从而得到 115/127 = 0.9055 的精确度（如单元格 D85 所示）。

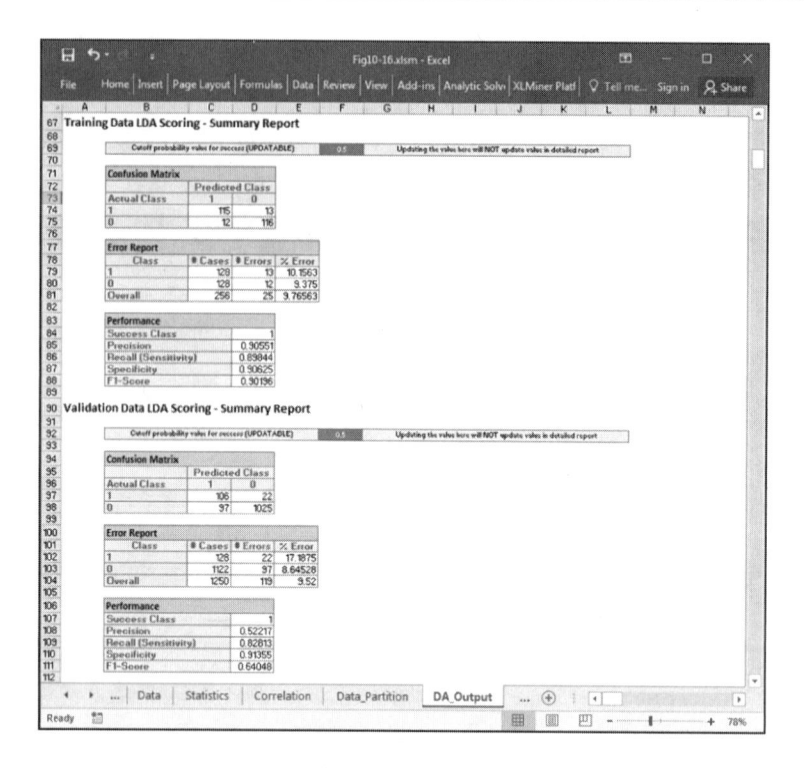

图 10.19 训练样本和验证样本的分类结果

$$\text{精确度} = \frac{\text{正确的"成功"预测的数量}}{\text{所有"成功"预测的数量}}$$

$$\text{召回率} = \frac{\text{正确的"成功"预测的数量}}{\text{"成功"观测值的总量}}$$

$$\text{特异性} = \frac{\text{正确"失败"预测的数量}}{\text{"失败"观测值总量}}$$

$$F1\text{分数} = 2\left(\frac{\text{精确度} \times \text{召回率}}{\text{精确度} + \text{召回率}}\right)$$

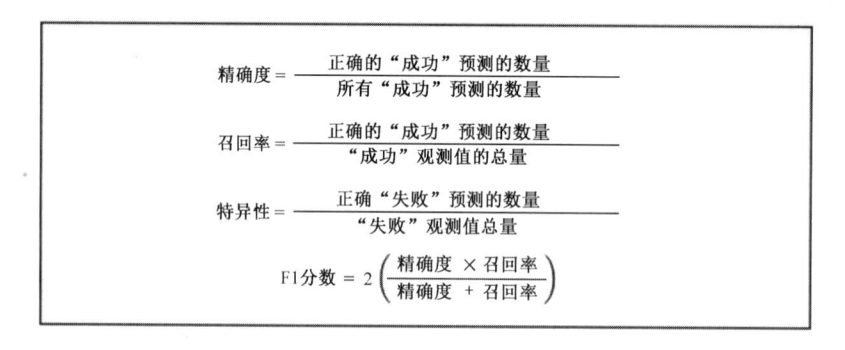

图 10.20 精确度、召回率、特异性和 F1 分数的总结

召回率（或灵敏度） 衡量分类器在出现"成功"（第 1 组观测值）时识别得如何。再看图 10.19 中训练数据的结果，我们发现当分类器遇到"成功"（第 1 组观测值）时，它在 128 次中正确分类 115 次，导致召回率分数为 115/128 = 0.8984（如单元格 D86 所示）。

特异性 与召回率相同，但是针对"失败"（即组 0 观测值）而言的。对于图 10.19 中的训练数据，我们看到当分类器遇到"失败"（组 0 观测值）时，它将其正确分类 128 次中的 116 次，导致召回率分数为 116/128 = 0.9063（如单元格 D87 所示）。

请注意，在召回率（灵敏性）和特异性之间存在直接的权衡。也就是说，分类器可以通过将每个观测值分类为"成功"来实现 100%的完美召回率分数，但是在那种情况下，其特异性分数将降至 0%。相反，若每个观测值被分类为"失败"，则特异性得分为 100%，但召回率为 0%。在大多数二进制分类问题中存在一个分界值（Cutoff score）或概率，它决定了将观测值分类到组 1 中的阈值。图 10.19 中的结果是使用了默认的分界概率 0.5，在单元格 F69 和 F92 中分别显示了训练和验证结果。分界值的变化将影响图 10.19 所示的相关混淆矩阵、错误报表和性能汇总中的各种精度指标。

F1 分数（图 10.19 中的单元格 D88 显示的训练数据）结合了精确度和召回率度量，以提供分类器准确度的全面测量。

计算公式为

$$F1 分数 = 2\left(\frac{精确度 \times 召回率}{精确度 + 召回率}\right) \tag{10.4}$$

并且在最大值 1（当精确度和召回率等于它们的最大值 1 时）和最小值 0（当精确度或召回率等于它们的最小值 0 时）之间变动。请注意，验证数据的 F1 得分 0.64048（单元格 D111）比训练数据的 F1 得分 0.90196（单元格 D88）要差得多，这主要是由于分类器对验证数据精确度的损失。

此问题中关于 DA 有效性的附加信息在名为 "DA_validationLiftChartLDA" 的工作表中给出，如图 10.21 所示。**提升图表**（Lift Chart）提供一种视觉化摘要，显示数据挖掘模型与随机猜测相比在二进制分类问题实现的改进。该图中的斜线表示通过猜测本应预测到的第 1 组观测值的累计数。曲线表示能识别的组 1 观测值的数量，这个数量是通过按反向顺序排序模型的预测值得到的（从属于第 1 组的最高概率到最低概率）。该图表示大部分组 1 观测值在排序列表里 "上升到顶部"。十分位数提升图提供了类似的信息。例如，图表中的第一个条形图表明，排序后观测值的前 10%包含的第一组观测值的数量大约是随机选取 10%记录的 6.7 倍。

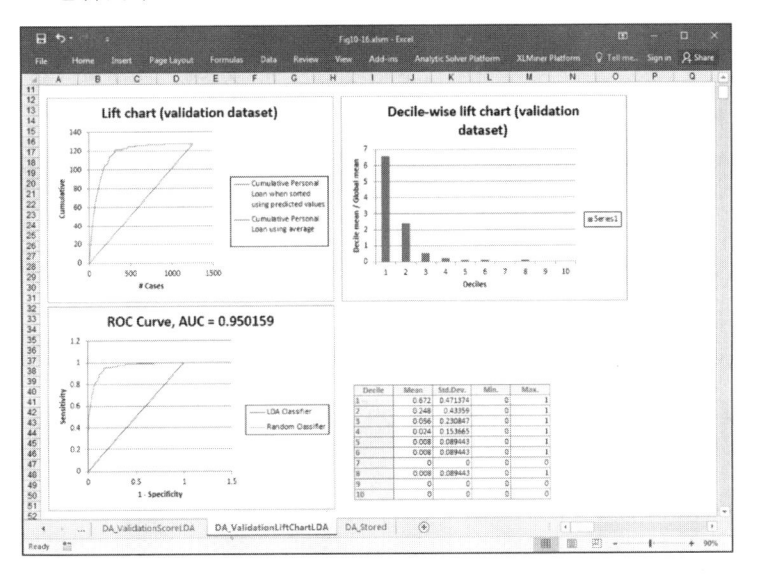

图 10.21 验证样本的提升图和 ROC 图

如前所述，在二进制分类问题中，召回率（灵敏度）和特异性之间存在权衡问题。图 10.21 中的感受性曲线（Receiver Operating Characteristic，ROC）总结了这种权衡和分类器的有效性（注意，ROC 图中的 x 轴表示 1-特异性）。该图表明，若使用非常高的分界概率将观测值分类为 "成功"，则该分类器将具有非常低的灵敏度和高特异性。然而，由于分界概率降低，灵敏度急剧增加，因此特异性损失相对较小，这表明分类器确实具有有价值的区分能力。ROC 图表标题中标注的曲线下的面积（AUC）总结了所讨论的分类器相对于随机分类器的能力（其 AUC 值为 0.5）。一般来说，0.8 或更好的 AUC 值与 "好" 分类器相关联，所谓 "好" 指的是 AUC 为 1 的完美分类器。

名为"DA_TrainingScoreLDA"和"DA_ValidationScoreLDA"的工作表分别显示了训练和验证数据中属于组 1 的每个观测值的概率。图 10.22 显示了验证数据的结果。列 E 中显示的成功概率（组 1 隶属度）首先通过图 10.18 中所示的分类函数应用于每个观测数据进行计算，然后使用方程（10.3）计算最终概率。请注意，单元格 F16 假定组 1 隶属度是默认的最小分界概率 0.5，可以手动更改此值以"微调"分界值。但在大多数情况下，默认值运行良好。

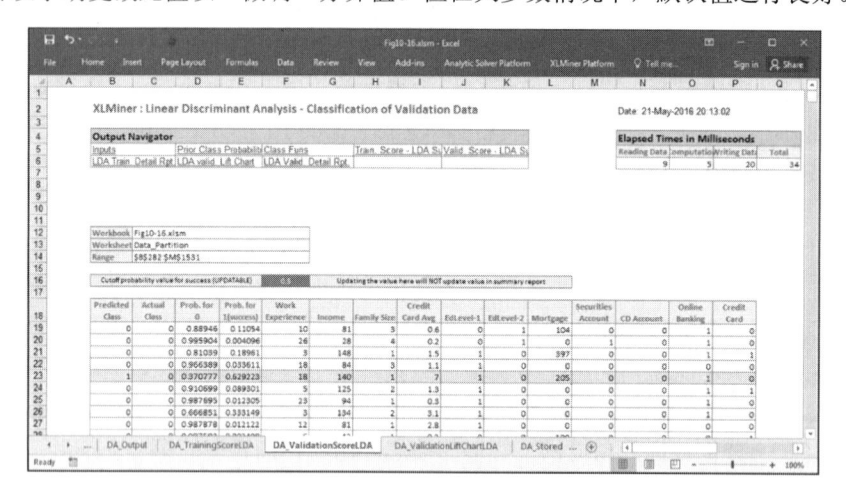

图 10.22　验证数据的预测

最后，名为"DA_Stored"的工作表是 XLMiner 为 DA 模型存储信息、参数设置和分类函数的地方。此工作表可以与 XLMiner 平台选项卡上的"分数"（Score）命令结合使用，以对哪些真实组成员未知的新数据进行分类。例如，图 10.23 所示的名为"新数据"的工作表包含 10 个新客户的记录，这些客户没有收到个人贷款征求信息。要使用我们的 DA 模型来预测这些客户是否会积极响应个人贷款征求信息，请按照以下步骤操作：

（1）在 XLMiner 平台选项卡上单击"Score"。
（2）完成如图 10.23 所示的对话框，然后单击"Match by Name"。
（3）单击 OK 按钮。

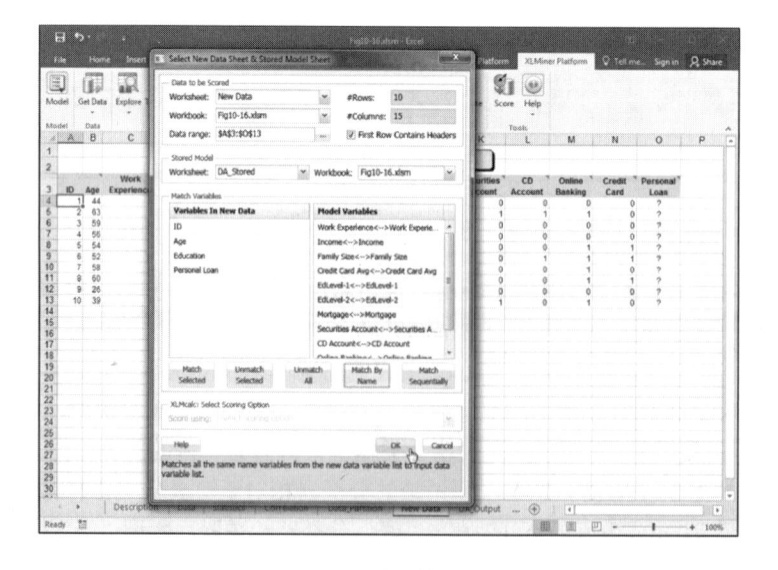

图 10.23　新数据分数

这些新观测值的分组预测如图 10.24 所示。基于这些分数，似乎观测值 1 和 4 对于个人贷款征求信息具有良好的预期。

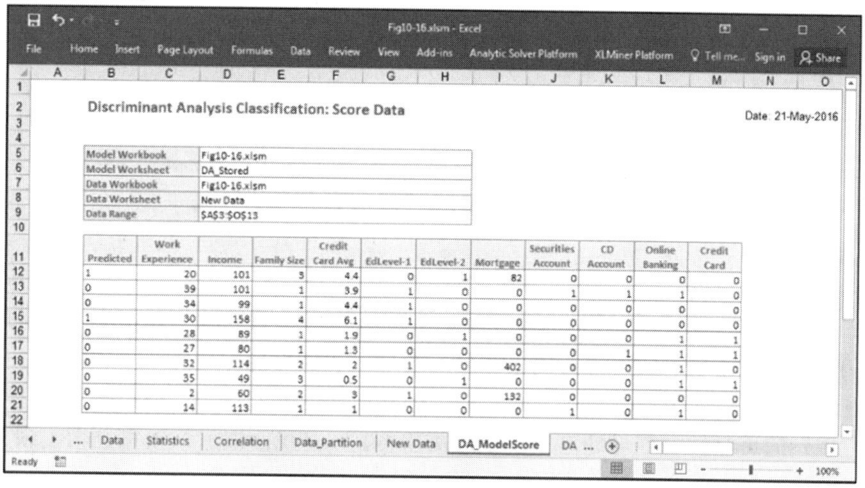

Discriminant Analysis Classification: Score Data

Date: 21-May-2016

Model Workbook	Fig10-16.xlsm
Model Worksheet	DA_Stored
Data Workbook	Fig10-16.xlsm
Data Worksheet	New Data
Data Range	$A$3:$O$13

Predicted	Work Experience	Income	Family Size	Credit Card Avg	EdLevel-1	EdLevel-2	Mortgage	Securities Account	CD Account	Online Banking	Credit Card
1	20	101	3	4.4	0	1	82	0	0	0	0
0	39	101	1	3.9	1	0	0	1	1	1	0
0	34	99	1	4.4	1	0	0	0	0	0	0
1	30	158	4	6.1	1	0	0	0	0	0	0
0	28	89	1	1.9	0	1	0	0	0	1	1
0	27	80	1	1.3	0	0	0	0	1	1	1
0	32	114	2	2	1	0	402	0	0	1	0
0	35	49	3	0.5	0	1	0	0	0	1	1
0	2	60	2	3	1	0	132	0	0	0	0
0	14	113	1	1	0	0	0	1	0	1	0

图 10.24 判别分析对新数据的分类结果

10.5 逻辑回归

逻辑回归是一种分类技术，它使用一组自变量（包括原始变量的适当相互作用和变换）来估计一个观测值属于特定组的概率。理论上，逻辑回归可用于任意数量的组（$m \geq 2$）的分类问题。然而，它最常用于有两个组的分类问题，事实上，XLMiner 目前在其逻辑回归的实现中并未允许两个以上的组。虽然这是一个限制，但回想一下，在有两个以上组的许多分类问题中，实际上有一组是主要感兴趣的组或关注的组，并且将这样的问题转换为 $m = 2$ 组问题并不罕见。逻辑回归也是一种非常稳健的分类技术，通常在各种数据条件下胜过其他分类技术。

对于两组（二进制）分类问题，逻辑回归模型估计观测值属于组 1 的（x_{i1}，x_{i2}，…，x_{ip}）概率如下：

$$P_1(i) = \frac{1}{1 + e^{-(b_0 + b_1 x_{i1} + b_2 x_{i2} + \cdots + b_p x_{ip})}} \tag{10.5}$$

该函数基于累积逻辑概率函数，并将输入观测值严格地映射到 0～1 的概率值。观测值属于另一组（即 0 组）的概率为 $P_0(i)= 1-P_1(i)$。

图 10.25 说明了单个自变量的累积逻辑分布的形状。当 $P_1(i)=0.5$ 时，累积逻辑分布的斜率最大。这意味着自变量的变化将对分布的中点产生最大的影响。相反，分布尾部相对较低的斜率意味着需要对自变量进行大的变化才能使这些区域的估计概率发生变化。

可以证明，式（10.4）等价于式（10.5）所示的回归方程。式（10.5）中的因变量只是观测值属于组 1 的让步比（Odds）的自然对数。

$$LN\left(\frac{P_1(i)}{1-P_1(i)}\right) = b_0 + b_1 x_{i1} + b_2 x_{i2} + \cdots + b_p x_{ip}$$

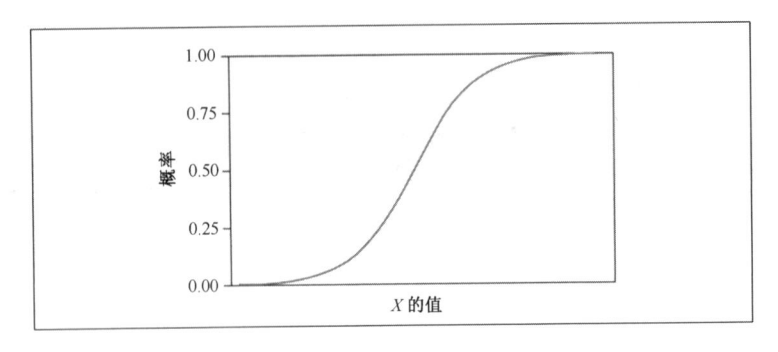

图 10.25　累计逻辑分布函数示例

不幸的是，不太可能使用回归来估计方程（10.5）中的参数，因为通常不知道训练数据中观测值 $P_1(i)$ 代表的概率值。例如，在信用评分问题中，我们可能知道（在事实发生后）哪些贷款申请人被证明和不被证明是"资信可靠"的，但是在接受他们的申请并给予贷款之前，他们有"资信可靠"的可能性（这可通过投掷硬币类推得到——我们知道，投掷硬币出现"正面"的结果与知道在投掷之前它会是"正面"的概率不同）。另外，即使知道 $P_1(i)$ 的值，如果它们中的任何一个碰巧等于 0 或 1，那么方程（10.5）中因变量让步比的对数也是未定义的。因此，逻辑回归模型的参数通常使用非线性最大似然估计（MLE）程序得到。简而言之，MLE 技术推导出模型参数的值，这些参数最大化所得观测数据的概率（即 b_0, b_1, …, b_p 的值使乘积 $\Pi_{i \in G_1} P_1(i) \Pi_{i \in G_0} P_0(i)$ 最大化，其中 G_j 是属于组 j 的取值的集合）。

10.5.1　逻辑回归举例

要使用 XLMiner 运行逻辑回归，请按照以下步骤操作：
（1）单击图 10.26 中显示的 Date_Partition 工作表（本书的配套文件 Fig10-26.xlsm）。
（2）在 XLMiner 平台选项卡上，单击"Classify"→"Logistic Regression"。
（3）进行图 10.26 所示的步骤 1 选择，单击 Next 按钮。
（4）进行图 10.27 所示的步骤 2 选择，单击 Next 按钮。
（5）进行图 10.27 所示的步骤 3 选择，单击 Finish 按钮。

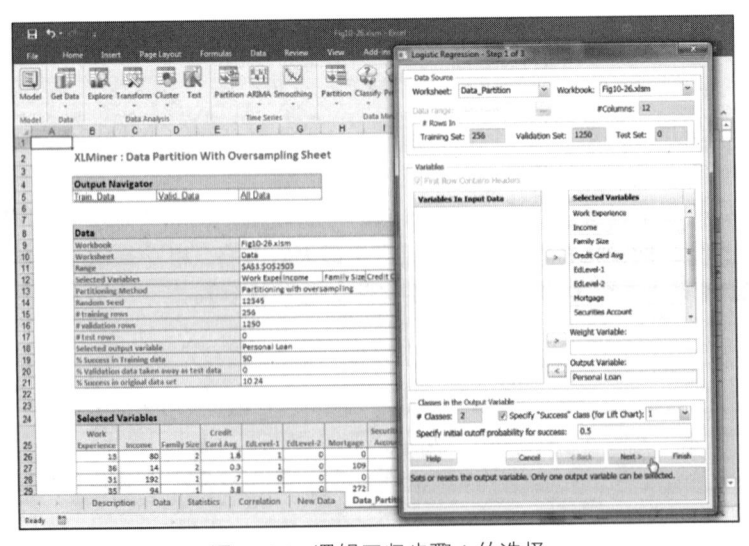

图 10.26　逻辑回归步骤 1 的选择

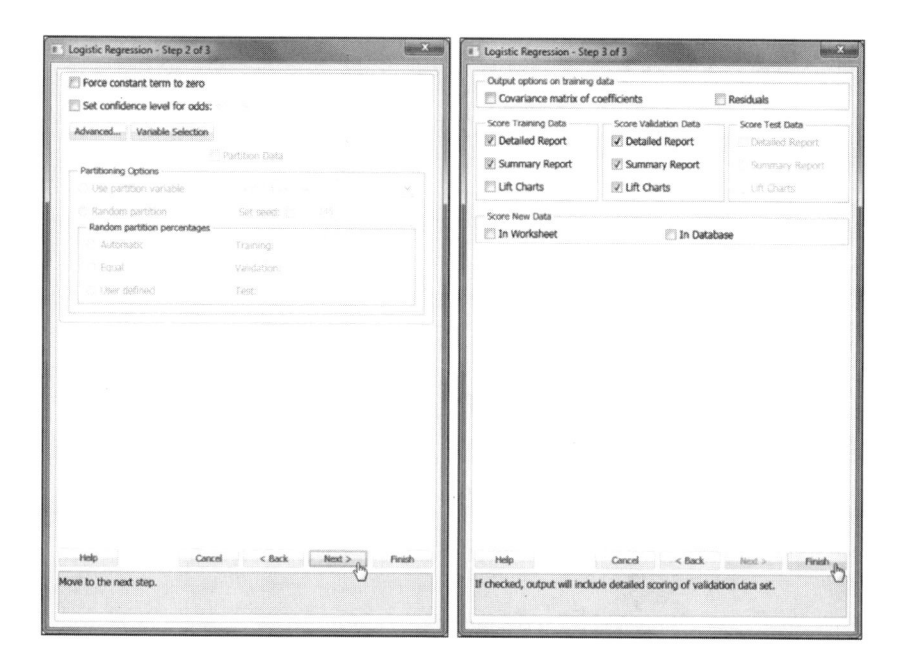

图 10.27　逻辑回归步骤 2 和步骤 3 的选择

同样，XLMiner 将若干新工作表插入包含逻辑回归结果的工作簿中。图 10.28 显示了逻辑回归模型中每个自变量的估计系数。注意，图 10.26 中所选的所有输入变量都出现在模型中。然而，在某些情况下，输入变量的一个子集就是最好的分类工作（例如，如果原始输入变量集合产生了过度拟合）。在图 10.27 中，标记为"变量选择"的命令按钮提供了到另一个有不同选项的对话框（未显示）的入口，用于确定要使用的输入变量。使用逻辑回归的部分数据挖掘过程还将涉及尝试用同变量的不同子集以确定最佳模型。

图 10.28　逻辑回归模型结果

图 10.29 为训练样本和验证样本提供了分类混淆矩阵和错误报表。将这些结果与图 10.19 中 DA 的结果进行比较，似乎逻辑回归的分类准确性在训练数据上略好，而在验证数据上略差。然而，逻辑回归在属于组 1 的验证样本中做了更准确的工作分类观测。

图 10.30 显示逻辑回归验证数据的提升图和 ROC 曲线。这些图表与使用 DA 获得的图表非常相似，并且表明逻辑回归在验证样本中识别真实组 1 观测值方面非常有效。

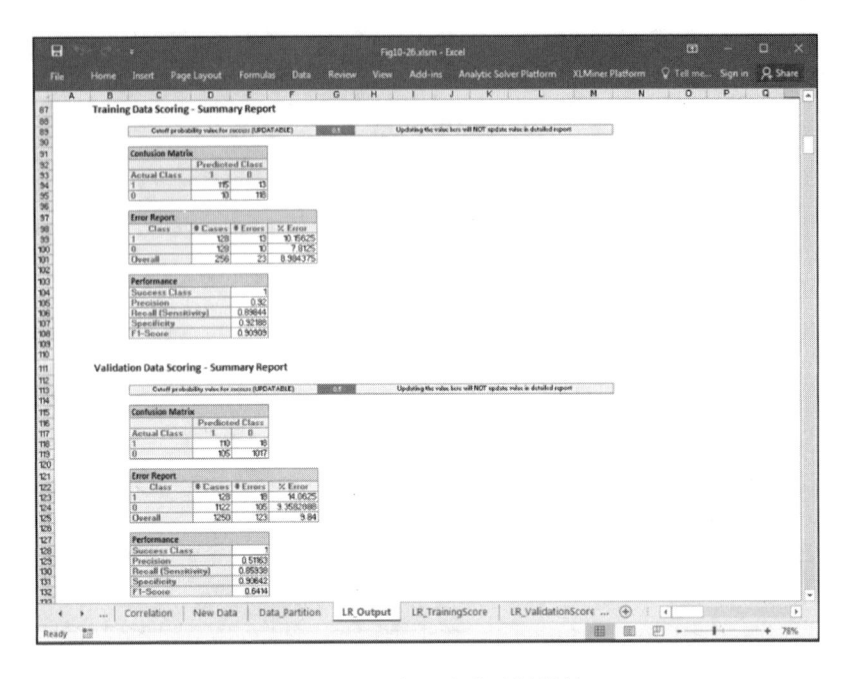

图 10.29 逻辑回归准确性总结

XLMiner 的"分数"命令可以用来为新数据创建分类预测,其方式与图 10.23 和图 10.24 中 DA 的说明完全相同(当然,这里将使用存储在名为 LR_Stored 的表格中的逻辑回归结果作为生成分类的存储模型),这些得分结果在图 10.31 中给出。注意,观测值 1 和 4 的逻辑回归预测与使用 DA 获得的预测相匹配(在图 10.25 中显示)。此外,虽然使用 DA 将观测值 6 分类到组 0 中,但是逻辑回归将其放入组 1。

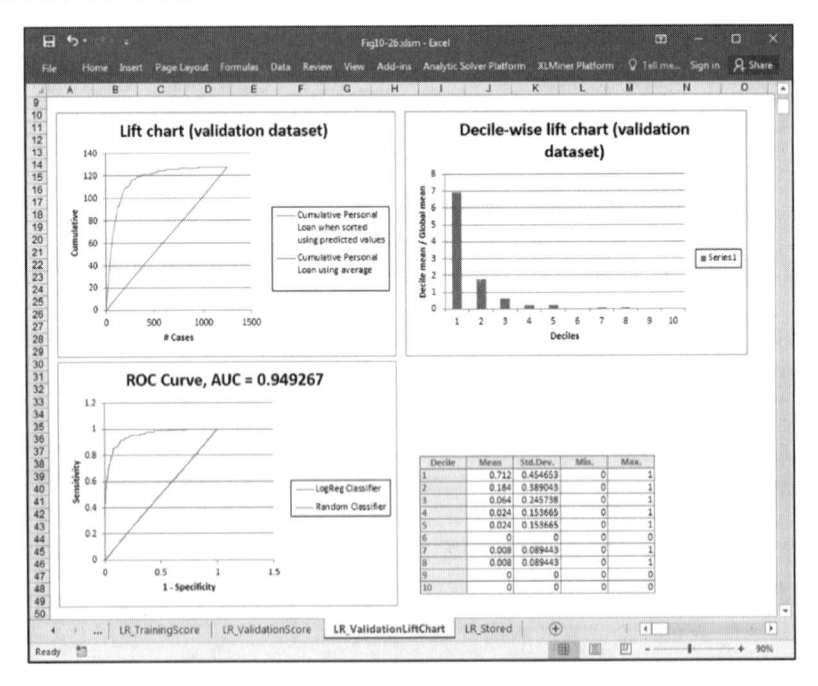

图 10.30 逻辑回归验证样本的提升图和 ROC 图

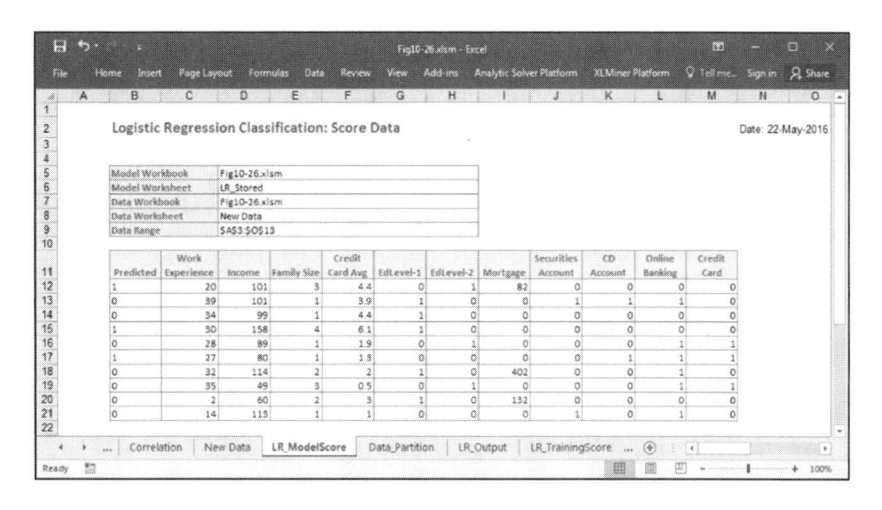

图 10.31　逻辑回归用于新数据的分类结果

10.6　k 近邻法

顾名思义，k 近邻法（k-NN）识别训练数据中的 k 个观测值，这 k 个观测值与我们想分类的新观测值最相似（或最接近）。然后，将新记录分配给 k 个近邻中最频繁出现的组。

注意到，k 近邻算法没有对因变量（Y）和自变量（x_{i1}, x_{i2}, $\cdots$, x_{ip}）之间关系的函数形式作任何假设。因此，k 近邻法的主要问题是如何根据自变量的取值来量化两个记录之间的距离或相似度。虽然可以使用许多距离测量方法，但由于这种分类技术需要大量的距离度量，所以欧几里得距离度量的计算简单性使其成为 k 近邻法最受欢迎的选择。例如，如果数据集合包含 10,000 个观测值，那么需要 10,000 个距离度量来确定与单个待分类新观测值最接近的 k 个观测值。

回想两个观测值（$x_{i1}, x_{i2}, \cdots, x_{ip}$）和（$x_{j1}, x_{j2}, \cdots, x_{jp}$）之间的欧氏距离由下式给出：

$$D_{ij} = \sqrt{(x_{i1}+x_{j1})^2 + (x_{i2}+x_{j2})^2 + \cdots + (x_{ip}+x_{jp})^2} \quad (10.6)$$

因为在这个度量标准中使用的变量通常是在非常不同的尺度上测量，所以在计算欧几里得距离之前标准化（或规范化）所有的变量是明智的，这样可使变量不受变量的数值范围或数量级的控制或过度影响（变量 x 通过将每个观测值 x_i 分别替换为 $(x_i - \bar{x})/s_x$ 来标准化，其中 $\bar{x}$ 和 s_x 分别表示 x 的平均值和标准差。得到的标准化 x 值的平均值为 0，标准差为 1）。

为了使用 k 近邻法，很显然必须为 k 选择合适的值。在一个极端情况下，可以让 k = 1，并根据其最近邻组的隶属度对每个观测值进行分类。这会导致分类对训练数据的样本特定特征非常敏感（和可能过度拟合）。另一个极端是，令 k = n，并将所有观测值分类到训练数据中最频繁出现的组中。显然，这会抑制该技术发现数据中可能存在的结构和模式。解决这种困境的首选方法是尝试几个 k 值并选择一个最小化验证样本错误率的值。一般来说，数据结构越复杂和不规则，k 的最优值越小。k 的值通常落在 1~20 范围内，并且经常选择奇数值以避免产生联系。

10.6.1　k 近邻法举例

要使用 XLMiner 实现 k 近邻法分类，请按照以下步骤操作：

（1）单击图 10.32 中显示的 Date_Partition 工作表（本书的配套文件 Fig10.32.xlsm）。

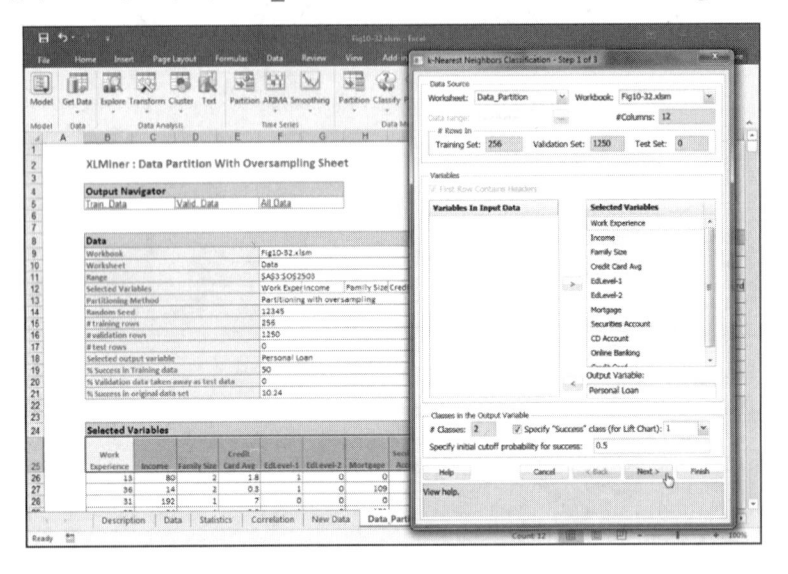

图 10.32　k 近邻法步骤 1 的选择

（2）在 XLMiner 平台选项卡上，单击"Classify"→"k-Nearest Neighbors"。
（3）完成图 10.32 所示步骤 1 中的选择，单击 Next 按钮。
（4）完成图 10.33 所示步骤 2 中的选择，单击 Next 按钮。
（5）完成图 10.33 所示步骤 3 中的选择，单击 Finish 按钮。

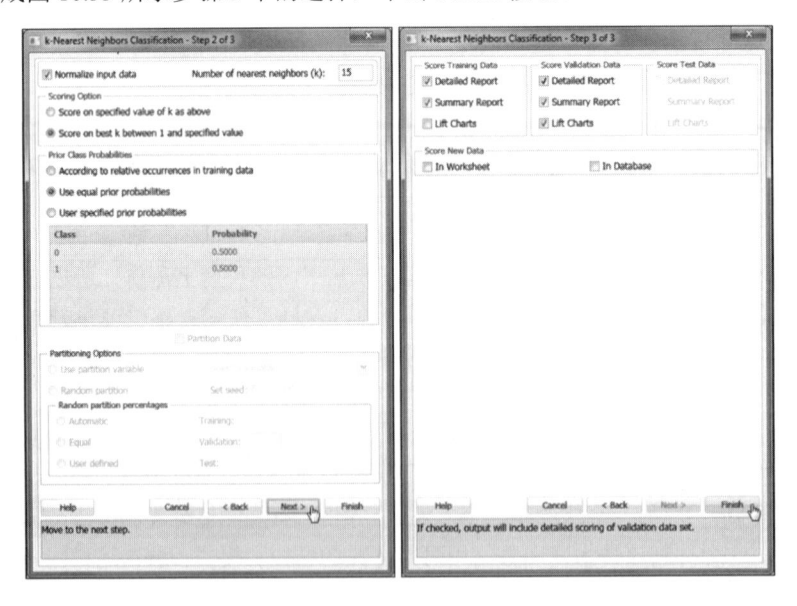

图 10.33　k 近邻法步骤 2 和步骤 3 的选择

注意，图 10.33 中的设置要求 XLMiner 对输入数据进行规范化。还要求它尝试所有在 1～15 之间的 k（整数）值，并提供最适用于验证样本的 k 值的分类（分数）。这是一项计算密集型任务，可能需要一些时间，具体取决于计算机的速度。

对于最佳 k 值（在这种情况下，$k=13$），图 10.34 显示了 k 近邻法分析结果的一部分。将这些结果与图 10.19 中 DA 的结果进行比较，似乎在属于组 1 的验证样本中的观测值分类中，k 近邻法的分类准确性似乎较差。k 近邻法的提升和 ROC 结果与之前 DA 和逻辑回归显示的非常相似，因此在此不再重复。

图 10.35 显示了使用 XLMiner 的"分数"命令的 k 近邻法模型获得的 10 个新观测值的估计组预测，其存储在名为 KNNC_Stored 的工作表中。注意，来自 k 近邻法的预测结果将观测值 2、4、6 和 10 分类为组 1 观测值。这与使用 DA 和逻辑回归获得的分类有些不同。分类器之间就给定观测分类的一致性越高，我们在这些预测中就越有信心。

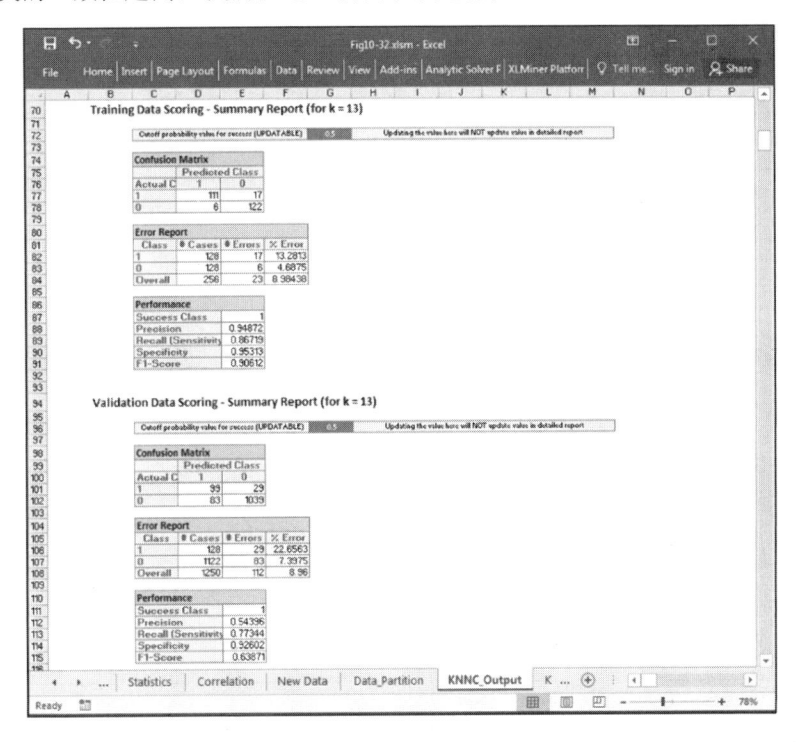

图 10.34 k 近邻法结果

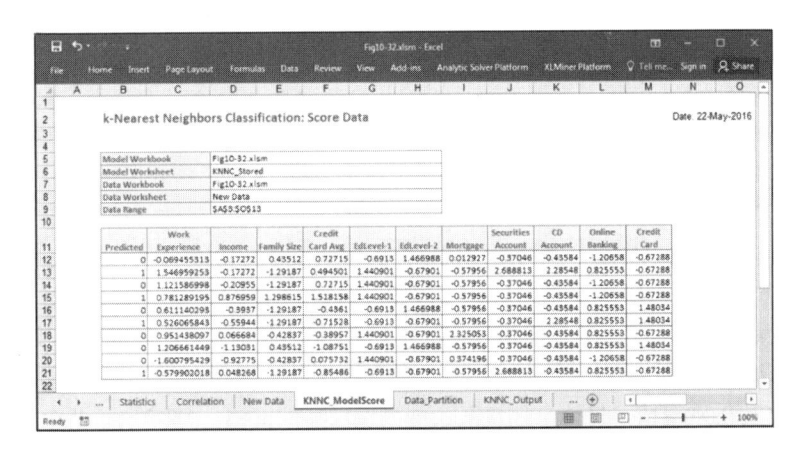

图 10.35 k 近邻法对新数据的分类结果

10.7 分类树

分类树是将观测值分类为两组或更多组的一组规则的图形表示。分类树使用分层排序过程，包括把组记录中的节点和终端节点，从数据集合中分裂到越来越多的同类组。分类树很受欢迎，因为所产生的分类规则非常明显且易于解释（只要树不太大）。

图 10.36 给出了对 1,400 个人进行分类的一个假设的分类树。根据这 1,400 个人的收入、家庭规模、受教育年限和信用评分的信息，他们将收到免费参观分时度假村的邀请。这些人分为两类：不接受邀请者（0）和接受邀请者（1）。树中的每个圆形节点表示分裂（或决策）节点，其中节点中的数字表示分裂（或分界）值。树中的每个方形节点是终端节点，其中节点中的数字表示与该节点关联的类识别符（或组编号）。分类树从顶部开始，具有初始（或根）节点，然后向下生长。

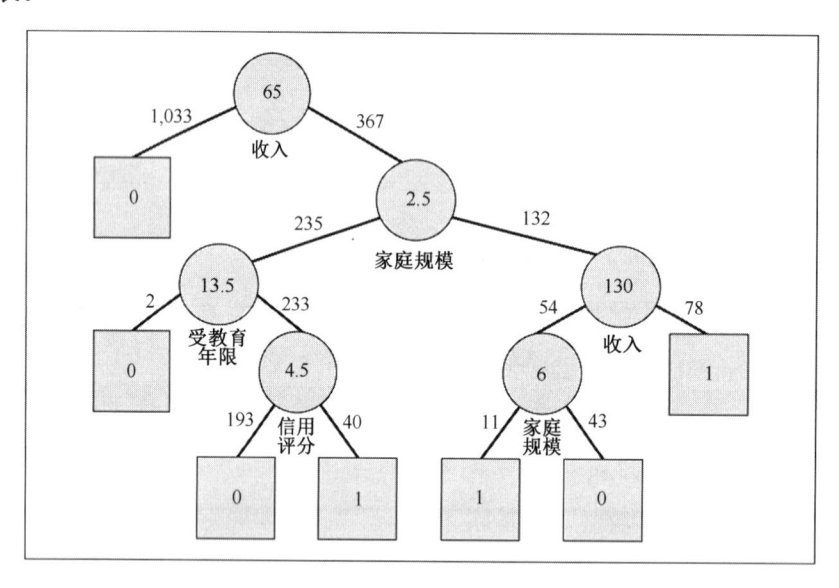

图 10.36 分类树示例

可以从分类树中提取决策规则，以描述个体如何在每个终端节点中结束。例如，树中最左边的分支对应的决策规则：如果收入≤65，那么分类= 0（不接受邀请者）。在这个例子中，1,400 个假设个体中共有 1,033 个落入终端节点。树的其余部分显示剩余的 367 个人如何分类。例如，树中最右边的一组分支对应的决策规则：IF（Income>65）AND（Family Size>2.5）AND（Income>130）THEN Class=1（acceptor）。在这个例子中有 78 个人落入这个类别（注意，来自分裂节点的左分支对应于"小于或等于节点中的分裂值"的值，而右分枝对应于节点中"大于分裂值"的值）。从训练数据中构建分类树后，可以按照树中表达的决策规则对新观测值进行分类。

创建分类树的第一步需要反复循环地（递归）分区自变量——其中，每次分区都是前面分区的结果进行操作。正如前面的例子所说明的，递归分区通过首先选择 p 个自变量之一运行，比如选择自变量 x_i，以及 x_i 的一个值，如 s_i，作为分裂点。这将 p 维空间分区为两个分区：一个包含所有 $x_i \leq s_i$ 的观测值，另一个包含其余观测值，其中 $x_i > s_i$。这导致了两个 p 维矩形分区。若得到的分区中的任何一个不是同质的或足够"纯"的，则通过再次为该变量选择自变量和分裂点来对不纯分区进行分区。继续该过程，创建越来越小的 p 维矩形分区，直到整个空间由足够纯的 p 维矩形组成（一个完全纯粹的或同质的分区包含属于一个单独的群或类的点。注意，当属于不同组的观测值对于所有自变量具有完全相同的值时，完全纯粹或同质性是不可能的。如上所述，完全纯粹也并不总是令人满意的）。

每当一个分区被分成子分区时，必须选择一个自变量和该自变量的分裂值。分类树算法通常以最小化所得分区不纯的加权平均方式进行这些选择。测量不纯度的两种最常用方法是基尼指数和熵度量。某给定分区 j 的基尼指数定义为

$$GI_j = 1 - \sum_{k=1}^{m} p_k^2$$

其中，p_k 是属于组 k 的分区 j 中观测值的比例。若分区 j 中的所有观测值属于同一组，则其基尼系数值将为 0——表示完全纯度。或者，当在分区 j 中所有 m 组以等比例出现时，其基尼系数将达到其最大值$(m-1)/m$。

类似地，给定分区 j 的熵度量（EM）定义为

$$\text{EM}_j = 1 - \sum_{k=1}^{m} p_k \log_2(p_k) \tag{10.7}$$

熵度量值的范围在 0（当所有的观测值属于相同类别时）到 $\log_2(m)$（当所有的 m 组等比例出现时）之间。存在各种类似的不纯度度量，并且被各种分类树算法使用，但它们都有相同的目的，即尝试在树中进行分裂以产生训练数据的最准确的可能分区。

为了使终端节点具有完美纯度，由一组训练数据创建的分类树明显地易于过度拟合。直观地说，随着树的增长，分裂是基于越来越少的观察值进行的。所以，树中的最终节点很有可能适合于训练数据中样本的特定特征（或噪声）。这样的树很可能比没有过度拟合训练数据的树更不准确地分类新观测值。许多分类树算法尝试通过使用启发式停止规则来限制树生长，或通过修剪完全长大后的树来避免过度拟合训练数据。树的生长（即分裂和终端节点的数量）可以通过如下方法进行限制——要求每个节点的观测值数量最小或要求继续进行子分区的分区不纯度的减少量最小。这些方法的难点在于，不容易确定每个节点所需的最小观测值数量，或最小化应该避免过度拟合的不纯度减少量。

过度拟合的另一种补救方法是"修剪"完全长大的分类树，以确定缩减树——在验证样本中对数据分类效果良好的分类数。从具有 D 个决策节点的完全长大的树开始，通过修剪，选择决策节点并将其变为终端节点，从而产生具有 $D-1$ 个决策节点的树。选择被消除的决策节点，使得生成的树（具有 $D-1$ 个决策节点）尽可能准确地对训练数据进行拟合或分类。然后重复该过程，从而创建依次更小的树序列，直到最后的树只有一个根节点。从这个可能的分类树序列中，我们可以确定验证样本上产生最低错误分类率（错误率）的树。理论上，修剪应该有助于确定一棵能够捕获训练数据中存在的真正的普遍模式的树，同时忽略数据中的噪声（或样本特定异常）。当然，选择一个最小化验证数据中错误分类率的分类树可能会导致验证数据中偏向噪声的树。为避免这种情况，我们可以选择比"最小化验证样本的误差"的树具有更少决策节点的树，但没有一种合适的方法可以确定这个更少的节点应该是多少。

10.7.1 分类树举例

要使用 XLMiner 为分区数据集合创建分类树，请按照以下步骤操作：
（1）单击图 10.37 中显示的 Date_Partition 工作表（和本书的配套文件 Fig10-37. xlsm）。
（2）在 XLMiner 平台选项卡上，单击 "Classify" → "Classification Tree" → "Single Tree"。
（3）完成图 10.37 所示步骤 1 的选择，单击 Next 按钮。

（4）完成图 10.38 所示步骤 2 的选择，单击 Next 按钮。

（5）完成图 10.38 所示步骤 3 的选择，单击 Finish 按钮。

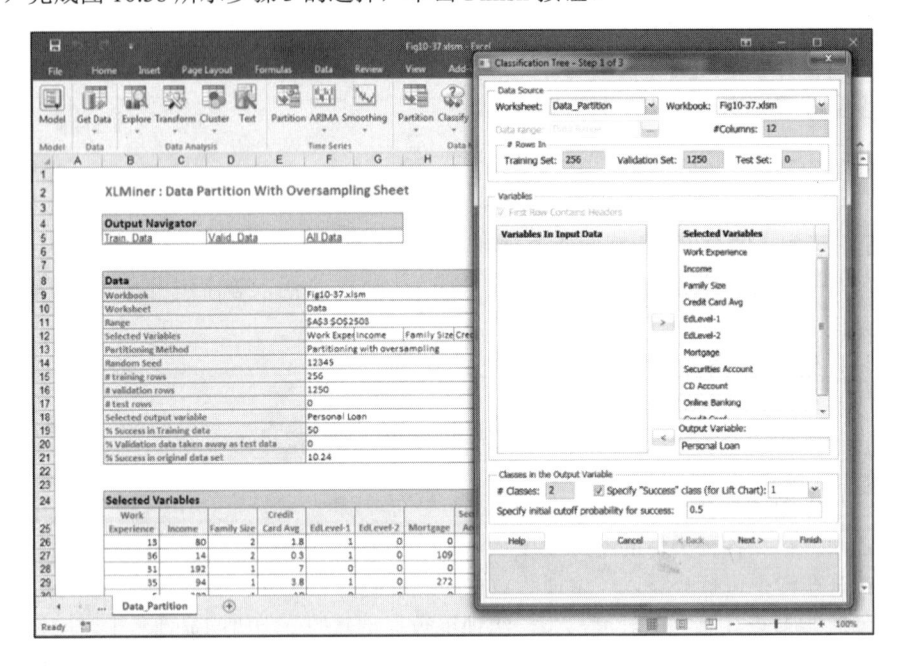

图 10.37　分类树步骤 1 的选择

注意，图 10.38 中的设置要求 XLMiner 对输入数据进行规范。为了避免过度拟合，我们还明确规定，仅在节点至少包含 13 条记录时分裂，这确保每个终端分裂节点至少包含训练样本中 5% 的观测值（因为 0.05×256=12.8）。与许多数据挖掘技术一样，没有单一的正确方法来防止过度拟合，且在通常情况下，要为每个终端节点的记录数来尝试多个值，以确定能够提供良好预测结果的值。

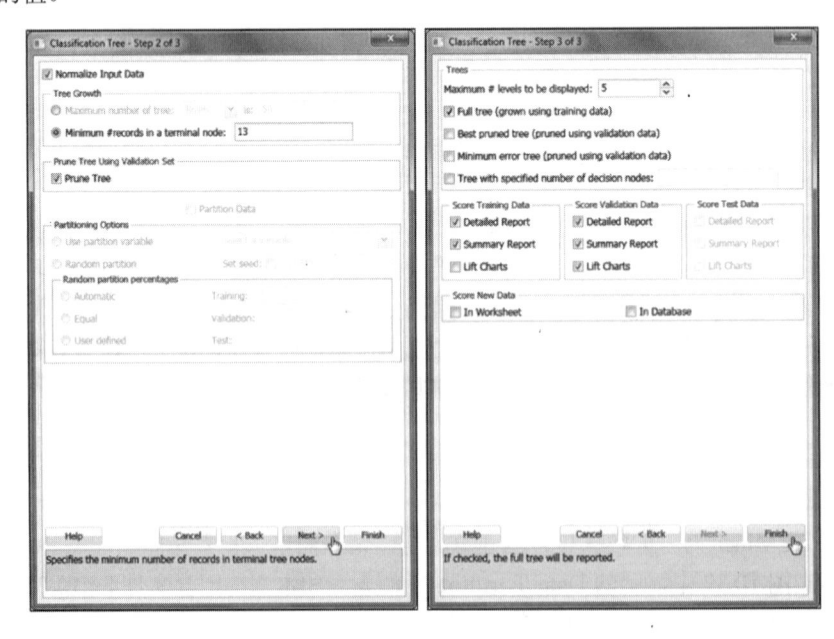

图 10.38　分类树步骤 2 和步骤 3 的选择

分类树的一部分结果如图 10.39 所示。将这些结果与图 10.19 中 DA 的结果进行比较，就训练和验证样本来说，似乎分类树技术的分类准确性远比我们以前考虑的任何技术更高。分类树技术正确分类了训练和验证样本中组 1 观测值的约 90%或更多，并且将两个样本中组 0 观测值的误分率小于 3%。当然，分类树并不总是运行效果这么好，也并不总是最好的分类技术。

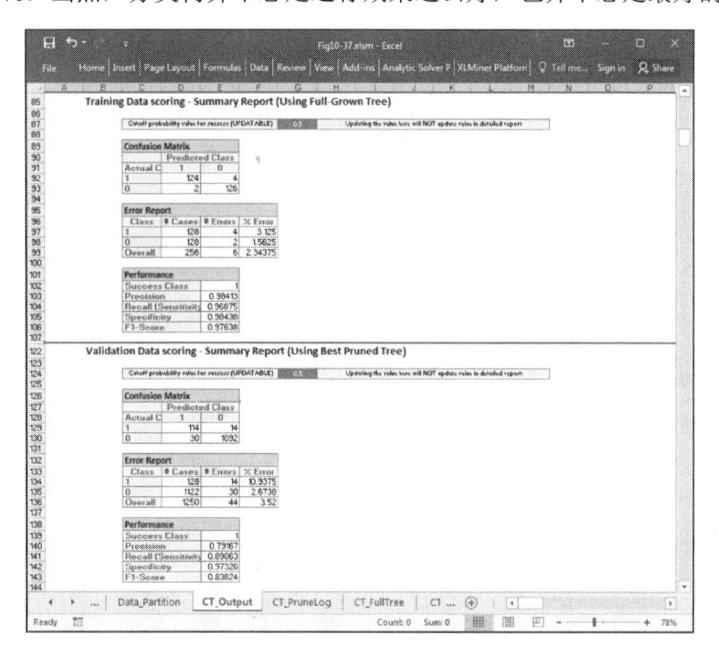

图 10.39　分类树结果

图 10.40 给出了 XLMiner 为这个示例构造的分类树，它使用伪代码说明对应的决策规则。分类树（和伪代码）还显示了落入每个类别的训练样本观测值的数量。还需要说明一点，图 10.40 中的树可以通过省略信用卡节点进行简化，并用组 0 观测值的单个节点替换它。

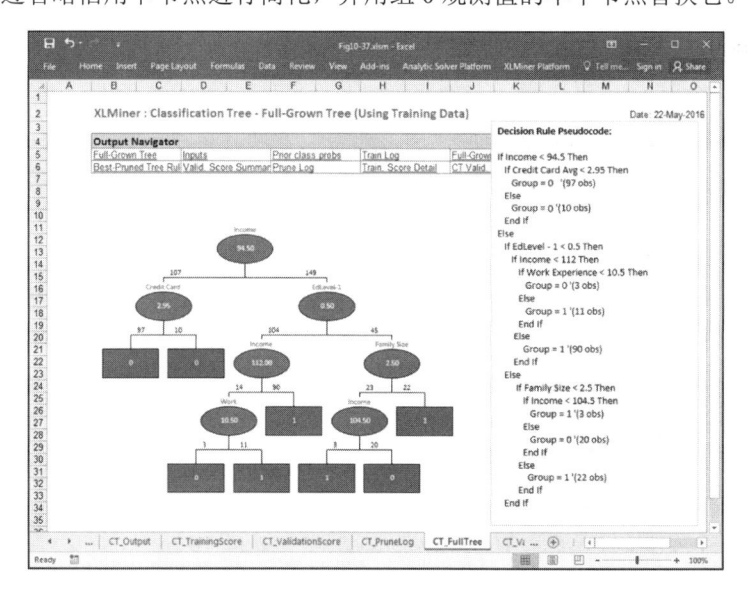

图 10.40　分类树

图 10.41 给出了使用 XLMiner 的"分数"命令和存储在名为 CT-Stored 的表中的分类树模

型为 10 个新观测值获得的估计组预测值。注意，来自分类树技术的预测仅将观测值 2 归类为组 1 观测，而其余观测全部归类到组 0。这些预测中的一些与早期技术的预测明显不同。当然，如果允许最终节点分裂发生在训练样本中至少 5%的观察值以外，那么分类树的预测也可能会有所改变，这就是数据挖掘的本质。

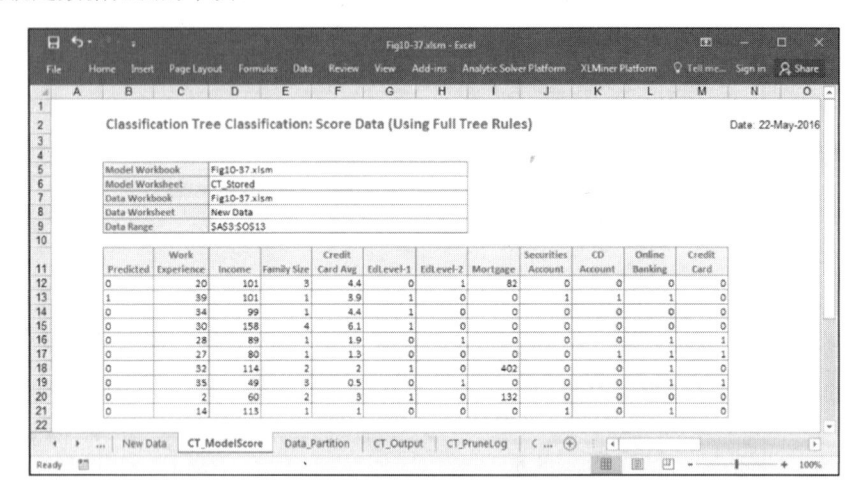

图 10.41　使用分类树的新数据分类结果

此示例中使用的分类树是使用 XLMiner 分类树命令下的单一树选项构建的。然而，分类树命令还提供了标记为提升算法（Boosting）、自助聚合算法（Bagging）和随机树（Random Tree）的选项。这些选项中的每一个都是**集成技术**，可以自动构建多个分类树并将它们组合起来以产生最终预测。通过使用多个树并结合它们的结果，集成方法往往可以避免可能出现在任何单一树中的偏差，或对其进行平均。

10.8　神经网络

神经网络通常被描述为一种模式识别技术，它让机器尝试学习一组输入和输出变量之间存在什么关系（如果有的话）。神经网络的"学习能力"可以追溯到它们的起源——人工智能领域的研究人员尝试创造出类似于人类大脑工作方法或学习方式的计算设备。人类以非常高的频率不断地从 5 种感官接收刺激，这些刺激到达大脑，大脑对其进行各种处理，然后人类以某种方式对这些刺激做出反应。大脑内对刺激的处理通过大量相互关联的神经元集合来进行，这些神经元集合以不同强度的输出信号（被化学神经递质激发或抑制）进行响应，通过突触发送到其他神经元。我们这里描述的神经网络（有时更适合称为人工神经网络）是相对简单和简化的计算机程序，是进行相当复杂和有效的生理计算架构建模后的程序。

神经网络背后的基本思想是：确定一个函数，将一组输入值精确地映射到相应的一组输出值。虽然这在思想上非常类似于其他统计建模技术（如回归分析），但关键区别在于回归分析要求分析人员指定因变量和自变量之间关系的函数形式（如线性、二次、交互作用），而神经网络尝试从数据中自动发现这种关系。

前馈神经网络（这是我们讨论的唯一焦点）本质上是一个映射函数 $f()$，其将输入记录 x_{i1}，x_{i2}，…，x_{ip} 与输出值 y_i 相关联，形式为 $y_i = f(x_{i1}, x_{i2}, …, x_{ip})$。图 10.42 说明了这种计算方法的关键组件。$p$ 个输入变量中每一个都有一个输入节点，并且每个输入值都通过加权弧发送到第一个隐藏层中的每个节点(图 10.42 显示了一个单一的隐藏层,但是一般来说,神经网络可能有多个隐藏层)。每个隐藏节点 i 计算其净输入 N_i,就是流入其中输入值的加权和,通过 $N_i = b_i + \sum k a_{ik} x_{ik}$ 计算,其中 b_i 是表示隐藏节点 i 的偏差值常数。针对每个隐藏节点 i 计算响应 R_i。这可以通过多种方式完成,但典型方式为 $R_i = (1 + \text{EXP}(-N_i))^{-1}$,其形状如图 10.25 所示,呈 S 形。每个隐藏节点的响应 R_i 被发送到下一隐藏层中的每个节点,其中为该层中的每个节点计算相同类型的加权输入和响应。对网络中的每个隐藏层重复该过程。最后,输出节点计算其输出 y_i,为流入其中的值的加权总和的一些函数,通过 $y_i = b_i + \sum k a_{ik} x_{ik}$ 计算,其中 b_i 是代表输出节点的偏差值的常数(图 10.42 显示了一个单一的输出节点,但通常神经网络可能有多个输出节点)。

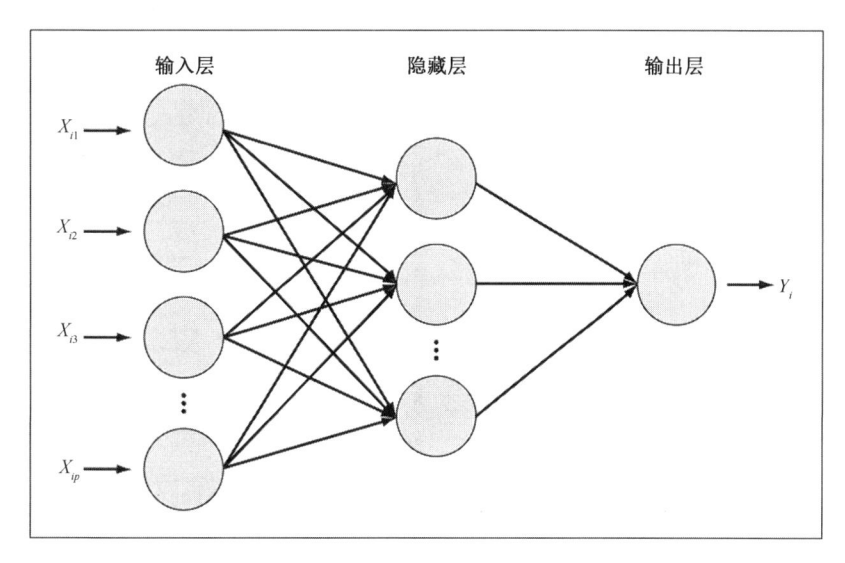

图 10.42 神经网络示例

神经网络的目标是"学习"并能够准确预测与给定的一组输入值相关的输出值。这种学习通过调整网络中弧上的权重来进行,因此对于给定的输入值集合,神经网络估计的输出值将近似地接近与输入相关的实际输出值。这需要通过迭代每次向网络呈现一组训练数据,这组训练数据包含已知配对的输入值和输出值,并调整权重以减少网络预测中的任何错误。在该训练过程中经常使用称为**反向传播算法**的技术来调整神经网络中的权重。

为了给给定问题创建神经网络,分析人员必须决定要使用多少个隐藏层、在每个隐藏层中使用多少个节点。不幸的是,这些问题没有明确的答案,因此我们必须依靠大多数神经网络软件包提供的试错法或默认设置。通常,单个隐藏层足以捕获数据集合中最复杂的关系。隐藏层中的节点数量也会影响神经网络捕获的复杂程度。然而,正如预料,节点太多会导致数据过度拟合,而太少的节点可能不足以建立复杂的关系。一种常见的启发式方法是使用 p 个隐藏节点(其中 p 是输入变量的数量),并逐渐增加和减少此数量,同时检查验证样本的过度拟合(与分类树使用的修剪方式大致相同)。

通常可以选择神经网络中的输出节点数量。对于两组($m=2$)分类问题,为了分类目的,单个节点可以使用分界值。对于具有两组以上($m > 2$)的分类问题,训练数据中的输出变量可以转换为 m 个二进制变量,并且可以在神经网络中使用 m 个输出节点,其中观测值被分类到与具有最大响应值的输出节点相关联的组中。

10.8.1 神经网络举例

要使用 XLMiner 为分区数据集合创建神经网络，请遵循以下步骤：
（1）单击图 10.43 中显示的 Date_Partition 工作表（本书的配套文件 Fig10-43.xlsm）。
（2）在 XLMiner 平台选项卡上，单击 "Classify"→ "Neural Network"→ "Manual Network"。
（3）完成图 10.43 所示步骤 1 的选择，单击 Next 按钮。
（4）完成图 10.44 所示步骤 2 的选择，单击 Next 按钮。
（5）完成图 10.44 所示步骤 3 的选择，单击 Finish 按钮。

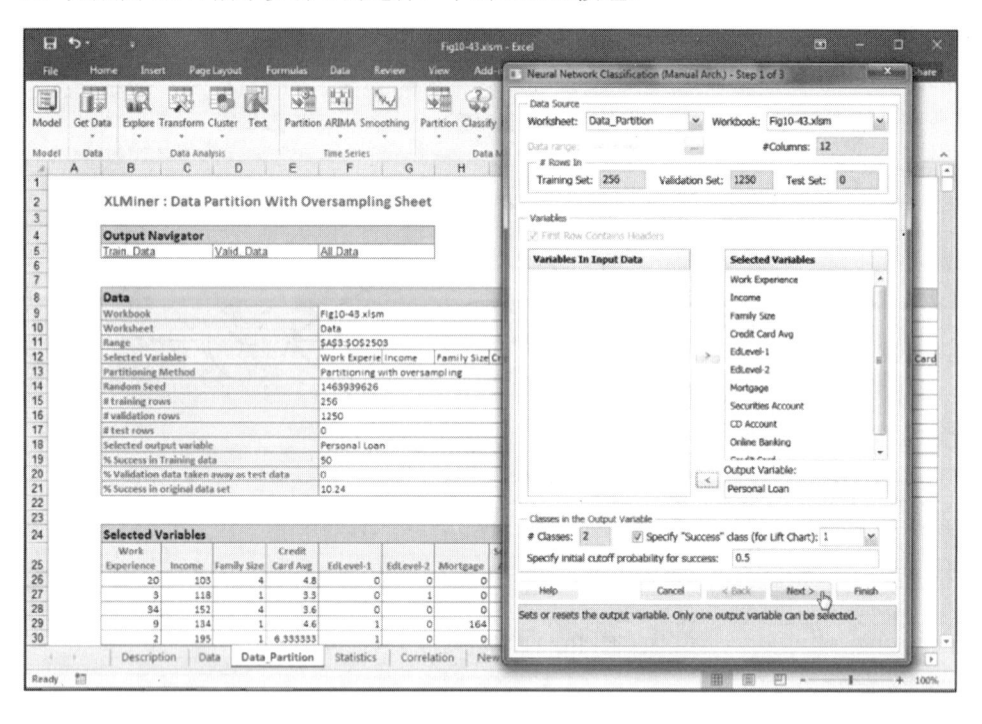

图 10.43　神经网络第 1 步的选择

注意，图 10.44 中的步骤 2 对话框提供了几个与网络体系结构和训练选项相关的选项。在给出的例子中，我们手动指定了带有三个节点的一个隐藏层组成的网络体系结构。XLMiner 除在上面的步骤 2 中选择手动网络选项外，还提供了一个自动网络选项，可自动创建和训练多个神经网络，尝试找到一个效果很好的网络。这是一个非常有用的功能，但可能会耗费时间。图 10.44 中的步骤 2 对话框中列出的训练选项允许更改反向传播算法中使用的几个参数，因为它尝试优化网络中的权重。注意，"# Epochs" 选项控制整个数据集合通过反向传播算法运行多少次。我们再次看到，使用神经网络进行数据挖掘可能需要分析师进行大量的实验和工作。

图 10.45 给出了神经网络汇总结果的一部分。这些结果表明，神经网络技术的分类准确性在训练样本上比验证样本好得多。这可能说明神经网络对训练样本进行了过度拟合，并且训练周期的数量可能太大。另一方面，神经网络在验证样本中的组 1 观测中比我们已经考虑的大多数其他分类技术更精确（除了分类树）。当然，通过改变网络架构和训练选项，可以为这个数据集合创建许多其他的神经网络。在实践中，我们希望在选择模型部署之前考虑很多这样的网络。

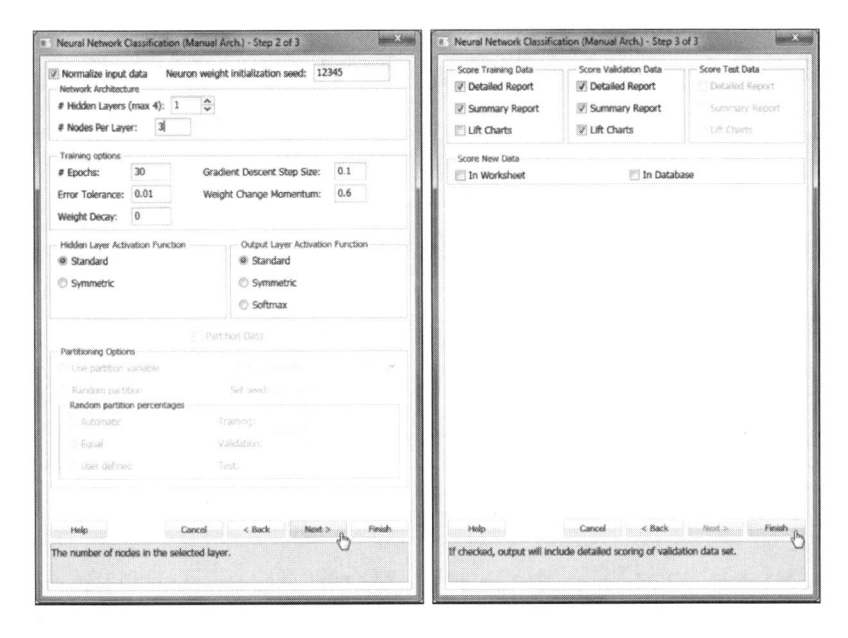

图 10.44 神经网络步骤 2 和步骤 3 的选择

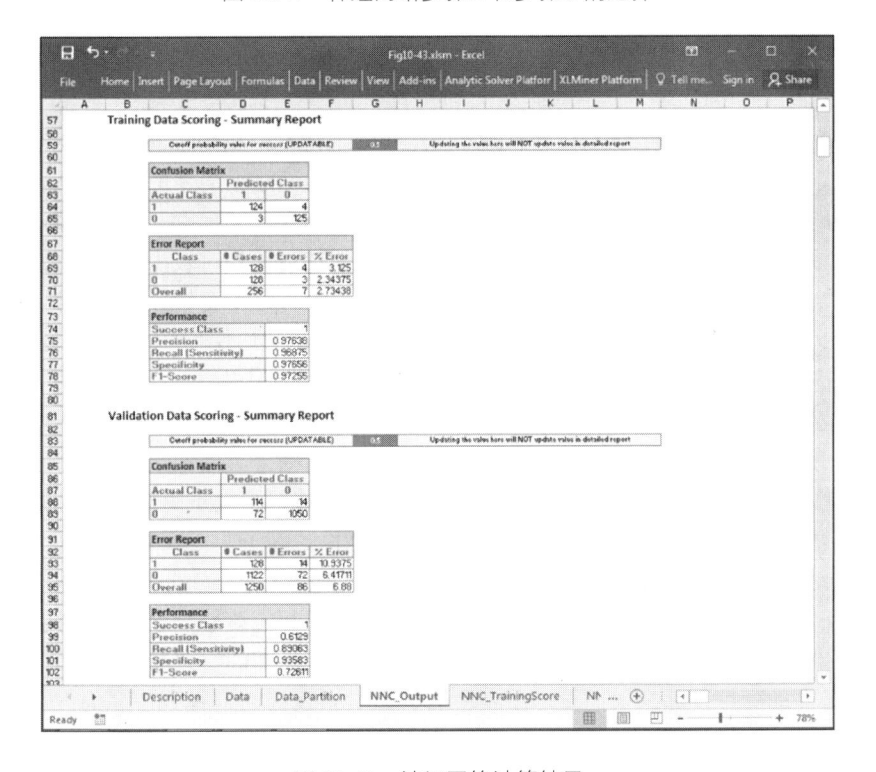

图 10.45 神经网络计算结果

图 10.46 给出了使用 XLMiner 的分数命令用神经网络模型获得的 10 个新观测结果的估计组预测结果，存储在名为 NNC_Stored 的工作表中。来自神经网络技术的预测将观测值 1、2、4 和 6 分类为组 1 观测，其余观测值全部分为组 0。这些预测与逻辑回归技术的预测相似，但不同于之前介绍的其他分类技术。再次强调，若使用不同的网络架构或训练选项，则神经网络的预测也可能会有改变。

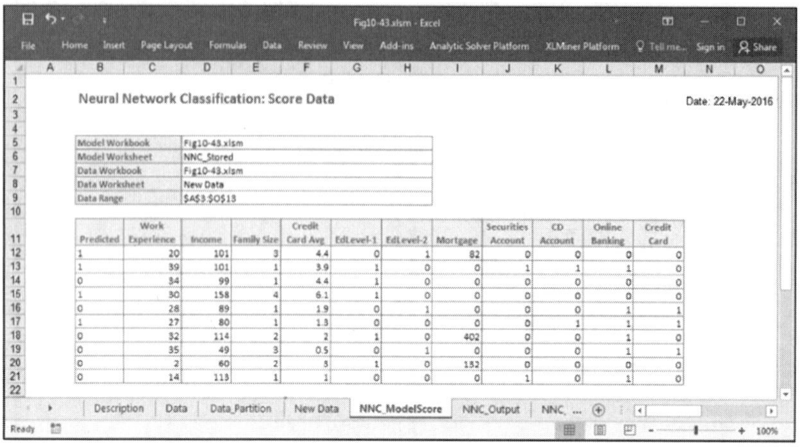

Neural Network Classification: Score Data

Date: 22-May-2016

Model Workbook	Fig10-43.xlsm
Model Worksheet	NNC_Stored
Data Workbook	Fig10-43.xlsm
Data Worksheet	New Data
Data Range	$A$3:$O$13

Predicted	Work Experience	Income	Family Size	Credit Card Avg	EdLevel-1	EdLevel-2	Mortgage	Securities Account	CD Account	Online Banking	Credit Card
1	20	101	3	4.4	0	1	82	0	0	0	0
1	39	101	1	3.9	1	0	0	1	1	1	0
0	34	99	1	4.4	1	0	0	0	0	0	0
1	30	158	4	6.1	1	0	0	0	0	0	0
0	28	89	1	1.9	0	1	0	0	0	1	1
1	27	80	1	1.3	0	0	0	0	1	1	1
0	32	114	2	2	1	0	402	0	0	1	0
0	35	49	3	0.5	0	1	0	0	0	1	1
0	2	60	2	3	1	0	132	0	0	0	0
0	14	113	1	1	0	0	0	1	0	1	0

图 10.46　神经网络技术对新数据的分类结果

与分类树技术一样，XLMiner 也提供了与神经网络相结合的 Boosting 和 Bagging 集成技术。数据挖掘分析师应该研究自动网络选项和这些集成技术，以找到最适合于给定问题的神经网络。

10.9　朴素贝叶斯

对未知来源的新记录进行分类的另一种方法是在训练样本中找到相同的记录，确定这些样本记录的大部分属于哪个组，并将新记录分配给同一组。虽然这个简单的策略（称为完全或精确的贝叶斯分类器）具有相当直观的吸引力，但它遇到了许多实际问题。首先，如果任意自变量是连续的，那么存在相同记录是极不可能的。第二，即使数量相对较少的自变量，也不能保证每个要分类的记录都能精确匹配。例如，若有 8 个自变量，每个变量具有 4 个类别等级，则总共有 $4^8 = 65{,}536$ 个不同的可能记录。少于 65,536 条记录的样本不可能包含每条可能的记录；并且，具有 65,536 条以上记录的样本也不一定包含每个可能的记录。

由于寻找新记录的精确匹配可能会遇到困难，因此朴素贝叶斯技术关注每个自变量（而不是整个记录）的值落入每个组的比率。也就是说，**朴素贝叶斯**分类器假设特定自变量的值与任何其他自变量的值无关（或统计独立）。虽然这个假设少数情况下是正确的（因此有点“幼稚”或“朴素”），但朴素贝叶斯分类器在实践中经常运行良好。

当应用朴素贝叶斯技术时，应该首先“分类装箱”（Bin）（简称“分箱”）任何连续变量。也就是说，任何连续变量（及具有许多观测值的离散变量）都应该被一个新的分类变量替换，该分类变量将原始变量（具有许多不同值）的值映射到相对适中的组或箱中。例如，如果有一个代表客户身高的变量，那么我们可以用一个编码变量来代替它，编码变量有三个类别， 1 为短、2 为中、3 为高。如果遇到一个新客户，他的身高与训练样本中现有客户的身高并不完全相同，我们仍然可以将客户的身高映射到矮、中、高类别之一（在 XLMiner 中，选择“变换”→“分箱连续数据”。XLMiner 中提供了一个用于分箱连续数据的实用程序）。

朴素贝叶斯技术总结如下：

（1）选择要分类的记录（$x_{i1}, x_{i2}, \cdots, x_{ip}$）。

（2）计算（$x_{i1}, x_{i2}, \cdots, x_{ip}$）中每个自变量的值出现在组 $j(G_j)$中的个体概率，将这些概率彼此相乘，然后将结果乘以这条记录属于 G_j 的概率。

（3）对每个组 G_j（其中 $j = 1, \cdots, m$）重复步骤 2。

（4）对于每个组 G_j（其中 $j = 1, \cdots, m$），通过在步骤 2 中计算的 G_j 的值并将其除以所有组的那些（步骤 2）值的总和，估计这条记录属于 G_j 的概率。

（5）将这条记录分到步骤 4 中的概率最高组 G_j。

（6）若有更多记录需要分类，则返回第 1 步。

朴素贝叶斯分类技术是基于条件概率的思想，或者是在事件 B 已经发生时事件 A 发生的概率，记为 $P(A|B)$。在这种情况下，我们有兴趣计算给定一条记录的自变量取值为 $x_{i1}, x_{i2}, \cdots, x_{ip}$，该记录属于组 j 的概率。也就是说，对于一个给定的记录，要对于每个可能的组（G_j）计算 $P(G_j | x_{i1}, x_{i2}, \cdots, x_{ip})$，然后将记录分配给具有最高条件概率的组。由于变量 $x_{i1}, x_{i2}, \cdots, x_{ip}$ 的假设统计独立性，因此计算如下概率：

$$P(G_j X_{i1}, X_{i2}, \cdots, X_{ip}) \frac{P(G_j)\left[P(x_{i1}|G_j)P(x_{i2}|G_j)\ldots P(x_{ip}|G_j)\right]}{P(G_1)\left[P(x_{i1}|G_1)\cdots P(x_{ip}|G_1)\right]+\cdots+P(G_m)\left[P(x_{i1}|G_m)\cdots P(x_{ip}|G_m)\right]} \quad (10.8)$$

注意，此式中的分子对应于上述算法中朴素贝叶斯分类器的步骤 2。分母是所有可能分子的加总（即对于 $j = 1, \cdots, m$），是算法中步骤 4 所需的除数。

举一个例子说明朴素贝叶斯分类器如何计算。假设如图 10.47 总结的数据：描述 MBA 项目的 10 名应届毕业生 GMAT 分数（低、中、高）、工作经验年数（不到 2 年或 2 年以上）和教师对其绩效评级（差、平均、优秀）的数据。项目主任希望使用这些数据来确定一名具有中等 GMAT 分数和两年以上工作经验的申请人最有可能是差、平均还是优秀的学生。

Student	GMAT	Work	Rating
1	Low	<2	Poor
2	Low	2+	Avg.
3	Low	2+	Avg.
4	Med.	2+	Poor
5	Med.	2+	Good
6	Med.	2+	Avg.
7	Med.	<2	Poor
8	High	2+	Good
9	High	<2	Avg.
10	High	<2	Avg.

图 10.47 简单朴素贝叶斯示例的 MBA 申请者数据

使用给出的数据，可以容易地估计任何一名申请人是差、平均或优秀学生的（无条件）概率如下：P（Poor）= 3/10=0.3，P（Average）= 5/10 = 0.5，P（Good）= 2/10 = 0.2。接下来，应用方程（10.8），我们计算出给定一名具有中等 GMAT 分数（"Med."）和两年以上工作经验（"2+"）的申请人是差、平均或优秀学生估计条件概率。

$$P(\text{Poor} \mid \text{Med.},2+)=0.3(2/6)(1/3)/[\,0.3(2/6)(1/3)+0.5(1/5)(3/5)+0.2(1/2)(2/2)]$$
$$=0.06667/0.226667=0.2941$$

$$P(\text{Avg} \mid \text{Med.}, 2+)=0.5(1/5)(3/5)/[\,0.3(2/6)(1/3)+0.5(1/5)(3/5)+0.2(1/2)(2/2)]$$
$$=0.06/0.2266667=0.2647$$

$$P(\text{Good} \mid \text{Med.}, 2+)=0.2(1/2)(2/2)/[\,0.3(2/6)(1/3)+0.5(1/5)(3/5)+0.2(1/2)(2/2)]$$
$$=0.1/0.2266667=0.4412$$

因此，我们看到具有中等 GMAT 分数和至少两年工作经验的申请人有 0.4412 的可能性是一个优秀 MBA 学生。当然，这也意味着申请人不是一个好学生（即，是一个差的或者平均的学生）的概率是 0.5588（1-0.4412 = 0.5588）。

10.9.1 朴素贝叶斯举例

为了在 Universal 银行数据集合上使用朴素贝叶斯技术，首先应该考虑哪些变量（如果有的话）应该被分箱。在这种情况下，工作经验、收入、信用卡平均值和抵押贷款变量是分箱的很好的选择。图 10.48 显示了 XLMiner 的分箱连续数据对话框（可通过 XLMiner 的"变换"→"分箱连续数据"命令访问）及可用于创建分箱变量的选项（参见本书的配套文件 Fig10-48.xlsm）。在这种情况下，对于 4 个变量中的每一个，我们允许 XLMiner 选择每个变量的分箱数，选择"等值计数"选项，并指定用于每个分箱变量的值将是每个分箱的等级（或换句话说，每个变量中的每个分箱是从 1 开始的一系列连续整数）。必须对每个变量进行一次这些选择，然后单击"应用到所选变量"按钮。

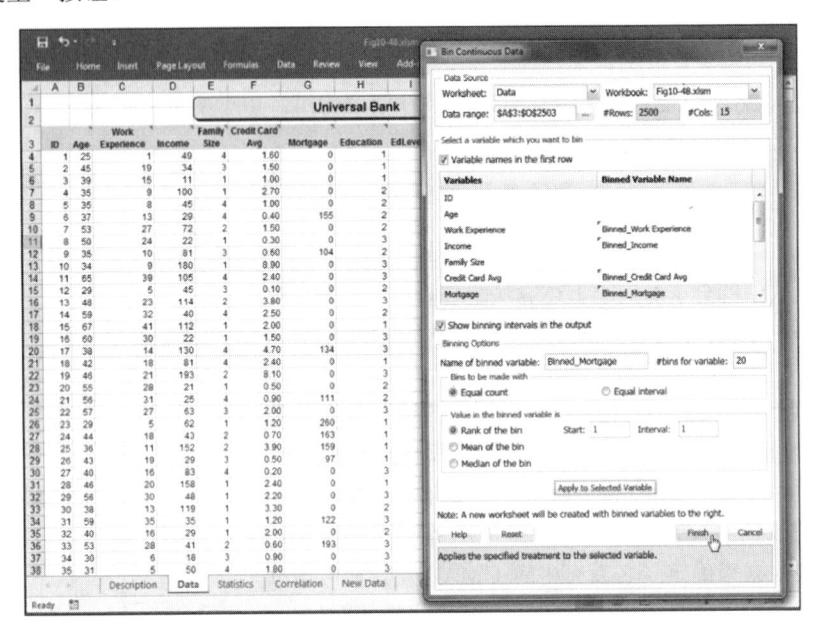

图 10.48 对 Universal 银行的数据集合进行分类装箱连续数据

单击图 10.48 中对话框上的"完成"按钮，XLMiner 将在工作簿中插入一张名为 BinnedData 的新工作表，如图 10.49 所示。BinnedData 工作表展示区显示了每个分箱变量的间隔（单击单元格 D5 中的"输出"链接可以导航到数据。）注意，使用这些相同的间隔为我们想分类的任何新数据创建合适的分箱变量非常重要。尽管我们要求 XLMiner（如图 10.48 所示）创建具有等值计数（或相等记录数）的分箱变量，但这并非总是可行。然而，在大多数情况下，每个间隔的记录数量非常相似。

图 10.49 Universal 银行数据中连续变量的分箱范围

下一步是对名为 BinnedData 的工作表中的新数据集合进行分区，此工作表中含有额外分箱变量。除了现在将新创建的分箱变量用于工作经验、收入、信用卡平均值和抵押贷款，其他操作与 10.3 节中所述相同。得到的分区数据显示在图 10.50 中名为 Date_Partition 的表格中（本书的配套文件 Fig10-50.xlsm）。

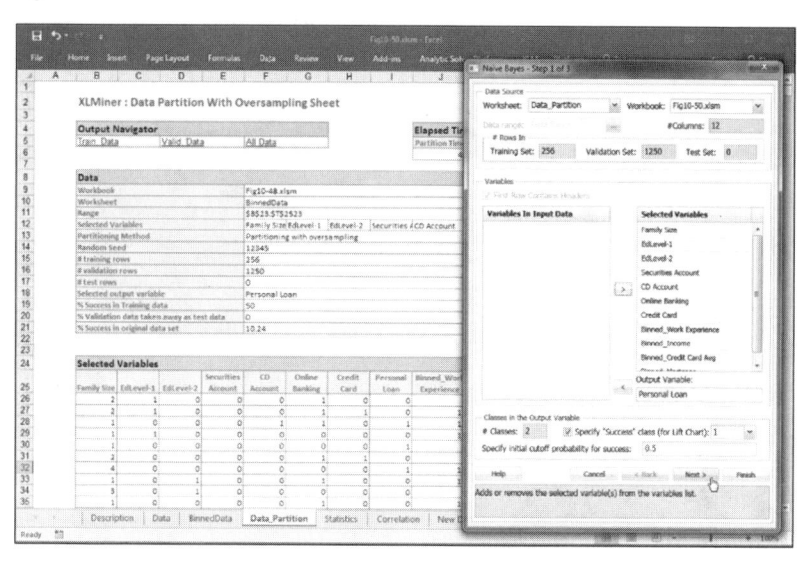

图 10.50　朴素贝叶斯步骤 1 的选择

要用 XLMiner 为分区数据集合使用朴素贝叶斯，请按照下列步骤操作：
（1）单击图 10.50 中显示的 Date_Partition 工作表。
（2）在 XLMiner 平台选项卡上，单击"Classify"→"Naive Bayes"。
（3）完成图 10.50 所示步骤 1 的选择，单击 Next 按钮。
（4）完成图 10.51 所示步骤 2 的选择，单击 Next 按钮。
（5）完成图 10.51 所示步骤 3 的选择，单击 Finish 按钮。

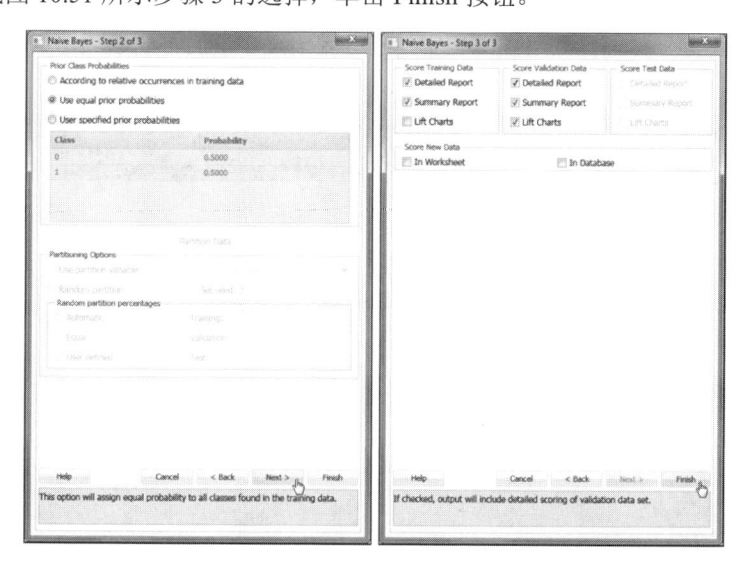

图 10.51　朴素贝叶斯步骤 2 和步骤 3 的选择

图 10.52 给出了朴素贝叶斯技术的一部分汇总计算结果。我们再看一下，朴素贝叶斯技术的分类准确性看上去在训练样本上比验证样本好得多，这就引发人们对这个数据集合上应用这种分类技术的普遍适用性提出质疑。然而，应该说明的是，在对连续变量（如我们在这个例子中所做的）分箱时，我们正在丢失这些变量中包含的一些信息。因此，与大多数适应和使用连续变量中可用信息的其他技术相比，朴素贝叶斯技术在这里运行得相对较好，这有些令人惊讶。

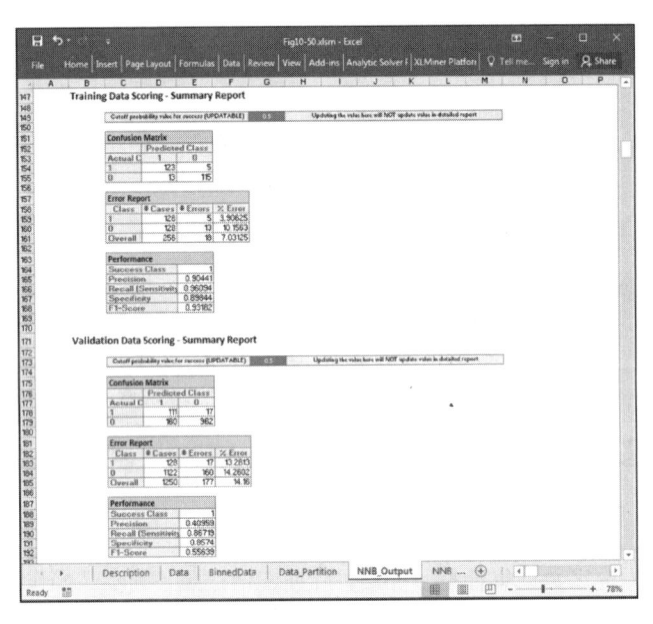

图 10.52　朴素贝叶斯分类结果

图 10.53 显示了使用 XLMiner 的分数命令使用朴素贝叶斯模型获得的 10 个新观测结果的估计组预测结果，存储在名为 NNB_Stored 的表中。来自朴素贝叶斯技术的预测将观测值 1、2、4、6 和 7 分类为组 1 观测，并且其余观测全部被分类到组 0。再次，这些预测与前面介绍的其他一些分类技术不同。然而，如果在本例中使用分箱连续变量的不同选项，这些预测可能会有所变化。

图 10.53　使用朴素贝叶斯对新数据的分类结果

10.10 有关分类的说明

上述对各种分类技术的描述提供了如何操作这些技术的很好的说明。有关这些技术的其他详细信息可以在本章结尾部分参考材料中找到。关于数据挖掘分类技术的一些更一般性的说明也在此处给出。

10.10.1 组合分类

在对数据挖掘分类技术的讨论中看到,不同的技术可以为新观测值产生不同的估计分类。因此,对新观测值进行群组分类估计的一种方法就是使用多种分类技术(或相同技术的多个实例)创建若干模型,并使用每个模型对新观测值进行分组估计。然后,可以将新的观测值以集成方式分配给组合模型中获得最高票数(或最高权重票数)的组。

10.10.2 数据测试的作用

在 10.1 节我们注意到,数据挖掘通常使用三个不同的数据分区:训练、验证和测试。对分类技术的讨论只考虑了训练和验证数据的使用,而没有处理测试数据。在实践中,分析师通常使用不同的选项、体系结构和算法设置来构建几种不同的分类模型,以找到最适合给定数据集合的模型。通常使用验证样本来确定哪个效果最好。也就是说,分析师通常选择适合验证数据的模型。若选择模型是因为它在验证数据上运行良好,则它在验证数据上的性能可能有偏差。在这种情况下,应该使用第三个测试数据集合来获得一个客观(无偏见)的评估,即所选择的模型可能对在训练、开发或选择模型中没有任何作用的新数据运行如何。由于篇幅限制,在这里没有说明这个过程。但是,理解测试数据在数据挖掘过程中所起的作用是很重要的。

10.11 预测

在 10.1 节我们注意到,数据挖掘任务通常分为三个潜在类别:分类、预测和关联/分段。正如我们看到的,分类问题包括尝试使用一组自变量中可用的信息来估计离散或分类因变量(代表一个观测值的组隶属度)的值。相反,预测问题尝试使用一组自变量中可用的信息来估计连续因变量的值。XLMiner 还提供了一些解决预测问题的工具;很幸运,我们基本上已经介绍了这些技术。

单击 XLMiner 的预测命令,你将看到多重线性回归、k 近邻法、回归树和神经网络选项。如第 9 章所述,Excel 包含许多用于进行回归分析的本机命令和工具。XLMiner 提供了相同的性能,并具有一些不错的增强功能。例如,不将自变量的数量限制为 16,以及确定回归模型最佳自变量集的自动化程序。

XLMiner 提供的其他预测技术实际上只是对几种分类技术的轻微修改。例如,之前提到的用于分类问题的 k 近邻法技术将记录分配给 k 个近邻中最频繁出现的组。对于预测问题,我们可以找到记录的 k 个近邻,并对这些相邻记录的因变量值取平均值(或加权平均值),将该值用作所讨论记录的预测值。

类似地,分类树创建了一系列规则(基于自变量的值),这些规则将观测结果分配给由树的终端节点表示的组。回归树采用相同的精确方法,但需要平均每个终端节点中观测值的因变量的值,并将该值用作落入该终端节点记录的预测。因此,用于分类问题的分类树所涵盖的概念容易推广到回归树和预测问题。

最后,我们将神经网络描述为映射函数 $f()$,它将输入记录 $x_{i1}, x_{i2}, \cdots, x_{ip}$ 与输出值 y_i 相关联;形式为 $y_i = f(x_{i1}, x_{i2}, \cdots, x_{ip})$。在分类问题的情况下,输出变量 y_i 的值是离散的(二进制或分类)。但是,若输出变量 y_i 是连续的,则神经网络(和用于训练它们的反向传播算法)的工作方式大致相同。因此,分类问题所涵盖的神经网络概念很容易推广到预测问题。

由于预测问题和分类问题的这些技术之间存在大量的概念重叠且每个领域的 XLMiner 界面设计具有一致性,因此,本书不会进一步详细介绍这些预测技术。但是,我们鼓励你自行研究这些预测工具,并将它们应用于有关连续因变量的数据挖掘问题。

10.12 关联规则(关联分析)

关联规则(或关联分析)是一种流行的数据挖掘技术,旨在发现"什么和什么一起出现"。这项技术经常应用于市场调查研究(称为**购物篮分析**),尝试确定新顾客经常一起购买的产品组会。但是,关联规则也可以应用于其他领域。例如,医学研究人员可能需要分析数据以确定与特定诊断相关的是什么症状。

许多公司收集有关其客户一起购买哪些产品组的大量数据。最明显的例子是在超市和零售商处使用条形码扫描器,这些商店收集客户在购物行程中购买的所有物品的数据。如果一家公司发现特定的商品组经常一起被购买,那么该公司可能希望对这些商品提供特价,或使用此信息优化商店内的商品布局。同样,像亚马逊这样的在线零售商保留着顾客每次交易和每段时间内的购买历史。网上零售商使用关联规则挖掘这些数据来设计推荐系统。推荐系统监视当前顾客正在看什么(或者他们在线购物车中有什么),并向顾客推荐顾客通常会一起购买的其他物品。明智地使用这类型的系统可以非常有效地提高精明的零售商的销售额和利润。

关联分析以"If-Then"规则的形式提供了"什么和什么一起出现"的发现。例如,"如果购买了 A,那么 B 也有可能被购买"。该命题的"如果"部分称为前提,"那么"部分是结果。前提和结果表示不相交的不同项目集合(或者没有任何共同的项目)。例如,考虑这个规则"如果购买了油漆和刷子,那么可能购买滚筒。"前提包括项目集{油漆,刷子},结果是集合{滚筒}。

关联分析的挑战是从所有可能生成的规则中找出最有意义的规则。若交易数据库包含 p 种不同的产品,则有 $2p-p-1$ 组项目可视为可能规则的前提和结果。因此,即使对于相对较小的 p 值,可能的规则的数量也非常大。然而,这些可能的规则中许多可能包括很少或从未真正作为数据库中的交易发生的前提和后果。因此,我们要关注由数据建议或支持的规则。规则的支持率被定义为数据库中包括前提和结果的总记录的百分比。随机选择的交易包含前提和结果中的所有项目的估计概率:

$$支持率 = P(前提 \text{ AND } 结果)$$

称为置信度的一种相关度量法可衡量"If-Then"规则的不确定性。规则的置信度是估计的条件概率,前提中给定包括所有项目,结果中随机被选的一个交易将包括所有项目。

$$置信度 = P(结果 | 前提) = P(前提 \text{ AND } 结果) / P(前提)$$

例如,假设在线音乐商品零售商的销售数据库包含 100,000 笔交易。在这些交易中,假设包括 20,000 个吉他弦和吉他拨片,并且 20,000 笔交易中的 10,500 笔还包括购买电子调谐器。"如果购买吉他弦和吉他拨片,那么购买电子调谐器"的规则具有 20%(20,000 / 100,000 = 20%)

的支持率和52.5%（10,500 / 20,000 = 52.5%）的置信度。虽然该规则的52.5%的置信度评分可能不是很高，但是根据客户购买电子调谐器的潜在率来评估该分数很重要。

例如，假设数据库中的总共18,500笔交易包括电子调谐器的销售，那么一条随机选择的记录包括购买电子调谐器的概率是0.185（18,500 / 100,000 = 0.185）。因此，如果购买吉他弦和拨片的20,000名顾客没有更高的趋势购买调谐器，那么我们预计这些客户只能购买约3,700个调谐器（0.185×20,000 = 3,700）；但实际上，这些顾客购买了10,500个调谐器。因此，"购买吉他弦和吉他拨片，然后购买电子调谐器"规则的前提是我们识别电子调谐器购买者能力的准确性从18.5%增加（或"提升"）到52.5%，或者是2.838（0.525 / 0.185 = 2.838）的比率。也就是说，如果它们彼此独立，那么每个前提与结果之间的关联强度比我们预期的要高。因此，规则的提升比率比定义为：规则的置信度除以其结果的估计概率：

$$提升比率=置信度/ P（结果）$$

提升比率是衡量规则有用性的一个量度。提升比率大于1.0表明规则有一定的用处——并且提升比率越大，规则的有用性越大。

确定关联规则的算法首先确定超出用户指定的最低支持率的项目集。使用这些具有资格的项集，算法会生成If-Then规则，保留那些超出用户提供的最小置信水平的项目集。

10.12.1 关联规则举例

用下面的例子（来自XLMiner的查尔斯读书俱乐部的例子）说明关联规则的创建和使用。

University Store是一所大型大学城的课外书销售商。该公司收集了如图10.54所示的数据（本书的配套文件Fig10-54.xlsm），总结了书店中不同类型书籍的2,000笔交易。每一行对应一笔单独的交易，并包含二进制值，表示在每笔交易中购买了哪些类型的图书。例如，第三笔交易（第7行）包括一本食谱和一本自己动手（DIY）的书。该公司希望确定哪组书（如果有的话）倾向于一起购买。

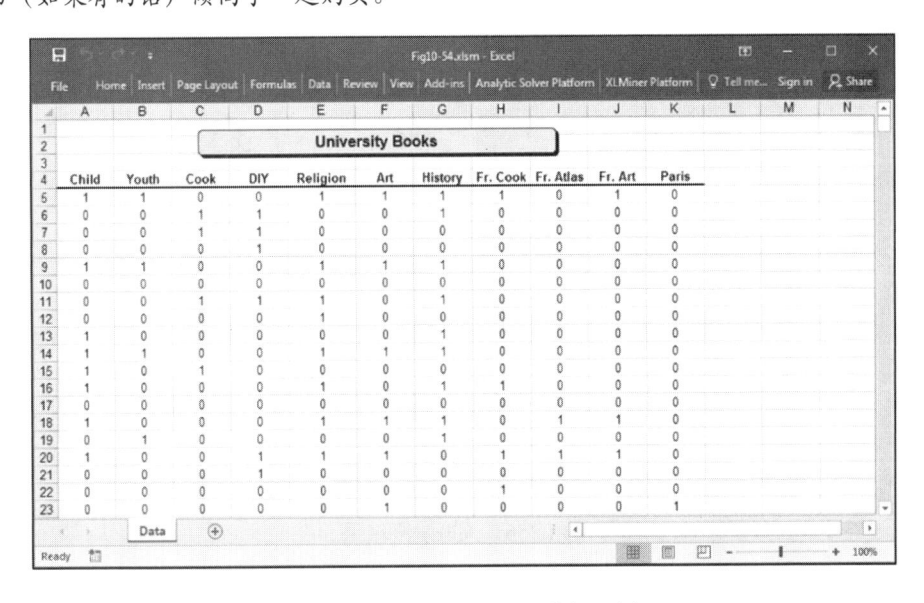

图10.54 关联分析交易数据示例

要使用 XLMiner 为 University Store 示例数据集合创建关联规则，请按以下步骤操作：

（1）在 XLMiner 平台选项卡上，单击"Associate"→"Association Rules"。

（2）完成如图 10.55 所示的选择，单击 OK 按钮。

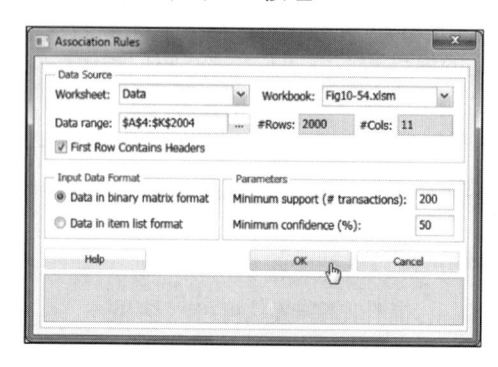

图 10.55　XLMiner 的关联规则对话框

图 10.56 给出了这个例子的关联规则结果，共确定了 18 条符合图 10.55 所示的最低支持率和最低置信度要求的规则。分析师必须筛选这些规则，以确定那些看起来有价值的规则，并清除那些没有价值的规则，因为许多关联规则往往有些冗余或循环。例如，规则 1 指出，如果顾客购买艺术书籍和儿童书籍，那么他们也倾向于购买历史书籍。规则 2 指出，如果顾客购买儿童和历史书籍，那么他们也倾向于购买艺术书籍。规则 7 也是这种购买主题的类似变体。因此，这些规则有点多余，而且并不完全清楚这些购买可能是如何相关的。

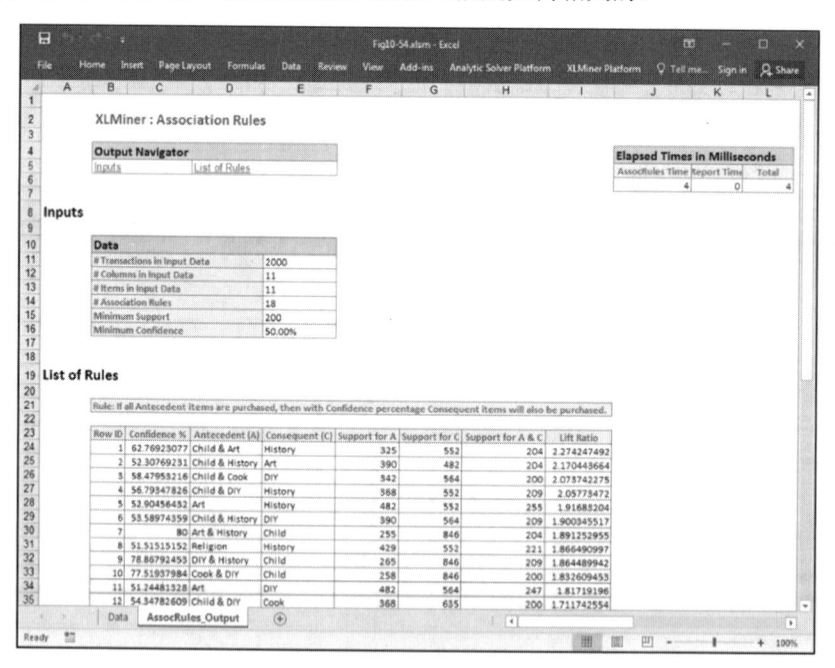

图 10.56　关联规则结果

另一方面，规则 3 指出，如果顾客购买儿童书籍和食谱，那么他们也倾向于购买 DIY 书籍。这可能表明那些有孩子和自己做饭的人的预算有限，并且也倾向于进行 DIY 项目。在任何情况下，关联规则可能会"发现"交易数据库中有趣的购买模式；然而，再次强调，筛选建议规则并找出挖掘过程中可能没有发现的任何珍贵见解取决于分析师。

10.13 聚类分析

聚类分析（或聚类）是一种数据挖掘技术，用于识别数据集合中记录的有意义的分组或分段。营销人员通常希望根据人口统计信息或购买历史来确定客户的聚类或分段，并为每个部分设计量身定制的营销策略。或者，一家公司可能想要对其行业内的所有产品供应进行分段，以评估其产品供应相对于竞争对手的定位。投资公司可以使用聚类来确定不同的股票聚类，并通过投资每个聚类的代表性股票来创建多元化的投资组合。聚类分析已应用于各个领域，包括天文学、生物学、医学和语言学。

基本上有两种聚类方法：k 均值聚类和分层聚类。在 k 均值聚类中，分析人员预先指定想得到的聚类数量（k），并且聚类算法将每个记录分配给 k 个聚类中的一个，目的是最小化聚类内总离差的总和。每个聚类内的总离差通常通过从聚类中每个记录到聚类的质心的欧几里得距离的平方和来测量。这个问题可以表述为一个整数规划问题，但随着数据库中记录数量的增加，决策变量的数量和求解时间会迅速变得过高。因此，一个贪婪的启发式算法通常用于 k 均值聚类。

k 均值算法开始于将每条记录随机分配到 k 个聚类中的一个。然后计算每个聚类的质心。接下来，计算每个记录到 k 个质心中每一个的距离，并且将每个记录分配到其最近的（最靠近的）聚类。然后重新计算 k 个聚类质心，并重复分配过程。这个过程一直持续到没有进一步改进的可能，或者直到数据指定数量的迭代已经发生。

通过此算法获得的结果的变化取决于 k 的选择及对聚类记录的初始分配。因此，通常的做法是用不同的 k 值和不同的初始聚类分配多次运行算法。分析人员需要检查结果并确定记录分组，以提供聚类之间最有意义的区分。

另一种聚类分析方法是分层聚类。分层聚类通过将数据集合中的 n 条记录的每一条分配给它自己的聚类开始。也就是说，它从 n 个聚类开始，每个聚类由单个记录组成。接下来，将两个最接近（或最相似）的聚类合成一个聚类，得到 $n-1$ 个聚类。然后重复组合两个最接近的聚类的过程，直到存在由数据集合中的所有 n 条记录组成的单个聚类。

分层聚类算法在运行期间需要选择合并哪些聚类时，可以使用以下度量方法来度量聚类的亲密度（或相似度）：

- 单一链接。两个聚类之间的距离由两个聚类中最近（最小距离）记录对之间的距离给出。
- 完整的链接。两个聚类之间的距离由两个聚类中最远（最大距离）记录对之间的距离给出。
- 平均链接。两个聚类之间的距离由两个聚类中所有记录对之间的平均距离给出。
- 平均群组链接。两个聚类之间的距离由两个聚类的质心之间的距离给出。
- 沃德法。基于最小化所得聚类中的离差（或多变量方差）来合并聚类。当记录被组合在一起时，关于"单个记录"的信息被丢失了，因为它被组质心取代。此方法尝试将记录合并为越来越少的聚类时发生的信息丢失降至最低。

再次强调，分析师必须检查结果，并确定提供最有意义的数据分段的聚类数量和距离度量。稍后我们会看到，分层聚类的结果可以用树状图的形式生动地总结出来，以帮助比较这种技术提供的许多不同的聚类选项。

10.13.1 聚类分析举例

我们用下面的例子来说明 k 均值法和分层聚类的应用。

Hampton Farms 是一家成长中的食品行业的小公司。公司正准备进军早餐食品市场，尝试确定冷谷物产业中两个最突出的产品分段。公司收集了如图 10.57 所示的数据（本书的配套文件 Fig10-57.xlsm），总结了 74 种不同冷早餐谷物的营养概况。

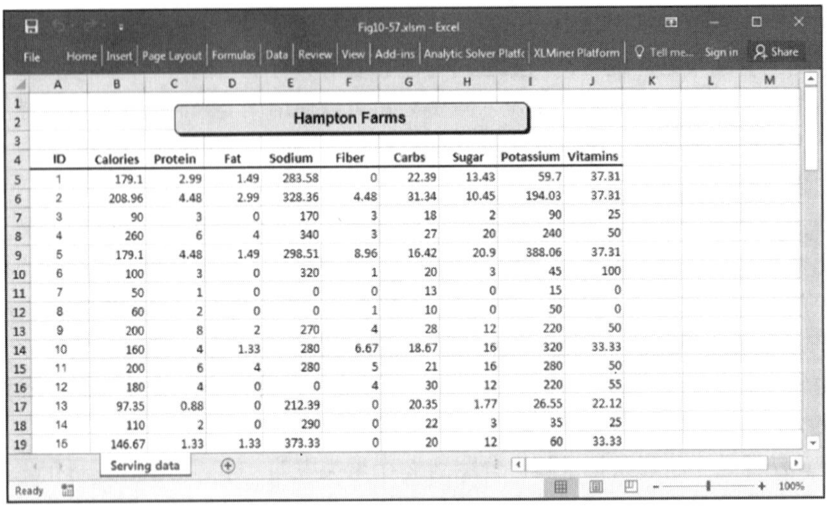

Hampton Farms

ID	Calories	Protein	Fat	Sodium	Fiber	Carbs	Sugar	Potassium	Vitamins
1	179.1	2.99	1.49	283.58	0	22.39	13.43	59.7	37.31
2	208.96	4.48	2.99	328.36	4.48	31.34	10.45	194.03	37.31
3	90	3	0	170	3	18	2	90	25
4	260	6	4	340	3	27	20	240	50
5	179.1	4.48	1.49	298.51	8.96	16.42	20.9	388.06	37.31
6	100	3	0	320	1	20	3	45	100
7	50	1	0	0	0	13	0	15	0
8	60	2	0	0	1	10	0	50	0
9	200	8	2	270	4	28	12	220	50
10	160	4	1.33	280	6.67	18.67	16	320	33.33
11	200	6	4	280	5	21	16	280	50
12	180	4	0	0	4	30	12	220	55
13	97.35	0.88	0	212.39	0	20.35	1.77	26.55	22.12
14	110	2	0	290	0	22	3	35	25
15	146.67	1.33	1.33	373.33	0	20	12	60	33.33

图 10.57　Hampton Farms 的聚类示例的数据

10.13.2　*k* 均值聚类举例

要使用 XLMiner 在 Hampton Foods 示例数据集合上执行 *k* 均值聚类，请执行以下步骤：

（1）在 XLMiner 平台选项卡上，单击“Cluster”→“k-Means Clustering”。

（2）完成图 10.58 所示步骤 1 的选择，单击 Next 按钮。

（3）完成图 10.59 所示步骤 2 的选择，单击 Next 按钮。

（4）完成图 10.59 所示步骤 3 的选择，单击 Finish 按钮。

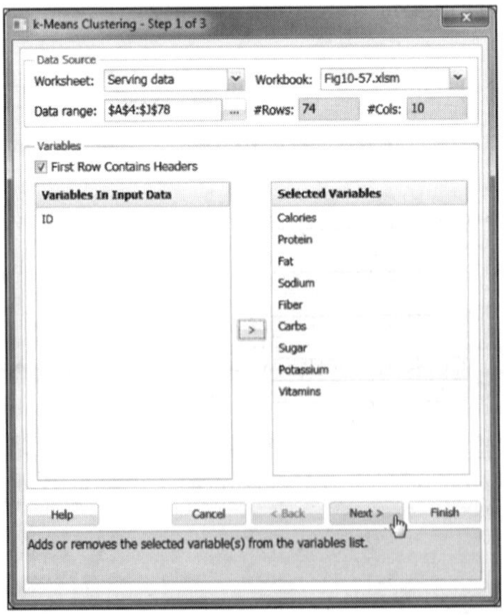

图 10.58　*k* 均值聚类步骤 1 的选择

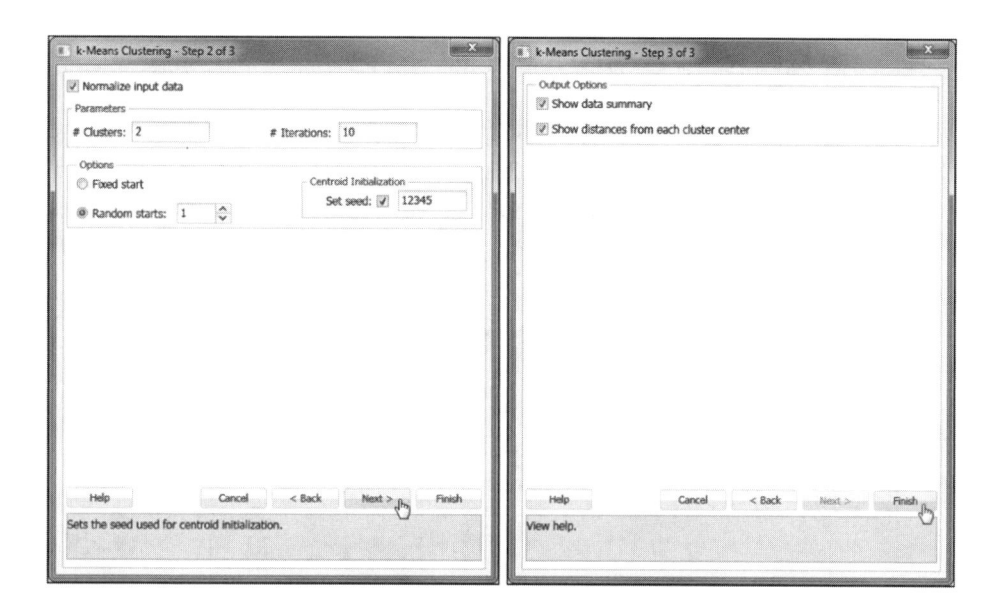

图 10.59　k 均值聚类步骤 2 和步骤 3 的选择

Hampton Farms 数据集合的 k 均值聚类结果的一部分，如图 10.60 所示。根据要求，确定了两个聚类，一个包含 16 个观测值，另一个包含 58 个观测值。每个聚类的质心在变量的原始测度（非标准化）在单元格 D43 至 L44 中给出。图 10.60 中的线形图是使用聚类质心的数据手动创建的，以帮助可视化质心的差异。从这张图中可以很容易看出，组成聚类 2 的产品供应在卡路里、钠和钾上显著低于聚类 1，在碳水化合物和维生素含量上略低于聚类 1。因此，这一分析可能表明，这种冷早餐谷物市场的产品供应（至少）包括健康意识分段和味觉分段。在名为 KM_Cluster 的工作表（这里没有显示）中，可以找到关于哪些特定谷类是在聚类 1 和聚类 2 的细节。通常使用不同的 k 值再运行 k 均值聚类技术几次，以查看不同数量的分段是否能更好地捕获这些产品中的差异。

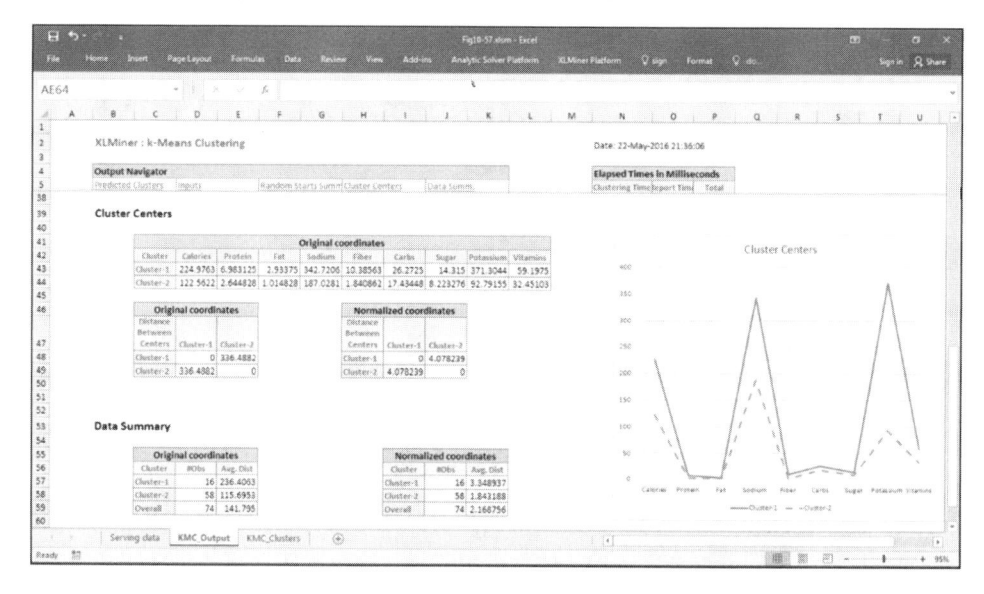

图 10.60　k 均值聚类结果

10.13.3 分层聚类举例

使用 XLMiner 在 Hampton Foods 示例数据集合上执行分层聚类，请按照以下步骤操作：
（1）在 XLMiner 平台选项卡上，单击 "Cluster" → "Hierarchical Clustering"。
（2）完成图 10.61 所示步骤 1 的选择（本书的配套文件 Fig10-61.xslm），然后单击 Next 按钮。
（3）完成图 10.62 所示步骤 2 的选择，单击 Next 按钮。
（4）完成图 10.62 所示步骤 3 的选择，单击 Finish 按钮。

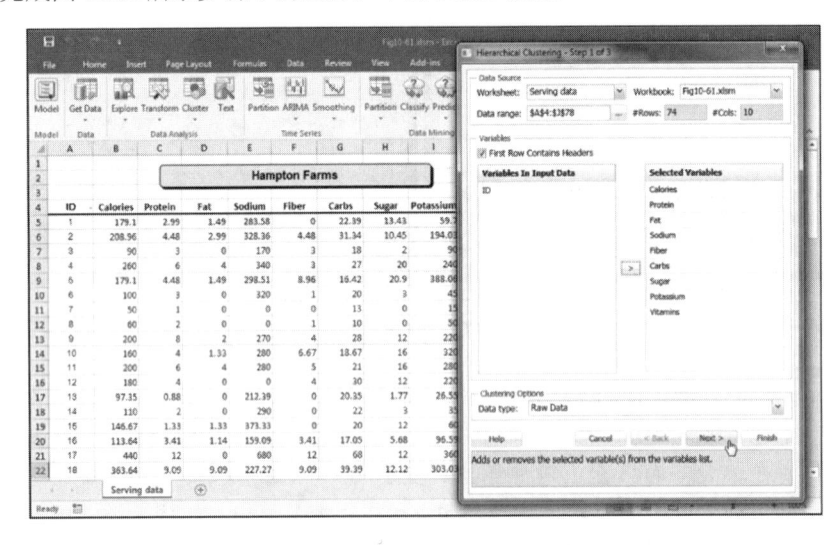

图 10.61 分层聚类步骤 1 的选择

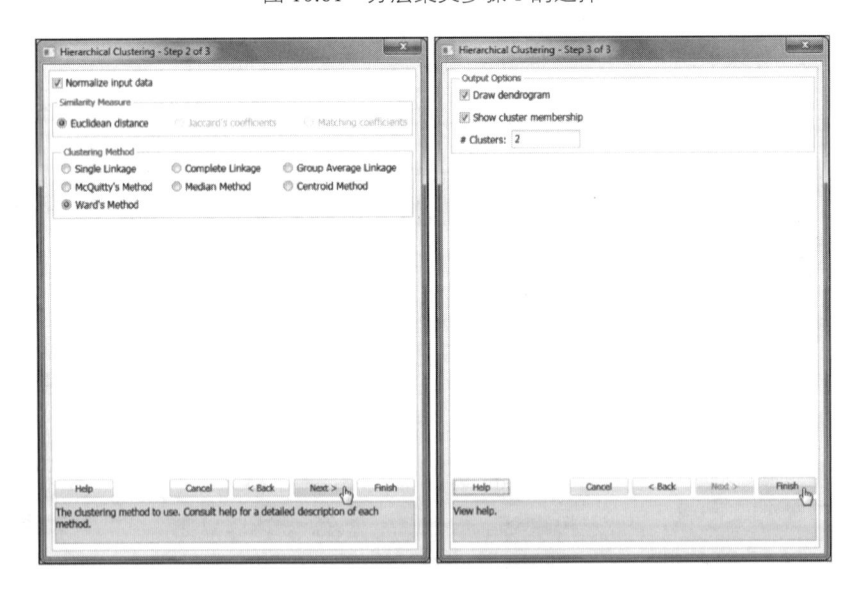

图 10.62 分层聚类步骤 2 和步骤 3 的选择

图 10.63 显示了 Hampton Farms 数据集合的分层聚类结果树状图。树状图是一个图表，总结了不同间隔尺寸级别的分层聚类过程。树状图中的垂直线反映了连接的记录或聚类之间的距离。通过在树状图上向上和向下滑动水平线可确定聚类的数量，直到与水平线相交的垂直线的数量等于所需聚类的数量。如果想象一条水平线位于树状图 y 轴 35 处，那条线将与两条垂直线

相交。这两条线向下导致由两个聚类组成的聚类成分。在这个例子中，最左边的两个聚类由子聚类 2、8、4、9、5、6、10、17、23、12、13、26、28 和 29 组成，另一个聚类由剩余的子聚类组成。

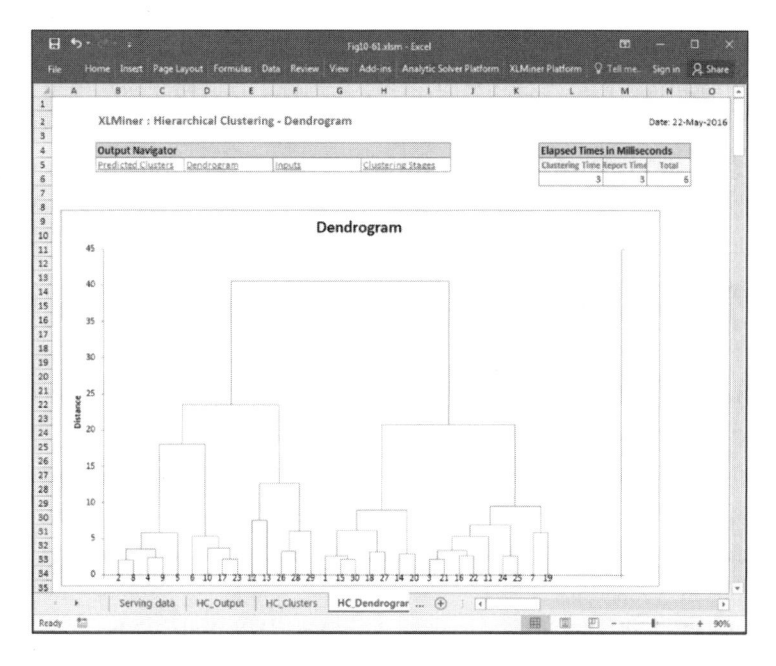

图 10.63　分层聚类树状图

组成每个子聚类的观测值（部分）列在图 10.64 中名为 HC_Dendrogram 的工作表中。例如，子聚类 2 由观测值 2 和 52 组成，子聚类 9 由观测值 11、58、64 和 71 组成。再次强调，我们将使用不同的聚类方法多次重新运行分层聚类技术（如平均链接、完整的链接）并检查结果，以查看哪些树状图和聚类数量最好地捕获了这些产品中的差异。

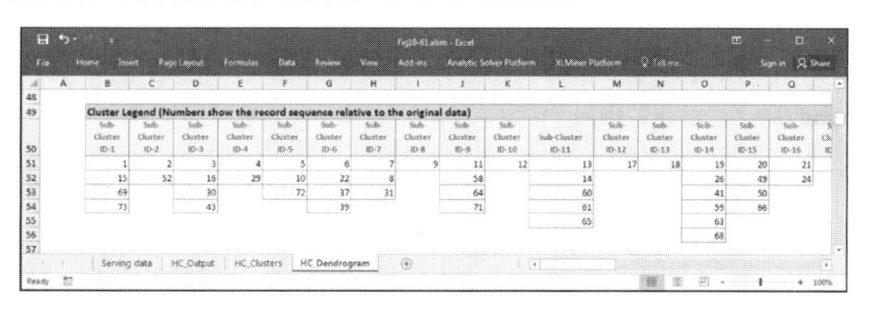

图 10.64　子聚类成分

10.14　时间序列

XLMiner 还提供了一些挖掘时间序列数据，或者按照相同的时间间隔收集的数据的工具。第 11 章将详细讨论各种时间序列分析技术，并展示如何使用 Excel 的固有能力实现它们。阅读该材料后，应该能够了解大部分技术，并欣赏 XLMiner 为这些时间序列分析工具提供的用户友好界面。

10.15 本章小结

本章介绍了数据挖掘这一主题，概括了数据挖掘过程中涉及的步骤，描述了通常与数据挖掘相关的三大类问题。本章介绍了几种常用的分类技术，包括判别分析、逻辑回归、分类树、k 近邻法、朴素贝叶斯和神经网络，描述了应用于数据挖掘中预测问题的几种技术。在预测问题中，我们尝试使用自变量集中可用的信息来估计连续因变量的值。引入关联分析技术来确定"什么和什么一起出现"，并通过市场购物篮分析实例来说明该技术产生的"If-Then"规则。最后，讨论了通过聚类分析确定数据集合内记录的逻辑分组技术。

10.16 参考文献

[1] Altman, E. I., R. B. Avery, R. A. Eisenbeis, and J. F. Sinkey. *Application of Classification Techniques in Business, Banking and Finance*. Greenwich, CT: JAI Press, 1981.

[2] Campbell, T. S., and J. K. Dietrich. "The Determinants of Default on Insured Conventional Residential Mortgage Loans." *Journal of Finance*, vol. 38, 1983, pp. 1569-1581.

[3] Flury, B., and H. Riedwyl. *Multivariate Statistics: A Practical Approach*. New York, NY: Chapman and Hall, 1988.

[4] Hand, D. J. *Discrimination and Classification*. New York, NY: Wiley, 1981.

[5] Labe, R. "Database Marketing Increases Prospecting Effectiveness at Merrill Lynch." *Interfaces*, vol. 24, no. 5, 1994, pp. 1-12.

[6] Linoff, G., and M. Berry. *Data Mining Techniques*, Third Edition. New York, NY: Wiley, 2011.

[7] Morrison, D. F. *Multivariate Statistical Methods*, Third Edition. New York, NY: McGraw-Hill, 1990.

[8] Shmueli, G., N. Patel, and P. Bruce. *Data Mining for Business Intelligence*, Second Edition. New York, NY: Wiley, 2010.

[9] Welker, R. B. "Discriminant and Classification Analysis as an Aid to Employee Selection." *Accounting Review*, vol. 49, 1974, pp. 514-523.

商业分析实践
La Quinta 汽车旅馆用判别分析法预测成功的选址

La Quinta 汽车旅馆酒店的管理层希望有快速、可靠的方法预测新旅馆的潜在地点是否会取得成功。在设计回归模型时，需要解决的首要问题之一是定义"成功"的度量标准，这对于做出预测是有用的。在考虑了多种选择后，选中营业利润率。营业利润率被定义为利润加上折旧和利息费用占总收入的百分比。总收入和利润总额是不合适的指标，因为它们与旅馆的规模高度相关。入住率也被认为不合适，因为它对经济周期过于敏感。

在研究时收集 La Quinta 经营的所有 151 个现有旅馆的数据。回归模型使用 57 个旅馆建立，其他 94 个预留用于验证。在选择自变量期间，谨慎对待测量共线性并进行控制。得到一个决定系数（R^2）为 0.51 的模型，表明营业利润率受到旅店价格（市场竞争房价的一个衡量指标）和邻近大学的位置的正面影响。负面影响是最接近 La Quinta 旅馆的距离（市场渗透率的反向度量）和市场区域的中等收入（工业经济基础）。经过仔细分析，从数据中删除一个异常值，大大改善了模型。

> 然而，回归模型本身并不是管理层心里想的工具。管理层需要一个标准来选择或拒绝潜在的选址。在指定了选择不良选址的可接受风险后，使用分类表来制定区分"好"选址和"差"选址的决策规则，分界值为预测的35%的营业利润率。
>
> 对这个模型进行了94个预留验证旅馆的测试，错误率如预期。作为一个电子表格，该模型现在用于检查可能的开发地点，并由公司总裁做出最终决定。
>
> 资料来源：Sheryl E. Kimes and James A. Fitzsimmons. "Selecting Profitable Hotel. Sites at La Quanta Motor Inns." *Interfaces*, vol. 20, no. 2, March－April 1990, pp.12－20.

思考题与习题

1. 阐述数据挖掘中训练、验证和测试数据集合的目的。
2. 什么是质心？
3. 可以说，回归分析和判别分析都是使用一组自变量的值来预测因变量的值。那么，回归分析和判别分析的区别是什么？
4. 对于100%准确度的分类技术，提升图表是什么样子的？
5. 考虑本书的配套文件 EmployeeData.xlsx。你可以在这个数据集合中找到哪些错误（或潜在的错误）？
6. 请参阅本章中用于演示各种分类技术的 Universal 银行示例。假设 Universal 银行的数据包含了每个客户的住宅邮政编码。使用客户的邮政编码作为这个问题的一个自变量可能会产生什么问题，以及使用这些信息的最佳方式是什么？
7. Salterdine 大学 MBA 项目的主任想开发一个程序来确定哪些申请者可以进入 MBA 课程。该主任认为，申请人的大学平均积分点（GPA）和 GMAT 考试成绩有助于预测哪些申请人将成为优秀学生。为了协助这项工作，主任请教职员委员会将 MBA 课程中最近的 70 名学生分为两组：（1）好学生、（2）差学生。本书的配套文件 MBAStudents.xlsm 总结了这些评分及 70 名学生的 GPA 和 GMAT 分数。

    a. 好学生和差学生的质心坐标是什么？
    b. 使用 XLMiner 的标准数据分区命令将数据分区为训练集（具有 60% 的观测值）和验证集合（具有 40% 的观测值），可使用默认种子 12345。
    c. 使用判别分析为这些数据创建一个分类器。这个程序在训练和验证数据集合上准确性如何？
    d. 使用逻辑回归为这些数据创建一个分类器。这个程序在训练和验证数据集合上准确性如何？
    e. 使用 k 近邻法技术为此数据创建分类器（使用标准化输入）。效果最好的 k 值是多少？这个程序对训练和验证数据集合准确性如何？
    f. 使用单个分类树为此数据创建分类器（使用标准化输入并且每个终端节点至少有 4 个观测值）。使用验证数据创建最佳修剪树的图形描述。这个程序在训练和验证数据集合上准确性如何？
    g. 使用手动神经网络为这些数据创建一个分类器（使用标准化输入和带有 3 个节点的单个隐藏层）。这个程序在训练和验证数据集合上准确性如何？
    h. 返回到数据表并使用 Transform、Bin Continuous Data 命令为 GPA 和 GMAT 创建分箱变量。使用 XLMiner 的标准数据分区命令将数据分区为训练集（具有 60% 的观测值）和验证集合（具有 40% 的观测值），可使用默认种子 12345。现在使用朴素贝叶斯技术来为使用 GPA 和 GMAT 的新分箱变量的数据创建分类器。这个程序在训练和验证数据集合上准确性如何？
    i. 你推荐 MBA 课程实际使用哪种分类技术？
    j. 假设 MBA 主任从以下 5 个人那里收到 MBA 课程入学申请。根据你推荐的分类器，你认为哪些人会成为好学生，哪些人将是差学生？

姓名	GPA	GMAT
Mike Dimoupolous	3.02	450
Scott Frazier	2.97	587
Paula Curry	3.95	551
Terry Freeman	2.45	484
Dana Simmons	3.26	524

8. Royalty 黄金公司在世界各地勘探尚未发现的黄金矿床。该公司目前正在调查地中海希腊沿岸的米洛斯岛上一个可能的地点。在勘探时，公司进行钻探以收集土壤和岩石样品，分析样品的化学性质，以确定该地点是否可能含有大量的金矿。含金矿石由各种矿物组成，包括碲金矿、针碲金银矿、针碲银矿。这些矿物质含量较高的地区更有可能含有大量的金矿。该公司收集的数据在本书的配套文件 RoyalGold.xlsm 中给出，该数据代表在之前的勘探考察过程中以各个地点采集的样品中的碲金矿、针碲金银矿、针碲银矿的平均水平。根据在该地点是否发现重要的金矿，将这些数据进行分组（1=显著，2=不显著）。

　a. 显著地点和不显著地点的质心坐标是什么？

　b. 使用 XLMiner 的标准数据分区命令使用默认种子 12345 将数据分区为训练集（具有 60%的观测值）和验证集合（具有 40%的观测值）。

　c. 使用判别分析为这些数据创建一个分类器。这个程序在训练和验证数据集合上准确性如何？

　d. 使用逻辑回归为这些数据创建一个分类器。这个程序在训练和验证数据集合上精确性如何？

　e. 使用 k 近邻法技术为这些数据创建一个分类器（使用标准化的输入）。k 值是什么时效果最好？这个程序在训练和验证数据集合上准确性如何？

　f. 使用单一分类树为这些数据创建一个分类器（使用标准化输入和每个终端节点至少 4 个观测值）。使用验证数据创建最佳修剪树的图形描述。这个程序在训练和验证数据集合上准确性如何？

　g. 使用手动神经网络为这些数据创建一个分类器（使用标准化输入和带有 3 个节点的单个隐藏层）。这个程序在训练和验证数据集合上准确性如何？

　h. 返回到数据表并使用 Transform、Bin Continuous Data 命令为碲金矿、针碲金银矿、针碲银矿创建分组变量。使用 XLMiner 的标准数据分区命令将数据分区为训练集（具有 60%的观测值）和验证集合（具有 40%的观测值），可使用默认种子 12345。现在使用朴素贝叶斯技术来为使用碲金矿、针碲金银矿、针碲银矿的新分组变量的数据创建分类器。这个程序在训练和验证数据集合上准确性如何？

　i. 你推荐公司实际使用哪种分类技术？

　j. 假设该公司分析米洛斯上的 5 个产地，产生碲金矿、针碲金银矿、针碲银矿的以下平均水平。根据你推荐的分类器，这些地点中的哪一个（如果有的话）应该考虑进一步分析？

地区	碲金矿	针碲金银矿	针碲银矿
1	0.058	0.041	0.037
2	0.045	0.023	0.039
3	0.052	0.023	0.044
4	0.043	0.042	0.056
5	0.050	0.032	0.038

9. 银行商业贷款部门的经理想要制定一个规则来决定是否批准各种贷款申请。经理认为，公司的三个关键绩效项对做出这一决定很重要：流动性、盈利能力和业务活动。经理将流动性由流动资产与流动负债的比率衡量。盈利能力以净利润与销售额的比率来衡量。业务活动以销售额与固定资产的比率来衡

量。经理收集的数据在本书的配套文件 Loans.xlsm 中给出，其中包含了该银行在过去五年中提供的 98 个贷款样本。这些贷款分为两组：(1) 接受的贷款，(2) 被拒绝的贷款。

a. 可接受的贷款和不可接受的贷款的质心坐标是什么？
b. 使用 XLMiner 的标准数据分区命令将数据分区为训练集（具有 60% 的观测值）和验证集合（具有 40% 的观测值），可使用默认种子 12345。
c. 使用判别分析为这些数据创建一个分类器。这个程序在训练和验证数据集合上准确性如何？
d. 使用逻辑回归为这些数据创建一个分类器。这个程序在训练和验证数据集合上准确性如何？
e. 使用 k 近邻法技术为这些数据创建分类器（使用标准化输入）。k 值是什么时似乎最有效？这个程序在训练和验证数据集合上准确性如何？
f. 使用分类树为此数据创建分类器（使用标准化输入并且每个终端节点至少有 4 个观测值）。使用验证数据创建最佳修剪树的图形描述。这个程序在训练和验证数据集合上准确性如何？
g. 使用神经网络为这些数据创建一个分类器（使用标准化的输入和一个带有 2 个节点的单个隐藏层）。在训练和验证数据集合上该程序的准确性如何？
h. 返回到数据表并使用 Transform、Bin Continuous Data 命令为流动性、盈利能力和业务活动创建分组变量。使用 XLMiner 的标准数据分区命令将数据分区为训练集（具有 60% 的观测值）和验证集合（具有 40% 的观测值），可使用默认种子 12345。现在使用朴素贝叶斯技术，使用新的分箱变量流动性、盈利能力和业务活动来为数据创建分类器。在训练和验证数据集合上这个程序准确性如何？
i. 你推荐公司实际使用哪种分类技术？
j. 假设经理收到来自具有以下财务信息的 5 个公司的贷款申请。根据你推荐的分类标准，你认为哪些公司的信用风险可以接受？

公司	流动性	盈利能力	业务活动
A	0.78	0.27	1.58
B	0.91	0.23	1.67
C	0.68	0.33	1.43
D	0.78	0.23	1.23
E	0.67	0.26	1.78

10. Home Basics 是一家家庭装修零售商店，销售房屋所有者需要维修、改造和重新装修房屋所需的各种产品。Home Basics 的管理层正在分析客户的购买模式，以评估其商店的布局。Home Basics 商店内的产品分为以下类别：油漆、墙纸、草坪护理、地板、五金、水管装置、工具、电气、建筑材料、清洁、家用电器。本书的配套文件 HomeBasics.xlsm 包含 Home Basics 商店的 1,500 笔最近交易的样本。如果有的话，管理层想要确定哪些类别的产品倾向于一起购买。

    a. 使用 150 条记录的最低支持率和 50% 最低置信度百分比创建数据的关联规则。
    b. 最小提升比率为 2 的规则可能会提出哪些管理启示？

11. 学院和大学往往对识别他们的同行机构感兴趣。本书的配套文件 Colleges.xlsm 包含了美国 307 所高等教育机构的一些（人造）指标。

    a. 使用 k 均值聚类为这些数据创建 4 个聚类（使用标准化输入数据和 100 次迭代）。
    b. 每个聚类中有多少所学校？
    c. 你如何描述每个聚类？
    d. 现在对这些数据使用分层聚类（使用沃德法）并生成树状图。
    e. 如果需要 4 个聚类，那么每个聚类将有多少个学校？
    f. 你会推荐使用哪种聚类技术，为什么？

案例 10.1　检测管理舞弊

在 2002 年的安然公司丑闻后，两家会计师事务所 Oscar Anderson（OA）和 Trice-Milkhouse-Loopers（TML）合并（形成 OATML），并正在审查他们在审计过程中检测管理舞弊的方法。两家公司都设计了自己的一套问题，审计师可以用来评估管理欺诈行为。

为了避免重复安然公司审计师面临的问题，OATML 希望开发一种自动化决策工具来协助审计人员预测其客户是否参与欺诈性管理实践。这个工具基本上会向审计员询问所有 OA 或 TML 欺诈检测问题，然后自动提供关于客户公司是否参与欺诈活动的决定。OATML 面临的决策问题实际上是双重的：(1) 两套欺诈检测问题中的哪一个最适合检测欺诈？(2) 将这些问题的答案转化成关于管理欺诈的预测或分类的最佳方法是什么？

为协助回答这些问题，公司编制了一份 Excel 电子表格（本书的配套文件 Fraud.xlsm），其中包含 OA 和 TML 欺诈检测问题，以及根据以前进行的 382 次审计对这两组公司的回答（分别见表格 OA 和 TML）（注：对于所有数据 1＝是，0＝否）。对于每次审计，电子表格中的最后一个变量表示各公司是否参与欺诈活动（即 77 次审计发现欺诈活动，305 次没有）。

你需要完成以下分析，并就 OATML 应采用哪些欺诈问题组合提出建议。

1. 对于 OA 欺诈问题，为所有变量创建一个相关矩阵。是否有任何相关性引起关注？

2. 使用与因欺诈行为变量最具相关性的 8 个问题，用超采样技术将 OA 数据进行分区，以创建训练数据中成功率为 50% 的训练和验证数据集合（使用默认种子 12345）。

3. 使用 XLMiner 的每种分类技术为已分区 OA 数据集合创建分类器。总结每种技术在训练和验证集合上的分类准确性。解释这些结果并指出你会推荐 OATMC 使用哪种技术。

4. 对于 TML 欺诈问题，为所有变量创建一个相关矩阵。是否有任何相关性引起关注？

5. 使用与因欺诈行为变量最具相关性的 8 个问题，用过采样技术将 TML 数据进行分区，以创建训练数据中成功率为 50% 的训练和验证数据集合（使用默认种子 12345）。

6. 使用 XLMiner 的每种分类技术为已分区的 TML 数据集合创建分类器。总结每种技术在训练和验证集合上的分类准确性。解释这些结果并指出你会推荐 OATML 使用哪种技术。

7. 假设 OATML 希望使用两种欺诈检测工具并结合其各自的结果来创建综合预测。让 LR1 代表使用 OA 欺诈检测工具的给定公司的逻辑回归概率估计值，LR_2 代表使用 TML 工具的同一公司的逻辑回归概率估计值。公司的组合评分可以定义为 $C = w_1 LR_1 + (1-w_1) LR_2$，其中 $0 \leqslant w_1 \leqslant 1$。若 C 小于或等于某个分界值，我们将公司归类为非欺诈性的，则可以创建决策规则，并且其他的被认为是欺诈性的。使用求解器的进化优化器来寻找 w_1 的最优值，以及使训练数据的分类错误数量最小的分界值。你对 w_1 和截断值的获得情况如何？总结此技术在训练和验证数据集合的准确性。这些结果如何与问题 3 和问题 6 中的逻辑回归结果相比较？

8. 你可以考虑将 OA 和 TML 的欺诈检测问卷结合起来使用哪些技术，可能对 OATML 有益？

第 11 章 时间序列预测

11.0 引言

时间序列是随时间变化对数据变量的一组观测值。例如，晚间新闻每晚都会播报道琼斯工业指数的收盘点数。这些收盘值就是数据变量随时间变化的一组观测值，或者说是一个时间序列。很多企业也追踪大量的时间序列变量，如销量、成本、利润、库存、延期交货、消费者数量等的日数据、周数据、月数据或季度数据。

企业通常对预测时间序列变量的未来值很感兴趣。例如，如果能精确地预测道琼斯工业指数的未来收盘值，那么就可以通过"低买高卖"投资股票市场而变得非常富有。在构建商业计划时，很多企业都试图预测未来的销量、成本、利润、库存、延期交货、消费者数量等。这类型的预测通常是本书讨论的其他类型的建模技术需要的输入。

在第 9 章研究过如何建立并使用回归模型，利用一个或多个与因变量存在因果关系的自变量预测因变量的变化。也就是说，在建立回归模型时，通常选取被认为会导致因变量变化的自变量。有时可以使用同样的方法给时间序列变量建立因果回归模型，但并非总能找到这种因果关系。

例如，如果不知道哪个自变量会影响特定的时间序列变量，那么就不能建立回归模型。即使确实知道哪些因果变量会影响时间序列，可能也没有这些变量的可用数据。即使有这些变量的可用数据，由这些数据估计出的最优回归函数可能也不能很好地拟合数据。最后，即使估计出来的回归函数与这些数据拟合得很好，为了预测因变量（时间序列）的未来值，可能也还要先预测那些自变量的值。预测这些自变量值可能比预测原始的时间序列变量更困难。

预测的重要性

"你不会不经计划就把货物运过大洋，或者不经计划就组装商品用于销售，也不会不看商店未来应当经营什么就借入资金。确保你订购的原材料按时交货，确保你计划出售的商品按时生产出来，在顾客出现在商店并把钱放在柜台之前你的销售设备就要到位。成功的企业经营者首先是预测者：购买、生产、营销、定价和组织都要预测。"
——Peter Benstein. *Against the Gods: The Remarkable Story of Risk*. New York: John Wiley & Sons, 1996, pp.21-22.

11.1 时间序列方法

在很多企业计划中，使用因果回归模型预测时间序列数据是困难的、不可取的甚至是不可能的。但是，如果能从时间序列变量过去的行为中找出某些系统变化，就可以建立模型预测其未来的变化。例如，可能在时间序列的变化中发现长期向上（或向下）的趋势，该趋势有可能在未来持续。或者，可能在数据中发现可预测的季节性波动，可帮助我们对未来做出估计。正如你所猜测的那样，时间序列预测大体就是以"历史一定会重演"为基础的。

分析时间序列变量过去的行为以预测其未来行为的方法有时被称为**外推法**。外推模型的一般形式为

$$\hat{Y}_{t+1} = f(Y_t, Y_{t-1}, Y_{t-2}, \cdots) \tag{11.1}$$

其中，$\hat{Y}_{t+1}$ 表示对第 $t+1$ 个时间周期（简称"时期"）的时间序列变量的预测值，Y_t 表示在第 t 个时期时间序列变量的实际值，Y_{t-1} 表示在第 $t-1$ 个时期时间序列变量的实际值，等等。外推模型的目标是确定式（11.1）中函数 $f(\ )$ 的表达式，用以准确预测时间序列变量的未来值。

本章介绍了很多分析时间序列数据的方法。首先讨论几种适合稳态时间序列的方法，稳态时间序列没有随时间变化产生明显的向上或者向下的趋势。然后讨论处理非稳态时间序列的方法，非稳态时间序列随着时间变化有明显的向上或者向下的趋势。还会讨论在稳态和非稳态时间序列中对季节性数据建模的方法。

11.2 测量精度

很多方法都适用于时间序列数据建模。在大多数情况下，提前知晓哪种方法对给定的数据集最有效是非常重要的。因此，时间序列分析的一般方法，是对给定的数据集应用几种建模方法进行分析，并评估它们解释时间序列数据过去行为的程度。我们可以通过画出时间序列实际数据与不同建模方法的预测值的曲线图来评估这些方法。也存在很多测量时间序列建模方法预测精度（或拟合优度）的数量指标。最常用的 4 种测量精度指标包括**平均绝对误差**（MAD）、**平均绝对百分比误差**（MAPE）、**均方误差**（MSE）和**均方根误差**（RMSE）。这些指标定义如下：

$$MAD = \frac{1}{n}\sum_i |Y_i - \hat{Y}_i|$$

$$MAPE = \frac{100}{n}\sum_i \left|\frac{Y_i - \hat{Y}_i}{Y_i}\right|$$

$$MSE = \frac{1}{n}\sum_i (Y_i - \hat{Y}_i)^2$$

$$RMSE = \sqrt{MSE}$$

在上述公式中，Y_i 代表时间序列中第 i 期的实际观测值 $\hat{Y}_i$ 是对该实际值的预测值。这些值测量时间序列实际值与使用预测方法预测或拟合的预测值之间的误差。MSE 和 RMSE 指标和在回归分析中介绍过的均方估计误差密切相关。虽然这些指标在时间序列分析中均广泛应用，但还是主要关注 MSE 指标，因为它比较容易计算。

11.3 稳态模型

下面这个例子介绍了几种稳态数据中最常用的时间序列分析方法。

Electra-City 是一家零售商店，主要出售家用和车用音频、视频器材。店经理每月都要从很远的货仓订货。现在，经理想估计下个月商店能卖出多少台数字视频录像机（DVR）。为了协助这一进程，他收集了图 11.1 所示的数据（本书的配套文件 Fig11-1.xlsm），即过去 24 个月中每月售出的数字视频录像机数量。他想利用这些数据进行预测。

收集时间序列变量数据后，建立时间序列模型的下一步就是观察数据随时间变化的图形。图 11.1 包含数字视频录像机销量随时间变化的趋势图。需要注意的是，图中的数据并没有明显的向上或向下的趋势。此图表明，在过去的两年中，每月售出的数字视频录像机数量都在 30～40 台之间，月与月之间没有持续的模式或规律。因此，我们希望下面几节介绍的外推法可以是一种很好地对这些数据建模的方法。

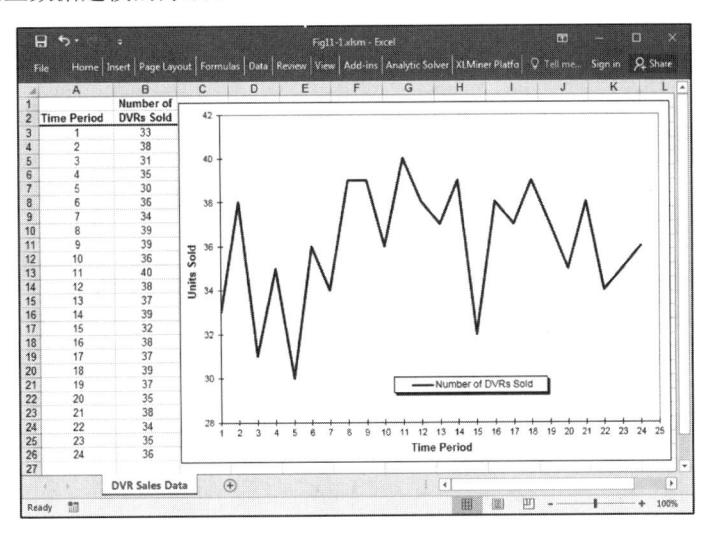

图 11.1　Electra-City 预测问题中 DVR 的历史销售数据

绘 制 线 图

按以下步骤绘制如图 11.1 所示的散点图：
(1) 选中单元格 A1 到 B26；
(2) 单击 Insert 按钮；
(3) 单击散点图选项；
(4) 单击带直线和数据标记的散点图。

当 Excel 绘制出基本图形后，你可以在很多方面进行改动。右击图表元素会显示一个用于修改图表外观的对话框。

11.4　移动平均

移动平均法可能是分析稳态数据中最易于使用和理解的外推法。使用该方法，第 $t+1$ 个时间序列预测值（用 $\hat{Y}_{t+1}$ 表示）就是序列中前 k 个观测值的平均值，即

$$\hat{Y}_{t+1} = \frac{Y_t + Y_{t-1} + \cdots + Y_{t-k+1}}{k} \tag{11.2}$$

式（11.2）中的 k 值决定了在移动平均法中应包含前面多少个观测值。没有通用的方法判定在特定时间序列中 k 取何值是最优的。因此，必须多试几个 k 值，看哪个效果最好。图 11.2 是当 k 值为 2～4 时，使用移动平均法拟合的 Electra-City 数字视频录像机的月度销量。

在图 11.2 中，使用 AVERAGE( ) 函数生成移动平均预测值。例如，在单元格 C5 中输入如下公式，并在单元格 C6 到 C26 中复制此公式，可以生成 2 个月的移动平均预测值。

单元格 C5 的公式：　　　　=AVERAGE(B3:B4)

（复制到单元格 C6 到 C26 中）

在单元格 D7 中输入如下公式并在单元格 D8 到 D26 中复制此公式，可以生成 4 个月的移动平均预测值。

单元格 D7 的公式：　　　　=AVERAGE(B3:B6)

（复制到单元格 D8 到 D26 中）

在图 11.2 中，数字视频录像机的实际销量数据也和这两个移动平均模型的预测值一起画了出来。该图显示预测值比实际值更稳定或者说更平滑。这不奇怪，因为移动平均法会平均原始数据的波峰和波谷。因此，移动平均法有时也称为**平滑法**。k 的值越大（或者说过去数据点被平均的越多），移动平均预测曲线就越平滑。

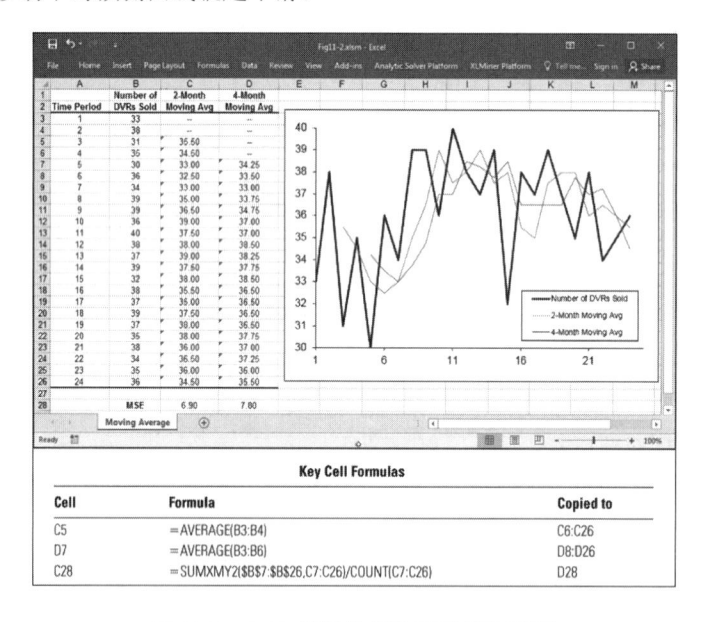

图 11.2　DVR 销量数据的移动平均预测

我们可以通过比较这两个模型的 MSE 值的大小来评估两个移动平均预测函数的相对精度。图 11.2 中单元格 C28 和 D28 是这两个模型的 MSE 值。计算 MSE 值的公式如下：

单元格 C28 的公式：　　　　=SUMXMY2($B$7:$B$26,C7:C26)/COUNT(C7:C26)

（复制到单元格 D28 中）

注意，函数 SUMXMY2() 计算的是两个不同区域间相应值之差的平方和。函数 COUNT() 返回区域内数值的个数。还要注意，当使用两个月移动平均预测法时，是从第 3 期（单元格 C5）开始的，而当使用 4 个月移动平均预测法时，是从第 5 期（单元格 D7）开始的。在计算 MSE 值时，对两种预测方法都要从第 5 期开始，这样才能在两者之间进行比较。

MSE 值描述了这种预测方法对历史数据的整体拟合度。通过比较两种移动平均法的 MSE 值，可以推断出两个月移动平均预测法（MSE 值为 6.90）比 4 个月移动平均预测法（MSE 值为 7.80）预测得更准确。但是，需要注意的是，MSE 包含相对较早的数据并将其赋予和最近的数据相同的重要性。因此，只根据预测函数的整体 MSE 的大小选择预测方式可能并不明智，因为预测函数可能和较早的数据拟合得较好，所以其整体 MSE 值可能很小，但是不能很好地拟合近期数据。

因为我们想要预测未来观测值,所以更感兴趣的是预测函数对最近数据的拟合程度。可以只用最近的数据计算 MSE 值来确定。例如,如果只利用最后 12 个时期(第 13 期至第 24 期)计算 MSE 值,那么 4 个月移动平均预测法的 MSE 值为 6.23,而两个月移动平均预测法的 MSE 值为 6.52。结果显示在图 11.3 的下方。所以,结论应该是使用 4 个月的移动平均法来预测未来值,因为这种方法在刚过去的 12 个月内的实际值预测得更好。然而,还需要注意的是,这种对最近数据拟合得最精确的预测方法并不能保证对未来的数据也是最准确的。

11.4.1 用移动平均模型预测

简单起见,假定 Electra-City 的经理对两个月移动平均模型的精度很满意,那么下月(第 25 期)售出的数字视频录像机的数量预测计算如下:

$$\hat{Y}_{25} = \frac{Y_{24} + Y_{23}}{2} = \frac{36 + 35}{2} = 35.5$$

实际上,所有未来时期的预测值都等于 35.5。如果时间序列是稳态的(或者没有趋势),那么假定下个时期及未来所有时期的预测值都等于相同的值是合理的。因此,在 Electra-City 的例子中,未来所有时期的移动平均预测模型值都可以用 $\hat{Y}_t = 35.5$($t=25, 26, 27, \cdots$)来代替。图 11.3 给出了在第 24 期利用两个月的移动平均模型和 4 个月的移动平均模型对第 25 期、26 期、27 期和 28 期预测的结果。

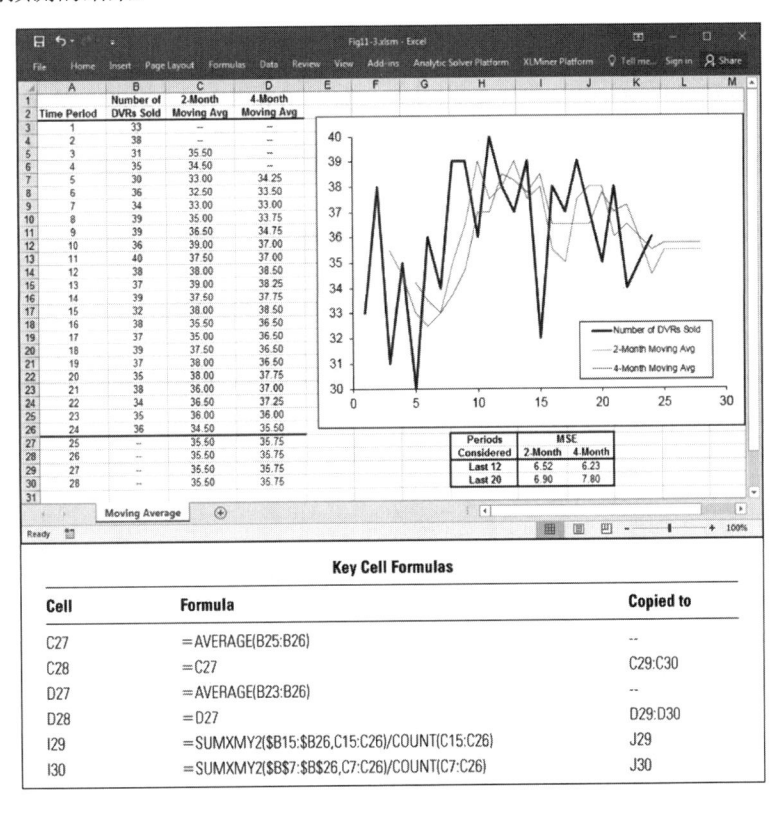

图 11.3 数字视频录像机销量数据的预测

11.5 加权移动平均

移动平均法的一个缺点是在计算平均数时，所有历史数据都被赋以相同的权重。通过给数据赋以不同的权重可以得到更准确的预测结果。加权移动平均法是移动平均法的一种简单变形，它允许给被平均的数据赋以不同的权重。在加权移动平均法中，预测函数可以表示为

$$\hat{Y}_{t+1} = w_1 Y_t + w_2 Y_{t-1} + \cdots + w_k Y_{t-k+1} \tag{11.3}$$

其中，$0 \leqslant w_i \leqslant 1$，且 $\sum_{i=1}^{k} w_i = 1$。注意式（11.2）中的简单移动平均是式（11.3）的一个特例，此时 $w_1 = w_2 = \cdots = w_k = \frac{1}{k}$。

虽然加权移动平均法比移动平均法更灵活，但也更复杂一些。除了确定 k 的取值，还要确定式（11.3）中的权重值 w_i。但是在给定 k 值后，可以用规划求解器确定使 MSE 值最小的权重值 w_i。Electra-City 例子的两个月加权移动平均模型的电子表格实现如图 11.4 所示（本书的配套文件 Fig11-4.xlsm）。

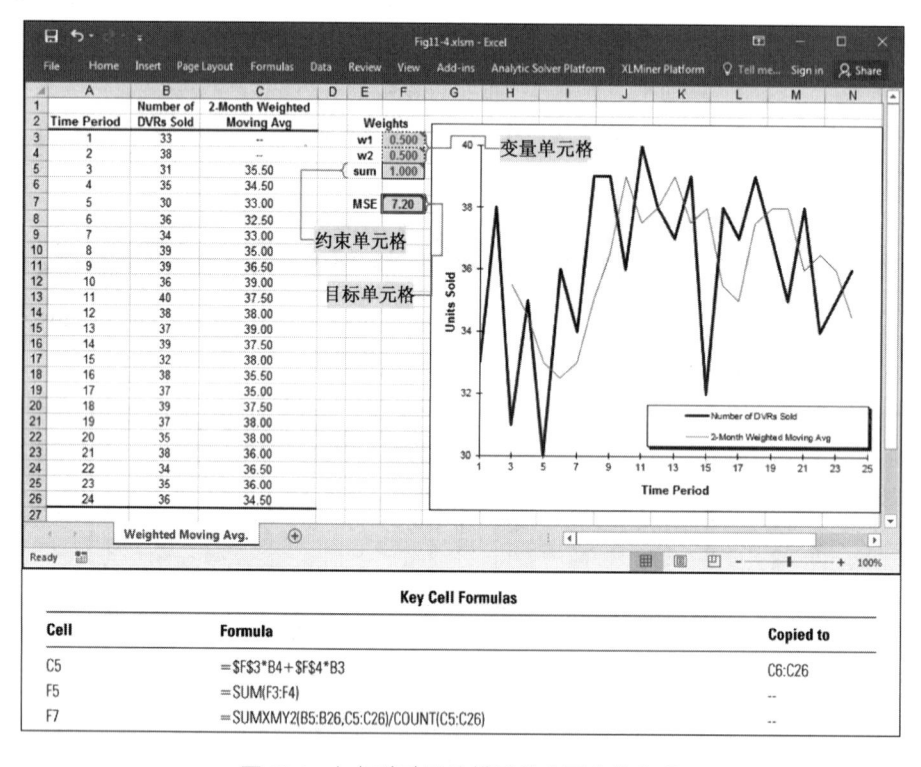

图 11.4 加权移动平均模型的电子表格实现

单元格 F3 和 F4 分别表示权值 w_1 和 w_2。单元格 F5 是单元格 F3 和 F4 的和。单元格 C5 中的加权平均预测函数计算公式如下式所示，并将其复制到单元格 C6 到 C26 中：

单元格 C5 的公式：　　　=$F$3*B4+$F$4*B3

（复制到单元格 C6 到 C26 中）

注意，$w_1 = w_2 = 0.5$ 时，加权移动预测结果与图 11.2 中的简单移动平均法是一样的。MSE 的计算公式如单元格 F7 中所示：

单元格 F7 的公式： =SUMXMY2(B5:B26,C5:C26)/COUNT(C5:C26)

我们可以用图 11.5 所示的规划求解器和选项来确定使 MSE 值最小的单元格 F3 和 F4 中的权值。注意这是一个非线性优化问题，因为 MSE 是一个非线性的目标函数。图 11.6 给出了该问题的解。

注意，最优权值 w_1=0.29、w_2=0.71 使 MSE 的值从 7.20 减小到 6.53。

Solver Settings:
Objective: F7 (Min)
Variable cells: F3:F4
Constraints:
  F3:F4 <= 1
  F3:F4 >= 0
  F5 = 1

Solver Options:
  Standard GRG Nonlinear Engine

图 11.5 加权移动平均的规划求解器设置和选项

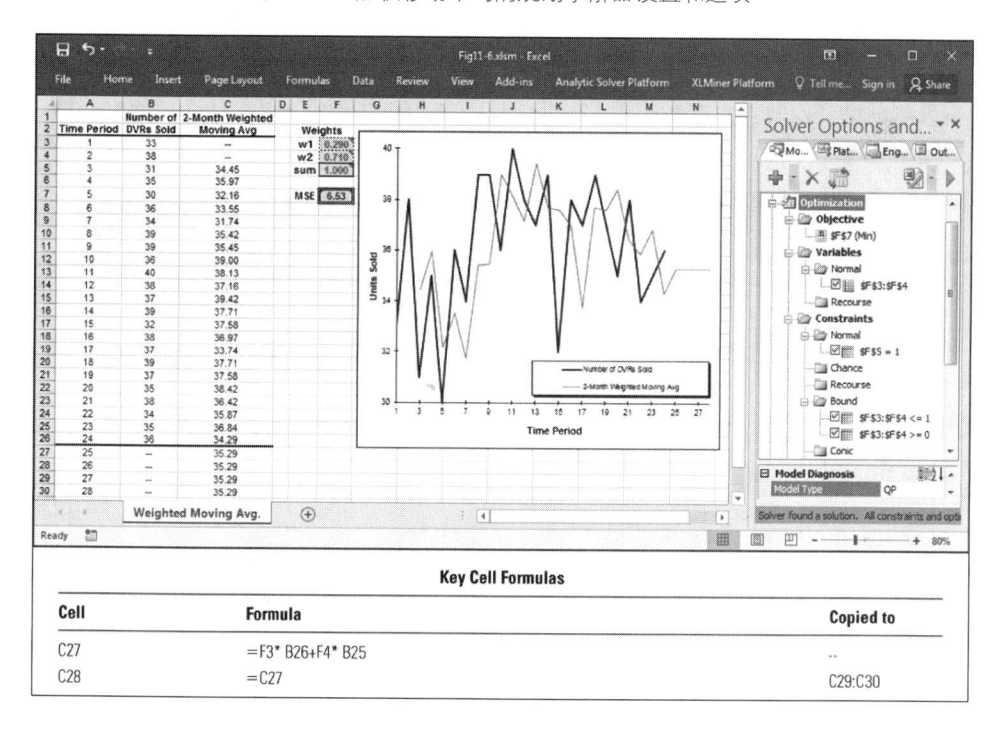

Cell	Formula	Copied to
C27	=F3* B26+F4* B25	--
C28	=C27	C29:C30

图 11.6 加权移动平均模型的最优解及预测结果

11.5.1 用加权移动平均模型预测

使用加权移动平均法，Electra-City 下个月（第 25 期）售出的数字视频录像机的数量计算如下：

$$\hat{Y}_{25} = w_1 Y_{24} + w_2 Y_{23} = 0.29 \times 36 + 0.71 \times 35 = 35.29$$

再次强调，如果时间序列是稳态的（或者没有趋势），那么假定下个时期及未来所有时期的预测值都等于相同的值是合理的。因此，在 Electra-City 的例子中，未来所有时期的移动平均预测模型值都可以用 $\hat{Y}_t = 35.5$（t=25, 26, 27, …）来代替。图 11.6 给出了在第 24 期利用两个月的加权移动平均模型对第 25 期、26 期、27 期和 28 期的预测结果。

11.6 指数平滑法

指数平滑法是另一种适用于稳态数据的允许将权重分配给历史数据的平均方法。指数平滑模型的形式如下：

$$\hat{Y}_{t+1} = \hat{Y}_t + \alpha(Y_t - \hat{Y}_t) \tag{11.4}$$

式（11.4）表明，第 $t+1$ 期的预测值（$\hat{Y}_{t+1}$）等于前期的预测值（$\hat{Y}_t$）加上前期预测值的误差调整项（$\alpha(Y_t - \hat{Y}_t)$）。式（11.4）中的参数 α 介于 0 和 1 之间（$0 \leq \alpha \leq 1$）。

式（11.4）中的指数平滑公式等价于：

$$\hat{Y}_{t+1} = \alpha Y_t + \alpha(1-\alpha)Y_{t-1} + \alpha(1-\alpha)^2 Y_{t-2} + \cdots + \alpha(1-\alpha)^n Y_{t-n} + \cdots$$

如前式所示，指数平滑法中的预测值 $\hat{Y}_{t+1}$ 是时间序列中前期所有值的加权平均，其中最近的观测值 Y_t 的权重最大（α），次近观测值 Y_{t-1} 的权重次之（$\alpha(1-\alpha)$），依次类推。

在指数平滑模型中，α 值越小，预测就越迟缓，就越不能快速反映数据的变化；α 值越接近于 1，预测就会越及时地反映数据变化。图 11.7（本书的配套文件 Fig11-7.xlsm）解释了这种关系，展示了 α 值分别为 0.1 和 0.9 时，用两种指数平滑模型预测的数字视频录像机的销量。

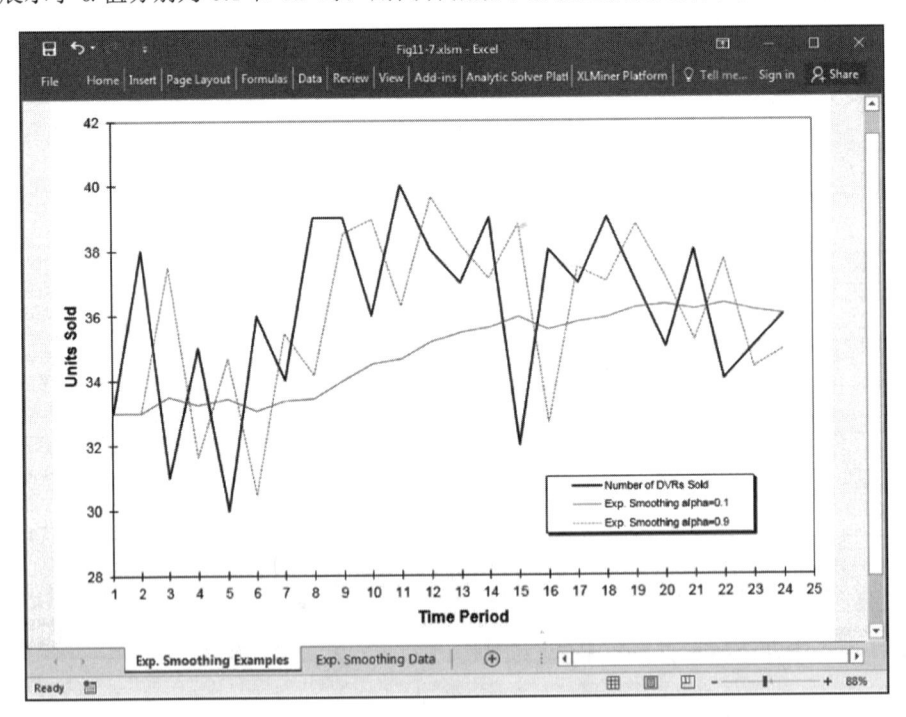

图 11.7 数字视频录像机销量数据的两种指数平滑模型

当为特定的数据集建立指数平滑预测模型时，可以使用规划求解器确定 α 的最优值。图 11.8（本书的配套文件 Fig11-8.xlsm）给出了 Electra-City 的例子指数平滑预测模型的电子表格实现。

在图 11.8 中，单元格 F3 表示 α 值。在指数平滑预测模型中，习惯假定 $\hat{Y}_1 = Y_1$。因此，在图 11.8 中，单元格 C3 中的公式如下：

单元格 C3 的公式：　　　=B3

式（11.4）中的预测函数从第 2 期开始计算，具体公式如下，写入单元格 C4 中，并复制到单元格 C5 到 C26 中。

单元格 C4 的公式：　　　=C3+$F$3*(B3−C3)

（复制到单元格 C5 到 C26 中）

单元格 F5 中计算 MSE 值的公式如下：

单元格 F5 的公式：　　=SUMXMY2(B4:B26,C4:C26)/COUNT(C4:C26)

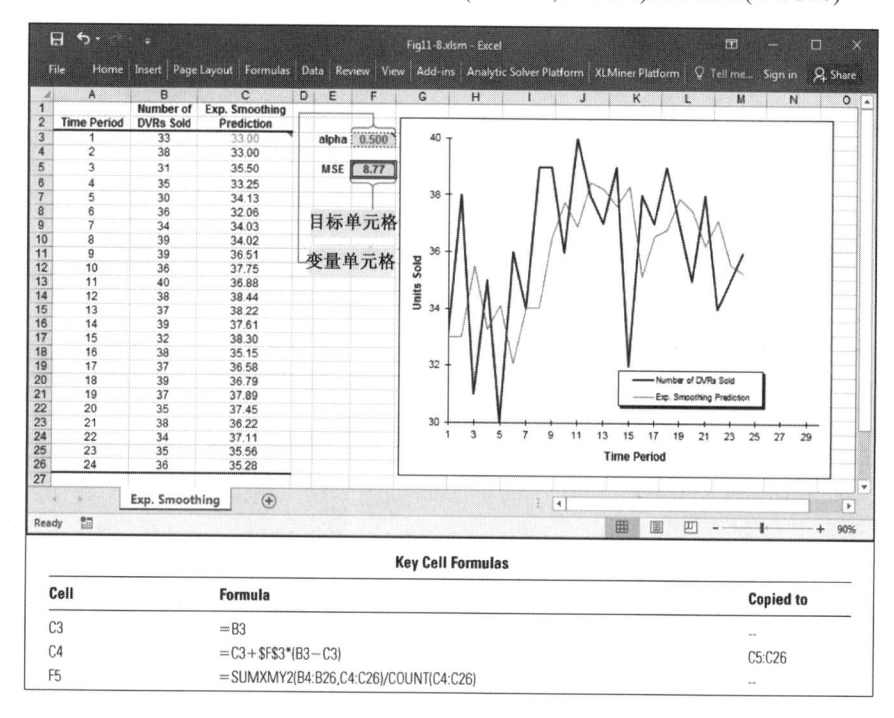

图 11.8　指数平滑模型的电子表格实现

可以用图 11.9 所示的规划求解器设置和选项确定使 MSE 值最小的 α 值。再次强调，这是一个非线性优化问题，因为 MSE 是一个非线性的目标函数。图 11.10 显示的是该问题的解。注意，单元格 F3 中给出了 α 的最优值 0.26。

图 11.9　指数平滑模型的规划求解器设置和选项

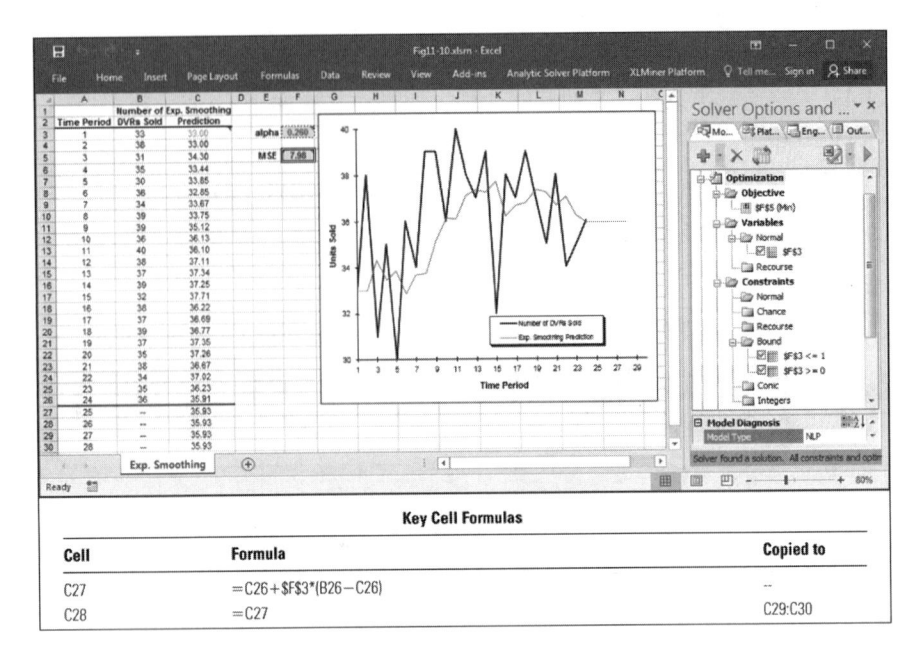

[图示：Excel 电子表格界面，显示指数平滑模型的预测数据及图表]

Key Cell Formulas		
Cell	Formula	Copied to
C27	=C26+$F$3*(B26−C26)	--
C28	=C27	C29:C30

图 11.10　指数平滑模型的最优解和预测值

11.6.1　用指数平滑模型预测

使用指数平滑模型，Electra-City 下个月（第 25 期）预计售出的数字视频录像机的数量计算如下：

$$\hat{Y}_{25} = \hat{Y}_{24} + \alpha(Y_{24} - \hat{Y}_{24}) = 35.91 + 0.26^*(36 - 35.91) = 35.93$$

当利用指数平滑模型预测未来不止一期的销量时，指数平滑模型内在稳态性就变得十分明显。例如，假定在第 24 期，我们想预测第 25 期和第 26 期的数字视频录像机的销量。第 26 期的预测如下：

$$\hat{Y}_{26} = \hat{Y}_{25} + \alpha(Y_{25} - \hat{Y}_{25})$$

因为在第 24 期，Y_{25} 是未知的，所以必须在上式中用 $\hat{Y}_{25}$ 代替 Y_{25}。事实上，未来所有时期的预测值都等于 $\hat{Y}_{25}$。因此，在 Electra-City 的例子中，未来所有时期的指数平滑预测模型值都可以用 $\hat{Y}_t = 35.93$（$t=25, 26, 27, \cdots$）来表示。

> **谨 慎 预 测**
>
> 预测更远的未来时，对预测准确度的信心逐渐削弱，因为无法保证模型遵循的历史模式一定在未来持续。

11.7　季节性

很多时间序列变量存在季节性，或者说数据存在重复性的模式。例如，在月燃油销量时间序列数据中，可以看到冬季的销量会增加。同样，防晒霜的月度或季度销量数据会一致地显示出：波峰出现在夏季，谷底出现在冬季。

时间序列数据中存在两种不同类型的季节效应：加性效应和乘性效应。加性季节效应是指在碰到同一季节时往往具有相同级别的效应。乘性季节效应是指在碰到同一季节时，效应有增加趋势。

图 11.11（本书的配套文件 Fig11-11.xlsm）解释了稳态数据中这两类季节效应的差异。

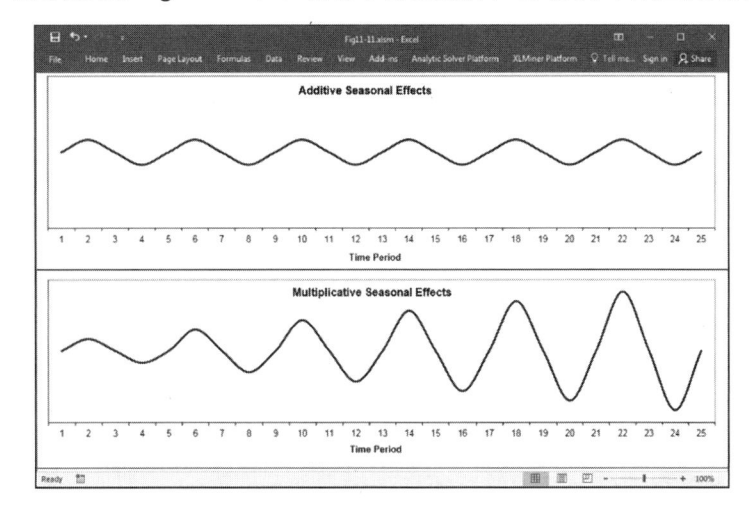

图 11.11　稳态数据中的加性季节效应和乘性季节效应示例

我们将用下例解释如何在稳态时间序列数据中对加性效应和乘性效应建模：

  Savannah Climate Control（SCC）出售并维修住宅热泵。热泵的销量在温度比较极端的冬季或者夏季高于平均水平。同样，在温度正常地春季或者秋季时，销量低于平均水平且房主可以推迟更换无法工作的热泵。SCC 的老板 Bill Cooter 收集了前几年的季度销量数据，如图 11.12 所示（本书的配套文件 Fig11-12.xlsm）。他想要分析这些数据，构建模型来预测下 4 个季度的季度销量。

11.8　具有加性季节效应的稳态数据

图 11.12 所示的数据表明销量在第一季度和第三季度较高（对应冬季和夏季），在第二季度和第四季度较低（对应春季和秋季）。因此，数据具有季度季节效应，可据此建立模型进行准确预测。

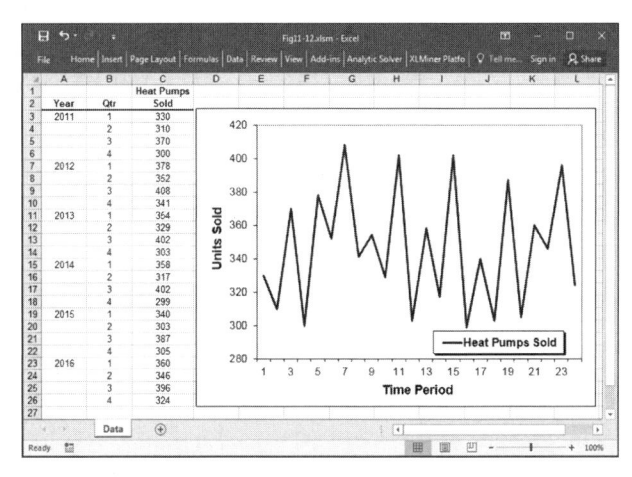

图 11.12　Savannah Climate Control 公司热泵的历史销量数据

下式对具有加性效应的稳态时间序列数据建模非常有用：

$$\hat{Y}_{t+n} = E_t + S_{t+n-p} \tag{11.5}$$

其中，

$$E_t = \alpha(Y_t - S_{t-p}) + (1-\alpha)E_{t-1} \tag{11.6}$$

$$S_t = \beta(Y_t - E_t) + (1-\beta)S_{t-p} \tag{11.7}$$

$$0 \leqslant \alpha \leqslant 1, \quad 0 \leqslant \beta \leqslant 1$$

在这个模型中，E_t 表示第 t 期时间序列的期望值，S_t 表示第 t 期的季节因素。常数 p 表示数据中季节性周期的数量。因此，对于季度数据而言，$p=4$；对于月度数据，$p=12$。

在式（11.5）中，第 $t+n$ 期的预测值是第 t 期时间序列的期望值由季节因素 S_{t+n-p} 调整向上或向下得到。式（11.6）将第 t 期的期望值估计为第 t 期剔除季节因素的数据（Y_t-S_{t-p}）和前期期望值（E_{t-1}）的加权平均。式（11.7）估计第 t 期的季节因素为第 t 期的季节效应（Y_t-E_t）和前期相同季节的季节效应（S_{t-p}）的加权平均。

为了使用式（11.5）～式（11.7），必须初始化前面 p 期的预测值和季节因素。有很多种方法完成这项工作。但为方便起见，按如下步骤进行：

$$E_t = \sum_{i=1}^{p} \frac{Y_i}{p}, \quad t = 1, 2, \cdots, p$$

$$S_t = Y_t - E_t, \quad t = 1, 2, \cdots, p$$

即，使用前 p 期的平均值作为这些期间的初始期望值，然后利用真实值和期望值之差作为前 p 期的初始季节因素。

图 11.13（本书的配套文件 Fig11-13.xlsm）给出了这种方法的电子表格实现。

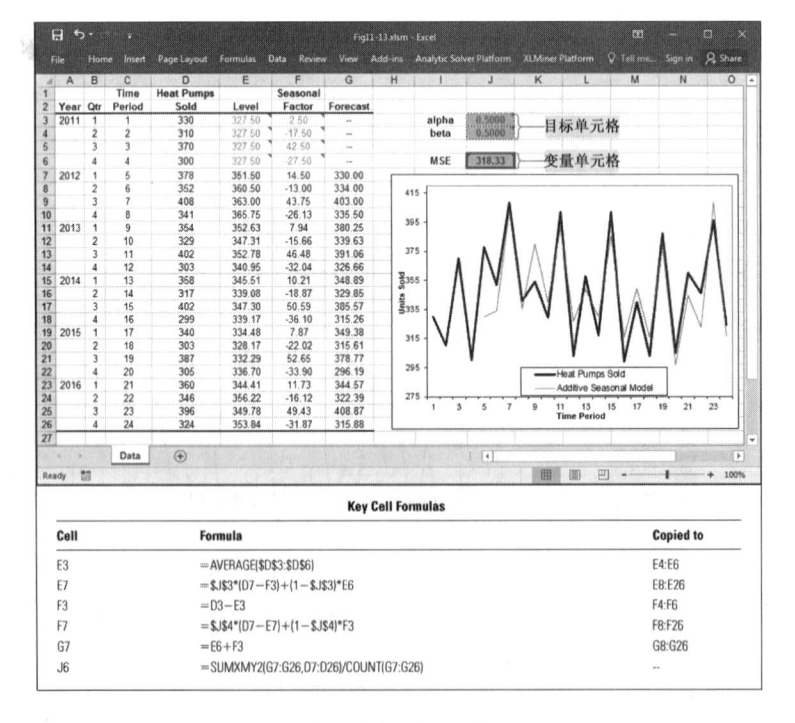

图 11.13 加性季节效应模型的电子表格实现

前 4 期的初始期望值写入单元格 E3 到 E6 中，公式如下：

单元格 E3 的公式：　　　=AVERAGE($D$3:$D$6)

（复制到单元格 E4 到 E6 中）

接下来，前 4 期的初始季节因素写入单元格 F3 到 F6 中，公式如下：

单元格 F3 的公式：　　　=D3-E3

（复制到单元格 F4 到 F6 中）

单元格 J3 到 J4 分别表示 α 和 β 的值。剩下的期望值和季节因素由式（11.6）和式（11.7）决定，分别写入到 E 列和 F 列，公式如下：

单元格 E7 的公式：　　　=$J$3*(D7-F3)+(1-$J$3)*E6

（复制到单元格 E8 到 E26 中）

单元格 F7 的公式：　　　=$J$4*(D7-E7)+(1-$J$4)*F3

（复制到单元格 F8 到 F26 中）

现在，根据式（11.5），在任何 t 时期，第 $t+1$ 期的预测值为

$$\hat{Y}_{t+1} = E_t + S_{t+1-p}$$

因此，在第 4 期，可以根据下式计算出第 5 期的预测值：

单元格 G7 的公式：　　　=E6+F3

（复制到单元格 G8 到 G26 中）

然后将此公式复制到单元格 G8 到 G26 中，就可以对余下的观测值提前一期进行预测。

可以利用图 11.14 所示的规划求解器设置和选项确定使该问题的 MSE 值最小的 α 和 β 的值。在单元格 J6 中计算如下：

单元格 J6 的公式：　=SUMXMY2(G7:G26,D7:D26)/COUNT(G7:G26)

```
Solver Settings:
Objective: J6 (Min)
Variable cells: J3:J4
Constraints:
    J3:J4 <= 1
    J3:J4 >= 0
Solver Options:
    Standard GRG Nonlinear Engine
```

图 11.14　具有季节加性效应的热泵销量问题规划求解器设置和选项

图 11.15 给出了该问题的最优解，还用一幅图描绘了实际销量曲线和我们的模型得出的预测值曲线。注意，预测值和实际值拟合得很好。

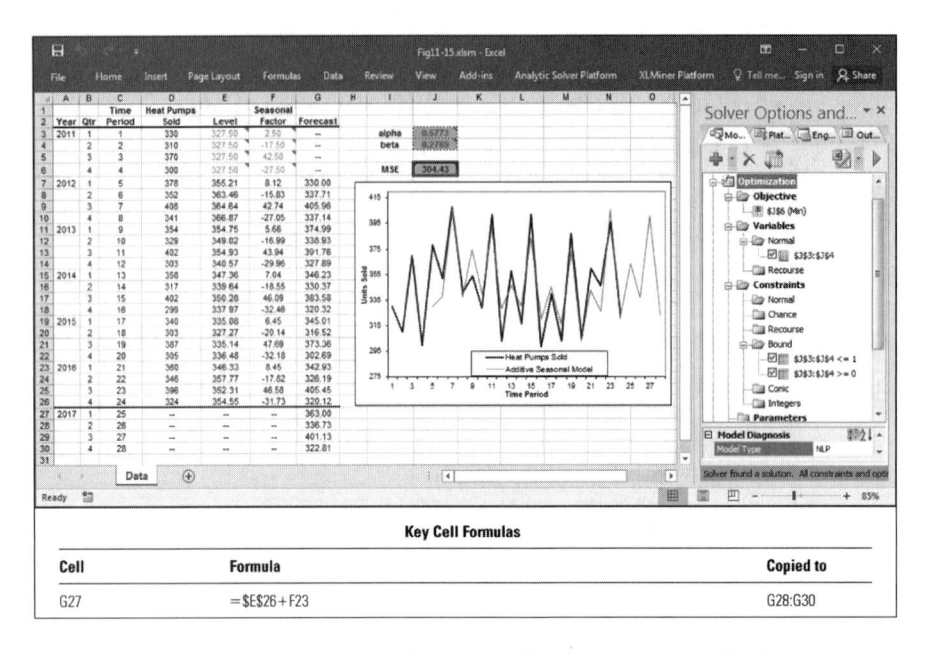

图 11.15 具有季节加性效应的热泵销量问题最优解和预测值

11.8.1 用模型预测

可以利用图 11.15 中的结果计算未来任一时期的预测值。根据式（11.5），在第 24 期，对第 24+n 期预测如下：

$$\hat{Y}_{24+n} = E_{24} + S_{24+n-4}$$

对 2017 年各季度的预测值可以计算如下：

$$\hat{Y}_{25} = E_{24} + S_{21} = 354.55 + 8.45 = 363.00$$

$$\hat{Y}_{26} = E_{24} + S_{22} = 354.55 - 17.82 = 336.73$$

$$\hat{Y}_{27} = E_{24} + S_{23} = 354.55 + 46.58 = 401.13$$

$$\hat{Y}_{28} = E_{24} + S_{24} = 354.55 - 31.73 = 322.81$$

因此，每个预测值是第 24 期时间序列的期望值加上相关的季节调整因素。在图 11.15 中，这些预测值的计算如下：

单元格 G27 的公式： =$E$26+F23

（复制到单元格 G28 到 G30 中）

初始化预测模型

需要注意的是，其他方法也可以初始化上述模型，以及本章后边出现的模型中使用的基础水平（E_t）和季节性（S_t）的值。例如，我们可以使用规划求解器和平滑常数 α、β 求出基础水平值和季节性参数的最优值（MSE 最小）。然而，即使可以用规划求解器确定最优初始值，也不能保证其预测的结果比使用其他方法确定的初始值更精确。如果建模的数据集很大，那么初始值的细小差异可能对预测结果影响很小。但随着数据集的减小，初始值的差异对结果的影响变得越来越显著。

11.9 具有乘性季节效应的稳态数据

对上述模型稍作修改,就能用来对具有乘性季节效应的稳态数据建模。特别地,预测函数变成:

$$\hat{Y}_{t+n} = E_t \times S_{t+n-p} \tag{11.8}$$

其中,

$$E_t = \alpha(Y_t / S_{t-p}) + (1-\alpha)E_{t-1} \tag{11.9}$$

$$S_t = \beta(Y_t / E_t) + (1-\beta)S_{t-p} \tag{11.10}$$

$$0 \leq \alpha \leq 1,\ 0 \leq \beta \leq 1$$

在这个模型中,E_t 表示时间序列第 t 期的期望值,S_t 表示第 t 期的季节因素。常数 p 表示数据中季节性周期的数量。

在式(11.8)中,对第 $t+n$ 期的预测值是时间序列第 t 期的期望值乘季节因素 S_{t+n-p}。式(11.9)估计第 t 期期望值为第 t 期剔除季节因素的数据(Y_t-S_{t-p})和前期期望值(E_{t-1})的加权平均。式(11.10)估计第 t 期的季节因素为第 t 期的季节效应(Y_t/E_t)和前期相同季节的季节效应(S_{t-p})的加权平均。

为了使用式(11.8)~式(11.10),必须初始化前 p 期的预测值和季节因素。一种简单的方法如下:

$$E_t = \sum_{i=1}^{p} \frac{Y_i}{p},\ t=1,2,\cdots,p$$

$$S_t = Y_t / E_t,\ t=1,2,\cdots,p$$

即,使用前 p 期的加权平均值作为这些期间的初始期望值,然后使用真实值和期望值之比作为前 p 期的初始季节因素。

图 11.16(本书的配套文件 Fig11-16.xlsm)给出了这种方法的电子表格实现。

前 4 个时期的初始期望值写入单元格 E3 到 E6 中,公式如下:

  单元格 E3 的公式: =AVERAGE($D$3:$D$6)

  (复制到单元格 E4 到 E6 中)

接下来,前 4 个时期的初始季节因素写入单元格 F3 到 F6 中,公式如下:

  单元格 F3 的公式: =D3/E3

  (复制到单元格 F4 到 F6 中)

单元格 J3 到 J4 分别表示 α 和 β 的值。剩下的期望值和季节因素由式(11.9)和式(11.10)决定,分别写入 E 列和 F 列,公式如下:

  单元格 E7 的公式: =$J$3*(D7-F7)+(1-$J$3)*E6

  (复制到单元格 E8 到 E26 中)

  单元格 F7 的公式: =$J$4*(D7/E7)+(1-$J$4)*F3

  (复制到单元格 F8 到 F26 中)

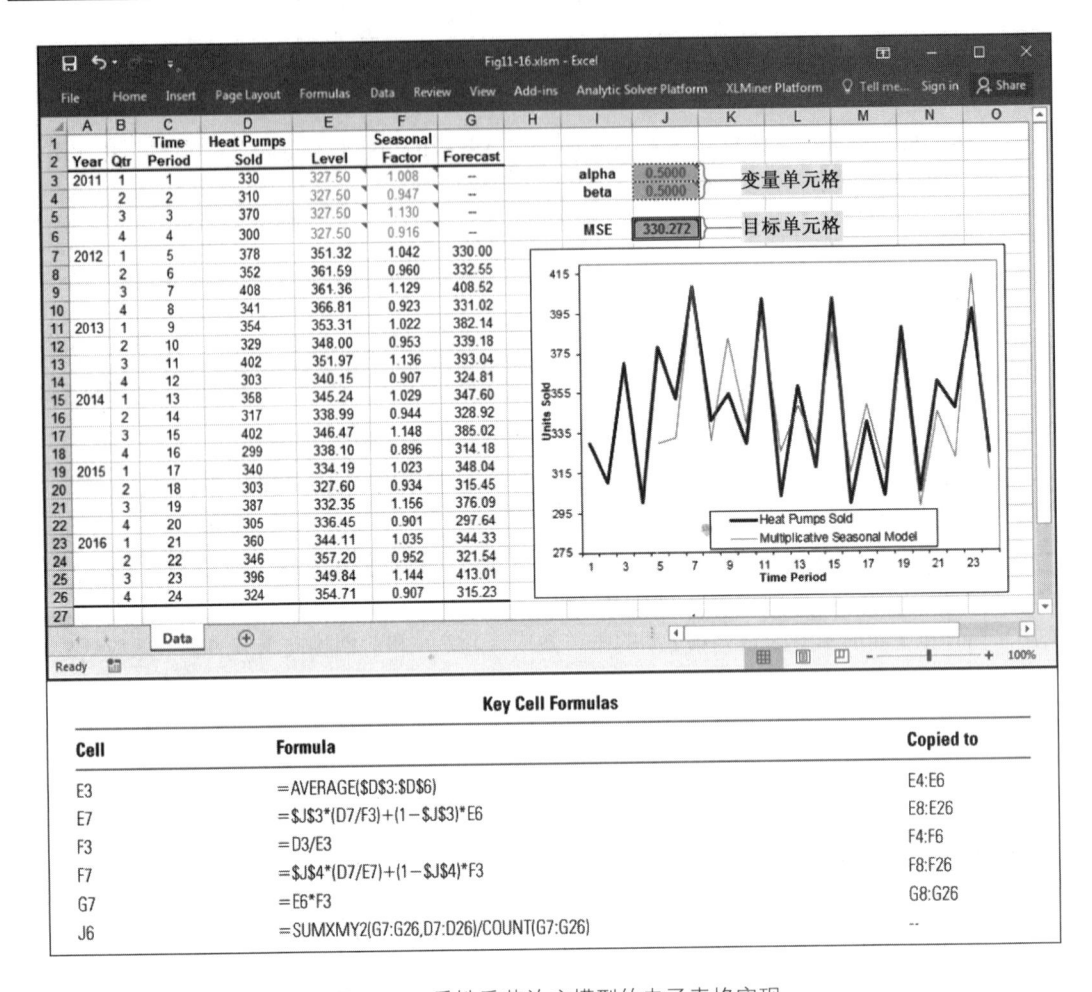

图 11.16 乘性季节效应模型的电子表格实现

Cell	Formula	Copied to
E3	=AVERAGE($D$3:$D$6)	E4:E6
E7	=$J$3*(D7/F3)+(1−$J$3)*E6	E8:E26
F3	=D3/E3	F4:F6
F7	=$J$4*(D7/E7)+(1−$J$4)*F3	F8:F26
G7	=E6*F3	G8:G26
J6	=SUMXMY2(G7:G26,D7:D26)/COUNT(G7:G26)	--

现在，根据式（11.8），在任何时期 t，第 $t+1$ 期的预测值为

$$\hat{Y}_{t+1} = E_t \times S_{t+1-p}$$

因此，在第 4 期，可以根据下式计算出第 5 期的预测值：

单元格 G7 的公式：　　=E6*F3

（复制到单元格 G8 到 G26 中）

然后将此公式复制到单元格 G8 到 G26 中，就可以对余下的观测值提前一期预测。

可以利用图 11.17 所示的规划求解器设置和选项确定使该问题的 MSE 值最小的 α 和 β 的值。在单元格 J6 中计算如下：

单元格 J6 的公式：　　=SUMXMY2(G7:G26,D7:D26)/COUNT(G7:G26)

图 11.18 给出了该问题的最优解，还有一幅图描绘了实际销量曲线和我们的模型得出的预测值曲线。注意，预测值和实际值拟合得很好。

```
Solver Settings:
Objective: J6 (Min)
Variable cells: J3:J4
Constraints:
    J3:J4 <= 1
    J3:J4 >= 0
Solver Options:
    Standard GRG Nonlinear Engine
```

图 11.17 具有乘性季节效应的热泵销量问题规划求解器设置和选项

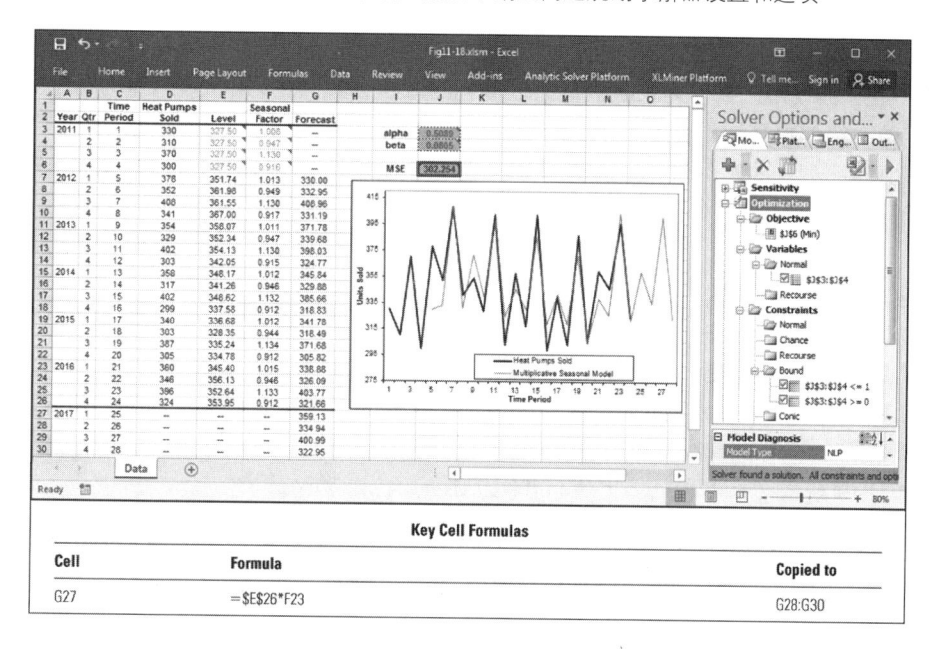

Cell	Formula	Copied to
G27	=$E$26*F23	G28:G30

图 11.18 具有乘性季节效应的热泵销量问题最优解和预测值

11.9.1 用模型预测

可以利用图 11.18 中的结果计算未来任一时期的预测值。根据式（11.8），在第 24 期，对第 24+n 期进行预测，公式如下：

$$Y_{24+n} = E_{24} \times S_{24+n-4}$$

对 2017 年各季度的预测值可以计算如下：

$$\hat{Y}_{25} = E_{24} \times S_{21} = 353.95 \times 1.015 = 359.13$$

$$\hat{Y}_{26} = E_{24} \times S_{22} = 353.95 \times 0.946 = 334.94$$

$$\hat{Y}_{27} = E_{24} \times S_{23} = 353.95 \times 1.133 = 400.99$$

$$\hat{Y}_{28} = E_{24} \times S_{24} = 353.95 \times 0.912 = 322.95$$

因此，每个预测值是第 24 期时间序列的期望值乘以相关的季节因素。在图 11.18 中，这些预测值的计算如下：

单元格 G27 的公式： =$E$26+F23

（复制到单元格 G28 到 G30 中）

11.10 趋势模型

目前为止，所讲的预测方法还只适用于随时间变化没有明显趋势的稳态时间序列数据。然而，对时间序列数据而言，有某种向上或向下的趋势是很常见的。趋势是时间序列数据的长期趋向或变化的大致方向，它反映长期因素的净影响，这种因素以一种一致的、渐进的方式影响时间序列。换句话说，这种趋势反映数据随时间的推移发生的变化。

因为移动平均法、加权移动平均法和指数平滑法都使用过去数值的平均值来预测未来值，所以，若数据有向上的趋势，则这些方法会低估实际值。例如，假设时间序列数据为 2、4、6、8、10、12、14、16、18。很显然，这种明显的上升趋势会引导我们想到时间序列的下一个数据应当为 20。但是，使用到目前为止我们讨论过的预测方法会预测序列中下一个值小于或等于 18，因为给定数据的加权平均不会超过 18。同样，如果数据有向下的趋势，那么这些讨论过的方法就会高估时间序列中的实际值。下面的章节讲述几种适用于随时间变化有向上或向下趋势的非稳态时间序列的方法。

11.10.1 举例

我们将用下例解释在时间序列数据中对趋势进行建模的几种方法：

> WaterCraft 公司是一家私人水上艇筏（水上摩托车）制造商。在最初 5 年的运营中，该公司的产品销量一直保持稳定增长。公司的管理层正制定来年的销售和生产计划，这些计划很重要的一步是对该公司期望达到的销量水平进行预测。公司过去 5 年的季度销量数据如图 11.19 所示（本书的配套文件 Fig11-19.xlsm）。

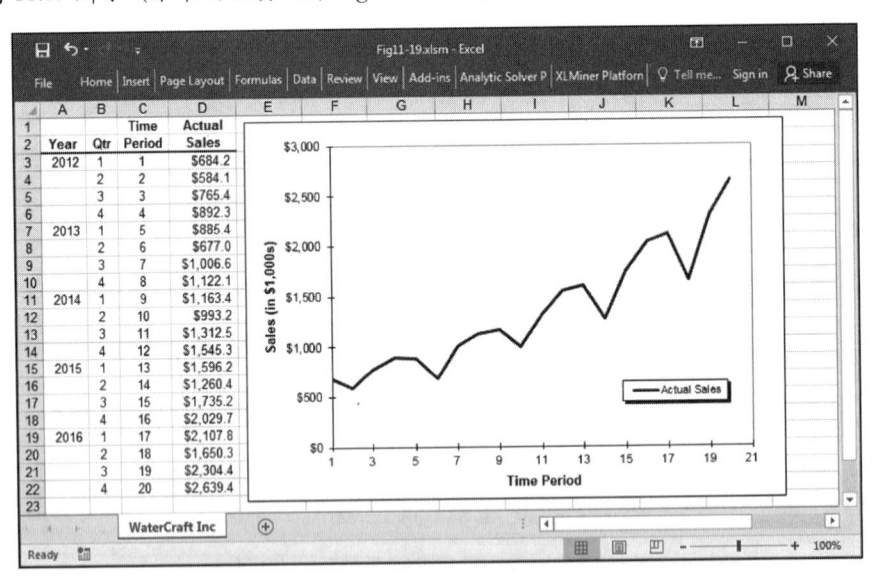

图 11.19　WaterCraft 销量预测问题的历史销量数据

图 11.19 中的销量图表明，随着时间的变化，数据有明显的向上趋势。因此，为了预测该时间序列变量的未来值，可以使用下面将要讨论的预测方法，这些方法可对数据中的趋势做出解释。

11.11 双重移动平均法

顾名思义，双重移动平均法就是取平均值的平均。令 M_t 为过去 k 期（包含第 t 期）的移动平均：

$$M_t = (Y_t + Y_{t-1} + \cdots + Y_{t-k+1})/k$$

过去 k 期（包含第 t 期）的双重移动平均值是移动平均值的平均：

$$D_t = (M_t + M_{t-1} + \cdots + M_{t-k+1})/k \qquad (11.11)$$

双重移动平均预测函数的形式如下：

$$\hat{Y}_{t+n} = E_t + nT_t$$

其中，

$$E_t = 2M_t - D_t$$
$$T_t = 2(M_t - D_t)/(k-1)$$

E_t 和 T_t 的值都是通过最小化最近 k 期数据的误差平方和得到的。注意，E_t 表示第 t 期时间序列的期望值，T_t 表示预测趋势。因此，在第 t 期，对未来 n 期的预测值是 E_t+nT_t，如式（11.11）所示。

图 11.20（本书的配套文件 Fig11-20.xlsm）给出了当 $k=4$ 时，双重移动平均法如何用于 WaterCraft 公司的销量数据预测。

首先，分别在 E 列和 F 列计算前 4 期的移动平均值（M_t）和双重移动平均值（D_t），公式如下：

单元格 E6 的公式：　　=AVERAGE(D3:D6)

（复制到单元格 E7 到 E22 中）

单元格 F9 的公式：　　=AVERAGE(E6:E9)

（复制到单元格 F10 到 F22 中）

分别在 G 列和 H 列中计算每期的期望值（E_t）和趋势值（T_t），公式如下：

单元格 G9 的公式：　　=2*E9-F9

（复制到单元格 G10 到 G22 中）

单元格 H9 的公式：　　=2*(E9-F9)/(4-1)

（复制到单元格 H10 到 H22 中）

然后，在第 I 列中计算第 8 期到第 20 期的预测值，公式如下：

单元格 I10 的公式：　　=G9+H9

（复制到单元格 I11 到 I22 中）

图 11.21 描绘了实际销量曲线和我们的模型得出的预测值曲线。注意，预测值似乎也很好地遵循实际销售数据的向上趋势。

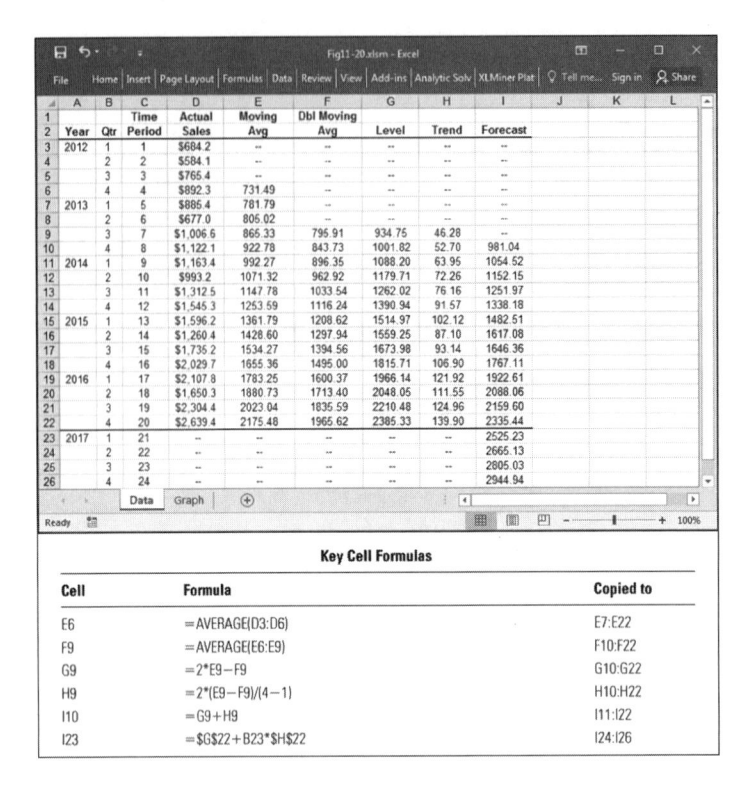

图 11.20 双重移动平均法的电子表格实现

Cell	Formula	Copied to
E6	=AVERAGE(D3:D6)	E7:E22
F9	=AVERAGE(E6:E9)	F10:F22
G9	=2*E9−F9	G10:G22
H9	=2*(E9−F9)/(4−1)	H10:H22
I10	=G9+H9	I11:I22
I23	=$G$22+B23*$H$22	I24:I26

图 11.20 双重移动平均法的电子表格实现

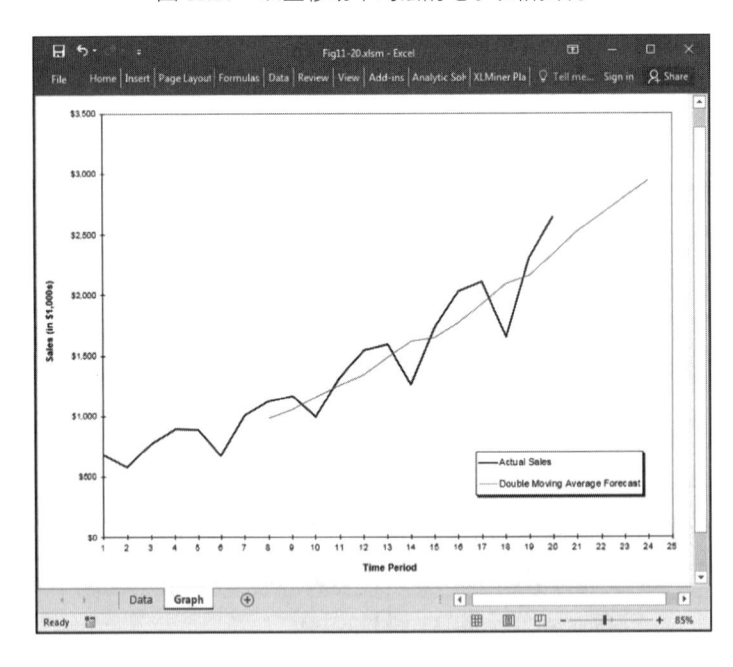

图 11.21 双重移动平均预测曲线图与 WaterCraft 实际销量图

11.11.1 用模型预测

可以利用图 11.20 中的结果计算未来任一时期的预测值。根据式（11.11），在第 20 期，对第 20+n 期进行预测的公式如下：

$$\hat{Y}_{20+n} = E_{20} + nT_{20}$$

图 11.20 中的单元格 G22 和 H22 分别表示 E_{20} 和 T_{20} 的值（E_{20}=2385.33，T_{20}=139.9）。所以在第 20 期，对第 21、22、23 和 24 期的预测值分别计算如下：

$$\hat{Y}_{21} = E_{20} + 1 \times T_{20} = 2385.33 + 1 \times 139.9 = 2525.23$$
$$\hat{Y}_{22} = E_{20} + 2 \times T_{20} = 2385.33 + 2 \times 139.9 = 2665.13$$
$$\hat{Y}_{23} = E_{20} + 3 \times T_{20} = 2385.33 + 3 \times 139.9 = 2805.03$$
$$\hat{Y}_{24} = E_{20} + 4 \times T_{20} = 2385.33 + 4 \times 139.9 = 2944.94$$

这些预测值的计算在图 11.20 中按下式计算：

单元格 I23 的公式：　　　=$G$22+B23*$H$22

（复制到单元格 I24 到 I26 中）

11.12　双重指数平滑法（霍尔特法）

双重指数平滑法（也称霍尔特法，Holt's method）是一种有效预测工具，用于分析具有线性趋势的时间序列数据。在观测到第 t 期时间序列的值（Y_t）后，霍尔特法就可以计算时间序列的基准值或期望值（E_t），以及每期上升率或下降率（趋势）的期望值（T_t）。霍尔特法的预测函数表示为

$$\hat{Y}_{t+n} = E_t + nT_t \tag{11.12}$$

其中，

$$E_t = \alpha Y_t + (1-\alpha)(E_{t-1} + T_{t-1}) \tag{11.13}$$
$$T_t = \beta(E_t - E_{t-1}) + (1-\beta)T_{t-1} \tag{11.14}$$

可以使用式（11.12）中的预测方程计算未来 n 期时间序列的值，其中 n=1, 2, 3, …。第 $t+n$ 期的预测值（$\hat{Y}_{t+n}$）为第 t 期的基准值（E_t）加上未来 n 期的预期趋势的影响（nT_t）。

式（11.13）和式（11.14）中的平滑参数 α、β 的值介于 0～1 之间（0≤α≤1，0≤β≤1）。若数据有向上趋势，则 E_t 通常会大于 E_{t-1}，使式（11.14）中的 E_t-E_{t-1} 为正。这会增加趋势调整因子 T_t 的值。同样，若数据有向下趋势，则 E_t 通常小于 E_{t-1}，使式（11.14）中的 E_t-E_{t-1} 为负。这会减小趋势调整因子 T_t 的值。

虽然霍尔特法看起来比之前讨论的方法更复杂，但其实只有简单的三步：

（1）利用式（11.13）计算时期 t 的基准值 E_t。

（2）利用式（11.14）计算时期 t 的趋势期望值 T_t。

（3）利用式（11.12）计算第 $t+n$ 期的最终预测值 $\hat{Y}_{t+n}$。

WaterCraft 公司问题的霍尔特法的电子表格实现如图 11.22 所示（本书的配套文件 Fig11-22.xlsm）。

单元格 J3 和 J4 分别表示 α 和 β 的值。E 列计算的是第一步要求的每期基准值（即该列是 E_t 的值）。式（11.13）假定对于任一时期 t，前一期的基准值（E_{t-1}）是已知的。习惯上假设 $E_1=Y_1$，如单元格 E3 中的公式所示：

单元格 E3 的公式：　　　=D3

[图示：Excel 电子表格界面，显示霍尔特法的实现]

Cell	Formula	Copied to
E3	=D3	--
E4	=$J$3*D4+(1−$J$3)*(E3+F3)	E5:E22
F3	=0	--
F4	=$J$4*(E4−E3)+(1−$J$4)*F3	F5:F22
G4	=SUM(E3:F3)	G5:G22
J6	=SUMXMY2(D4:D22,G4:G22)/COUNT(G4:G22)	--

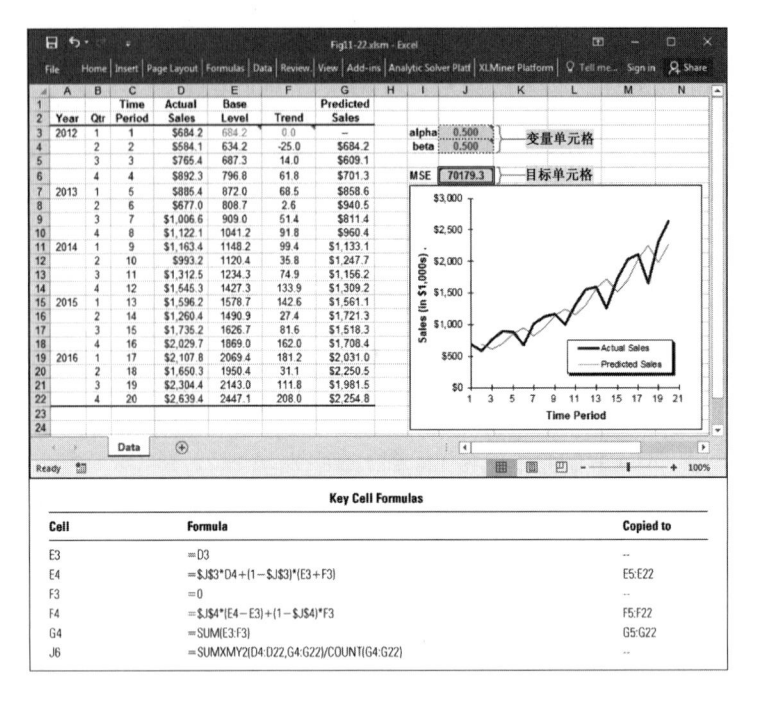

图 11.22 霍尔特法的电子表格实现

其余的 E_t 值可用式（11.13）在单元格 E4 到 E22 中计算如下：

单元格 E4 的公式：　　=$J$4*D4+(1-$J$3)*(E3+F3)

（复制到单元格 E5 到 E22 中）

F 列计算的是第二步要求的每期趋势期望值（即该列是 T_t 的值）。式（11.14）假定对于任一时期 t，前一期的趋势值（T_{t-1}）是已知的。所以，假定初始趋势值 $T_1=0$（尽管也可以假定其他初始趋势值），如单元格 F3 中的公式所示：

单元格 F3 的公式：　　=0

其余的 T_t 值可用式 11.14 在单元格 F4 到 F22 中计算如下：

单元格 F4 的公式：　　=$J$4*(E4-E3)+(1-$J$4)*F3

（复制到单元格 E5 到 E22 中）

根据式（11.12），对于任一时期 t，第 $t+1$ 期的预测值可以计算如下：

$$\hat{Y}_{t+1}=E_t+1\times T_t$$

如图 11.22 所示，在时期 $t=1$ 时，时期 $t=2$ 的预测值（单元格 G4 中）可通过加总单元格 E3 和 F3 中的值得到，单元格 E3 和 F3 分别对应 E_1 和 T_1。因此，时期 $t=2$ 的预测值在单元格 G4 中计算如下：

单元格 G4 的公式：　　=SUM(E3:F3)

（复制到单元格 G5 到 G22 中）

把该公式复制到单元格 G5 到 G22 中，利用霍尔特法计算出剩余时期的预测值。

再次使用规划求解器确定使 MSE 值最小的 α 和 β 值。预测值的 MSE 在单元格 J6 中计算如下：

单元格 J6 的公式： =SUMXMY2(D4:D22,G4:G22)/COUNT(G4:G22)

可以利用如图 11.23 所示的规划求解器设置和选项确定 α 和 β 的值以最小化非线性 MSE 目标函数。图 11.24 给出了该问题的结果，其中的图表明使用霍尔特法得到的预测值符合数据中的趋势。

图 11.23　霍尔特法的规划求解器设置和选项

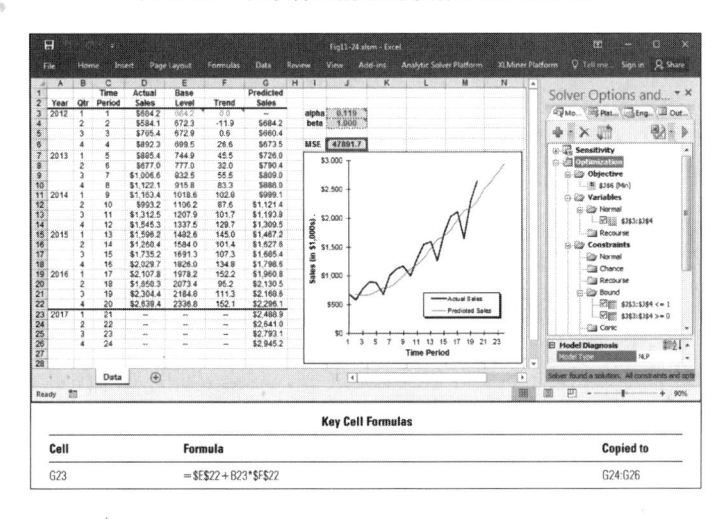

图 11.24　霍尔特法的最优解和预测值

11.12.1　用霍尔特法预测

可以利用图 11.24 中的结果计算未来任一时期的预测值。根据式（11.12），在第 20 期，第 $20+n$ 期的预测值如下：

$$\hat{Y}_{20+n} = E_{20} + nT_{20}$$

图 11.24 中的单元格 E22 和 F22 分别表示 E_{20} 和 T_{20} 的值（$E_{20}=2336.8$，$T_{20}=152.1$）。所以在第 20 期，对第 21、22、23 和 24 期的预测值计算如下：

$$\hat{Y}_{21} = E_{20} + 1 \times T_{20} = 2336.8 + 1 \times 152.1 = 2488.9$$
$$\hat{Y}_{22} = E_{20} + 2 \times T_{20} = 2336.8 + 2 \times 152.1 = 2641.0$$
$$\hat{Y}_{23} = E_{20} + 3 \times T_{20} = 2336.8 + 3 \times 152.1 = 2793.1$$
$$\hat{Y}_{24} = E_{20} + 4 \times T_{20} = 2336.8 + 4 \times 152.1 = 2945.2$$

这些预测值的计算在图 11.24 中按下式计算：

单元格 G23 的公式： =$E$22+B23*$F$22

（复制到单元格 G24 到 G26 中）

11.13 加性季节效应的霍尔特-温纳法

除了有向上或者向下的趋势，非稳态数据可能还会呈现出季节效应。再次注意的是，季节效应在本质上可能是加性效应或乘性效应。霍尔特-温纳法是另一种分析具有趋势和季节效应的时间序列预测方法。本节主要讨论加性季节效应的霍尔特-温纳法。

为了说明加性季节效应的霍尔特-温纳法，令 p 表示时间序列中季节的数量（对于季度数据，$p=4$；对于月度数据，$p=12$）。预测函数如下：

$$\hat{Y}_{t+n} = E_t + nT_t + S_{t+n-p} \tag{11.15}$$

其中，

$$E_t = \alpha(Y_t - S_{t-p}) + (1-\alpha)(E_{t-1} + T_{t-1}) \tag{11.16}$$

$$T_t = \beta(E_t - E_{t-1}) + (1-\beta)T_{t-1} \tag{11.17}$$

$$S_t = \gamma(Y_t - E_t) + (1-\gamma)S_{t-p} \tag{11.18}$$

我们可以使用式（11.15）中的预测函数计算未来 n 期时间序列的值，其中 $n=1, 2, \cdots, p$。第 $t+n$ 期的预测值（$\hat{Y}_{t+n}$）可用式（11.15）通过最近该期的季节调整因素（S_{t+n-p}）调整第 $t+n$ 期的预测基准值（E_t+nT_t）得到。式（11.16）、式（11.17）和式（11.18）中的平滑参数 α、β 和 γ 的值介于 0～1 之间（$0 \leq \alpha \leq 1$，$0 \leq \beta \leq 1$，$0 \leq \gamma \leq 1$）。

时间序列中第 t 期的基准预测值（E_t）在式（11.16）中重新计算了一次，是下列两个值的加权平均：

- $E_{t-1}+T_{t-1}$ 表示观测到第 t 期实际值（Y_t）之前，对第 t 期的基准预测值。
- Y_t-S_{t-p} 表示观测到 Y_t 后，对第 t 期剔除季节变动因素后的预期基准值。

每期的预期趋势因子 T_t 用式（11.17）重新计算，它和霍尔特法中的式（11.14）是一致的。每期的季节调整因子可通过式（11.18）计算得到，是下列两个值的加权平均：

- S_{t-p} 表示距离第 t 期所在的季节最近的季节指标。
- Y_t-E_t 表示观测到 Y_t 后对第 t 期季节因素的估计值。

霍尔特-温纳法可分为 4 步：

(1) 用式（11.16）计算第 t 期的基准值 E_t。
(2) 用式（11.17）计算第 t 期的预期趋势因子 T_t。
(3) 用式（11.18）计算第 t 期的季节调整因子 S_t。
(4) 用式（11.15）计算第 $t+n$ 期的最终预测值 $\hat{Y}_{t+n}$。

WaterCraft 公司问题的霍尔特-温纳法的电子表格实现如图 11.25 所示（本书的配套文件 Fig11-25.xlsm）。单元格 K3、K4 和 K5 分别表示 α、β 和 γ 的值。

式（11.16）和式（11.18）都假设在时期 t，已知第 $t-p$ 期的季节调整因子的估计值，或者知道 S_{t-p} 的值。因此，使用这种方法的首要任务是估计 S_1、S_2、$\cdots$、S_p 的值（本例中是 S_1、S_2、S_3 和 S_4 的值）。进行这些初始化估计的一种简单办法是令：

$$S_t = Y_t - \sum_{i=1}^{p}\frac{Y_i}{p}, \quad t=1, 2, \cdots, p \tag{11.19}$$

式（11.19）表明前 p 期的季节调整因子的初始估计值 S_t 等于该期的观测值 Y_t 与前 p 期观测值的平均值之差。在这个例子中，图 11.25 中的 G 列用式（11.19）计算前 4 个季节因子：

单元格 G3 的公式：　　　=D3−AVERAGE($D$3:$D$6)

（复制到单元格 G4 到 G6 中）

在第 $p+1$ 期（本例中，就是第 5 期），可以用式（11.16）计算第一个 E_t 的值，因为这是第一个已知 S_{t-p} 的时期。但是，用式（11.16）计算 E_5，还需要知道 E_4 [因为没有定义 E_0，所以不能用式（11.16）计算 E_4] 和 T_4 [因为没有定义 E_4 和 E_3，所以不能用式（11.17）计算 T_4]。因此，假定 $E_4 = Y_4 - S_4$（所以 $E_4 + S_4 = Y_4$）且 $T_4 = 0$，单元格 E6 和 F6 中的公式如下：

单元格 E6 的公式：　　　=D6−G6

单元格 F6 的公式：　　　=0

用式（11.16）计算其他各期的 E_t 值，在图 11.25 中计算如下：

单元格 E7 的公式：　　　=$K$3*(D7−G3)+(1−$K$3)*(E6+F6)

（复制到单元格 E8 到 E22 中）

用式（11.17）计算其他各期的 T_t 值，在图 11.25 中计算如下：

单元格 F7 的公式：　　　=$K$4*(E7−E6)+(1−$K$4)* F6

（复制到单元格 F8 到 F22 中）

Cell	Formula	Copied to
G3	=D3−AVERAGE($D$3:$D$6)	G4:G6
E6	=D6−G6	--
E7	=$K$3*(D7−G3)+(1−$K$3)*(E6+F6)	E8:E22
F6	=0	--
F7	=$K$4*(E7−E6)+(1−$K$4)*F6	F8:F22
G7	=$K$5*(D7−E7)+(1−$K$5)*G3	G8:G22
H7	=E6+F6+G3	H8:H22
N4	=SUMXMY2(H7:H22,D7:D22)/COUNT(H7:H22)	--

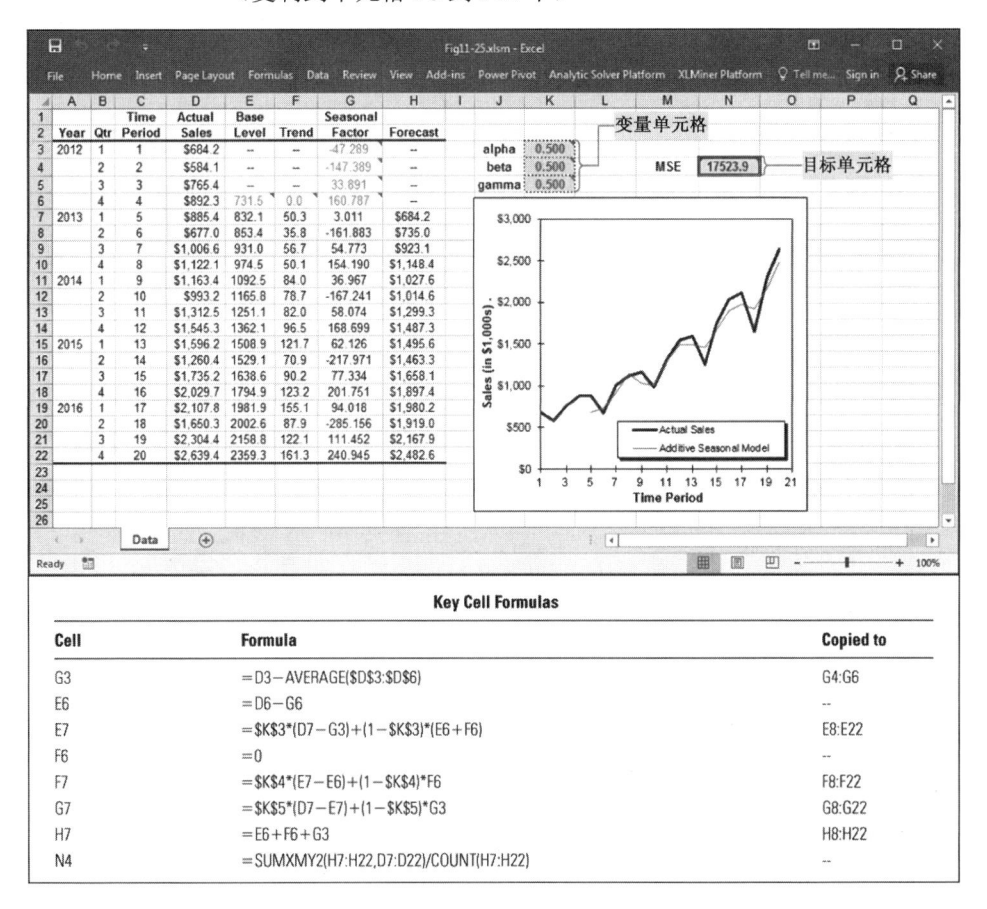

图 11.25　加性季节效应霍尔特-温纳法的电子表格实现

用式（11.18）计算剩余的 S_t 值，在图 11.25 中计算如下：

单元格 G7 的公式：　　=$K$5*(D7-E7)+(1-$K$5)* G3

（复制到单元格 G8 到 G22 中）

最后，在第 4 期，可以提前一期用式（11.15）中的预测函数预测第 5 期的值，在图 11.25 中计算如下：

单元格 H7 的公式：　　=E6+F6+G3

（复制到单元格 H8 到 H22 中）

在使用这种方法预测前，我们想计算出 α、β 和 γ 的最优值。可以利用规划求解器确定使 MSE 值最小的 α、β 和 γ 的值。预测值的 MSE 在单元格 N4 中计算如下：

单元格 N4 的公式：　　=SUMXMY2(H7:H22,D7:D22)/COUNT(H7:H22)

可以利用如图 11.26 所示的规划求解器设置和选项确定使非线性 MSE 目标函数最小化的 α、β 和 γ 的值。图 11.27 给出了该问题的解。

图 11.27 描绘了使用霍尔特-温纳法得到的预测值曲线图和实际销量图。该图表明预测函数和实际数据拟合得很好。但是数据中的季节因素随着时间的变化越来越显著——表明在本例中使用乘性效应的季节因素模型会更适合。

Solver Settings:
Objective: N4 (Min)
Variable cells: K3:K5
Constraints:
　　K3:K5 <= 1
　　K3:K5 >= 0
Solver Options:
　　Standard GRG Nonlinear Engine

图 11.26　霍尔特-温纳法的规划求解器设置和选项

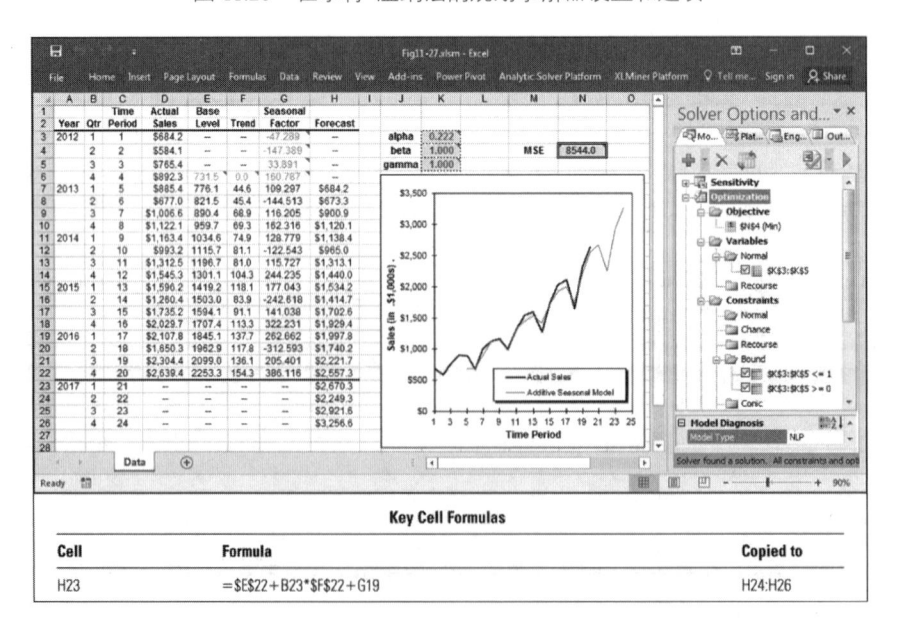

图 11.27　加性季节效应霍尔特-温纳法的最优解

11.13.1 用霍尔特-温纳法加性效应模型预测

可以利用图 11.27 中的结果计算未来任一时期的预测值。根据式（11.15），在第 20 期，对第 20+n 期预测如下：

$$\hat{Y}_{20+n} = E_{20} + nT_{20} + S_{20+m-p}$$

图 11.27 中的单元格 E22 和 F22 分别表示 E_{20} 和 T_{20} 的值（E_{20}=2253.3，T_{20}=154.3）。在第 20 期，对第 21、22、23 和 24 期的预测值分别计算如下：

$$\hat{Y}_{21} = E_{20} + 1 \times T_{20} + S_{17} = 2253.3 + 1 \times 154.3 + 262.662 = 2670.3$$
$$\hat{Y}_{22} = E_{20} + 2 \times T_{20} + S_{18} = 2253.3 + 2 \times 154.3 - 312.593 = 2249.3$$
$$\hat{Y}_{23} = E_{20} + 3 \times T_{20} + S_{19} = 2253.3 + 3 \times 154.3 + 262.662 = 2921.6$$
$$\hat{Y}_{24} = E_{20} + 4 \times T_{20} + S_{20} = 2253.3 + 4 \times 154.3 + 262.662 = 3256.6$$

这些预测值的计算在图 11.27 中按下式计算：

单元格 H23 的公式：　　=$E$22+B23*$F$22+G19

（复制到单元格 H24 到 H26 中）

11.14 乘性季节效应的霍尔特-温纳法

前面已经提到，图 11.27 中的曲线图表明，数据中的季节因素随时间的变化越来越显著。因此，具有乘性季节效应的霍尔特-温纳法更适合对这些数据建模。幸运的是，这种方法与具有加性季节效应的霍尔特-温纳法非常相似。

为了说明乘性季节效应的霍尔特-温纳法，再次用 p 表示时间序列中季节的数量（对于季度数据，p=4；对于月度数据，p=12）。预测函数如下：

$$\hat{Y}_{t+n} = (E_t + nT_t)S_{t+n-p} \tag{11.20}$$

其中，

$$E_t = \alpha \frac{Y_t}{S_{t-p}} + (1-\alpha)(E_{t-1} + T_{t-1}) \tag{11.21}$$

$$T_t = \beta(E_t - E_{t-1}) + (1-\beta)T_{t-1} \tag{11.22}$$

$$S_t = \gamma \frac{Y_t}{E_t} + (1-\gamma)S_{t-p} \tag{11.23}$$

这里，第 $t+n$ 期的预测值（$\hat{Y}_{t+n}$）可用式（11.20）通过第 $t+n$ 期的基准预测值（E_t+nT_t）乘以最近该期的季节调整因素（S_{t+n-p}）计算得到。式（11.21）、式（11.22）和式（11.23）中的平滑参数 α、β 和 γ 的值介于 0～1 之间（0≤α≤1，0≤β≤1，0≤γ≤1）。

时间序列中 t 期的基准预测值（E_t）在式（11.21）中重新计算了一次，是下列两个值的加权平均：

- $E_{t-1} + T_{t-1}$ 表示观测到第 t 期实际值（Y_t）之前，对第 t 期的基准预测值。
- $\dfrac{Y_t}{S_{t-p}}$ 表示观测到 Y_t 后，对第 t 期剔除季节变动因素后的预期基准值。

每期的预期季节调整因子用式（11.23）重新计算，是下列两个值的加权平均：

- S_{t-p} 表示距离第 t 期所在的季节最近的季节指标。

- $\dfrac{Y_t}{E_t}$ 表示观测到 Y_t 后对第 t 期季节因素的估计值。

WaterCraft 问题的霍尔特-温纳法的电子表格实现如图 11.28 所示（本书的配套文件 Fig11-28.xlsm）。单元格 K3、K4 和 K5 分别表示 α、β 和 γ 的值。

式（11.21）和式（11.23）都假设在时期 t，已知在第 $t-p$ 期的季节调整因子的预期值，或者知道 S_{t-p} 的值。因此，我们需要估计 $S_1, S_2, \cdots, S_p$ 的值。一种简单办法是令：

$$S_t = \frac{Y_t}{\sum_{i=1}^{p} \dfrac{Y_i}{p}}, \quad t = 1, 2, \cdots, p \tag{11.24}$$

式（11.24）表明前 p 期的季节调整因子的初始估计值 S_t 等于该期的观测值 Y_t 与前 p 期观测值的平均值之比。在我们的例子中，图 11.25 中的 G 列用式（11.19）计算前 4 个季节因子：

  单元格 G3 的公式： =D3/AVERAGE($D$3：$D$6)

  （复制到单元格 G4 到 G6 中）

在第 $p+1$ 期（本例中，就是第 5 期），可以用式（11.21）计算第一个 E_t 的值，因为这是第一个已知 S_{t-p} 的时期。但是，用式（11.21）计算 E_5，还需要知道 E_4 [因为没有定义 E_0，所以不能用式（11.21）计算 E_4] 和 T_4 [因为没有定义 E_4 和 E_3，所以不能用式（11.22）计算 T_4]。因此，假定 $E_4=Y_4/S_4$（所以 $E_4*S_4=Y_4$）且 $T_4=0$，单元格 E6 和 F6 中的公式如下：

  单元格 E6 中的公式： =D6/G6

  单元格 F6 中的公式： =0

用式（11.21）计算剩余的 E_t 值，在图 11.28 中计算如下：

  单元格 E7 的公式： =$K$3*D7/G3+(1−$K$3)*(E6+F6)

  （复制到单元格 E8 到 E22 中）

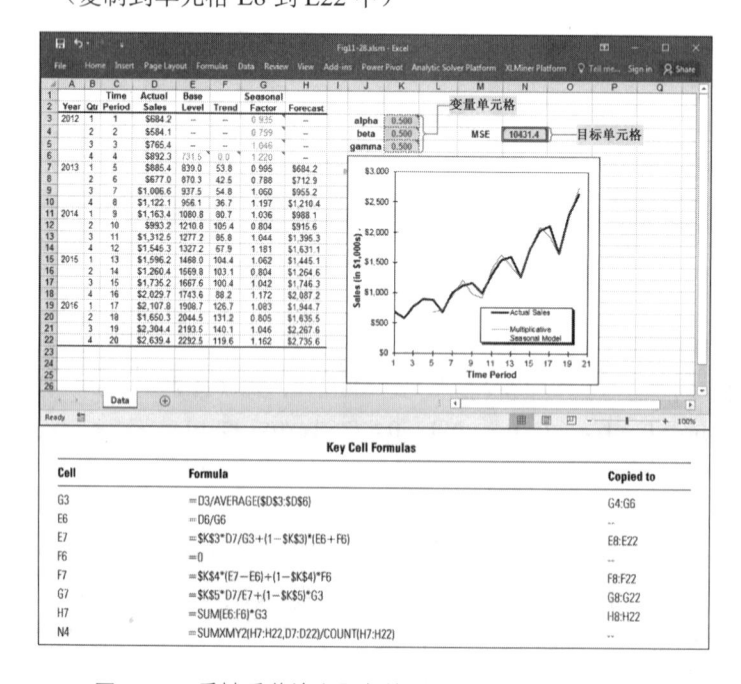

图 11.28 乘性季节效应霍尔特-温纳法的电子表格实现

用式（11.22）计算剩余的 T_t 值，在图 11.28 中计算如下：

单元格 E7 的公式： =$K$4*(E7-E6)+(1-$K$4)* F6

（复制到单元格 F8 到 F22 中）

用式（11.23）计算剩余的 S_t 值，计算如下：

单元格 G7 的公式： =$K$5*D7/E7+(1-$K$5)* G3

（复制到单元格 G8 到 G22 中）

最后，在第 4 期，可以提前一期用式（11.20）中的预测函数预测第 5 期的值，计算如下：

单元格 H7 的公式： =SUM (E6:F6)*G3

（复制到单元格 H8 到 H22 中）

在使用这种方法预测前，我们想计算出 α、β 和 γ 的最优解。可以利用规划求解器确定使 MSE 值最小的 α、β 和 γ 的值。预测值的 MSE 在单元格 N4 中计算如下：

单元格 N4 的公式： =SUMXMY2(H7:H22,D7:D22)/COUNT(H7:H22)

可以利用图 11.29 所示的规划求解器设置和选项确定使非线性 MSE 目标函数最小化的 α、β 和 γ 的值。图 11.30 给出了该问题的解。

图 11.30 描绘了使用乘性效应的霍尔特-温纳法得到的预测值的曲线图和实际销量图。把该图和图 11.27 中的对比，可以看出乘性效应模型的预测函数对数据拟合得更好。

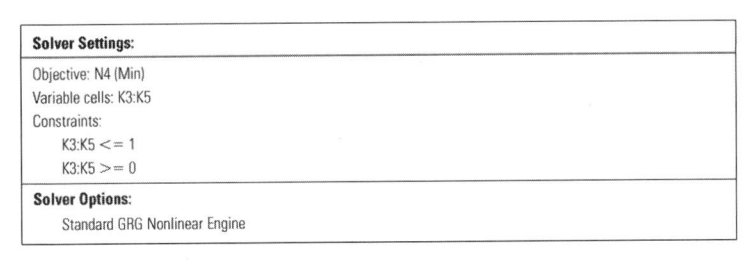

图 11.29 乘性季节效应的霍尔特-温纳法的规划求解器设置和选项

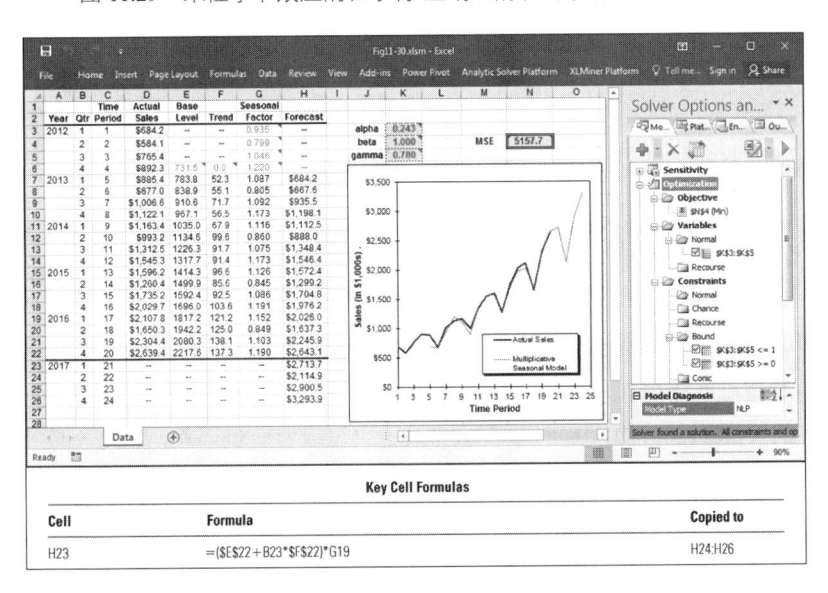

图 11.30 加性季节效应霍尔特-温纳法的最优解

11.14.1 用霍尔特-温纳法乘性效应模型预测

可以利用图 11.30 中的结果计算未来任一时期的预测值。根据式（11.15），在第 20 期，对第 20+n 期的预测如下：

$$\hat{Y}_{20+n} = (E_{20} + nT_{20})S_{20+n-p}$$

图 11.30 中的单元格 E22 和 F22 分别表示 E_{20} 和 T_{20} 的值（E_{20}=2217.6，T_{20}=137.3）。所以在第 20 期，对第 21、22、23 和 24 期的预测值分别计算如下：

$$\hat{Y}_{21} = (E_{20} + 1 \times T_{20})S_{17} = (2217.6 + 1 \times 137.3)1.152 = 2713.7$$

$$\hat{Y}_{22} = (E_{20} + 2 \times T_{20})S_{18} = (2217.6 + 2 \times 137.3)0.849 = 2114.9$$

$$\hat{Y}_{23} = (E_{20} + 3 \times T_{20})S_{19} = (2217.6 + 3 \times 137.3)1.103 = 2900.5$$

$$\hat{Y}_{24} = (E_{20} + 4 \times T_{20})S_{20} = (2217.6 + 4 \times 137.3)1.190 = 3293.9$$

这些预测值的计算在图 11.30 中按下式计算：

单元格 H23 的公式： =($E$22+B23*$F$22)*G19

（复制到单元格 H24 到 H26 中）

11.15 使用回归对时间序列趋势建模

在引言中提到，如果时间序列中有一个或多个可以解释系统变化的自变量的数据可得，就可以建立时间序列的回归模型。但是，即使不存在与时间序列变量有因果关系的自变量，也有一些自变量可以解释时间序列变量。解释变量和时间序列之间的关系不必是因果关系，只要解释变量的行为和时间序列变量在某种程度上相关，就可以帮助我们预测时间序列的未来值。下面介绍如何在回归模型中把解释变量作为自变量分析时间序列数据。

如前所述，趋势是时间序列数据的长期趋向或变化的大致方向，它反映了数据随时间的变化。时间的推移并不足以造成时间序列的趋势。但随着时间不断的流逝，时间序列的趋势反映了序列不断向上或向下的总体方向。因此，时间本身就是一个解释变量，可以用来解释时间序列的趋势。

11.16 线性趋势模型

为了解释如何把时间作为一个自变量，考虑下面的线性回归模型：

$$Y_t = \beta_0 + \beta_1 X_{1_t} + \varepsilon_t \qquad (11.25)$$

其中，$X_{1_t} = t$。也就是说，自变量 X_{1_t} 表示时期 t（$X_{1_1}=1$，$X_{1_2}=2$，$X_{1_3}=3$ 等）。式（11.25）中的回归模型假定时间序列（Y_t）的系统变化可以通过回归函数 $\beta_0 + \beta_1 X_{1_t}$（这是时间的线性函数）来描述。式（11.25）中的误差项 ε_t 表示非系统误差或者随机误差，就是不能用我们的模型解释的部分。因为 Y_t 的值假定在回归函数 $\beta_0 + \beta_1 X_{1_t}$ 附近上下波动，所以误差项 ε_t 的均值（或期望值）为 0。因此，若使用普通最小二乘法估计式（11.25）中的参数，则对任一时期 Y_t 的最优估计为：

$$\hat{Y}_t = b_0 + b_1 X_{1_t} \qquad (11.26)$$

在式（11.26）中，第 t 期时间序列的估计值（$\hat{Y}_t$）是自变量的线性函数，此时的自变量是指时间。因此，式（11.26）表示使得实际值 Y_t 和估计值 $\hat{Y}_t$ 之差的平方和最小的线性方程。可以认为这条线解释了数据中的线性趋势。

图 11.31（本书的配套文件 Fig11-31.xlsm）就是应用该方法分析 WaterCraft 的季度销量数据。可以把单元格 C3 到 C22 中的时期值作为回归模型中的自变量 X_1。因此，可以使用图 11.32 中的回归命令设置求得估计回归函数所要求的参数值 b_0 和 b_1。

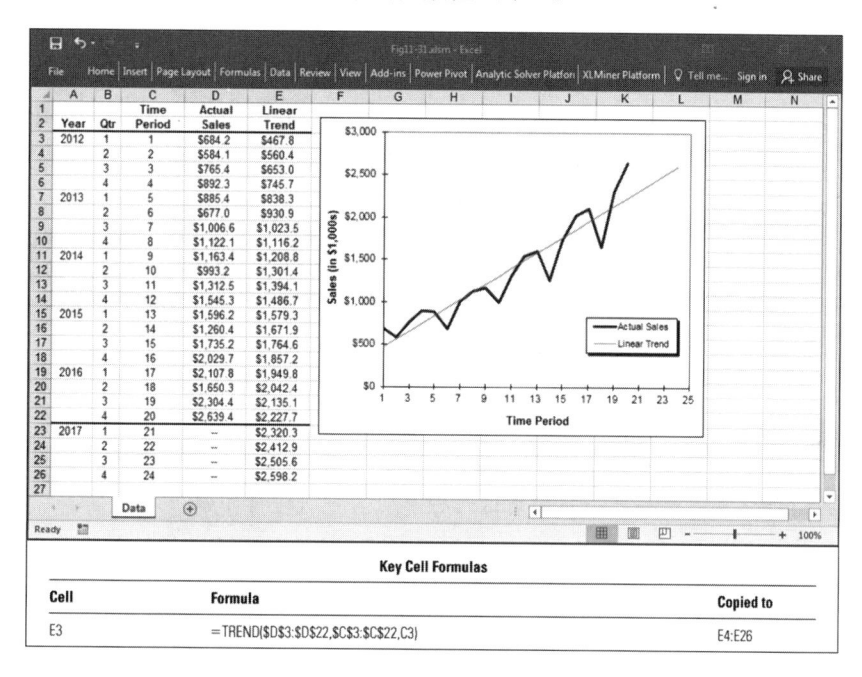

图 11.31　线性趋势模型的电子表格实现

图 11.33 给出了回归命令的结果，它表明具体的回归函数如下：

$$\hat{Y}_t = 375.17 + 92.6255 X_{1_t} \qquad (11.27)$$

图 11.31 在 E 列（标有线性趋势）中列出了每期的预期销售水平，单元格 E3 中的公式如下，将其复制到单元格 E4 到 E26 中。

单元格 E3 的公式：　=TREND ($D$3:$D$22, $C$3:$C$22,C3)

（复制到单元格 E4 到 E26 中）

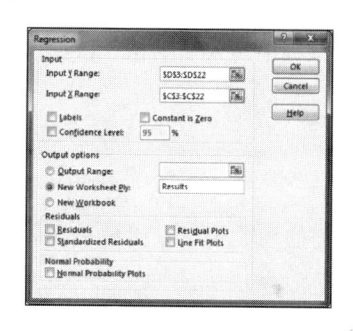

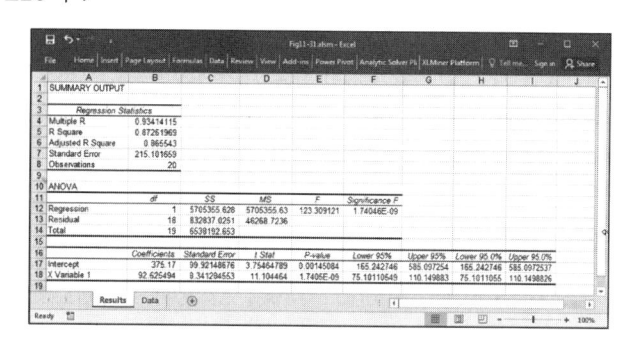

图 11.32　线性趋势模型的回归命令设置　　　　图 11.33　线性趋势模型的回归结果

11.16.1 用线性趋势模型预测

可以用式（11.27）令 $X_{1_t}=t$ 计算未来任一时期的预测值。例如，对第 21、22、23 和 24 期的预测值计算如下：

$$\hat{Y}_{21}=375.17+92.6255\times 21=2320.3$$
$$\hat{Y}_{22}=375.17+92.6255\times 22=2412.9$$
$$\hat{Y}_{23}=375.17+92.6255\times 23=2505.6$$
$$\hat{Y}_{24}=375.17+92.6255\times 24=2598.2$$

注意，这些预测值可以在图 11.31 所示的单元格 E23 到 E26 中利用函数 TREND( ) 计算。

再次强调的是，当预测期增加时，我们对预测准确度的信心会逐渐削弱，因为无法保证模型所遵循的历史趋势一定会在未来持续。

函数 TREND ( )的注意事项

函数 TREND( )可以用来计算线性回归模型的预测值，函数 TREND( )的形式如下：

TREND(Y-range , X-range, X-value for prediction)

其中，Y-range 表示电子表格中包含因变量 Y 的单元格，X-range 表示电子表格中包含自变量 X 的单元格。X-value for prediction 表示我们想预测的 Y 值的自变量 X 值的单元格。函数 TREND( )和回归工具相比的优点就是它在函数的输入变化后自动更新。但是，它不提供回归工具可以提供的统计信息。最好是一起使用这两种不同的方法进行回归。

11.17 二次趋势模型

尽管图 11.31 所示的线性回归函数的预测曲线图解释了数据中向上的趋势，但是实际值并不随机分布在趋势线周围，不符合式（11.25）中回归模型的假设。实际值似乎大多在其下方或者仅仅些微地在其上方。这表明线性趋势模型可能并不适用于这些数据。

作为一种可替代的方法，尝试用下列二次趋势模型拟合出和这些数据更吻合的曲线：

$$Y_t = \beta_0 + \beta_1 X_{1_t} + \beta_2 X_{2_t} + \varepsilon_t \tag{11.28}$$

其中，$X_{1_t}=t$，$X_{2_t}=t^2$，这个模型最终的估计回归函数为

$$\hat{Y}_t = b_0 + b_1 X_{1_t} + b_2 X_{2_t} \tag{11.29}$$

为了估计二次趋势函数，必须在电子表格中新增一列来表示新增的自变量 $X_{2_t}=t^2$。可以在图 11.34（本书的配套文件 Fig11-34.xlsm）中插入 D 列并在该列中写入 t^2 的值。因此，在单元格 D3 中输入下列公式，并将其复制到单元格 D4 到 D26 中：

单元格 D3 的公式：　　　=C3^2

（复制到单元格 D4 到 D26 中）

可以用图 11.35 所示的回归命令设置求出预测回归函数所需的系数 b_0、b_1 和 b_2 的值。

图 11.36 给出了回归命令结果，这表明估计的回归函数为

$$\hat{Y}_t = 653.67 + 16.671 X_{1_t} + 3.617 X_{2_t} \tag{11.30}$$

图 11.34 在 F 列（标有二次趋势）中列出了每期的预期销量水平，单元格 F3 中的公式如下，

并将其复制到单元格 F4 到 F26 中。

单元格 F3 的公式：　　　=TREND ($E$3:$E$22,$C$3:$D$22,C3:D3)

（复制到单元格 F4 到 F26 中）

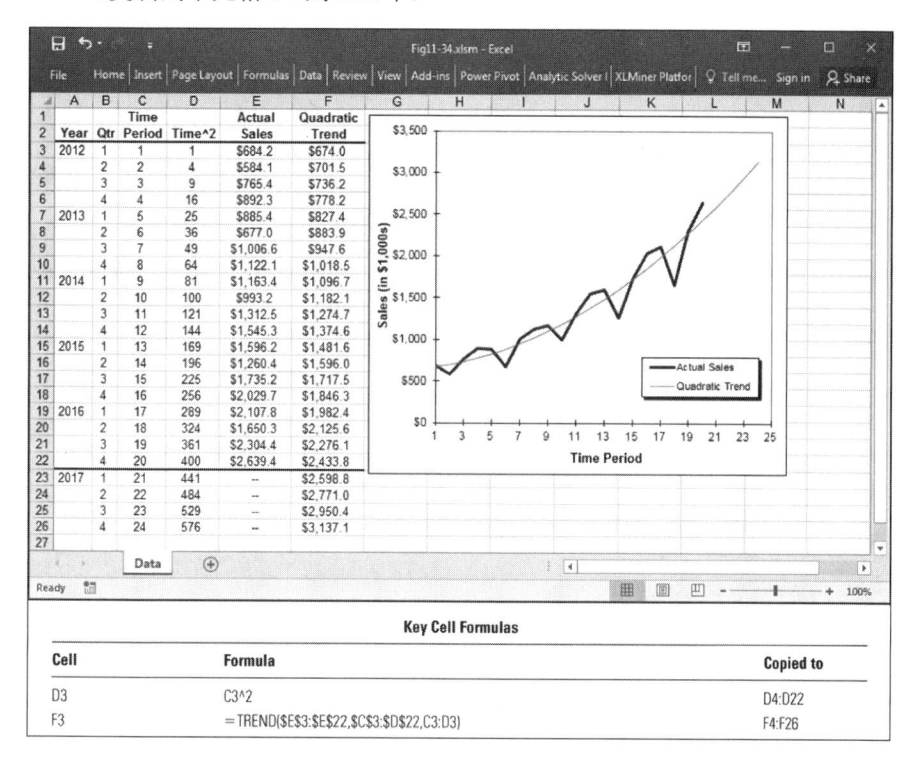

Key Cell Formulas

Cell	Formula	Copied to
D3	C3^2	D4:D22
F3	=TREND($E$3:$E$22,$C$3:$D$22,C3:D3)	F4:F26

图 11.34　二次趋势模型的电子表格实现

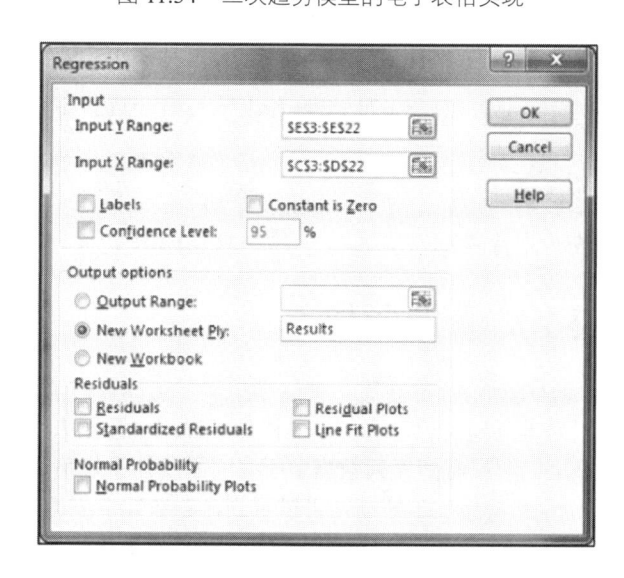

图 11.35　二次趋势模型的回归命令设置

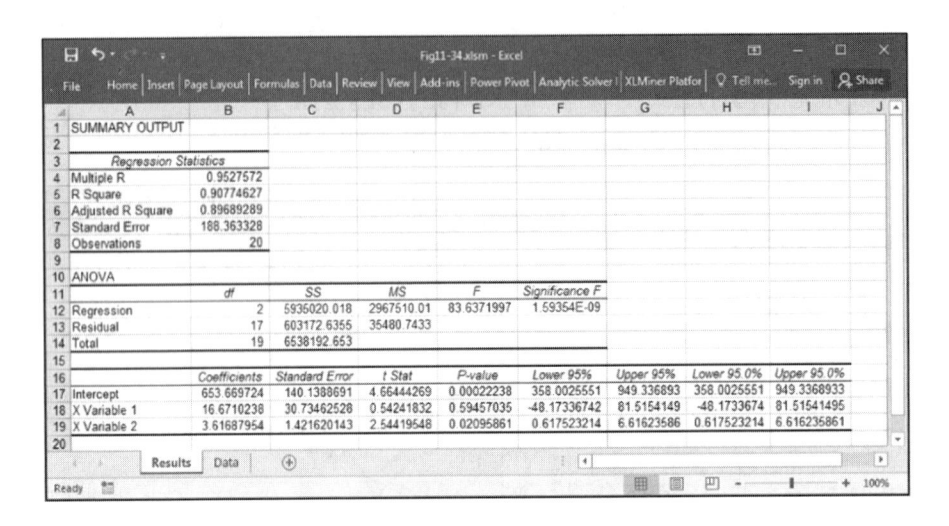

图 11.36 二次趋势模型的回归结果

图 11.34 也描绘了使用二次趋势模型得到的预测销量水平的曲线图和实际销量图。注意，二次趋势曲线比图 11.31 中所示的直接趋势曲线与数据拟合得更好。特别需要指出的是，实际值在该曲线的上下分布更加平衡。

11.7.1 用二次趋势模型预测

我们可以用式（11.30）令 $X_{1_t}=t$，$X_{2_t}=t^2$ 计算未来任一时期的预测值。例如，对第 21、22、23 和 24 期的预测值计算如下：

$$\hat{Y}_{21} = 653.67+16.671\times 21+3.617\times (21)^2 = 2598.8$$
$$\hat{Y}_{22} = 653.67+16.671\times 22+3.617\times (22)^2 = 2771.0$$
$$\hat{Y}_{23} = 653.67+16.671\times 23+3.617\times (23)^2 = 2950.4$$
$$\hat{Y}_{24} = 653.67+16.671\times 24+3.617\times (24)^2 = 3137.1$$

注意，这些预测值可以在如图 11.34 所示的单元格 F23 到 F26 中利用函数 TREND( ) 计算。和前面的模型一样，随着预测期增加，对预测准确度的信心会逐渐削弱，因为无法保证模型所遵循的历史趋势一定会在未来持续。

11.18 用回归模型对季节性建模

任何预测过程的目标都是建立一个模型，使这个模型尽可能多地解释时间序列过去行为的系统性变化。隐含的假设是准确地解释过去行为的模型可以用来预测未来会发生什么。图 11.31 和图 11.34 中的趋势模型可以解释时间序列数据中所有的系统性变化吗？

两图都表明实际值围绕趋势线上下波动。可以看到，趋势线下方的每个点后面都有三个在趋势线上方或刚好落在趋势线上的点。这表明时间序列中的某些其他系统性（或可预测的）变化没有被这些模型揭示出来。

图 11.31 和图 11.34 表明图中的数据具有季节效应。在每年的第二个季度，销量都会低于趋势线，而其他季度的销量落在趋势线上或高于趋势线。如果考虑到了这些系统的季节效应，对该时间序列未来值的预测将更准确。下面几节讨论在时间序列数据中对季节效应进行建模的几种方法。

11.19 用季节指数调整趋势预测

对时间序列数据中的乘性季节效应进行建模的一种简单有效的方法是建立季节指数。季节指数是每季观测值偏离目标趋势值的平均百分比。在 WaterCraft 的例子中，第 2 季度的观测值总是低于用趋势模型计算的预测值。同样地，第 1、3 和 4 季度的观测值大于或等于用趋势模型计算的预测值。因此，如果能确定季节指数，以表示某一季观测值距离趋势线平均偏移量，那么就可以将其乘上从趋势模型得到的预测值，提高预测精度。

我们将演示前面建立的二次趋势模型的乘性季节效应的计算。不过，也可以在本章介绍过的其他趋势模型或平滑模型中应用此方法。在图 11.37 中（本书的配套文件 Fig11-37.xlsm），A 列到 F 列重复之前讨论的二次趋势模型的计算。

11.19.1 计算季节指数

建立季节指数的目标就是确定每一季观测值距离趋势模型预测值的平均百分比。为此，在图 11.37 中的 G 列，计算出 E 列实际值和 F 列对应的预测值的比值：

    单元格 G3 的公式： =E3/F3

  （复制到单元格 G4 到 G22 中）

单元格 G3 中的值说明第 1 期的实际值是预测值的 102%（或者说大约大了 2%）。单元格 G4 中的值说明第 2 期的实际值是预测值的 83%（或者说大约小了 17%）。G 列中其他值的解释也与此类似。

通过以季度为基础计算 G 列中的平均值，可以得到每个季度的季节指数。例如，第 1 季度的季节指数等于单元格 G3、G7、G11、G15 和 G19 的平均值，第 2 季度的季节指数等于单元格 G4、G8、G12、G16 和 G20 的平均值，同理可以计算出第 3 季度和第 4 季度的季节指数。可以使用 AVERAGE() 函数计算每个季度的平均值。但是，对于大数据集，这种方法非常枯燥乏味且易于出错。因此，单元格 K3 到 K6 中的值可按下式计算：

    单元格 K3 的公式： =AVERAGEIF (B:$B$22,J3,$G$3:$G$22)

  （复制到单元格 K4 到 K6 中）

单元格 K3 中的函数 AVERAGEIF( ) 将 B3:B22 区域的值与 J3 中的值相比较，当匹配时，将单元格 G3 到 G22 中对应的值进行平均。因此，单元格 K3 中所示的公式计算出的值代表第 1 季度的季节指数。单元格 K4、K5 和 K6 分别代表第 2、3 和 4 季度的季节指数。

单元格 K3 中第 1 季度的季节指数表明，平均看来，对于任意给定的年份，第 1 季度的实际销量值是同时期趋势预测值的 105.7%（或者说大约高 5.7%）。同样地，对于任意给定的年份，第 2 季度的实际销量值会是同时期趋势预测值的 80.1%（或者说大约低 20%）。第 3 季度和第 4 季度的季节指数含义与此类似。

可以利用计算好的季节指数改善或调整预测值，在图 11.37 的 H 列中计算如下：

    单元格 H3 的公式： =F3*VLOOKUP(B3,$J$3:$K$6,2)

  （复制到单元格 H4 到 H26 中）

这个公式把每期的预测值乘以该期相应的季节指数。第 1 季度的预测值乘以 105.7%，第 1 季度的预测值乘以 80.1%。第 3 季度和第 4 季度的观测值做同样处理。

图 11.38 给出了实际销量数据图和图 11.37 中的 H 列计算得到的季节预测值。此图显示，季节指数的应用对此数据集非常有效。

	A	B	C	D	E	F	G	H	I	J	K
1			Time		Actual	Quadratic	Actual as a	Seasonal			Seasonal
2	Year	Qtr	Period	Time^2	Sales	Trend	% of Trend	Forecast		Qtr	Index
3	2012	1	1	1	$684.2	$674.0	102%	$712.6		1	105.7%
4		2	2	4	$584.1	$701.5	83%	$561.9		2	80.1%
5		3	3	9	$765.4	$736.2	104%	$758.9		3	103.1%
6		4	4	16	$892.3	$778.2	115%	$864.8		4	111.1%
7	2013	1	5	25	$885.4	$827.4	107%	$874.9			
8		2	6	36	$677.0	$883.9	77%	$708.0			
9		3	7	49	$1,006.6	$947.6	106%	$976.8			
10		4	8	64	$1,122.1	$1,018.5	110%	$1,131.8			
11	2014	1	9	81	$1,163.4	$1,096.7	106%	$1,159.6			
12		2	10	100	$993.2	$1,182.1	84%	$946.8			
13		3	11	121	$1,312.5	$1,274.7	103%	$1,314.0			
14		4	12	144	$1,545.3	$1,374.6	112%	$1,527.5			
15	2015	1	13	169	$1,596.2	$1,481.6	108%	$1,566.6			
16		2	14	196	$1,260.4	$1,596.0	79%	$1,278.4			
17		3	15	225	$1,735.2	$1,717.5	101%	$1,770.5			
18		4	16	256	$2,029.7	$1,846.3	110%	$2,051.7			
19	2016	1	17	289	$2,107.8	$1,982.4	106%	$2,096.0			
20		2	18	324	$1,650.3	$2,125.6	78%	$1,702.6			
21		3	19	361	$2,304.4	$2,276.1	101%	$2,346.3			
22		4	20	400	$2,639.4	$2,433.8	108%	$2,704.6			
23	2017	1	21	441	--	$2,598.8	--	$2,747.8			
24		2	22	484	--	$2,771.0	--	$2,219.6			
25		3	23	529	--	$2,950.4	--	$3,041.4			
26		4	24	576	--	$3,137.1	--	$3,486.1			

Key Cell Formulas

Cell	Formula	Copied to
D3	=C3^2	D4:D26
F3	=TREND($E$3:$E$22,$C$3:$D$22,C3:D3)	F4:F26
G3	=E3/F3	G4:G22
K3	=AVERAGEIF($B$3:$B$22,J3,$G$3:$G$22)	K4:K6
H3	=F3*VLOOKUP(B3,$J$3:$K$6,2)	H4:H26

图 11.37　计算季节指数和二次趋势模型的季节预测的电子表格实现

11.19.2　用季节指数预测

可以使用季节指数调整未来各期的趋势模型预测值。之前，我们用二次趋势模型得到了第 21、22、23 和 24 期的销量预测值：

$$\hat{Y}_{21} = 653.67 + 16.671 \times 21 + 3.617 \times (21)^2 = 2,598.8$$

$$\hat{Y}_{22} = 653.67 + 16.671 \times 22 + 3.617 \times (22)^2 = 2,771.0$$

$$\hat{Y}_{23} = 653.67 + 16.671 \times 23 + 3.617 \times (23)^2 = 2,950.4$$

$$\hat{Y}_{24} = 653.67 + 16.671 \times 24 + 3.617 \times (24)^2 = 3,137.1$$

为了按季节效应调整预测值，我们将上述预测值分别乘上对应的季节指数。由于第 21、22、23、24 期分别处于第 1、2、3、4 季度，季节预测值计算如下：

第21期的季节预测值 = 2,598.9 × 105.7% = 2,747.8

第22期的季节预测值 = 2,771.1 × 80.1% = 2,219.6

第23期的季节预测值 = 2,950.5 × 103.1% = 3,041.4

第24期的季节预测值 = 3,137.2 × 111.1% = 3,486.1

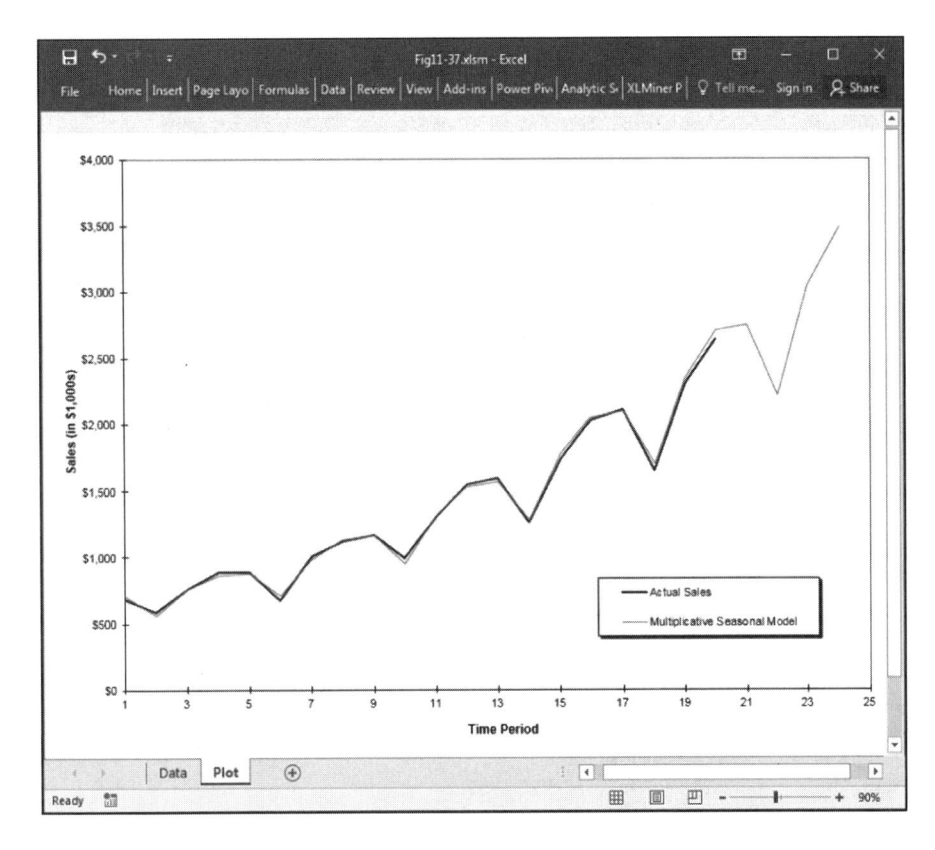

图 11.38　使用季节指数得到的预测曲线图和 WaterCraft 实际销量图

这些预测值也可以在图 11.37 中计算。注意，我们仅强调了乘性季节指数的计算，加性季节指标可以用相似的方式得到。

季节指数的计算和应用小结

1. 建立一个趋势模型，计算样本中每个观测值的估计值（$\hat{Y}_t$）。

2. 对于每个观测值，计算实际值与预期值之比 $Y_t/\hat{Y}_t$（对加性季节效应，应计算二者之差 $Y_t - \hat{Y}_t$）。

3. 对于每个季节，计算第二步中计算结果的平均值，这就是季节指数。

4. 把趋势模型中的预测值乘上第 3 步计算得到的相应季节指数（对加性季节效应，是把趋势模型的预测值加上季节指数）。

11.19.3　改进季节指数

尽管图 11.37 中计算季节指数的方法直观上很具有吸引力，但是需要注意的是，这些季节调整因子可能不是最优的。图 11.39（本书的配套文件 Fig11-39.xlsm）给出了另一种相似的计算季节指数的方法，这种方法使用规划求解器同时计算出季节指数的最优值和二次趋势模型的参数。

在图 11.39 中，单元格 J9、J10 和 J11 分别表示下面二次趋势模型中 b_0、b_1 和 b_2 的估计值（其中 $X_{1_t} = t$，$X_{2_t} = t^2$）：

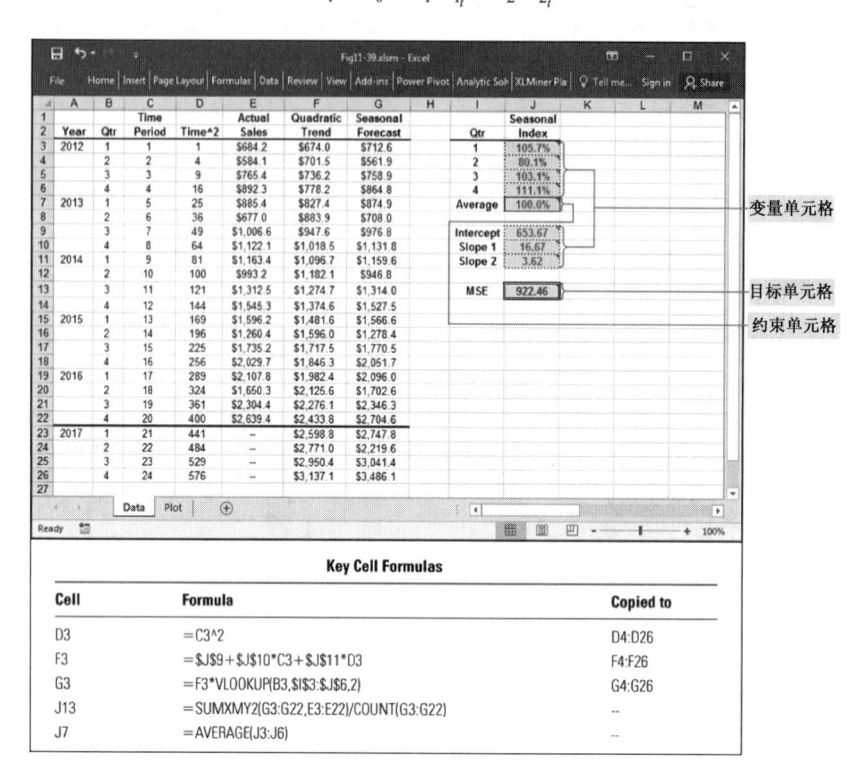

$$\hat{Y}_t = b_0 + b_1 X_{1_t} + b_2 X_{2_t}$$

图 11.39 计算改进季节指数和二次趋势模型参数估计的电子表格实现

注意，单元格 J9、J10 和 J11 的值对应图 11.36 中的最小二乘估计量。

二次趋势模型的估计值可在 F 列中计算如下：

单元格 F3 的公式：　　=$J$9+$J$10*C3+$J$11*D3

（复制到单元格 F4 到 F22 中）

单元格 J3 到 J6 表示每个季度的季节调整因子。注意，这些单元格中的值对应的是图 11.37 中平均的季节指数。因此，图 11.39 中 G 列所示的季节预测值计算如下：

单元格 G3 的公式：　　=F3*VLOOKUP(B3,$I$3:$J$6,2)

（复制到单元格 G4 到 G22 中）

图 11.39 中的预测值和图 11.37 中的预测值几乎完全相同，其 MSE 值都为 922.46，如单元格 J3 所示。不过，可以使用图 11.40 所示的规划求解器设置和选项确定最小化 MSE 值的趋势值和季节指数中的相关参数。

图 11.40 计算改进季节指数和二次趋势模型参数估计的规划求解器设置和选项

图 11.41 给出了该问题的最优解。因此，通过使用规划求解器微调该模型中的参数，我们使 MSE 值减小了大约 400。

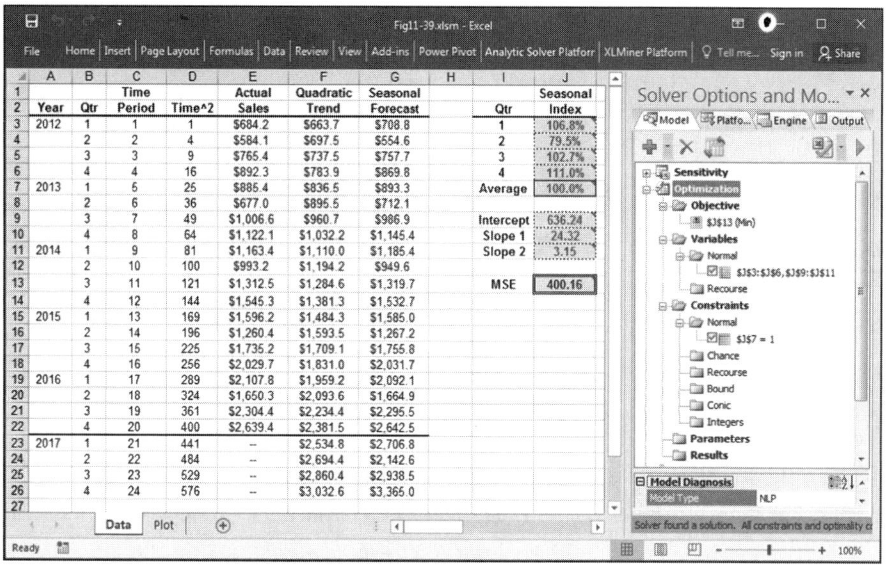

Year	Qtr	Time Period	Time^2	Actual Sales	Quadratic Trend	Seasonal Forecast		Qtr	Seasonal Index
2012	1	1	1	$684.2	$663.7	$708.8		1	106.8%
	2	2	4	$584.1	$697.5	$554.6		2	79.5%
	3	3	9	$765.4	$737.5	$757.7		3	102.7%
	4	4	16	$892.3	$783.9	$869.8		4	111.0%
2013	1	5	25	$885.4	$836.5	$893.3		Average	100.0%
	2	6	36	$677.0	$895.5	$712.1			
	3	7	49	$1,006.6	$960.7	$986.9		Intercept	636.24
	4	8	64	$1,122.1	$1,032.2	$1,145.4		Slope 1	24.32
2014	1	9	81	$1,163.4	$1,110.0	$1,185.4		Slope 2	3.15
	2	10	100	$993.2	$1,194.2	$949.6			
	3	11	121	$1,312.5	$1,284.6	$1,319.7		MSE	400.16
	4	12	144	$1,545.3	$1,381.3	$1,532.7			
2015	1	13	169	$1,596.2	$1,484.3	$1,585.0			
	2	14	196	$1,260.4	$1,593.5	$1,267.2			
	3	15	225	$1,735.2	$1,709.1	$1,755.8			
	4	16	256	$2,029.7	$1,831.0	$2,031.7			
2016	1	17	289	$2,107.8	$1,959.2	$2,092.1			
	2	18	324	$1,650.3	$2,093.6	$1,664.9			
	3	19	361	$2,304.4	$2,234.4	$2,295.5			
	4	20	400	$2,639.4	$2,381.5	$2,642.5			
2017	1	21	441	--	$2,534.8	$2,706.8			
	2	22	484	--	$2,694.4	$2,142.6			
	3	23	529	--	$2,860.4	$2,938.5			
	4	24	576	--	$3,032.6	$3,365.0			

图 11.41　改进季节指数和二次趋势模型参数估计的最优解

注意，求解该问题的规划求解器设置需要一个限制条件，就是要求单元格 J7 中的季节指数的平均值为 1（或 100%）。要理解该限制条件的缘由，假定季节指数的平均值不等于 1，比如 105%，这表明趋势模型的估计值平均看来比实际值低 5%。因此，假如季节指数的均值不等于 100%，在模型中就有某种向上或者向下的偏移（同样，如果模型具有加性季节效应，限制条件是其均值为 0）。

11.20　季节回归模型

如第 9 章所介绍的，指标变量是一个二进制变量，其值为 0 或 1，表明某一特定条件是否为真。为了对时间序列中的加性季节效应建模，可以设置几个指标变量来表示每个观测值代表的季节。一般来说，如果模型中有 p 个季节，那么在模型中就需要 p−1 个指标变量。例如，WaterCraft 公司的销售数据是以季度为单位收集的。在模型中有 4 个季节（p=4），所以需要三个指标变量，我们定义：

$$X_{3_t} = \begin{cases} 1, & \text{如果}Y_t\text{来自第1季度} \\ 0, & \text{其他} \end{cases}$$

$$X_{4_t} = \begin{cases} 1, & \text{如果}Y_t\text{来自第2季度} \\ 0, & \text{其他} \end{cases}$$

$$X_{5_t} = \begin{cases} 1, & \text{如果}Y_t\text{来自第3季度} \\ 0, & \text{其他} \end{cases}$$

注意，X_{3_t}、X_{4_t}和X_{5_t} 的定义给数据中每个季度的变量指定一个独一无二的编码，所有的编码如下所示：

季度	变量的值		
	X_{3_t}	X_{4_t}	X_{5_t}
1	1	0	0
2	0	1	0
3	0	0	1
4	0	0	0

X_{3_t}、X_{4_t} 和 X_{5_t} 的值共同表示观测值 Y_t 属于哪一个季节。

11.20.1 季节模型

我们认为，下面的回归函数可能更适合于例子中的时间序列数据：

$$Y_t = \beta_0 + \beta_1 X_1 + \beta_2 X_2 + \beta_3 X_3 + \beta_4 X_4 + \beta_5 X_5 + \varepsilon \tag{11.31}$$

其中，$X_{1_t} = t$，$X_{2_t} = t^2$。这个回归模型把解释数据中二次趋势的变量和前面讨论过的解释加性系统季节差异的加性指标变量相结合。

为更好地理解指标变量的影响，可以看第 4 季度的观测值，式（11.31）中的模型简化为

$$Y_t = \beta_0 + \beta_1 X_1 + \beta_2 X_2 + \varepsilon_t \tag{11.32}$$

因为在第 4 季度中，$X_{3_t} = X_{4_t} = X_{5_t} = 0$，对第 1 季度的观测值而言，式（11.31）表示为

$$Y_t = (\beta_0 + \beta_1 X_3) + \beta_1 X_1 + \beta_2 X_2 + \varepsilon_t \tag{11.33}$$

因为根据定义，在第 1 季度中，$X_{3_t} = 1$，$X_{4_t} = X_{5_t} = 0$。同样地，对于第 2、3 季度的观测值，式（11.31）简化为

对于第 2 季度： $Y_t = (\beta_0 + \beta_4) + \beta_1 X_1 + \beta_2 X_2 + \varepsilon_t \tag{11.34}$

对于第 3 季度： $Y_t = (\beta_0 + \beta_5) + \beta_1 X_1 + \beta_2 X_2 + \varepsilon_t \tag{11.35}$

式（11.32）~式（11.35）表明式（11.31）中的 β_3、β_4 和 β_5 的值就是第 1 季度、第 2 季度和第 3 季度的观测值与第 4 季度观测值之间的差异，即 β_3、β_4 和 β_5 分别表示与第 4 季度相比，第 1 季度、第 2 季度和第 3 季度的季节效应。

图 11.42（本书的配套文件 Fig11-42.xlsm）是式（11.31）中季节回归函数的一个例子。

图 11.37 和图 11.42 之间的主要差异是图 11.42 中增加了 E 列、F 列和 G 列中的数据。这些列分别表示自变量 X_{3_t}、X_{4_t} 和 X_{5_t} 的值。在单元格 E3 中输入下列公式并将其复制到 E4 到 G26 中：

单元格 E3 的公式： =IF($B3=E$2,1,0)

（复制到单元格 E4 到 G26 中）

在图 11.42 中，I 列（标有季节模型）表示每期的预测销量值，将下列公式输入到单元格 I3 中，并复制到单元格 I4 到 I26 中：

单元格 I3 的公式： =TREND ($H$3:$H$22,$C$3:G$22,C3:G3)

（复制到单元格 I4 到 I26 中）

可以使用图 11.43 中的回归命令设置来估计回归函数的系数 b_0、b_1、b_2、b_3、b_4 和 b_5 的值。图 11.44 给出了该命令的结果，它显示最后的回归函数为

$$\hat{Y}_t = 824.472 + 17.319X_{1_t} + 3.485X_{2_t} - 86.805X_{3_t} - 424.736X_{4_t} - 123.453X_{5_t} \quad (11.36)$$

得到指数变量的系数分别是 b_3=-86.805，b_4=-424.736，b_5=-123.453。因为 X_{3_t} 是第 1 季度观测值的指标变量，b_3 的值表明，平均来看，任意一年第 1 季度的销售额大约要比该年第 4 季度的预期销售水平低 86,805 美元。b_4 的值表明，任意一年第 2 季度的销售额大约要比该年第 4 季度的销售水平低 424,736 美元。最后，b_5 的值表明，任意一年第 3 季度的销售额大约要比该年第 4 季度的销售水平低 123,453 美元。

在图 11.44 中，注意 R^2=0.986，这表明估计的回归函数对数据的拟合得很好。这也可从图 11.45 中得到验证，图 11.45 给出了实际数据的曲线图和季节预测模型预测数据的曲线图。

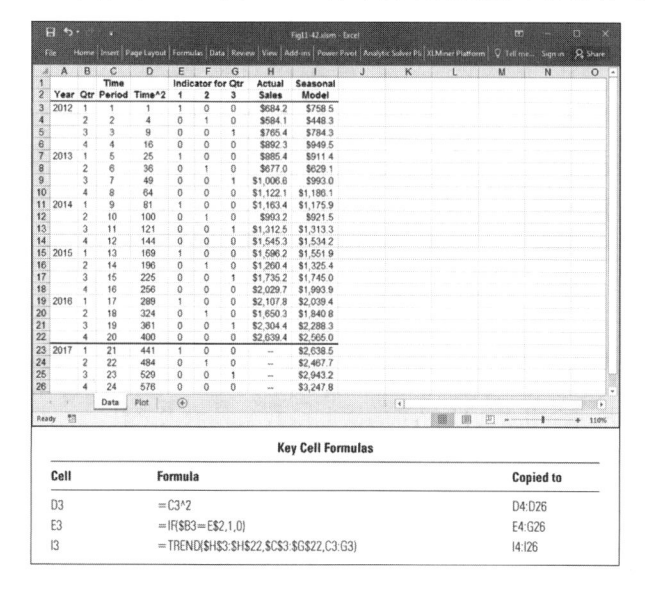

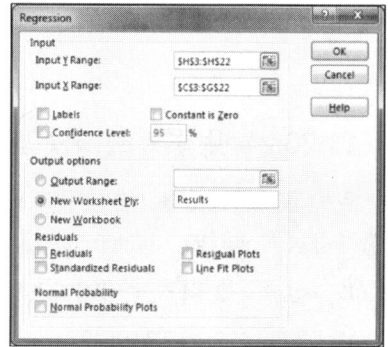

图 11.42　季节回归模型的电子表格实现　　图 11.43　季节回归模型的回归命令设置

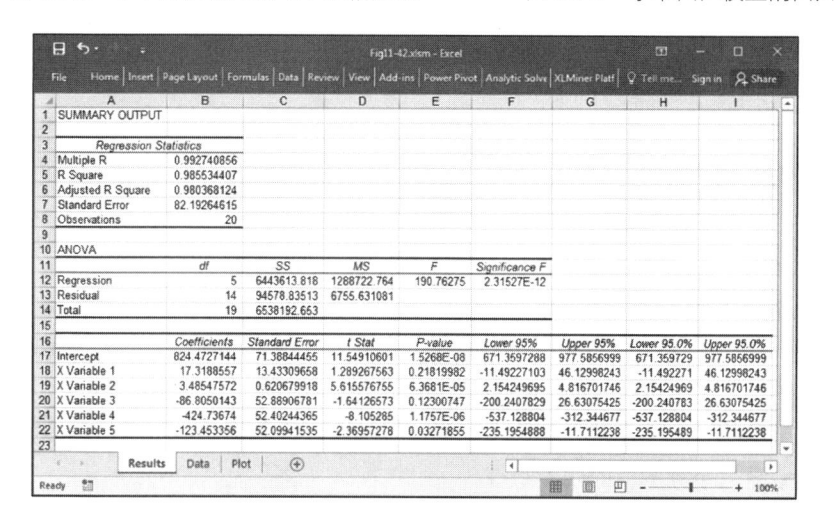

图 11.44　季节回归模型的回归结果

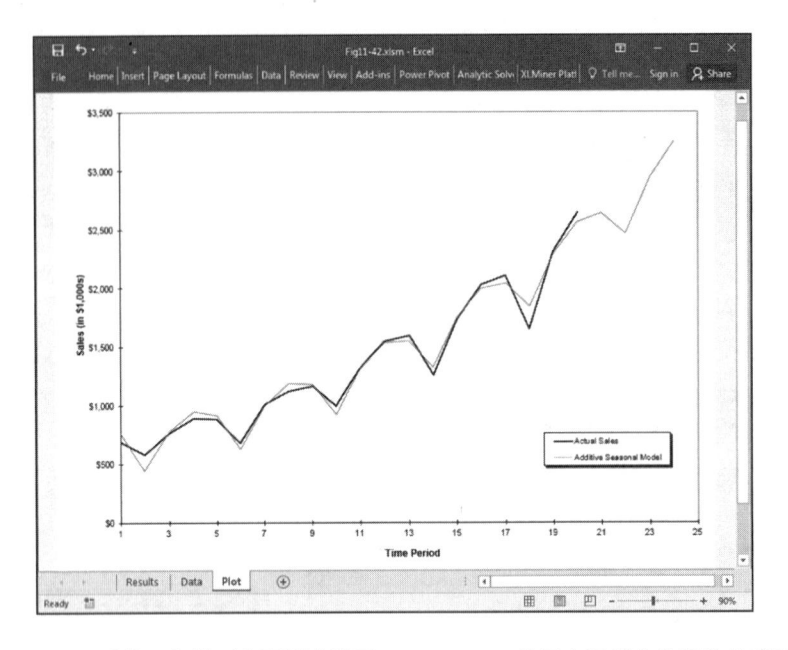

图 11.45　季节回归模型的预测曲线图及 WaterCraft 公司实际销售数据的曲线图

11.20.2　用季节回归模型预测

我们可以通过给各个自变量赋值的方法，用式（11.36）的回归函数来预测未来任一时期的预期销售水平。例如，WaterCraft 公司未来 4 个季度的销售额预期值分别是：

$$\hat{Y}_{21} = 824.472 + 17.319(21) + 3.485(21^2) - 86.805(1) - 424.736(0) - 123.453(0) = 2638.5$$
$$\hat{Y}_{22} = 824.472 + 17.319(22) + 3.485(22^2) - 86.805(1) - 424.736(1) - 123.453(0) = 2467.7$$
$$\hat{Y}_{23} = 824.472 + 17.319(23) + 3.485(23^2) - 86.805(1) - 424.736(0) - 123.453(1) = 2943.2$$
$$\hat{Y}_{24} = 824.472 + 17.319(24) + 3.485(24^2) - 86.805(1) - 424.736(0) - 123.453(0) = 3247.8$$

注意，这些预测值在图 11.42 中通过使用函数 TREND( )计算得出。

11.21　联合预测

已知有多种不同的预测方法可用，但只选择其中一种方法来预测时间序列的未来值，这是一个极大的挑战。的确，时间序列预测最前沿的研究表明，不应该只用一种预测方法。相反，通过把几种方法得到的预测结果联合起来而成为一个复合预测，预测的结果会更准确。

例如，假设用三种方法给同一时间序列变量建立了预测模型。使用三种方法对 t 期的预测值分别是 F_{1_t}、F_{2_t}、F_{3_t}。把这三种预测方法联合起来的一种简单做法就是把最后的预测值 $\hat{Y}_t$ 看成 F_{1_t}、F_{2_t}、F_{3_t} 这三个预测值的线性组合：

$$\hat{Y}_t = b_0 + b_1 F_{1_t} + b_2 F_{2_t} + b_3 F_{3_t} \tag{11.37}$$

可以用规划求解器或者最小二乘法的方法确定 b_i 的值，以使联合预测值 $\hat{Y}_t$ 和实际数据间的 MSE 值最小。式（11.37）中的联合预测值 $\hat{Y}_t$ 至少和某一种单独预测方法一样精确。为了证明这一点，假设 F_{1_t} 是单种预测方法中精度最高的。若 $b_1=1$，且 $b_0=b_2=b_3=0$，则联合预测值为

$\hat{Y}_t = F_{1_t}$。因此，b_0、b_2 和 b_3 只有在使得 MSE 值更小并产生更精确的预测值时才会取非零值。

在第 9 章我们注意到，在回归模型中增加自变量从来不会降低 R^2 统计量的值。因此，确保多元回归模型中的每个自变量都可以解释因变量一部分的变化而不仅仅是增加 R^2 统计量的值至关重要。同样，联合预测也从不会增大 MSE 的值，因此在联合预测时，必须确保每一种预测方法在解释时间序列变量行为的变化上有着重要的作用。调整 R^2 统计量（第 9 章曾经介绍）也可用于在时间序列分析中选择联合预测的预测方法。

11.22 本章小结

本章主要介绍了几种预测时间序列变量未来值的方法，讨论了稳态数据（无显著向上或向下的趋势）、非稳态数据（有显著向上或向下的线性或非线性趋势）及具有季节效应数据的时间序列方法。在每种情况下，目标都是建立可以描述时间序列过去行为的拟合模型，并用此模型预测未来值。

因为时间序列在本质上千差万别（如有无趋势、有无季节性），所以，了解不同预测方法及其可以解决的问题类型非常有用。除了本章讨论的这些方法，还有很多其他的时间序列建模方法。对于这些方法的介绍，可以参阅讲述时间序列分析的文献。

在对时间序列数据建模的过程中，多尝试几种建模方法并根据预测精度进行比较是非常有用的，这包括模型对历史数据拟合程度的图像检测。如果没有一种方法明显优于其他方法，那么把这些预测方法用加权平均或其他方法联合使用才是明智之举。

11.23 参考文献

[1] Clemen, R. T. "Combing Forecasts: A Review and Annotated Bibliography." *International Journal of Forecasting*, vol 5, 1989.

[2] Clements, D. and R. Reid. "Analytical MS/OR Tools Applied to a Plant Closure." *Interfaces*, vol 24, no.2, 1994.

[3] Franses, P. H. *Experts Adjustments of Model Forecasts: Theory, Practice and Strategies for Improvement*. Cambridge University Press, 2014.

[4] Gardner, E. "Exponential Smoothing: The state of the art." *Journal of Forecasting*, vol 4, no.1, 1985.

[5] Georgoff, D. and R. Murdick. " Managers Guide to Forecasting." *Havard Business Review*, vol 64, no.1, 1986.

[6] Makridakis, S. and S. Wheelwright. *Forecasting: Methods and Applications, Third Edition*. New York: Wiley, 2008.

[7] Ord, K. and R. Fildes. *Principles of Business Forecasting*. Mason, OH: South-Western, 2012.

[8] Pindyck, R. and D. Rubinfeld. *Econometric Models and Economic Forecasts, Fourth Edition*. New York: McGraw-Hill, 1997.

> **商业分析实践**
>
> **支票处理业务改进：Chemical 银行的经验**
>
> 纽约的 Chemical 银行雇用了超过 500 名员工来处理每天平均 20 亿美元的支票业务。为雇员安排班次需要准确预测支票流。可以使用回归模型进行预测来解决问题，模型中用代表时间因素的自变量预测每天的支票业务量。俄亥俄州立银行使用的回归模型（参阅第 9 章中"俄亥俄州国家银行：好的预测节省成本"）就是以 Chemical 银行的模型为基础的。
>
> 回归模型中的二进制自变量分别代表月份、每月的天数、周天数和假期数。在 54 个可能的变量中，这个模型中用到了 29 个变量，使拟合优度 $R^2=0.83$，预测的标准差是 142.6。
>
> 预测误差或者残差以能提高模型预测能力的模式被检验。分析人员注意到，过高的估计一个接一个，过低的估计也一个接一个，这说明支票流不仅和时间效应有关，而且和最近的预测误差相关。
>
> 可以用指数平滑模型来预测残差。回归模型与指数平滑模型的联合模型变成了预测支票流的完整模型。通过研究平滑常数 α 在 0.05～0.50 之间进行微调，发现平滑常数等于 0.2 时，预测的结果最好。此时标准差从 142.6 减少到 131.8。对完整模型残差的检验发现，它们是随机误差，这表明指数平滑模型如预期的那样效果很好。
>
> 尽管平均来看完整模型预测效果更好，但它会在有些时期内偶尔反应过度，增加误差。尽管如此，完整模型还是比单独的回归模型更可取。
>
> 资料来源：Kevin Boyd and Vincent A. Mabert. "A Two Stage Forecasting Approach at Chemical Bank of New York for Check Processing." *Journal of Bank Research*, vol.8, no.2, Summer 1977, pp. 101-107.

思考题与习题

1. 用回归分析法估计稳态时间序列的线性趋势模型，结果是什么？
2. 一家生产商在某种产品中要用到一种特定型号的钢杆。设计指标表明，该钢杆的直径必须是 0.353～0.357 英寸。生产这些钢杆的机器被调整成生产 0.355 英寸直径的钢杆，但是产品的直径会有变化。若机器生产的钢杆直径在 0.353～0.357 英寸之间，则产品是可接受的，或者说在控制范围内。管理者使用控制图监测该机器随时间变化生产的钢杆直径，这样，如果机器开始生产不合格的钢杆，就可以采取补救措施。图 11.46 给出了这种控制图的例子。

   不合格的钢杆意味着浪费。因此，管理者想找出一种方法，预测机器何时会生产出不在控制范围内的产品，这样就可以采取适当的措施减少生产那些必须报废的钢杆。本章讨论的时间序列模型，哪个最适于处理该类问题？请解释原因。
3. Joe 的汽车部每月都用指数平滑法（$\alpha=0.25$）预测下月会卖出多少桶刹车油。6 月份，Joe 预测在 7 月份会卖出 37 桶刹车油，实际上卖出了 43 桶刹车油。

   a. Joe 预测在 8 月份和 9 月份会卖出多少桶刹车油？

   b. 假设 Joe 在 8 月份卖出了 32 桶刹车油。对 9 月份的修正预测是什么？

   参照本书的配套文件 SmallBusiness.xlsx，回答习题 4～10。这些数据是一家小企业的年销售额（以千美元为单位）。
4. 画出上述数据的曲线图。数据是稳态的还是非稳态的？
5. 计算这些数据的两期和四期的移动平均预测值。

   a. 画图比较移动平均预测值的曲线图和原始数据的曲线图。

b. 移动平均值是倾向于高估还是低估原始的数据？为什么？

c. 分别用两期移动平均法和四期移动平均法预测未来两年的销售预测值。

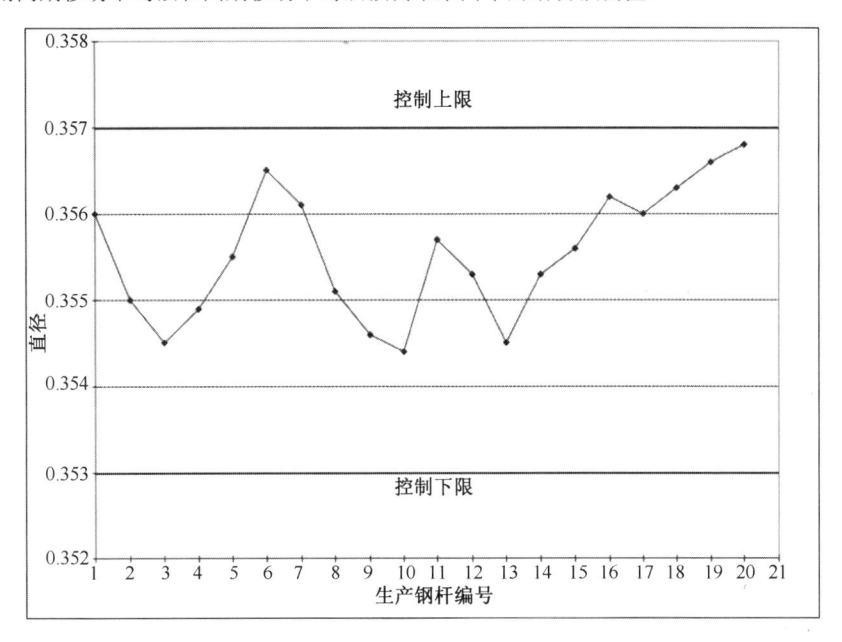

图 11.46 钢杆生产问题的控制图

6. 使用规划求解器确定使该数据集 MSE 值最小的三期加权平均移动模型的权重。

   a. 最优的权重是多少？

   b. 画图比较加权移动平均模型预测值的曲线图和原始数据的曲线图。

   c. 使用该方法预测的未来两年的销售额是多少？

7. 建立数据的双重移动平均模型（$k=4$）。

   a. 画图比较双重移动平均模型预测值的曲线图和原始数据的曲线图。

   b. 使用该方法预测的未来两年的销售额是多少？

8. 建立使该数据值 MSE 值最小的指数平滑模型，使用规划求解器确定 α 的最优值。

   a. α 的最优值是多少？

   b. 画图比较指数平滑模型预测值的曲线图和原始数据的曲线图。

   c. 使用该方法预测的未来两年的销售额是多少？

9. 用霍尔特法建立使该数据集 MSE 值最小的模型。使用规划求解器确定 α 和 β 的最优值。

   a. α 和 β 的最优值是多少？

   b. 画图比较霍尔特法预测值的曲线图和原始数据的曲线图。

   c. 使用该方法预测的未来两年的销售额是多少？

10. 用回归分析建立该数据集的线性趋势模型。

    a. 估计的回归函数是什么？

    b. 解释模型中 R^2 值的含义。

    c. 画图比较线性趋势模型预测值的曲线图和原始数据的曲线图。

    d. 使用该方法预测的未来两年的销售额是多少？

    e. 建立数据的二次趋势模型。估计的回归函数是什么？

    f. 比较该模型和线性趋势模型的 R^2 调整统计量。解释比较结果的具体含义。

g. 画图比较二次趋势模型预测值的曲线图和原始数据的曲线图。

h. 使用该方法预测的未来两年的销售额是多少？

i. 如果让你在线性趋势模型和二次趋势模型中选择，你会选哪一个模型？为什么？

参照本书的配套文件 FamilyHomePrice.xlsx，回答习题 11~14。这些数据表示在过去的几年中美国单人住宅的实际平均销售价格。

11. 画出上述数据的曲线图。数据是稳态的还是非稳态的？
12. 建立该数据集的双重移动平均模型（$k=2$）。
    a. 画图比较双重移动平均数模型预测值的曲线图和原始数据的曲线图。
    b. 使用该方法计算的未来两年预测值是多少？
13. 用霍尔特法建立使该数据集 MSE 值最小的模型，使用规划求解器确定 α 和 β 的最优值。
    a. α 和 β 的最优值是多少？
    b. 画图比较霍尔特模型预测值的曲线图和实际数据的曲线图。
    c. 使用该方法计算的未来两年预测值是多少？
14. 用回归分析回答下列问题。
    a. 建立该数据集的线性趋势模型。估计的回归函数是什么？
    b. 解释模型中 R^2 值的含义。
    c. 画图比较线性趋势模型预测值的曲线图和实际数据的曲线图。
    d. 使用该方法计算的未来两年预测值是多少？
    e. 建立数据的二次趋势模型。估计的回归函数是什么？
    f. 比较该模型和线性趋势模型的 R^2 调整统计量。解释比较结果的具体含义。
    g. 画图比较二次趋势模型预测值的曲线图和实际数据的曲线图。
    h. 使用该方法计算的未来两年预测值是多少？
    i. 如果让你在线性趋势模型和二次趋势模型中选择，那么你会选哪一个模型？为什么？

参照本书的配套文件 COGS.xlsx，回答习题 15~21。这些数据表示一家零售商店的售货成本月度数据。

15. 用回归分析建立数据的线性趋势模型。
    a. 估计的回归函数是什么？
    b. 解释模型中 R^2 值的含义。
    c. 画图比较线性趋势模型预测值的曲线图和实际数据的曲线图。
    d. 使用该方法计算的未来 6 个月的预测值是多少？
    e. 利用线性趋势模型的结果，计算每月的季节指数。
    f. 利用上述季节指数，计算未来 6 个月的季节预测值。
16. 用回归分析建立该数据集的二次趋势模型。
    a. 估计的回归函数是什么？
    b. 比较该模型和线性趋势模型的 R^2 调整统计量。解释比较结果的具体含义。
    c. 画图比较二次趋势模型预测值的曲线图和实际数据的曲线图。
    d. 使用该方法计算的未来 6 个月的预测值是多少？
    e. 利用二次趋势模型的结果，计算每月的季节指数。
    f. 利用上述季节指数，计算未来 6 个月的季节预测值。
17. 利用稳态数据加性季节效应分析方法对数据建模。使用规划求解器确定 α 和 β 的最优值。
    a. α 和 β 的最优值是多少？
    b. 画图比较该方法预测值的曲线图和原始数据的曲线图。
    c. 使用该方法计算的未来 6 个月的预测值是多少？

18. 利用稳态数据乘性季节效应法对该数据集建模。使用规划求解器确定 α 和 β 的最优值。
    a. α 和 β 的最优值是多少？
    b. 画图比较该方法预测值的曲线图和原始数据的曲线图。
    c. 使用该方法计算的未来 6 个月的预测值是多少？

19. 用霍尔特-温纳加性季节效应方法建立使该数据集 MSE 值最小的季节模型。使用规划求解器求出 α 和 β 的最优值。
    a. α 和 β 的最优值是多少？
    b. 画图比较该方法预测值的曲线图和原始数据的曲线图。
    c. 使用该方法计算的未来 6 个月的预测值是多少？

20. 用霍尔特-温纳乘性季节效应方法建立使该数据集 MSE 值最小的季节模型。使用规划求解器求出 α 和 β 的最优值。
    a. α 和 β 的最优值是多少？
    b. 画图比较该方法预测值的曲线图和原始数据的曲线图。
    c. 使用该方法计算的未来 6 个月的预测值是多少？

21. 用回归分析建立该数据集的带有线性趋势的加性季节效应模型。
    a. 估计的回归函数是什么？
    b. 解释模型中 R^2 值的含义。
    c. 解释模型中指标变量相应的估计参数的含义。
    d. 画图比较线性趋势模型预测值的曲线图和实际数据的曲线图。
    e. 使用该方法计算的未来 6 个月的预测值是多少？

参照本书的配套文件 SUVSales.xlsx，回答习题 22～29。这些数据是一家当地汽车经销商在过去三年中卖出的四驱、运动用车数量的季度数据。

22. 用回归分析建立数据的线性趋势模型。
    a. 估计的回归函数是什么？
    b. 解释模型中 R^2 值的含义。
    c. 画图比较线性趋势模型预测值的曲线图和实际数据的曲线图。
    d. 使用该方法计算的 2017 年各季度预测值是多少？
    e. 利用线性趋势模型的结果，计算每个季度的季节指数。
    f. 利用上述季节指数，计算 2017 年各季度的季节预测值。

23. 用回归分析建立该数据集的二次趋势模型。
    a. 估计的回归函数是什么？
    b. 比较该模型和线性趋势模型的 R^2 调整统计量。解释比较结果的具体含义。
    c. 画图比较二次趋势模型预测值的曲线图和实际数据的曲线图。
    d. 使用该方法计算的 2017 年各季度的预测值是多少？
    e. 利用二次趋势模型的结果，计算各季度的季节指数。
    f. 利用上述季节指数，计算 2017 年各季度的季节预测值。

24. 利用稳态数据加性季节效应分析方法对数据建模。使用规划求解器确定 α 和 β 的最优值。
    a. α 和 β 的最优值是多少？
    b. 画图比较该方法预测值的曲线图和原始数据的曲线图。
    c. 使用该方法计算的 2017 年各季度的预测值是多少？

25. 利用稳态数据乘性季节效应分析方法对数据建模。使用规划求解器确定 α 和 β 的最优值。
    a. α 和 β 的最优值是多少？

b. 画图比较该方法预测值的曲线图和原始数据的曲线图。

c. 使用该方法计算的 2017 年各季度的预测值是多少？

26. 用霍尔特法建立使该数据集 MSE 值最小的模型。使用规划求解器求出 α 和 β 的最优值。

    a. α 和 β 的最优值是多少？

    b. 画图比较该方法预测值的曲线图和原始数据的曲线图。

    c. 使用该方法计算的 2017 年各季度的预测值是多少？

    d. 利用霍尔特法的结果，计算各季度的乘性季节指数。

    e. 利用上述季节指数，计算 2017 年各季度的季节预测值。

27. 用霍尔特-温纳加性季节效应方法建立使该数据集 MSE 值最小的模型。使用规划求解器求出 α、β 和 γ 的最优值。

    a. α、β 和 γ 的最优值是多少？

    b. 画图比较该方法预测值的曲线图和原始数据的曲线图。

    c. 使用该方法计算的 2017 年各季度的预测值是多少？

28. 用霍尔特-温纳乘性季节效应方法建立使该数据集 MSE 值最小的模型。使用规划求解器求出 α、β 和 γ 的最优值。

    a. α、β 和 γ 的最优值是多少？

    b. 画图比较该方法预测值的曲线图和原始数据的曲线图。

    c. 使用该方法计算的 2017 年各季度的预测值是多少？

29. 用回归分析建立该数据集的带有线性趋势的加性季节效应模型。

    a. 估计的回归函数是什么？

    b. 解释模型中 R^2 值的含义。

    c. 解释模型中指标变量相应估计参数的含义。

    d. 画图比较线性趋势模型预测值的曲线图和实际数据的曲线图。

    e. 使用该方法计算的 2017 年各季度的预测值是多少？

参照本书的配套文件 CalfPrice.xlsx，回答习题 30～34。这些数据是过去 22 周在家畜拍卖中三个月大牛犊的售价。

30. 画出上述数据的曲线图。数据是稳态的还是非稳态的？

31. 计算该数据集的两期和四期的移动平均预测值。

    a. 画图比较移动平均预测值的曲线图和原始数据的曲线图。

    b. 计算每一种移动平均法的 MSE 值。哪一个和原始数据拟合得更好？

    c. 分别用两期移动平均法和四期移动平均法预测下两周的售价。

32. 使用规划求解器确定最小化 MSE 值的四期加权平均移动模型的权重。

    a. 最优的权重是多少？

    b. 画图比较加权移动平均模型预测值的曲线图和实际数据的曲线图。

    c. 使用该方法计算第 23 周和第 24 周的预测值是多少？

33. 建立使该数据集 MSE 值最小的指数平滑模型。使用规划求解器估计 α 的最优值。

    a. α 的最优值是多少？

    b. 画图比较指数平滑模型预测值的曲线图和实际数据的曲线图。

    c. 使用该方法计算第 23 周和第 24 周的预测值是多少？

34. 用霍尔特法建立使该数据集 MSE 值最小的模型。使用规划求解器求出 α 和 β 的最优值。

    a. α 和 β 的最优值是多少？

    b. 这些值让人奇怪吗？说明其原因。

参照本书的配套文件 HealthClaims.xlsx，回答习题 35~39。这些数据是一家保险的公司两年中健康索赔额的月度数据。

35. 用回归分析建立该数据集的线性趋势模型。
    a. 估计的回归函数是什么？
    b. 解释模型中 R^2 值的含义。
    c. 画图比较线性趋势模型预测值的曲线图和原始数据的曲线图。
    d. 使用该方法计算 2017 年前 6 个月的预测值是多少？
    e. 利用线性趋势模型的结果，计算每个月乘性效应的季节指数。
    f. 利用上述季节指数，计算 2017 年前 6 个月的预测值。
    g. 利用线性趋势模型的结果，计算每个月加性效应的季节指数。
    h. 利用上述季节指数，计算 2017 年前 6 个月的预测值。

36. 用回归分析建立该数据集的二次趋势模型。
    a. 估计的回归函数是什么？
    b. 比较该模型和线性趋势模型的 R^2 调整统计量。解释比较结果的具体含义。
    c. 画图比较二次趋势模型预测值的曲线图和原始数据的曲线图。
    d. 使用该方法计算 2017 年前 6 个月的预测值是多少？
    e. 利用二次趋势模型的结果，计算每个月乘性效应的季节指数。
    f. 利用上述的季节指数，计算 2017 年前 6 个月的预测值。
    g. 利用二次趋势模型的结果，计算每个月加性效应的季节指数。
    h. 利用上述的季节指数，计算 2017 年前 6 个月的预测值。

37. 用霍尔特法建立使该数据集 MSE 值最小的模型。使用规划求解器求出 α 和 β 的最优值。
    a. α 和 β 的最优值是多少？
    b. 画图比较霍尔特法预测值的曲线图和原始数据的曲线图。
    c. 使用该方法计算 2017 年前 6 个月的预测值是多少？
    d. 利用霍尔特法的结果，计算每个月乘性效应的季节指数。
    e. 利用上述的季节指数，计算 2017 年前 6 个月的预测值。
    f. 利用霍尔特法的结果，计算每个月加性效应的季节指数。
    g. 利用上述的季节指数，计算 2017 年前 6 个月的预测值。

38. 用霍尔特-温纳加性季节效应分析法建立使该数据集 MSE 值最小的季节效应模型。使用规划求解器求出 α、β 和 γ 的最优值。
    a. α、β 和 γ 的最优值是多少？
    b. 画图比较该模型预测值的曲线图和原始数据的曲线图。
    c. 使用该方法计算 2017 年前 6 个月的预测值是多少？

39. 用霍尔特-温纳乘性季节效应的分析法建立使该数据集 MSE 值最小的季节效应模型。使用规划求解器求出 α、β 和 γ 的最优值。
    a. α、β 和 γ 的最优值是多少？
    b. 画图比较该模型预测值的曲线图和原始数据的曲线图。
    c. 使用该方法计算 2017 年前 6 个月的预测值是多少？

参照本书的配套文件 LaborForce.xlsx，回答习题 40~43。这些数据是美国国内劳动力市场连续 94 个月的工作人数（单位：千人）的月度数据。

40. 画出上述数据的曲线图。数据是稳态的还是非稳态的？
41. 建立数据的双重移动平均模型（$k=4$）。

a. 画图比较双重移动平均模型预测值的曲线图和原始数据的曲线图。

b. 使用该方法计算未来 4 个月每月的预测值是多少？

42. 用霍尔特法建立使该数据集 MSE 值最小的模型。使用规划求解器确定 α 和 β 的最优值。

    a. α 和 β 的最优值是多少？

    b. 画图比较霍尔特模型预测值的曲线图和原始数据的曲线图。

    c. 使用该方法计算未来 4 个月每月的预测值是多少？

43. 用回归分析回答下列问题。

    a. 建立该数据集的线性趋势回归模型。估计的回归函数是什么？

    b. 解释模型中 R^2 值的含义。

    c. 画图比较线性趋势模型预测值的曲线图和原始数据的曲线图。

    d. 使用该方法计算未来两年的预测值是多少？

    e. 建立数据的二次趋势模型。估计的回归函数是什么？

    f. 比较该模型和线性趋势模型的 R^2 调整统计量。解释比较结果的具体含义。

    g. 画图比较二次趋势模型预测值的曲线图和原始数据的曲线图。

    h. 使用该方法计算未来两年的预测值是多少？

    i. 如果让你在线性趋势模型和二次趋势模型中选择，你会选哪一个模型？为什么？

    参照本书的配套文件 MortgageRates.xlsx，回答习题 44~50。这些数据是连续 82 个月每月 30 年期抵押利率的月度数据。

44. 画出上述数据的曲线图。数据是稳态的还是非稳态的？

45. 计算该数据集的两期和四期移动平均预测值。

    a. 画图比较移动平均法预测值的曲线图和原始数据的曲线图。

    b. 计算这两种移动平均法的 MSE 值。哪一种对原始数据拟合得更好？

    c. 分别用两期移动平均法和四期移动平均法计算未来两个月的预测值。

46. 使用规划求解器确定使该数据集 MSE 值最小的四期加权移动平均模型的权重。

    a. 最优的权重值是多少？

    b. 画图比较加权移动平均模型预测值的曲线图和原始数据的曲线图。

    c. 使用该方法计算未来两个月的预测值是多少？

47. 建立使该数据集 MSE 值最小的指数平滑模型。使用规划求解器求出 α 的最优值。

    a. α 的最优值是多少？

    b. 画图比较指数平滑模型预测值的曲线图和原始数据的曲线图。

    c. 使用该方法计算未来两个月的预测值是多少？

48. 建立该数据集的双重移动平均模型（$k=4$）。

    a. 画图比较双重移动平均模型预测值的曲线图和原始数据的曲线图。

    b. 使用该方法计算未来两个月的预测值是多少？

49. 用霍尔特法建立使该数据集 MSE 值最小的模型。使用规划求解器求出 α 和 β 的最优值。

    a. α 和 β 的最优值是多少？

    b. 画图比较霍尔特法预测值的曲线图和实际数据的曲线图。

    c. 使用该方法计算未来两个月的预测值是多少？

50. 用回归分析估计下面 6 次多项式的系数，即用最小二乘法估计下面回归方程的参数：

    a. b_0, b_1, b_2, $\cdots$, b_6 的最优值是多少？

    b. 使用该方法计算未来两个月的预测值是多少？

    c. 评价此方法的适用性。

参照本书的配套文件 ChemicalDemand.xlsx，回答习题 51~55。这些数据是两年内对一种化学产品需求的月度数据。

51. 画出上述数据的曲线图。数据是稳态的还是非稳态的？
52. 利用稳态数据加性季节效应分析方法对数据建模。使用规划求解器确定 α 和 β 的最优值。
    a. α 和 β 的最优值是多少？
    b. 画图比较该方法预测值的曲线图和原始数据的曲线图。
    c. 使用该方法计算的未来 4 个月的预测值是多少？
53. 利用稳态数据乘性季节效应分析方法对数据建模。使用规划求解器确定最优的 α 和 β 值。
    a. α 和 β 的最优值是多少？
    b. 画图比较该方法预测值的曲线图和原始数据的曲线图。
    c. 使用该方法计算的未来 4 个月的预测值是多少？
54. 用霍尔特-温纳加性季节效应分析法建立使该数据集 MSE 值最小的季节效应模型。使用规划求解器求出 α、β 和 γ 的最优值。
    a. α、β 和 γ 的最优值是多少？
    b. 画图比较该模型预测值的曲线图和原始数据的曲线图。
    c. 使用该方法计算的未来 4 个月的预测值是多少？
55. 用霍尔特-温纳乘性季节效应分析法建立使该数据集 MSE 值最小的季节效应模型。使用规划求解器求出 α、β 和 γ 的最优值。
    a. α、β 和 γ 的最优值是多少？
    b. 画图比较该模型预测值的曲线图和原始数据的曲线图。
    c. 使用该方法计算的未来 4 个月的预测值是多少？

参照本书的配套文件 ProductionHours.xlsx，回答习题 56~60。这些数据是美国生产工人连续 94 个月每周平均工作小时数的月度数据。

56. 画出上述数据的曲线图。数据是稳态的还是非稳态的？
57. 使用稳态数据的加性季节效应方法对数据建模。使用规划求解器确定 α 和 β 的最优值。
    a. α 和 β 的最优值是多少？
    b. 画图比较该模型预测值的曲线图和原始数据的曲线图。
    c. 使用该方法计算的未来 4 个月的预测值是多少？
58. 使用稳态数据的乘性季节效应方法对数据建模。使用规划求解器确定 α 和 β 的最优值。
    a. α 和 β 的最优值是多少？
    b. 画图比较该模型预测值的曲线图和原始数据的曲线图。
    c. 使用该方法计算的未来 4 个月的预测值是多少？
59. 用霍尔特—温纳加性季节效应方法建立使该数据集 MSE 值最小的的季节效应模型。使用规划求解器确定 α、β 和 γ 的最优值。
    a. α、β 和 γ 的最优值是多少？
    b. 画图比较该模型预测值的曲线图和原始数据的曲线图。
    c. 使用该方法计算的未来 4 个月的预测值是多少？
60. 用霍尔特-温纳乘性季节效应方法建立使该数据集 MSE 值最小的季节效应模型。使用规划求解器确定 α、β 和 γ 的最优值。
    a. α、β 和 γ 的最优值是多少？
    b. 画图比较该模型预测值的曲线图和原始数据的曲线图。
    c. 使用该方法计算的未来 4 个月的预测值是多少？

参照本书的配套文件 QtrlySales.xlsx，回答习题 61~65。这些数据是 Norwegian 出口公司连续 13 年的季度销售数据。

61. 画出上述数据的曲线图。数据是稳态的还是非稳态的？
62. 使用稳态数据的加性季节效应方法对数据建模。使用规划求解器确定 α 和 β 的最优值。
    a. α 和 β 的最优值是多少？
    b. 画图比较该模型预测值的曲线图和原始数据的曲线图。
    c. 使用该方法计算的未来 4 个季度的预测值是多少？
63. 使用稳态数据的乘性季节效应方法对数据建模。使用规划求解器确定 α 和 β 的最优值。
    a. α 和 β 的最优值是多少？
    b. 画图比较该模型预测值的曲线图和原始数据的曲线图。
    c. 使用该方法计算的未来 4 个季度的预测值是多少？
64. 用霍尔特-温纳加性季节效应方法建立使该数据集 MSE 值最小的季节效应模型。使用规划求解器确定 α、β 和 γ 的最优值。
    a. α、β 和 γ 的最优值是多少？
    b. 画图比较该模型预测值的曲线图和原始数据的曲线图。
    c. 使用该方法计算的未来 4 个季度的预测值是多少？
65. 用霍尔特-温纳乘性季节效应方法建立使该数据集 MSE 值最小的季节效应模型。使用规划求解器确定 α、β 和 γ 的最优值。
    a. α、β 和 γ 的最优值是多少？
    b. 画图比较该模型预测值的曲线图和原始数据的曲线图。
    c. 使用该方法计算的未来 4 个季度的预测值是多少？

案例 11.1　PB 化学公司

　　Mac Brown 意识到必须要改变一些事情了。作为 PB 化学公司的新任销售市场部副总裁，Mac 知道在销售商品时，品质、价格、客户服务及主动的销售努力间微小的差异往往就是成功与失败的差别。遗憾的是，PB 公司的销售员工使用相当随意的方法招揽客户，他们通过一张以姓名字母排序的顾客清单，给那些在那个月没有订货的顾客打电话。通常，PB 公司或竞争者是否拿到订单仅归结为谁在顾客需要材料的时候打电话。如果 PB 的销售人员打电话太早，他们就拿不到订单。如果他们等很长时间再给顾客打电话，那么通常把业务留给了竞争对手。

　　Mac 认为到了 PB 公司在销售上更主动、更精细的时候了。他首先说服 PB 公司最大的客户，如果他们和 PB 公司分享他们使用不同化学材料的月度数据，就可以创造一条更有效率的供应链。这样，PB 公司可以更好地预测顾客对不同产品的需求。反过来，这样也可以减少 PB 公司的安全库存，使 PB 的运营更高效，把节省的成本传递给其顾客。

　　PB 的前五大顾客（占 PB 公司销量的 85%），同意分享他们的月度产品使用数据。现在取决于 Mac 如何处理这些数据。Mac 亲自做需求预测已经有很长一段时间，而且他忙于 PB 公司的战略计划委员会，不想被这种细节打扰。所以 Mac 给公司的首席商业分析师 Dee Hamrick 打电话，并把这个问题交给她。Mac 特别要求她提出预测 PB 产品需求的计划并最大程度地利用这些预测结果。

　　1. 在提出 PB 公司的不同产品需求预测时，Dee 应该考虑哪些问题？你会如何建议她做每一种产品的预测?

2. Dee 应该预测所有顾客的月度产品总需求还是每个顾客单独的月度产品需求?这些预测结果哪一个更准确?这些预测结果哪一个(对谁)更有用?

3. 给定可得数据,Dee 和 Mac 可能会如何判断或估计每种产品预测的准确性?

4. 假设 Dee 的技术员工提出一种可以准确预测 PB 公司产品的月度需求的方法,PB 如何把这个信息用于战略优势?

5. Dee 应该建议 Mac 从 PB 公司的顾客那里收集哪些更多的信息?

案例 11.2 预测 COLA

Tarrows、Pearson、Foster 和 Zuligar 公司(TPF&Z)是美国最大的精算咨询公司之一。除了给客户提供相关的薪酬规划和职工福利计划的专业咨询,TPF&Z 还帮助客户确定每年必须拿出多少钱来参加退休福利规划。

很多公司都给雇员提供两种不同类型的退休金计划:固定投资计划和固定福利计划。在固定投资计划下,公司要拿出员工收入的固定百分比作为员工的退休基金。参加该项计划的每个员工可以决定他们的钱如何投资(如证券市场、债券市场或者固定收益证券),无论员工的退休金积攒到了多少钱,这些钱都是退休基金的一部分。在固定福利计划中,公司给每个退休的员工退休金,退休金按照员工最终薪水的百分比计算,有时也可能按照员工 5 年最高收入平均值的百分比计算。因此,在固定福利计划下,公司要给退休的员工支付退休金,但是公司必须决定每年留出多少盈利来承担这些未来的义务。精算企业如 TPF&Z 就是要帮助企业做出这项决策。

TPF&Z 的几个客户就要给雇员支付类似的退休金,这些退休金有时可以按照生活成本的变化进行调整(COLA)。此时,员工的退休金就是在他们最终薪水测算的基础上,按照生活成本的提高相应增加一部分。生活成本的变化常常和国民消费价格指数(CPI)联系在一起。CPI 描述了一揽子固定生活必需品的价格随时间发生的变化。每月联邦政府都要计算和公布 CPI。1988 年 1 月至 2002 年 10 月,每月的 CPI 数据都列入了本书的配套文件 CPIData.xlsx 中。

为帮助客户判断一年中应增加多少钱来支付员工的退休金,TPF&Z 必须预测未来一年 CPI 数值的变化。养老金是世界上最大的投资源泉。TPF&Z 公司对 CPI 数值预测的微小变化就会导致公司数亿美元的盈利从公司转移到养老准备金中。毫无疑问,TPF&Z 公司的合伙人想把他们对 CPI 的预测尽可能地准确。

1. 画出 CPI 数据的曲线图。按照这张曲线图,本章介绍的哪些时间序列预测方法不适于预测该时间序列?

2. 将霍尔特法用于该数据集并使用规划求解器求出 α 和 β 的最优值,要求使预测值和实际值之间的 MSE 值最小化。使用这种方法的 MSE 值是多少?使用该方法预测 2016 年 4 月和 2017 年 4 月的 CPI 是多少?

3. 把 CPI 作为时间的函数,应用线性回归建模。此时的 MSE 值是多大?使用该方法预测 2016 年 4 月和 2017 年 4 月的 CPI 是多少?

4. 画图比较霍尔特模型预测值的曲线图、线性回归模型预测值的曲线图和实际数据的曲线图。哪种预测方法和实际的 CPI 数据拟合得最好?

基于此图,你认为线性回归模型适用于分析该数据集吗?请解释原因。

5. 公司的合伙人看到你的图后,想要你把 2009 年以前的数据剔除后再重复分析一次。此时霍尔特法分析的 MSE 值是多少？用线性回归分析的 MSE 值是多少？使用该方法预测 2016 年 4 月和 2017 年 4 月的 CPI 是多少？

6. 再次画出你的结果。哪种预测方法和实际的 CPI 数据拟合得最好？基于此图，你认为线性回归模型适宜于分析该数据集吗？请解释原因。

7. 该合伙人还有最后一个要求。她想知道是否可能把霍尔特法和线性回归结合起来，得到一种联合预测，联合预测比单独使用任何一种预测技术都更准确。该合伙人想让你以下列方式把两种预测联合起来：

$$联合预测 = w \times H + (1-w) \times R$$

其中，H 表示霍尔特模型的预测值，R 表示使用线性回归预测模型的预测值，w 是 0~1 的权重。使用规划求解器确定 w 的值，使得 CPI 的实际值和联合预测值之间的 MSE 值最小。最优的 w 值是多少？联合预测的 MSE 值是多少？使用该方法预测 2016 年 4 月和 2017 年 4 月的 CPI 是多少？

8. 你推荐 TPF&Z 公司使用哪种预测方法预测 2016 年 4 月和 2017 年 4 月的 CPI？

案例 11.3　Fysco 食品公司的战略计划

Fysco 食品公司是美国生产公共机构的食品和商业食品的最大供应商之一。对 Fysco 公司来说，最幸运的是过去 22 年对非家用食品的需求一直稳定增长，如下表所示（本书的配套文件 FyscoFoods.xlsx）。注意，下表把非家用食品的总支出（最后一列）分成了 6 种（如吃喝场所、宾馆和汽车旅馆，等等）。

非食品家用支出（百万美元）

年份	饮食消费场所（支出）①	宾馆和汽车旅馆（支出）②	零售店、直接售卖场所③	娱乐场所（支出）③	学校和大学（支出）④	其他（支出）⑤	总计⑥
1	75,883	5,906	8,158	3,040	11,115	16,194	120,296
2	83,358	6,639	8,830	2,979	11,357	17,751	130,914
3	90,390	6,888	9,256	2,887	11,692	18,663	139,776
4	98,710	7,660	9,827	3,271	12,338	19,077	150,883
5	105,836	8,409	10,315	3,489	12,950	20,047	161,046
6	111,760	9,168	10,499	3,737	13,534	20,133	168,831
7	121,699	9,665	11,116	4,059	14,401	20,755	181,695
8	146,194	11,117	12,063	4,331	14,300	21,122	209,127
9	160,855	11,905	13,211	5,144	14,929	22,887	228,930
10	171,157	12,179	14,440	6,151	15,728	24,581	244,236
11	183,484	12,508	16,053	7,316	16,767	26,198	262,326
12	188,228	12,460	16,750	8,079	17,959	27,108	270,584
13	183,014	13,204	13,588	8,602	18,983	27,946	265,338
14	195,835	13,362	13,777	9,275	19,844	28,031	280,124
15	205,768	13,880	14,210	9,791	21,086	28,208	292,943
16	214,274	14,195	14,333	10,574	22,093	28,597	304,066
17	221,735	14,504	14,475	11,354	22,993	28,981	314,043

续表

年份	饮食消费场所（支出）①	宾馆和汽车旅馆（支出）①	零售店、直接售卖场所②	娱乐场所（支出）③	学校和大学（支出）④	其他（支出）⑤	总计⑥
18	235,597	15,469	14,407	8,290	24,071	30,926	328,760
19	248,716	15,800	15,198	9,750	25,141	31,926	346,530
20	260,495	16,623	16,397	10,400	26,256	33,560	363,730
21	275,695	17,440	16,591	11,177	27,016	34,508	382,427
22	290,655	17,899	16,881	11,809	28,012	35,004	400,259

注：①含小费。②包括贩卖机经营者，但不包括相关组织运营的贩卖机。③动画影院、保龄球馆、台球厅、运动场、露营、娱乐公园、高尔夫和乡村俱乐部。④包括学校食物补贴。⑤军事交易和俱乐部；铁路餐车；航空公司；生产企业、组织、医院、公寓、互助会和妇女联谊会的食品服务；还有向军事机构供应的食物。⑥从不全面的数据计算得到。

作为战略计划的一部分，Fysco 食品公司每年对非家用食品的 6 类市场中每个市场的总需求进行预测。这有利于公司在每个类别代表的不同顾客中配置市场资源。

1. 分别画出 6 种支出的数据曲线图。每个类别是稳态的还是非稳态的？
2. 用霍尔特法为每种支出建立模型。使用规划求解器估计使 MSE 值最小的 α 和 β 的值。每个模型 α 和 β 的最优值是多少？其 MSE 值是多大？对于每种支出，明年的预测值为多少？
3. 建立每种支出的线性回归模型。每个模型的估计回归函数是什么？其 MSE 值各是多大？对于每种支出，明年的预测值为多少？
4. Fysco 公司的营销副总裁对预测市场需求有了一个新的想法。对于每种支出，她想让你估计其增长率，用 g 表示，具体的预测公式如下：$\hat{Y}_{t+1} = Y_t(1+g)$。即 $t+1$ 期的预测值等于前期 t 的实际值乘以 1 与增长率 g 的和。用规划求解器求出每种支出的最优增长率（MSE 值最小）。每种支出的增长率各是多少？对于每种支出，明年的预测值为多少？
5. 在这里讨论的三种预测方法中，对于每种支出，你会推荐 Fysco 公司使用哪种预测方法？

第 12 章　Analytic Solver Platform 仿真入门

12.0　引言

第 1 章讨论了电子表格中的计算如何看成一个数学模型，并定义不同输入变量（自变量）和一个或多个最终绩效指标（因变量）之间的函数关系。这种关系可以用以下方程表示：

$$Y=f(X_1, X_2, \cdots, X_k)$$

在许多电子表格中，不同输入单元格中的值可人为确定。这些输入单元格中的值对应上面方程中的自变量 $X_1, X_2, \cdots, X_k$。其他单元格中输入的各种公式（用上式中的 $f(\ )$ 表示），将输入单元格中的值转化为最终的输出（用上式中的 Y 表示）。仿真是一种模型分析技术，模型中一个或多个自变量所计算的值是不确定的。本章讨论如何使用**分析式规划求解平台**（ASP）进行仿真。ASP 是一个备受欢迎的商用电子表格插件，由 Frontline Systems 开发和运营。

12.1　随机变量和风险

为了计算电子表格模型中最终绩效指标（因变量）的值，必须为每个输入单元格指定具体的值，才能完成所有相关的计算。然而，由一个或多个自变量（或输入单元格）确定的这个（因变量的）值，总是存在一些不确定性。对于表示未来情况的电子表格模型尤其如此。随机变量的值不能被确切预测或设置。因此，电子表格中的许多输入变量表示的是随机变量，其实际取值不能确切预测。

例如，对原材料成本、未来利率、未来员工数量和预期产品需求的预测是随机变量，因为它们的真实值是未知的，只有在将来的某时才会知道。若不能确定模型中一个或多个输入变量的值，则不能确定因变量的值。因变量值的不确定性就会引入决策问题风险因素的概念。具体地说，如果因变量表示管理层用做决策的一些最终绩效指标，其值是不确定的，那么基于这些值做出的任何决策都是基于不确定（或不完整）信息下的决策。这样做决策，存在决策达不到预期结果的可能性。这种可能性或者不确定性，就是决策问题中的**风险**因素。

"风险"一词也暗示着潜在的损失。决策结果不确定的事实，并不意味着这个决策的风险很大。例如，投币到饮料自动售货机中时，有可能出现机器吞币但不吐出产品的情况。然而，我们大多数人并不认为这种风险特别大。根据以往的经验，我们知道拿不到商品的概率很小。但即使机器拿走了我们的钱而没有交付商品，大多数人也不会认为这是一个巨大的损失。因此，给定决策情境会有多大的风险是决策结果的不确定性和潜在损失程度的函数。对决策情境中存在的风险进行适当的评估应该考虑这些问题。本章将举例说明。

12.2　为什么分析风险

商业人士构建的许多电子表格包含了模型中不确定输入变量的估计值。如果管理者不能准确说出电子表格中特定单元格的取值,那么这个单元格很可能是一个随机变量。一般情况下,管理者会尝试对这些单元格的值给出基于一定信息的猜测。管理者希望在电子表格中所有不确定的单元格中输入期望的或者最有可能的取值,从而为绩效指标(Y)所在单元格提供最有可能的取值。然而,这类型的分析存在两个问题。首先,如果绩效指标(Y)随着不确定单元格中的值非线性变化,那么在不确定单元格中插入期望值通常不会给出绩效指标(Y)的期望值。其次,即使对绩效指标(Y)的期望值进行了准确的估计,决策制定者仍然没有关于绩效指标潜在变化的信息。

例如,在分析特定的投资机会时,我们可能要确定在未来两年内投资 1,000 美元的预期回报是否为 10,000 美元。但可能结果的差异有多大呢?如果所有潜在结果都紧密地分布在 10,000 美元左右(如 9,000~11,000 美元),那么投资机会可能仍然很有吸引力。另一方面,如果潜在结果松散地分布在 1 万美元左右(如-3 万~5 万美元),那么投资机会可能就没有吸引力了。尽管这两种情况可能有相同的期望或平均值,但所涉风险却大不相同。因此,即使可以使用电子表格来确定决策的期望值结果,但考虑决策的风险同样重要。

12.3 风险分析方法

有几种技术可以帮助管理者分析风险。最常见的三种是最好/最坏情形分析、假设分析和仿真。在这些方法中,仿真是最强大的,因此本章将重点介绍。尽管其他技术在风险分析中与仿真技术相比可能并不完全有效,但对当今商业界大多数管理者来说,他们使用这些技术的频率高于仿真。这在很大程度上是因为多数管理者不知道电子表格在执行仿真方面的能力及仿真技术带来的好处。所以,在学习仿真技术之前,先简单地看一下其他的风险分析方法,了解它们的优势和劣势。

12.3.1 最好/最坏情形分析

如果不知道电子表格中特定单元格取什么值,那么可以输入一个我们认为是不确定单元格中最可能取的数值。如果为电子表格中所有不确定单元格输入这样的数字,那么就可以很容易地计算出绩效指标的最可能取值。我们称这种情形为基础情境或基础方案(base-case scenario)。然而,这个基础情境没有给我们提供实际结果与预期结果或最可能取值之间相差多少有关的信息。

对于这个问题,一个简单的解决方法是在不确定输入单元格中,使用最好的(best-case)/最乐观的值和最坏的(worst-case)/最悲观的值计算最终绩效指标的值。这些附加的情境给出了最终绩效指标可能取值的范围。正如在前面的例子中提到的 1,000 美元的投资,了解可能结果的范围对于评估不同选择的风险非常有帮助。然而,仅仅知道最好情形和最坏情形的结果并不能告诉我们在这个范围内可能取值的分布,也没有告诉我们任何一种情况发生的概率。

图 12.1 给出了最终绩效指标在给定范围内的几种概率分布图。每个分布都描述了具有相同范围和相似平均值的变量。但从决策者风险角度来看,每个分布都是不同的。最好情形/最坏情形分析的优点在于它很容易操作,缺点是不能准确描述最终绩效指标的分布形态。下面将谈到,获得最终绩效指标的分布形态对解决很多管理问题极为重要。

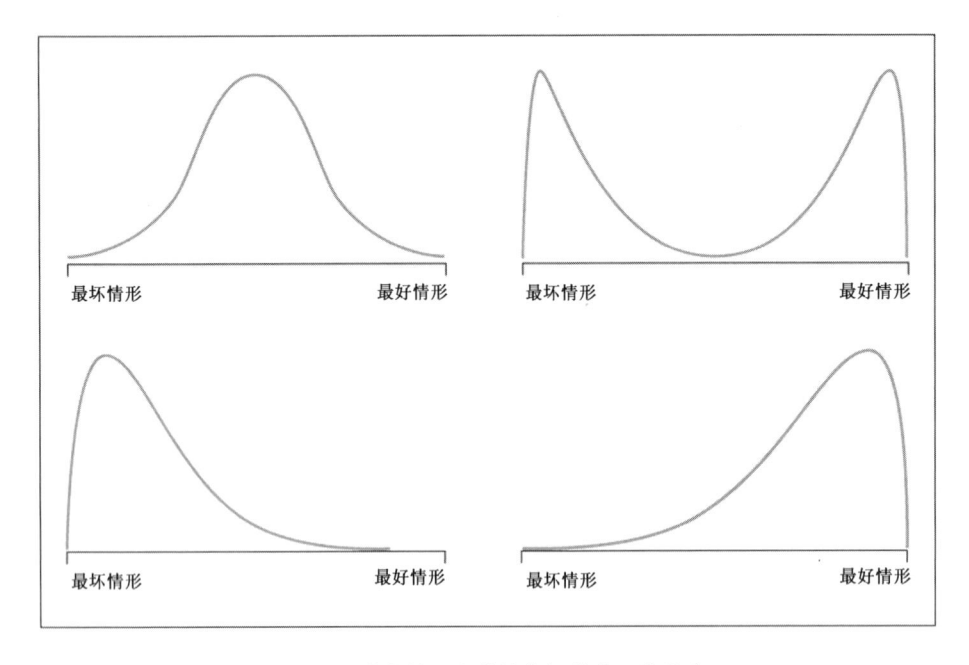

图 12.1　给定范围内绩效指标值的可能分布

12.3.2　假设分析

在 20 世纪 80 年代早期引入电子表格之前,使用最好/最坏情形分析法是管理者分析决策相关风险的唯一可行方法。这个过程非常耗时,容易出错,而且单调乏味,只使用一张纸、一支笔和计算器,给不确定的输入取不同的值,反复计算模型的绩效指标。个人电脑和电子表格的出现,使得管理者完成大量的计算情境(除了最好/最差情形)比较容易——这就是假设分析的关键。

在假设分析中,管理者改变不确定输入变量的取值,以查看绩效指标结果的变化。通过一系列的取值变化,管理者可以了解绩效指标相对于输入变量变化的灵敏度。尽管许多管理者都使用这种手动的假设分析,但它有三个主要缺陷。

首先,如果为自变量所选取的值仅仅基于管理者的判断,那么获得的绩效指标的样本值可能是有偏差的。也就是说,如果给几个不确定变量的每个都假定一个取值范围,那么很难确保管理者对这些值的所有可能组合样本进行公平的、有代表性的测试。为不确定变量选择能正确反映其随机变化的取值,这些值必须从某种分布中随机选择,这种分布要反映这些变量可能取值的适当范围以及相对频次。

其次,可能需要完成成百上千的假设情境,以创建对最终绩效指标潜在变化的有效阐述或表达。没有人愿意手动执行这些情境,也没有人能够理解在屏幕上闪现的数字流真正的含义。

最后,当管理者向高级管理层推荐某个决策时,从各种情境中获得的洞察可能没什么价值或帮不上什么忙。简单地说,假设分析不能为管理者提供确凿的证据(事实和数据)来证明为什么某个决策应该被采纳或推荐。此外,假设分析没有解决我们先前讨论的最好情形/最坏情形分析的问题——不能帮助我们用足够正式的方法估计绩效指标的分布。因此,假设分析是朝着正确方向迈出的一步,但并不是足够大的一步,不足以让管理者有效分析他们面临决策的风险。

12.3.3　仿真

当一个或多个自变量不确定时,仿真是一种测量和描述模型最终绩效指标各种特征的技术。如果模型中有的自变量是随机变量，那么因变量（Y）也是一个随机变量。仿真的目的是在给定自变量 $X_1, X_2, \cdots, X_k$ 的可能取值和行为的情况下，描述最终绩效指标 Y 的分布和特征。

仿真的基本思想与许多假设的情境类似。不同之处在于，为电子表格中代表随机变量的单元格赋值的过程是自动化的，因此：（1）这些值以非偏方式分配，（2）电子表格用户可以从赋值的负担中解放出来。通过仿真，反复地或随机地为模型中每个不确定的输入变量 $(X_1, X_2, \cdots, X_k)$ 生成样本值，然后计算最终绩效指标（Y）的结果值。然后，使用 Y 的样本值来估计绩效指标 Y 的真实概率分布和其他特征。例如，利用样本值来构建绩效指标的频次分布图，估计绩效指标的取值范围，估计其平均值和方差，并估计最终绩效指标实际值大于（或小于）某一特定值的概率。所有这些指标的度量有助于对给定某决策相关风险有更深入的洞察，这比根据不确定的自变量的期望值计算出的单个值要好。

关于不确定性和决策

"不确定性是决策过程中最困难的事情。面对不确定性，有些人无动于衷，有些人穷尽其心智进行研究以求规避风险。集中心智，就会做出最好决策。在体育锻炼时，要注意技术细节，如打网球时要注意球面缝合线的旋转。在心智方面，要关注手头上掌握的事实，不要恐惧，不要疑虑。疑虑不时撞击我们心灵的大门，但是你不必在品尝茶和甜点时还在担心着它们。"——Timothy Gallwey，《网球的内在博弈和工作的内在博弈》的作者。

12.4 企业健康保险的例子

下面的例子说明了使用仿真进行风险分析时电子表格模型的结构。这里用一个相当简单的模型来说明这个过程，并给出所需完成的工作。然而，不管模型规模如何，仿真的过程基本上是一样的。

Lisa Pon 刚刚被聘为 Hungry Dawg 餐厅企业规划部门的分析师。她的第一个任务是确定公司在未来一年需要多少钱来支付员工索赔的健康保险。Hungry Dawg 是一家大型的、不断发展的连锁餐馆，专门经营南方传统食品。这家公司已经变得足够大，以至于它不再购买私人保险公司的保险。该公司现在是自我保险的，这意味着它用自己的钱支付医疗保险索赔（尽管它与一家外部公司签订合同，处理索赔申请和支票的管理细节）。

该公司用于支付索赔的资金来自两个来源：员工投入（或从员工工资中扣除的保费）和公司资金（公司必须支付的除员工自己缴纳外的所有费用）。健康计划所覆盖的每位员工每月缴纳 125 美元。然而，该计划覆盖的员工数量每个月都不一样，因为员工有可能被雇用、解雇、辞职，或仅仅是增加或减少医疗保险的覆盖范围。上个月，共有 18,533 名员工被该计划覆盖，每位员工每月的平均健康护理费用为 250 美元。

图 12.2（本书的配套文件 Fig12-2.xlsm）给出了多数分析师对这个问题建模的一个例子。电子表格首先列出了问题的初始条件和假设。例如，单元格 D5 表明，当前的健康计划覆盖了 18,533 名员工，而单元格 D6 表示公司给每个员工每月平均缴纳金额为 250 美元。每个员工每月平均缴纳 125 美元，如单元格 D7 所示。单元格 D5 和 D6 的值不太可能在一整年保持不变。因此，需要对这些值在一年中的可能增长率做出假设。例如，可以假设员工的人数每月增加 2%，每月每个员工的平均索赔额将以 1% 的速度增长。这些假设反映在单元格 F5 和 F6 中。假设在未来一年内，每个员工的平均员工投入是不变的。

利用提前假定的员工覆盖数量（单元格 F5）的增长率，可以创建单元格 B11 到单元格 B22 中的计算公式，从而使员工覆盖数量以每月假设的数量增加（这些公式的细节将在后面介绍）。C 列中显示的每月员工的期望投入，等于 125 美元乘以每个月员工的数量。可以使用假定的平均每月索赔增长率（单元格 F6）来创建 D11 到 D22 中的公式，从而使每个员工的平均索赔率以假定的速度增加。每个月的总索赔额（E 列中所示）等于 D 列的平均索赔数字乘以 B 列中每个月的员工数。由于公司必须为员工投入未覆盖的部分支付索赔费用，因此 G 列中公司每月的成本数字按照总索赔额减去员工投入（E 列减去 C 列）计算。最后，单元格 G23 汇总了 G 列中列出的每月公司成本数据，并显示公司有望在来年向员工支付 36,125,850 美元的收入，用于支付员工的健康保险索赔。

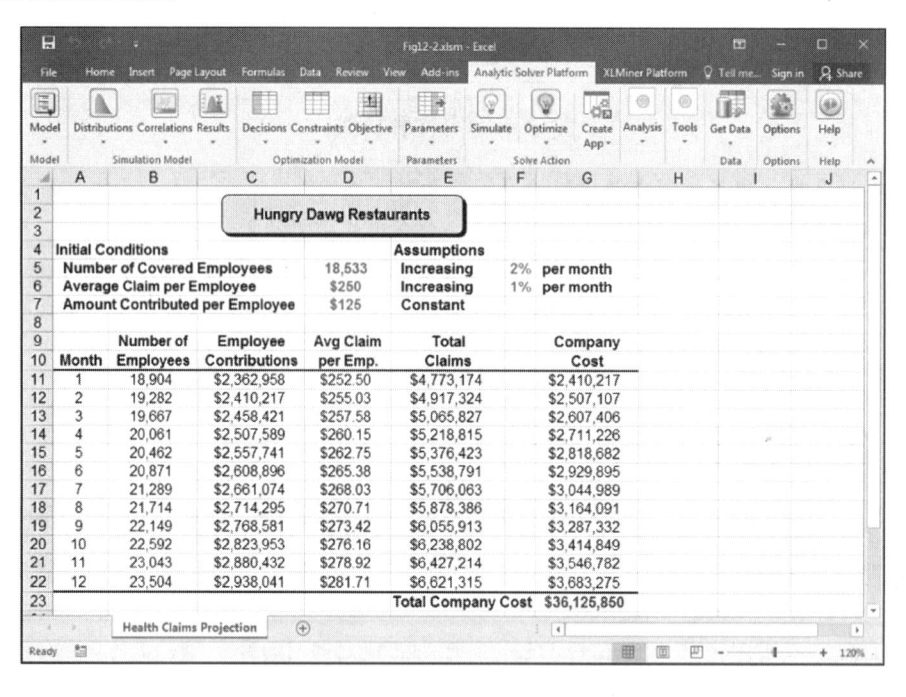

图 12.2　不确定变量具有期望值时企业健康保险的初始模型

12.4.1　基本模型的说明

现在，让我们考虑一下刚才描述的模型。示例模型假设每个月员工覆盖数量将增加 2%，每个员工的平均索赔额每月将增加 1%。尽管这些值也许是对可能发生情况的合理近似，但它们不可能精确地反映将要发生的事实。事实上，每月医保计划覆盖的员工数量可能随着每月平均增长的不同而变化，这个数字可能会在几个月内有所下降，而在其他月份则会增加 2% 以上。类似地，每个被覆盖员工的平均索赔率在某些月份可能低于预期，在其他月份可能高于预期。

这两项数据都可能显示出一些不确定性或随机行为，即使它们确实在全年总体上呈上升趋势。因此，我们不能肯定地说，在未来一年，公司将为健康索赔提供的总成本是 36,125,850 美元。这只是对可能发生的事情的预测。实际的结果可能比这个估计值更小或更大。使用初始模型，我们不知道实际结果会大多少或小多少，也不知道实际值是如何围绕估计值进行分布的。我们不知道是否有 10%、50% 或 90% 的概率这个实际总成本会超过估计值。为了确定公司总成本作为最终绩效指标的可变性或风险，我们将把仿真技术应用到模型中。

12.5 使用 ASP 的电子表格仿真

要在电子表格中进行仿真，必须首先在每个单元格中放置一个随机数生成器（RNG）公式，它代表一个随机或不确定的自变量。每个 RHG 提供一个适当分布的样本观测值，这个分布表示变量可能取值的范围和频率。在 RNG 就绪后，每次重新计算电子表格时，都自动提供新的样本值。可以重新计算电子表格 n 次，其中 n 是期望重复计算的次数或情境的数量，并且在每次重复后，最终绩效指标的值将被存储。可以分析这些储存的观察结果，以了解绩效指标的行为和特征。

仿真过程需要大量的工作，但幸运的是，电子表格可以很容易地完成大部分工作。特别地，电子表格插件 ASP 是专门为使电子表格仿真成为一个简单的过程而设计的。ASP 提供了以下仿真功能，而单纯的 Excel 工具不具备这些——有助于生成仿真所需随机数的附加函数、其他有助于建立和运行仿真的命令，以及仿真数据的统计和图表汇总功能。正如我们将看到的，这些功能使在电子表格中进行仿真变得相对容易了很多。

12.5.1 ASP 介绍

如果你正在局域网（LAN）或计算机实验室运行 ASP，那么你的指导老师或局域网网络管理员应该会告诉你如何访问这个软件。若在自己的计算机上安装了 ASP，则 ASP 选项卡会自动出现在 ribbon 功能区上，如图 12.2 所示。你还可以从 Excel 内部手动加载（或卸载）ASP：

（1）单击"文件"→"选项"→"插件"。
（2）选择 Excel 插件，然后单击 Go 按钮。
（3）选择（或取消）ASP 并单击 OK 按钮。
（4）单击"文件"→"选项"→"插件"。
（5）选择 COM 插件并单击 Go 按钮。
（6）选择（或取消）ASP 插件并单击 OK 按钮。

12.6 随机数发生器

如前所述，电子表格仿真的第一步是在每个包含不确定取值的单元格中放置 RNG 公式。每个公式都将生成（或返回）一个数字，该数字表示从分布中随机选择一个值。这些样本取自于某个分布，且这个分布应该可以代表每个不确定单元格中预期出现的潜在取值的总体。

ASP 提供了几个"Psi"函数，可用于创建仿真模型所需的 RNG 公式（这些函数中的"Psi"是 Pmorphic Spreadsheet Interpreteroly 首字母缩写，它是 Frontline Systems 开发并在 ASP 使用的技术，可以极其快速地在 Excel 工作簿中执行重复计算）。图 12.3 给出了一些最常见的 RNG 函数，这些函数能够很容易地生成各种各样的随机数。例如，如果认为不确定单元格的行为可以被建模为一个正态分布的随机变量，均值为 125、标准偏差为 10，那么根据图 12.3，我们可以在这个单元格中输入公式=PsiNormal（125,10）（此函数中的参数也可以是公式，也可以引用电子表格中的其他单元格）。在输入这个公式后，电子表格每次进行重新计算时，ASP 就会从均值为 125、标准差为 10 的正态分布中随机生成或选择一个值，输入该单元格。

分布	RNG	描述
二项分布	PsiBinomial(n, p)	在一个大小为n的样本中返回"成功"的次数，其中每个试验都有一个"成功"的概率p
离散分布	PsiDiscrete({$x_1, x_2, \ldots, x_n$}, {$p_1, p_2, \ldots, p_n$})	返回由x表示的n个值中的一个。每个值x_i以概率p_i出现
离散分布	PsiDisUniform({$x_1, x_2, \ldots, x_n$})	返回由x表示的n个值中的一个。每个值x_i以相同概率出现
泊松分布	PsiPoisson(λ)	返回一个随机事件发生的次数（如每小时的到达数、每码的缺陷数等）。参数λ代表每测量单位的平均事件数
卡方分布	PsiChisquare(λ)	从卡方分布中返回一个值
连续的	PsiUniform(min, max)	从最小值（最小）到最大值（最大）返回一个值。这个范围内的每个值都可能发生
指数分布	PsiExponential(λ)	从均值为λ的指数分布中返回一个值，通常用于对具有固定失败率的事件的时间间隔或设备的生命周期进行建模
正态分布	PsiNormal(μ, σ)	从均值为μ，标准差为σ的正态分布中返回一个值
截尾的正态分布	PsiNormal(μ, σ, PsiTruncate(min, max))	与PsiNormal相同，只是分布被截断为最小值（min）和最大值（max）所指定的范围
三角	PsiTriangular($min, most\ likely, max$)	从三角形分布中返回一个值，该值覆盖最小值（min）和最大值（max）所指定的范围。然后，这个分布的形状取决于相对于最小值和最大值的最可能的值的大小

图 12.3　ASP 提供的 RNG 函数

类似地，电子表格单元格中的假设值为 10 的概率为 30%，假设值为 20 的概率为 50%，假设值为 30 的概率为 20%。如图 12.3 所示，使用公式= PsiDiscrete ({10,20,30}, {0.3,0.5,0.2}) 来仿真这个随机变量的行为。如果我们多次重新计算电子表格，那么这个公式将以大约 30%的时间返回 10，大约 50%的时间返回值 20，大约 20%的时间返回值 30。

RNG 函数所需参数可让我们从各种形状的分布中生成随机数。图 12.4 和图 12.5 说明了一些分布的例子。ASP 提供的关于 RNG 的信息可以在 ASP 用户手册和在线帮助工具中得到。

> **ASP 的 RNG 函数**
>
> 所有 ASP RNG 函数在 Excel 中都可用。要查看它们，请遵循以下步骤：
> (1) 在工作表中选择一个空单元格。
> (2) 单击"公式"→"插入函数"。
> (3) 选择 Psi Dsitribution 函数类别。

12.6.1　离散和连续随机变量

图 12.4 和图 12.5 中的图表有一个重要的区别。特别需要指出，图 12.4 中描述的 RNG 返回的结果都是离散，然而图 12.5 产生的结果都是连续的。也就是说，图 12.3 中列出的一些 RNG 只能返回一组完全不同的单个数值，而其他 RNG 可以返回无穷集中的任何值。离散和连续随机变量之间的区别非常重要。

例如，一辆新车的缺陷轮胎的数量是一个离散的随机变量，因为它只能假设 5 个不同的值中的一个：0、1、2、3 或 4。另一方面，一辆新车的燃料量是一个连续的随机变量，因为它可以假设是在 0 和油箱最大容量之间的任何值。因此，在给模型中不确定的变量选择 RNG 时，重要的是考虑变量是离散的还是连续的。

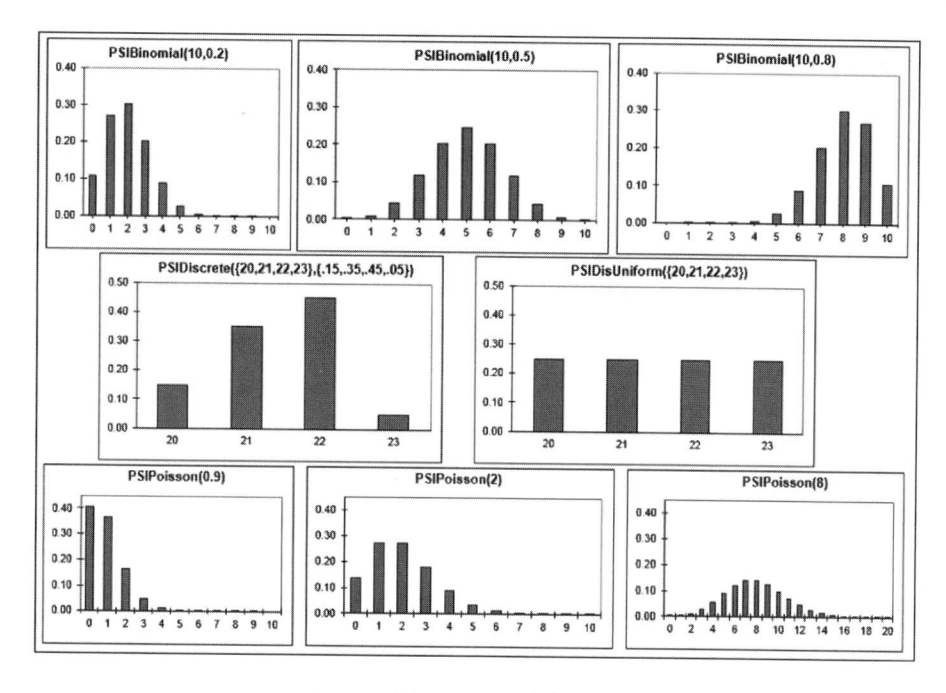

图 12.4 离散 RNG 函数的分布示例

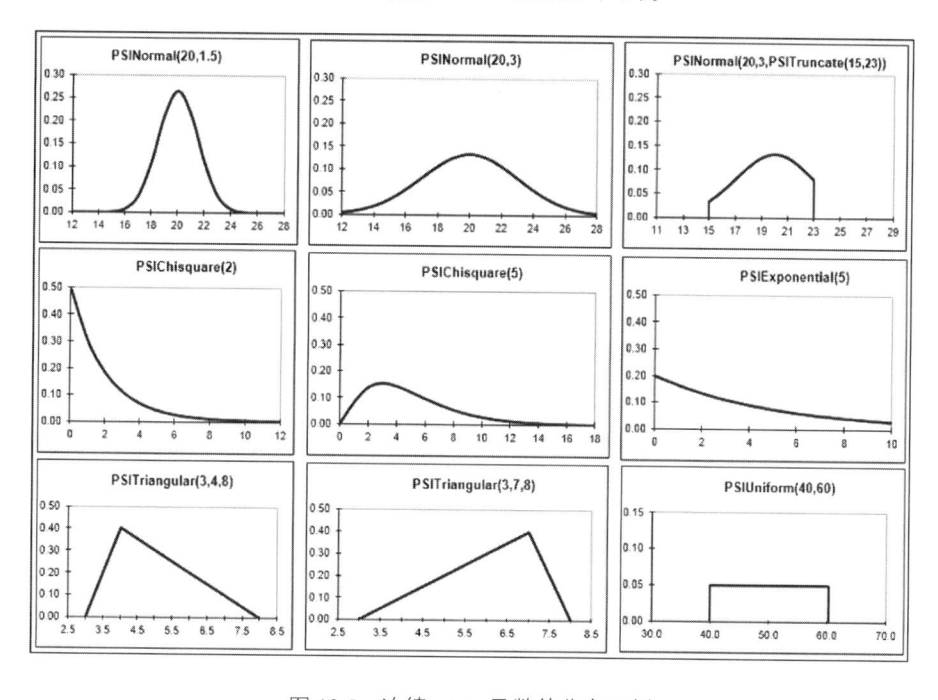

图 12.5 连续 RNG 函数的分布示例

12.7 准备仿真模型

为了对前面的 Hungry Dawg 餐馆模型进行仿真，首先为模型中的不确定变量选择合适的 RNG。若有历史数据，则可以分析不确定变量的历史数据，以确定这些变量的适当 RNG。历史数据本身可以通过 ASP 的 PsiDisUniform()、PsiResample()、PsiSip()或 PsiSlurp()函数进行取样

（请参阅 ASP 用户手册以获得关于这些主题的更多信息）。ASP 还能够自动确定适合历史数据的概率分布。然而，如果过去的数据不可用，或者有理由证明一个变量的未来行为与过去行为有显著不同，那么在选择 RNG 来仿真不确定变量的随机行为时必须进行判断。

就例子中的问题，假设通过分析历史数据，我们确定从一个月到下个月的覆盖员工数量的变化在下降 3%和增长 7%之间变化（注意，这应该会使员工数量的平均变化以 2%增长，因为 0.02 是介于-0.03~+0.07 之间的中点）。此外，假设可以将每个被覆盖员工的平均月索赔额设定为服从正态分布的随机变量，平均每月增加 1%（μ），标准偏差（σ）大约为 3 美元（注意，这将导致每个被覆盖员工的平均索赔额从一个月到下个月增加大约 1%）。这些假设反映在图 12.6 顶部的单元格 F5 到 H6 中（本书的配套文件 Fig12-6.xlsm）。

为了建立产生"健康保险计划覆盖员工数量"随机数的公式，我们将使用图 12.3 中描述的 PsiUniform()函数。因为从一个月到下一个月员工数量的变化在下降 3%和增长 7%之间，在一般情况下，员工在当前月的数量等于前一个月的员工数量乘以"1+变化的百分比"。应用这个逻辑，得到下面给定月份员工数量的公式：

本月的员工人数=前一个月的人数×PsiUniform(0.97,1.07)

若 PsiUniform()函数返回值为 0.97，则这个公式得到当前月份的员工数量等于前一个月的 97%（减少 3%）。另一种情况是，若 PsiUniform()函数返回值是 1.07，则这个公式得到当前月份的员工数量是前一个月的 107%（增长 7%）。这两个极端值之间的所有值（0.97~1.07）也是可能的，计算方法与上类似。下面的公式用于创建图 12.6 中随机生成每个月员工数量的公式：

单元格 B11 的公式：　　　　　=D5*PsiUniform(1-F5,1+H5)

单元格 B12 的公式：　　　　　=B11*PsiUniform(1-$F$5,1+$H$5)

（复制到单元格 B13 到 B22 中）

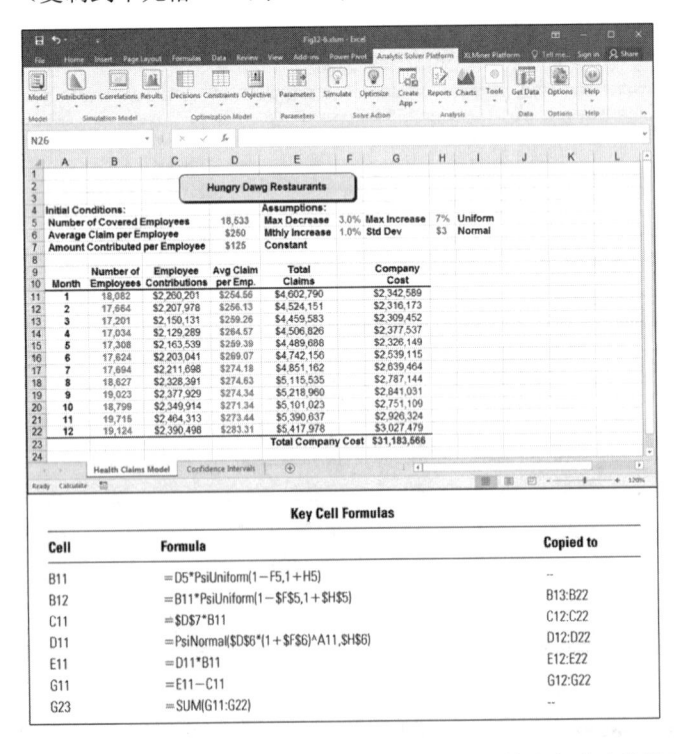

图 12.6　用 RHG 取代不确定变量期望值后的公司健康保险改进模型

请注意，前面的公式中"1-$F$5"和"1+$H$5"项分别会生成 0.97 和 1.07 两个数。

为了构建每个月每个被覆盖的员工平均索赔额的公式，使用图 12.3 中描述的 PsiNormal()函数。这个公式要求提供采样分布的均值（μ）和标准差（σ）的值。假设平均月索赔额为 3 美元的标准偏差，如图 12.6 中单元格 H6 所示，每个月都是常量。因此，剩下的唯一问题是确定每个月的适当平均值（μ）。

在这种情况下，任何给定月份的平均值应比前一个月的平均值大 1%。例如，第一个月的平均值是

$$第 1 个月的平均值=（初始均值）\times 1.01$$

第 2 个月的平均值是

$$第 2 个月的平均值=（第 1 个月的平均值）\times 1.01$$

若将第一个月的均值的定义代入上面的方程，则得到

$$第 2 个月的平均值=（初始均值）\times (1.01)^2$$

相似地，第 3 个月的平均值是

$$第 3 个月的平均值=（第 2 个月的平均值）\times 1.01=（初始均值）\times (1.01)^3$$

所以，一般地，第 n 个的平均值（μ）是

$$第 n 个月的平均值=（初始均值）\times (1.01)^n$$

因此，为了产生每个月每个被覆盖员工的平均索赔，我们使用以下公式：

单元格 D11 的公式： =PsiOutput($D$6*(1+$F$6)^A11,$H$6)

（复制到单元格 D12 到 D22 中）

这个公式中"$D$6*(1+$F$6)^A11"项实现了第 n 个月平均值（μ）的一般定义。

在输入适当的 RNG 后，每次按下重新计算键（函数键 F9），RNG 自动为电子表格中所有表示不确定（或随机）变量的单元格选择新值。同样，每次重新计算时，在 G23 中出现最终绩效指标（总公司成本）的新值。因此，通过多次按下重新计算的键，可以观察到公司的健康保险计划总成本的代表性价值。这也有助于验证我们执行的 RNG 是否正确，它们是否为每个不确定单元格生成了适当的取值。

12.7.1 RNG 备选输入方法

ASP 还提供了在电子表格模型中输入 RNG 的一种备选方法。要了解如何实现，请遵循以下步骤：

（1）选择单元格 J12（或工作表中的任何其他空单元格）。

（2）单击 ASP 上的 Distributions 图标。

（3）单击 Common 图标，然后单击 Normal 图标。

图 12.7 所示的对话框中显示选定分布的形状分布（在本例中，是一个正态概率分布），而且允许改变各种参数的取值（在本例中，平均值和标准偏差的值分别更改为 250 和 3）。这个对话框中的"公式"项说明，为了建立 RNG 公式而得到概率分布，需要用到 Psi 函数。若单击 Save 按钮，则 ASP 自动在工作表中建立合适的 RNG 公式。虽然这是 ASP 的一个非常有用的特性，但是 ASP 创建的 RNG 公式通常需要一些手工编辑，使其与你所建模型的其他部分都能正确运行；特别是当你打算将这个 RNG 公式复制到工作簿中的其他单元格中时，需要手工编辑。双击任何包含 Psi 分布函数的单元格，也会启动一个类似于图 12.7 所示的对话框，并对应于合适的概率分布。

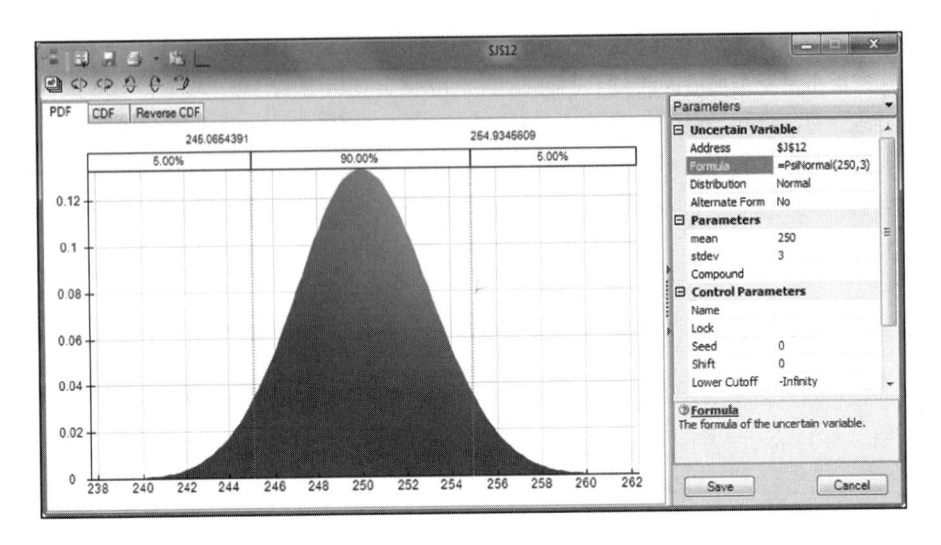

图 12.7　ASP 的不确定变量对话框

> **分布与样本数据相匹配**
>
> 请注意，ASP 选项卡上"Tools"组中找到"Fit"图标并单击，可访问如图 12.8 所示的"Fit Options"对话框。如果模型中有任何随机变量的历史数据，可以使用这个对话框来指示 ASP 自动确定并给出适合数据的概率分布。

图 12.8　ASP 的 Fit Options 对话框

12.8　运行仿真

仿真的下一步是成百数千次地重新计算电子表格，并记录输出单元格或最终绩效指标的结果值。幸运的是，ASP 可以很容易地帮我们完成这件事，如果我们明确指出：（1）希望它追踪电子表格中的输出单元格，（2）希望它复制模型的次数（或者希望它执行多少次试验）。

12.8.1 选择要追踪的输出单元格

可以使用 ASP 的"Results"→"Output"→"In Cell"命令来指出仿真过程中需要 ASP 追踪的输出单元格。在本例中，单元格 G23 表示我们希望 ASP 追踪的输出单元格。为了说明这一点，请遵循以下步骤：

（1）单击单元格 G23。
（2）单击 ASP 菜单上的"Results"图标。
（3）单击"输出"选项。
（4）单击"In cell"选项。

若现在看一下图 12.9 中 G23 中的公式，则将注意到它已经被更改为

单元格 G23 的公式： =SUM(G11:G22)+PsiOutput()

选中单元格 G23 并单击 ASP 中"Results"→"Output"→"In Cell"命令，然后把 PsiOutput() 函数添加到单元格 G23 原来的公式中。

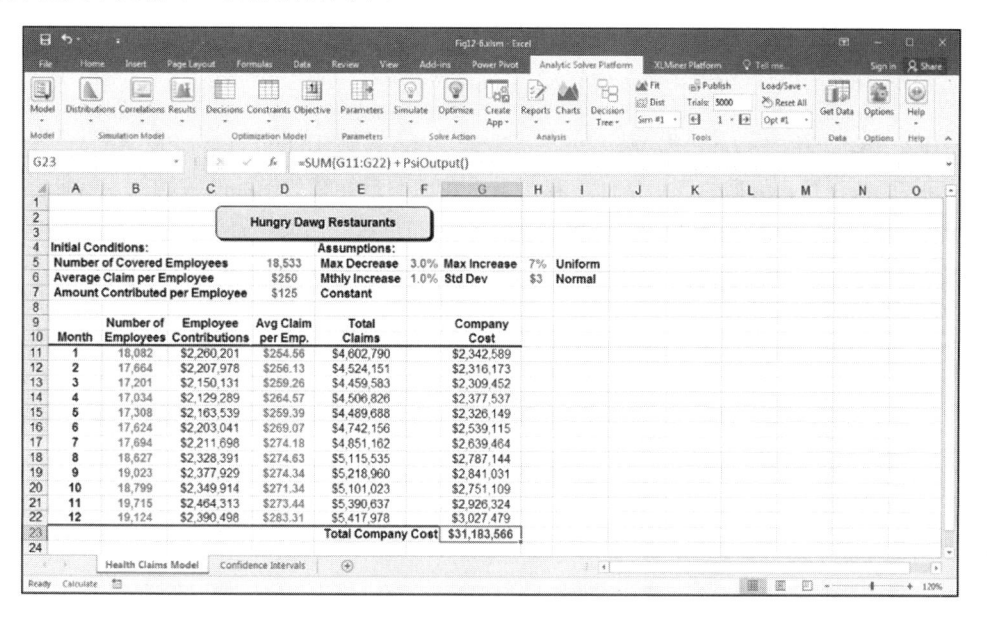

图 12.9 选择要追踪的输出单元格

这就是 ASP 如何确定模型的输出单元格的。如果愿意，还可以手动将 PsiOutput()函数添加到工作簿中任何数字单元格的内容中，以便将其指定为 ASP 的输出单元格。或者，在工作表中的任何空单元格中都可以输入公式=PsiOutput(G23)，ASP 知道单元格 G23 是一个输出单元格（当使用"Results"→"Output"命令时，若使用"Referred Cell"选项而不是"In Cell"选项，这种情况也会发生。）

12.8.2 选择复制次数

单击图 12.9 中 ASP 菜单上的 Options 图标，出现如图 12.10 所示的 ASP 选项对话框，这个对话框允许你控制仿真分析的几个方面。选项卡"Trials per Simulation"指定 ASP 在运行仿真时模型试验的次数。这本书中的所有例子每次仿真做 5,000 次试验。

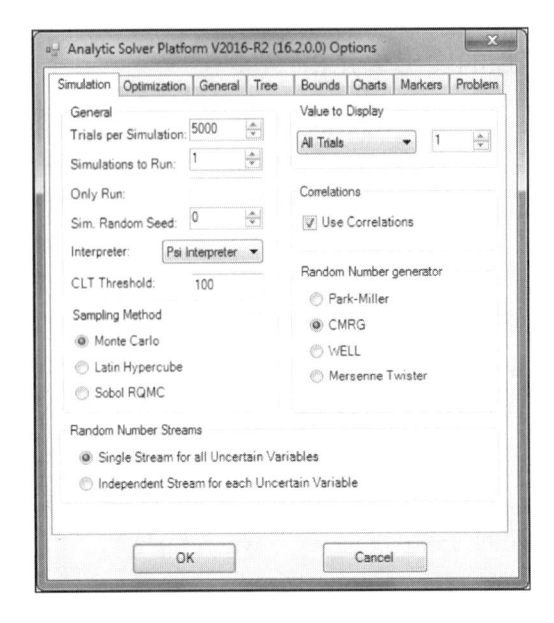

图 12.10　ASP 选项对话框

为什么我们选择了 5,000 次试验？为什么不是 1,000 次或 10,000 次呢？遗憾的是，这个问题很难回答。请记住，仿真的目标是评估我们重点考虑的最终绩效指标的各种行为特征。例如，我们可能想要知道最终绩效指标的平均值及其概率分布形状。然而，每当我们在图 12.9 中手动重新计算模型时，最终的结果可能不同。这样，这个模型计算出的公司总成本就有无数种可能性，或者有无限样本容量。

我们不能分析所有这些无限的可能性。但是通过从这个无限总量中取一个足够大的样本，可以对这些取值所属的潜在无限总量的特征做出合理的估计。取的样本越大（如我们做的复制越多），最终结果越准确。尽管 ASP 非常快，但执行许多复制需要时间（特别是对于大型模型），因此必须在评估准确性和方便性方面做出权衡。因此，对于要执行多少次复制的问题，没有简单的答案，但作为一个最低限度，应该至少执行 1,000 次复制，并且时间允许或精度要求更高时应该增加。

关于试验的最大次数

ASP 的教育版本允许每个仿真进行 10,000 次试验。商业版本没有这一限制，允许进行尽可能多的试验。

12.8.3　选择工作表所显示的内容

当 ASP 执行仿真时，它对模型产生 5,000 个复制或试验。因此，对于每个 Psi 分布和 Psi 输出单元格，ASP 将计算和存储 5,000 个值；但是，只能在特定的单元格中显示一个值。那么，这 5,000 个值中的哪一个是我们想要它显示的呢？或者，我们也许更喜欢 ASP 来显示 5,000 个值的平均值呢？这些问题的答案可通过 ASP 来分析，使用图 12.10 所示的选项对话框的"Value to Display"设置（或使用 ASP ribbon 功能区"工具"部分的"Publish"图标下的试验显示台，如图 12.9 所示）。

需要注意的是，如果选择样本均值选项，ASP 返回每个 Psi 分布单元格的样本均值，以及任何 Psi 输出单元格的计算值。计算出来的这些值可能是也可能不是 Psi 输出单元格的平均值，具体由 Psi 分布单元格和 Psi 输出单元格之间关系的本质决定。

同样需要注意的是，如果要求 ASP 显示与某一特定试验相关联的值，工作表上显示的数字表示模型的一个随机复制，它不比仿真中的任何其他复制更特别或更重要。当然，任何一个随机试验都可能无法代表工作表中单元格的典型值。正如前面提到的，我们真正感兴趣的是与输出单元格相关联的结果的分布。正如我们将看到的，ASP 提供了一种非常简洁、简单的方法来查看和回答关于电子表格模型中输出单元格的结果分布的问题。

12.8.4　运行仿真

设置好了要追踪的输出单元格和要执行的复制数量后，现在需要指示 ASP 来执行或运行仿真。这可以用三种不同的方式来完成。最直接的方法是简单地双击含有 PsiOutput() 函数的输出单元格，如本例中的单元格 G23。这会让 ASP 开始运行仿真（如果还没有运行），并显示一个对话框，其中包含这个单元格的仿真结果。另外，ASP 选项卡上的仿真下拉菜单有"交互式"和"运行一次"的选项。"运行一次"选项是指运行一个含有当前指定试验次数的仿真。最后，可以选择"交互式"选项——或者在 ASP 选项卡上单击"仿真"图标（看起来像一个灯泡）。当"仿真"图标选中（或灯泡被照亮）时，ASP 处于交互仿真模式。在这种模式下，任何时候，只要对工作簿进行更改，就需要重新计算电子表格（或通过手动按 F9 键重新计算电子表格），ASP 会对模型执行一个完整的仿真——如图 12.10 所示，在 ASP 选项对话框中会生成每个仿真的许多次试验。

因此，在交互仿真模式下，手动重新计算工作簿可能会导致你的模型被复制 5,000 次。如果这听起来像是需要大量的计算工作，那确实是。但是，如果你使用 ASP 的内部电子表格解释器（在图 12.10 中所示的 ASP 选项对话框中选择 "PSI Interpreter" 选项），那么这些试验通常会很快执行。ASP 在对给定的工作簿执行第一次仿真时，它必须解析或解释电子表格中的公式，有时需要几秒。然而，在完成这一任务后，ASP 将以惊人的速度进行未来的仿真。

12.9　数据分析

回想一下，执行仿真的目的是估计结果或最终绩效指标的各种特征，这些特征由一些或全部输入单元格的不确定性而引起。如上所述，如果简单地双击模型中的任何输出单元格（使用 PsiOutput() 函数确定），那么 ASP 会打开一个对话框，允许你以各种方式总结该单元格的输出数据。图 12.11 给出了 ASP 仿真结果对话框，该对话框由双击单元格 G23（代表总公司成本）创建，如图 12.9 所示。

12.9.1　最好情形和最坏情形

如图 12.11 所示，单元格 G23 的平均值约为 3610 万美元（在电脑上计算，产生的结果可能与这里显示的结果有所不同，这是因为可能使用的是 5,000 个不同的观察样本）。然而，决策者通常想要知道最好的情形和最坏的情形，以便了解他们可能面临的所有可能结果的范围。这些信息可以从仿真结果中获得，如图 12.11 所示的最小值和最大值。

尽管在 5,000 次复制中所观察到的平均总成本价值为 3,610 万美元，但在一次仿真时，总成本约为 2,770 万美元（代表最小或最好的情形），在另一次仿真时，总成本约为 4,370 万美元（代表最大或最坏的情形）。这些数字应该能让决策者对可能发生的成本价值范围有一个很好的了解。请注意，在复杂的模型中，当有很多不确定的自变量存在时，这些值很难单纯靠手工计算（不用仿真）得到。

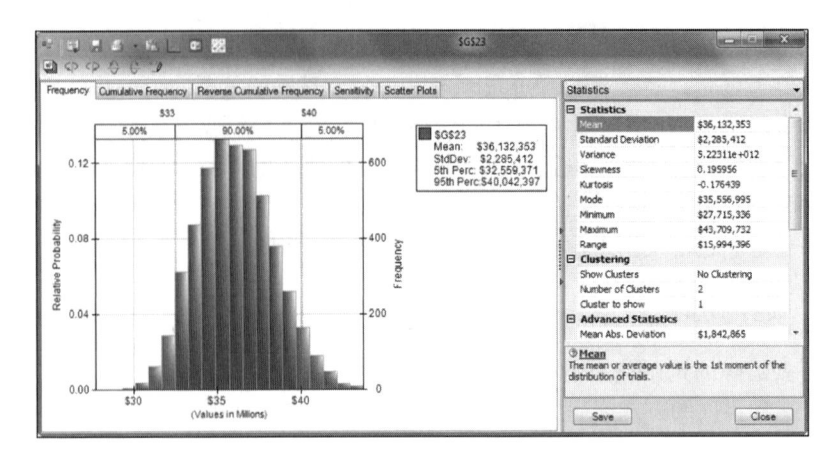

图 12.11 仿真试验的汇总直方图和统计数据

12.9.2 输出单元格的频次分布

最好和最坏情形是最极端的结果,而且不太可能发生。为了确定这些结果的可能性,需要确定最终绩效指标的概率分布形状。图 12.11 提供了一个频次分布图,总结了在仿真过程中 ASP 追踪的输出单元格的概率分布的近似形状。在这种情况下,与总成本变量相关的概率分布形状类似钟形,最大值约为 4,400 万美元,最小值约为 2,800 万美元。因此,现在对仿真中的目标之一——总成本这个最终绩效指标的概率分布形状有一个比较好的了解。

如图 12.12 所示,在频次图的顶部输入一个 95% 的似然值(输入为 95),让 ASP 确定包含 95% 的仿真结果的分界值下界和上界(也可以根据需要在图中单击并拖动这些对应的垂直线条来调整它们)。这些分界值表明,单元格 G23 中公司总成本在 3,200 万~4,100 万美元之间的概率约为 95%。

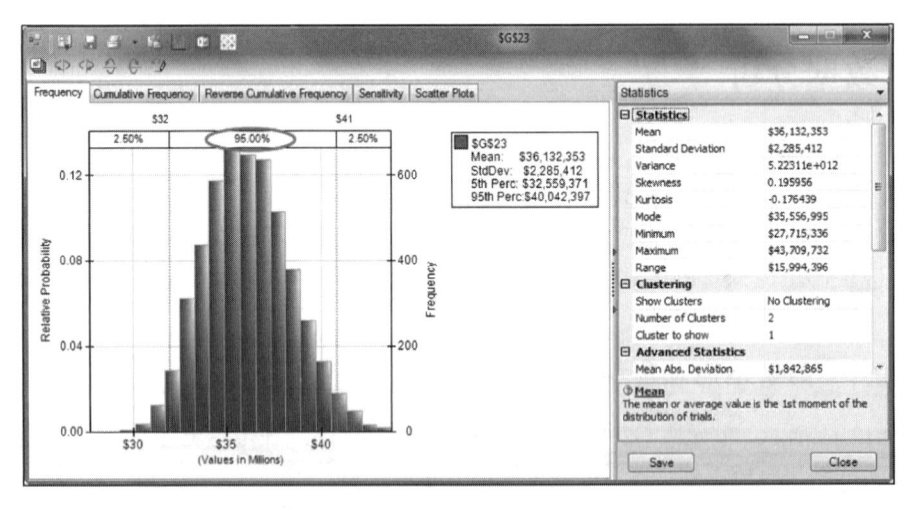

图 12.12 公司总成本抽样的频次分布

在这个例子中,单元格 G23(代表总公司成本)是我们确定的唯一输出单元格(通过 PsiOutput()函数,如 12.8.1 节所述)。然而,需要注意的是,若在仿真过程中追踪多个输出单元格(使用多个 PsiOutput()函数),则可以用类似的方式,显示其他输出单元中出现的值的汇总统计图和频次图表。

12.9.3 输出单元格的累积分布

有时，可能需要观察仿真过程中追踪某一输出单元格相关的累积概率分布图。例如，假设 Hungry Dawg 的首席财务官（CFO）想积累比应支付员工健康费用更多的钱，而不仅仅是积累足够的钱。首席财务官可能想知道公司应该积累多少资金使年底发生资金短缺的可能性只有 10%。那么，你建议公司应该累积多少钱呢？

图 12.13 给出了仿真过程中单元格 G23 中输出值的累积概率分布图。这张图可以帮助我们回答和解释上述问题。

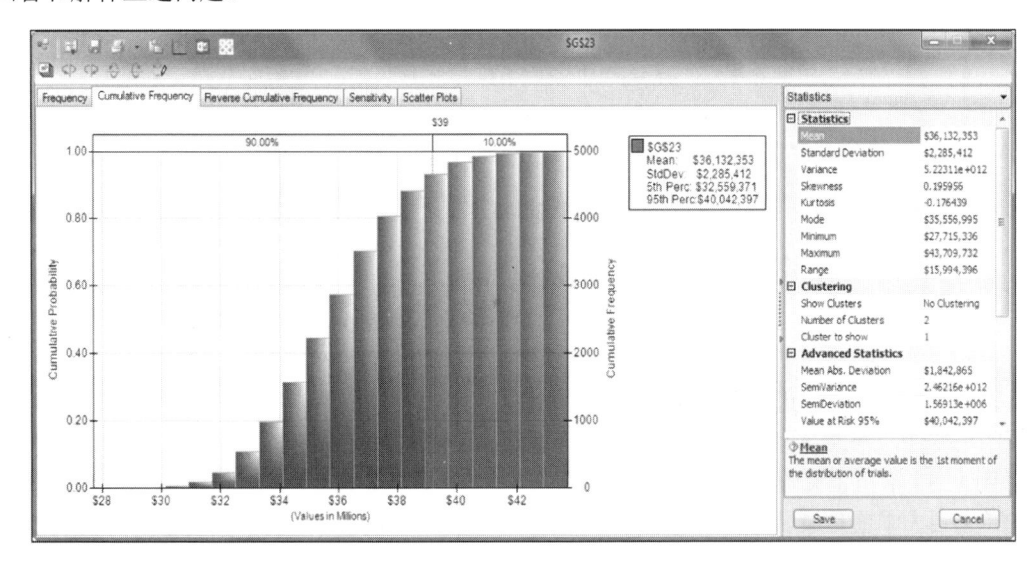

图 12.13　公司总成本的累计频次分布

这张图显示被选输出单元格的取值小于 x 轴上的每个值的概率。例如，这张图表明，输出单元格中假设某个值小于 3,400 万美元的概率约为 20%。同样，这张图表明，总成本大约有 80% 的可能性小于 3,800 万美元（或总成本超过 3,800 万美元的可能性为 20%）。因此，从这个图中，我们估计公司成本超过 3,900 万美元的概率约为 10%。

12.9.4 获得其他累积概率

还可以从图 12.14 所示的"百分位数值"窗口中信息回答 CFO 的问题。这个窗口展现了很多输出单元格 G23 的百分位数值。例如，第 75 个百分位数为输出单元格生成的值是 3,760 万美元——或者为 G23 生成的 5,000 个值中有 75%的值小于等于这个值。同样，第 90 个百分位数为输出单元格生成的值是 3,920 万美元。因此，基于这些结果，若公司积累了 3,900 万美元，则预计公司实际成本超过这个数额的可能性只有 10%。

完成这类型分析的能力突显了仿真与 ASP 的力量和价值。例如，如果使用最好情形/最坏情形分析或假设分析方法，那么我们该如何回答首席财务官"公司应该积累多少钱"的问题呢？事实是，在不使用仿真的情况下，无法准确回答这个问题。

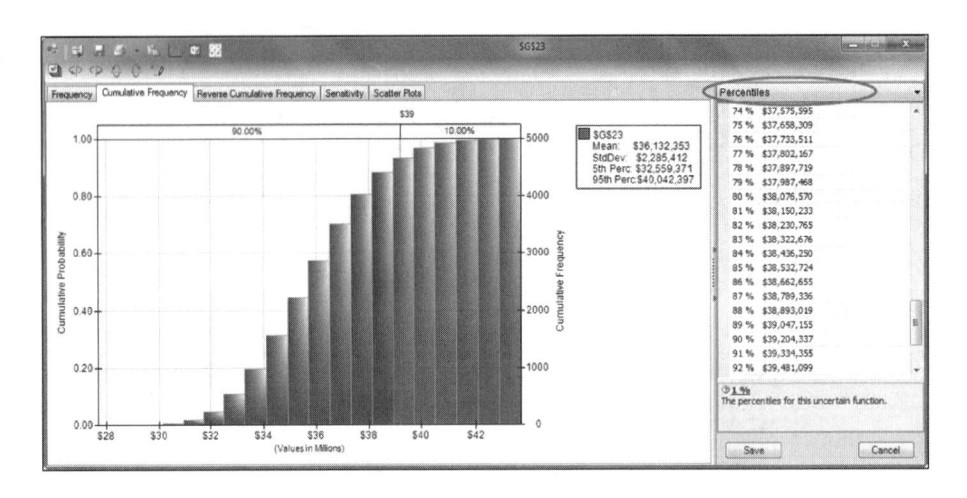

图 12.14　可能的公司总成本分布的百分位数值

12.9.5　灵敏度分析

有时，你可能对仿真输出结果对模型中各种不确定输入单元格的敏感度感兴趣。这有助于确定哪些不确定输入单元格对模型最终绩效指标最有影响。这些信息可以帮助我们努力确保对最具影响力的输入单元进行精确建模。在某些情况下，可通过采取措施降低最具影响力的输入变量的可变性，帮助管理者控制输出变量（或降低其可变性）。

图 12.15 给出了灵敏度图表如何确定和总结模型中不确定输入单元，这些单元格与 G23 生成的总公司成本值是最显著相关的（线性）。正如该图所示，每个月员工覆盖数量（在电子表格模型中 B 列）往往对公司总成本产生最大的影响。

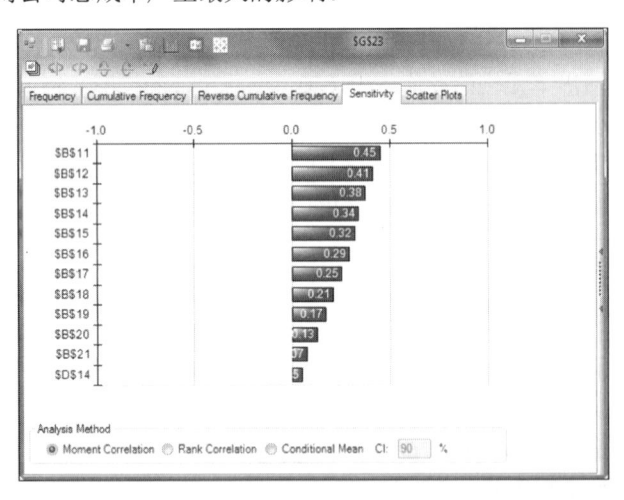

图 12.15　仿真结果的灵敏度图表

12.10　抽样的不确定性

到目前为止，我们使用仿真得到了 5,000 个最终绩效指标的观测值，并计算各种统计量来描述绩效指标的特征和行为。例如，图 12.11 表明，在给出的样本中，公司的平均成本是 36,132,353 美元，而图 12.14 给出了这个绩效指标中假设某个值小于 39,204,337 美元的可能性为 90%。但是，重复这个过程，能产生另外 5,000 个观察结果吗？新的 5,000 次观测的样本均值也正好是 36,132,353 美元吗？或者，在新样本中，刚好有 90%的观测值都小于 39,204,337 美元吗？

两个问题的答案是"可能不会"。分析中使用的 5,000 个观测值的样本来自于一个理论上样本容量无限大的总体。也就是说，如果有足够的时间，且计算机有足够的内存，那么我们可以为最终绩效指标计算出无限多个取值。从理论上讲，可以分析这些取值所在的无限大总体，以确定它的真正平均值、真实标准差，以及性能指标小于 39,204,337 美元的真实概率。遗憾的是，我们没有时间或计算资源来计算总体的真实特征（或参数）。我们能做的最好工作就是从这个总体中取样，基于这个样本，对潜在总体的真实特征进行估计。我们的估计结果会根据选择的样本和样本的大小的不同而不同。

所以，如果可以分析最终绩效指标取值所在的整个总体，那么我们选取的样本均值很可能并不等于总体的真实均值（如果可以观测到）。计算出来的样本均值仅仅是对总体真实均值的一个估计量。在示例中，我们估计输出变量有 90%的概率其假设值小于 39,204,337 美元。然而，这很可能不等于计算出的整个总体的真实概率。因此，由于我们使用一个样本来推断总体，因此仿真可导致统计估计存在一些不确定因素。幸运的是，有一些方法可以测量和描述我们对正在讨论的总体某些估计值的不确定性。这通常是通过为所估计的总体参数构造置信区间来完成的。

12.10.1 为真实总体均值构建置信区间

构建真实总体均值的置信区间是一个取样过程。如果 $\bar{y}$ 和 s 分别代表样本大小为 n 的均值和标准差，那么假设 n 足够大（$n \geq 30$），中心极限定理告诉我们，对于真实的总体均值，95%置信区间的下限和上限可表示为

$$95\%\text{的置信下限} = \bar{y} - 1.96 \times \frac{s}{\sqrt{n}}$$

$$95\%\text{的置信上限} = \bar{y} + 1.96 \times \frac{s}{\sqrt{n}}$$

尽管可以相当肯定——从样本数据中计算的样本均值不等于真实的总体均值，但有 95%的概率确信总体均值落在上面所述的下限和上限之间。要得到 90%或 99%置信区间，必须将前一个方程中的 1.96 分别改为 1.645 或 2.575。值 1.645、1.96 和 2.575 分别表示标准正态分布的 95、97.5 和 99.5 的百分位数。标准正态分布的任何百分位数都可以使用 Excel 的 NORMSINV()函数获得。

在例子中，可以很容易地计算出公司总成本的总体均值的 95%置信区间的下限和上限，如图 12.16 中的单元格 B9 和 B10 所示。

单元格 B9 的公式：　　=B4-NORMSINV(1-B7/2)*B5/SQRT(B6)

单元格 B10 的公式：　　=B4+NORMSINV(1-B7/2)*B5/SQRT(B6)

因此，可以相信，公司总成本的真实均值有 95%的可能性落在从 36,069,006 美元到 36,195,700 美元之间的某处。

请注意，图 12.16 中的单元格 B4 和 B5 显示的样本均值和标准差可以使用两个 ASP 的 Psi 统计函数直接从仿真结果中得到。

	A	B
2	**Confidence Intervals**	
4	Sample Mean	36,132,353
5	Sample Standard Deviation	2,285,412
6	Sample Size	5000
7	Significance Level	5%
9	95% LCL for the population mean	36,069,006
10	95% UCL for the population mean	36,195,700
12	Target Proportion	0.900
13	95% Lower Confidence Limit	0.892
14	95% Upper Confidence Limit	0.908

Key Cell Formulas

Cell	Formula	Copied to
B4	=PsiMean('Health Claims Model'!G23)	--
B5	=PsiStdDev('Health Claims Model'!G23)	--
B9	=B4−NORMSINV(1−B7/2)*B5/SQRT(B6)	--
B10	=B4+NORMSINV(1−B7/2)*B5/SQRT(B6)	--
B13	=B12−NORMSINV(1−B7/2)*SQRT(B12*(1−B12)/B6)	--
B14	=B12+NORMSINV(1−B7/2)*SQRT(B12*(1−B12)/B6)	--

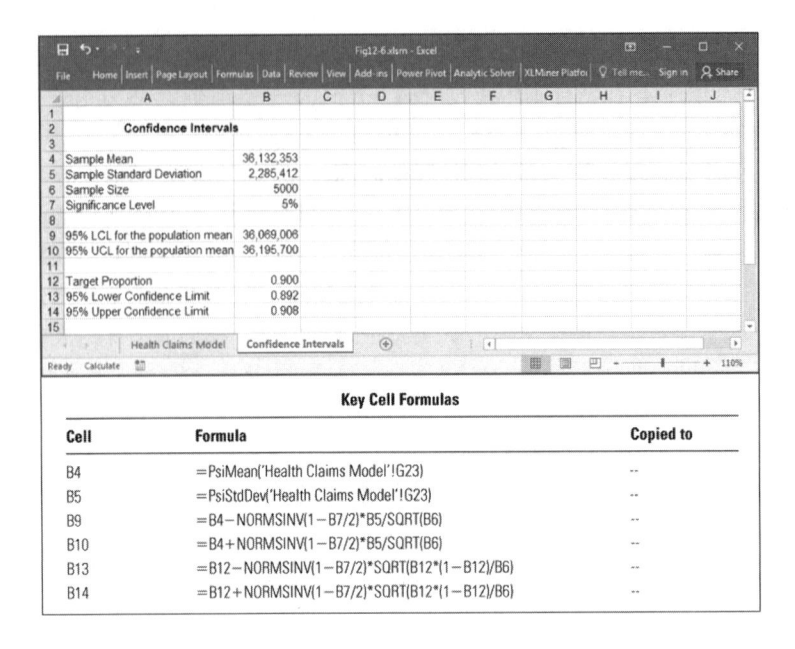

图 12.16　总体均值和比例的置信区间

单元格 B4 的公式：　　　=B12−NORMSINV(1−B7/2)*SQRT(B12*(1−B12)/B6)

单元格 B5 的公式：　　　=B12+NORMSINV(1−B7/2)*SQRT(B12*(1−B12)/B6)

这些公式分别返回 ASP 为单元格 G23 存储的 5,000 个数字的平均值和标准偏差。ASP 的 Results 下拉列表中的 Statistic、Measure 和 Range 图标提供了其他几个 Psi 函数的库，这些函数可以用类似的方法在电子表格中直接计算和报告仿真的结果。这些函数在总结仿真结果时非常有用。然而，需要格外注意的是，这些函数只能在 ASP 处于交互仿真模式时才能工作。

12.10.2　建立总体比例的置信区间

在本例中，根据 5,000 个样本观测值，估计总体中公司总成本有 90%的概率低于 39,204,337 美元。然而，如果能够评估所有总成本取值的整个总体，那么我们可能发现只有 80%的值低于 39,204,337 美元。或者，我们可能发现 99%的值都低于这个标准。如何准确确定 90%的值是非常有用的。所以，我们想构建总体的真实比例的置信区间，也就是总体低于（或高于）某个值，比如 Y_p 的空间。

为了了解这是如何做到的，令 $\bar{p}$ 表示样本容量为 n 的样本中观测值低于某个值 Y_p 的比例。假设 n 足够大（$n \geq 30$），由中心极限定理可知，低于 Y_p 的真实比例的 95%置信区间的下限和上限是

$$95\%\text{的置信下限} = \bar{p} - 1.96 \times \sqrt{\frac{\bar{p}(1-\bar{p})}{n}}$$

$$95\%\text{的置信上限} = \bar{p} + 1.96 \times \sqrt{\frac{\bar{p}(1-\bar{p})}{n}}$$

尽管我们相当肯定的是，在样本中，观测值低于 Y_p 的比例不等于总体低于 Y_p 的真实比例。但是，我们有 95%的可信度或把握知道总体低于 Y_p 的真实比例包含在上面的下限和上限之内的。同样，若要得到 90%或 99%置信区间，则必须把上式的 1.96 分别改为 1.645 或 2.575。

利用这些公式，可以为总体低于 39,204,337 美元的真实比例计算出 95%置信区间的下限和

上限。从仿真结果中知道，样本观测值有 90%小于 39,204,337 美元。因此，$\bar{p}$ 的估计值是 0.90。该值在图 12.16 的单元格 B12 中输入。在图 12.16 的 B13 和 B14 中使用下面方式，计算出总体低于 39,204,337 美元的真实比例的 95%置信区间的下限和上限：

　　单元格 B13 的公式：　　　=B12-NORMSINV(1-B7/2)*SQRT(B12*(1-B12)/B6)

　　单元格 B14 的公式：　　　=B12+NORMSINV(1-B7/2)*SQRT(B12*(1-B12)/B6)

我们有 95%的把握确定，总成本低于 39,204,337 美元的总体比例在 0.892～0.908 之间。因为这个区间在 0.90 附近是相当窄的，因此可以合理地确定，大约有 10%的概率实际成本会超过向首席财务官提出的 3,900 万美元这一数字。

12.10.3　样本容量和置信区间宽度

上一节中置信区间的计算公式取决于仿真复制的次数（n）。随着复制次数（n）的增加，置信区间的宽度减小（或变得更加精确）。因此，对于给定的置信水平（如 95%），使区间的上限和下限更紧密的唯一方法是使 n 更大——也就是说，使用一个较大的样本容量。样本容量越大，可以为总体提供越多的信息，因此，这也可让我们更精确地估计总体的参数。

12.11　交互式仿真

ASP 的惊人功能之一是它执行交互式仿真的能力。正如前面提到的，当 ASP 选项卡上的仿真图标选中（或灯泡被照亮）时，ASP 处于交互仿真模式（可以通过单击仿真图标来开启或关闭交互式仿真模式）。在交互式仿真模式下，任何时候，只要对工作簿进行更改，就需要重新计算电子表格（或通过手动按 F9 键重新计算电子表格），ASP 就会对模型进行一次完整的仿真。

要理解为什么这样，回顾一下图 12.13 和图 12.14 的结论：公司总成本大约有 90%的可能性低于 3,900 万美元——或者，相当于总公司成本超过 3,900 万美元的可能性约为 10%。现在，假设 Hungry Dawg 餐厅的高管觉得这会让公司面临太多风险。特别是，他们希望公司总成本超过 3,900 万美元的可能性只有 2%。减少公司可能产生的成本的一种方法是增加员工每月必须缴纳的金额——目前每个员工每月的员工投入是 125 美元。从本质上讲，这将把医疗保险计划的部分成本从公司转移到员工身上。但是，每个员工每个月的员工投入数额应该增加多少，才能使公司的负债超过 3,900 万美元的可能性只有 2%呢？

可以在交互式仿真模式下使用 ASP 轻松回答这个问题，如图 12.17 所示（本书的配套文件 Fig12-17.xlsm）。在交互仿真模式下（即当仿真图标被照亮时），如果改变每月每个员工的员工投入（在单元格 D7 中），那么 ASP 会立即执行 5,000 次模型的复制，并在频次图中总结结果。因此，分析师很快可以看到，公司对其员工的医疗保险覆盖金额的变化影响公司承担的成本分配。在这种情况下，我们可以很快确定，如果员工每月支付 132 美元的医疗保险，那么公司的负债将过 3,900 万美元的可能性只有 2%。

在图 12.17 中，还注意到在单元格 G27 中使用 PsiTarget()函数，该函数计算公司总成本（在 G23 中）超过 39 亿美元（在 G25 中）的概率。

　　单元格 G27 的公式：　　　=1-PsiTarget(G23,G25)

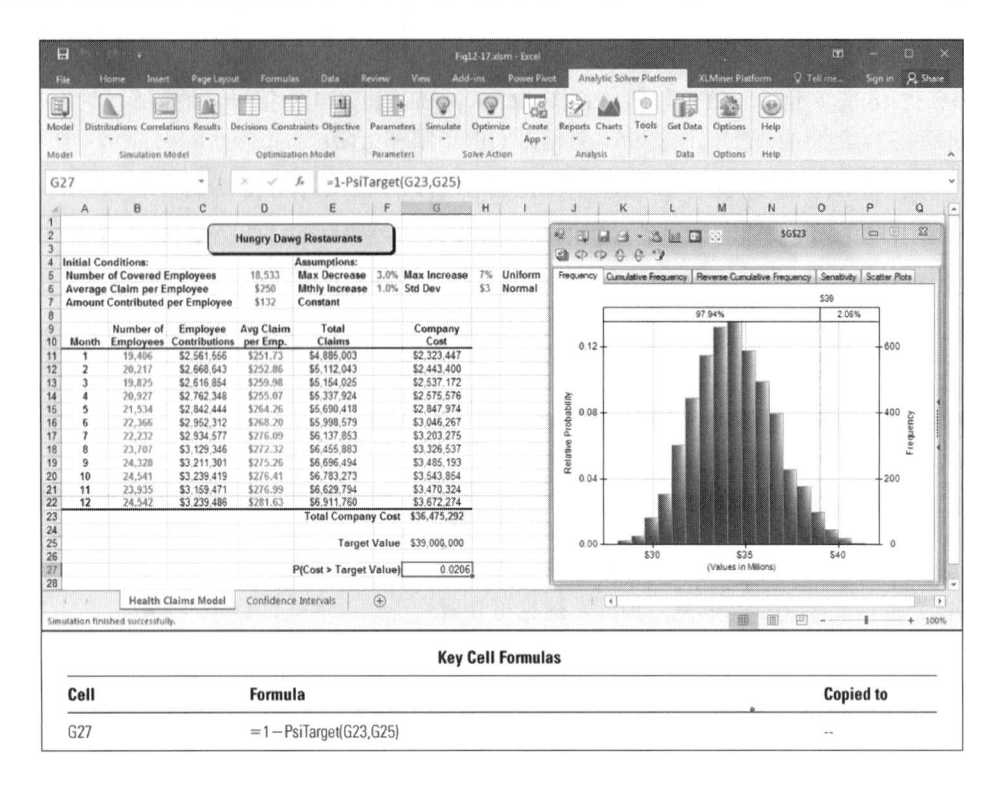

图 12.17 使用交互式仿真

一般来说，PsiTarget(cell, target value)返回指定分布或输出单元小于或等于给定**目标值**的累积概率。在图 12.17 所示的情形中，公司总成本低于 3,900 万美元的可能性为 97.94%。所以公司总成本超过 3,900 万美元的概率是 1-0.9794=0.0206。

PsiTarget( )函数

函数 PsiTarget(cell，target value)返回指定分布或输出单元小于或等于给定目标值的累积概率。这个函数在计算与仿真结果相关的各种概率时非常有用。

12.12 仿真的益处

通过仿真我们得到了什么呢？是否真的比使用图 12.2 中提出的初始模型得到的结果更好呢？图 12.2 中预期总成本的估计值与通过仿真获得的估计值相当（尽管并非总是如此）。但请记住，建模的目标是让我们对问题有更深入的理解，从而帮助我们做出更明智的决定。

仿真结果让我们对问题有更好的洞见，特别是，对公司的最好/最坏的总成本结果有了一些了解。我们对可能结果的分布和可变性有更好的了解，并对分布的均值位于什么位置有更精确的认识。现在也有一种方法来确定实际结果超过或低于某个值的可能性。因此，除了对这个问题的更深刻的理解和洞见，还有真实的经验证据（事实和数据）来支持我们的建议。

> **在个人理财计划中应用仿真**
>
> 《华尔街日报》的一篇有先见之明的文章，强调了仿真对个人金融投资评估风险的重要性。尽管任何计划都比什么都不做要好，但文章指出，传统的电子表格模型给出的答案会产生一种错觉，即数字就是肯定的。然而实际上并非如此。这导致许多人在不知不觉中承担了比他们意识到的更多风险。因此，大多数理财计划公司现在都在使用仿真来帮助退休人员理解他们收入中多少用于理财，就不需要动用他们的固定资产或耗尽他们想留给继承人的资金。面对诸多不同投资，其收益增长的不同带给我们的困扰，仿真中的数据计算可能会让我们平静下来。使用仿真，理财顾问可能会确定客户的钱能够花到 110 岁的概率是 95%。这样的信息可以减轻很多压力，让客户决定什么时候退休。从财务的角度来看，这是一个更容易的决定。
>
> 改编自："Monte Carlo Financial Simulator May Be A Good Bet for Planning," *Wall Street Journal*, Section C1, April 27, 2000 by Karen Hube.

12.13 仿真的其他应用

早些时候我们指出，仿真是一种描述最终绩效指标行为或特征的技术。接下来的几个例子展示了绩效指标作为一个有用的工具如何帮助管理者确定决策问题中一个或多个可控参数的最优值。这些例子进一步补充了仿真的使用方法，并演示了 ASP 的一些其他功能。

12.14 预订管理示例

可以为客户提供预订服务的企业（如航空公司、酒店和汽车租赁公司）都知道，有一定比例的预订未被最终使用，这会给这些公司带来难题。如果他们只接受一些客户的预订，这些客户实际已经是他们的老客户了，那么当一些有预订客户不能按约到达时，公司的部分资产将不会被充分利用。另一方面，如果他们超额预订（或接受了更多的预订，超出了他们的处理能力），那么有时到达的客户比实际能接受服务的客户更多。这通常会给公司带来额外的财务成本，而且往往会给未被满足服务的客户产生不良印象。下面的例子说明了如何使用仿真来帮助公司确定要接受预订的最佳数量。

Marty Ford 是 Piedmont Commuter 航空公司（PCA）的运营分析师。最近，Marty 需要对 PCA343 航班该预订多少预订座位提出建议。这架飞机从新英格兰的一个小型区域机场飞往波士顿洛根机场的一个主要枢纽机场。343 航班用的飞机是一个具有小型双引擎涡轮螺旋桨飞机，有 19 个乘客座位。PCA 以每座位 150 美元的价格出售 343 航班座位，且不可退票。

行业统计数据显示，每卖出一张航班的往返票，机票持有者就有 0.10 的概率未乘坐此飞机。因此，如果 PCA 为这架飞机卖了 19 张票，那么很有可能在飞机上的一个座位将是空的。当然，空座位代表公司的潜在损失。另一方面，如果 PCA 超额订出了这个航班，并且有超过 19 名乘客出现，那么其中一些将不得不乘坐更晚的航班。

为了给乘客弥补被"挤出"带来的不便，PCA 给这些乘客提供了免费用餐的优惠券，以后可以免费乘坐飞机一次，有时还会付钱让他在机场附近的酒店过夜。PCA 平均为每一位被"挤出"的乘客支付 325 美元（包括商誉损失成本）。Marty 想要确定的是，PCA 是否可以通过超额预订机票来增加利润,如果是,那么应该接受多少预订才能产生最大的平均利润。为了协助分析,Marty 分析了这次飞行的市场研究数据,给出这一航班的需求概率分布如下:

座位需求	14	15	16	17	18	19	20	21	22	23	24	25
概率	0.03	0.05	0.07	0.09	0.11	0.15	0.18	0.14	0.08	0.05	0.03	0.02

12.14.1 建立模型

这个问题的电子表格模型如图 12.18 所示(本书的配套文件 Fig12-18.xlsm)。电子表格首先列出了问题的相关数据,包括飞机上可用的座位数量、每个座位的价格、乘客未出现的可能性(乘客没有及时到达机场)、需要乘坐下一班的乘客的费用,以及被接受的预订数量。

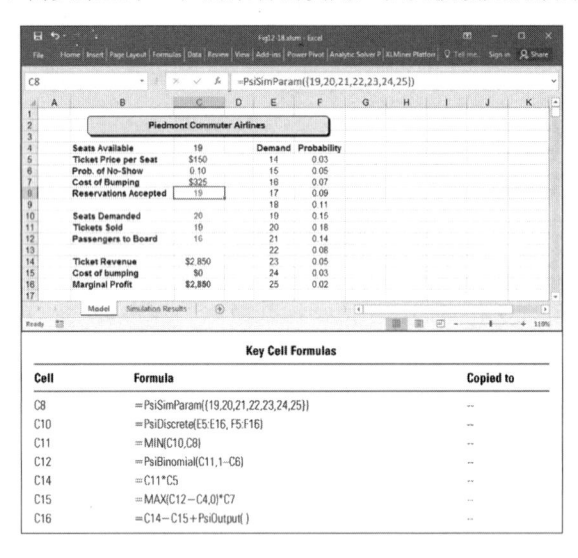

图 12.18 超额预订问题的电子表格模型

对航班座位需求的概率分布在 E 列和 F 列中。使用这些数据,在单元格 C10 中随机生成特定航班所需的座位数量如下:

单元格 C10 的公式:　　=PsiDiscrete(E5:E16,F5:F16)

航班的实际售票数量不能超过公司愿意接受的预订数量。因此,出售的机票数量是按单元格 C11 中的公式计算的:

单元格 C11 的公式:　　=MIN(C10,C8)

因为每位购票乘客都有 0.10 的可能性没有出现,所以有 0.9 的概率购票乘客都能及时到达并登机。在单元格 C12 中使用了 PsiBinomial() 函数(在图 12.3 中已描述),对航班乘客的数量进行建模:

单元格 C12 的公式:　　=PsiBinomial(C11,1−C6)

单元格 C14 是根据每个航班的机票数量确定的 PCA 获得的收入。这个单元格的公式是

单元格 C14 的公式:　　=C11*C5

单元格 C15 计算出当乘客必须被挤出时 PCA 所产生的费用(如当想要登机的乘客人数超

过了可用座位的数量时)。

单元格 C15 的公式：　　　=MAX(C12-C4,0)*C7

最后，单元格计算 C16 每个航班的边际利润。这也是在仿真这个模型时要追踪的输出单元。

单元格 C16 的公式：　　　=C14-C15+PsiOutput()

12.14.2　多重仿真的细节

Marty 想要确定可接受的预订数量，平均来说，这将带来最高的边际利润。要做到这一点，他需要使用 PsiSimParam() 函数来仿真——若接受 19、20、21、22、23、24 和 25 个预订则将会发生什么。单元格 C8 包含以下公式：

单元格 C8 的公式：　　　=PsiSimParam(19，20，21，22，23，24，25)

这个公式及图 12.19 中 ASP 选项对话框中所示的"Simulations to Run"设置，指示 ASP 在单元格 C8 中使用 7 个不同的值，并仿真每个值将出现的结果。

当比较一个或多个决策变量的不同取值时，最好在仿真中使用完全相同的随机数序列来评估每个可能的取值。通过这种方式，两个可能解决方案的性能的任何差异都可以归因于决策变量的值，而不是某个仿真更有利的随机数字集合的结果。图 12.19 中 ASP 的"Sim. Random Seed"选项控制了这种行为。在默认情况下，当使用 PsiSimParam() 函数执行多重仿真时，ASP 将使用随机选择的种子值来初始化它的 RNG。另一种方法是，重写 ASP 的默认行为，并指示它使用在执行多重仿真时指定的种子值。选择自己的种子可以让你在需要时再次重复同样的仿真。

值得注意的是，图 12.19 中所示的"Sampling Method"选项也会对仿真运行结果的准确性产生影响。利用"Monte Carlo"选项，ASP 可以自由地在模型的每次复制过程中为特定的 RNG 选择任何值。例如，ASP 可能会反复地从正态分布的上尾产生几个非常极端（且罕见）的值。"Latin Hypercube"选项防止这种情况发生，通过确保每个 RNG 的整个分布能生成一些具有显著代表性的值来实现。正如你可能想到的，在模型的每次复制过程中，Latin Hypercube 采样选项需要做较多的工作，但是它倾向于在较少次数的试验中产生较精确的仿真结果。有关其可支持的抽样方法的其他信息，请参考 ASP 的用户手册。

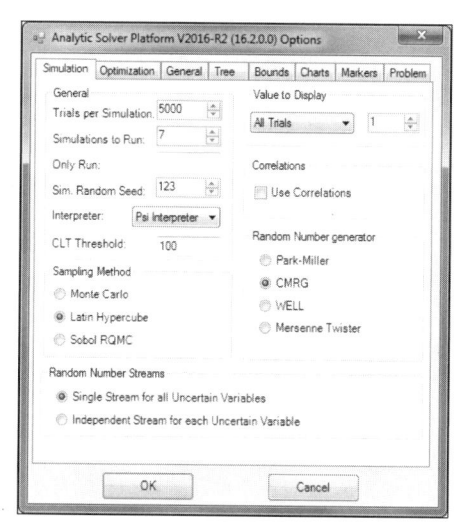

图 12.19　超额预订问题的 ASP 选项

12.14.3 运行仿真

在图 12.18 中，单元格 C16（代表边际利润）的公式中包含了 PsiOutput()函数，以表明它是希望 ASP 追踪的输出单元。在图 12.19 中，指出 ASP 应该执行 7 个仿真（每个对应于单元格 C8 中的 PsiSimParam()函数所表示的 19~25 中的一个值），并为 C8 的每一个可能取值（包括模型的 35,000 次复制）运行一个由 5,000 个复制组成的仿真。

12.14.4 数据分析

ASP 提供了许多方法来查看 7 个仿真的结果。若双击单元格 C16（其中包括 PsiOutput()函数），则可以查看 7 个仿真中的每一个的边际利润结果。图 12.20 给出了 ASP 如何查看统计数据和累积频次图表，它们与 7 个仿真中的任何一个是相关联的。

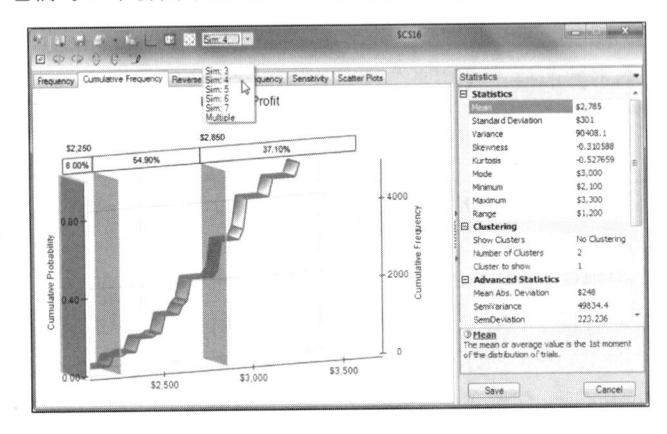

图 12.20　查看每个仿真的统计结果

通过图 12.20 中显示的下拉列表中选择多个选项，还可以同时绘制与 7 个仿真相关联的边际利润值的累积频次分布，如图 12.21 所示。

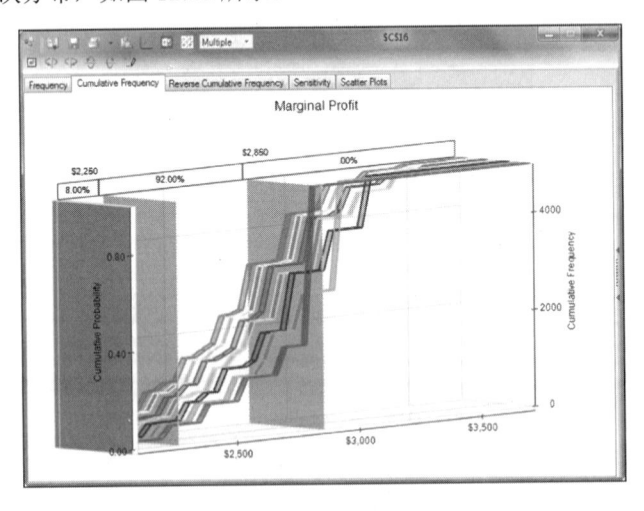

图 12.21　查看每个仿真的累积频次分布

当然，也可以使用 Psi 统计函数直接在工作表中创建仿真结果的自定义摘要（见图 12.22）。在多重仿真的情况下，注意每个 Psi 统计函数的最后一个参数表明该函数适用于哪一组仿真数据。例如，公式=PsiMean(Model!C16,1)将从仿真 1 中返回平均边际利润(其中 19 个预订被接受)，

而 = PsiMean(Model!C16,5) 将从仿真 5 中返回平均边际利润（其中 23 个预订被接受）。图 12.22 中的数据清楚地表明，如果 PCA 想要最大化其预期（或平均）边际利润，那么它应该接受每架航班 21 个座位预订。接受超过 21 个预订可以在某些航班上获得更高的利润，但是平均来说（在更多的航班上），如果模型假设是正确的，接受超过 21 个座位预订将会给公司带来更少的利润。

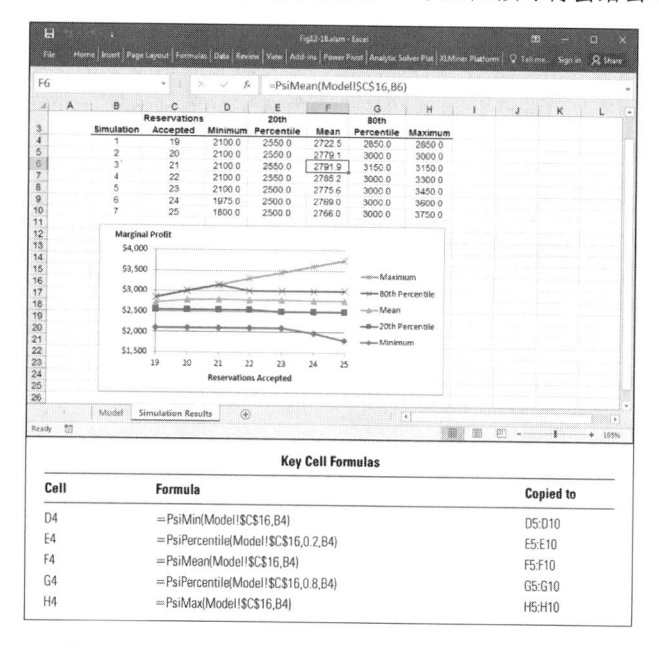

图 12.22　七个仿真结果的汇总

12.15　库存控制举例

据《华尔街日报》报道，美国企业最近的总库存价值为 8,847.7 亿美元。大量的资金被套牢在库存中，因此企业面临着许多有关这些资产管理的重要决策。经常被问到关于库存的问题：

- 对于企业来说，库存的最优水平是什么？
- 什么时候应该重新订购（或生产）货物？
- 应该持有多少安全库存？

对库存控制原则的研究分为两个不同的领域——一个假设需求是已知的（或确定性的），另一个假设需求是随机的（或随机的）。若需求已知，则可以推导出各种公式，为前面的问题提供答案（在第 8 章讨论的 EOQ 模型中给出了一个这样公式的例子）。然而，当产品的需求是不确定的或随机的时，对之前问题的回答不能用一个简单的公式来表达。在这些情况下，仿真技术被证明是一个有用的工具，如下面的例子。

Laura Tanner 是位于得克萨斯州奥斯特的一家零售电脑商店 Millennium Computer Corporation（MCC）的老板。在价格和服务方面，零售电脑销售的竞争非常激烈。Laura 担心的是一种流行的电脑显示器出现缺货。缺货对企业来说代价很大，因为当顾客不能在 MCC 购买这一商品时，他们只能从竞争者的商店购买它，而 MCC 则损失了这个订单（没有缺货订单）。Laura 从服务水平的角度衡量缺货对其业务的影响，或者库存可以满足总需求的百分比。

Laura 一直遵循这样的策略——只要每日期末库存水平（即期在手末库存加上未交货订

单）低于 28 个单位的再订货点，就订购 50 台显示器。Laura 在第二天一上班就订货。例如，若第 2 天期末库存状况小于 28，则 Laura 在第 3 天早上就下订单。如果订货和交货之间的实际消耗时间，即滞后时间是 4 天，那么订单将在第 7 天一上班到货。订单是在一天开始时交付的，因此可以用来满足当天的需求。目前的库存水平是 50 个单位，没有需要交货的订单。

MCC 平均每天销售 6 台显示器。然而，每天的实际销售数量可能会变动。通过回顾过去几个月的销售记录，Laura 认为这种显示器的日常实际需求是一个随机变量，可以用下面的概率分布来描述：

需求单位	0	1	2	3	4	5	6	7	8	9	10
概率	0.01	0.02	0.04	0.06	0.09	0.14	0.18	0.22	0.16	0.06	0.02

这种电脑显示器的制造商位于加利福尼亚。尽管 MCC 平均需要 4 天的时间才能收到这家公司的订单交付，但 Laura 还是确定显示器的交货时间为一个随机变量，其概率分布如下：

滞后时间（天）	3	4	5
概率	0.2	0.06	0.2

防止缺货和提高服务水平的一种方法是增加商品的再订货点，这样就可以有更多的在手库存来满足交货滞后期内的需求。然而，库存持有成本与保持更多在手库存有关。Laura 想要评估她目前的订购政策，并确定是否有可能提高服务水平，同时不增加手头的平均库存数量。

12.15.1 创建 RNG

为了求解这个问题，需要建立一个模型来表示每个月（平均 30 天）内计算机显示器的库存。这个模型必须考虑到可能发生的随机日常需求，以及下订单后的随机滞后交货时间。首先考虑如何创建 RNG 来仿真日常需求和订单滞后交货期。这些变量的数据输入电子表格中，如图 12.23 所示（本书的配套文件 Fig12-23.xlsm）。

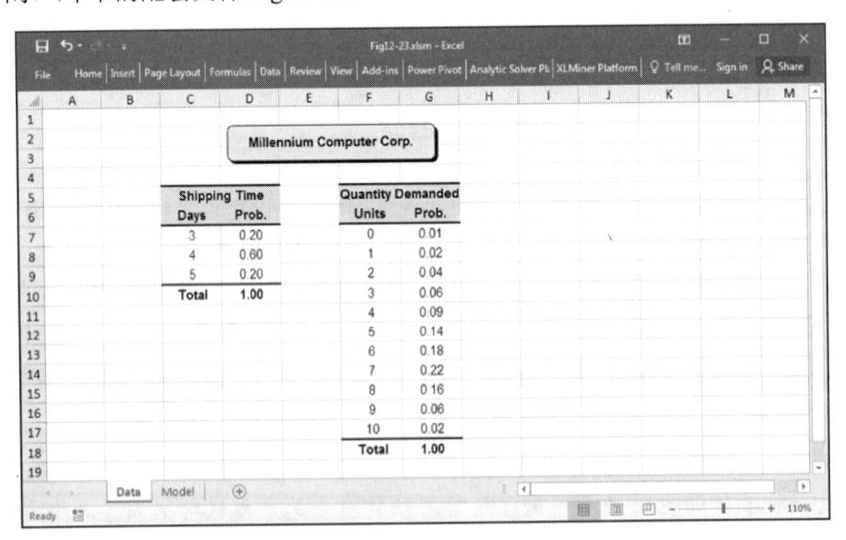

图 12.23　MCC 的库存问题的 RNG 数据

订单交货期和每日需求变量都是普通的离散随机变量，因为它们假设的可能结果只包含整数，而与每个结果相关联的概率不相等（或不一致）。因此，使用图 12.3 中描述的 PsiDiscrete() 函数，每个变量的 RHG 是：

订单滞后时间 RNG： =PsiDiscrete(Data!$C$7:$C$9,Data!$D$7:$D$9)

每日需求 RNG： =PsiDiscrete(Data!$F$7:$F$17,Data!$G$7:$G$17)

12.15.2 建立模型

既然已经有了生成这个问题所需随机数的方法，就可以考虑如何构建模型了。图 12.24 显示的是 30 天库存活动的模型。请注意，单元格 M5 和 M6 分别代表模型的再订货点和订单数量。

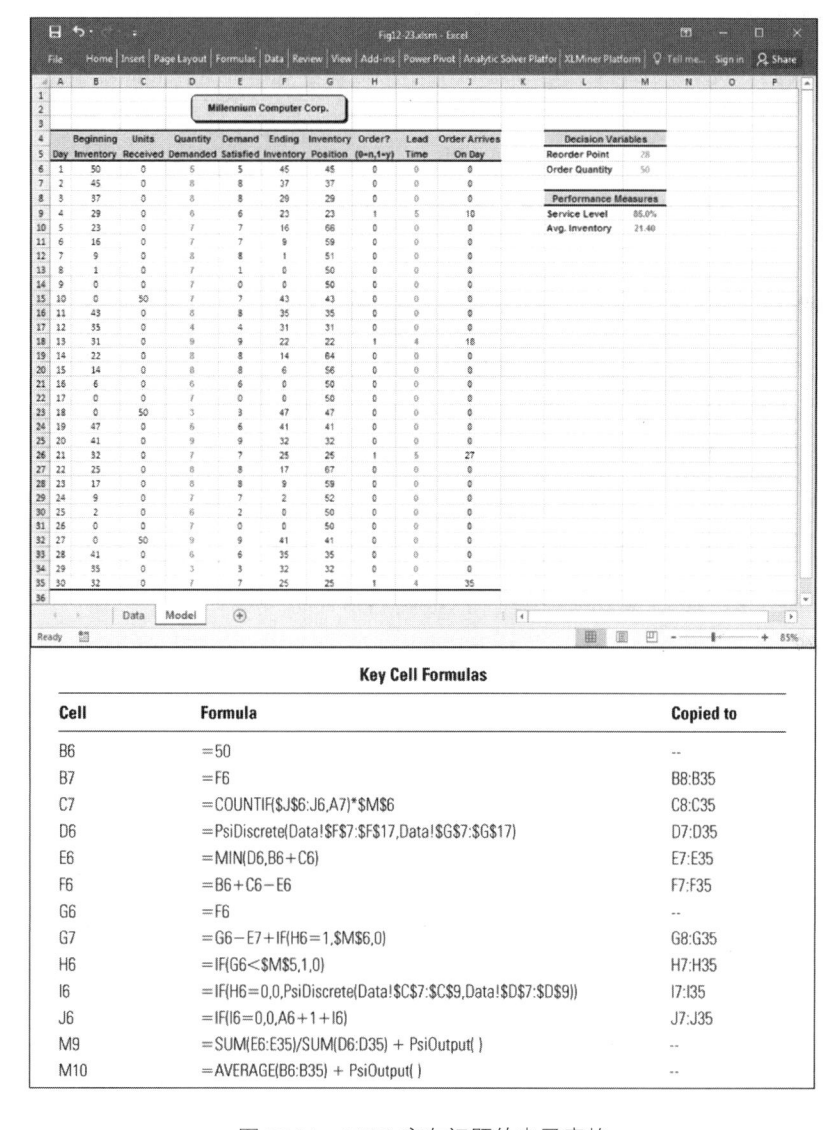

图 12.24 MCC 库存问题的电子表格

图 12.24 中每天开始时的库存通过 B 列计算。每天开始时，库存只是前一天的期末库存。B 列的公式是：

单元格 B6 的公式： =50

单元格 B7 的公式： =F6

（复制到单元格 B8 到 B35 中）

C 列表示每天计划接收的数量。在讨论 H、I 和 J 列后，我们将讨论 C 列中的公式，它们和订货量、订货滞后时间有关。

在 D 列中，使用前面描述过的技术来生成随机的日常需求，如下所述：

单元格 D6 公式： =PsiDiscrete(Data!$F$7:$F$17,Data!$G$7:$G$17)

（复制到单元格 D7 到 D35 中）

因为需求可能超过现有供给量，所以 E 列表示每天可满足的需求。如果开始的库存（在 B 列中）加上接收的订货量（在列 C 中）大于或等于实际需求，那么所有的需求都可以得到满足；否则，MCC 只能有多少出售多少。这个条件可用如下模型表示：

单元格 E6 的公式： =MIN(D6,B6+C6)

（复制到单元格 E7 到 E35 中）

F 列中的值表示每天期末的在手库存，并计算为

单元格 F6 公式： =B6+C6-E6

（复制到单元格 F7 到 F35 中）

为了确定是否下订单，首先计算当前库存位置——先前将其定义为期末库存加上任何未交货订单。这是在 G 列中建立的：

单元格 G6 的公式： =F6

单元格 G7 的公式： =G6-E7+IF(H6=1,$M$6,0)

（复制到单元格 G8 到 G35 中）

H 列表示根据库存水平和订货点，是否需要订货，如：

单元格 H6 的公式： =IF(G6<$M$5,1,0)

（复制到单元格 H7 到 H35 中）

如果下了一个订单，我们必须生成接收订单所需的随机滞后时间。这是在 I 列中完成的：

单元格 I6 中的公式： =IF(H6=0,0,PsiDiscrete(Data!$C$7:$C$9, Data!$D$7:$D$9))

（复制到单元格 I7 到 I35 中）

若没有下单（即 H6=0），则这个公式返回值为 0；否则，返回一个随机滞后时间的值（即 H6=1）。

如果下了一个订单，那么 J 列表示将根据其在 I 列中的随机滞后时间来显示收到订货的日期，如下所示：

单元格 J6 的公式： =IF(I6=0,0,A6+1+I6)

（复制到单元格 J7 到 J35 中）

C 列中的值与 J 列中的值是相对应的。J 列中的非零值表示将接收订单的日期。例如，单元格 J9 表示订单将在第 10 天收到一批货。单元格 C15 中的 50 表示的是实际收到的订货数量，

这就是第 10 天开始时收到的订货量。单元格 C15 的公式是：

单元格 C15 的公式： =COUNTIF($J$6:J14,A15)*$M$6

上式计算出单元格 A15（代表第 10 天）中值出现的次数，作为预计接受订单的日期，其值在第 1 天到第 9 天之间（在 J 列中）。这说明预定在第 10 天收到的订货数量。然后把它乘以订购量（50）——在单元格 M6 中给出了第 10 天要接收的总订购量。因此，C 列中的值按如下计算生成：

单元格 C6 的公式： =0

单元格 C7 的公式： =COUNTIF($J$6:J6,A7)*$M$6

（复制到单元格 C8 到 C35 中）

使用 D 列和 E 列中的值，在单元格 M9 中计算该模型的服务水平：

单元格 M9 的公式： =SUM(E6:E35)/SUM(D6:D35)+PsiOutput()

同样，服务水平表示库存能满足部分需求占总需求的比例，也是我们仿真这个库存系统时希望 ASP 追踪的输出单元之一。单元格 M9 中的值表明，在如图所示的情境下，总需求的 85.0% 得到了满足。

平均库存水平也是我们希望 ASP 能够追踪的一个输出。它是通过对 B 列中值求平均值来计算的，并在单元格 M10 中计算，公式如下：

单元格 M10 的公式： =AVERAGE(B6:B35)+PsiOutput()

12.15.3 复制模型

图 12.24 中的模型给出另一种可能发生的情景——Laura 把 28 个单位的计算机监视器作为再订货点。图 12.25 和图 12.26（分别双击单元格 M9 和 M10 生成）给出了使用 ASP 复制该模型 5,000 次的结果，把服务水平的值（单元格 M9）和平均库存（单元格 M10）作为输出单元进行追踪。

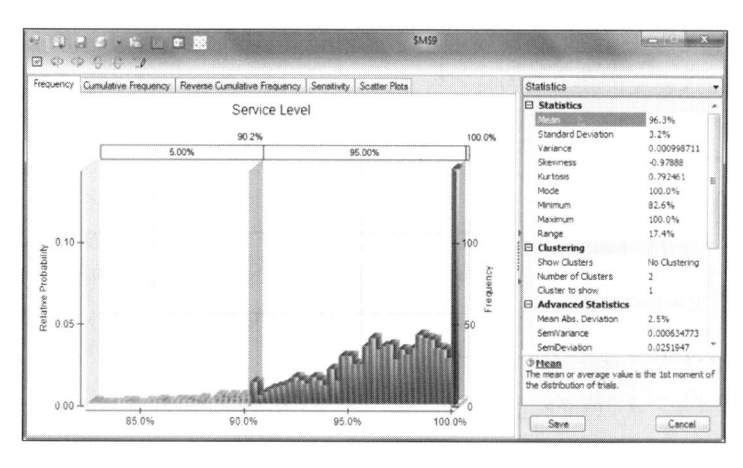

图 12.25　MCC 模型复制 5,000 次的服务水平结果

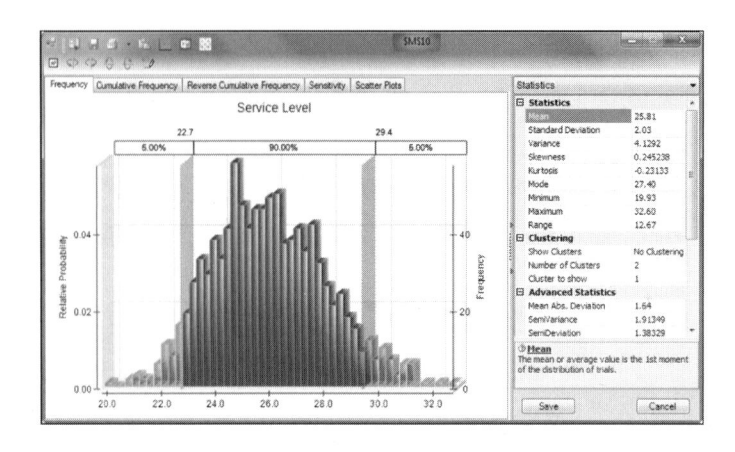

图 12.26　MCC 模型复制 5,000 次的库存结果

图 12.25 和图 12.26 表明，MCC 目前的再订货点（28 个单位）和订单数量（50 个单位）使得公司的平均服务水平约为 96%（最小值约为 83%，最大值为 100%），平均库存水平几乎接近 26 台显示器（最小值为 20 左右，最大值为 33）。

12.15.4　优化模型

现在假设 Laura 想要确定一个再订货点和订单数量，使平均服务水平为 98%，同时保持平均库存水平尽可能地低。一种实现方法是在不同的再订货点和库存水平组合下运行仿真，试着找到符合目标的组合。然而，可以想象这可能是非常耗时的。幸运的是，ASP 可以解决这类问题。

ASP 允许我们最大化或最小化工作表中与目标值或目标单元相关联的值，通过改变其他单元（可控制决策变量）的值来实现，这些决策变量要满足各种约束。然而，因为工作表的不同单元中包含 RNG，ASP 必须就它考虑的每一个解进行模型仿真（或运行多个复制），以评估特定解的行为或质量。尽管这需要密集的计算，但 ASP 的交互仿真能力可以很快完成这些计算。

当尝试优化一个仿真模型（也称仿真优化）时，我们通常希望最大化或最小化代表变量或最终绩效指标的单元格（或其他统计描述）的平均值。同理，这是因为在仿真模型中没有一个明确的或确定的结果会与仿真模型的特定解相关联；相反，是可能结果的一个分布。类似地，约束通常表示为所讨论问题约束单元中的一些统计量（如平均数、百分比、标准偏差）。因此，在仿真优化中，目标是自动确定一个解（决策变量的值），它会让一个包含随机性（或不确定性）的模型以最易接受的方式运行。

图 12.27（本书的配套文件 Fig12-27.xlsm）给出了电子表格是如何被改变以找到 MCC 库存问题的最优解的。回想一下，Laura 想要确定再订货点和订货数量，以使平均库存水平尽可能的低，同时使平均服务水平达到 98%。为了实现这一点，在单元格 M13 和 M14 中添加计算公式，分别计算整个仿真的平均服务水平和平均库存水平：

单元格 M13 的公式：　　=PsiMean(M9)

单元格 M14 的公式：　　=PsiMean(M10)

让我们花点时间来确保你理解单元格 M9 和 M13 中值之间的差异，以及单元格 M10 和 M14 之间的差异。在图 12.27 中，单元格 M9 和 M10 分别给出了工作表中显示模型的单次复制的服务水平和平均库存。然而，由于这些单元中的每一个都充当仿真的输出单元（通过图 12.24 中公式定义中显示的 PsiOutput()函数），在一次仿真运行后（或在交互仿真模式下），实际上要为单元格 M9 和 M10 保存了 5,000 个值。因此，单元格 M13 和 M14 中的 PsiMean()函数分别计算与单元格 M9 和 M10 相关的 5,000 个试验值的平均值（如果没有运行仿真，单元格 M13 和 M14 中的 PsiMean()函数返回值"#N/A"）。从优化的角度来看，单元格 M13 和 M14 中的值是值得关注的，因为 Laura 对整个 5,000 个试验仿真的平均服务水平和平均库存水平感兴趣——而不是任何一个特定试验的平均服务水平和平均库存水平（在这一段中提出的要点是理解仿真优化的关键，所以在继续下面的内容之前一定要理解这一点）。

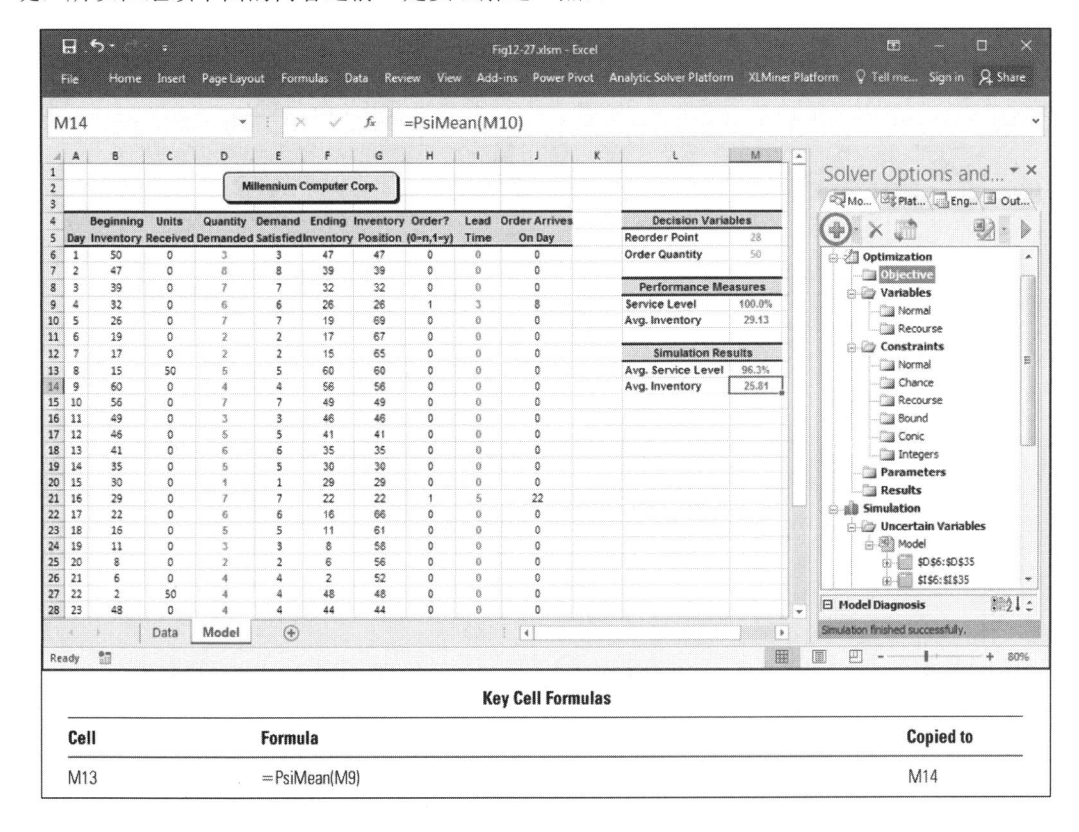

图 12.27　MCC 库存问题的修订电子表格

单击 ASP 上的"Model"图标就会出现 ASP 任务窗格，如图 12.27 所示。这个窗格提供了一种优化和仿真的集成方法。请注意，这个窗格的"仿真"部分汇总了 ASP 在这个电子表格中解释模型的所有内容：单元格 D6 到 D35、单元格 I6 到 I35 是不确定（或随机的）变量，单元格 M9 和 M10 是不确定函数（输出），单元格 M13 和 M14 是统计函数（关于仿真的计算描述性统计）（注意，在图 12.27 的单元格 F6 到 F35 中我们也确定了期末库存，而 PsiOutput()单元格用以方便创建趋势图，接下来很快会介绍到这部分）。

任务窗格的"优化"（Optimization）部分允许我们指定模型的目标、变量和约束。在这个例子中，我们希望通过改变单元格 M5 中的再订货点的值和单元格 M6 中的订购数量（决策变量）来让 ASP 最小化仿真中的平均库存（在单元格 M14 中），同时保持仿真的平均服务水平（在单元格 M13 中）达到或超过 98%。

为了明确这个问题的目标，请遵循以下步骤：

（1）选择单元格 M14（表示仿真的平均库存）。

（2）在 ASP 任务窗格中选择"目标"（Objective）。

（3）单击绿色加号（"+"）符号（图 12.27 中以蓝色圆圈表示）。

这些步骤的结果如图 12.28 所示。注意，在添加目标后，ASP 窗格的底部给出了与需要的操作相关联的各种选项，我们可以指示其将目标最小化。

接下来，指定变量（或可调节的）单元格，用以表示关于再订货点和订单数量的决策。要做到这一点，请遵循以下步骤：

（1）选择单元格 M5 和 M6（分别表示再订货点和订货数量）。
（2）在 ASP 任务窗格中选择"变量"（Variables）。
（3）单击绿色加号（"+"）符号。

上述步骤的结果如图 12.29 所示。请注意，其他变量（当需要时）以一种简单的方式添加。在添加了变量后，ASP 任务窗格的底部给出了与所选变量相关联的各种选项。

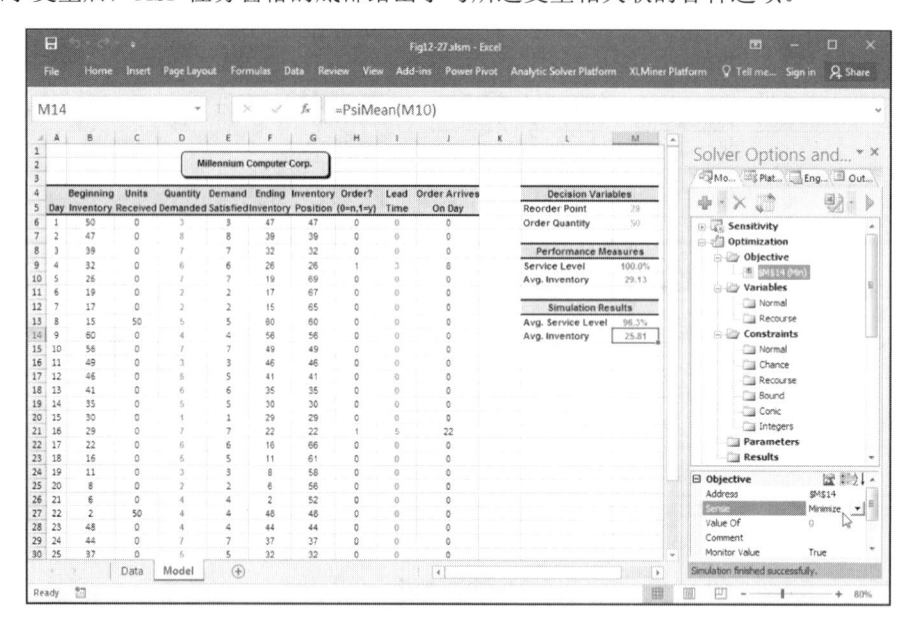

图 12.28　定义优化模型的目标

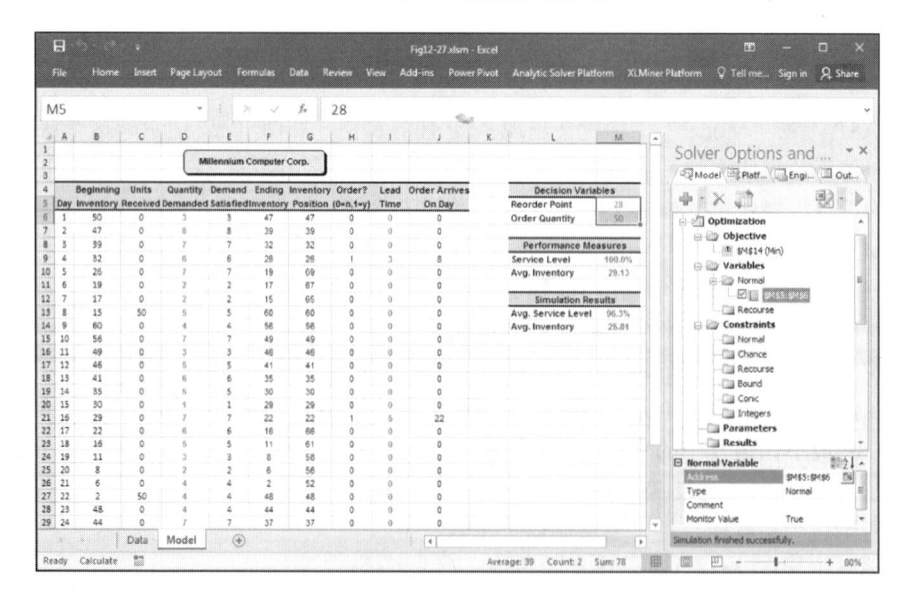

图 12.29　定义优化模型的决策变量

接下来，我们需要指定该问题的所有约束。其中一个约束关系到 Laura 想要达到至少 98% 的平均服务水平的愿望。要做到这一点，请遵循以下步骤：

（1）选择单元格 M13（表示仿真的平均服务水平）。
（2）在 ASP 任务窗格中选择"约束"（Constraints）。
（3）单击绿色加号（"+"）符号。

在图 12.30 中显示的对话框中，我们可以指出单元格 M13 必须大于或等于 98%（或 0.98）。

在图 12.30 所示的"添加对话框"（Add Constraint）中单击"确定"（OK）后，还要在这个问题的决策变量上增加上界和下界。假设 Laura 对于订货点和订货数量变量（单元格 M5 和 M6）感兴趣的是考虑 1~70 的值。要做到这一点，请遵循以下步骤：

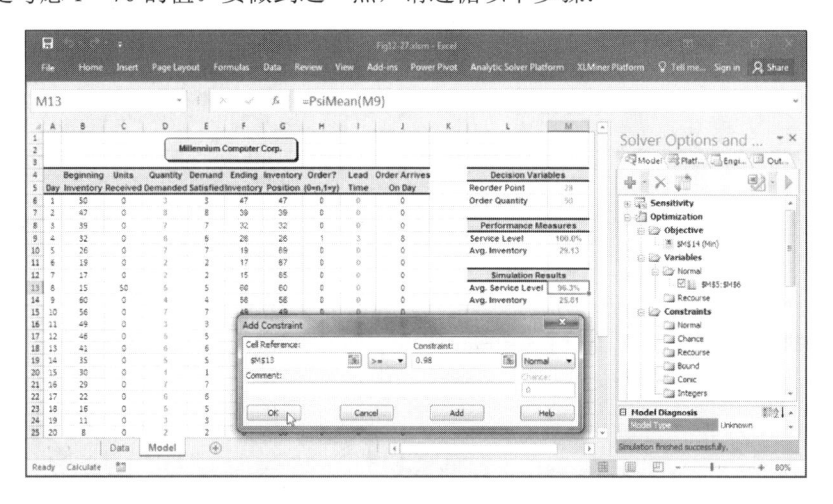

图 12.30　定义优化模型的服务水平约束

（1）选择单元格 M5 和 M6（分别表示订货点和订货数量）。
（2）在 ASP 任务窗格中选择"Constraints"。
（3）单击绿色加号（"+"）符号。

图 12.31 给出了产生的对话框和设置，以指定决策变量的下限为 1。同样的步骤可以用来将上界定义为 70，如图 12.32 所示。

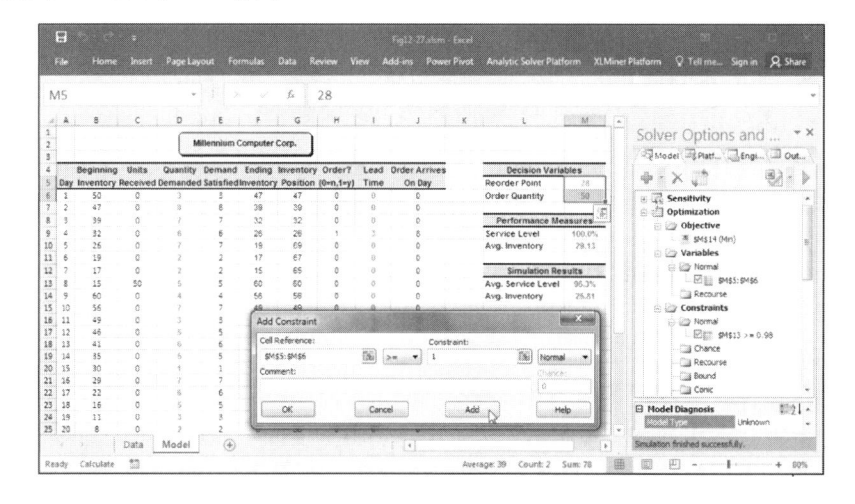

图 12.31　定义决策变量的下限

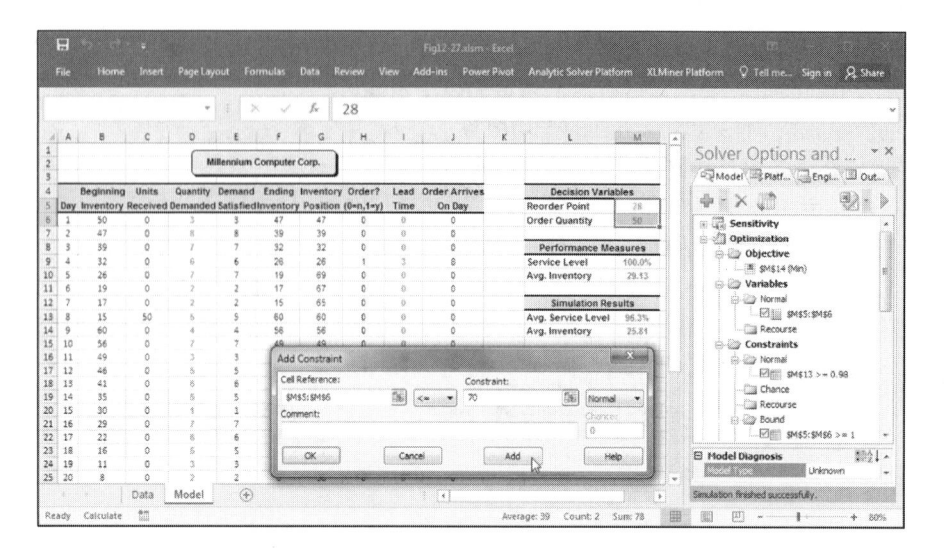

图 12.32 定义决策变量的上限

最后，我们需要指出决策变量可能只接受整型值。要做到这一点，请遵循以下步骤：
（1）选择单元格 M5 和 M6（分别表示再订货点和订货数量）。
（2）在 ASP 任务窗格中选择"Constraints"。
（3）单击绿色加号（"+"）符号。

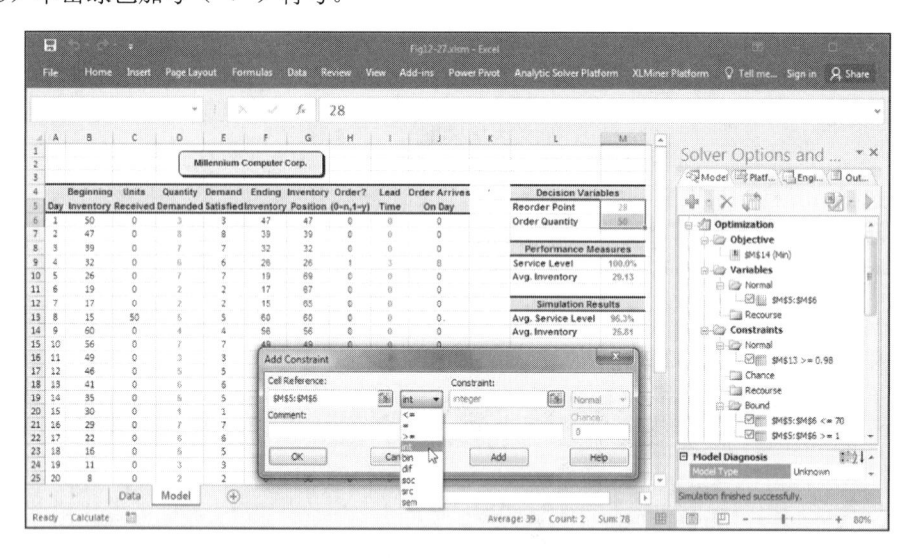

图 12.33 定义决策变量的整数条件

图 12.33 给出了从下拉列表中选择"整数"（int）选项所产生的对话框，以表明单元格 M5 和 M6 必须是整数。

图 12.34 给出了 MCC 问题所需的 ASP 设置的汇总。在 ASP 任务窗格中单击"求解"（Solve）图标（绿色三角形）会让 ASP 开始求解问题。

请记住，必须为 ASP 选择的每个决策变量组合单独运行仿真。ASP 使用许多启发式算法来智能地搜索决策变量的最佳组合。然而，这仍然是一个非常密集和耗时的计算过程，非常复杂的模型可能需要花费数小时（或几天）的求解时间。

图 12.34　ASP 设置的汇总

如图 12.35 所示，ASP 最终找到的再订货点为 36，订单数量为 7。由于 ASP 使用启发式搜索算法，因此它可能在每次求解问题时找到不同的最优解，而且它可能在一个局部（而不是全局）最优解处停止。因此，在困难的问题上，明智的做法是运行几次 ASP，看看它是否能改进找到的最优解。使用 36 为再订货点、7 为订单数量，运行 5,000 次复制，得到的平均服务水平为 98.1%，每月平均库存约为 14.53 个单位。

12.15.5　分析最优解

将图 12.35 中所示的最优解与图 12.27 中的初始最优解进行比较，可以看到，通过使用 36 为再订货点、7 为订单数量，MCC 可以将其平均服务水平从 96.3% 提高到 98.1%，并将其平均库存水平从约 26 个单位减少到 15 个单位。如果我们比较初始和最优情景下的每日期末库存的行为，那么最优解的另一个优点就会变得明显，如图 12.36 所示。

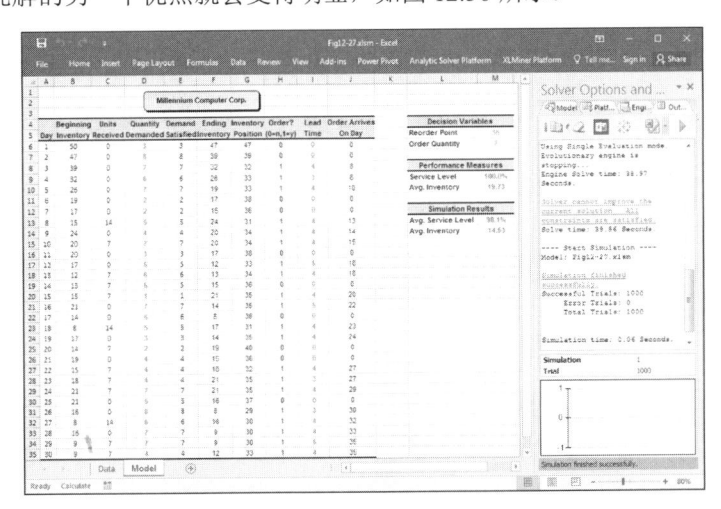

图 12.35　MCC 问题的最优解

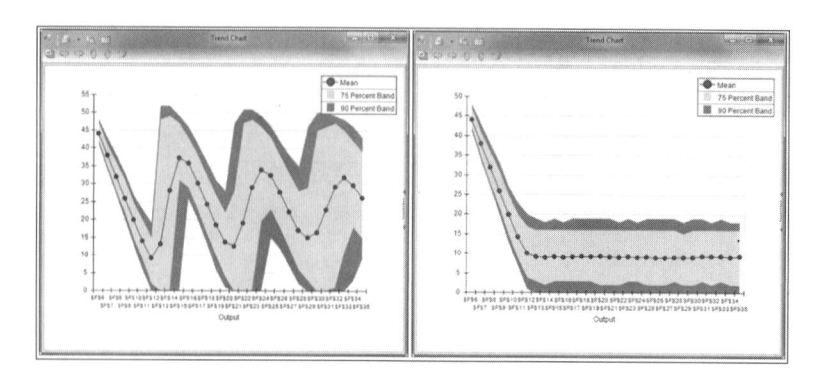

图 12.36　每日库存平衡趋势图

在图 12.36 中，注意，在初始策略（再订货点 28、订单数量 50）中，MCC 将为该产品提供的库存数量有相当大的波动。根据最优策略（再订货点 36、订单数量 7），库存数量的波动性较小，从仓储和物流的角度来看，这提供了操作上的优势。

创建趋势图

要创建如图 12.36 所示的趋势图，将 PsiOutput() 函数添加到想要包含图表的任何单元格中（在 MCC 例子中，F6 到 F35）。然后选择 ASP 中的选项"Charts"→"Multiple Outputs"→"Trend"。在产生的对话框中，选择想要绘制的图的输出并单击"OK"按钮。

12.15.6　其他风险测量

在 MCC 的例子中，Laura 希望确定一种库存策略，该策略将提供平均 98% 的服务水平。尽管这可能是一个非常合理的目标，但明智的做法是更仔细地考虑与这一目标相关的下跌风险。图 12.37 给出了与 MCC 库存问题的"最优"解相关的平均服务水平分布。

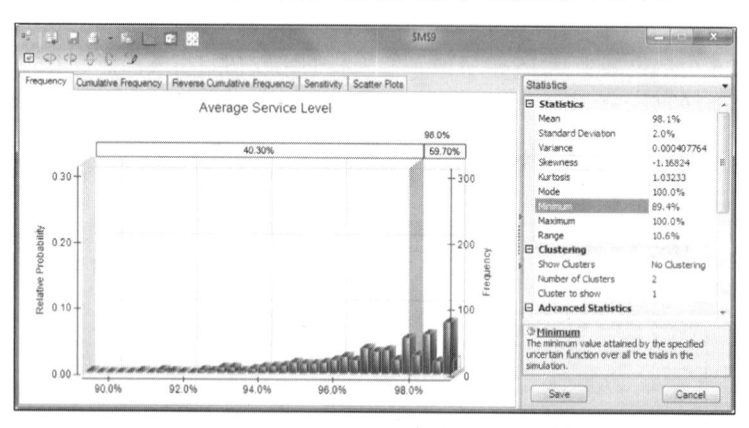

图 12.37　"最优"解的服务水平分布

回想一下，Laura 想要一个最优解，提供至少 98% 的平均服务水平。图 12.37 中显示的分布的平均值超过 98%，因此满足了 Laura 的要求。然而，在这个仿真实验中，大约 40.3%（或 2,015 个）的试验实际上产生了低于 98% 的服务水平，有些低至 89.4%。因此，如果 Laura 使用 36 为再订购点、7 为订单数量，那么在任何一个月，实际服务水平将低于她期望的平均服务水平 98% 的可能性约为 40%。

这里的讨论强调了 ASP 中另外两类约束的目的：**风险值的约束**和**条件风险值约束**。风险值（VaR）约束指定必须满足约束条件的仿真试验的百分比。例如，Laura 可能想要一个最优解，至少 90%的试验的服务水平至少是 98%（很明显，图 12.37 中的最优解违反了这个 VaR 约束）。

VaR 约束只限制了违反约束的试验的百分比——计算一个小的违反和一个大的违反下的情形一样。相反，条件风险值（CVaR）约束对可能发生的违规的平均程度设置了边界。因此，CvaR 约束是 VaR 约束的一个更保守的版本。

为了说明 VaR 约束的使用，假设 Laura 只希望"每个试验的平均服务水平低于 98%"的可能性只有 10%。这个附加的约束和得到的最优解在图 12.38 中进行了总结。注意，这个模型中添加了一个"机会"（Chance）约束。创建一个机会约束，就像创建其他约束一样，调整它的属性。如图 12.38 所示。这个约束是 VaR 类型的，并且要求平均服务水平（在 M9 中）至少为 98% 的概率为 0.9。如果在仿真中不超过 10%的试验的服务水平低于 98%，那么这个约束就得到了满足。

用这个附加的约束重新运行优化会产生一个最优解，它的再订货点为 40、订单数量为 7。

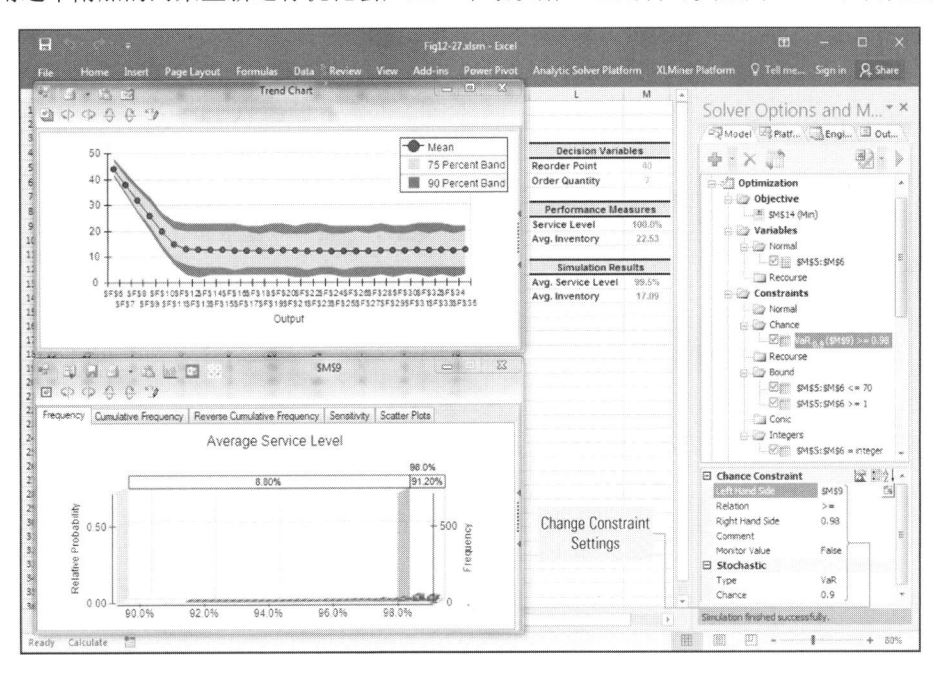

图 12.38　具有 VaR 约束的修订 MCC 问题的最优解

12.16　项目选择举例

第 6 章学习了如何在项目选择问题中使用 Soiver，在这些问题中，每个项目的收益都被假定为确定的。在许多情况下，如果一个特定的项目被执行，那么就会有很大的不确定性。在这些情况下，ASP 是决定进行哪个项目的强大辅助工具。考虑下面的例子。

TRC 技术有 200 万美元用于投资新的研发项目。下表总结了每个项目的初始投资成本、成功概率和潜在收益。

项目	初始投资成本（千美元）	成功概率	潜在收益（千美元）		
			最小	最可能	最大
1	250.0	90%	600	750	900
2	650.0	70%	1,250	1,500	1,600
3	250.0	60%	500	600	750
4	500.0	40%	1,600	1,800	1,900
5	700.0	80%	1,150	1,200	1,400
6	30.0	60%	150	180	250
7	350.0	70%	750	900	1,000
8	70.0	90%	220	250	320

TRC 的管理层想要确定应该选择什么样的项目。

12.16.1 电子表格模型

这个问题的电子表格模型如图 12.39（本书的配套文件 Fig12-39.xlsm）所示。电子表格中单元格 C6 到 C13 表示将选择哪些项目。使用 ASP，可以将这些单元定义为决策变量，这些变量必须在 0～1 之间取值，或作为二进制变量来操作。单元格 C6 到 C13 中所显示的值是任意分配的。我们将使用 ASP 来确定这些变量的最优值。

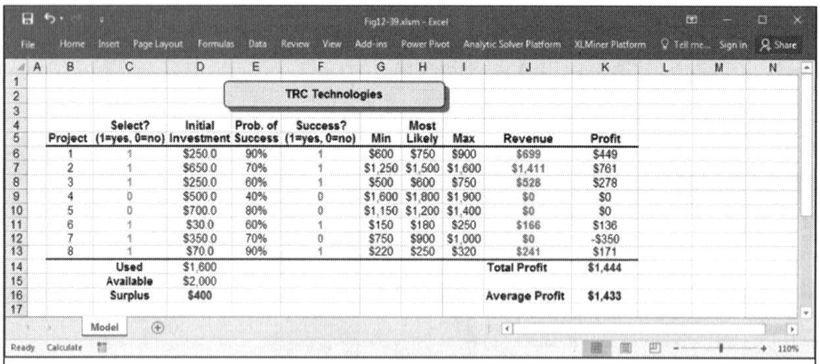

TRC Technologies

Project	Select? (1=yes, 0=no)	Initial Investment	Prob. of Success	Success? (1=yes, 0=no)	Min	Most Likely	Max	Revenue	Profit
1	1	$250.0	90%	1	$600	$750	$900	$699	$449
2	1	$650.0	70%	1	$1,250	$1,500	$1,600	$1,411	$761
3	1	$250.0	60%	1	$500	$600	$750	$528	$278
4	0	$500.0	40%	0	$1,600	$1,800	$1,900	$0	$0
5	0	$700.0	80%	0	$1,150	$1,200	$1,400	$0	$0
6	1	$30.0	60%	1	$150	$180	$250	$166	$136
7	1	$350.0	70%	0	$750	$900	$1,000	$0	-$350
8	1	$70.0	90%	1	$220	$250	$320	$241	$171
	Used	$1,600						Total Profit	$1,444
	Available	$2,000							
	Surplus	$400						Average Profit	$1,433

Key Cell Formulas

Cell	Formula	Copied to
D14	=SUMPRODUCT(D6:D13,C6:C13)	--
D16	=D15−D14	--
F6	=IF(C6=1,PsiBinomial(1,E6),0)	F7:F13
J6	=IF(F6=1,PsiTriangular(G6,H6,I6),0)	J7:J13
K6	=J6−C6*D6	K7:K13
K14	=SUM(K6:K13)+PsiOutput( )	--
K16	=PsiMean(K14)	--

图 12.39　TRC 技术项目选择问题的电子表格模型

在单元格 D14 中计算所选项目所需的初始投资总额如下：

单元格 D14 的公式：　=SUMPRODUCT(D6:D13,C6:C13)

在单元格 D16 中计算未使用或剩余投资基金的数量。使用 ASP，可以将该单元值的下限设置为 0，以确保所选的项目需要不超过 200 万美元的初始投资资金。

单元格 D16 的公式：　=D15−D14

一个项目只有在被选中的情况下才有可能成功。每个项目的成功或失败都可以使用二项式的随机变量来建模，E 列给出了每个项目单次试验中的成功概率。因此，我们对 F 列中选定项目的潜在成功进行了建模，如下所示：

单元格 F6 的公式：　　　=IF(C6=1,PsiBinomial(1,E6),0)

（复制到单元格 F7 到 F13 中）

一个项目被选中并获得成功，其产生的最终收益存在不确定性。因为我们有每个项目的最小可能、最有可能和最大可能的估计收入，所以可用一个三角分布来为选定的、成功项目的收益进行建模。这在 J 列中完成：

单元格 J6 的公式：　　　=IF(F6=1,PsiTriangular(G6,H6,I6),0)

（复制到单元格 J7 到 J13 中）

单元格 K6 的公式：　　　=J6-C6*D6

（复制到单元格 K7 到 K13 中）

单元 K14 计算模型的每次复制的总利润。使用 PsiOutput()函数将其定义为输出单元格。

单元格 K14 的公式：　　　=SUM(K6:K13)+PsiOutput()

最后，K16 计算与 K14 相关的平均（或预期）仿真总利润。我们将尝试找到一组利用 ASP 最大化这个价值的项目（注意，这个公式将返回错误值"#N/A"，直到运行仿真或交互仿真模式被打开）。

单元格 K16 的公式：　　　=PsiMean(K14)

12.16.2　用 ASP 求解和分析问题

用于求解此问题的 ASP 设置和选项如图 12.40 所示。找到的最优解如图 12.41 所示，以及描述此最优解的一些其他统计信息。ASP 确定了一个最优解——选择项目 1、2、4、6、7 和 8，需要初始投资 185 万美元，并预期利润约为 153.3 万美元。

```
Solver Settings:
Objective: K16 (Max)
Variable cells: C6:C13
Constraints:
    D16 >= 0
    C6:C16 = binary
Solver Options:
    Standard Evolutionary Engine
```

图 12.40　TRC 技术项目选择问题的规划求解器设置和选项

图 12.41 中的频次图说明，TRC 采用此最优解可能发生的利润值的分布。尽管与此最优解相关的预期（平均）利润约为 153 万美元，但预期收益可能结果的范围相当大，大约为 568.3 万美元（在 K20 通过=PsiRange(K14)计算）。在这个最优解中观察到的最坏结果是大约 185 万美元的损失（在 K18 通过=PsiMin(K14)计算），而最好的结果是大约 383.3 万美元的利润（在 K19 通过=PsiMax(K14)计算）。同样在图 12.41 中，在 K22（标记为"P(<$0)"）中看到，若这个最优解被实现，则大约有 0.091 的概率会有损失。这个概率是用 PsiTarget()函数计算的：

单元格 K22 的公式：　　　=PsiTarget(K14,0)

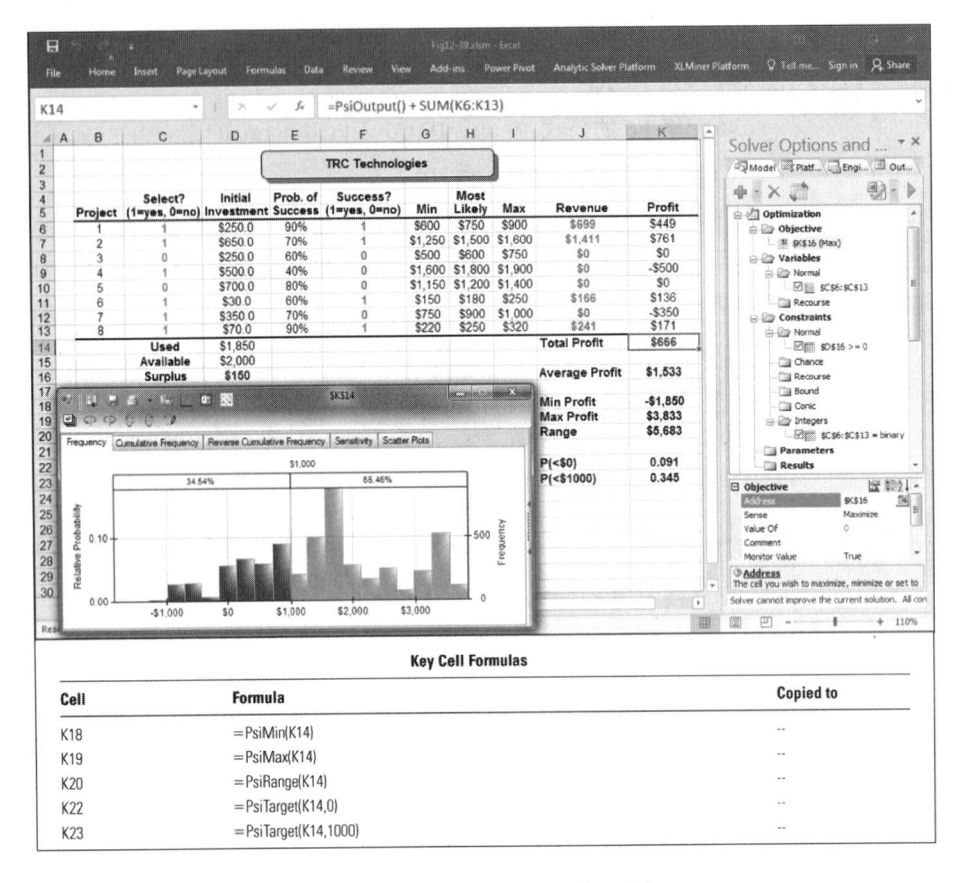

图 12.41 最大化平均利润的最优解

一般来说，PsiTarget(cell, target value)函数返回指定输出单元的累积概率，其值小于或等于指定的**目标值**。因此，K22 中的公式计算了 K14 中的利润分布的概率，其值小于 0 美元。

类似地，正如 K23 中所显示的那样，大约有 0.345 的可能性赚不到 100 万美元（或者约有 65.5%的机会赚到超过 100 万美元）。因此，如果一个人仅仅关注其预期的 153 万美元的利润水平，那么与这个最优解相关的重大风险是不明显的。

12.16.3 考虑另一个最优解

因为每一个项目都是一次性的，或成功或失败，所以决策者没有足够的时间反复地在一组项目中选择，以实现 153 万美元的平均利润水平。作为另一个目标，TRC 的管理层可能想要找到一种最优解，最小化出现利润低于 100 万美元结果的概率（即最大化拥有 100 万美元或更高利润的可能性）。

为了实现这个新目标，可以简单地对模型进行优化，目标是最小化单元格 K23 的值。这个问题的最优解如图 12.42 所示。

在图 12.42 中，注意到这个最优解的期望（平均）利润约为 145 万美元，比先前的最优解减少了大约 8 万美元。可能结果的范围也减少到约 490 万美元，最坏结果是 198 万美元的损失，以及接近 293 万美元利润的最好结果。这一最优解减少了大约 8.1%的损失的可能性，赚取至少 100 万美元的概率几乎为 71%。因此，尽管在这个最优解下实现的最好结果（290 万美元）并不像早期最优解下的利润（380 万美元）那么大，但它减少了问题的下跌风险，使公司更有可能赚到至少 100 万美元；然而，这也需要较大的初始投资。同样有趣的是，在这个最优解下，所有被选中的项目的成功概率是 0.2116（即 0.2116=0.9×0.7×0.8×0.6×0.7），而所有选定的项目在第一种最优解下成功的概率只有 0.0953（即 0.0953=0.9×0.7×0.4×0.6×0.7×0.9）。

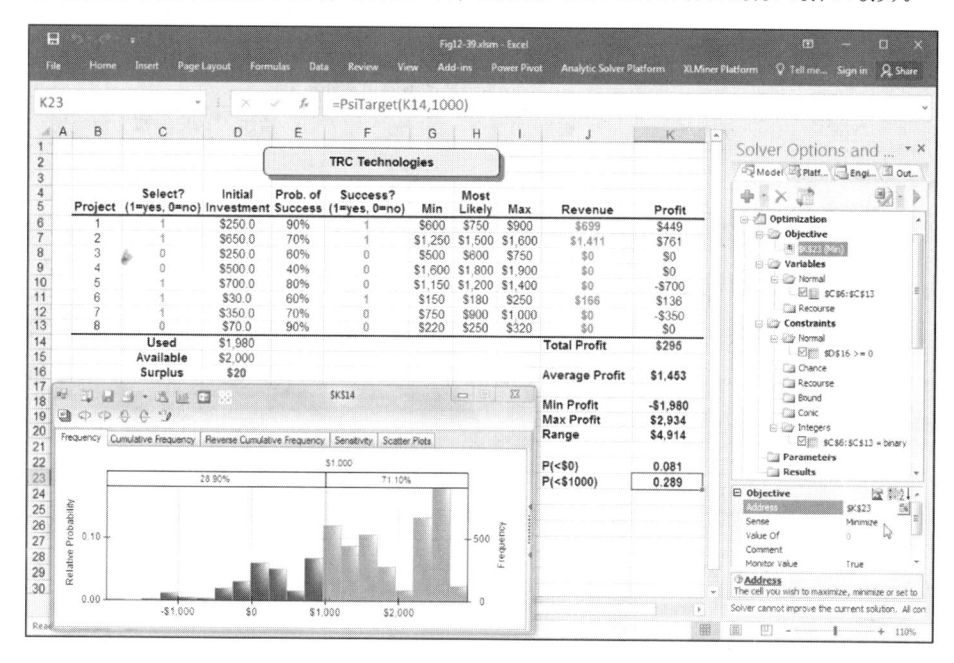

图 12.42　最小化低于 100 万美元的可能性的最优解

那么，这个问题的最优解是什么呢？它降低了 TRC 决策者的风险态度和偏好。然而，我们所描述的仿真技术清楚地为各种最优解带来的风险提供了有价值的见解。

12.17　投资组合优化举例

在第 8 章中，我们看到了如何利用有效边界的概念，用规划求解器来分析给定一组股票的风险和回报之间的潜在权衡。从理论上讲，有效边界表示投资组合在任何给定的风险水平时所能达到的最高水平的回报。虽然投资组合优化和有效边界分析通常与股票和债券等金融工具相关，但它们也可以应用于实物资产。下面的例子将使用 ASP 来说明这一点。

近年来，电厂资产所有权发生了根本性转变。传统上，受监管的公用事业公司拥有发电厂。如今，越来越多的发电厂由商业发电公司所有，为竞争激烈的市场提供电力。这使得投资者有可能购买 10 种不同的发电资产的 10%，而不是 100% 的单个发电厂。其结果是，非传统的电厂所有者以投资集团、私人股本基金和能源对冲基金的形式出现。

McDaniel Group 是位于弗吉尼亚州里士满的一家私人投资公司，公司目前有 10 亿美元的资金，希望投资于发电资产。可能有 5 种不同类型的投资：天然气、石油、煤炭、核能和风力发电厂。下表总结了在不同类型的发电厂每 100 万美元投资的发电能力（兆瓦）。

燃料类型	每投资 100 万美元的发电能力				
	天然气	煤炭	石油	核能	风力发电
兆瓦	2.0	1.2	3.5	1.0	0.5

每一种投资类型的回报都是随机的，主要是由燃料价格的波动和现货价格（或当前市场价值）决定的。假设 McDaniel Group 分析了历史数据并确定了每种类型的工厂所产生的每兆瓦电的回报可以被建模为正态分布的随机变量，并具有以下均值和标准偏差。

按燃料类型的正态分布参数

类型	天然气	煤炭	石油	核能	风力发电
均值	16%	12%	10%	9%	8%
标准差	12%	6%	4%	3%	1%

此外，在分析运营成本的历史数据时，发现许多回报都是相关的。例如，当由天然气发电的工厂的回报很高（由于天然气价格低廉）时，由煤和石油发电的工厂的回报往往很低。因此，天然气工厂的回报与煤炭和石油工厂的回报之间存在负相关。下表总结了不同类型发电厂的回报之间的相互关系。

不同燃料类型的回报之间的相关性

	天然气	煤炭	石油	核能	风力发电
天然气	1	-0.49	-0.31	0.16	0.12
煤炭	-0.49	1	-0.41	0.11	0.07
石油	0.31	0.41	1	0.13	0.09
核能	0.16	0.11	0.13	1	0.04
风力发电	0.12	0.07	0.09	0.04	1

McDaniel Group 希望对其在发电资产投资选择的有效边界进行评估。

12.17.1 电子表格模型

这个问题的电子表格模型如图 12.43 所示（本书的配套文件 Fig12-43.xlsm）。在这个电子表格中，单元格 D5 到 D9 给出了对每种类型资产投入多少资金（以百万计）。单元格 D5 到 D9 中的值是被任意分配的。注意，在 ASP 任务窗格中定义了这些单元格为决策变量，这些变量必须在 0~1000 之间美元取值。我们还创建了一个约束，要求这些值的总和（在单元格 D10 中计算）等于 1,000（10 亿美元）。

单元格 D10 的公式：　　　=SUM(D5*D9)

在 E 列中，我们计算了购买的每一类别资产的发电能力，如下：

单元格 E5 的公式：　　　=C5*D5

（复制到单元格 E6 到 E9 中）

F 列代表每个资产的随机回报的单元格。需要注意的是，假设这些回报之间存在相关性。ASP 提供了许多不同的方法来处理变量之间的相关性。在这个例子中，我们对相关性进行建模，通过将一个设置合适的 PsiCorrMatrix() 函数作为 Psi 函数中的第三个参数实现，如单元格 F5 中天燃气燃料工厂的投资的计算所示：

单元格F5的公式：　　　=Psi Normal(G5,H5,PsiCorrMatrix($C$14:$G$18,A5))

（复制到单元格 F6 到 F9 中）

请注意，PsiCorrMatrix()函数需要一个（排列有序的）相关矩阵（在本例中是 C14 到 G18），整数表示矩阵中的哪一列（或行），对应于被取样的随机变量（本例中的单元格 A5 的值 1）。

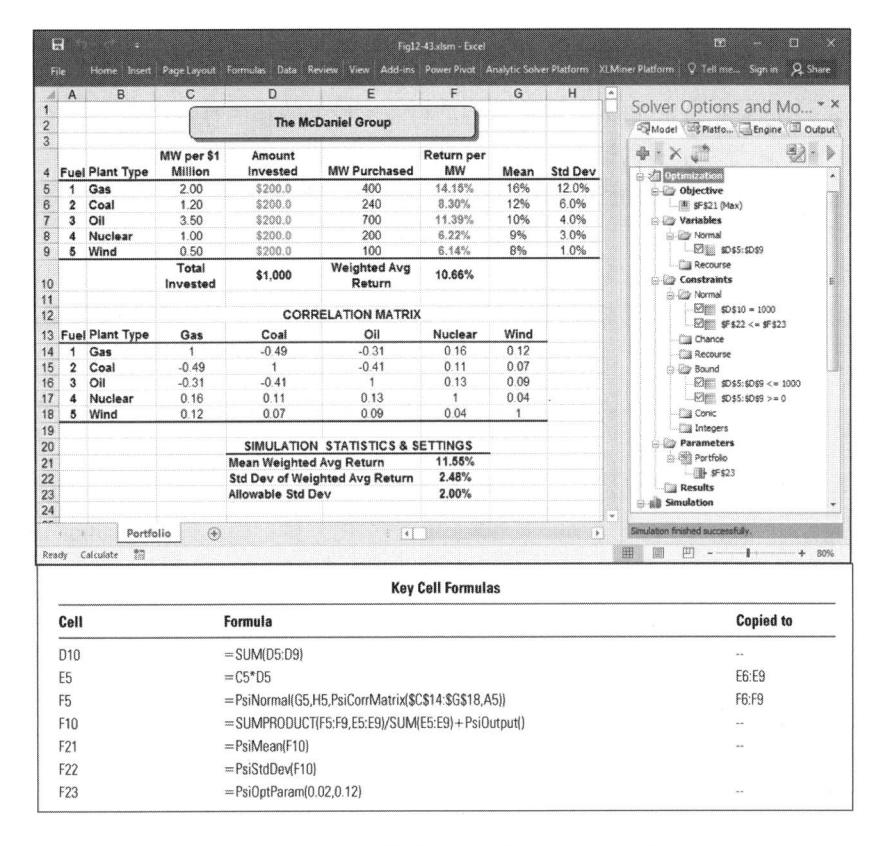

图 12.43 实现平均利润最大化的设置和最优解

在单元格 F10 中,计算所选投资资产的加权平均回报,这也将是在这个问题中得到大部分分析的输出单元。

单元格F10的公式:　　　=5SUMPRODUCT(F5:F9,E5:E9)/SUM(E5:E9) 1 PsiOutput( )

在单元格 F21 和 F22 中,分别计算了在单元格 F10 中每次仿真的加权平均回报的平均值和标准偏差。

　　　　　　　　　　单元格 F21 的公式:　　　=PsiMean(F10)
　　　　　　　　　　单元格 F22 的公式:　　　=PsiStdDev(F10)

相 关 性

ASP 仿真中使用的任何相关矩阵都必须符合正定的数学性质。这个性质的详情超出了本书的范围;然而,必须确保相关性的内部一致性。例如,如果变量 A 和 B 有很强的正相关,而变量 B 和 C 有很强的正相关,那么变量 A 和 C 应该有相当强的正相关。ASP 选项卡上的"Correlations"图标提供了一个工具,用于检查相关矩阵是否为正定。

同样,需要注意,从统计学上来说,相关性衡量两个变量之间的线性关系的强度。有时,变量是用非线性的方式联系起来的。这些非线性关系不能在相关矩阵中合适地(或准确地)概括。ASP 支持变量之间的非线性关系建模,使用 ASP 用户指南中描述的 PsiSip() 和 PsiSip() 函数进行建模。

12.17.2 用 ASP 求解问题

回想一下，McDaniel Group 对这些发电资产可能的投资选择的有效边界很感兴趣。这需要确定在各种不同风险级别上提供最大期望（或平均）回报的投资组合。在这个例子中，我们将把风险定义为投资组合加权平均回报的标准偏差。图 12.43 中的 ASP 任务窗格表明，我们的目标是最大化电子表格单元格 F21 中计算的加权平均回报的平均值。

我们还指定了加权平均回报标准偏差（在单元格 F22 中）的允许上限的变量要求。为了做到这一点，在单元格 F23 中使用 PsiOptParam() 函数来确定要使用的一系列风险级别，以构建这个问题的有效边界。

单元格 F23 的公式： =PsiOptParam(0.02,0.12)

在图 12.43 中注意到，我们还定义了一个约束，要求单元格 F22（加权平均返回的标准偏差）小于或等于单元格 F23 中的值。PsiOptParam() 函数指定一个参数，该参数将随着多个优化的执行而变化。在图 12.44 所示的 ASP 选项对话框中给出了要执行的优化数量（这个对话框通过单击 ASP 选项卡上的 "Options" 图标来显示）。当任务窗格中的 "Solve" 图标被按下时，ASP 执行 6 个优化运行，自动将单元格 F23 的值变化为在 2%~12%的 6 个不同的值。这个问题的 "Solver" 设置和选项在图 12.45 中进行了总结。这是一个需要求解的计算密集型问题，6 个优化中的每一个都可能需要几分钟。

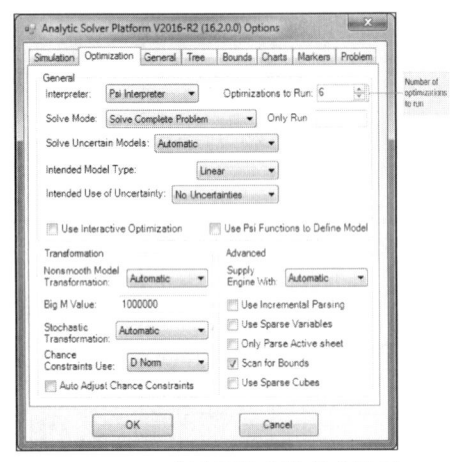

图 12.44　指定要执行的优化数量

图 12.45　McDaniel Group 的规划求解器设置和参数

图 12.46 给出了一个图表，汇总了 6 个优化中每一个的最大加权平均返回值。要创建这个图，请遵循以下步骤：

（1）在 ASP 选项卡上单击 "图标"（Charts）→ "多重优化"（Multiple Optimizations）→ "监测单元格"（Monitored Cells）。

（2）选择目标单元格（F21）并将其移动到对话框右侧的窗格中。

（3）单击 "OK" 按钮。

这张图对应的是 McDaniel Group 的资产投资决策的有效边界，总结了它发现的 6 个投资组合，以及它们在风险和回报方面的相对权衡。这些投资组合的预期回报率从 12.4%到 15.6%不等，标准偏差从 2%到 12%不等，较高的预期回报与较高的风险水平相关。通过从图 12.46 中的

"Opt"下拉菜单中选择适当的优化方案，可以在电子表格中详细检查这 6 个最优解中的任何一个。在从这个下拉菜单中选择一个特定的最优解后，应该运行仿真来重建与该最优解相关的仿真结果。ASP 的 PsiOptValue()函数也可以用来从各种优化运行中检索特定的兴趣值。

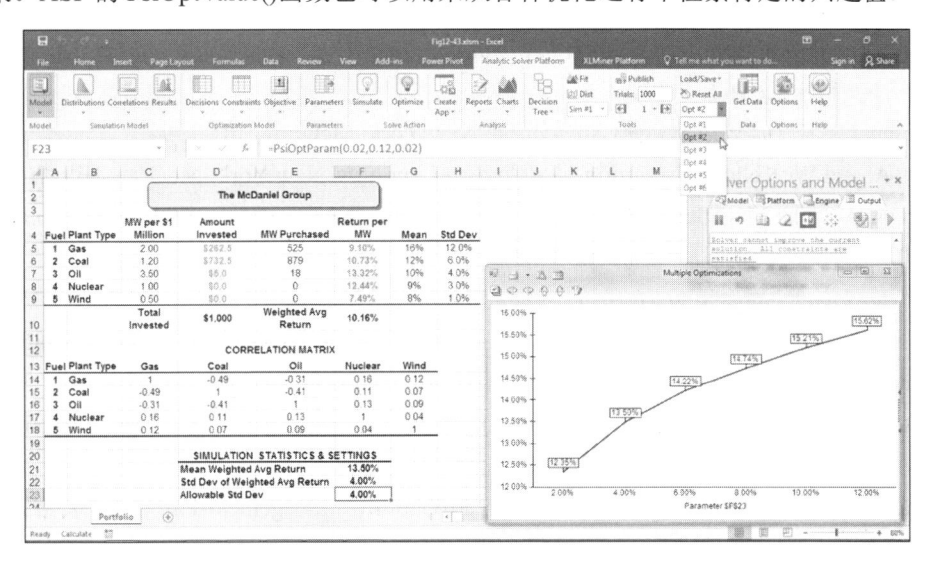

图 12.46　McDaniel Group 投资问题的有效边界

优化方案 2 的结果如图 12.46 所示，代表一个标准偏差为 4%的投资组合，预期回报率为13.5%。值得注意的是，燃煤电厂的回报率也有 6%的标准差，但只有 12%的预期回报率。因此，通过在几种不同类型的工厂中分配投资基金，McDaniel Group 可以获得更高水平的回报，以获得与单个投资类型相同的风险水平。但也要注意，当允许的标准偏差为 12%时，ASP 发现的"最佳"投资组合的预期回报率为 15.6%，而以同样的风险投资于天然气的投资组合则会有 16%的回报。这个违反直觉的结果是因为在这个问题上必须使用演化优化引擎，它可找到一个好的但不一定是最好的最优解来解决非常困难的优化问题。

McDaniel Group 的正确投资组合选择取决于公司对风险的偏好和回报的平衡。但是，这种分析应该有助于公司选择一个能够为预期的风险水平提供良好回报的投资组合。

12.18　本章小结

本章介绍了风险分析和仿真的概念。电子表格中的许多输入单元都表示随机变量，这些变量的值不能确定。输入单元中的任何不确定性都通过电子表格模型，在输出单元的值中产生相应的不确定性。基于这些不确定取值做出的决定带来一定程度的风险。

风险分析方法包括最好/最坏情形分析、假设分析和仿真。在这三种方法中，仿真是唯一提供有效证据（事实和数据）的技术，可以在决策过程中客观地使用。本章介绍了 ASP 插件的使用，以执行电子表格的仿真和优化。为了仿真模型，RNG 用于为模型中每个不确定的独立变量选择代表值。这个过程不断重复，以生成模型中因变量的代表值的样本。然后，可以对因变量的样本值的可变性和分布进行分析，从而了解可能发生的结果。在仿真模型中，我们还演示了 ASP 在确定可控参数或决策变量的最优值方面的应用。

12.19 参考文献

[1] Banks, J. and J. Carson. *Discrete-Event Simulation 5th edition.* Pearson, 2009.
[2] Evans, J. and D. Olson. *Introduction to Simulation and Risk Analysis 2nd edition.* Upper Saddle River, NJ: Prentice Hall, 2001.
[3] Khoshnevis, B. *Discrete Systems Simulation.* New York: McGraw-Hill, 1994.
[4] Law, A. and W. Kelton. *Simulation Modeling and Analysis.* New York: McGraw-Hill, 2014.
[5] Marcus, A. "The Magellan Fund and Market Efficiency." *Journal of Portfolio Management,* Fall 1990.
[6] *Analytic Solver Platform v16.0 User Manual.* Frontline Systems Inc., Incline Village, NV, 2016.
[7] Russell, R. and R. Hickle. "Simulation of a CD Portfolio." *Interfaces,* vol. 16, no. 3, 1986.
[8] Savage, Sam L. "The Flaw of Averages." *Harvard Business Review,* November 2002.
[9] Savage, S., S. Scholtes, and D. Zweidler. "Probability Management." *OR/MS Today,* February 2006.
[10] Savage, S., S. Scholtes, and D. Zweidler. "Probability Management-Part II." *OR/MS Today,* April 2006.

商业分析实践
美国邮政服务进入快车道

每天有 5 亿件邮件以多种形式流入美国邮政服务系统。很多都是 9 位邮政编码的标准信件（有或没有印上条形码），也有 5 位数的邮政编码，打印的地址用光学阅读器阅读，而手写的地址几乎无法辨认，还有用红色墨水写的、红色信封装的圣诞卡，等等。在邮件抵达目的地后，邮局对所有这些邮件进行巨量的分类工作，所以邮政管理部门考虑引进新的技术，其中包括操作人员辅助的邮件分拣机、光学字符阅读器（单条或多条）和条形码分拣机。新技术的实现也会配合相关的管理规定，比如由于客户原因可能引起条形码分拣机分拣效率打折扣、寄出地的更细分类，等等。

一种称为 META（评估技术替代模型）的仿真模型帮助管理人员评估新技术、配置和操作流程。基于对过去实施新管理规定的数据资料，META 仿真了不同类型邮件的随机流；通过测试的系统配置分配邮件；打印报告详细说明处理的总件数、库存利用率、工作时间、空间要求和成本。

META 已经在与"邮政服务公司自动化计划"相关的几个项目中实施。这些包括设施规划、替代排序计划的收益、提高地址可读性努力的判别、计划研究以减少用于排序和配送上的时间，以及确定那些提供最大可能节省成本的邮件类型。

根据邮政总局副局长的说法，"META 是帮助我们的组织以一种前所未有的速度前行的得力的工具。"

来源于：Cebry, M., A. deSilva, and F. DiLisio, "Management Science in Automating Postal Operations: Facility and Equipment Planning in the United States Postal Service," *Interfaces*, vol. 22, no. 1, 1992, pp. 110-130.

思考题与习题

1. 在什么条件下使用仿真来分析模型是合适的？也就是说，模型应该具备什么样的特征才能使用仿真？
2. 一个均值为 20、标准差为 1.5 的正态分布的随机变量，其概率分布图如图 12.5 所示。Excel 函数：=NORMINV(Rand(),20,1.5)也会从这个分布中返回随机生成的观察结果。
    a. 使用 Excel 的 NORMINV()函数从这个分布中生成 100 个样本值。
    b. 生成你产生的 100 个样本值的直方图。你的直方图看起来像图 12.5 的分布图吗？
    c. 用 1,000 个样本值重复这个实验。
    d. 为你生成的 1,000 个样本值生成一个直方图。现在的直方图更接近于这个分布的图 12.5 的分布图吗？
    e. 为什么你的第二个直方图看起来比第一个更"正常"？
3. 参考本章介绍的 Hungry Dawg 餐厅的示例。健康索赔的费用实际上往往具有季节性，在夏季的几个月里（孩子们离开学校度假，更有可能受到伤害）和 12 月期间（下一年的免付额必须支付之前），索赔的费用会较高。下表总结了 Hungry Dawg 问题中的季节调整因素，为计算平均索赔额应用到 RNG 中。例如，第 6 个月的平均索赔额应该乘以 115%，第 1 个月的索赔额应该乘以 80%。

月	1	2	3	4	5	6	7	8	9	10	11	12
季节性因子	0.80	0.85	0.87	0.92	0.93	1.15	1.20	1.18	1.03	0.95	0.98	1.14

假设该公司有一个账户用来支付健康保险索赔。假设在第 1 个月时账户里有 250 万美元。每个月，员工投入都存入这个账户，并从账户中支付索赔。

   a. 修改图 12.9 中所示的电子表格，以包含该账户中的现金流。如果该公司每个月在这个账户上存入 300 万美元，那么在一年中的某个时候，该账户有足够的资金来支付索赔的可能性是多少？（提示：可以使用 COUNTIF()函数来计算在一年中账户的期末余额低于 0 的月份的数量。）
   b. 如果公司想每月在这个账户里存等量的钱，而且他们希望只有 5%的机会没有足够的资金，那么这个数额应该是多少？
4. 本章的一个例子是关于如何确定 Millennium Computer Corp 销售计算机显示器的最佳再订购点。假设在初始库存中，每台显示器的持有成本是每天 0.30 美元，而下一笔订单要花费 20 美元。每台显示器的利润为 45 美元，每一次销售损失的机会成本为 65 美元（包括损失的 45 美元和损失的商誉损失）。修改此图 12.23 所示的电子表格，以确定再订购点和订单数量，以最大化与该监视器相关的平均月利润。
5. 最近爆发了一场关于电视节目"让我们达成交易"的最佳策略的辩论。在这个节目的一场比赛中，选手将选择三扇门后的奖品。有价值的奖品在一扇门后，另外两扇门后面是毫无价值的奖品。在选手选择了一扇门后，主持人打开剩下的两扇门中的一扇，以展示其中一个毫无价值的奖品。然后，在打开选定的门之前，主持人会给选手一个机会，让他们把自己的选择切换到另一个没有打开的门。问题是，选手应该换吗？
   a. 假设一个参赛者被允许玩这个游戏 500 次，总是选择 1 号门，并且在给定选项时从不切换。如果每场比赛开始时，每扇门背后以同等概率放有有价值的奖品，那么参赛者将获得多少次有价值的奖品呢？用仿真来回答这个问题。
   b. 现在假设选手被允许再玩 500 次。这一次，玩家总是选择 1 号门，并在给定选项时切换。使用仿真，选手能获得多少次奖品？
6. Meredith Shomers 管理着一所大型公立大学的奖学金。目前，她尝试确定一笔捐赠基金的奖金数额，目前的余额为 53.8 万美元。捐赠基金投资于一个投资组合，其年回报率各不相同，可能被表示为一个服从平均值为 6%、标准偏差为 2%正态分布的随机变量。捐赠基金的法律条款要求 Meredith 从捐赠基金中确定一个固定的奖学金金额,如果在接下来的 10 年里,捐赠基金的最终价值将只有 5% 的可能性低于其当前价值。假定奖学金的支付在每年年底从该基金中撤出。

a. 为这个问题创建一个电子表格模型。

b. 本年度应支付的最高奖学金是多少?

7. Firebird Packaging Operations 制造小型塑料杯,用于咖啡、茶和热巧克力的流行单杯酿造系统。这些杯子是热成型的,有几种不同的塑料树脂,包括高冲击力的聚苯乙烯(HIPS)。Firebird 将这种材料储存在一个容量为 10 万千克的散装仓库里。Firebird 想要确定其 HIPS 库存的最佳再订货点和订购数量。Firebird 的目标是始终保持足够的 HIPS,以满足制造过程的日常需求。与此同时,Firebird 想要避免因 Firebird 在仓库里没有足够空间用来卸载预定货物而受到任何惩罚。Firebird 的 HIPS 供应商一个卡车的最大供货量为 21,500 千克。Firebird 的采购部门目前在其库存水平降至 3.5 万千克时,订购了一卡车的 HIPS。接收订单的前置时间是 2 天、3 天或 4 天,概率分别为 0.45、0.35 和 0.2。对 HIPS 的每日需求量从 5,000~11,000 千克不等,最有可能是 7,500 千克。

a. 在本章中修改 Millennium Computer 示例的电子表格,以求解 Firebird 的库存问题。假设 HIPS 的开始剩余库存是 45,400 千克。Firebird 不能满足它的 HIPS 需要的概率是多少?

b. 假设 Firebird 想要保持百分之百的服务水平,同时最小化它的平均库存水平,并避免任何与存储仓容量超过可用容量的批量交付相关的惩罚。Firebird 应该使用多少再订货点?

8. 假设一个产品必须经过一个装配线,它由 5 个连续的操作组成。完成每个操作所需的时间通常是 180 秒,标准偏差为 5 秒。令 X 表示装配线的周期时间,因此在 X 秒后,每个操作都应该完成,并准备好将产品传递到装配线的下一个操作。

a. 如果周期时间 X=180 秒,那么所有 5 个操作都完成的概率是多少?

b. 周期时间是多少将确保所有的操作在 98% 的时间内完成?

c. 假设公司希望所有的操作在 190 秒内完成(98% 的时间)。进一步假设,一个操作的标准偏差可以以每秒 5,000 美元的成本降低(从 5 开始),并且每个或所有的操作都可以根据需要最多减少 2.5 秒。标准偏差应该减少多少才能达到预期的性能水平,这需要多少成本?

9. 假设一个产品必须经过一个装配线,它由 5 个连续的操作组成。完成每个操作所需的时间通常是 180 秒,而标准偏差为 5 秒。将"流程时间"定义为一个产品从开始到结束经过装配线的总时间。

a. 流时间的均值和标准差是多少?总时间小于 920 秒的概率是多少?

b. 现在假设完成每个操作所需的时间与它之前的操作时间有 0.40 的相关性。流程时间的均值和标准差是多少?总时间小于 920 秒的概率是多少?

c. 现在假设完成每个操作所需的时间与前面的操作时间有-0.40 的相关性。流程时间的均值和标准差是多少?总时间小于 920 秒的概率是多少?

d. 解释正相关和负相关对先前结果的影响。

10. 银行的分行必须持有足够的资金以满足客户的现金需求。假设 University Bank 的分行每日对现金的需求遵循对数正态分布,均值和标准偏差如下(千美元):

	周一	周二	周三	周四	周五	周六	周日
均值	175	120	90	60	120	140	65
标准差	26	18	13	9	18	21	9

一辆装甲卡车每周为这家银行运送现金。银行管理者可以订购任何数量的现金。当然,由于银行客户希望能够按需提取存款,一周中任何的现金短缺都是不受欢迎的。保持过多的现金储备将防范这种偶发事件。然而,现金是一种非利息收益资产,因此持有超额现金储备是有机会成本的。

a. 假设银行管理者遵循的做法是,每周安排足够的现金,余额为 82.5 万美元。创建一个电子表格模型来追踪整个星期的每日现金余额。

b. 银行在一周的某个时候会用完钱的概率是多少？

c. 每星期开始需要多少钱，以确保最多有 0.10%的概率用完钱？

11. Hometown Insurance 向寻求稳定投资收入来源的退休人员出售 10 年期年金。Hometown 投资于股票指数基金的年金基金服从正态分布，年回报率通常为 9%，标准偏差为 3%。它保证了投资者的最低年回报率为 6%，最高回报率（或利率上限）为 8.5%。这既限制了退休人员的下行风险，又限制了上行的潜在风险。当然，当实际回报超过利率上限时，Hometown 就会在这些合约上赚到钱。假设一个退休人员在这样的年金合同上投资 5 万美元。假设投资收益在年底被记入贷方，并重新投资。

a. 为这个问题建立一个电子表格模型，计算该合同可以带来的利润。

b. 这个合同平均能赚多少钱？

c. 这个合同使 Hometown 亏损的概率是多少？

d. 假设 Hometown 想要确定最低保证的年回报率，且只有 2%的概率公司会遭受损失。最低保证年回报率应该是多少？

12. WVTU 是一家电视台，在每天晚上的定期节目中有 20 个 30 秒的广告时段。目前该电台在 11 月的头几天里出售广告。他们可以立即以 4,500 美元的价格出售所有的空位，但是因为 11 月 7 日将是选举日，电视台管理者知道她可以在最后一分钟把空位卖给政治候选人，每个价格是 8,000 美元。对最后一分钟的需求估计如下：

					需求						
8	9	10	11	12	13	14	15	16	17	18	19
概率 0.03	0.05	0.10	0.15	0.20	0.15	0.10	0.05	0.05	0.05	0.05	0.02

在最后一分钟未卖给政治候选人的空位，可以以 2,000 美元的价格卖给当地的广告商。

a. 如果电视台管理者提前出售所有的广告时段，那么电视台将获得多少收入？

b. 如果电视台管理者想要最大化预期收入，那么应该提前卖出多少广告位？

c. 如果电视台管理者提前销售上一个问题中确定的空位，那么总收益将超过（a）中提前出售所有空位的总收益的概率为多少？

13. 哥伦比亚 Winter 公园滑雪服装商店的老板必须在 7 月份做出决定，在接下来的滑雪季节里订购多少滑雪夹克的数量。每件滑雪夹克的价格为 54 美元，在滑雪季节可以以 145 美元的价格出售。在季末，任何未售出的夹克都以 45 美元的价格出售。对夹克的需求预计将遵循均值为 80 的泊松分布。商店老板只能以一套 10 件的批量订购滑雪夹克。

a. 如果店主想要最大化预期利润，她应该订多少件夹克？

b. 如果店主实施了你的建议，在夹克上可能的最好销售情况和最坏销售情况是什么？

c. 如果店主实施你的建议，有多大可能店主会至少赚到 7,000 美元？

d. 如果店主实施你的建议，有多大可能店主会赚到 6,000~7,000 美元？

14. SC 是 Myrtle Beach 的一家高尔夫商店的老板，他必须决定为即将到来的旅游季订购多少套高尔夫球杆。对高尔夫球杆的需求是随机的，但遵循泊松分布，每个月的平均需求率见下表。球杆的预期销售价格也会在每个月公布。

	5月	6月	7月	8月	9月	10月
平均需求	60	90	70	50	30	40
售价（美元）	145	140	130	110	80	60

5 月份，每一套球杆都可以以 75 美元的价格订购。在剩下的季节里，这个价格预计会下降 5%。每个月，这家店的老板都会给符合条件者免费赠送一套球杆，条件是在商店旁边的短练习球座能一杆进洞。每个月在这个球座上进行一杆进洞练习的人数遵循泊松分布，均值为 3。10 月底剩下的任何一套球杆以 45 美元的价格出售。

a. 如果店主想要最大化此产品的预期利润，应该订购多少套球杆？
b. 如果店主执行你的建议，在这个产品可能面临最好销售和最坏销售情形的结果是什么？
c. 如果店主执行你的建议，有多大可能他会至少赚 17,000 美元？
d. 如果他执行你的建议，有多大可能店主会赚 12,000～14,000 美元？
e. 如果他执行你的建议，能够满足这个产品的总需求（不包括免费赠品）的百分比是多少呢？

15. Large Lots 正计划为一种已停产的 50 英寸彩色电视机进行为期 7 天的促销活动。每台价格为 575 美元，此型号电视机的日需求量估计如下：

	每日需求数量					
	0	1	2	3	4	5
概率	0.15	0.20	0.30	0.20	0.10	0.05

Large Lots 可以从其他经销商那里以 325 美元的价格订购 50 台这样的电视机。这个经销商已经提出在促销结束时以 250 美元的价格买回任何未售出的电视机。

a. 如果想要在这次促销活动中获得最大的利润，那么公司应该订购多少台电视机呢？
b. 期望利润是多少？
c. 假设在促销结束后，经销商最多买回 4 套。这会改变你的答案吗？如果是这样，如何改变？

16. Newland Computers 的最新计算机月需求量服从均值为 350、标准偏差为 75 的正态分布。Newland 以 1,200 美元的价格采购这些电脑，售价为 2,300 美元。每月结束时，公司需要支付 100 美元下订单和为每台电脑支付 12 美元的持有库存费用。目前，只要库存剩下 400 台时该公司就订购 1,000 台电脑，每月未满足的需求就会让给竞争对手，而每月末下的订单将于下月初到货。

a. 创建一个电子表格模型来仿真公司在未来两年在该产品上获得的利润。公司的平均利润是多少？
b. 假设公司想要确定最优的再订货点和订单数量。在接下来的两年中，什么样的再订货点和订单数量的组合将提供最高的平均利润？

17. Moore's Catalog Showroom 的管理者正尝试预测 2018 年期间该商店每个主要部门将产生多少收入。管理者估计每个部门收入的最低和最高增长率。管理者认为，每个部门介于最小值和最大值之间的收入增长率发生的概率基本相同。估计值汇总如下表：

部门	2017 年收入（美元）	增长率	
		最小值	最大值
电子产品	6,342,213	2%	10%
花园用品	1,203,231	-4%	5%
珠宝	4,367,342	-2%	6%
运动器材	3,543,532	-1%	8%
玩具	4,342,132	4%	15%

创建一个电子表格，仿真来年可能发生的总收入。

a. 为管理者 2018 年的预期平均收入构建 95% 的置信区间。
b. 根据你建立的模型，2018 年的总收入将比 2017 年高出 5% 以上的概率是多大？

18. 位于波士顿市中心的 Harriet 酒店拥有 100 间客房，每晚租金为 150 美元。每个房间每晚有 30 美元的可变成本（清洁、浴室用品等）。对于每次接受的预订，有 5% 的概率客人不会到达。若酒店超额预订，则需支付 200 美元，以补偿那些预订而因无房可住的客人。

a. 如果酒店想最大化平均每日的利润，那么应该接受多少预订？

19. Lynn Price 最近完成了她的 MBA 课程，并接受了一家电子制造公司的工作。虽然她喜欢自己的工作，但她也期待着有一天退休。为了确保退休生活是舒适的，Lynn 打算在每年年底将她的 3,000 美元的薪水投资于一个免税的退休基金。Lynn 不确定这一投资每年的回报率是多少，但她预计，每年的回报率可以用一个均值为 12.5%、标准偏差为 2%的正态分布的随机变量描述。

a. 如果 Lynn 已经 30 岁了，那么她在 60 岁时的退休基金应该有多少钱？

b. 为 Lynn 60 岁时拥有的平均账户金额构建一个 95%的置信区间。

c. 在她 60 岁时，Lynn 的退休基金有 100 多万美元的可能性是多少？

d. 如果她想在 60 岁时拥有至少 100 万美元的退休基金，那么她每年应该投资多少钱呢？

e. 假设 Lynn 连续 8 年每年为她的退休基金存入 3,000 美元，然后终止给基金账户存钱。她会为这个退休计划投资了多少薪水？她在 60 岁时能积累多少钱？

f. 现在假设 Lynn 在 8 年中没有向她的退休基金中存钱，然后开始每年存入 3,000 美元直到 60 岁。她会为这个退休计划投资多少薪水？她在 60 岁时能赚多少钱？

g. Lynn（和你）从问题（e）和（f）的答案中学到了什么？

20. Georgia-Atlantic 的员工将收入的一部分（以 500 美元的增量）存入一个"灵活的"（flex）消费账户，可用来支付没有被公司的健康保险计划所覆盖的那部分医疗费用。对雇员的"flex"账户的贡献不受所得税的影响。然而，如果"flex"账户中的钱员工当年花不完，剩余的钱将全部损失掉。假设 Greg Davis 每年从 Georgia-Atlantic 公司获得 6 万美元的收入，并支付 33%的边际税率。Greg 和妻子估计，来年的医疗保险计划中不包括正常医疗费用可能少则 500 美元、多则 5,000 美元，而且最有可能是 1,300 美元。然而，Greg 还认为，有 5%的概率出现异常的医疗事故，这可能会使他们从 flex 账户中支付的正常费用增加 1 万美元。如果他们未被覆盖的医疗索赔额超过了他们对"flex"账户的投入（存入的钱），那么他们将不得不将 Greg 赚回的税后收入支付这些费用。

a. 如果他想最大化他的可支配收入（税后和所有的医疗费用），使用仿真来确定 Greg 在未来一年里应该为他灵活的支出账户投入多少钱。

21. Acme 设备公司正在考虑开发一种新机器，该机器将面向轮胎制造商销售。项目的研发费用预计为 400 万美元，变化范围是 300 万～600 万美元。同等概率下考虑到影响其寿命的所有可能性，该产品的预计市场寿命为 3～8 年。该公司认为每年将销售 250 台，但认为这一数字最低至 50 或最高达 350 台。每台机器将以 23,000 美元的价格出售。最后，制造这台机器的成本预计为 1.4 万美元，最低可低至 1.2 万美元或高达 1.8 万美元。公司的资本成本是 15%。

a. 使用适当的 RNG 创建一个电子表格，计算该项目可能导致的净现值（NPV）。

b. 这个项目的预期净现值是多少？

c. 这个项目 NPV 为正的概率是多少？

22. 美国心脏协会的代表正计划挨家挨户地走访社区以征求捐款。从过去的经验看，当有人开门时，80%的时间是女性，20%的时间是男性。他们也知道，有 70%的女性会做出捐赠，而开门的男性只有 40%会捐款。女性捐献的金额服从平均值为 20 美元、标准差为 3 美元的正态分布。男性捐出的金额也服从正态分布，平均值为 10 美元、标准差为 2 美元。

a. 创建一个电子表格模型，仿真美国心脏协会的代表敲门时可能发生的事情。

b. 当有人开门时，平均贡献给心脏协会多少钱？

c. 假设心脏协会计划在一个周六拜访 300 户人家。如果 25%的房子里没有人在，那么心脏协会可以接受的捐款总额是多少？

23. Techsburg 公司使用一种冲压设备制造铝制机身，用于军事侦察的轻型、小型飞机。目前，每 65 小时的运行或任何形式的休息后，无论哪一种情况先发生，冲压设备的形式都会发生变化。每一种形式的生命周期遵循威布尔分布模型，模型为 PsiWeibull(2,25) +50。这台机器每月运转 480 小时，更换冲压模具需要 800 美元。如果在预定的替换时间（或少于 65 小时的使用时间内）之前出现了一个中断，该商店将损失 8 小时的生产时间。然而，如果一个模具在使用了 65 小时后才被替换，那么该商店只会损失 2 小时的生产时间。该公司估计，每小时损失的生产时间价值 1,000 美元。

a. 平均来说，在 6 个月内，Techsburg 花了多少钱来维护这台冲压机器？

b. 假设 Techsburg 想要最小化它对机器的总维护成本。公司计划多久改变冲压模具，以及它能节省多少钱？

c. 假设替换冲压模具的成本预计会增加。这对最优的计划替换时间有什么影响？解释一下。

d. 假设损失生产时间的成本增加了。这对最优计划替换时间有什么影响？解释一下。

24. Ray Clark 在担任一家大型连锁餐厅的助理管理者 10 年后，决定自己做老板。当地一家潜艇三明治店的老板想要以 65,000 美元的价格将这家店出售给 Ray，在接下来的 5 年里，每一笔的分期付款将达到 13,000 美元。据目前的店主说，这家店每年的收入约为 11 万美元，经营成本约为销售额的 63%。因此，一旦买下该商店，Ray 应该得到税前年收入约为 3.5 万～4 万美元。一旦买了店，它的收入将大大减少，但他将成为自己的老板。知道这一决定存在一些不确定性，Ray 想要仿真他未来 5 年的收入水平，因为他需要付出经营费用。特别是，他想看看，如果销售额服从[9 万,12 万]的均匀分布，且运营费用占销售额的 60%～65%均匀分布时会发生什么。假设 Ray 购买商店的付款不能减免税收，需要征收 28%的税。

a. 创建一个电子表格模型来仿真未来 5 年度的净收入，假设他决定购买这个商店。

b. 已知他的积蓄，Ray 认为他未来的 5 年里可以从这家店赚钱，他是否每年能赚到至少 12,000 美元？

c. Ray 在未来 5 年里每年至少赚 12,000 美元的概率是多少？

d. Ray 在未来 5 年内至少赚 6 万美元的概率是多少？

25. Road Racer Sports 公司是一个致力于服务跑步爱好者的邮购企业。该公司每年都会向其邮箱地址列表上的数十万人发送几次彩色产品广告。直邮广告的制作和邮寄费用相当昂贵，平均每件约 3.25 美元。因此，管理层不希望继续向某一部分人发送广告，因为这些人购买的产品金额不足以支付给他们发广告的费用。目前，如果他们连续收到 6 期广告而没有下单，公司会把他们从邮件列表中删除。下表总结了客户下单的概率。

上次订购	订购概率
1 期广告之前	0.40
2 期广告之前	0.34
3 期广告之前	0.25
4 期广告之前	0.17
5 期广告之前	0.09
6 期广告之前	0.03

根据这张表的第一行，如果一个客户收到一期广告就下单，那么当他收到下一期广告时，他有 40%的概率会下订单。第二行表明，客户有 34%概率获得广告后下订单，然后会在收到另外两个以上的广告后才会再次订货。该表中的其余行有类似的解释。

a. 为了支付印刷和分发广告的费用，公司平均要赚多少利润？

b. 在邮寄每期广告之前，邮件列表中大约有多少比例的名字会被清除？

26. Sammy Slick 在一家公司工作，他可以将自己收入的 10%投资到一个延后征税的储蓄计划。公司根据财务业绩匹配员工贡献部分的比率。虽然最小值是 25%，最大值是 100%，但在大多数年份，公司的匹配度是 50%。Sammy 目前 30 岁，年收入 3.5 万美元。他想在 60 岁退休。他预计，在任何一年里，他的工资至少增长 2%，至多增长 6%，而且很可能是 3%。Sammy 和他的雇主提供的资金投资于共同基金。Sammy 预计，他投资的年回报率会服从均值为 12.5%、标准差为 2%的正态分布。

a. 如果 Sammy 把收入的 10%贡献（投入）给这个计划，那么他 60 岁时能赚多少钱呢？

b. 假设 Sammy 在这个计划中贡献 10%并持续 8 年时间，从 30 岁到 37 岁，然后停止投入。他自己的钱有多少是用来投资的？60 岁时能赚多少钱？

c. 现在假设 Sammy 在前 8 年没有投资任何东西，然后从 38~60 岁的 23 年里投资 10%。那么他投资了多少钱，60 岁的时候能有多少钱呢？

d. 你从 Sammy 的例子中学到了什么？

27. Podcessories 为流行的数字音乐播放器提供几个配件。该公司正考虑是否该停止生产线上的一项产品。在新的一年里，停产该项目将为公司节省 60 万美元的固定成本（包括建筑和机械租赁）。然而，该公司预计，它可能会收到一份来自大型折扣零售商的 6 万套订单，这里的利润极具吸引力。不幸的是，该公司正被迫决定，要延长该项目的续期，然后才知道是否会收到折扣零售商的大订单。这个项目每单位的可变成本是 6 美元。这个商品的正常售价是每件 12 美元。然而，根据潜在订单的大小，该公司向折扣零售商提供了每台 10.50 美元的价格。Podcessories 相信有 60% 的机会收到折扣零售商的订单。此外，该公司认为，对该产品的总体需求（折扣零售商的订单除外）将在 4.5 万~11.5 万件之间，最可能的结果是 7.5 万件。

a. 为这个问题创建一个电子表格模型。

b. 如果他们继续运营这条生产线，那么公司明年会损失多少钱（最坏的情形）？

c. 如果他们继续运营这条生产线，那么公司明年能赚多少钱（最好的情形）？

d. 如果该公司亏损，那么平均来说他们会损失多少？

e. 如果公司赚了钱，那么他们平均能赚多少钱？

f. 你还会建议这家公司采取什么其他措施来做提高产生好结果概率的决定呢？

28. Bob Davidson 在哈茨菲尔德国际机场附近的亚特兰大的办公室外拥有一个报刊亭。每份报纸以批发价 0.50 美元进货，以 0.75 美元的价格出售。Bob Davidson 想知道每天要订购报纸的最佳数量是多少。根据历史，他发现需求（即使它是离散的）可以通过一个平均值为 50、标准偏差为 5 的正态分布来建模。当供过于求时，他只能在第二天卖废纸，每份报纸卖 0.05 美元。另一方面，当供不应求时，他就失去了一些商誉，在销售中潜在损失为 0.25 美元。Bob 恢复损失的商誉估计需要 5 天的时间（也就是说，不满意的顾客下星期会去竞争对手那里购买，但在那之后的一周又会回到他这里）。

a. 创建一个电子表格模型，以确定每天要订购报纸的最佳数量。将普通 RNG 生成的需求值与最接近的整数值相匹配。

b. 从最优决策中构建期望收益的 95% 置信区间。

29. 温顿汽车保险公司正考虑在流动资产中保留多少钱来支付保险索赔。在过去，该公司将收取的保费的一部分投入有息支票账户中，并将其余部分投资于流动性不强的资产（往往会产生较高的投资回报）。该公司希望研究现金流，以确定在流动资产中应持有多少资金以支付索赔。在回顾了历史数据后，该公司确定平均每个索赔的修理费用服从均值为 1,700 美元、标准偏差为 400 美元的正态分布。它还确定每周提出的维修索赔数量是一个随机变量，它遵循如下表所示的概率分布：

索赔数量	1	2	3	4	5	6	7	8	9
概率	0.05	0.06	0.10	0.17	0.28	0.14	0.08	0.07	0.05

除维修索赔外，该公司还收到了"报废"，即无法修复的汽车的索赔要求。在任何一个星期内都有 20% 的可能性收到这类型的索赔。这些"报废"汽车的费用通常在 2,000~3,5000 万美元，其中 1,3000 美元最常见。

a. 创建一个电子表格模型，计算公司在任何一周内发生的索赔费用。

b. 创建生成的总成本值分布的直方图。

c. 公司每周平均要支付的费用是多少？

d. 假设公司决定保留 2 万美元现金支付索赔。这个金额在任何一周内都不足以支付索赔的概率是多少？

e. 在给定的一个星期内，为实际的索赔额超过 2 万美元的概率建立一个 95% 的置信区间。

30. Meds-R-Us 公司的高管决定为该公司最畅销的高血压药物研发新的生产设备。他们现在面临的问题是确定设施的规模（就生产能力而言）。去年，该公司以每单位 13 美元的价格售出了 1,085,000 万单位这种药。他们认为这种药物的需求通常是在未来 10 年内每年增加大约 59,000 个单位，标准偏差为 30,000 个单位。他们预计这种药物的价格会以每年 3% 的速度增长。可变生产成本目前为每单位 9 美元，预计今后数年还将以通货膨胀率增加。其他运营成本预计在运营的第一年每单位产能为 1.50 美元，随后几年会随着通货膨胀率增加。工厂建设成本预计为 1,800 万美元，每年生产能力为 100 万单位。该公司可以将年生产能力提高到这一水平以上，每单位额外生产能力的成本为 12 美元。假设在工厂完工时，公司必须为工厂支付费用，而其他现金流则在每年年底发生。该公司使用现金流的 10% 的贴现率进行财务决策。

   a. 创建一个电子表格模型来计算这个决策的净现值（NPV）。
   b. 一个年产 120 万单位的工厂预期的净现值是多少？
   c. 一个年产 140 万单位的工厂预计的净现值是多少？
   d. 如果他们想要以 90% 的概率就这个项目获取正的净现值，那么公司应该建造多大的工厂？

31. 当地一家汽车经销商的老板刚刚接到地区经销商的电话，他说，如果经销商下周六至少销售 10 辆新车，那么将会获得 5,000 美元的奖金。从过去的数据来看，周六经销店一般会有 75 位潜在顾客来看车，但是没有办法确定这个星期六到底有多少顾客来。店主相当肯定这个数字不会少于 40，但同时也觉得不会超过 120（这是一天内出现最多的客户数量）。店主决定，平均来看，在经销商处看车的顾客中大约有十分之一会购买汽车，或者任意客户有 10% 的可能性（或 10% 的机会）会购买一辆新车。

   a. 创建一个电子表格模型，分析生产经销商在下周六可能出售的汽车数量。
   b. 经销商获得 5,000 美元奖金的概率是多少？
   c. 如果你是经销商，你愿意花在销售激励上的最大金额是多少？

32. 莎拉·本森博士是一名眼科医生，除出售眼镜和隐形眼镜外，还做激光手术矫正近视。这个手术很简单且便宜，因此这是大显身手的机会。为了让大家了解整个手术过程，本森博士在当地的报纸上做了广告，在她的办公室里每周举行推荐会，她展示了一个关于这个过程的 DVD，并回答了潜在病人可能有的任何问题。举行推荐会的房间可以容纳 10 人，而且需要预定。每周参加推荐会的人数都不同。如果有两个或更少的人预定，那么本森博士就取消会议。根据前一年的数据，本森博士确定了预定的分配情况如下：

预约数量	0	1	2	3	4	5	6	7	8	9	10
概率	0.02	0.05	0.08	0.16	0.26	0.18	0.11	0.07	0.05	0.01	0.01

使用过去一年的数据，本森博士确定每个参加推荐会的人有 0.25 的概率进行手术。在那些不手术的人当中，大多数人主要是那 2,000 美元手术费用。

   a. 平均来说，本森博士每周在激光手术中所的收入是多少？
   b. 平均而言，如果本森博士不取消只有两个或更少预定的会议，那么每星期激光手术会收入多少？
   c. 本森博士认为，如果她将价格降低到 1,500 美元，那么参加推荐会的 40% 的人将接受手术。在这种情况下，本森博士每周从激光手术中获得的收入是多少？

33. Richman 金融服务的 24 小时客户热线的电话数服从泊松分布，在一天的不同时间内具有以下的平均率：

时间段	每小时平均电话数	时间段	每小时平均电话数
0 点～1 点	2	12 点～13 点	35
1 点～2 点	2	13 点～14 点	20
2 点～3 点	2	14 点～15 点	20
3 点～4 点	4	15 点～16 点	20
4 点～5 点	4	16 点～17 点	18

时间段	每小时平均电话数	时间段	每小时平均电话数
5 点～6 点	8	17 点～18 点	18
6 点～7 点	12	18 点～19 点	15
7 点～8 点	18	19 点～20 点	10
8 点～9 点	25	20 点～21 点	6
9 点～10 点	30	21 点～22 点	5
10 点～11 点	25	22 点～23 点	4
11 点～12 点	20	23 点～24 点	2

Richman 的客户服务代表每处理一个电话大约需 7 分钟，并被指派工作 8 小时，从整点开始进行服务。平均而言，Richman 希望他们可以提供 98%的服务水平。

a. 确定客户热线接线人员的上班时间表，使 Richman 能够使用最少的员工达到他们的服务水平目标。

b. 根据你的最优解，Richman 应该雇用多少客户服务代表，如何安排他们的工作？

34. 欧式看涨期权允许个人在未来某一特定日期（到期日）买特定股票（执行价格）。这类型的看涨期权通常在到期日时期权预期价值的净现值出售。假设你拥有一个看涨期权，执行价为 54 美元。如果股票在到期日的价值是 59 美元，那么你可以行使你的选择权买入股票，赚取 5 美元的利润。另一方面，如果股票在到期日的价值是 47 美元，那么你就不会行使你的期权，利润是 0 美元。研究人员建议用以下模型仿真股票价格的运动：

$$P_{k+1}=P_k(1+\mu t+z\sigma \sqrt{t})$$

其中，

P_k 为在第 k 个时间周期的股票价格；$\mu=v+0.5\sigma^2$；v 为股票的期望年增长率；σ 为股票年增长率的标准偏差；t 为时间周期区间（以年表示）；z 为均值为 0、标准差为 1 的正态分布的随机观测值。

假设股票的初始价格（P_0）为 80 美元，预期年增长率（v）为 15%，而标准差（σ）为 25%。

a. 创建一个电子表格模型来仿真该股票在未来 13 周的价格表现(注意 $t=1/52$，因为时间是以周计的)。

b. 假设你有兴趣购买一个看涨期权，其执行价格为 75 美元，并在第 13 周到期。平均而言，你能从这个选项中获得多少利润？

c. 假设无风险贴现率为 6%。你今天想为这个期权付多少钱？（提示：使用 Excel 的 NPV 函数。）

d. 如果你购买这个期权，那么获利的概率是多少？

35. 参考前面的问题。另一种类型是亚洲期权。它的回报不是基于股票到期日的价格，而是基于期权的平均价格。假设一只股票的初始价格为 80 美元，期望年增长率（v）为 15%，而标准差（σ）为 25%。

a. 创建一个电子表格模型来仿真该股票在未来 13 周的价格行为(注意 $t=1/52$，因为时间是以周计的)。

b. 假设你有兴趣购买一个看涨期权，其执行价格为 75 美元，并在第 13 周到期。平均而言，你能从这个期权中获得多少利润？

c. 假设无风险贴现率为 6%。你今天应该愿意为这个期权付多少钱？（提示：使用 Excel 的 NPV 函数。）

d. 如果你购买期权，那么获利的概率是多少？

36. Amanda Green 有兴趣投资下列共同基金，这些基金的收益服从指定均值和标准差的正态分布：

	Windsor	Columbus	Vangyard	Integrity	Nottingham
均值	17.0%	14.0%	11.0%	8.0%	5.0%
标准差	9.0%	6.5%	5.0%	3.5%	2.0%

基金之间的相关系数如下表：

	Windsor	Columbus	Vangyard	Integrity	Nottingham
Windsor	1	0.1	0.05	0.3	0.6
Columbus		1	0.2	0.15	0.1
Vangyard			1	0.1	0.2
Integrity				1	0.4
Nottingham					1

　　a. 当 Amanda 以相同的概率投资于这 5 种共同基金时，投资组合的期望回报和标准偏差是什么？

　　b. 假设 Amanda 愿意承担与她投资组合中标准偏差的 5%的相关风险。什么样的投资组合会给她最大的预期回报？

　　c. 构建这个投资组合的有效边界。你怎么向 Amanda 解释这个图表呢？

37. Michael 经营着一家专业服装商店，销售大学运动服。他的基本业务之一是销售定制的屏幕印花运动衫，用于大学橄榄球赛。他正在考虑确定为即将到来的 Tangerine Bowl 比赛生产多少件运动衫。在比赛前一个月，Michael 计划以 25 美元的价格出售他的运动衫。按照这个价格，他认为对运动衫的需求将是三角分布，最低需求为 10,000，最大需求为 30,000，最可能的需求是 18,000。在比赛结束后的一个月里，Michael 计划以每件 12 美元的价格出售剩余的运动衫。在这个价位上，他认为对运动衫的需求也是三角分布，最低需求为 2,000，最大需求为 7,000，最可能的需求是 5,000。在比赛结束两个月后，Michael 计划将剩余的运动衫卖给一家商店，该商店同意购买多达 2,000 件运动衫，价格为每件 3 美元。Michael 可以订购 3,000 件定制的丝网印刷的运动衫，每件 8 美元。

　　a. 平均来说，如果 Michael 订购 18,000 件运动衫，那么他能赚多少钱？

　　b. 如果想最大化预期利润，那么他应该订购多少件衬衫？

38. Major Motors 公司正考虑是否开发一种中型汽车。公司的董事只希望在未来十年，至少有 80%的机会能产生净现值。如果该公司决定生产汽车，那么将不得不支付一个不确定的初始启动成本，遵循三角分布，最低价值 20 亿美元，最高价值 24 亿美元，最有可能价值 21 亿美元。第一年，该公司将生产 1,010 万台。第一年的需求是不确定的，但预计服从均值为 9.5 万、标准差为 7,000 的正态分布。如果某年需求超过生产量，那么将在第二年增加生产 5%。若某年生产量超过需求，则生产将在明年减少 5%，多余的汽车将以 20%的折扣卖给租车公司。第一年后，任何年份的需求都将被建模为一个服从正态分布的随机变量，其平均值等于前一年的实际需求、标准差为 7,000。第一年，汽车的销售价格是 13,000 美元，每辆车的总可变成本预计为 9,500 美元。销售价格和可变成本预计每年都以通货膨胀率增长，假设通货膨胀率在 2%~7%之间均匀分布。该公司使用折现率 9%来贴现未来现金流。

　　a. 为这个问题创建一个电子表格模型。如果他们决定生产这款车，那么最小的、平均的和最大的 NPV 是多少？（提示：考虑使用 NPV()函数来贴现 Major Motors 每年的利润。）

　　b. Major Motors 公司在未来 10 年获得正的净现值的概率是多少？

　　c. 他们应该生产这种车吗？

39. Schriber 公司每年必须决定对公司的退休金计划投资多少资金。该公司使用一个十年期规划来确定未来十年中每年所做的投资，它只允许有 10%的资金短缺。然后该公司从本年度开始这一投资，并在随后的每一年重复这个过程，以确定每年的具体数额（去年，该公司为该计划投资了 2,300 万美元）。养老金计划包括两种类型的员工：时薪员工和雇员。在本年度，将有 6,000 名前时薪员工和 3,000 名前雇员从这个计划中获得福利。一年内时薪员工的退休人数的变化预计服从平均值为 4%、标准差为 1%的正态分布。一年内雇员的退休人数的变化预计在 1%~4%之间，且预计服从平均值为 2%，标准差为 1%的截尾正态分布。目前，时薪退休人员的平均福利是每年 1.5 万美元，而等薪退休人员的平均年收入为 4 万美元。预计这两种平均数每年都会随着通货膨胀率的增加而增加。根据三角分布，假设值在 2%~7% 之间，最有可能的取值为 3.5%。目前该公司养老基金的余额为 15 亿美元。该基金的投资每年获得的收益服从均值为 12%、标准差为 2% 的正态分布。为这个问题创建一个电子表格模型，并使用仿真来确定公司在当前年度应该做出的养老金投资。你的建议是什么？

案例 12.1 生活美好亦或破产离世

（受 John Charnes 博士的演讲启发。）

对于投资顾问来说，为退休客户制定计划主要考虑的是确定提款金额，这将为客户提供必要的资金，以维持他或她在整个剩余生命中所期望的生活水平。如果客户提取太多，或者投资回报低于预期，那么就有可能耗尽资金或降低预期的生活水平。可持续的退休基金是经通货膨胀调整后的货币金额，客户可以定期从他的退休基金中提取，以确定计划的范围。由于投资回报的随机性，不能完全确定这一数额。通常情况下，可持续的退休计划是通过将资金耗尽的可能性限制在某些特定的水平（如 5%）来制定的。可持续退休提取金额通常表示为退休投资组合中资产初始价值的百分比，但实际上是客户每年生活费用经过通货膨胀调整后的货币量。

假设一位投资顾问 Roy Dodson 正在帮助一位丧偶的客户确定可持续的退休计划。这位客户是一位 59 岁的女性，她在两个月内就 60 岁了。她在暂缓征税的退休账户里有 100 万美元，这将是她退休收入的主要来源。Roy 为他的客户设计了一个投资组合，预期收益服从均值为 8%、标准偏差为 2% 的正态分布。每年年初在客户的生日时提款。

基于长期历史数据，Roy 假设通货膨胀率为 3%。因此，如果客户在第一年开始的时候提款 40,000 美元，那么在第二年开始时经通胀调整后的提款将是 41,200 美元，第三年的提款将是 42436 美元，等等。

在最初的分析中，Roy 假设他的客户将活到 90 岁。在咨询客户后，他还需要把"她在去世前将钱用完"的可能性限制到为最高 5%。

1. Roy 建议客户在 60 岁生日时提取的最大金额是多少？如果客户活到 90 岁，那么她应该给继承人多少钱呢？

2. Roy 现在担心的是他的分析是基于客户将活到 90 岁的假设。毕竟，她很健康，可能活到 110 岁，或者也可能在 62 岁时车祸中去世。为了解释客户死亡年龄的不确定性，Roy 希望将客户剩余的预期寿命建模为 0~50 年之间的随机变量，它遵循对数正态分布，其平均值为 20、标准偏差为 10（四舍五入到最接近的整数）。在这种假设下，Roy 应该建议他的客户在她 60 岁生日时提取的最大金额是多少？客户期望留给她的继承人多少钱？（提示：修改电子表格，以调整年龄高达 110 岁，并使用 VLOOKUP() 函数在她死亡的随机年份中返回最后余额。）

3. Roy 现在很高兴能在他的客户预期寿命中对不确定性进行建模。

但他现在对客户去世之前将会用完钱的可能性降到 5% 很好奇。他特别想知道，可持续的提取现金对这 5% 的假设有多大的影响。为了回答这个问题，创建一个有效的边界，显示最大的可持续提取金额，其中资金耗尽的可能性从 1%~10% 不等。Roy 应该如何向他的客户解释这张图表的含义？

4. 假设 Roy 的客户有三个孩子，他们希望在她去世后有 95% 的概率每个人至少继承 25 万美元。在这种假设下，Roy 应该建议客户在她 60 岁生日时提出的最大金额是多少？客户期望留给她的继承人多少钱？

案例 12.2 死亡和税收

本杰明·富兰克林曾经说过:"世界上只有两件事情不可避免,那就是税收和死亡。"虽然这可能是真的,但一个人面临死亡也有很大的不确定性,在死亡之前他必须缴纳多少税往往会有很大的不确定性。本杰明另一个重要贡献是对死亡和税收的不确定性做了评估。Benjamin Gompertz(1779—1865)是一位英国数学家,他通过研究地中海果蝇,从理论上提出死亡率随着年龄的增长而增加。当生物体变老时,它每单位时间死亡的概率呈指数增长。Gompertz 的死亡定理已经成为精算和财务规划活动的基石。

在一组给定年龄(如 65 岁)的人群中。有些人可能活不过一年。令 q_x 表示年龄为 x 的人在 $x+1$ 岁之前死亡的比例。q_x 的值有时称为 x 岁时的死亡率,根据 Gompertz 的法则,下面的公式有时被用来仿真死亡率:

$$q_x = 1 - \text{EXP}\left(\frac{(LN(1-q_{x-1}))^2}{LN(1-q_{x-2})}\right)$$

死亡率在大众理财计划和退休计划中扮演着重要的角色。例如,大多数人都不愿意退休,除非确信自己有足够的资产来维持自己的经济生活。此类决策相关的不确定性成为电子表格仿真的一个完美应用。

下面的问题让你有机会去探索一些精算师和理财规划师每天面对的问题。假设 63 岁和 64 岁男性的死亡率分别为 $q_{63}=0.0235$ 和 $q_{64}=0.0262$,而 63 岁和 64 岁女性的死亡率分别为 $q_{63}=0.0208$ 和 $q_{64}=0.0225$。[请记住,Risk Solver Platform for Education 每个工作簿为你提供 100 个不确定(RNG)单元格。因此,可能需要针对问题 8、9、10 在不同的工作簿中构建模型。]

1. 平均来说,65 岁的男性预期活到什么岁?
2. 一个 65 岁的男性至少活到 80 岁的概率是多少?
3. 一个 65 岁的男性恰好活到 80 岁的概率是多少?
4. 平均来说,70 岁的男性预期活到什么岁?
5. 70 岁的男性至少活到 80 岁的概率是多少?
6. 70 岁的男性恰好活到 80 岁的概率是多少?
7. 假设一名 65 岁的男性有 120 万美元的退休投资,收益率为 8%。假设他打算在退休后的第一年提取 10 万美元,在随后的几年每年再多提 3% 以适应通货膨胀。每年的利息收入被记入初始余额减去一半的提取金额。例如,第一年的利息收入是 0.08×($1,200,000-$100,000/2)=$92,000。这个人活得超过他的退休资产可负担时间的概率是多少(假设他每年都花光所有的钱)?
8. 参考前面的问题。假设每年的利率可建模为一个正态分布的随机变量,均值为 8%、标准差为 1.5%。进一步假设每年的通货膨胀率为 2%、3% 和 5%。即假设每年的通货膨胀率是一个服从三角分布的随机变量,其最小值、最可能取值和最大值分别为 2%、3% 和 5%。在这种情况下,这个人的生命超过他的退休资产可负担时间的概率是多少(假设他每年都花光所有的钱)?
9. 假设在前一个问题中描述的人有一个 65 岁的妻子,她是退休资产的共同所有人。在夫妻二人去世之前,退休资产将被耗尽的概率是多少(假设他们每年都要花掉所有的钱)?
10. 参考前面的问题。如果这对夫妇想要在他们去世之前最大有 5% 的机会耗尽他们的退休资产,那么他们在第一年的计划中应该花多少钱呢?

案例 12.3 Sound's Alive 公司

（由佩斯大学鲁宾商学院的 Jack Yurkiewicz 博士提供。）

Marissa Jones 是 Sound's Alive 公司的总裁兼首席执行官，该公司生产和销售一系列扬声器、CD 播放机、收音机、高清电视机及其他适合家庭娱乐市场的产品。在整个行业中，为了给市场带来高质量的创新产品，Marissa 正在考虑在产品线中增加一个扬声器系统。

在过去的几年里，扬声器市场发生了巨大的变化。最初，高保真的狂热者知道，要复制声音覆盖最广的音域——从最低的釜鼓到最高的小提琴——一个扬声器系统必然是大而重的。扬声器有不同类型：产生低音调的低音扬声器，产生高音的高音扬声器，产生中间广泛频谱的中程驱动器。许多扬声器系统至少有三个驱动器，但有些甚至更多。问题是这样的系统太大了，除最大的房间外，消费者不愿意花费数千美元，放弃宝贵的墙壁空间，以获得这些扬声器重放的优美声音。

这一趋势在过去几年中发生了变化。消费者仍然想要好的声音，但是他们想要小盒子。因此，卫星系统开始流行起来。卫星系统由两个小盒子组成，可以容纳一个（包括中档和高频）或两个（一个中档和高频扬声器）驱动器。卫星系统可以很容易地安装在墙上或架子上。要重现低音，需要一个边长 18 英寸的立方体的单独低音炮，它可以放在房间的任何地方。这些卫星系统占用的空间比典型的大型扬声器系统要少，而且音质几乎一样好，但是只花费数百美元，这些卫星系统是高保真市场上的热门产品。

最近，家庭娱乐——高保真（接收机、音箱、CD 播放机、DVD 播放机等）、电视（大屏幕显示器、数码录像机、激光播放机）、电脑（带有声音的游戏、虚拟现实软件等等）——已经融入家庭影院概念。为了仿真电影的环境，家庭影院系统需要传统的立体声扬声器系统和在房间后部放置的其他扬声器，以产生环绕立体声的效果。虽然后置扬声器不一定与前置扬声器的高质量相匹配，因此可以便宜一些，但大多数消费者选择的是前后扬声器质量相同的系统，以同样的保真度再现所有频率的声音。

Marisa 想要进入的是这个扬声器市场。她正在考虑是否让 Sound's Alive 生产并出售一套由 7 个扬声器组成的家庭影院系统。三个小型扬声器——每个扬声器都有一个圆顶高音喇叭，可以将 200 赫兹的频率范围重现到 2 万赫兹（高频率到最高频率）——将放在前面，3 个类似的扬声器将被放置在房间的两侧和后面。为了重现最低的频率（35～200 赫兹），单个的低音炮也将是系统的一部分。这个低音炮是革命性的，因为它比普通的低音炮要小 10 英寸，而且它有内置的放大器来驱动它。消费者和评论家对早期原型系统的音乐感到兴奋，他们声称这些扬声器的声音和尺寸都是最好的。Marissa 对这些早期的评论感到非常鼓舞，尽管她的公司从来没有生产过有住宅标签的产品，但她认为，公司应该生产这个产品，进入家庭影院市场。

第一阶段：利润预测

Marissa 决定创建一个电子表格，预测未来几年的利润。在咨询了经济学家、市场分析师、本公司员工及其他销售自有品牌组件公司的员工后，Marissa 确信，这些扬声器在 2018 年的总收入将达到 600 万美元左右。她还必须考虑，一小部分扬声器在运输途中受损，或者在销售结束后不久将会由一些不满意的顾客退回。这些损益和津贴（R&A）通常以总收入的 2% 计算。因此，净收入仅是总收入减去 R&A。Marissa 认为，这些扬声器在 2018 年的人工成本将是 995,100 美元。到 2018 年，材料的成本（包括运送扬声器的箱子）应该是 915,350 美元。最后，她在 2018 年的管理费用（租金、照明、冬天供暖、夏天的空调、安全，等等）应该是 1,536,120 美元。因此，销售的商品成本是劳动力、材料和间接成本的总和。Marissa 认为总利润是净收入和销售成本之间的差额。此外，她还必须考虑销售、管理和行政（SG&A）费用。这些费用更难估计，但是标准的行业惯例是将 18% 的净收入作为这些费用的名义百分比值。因此，Marissa 税前利润是毛利润减去 SG&A 价值。为了计算税收，Marissa 将她的利润乘以税率，目前是 30%。然而，如果她的公司亏本经营，那么就不需要缴税。最后，Marissa 的净收入（或税后）利润仅仅是税前利润和实际税金之间的差额。

为了确定 2016 年至 2021 年的数据，Marissa 假设总收入、人工成本、材料成本和间接成本将会逐年增加。虽然这些项目的增长率很难估计，但 Marissa 数据显示，总收入将以每年 9% 的速度增长，劳动力成本每年将增长 4%，材料成本将每年增长 6%，而间接费用每年将增加 3%。她认为税率不会从 30% 的水平变化，SG&A 的价值将保持在 18%。

Marissa 创建的电子表格的基本布局如图 12-47 所示（本书的配套文件 Fig12-47.xlsm）。（暂时忽略竞争假设部分；我们稍后再考虑）构建电子表格确定 2018 年至 2021 年的价值，然后确定 4 年的总量。

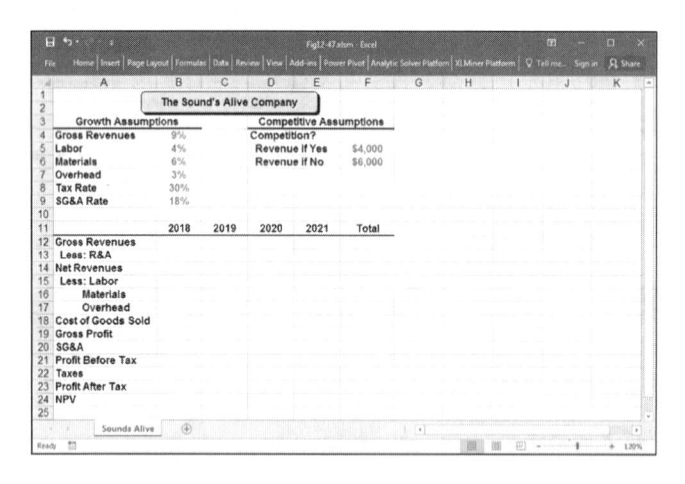

图 12.47　Sound's Alive 案例的电子表格模板

Marissa 不仅想确定 2018 年至 2021 年的净利润，她还必须向公司董事会证明自己的决定。从财务角度来看，她是否应该考虑进入这个市场？回答这个问题的一种方法是，找到在 2018 年至 2021 年期间净收益的净现值（NPV）。利用 Excel 的 NPV 能力，以目前 5% 的利率，在 2018 年至 2021 年期间找到利润值的 NPV。

为了避免电子表格中的大数值，请以"千美元"为单位输入所有数据进行计算。例如，输入劳动力成本为 995.10，间接成本为 1536.12。

第二阶段：将竞争引入模型

完成电子表格后，Marissa 确信进入家庭影院的扬声器市场对 Sound's Alive 是有利的。然而，在她的计算中没有考虑竞争因素。目前她最关注的是这个市场的领导者——Bose 公司。Bose 首创了卫星扬声器系统的概念，它的 AMT 系列非常成功。Marissa 担心 Bose 会进入国内市场，削减她的总收入。玛丽莎认为如果 Bose 进入市场，那么 Sound's Alive 仍然会盈利，然而，她将不得不将 2018 年的预期总收入从 600 万美元修改到 400 万美元。

为了说明竞争因素，Marissa 修改了她的电子表格，添加了一个竞争性假设的部分。单元格 F4 取 0（没有竞争）或 1（如果 Bose 进入市场）。单元格 F5 和 F6 提供了两种可能性的总收益估计（以数千美元计）。修改你的电子表格来考虑这些选项。使用 IF() 函数计算 2018 年总收入（单元格 B12）。如果 Bose 真的进入市场，那么 Marissa 的总收入会更低，但是劳动力、材料和间接成本也会降低，因为 Sound's Alive 将会生产和销售更少的扬声器。Marissa 认为，如果 Bose 进入市场，那么她 2018 年劳动力成本是 859170 美元；2018 材料成本 702,950 美元；而 2018 年的间接费用是 1,288,750 美元。她认为，不管 Bose 是否进入市场，她的增长率假设都将保持不变。在适当的单元格中使用 IF() 函数将这些可能的值添加到你的电子表格中。

看看 2018 年至 2021 年的净利润。特别地，研究两种情形的 NPV：Bose 进入或不进入家庭影院扬声器市场。

第三阶段：将不确定性引入模型

Jim Allison 是 Sound's Alive 的首席运营官，也是一位定量方法专家，在为 Marissa 提供各种收入和成本估算方面具有重要作用。他对增长率的基本估计感到不安。例如，尽管市场研究表明每年 9% 的总收入增长是合理的，但是 Jim 知道如果这个值是 7%，那么利润值和 NPV 会有很大的不同。更麻烦的是潜在的税收增加，这将打击 Sound's Alive。Jim 认为，税率可能会与预期的 30% 有所不同。最后，Jim 对这个行业的 SG&A 率的 18% 的标准估计的感到不安。Jim 认为这个值可能更高，或者更低。

Sound's Alive 的问题太复杂了，不能用假设的分析来求解，因为 7 个假设值可能会改变：总收入的增长率、劳动力、材料、管理成本、税率、SG&A 的百分比，以及 Bose 是否进入市场。Jim 相信蒙特卡罗仿真将是一个更好的方法。Jim 认为这些变量的行为可以进行如下建模：

总收入（%）：正态分布，均值=9，标准差=1.4。

劳动力增长（%）：正态分布，均值=3.45，标准差=1.0。

材料（%）	概率
4	0.10
5	0.15
6	0.15
7	0.25
8	0.25
9	0.10

管理成本（%）	概率
2	0.20
3	0.35
4	0.25
5	0.20

税率（%）	概率
30	0.15
32	0.30
34	0.30
36	0.25

SG&A（%）	概率
15	0.05
16	0.10
17	0.20
18	0.25
19	0.20
20	0.20

最后，Jim 和 Marissa 同意 Bose 将进入市场的可能性是 50%。

1. 使用仿真分析 Sound's Alive 的问题。基于你的结果，2018 年至 2021 年的预期净利润是多少？这个企业的预期净现值是多少？

2. 董事会告诉 Marissa，如果该公司的 NPV 至少有 500 万美元，那么股东会感到很满意。Sound's Alive 的家庭影院产生 500 万或者更多的 NPV 的概率有多大？

案例 12.4　Foxridge 投资集团

（受 MBA 学生 Fred Hirsch 和 Ray Rogers 为 Wyoming 大学的 Larry Weatherford 教授撰写的一份案例所启发。）

Foxridge 投资集团在弗吉尼亚州西南部购买和销售租赁资产。Foxridge 总裁 Bill Hunter 想让你帮助他分析一幢小公寓楼，集团有兴趣购买此栋公寓。

这是一个两层楼的小房子，每层有三个出租单元。该房产的购买价格为 17 万美元，相当于 3 万美元的土地价值和 14 万美元的建筑和修缮费用。在 27.5 年的时间里，Foxridge 将以直线法折旧建筑物和提高价值。Foxridge 集团将支付 4 万美元的首付款以获得该房产，并在 20 年的时间内为剩余的购买价格提供资金，每年支付 11% 的固定利率贷款。图 12.48（本书的配套文件 Fig12-48.xlsm）总结了上述相关信息。

如果所有单元都租出去，那么 Hunter 先生预计第一年的租金收入将达到 3.5 万美元，并期望以通货膨胀率（目前 4%）来增加租金。由于有些单元没有租出去且一些居民没能支付租金，因此 Hunter 先生考虑了 3% 的空置率和租金收入补贴（V&C）。营业费用预计约占租金收入的 45%，该集团的边际税率为 28%。

若该集团决定购买该房产，则他们的计划是持有该房产 5 年，然后将其出售给另一个投资者。目前，这一地区的房产价值以每年约 2.5% 的速度增长。当他们出售房产时，该集团将不得不支付售价的 5% 作为销售佣金。

图 12.49 是 Hunter 分析这个问题的电子表格模型。该模型首先使用图 12.48 中给出的数据和假设，生成未来 5 年内每年的预期净现金流。然后，它提供了在 5 年后出售房产所得收益的最终总结。该项目的总净现值（NPV）在单元格 I18 中计算，使用在图 12.47 单元格 C24 中 12% 的贴现率。因此，在将所有与该投资相关的未来现金流以每年 12% 折现后，该投资仍能产生 2007 美元的净现值。

尽管该集团多年来一直在使用这种分析方法做投资决策，但 Hunter 的投资伙伴之一最近在《华尔街日报》上读到一篇文章，内容是使用电子表格进行风险分析和仿真。因此，合作伙伴意识到与图 12.48 所示的许多经济假设的相关方面存在相当多的不确定性。在向 Hunter 先生解释了潜在的问题后，他们决定在决策之前对这个模型进行仿真。因为他们都不知道怎么做仿真，所以寻求你的帮助。

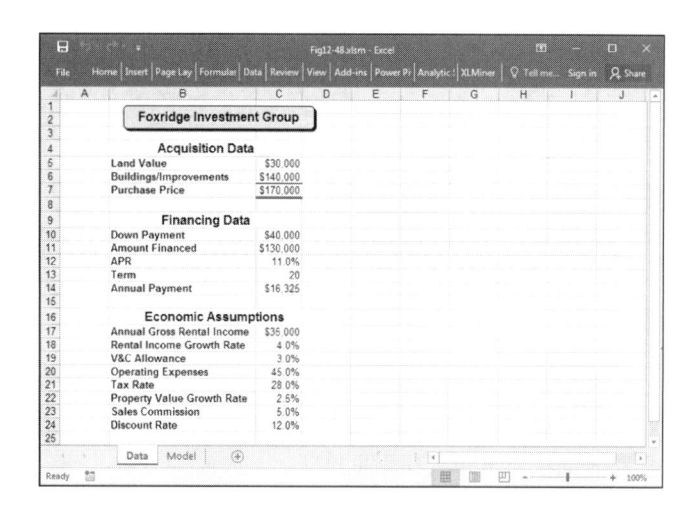

图 12.48　Foxridge 投资集团案例的假设

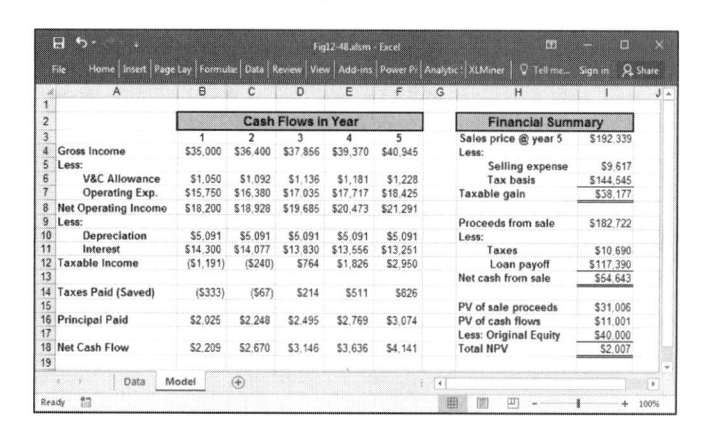

图 12.49　Foxridge 投资集团案例的现金流和财务总结

为了对这个决策问题的不确定性进行模型化，Hunter 先生和他的合伙人决定，在 2～5 年期间，租金收入的增长服从 2%～6% 的均匀分布。同样，他们认为每年的 V&C 津贴可能低至 1%，最高可达 5%，其中 3% 是最有可能的结果。他们认为每年的营业费用应该服从均值为 45%、标准差为 2% 的正态分布，但不能低于 40% 的增长率，也不能超过总收入的 50%。最后，他们认为房地产价值增长率可能低至 1% 或高达 5%，而 2.5% 是最有可能的结果。

1. 修改图 12.48 和图 12.49 所示的电子表格，以反映所描述的不确定性。

2. 为 Foxridge 投资集团投资项目的平均总净现值，建立一个 95% 的置信区间。解释这个置信区间。

3. 基于你的分析，如果这个项目使用 12% 的贴现率，那么这个项目产生正的净现值的概率是多少？

4. 如果预期的总净现值大于零，且假设投资者愿意购买。那么根据你的分析，他们是否应该购买这个房产？

5. 假设投资者决定将贴现率提高到 14%，然后重复问题（2）、（3）和（4）。

6. 折现率是多少会导致 90% 的机会产生一个正的净现值？

第13章 排 队 论

13.0 引言

我们似乎大部分时间都在排队。在杂货店、银行、机场、宾馆、饭店、剧院、主题公园、邮局和红绿灯前都要排队。在家里，用电话从邮购公司订购商品、拨打计算机硬件或软件公司的客服电话时，还是要花时间在"电子队列"里排队。

一些研究报告指出，美国人每年要花370亿小时来排队等待。这是对不可再生的有限资源（时间）的极大浪费。排队等待还使人们失望、易怒。所以，不难理解为什么商家对减少顾客的排队时间那么感兴趣。

排队等候的不仅包括人。在生产工厂里，零部件经常需要在装配中心等待下一步的操作。在影片租赁店，归还的碟片也必须等着整理放回储放架以被再次出租。互联网上的电子数据有时在被发送到目的地之前在交换中心等候处理。减少零部件、碟片或电子数据等候的时间，能够节约成本或提高顾客服务水平。

排队论（queuing theory）这个术语是指处理等候队列的知识体系。排队论最早在20世纪早期由一个名叫A. K. Erlang的丹麦电信工程师在研究电话通话过程中的拥塞和等候时间时提出。从那时起，涌现出大量的定量模型，帮助商业人士更好地理解排队论，做出更好的决策。本章将介绍一些这样的定量模型，并介绍排队论中包含的其他问题。

13.1 排队模型的目的

大多数排队问题都着眼于确定一家公司应当提供的服务水平。例如，杂货店要确定一天中某个确定时间开放几台收银机，以便顾客不必等待太长时间就能结账；银行要确定一天中的不同时间安排多少柜员以维持可接受的服务水平；一家出租复印机的公司要确定雇用多少技术人员才能保证复印机得到及时维修。

在很多排队问题中，管理人员对所提供的服务水平有一定的控制。在刚才提及的例子中，通过雇用大量的服务者（服务者可以是收银机、柜员或技术人员），顾客等待的时间可保持一个最小值。但是，维护过多的空闲服务者成本高昂，或者实际上是浪费的。另一方面，雇用少量的服务者使提供服务的成本较低，但导致顾客的等待时间更长，引起顾客强烈的不满。所以，在提供服务的成本和拥有不满意客户的成本之间存在权衡。图13.1解释了权衡的本质。

图13.1表明，随着服务水平的提高，提供服务的成本也会增加，但是顾客不满的成本降低（因为顾客等待服务的时间缩短）。随着服务水平的降低，提供服务的成本降低，但是顾客不满的成本增加。很多排队问题的目标就是找到实现提供服务的成本和顾客满意度均衡的最优服务水平。

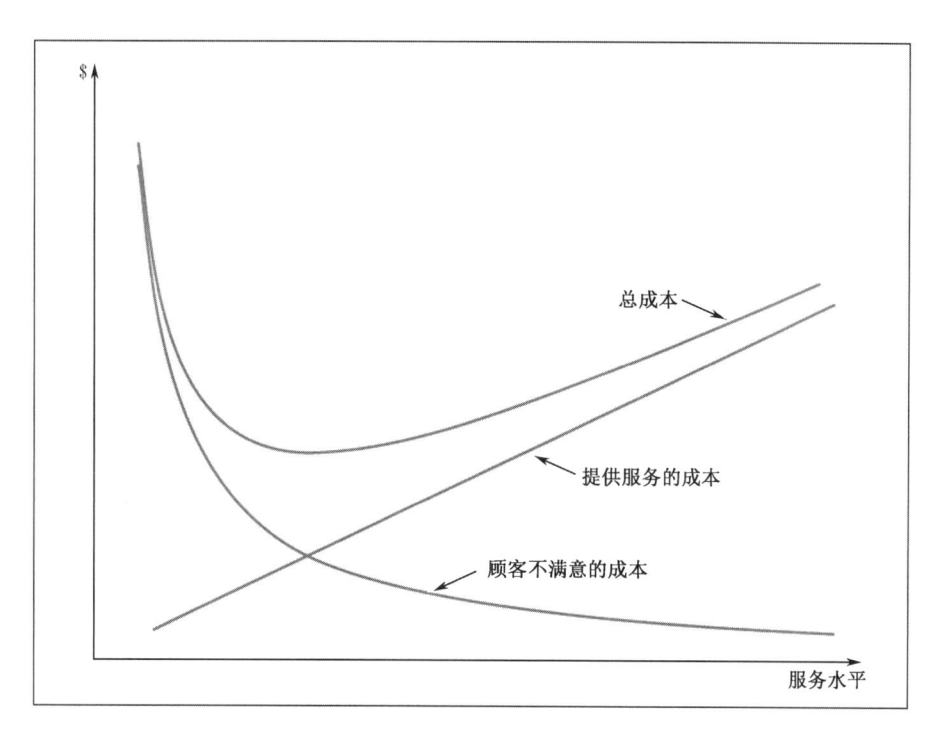

图 13.1　提供服务的成本和顾客满意度间的权衡

13.2　排队系统的结构

  日常生活中遇到的排队系统有各种各样的结构形式。图 13.2 给出了三种典型的结构。

  图 13.2 中的第一种结构是单队列单服务台系统。在这种排队结构中，顾客进入系统，在队列中按先进先出（First-in，First-Out，FIFO）的原则等候，接受服务，然后离开系统。这种类型的排队系统在很多 Wendy 快餐店和 Taco Bell 餐馆中得到使用。在自动柜员机（ATM）前等候的队列中，也可能是这种排队系统。

  图 13.2 中的第二种结构是单队列多服务台的排队系统。这里也是顾客进入系统，加入一个先进先出的队列。在到达队列最前面后，由有空的服务者提供服务。该示例中有三个服务者，但可能有更多或更少的服务者，具体取决于具体的问题。这种类型的排队系统在大多数机场办理登机手续的柜台、邮局和银行见到。

  图 13.2 中的第三种结构是单队列、单服务台系统的集合。在这种类型的排队结构中，当顾客到达时，必须选择其中一个队列，然后在该队列中等候接受服务。这种类型的队列可以在很多杂货店和大多数汉堡王、麦当劳快餐店看到。

  本章介绍用于分析图 13.2 中前两种队列结构的排队模型。在某些情形下，图 13.2 中的第三种结构可以按照独立的单队列、单服务台系统进行分析。因此，第一种队列结构的结论通过扩展也可用于分析第三种结构。

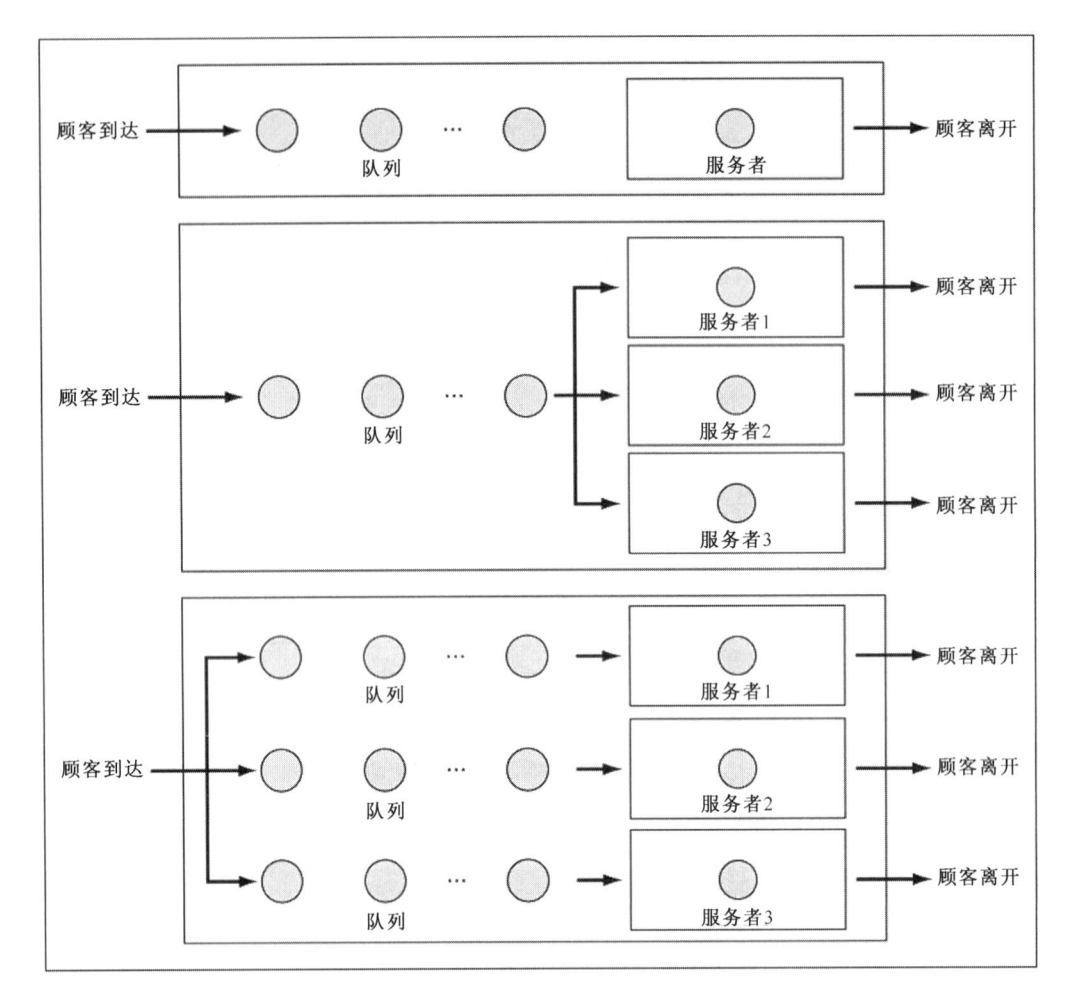

图 13.2 不同排队系统结构的举例

13.3 排队系统的特征

为建立和分析图 13.2 中排队结构的数学模型，须对顾客到达系统的方式和接受服务所花费的时间做出一些假设。

13.3.1 到达率

在大多数排队系统中，顾客（或生产环境中的作业）以某种随机的方式到达。也就是说，在给定时间内的到达次数是一个随机变量。在排队系统中，把到达过程看成一个服从泊松（Poisson）分布的随机变量比较合适。要使用泊松概率分布，必须给到达率赋值，用 λ 表示，表示单位时间内到达的平均数（对泊松随机变量而言，单位时间内到达数的方差也是 λ）。在给定的时间内，到达数目为 x 的概率是

$$P(x) = \frac{\lambda^x e^{-\lambda}}{x!}, \quad x = 0, 1, 2, \cdots \tag{13.1}$$

其中，e 是自然对数的底（e=2.71828），$x!=(x)(x-1)(x-2)\cdots(2)(1)$（这里 $x!$ 是 x 的阶乘，在 Excel 里可以用函数 FACT( ) 计算）。

例如，假设计算机零售商的客户服务热线每小时有 5 个电话打来，其服从泊松概率分布（$\lambda=5$）。每个小时打来电话次数的概率分布如图 13.3 所示（本书的配套文件 Fig13-3.xlsm）。

在图 13.3 中，B 列的值表示与 A 列中每个数值相关的概率。例如，单元格 B5 的值表示 1 小时内打来电话次数为 0 的概率是 0.0067；单元格 B6 表示 1 小时内打来电话次数为 1 的概率是 0.0337，等等。概率分布的直方图表明，平均来看，在 1 小时内接到的电话次数大约是 5。但是，因为泊松分布是右偏的，所以在大约 1 小时的时间段内打来的电话次数可能显著偏大（这里可能是 13 或者更多）。

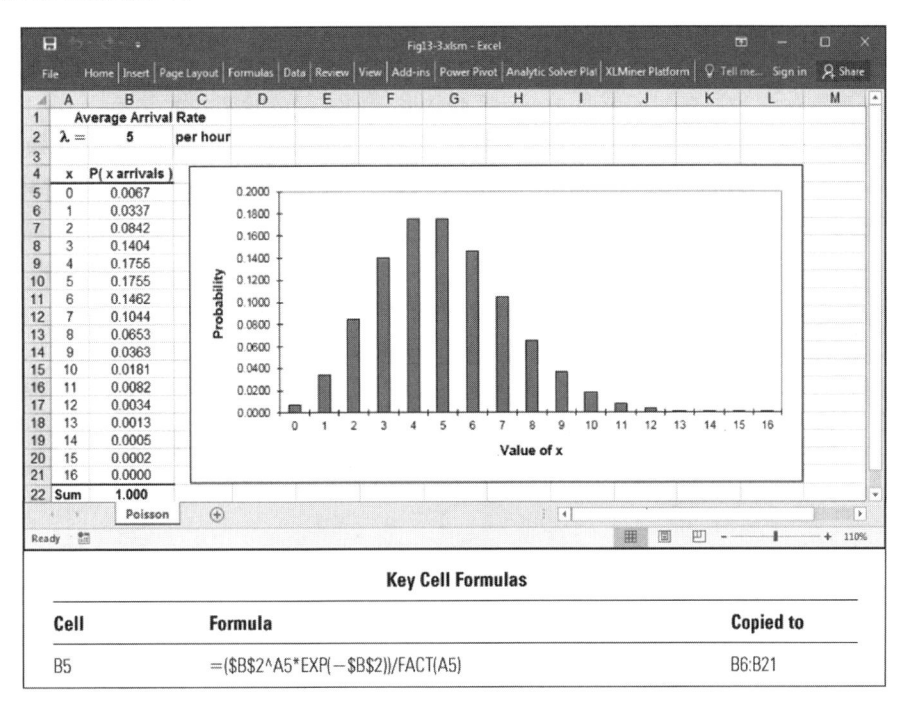

图 13.3 均值等于 5（$\lambda=5$）的泊松分布示例

图 13.3 表明，在 1 小时内接到 6 个电话的概率是 0.1462。但是，这 6 个电话可能不会同时打来。将要到达的电话之间时间间隔是随机的。到达之间的这段时间称为间隔时间。若在给定时间内到达次数服从均值为 λ 的泊松分布，则间隔时间服从均值等于 $1/\lambda$ 的指数概率分布。

例如，若计算机零售商服务热线上的电话数服从泊松分布，每小时平均有 5 个电话，则间隔时间服从平均间隔时间为 1/5=0.2 小时的指数分布。也就是说，平均每 12 分钟有一个电话打来（因为 1 小时有 60 分钟，0.2 小时×60 分钟/小时=12 分钟）。

指数分布在排队模型中起着关键作用，是显示无记忆（或缺少记忆）特性的少数概率分布之一。如果下次到达的时间与上次到达后流逝的时间无关，那么就说到达过程是无记忆性的。俄罗斯数学家马尔可夫（Markov）首次发现了一些随机变量的无记忆特征。因此，无记忆特性有时也称马尔可夫或马尔可夫性质。

本章介绍的所有排队模型都假定到达时间服从泊松分布（或间隔时间服从指数分布）。要使用这些模型，验证这一假定对所要建模的排队系统是否有效非常重要。验证到达服从泊松分布的方法之一就是收集在几个小时、几天或几周单位时间内到达次数的数据。从这些数据中计算出单位时间内平均的到达次数，这个数值可以作为 λ 的估计量，也可据此构造出实际数据的直方图，和均值为 λ 的泊松分布随机变量的实际概率直方图进行对比。如果直方图相似，那么

13.3.2 服务率

顾客排队从等候服务到开始接受服务要花费一些时间（也可能是 0），这个时间称为排队时间。服务时间是指服务开始后，顾客在接受服务过程中所花的时间（因此，服务时间不包括排队时间）。

通常将排队系统中的服务时间看成一个指数随机变量是比较合适的。要使用指数概率分布，必须为服务率指定参数，用 μ 表示，其含义是单位时间周期内可以服务的顾客或作业的平均数。每个顾客的平均服务时间就是 $1/\mu$ 个时期（每个顾客服务时间的方差就是 $(1/\mu)^2$ 个时期）。因为指数分布是连续的，所以指数随机变量等于特定值的概率为 0。因此，一个指数随机变量的概率必须以时间间隔定义。如果服务时间服从指数分布，那么给定顾客的服务时间为 T（$t_1 \leq T \leq t_2$）的概率定义为

$$P(t_1 \leq T \leq t_2) = \int_{t_1}^{t_2} \mu e^{-\mu x} dx = e^{-\mu t_1} - e^{-\mu t_2}, \quad t_1 \leq t_2 \tag{13.2}$$

例如，假设顾客服务热线的接线员 1 小时平均可以接 7 个电话，服务时间服从指数分布（$\mu=7$）。图 13.4（本书的配套文件 Fig13-4.xlsm）显示了服务时间落在几个时间间隔内的概率。

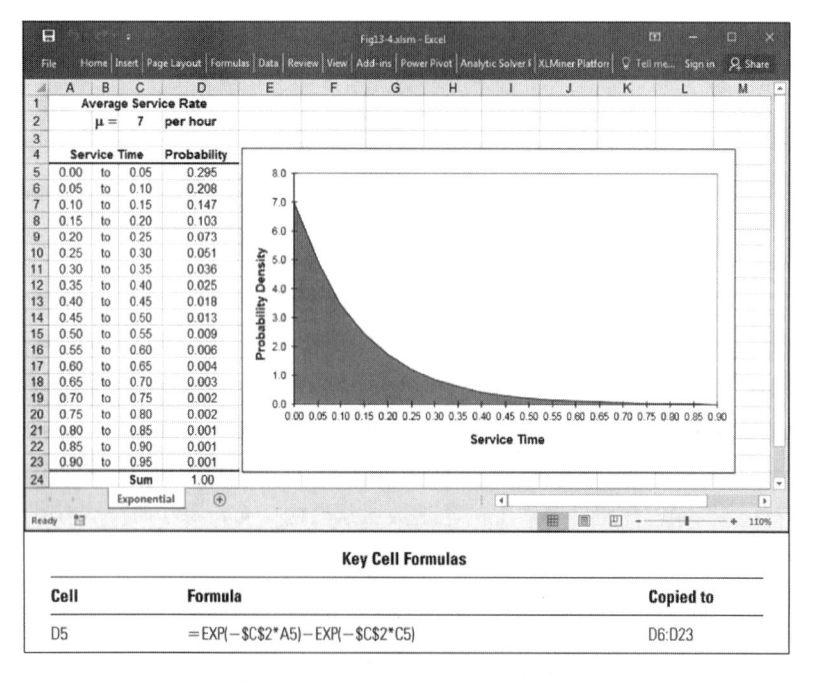

图 13.4 $\mu=7$ 的指数分布的示例

在图 13.4 中，单元格 D5 的值表示接一个电话花 0～0.05 小时（或 3 分钟）的概率是 0.295。同样，单元格 D9 的值表示接一个电话花 0.2～0.25 小时（或 12～15 分钟）的概率是 0.073。

图 13.4 中的数据和图表明，对于指数分布而言，较短服务时间的发生概率相对较大。实际上，就是用最少的时间提供最多的服务。这可能让我们认为指数分布往往低估多数顾客需要的实际服务时间。但是，指数分布也假定会出现需要很长的服务时间（尽管不常见）。这些较长的服务时间（不常见）会平衡较短的服务时间（很常见），这样平均来看，指数分布为许多实际问

题中服务时间的行为特征提供一个合理准确的描述。不过要记住，指数分布并不是对所有场景中的服务时间建模都那么适合。

服务速率可以使用指数分布来建模。对其进行验证的一种方法就是收集每个时间周期内（小时、天或周）的服务时间数据。从这些数据中，计算出单位时间内服务的顾客数量，这个值可以用来估计服务率 μ 量。用这些实际数据，构建服务时间落入不同区间内的相对频率分布图，并和服务率为 μ 的指数随机变量所在的每个时间间隔的期望实际概率分布相比较（如图 13.4 所示）。如果分布相似，那么假定服务时间近似服从指数分布就是合理的（其他拟合优度测试可以在大多介绍排队论和仿真的教材中找到）。

13.4 Kendall 记号

排队模型多种多样。Kendall 记号（Kendall Notation）系统可以用有效的方式反映特定排队模型的关键特征。Kendall 记号用如下形式中的三个特征一般就可以描述一个简单的排队：

$$1/2/3$$

第一个特征确定到达过程的属性，用下列规定的缩略语表示：M 为马尔可夫间隔时间（服从指数分布），D 为确定型的到达间隔时间（非随机变量）。

第二个特征确定服务时间的属性，用下列标准的缩略语表示：M 为马尔可夫服务时间（服从指数分布），G 为一般服务时间（服从非指数分布），D 为确定型的服务时间（非随机变量）。

最后，第三个特征表示可用服务者的数量。因此，使用 Kendall 记号，M/M/1 队列就表示这样的一个排队模型：两次到达的间隔时间服从指数分布，服务时间服从指数分布，服务者的数量是 1。M/G/3 队列表示排队模型中间隔时间被假定为指数分布，服务时间服从一般分布，同时存在三个服务者。

Kendall 记号可扩展为 6 个而不是 3 个队列特征。对此概念的完整描述可在高级排队论教材中找到。

13.5 排队模型

大量排队模型可以估算到达率分布、服务时间分布和其他排队特征的不同组合。本章只介绍其中几种模型。主要感兴趣的典型运作特征指标有：

运作特征指标	说明
U	利用率，或服务者繁忙的平均时间百分比
P_0	系统中没有顾客的概率
L_q	队列中等候服务的平均顾客数
L	系统中顾客的平均数（包括排队的和正在服务的）
W_q	一名顾客在队列中等候时间的平均值
W	一名顾客在系统中花费的总时间的平均值（包括排队和服务）
P_w	顾客到达后必须等候服务的概率
P_n	系统中有 n 名顾客的概率

这些运作特征指标的信息对管理者非常有用，管理者要在"提供不同服务水平的成本"和

"服务水平对顾客在排队系统中体验的影响"之间的权衡做出决策。在可能的情况下，研究者已经为某类特定排队模型的不同运作特征推导出解析式计算公式。例如，对 M/M/1 排队模型而言，公式如下：

$$W = \frac{1}{\mu - \lambda}$$

$$L = \lambda W$$

$$W_q = W - \frac{1}{\mu}$$

$$L_q = \lambda W_q$$

本章不讲解这些计算运作特征指标的推导过程，只简单介绍几种常见排队模型的计算公式，如何使用这些公式。这里使用的排队模型公式已在电子表格中建立好，可以在本书的配套文件 Q.xlsx 的电子表格模板中给出。图 13.5 给出了这些模板的导入界面。

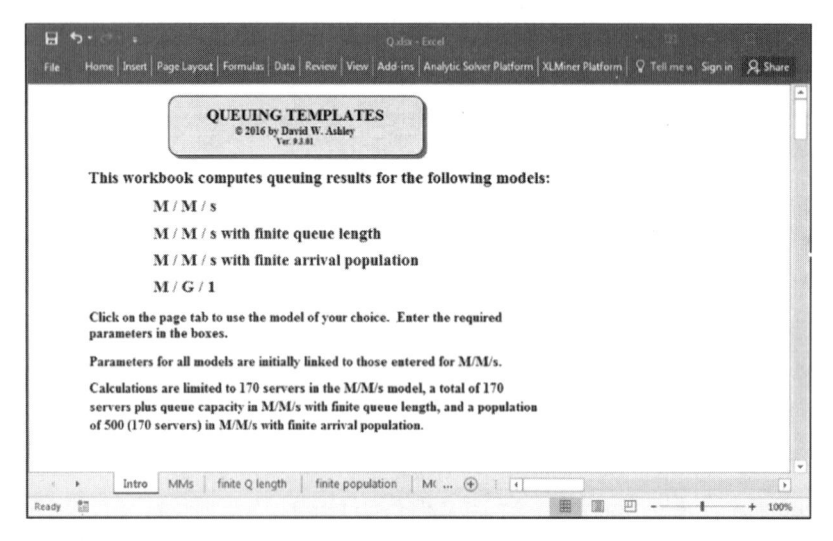

图 13.5 Q.xlsx 排队模板文件的导入界面

如图 13.5 所示，该文件的模板可以分析 4 种类型的排队模型：M/M/s 模型、有限队长 M/M/s 模型、有限客源的 M/M/s 模型和 M/G/1 模型。

13.6 M/M/s 模型

M/M/s 模型适合分析符合以下假设的排队问题：
- 有 s 个服务者，其中 s 是正整数。
- 到达数服从泊松分布（所以间隔时间服从指数分布），单位时间的平均到达率是 λ。
- 每个服务者单位时间内的平均服务率是 μ，实际的服务时间服从指数分布。
- 到达者在单列的、先进先出的队列中等候，且由第一个空闲的服务者提供服务。
- $\lambda < s\mu$。

最后这个假设表明系统的总服务能力 $s\mu$ 必须严格大于平均到达率 λ。若到达率超过了系统的总服务能力，则随着时间的增加，系统就会拥堵，队列也会变得无限长。实际上，只要平均

到达率 λ 等于系统平均服务率 $s\mu$，队列就会变得无限长。原因是，每个顾客的到达时间和服务时间都以一种不可预测的方式变化（尽管平均数是一个常数），因此一定有一些时间服务者是空闲的。这些空闲的时间永远消失了，服务者不可能在迫切需要服务的时候把这些失去的时间弥补回来（注意，需求不会永远消失，而是假定其耐心地等候在队列中）。只要 $\lambda \geqslant s\mu$，就会让服务者陷入绝望。

M/M/s 模型运作特征指标的公式在图 13.6 中给出。这些公式可能看起来有些令人生畏，但在电子表格模板中其实非常易于使用。

$$U = \lambda/(s\mu)$$

$$P_0 = \left(\sum_{n=0}^{s-1} \frac{(\lambda/\mu)^n}{n!} + \frac{(\lambda/\mu)^s}{s!} \left(\frac{s\mu}{s\mu-\lambda} \right) \right)^{-1}$$

$$L_q = \frac{P_0 (\lambda/\mu)^{s+1}}{(s-1)!(s-\lambda/\mu)^2}$$

$$L = L_q + \frac{\lambda}{\mu}$$

$$W_q = L_q / \lambda$$

$$W = W_q + \frac{1}{\mu}$$

$$P_{te} = \frac{1}{s!} \left(\frac{\lambda}{\mu} \right)^s \left(\frac{s\mu}{s\mu-\lambda} \right) P_0$$

$$P_n = \begin{cases} \dfrac{(\lambda/\mu)^n}{n} P_0, n > s \\ \dfrac{(\lambda/\mu)^n}{s! s^{(n-s)}} P_0, n > s \end{cases}$$

图 13.6　描述 M/M/s 队列运作特征指标的公式

13.6.1　举例

下例阐述如何使用 M/M/s 模型。

Bitway 计算机公司的顾客服务热线只有一名技术人员，最近时常堵塞。热线电话以每小时平均 5 个电话随机打来，且服从泊松分布。技术人员每小时平均接听 7 个电话，接听一个电话所需的实际时间是一个服从指数分布的随机变量。Bitway 公司的总裁 Rod Taylor 经常听到消费者的抱怨，说他们打服务热线时等候接听时间很长。Rod 想知道消费者在技术人员接听电话之前等待的平均时长。如果平均等待时间超过 5 分钟，他想确定需要多少技术服务人员才可以把平均等待时间减少到 2 分钟或 2 分钟以下。

13.6.2　当前情况

因为只有一个技术人员（或服务人员），造成了 Bitway 公司服务热线的阻塞，所以可以按照 M/M/1 排队模型计算热线电话排队的运作特征指标。图 13.7 给出了 Bitway 公司排队问题的模型求解结果。

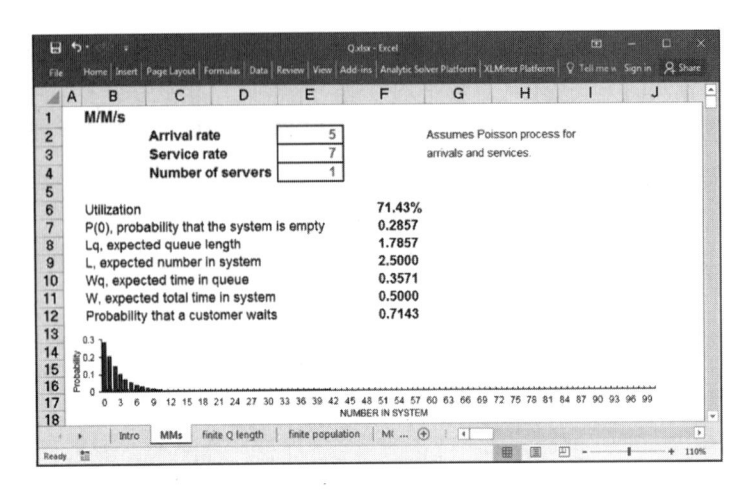

图 13.7 Bitway 公司顾客服务 M/M/1 模型的结果

单元格 E2、E3 和 E4 中的值分别表示本例中的到达率、服务率和服务者的数量。模型的不同运作特征指标是在 F 列中自动计算出来的。

单元格 F12 中的值表示拨打 Bitway 公司服务热线的呼叫者，在技术人员接受服务之前必须等候接听的概率为 0.7143。单元格 F10 的值表示平均等待时间是 0.3571 小时（约 21.42 分钟）。单元格 F11 的值表示，平均来看，在 Bitway 公司当前的热线结构下，一个呼叫者在系统中总共需要 0.5 小时（约 30 分钟），包括等待时间和接受服务的时间。因此，显而易见，消费者向 Bitway 公司的总裁抱怨是有道理的。

13.6.3 增加一名服务者

为了提升热线的服务水平，Bitway 公司准备研究一下，如果安排两名技术人员接听电话，系统的运作特征指标会如何变化。也就是说，打进来的电话可以由两名能力相同的技术人员中的任一人接听。这样就能用 M/M/2 模型计算这种结构的运作特征指标，如图 13.8 所示。

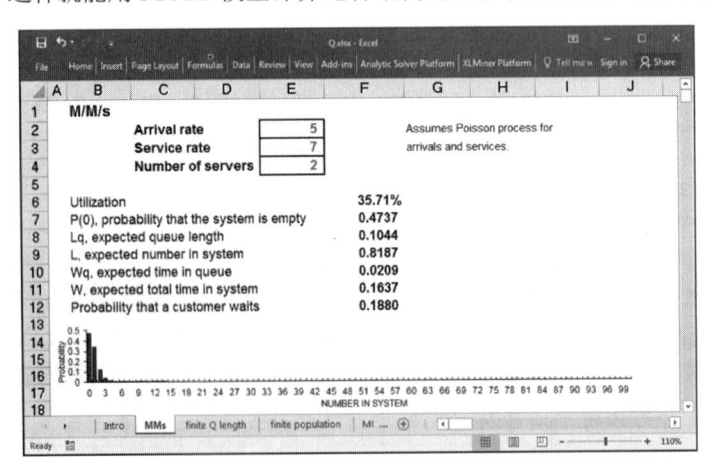

图 13.8 Bitway 公司顾客服务热线 M/M/2 模型计算结果

单元格 F12 中的值表示，如果有两名服务人员，呼叫者在接受服务之前必须等候接听的概率从 0.7143 显著地降到 0.1880。同样，单元格 F10 表示，呼叫者在接受服务前必须等待的平均时间降到 0.0209 小时（约 1.25 分钟）。因此，为客户服务热线增加一名技术人员就会达到 Rod

想要的平均 2 分钟等待时间的目标。

尽管增加一名服务者显著降低了呼叫者在接受服务之前的平均等待时间，但是这并不会减少服务时间的期望值。对于图 13.7 中只有一个服务者的 M/M/1 模型而言，在系统中总时间的期望值为 0.5 小时，排队时间期望值是 0.3571 小时。这意味着服务时间的期望值是 0.5-0.3571=0.1429 小时。对于图 13.8 中有两个服务者的 M/M/2 模型而言，在系统中总时间的期望值为 0.1637 小时，排队时间期望值是 0.0209 小时。这意味着预期的服务时间是 0.1637-0.0209=0.1429 小时（允许有稍许取整误差）。M/M/2 模型假定两个服务者可以以同等的速率提供服务——即每小时都接 7 个电话。因此，每个电话的平均服务时间就是 1/7=0.1429 小时，这和上面的观察结果一致。

13.6.4 经济分析

Bitway 公司从雇用一名技术人员到雇用两名技术人员，肯定增加一些额外成本，包括给新增技术人员付的薪水、福利，也包括多增加一条电话线路的费用。但是，两名服务者系统的服务水平会减少顾客抱怨的声音，并且可能制造口口相传的广告效应，为公司增加业务。Rod 想量化这些收益，以和增加一名顾客服务人员带来的成本进行比较。或许，Rod 可能只是想通过考察一下别的服务技术人员，引入竞争因素而已。

13.7 有限队长的 M/M/s 模型

图 13.7 和图 13.8 中的 M/M/s 模型都假定等待区域的容量或大小无限大。这样所有到达系统的顾客都加入队列中，并等待服务。但有些时候，系统等待的容量或大小有限制——换句话说，队列的长度是有限的。有限队长为 K 的 M/M/s 模型运作特征指标的公式如图 13.9 所示。

$$U = (L - L_q)/s$$

$$P_0 = \left(1 + \sum_{n=1}^{s} \frac{(\lambda/\mu)^n}{n!} + \frac{(\lambda/\mu)^s}{s!} \sum_{n=s+1}^{K} \left(\frac{\lambda}{s\mu}\right)^{n-s}\right)^{-1}$$

$$P_n = \frac{(\lambda/\mu)^n}{n!} P_0, n = 1, 2, \cdots, s$$

$$P_n = \frac{(\lambda/\mu)^n}{s! s^{n-s}} P_0, \ n = s+1, s+2, \cdots, K+s$$

$$P_n = 0, n > K + s$$

$$L_q = \frac{P_0 (\lambda/\mu)^s \rho}{s!(1-\rho)^2} \left(1 - \rho^{K-s} - (K-s)\rho^{K-s}(1-\rho)\right), \text{其中} \ \rho = \lambda/(s\mu)$$

$$L = \sum_{n=0}^{s-1} nP_n + L_q + s\left(1 - \sum_{n=0}^{s-1} P_n\right)$$

$$W_q = \frac{L_q}{\lambda(1-P_K)}$$

$$W = \frac{L}{\lambda(1-P_K)}$$

图 13.9 描述有限队长为 K 的 M/M/s 队列运作特征指标的公式

为便于说明该排队模型的应用，假定 Bitway 公司的电话系统在任意时间点最多可容纳 5 个通话。如果 5 个通话已经在队列中，新的通话打进时，电话呼叫者就会听到占线的忙音。减少这种打进电话遇到忙音现象的一个办法就是增加线路的容量。但是，如果应答电话后再使之等待过长的时间，那么呼叫者可能认为这比听到忙音更让人生气。因此，Rod 想研究如下问题：一名技术人员接听热线电话后，对打进电话听到忙音的数量，以及对呼叫者接受服务之前必须等待的平均时间有何影响。

13.7.1 当前状况

因为现在只有一名技术人员（或服务员）才造成 Bitway 公司顾客服务热线的拥塞，所以需要用有限排队长度为 5 的 M/M/1 模型计算现在的运作特征指标。图 13.10 给出了 Bitway 公司目前境况下应用模型计算的结果。

单元格 E2、E3 和 E4 中的值分别表示本例中的到达率、服务率和服务者的数量。单元格 E5 表示最大队列长度为 5。

单元格 F13 中的值表示呼叫者拨打 Bitway 公司的客户服务热线有 0.0419 的概率被阻碍（或在这种情况下会听到忙音）。阻碍是指到达者不能进入队列，因为队列已满或者太长了。单元格 F10 中的值表示此时平均的等待时间是 0.2259 小时（约 13.55 分钟）。单元格 F11 中的值表示，平均来看，在 Bitway 公司当前的热线结构下，呼叫者在等候服务和接受服务上总共要花 0.3687 小时（约 22.12 分钟）。

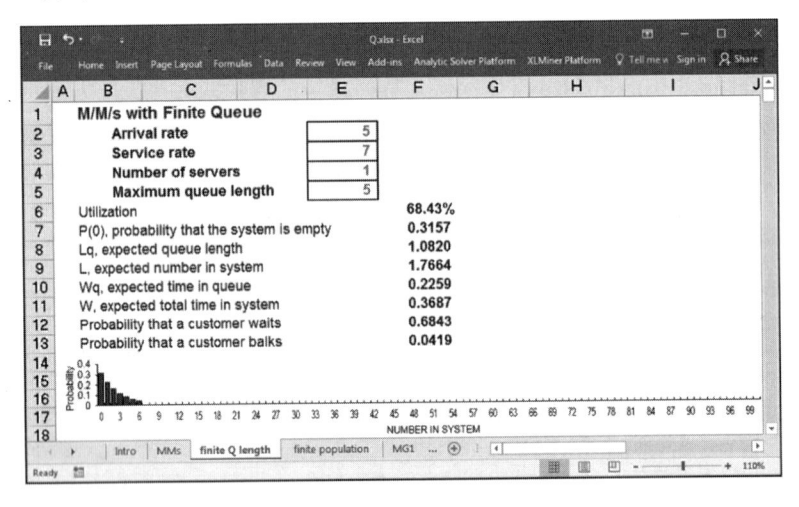

图 13.10　有限排队长度为 5 的 Bitway 公司顾客服务热线的 M/M/1 模型结果

13.7.2 增加一个服务者

为了提高热线的服务水平，Bitway 公司想知道，如果安排两名技术人员接电话，系统的运作特征指标如何变化。可以使用有限排队长度为 5 的 M/M/2 模型计算此时系统的运作特征指标，计算结果如图 13.11 所示。

单元格 F13 的值表示，在有两名服务者的情况下，呼叫者听到忙音的概率下降到 0.0007。同样，单元格 F10 表示呼叫者在服务开始前呼叫者等待的平均时间下降到 0.0204 小时（约 1.22 分钟）。因此，客户服务热线增加一名技术人员就可以实现 Rod 想要的两分钟平均等待时间的目标，并且几乎消除了顾客听到忙音的情况。这里再次强调，Rod 还要权衡增加一名技术服务人员的成本和消除顾客拨打客户服务电话时听到忙音所带来的收益。

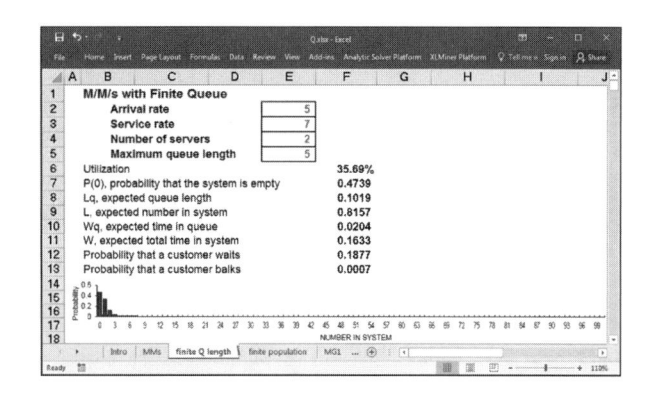

图 13.11　有限排队长度为 5 的 Bitway 公司顾客服务热线的 M/M/2 模型结果

13.8　有限客源的 M/M/s 模型

前面的排队模型都假定到达排队系统的顾客（或电话）来自一个无穷大顾客集。在这个假定下，无论系统中的电话数是多大，平均到达率 λ 都保持常数不变。

但是在一些排队问题中，到达的顾客数是有限的。换句话说，这些排队模型存在有限的到达者（或呼叫者）。在这种模型中，系统的平均到达率会因为队列中顾客数而变化。有限客源的 M/M/s 模型适合分析符合下列假设的排队问题：

- 有 s 名服务者，其中 s 为正整数。
- 到达者中有 N 个潜在的顾客。
- 每个顾客的到达服从平均到达率为 λ 的泊松分布。
- 每个服务者的平均服务率是 μ，实际的服务时间服从指数分布。
- 到达者在单列的、先进先出的队列中等候，且由第一个空闲的服务者提供服务。

注意，本模型中的平均到达率（λ）定义成每个顾客的到达率。有限客源为 N 的 M/M/s 模型运作特征指标的计算公式如图 13.12 所示。

$$P_0 = \left(\sum_{n=0}^{s-1} \frac{N!}{(N-n)!n!} \left(\frac{\lambda}{\mu}\right)^n + \sum_{n=s}^{N} \frac{N!}{(N-n)!s!s^{n-s}} \left(\frac{\lambda}{\mu}\right)^n \right)^{-1}$$

$$P_n = \frac{N!}{(N-n)!n!} \left(\frac{\lambda}{\mu}\right)^n P_0, \text{ 如果 } 0 \leq n \leq s$$

$$P_n = \frac{N!}{(N-n)!s!s^{n-s}} \left(\frac{\lambda}{\mu}\right)^n P_0, \text{ 如果 } s \leq n \leq N$$

$$P_n = 0, \text{ 如果 } n > N$$

$$L_q = \sum_{n=s}^{N} (n-s) P_n$$

$$L = \sum_{n=0}^{s-1} n P_n + L_q + s \left(1 - \sum_{n=0}^{s-1} P_n\right)$$

$$W_q = \frac{L_q}{\lambda(N-L)}$$

$$W = \frac{L_q}{\lambda(N-L)}$$

图 13.12　描述有限客源为 N 的 M/M/s 模型运作特征指标的公式

13.8.1 举例

有限客源的 M/M/s 模型最常见的应用就是机器修理问题，如下例所示。

Miller 制造公司有 10 台相同的机器，为纺织产业生产彩色尼龙线。机器的损坏服从泊松分布，每台机器每个工作小时平均损坏率为 0.01。一台机器不工作 1 小时给公司带来 100 美元的损失。公司雇用 1 名技术人员来维修这些损坏的机器。维修时间服从指数分布，每次维修平均花费 8 小时。因此，平均服务率就是每小时 1/8 台机器。管理者想分析新增一名服务技术人员对维修一台机器的平均时间有何影响。维修人员的工资是每小时 20 美元。

13.8.2 当前情况

本例中的 10 台机器就是一个可能损坏的有限客源集。因此，用有限客源的 M/M/s 模型来分析这个问题就非常适合。有关 Miller 制造公司机器维修问题的运作特征指标如图 13.13 所示。

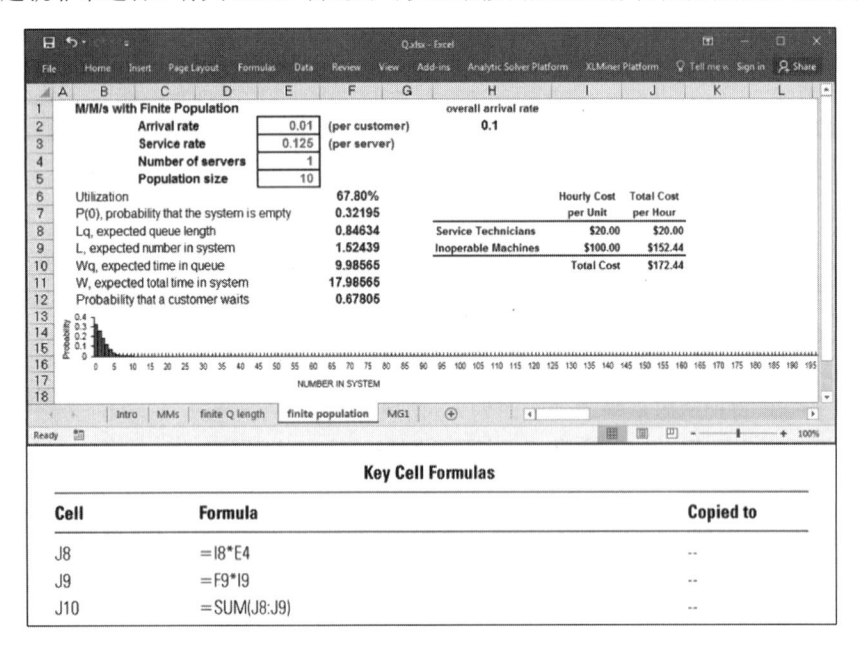

Cell	Formula	Copied to
J8	=I8*E4	--
J9	=F9*I9	--
J10	=SUM(J8:J9)	--

图 13.13 有限客源为 10 台机器的 Miller 公司生产机器维修问题的 M/M/1 模型结果

因为每台机器每小时的损坏率是 0.01，所以可以把它看成机器维修的到达率。因此，单元格 E2 中的值 0.01 代表每个顾客（机器）的到达率。技术人员对损坏机器的维修率是每小时 1/8=0.125 台机器，如单元格 E3 所示。服务者（技术人员）的数量如单元格 E4 所示。因为有 10 台可能发生损坏的机器，所以单元格 E5 的值为 10。电子表格在单元格 H2 中计算了整体到达率。因为有 10 台机器，每台机器每小时损坏的概率是 0.01，所以损坏机器的整体到达率为 10×0.01=0.1，如单元格 H2 所示。

这个排队系统的运作特征指标在单元格 F6 到单元格 F12 中计算。根据单元格 F11，一台机器损坏就会平均 17.98 小时不能工作。在这些停工时间中，单元格 F10 的值表明等待服务开始大约要 10 小时。单元格 F9 表明每个时间点大约都有 1.524 台机器停工。

用电子表格中的 H 列和 J 列计算目前情况下的经济分析。本例中有每小时工资为 20 美元的 1 名服务者（维修人员）。根据单元格 F9，任何一个小时里大约都有 1.524 台机器损坏。每台机器每停工 1 小时，公司损失 100 美元，单元格 J9 表明公司现在每小时由于机器停工会损失

152.44 美元。因此，当只有 1 名技术人员时，公司每小时的总成本是 172.44 美元。

软 件 说 明

文件 Q.xlsx 是经过"保护"处理的，这样就不会在这个模板中无意地覆盖或删除重要公式。有时你可能想把电子表格中的保护功能关闭，以使用自己的公式计算，或者按照自己的设计表现求解结果（如图 13.13 所示）。为此，按以下步骤操作：

(1) 单击"审阅"（Review）。

(2) 单击"不保护电子表格"（Unprotect Sheet）。

若不保护电子表格，则要特别注意不要改动电子表格中的公式。

13.8.3 增加服务者

图 13.14 给出了 Miller 制造公司增加一名技术人员时系统的运作特征指标。

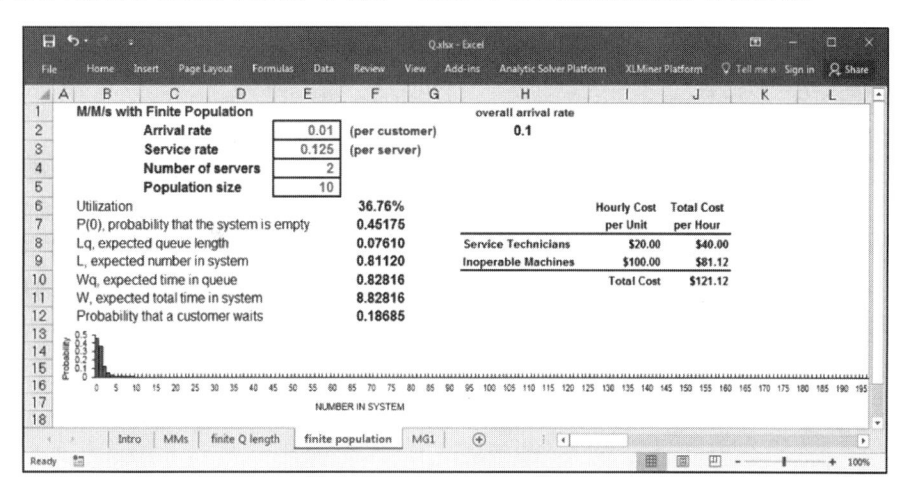

图 13.14 有限客源为 10 台机器的 Miller 公司机器维修问题的 M/M/2 模型结果

单元格 F10 表明，若一台机器发生故障，则相较于只有 1 名维修人员时 10 小时的等候时间，平均来看，开始维修仅需要 0.82 小时（约 49 分钟）。同样，单元格 F9 表明有两名技术人员的情况下，任何时间点平均停工的机器数仅为 0.81 台。因此，多增加 1 名维修人员，Miller 制造公司就会多 1 台工作的机器。虽然新增加 1 名技术人员使每小时的成本增长至 40 美元，但是系统中停工机器的减少为公司每小时节约了 71.32 美元（152.44-81.12=71.32）。所以，净节约成本 51.32 美元，单元格 J10 中的每小时总成本下降到了 121.12 美元。

图 13.15 给出了本例增加第三名技术维修人员的计算结果。注意，这样做的影响是，与图 11.34 中的方案相比，每小时劳动成本增加 20 美元，同时由于闲置机器所造成的损失仅降低了 6.36 美元。因此，把维修人员从 2 名增加到 3 名时，每小时的总成本从 121.12 美元上升到了 134.76 美元。所以，对 Miller 制造公司来说，其最优解就是雇用两名维修技术人员，因为这会使每小时的总成本最小。

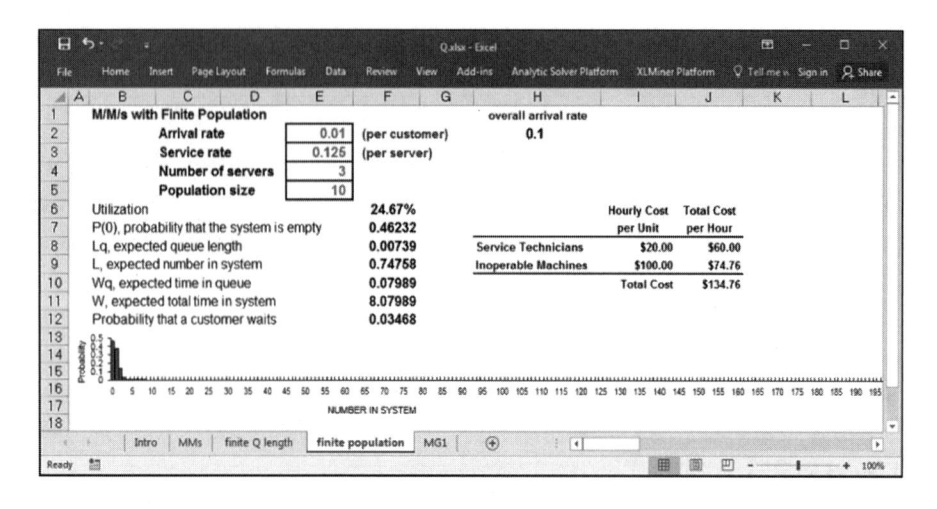

M/M/s with Finite Population				overall arrival rate	
Arrival rate	0.01	(per customer)		0.1	
Service rate	0.125	(per server)			
Number of servers	3				
Population size	10				
Utilization	24.67%		Hourly Cost per Unit	Total Cost per Hour	
P(0), probability that the system is empty	0.46232				
Lq, expected queue length	0.00739		Service Technicians	$20.00	$60.00
L, expected number in system	0.74758		Inoperable Machines	$100.00	$74.76
Wq, expected time in queue	0.07989			Total Cost	$134.76
W, expected total time in system	8.07989				
Probability that a customer waits	0.03468				

图 13.15 有限客源为 10 台机器的 Miller 公司机器维修问题的 M/M/3 模型结果

13.9 M/G/1 模型

到目前为止，讨论的所有模型都假定服务时间服从指数分布。如图 13.4 中前面提到的，服从指数分布的随机服务时间可以是任意一个正值。但是，在某些情况下，这个假设是不合实际的。例如，在汽车服务中心给汽车更换机油，这项工作可能至少需要 10 分钟，也可能需要 30 分钟、45 分钟甚至 60 分钟，这取决于具体的更换工作。M/G/1 排队模型可以帮助分析服务时间不能由指数分布描述的排队问题。描述 M/G/1 排队模型运作特征指标的公式总结在图 13.16 中。

$$P_0 = 1 - \lambda/\mu$$

$$L_q = \frac{\lambda^2 \sigma^2 + (\lambda/\mu)^2}{2(1 - \lambda/\mu)}$$

$$L = L_q + \lambda/\mu$$

$$W_q = L_q/\lambda$$

$$W = W_q + 1/\mu$$

$$P_{te} = \lambda/\mu$$

图 13.16 描述 M/G/1 排队模型运行参数的公式

M/G/1 模型非常有用，因为它可以用来计算任何一个只有一名服务者排队系统的运作特征指标，其中到达率服从泊松分布，服务时间的均值 μ 和标准差 σ 已知。即图 13.16 中的公式并不要求服务时间服从哪种特定的概率分布。下例介绍了 M/G/1 排队模型的应用。

Zippy-Lube 公司是一家免下车的汽车机油更换企业，每天营业 10 小时，每周营业 6 天。Zippy-Lube 公司更换机油的边际利润是 15 美元。轿车随机到达 Zippy-Lube 公司的机油更换中心服从泊松分布，到达率为平均每小时 3.5 辆。考察了该企业运营的历史数据之后，Zippy-Lube 公司的老板 Olie Boe 知道每辆汽车的平均服务时间是 15 分钟（或 0.25 小时），标准差为 2 分钟（或 0.0333 小时）。Olie 可以以 5,000 美元的成本购买一台全自动机油分装设备。厂家代表说这种新设备会把每辆汽车的服务时间减少 3 分钟（目前，Olie 的员工手动开启和倾倒油桶）。Olie 想分析自动分装设备会对企业有何影响，并确定这台设备的投资回收期。

13.9.1 当前情况

可以使用 M/G/1 队列描述 Olie 现有的服务设备。设备的运作特征指标如图 13.17 所示。

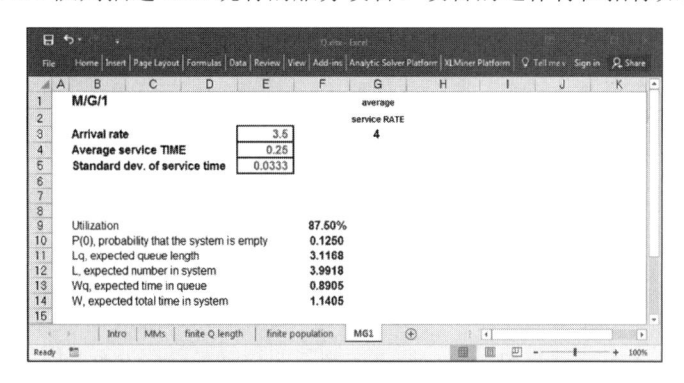

图 13.17　Zippy-Lube 案例 M/G/1 模型结果

单元格 E3 表示平均到达率：每小时 3.5 辆汽车。每辆汽车的平均服务时间（也以小时计）如单元格 E4 所示。服务时间的标准差（小时计）如单元格 E5 所示。

单元格 F11 表示在任意时间点，等候服务的汽车平均数为 3.12 辆。单元格 F14 表明，平均来看，1 辆汽车从到达到离开系统需要 1.14 小时（或约 68 分钟）。

13.9.2 购买自动分装设备

如果 Olie 购买了机油自动分装设备，那么每辆汽车的平均服务时间就会降到 12 分钟（或 0.2 小时）。图 13.18 反映了到达率保持常数（每小时 3.5 辆）不变造成的影响。

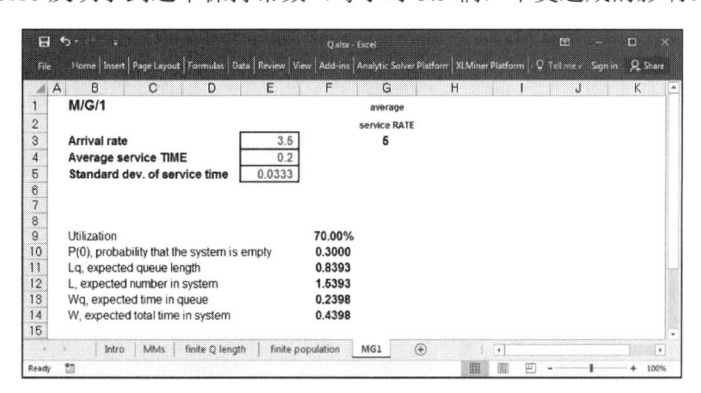

图 13.18　购买自动分装设备并假定到达量增加时，Zippy-Lube 案例 M/G/1 模型结果

单元格 F14 中的值表明，要购买的机油分装设备将一辆汽车在系统中花费的总时间从 1.14 小时减少到 0.4398 小时（或约 26 分钟）。单元格 F11 表明，平均来看，服务中心前的平均队长只有 0.8393 辆汽车。因此，机油自动分装设备的增加会大大提高服务水平。

新购自动分装设备减少了 Zippy-Lube 公司前面的排队汽车长度，但会增加到达率。因为先前碰到长队而放弃等候的顾客现在可能考虑停车接受服务了。所以，Olie 可能会对到达率增加多少才能使平均队列长度达到先前的水平感兴趣，先前的水平是 3.12，如图 13.17 所示。可以用单变量求解或目标搜索（Goal Seek）工具通过以下步骤来求解此类问题：

（1）单击"数据"→"假设分析"。
（2）单击"单变量求解"（Goal Seek）。

(3) 如图 13.19 所示，完成单变量求解对话框。
(4) 单击 OK 按钮。

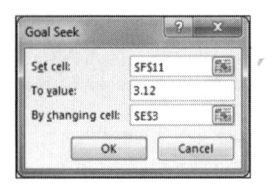

图 13.19　平均队列长度为 3.12 辆汽车时确定到达率的 Goal Seek 参数设置

这个 Goal Seek 的分析结果如图 13.20 所示。我们看到，如果到达率增加到每小时大约 4.37 辆，那么队列的平均长度将返回大约 3.12。因此，通过购买自动加油机，可以合理地预计到 Zippy-Lube 服务的汽车平均数量将从每小时 3.5 辆增加到每小时约 4.371 辆。

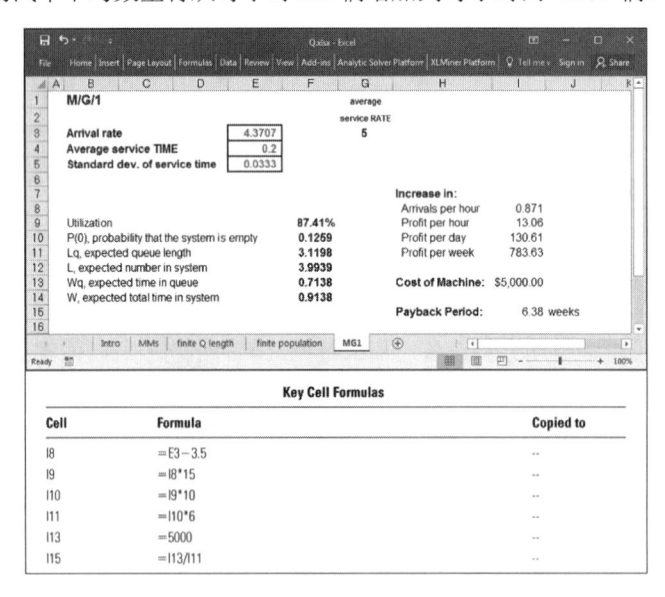

图 13.20　购买自动加油机器并假设到达率增加时，Zippy-Lube 问题的 M/G/1 模型结果

在图 13.20 的 I 列中总结了购买新加油机的财务影响。由于预计到达率大约每小时增加 0.871 辆，每周的利润增加约 783.63 美元。若利润增加，则新机器的回收期约为 6.38 周。

13.10　M/D/1 模型

当服务时间是随机的且已知平均值和标准差时，可以使用 M/G/1 模型。但是，在某些队列系统中，服务时间可能不是随机的。例如，在生产制造的背景下，有一组物料或组件队列等待被某台机器服务是很正常的。机器装配加工的时间是可预测的，如每件零件加工时间只有 10 秒。同样，自动洗车可能在每辆车的服务上花费同样的时间。M/D/1 模型可以用于此类情况，其中服务时间是确定的（不是随机的）。

将服务时间的标准偏差设置为 0（$\sigma=0$），可以用 M/G/1 模型得到 M/D/1 模型的结果。设置 $\sigma=0$ 表示服务时间没有变化，因此每个单元的服务时间等于平均服务时间 μ。

13.11 仿真队列和稳态假设

排队论是商业分析中最古老、研究最广泛的领域之一。其他类型排队模型的讨论可以在专门用于排队论的高级教材中找到。但是，请记住，仿真技术也可以用于分析实际生活中的排队问题。事实上，并非所有的排队模型都有解析方程来描述它们的运行特性。因此，仿真通常是分析复杂排队系统的唯一方法。比如，客户突然止步不前（在到达时不加入队列）、不辞而别（在服务之前离开队列）或在队间移动（从一个队列切换到另一个队列）。

本章使用的公式描述了各种排队系统的稳态运作的情况。在每天开始时，大多数排队系统都是在"空置、空转"状态下开始的，并且经过一个过渡阶段，之后业务活动逐渐建立起来，最终达到正常或稳定的运行水平。这里所提的排队模型仅描述了系统在稳态运行时的情况。在一天的不同时间，排队系统可以有不同的稳定运行水平。例如，餐馆在早餐时可能有一个稳定的运行水平，在午餐和晚餐时有不同的稳定运行水平。因此，在使用本章的模型之前，确定要研究稳态运行水平的到达率和服务率特别重要。如果需要对暂态阶段进行分析，或者要在不同的稳态级别上对系统的操作进行建模，应该使用仿真技术。

图 13.21（本书的配套文件 Fig13-21.xlsm）是一个电子表格模型，它模拟了单个服务者（M/M/1）队列的运行，以及与系统的不同运行参数相关的几个图表（文件中的图形可能与图 13.21 中的图不匹配，因为在模拟中使用的随机数的不同）。图 13.21 显示了 500 位客户的平均等待时间（W_q）。水平线表示 W_q 的稳态值。注意，在观察到的平均等待时间开始收敛于稳态值之前，系统中已经处理了几百位客户。

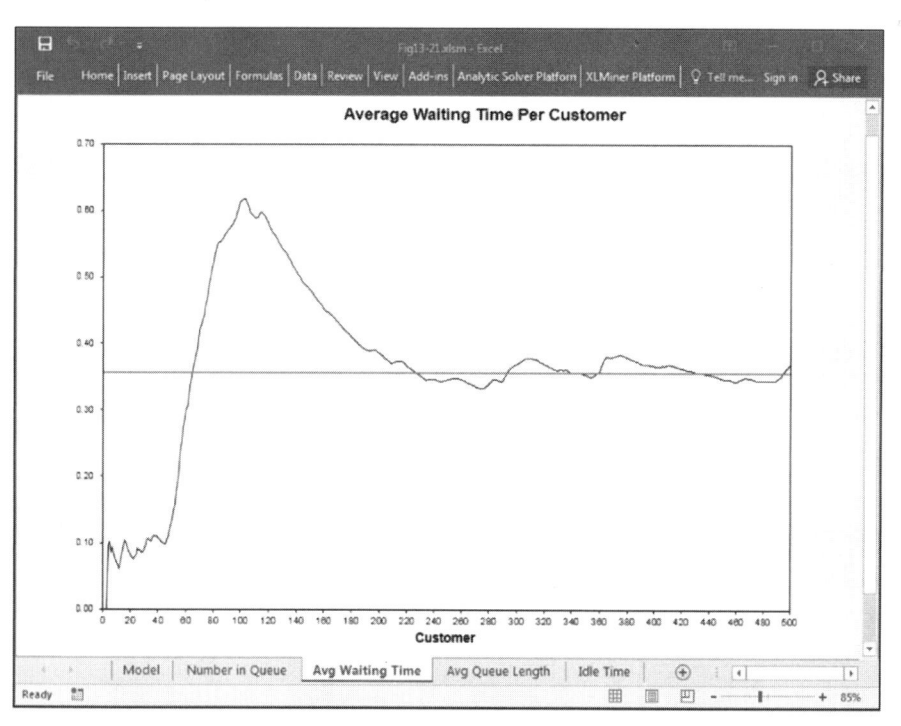

图 13.21 单服务者队列系统仿真的平均等待时间图

13.12 本章小结

等待队列或队列在许多类商业中非常常见。大量的数学模型可以用来表示和研究排队系统到达过程的行为、允许的大小和性质等排队规则及系统内的服务过程。对于许多模型而言，已开发了解析方程来描述系统的各种运行特性。当无法求出解析解时，必须用仿真技术来分析系统的行为。

13.13 参考文献

[1] Gilliam, R. "An Application of Queueing Theory to Airport Passenger Security Screening." *Interfaces*, vol. 9, 1979.

[2] Gross, D. and C. Harris. *Fundamentals of Queueing Theory*. New York: Wiley, 1985.

[3] Hall, R. *Queueing Methods for Services and Manufacturing*. Englewood Cliffs, NJ: Prentice Hall, 1991.

[4] Kolesar, P. "A Quick and Dirty Response to the Quick and Dirty Crowd: Particularly to Jack Byrd's 'The Value of Queueing Theory'." *Interfaces*, vol. 9, 1979.

[5] Mann, L. "Queue Culture: The Waiting Line as a Social System." *American Journal of Sociology*, vol. 75, 1969.

[6] Quinn, P. et al. "Allocating Telecommunications Resources at LL Bean, Inc." *Interfaces*, vol. 21, 1991.

商业分析实践
"等候观察者"尽力减轻排队压力

每个人都不喜欢在银行、商场、电影院中排队这些浪费时间的事情。每天排队 15 分钟，一年就有 4 天的闲暇时间消失。

在我们一直抱怨等待的同时，研究人员也一直在进行队列分析——提前看一下队列的长度，即使不能减短队伍的长度，也要力争减轻排队的压力。

在 20 世纪初，一名丹麦电话工程师发明了一种数学方法来帮助设计电话交换机。研究人员发现，该系统的开发原理有助于更有效地处理通话，可以更有效地帮助人们通话。

这一概念已经从通信和计算机行业扩展到其他领域，帮助现代研究人员预测顾客可能会在餐馆等多久的午餐，或者有多少顾客可能在周六中午去银行 ATM 机。现在，一些研究人员已经超越了仅仅对队列进行数学分析，将注意力集中在我们的心理反应上。

在最近的一项研究中，麻省理工学院电气工程教授 Richard Larson 想要确定哪一种情况下波士顿银行的客户忍受程度更大一些。Larson 的研究人员拍摄了这些顾客，其中一组在排队等候时浏览电子新闻公告板；另一组是在每到达一名顾客时看看自己已经等待了多久时间。约有 300 名顾客在完成交易后接受了采访，其中近三分之一是被拍摄过的。他们的研究结果发表在麻省理工学院出版的《斯隆管理评论》(*Sloan Management Review*) 上，研究结果表明：两队客户都高估了他们的等待时间；那些看新闻公告板的人高估的最多。平均而言，顾客以为他们等了 5.1 分钟才轮到自己，但实际上只等了 4.2 分钟。

据顾客们说，看新闻公告板并没有影响他们对等待时间的感知，但它确实让时间变得更容易度过（在银行删除了新闻板后，许多客户要求重新安装）。

新闻公告板似乎也减少了顾客的烦躁不安。没有它，他们摸着脸、玩弄着头发；有新闻公告板，他们站在那里，双臂放在身体两侧。

与那些未被告知等待时间的人的压力相比，那些在每新到一名顾客时看看自己等待了多久的顾客并没有感觉轻松多少。Larson对此很惊讶。他们也没有比另一组更满意这项服务。Larson推测，电子时钟显示的等待时间可能适得其反，让被调查者更加意识到时间浪费在排队上。

看时钟排队的客户倾向于"争分夺秒"（beat the clock）。如果排队时间少于预期，他们会觉得心满意足。如果预测的延迟时间很长，那么时钟似乎也会让较多的客户望而却步。

在这两种情况下，顾客根据到达时间改变了他们对"合理"等待的定义。比其他时间相比，他们愿意在午餐时间等待更长的时间。

Larson最近的研究结果证实了David Maister于1984年发表的一项公式。David Maister曾是哈佛商学院（Harvard Business School）的教员，现在是一名商业顾问。Maister说，人们排队时的满意度与感知和期待都有联系。

Maister在接受电话采访时笑着说："世界变化，公式不能揭示一切。"他举了一个关于感知如何影响反应的个人例子，他说他会为一个世界级的音乐大师的表演等40分钟，但等一个汉堡不会超过30秒。

Larson，作为对排队研究了20年的教授，他说的有点不同："当涉及客户满意度时，感知就是现实。"

Larson和Maister主张，如果这些概念是正确的，那么减少客户不安并不一定意味着企业必须加强员工队伍，以消除等待队列。他们说，这更多的是一个"感知管理"的问题。Larson说："那些认为自己队列存在问题的服务行业的人，可以通过改变等待环境来消除顾客的不满和抱怨，而不是通过改变等待的人数。"

他指出，许多公司已经在积极招募服务员。有些公司使用"排队延迟保证"，若等待超过预定时间，就给顾客免费的甜点或补偿金。

思考题与习题

1. 考虑如图13.2所示的三个队列结构。对于每种结构，请描述你遇到或观察到相同类型排队系统的情况（除了本章中提到的例子）。
2. 在图13.2所示的队列结构中，你愿意在哪个队列中等待？请解释。
3. 本章认为，排队给顾客带来不愉快的体验。除了减少等待本身的长度，企业还可以采取哪些其他步骤来减少等待时客户的失望？给出具体的例子。
4. 描述一种情况，在这种情况下，企业可能希望客户在接收服务之前等待一定的时间。
5. 在一场暴风雪后的第二天，根据泊松过程，汽车以平均10英里每小时的速度到达Mels Auto-Wash。自动洗车过程从开始到结束只需要5分钟。
   a. 一辆汽车到达时发现洗车服务空闲的概率是多少？
   b. 平均来说，有多少汽车在等待服务？
   c. 平均来说，汽车花在洗车上的总时间（从到达到出发）是多少？
6. Tri-cities银行有一个单独的drive-in出纳窗口。在周五的早晨，顾客们随机来到drive-in窗口，到达率服从每小时30辆的泊松分布。

a. 平均每分钟有多少客户？

b. 在 10 分钟内期望到达多少客户？

c. 使用方程（13.1）在 10 分钟的间隔内确定 0、1、2 和 3 次到达的概率（可以在 Excel 中使用泊松函数来验证你的答案）。

d. 10 分钟内超过 3 次到达的概率是多少？

7. 参考习题（6），假设在 drive-in 窗口以每小时 40 个客户的速度提供服务，并服从指数分布。

a. 每个客户的预期服务时间是多少？

b. 使公式（13.2）确定一名客户服务时间为 1 分钟以内的概率（可以在 Excel 中使用泊松函数来验证你的答案）。

c. 计算客户服务时间为 2~5 分钟、少于 4 分钟、超过 3 分钟的概率。

8. 请参阅习题（6）、（7），并回答下列问题：

a. drive-in 窗口空闲的概率是多少？

b. 客户必须等待服务的概率是多少？

c. 平均来说，窗口前有多少车在等待服务？

d. 平均而言，一位客户在系统中花费的总时间是多少？

e. 平均而言，一位客户在队列中花费的时间长度是多少？

f. 要将系统的平均总时间减少到 2 分钟以内，需要什么服务速率？（提示：可以使用 Solver 或简单的假设分析来回答这个问题。）

9. Cuts-R-Us 在爱达荷州 Boise 的一个购物中心提供低成本的理发服务。在一天中，顾客以指数分布的方式平均每小时到达 9 人。顾客坐到理发师的椅子上后，平均要花 18 分钟才能完成理发，而实际的服务时间服从泊松分布。

a. 如果有 3 名理发师值班，在接受服务前顾客平均需要等待多长时间？有多少客户在等待服务？

b. 如果有 4 名理发师值班，在接受服务前顾客平均需要等待多长时间？有多少客户在等待服务？

c. 如果有 5 名理发师值班，在接受服务前顾客平均需要等待多长时间？有多少客户在等待服务？

d. 如果让你管理这家店，你会雇用多少理发师？为什么？

10. 在周五晚上，病人以平均每小时 7 人的速度以泊松分布送进 Mercy 医院的急诊室。假设急诊室医生平均每小时治疗 3 名病人，治疗时间呈指数分布。Mercy 医院董事会希望病人在就诊前等待时间不要超过 5 分钟。

a. 周五晚上要安排多少急诊室医生可以实现医院的目标？

11. 奥兰多的 Seabreeze 家具公司有一个大型中央仓库，在那里存放物品，公司在佛罗里达中部地区的许多商店出售或需要这些物品。4 名工作人员在仓库装载或卸货，卡车到达仓库的速度为每小时一辆（以指数分布的间隔时间）。每辆卡车卸货所需的时间服从指数分布，平均每小时 4 辆卡车。每个工人在工资和福利上的成本是每小时 21 美元。Seabreeze 的管理层目前正试图削减成本，并正在考虑减少这一仓库工作人员的数量。他们相信 3 名工人能够提供每小时 3 辆卡车的服务速度，两名工人每小时 2 辆卡车的服务速度，一名工人每小时的服务速度为 1 辆卡车。该公司估计，每辆卡车在装载码头的每小时花费为 35 美元（无论是等待服务还是装载或卸载）。

a. Seabreeze 是否应该考虑只让 1 名工人工作？解释你的答案。

b. 对每种可能的工作组（人数），确定预期的队列长度、在系统中的总期望时间、客户等待的概率，以及总小时成本。

c. 你推荐工作组的人数是多少？

12. 位于 Chiswell Mills 的 Madrid Mist 店出售廉价行李箱，每天晚上 6 点~9 点是主要营业时间。在这段时间内，顾客以每 2 分钟 1 人的速度在收银台付款，到达服从泊松分布。每个客户平均需要 3 分钟的时间结账，到达服从泊松分布。Madrid Mist 的经营理念是，客户等待交款的时间不应超过 1 分钟。
   a. 每分钟平均服务率是多少？
   b. 每分钟平均到达率是多少？
   c. 如果该商店在上述营业时间里只有一个收银台，情况会怎样？
   d. 要实现公司的经营理念，商店需要投入多少个收银台？

13. 结账的顾客服从泊松分布到达 Food Tiger 店收银台，到达率是每小时 8 人。每个收银员按指数分布以每小时 8 人的速度服务顾客。
   a. 如果顾客平均在结账前花 30 分钟购物，那么顾客在店内的平均时间是多少？
   b. 在结账队伍中等待服务的顾客平均数量是多少？
   c. 客户必须等待的概率是多少？
   d. 解答此题时，你做了什么假设？

14. Radford Credit Union（RCU）的经理要确定在高峰期（上午 11:00 点～下午 2:00）雇用多少出纳员。在其余的时间 RCU 目前有三个全职出纳员处理需求，但在需求高峰时间，客户一直抱怨服务的等待时间太长了。RCU 的经理确定，在高峰期间客户以平均每小时 60 人次的速度服从泊松分布到达。每个出纳员服务客户的速度为每小时 24 个，服务时间服从指数分布。
   a. 平均而言，顾客在服务开始前需要排队等候多久？
   b. 一旦服务开始，完成服务需要多长时间？
   c. 如果在高峰期雇用了一名兼职出纳，那么对客户在队列中的平均等待时间有什么影响？
   d. 如果雇用一名兼职出纳在高峰期工作，那么这对服务客户的平均时间有什么影响？

15. Westland 产权保险公司以每天 45 美元租用一台复印机，供办公室所有人使用。平均每小时有 5 个人使用这台机器，每人平均使用 8 分钟。假定两次到达的间隔时间和复印时间服从指数分布。
   a. 需要使用复印机的员工到达时，发现它空闲的概率是多少？
   b. 平均而言，一个人要等多久才能使用复印机？
   c. 平均而言，有多少人正在等待使用复印机？
   d. 假设使用复印机的人平均每小时支付 9 美元。平均来说，公司在每天 8 小时的工资中花多少钱给正在使用或等待使用复印机的人？
   e. 公司应该每天支付 45 美元再租赁一台复印机吗？

16. 橙花马拉松比赛每年 12 月在佛罗里达州的奥兰多举行。比赛组织者试图解决每年在终点线都会发生的一个问题。成千上万的运动员参加了这次比赛。跑得最快的人用两小时多一点时间跑完 26 英里的路程，但是大部分的参赛者需要两个半小时完成。在参赛者进入终点后，他们会通过四个跑道中的一个，他们的成绩和名次都被记录下来（每个跑道都有自己的队列）。在大多数参赛者完成比赛的时间里，跑道会拥堵，而且会出现严重的延迟。比赛组织者想确定应该增加多少个跑道来消除这个问题。在这个时候，参赛者以每分钟 50 人的速度到达终点，服从泊松分布，他们随机选择了 4 个跑道中的一个。在任何一个跑道中记录每一个参赛者所需信息的时间是一个指数分布的随机变量，平均值为 4 秒。
   a. 平均来说，每分钟有多少参赛者到达每个跑道？
   b. 在目前的安排下有 4 个跑道，每个跑道中参赛者队列的期望长度是多少？
   c. 在目前的安排下，参赛者在处理前等待的平均时间长度是多少？
   d. 若比赛组织者想要减少每个跑道的排队时间为平均 5 秒，则应该增加多少跑道？

17. 州立大学允许学生和教师通过高速代理服务器访问其超级计算机。该大学有 15 个代理服务器连接，当所有的代理服务器连接都在使用时，系统可以在队列中保持最多 10 个用户以等待可用连接。如果所有 15 个连接都在使用，并且已经有 10 位用户在使用，那么任何新用户都将被拒绝。对代理服务器的请求服从泊松分布，以平均每小时 60 的速度发生。每次使用超级计算机的时间长度是一个指数随机变量，平均值为 15 分钟，每个代理服务器每小时可以平均服务 4 位用户。

a. 平均有多少用户是在队列中等待一个连接？

b. 平均来说，在接收连接之前，用户在队列中等待了多长时间？

c. 用户被拒绝的概率是多少？

d. 大学需要在其服务器中添加多少连接，才能使用户被拒绝的概率不超过 1%？

18. 在税收季，美国国税局雇用临时工来帮助回答纳税人的问题，他们会回答纳税人通过征税专用电话 800 打来电话的提问。假设这条线的电话每小时平均 60 个，服从泊松分布。在电话线路上，美国国税局的工作人员平均每小时接听 5 次电话，实际服务时间按指数分布。假设有 10 名美国国税局员工，当他们都很忙的时候，电话系统可以保持 5 个额外的来电在线等候。

a. 打电话者收到占线信号的概率是多少？

b. 在接受服务前，打电话的人等待的概率是多少？

c. 一般来说，打电话的人要等多久才能与国税局的代理人交谈？

d. 如果美国国税局要求不超过 5% 的来电者接到占线信号的机会，那么还需要多少额外的工人？

19. Road Rambler 通过商品目录销售专业的跑步鞋和服装。网络客户可以在任何时间订购，一周 7 天，不分昼夜。早晨 4 点~8 点，销售代表处理所有的电话。在这段时间内，电话以每小时 14 个的速度到来，服从泊松分布。销售代表平均需要 4 分钟来处理一个电话，服务时间呈指数分布。当销售代表忙的时候，所有的电话都被放在一个等候队列中。

a. 平均来说，在与销售代表交谈之前，打电话的人要等多长时间？

b. 平均而言，有多少客户在线等待？

c. 客户需要在线等待的概率是多少？

d. 销售代表的利用率是多少？

e. 假设 Road Rambler 希望客户在线等待的概率不超过 10%，公司应该雇用多少销售代表？

20. 参考前面的问题。假设 Road Rambler 的电话系统同时只能保持 4 路电话在线，每路电话通话的边际利润为 55 美元，销售代表每小时工资为 12 美元。

a. 如果接到在线等待信号的来电者将业务转移到别处，且公司只雇用一名销售代表，那么每小时的损失（平均）是多少？

b. 如果公司有两名销售代表而不是一名销售代表，那么对平均每小时净利润的影响是多少？

c. 如果公司有三名销售代表而不是一名销售代表，那么对平均每小时净利润的影响是多少？

d. 如果公司想要利润最大化，那么应该雇用多少销售代表？

21. 国家保险公司总部有数百台个人电脑同时使用。这些个人电脑的故障模式服从泊松分布，每 5 天的一个工作周平均有 4.5 台出现故障。公司有一名修理工，负责修理电脑。修理一台个人电脑所需的平均时间有所不同，但平均值为 1 天，标准偏差为 0.5 天。

a. 一个 5 天的工作周，平均服务时间是多少？

b. 一个 5 天的工作周，服务时间的标准偏差是多少？

c. 一般来说，有多少台电脑正在修理或等待修理？

d. 平均来说，从电脑发生故障到修复之间有多少时间？

e. 假设国民保险公司估计每台 PC 机出现故障时带来的生产和效率损失是每天 40 美元。公司应该愿意支付多少来提高服务能力到平均每周 7 台可以被修理的程度？

22. 长途卡车穿梭在穿越弗吉尼亚州西南部的 81 号州际公路上。为了减少事故，维吉尼亚州的巡逻队对卡车的重量和刹车情况进行随机检查。星期五，卡车以每 45 秒一辆的速度以泊松分布接近检查站。检查卡车的重量和刹车所需的时间是指数分布，平均检查时间为 5 分钟，州警只有在他们的三个便携式检查单元中至少有一个可用时才会拉过卡车。

a. 三个检验单元同时空闲的概率是多少？

b. 在 81 号州际公路这段路段行驶的卡车比例是多少？

c. 平均每小时会有多少辆卡车被拉过来检查？

23. Hokie Burger 的免下车服务窗口以平均 2.5 分钟、标准偏差为 3 分钟的速度来处理一个的订单。汽车以每小时 20 个的速度到达窗户。

a. 平均来说，有多少辆车在等着服务？

b. 平均来说，汽车在服务过程中要花多长时间？

c. 假设 Hokie Burger 可以安装一个饮料自动分发装置，可以将服务时间的标准偏差降低到 1 分钟。前一个问题的答案如何改变？

24. 发动机带制造商使用多用途制造设备生产各种产品。一名技术人员被用来执行设置操作，需要将机器从一个产品切换到下一个产品。设置机器所需的时间是一个随机变量，它服从平均时间为 20 分钟的指数分布。需要新设置的机器的数量是一个泊松随机变量，平均每小时需要安装两台机器。技术人员负责安装 5 台机器。

a. 技术人员空闲的时间百分比是多少？或不参与机器的设置的时间比例？

b. 在空闲时间里，技术员应该做什么？

c. 平均来说，一台机器在下一个设置完成前需要等待或不运行多长时间？

d. 如果公司雇佣另一名同样有能力的技术人员进行设置，那么这些机器在等待下一个安装完成前，平均需要等待或不运行多长时间？

25. De Colores 涂料公司拥有 10 辆卡车，用于向建筑工人提供油漆和装饰用品。平均而言，每辆卡车以每 8 小时 3 次（或每小时 3/8=0.375 次）的速度返回公司的载货码头。到达码头之间的时间服从指数分布。装载码头每小时可以服务 4 辆卡车，实际服务时间服从指数分布。

a. 一辆卡车等待装料服务的概率是多少？

b. 平均而言，在任何时间点有多少卡车等待装料服务开始？

c. 平均来说，一辆卡车在装料服务开始前要等多长时间？

d. 如果公司建立和管理另一个装载码头，那么你对 a、b 和 c 部分的答案会如何变化？

e. 加装码头的资本化成本为每小时 5.40 美元。卡车闲置的成本是每小时 50 美元。最优的装货码头数量是多少，以减少码头成本和闲置卡车费用的总和？

26. 假设有一个服务者的排队系统的到达数服从泊松分布，每单位时间平均值为 $\lambda = 5$，而服务时间服从指数分布，平均服务速率为 $\mu = 6$。

a. 使用 M/M/s 模型计算该系统的操作特征，其中 s = 1。

b. 使用 M/G/1 模型计算该系统的运行特性。（注意指数随机变量的平均服务时间是 $1/\mu$，服务时间的标准偏差也是 $1/\mu$）。

c. 比较从 M/M/1 和 M/G/1 模型得到的结果。（它们应该是一样的）解释为什么它们是一样的。

27. 电话以每小时 150 个的速度到达 Land's Beginning 邮购商品广告目录公司的 800 服务号码。该公司目前雇用 20 名员工，每名员工每小时的工资和福利为 10 美元，每小时平均处理 6 个电话。假设到达时距和服务时间服从指数分布。当所有的操作人员都很忙时，最多可以等待 20 个电话。该公司估计，每当客户打电话接到一个繁忙的信号时，它就会损失 25 美元。

a. 平均而言，有多少客户会在某个时间点等待？

b. 客户收到繁忙信号的概率是多少？

c. 如果操作人员的数量加上等待的电话数量不能超过 40，那么公司应该雇用多少员工？

d. 如果公司在 c 部分实现了你的答案，平均来说，有多少客户在某个时间等待？客户收到繁忙的信号概率是多少？

案例 13.1 警察你在吗

"我希望这比上次更好"，Craig Rooney 想象下周走进市政局会议室时的情景。Craig 是弗吉尼亚州新港市警察局的局长助理，每年 9 月，他向市议会提交一份关于该市警察力量有效性的报告。该报告需要在议会讨论警察部门预算之前提出。因此，Craig 经常感觉自己是一个走钢丝的艺术家，试图在他的演讲中找到恰当的平衡，既能说服委员会相信部门运作良好，又能说服他们增加部门新警员的预算。

纽波特市总共有 19 名警察被分配到 5 个分区。目前，分区 A 一共有 3 名官员，而其他各有 4 名官员。市议会每年主要关注的一个问题是，当接到 911 紧急电话时，警务人员开始作出回应所需的时间。不幸的是，城市的信息系统并没有准确跟踪这些数据，但它确实记录了每个分局每小时收到的呼叫数，以及当一名官员第一次接到电话时，到他或她再次接到其他电话时之间的通话时间（也称每个电话的服务时间）。

去年夏天，当地一所大学的一名学生实习生为 Craig 工作，收集的数据放在名为 Calldata.xlsm 的文件中。这本书中的工作簿的其中一张表（命名为每小时电话）显示了在每个分区随机选择的 500 小时内收到的 911 电话号码，另一个表单（命名服务时间）显示了每个电话所需的服务时间。

实习生还建立了一个工作表（基于图 13.6 的公式），计算每个分区的 M/M/s 队列的运行特性。遗憾的是，在完成这个任务之前，实习生必须返回学校。但 Craig 相信，只要做一点工作，他就能利用收集到的数据，找出每个选区合适的到达率和服务率，并完成分析。更重要的是，他确信这种排队模式能让他迅速回答许多他预期市议会回答的问题。

a. 每个分区 911 电话的到达率和服务率是多少？
b. 每个分区的呼叫到达率是否服从泊松分布？
c. 每个区域的服务率是否呈现指数分布？
d. 使用 M/M/s 队列，平均来说，每个辖区内的 911 呼叫人需要等待多少分钟才会有警察回应？
e. 假设 Craig 想要在分区内重新分配警力，以减少任何分区的打电话者必须等待警察响应的最长时间。他应该做什么，会有什么影响？
f. 为了使每个分区的平均反应时间少于 2 分钟，新港必须雇用多少警员？

案例 13.2 Vacations 公司呼叫中心的人员安排

度假公司（VI）在北美地区出售旅游互换服务。公司推销的方法之一是在各种餐馆和超市中放置信息卡让顾客填写，填写信息卡的人有机会获得免费旅游。所有填写这张卡且有适当收入的人将收到一封来自 VI 的信，说明他们确实赢得了自助游。要获得奖品，所有"获奖者"需拨打免费电话确认。当"获奖者"拨打电话时，会告知他们，迷你假期包括免费的晚餐、娱乐和两晚的住宿（是住在互换的房屋中）；但他们必须同意进行为期 2 小时的地产考察，听取销售员的介绍。

大约有一半的人在了解了 2 小时的地产考察后，拨打了 VI 的免费电话号码表示不再参加。约有 40% 的人会接受地产考察行程，但不买任何东西。剩下的 10% 拨打免费电话的人接受这个地产考察行程，并最终购买一套房产。每一次的地产考察都会让公司花费约 250 美元，支付所有佣金和其他费用（包括买方的自助游的 250 美元）后，每一笔房产销售会产生净利润 7,000 美元。

VI 的呼叫中心的工作时间为上午 10 点～晚上 10 点。每天有 4 名销售代表并以每小时 50 个的速度接到服从泊松分布的电话。处理每个电话的平均时间为 4 分钟，实际服务时间服从指数分布。VI 使用的电话系统可以随时保持 10 个来电，假设收到占线信号的人不回电话。

  a. 平均每名销售人员每小时服务多少个客户？
  b. 每个电话呼叫 VI 的免费电话线路的期望值是多少？
  c. 假设 VI 电话代表每小时工资 12 美元。要实现利润最大化，应该有多少名电话代表？

案例 13.3 Bulseye 百货公司

  Bulseye 百货公司是美国东南部的一家普通商品折扣零售商。该公司在佛罗里达州、佐治亚州、南卡罗来纳州和田纳西州拥有超过 50 家商店，这些商店都是由该公司位于佐治亚州斯泰兹伯勒附近的主要仓库提供服务的。仓库收到的大部分货物都是从杰克逊维尔、佛罗里达和萨凡纳的港口用卡车运来的。

  卡车以每 7 分钟一辆的速度到达仓库，并服从泊松过程。仓库有 8 名装货码头，一名工人在每个码头上都能在大约 30 分钟内卸完卡车。当所有的码头都被占用时，到达的卡车在队列中等待，直到有一个码头空闲出来。

  Bullseye 收到了一些货运公司的投诉，说在仓库交货的等待时间太长了。作为回应，Bullseye 准备采取一些措施，以减少卡车在仓库花的时间。一种选择是为每一个装载码头雇用额外的工人，预计这将卸货的平均时间减少到 18 分钟。每增加一名工人的工资和福利成本大约是每小时 17 美元。或者，公司可以继续在每个装载码头使用单一工人，但升级叉车设备，工人们使用卸货车。该公司可以用一种新型车代替现有的叉车设备，每小时租金为 6 美元，预计可将卸货所需的平均时间减少到 23 分钟。

  最后，公司可以建造两个新的装货平台，每小时需要 6 美元的投入成本，并以每小时 17 美元雇用两名工人来操作这个平台。Bullseye 估计，每辆卡车在仓库的花费为每小时 60 美元。如果情况允许，你建议使用三种方式中的哪一种？

第 14 章 决 策 分 析

14.0 引言

本书前面的章节介绍了多种建模方法,帮助管理者就面临的决策问题获得洞察与理解。但模型本身不会决策——真正做出决策的是人。通过对问题建模获得洞察力和理解力对做决策很有帮助,但做决策通常仍是一项困难的任务。困难主要来自两个方面:未来的不确定性,价值和目标之间的矛盾冲突。

例如,假设你大学毕业后,收到两家公司的录用通知。一家公司(公司 A)属于朝阳行业,有可能快速增长——或迅速破产。该公司给你的薪水比期望中的稍低,但会随着公司的成长壮大而快速增长。这家公司就在离你家不远的城市,入职这家公司,离你最爱的职业运动队不远,不会远离你的朋友和家人。

另一份工作来自一家知名的公司(公司 B),该公司以财务实力和对员工的长期承诺而闻名。它提供的初始薪水比你期望的薪水多 10%,但是你怀疑在这个公司要用更久的时间才能升职。另外,如果到这家公司工作,你就不得不搬家到一个遥远的地方,那里几乎没有你喜欢的文化和体育活动。

你会接受哪个工作?还是会两个都拒绝,继续寻找其他公司?对很多人而言,这可能是一个困难的决策。如果接受公司 A 的工作,你可能在一年内能得到两次提升——或者可能在 6 个月内被解雇。如果去公司 B,你可以确信在可预见的未来你的工作是稳定的。但是如果你接受了公司 B 的工作,而公司 A 在快速成长,那么你可能会后悔没有接受公司 A 的工作。因此公司 A 未来的不确定性使得这个决策变得困难。

进一步使决策复杂化,公司 A 比公司 B 的地理位置对你更好,但是公司 A 给的初始薪水更低。你将如何评估权衡初始工资、工作地点、解雇的可能和发展前景以做出决策呢?这个问题没有简单的答案,但是本章会讲述大量的决策方法,帮助你以合乎逻辑的方式构建和分析有难度的决策问题。

14.1 好决策和好结果

决策分析的目标是帮助人们做出好的决策,但好的决策并不总会得到好的结果。比如,假设在仔细考虑了两份工作涉及的所有因素后,你决定接受公司 B 的职位。为该公司工作了 9 个月后,公司突然宣布,为降低成本,关闭你所在的工作部门。你做了一个不好的决策吗?很可能不是。超出你控制的、不可预见的因素导致你得到了不好的结果,因此说你做了一个不好的决策是不公平的。好的决策是一个与你所知道的、你想要的、你能做的以及你所承诺的东西相一致的决策,但是,好的决策有时会带来不好的结果。

本章中的决策分析方法能帮助你做出正确的决策,但它们不能保证这些决策总会带来好的结果。即使做了好的决策，运气对结果的好坏也具有很大影响。但是，当我们面对决策问题时，使用系统化方法来做决策会增强我们的洞察力及敏锐的直觉。所以，当使用系统化决策方法比我们以较随意的方式做出决策时，期望好的结果较频繁地出现是合理的。

14.2 决策问题的特征

虽然所有的决策问题多少都有些不同，但是它们有着共同的特征。比如，一个决策必须涉及至少两个备选方案。备选方案是解决问题的行动路线。早前描述的工作选择的例子涉及三个备选：进入公司 A 工作，进入公司 B 工作，或者都拒绝并继续寻找一份更好的工作。

就一个或多个决策标准而言，备选方案可根据其能增加的价值进行评估。决策问题中的标准代表许多对决策者来说很重要的因素，并且它们受备选方案影响。比如，评估求职方案的标准可能包括初始薪水、期望薪水增速、期望工作地点、升职机会和职业前景，等等。性质不同的备选方案有着不同的评估标准，认识到这一点对于决策者来说是至关重要的。注意，并非所有的标准都能用货币价值来表示，因此很难对各备选方案进行比较。

最后，每个备选方案在不同决策标准所设定的值取决于可能出现的不同自然状态。决策问题中的自然状态与不受决策者控制的未来事件相对应。比如，公司 A 可能经历惊人的增长，也可能迅速破产。这些偶然事件中的每一个都代表着该问题的一种可能的自然状态。很多其他的自然状态对公司而言都是可能的，比如，成长很慢或根本不成长。因此，在这种情况下可能存在无数的自然状态，对很多其他决策问题也是如此。但是在决策分析中，通常使用相对较小的、离散的一系列自然状态来总结可能发生的未来事件。

14.3 一个例子

下面的例子说明决策问题中面临的一些问题和困难：

位于佐治亚州亚特兰大市的 Hartsfield-Jackson 国际机场是世界上最繁忙的机场之一。在过去的 30 年内，为了容纳途经亚特兰大不断增加的航班，该机场被扩建了一次又一次。分析师预计航班量增长将持续。

但是，机场周围的商业发展使其不能再新建跑道以满足未来的航空需求。为解决这一问题，计划在城区外再建一个机场。新机场的两个可能位置已经确定，但是新地点的最终决定预计要到一年后才能做出。

Magnolia Inns 连锁酒店打算在新机场选址后，在其附近建造一家新旅馆。Barbara Monroe 负责公司的不动产购置，她面临的决策难题是在哪里购买土地。目前，新机场的两个可能选址附近的土地价值正在增长，因为投资者推测新机场附近的地产价值会大幅上涨。图 14.1 中（本书的配套文件 Fig14-1.xlsm）的电子表格列出了每一块土地的现价，还有如果机场最终位于该位置，那么位于每一块地上的旅馆产生的未来现金流的估计现值，以及如果机场不在该位置建造，公司认为它可以转售出每一块地的金额的估计现值。

公司可以购买其中某个地点，或两个都买，或两个都不买。Barbara 必须决定公司选择哪一种方案。

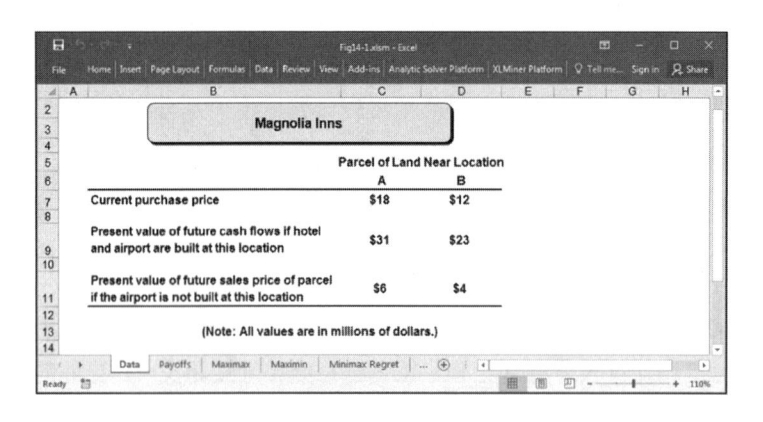

```
┌─────────────────────────────────────────────────┐
│                  Magnolia Inns                   │
│                                                  │
│                Parcel of Land Near Location      │
│                    A              B              │
│  Current purchase price      $18         $12     │
│                                                  │
│  Present value of future cash flows if hotel     │
│  and airport are built at this location          │
│                              $31         $23     │
│                                                  │
│  Present value of future sales price of parcel   │
│  if the airport is not built at this location    │
│                              $6          $4      │
│                                                  │
│       (Note: All values are in millions of dollars.) │
└─────────────────────────────────────────────────┘
```

图 14.1　Magnolia Inns 决策问题的数据

14.4　收益矩阵

分析这种类型的决策问题最常见的方法就是构造收益矩阵（支付矩阵）。收益矩阵是一张在每种可能自然状态下的每种决策备选方案的最终结果的汇总表。构建收益矩阵需要确定每种备选方案及每种可能的自然状态。

14.4.1　决策备选方案

对本例中问题的决策者有下面 4 种决策备选方案：
（1）在地址 A 购买土地。
（2）在地址 B 购买土地。
（3）在地址 A 和 B 都购买土地。
（4）均不购买。

14.4.2　自然状态

无论 Magnolia Inns 决定购买哪块土地，都会有以下两种自然状态：
（1）新机场建在地址 A。
（2）新机场建在地址 B。

图 14.2 是该问题的收益矩阵。在这个电子表格中，列代表可能的决策备选方案，行对应可能发生的自然状态。这张表中的值表明在各自然状态下，每个可能的决策方案期望的财务收益（以百万美元为单位）。

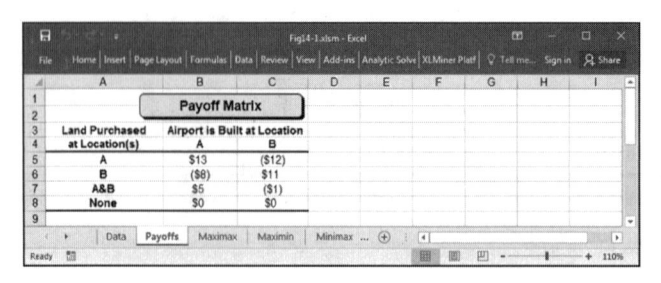

```
┌─────────────────────────────────────────────────┐
│                 Payoff Matrix                    │
│                                                  │
│  Land Purchased    Airport is Built at Location  │
│  at Location(s)        A              B          │
│        A              $13          ($12)         │
│        B              ($8)          $11          │
│       A&B              $5           ($1)         │
│       None             $0           $0           │
└─────────────────────────────────────────────────┘
```

图 14.2　Magnolia Inns 决策问题的收益矩阵

14.4.3 损益值

图 14.2 中单元格 B5 的值表明，如果该公司在地址 A 附近购买土地，且新机场建在这个区域，那么 Magnolia Inns 期望收到 1,300 万美元的收益。1,300 万美元这个数值是从图 14.1 中所示的数据计算而来的：

如果旅馆和机场都建在地址 A 处，那么未来现金流的现值	31,000,000 美元
减去：	
现在在地址 A 购买旅馆用地的价格	−18,000,000 美元
	13,000,000 美元

图 14.2 中单元格 C5 的值表明，如果 Magnolia Inns 购买地址 A 的土地（1,800 万美元），但是机场建在地址 B，那么该公司之后将仅以 600 万美元价格重新出售地址 A 的土地，产生 1,200 万美元的损失。

在地址 B 附近的土地的收益是用类似的逻辑计算的。图 14.2 中单元格 C6 的值表明，如果该公司购买地址 B 附近的土地，且机场建在这个区域，那么 Magnolia Inns 期望能够获得 1,100 万美元的收益。图 14.2 中 B6 单元格的值表明，如果 Magnolia Inns 在地址 B 购买了土地（1,200 万美元），但机场建在地址 A，那么该公司之后仅能以 400 万美元价格售出地址 B 的土地，产生 800 万美元的损失。

现在考虑 Magnolia Inns 购买地址 A 和地址 B 两块地的损益。图 14.2 中 B7 单元格表明，如果购买两块地，且机场建在地址 A，那么将会产生 500 万美元的收益。这个收益值计算如下：

如果旅馆和机场都建在地址 A 的未来现金流的现值	31,000,000 美元
加上：	
未使用的地址 B 土地未来出售价格的现值	+4,000,000 美元
减去：	
在地址 A 处购买旅馆用地的现价	−18,000,000 美元
减去：	
在地址 B 处购买旅馆用地的现价	−12,000,000 美元
	5,000,000 美元

单元格 C7 的值表明，如果同时购买地址 A 和地址 B 的土地，并且机场建在地址 B，那么将产生 100 万美元的损失。

对 Magnolia Inns 而言，最终的可用备选方案是在这个时间点，哪块土地都不购买。这个备选方案保证了无论机场建在哪里，该公司既不会得到收益，又不会遭受损失。因此单元格 B8 和 C8 表明，不管哪种自然状态发生，这个备选方案的损益是 0。

14.5 决策准则

既然每种自然状态下每种备选方案的损益都已经确定，如果 Barbara 确切地知道机场建在何处，那么对她而言选择最理想的方案就是一件简单的事情了。比如，如果她知道机场将建在地址 A 处，购买该地址的土地就能获得 1,300 万美元的最大收益。同样，如果她知道机场将建在地址 B 处，通过购买该地址的土地就能实现 1,100 万美元的最大收益。问题是，Barbara 的确不知道机场将建在何处。

一些决策准则可以用来帮助决策者选择最好的方案。没有哪条原则适用于所有情况，我们将了解到，每条原则都有一些缺点。但是，这些原则有助于增强决策时的洞察力，使我们有更敏锐的直觉，从而做出明智的决定。

14.6 非概率方法

我们讨论的决策准则可分成两类：一类是假设发生概率可由决策问题中的自然状态来确定（概率方法），另一类是自然状态发生的概率未知（非概率方法）。首先讨论非概率方法。

14.6.1 最大值最大化（Maximax）决策准则

如图 14.2 所示，如果 Magnolia Inns 在地址 A 购买土地，且机场建在地址 A，那么将会产生最大的可能收益。因此，如果该公司乐观地认为无论做什么决策，自然总是站在它那边，那么它应该购买地址 A 的土地，这样获得最大的可能收益。这种类型的推理反映在 Maximax 决策准则中，它确定了每种备选方案的最大收益，选择与最大收益相关的备选方案。图 14.3 说明了示例中最大最大值化决策准则的结果。

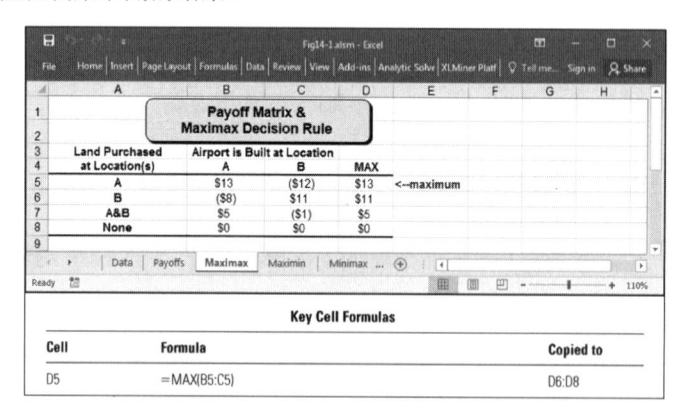

图 14.3 Magnolia Inns 决策问题的最大值最大化决策准则

虽然最大值最大化决策准则会帮助 Magnolia Inns 意识到其最大的可能收益，但并不保证这个收益一定发生。实际的收益水平取决于机场最终建造的位置。如果按照最大值最大化决策准则决策，且机场建在地址 A 处，那么公司会获得 1,300 万美元；但是，如果机场建在地址 B 处，那么该公司将损失 1,200 万美元。

在有些情况下，最大值最大化决策准则导致了不好的决策。例如，考虑下列收益矩阵：

	自然状态			
决策	1	2	最大	
A	30	−10,000	30	←最大
B	29	29	29	

在这个问题中，使用最大值最大化准则，将选择备选方案 A。但是，很多决策者首选备选方案 B，因为它保证了仅比最大可能收益小一点的收益，并且若第二种自然状态发生，可避免方案 A 中可能的巨大损失。

14.6.2 最小值最大化（Maximin）决策准则

最小值中取最大化决策准则是一种更为保守的决策方法，它悲观地假设，不管我们做什么决策，自然总是会"反对我们"。这个决策准则用来避免决策出现最坏的可能结果。图14.4 说明了示例中使用最小值最大化决策准则的结果。

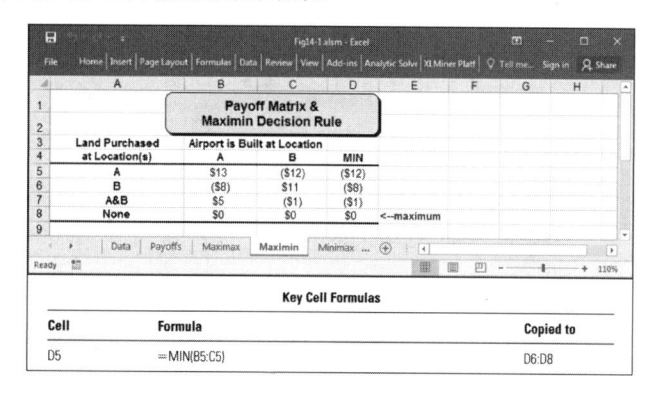

图 14.4　Magnolia Inns 决策问题的最小最大化决策准则

为应用最小值最大化决策准则，首先确定每种备选方案的最小可能收益，然后选择其中可能收益最大的备选方案（或最小收益中的最大值——因此称为最小值最大化）。图 14.4 中 D 列列出了每种备选方案的最小收益。D 列中的最大值是 0，也就是说不买任何土地。因此最小值最大化决策准则表明，Magnolia Inns 不应该购买任何一块土地，因为在最坏的情况下，其他的备选方案都会带来损失，而这个方案不会。

最小值最大化决策准则也可以导致做出不好的决策。例如，考虑下列收益矩阵：

决策	自然状态		最小值
	1	2	
A	1,000	28	28
B	29	29	29　←最大

在这个问题中，使用最小值最大化决策准则，将选择备选方案 B。但是，很多决策者首选备选方案 A，因为它在最差情况下的收益仅仅比备选方案 B 少一点，并且若第一种自然状态发生，则它提供了一个更大的潜在收益。

14.6.3 最大后悔值最小化决策准则

另一种决策方法包含了后悔的概念，或者说机会损失。例如，假设 Magnolia Inns 决定购买地址 A 的土地，正如最大值最大化决策准则表明的那样。如果机场建在地址 A，该公司将一点也不后悔这个决策，因为在每种发生的自然状态下，它都提供了最大的可能收益。但是如果公司买了地址 A 的土地，但机场建在地址 B 呢？在这种情况下，该公司会后悔，或者说有一个 2,300 万美元的机会损失。如果 Magnolia Inns 已经在地址 B 买了土地，那么它将会获得 1,100 万美元的收益，在地址 A 买地的决策会导致 1,200 万美元的损失。因此在这种自然状态下，这两个备选方案之间的收益差是 2,300 万美元。

为了使用最大后悔值最小化决策准则，首先将收益矩阵转化为后悔矩阵，它汇总了在每种自然状态下每种决策备选方案可能导致的可能机会损失。图 14.5 给出了示例中最大后悔值最小化决策准则。

	Fig14-1.xlsm - Excel

	A	B	C	D	E
1		**Regret Matrix & Minimax Regret Decision Rule**			
2					
3	Land Purchased	Airport is Built at Location			
4	at Location(s)	A	B	Max	
5	A	$0	$23	$23	
6	B	$21	$0	$21	
7	A&B	$8	$12	$12	<--minimum
8	None	$13	$11	$13	

Key Cell Formulas

Cell	Formula	Copied to
B5	=MAX(Payoffs!B$5:B$8)−Payoffs!B5	B5:C8
D5	=MAX(B5:C5)	D6:D8

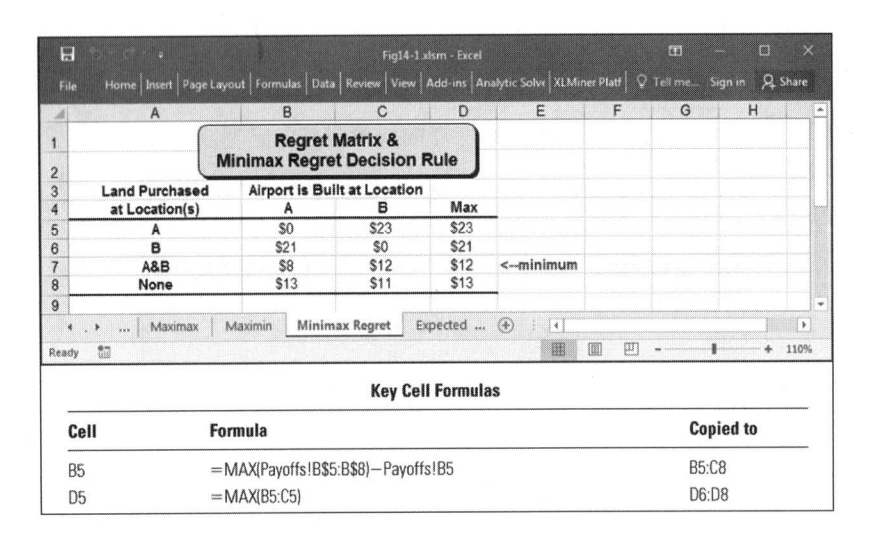

图 14.5 Magnolia Inns 决策问题的最大后悔值最小化决策准则

后悔矩阵中的值从收益矩阵产生：

单元格 B5 的公式： =MAX(Payoffs!B$5:B$8)−Payoffs!B5

（复制到单元格 B5 至 C8 单元格中）

后悔矩阵中的每个值表示一个给定的自然状态下发生的最大收益和在同一自然状态下每个备选方案产生的收益值之间的差额。比如，如果 Magnolia Inns 在地址 A 购买了土地，且机场建在这个位置，那么单元格 B5 就表明该公司的后悔值为 0。但是，如果该公司在地址 B 购买了土地，但机场建在地址 A，那么该公司就会有 2,100 万美元（13−(−8)=21）的机会损失（或后悔值）。

图 14.5 中的 D 列总结了每种决策备选方案可能产生的最大后悔值。最大后悔值最小化决策准则与最大后悔值中最小的那个备选方案相对应。正如图 14.5 所表明的，示例中的最大后悔值中最小的决策是在两个地点都购买土地。实施这个决策的最大后悔值（机会损失）是 1,200 万美元，而所有其他的决策将导致更大的后悔值。

最大后悔值最小化决策准则也会导致做出异常的决策。比如，考虑下列收益矩阵：

	自然状态	
决策	1	2
A	9	2
B	4	6

这个问题的后悔矩阵和最大后悔最小化决策表示如下：

	自然状态			
决策	1	2	最大	
A	0	4	4	←最小
B	5	0	5	

因此，如果给定备选方案 A 和 B，根据最大后悔值最小化决策准则，应该选择备选方案 A。现在，假设给该问题增加了一个新备选方案，得到下列收益矩阵：

	自然状态	
决策	1	2
A	9	2
B	4	6
C	3	9

注意，备选方案 A 和 B 的收益没有改变——仅增加了一个新备选方案（C）。修正后的后悔矩阵和最大后悔最小化决策表示如下：

	自然状态			
决策	1	2	最大	
A	0	7	7	
B	5	3	5	←最小
C	6	0	6	

现在按照最大后悔值最小化决策准则应该选择备选方案 B。一些决策者很疑惑，一个新增加的备选方案虽然最终没有被选择，却改变了原有备选方案的偏好顺序。例如，假设一个人比起橘子更喜欢苹果，但是如果选择中有苹果、橘子和香蕉，他却更喜欢橘子。这个人的逻辑有点不一致或不连贯。但是，偏好中的这种反转是最大后悔值最小化决策准则的自然结果。

14.7 概率方法

若决策问题中的自然状态可能发生的概率可以被指定，则可以使用概率决策准则。对于不止出现一次的决策问题，通常可能从历史数据中估计这些概率。但是很多决策问题（如 Magnolia Inns 问题）表示一次性决策，对于这些决策，估计概率的历史数据不太可能存在。在这些情况下，概率通常是根据对一个或多个领域专家的访谈主观给定的。应用高度结构化的访谈方法，以征求获取合理准确且不受专家无意识偏见影响的概率估计。这些访谈方法在本章末所列的一些参考文献中有介绍。这里主要讨论已经从历史数据或者访谈中获得估计概率后的决策方法。

14.7.1 期望值

期望值决策准则用最大期望货币价值（EMV）来选择决策备选方案。决策问题中的备选项目 i 的 EMV 定义如下：

$$\text{EMV}_i = \sum_j r_{i,j} p_j$$

其中，r_{ij} 为在第 j 个自然状态下备选方案 i 的收益；p_j 为第 j 个自然状态的概率。

图 14.6 说明了 Magnolia Inns 买地示例的 EMV 决策准则。在这个例子中，Magnolia Inns 估计机场建在地址 A 的概率是 40%，建在地址 B 的概率是 60%。

单元格 B10 和 C10 中分别计算了每种自然状态下的概率。使用这些概率，在 D 列中计算出每个决策备选方案的 EMV：

D5 单元格的公式：　　　=SUMPRODUCT(B5:C5,$B$10:$C$10)
　　　（复制到单元格 D6 至 D8 单元格中）

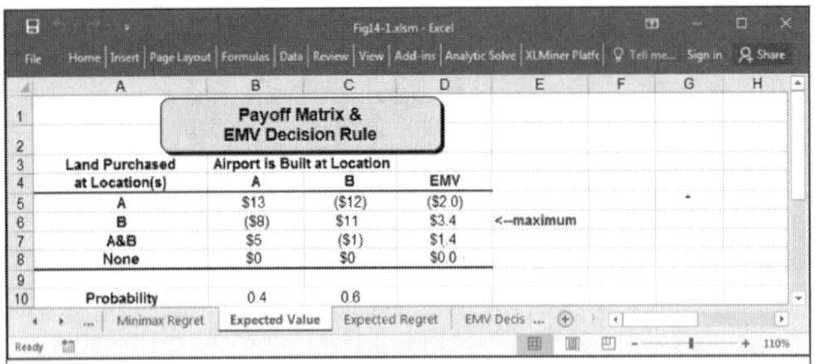

Key Cell Formulas

Cell	Formula	Copied to
D5	=SUMPRODUCT(B5:C5,$B$10:$C$10)	D6:D8
C10	=1−B10	--

图 14.6　Magnolia Inns 决策问题的期望货币价值决策准则

最大的 EMV 与在地址 B 处购买土地的决策相关。因此，按照 EMV 决策准则，应该在地址 B 处购买土地。

考虑一下图 14.6 中 EMV 列中的数的含义。例如，在地址 B 处购买土地这一决策的 EMV 是 340 万美元。这个数字代表什么？收益表说明，如果 Magnolia Inns 购买了地址 B 处的土地且机场建在该处，那么公司能收到 1,100 万美元的收益。否则，如果公司买了此处的土地而机场建在了地址 A 处，那么它会损失 800 万美元。因此，如果 Magnolia Inns 购买了地址 B 处的土地，那么就不可能出现公司获得 340 万美元收益的情况。但是设想一下，如果 Magnolia Inns 不止一次面对同样的决策，而是一次又一次（或许每周）要做出决策。如果公司总是决定在地址 B 处购买土地，那么可以预想该公司每次都有 60%的机会获得 1,100 万美元的收益，40%的机会遭致 800 万美元的损失。从长期来看，在地址 B 购买土地这一决策会产生 340 万美元的平均收益。

对于给定的决策方案，EMV 表示：当重复遇到相同的决策问题且总是选择同一个方案时获得的平均收益。在重复面对同样的决策问题的情况下，选择 EMV 最高的备选方案是有意义的，我们可以获得“平均收益”。但是，在遇到只做一次的决策问题（如示例问题）时，这个决策准则可能非常冒险。例如，考虑下列问题：

	自然状态			
决策	1	2	EMV	
A	15,000	-5,000	5,000	←最大
B	5,000	4,000	4,500	
概率	0.5	0.5		

如果重复进行具有这些收益和概率的决策，并且总是选择决策 A，那么长期的平均收益就是 5,000 美元。因为这比决策 B 的长期平均收益 4,500 美元更大，一直选择决策 A 是最好的。但是，如果只用面对这个决策问题一次呢？如果选择决策 A，要么得到 15,000 美元的收益，要么损失 5,000 美元，机会均等。在这个例子中，决策 A 更加冒险。但是 EMV 决策准则完全忽视了这种类型的风险。后面将讨论的效用理论考虑了决策中的这类风险。

14.7.2　期望后悔值

也可以使用自然状态的概率来计算决策问题中的每个备选方案的期望后悔值，或者期望机会损失（EOL）。图 14.7 说明示例问题中期望后悔值的计算过程。

图 14.7 中的计算与计算 EMV 的算法相同，只不过这里用期望后悔值（或机会损失）取代了收益。如图 14.7 所示，在地址 B 处购买土地的决策得到的 EOL 最小。同样的决策也得到图 14.6 中最大的 EMV，这不是巧合。具有最小 EOL 的决策一定有最大的 EMV。因此，EMV 和 EOL 决策准则总是产生相同的决策备选方案。

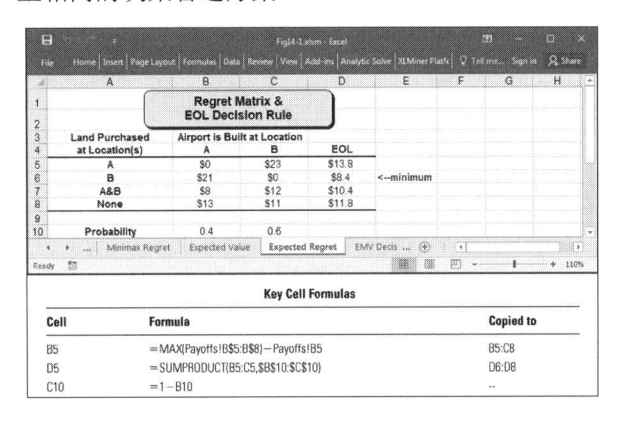

图 14.7 Magnolia Inns 决策问题的期望后悔值决策准则

EMV 和 EOL
期望货币价值和期望机会损失决策准则总是导致选择相同的决策备选方案。

14.7.3 灵敏度分析

在使用概率决策准则时，应该始终考虑被推荐决策方案对估计概率的敏感度。比如，图 14.6 所示的 EMV 决策准则表明，如果新机场建在地址 B 的概率是 60%，那么最好的决策就是在地址 B 处购买土地。但是，如果这个概率是 55%、50% 或 45%，那么在地址 B 处购买土地还是最好的吗？

可以通过建立一个数据表，总结当改变概率时每个备选方案的 EMV 来回答这个问题。图 14.8 给出了如何为这个问题建立一个数据表。

首先，在单元格 A14 至 A24 中输入 0～1 的值，代表机场将建在地址 A 处的概率。接下来，在单元格 B13 至 E13 中输入公式，这个公式可以链接到每个决策备选方案的 EMV。按照下列步骤，完成数据表：

（1）选择单元格 A13 至 E24。

（2）单击"Data"（数据），在 Data Table（数据表对话框）中，做 What-If Analysis（假设分析）。

（3）选定 B10 单元格为"列输入单元格"（如图 14.8 所示）。

（4）单击 OK 按钮。

这会使 Excel 将单元格 A14 至 A24 中的每个值插入 B10 单元格，重新计算电子表格，然后在表中记录每个决策备选方案的最终 EMV（注意，单元格 C10 的公式使机场建在地址 B 的概率取决于 B10 单元格中的值）。图 14.9 给出最终的结果表。

图 14.9 中的数据表说明，如果机场建在地址 A 的概率是 0.4 或更低，那么在地址 B 购买土地这一决策拥有最高的 EMV。但是，如果机场建在两地的概率相等，那么购买 A 和 B 两个地址的土地这一决策拥有最高的 EMV。如果机场更可能建在地址 A，那么就首选购买地址 A 的土地这一决策。

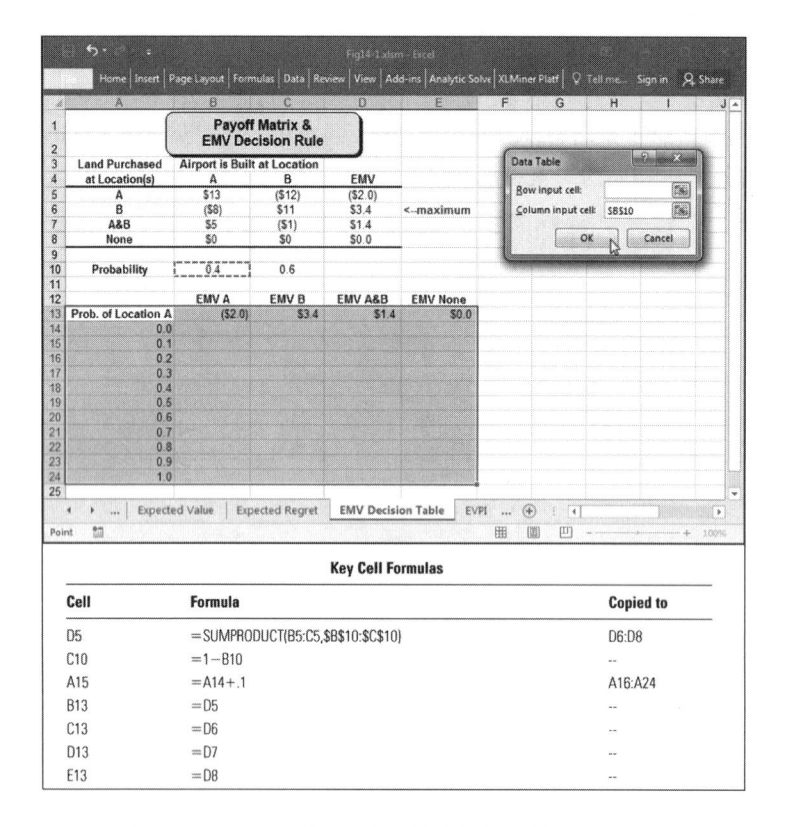

图 14.8　概率改变时为各个备选方案创建的 EMV 数据表

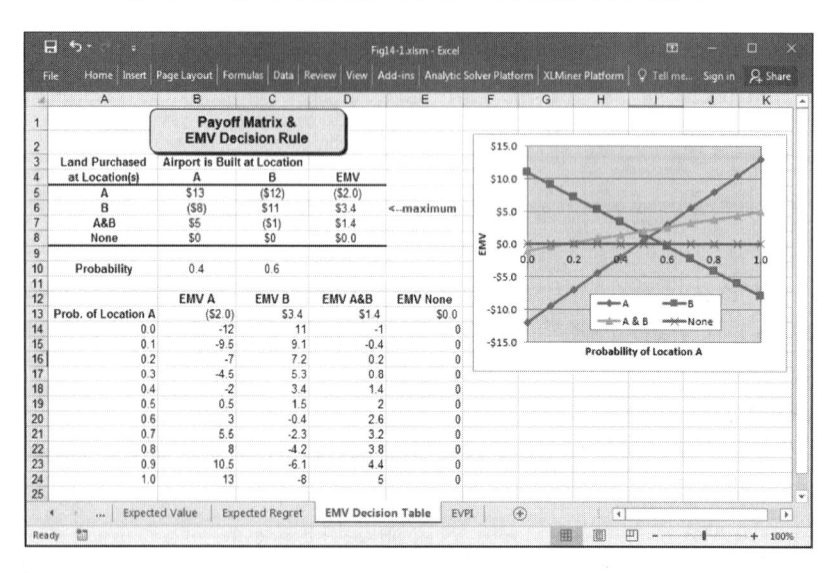

图 14.9　Magnolia Inns 决策问题的 EMV 数据表

图 14.9 清楚地表明，在两个地址 A 和 B 都购买土地比单独购买任何一个地点的风险更小。如果概率估计有很大的不确定性，那么最好的选择是购买这两个地方的土地。对于 0.4~0.6 的概率值，购买地址 A 和 B 两块土地的 EMV 总是正的，收益为 140 万~260 万美元。在同样的概率范围内，单独购买地址 A 的土地或单独购买地址 B 的土地这一决策会有产生负的 EMV 的风险。

14.8 完全信息的期望价值

决策问题中最常遇到的问题之一是不知道会发生哪种自然状态。正如前面所说，要计算每个选择方案的 EMV，就要用到每种状况即自然状态发生的概率。但是，概率并不会告诉我们最后哪种状态发生，只能告诉我们每种自然状态发生的可能性。

假设能够找到这样一位资深咨询专家，他可以百分之百准确地告诉我们未来发生什么。如果我们面对的是一个需要连续决策的问题，那么这时咨询专家有 40%的次数告诉我们机场会建在 A 地，公司应该在 A 处买地，这样就会有 1,300 万美元的收益。与之类似，专家有 60%的次数告诉我们机场会建在 B 地，应该在 B 处买地，这样就会有 1,100 万美元的收益。因此，如果事前就确切知道机场建在何处，那么长期的平均收益就是：

完全信息下的期望收益=0.40×13+0.60×11

=11.8（单位：百万美元）

如果是这样，那么 Magnolia Inns 愿意给这位咨询专家支付多少咨询费呢？从图 14.6 中可知，当没有咨询专家提供的这种咨询服务时，最好的决策是 EMV 最大的 340 万美元。因此，咨询专家的服务使公司获得 840 万美元的收益（1,180 万美元-340 万美元=840 万美元），因此，公司愿意为这项服务支付最多 840 万美元。

完全信息的期望价值（EVPI）就是完全信息下的期望值减去非完全信息下的期望值，即减去最大 EMV 值，即

完全信息的期望值=完全信息下的期望值 − EMV 的最大值

图 14.10 总结了例子中 EVPI 的计算过程。图 14.10 中的单元格 D6 是最大 340 万美元 EMV 的计算结果，先前在讨论 EMV 决策准则时已经知道如何计算 EMV 的最大值了。完全信息下的决策带来的收益利用单元格 B12 和单元格 C12 计算。

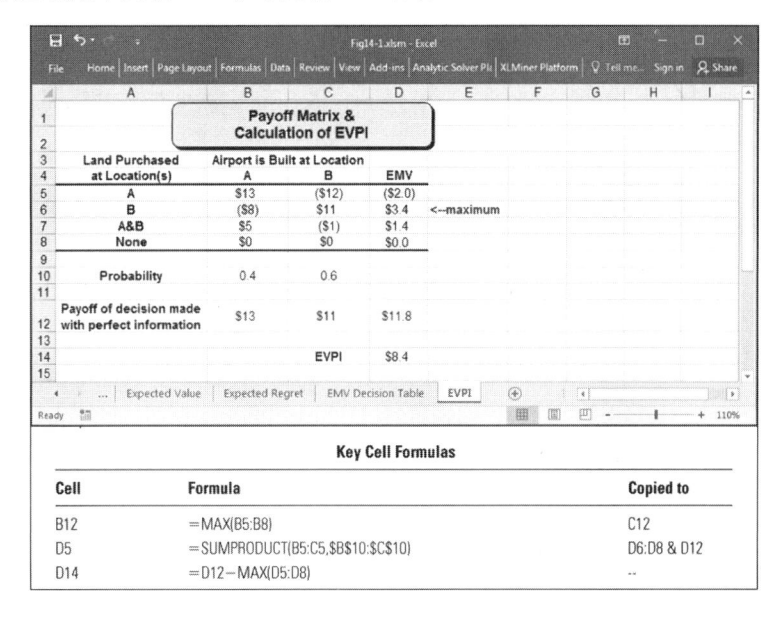

图 14.10 Magnolia Inns 决策问题完全信息的期望价值

单元格 B12 的公式：　　　=MAX(B5:B8)

（同样可以计算单元格 C12）

完全信息下的期望值利用单元格 D12 计算：

单元格 D12 的公式：　　　=SUMPRODUCT(B12:C12,B10:C10)

最后，完全信息的期望值利用单元格 D14 计算：

单元格 D14 的公式：　　　=D12-MAX(D5:D8)

注意，单元格 D14 中的 EVPI 是 840 万美元，和 EOL 最小决策准则确定的决策相同，如图 14.7 所示。这不是纯粹的巧合，EOL 最小决策准则和 EVPI 决策准则得到的结果是一样的。

要　点

最小 EOL 决策准则和 EVPI 决策准则等价。

14.9　决策树

尽管可以用上面所讲收益矩阵表述一些决策问题，也可以用它们很好地分析这些决策问题，但我们还是要用到决策树来描述决策问题。图 14.11 就是 Magnolia Inns 买地决策的决策树。

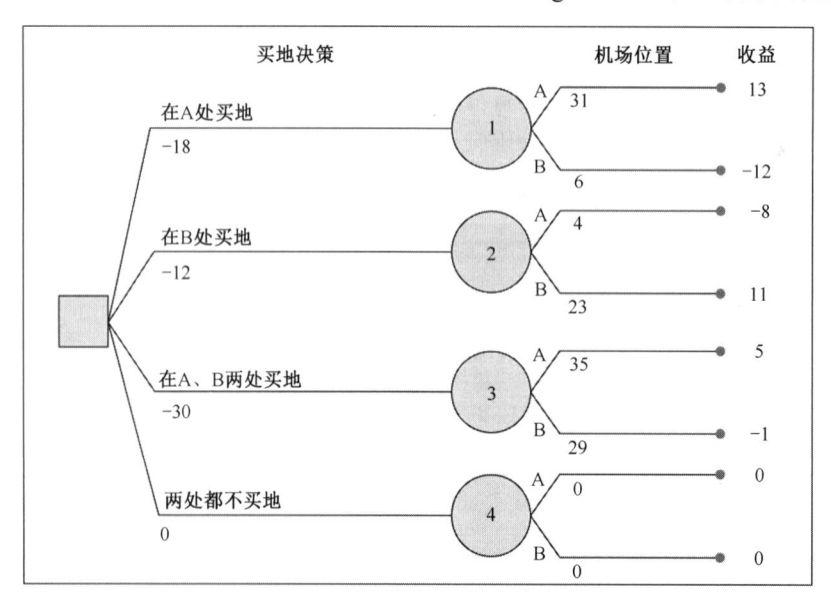

图 14.11　Magnolia Inns 问题的决策树表示

如图 14.11 所示，决策树由节点集合（节点用圆或四方框表示）和连接这些节点的分支（用线表示）组成。方框节点是决策节点，代表决策的开始。分支从决策节点出发表示一个具体决策问题的备选方案。图 14.11 唯一的决策节点（节点 0）表示 Magnolia Inns 在哪里做出买地的决策问题。从该节点出发的 4 个分支表示 4 个备选方案，每个方案的现金流也被列出。例如，在决策方案"在 A 处买地"下的数字"-18"表示，如果公司在 A 处购买土地，就必须支付 1,800 万美元。

决策树中的圆形节点是事件节点，它们表示不确定的事件。从事件节点延伸出来的分支（称为事件分支）和自然状态相关，或者和不确定事件的可能结果相关。图 14.11 中从节点 0 延伸出来的每个分支——决策备选方案都有一个不确定事件相随，分别命名为节点 1、节点 2、节点 3、节点 4。从事件节点延伸出来的分支表示机场可能的位置，在每个事件中，机场既可能建在 A 处，又可能建在 B 处。从事件节点延伸出的分支后面出现的数值表示和该事件、该决策相关的可能现金流。如在节点 1 处，第一个事件分支后的 31 表示，如果公司在 A 处买地，且机场建在 A 处，就会发生 3,100 万美元的现金流。

决策树末端以小黑点结束，称为"叶子"。因为"叶子"对应着某个决策的终止，因此也被称为终止节点。图 14.11 的每个叶和图 14.2 的收益矩阵中的一个数值对应。每个叶后的损益值都可以加总该叶子所在分支上的现金流而得到。例如，图 14.11 中最上端的分支，在 A 处买地且机场建在 A 处的收益就是 1,300 万美元（-18+31 =13）。你可以验证下面几个分支上的收益值是否和叶子后的收益相等。

14.9.1 反推决策树

计算每个终止节点的收益之后，就可以应用上面所讲的决策规则。例如，可以计算每个可能的最大收益，应用最大值最大化决策准则。不过，决策树中最经常使用的是 EMV 决策准则。

可以应用反推过程决定哪个决策备选方案具有最大的 EMV 值。图 14.12 给出了 Magnolia Inns 买地决策问题的反推过程。

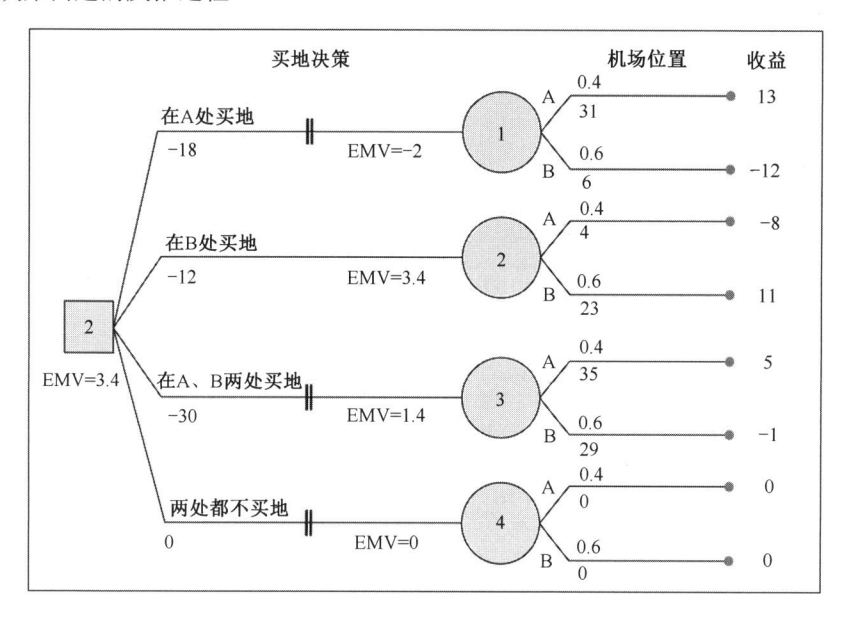

图 14.12 Magnolia Inns 决策问题的决策树反推

因为 EMV 决策准则是一个概率性的决策准则，所以图 14.12 给出了从事件节点延伸出的与事件分支相联系的概率（即新机场建在 A 处的概率是 40%，建在 B 处的概率是 60%）。要反推决策树，我们从终止节点的损益值开始，从右向左反推决策树，计算每个节点的期望值。例如，节点 1 的事件有 0.4 的概率使得收益达到 1,300 万美元，也有 0.6 的概率遭致 1,200 万美元的损失。所以，节点 1 的 EMV 值可以计算如下：

$$节点 1 的 EMV=0.4\times13+0.6\times(-12)=-2.0$$

图 14.12 中其他事件节点的期望值可计算如下：

节点 2 的 EMV=0.4×(-8)+0.6×11=3.4

节点 3 的 EMV=0.4×5+0.6×(-1)=1.4

节点 4 的 EMV=0.4×0+0.6×0=0.0

决策节点的 EMV 计算方法与事件节点不同。例如，在节点 0 处，需要在-2、3.4、1.4、0 这 4 个备选方案中进行决策。必须选择具有最大 EMV 值的那个备选方案，所以节点 0 的 EMV 值应当是 3.4。这符合使用 EMV 决策准则做出的决策结果：在 B 处购买土地。决策节点处的最优选择方案可以通过剔除非优方案的方法得出。在图 14.12 中被剔除的分支用双竖线（‖）标出，它们也是从节点 0 处延伸出来的非优方案。

现在图 14.12 中的决策树和图 14.2 中的收益矩阵之间的关系就很清楚了。不过你可能会疑惑，为什么要在图 14.12 中画出事件节点 4？如果 Magnolia Inns 决定不买地，那么它最终的获益就和机场最终建在哪里毫无关系，公司最终的收益是 0。

图 14.13 或许就是另外一个能更清楚地表明这个决策问题的决策树。在这个决策树里，能非常清楚地看到不购买土地的最终收益是 0。

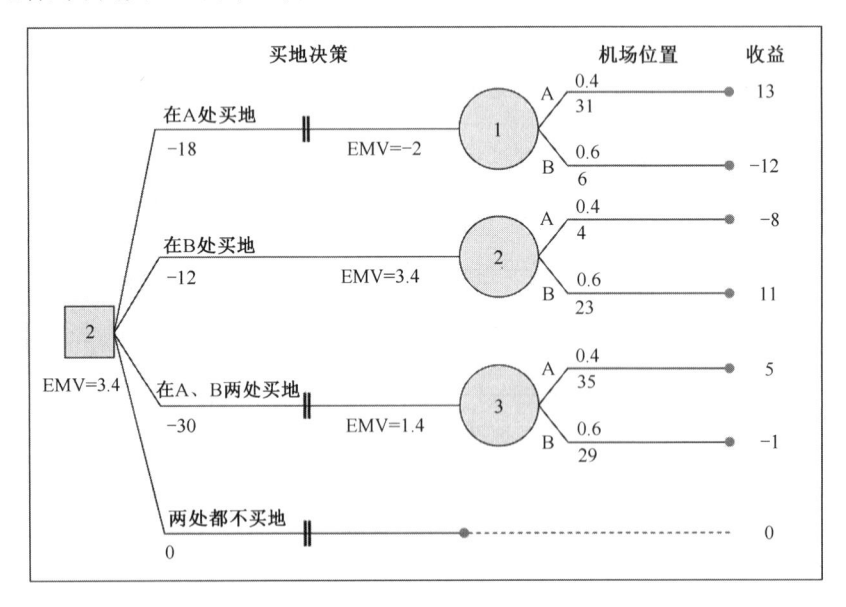

图 14.13　另一种决策树描述 Magnolia Inns 决策问题的方法

14.10　用 ASP 创建决策树

ASP 可以帮助我们在 Excel 里创建决策树并分析它。下面示范如何用此工具建立如图 14.13 所示的决策树。

创建一个决策树，打开一个新的工作簿，并按以下步骤操作：

（1）选择单元格 A1。

（2）单击"ASP"标签。

（3）单击"决策树"→"节点"→"添加节点"。

ASP 会弹出决策树对话框，如图 14.14 所示（也可以在 ASP 任务窗口选择决策树，然后单击任务窗口中的绿色加号图标，ASP 也可以弹出决策树对话框）。

在图 14.14 中，填写好"节点名称"后，可以给从初始决策节点发出的每个分支都命名并赋值（现金流）（如图 14.13 所示）。在决策树对话框中单击"OK"按钮后，就建好了一个初始决策树，如图 14.15 所示。

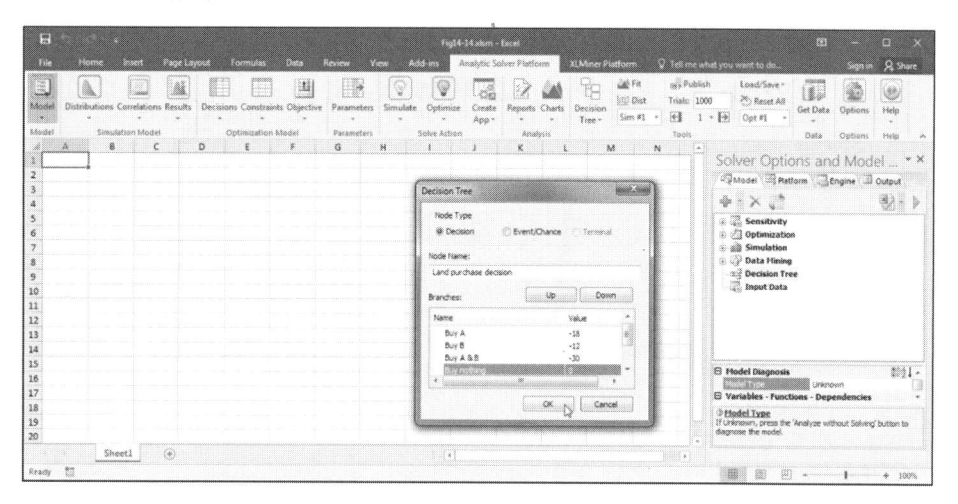

图 14.14 初始决策树对话框

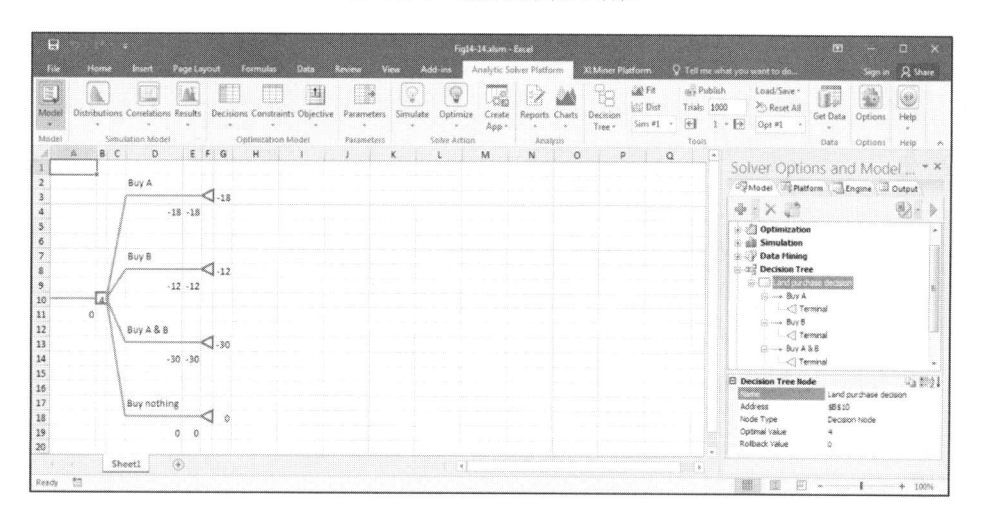

图 14.15 有 4 个决策分支的初始决策树

在图 14.15 中，注意，ASP 任务窗口的"决策树"部分也可以创建决策树。若单击任务窗格中树的不同元素，则与所选元素相关的各种属性将出现在任务窗格的下部。

14.10.1 添加事件节点

在图 14.13 中，前面三条决策分支中每一条都有一个事件节点。这些事件节点都有两个事件分支，所以，需要在图 14.15 所示的决策树中增加事件节点。按如下步骤增加第一个事件节点：

（1）选中分支名称为"Buy A"的终止节点（单元格 F3）。
（2）单击"决策树"→"节点"→"变化节点"。

这会使决策树对话框再次弹出来。然而，如图 14.16 所示，这一次我们选择事件选项，并提供了名称、金额（现金流）和机会（概率）信息，而这些信息都是与我们想要添加到决策树中的事件节点相联系的。最终电子表格如图 14.17 所示。

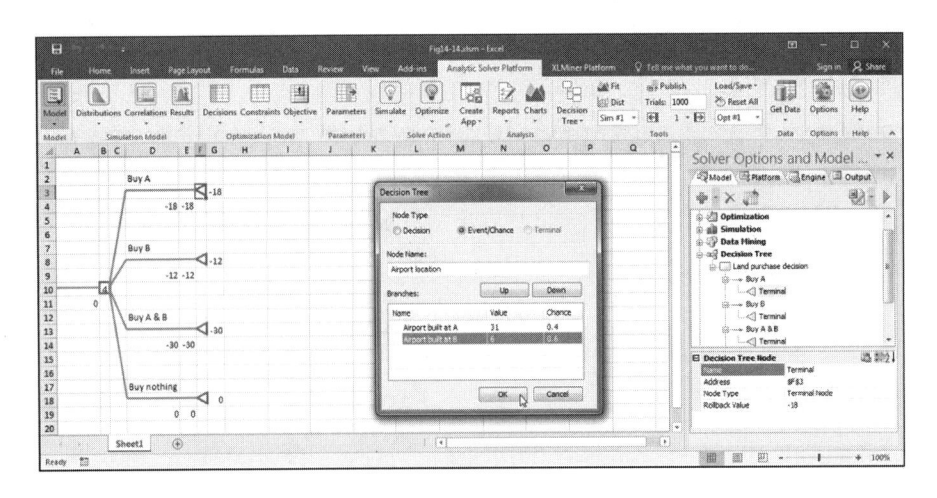

图 14.16 添加事件节点

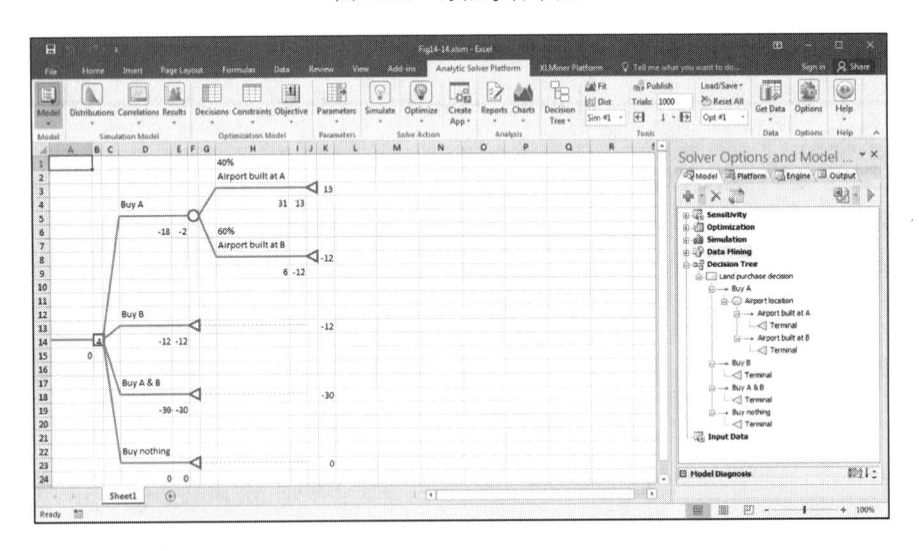

图 14.17 有事件节点的修订决策树

为 Buy A 决策创建事件节点的过程可以重复使用，以创建与 Buy B 和 Buy A&B 相对应决策的事件节点。但是，因为所有事件节点在此问题上都是相同的（除了分支上的值），所以也可以简单地复制现有的事件节点两次。你可能觉得使用 Excel 的标准命令，如复制或粘贴非常方便，不过若要使用这些标准的 Excel 命令，则 ASP 就不能适当地更新决策树的公式。因此，使用"决策树"工具中的"复制节点"和"粘贴节点"命令，复制和粘贴决策树中的内容很重要。要复制一个事件节点：

（1）选择要复制的事件节点（单元格 F5）。

（2）单击"决策树"→"节点"→"复制节点"。

这会在粘贴板上创建一个选中节点的副本。要在决策树的下个分支中粘贴这个副本：

（1）选择目标节点（单元格 F13）。

（2）单击"决策树"→"节点"→"粘贴节点"。

最终的决策树如图 14.18 所示。重复此复制和粘贴过程，创建决定在 A 地点和 B 地点购买地块所需的第三个事件节点。图 14.19 给出了在新增了事件节点的分支上更新现金流量值之后生成的电子表格。

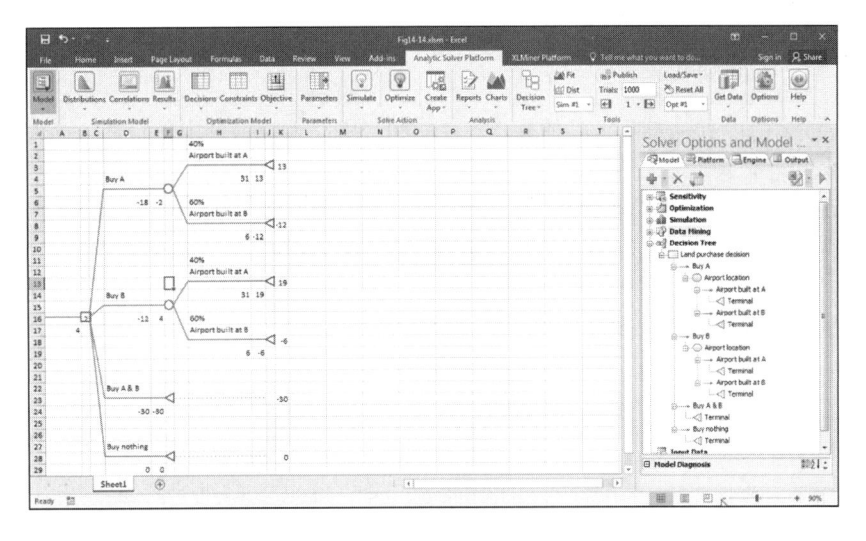

图 14.18　具有三个事件节点的决策树

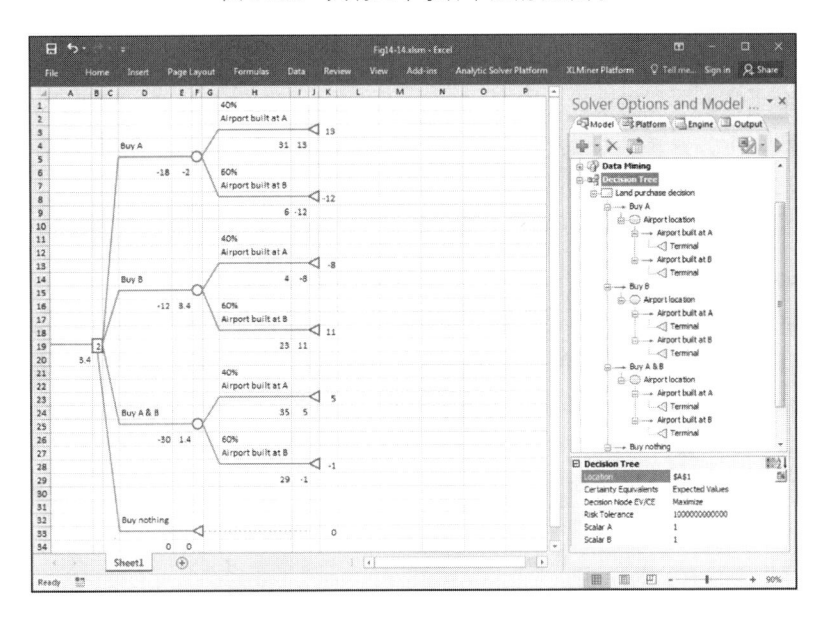

图 14.19　Magnolia Inns 决策问题的完整决策树

14.10.2　确定收益和 EMV 值

下一步就到了终止节点，"决策树"工具会自动创建一个公式，对到达终止节点前经过的所有分支上的现金流进行求和。例如，图 14.19 中的单元格 K3 含有公式：=SUM(H4,D6)。因此，改变决策树中分支上的现金流时，损益值自动更新。

紧接着，"决策树"工具就会按照前面所讲的反推决策树的方法，计算每个节点的 EMV 值，在每个节点的左下方显示计算结果。所以，图 14.19 中的单元格 A20 就是决策节点处 EMV 的最大值，为 340 万美元。决策节点（单元格 B19）中的值 2 表示最大的 EMV 值是通过选择第二个决策方案得出的，即在 B 处买地。

14.10.3 其他特征

前面主要介绍了"决策树"工具的操作、性能和一些功能选项，让我们有一个大致的了解。它的很多其他功能都是一目了然的。

决策树还默认假定它计算的 EMV 值表示利润，并且我们想用 EMV 最大原则进行决策。不过，在一些决策树中，期望值可能表示我们想最小化的成本。在图 14.19 中看到，决策树的组成是由 ASP 任务窗口的"模型"标签页所选择的，很多特性都在任务窗口较低位置呈现。"决策节点 EV/CE"选项提供了利润最大化和成本最小化的选项。

同样，"决策树"工具默认用期望值来分析决策问题，但后面所讲的其他方法使用指数效用函数来代替期望值。因此，"确定性等价"这一属性控制了决策树在工具在评估选项时使用期望值或者指数效用函数。

14.11 多级决策问题

到目前为止，对决策问题的讨论还局限于单级决策，即决策问题只包含一步决策。但是，我们面临的很多决策大多都需要进行多步决策。举个简单的例子，如要不要外出就餐；如果决定外出就餐，那么花多少钱、去哪里、怎样去，都要做出决定。因此，在出去吃饭之前，可能就要考虑出去吃饭这一决策带来的其他问题。这种类型的决策问题就是多级决策问题。我们用下面的例子说明如何使用决策树对这类问题进行建模和分析：

> 职业安全和健康管理局（OSHA）最近准备提供 85,000 美元的研究经费，让个人或组织就如何在煤炭挖掘业中提高无线通信安全性这一问题开展研究。Steve Hinton 是一家名为 COM-TECH 的通信公司的老板。公司是一家通信技术研究公司，位于卡罗来纳州 Raleigh 的郊区。Steve 正在考虑是否申请这项研究基金。他估计准备项目计划书可能要花费 5,000 美元，有 50% 的机会中标。如果中标，那么 Steve 还要决定使用微波、蜂窝电话还是红外通信。他在这三个领域都有些经验，但是若要使用某一领域技术，则还要再购买一些该领域的最新设备。每个领域内需要购买的设备成本如下表所示：
>
> | 技术 | 设备成本（美元） |
> | --- | --- |
> | 微波 | 4,000 |
> | 蜂窝电话 | 5,000 |
> | 红外通信 | 4,000 |
>
> 除了这些设备的成本，Steve 知道还要在研发上花些钱，但花多少，Steve 不是很清楚。为简单起见，Steve 根据本企业的具体状况估计出使用每种技术最大的和最小的成本，以及每种状态发生的概率：
>
> | | 可能的研发成本 | | | |
> | --- | --- | --- | --- | --- |
> | | 最好情形 | | 最坏情形 | |
> | | 成本(美元) | 概率 | 成本（美元） | 概率 |
> | 微波 | 30,000 | 0.4 | 60,000 | 0.6 |
> | 蜂窝电话 | 40,000 | 0.8 | 70,000 | 0.2 |
> | 红外通信 | 40,000 | 0.9 | 80,000 | 0.1 |
>
> Steve 需要综合考虑这些情况，以决定是否向 OSHA 提交标书。

14.11.1 多级决策树

本例最直接的决策是要不要提交基金申请（投标），为此，Steve 必须考虑获得资助（中标）后他可能用到的技术选择方案。因此，这就是一个多级决策问题。图 14.20（本书的配套文件 Fig14-20.xlsm）就是该问题的决策树。

决策树清楚地表明了 Steve 面临的第一个决策问题是要不要参加投标，投标成本是 5,000 美元。若参加投标，则会碰到一个事件节点：有 50%的概率中标，带来 85,000 美元的收益；有 50%的概率不中标，带来 5,000 美元的净损失。中标后，面临选择哪种技术的问题。三种技术选择方案都包含一个事件节点，事件节点具有包括最好的情形和最坏的情形（即最小和最大的研发成本）。最终每种决定带来的收益都在终止节点处列出。比如，如果投标，且中标，选用蜂窝技术，并且研发成本最低，就会有 35,000 美元的净收益。

按此决策树，Steve 会参加投标，因为该决定的期望值是 13,500 美元，不参加投标的期望值是 0。该决策树还指出，如果中标，会采用红外通信，因为该决定的期望是 32,000 美元，比其他技术方案的期望值大。

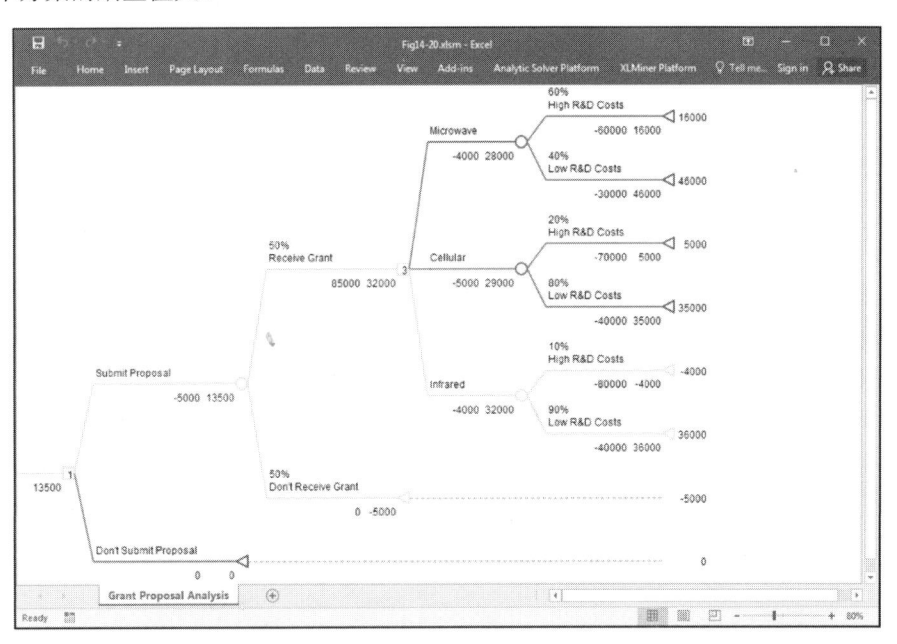

图 14.20　COM-TECH 公司基金申请问题的多级决策树

在图 14.20 中，每个事件节点的概率之和必须等于 1，这是因为每个事件节点处的这些分支都是一个独立事件。选定某种技术后实际发生的研发成本可能具有有限数目的取值。有人会说，用连续随机分布的变量来建模可能把这些成本估计得更准确一些，但我们的目的是估计这些随机变量的期望值。很多决策者发现，若一个变量的代表性取值组成一个小的离散集合，则给变量赋以主观概率要比确定该变量的概率分布更容易。

14.11.2 风险剖析图

当使用决策树进行"一次"决策时，风险剖析图（Risk Profile）帮助决策者了解各种可能发生的状况。风险剖析图就是一幅表明各种可能发生状况的概率的树形结构图。图 14.21 就是一个风险剖析图，它表明不投标和最优 EMV 决策（投标并采用红外通信）的概率情况。这符合图 14.20 的结论。

从图 14.21 中可得,若不投标,则收益为 0。若投标,则有 50%的可能投标失败,带来 5,000 美元的损失;有 5%(0.5×0.1=0.05)的可能性竞标成功,但过高的研发成本会导致最终 4,000 美元的损失。最后一种可能是,投标有 45%(0.5×0.9=0.45)的可能成功,且研发成本较小,获得 36,000 美元的利润。

风险剖析图分解了 EMV 的组成要素,直接把可能发生的结果和其风险联系起来。如图 14.21 所示,决策者能非常清晰地看到,因投标导致资金损失的风险,要小于中标后低研发成本而获得的潜在收益。如果决策者仅知道每个决策的 EMV 信息,那么这些风险就不那么清晰。

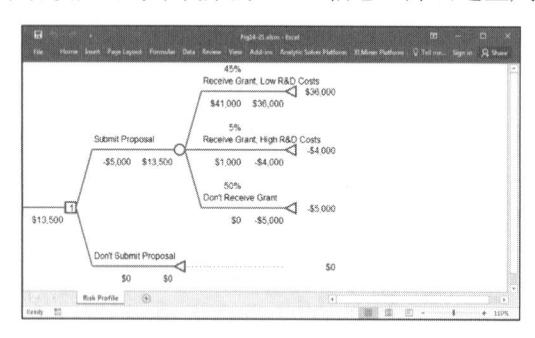

图 14.21　竞标与否的风险剖析图

14.12　灵敏度分析

按照上述分析,Steve 应该投标。在投标之前,他应该分析该决策树的灵敏度,了解 EMV 值的变化情况。例如,Steve 估计,投标则有 50%的可能性中标。可是,如果对这个概率估计错了呢?如果中标的可能性只有 30%、20%或只有 10%, Steve 还会投标吗?

使用电子表格中的决策树,就会比较容易地计算出决策的期望值怎样改变,进而影响到决策的变化。比如,图 14.22 就向决策者表明了中标的可能性小到何种程度就不要投标了(这是按照 EMV 决策准则进行判断的)。

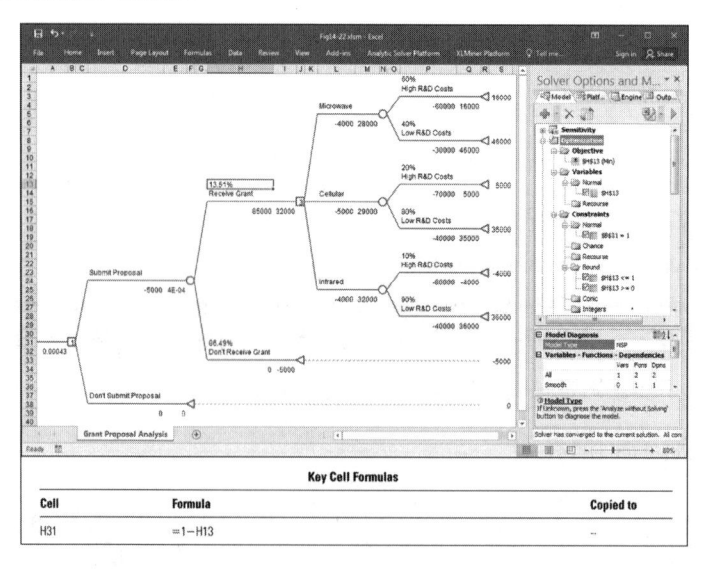

图 14.22　使用规划求解器对概率变化引起的决策变化进行灵敏度分析

在该表中，使用单元格 H13（表明中标的可能性）作为设置中标概率变量的单元格。单元格 H31 用来计算投标失败的概率，公式为

单元格 H31 的公式： =1−H13

在单元格 B31 的值为 1 的约束下（这保证了最终会选择投标这一决策)，最小化单元格 H13 的值（使用 ASP 中的 GRG 非线性引擎）可确定"投标 EMV 值等于零"时中标（获得资助）的概率。最终的可能性（如约为 0.1351）表明决策对单元格 H13 中数值变化的灵敏度，即中标概率的灵敏度。

如果投标的 EMV 值等于 0，那么很多决策者可能就不愿意投标了。事实上，当投标的 EMV 值等于 13,500 美元时（如图 14.20 所示），有些决策者也不愿意投标，因为投标就会有风险，一旦失败就会有 5,000 美元的损失。前已叙及，EMV 决策准则适用于反复决策的状况，此时好坏结果就会中和。

14.12.1 龙卷风图表

如前一节所示，在给出决策建议方案（基于 EMV）之前，可以使用优化来确定决策树中的值可以改变的量。但是，如果有多个值可以作为决策树中的概率和现金流估算值输入，那么使用龙卷风图表（Tornado Chart）来确定对 EMV 影响最大的那个输入值（如果发生变化）是很有帮助的。这有助于明确灵敏度分析最重要的和优先处理的工作，那就是将时间和资源用于改善决策树中的概率和现金流估算。

ASP 提供了一种创建龙卷风图表的简单方法。此工具允许指定一个感兴趣的输出单元，然后自动识别对输出单元值有最大影响的输入单元（龙卷风图表将已识别的输入单元格作为候选单元格）。龙卷风图表工具在保持其他输入单元不变的情况下，将每个输入单元格的值从其基准值逐步更改为指定的百分比范围（默认为增加 10%），并记录了每次更改对输出单元值的影响。

例如，假设我们想要在图 14.23 所示的 COMTECH 决策树（本书的配套文件 Fig14-23.xlsm 文件）中确定对单元格 A32 中所示 EMV 影响最大的输入单元。图 14.23 中的龙卷风图就总结了每个输入单元对决策树 EMV 的影响，输入单元的值被设定为围绕其原始值（基准值）上下浮动 10%。首先显示对 EMV 范围影响最大的输入单元，其次是第二大影响的输入单元，等等，从而在图表中创建了龙卷风形状的外观。建立图 14.23 所示龙卷风图的步骤如下：

（1）选择的输出单元（单元格 A32）。

（2）在 ASP 标签页单击"参数"（Parameters）→"识别"（Identify）。

在龙卷风图顶部，我们很容易看到，单元格 H16（获得基金资助款 85,000 美元）对 EMV 的影响最大，因为它从原始值的-10%调整为+10%。单元格 H13（获得基金的概率）的影响次之，其次是单元格 P29（最好情形下使用红外技术的研发成本），等等。因此，龙卷风图可以迅速让我们认识到哪些输入单元对 EMV 和相关的建议决策具有最显著的影响。

在图 14.23 中，ASP 确定了所有影响输出单元的输入单元，并汇总了龙卷风图表中最显著的单元格。然而，获得基金资助的数额（"最显著的"输入单元）实际上与所述值 85,000 美元相等。因此，与其让 ASP 自动识别对输出单元影响最显著的输入单元，还不如只考虑那些值不确定的或有可能变化的输入单元。幸运的是，我们可以指定需要的输入单元格，然后在龙卷风图表中只包括这些单元格。可以用 PsiSenParam(L,U,B)函数将这些单元格定义为敏感参数单元格，其中 L 和 U 分别表示每一个单元格可能取值范围的上下限，B 是单元格的基准值。

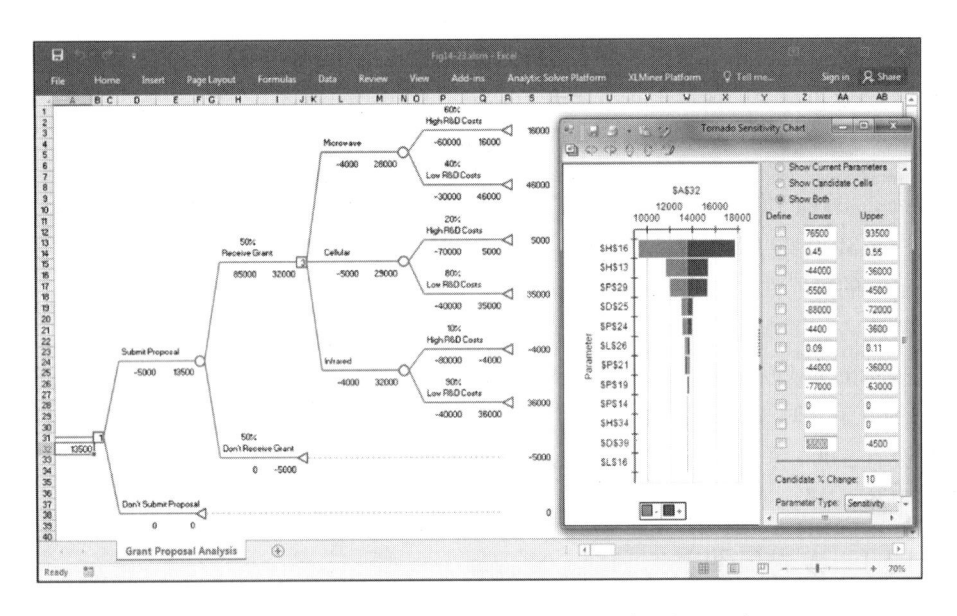

图 14.23　COM-TECH 公司决策问题的自动龙卷风图表

例如，对于可选技术在最好情形和最坏情形下的研发费用（即单元 P4、P9、P14、P19、P24 和 P29），若只考虑输出单元（单元格 A32）对这些研发费用变化（最高 20%）的敏感性，则可以首先用 PsiSenParam() 函数替换代表研发成本的每个单元格中的值，这些函数允许那些单元格在其原始值基础上发生正负 20% 内的变化，如图 14.24 所示（本书的配套文件 Fig14-24.xlsm）。接下来，创建一个新的龙卷风图表，并选择"显示当前参数"选项，图表就会显示输出单元格中的变化，即每个参数单元格（包含 PsiSenParam() 函数的单元格）都在它们下限和上限之间变化。

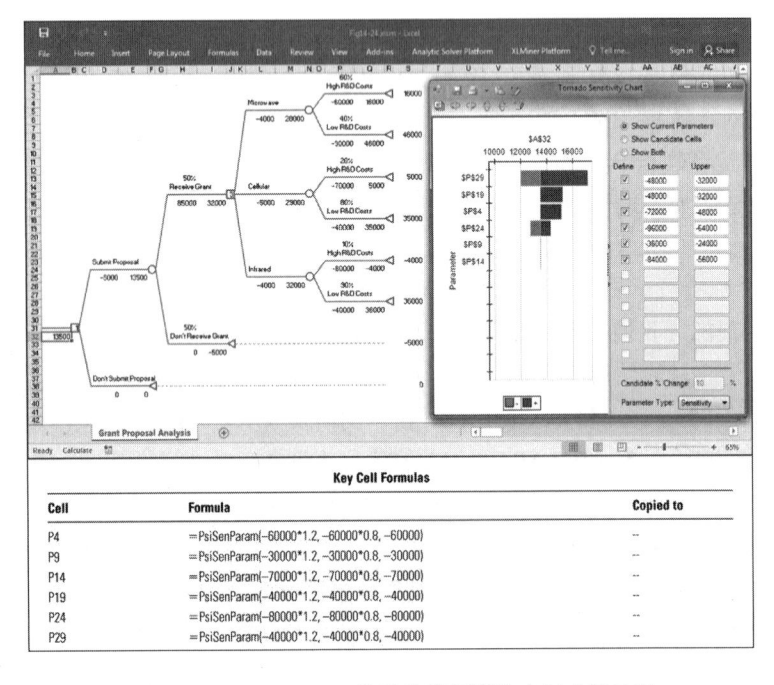

Key Cell Formulas

Cell	Formula	Copied to
P4	=PsiSenParam(−60000*1.2, −60000*0.8, −60000)	--
P9	=PsiSenParam(−30000*1.2, −30000*0.8, −30000)	--
P14	=PsiSenParam(−70000*1.2, −70000*0.8, −70000)	--
P19	=PsiSenParam(−40000*1.2, −40000*0.8, −40000)	--
P24	=PsiSenParam(−80000*1.2, −80000*0.8, −80000)	--
P29	=PsiSenParam(−40000*1.2, −40000*0.8, −40000)	--

图 14.24　COM-TECH 公司决策问题的定制龙卷风图

软件说明

龙卷风图绘制的结果可由两种不同类型的输入单元组成：ASP 自动确定的单元格，称为候选单元格，以及通过 PsiSenParam() 函数手动确定灵敏度参数的单元格。龙卷风图下半部分标记为"Candidate%Change"的选项（如图 14.24 所示）仅适用于候选单元格，它不影响包含 PsiSenParam() 函数的单元格。因此，龙卷风图可能同时显示候选单元格和灵敏度参数的结果。例如，候选单元格相对其基准值上下浮动 10% 时的变化情况，以及灵敏度参数相对基准值上下浮动 20% 时的变化情况。

14.12.2 策略表

策略表也是一个风险分析工具，帮助决策者分析两个概率估计值同时发生变化而引起最优策略的变化。例如，图 14.20 的最优策略是投标、采用红外通信。但假定中标的概率和研发过程中成本过高的概率不确定，特别是决策者想了解中标概率在 0.0～1.0 变化、研发成本过高的概率在 0.0～0.5 变化时，最优决策如何变化呢？如图 14.25 所示的二维数据表就可以用来分析这种状况。

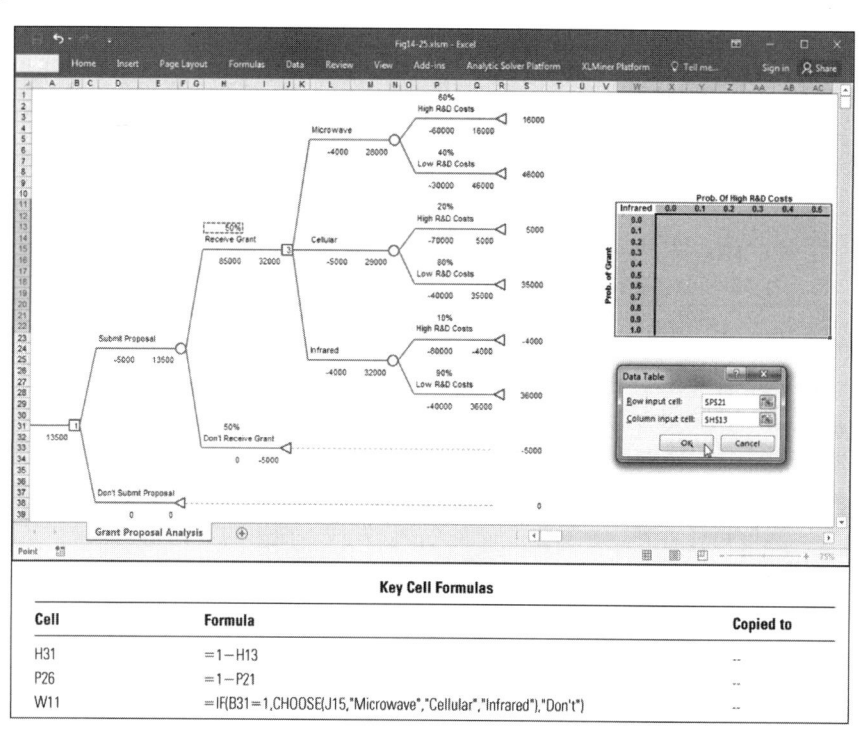

图 14.25 COM-TECH 公司决策问题策略表的建立

在图 14.25 中，单元格 W12 至单元格 W22 表示的是中标概率。使用"数据表"（Data Table）命令，可以把 Excel 表中的这些值插入单元格 H13，以表示中标的概率。单元格 H31 表示投标失败的概率，其计算公式如下：

单元格 H31 的公式：　　=1-H13

单元格 X11 至单元格 AC11 表示遭遇高研发成本的概率。可以使用 Excel 的"数据表"命令，把这些值插入单元格 P21，以表示研发成本过高的概率。单元格 P26 表示研发成本低的概率，计算公式如下：

单元格 P26 的公式： =1-P21

随着概率的改变，根据如下公式反复计算，返回的值将记录在数据表中适当的位置。

单元格 W11 的公式：=IF(B31=1,CHOOSE

(J15"Microwave","Cellular","Infrared"),"Don,t")

该公式首先检查单元格 B31 的值，若提交申请（投标）的 EMV 值大于零，则 B31 的值等于 1 表示。因此，当单元格 B31 的值等于 1 时，公式返回"Microwave，Cellular，Infrared"中的一个，这取决于单元格 J15 的值是 1、2 还是 3。否则，公式返回"不投标"，结果如图 14.26 所示。

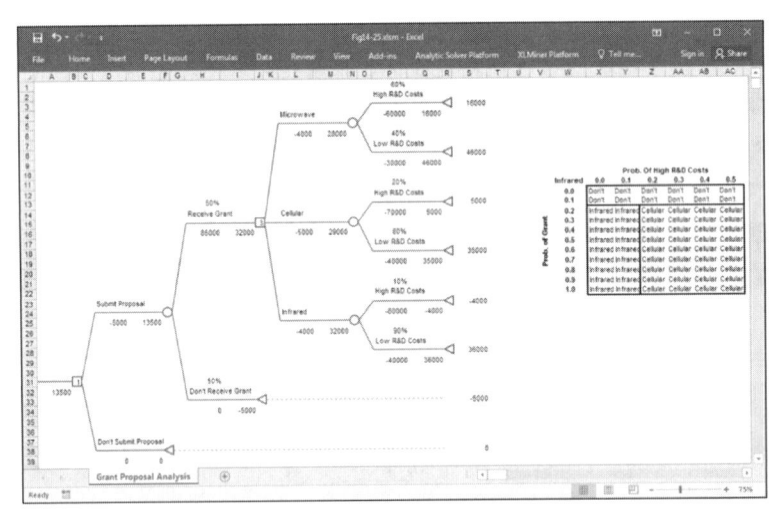

图 14.26 COM-TECH 公司决策问题策略表的完成

图 14.26 是各种概率组合下的最优策略。例如，当中标的概率是 0.1 或更小时，该公司就不应该投标。注意，单元格 Y17 符合图 14.20 中的计算结果。该策略表表明该解相对来说对中标概率的变化并不敏感。但是，在红外通信的研发成本提高后，蜂窝通信就会迅速变成最优策略。因此，在实施该策略之前，决策者更应该关注研发成本概率的变化。

14.12.3 策略图表

与策略表类似，当概率估计中出现两个同时变化的量时，策略图表能够以图形方式显示其对最佳决策策略的影响。假设在实施提案时，获得基金资助及遇到高研发费用的可能性存在不确定性。具体而言，决策者想知道，当获得基金资助的概率从 0.0 变化到 1.0 且遇到高研发费用的概率从 0.0 变化到 0.5 时，最佳策略如何变化。可以使用 ASP 来构建这种情况的策略图表，首先将图 14.27（本书的配套文件 Fig14-27.xlsm）中的单元格 P21 和 H13 改变为

单元格 P21 的公式： =PsiSenParam(0,0.5)

单元格 H13 的公式： =PsiSenParam(0,1)

同样地，还必须创建一个输出单元，为每个决策策略分配一个唯一的数值。在单元格 W2 中按如下步骤操作：

单元格 W2 的公式： =IF(B31=2,0,J15)

注意，若最优策略是不投标（即 B31=2），则单元格 W2 中的公式值为 0，若最优决策是投标并分别使用微波、蜂窝或红外技术，则值为 1、2 或 3（来自单元格 J15）。

可以按如下步骤创建一个策略图表：

（1）选择单元格 W2。

（2）在 ASP 带中单击"图表"→"敏感度分析"→"参数分析"。

（3）完成如图 14.27 所示的敏感度报告对话框。

（4）单击"OK"按钮。

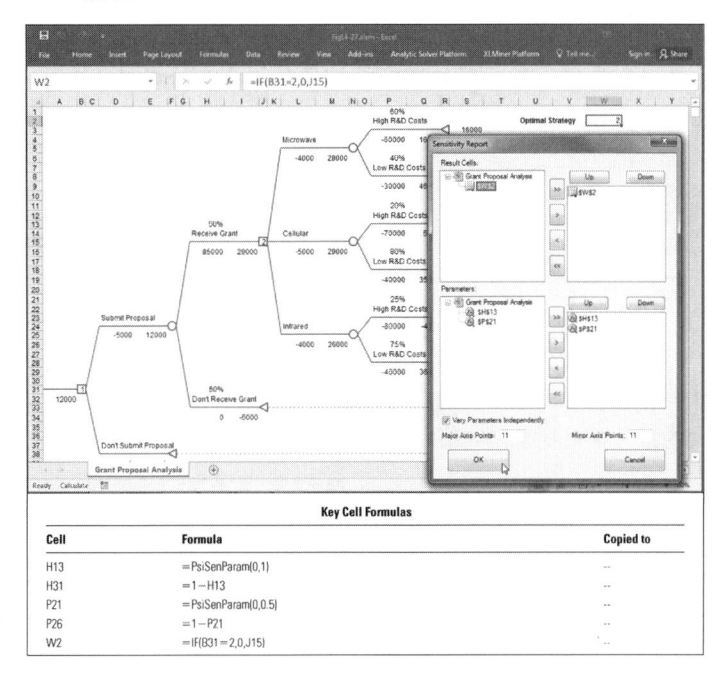

图 14.27　COM-TECH 公司决策问题策略图表的创建

接下来，ASP 创建如图 14.28 所示的 3D 面积图。此图表给出最佳决策策略如何针对单元格 P21 和 H13 中概率值的不同组合进行变化。注意，决策图表提供图 14.26 所示策略表中结果的图形汇总。

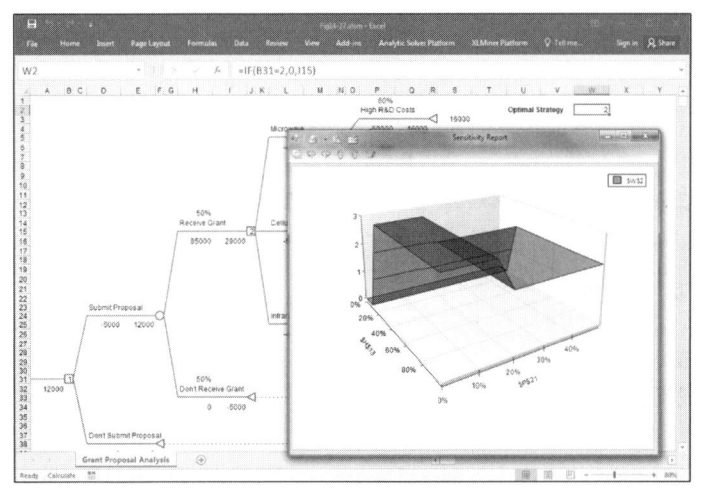

图 14.28　COM-TECH 公司决策问题 3D 面积图的创建

14.13 样本信息在决策中的应用

在很多决策问题中，我们都有机会在实际决策之前得到一些与决策有关的信息。例如，在 Magnolia Inns 的决策问题中，公司可以雇用咨询业者研究机场选址过程中的经济、环境和政治问题，预测最终机场的位置选在何处。这些信息有助于 Magnolia Inns 做出较好的决策。使用这种额外的抽样信息进行决策会引发大量其他引人入胜的话题，如下例所述。

Colonial Motors（CM）公司正计划为新开发的汽车建造一个制造工厂。有两种不同规模的工厂在考虑范围之内，规模大的工厂要花费 2,500 万美元，而规模小的汽车制造厂要花费 1,500 万美元。公司预计有 70% 的可能性市场对该汽车的需求旺盛，而有 30% 的可能性市场对此反应平淡。下表是该公司在每种规模和市场反应下对收益预测的结果（以百万美元为单位）：

工厂规模	需求	
	高	低
大	175	95
小	125	105

本问题的决策树如图 14.29（本书的配套文件 Fig14-29.xlsm）所示。决策树分析表明最优决策是建规模较大的工厂，此时 EMV 值是 126 万美元。

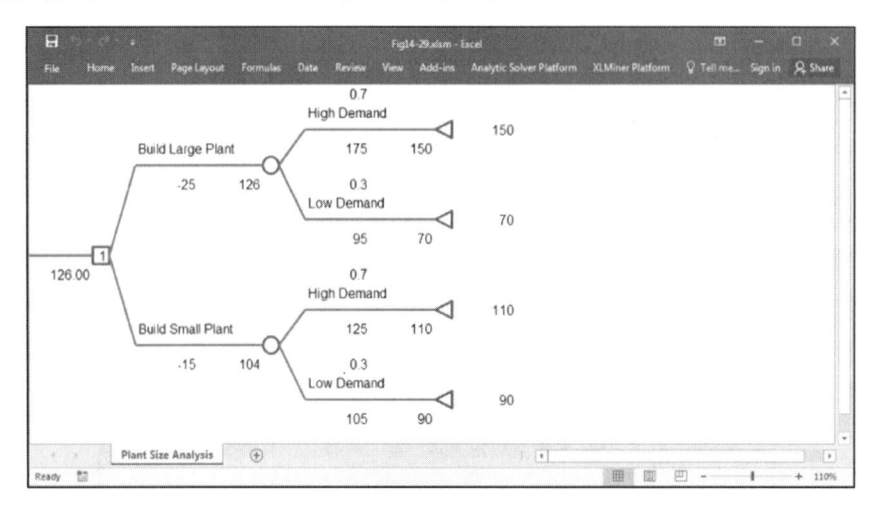

图 14.29 CM 公司工厂规模问题的决策树

现在假设，在决策建设大规模还是小规模工厂之前，CM 公司对消费者接受新型汽车的态度做了些调查。简单起见，假定调查结果仅有接受和不接受两种。该决策树的反推过程如图 14.30 所示（本书的配套文件 Fig14-30.xlsm）。

图 14.30 的决策树以一个只有一个分支的决策节点开始，表明肯定要进行市场调查。假定市场调查不需要成本。接下来是一个事件节点，表明市场调查的结果：对新型汽车接受、喜欢，还是不喜欢、不接受。假定 CM 公司认为接受的概率是 67%，不接受的概率是 33%。

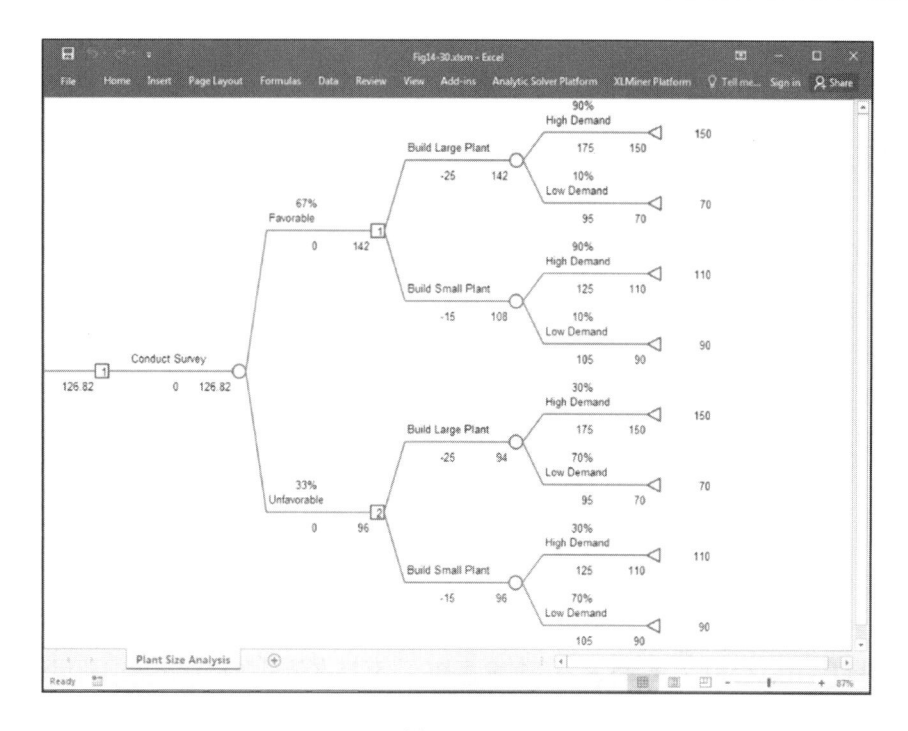

图 14.30　CM 对工厂规模决策之前进行市场调查的决策树

14.13.1　条件概率

调查结果明了后，树中的决策节点表明应当就工厂规模的大小做出决策。每个决策分支的后面是事件节点，它后面的分支代表市场对汽车的需求。4 个事件节点都有市场对该型汽车的需求。但是，这里给出的市场对该型汽车的需求因为市场调查的结果做出了相应的调整。

前面我们确定 CM 公司认为对新型汽车的需求 70%的可能性是高需求，数学公式表示为

$$P（高需求）=0.7$$

公式 P(A)=X 的意思是"A 事件发生的概率是 X"。如果市场调查表明消费者对新型汽车喜爱有加，那么就会提高市场对新型汽车需求高的预期。因此，如果市场调查显示对新型汽车的态度倾向于喜爱，就可以把对新型汽车高需求的概率提升到 0.90。这在数学上可用条件概率表示如下：

$$P（高需求｜喜爱）=0.90$$

公式 P(A｜B)=X 的意思是"当给定 B 时，A 发生的概率是 X"。

前面已说明，每个事件节点处分支上的概率之和总是等于 1。因此，市场反应良好的调查在提高对新型汽车高需求概率预期的同时，也会降低对较低市场需求的预期。因此，在市场调查反应良好的情况下，汽车市场需求偏低的概率是：

$$P（低需求｜喜爱）=1-P（高需求｜喜爱）=1-0.90=0.10$$

这些条件概率已经在图 14.30 中的前面 4 条事件分支上标出，以表明市场调查反应良好时，市场需求高和市场需求低的概率。

如果市场调查表明消费者对新型汽车的反应平淡，那么这将降低我们对该汽车高市场需求的预期，因此在给定市场调查反应平淡的前提下，应当把市场对新型汽车高需求的概率减少到 0.3：

$$P（高需求｜不喜爱）=0.30$$

在给定市场调查反应平淡的前提下，可以反推计算出市场对新型汽车低需求的概率为

P（低需求｜喜爱）=1-P（高需求｜不喜爱）= 1-0.30 = 0.70

这些条件概率标在图 14.30 中后面的 4 条分支上。下面要讨论确定这些条件概率的更多客观方法。

14.13.2 样本信息的期望值

应用市场调查提供的样本信息可以更精确地估计出带有不确定性的市场需求概率。这有助于更好地进行决策。例如，图 14.30 表明，如果市场调查的结果是喜爱，那么 CM 公司就应该建造大规模的汽车制造，否则，应该建造较小规模的汽车制造厂。如果市场调查不花费成本——当然这不可能，那么该决策的期望值就是 12,682 万美元。这样的话，CM 公司愿意花多少钱来进行市场调查呢？答案可以由样本信息的期望价值（EVSI）给出，定义如下式：

EVSI=有样本信息时最好决策的期望值(样本信息的获得不需要成本)

－没有样本信息时最好决策的期望值

EVSI 反映的是我们愿意为样本信息支付的最大值。在图 14.30 中，本例中有样本信息时最好决策的期望值是 12,682 万美元；从图 14.29 可知，没有样本信息时最好决策的期望值是 12,600 万美元，因此在本例中，EVSI 就是：

EVSI=12,682-12,600=82 万美元

因此，CM 公司愿意花 82 万美元来进行市场调查。

14.14 条件概率的计算

本例假定条件概率的值是 CM 公司决策者主观给定的。不过，公司常有一些数据可用以计算出这些概率。我们以 CM 公司为例给出计算过程，使用下列字母表示相应变量：

H=高需求

L=低需求

F=调查反映好

U=调查反映不好

为完成图 14.30 中的决策树，需要计算下面 6 个概率：

$P(F)$

$P(U)$

$P(H｜F)$

$P(L｜F)$

$P(H｜U)$

$P(L｜U)$

假定 CM 公司已经经营了一段时间的汽车业务，毫无疑问，在推出新型汽车之前已经做过一些其他车型的市场调查。无疑这些车型有的市场需求高，有的市场需求低。因此，CM 公司可以使用历史数据来构建概率的联合分布表。如图 14.31（本书的配套文件 Fig14-31.xlsm）中

顶部的表所示。

单元格 B4 的值表示 CM 公司开发的所有新车型中经过市场调查后，市场调查反映良好的车型有 60%的概率获得了较高的市场需求。用数学公式表示为

$$P(F\cap H)=0.60$$

公式 $P(A\cap B)=X$ 意为 "A 和 B 交集的概率是 X"，类似地，从联合概率分布表的其他单元格中，可以得到：

$$P(F\cap L)=0.067$$

$$P(U\cap H)=0.10$$

$$P(U\cap L)=0.233$$

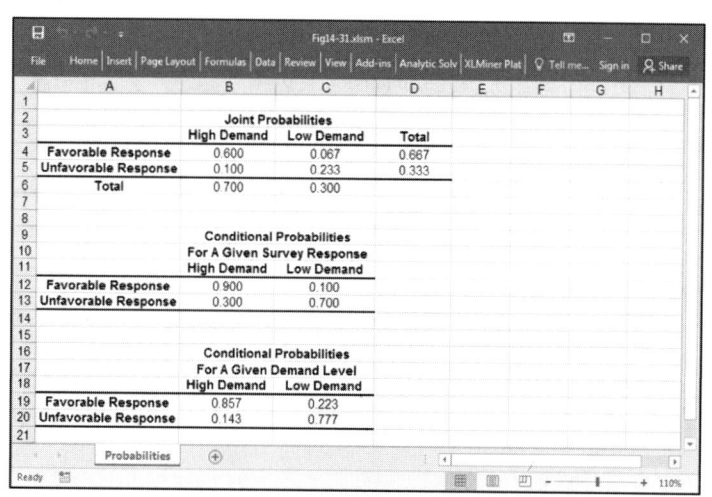

图 14.31　CM 决策问题中条件概率的计算

单元格 B6 和单元格 C6 分别是其上面 B 列和 C 列之和，表示的是市场需求高或低的概率：

$$P(H)=0.70$$

$$P(L)=0.30$$

单元格 D4 和单元格 D5 分别是第 4 行和第 5 行之和，表示的是市场调查反映好或不好的概率。这些概率就是需要计算的 6 个概率中的前两个，是：

$$P(F)=0.667$$

$$P(U)=0.333$$

根据上述数值，可以计算需要的条件概率值。条件概率的通用计算公式是：

$$P(A|B)=\frac{P(A\cap B)}{P(B)}$$

根据此公式和联合概率分布表，计算图 14.30 中需要的条件概率如下：

$$P(H|F)=\frac{P(H\cap F)}{P(F)}=\frac{0.60}{0.667}=0.90$$

$$P(L|F)=\frac{P(L\cap F)}{P(F)}=\frac{0.067}{0.667}=0.10$$

$$P(H|F) = \frac{P(H \cap F)}{P(F)} = \frac{0.10}{0.333} = 0.30$$

$$P(L|F) = \frac{P(L \cap F)}{P(F)} = \frac{0.233}{0.333} = 0.70$$

可以在电子表格中计算给定调查结果下需求水平的条件概率。如图 14.31 中第二张表所示，计算公式如下：

单元格 B12 的公式：=B4/$D4

（复制到单元格 B12 至 C13 中）

尽管在图 14.30 中未作要求，其实，还可以计算出给定需求水平下调查结果的条件概率：

$$P(F|H) = \frac{P(H \cap F)}{P(H)} = \frac{0.60}{0.70} = 0.857$$

$$P(U|H) = \frac{P(H \cap U)}{P(H)} = \frac{0.10}{0.70} = 0.143$$

$$P(F|L) = \frac{P(E \cap F)}{P(L)} = \frac{0.067}{0.30} = 0.223$$

$$P(U|L) = \frac{P(L \cap U)}{P(L)} = \frac{0.223}{0.30} = 0.777$$

图 14.31 中第三张表计算的就是给定市场需求水平下市场调查结果的概率，计算公式如下：

单元格 B19 的公式：=B4/B$6

（复制到单元格 B20 至 C20 中）

14.14.1 贝叶斯定理

贝叶斯定理给出条件概率的另外一种定义，有时这种定义很有用。定义如下：

$$P(A|B) = \frac{P(B|A)P(A)}{P(B|A)P(A) + P(B|\overline{A})P(\overline{A})}$$

其中，A 和 B 代表两个事件，$\overline{A}$ 代表 A 的逆事件。为了说明如何使用该公式，假设我们要计算 $P(H|F)$，但是我们并不知道图 14.31 中的概率联合分布表。按照贝叶斯定理，可知：

$$P(H|F) = \frac{P(F|H)P(H)}{P(F|H)P(H) + P(F|L)P(L)}$$

如果知道上式右边各项的值，就可以按照下式计算 P(H|F)：

$$P(H|F) = \frac{P(F|H)P(H)}{P(F|H)P(H) + P(F|L)P(L)} = \frac{(0.857)(0.70)}{(0.857)(0.70) + (0.223)(0.30)} = 0.90$$

结果和图 14.31 中单元格 B12 中计算的 P(H|F) 值是一致的。

14.15 效用函数

尽管 EMV 决策准则应用广泛，但有时候具有最大 EMV 的方案并不是决策者最可取或最偏好的决策。例如，假设以相同价格购买具有如下收益表所列两家公司中的一家：

公司	自然状态 1	自然状态 2	EMV	
A	150,000	-30,000	60,000	←最大
B	70,000	40,000	55,000	
概率	0.5	0.5		

表中所列损益值表示每年期望从公司获得的利润。因此，每年有 50%的可能性从公司 A 获得 150,000 美元的利润，有 50%的可能性会遭受 30,000 美元的损失。另一方面，每年有 50%的可能性从公司 B 获得 70,000 美元的利润，有 50%的可能性获得 40,000 美元的利润。

按照 EMV 的决策准则，我们应当购买公司 A，因为它的 EMV 值最大。但是，购买公司 A 的风险显然要大于购买公司 B。尽管公司 A 从长期来看产生的 EMV 最大，但我们根本没有能力承受短期内公司 A 每年 30,000 美元的潜在损失；而购买公司 B，每年的盈利至少会保证在 40,000 美元。对很多决策者而言，尽管从长期来看公司 B 的 EMV 值比公司 A 小，但其稳定的利润收入带来的平和心境会弥补较小 EMV 值的缺憾。可是还有一些决策者喜欢风险较大的 A 公司，期望赢得较高的潜在利润。

如本例所示，不同决策方案的 EMV 值并不能反映决策方案对特定决策者的吸引力。效用理论则可以评估决策者在决策分析过程中对待风险、收益的态度和偏好，以帮助其选定决策方案。

14.15.1 效用函数

效用理论假设每个决策者都会使用**效用函数**。效用函数把决策问题中的可能收益转化成非货币的效用衡量手段。收益的**效用**表示决策备选方案带给决策者的全部财富、价值或者表示决策者对结果的渴望。为方便起见，我们用 0~1 的量度来表示效用，这里 0 表示最小效用，而 1 表示最大效用。

不同决策者对收益和风险的态度、偏好各不相同。风险中性的决策者倾向于使用 EMV 值最大决策准则，但其他一些决策者可能是风险规避型（风险厌恶），另外一些决策者则可能是风险偏好型（风险追求）。表示这三种类型决策者的效用函数分别显示在图 14.32 中。

图 14.32 表明相同货币的收益可能会对三种不同类型的决策者带来不同的效用水平。相同货币的收益对风险厌恶型决策者而言会产生最大的效用，但是随着收益的增加边际效用会递减（即收益中每增加 1 美元，其所增加的效用会越来越小）；而同样的收益对风险偏好的决策者来说带来的效用最小，但是随着收益的增加边际效用会递增（即收益每增加 1 美元，其所带来的效用会越来越大）；风险中性的决策者会追寻 EMV 决策准则，介于上述两者之间。随着收益的增加边际效用不变（即收益中每增加 1 美元会有相同的效用）。图 14.32 中的曲线只是效用函数的一个示例。一般而言，效用函数曲线的形状取决于决策者的偏好。

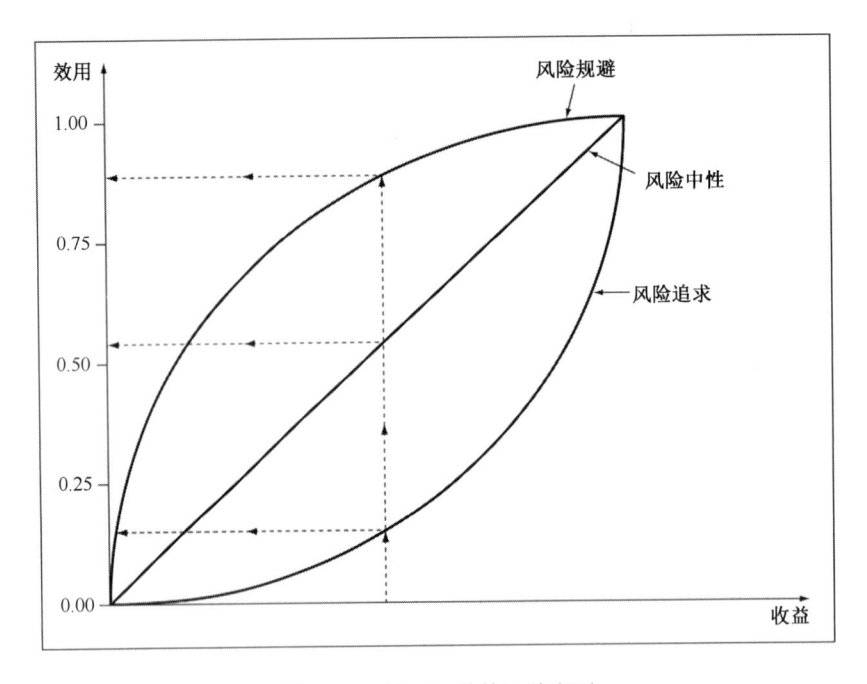

图 14.32 效用函数的三种类型

14.15.2 构造效用函数

假定决策者使用效用函数进行决策（或只是潜意识如此），怎样才能确定特定决策者的效用函数呢？其中一个方法是把决策问题中最坏的结果赋以效用 0，把最好结果的效用定为 1，其他收益水平的效用值在 0～1 之间（使用 0 和 1 作为效用的起点和终点非常方便，但是也可以把最好的收益水平和最差的收益水平指定为不同于 1 和 0 的其他数值，只要最好收益效用水平的数值大于最差的数值即可）。

使用 $U(x)$ 表示收益为 x 美元时的效用。因此，对于前述购买公司 A 或 B 的决策，有：

$$U(-30,000)=0$$

$$U(150,000)=1$$

现在假定要找出本例中收益为 70,000 的效用值。为此，必须确定概率 p，此时决策者在下面两种方案下获得的收益是相同的。

方案一：肯定获得 70,000 美元；

方案二：有 p 的可能性获得 150,000 美元，$1-p$ 的可能性遭受 30,000 美元的损失。

若 $p=0$，则很多决策者选择方案一，因为他们愿意获得 70,000 美元的收益，而不是遭受 30,000 美元的损失。另一方面，若 $p=1$，则大多数决策者选择方案二，因为他们愿意接受 150,000 美元的收益而不是 70,000 美元的收益。所以随着 p 从 0 增加到 1，一定会有一个概率值 p^*，此时对决策者而言，这两种方案没有什么差别。就是说，如果 $p<p^*$，决策者就会选择方案一；如果 $p>p^*$，决策者就会选择方案二。无差异点 p^*，随着决策者的不同而不同，这取决于他们对待风险的态度和承担 30,000 美元损失的能力。

本例假定当 $p=0.8$ 时，方案一和方案二对决策者而言并无差别，所以 $p^*=0.8$。此时，决策者获得 70,000 美元收益的效用就可以计算如下：

$$U(70,000)=U(150,000)p^*+U(-30,000)(1-p^*)=1p^*+0(1-p^*)=p^*=0.8$$

注意，当 $p=0.8$ 时，方案二的期望值是：

$$150,000\times0.8-30,000\times0.2=114,000$$

因为决策者并关心无风险决策（方案一）具有 70,000 美元确定收益和风险决策（方案二）具有 114,000 美元的 EMV 值，所以决策者是风险厌恶型的。就是说，决策者更愿意接受 70,000 美元确定的收益，而不愿意接受具有风险的、EMV 值为 114,000 美元的方案。

术语"确定性等价值（Certainty Equivalent）"是指决策者思维中对不确定情形的货币度量价值。例如，对决策者而言，70,000 美元的确定收益确定等价于 $p=0.8$ 时具有风险的方案二。与此密切相关的一个词是**风险溢价**，表示的是决策者为避免风险愿意支付或放弃的 EMV。在本例中，风险溢价等于 114,000-70,000=44,000；即

风险溢价=具有风险方案的 EMV - 该方案的"确定性等价"

要找到本例中 40,000 美元收益的效用值，需确定下列两个方案对决策者等价时的 p 值：

方案一：确定获得 40,000 美元的收益；

方案二：有 p 的可能性获得 150,000 美元，$1-p$ 的可能性遭受 30,000 美元的损失。

因为我们减少了方案一中确定获得的损益值，原来是 70,000 美元，而现在是 40,000 美元。所以对决策者而言，p 值也会随之减少，这样才会保证这两个方案对决策者而言是无差异的。假定当 $p=0.65$ 时，这两个方案对决策者而言是无差异的，所以 $p^*=0.65$。收益等于 40,000 美元时的效用是：

$$U(40,000)=U(150,000)p^*+U(-30,000)(1-p^*)=1p^*+0(1-p^*)=p^*=0.65$$

方案一中给定收益的效用对决策者而言，与无差异店 $p^*=0.65$ 时的方案二无差异。这并非偶然。

要　点

当从 0 到 1 确定效用时，使方案一和方案二无差异的概率 p^* 总是和决策者在方案一中所列损益值的效用相等。

注意，当 $p=0.65$ 时，方案二的期望值是：

$$150,000\times0.65-30,000\times0.35=87,000$$

这又是"风险厌恶"行为。因为决策者愿意接受确定的收益 40,000 美元（或支付风险溢价 47,000 美元）以避免 EMV 值为 87,000 的决策方案带来的风险。

例子中的收益-30,000 美元、40,000 美元、70,000 美元和 15,000 美元的效用分别是 0.0、0.65、0.80 和 1.0，若在一个图上画出这些值，并用直线把它们连起来，则可以估计出问题中决策者的效用函数，如图 14.33 所示。注意本图中效用函数的形状符合图 14.32 给出的关于"风险厌恶"型决策者效用函数曲线的形状。

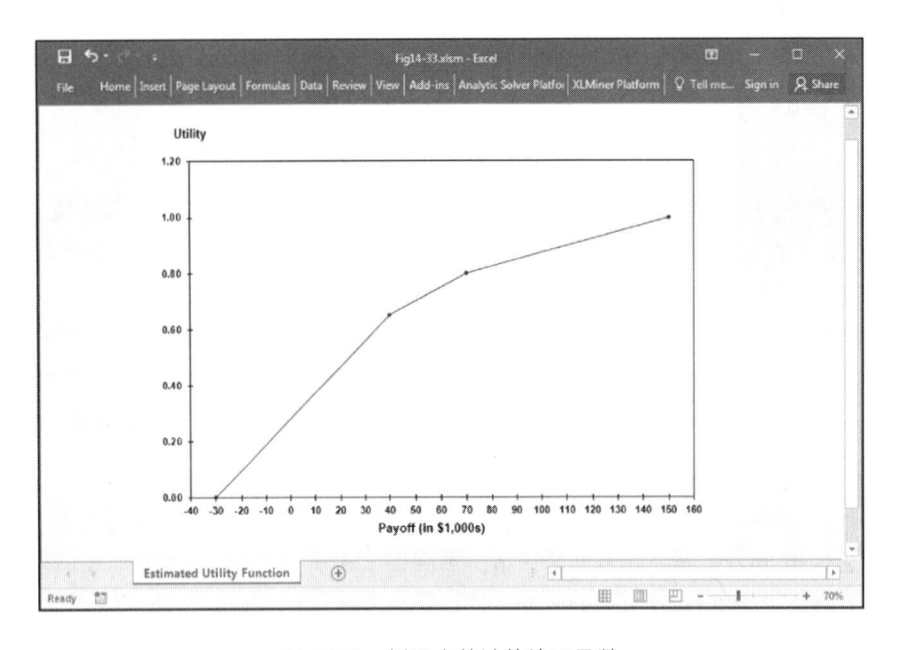

图 14.33 例子中估计的效用函数

14.15.3 使用效用进行决策

在给出每个损益值的效用值后，就可以应用决策分析的标准工具选择带来最大预期效用的决策方案了。我们使用效用值代替收益表中的损益值或决策树中的货币值。对于目前的例子而言，把收益表中的收益代之以效用，计算出每个选择方案的预期效用：

公司	自然状态		预期效用	
	1	2		
A	1.00	0.00	0.500	
B	0.80	0.65	0.725	←预期效用最大
概率	0.5	0.5		

在此例中，购买公司 B 会给决策者带来最大的预期效用。前面的计算中表明购买公司 A 的 EMV 值是 60,000 美元，大于购买公司 B 的 EMV 值 55,000 美元。因此，使用效用理论，决策者就能确定他们愿意选择的决策方案，这受他们对待风险和收益的态度的影响。

14.15.4 指数效用函数

在具有大量可能损益值的复杂决策问题中，需要确定每个损益值的效用需要确定不同的 p^* 值，这对于决策者来说既相当耗时，又很困难。但是，如果消费者是风险厌恶的，可以用指数效用函数作为决策者实际效用函数的近似值。指数效用函数的通用形式如下：

$$U(x) = 1 - e^{-x/R}$$

在公式中，e 是自然对数的底，等于 2.718281…，R 是控制效用函数形状的参数，其与决策者的风险容忍度有关。图 14.34 是几个不同 R 的指数效用函数的图形。注意，随着 R 的增大，效用函数变得越来越平坦，或者说决策者越来越不厌恶风险。还要注意，随着 x 的增大，$U(x)$ 趋近于 1；当 $x=0$ 时，$U(x)=0$；当 $x<0$ 时，$U(x)<0$。

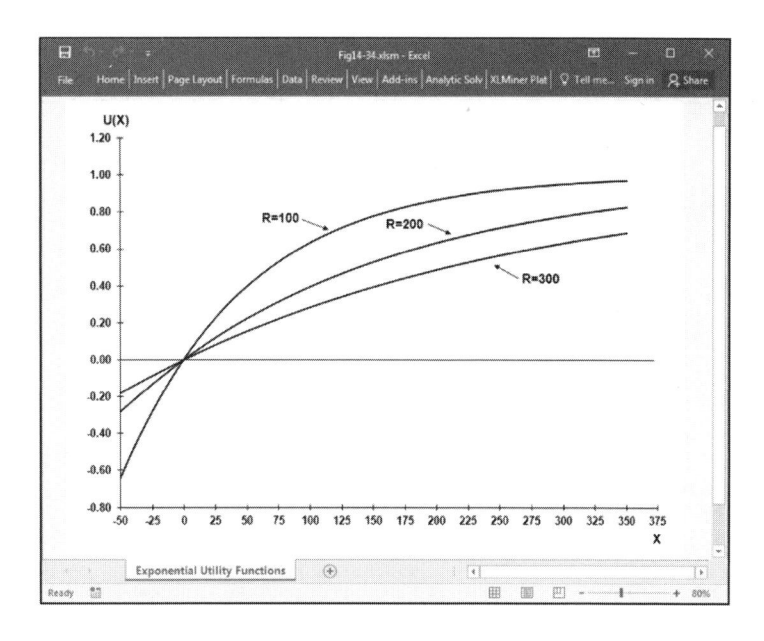

图 14.34　指数效用函数

要使用指数效用函数，首先确定风险容忍参数 R 的值，其中一个办法就是测算决策者愿意参加到下述博弈中时最大的 Y 值：
- 有 50% 的可能性赢得 Y 美元；
- 有 50% 的可能性失去 $Y/2$ 美元。

决策者愿意参加此博弈时 Y 的最大值就是我们对 R 的最佳估计值。注意，一个决策者只愿意在 Y 很小时参加此弈局，那他一定是风险厌恶的，Y 越大，决策者就越来越倾向于风险偏好型。这符合图 14.34 中表明的 R 与效用函数两者之间的关系（作为一个经验法则，现实例子说明很多公司的风险忍耐度大约是股本的六分之一或年净收入的 125%）。

14.15.5　决策树中使用效用

ASP "决策树"工具可以很方便地使用指数效用函数对决策树中风险厌恶的决策偏好模型化。以先前讲过的 Magnolia Inns 公司的例子来说明决策树中效用函数的应用。在 Magnolia Inns 公司的决策问题例子中，Barbara 要决定在何处购买土地。该问题的决策树如图 14.35 所示（本书的配套文件 Fig14-35.xlsm）。

要使用指数效用函数，首先按通常方法构建一个决策树，然后使用刚才讲过的技巧，确定决策者风险容忍度 R 的大小。因为 Barbara 是代表 Magnolia Inns 进行决策的，因此风险容忍度 R 是基于公司承担风险的大小——而不是 Barbara 个人风险承受的大小进行估算的，这一点很重要。

本例中假设 Barbara 认为 Magnolia Inns 会参加"有 50% 的可能性赢得 Y 美元；有 50% 的可能性失去 $Y/2$ 美元"这一弈局，此时 Y 的最大值是 400 万美元，所以 $R=Y=4$。注意 R 的单位应该和决策树中的收益单位一致。

现在可以构建决策树工具来使用指数效用函数，从而做出最优决策，步骤如下：
（1）在 ASP 任务窗口选择"决策树"按钮。
（2）将"风险容忍度"数值改为 4。
（3）将"确定性等价值"改为指数效用函数。

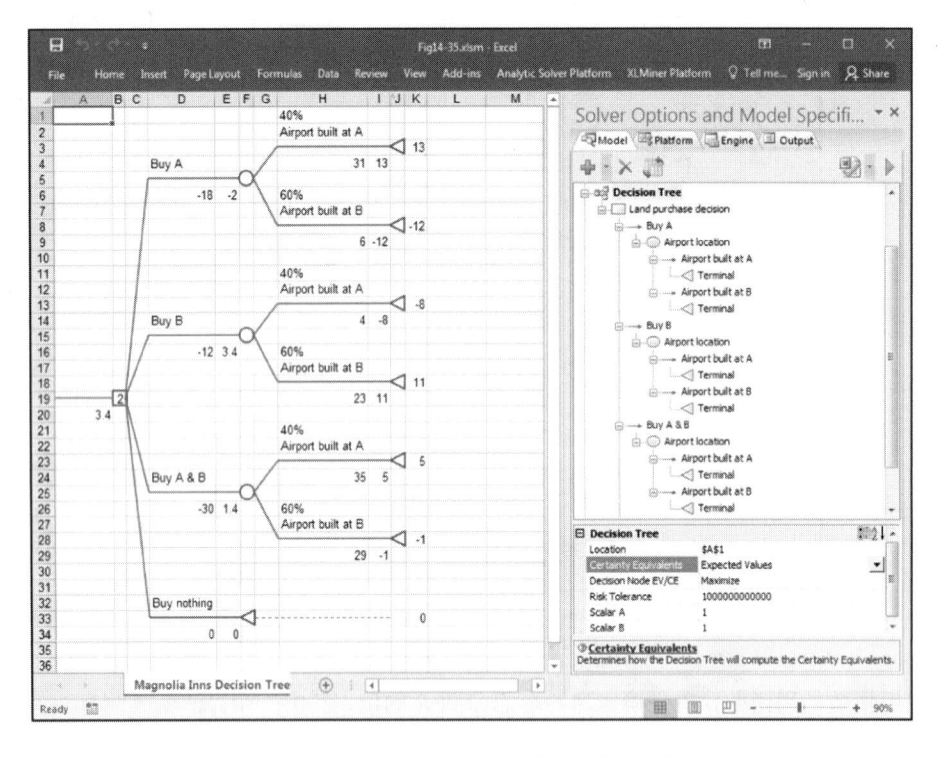

图 14.35 Magnolia Inns 买地问题的决策树

决策树自动把决策树的反推操作从 EMV 模式转换为预期效用模式，最后的决策树如图 14.36 所示。每个节点处的"确定性等价值"都直接写在节点左下的单元格中（先前 EMV 的所在），每个节点的预期效用立即出现在"确定性等价值"的下方。按照该决策树，对 Magnolia Inns 而言，在 A 处和 B 处都买地有最大的预期效用。这里建立一个策略表可能有用，策略表表示随着风险容忍度 R 的变化，或随着概率的变化，最优决策发生变化。

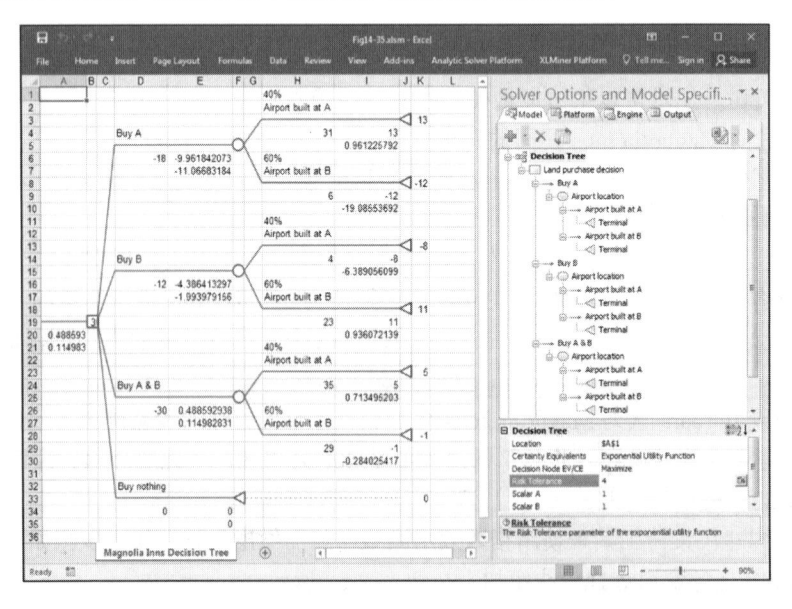

图 14.36 使用指数效用函数对 Magnolia Inns 问题的决策树分析

14.16 多标准决策

决策者常常在一个决策问题中使用不止一个决策标准，有时这些决策标准互相矛盾，例如，考虑风险和收益的决策标准。很多决策者都渴望高收益、低风险。但是，高收益通常伴随着高风险，低风险又只能带来低收益。在做出投资决定时，决策者必须在风险和收益之间进行权衡，以获得最佳投资结果。正如我们所知，效用理论就是权衡风险和收益的一种决策方法。

很多其他类型的决策问题也涉及互相冲突的决策标准。例如，在两个或多个工作机会中选择时，必须综合多种因素，如起点工资、晋升机会、工作安全、工作地点等，来评估这些工作机会。购买一台便携式视频摄像机时，要从厂家信誉、价格、保修、大小、重量、变焦能力、闪光灯等诸多特征来评估各种类型的摄像机。招募新员工时，要在很多应聘者中进行筛选，筛选标准有教育程度、经历、引荐人和个性等。本节主要介绍两种决策问题中使用多个决策标准的技术。

14.17 多准则记分模型

多准则记分模型很简单，就是在决策时根据不同的决策准则对每一个决策备选方案打分。方案 j 按照标准 i 的得分记作 s_{ij}。分配给每个标准的权重记作 w_i，表示该标准对决策者的相对重要程度。对每个决策备选方案都可以计算出加权平均分：

$$\text{方案} j \text{ 的加权平均分} = \sum_i w_i s_{ij}$$

这样，就可以选择加权平均分最大的备选方案作为最后的决策。

本章开始处介绍了一个很多学生大学毕业时都会面对的现实问题：找工作——在两个工作机会中选择一个。图 14.37（本书的配套文件 Fig14-37.xlsm）就是使用多准则记分模型对这个问题的求解。

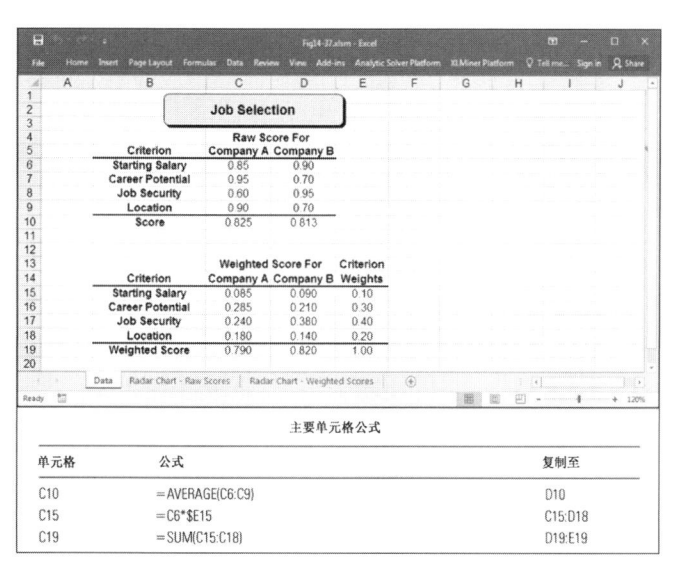

图 14.37 多准则记分模型

在两个（或更多的）工作机会中选择时，需要对各种评判标准如起薪、晋升机会、工作安全、工作地点及其他一些因素进行评估。然后根据这些标准对决策者的相对重要程度赋以每个备选方案 0～1 的分值，以反映其相对价值。这些值可以认为是在不同评判标准下对备选方案带来效用所做的主观评判。

在图 14.37 中，各标准下方案的得分填入单元格 C6 至单元格 D9。单元格 C6 和 D9 中的值表明，公司 B 提供的起薪具有最大的值，但是公司 A 的起薪也不差。注意，这并不意味着公司 B 提供的起薪必然高于公司 A 的起薪，这些分值仅仅表示这些工资相对于决策者而言的价值，要综合考虑不同地方的居住成本等因素。表中的其他分值表明，公司 A 给予的职业发展潜力较大，地点也颇具吸引力，但是职业安全性较公司 B 差些。每个工作机会的平均得分填入单元格 C10 和单元格 D10，计算公式如下：

单元格 C10 的公式：　　=AVERAGE(C6:C9)

（复制到单元格 D10 中）

注意，公司 A 的得分比公司 B 高。但是，不能简单地认为每个评判标准对决策者都是同等重要的，很多情况下并非如此。

下一步，决策者就要按照评判标准对每个决策标准赋以权重，这也是主观给定的。本例中给每个标准假定的权重列在图 14.37 中的单元格 E15 至单元格 E18 中。注意这些权重之和必须等于 1。每个标准及每个备选方案的权重分值计入单元格 C15 至 D18，计算公式如下：

单元格 C15 的公式：　　=C6*$E15

（复制到单元格 C15 至 D18 中）

可以通过加总的办法得到每个方案的加权平均分：

单元格 C19 的公式：　　=SUM(C15:C18)

（复制到单元格 E19 中）

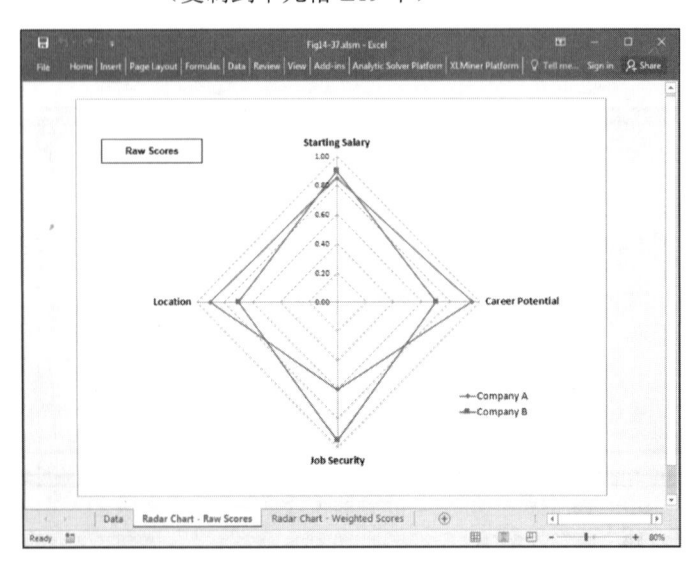

图 14.38　原始分值的雷达图

在本例中，公司 A 和公司 B 的加权平均分分别是 0.79 和 0.82。因此，在给定评判标准的权重后，模型的结果就表明应接受公司 B 的，因为它的加权平均分最大。

在多标准计分模型中，雷达图可用图例汇总多种备选方案，是非常有效的一种方法。图

14.38 是工作选择问题的图解草案。大概扫一眼这张表就可以看出两个公司提供的薪水相差无几，公司 A 在工作潜力和地理位置上更有吸引力，而公司 B 在工作安全性上略胜一筹。

图 14.39 也是一张雷达图，只不过标明了每个选择方案的加权分值。加权分值在雷达图中着重强调评判决策方案的标准差别，特别是权重较大的标准。例如，这里两个公司在薪水和工作的地理位置方面非常接近，而在职业发展前景和工作安全方面差距较大。雷达图的图解能力描述了备选方案之间的差别，这种能力极为有用，特别是对不明白数据表中数字含义的决策者而言更是如此。

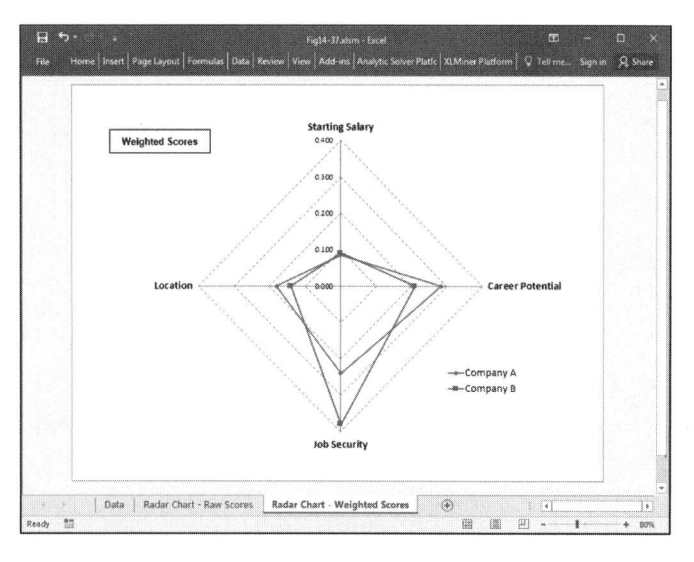

图 14.39　加权分值的雷达图

创建雷达图

要创建如图 15.43 所示的雷达图：
（1）选择单元格 B14 至单元格 D18。
（2）单击"插入"菜单。
（3）单击"其他图表"。
（4）单击"计分雷达图"。

Excel 的表向导会把你带到和表格式相关的一系列选项中去。在 Excel 创建一个基本表后，可用很多方法定制它。可以右键单击表要素，显示选项对话框，以修改表中要素的外观。

14.18　层次分析法

有时，决策者发现很难主观地确定多准则评分模型所需的评分标准和权重。在这种情况下，层次分析法（AHP）可能会有所帮助。AHP 提供了一种更加结构化的方法来确定前面描述的多准则评分和权重的一种系统方法，这对于群体决策环境中重要问题的聚焦和讨论特别有帮助。然而，层次分析法的有效性并未得到普遍认可。与任何结构化的决策过程一样，AHP 的建议不应该盲目遵从，而应由决策者仔细考虑和评估。

为了说明 AHP，假设一家公司想购买一套员工薪酬和人事记录信息系统，有三种系统可供选择，分别标识为 X、Y 和 Z。判别这三个系统的关键标准是价格、用户支持和操作简易性。

14.18.1　两两比较

层次分析法的第一步是按照每个标准为每个备选方案创建一个两两比较矩阵。我们看一下价格标准的两两比较矩阵。图 14.40 中显示的值用于层次分析法，描述决策者在给定标准下两种替代方案之间的偏好。

值	偏好
1	同样喜欢
2	同样到中等喜欢
3	中等喜欢
4	中等到强烈喜欢
5	强烈喜欢
6	强烈到非常强烈喜欢
7	非常强烈的喜欢
8	非常强烈到极端喜欢
9	极端喜欢

图 14.40　AHP 中的两两比较评分表

为了创建价格标准的两两比较矩阵，使用图 14.40 中给出评分值对系统 X、Y 和 Z 的价格进行两两比较。在给定的标准下，P_{ij} 表示我们对比替代方案 j 更倾向于替代方案 i 的程度。例如，假设在比较系统 X 和 Y 时，决策者强烈偏好 X 的价格。在这种情况下，$P_{XY} = 5$。同样，假设在比较系统 X 和 Z 时，决策者非常强烈地倾向于 X 的价格；当比较 Y 和 Z 时，决策者中等偏好 Y 的价格。在这种情况下，$P_{XZ} = 7$，$P_{YZ} = 3$。我们使用这些两两比较的值来创建图 14.41 所示的两两比较矩阵（本书的配套文件 Fig14.41.xlsm）。

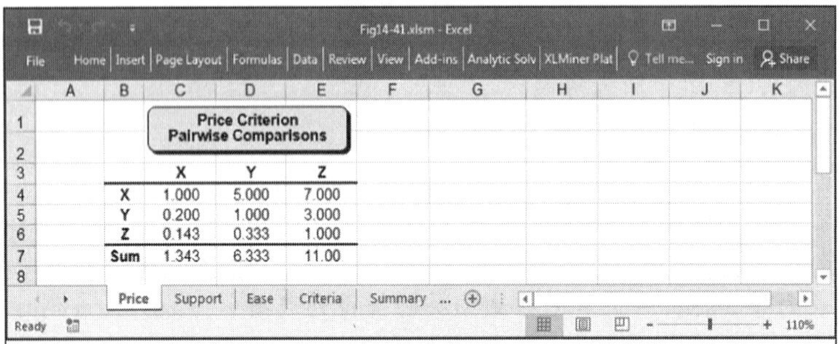

Price Criterion Pairwise Comparisons

	X	Y	Z
X	1.000	5.000	7.000
Y	0.200	1.000	3.000
Z	0.143	0.333	1.000
Sum	1.343	6.333	11.00

Key Cell Formulas

Cell	Formula	Copied to
C5	=1/D4	--
C6	=1/E4	--
D6	=1/E5	--

图 14.41　三个系统的价格标准的两两比较

P_{XY}、P_{XZ} 和 P_{YZ} 的值在图 14.41 中的单元格 D4、E4 和 E5 中显示。在图 14.41 中的主对角线上输入值 1，表明如果将替代方法与自身进行比较，决策者应该相同偏好两种选择（因为它们是相同的）。

单元格 C5、C6 和 D6 中的输入值分别对应 P_{YX}、P_{ZX} 和 P_{ZY}。为了确定这些值，要获得决策者在 Y 和 X、Z 和 X、Z 和 Y 之间的偏好信息。然而，如果已经知道决策者在 X 和 Y 之间的偏好（P_{XY}），可以得出结论：制造商在 Y 和 X 之间的偏好（P_{YX}）是 X 和 Y 之间偏好的倒数；即 $P_{YX} = 1/P_{XY}$。所以，一般来说有：

$$P_{ij}=1/P_{ji}$$

因此，单元格 C5、C6 和 D6 中的值计算如下：

单元格 C5 的公式：=1/D4

单元格 C6 的公式：=1/E4

单元格 D6 的公式：=1/E5

14.18.2 归一化比较

层次分析法的下一步是归一化两两比较矩阵。为此，首先计算两两比较矩阵中每列的总和，然后将矩阵中的每个输入值除以它的列和。图 14.42 给出了得出的归一化矩阵。

将使用归一化矩阵中每行的平均值作为每个备选方案的得分。例如，单元格 F11、F12 和 F13 表示 X、Y 和 Z 的价格标准上的平均得分，分别为 0.724、0.193 和 0.083。这些分数表明决策者在价格方面三种选择的相对可接受程度。X 的得分表明，这是迄今为止在价格方面最有吸引力的选择，而替代系统 Y 比 Z 更吸引人。注意，这些得分反映了决策者在两两比较矩阵中表示的偏好。

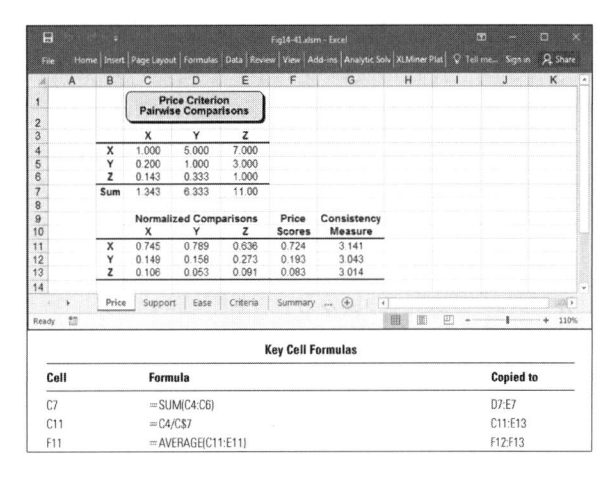

图 14.42 归一化比较矩阵中的价格得分

14.18.3 一致性

在应用层次分析法时，决策者对方案的喜好程度应该在两两比较矩阵中前后保持一致。例如，如果决策者相对于 Y 的价格来说强烈喜欢 X 的价格，相对于 Z 的价格强烈喜好 Y 的价格，那么决策者就对 X 和 Z 的价格表示漠不关心（或相等的偏好）是不一致的。因此，在使用从归一化比较矩阵导出的分数之前，应检查原始两两比较矩阵中指示的喜好的一致性。

每个备选方案的一致性度量可以得到：

$$X \text{ 的一致性度量} = \frac{0.724\times 1 + 0.193\times 5 + 0.083\times 7}{0.724} = 3.141$$

$$Y \text{ 的一致性度量} = \frac{0.724\times 2 + 0.193\times 1 + 0.083\times 3}{0.193} = 3.043$$

$$Z\text{ 的一致性度量} = \frac{0.724 \times 0.143 + 0.193 \times 0.333 + 0.083 \times 1}{0.083} = 3.014$$

上式的分子将归一化矩阵得分与原始两两比较矩阵中表示喜好的对应行元素的乘积之和，然后除以备选方案的分数。这些一致性度量在图 14.43 的单元格 G11 至 G13 中给出。

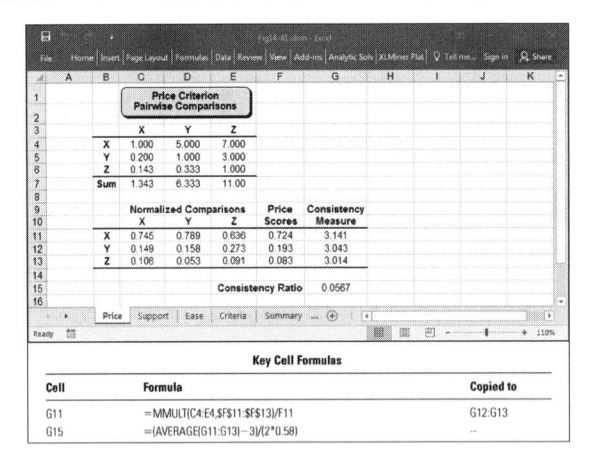

图 14.43 两两比较的一致性检查

如果决策者表达的喜好完全一致，那么一致性度量结果等于问题的替代方案数量（本例中是 3）。比较矩阵中给出的偏好似乎存在一定程度的不一致。这种现象很普遍。决策者很难在大量两两比较中喜好表达完全一致。若不一致的数量不是太多，则从归一化矩阵获得的分数将是合理准确的。为了确定不一致性是否过高，计算以下量：

$$\text{一致性指数(CI)} = \frac{\lambda - n}{n - 1}$$

$$\text{一致性比率(CR)} = \frac{\text{CI}}{\text{RI}}$$

其中，λ 为所有备选方案的平均一致性度量；n 为备选方案的数量；RI 为图 14.44 中的适度随机指数。

n	RI
2	0.00
3	0.58
4	0.90
5	1.12
6	1.24
7	1.32
8	1.41

图 14.44 AHP 中使用的 RI 值

若两两比较矩阵完全一致，则 $\lambda=n$，一致性比率为 0。图 14.44 中 RI 的值给出了 CI 的平均值，若两两比较矩阵中的所有输入值都是随机选择的，则给定全部对角线输入值等于 1 且 $P_{ij} = 1/P_{ji}$。若 CR≤0.10，则两两比较矩阵的一致性程度令人满意。但是，若 CR>0.10，则可能存在严重的不一致，并且 AHP 不会给出有意义的答案。图 14.43 中单元格 G15 所示的 CR 值表明价格的两两比较矩阵合理一致。因此，可以假设从归一化矩阵得到的价格标准的分数是合理准确的。

14.18.4 其他标准下的得分

重复以上计算过程，可以计算出价格标准分数以外的用户支持和操作难度的分数。这些标准的得分值分别如图 11.45 和图 14.46 所示。

可以通过复制价格标准的电子表格（如图 14.43 所示）并让决策者填写与用户支持和操作简易性有关的偏好的两两比较矩阵，轻松创建这两个电子表格。注意，图 14.45 和图 14.46 给出的喜好似乎是一致的。

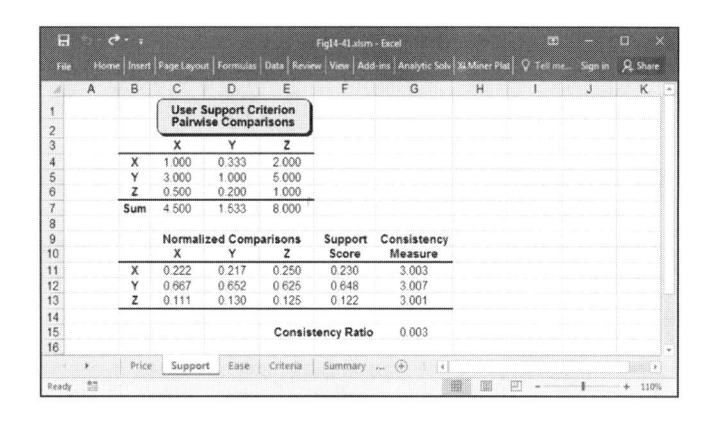

图 14.45　用户支持标准下分数计算的电子表格

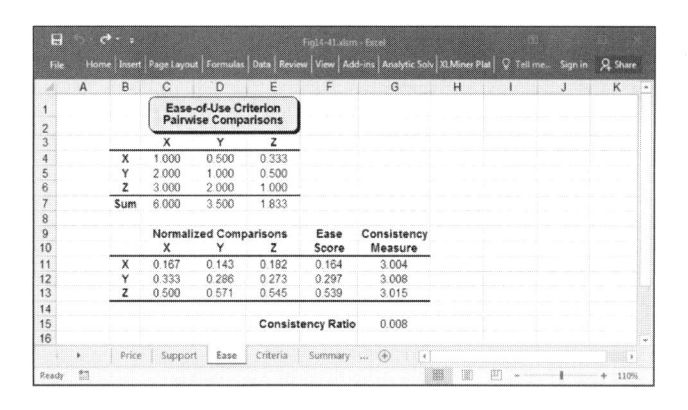

图 14.46　操作难度标准下分数计算的电子表格

14.18.5 计算标准权重

图 14.43、图 14.45 和图 14.46 中显示的分数表示备选方案关于价格、用户支持和操作难度之间的比较。在评分模型中使用这些值之前，还必须确定权重，以表明这三个标准对决策者的相对重要性。先前使用的两两比较过程为每个标准上的备选方案生成分数也可用于生成标准权重。

图 14.47 中的两两比较矩阵指出了决策者对三个标准的偏好。单元格 C5 和 C6 中的值表明决策者发现用户支持和操作难度比价格更重要（或更偏好），单元格 D6 表示操作难度比用户支持更重要。这些相对偏好反映在单元格 F11 至 F13 中显示的标准权重中。

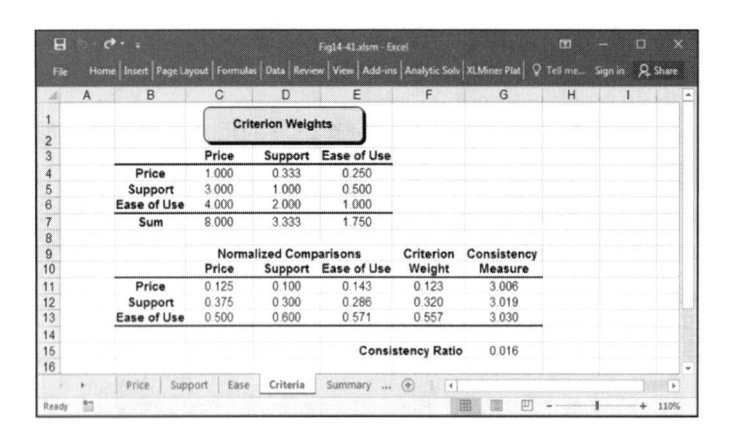

图 14.47 确定标准权重的电子表格

14.18.6 建立评分模型

现在有了使用评分模型分析此决策问题所需的所有元素。因此，AHP 的最后一步是计算每个决策备选方案的加权平均分。加权平均得分如图 14.48 的单元格 C8 至 E8 所示。根据这些分数，应选择备选方案 Y。

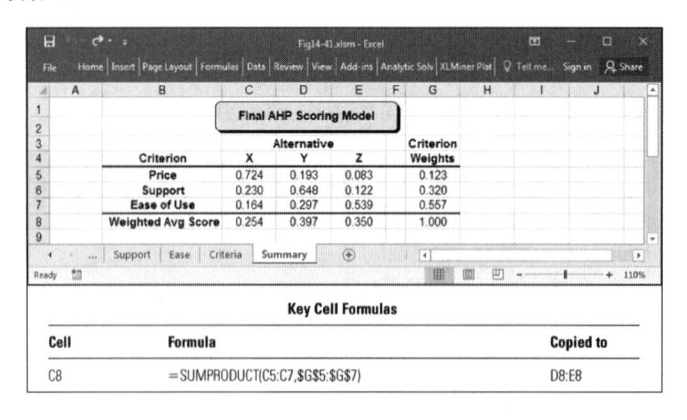

图 14.48 选择信息系统的最终评分模型

14.19 本章小结

本章介绍了很多用于分析各种决策问题的技术。首先讨论了如何使用收益矩阵来总结单阶段决策问题中的备选方案，然后提出了一些非概率和概率决策准则。没有一个决策准则在所有情况下效果都是好的，但，准则有助于从不同方面了解面临的问题，并有助于发展和强化决策者对问题的洞察力和直觉，从而做出更好的决策。当问题备选方案的出现概率可以估计时，EMV 决策准是最常用的技术。

决策树在多阶段决策问题中极为常用。多阶段决策问题包含一系列的决策。决策树中的每个终端节点与每个可能的决策序列产生的净收益相关联。反推技术可以判断出具有最高 EMV 的备选方案。因为不同决策者从相同货币收益中获得不同的价值水平，本章还讨论了效用理论如何应用于决策问题来解释这些差异。

最后，本章讨论了处理有关多个冲突决策标准的决策问题的两种技术。多准则记分模型要求决策者为每个准则的每个备选方案分配一个评分,然后被分配权重以表示准则的相对重要性,并为每个备选方案计算加权平均分数。推荐的备选方案是评分最高的备选方案。若决策者难以指定这些值,AHP 提供了一种结构化方法来确定多准则评分模型中使用的评分和权重。

14.20 参考文献

[1] Bodin, L. and S. Gass. "On Teaching the Analytic Heirarchy Process." *Computers & Operations Research*, vol. 30, pp. 1487–1497, 2003.

[2] Clemen, R. *Making Hard Decisions: An Introduction to Decision Analysis*. Cengage Learning, Mason, OH, 2001.

[3] Corner, J. and C. Kirkwood. "Decision Analysis Applications in the Operations Research Literature 1970–1989." *Operations Research*, vol. 39, no. 2, 1991.

[4] Coyle, R. *Decision Analysis*. London: Nelson, 1972.

[5] Hastie, R. and R. Dawes. *Rational Choice in an Uncertain World: The Psychology of Judgment and Decision Making*. Thousand Oaks, CA: Sage Publications, Inc., 2001.

[6] Heian, B. and J. Gale. "Mortgage Selection Using a Decision-Tree Approach: An Extension." *Interfaces*, vol. 18, July–August 1988.

[7] Howard, R. A., "Decision Analysis: Practice and Promise." *Management Science*, vol. 34, pp. 679–695, 1988.

[8] Keeney, R. *Value-Focused Thinking*. Cambridge, MA: Harvard University Press, 1992.

[9] Keeney, R. and H. Raiffa. *Decision With Multiple Objectives*. New York: Wiley, 1976.

[10] Merkhofer, M.W. "Quantifying Judgmental Uncertainty: Methodology, Experiences & Insights." *IEEE Transactions* on Systems, Man, and Cybernetics, vol. 17, pp. 741–752, 1987.

[11] Skinner, D. *Introduction to Decision Analysis: A Practitioner's Guide to Improving Decision Quality*. Gainesville, FL: Probabilistic Publishing, 2001.

[12] Wenstop, F. and A. Carlsen. "Ranking Hydroelectric Power Projects with Multicriteria Decision Analysis." Interfaces, vol. 18, no. 4, 1988.

[13] Zahedi, F. "The Analytic Hierarchy Process—A Survey of the Method and Its Applications." Interfaces, vol. 16, no. 4, 1986.

商业分析实践

决策理论帮助 Hallmark 调整产品结构

Hallmark 卡片公司分销的许多商品只能在一个季节内销售。剩余物或丢弃物必须在正常的经销商渠道之外处理。例如,像餐巾纸等餐桌用品可用于公司的餐厅、捐赠给慈善机构,或在没有品牌名称的情况下出售给折扣商。其他物品可能根本没有残值了。

产品经理负责决定生产运行的规模或从供应商处的采购数量,因此面临两种风险。首先是确定的订购数量大于产品最终需求量,已经支付的产品必须被丢弃,并且残值(如果有)可能无法弥补成本。第二个风险是数量可能低于需求量,在这种情况下,收入就会减少。

潜在的利润促使 Hallmark 管理层决定为产品经理和库存控制员启动培训计划，训练他们使用产品成本和销售价格及需求的概率分布做出订单数量决策。进行分析的格式是一个收益矩阵，其中行表示订单数量，列表示需求水平。收益矩阵中的每个单元格都包含计算的利润收益。

残值和缺货成本不包括在收益矩阵单元的价值中。相反，灵敏度分析提供了订单数量仍为最优解的范围。

虽然可以根据前几年的销售数据估计概率分布，但有时需要使用主观概率。对于没有相关产品历史记录的新产品尤其如此。因此，产品经理接受了指定主观概率的培训。尽管对累积分布函数的直接评估可能会更有效地与订单数量决策挂钩，但事实证明，管理人员更擅长估计离散概率函数。

随着培训计划在公司内部的进行和持续扩展，很多管理人员采用了收益矩阵技术，并取得积极成果。

资料来源：F. Hutton Barron. "Payoff Matrices Pay Off at Hallmark." *Interface*, vol. 15, no.4, August 1985, pp.20-25.

思考题与习题

1. 本章介绍了必须在两个工作机会之间做出决策的问题。决策者可以选择接受 A 公司的工作、接受 B 公司的工作或拒绝这两份工作而另寻新的工作。你还有其他备选方案吗？
2. 列举一个国家经济、政治和军事领导者做了好的决策却导致不好结果的例子，或者决策失误结果却很好的例子。
3. 给定以下收益矩阵：

决策	自然状态		
	1	2	3
A	50	75	35
B	40	50	60
C	40	35	30

   决策者是否应该选择备选方案 C？解释原因。
4. Philip Mahn 的投资中有一项将要到期，他想确定接下来如何投资这 30,000 美元。Philip 正在考虑两项新的投资：股票共同基金和一年期存款证明（CD）。CD 保证支付 8% 的回报；Philip 估计股票共同基金的回报率分别为 16%、9% 和 -2%，这取决于市场状况是好的、平均的还是差的。Philip 估计，好的、平均的和差的市场的可能性分别为 0.1、0.85 和 0.05。
   a. 为此问题构建一个收益矩阵。
   b. 根据最大值最大化原则，应该做出什么决策？
   c. 根据最小值最大化原则，应该做出什么决策？
   d. 根据最大后悔值最小化原则，应该做出什么决策？
   e. 根据 EMV 决策规则，应该做出什么决策？
   f. 根据 EOL 决策规则，应做出什么决策？
   g. Philip 应该支付多少钱才能获得 100% 准确的市场预测？
5. Lori Henderson 在北卡罗来纳州布恩郊区经营一家专业滑雪服装店。她必须在滑雪季节之前提前下单她的滑雪大衣订单，因为制造商要在夏季的几个月内生产。Brenda 需要确定是否为大衣订购大、中、小订单。售出的数量很大程度上取决于该地区在滑雪季节期间是否会收到较多、正常或较少的积雪。下表总结了 Brenda 希望在每种方案下获得的收益。

订单大小	雪量		
	较多	正常	较少
大	10	7	3
中	8	8	6
小	4	4	4

Brenda 估计雪量较多、正常或较少降雪的概率分别为 0.25、0.6 和 0.15。

a. 根据最大值最大化原则，应该做出什么决策？
b. 根据最小值最大化，应该做出什么决策？
c. 根据最大后悔值最小化原则，应该做出什么决策？
d. 根据 EMV 决策规则，应该做出什么决策？
e. 根据 EOL 决策规则，应做出什么决策？

6. 弗吉尼亚州 Norfolk 的鱼屋（TFH）出售新鲜的鱼。TFH 每天从附近的供应商处收到农场饲养的鳟鱼。每条鳟鱼成本 2.45 美元，售价 3.95 美元。为了保持其出售产品新鲜的声誉，TFH 在当天结束时向当地的宠物食品制造商出售任何剩余的鳟鱼，每条 1.25 美元。TFH 决定每天要订购的鳟鱼数量。从历史上看，鳟鱼的日常需求是：

需求	10	11	12	13	14	15	16	17	18	19	20
概率	0.02	0.06	0.09	0.11	0.13	0.15	0.18	0.11	0.07	0.05	0.03

a. 为此问题构建一个收益矩阵。
b. 根据最大值最大化原则，应该做出什么决策？
c. 根据最小值最大化，应该做出什么决策？
d. 根据最大后悔值最小化原则，应该做出什么决策？
e. 根据 EMV 决策规则，应该做出什么决策？
f. 根据 EOL 决策规则，应做出什么决策？
g. TFH 应该支付多少钱才能获得 100% 准确的市场预测？
h. 你会推荐 TFH 在这种情况下使用哪个决策规则？为什么？
i. 假设 TFH 有一个数量折扣，若购买 15 条鳟鱼或更多，则价格降至每条 2.25 美元。在这种情况下，每天应进货多少条鳟鱼？

7. 汽车经销商提供以下三项租赁选择：

计划	每月固定支付	每英里的额外成本
I	200 美元	每英里 0.095 美元
II	300 美元	前 6,000 英里每英里 0.061 美元；以后每英里 0.050 美元
III	170 美元	前 6,000 英里不收费；以后每英里 0.14 美元

假设客户预计在接下来的两年内驾驶 15,000～35,000 英里的驾驶者将按以下概率分配：

P(驾驶 15,000 英里)= 0.1
P(驾驶 20,000 英里)= 0.2
P(驾驶 25,000 英里)= 0.2
P(驾驶 30,000 英里)= 0.3
P(驾驶 35,000 英里)= 0.2

a. 为此问题构建一个收益矩阵。

b. 根据最大值最大化原则，应该做出什么决策？（请记住，这里的"收益"是成本，越小越好。）

c. 根据最小值最大化，应该做出什么决策？

d. 根据最大后悔值最小化原则，应该做出什么决策？

e. 根据 EMV 决策规则，应该做出什么决策？

f. 根据 EOL 决策规则，应做出什么决策？

8. Farrell Motors 公司的老板 Bob Farrell 正在决定是否购买 200 辆汽车和卡车的冰雹灾害保险单，担心因为赶上冰雹而受损。这里雷雨频繁发生，有时会有与高尔夫球一样大小的冰雹，严重损害汽车。Bob 估计明年冰雹可能造成的伤害为

损失（单位：千美元）	0	15	30	45	60	75	90	105
概率	0.25	0.08	0.10	0.12	0.15	0.12	0.10	0.08

Bob 正在考虑处理这种风险的以下三种选择：

- Bob 可以购买 47,000 美元的保险单，这将覆盖发生的任何损失的 100%。
- Bob 可以购买 25,000 美元的保险单，将覆盖超过 35,000 美元的所有损失。
- Bob 可以选择自我保险，在这种情况下，他不必支付任何保险费，但将支付发生的任何损失。

a. 为此问题构建一个收益矩阵。

b. 根据最大值最大化原则，应该做出什么决策？

c. 根据最小值最大化，应该做出什么决策？

d. 根据最大后悔值最小化原则，应该做出什么决策？

e. 根据 EMV 决策规则，应该做出什么决策？

f. 根据 EOL 决策规则，应做出什么决策？

9. Morley 房地产公司正计划在佐治亚州的圣西蒙斯岛建造公寓开发区。该公司正在试图从建立一个小型、中型或大型开发区之间做出决定。每种开发区规模所获得的收益将取决于该地区市场对公寓的需求，可能为低、中或高。这个决策问题的收益矩阵是：

	市场需求		
开发区大小	低	中	高
小型	400	400	400
中型	200	500	500
大型	-400	300	800

收益（单位：千美元）

该公司的拥有者估计有 20% 的可能性市场需求低、35% 的可能性是中等的、45% 的可能性是高的。

a. 根据最大值最大化原则，应该做出什么决策？

b. 根据最小值最大化，应该做出什么决策？

c. 根据最大后悔值最小化原则，应该做出什么决策？

d. 根据 EMV 决策规则，应该做出什么决策？

e. 根据 EOL 决策规则，应做出什么决策？

10. 参考前面的问题。Morley 房地产公司可聘请顾问来预测该项目最可能的需求水平。这位顾问做了许多类似的研究，并为 Morley 房地产公司提供了以下联合概率表，总结了结果的准确性：

	实际需求		
预测需求	低	中	高
低	0.1600	0.0300	0.0100
中	0.0350	0.2800	0.0350
高	0.0225	0.0450	0.3825

该表格主对角线上的输入值之和表明，顾问的预测总体上是 82.25% 的时间是正确的。

    a. 构建条件概率表，显示给定每个预测需求的各种实际需求的概率。

    b. 没有顾问的帮助，最佳的 EMV 决策是什么？

    c. 假设聘用顾问的成本是 0 美元，构建决策树分析 Morley 房地产公司的决策问题。

    d. 顾问免费援助时的最佳的 EMV 决策是什么？

    e. Morley 房地产公司应该愿意支付给顾问的最高价格是多少？

11. 参考习题 9。假设 Morley 房地产公司的所有者的效用函数可以用指数效用函数来近似：

$$U(x)=1-e^{-x/R}$$

这里风险容忍度 $R = 100$（单位：千美元）。

    a. 把收益矩阵转化为效用值。

    b. 使用最大期望效用原则，公司的最优决策是什么？

12. 参考问题 10。假设顾问的费用是 5,000 美元，Morley 房地产公司所有者的效用函数可以近似为指数效应函数：

$$U(x)=1-e^{-x/R}$$

这里风险容忍度 $R = 100$（单位：千美元）。

    a. 如果 Morley 房地产公司雇用顾问，那么预期的效用水平会如何？

    b. 如果 Morley 房地产公司不雇用顾问，那么预期的效用水平会如何？

    c. 基于这种分析，Morley 房地产公司是否聘请顾问？

13. Tall Oaks Wood 产品公司正在考虑以 500 万美元购买林地，这将为公司未来 10 年的运营提供未来木材供应来源。另外，公司也可以以 500 万美元在公开市场上按需购买木材。无论公司现在购买林地还是等待根据需要在未来 10 年购买其木材，木材使用的未来现金流估计现值为 600 万美元。这意味着现在购买林地或按需购买木材的净现值（NPV）为 100 万美元。换句话说，从财务角度来看，两种备选方案木材采购策略是平等的。现在假设，公司认为影响木材供应的环境法规只有 60% 的可能性保持不变。此外，该公司认为，在未来 10 年内，这些法规将有 30% 的机会变得更加严格，只有 10% 的机会放松这些法规。木材供应的减少应导致未来现金流量由于销售价格上涨而使用木材的现值的增加，以及按需购买木材成本的现值增加（当然，销售价格和购买成本的变化可能并不相同）。若法规变得更加严格，则公司认为现在购买林地的 NPV 现在将增加到 150 万美元，而根据需要购买木材的 NPV 将减少到-50 万美元。木材供应的增加应该具有相反的效果。因此，若法规变得不那么严格，则公司认为现在购买林地的净现值将降至-50 万美元，而根据需要购买木材的净现值将增至 150 万美元。

    a. 为此问题构建一个收益矩阵。

    b. 根据最大值最大化原则，应该做出什么决策？

    c. 根据最小值最大化，应该做出什么决策？

    d. 根据最大后悔值最小化原则，应该做出什么决策？

    e. 根据 EMV 决策规则，应该做出什么决策？

    f. 根据 EOL 决策规则，应做出什么决策？

g. 为此问题构建一个决策树。

14. 医学研究表明，每 100 人中有 10 人患有心脏病。当心脏病患者接受 EKG 检测时，存在 0.9 的概率查出患病。当未患心脏病的人接受 EKG 检测时，测试结果显示为患病的概率为 0.95。假设一个人到了急诊室抱怨胸口疼痛，进行 EKG 检查并被发现患有心脏病。此人确实患有心脏病的概率是多少？

15. 一个制造商有两台机器制造柴油卡车发动机的相同零件。一台机器比另一台机器大 5 岁。较旧的机器运行速度较慢，可生产 35% 的零件，其中 85% 质量可以接受，不需要重新加工。新机器中只有 8% 的零件需要重新加工。

    a. 若发现零件不规范并需要重新加工，则它是被旧机器产生的可能性是多少？

16. Bill 和 Ted 准备去海滩，希望能有一次绝妙的冒险。在去之前，他们阅读了世界权威机构关于虎鲨行为的报告。报告指出，当一只虎鲨在海滩上的游泳者附近时，鲨鱼咬住游泳者的概率为 0.20。Bill 和 Ted 在到达沙滩并进入水中后不久，就在他们游泳的地方附近的水面上发现了一只虎鲨的背鳍。Bill 对 Ted 说，"伙计，让我们离开水域，有人会被这条鲨鱼咬伤的概率为 0.20。" Ted 回复 Bill，"大错特错！那个概率可能是 0。放松一下，享受冲浪，伙计。"

    a. 计算 Ted 正确的概率（提示：使用公式 $P(A)=P(A \cap B)+P(A \cap \bar{B})$）。
    b. 假设 Bill 和 Ted 决定留在水中，且被鲨鱼咬伤。留在水中是一个很好的决策吗？决策的结果是好还是坏？
    c. 假设 Bill 和 Ted 决定留在水里，但没有被鲨鱼咬伤。留在水中是一个很好的决策吗？决策的结果是好还是坏？

17. MicroProducts, Incorporated（MPI）公司为一家 PC 制造商生产印刷电路板。在电路板发送给客户之前，必须对三个关键组件进行测试。这些组件可以按任何顺序测试。若任何组件发生故障，整个电路板必须报废。下表提供了测试三个组件的成本，以及未通过测试的概率：

组件	测试成本（美元）	失败概率
X	1.75	0.125
Y	2.00	0.075
Z	2.40	0.140

    a. 为此问题创建一个决策树，用于确定组件测试的顺序，以最小化预期成本执行测试。
    b. 组件测试的顺序是什么？
    c. 按照这个顺序进行测试的预期成本是多少？

18. 参考上一个习题。MPI 的制造工程师从 1,000 个电路板的随机样本中收集了有关元件 X、Y 和 Z 故障率的以下数据：

X	Y	Z	板的数量
p	p	p	710
p	f	p	45
p	p	f	110
p	f	f	10
f	p	p	95
f	f	p	10
f	p	f	10
f	f	f	10
		总计：	1,000

（p=通过，f=故障）

例如，该表中的第一行表示组件 X、Y 和 Z 中被检查的 1,000 个电路板中的 710 个全部通过检查。第二行表示 45 个板通过了对组件 X 和 Z 的检查，但在组件 Y 上发现故障。其余行可以类似地解释。

 a. 使用此数据，计算你在问题 13 中开发的决策树的条件概率（注意，$P(A|B) = P(A \cap B)/P(B)$ 和 $P(A|B \cap C) = P(A \cap B \cap C)/P(B \cap C)$）。

 b. 根据修订后的概率，组件应按哪个顺序进行测试？

 c. 按照这个顺序进行测试的期望成本是多少？

19. 南方天然气公司（SGC）准备在墨西哥湾新近开放的钻探区投标石油和天然气租赁权。SGC 试图决定是否出价 1,600 万美元的高价或 700 万美元的低价。SGC 投标的目的是击败其主要竞争对手北方天然气公司（NGC），预测 NGC 将以 0.4 的概率出价 1,000 万美元，或者以 0.6 的概率出价 600 万美元。在钻井现场采集的地质数据表明，现场的储量大的概率为 0.15，储量一般的概率为 0.35，不可开采的概率为 0.50。在支付全部钻井和开采费用后，大储量或平均储量很可能分别代表净资产价值 1.2 亿美元或 2,800 万美元。胜出的公司将在该工地钻探勘探井，花费 500 万美元。

 a. 为此问题建立一个决策树。

 b. 根据 EMV 决策准则，最优决策是什么？

 c. 建立灵敏度分析表，描述 NGC 出价 1,000 万美元的概率在 0%～100% 以 10% 为步幅变化，最优决策如何改变？

 d. 建立灵敏度分析表，描述大储备的净资产值从 1 亿美元变为 1.4 亿美元，增量为 500 万美元；平均储备的净资产值从 2,000 万美元增加到 3,600 万美元，增量为 200 万美元，最优决策如何改变？

20. Bulloch 县从不允许在餐馆售酒。然而，三个月来，县民计划投票进行全民公决，考虑把酒作为饮料来卖。目前，民意调查显示，全民公决将有 60% 的机会被选民通过。Phil Jackson 是一位当地的房地产投机商，他正在关注一家准备拍卖的餐厅大楼，该大楼计划在密封投标拍卖会上出售。Phil 估计，若出价 125 万美元，则有 25% 的机会获得地产；若出价 145 万美元，则有 45% 的机会将获得该地产；若出价 185 万美元，则有 85% 的机会将获得地产。如果他获得地产且公投通过，那么 Phil 相信他可以以 220 万美元再出售这家餐厅。但是，如果全民投票失败，他认为他只能以 115 万美元的价格售出该地产。

 a. 为这个问题建立决策树。

 b. 根据 EMV 决策准则，最优决策是什么？

 c. 建立灵敏度分析表，描述公投通过的可能性从 0% 变为 100%，以 10% 为步幅，最优决策可能会如何变化。

 d. 对于决策树中的哪个财务评估是 EMV 最敏感的？

21. Banisco 公司正在谈判一项借款 300,000 美元的合同，9 年后一次还清，借款利息在每年年底支付。该公司正在考虑以下三种融资安排：

- 公司可以使用固定利率贷款（FRL）借款，每年需支付 9% 的利息。
- 公司可以使用可调整利率贷款（ARL）借款，需要在前 5 年每年结束时支付 6% 的利息。在第 6 年初，贷款利息率可能变为 7%、9% 或 11%，概率分别为 0.1、0.25 和 0.65。
- 公司可以使用 ARL 借款，在前 3 年每年结束时需要支付 4% 的利息。在第 4 年初，贷款利率可能变为 6%、8% 或 10%，概率分别为 0.05、0.30 和 0.65。在第 7 年初，利率可能下降 1 个百分点，概率为 0.1；上升 1 个百分点，概率为 0.2；或上升 3 个百分点，概率为 0.7。

 a. 为这个问题建立决策树，计算每种可能情况下支付的总利息。

 b. 若公司希望尽量减少预期的总利息支付，则应该做出哪些决策？

22. 参考上一个习题：未来现金流量值（FV）的现值（PV）定义为

$$PV = \frac{FV}{(1+r)^n}$$

其中，n 是现金流量发生的未来年数，r 是折现率。假设 Banisco 的折现率是 10%（$r = 0.1$）。

a. 为这个问题建立决策树,计算在每种可能情况下支付的总利息的 PV。

b. 若公司希望最小化其总利息支付的预期 PV,则公司应该做出哪些决策?

23. 根据行业统计数据,一家信用卡公司知道,其潜在持卡人中的 80% 具有良好的信用风险,20% 具有不良信用风险。公司使用判别分析来筛选信用卡申请人并确定哪些人应该收到信用卡。公司向 70% 的申请人颁发信用卡。公司发现,那些获得信用卡的人中,有 95% 是良好的信用风险。若申请人信用风险不佳,则将被拒绝给信用卡的概率是多少?

24. Mobile 石油公司最近获得了阿拉斯加一个新的潜在天然石油来源的石油权利。目前这些权利的市场价值是 90,000 美元。如果现场有天然油,那么估计价值 80 万美元;然而,公司将不得不支付 10 万美元的钻探成本来提取石油。公司认为,拟议的钻探现场实际上有可能触及天然石油储备的可能性为 0.25。另外,该公司可以支付 30,000 美元,首先在拟议的钻井现场进行地震测试。当钻井现场有油时,有利的地震勘探概率为 0.6。当不存在石油时,不利地震测量的概率为 0.80。

 a. 有利的地震勘测的概率是多少?

 b. 不利的地震勘测的概率是多少?

 c. 为这个问题构建一个决策树。

 d. 使用 EMV 标准的最佳决策策略是什么?

 e. 对于决策树中的哪个财务评估是 EMV 最敏感的?

25. Johnstone & Johnstone(J&J)公司开发出了一种新型洗手液,具有独特的香味。在全国上市之前,J&J 将对新产品进行市场测试。成功的市场测试和全国分销的高销售额的联合概率是 0.5。成功的市场测试和全国低销售额的联合概率为 0.1。不成功的市场测试和高或低的销售额的联合概率都是 0.2。

 a. 使用这些数据来构建联合概率分布表。

 b. 市场测试成功的边际概率是多少?

 c. 当已知市场测试成功时,高销售额的条件概率是什么?

 d. 假定该产品注定会在全国范围内销量较好,那么成功市场测试的条件概率是多少?

26. Eagle 信贷联盟(ECU)的商业贷款客户的违约率为 10%(即 90% 的商业贷款客户偿还贷款)。ECU 开发了一个统计测试来预测哪些商业贷款客户会违约。该测试为每个贷款申请人分配"批准"或"拒绝"等级。当应用于最近支付贷款的商业贷款客户时,该测试在 80% 的案例中给出了"批准"评级。当应用于最近违约的商业贷款客户时,该测试在 70% 的案例中给出了"拒绝"评级。

 a. 使用这些数据来构建联合概率分布表。

 b. 鉴于客户违约,"拒绝"评级的条件概率是多少?

 c. 鉴于客户违约,"批准"评级的条件概率是多少?

 d. 假设新客户收到"拒绝"评级。无论如何,若获得贷款,则他们违约的概率是多少?

27. Thom DeBusk 是一位建筑师,正在考虑在 Draper-Preston 历史上有名的街区 Blacksburg 购买、修缮和转售房屋。房屋的成本是 24 万美元,Thom 相信在修缮后可以卖到 45 万美元。Thom 预计,一旦修复完成,他就可以出售房子,预计从购买房屋到售出为止每月支付 1,500 美元的财务费用。Thom 制定了两套修缮计划。计划 A 将花费 125,000 美元,需要 3 个月完成。此计划不需要改变房子的正面。计划 B 预计耗资 85,000 美元,需要 4 个月的工作。这个计划会改变房子正面——这将需要该镇历史保护委员会的批准。Thom 预计计划 B 的审批过程需要两个月的时间,花费约 5,000 美元。Thom 认为历史保护委员会有 40% 的可能性批准这种设计。Thom 计划立即购买房屋,但不能决定他下一步该做什么。他可以立即着手修缮计划 A,或立即着手修缮计划 B。当然,若立即开始计划 B,则他不知道两个月的时间历史保护委员会是否批准这项计划。如果不被批准,他将不得不重新开始并实施计划 A 代替。从计划 A 开始,将比计划 A 的正常成本多花费 20,000 美元,并增加一个月计划 A 的正常完成时间表。另外,Thom 可以推迟执行任何计划,直到他知道历史计划委员会决定的结果。

a. 为此问题建立决策树。

b. 如果遵循最大的 EMV 决策准则，Thom 应该做出什么样的决策？

28. 假设你有以下两种备选方案：

备选方案 1：确定收到 200 美元。

备选方案 2：以概率 p 获得 1,000 美元，或以概率 $1-p$ 损失 250 美元。

a. 当 p 为何值时，你认为这两个备选方案没有差别？

b. 鉴于你对（a）的回答，你会被归类为风险厌恶、风险中性还是风险偏好？

c. 假设备选方案 2 发生了变化，那么你将以概率 p 获得 1,000 美元，或以概率 $1-p$ 损失 0 美元。你认为两个备选方案有没有差别？

d. 鉴于给出你对（c）的回答，你会被归类为风险厌恶、风险中性还是风险偏好？

29. Rusty Reiker 正在寻找建造新餐厅的地点。他将选项缩小到三个可能的位置。下表总结了他如何评估每个地点对其业务最重要的标准。

标准	地点 1	地点 2	地点 3
价格	0.9	0.7	0.4
可到达性	0.6	0.7	0.8
交通流量增长	0.9	0.8	0.7
竞争	0.4	0.5	0.8

经过思考，Rusty 决定他将分配给每个标准的权重如下：价格 20%，可到达性 30%，交通流量增长 20%，竞争 30%。

a. 为这个问题创建多准则记分模型。

b. 创建一个雷达图表，显示每个标准上每个位置的加权分数。

c. 根据这个模型，Rusty 应该购买哪个位置？

30. Hiro Tanaka 要计划购买一辆新车，准备在下列三款轿车中选择。下表总结了他在不同标准下对每款轿车的偏好。

标准	轿车 1	轿车 2	轿车 3
经济性	0.9	0.7	0.4
安全行	0.6	0.7	0.8
可靠性	0.9	0.8	0.7
风格	0.4	0.5	0.8
舒适度	0.5	0.8	0.9

如上所述，Hiro 决定分配给每个标准的权重是如下：经济性 30%，安全性 15%，可靠性 15%，风格 15%，舒适度 25%。

a. 为这个问题创建多准则记分模型。

b. 创建一张雷达图，显示每辆汽车在每个标准上的加权分数。

c. 根据这个模型，Hiro 应该购买哪款车？

d. 假设 Hiro 不确定他分配给舒适性和安全性标准的权重。如果他愿意为了安全而交换舒适度，那么解决方案将如何改变？

e. 假设 Hiro 不确定他分配给经济和安全标准的权重。如果他愿意为了安全而交换经济，那么解决方案将如何改变？

31. Pegasus 公司总裁正决定聘用三名候选人（候选人 A、B 和 C）中的某个作为该公司的新营销副总裁。总裁考虑的主要标准是候选人的领导能力、人际交往能力和行政管理能力。在仔细评估他们的资格后，总裁使用层次分析法为以下各种标准的三位候选人创建以下两两比较矩阵：

	领导能力		
	A	B	C
A	1	3	4
B	1/3	1	2
C	1/4	1/2	1

	人际交往能力		
	A	B	C
A	1	1/2	3
B	2	1	8
C	1/3	1/8	1

	行政管理能力		
	A	B	C
A	1	1/5	1/8
B	5	1	1/3
C	8	3	1

接下来，Pegasus 总裁考虑了三个标准的相对重要性。这引出了以下两两比较矩阵：

	标准		
	领导能力	人际交往能力	行政能力
领导能力	1	1/3	1/4
人际交往能力	3	1	1/2
行政管理能力	4	2	1

a. 使用 AHP 计算每名候选人在三个标准中的每一项的分数，并计算每个标准的权重。

b. 总裁是否一致地进行配对比较？

c. 计算每个候选人的加权平均分数。根据你的结果，应选择哪个候选人？

32. Kathy Jones 计划购买一辆新的面包车，在她的价格范围内，选择范围缩小到三个型号（X、Y 和 Z）后，她很难决定购买哪一款。Kathy 根据 4 个标准将每个模型与其他模型进行了比较：价格、安全性、经济性和舒适度。她的比较矩阵如下：

	价格		
	X	Y	Z
X	1	1/4	3
Y	4	1	7
Z	1/3	1/7	1

	安全性		
	X	Y	Z
X	1	1/2	3
Y	2	1	8
Z	1/3	1/8	1

	经济性		
	X	Y	Z
X	1	1/3	1/6
Y	3	1	1/3
Z	6	3	1

	舒适度		
	X	Y	Z
X	1	1/4	1/8
Y	4	1	1/3
Z	8	3	1

Kathy 希望将所有标准纳入她的最终决定中，但并非所有标准都同样重要。下面的矩阵总结了 Kathy 对标准重要性的比较：

a. 使用 AHP 计算每种面包车车型在 4 项标准中的每一项的分数，并计算每个标准的权重。

b. Kathy 是否一致地进行配对比较？

c. 计算每辆面包车的加权平均分数。基于这样的分析，Kathy 应该购买哪款面包车？

33. 确定你想购买的消费电子产品（如电视机、数码相机、平板电脑），确定至少三种你考虑购买的产品型号。确定这些模型至少有三个不同的标准（如价格、质量、保修、选项）。

a. 为此决策问题创建一个多准则记分模型和雷达图表。使用这个模型，你会选择哪种产品？

b. 使用 AHP 确定每个标准的每个模型的分数并确定标准的权重。根据 AHP 结果，应选择哪种模型？

案例 14.1　Prezcott 制药公司

（与 UNC Charlotte 大学 Belk 商学院的 Cem Saydam 博士合作完成。）

任何患有急性或慢性疾病的人都可能非常感激任何可用于治愈或治疗疾病的药物。在美国，食品和药品管理局（FDA）是监督药物开发、测试的政府机构，监测过程参见 http//www.fda.gov/Drugs/。开发能够安全解决特定医疗问题而不产生不愉快或危险副作用的新药是一个非常漫长和昂贵的过程，通常需要 10～15 年的工作，平均花费 40 亿美元。将药物投放市场的时间很长，主要是由于需要进行临床试验。因此，药物制造商在考虑是否将新药物投入临床试验过程时，必须做出非常重要的高风险决策。

假设 Prezcott 制药公司的科学家已经发现了治疗 Alzheimer 病的潜在药物突破，公司管理层现在需要决定是否继续进行临床试验并寻求 FDA 的批准来标记药物。公司迄今花费了 2.95 亿美元的研发费用。临床试验的费用预计为 1.45 亿美元，只有轻微副作用的成功结果的概率是 0.15，出现严重副作用的成功结果的概率是 0.2。临床试验完成后，公司会征求美国食品和药品管理局（FDA）的批准，估计费用为 2,500 万美元。若临床试验表明该药物仅产生轻微副作用，则 FDA 批准的机会是 0.6。或者，若药物有重大副作用，获得 FDA 批准的机会是 0.35。该药物的市场潜力估计为大、中或小，具有以下概率和特征：

	轻微副作用		重大副作用	
	收益（百万美元）	概率	收益（百万美元）	概率
大	4,200	55%	2,300	35%
中	2,150	35%	1,400	50%
小	1500	10%	850	15%

如果 Prezcott 无法获得 FDA 的批准，那么它仍然可以尝试将药物出售给寻求已成功完成临床试验但未获得 FDA 批准药物的国际公司。Prezcott 的一位商业分析师估计，如果药物未能获得 FDA 的批准，且临床试验报告轻微副作用，那么该公司有 50% 的机会可以出售 5 亿美元的药物；如果临床试验报告了重大的副作用，那么该公司有 30% 的机会可以得到 2 亿美元的药物。

1. 制定决策树以确定 EMV 决策准则推荐的最佳行动方案。
2. 哪一系列的决策可能导致最坏的结果？
3. 你建议的决策顺序是什么？为什么？

案例 14.2　坚持还是放弃？

农场主的成败，在很大程度上取决于生长季节天气的不确定性。最近的一篇新闻文章中写到：

"……在干旱和高温困扰的夏天，许多南方作物在田地里枯萎，农民的收入随之下降。一些农民正在争取少受损失。但一些人不得不放弃今年的作物有收成的希望。佐治亚大学农业和环境科学学院的推广服务经济学家 George Shumaker 说：'农民必须决定是继续培育这种作物还是放弃耕作。'做出这个决定需要勇气和仔细的计算。"

假设你就是那位面对此困境的农民，面临是否犁掉你的作物的问题。假设每亩地需在种子、水、肥料和劳动力方面投入 50 美元。你估计需要每亩 15 美元来生产和收获可销售的作物。如果天气仍然有利，那么估计你的作物将带来每亩 26 美元的市场收入。然而，如果天气变得不利，那么估计你的作物会带来每亩 12 美元的市场收入。目前，天气预报员预测有利天气条件的概率为 0.70。邻近农场的主人（他正在种植同样的产品，每英亩的投资是相同的 50 美元）刚刚决定犁田，因为每亩额外的 15 美元用于生产可销售的农作物就是"吃力不讨好。"

1. 为你的问题建立决策树。
2. 收获并在市场上销售的最大 EMV 是什么？
3. 你会继续投资收获庄稼还是像邻居一样犁掉它？
4. 当有利天气的概率怎样变化时，你对问题（3）的回答会改变吗？
5. 当每亩 15 美元的作物上市成本怎么改变时，你对问题（3）的回答会改变吗？
6. 你在做出这个决策时可能需要考虑哪些其他因素？

案例 14.3　Larry Junior 应该上诉还是和解？

在 20 世纪 90 年代中期，DHL 是全球最大的货运公司，年收入 57 亿美元，雇员 6 万人。Larry Hillblom 是 DHL 的 "H"，也是该公司的创始人。DHL 于 1969 年小本经营起家，其业务计划是在货船到达之前通过航空快递将货运单据送达停靠港，以便船舶在抵达途中可以快速卸货并继续前进。该公司发展为国际航空快递公司，使得 Hillblom 在 30 岁之前成为百万富翁。虽然在美国并不像联邦快递那样出名，但是海外的 DHL 业务广泛，它的名字与 "货运次日到达" 同义，就像 "可乐" 一词用来表示 "软饮料"。

为了逃避美国所得税，Hillblom 从旧金山湾地区迁往 Saipan，这是距离日本东南海岸千里之外的热带避税天堂。他在菲律宾、夏威夷和越南开办了数十家企业，并为土地开发项目提供资金。他拥有多处欧洲城堡和酒店、一架中国飞机、一家航空公司，除了塞班岛的豪宅，还在马尼拉、夏威夷和半月湾拥有住宅。他的业余爱好包括高端立体声设备、小游船、飞机、高档汽车，据说与多名亚洲年轻女孩有不正当关系。

1995 年 5 月 21 日，Hillblom 和两位商业伙伴从附近的帕甘岛乘坐希尔布洛姆双引擎水上飞机前往塞班岛进行短期商务旅行。恶劣的天气迫使他们返航，不久，调度员就无法联系到该飞机。第二天早上，搜索队找到了飞机的部分残骸和 Hillblom 同伴的尸体。Hiilblom 的尸体从未找到。

Larry Hillblom 从未结过婚，也没有婚生子女。不幸的是，对于 Hillblom 的遗产，它的遗嘱中并没有包含剥夺任何私生子权利的条款。根据现行的法律，他本可以自愿写下遗嘱，但由于他没有写，因此任何可以证明是他的孩子的人都有权享有继承权。在 Hillblom 死后不久，一个这样的孩子，Larry Junior（12 岁）提起诉讼要求获得遗产（在 Hillblom 去世后的几个月里，来自越南、菲律宾和密克罗尼西亚群岛的几名年轻妇女声称，Hillblom 曾短暂地照顾过她们，并一起生下了他们的孩子。请参阅 http://dna-view.com/sfstory.htm 以获取更多清楚的细节）。

有几个可能的障碍阻碍了 Larry Junior 对 Hillblom 财产所有权的诉求。首先，Larry Junior 和他的律师必须等待一项法率提案的结果，该法案由 Hillblom 律师事务所的律师撰写的拟议法律（称为 Hillblom 法律）。如果立法机构通过并由州长签署，那么拟议的法律将追溯性地废除未在遗嘱中明确提及的非法定继承人的主张。Larry Junior 的顾问估计，拟议法律通过的可能性为 0.60。如果法律通过，那么 Larry Junior 的律师计划挑战其合宪性，并为这一挑战取得成功指定 0.7 的概率。

如果 Hillblom 法律未通过（或通过但后来被认为违宪），那么 Larry Junior 仍然必须提供证据证明他是已故的 Larry Hillblom 的儿子。这种亲子鉴定通常使用 DNA 匹配来证明或否定。然而，Hillblom 失踪了，没有留下身体痕迹（在他去世后不久，十二加仑盐酸被送到 Hillblom 的房子，而当 Larry Junior 的律师到达那里时，房子被防腐清洁）。然而，在另一次飞机坠毁后的面部重建手术中，Larry Hillblom 已经生还，有一颗痣从他的脸上移走。如果 Larry Junior 的律师可以有接近它的权利，那么这颗痣可以用于 DNA 检测。但是，痣被一个医疗中心持有，该医疗中心是有争议遗嘱下遗产的主要受益人。没有 DNA 证据，案件不能进行下去。Larry Junior 的律师估计，以某种方式获得 DNA 证据的概率为 0.8。如果他们能够获得 DNA 样本，那么律师估计其证明 Larry Junior 与被告之间的死者之间亲子关系的概率为 0.7。

如果 DNA 证据证明 Larry Junior 宣称的亲子关系成立了，那么他的律师认为 Hillblom 的遗产将提供约 4,000 万美元的和解金，以避免上法庭。如果这个和解提议被拒绝，那么 Larry Junior 的法律团队在法庭上面临不确定的结果。律师相信他们的要求有 0.20 的概率被法院驳回（在这种情况下，Larry Junior 会收到 0 美元）。然而，即使他们在法庭上获得成功，判给 Larry Junior 的数量将取决于有多少其他非法孩子对该遗产成功提出索赔。Larry Junior 的顾问估计，他将赢得 3.38 亿美元的概率为 0.04，获得 6,800 万美元的概率为 0.16，获得 3,400 万美元的概率为 0.40，获得 1,700 万美元的概率为 0.20。

虽然强烈否认 Larry Junior 是 Hillblom 先生的儿子，但在 1996 年初（且在 Hillblom 法案的结果之前），Hillblom 遗产的受托人为 Larry Junior 提供了价值约 1,200 万美元的和解金，前提是他放弃对 Hillblom 遗产的要求。所以 Larry junior 和他的律师面临一个困难的决策：他们是否接受财产和解提议，或希望 Hillblom 法律没有通过且 DNA 证据将确定 Larry Junior 对 Hillblom 遗产的正当要求？

1. 为这个问题创建一个决策树。
2. Larry Junior 根据 EMV 决策准则做出什么决策？
3. 根据 EMV 决策准则，Larry Junior 应该接受的最低和解提议是多少？美元
4. 如果你是 Larry Junior，你会怎么做？
5. 如果要给 Larry Junior 提建议，需要考虑哪些其他问题做出这个决策？

案例 14.4　电子表格之战

（由纽约佩斯大学鲁宾商学院 Jack Yurkiewicz 撰写。）

Sam Ellis 忧心忡忡。作为 Forward Software 的总裁兼首席执行官，Sam 去年向市场推出了新的电子制表产品 Cinco。Forward Software 开发和销售高质量软件包已超过 5 年，但这些产品主要是计算机软件语言解释器，类似于 Pascal、Fortran 和 C。这些产品得到了极好的评价，并且由于 Forward 的积极定价和营销，公司迅速占领了该软件市场的主要份额。因为被广泛地接受和支持，所以去年 Forward 决定进入 IBM 和兼容用户的应用竞技场，衍生了 Cinco 并跟进文字处理应用程序 Fast。

电子表格软件市场由 Focus Software 主导，其产品 Focus A-B-C 拥有 80% 的市场份额。Focus A-B-C 于 1981 年发布，在 IBM PC 推出后不久，这两种产品就产生了直接的共生效应。电子表格是当时可用的重大进步，但需要 IBM PC 提供的强大 16 位处理能力。另一方面，IBM 需要一款能够使其 PC "必须购买"的应用程序。Focus A-B-C 和 IBM 的 PC 的销售由于几乎同时发布而推出。

在发布时，Focus A-B-C 是一款极好的产品，但它确实存在缺陷。例如，由于该软件是受到版权保护的，因此可以将其安装在硬盘上，但必须在软件每次运行之前插入原始软盘。许多用户觉得这一步很麻烦。A-B-C 软件的另一个问题在于打印图形。为了打印图形，用户必须退出软件并加载一个名为 Printgraf 的新程序，然后打印一张图。最后一点，该产品的标价为 495 美元，优惠价格约为 300 美元。

但是，Focus A-B-C 拥有独特的菜单系统，直观且易于使用。在电子表格的顶部显示的菜单系统上按斜杠键（/），菜单允许用户进行选择，并提供每个菜单选项的单行说明。与用户在使用其他产品时不得不输入隐含命令或按键相比，Focus A-B-C 菜单系统提供的是一种简单、清晰的模式。数以百万计的用户习惯了菜单系统。

Focus A-B-C 的另一个优点是可以让用户编写宏命令。从字面上看，一个宏允许用户自动定制电子表格任务，然后用一两个按键来运行它们。

1985 年，一家名为 Discount Software 的小公司推出了电子表格软件，称为 VIP Scheduler 程序，该产品的外观和工作方式与 Focus A-B-C 完全相同。按下斜杠将显示与 Focus A-B-C 中相同的菜单，并且该产品可以读取使用 Focus A-B-C 开发的任何宏。VIP Scheduler 与 Focus A-B-C 完全一样，因此用户无需学习新系统即可立即开始高效工作。VIP Scheduler 还比 Focus A-B-C 多了两个优势：其标价为 99 美元，且该软件未受到版权保护。VIP Scheduler 的销售表现强劲，但许多消费者（可能对 Focus 名称感觉更安全）并未购买该产品，尽管用户的评论是积极的。VIP Scheduler 确实在学术界找到了市场。

当 Forward 发布其第一款电子表格产品 Cinco 时，它被评论家誉为比 Focus A-B-C 更好的全能产品。它有更好的图形，允许用户从 Cinco 内部打印图形，且与 Focus A-B-C 100% 兼容。Cinco 有自己的菜单系统，与 Focus ABC 系统一样灵活，但菜单和选项的安排更直观。对于不想花时间学习新菜单系统的用户，Cinco 可以模拟 Focus A-B-C 菜单系统。两个菜单均通过按斜杠键激活，用户可以轻松指定他们想要的菜单系统。若使用 Focus A-B-C 菜单系统，则为 Focus A-B-C 编写的所有宏都可以在 Cinco 上完美运行。由于 Forward 的积极评价和积极营销，Cinco 迅速获得了市场认可。

Focus 最近起诉 Discount Software，称 VIP Scheduler 的发行商侵犯版权，此举令行业感到意外。Focus 声称其菜单系统是一项原创作品，并且通过将该菜单系统并入其产品中的 VIP

Scheduler 违反了版权法。Focus 声称，其菜单系统未经许可不得用于其他产品。Sam 确信 Focus 发起了这场诉讼，因为 Cinco 在获得电子表格市场份额方面取得了如此巨大的实力。Sam 也确定 Focus 的真正目标不是 VIP Scheduler，而是 Cinco，因为 VIP Scheduler 拥有如此小的市场份额。经过与 Forward 律师的讨论后，Sam 认为，如果他乖乖地向 Focus 解决争议，那么 Focus 就可以接受这样的提议。如果 Focus 公司对 Discount Software 提起诉讼，并对后续事件提起诉讼，那么将避免潜在的负面宣传。根据对 Cinco 销售额的预测，Forward 的律师认为 Focus 可能会要求赔偿 500 万美元、800 万美元或高达 1,500 万美元。Sam 认为，Focus 同意 500 万美元的概率是 50%、800 万美元的概率是 30%、1,500 万美元的概率是 20%。

Sam 知道，现在和解意味着损失三个给出的估计值其中之一的即时收入，再加上对 Forward 的败诉。另一方面，Sam 可以等待 Focus 起诉 Discount Software 的结果。Forward 的律师认为，Focus 有 40% 的机会赢得对 Discount Software 的诉讼。Focus 将用法律先例来起诉 Forward。由于 Forward 是一个比 Discount Software 大得多的公司，并且能够提供有力的法律辩护，因此 Focus 肯定不会对 Forward 提起诉讼。此外，针对 Forward 的案例并不是很清楚，因为 Cinco 有自己的菜单系统作为主要的操作模式，只为那些想要使用它的人提供 Focus A-B-C 菜单系统。VIP Scheduler 仅提供 Focus A-B-C 菜单系统。然而，如果 Focus 赢得了对 Discount Software 的诉讼，那么 Forward 的律师认为 Focus 有 80% 的可能发起针对 Forward 的诉讼。

Sam 认为，即使 Focus 提起诉讼，他仍然可以在当时庭外和解或决定进行审判。但那时法庭庭外和解的尝试对于 Forward 来说会更加昂贵，因为 Focus 公司将感到安全，因此它将赢得反对 Forward 的诉讼，并已赢得针对 Discount Software 的诉讼。因此，Forward 的律师认为 Focus 的价格不低于 700 万美元，可能要求 1,000 万美元甚至 1,200 万美元。Focus 将为这些数额（700 万美元、1,000 万美元、1,200 万美元）结算的概率估计分别为 30%、40% 和 30%。此外，Forward 必须向其律师支付大约 100 万美元的费用来完成处理流程。

但是，如果 Focus 起诉 Forward，Forward 决定受审而不是启动和解程序，那么 Forward 可能会败诉。Forward 的律师估计，Forward 将有 80% 的机会失败，导致对 Forward 的判决为 1,000 万美元、1,200 万美元或 1,800 万美元，概率分别为 10%、20% 和 70%。律师们还估计，诉讼费可能高达 150 万美元。

使用决策分析来确定 Sam 的最优策略应该是什么。为此问题创建决策树，包括所有成本和概率，并为该策略找到最优决策策略和预期成本。假设 Sam 是"风险中性"的。

反侵权盗版声明

电子工业出版社依法对本作品享有专有出版权。任何未经权利人书面许可，复制、销售或通过信息网络传播本作品的行为；歪曲、篡改、剽窃本作品的行为，均违反《中华人民共和国著作权法》，其行为人应承担相应的民事责任和行政责任，构成犯罪的，将被依法追究刑事责任。

为了维护市场秩序，保护权利人的合法权益，我社将依法查处和打击侵权盗版的单位和个人。欢迎社会各界人士积极举报侵权盗版行为，本社将奖励举报有功人员，并保证举报人的信息不被泄露。

举报电话：(010) 88254396；(010) 88258888
传　　真：(010) 88254397
E-mail：　dbqq@phei.com.cn
通信地址：北京市万寿路 173 信箱
　　　　　电子工业出版社总编办公室
邮　　编：100036